U0190132

"十三五"国家重点出版物
出版规划项目

中国植物
大化石记录
1865—2005

Ⅲ

Record of Mesozoic Megafossil Cycadophytes
from China

中国中生代苏铁植物大化石记录

吴向午 王 冠 冯 曼/编著

科学技术部科技基础性工作专项
(2013FY113000)资助

中国科学技术大学出版社

内 容 简 介

本书是"中国植物大化石记录(1865－2005)"丛书的第Ⅲ分册,由内容基本相同的中、英文两部分组成,共记录1865－2005年间正式发表的中国中生代种子蕨类、苏铁类大化石属名143个(含依据中国标本建立的属名50个)、种名1304个(含依据中国标本建立的种名677个)。书中对每一个属的创建者、创建年代、异名表、模式种、分类位置以及种的创建者、创建年代和模式标本等原始资料做了详细编录;对归于每个种名下的中国标本的发表年代、作者(或鉴定者)、文献页码、图版、插图、器官名称、产地、时代、层位等数据做了收录;对依据中国标本建立的属、种名,种名的模式标本及标本的存放单位等信息也做了详细汇编。各部分附有属、种名索引,存放模式标本的单位名称及丛书属名索引(Ⅰ－Ⅵ分册),书末附有参考文献。

本书在广泛查阅国内外古植物学文献和系统采集数据的基础上编写而成,是一份资料收集较齐全、查阅较方便的文献,可供国内外古植物学、生命科学和地球科学的科研、教育及数据库等有关人员参阅。

图书在版编目(CIP)数据

中国中生代苏铁植物大化石记录/吴向午,王冠,冯曼编著.—合肥:中国科学技术大学出版社,2019.4

(中国植物大化石记录:1865－2005)

国家出版基金项目

"十三五"国家重点出版物出版规划项目

ISBN 978-7-312-04611-7

Ⅰ.中…　Ⅱ.①吴…②王…③冯…　Ⅲ.中生代－苏铁类植物－植物化石－中国　Ⅳ.Q914.2

中国版本图书馆 CIP 数据核字(2018)第272586号

出版	中国科学技术大学出版社	开本	787 mm×1092 mm　1/16
	安徽省合肥市金寨路96号	印张	46.5
	http://press.ustc.edu.cn	插页	1
	https://zgkxjsdxcbs.tmall.com	字数	1494 千
印刷	合肥华苑印刷包装有限公司	版次	2019 年 4 月第 1 版
发行	中国科学技术大学出版社	印次	2019 年 4 月第 1 次印刷
经销	全国新华书店	定价	392.00 元

总序

　　古生物学作为一门研究地质时期生物化石的学科,历来十分重视和依赖化石的记录,古植物学作为古生物学的一个分支,亦是如此。对古植物化石名称的收录和编纂,早在 19 世纪就已经开始了。在 K. M. von Sternberg 于 1820 年开始在古植物研究中采用林奈双名法不久后, F. Unger 就注意收集和整理植物化石的分类单元名称,并于 1845 年和 1850 年分别出版了 *Synopsis Plantarum Fossilium* 和 *Genera et Species Plantarium Fossilium* 两部著作,对古植物学科的发展起了历史性的作用。在这以后,多国古植物学家和相关的机构相继编著了古植物化石记录的相关著作,其中影响较大的先后有:由大英博物馆主持,A. C. Seward 等著名学者在 19 世纪末 20 世纪初编著的该馆地质分部收藏的标本目录;荷兰 W. J. Jongmans 和他的后继者 S. J. Dijkstra 等用多年时间编著的 *Fossilium Catalogus II : Plantae*;英国 W. B. Harland 等和 M. J. Benton 先后主编的 *The Fossil Record (Volume 1)* 和 *The Fossil Record (Volume 2)*;美国地质调查所出版的由 H. N. Andrews Jr. 及其继任者 A. D. Watt 和 A. M. Blazer 等编著的 *Index of Generic Names of Fossil Plants*,以及后来由隶属于国际生物科学联合会的国际植物分类学会和美国史密森研究院以这一索引作为基础建立的"Index Nominum Genericorum (ING)"电子版数据库等。这些记录尽管详略不一,但各有特色,都早已成为各国古植物学工作者的共同资源,是他们进行科学研究十分有用的工具。至于地区性、断代的化石记录和单位库存标本的编目等更是不胜枚举:早年 F. H. Knowlton 和 L. F. Ward 以及后来的 R. S. La Motte 等对北美白垩纪和第三纪植物化石的记录,S. Ash 编写的美国西部晚三叠世植物化石名录,荷兰 M. Boersma 和 L. M. Broekmeyer 所编的石炭纪、二叠纪和侏罗纪大化石索引,R. N. Lakhanpal 等编写的印度植物化石目录,S. V. Meyen 的植物化石编录以及 V. A. Vachrameev 的有关苏联中生代孢子植物和裸子植物的索引等。这些资料也都对古植物学成果的交流和学科的发展起到了积极的作用。从上述目录和索引不难看出,编著者分布在一些古植物学比较发达、有关研究论著和专业人员众多的国家或地区。显然，目录和索引的编纂，是学科发展到一定阶段的需要和必然的产物，因而代表了这些国家或地区古植物学研究的学术水平和学科发展的程度。

虽然我国地域广大，植物化石资源十分丰富，但古植物学的发展较晚，直到 20 世纪 50 年代以后，才逐渐有较多的人员从事研究和出版论著。随着改革开放的深化，国家对科学日益重视，从 20 世纪 80 年代开始，我国古植物学各个方面都发展到了一个新的阶段。研究水平不断提高，研究成果日益增多，不仅迎合了国内有关科研、教学和生产部门的需求，也越来越多地得到了国际同行的重视和引用。一些具有我国特色的研究材料和成果已成为国际同行开展相关研究的重要参考资料。在这样的背景下，我国也开始了植物化石记录的收集和整理工作，同时和国际古植物学协会开展的"Plant Fossil Record (PFR)"项目相互配合，编撰有关著作并筹建了自己的数据库。吴向午研究员在这方面是我国起步最早、做得最多的。早在 1993 年，他就发表了文章《中国中、新生代大植物化石新属索引（1865－1990）》，出版了专著《中国中生代大植物化石属名记录（1865－1990）》。2006 年，他又整理发表了 1990 年以后的属名记录。刘裕生等（1996）则编制了《中国新生代植物大化石目录》。这些都对学科的交流起到了有益的作用。

由于古植物学内容丰富、资料繁多，要对其进行全面、综合和详细的记录，显然是不可能在短时间内完成的。经过多年的艰苦奋斗，现终能根据资料收集的情况，将中国植物化石记录按照银杏植物、真蕨植物、苏铁植物、松柏植物、被子植物等门类，结合地质时代分别编纂出版。与此同时，还要将收集和编录的资料数据化，不断地充实已经初步建立起来的"中国古生物和地层学专业数据库"和"地球生物多样性数据库（GBDB）"。

"中国植物大化石记录（1865－2005）"丛书的编纂和出版是我国古植物学科发展的一件大事，无疑将为学科的进一步发展提供良好的基础信息，同时也有利于国际交流和信息的综合利用。作为一个长期从事古植物学研究的工作者，我热切期盼该丛书的出版。

前言

在我国，对植物化石的研究有着悠久的历史。最早的文献记载，可追溯到北宋学者沈括(1031－1095)编著的《梦溪笔谈》。在该书第21卷中，详细记述了陕西延州永宁关(今陕西省延安市延川县延水关)的"竹笋"化石[据邓龙华(1976)考辨，可能为似木贼或新芦木髓模]。此文也对古地理、古气候等问题做了阐述。

和现代植物一样，对植物化石的认识、命名和研究离不开双名法。双名法系瑞典探险家和植物学家 Carl von Linné 于 1753 年在其巨著《植物种志》(*Species Plantarum*)中创立的用于现代植物的命名法。捷克矿物学家和古植物学家 K. M. von Sternberg 在 1820 年开始发表其系列著作《史前植物群》(*Flora der Vorwelt*)时率先把双名法用于化石植物，确定了化石植物名称合格发表的起始点(McNeill 等，2006)。因此收于本丛书的现生属、种名以 1753 年后(包括 1753 年)创立的为准，化石属、种名则采用 1820 年后(包括 1820 年)创立的名称。用双名法命名中国的植物化石是从美国史密森研究院(Smithsonian Institute)的 J. S. Newberry[1865(1867)]撰写的《中国含煤地层化石的描述》(*Description of Fossil Plants from the Chinese Coal-bearing Rocks*)一文开始的，本丛书对数据的采集时限也以这篇文章的发表时间作为起始点。

我国幅员辽阔，各地质时代地层发育齐全，蕴藏着丰富的植物化石资源。新中国成立后，特别是改革开放以来，随着国家建设的需要，尤其是地质勘探、找矿事业以及相关科学研究工作的不断深入，我国古植物学的研究发展到了一个新的阶段，积累了大量的古植物学资料。据不完全统计，1865(1867)－2000 年间正式发表的中国古植物大化石文献有 2000 多篇[周志炎、吴向午(主编)，2002]；1865(1867)－1990 年间发表的用于中国中生代植物大化石的属名有 525 个(吴向午，1993a)；至 1993 年止，用于中国新生代植物大化石的属名有 281 个(刘裕生等，1996)；至 2000 年，根据中国中、新生代植物大化石建立的属名有 154 个(吴向午，1993b，2006)。但这些化石资料零散地刊载于浩瀚的国内外文献之中，使古植物学工作者的查找、统计和引用极为不便，而且有许多文献仅以中文或其他文字发表，不利于国内外同行的引用与交流。

为了便于检索、引用和增进学术交流，编者从 20 世纪 80 年代开始,在广泛查阅文献和系统采集数据的基础上,把这些分散的资料做了系统编录,并进行了系列出版。如先后出版了《中国中生代大植物化石属名记录(1865－1990)》(吴向午,1993a)、《中国中、新生代大植物化石新属索引(1865－1990)》(吴向午,1993b)和《中国中、新生代大植物化石新属记录(1991－2000)》(吴向午,2006)。这些著作仅涉及属名记录,未收录种名信息,因此编写一部包括属、种名记录的中国植物大化石记录显得非常必要。本丛书主要编录1865－2005年间正式发表的中国中生代植物大化石信息。由于篇幅较大,我们按苔藓植物、石松植物、有节植物、真蕨植物、苏铁植物、银杏植物、松柏植物、被子植物等门类分别编写和出版。

本丛书以种和属为编写的基本单位。科、目等不立专门的记录条目,仅在属的"分类位置"栏中注明。为了便于读者全面地了解植物大化石的有关资料,对模式种(模式标本)并非产自中国的属(种),我们也尽可能做了收录。

属的记录:按拉丁文属名的词序排列。记述内容包括属(属名)的创建者、创建年代、异名表、模式种[现生属不要求,但在"模式种"栏以"(现生属)"形式注明]及分类位置等。

种的记录:在每一个属中首先列出模式种,然后按种名的拉丁文词序排列。记录种(种名)的创建者、创建年代等信息。某些附有"aff.""Cf.""cf.""ex gr.""?"等符号的种名,作为一个独立的分类单元记述,排列在没有此种符号的种名之后。每个属内的未定种(sp.)排列在该属的最后。如果一个属内包含两个或两个以上未定种,则将这些未定种罗列在该属的未定多种(spp.)的名称之下,以发表年代先后为序排列。

种内的每一条记录(或每一块中国标本的记录)均以正式发表的为准;仅有名单,既未描述又未提供图像的,一般不做记录。所记录的内容包括发表年代,作者(或鉴定者)的姓名,文献页码、图版、插图、器官名称,产地、时代、层位等。已发表的同一种内的多个记录(或标本),以文献发表年代先后为序排列;年代相同的则按作者的姓名拼音升序排列。如果同一作者同一年内发表了两篇或两篇以上文献,则在年代后加"a""b"等以示区别。

在属名或种名前标有"△"者,表示此属名或种名是根据中国标本建立的分类单元。凡涉及模式标本信息的记录,均根据原文做了尽可能详细的记述。

为了全面客观地反映我国古植物学研究的基本面貌,本丛书一律按原始文献收录所有属、种和标本的数据,一般不做删舍,不做修改,也不做评论,但尽可能全面地引证和记录后来发表的不同见解和修订意见,尤其对于那些存在较大问题的,包括某些不合格发表的属、种名等做了注释。

中国植物大化石记录(1865—2005)

iv　　中国中生代苏铁植物大化石记录

《国际植物命名法规》(《维也纳法规》)第36.3条规定:自1996年1月1日起,植物(包括孢粉型)化石名称的合格发表,要求提供拉丁文或英文的特征集要和描述。如果仅用中文发表,属不合格发表[McNeill等,2006;周志炎,2007;周志炎、梅盛吴(编译),1996;《古植物学简讯》第38期]。为便于读者查证,本记录在收录根据中国标本建立的分类单元时,从1996年起注明原文的发表语种。

为了增进和扩大学术交流,促使国际学术界更好地了解我国古植物学研究现状,所有属、种的记录均分为内容基本相同的中文和英文两个部分。参考文献用英文(或其他西文)列出,其中原文未提供英文(或其他西文)题目的,参考周志炎、吴向午(2002)主编的《中国古植物学(大化石)文献目录(1865-2000)》的翻译格式。各部分附有4个附录:属名索引、种名索引、存放模式标本的单位名称以及丛书属名索引(I-VI分册)。

"中国植物大化石记录(1865-2005)"丛书的出版,不仅是古植物学科积累和发展的需要,而且将为进一步了解中国不同类群植物化石在地史时期的多样性演化与辐射以及相关研究提供参考,同时对促进国内外学者在古植物学方面的学术交流也会有诸多益处。

本书是"中国植物大化石记录(1865-2005)"丛书的第III分册,记录1865-2005年间正式发表的中国中生代种子蕨类、苏铁类等大化石属名143个(含依据中国标本建立的属名50个)、种名1304个(含依据中国标本建立的种名677个)。分散保存的化石花粉不属于当前记录的范畴,故未做收录。本书在文献收录和数据采集中存在不足、错误和遗漏,请读者多提宝贵意见。

本项工作得到了国家科学技术部科技基础性工作专项(2013FY113000)及国家基础研究发展计划项目(2012CB822003,2006CB700401)、国家自然科学基金项目(No.41272010)、现代古生物学和地层学国家重点实验室项目(No.103115)、中国科学院知识创新工程重要方向性项目(ZKZCX2-YW-154)及信息化建设专项(INF105-SDB-1-42),以及中国科学院科技创新交叉团队项目等的联合资助。

本书在编写过程中得到了中国科学院南京地质古生物研究所古植物学与孢粉学研究室主任王军等有关专家和同行的关心与支持,尤其是周志炎院士给予了多方面帮助和鼓励并撰写了总序;南京地质古生物研究所图书馆张小萍、褚存英等协助借阅图书和网上下载文献。此外,本书的顺利编写和出版与杨群所长以及现代古生物学和地层学国家重点实验室戎嘉余院士、沈树忠院士、袁训来主任的关心和帮助是分不开的。编者在此一并致以衷心的感谢。

编　者

目　录

系 统 记 录

△奇叶属 Genus *Acthephyllum* Duan et Chen,1982

1982　段淑英、陈晔,510 页。

1993a　吴向午,6,212 页。

1993b　吴向午,506,509 页。

模式种:*Acthephyllum kaixianense* Duan et Chen,1982

分类位置:分类位置不明的裸子植物(Gymnospermae incertae sedis)

△开县奇叶 *Acthephyllum kaixianense* **Duan et Chen,1982**

1982　段淑英、陈晔,510 页,图版 11,图 1—5;蕨叶;登记号:No.7173—No. 7176,No.7219;正
模:No.7219(图版 11,图 3);标本保存在中国科学院植物研究所;四川开县桐树坝;晚
三叠世须家河组。

1993a　吴向午,6,212 页。

1993b　吴向午,506,509 页。

△奇羊齿属 Genus *Aetheopteris* Chen G X et Meng,1984

1984　陈公信,587 页。

1993a　吴向午,6,213 页。

1993b　吴向午,501,509 页。

模式种:*Aetheopteris rigida* Chen G X et Meng,1984

分类位置:分类位置不明的裸子植物(Gymnospermae incertae sedis)

△坚直奇羊齿 *Aetheopteris rigida* **Chen G X et Meng,1984**

1984　陈公信、孟繁松,见陈公信,587 页,图版 261,图 3,4;图版 262,图 3;插图 133;蕨叶;登
记号:EP685;正模:EP685(图版 262,图 3);标本保存在湖北省地质局;副模:图版 261,
图 3,4;标本保存在宜昌地质矿产研究所;湖北荆门分水岭;晚三叠世九里岗组。

1993a　吴向午,6,213 页。

1993b　吴向午,501,509 页。

△准爱河羊齿属 Genus *Aipteridium* Li et Yao,1983

1983　李星学、姚兆奇,322 页。

1993a 吴向午,165 页。

模式种:*Aipteridium pinnatum*（Sixtel）Lee et Yao,1983

分类位置:种子蕨纲(Pteridospermopsida)

△羽状准爱河羊齿 *Aipteridium pinnatum*（Sixtel）Li et Yao,1983

1961 *Aipteris pinnatum* Sixtel,153 页,图版 3;蕨叶;南费尔干纳;晚三叠世。

1983 李星学、姚兆奇,322 页。

1991 姚兆奇、王喜富,50 页,图版 1,图 3—5;图版 2,图 1—3;插图 1—3;蕨叶;陕西宜君焦坪;晚三叠世中期延长群上部。

1993a 吴向午,165 页。

△库车准爱河羊齿 *Aipteridium kuqaense*（Wu et Zhou）Wu et Zhou,1996（中文发表）

1990 *Scytophyllum kuqaense* Wu et Zhou,吴舜卿、周汉忠,452,457 页,图版 3,图 1—2a,5,5a;蕨叶;新疆库车;早三叠世俄霍布拉克组。

1996 吴舜卿、周汉忠,6 页,图版 3,图 2—4;蕨叶;新疆库车库车河剖面;中三叠世克拉玛依组下段。(中文)

库车准爱河羊齿（比较种）*Aipteridium* cf. *kuqaense*（Wu et Zhou）Wu et Zhou

1996 吴舜卿、周汉忠,7 页,图版 3,图 5,5a;蕨叶;新疆库车库车河剖面;中三叠世克拉玛依组下段。

△直罗准爱河羊齿 *Aipteridium zhiluoense* Wang,1991

1991 姚兆奇、王喜富,50,55 页,图版 1,图 1,2;蕨叶;登记号:PB15532;正模:PB15532(图版 1,图 1);蕨叶;标本保存在中国科学院南京地质古生物研究所;陕西黄陵直罗;晚三叠世中期延长群上部。

准爱河羊齿（未定多种）*Aipteridium* spp.

1991 *Aipteridium* spp.,姚兆奇、王喜富,50 页,图版 1,图 3—5;图版 2,图 1—3;插图 1—3;蕨叶;陕西宜君焦坪;晚三叠世中期延长群上部。

爱河羊齿属 Genus *Aipteris* Zalessky,1939

1939 Zalessky,348 页。

1976 黄枝高、周惠琴,208 页。

1993a 吴向午,50 页。

模式种:*Aipteris speciosa* Zalessky,1939

分类位置:种子蕨纲(Pteridospermopsida)

灿烂爱河羊齿 *Aipteris speciosa* Zalessky,1939

1939 Zalessky,348 页,图 27;蕨叶;苏联 Karanaiera;二叠纪。

1993a 吴向午,50 页。

合脉爱河羊齿 *Aipteris nerviconfluens* Brick,1952

1952 Brick,37 页,图版 13,图 1—9;蕨叶;阿克秋宾斯克;晚三叠世。

1980　黄枝高、周惠琴,87 页,图版 35,图 3;图版 36,图 1,2;图版 37,图 2—5;蕨叶;陕西神木二十里墩、杨家坪;晚三叠世延长组下部。

△卵圆形爱河羊齿 *Aipteris obovata* Huang et Chow,1980
1980　黄枝高、周惠琴,88 页,图版 37,图 1;图版 38,图 2,3;插图 6,7;蕨叶;登记号:OP3040,OP3041;陕西神木杨家坪;晚三叠世延长组下部。(注:原文未指定模式标本)

△陕西爱河羊齿 *Aipteris shensiensis* Huang et Chow,1980
1980　黄枝高、周惠琴,88 页,图版 34,图 1—3;图版 35,图 1,2;蕨叶;登记号:OP405,OP531,OP532,OP536;陕西铜川柳林沟;晚三叠世延长组上部。(注:原文未指定模式标本)

1982　刘子进,128 页,图版 67,图 4;蕨叶;陕西铜川柳林沟;晚三叠世延长群顶部。

△五字湾爱河羊齿 *Aipteris wuziwanensis* Chow et Huang,1976 (non Huang et Chow,1980)
1976　周惠琴等,208 页,图版 113,图 2;图版 114,图 3B;图版 118,图 4;蕨叶;内蒙古准格尔旗五字湾;中三叠世二马营组上部。(注:原文未指明模式标本)

1993a　吴向午,50 页。

△五字湾爱河羊齿 *Aipteris wuziwanensis* Huang et Chow,1980 (non Chow et Huang,1976)
(注:此种名为 *Aipteris wuziwanensis* Chow et Huang,1976 的晚出等同名)
1980　黄枝高、周惠琴,89 页,图版 3,图 6;图版 5,图 2—3a;蕨叶;登记号:OP3008,OP3009,OP3103;内蒙古准格尔旗五字湾;中三叠世二马营组上部。[注:原文未指定模式标本;此标本后被改定为 *Scytophyllum wuziwanensis* (Huang et Zhou)(李星学等,1995)]

五字湾"爱河羊齿"(比较种) "*Aipteris*" cf. *wuziwanensis* Huang et Chow
1983　张武等,77 页,图版 2,图 14—16;插图 8;蕨叶;辽宁本溪林家崴子;中三叠世林家组。

爱河羊齿(未定种) *Aipteris* sp.
1983　*Aipteris* sp.,孟繁松,225 页,图版 4,图 3;蕨叶;湖北南漳东巩;晚三叠世九里岗组。

安杜鲁普蕨属 Genus *Amdrupia* Harris,1932
1932　Harris,29 页。
1954　徐仁,67 页。
1993a　吴向午,52 页。
模式种:*Amdrupia stenodonta* Harris,1932
分类位置:分类位置不明的裸子植物(Gymnospermae incertae sedis)

狭形安杜鲁普蕨 *Amdrupia stenodonta* Harris,1932
1932　Harris,29 页,图版 3,图 4;叶;东格陵兰斯科比湾;晚三叠世(*Lepidopteris* Zone)。
1952　*Amdrupiopsis sphenopteroides* Sze et Lee,斯行健、李星学,6,24 页,图版 3,图 7—7b;插图 1;蕨叶;四川威远矮山子;早侏罗世。
1954　徐仁,67 页,图版 57,图 3,4;叶;四川威远矮山子;早侏罗世。[注:此标本曾改定为 *Amdrupia sphenopteroides* (Sze et Lee) Lee(斯行健、李星学等,1963)]
1993a　吴向午,52 页。

△枝脉蕨型？安杜鲁普蕨 *Amdrupia? cladophleboides* Yao,1968

1968 姚兆奇,见《湘赣地区中生代含煤地层化石手册》,79 页,图版 3,图 4—6;蕨叶;湖南浏阳澄潭江;晚三叠世安源组紫家冲段;江西乐平涌山桥;晚三叠世安源组。(注:原文未指定模式标本)

1977 冯少南等,245 页,图版 94,图 8;蕨叶;湖南浏阳澄潭江、株洲华石;晚三叠世安源组。

1978 张吉惠,487 页,图版 163,图 8,9;蕨叶;贵州遵义山盆;晚三叠世。

1980 何德长、沈襄鹏,29 页,图版 7,图 4;图版 10,图 3;图版 11,图 7;图版 14,图 4;蕨叶;湖南资兴三都同日垅沟、浏阳澄潭江;晚三叠世安源组、三丘田组;广东乐昌狗牙洞;晚三叠世。

△喀什安杜鲁普蕨 *Amdrupia kashiensis* Gu et Hu,1984

1984 顾道源,157 页,图版 73,图 3,4;蕨叶;采集号:742H$_3$-37;登记号:XPAM12,XPAM13;标本保存在新疆维吾尔自治区石油管理局;新疆喀什反修煤矿;早侏罗世康苏组。

△广元？安杜鲁普蕨 *Amdrupia? kwangyuanensis* Huang,1992

1992 黄其胜,178 页,图版 17,图 1,1a;蕨叶;采集号:XY42;登记号:SX85021;标本保存在中国地质大学(武汉)古生物教研室;四川广元杨家崖;晚三叠世须家河组 3 段。

△楔羊齿型安杜鲁普蕨 *Amdrupia sphenopteroides* (Sze et Lee) Lee,1963

1952 *Amdrupiopsis sphenopteroides* Sze et Lee,斯行健、李星学,6,24 页,图版 3,图 7—7b;插图 1;蕨叶;四川威远矮山子;早侏罗世。

1954 *Amdrupia stenodonta* Harris,徐仁,67 页,图版 57,图 3,4;叶;四川威远矮山子;早侏罗世。

1963 李星学,见斯行健、李星学等,117 页,图版 43,图 9;蕨叶;四川巴县一品场、威远矮山子;早侏罗世香溪群。

楔羊齿型安杜鲁普蕨(比较属种) Cf. *Amdrupia sphenopteroides* (Sze et Lee) Lee

1964 李佩娟,146 页,图版 18,图 4,4a;蕨叶;四川广元杨家崖;晚三叠世须家河组。

安杜鲁普蕨(未定种) *Amdrupia* sp.

1999b *Amdrupia* sp.,吴舜卿,51 页,图版 43,图 3;蕨叶;四川万源万新煤矿;晚三叠世须家河组。

安杜鲁普蕨？(未定多种) *Amdrupia*? spp.

1982 *Amdrupia*? sp.,王国平等,293 页,图版 128,图 7;蕨叶;江西进贤罗溪;晚三叠世安源组。

1987 *Amdrupia*? sp.,何德长,74 页,图版 8,图 1;蕨叶;浙江遂昌枫坪;早侏罗世早期花桥组 2 层。

△拟安杜鲁普蕨属 Genus *Amdrupiopsis* Sze et Lee,1952

1952 斯行健、李星学,6,24 页。

1978 杨贤河,535 页。

1982 Watt,4 页。

1993a 吴向午,7,213 页。

1993b 吴向午,505,509 页。

模式种:*Amdrupiopsis sphenopteroides* Sze et Lee,1952

分类位置:分类位置不明的裸子植物(Gymnospermae incertae sedis)

△楔羊齿型拟安杜鲁普蕨 *Amdrupiopsis sphenopteroides* Sze et Lee,1952

1952　斯行健、李星学,6,24 页,图版 3,图 7—7b;插图 1;蕨叶;标本保存在中国科学院南京
　　　地质古生物研究所;四川威远矮山子;早侏罗世。[注:此标本曾被改定为 *Amdrupia
　　　stenodonta* Harris(徐仁,1954)和 *Amdrupia sphenopteroides*（Sze et Lee）Lee(斯行健、
　　　李星学等,1963)]

1962　李星学等,150 页,图版 91,图 3;蕨叶;长江流域;早侏罗世。

1978　杨贤河,535 页,图版 183,图 3,4;插图 123;蕨叶;四川大邑一品场;晚三叠世须家河组。

1982　Watt,4 页。

1993a　吴向午,7,213 页。

1993b　吴向午,505,509 页。

雄球果属 Genus *Androstrobus* Schimper,1870

1870　Schimper,199 页。

1979　徐仁、胡雨帆,见徐仁等,50 页。

1993a　吴向午,53 页。

模式种:*Androstrobus zamioides* Schimper,1870

分类位置:苏铁纲苏铁目(Cycadales,Cycadopsida)

查米亚型雄球果 *Androstrobus zamioides* Schimper,1870

1870　Schimper,199 页,图版 72,图 1—3;苏铁类雄性球果;法国 Etrochey;侏罗纪(Batho-
　　　nian)。

1993a　吴向午,53 页。

那氏雄球果 *Androstrobus nathorsti* Seward,1895

1895　Seward,110 页,图版 9,图 1—4;苏铁类雄性球果;英国;早白垩世(Wealden)。

那氏雄球果(比较属种) Cf. *Androstrobus nathorsti* Seward

1989　郑少林、张武,30 页,图版 1,图 1;雄性球果;辽宁新宾南杂木聂尔库村;早白垩世聂尔库组。

△塔状雄球果 *Androstrobus pagiodiformis* Hsu et Hu,1979

1979　徐仁、胡雨帆,见徐仁等,50 页,图版 45,图 2,2a;苏铁类雄性球果;标本号:No.874A;
　　　标本保存在中国科学院植物研究所;四川宝鼎;晚三叠世大荞地组中部。

1993a　吴向午,53 页。

雄球果(未定种) *Androstrobus* sp.

2002　*Androstrobus* sp.,吴向午等,162 页,图版 9,图 6A,14;图版 10,图 2—5a;小孢子叶;甘
　　　肃金昌青土井;中侏罗世宁远堡组下段;甘肃张掖白乱山;早—中侏罗世潮水群。

△窄叶属 Genus *Angustiphyllum* Huang，1983

1983　黄其胜，33 页。

1993a　吴向午，7，214 页。

1993b　吴向午，500，510 页。

模式种：*Angustiphyllum yaobuense* Huang，1983

分类位置：种子蕨纲（Pteridospermopsida）

△腰埠窄叶 *Angustiphyllum yaobuense* Huang，1983

1983　黄其胜，33 页，图版 4，图 1—7；叶；登记号：Ahe8132，Ahe8134—Ahe8138，Ahe8140；正模：Ahe8132，Ahe8134（图版 4，图 1，2）；标本保存在武汉地质学院古生物教研室；安徽怀宁拉犁尖；早侏罗世象山群下部。

1993a　吴向午，7，214 页。

1993b　吴向午，500，510 页。

异羽叶属 Genus *Anomozamites* Schimper，1870

1870（1869—1874）　Schimper，140 页。

1883　Schenk，246 页。

1963　斯行健、李星学等，162 页

1993a　吴向午，55 页。

模式种：*Anomozamites inconstans* Schimper，1870

分类位置：苏铁纲本内苏铁目（Bennettiales，Cycadopsida）

变异异羽叶 *Anomozamites inconstans*（Goeppert）Schimper，1870

1843（1841—1846）　*Pterophyllum inconstans* Goeppert，136 页；苏铁类叶部化石；德国巴伐利亚；晚三叠世（Rhaetic）。

1867（1865b—1867）　*Pterophyllum inconstans* Goeppert，Schenk，171 页，图版 37，图 5—9；苏铁类叶部化石；德国巴伐利亚；晚三叠世（Rhaetic）。

1870（1869—1874）　Schimper，140 页。

1954　徐仁，59 页，图版 51，图 1；羽叶；湖南浏阳，江西萍乡；晚三叠世。

1963　斯行健、李星学等，164 页，图版 63，图 7；羽叶；湖北当阳，四川巴县一品场；早侏罗世香溪群；江西萍乡胡家坊、吉安，安徽太湖，陕西；晚三叠世—早侏罗世。

1974b　李佩娟等，376 页，图版 200，图 7，8；羽叶；四川广元白田坝；早侏罗世白田坝组。

1977　冯少南等，227 页，图版 86，图 6；羽叶；湖北当阳；早—中侏罗世香溪群上煤组；湖南浏阳；晚三叠世安源组。

1978　杨贤河，508 页，图版 190，图 6；羽叶；四川广元白田坝；早侏罗世白田坝组。

1978　周统顺，图版 15，图 5；图版 22，图 3；羽叶；福建漳平大坑文宾山；晚三叠世文宾山组上段。

1979　徐仁等，60 页，图版 55，图 1—9b；羽叶；四川宝鼎干巴塘；晚三叠世大荞地组中上部。

1983　鞠魁祥等,图版1,图5;羽叶;江苏南京龙潭范家塘附近;晚三叠世范家塘组。
1984　陈公信,591页,图版243,图6a;图版244,图4,5;羽叶;湖北当阳桐竹园;早侏罗世桐竹园组。

变异异羽叶(比较种) *Anomozamites* cf. *inconstans* (Braun) Schimper
1988b　黄其胜、卢宗盛,图版9,图7;羽叶;湖北大冶金山店;早侏罗世武昌组中部。
1990　吴向午、何元良,304页,图版8,图1A,1a;羽叶;青海治多根涌曲-查日曲剖面;晚三叠世结扎群格玛组。

△间脉异羽叶 *Anomozamites alternus* Hsu et Hu,1975
1975　徐仁、胡雨帆,见徐仁等,73页,图版6,图1—3;插图1;羽叶;编号:No.2500b,No.2577b,No.25771a;模式标本:No.2500b(图版6,图1);标本保存在中国科学院北京植物研究所;云南永仁纳拉箐;晚三叠世大荞地组。
1978　杨贤河,508页,图版157,图2;羽叶;四川渡口;晚三叠世大荞地组。
1979　徐仁等,59页,图版54,图1—3;羽叶;四川宝鼎;晚三叠世大荞地组中上部。

安氏异羽叶 *Anomozamites amdrupiana* Harris,1932
1932　Harris,33页,图版8,图5;插图12;羽叶;东格陵兰斯科斯比湾(Scoresby Sound);晚三叠世(*Lepidopteris* Zone)。
1977　冯少南等,226页,图版98,图13—15;羽叶;湖北南漳、远安;晚三叠世香溪群下煤组。
1984　陈公信,591页,图版246,图8;羽叶;湖北远安九里岗;晚三叠世九里岗组。
1987　陈晔等,113页,图版24,图7,8;羽叶;四川盐边箐河;晚三叠世红果组。
1989　梅美棠等,101页,图版50,图6;羽叶;中国;晚三叠世。

安氏异羽叶(比较种) *Anomozamites* cf. *amdrupiana* Harris
1988　吴舜卿等,105页,图版1,图2;羽叶;江苏常熟梅李;晚三叠世范家塘组。
1999b　吴舜卿,34页,图版26,图6;羽叶;贵州六枝郎岱;晚三叠世火把冲组。

狭角异羽叶 *Anomozamites angulatus* Heer,1876
1876　Heer,103页,图版25,图1;羽叶;黑龙江上游;晚侏罗世。
1976　张志诚,191页,图版93,图4;图版95,图5,6;羽叶;内蒙古包头石拐沟;中侏罗世召沟组。
1980　张武等,267页,图版139,图2—4;羽叶;辽宁北票;中侏罗世蓝旗组;辽宁朝阳;早—中侏罗世。
1982b　郑少林、张武,311页,图版9,图8,9;羽叶;黑龙江密山裴德;中侏罗世裴德组。
1987　张武、郑少林,图版12,图1;羽叶;辽宁南票盘道沟;中侏罗世海房沟组。
1995b　邓胜徽,47页,图版18,图4;图版23,图3—6;图版34,图6;图版35,图5,6;插图18;羽叶和角质层;内蒙古霍林河盆地;早白垩世霍林河组。
1996　米家榕等,104页,图版13,图7;羽叶;辽宁北票海房沟;中侏罗世海房沟组。
1997　邓胜徽,38页,图版18,图1—3;图版20,图16;羽叶和角质层;内蒙古海拉尔大雁盆地;早白垩世伊敏组、大磨拐河组。

狭角异羽叶(比较种) *Anomozamites* cf. *angulatus* Heer
1983　张志诚、熊宪政,60页,图版6,图4,5;羽叶;黑龙江东宁盆地;早白垩世东宁组。

北极异羽叶 *Anomozamites arcticus* Vassilievskaja,1963
1963　Vassilievskaja,Pavlov,图版24,图3;图版25,图2;图版35,图3;图版38,图1A;羽叶;

北极；早白垩世。

1983 张志诚、熊宪政，59 页，图版 5，图 1—3,5,6；羽叶；黑龙江东宁盆地；早白垩世东宁组。

1992 孙革、赵衍华，536 页，图版 233，图 6；图版 240，图 3；羽叶；吉林汪清罗子沟；晚侏罗世金沟岭组。

1995a 李星学（主编），图版 97，图 6；图版 101，图 5；羽叶；黑龙江鹤岗；早白垩世石头河子组。（中文）

1995b 李星学（主编），图版 97，图 6；图版 101，图 5；羽叶；黑龙江鹤岗；早白垩世石头河子组。（英文）

△赵氏异羽叶 *Anomozamites chaoi* (Sze) Wang,1993

1933 *Ctenis chaoi* Sze，斯行健，18 页，图版 2，图 1—8；羽叶；四川广元须家河；晚三叠世晚期—早侏罗世。

1993 王士俊，34 页，图版 16，图 1,1a,6；图版 38，图 1—5；羽叶和角质层；广东乐昌关春；晚三叠世艮口群。

△密脉异羽叶 *Anomozamites densinervis* Lee,1976

1976 李佩娟等，121 页，图版 35，图 4—5a；羽叶；登记号：PB5390,PB5391；正模：PB5390（图版 35，图 4）；标本保存在中国科学院南京地质古生物研究所；四川渡口摩沙河；晚三叠世纳拉箐组大菁地段。

△访欧异羽叶 *Anomozamites fangounus* Duan,1987

1987 段淑英，42 页，图版 15，图 7；羽叶；登记号：S-PA-86-478；正模：S-PA-86-478（图版 15，图 7）；标本保存在瑞典国家自然历史博物馆；北京西山斋堂；中侏罗世。

△巨大异羽叶 *Anomozamites giganteus* Zhou,1978

1978 周统顺，112 页，图版 23，图 1—4；羽叶；采集号：WFT$_3$W$_2^{1-4}$；登记号：FKP054$_{1-4}$；标本保存在中国地质科学研究院地质矿产所；福建漳平大坑文宾山；晚三叠世文宾山组下段。（注：原文未指定模式标本）

1982 王国平等，262 页，图版 118，图 2,3；羽叶；福建漳平大坑；晚三叠世文宾山组。

1996 米家榕等，104 页，图版 14，图 7；羽叶；辽宁北票兴隆沟；中侏罗世海房沟组。

2003 许坤等，图版 6，图 2；羽叶；辽宁北票兴隆沟；中侏罗世海房沟组。

纤细异羽叶 *Anomozamites gracilis* Nathorst,1875

1875 Nathorst，383 页；羽叶；瑞士；晚三叠世。

1876 Nathorst，43 页，图版 12，图 4—12；羽叶；瑞士；晚三叠世。

1999b 孟繁松，图版 1，图 9；羽叶；湖北秭归泄滩；中侏罗世陈家湾组。

纤细异羽叶（比较种）*Anomozamites* cf. *gracilis* Nathorst

1949 斯行健，16 页，图版 2，图 6；图版 7，图 5；羽叶；湖北秭归香溪；早侏罗世香溪煤系。

1963 斯行健、李星学等，163 页，图版 63，图 8,8a；羽叶；湖北秭归香溪；早侏罗世香溪群。

1977 冯少南等，226 页，图版 84，图 2；羽叶；湖北当阳；早—中侏罗世香溪群上煤组；湖北远安；晚三叠世香溪群下煤组。

1982 张采繁，530 页，图版 340，图 6；图版 344，图 5；羽叶；湖南湘潭杨家桥；早侏罗世石康组。

1983 段淑英等，图版 12，图 4；羽叶；云南宁蒗背箩山；晚三叠世。

1984 陈芬等，52 页，图版 21，图 5；羽叶；北京西山门头沟；早侏罗世上窑坡组。

1984 陈公信，591 页，图版 244，图 3；羽叶；湖北当阳三里岗；早侏罗世桐竹园组；湖北秭归香溪；早侏罗世香溪组。

1997　孟繁松、陈大友,图版 2,图 5,6;羽叶;四川云阳南溪;中侏罗世自流井组东岳庙段。

2003　孟繁松等,图版 2,图 6－8;羽叶;四川云阳水市口;早侏罗世自流井组东岳庙段。

纤细异羽叶(比较属种) *Anomozamites* cf. *A. gracilis* Nathorst

1993　米家榕等,110 页,图版 20,图 6,6a;羽叶;吉林双阳八面石煤矿;晚三叠世小蜂蜜顶子
　　　组上段。

△海房沟异羽叶 *Anomozamites haifanggouensis*（Kimura,Ohana,Zhao et Geng）Zheng et Zhang,2003(英文发表)

1994　*Pankuangia haifanggouensis* Kimura, Ohana, Zhao, Geng,见 Kimura 等,257 页,图
　　　2－4,8;苏铁类叶部化石;辽宁锦西;中侏罗世海房沟组。

2003　郑少林、张武,见郑少林等,667 页,图 2－7;羽叶和生殖器官;内蒙古宁城道虎沟;中侏
　　　罗世海房沟组。

哈兹异羽叶 *Anomozamites hartzii* Harris,1926

1926　Harris,86 页,图版 5,图 3,4a,5;插图 15A－15E;羽叶和角质层;东格陵兰斯科斯比
　　　湾;晚三叠世 *Thaumatopteris* 带。

1996　米家榕等,104 页,图版 14,图 3;羽叶;河北抚宁石门寨;早侏罗世北票组。

哈兹异羽叶(比较种) *Anomozamites* cf. *hartzii* Harris

1979　徐仁等,59 页,图版 54,图 5－8;羽叶;四川宝鼎;晚三叠世大荞地组中上部。

1984　顾道源,149 页,图版 78,图 1;羽叶;新疆喀什反修煤矿;中侏罗世杨叶组。

△荆门异羽叶 *Anomozamites jingmenensis* Chen G X,1984

1984　陈公信,592 页,图版 243,图 3;羽叶;登记号:EP753;标本保存在湖北省地质局;湖北
　　　荆门烟墩;早侏罗世桐竹园组。

科尔尼洛夫异羽叶 *Anomozamites kornilovae* Orlovskaja,1976

1976　Orlovskaja,57 页,图版 19,图 1－8;图版 20,图 1－8;图版 21,图 1－5;插图 26a－26h;
　　　羽叶;南哈萨克斯坦;中侏罗世。

1987　张武、郑少林,276 页,图版 9,图 7;图版 12,图 2－6;羽叶;辽宁北票长皋台子山;中侏
　　　罗世蓝旗组;辽宁南票盘道沟;中侏罗世海房沟组。

△苦竹异羽叶 *Anomozamites kuzhuensis* Chen G X,1984

1984　陈公信,592 页,图版 245,图 6－8;羽叶;登记号:EP553－EP555;标本保存在湖北省地
　　　质局;湖北蒲圻苦竹桥;晚三叠世鸡公山组。(注:原文未指定模式标本)

△宽轴异羽叶 *Anomozamites latirhchis* Duan,1987

1987　段淑英,41 页,图版 15,图 6;羽叶;登记号:S-PA-86-482;正模:S-PA-86-482(图版 15,
　　　图 6);标本保存在瑞典国家自然历史博物馆;北京西山斋堂;中侏罗世。

△宽羽状异羽叶 *Anomozamites latipinnatus* Wang,1984

1984　王自强,258 页,图版 138,图 1－5;图版 159,图 6－8;图版 160,图 1,2;羽叶和角质层;
　　　登记号:P0251－P0255;合模 1:P0251(图版 138,图 1);合模 2:P0253(图版 138,图 3);
　　　标本保存在中国科学院南京地质古生物研究所;河北下花园;中侏罗世门头沟组。

［注：依据《国际植物命名法规》《维也纳法规》）第 37.2 条,1958 年起,模式标本只能是 1 块标本］

△洛采异羽叶 *Anomozamites loczyi* Schenk,1885

1885　Schenk,172(10)页,图版 14(2),图 1—4;羽叶;四川广元;晚三叠世晚期—早侏罗世。

1963　斯行健、李星学等,165,图版 52,图 4;图版 103,图 1;羽叶;四川广元;晚叠世晚期须家河组。

1964　李佩娟,125,172 页,图版 14,图 5,5a;羽叶;四川广元须家河;晚三叠世晚期须家河组。

1968　《湘赣地区中生代含煤地层化石手册》,59 页,图版 16,图 1,1a;羽叶;湘赣地区;晚三叠世。

1974a　李佩娟等,359 页,图版 194,图 4—6;羽叶;四川广元须家河、彭县磁峰场;晚三叠世须家河组。

1976　李佩娟等,122 页,图版 34,图 2—4a;羽叶;云南禄丰一平浪;晚三叠世一平浪组干海子段。

1977　冯少南等,226 页,图版 86,图 4;羽叶;湖南东部;晚三叠世安源组。

1978　杨贤河,508 页,图版 180,图 6;羽叶;四川彭县磁峰场;晚三叠世须家河组。

1978　周统顺,111 页,图版 22,图 7;羽叶;福建漳平大坑文宾山;晚三叠世文宾山组上段。

1980　黄枝高、周惠琴,92 页,图版 28,图 5;羽叶;陕西铜川焦坪;晚三叠世延长组上部。

1982　张采繁,530 页,图版 355,图 3,3a;羽叶;湖南衡阳哲桥;晚三叠世。

1984　陈公信,592 页,图版 244,图 6—8;图版 269,图 19b;羽叶;湖北蒲圻苦竹桥;晚三叠世鸡公山组;湖北当阳庙前;晚三叠世九里岗组。

1986　叶美娜等,48 页,图版 28,图 10,10a;羽叶;四川开县温泉;晚三叠世须家河组 3 段。

1987　陈晔等,113 页,图版 15,图 5;图版 16,图 9;图版 25,图 1—3;羽叶;四川盐边箐河;晚三叠世红果组。

1989　梅美棠等,101 页,图版 50,图 7;插图 3-73;羽叶;华南地区;晚三叠世。

洛采异羽叶（比较种）*Anomozamites* cf. *loczyi* Schenk

1982　李佩娟、吴向午,51 页,图版 6,图 3;图版 10,图 4;羽叶;四川乡城三区上热坞村;晚三叠世喇嘛垭组。

1982　王国平等,262 页,图版 118,图 4;羽叶;福建漳平大坑;晚三叠世大坑组。

较大异羽叶 *Anomozamites major* (Brongniart) Nathorst,1878

1825　*Pterophyllum majus* Brongniart,219 页,图版 12,图 7;羽叶;瑞典;晚三叠世。

1878　Nathorst,21 页。

1987　段淑英,41 页,图版 114,图 3;羽叶;北京西山斋堂;中侏罗世。

1989　段淑英,图版 1,图 4;羽叶;北京西山斋堂;中侏罗世门头沟煤系。

2003　邓胜徽等,图版 69,图 2;羽叶;新疆哈密三道岭煤矿;中侏罗世西山窑组。

?较大异羽叶 ?*Anomozamites major* (Brongniart) Nathorst

1965　曹正尧,522 页,图版 6,图 6;羽叶;广东高明松柏坑;晚三叠世小坪组。

较大异羽叶（比较种）*Anomozamites* cf. *major* (Brongniart) Nathorst

1933d　斯行健,30 页,图版 8,图 4,5;羽叶;内蒙古萨拉齐石拐子;早侏罗世。

1933d　斯行健,57 页,图版 9,图 5;羽叶;安徽太湖新仓;晚三叠世晚期。

1949　斯行健,16 页,图版 2,图 5;图版 3,图 9;图版 6,图 7;图版 14,图 14;羽叶;湖北秭归香溪;早侏罗世香溪煤系。

1963　李星学(主编),图版1,图2;羽叶;浙江寿昌李家;早一中侏罗世乌灶组。

1963　斯行健、李星学等,165页,图版63,图4,5;羽叶;湖北秭归香溪;早侏罗世香溪群;安徽太湖新仓;晚三叠世一早侏罗世。

1977　冯少南等,227页,图版84,图8;羽叶;湖北秭归;早一中侏罗世香溪群上煤组。

1978　周统顺,图版22,图4;羽叶;福建上杭矾头;晚三叠世大坑组上段。

1980　张武等,267页,图版140,图1,2;羽叶;辽宁凌源;早侏罗世郭家店组。

1982　王国平等,263页,图版119,图6;羽叶;福建漳平大坑;晚三叠世大坑组。

1983　李杰儒,图版2,图11－16;羽叶;辽宁南票后富隆山盘道沟;中侏罗世海房沟组3段。

1984　陈芬等,52页,图版21,图3,4;羽叶;北京西山大台、斋堂;早侏罗世下窑坡组;北京西山大安山;早侏罗世上窑坡组;北京西山大台、大安山;中侏罗世龙门组。

2002　吴向午等,159页,图版9,图11A;图版10,图10A,11;羽叶;甘肃山丹毛湖洞;早侏罗世芨芨沟组上段。

具缘异羽叶 *Anomozamites marginatus*（Unger）Nathorst,1876

1850　*Pterophyllum marginatum* Unger,286页。

1867　*Pterophyllum marginatum* Unger,Schenk,166页,图版37,图2－4;羽叶;瑞典(Pasjoe 与 Hoer);晚三叠世。

1876(1878)　Nathorst,43页(1876),22页(1878),图版12,图1－3;羽叶;瑞典(Pasjoe 与 Hoer);晚三叠世。

1986　叶美娜等,48页,图版28,图6B,6b;羽叶;四川达县雷音铺;晚三叠世须家河组7段。

具缘异羽叶(比较属种) Cf. *Anomozamites marginatus*（Unger）Nathorst

1982b　吴向午,92页,图版19,图3;羽叶;西藏贡觉夺盖拉煤点;晚三叠世巴贡组上段。

具缘异羽叶(比较种) *Anomozamites* cf. *marginatus*（Unger）Nathorst

1984　陈公信,592页,图版247,图7,8;叶;湖北鄂城程潮;早侏罗世武昌组。

1996　米家榕等,105页,图版14,图12;羽叶;河北抚宁石门寨;早侏罗世北票组。

较小异羽叶 *Anomozamites minor*（Brongniart）Nathorst,1878

1825　*Pterophyllum minor* Brongniart,218页,图版12,图8;羽叶;瑞典;晚三叠世。

1878　Nathorst,19页,图版2,图12;羽叶;瑞典;晚三叠世。

1956　敖振宽,24页,图版5,图2;羽叶;广东广州小坪;晚三叠世小坪煤系。

1963　周惠琴,174页,图版75,图2;羽叶;广东河源;晚三叠世。

1964　李星学等,124页,图版79,图1;羽叶;华南地区;晚三叠世晚期一早侏罗世。

1977　冯少南等,226页,图版83,图4;羽叶;广东河源;晚三叠小坪组。

1979　徐仁等,60页,图版56,图1－7;羽叶;四川宝鼎;晚三叠世大荞地组中上部。

1982　王国平等,263页,图版117,图2;羽叶;江西横峰西山;晚三叠世安源组。

1983　鞠魁祥等,图版3,图1;羽叶;江苏南京龙潭范家塘;晚三叠世范家塘组。

1986　陈晔等,42页,图版8,图6;羽叶;四川理塘;晚三叠世拉纳山组。

1993　米家榕等,110页,图版20,图7;羽叶;黑龙江东宁罗圈站;晚三叠世罗圈站组。

1996　米家榕等,105页,图版14,图1,4,8,10－13,22;羽叶;河北抚宁石门寨;早侏罗世北票组。

?较小异羽叶 ?*Anomozamites minor*（Brongniart）Nathorst

1968　《湘赣地区中生代含煤地层化石手册》,60页,图版16,图3;羽叶;湖南浏阳澄潭江;晚三叠世安源组三坵田下段。

较小异羽叶(比较种) *Anomozamites* cf. *minor* (Brongniart) Nathorst

1933d 斯行健,56 页,图版 9,图 6—10;羽叶;安徽太湖新仓;晚三叠世晚期。

1954 徐仁,59 页,图版 48,图 3;羽叶;江西吉安、崇仁,安徽太湖新仓;晚三叠世(Rhaetic)。

1958 汪龙文等,591 页,图 592(上部);羽叶;江西,安徽;晚三叠世。

1962 李星学等,148 页,图版 86,图 10;羽叶;长江流域;晚三叠世—早侏罗世。

1963 斯行健、李星学等,166 页,图版 63,图 6;羽叶;江西吉安、崇仁,安徽太湖新仓;晚三叠世—早侏罗世。

1976 李佩娟等,122 页,图版 34,图 5—6a;羽叶;四川渡口摩沙河;晚三叠世纳拉箐组大荞段。

1978 张吉惠,482 页,图版 162,图 5;羽叶;贵州六枝郎岱;晚三叠世。

1978 周统顺,图版 22,图 6;羽叶;福建漳平大坑文宾山;晚三叠世大坑组上段。

1982 刘子进,131 页,图版 75,图 12;羽叶;陕西凤县户家窑;中侏罗世龙家沟组。

1982 张采繁,530 页,图版 348,图 9;羽叶;湖南浏阳料源、宜章长策下坪;早侏罗世唐垅组。

1983 李杰儒,23 页,图版 2,图 10;羽叶;辽宁南票后富隆山盘道沟;中侏罗世海房沟组 3 段。

1987 陈晔等,113 页,图版 25,图 4—6;羽叶;四川盐边箐河;晚三叠世红果组。

1988 李佩娟等,83 页,图版 55,图 2,2a;羽叶;青海大柴旦大煤沟;中侏罗世大煤沟组 *Tyrmia-Sphenobaiera* 层。

1998 张泓等,图版 40,图 3,4,7;羽叶;青海德令哈旺尕秀、大柴旦大煤沟;中侏罗世石门沟组。

1999b 孟繁松,图版 1,图 7,8;羽叶;湖北秭归泄滩;中侏罗世陈家湾组。

1999b 吴舜卿,34 页,图版 26,图 5;羽叶;四川广元上寺;晚三叠世须家河组。

较小异羽叶(比较属种) Cf. *Anomozamites minor* (Brongniart) Nathorst

1933d 斯行健,41 页,图版 8,图 8;羽叶;江西吉安;晚三叠世晚期。[注:此标本后改定为 *Anomozamites* cf. *minor* (Brongniart) Nathorst(斯行健、李星学等,1963)]

1996 *Anomozamites* cf. *A. minor* (Brongniart) Nathorst,孙跃武等,图版 1,图 13;羽叶;河北承德上谷;早侏罗世南大岭组。

莫理斯异羽叶 *Anomozamites morrisianus* (Oldham) Schimper,1872

1863 *Pterophyllum morrisianum* Oldham,见 Oldham,Morris,20 页,图版 15,图 1;图版 17,图 2;羽叶;印度比哈尔(Bihar);晚侏罗世(Rajmahal Stage)。

1870—1872 Schimper,143 页;羽叶;印度比哈尔;晚侏罗世 Rajmahal 期。

1925 Teilhard de Chardin,Fritel,534 页;插图 5;羽叶;辽宁丰镇;侏罗纪。[注:此标本后被改定为 *Pterophyllum*? sp.(斯行健、李星学等,1963)]

△多脉异羽叶 *Anomozamites multinervis* Duan et Zhang,1979

1979b 段淑英、张玉成,见陈晔等,187 页,图版 2,图 7;羽叶;标本号:No. 7040;标本保存在中国科学院植物研究所古植物研究室;四川盐边红泥煤田;晚三叠世大荞地组。

光亮异羽叶 *Anomozamites nitida* Harris,1932

1932 Harris,30 页,图版 2,图 2;图版 3,图 1,7,8,12;插图 11;羽叶和角质层;东格陵兰斯科斯比湾;晚三叠世(*Lepidopteris* Zone)。

1980 张武等,267 页,图版 139,图 6;羽叶;辽宁凌源;早侏罗世郭家店组。

光亮异羽叶(比较种) *Anomozamites* cf. *nitida* Harris

1978　周统顺,图版22,图5;羽叶;福建漳平大坑文宾山;晚三叠世文宾山组上段。

1996　米家榕等,105页,图版14,图16;羽叶;河北抚宁石门寨;早侏罗世北票组。

尼尔桑异羽叶 *Anomozamites nilssoni* (Phillips) Seward,1900

1829　*Asplniopteris nilssoni* Phillips,147页,图版8,图4;羽叶;英国约克郡(Yorkshire);中侏罗世。

1900　Seward,204页;插图36;羽叶;英国约克郡;中侏罗世。

1984　陈芬等,52页,图版22,图4,5;羽叶;北京西山斋堂;早侏罗世上窑坡组。

1987　孟繁松,250页,图版35,图5,6;插图20;羽叶;湖北当阳陈垸;早侏罗世香溪组。

尼尔桑异羽叶(比较种) *Anomozamites* cf. *nilssoni* (Phillips) Seward

1980　张武等,267页,图版139,图5;羽叶;辽宁凌源;早侏罗世郭家店组。

△东方异羽叶 *Anomozamites orientalis* Wu,1982

1982b　吴向午,93页,图版14,图1,1a,2B;图版15,图3;图版16,图6;图版19,图5B,6(?);羽叶;采集号:fx10,fx44,fx57,fx65,F003-2,F003-7,F208;登记号:PB7790—PB7795;正模:PB7794(图版14,图2B);标本保存在中国科学院南京地质古生物研究所;西藏昌都希雄煤点、察雅巴贡一带;晚三叠世巴贡组上段。

△厚缘异羽叶 *Anomozamites pachylomus* Hsu et Hu,1975

1975　徐仁、胡雨帆,见徐仁等,74页,图版5,图7,8;图版6,图4—10;羽叶;编号:No.729d,No.764,No.2572,No.2573,No.2771b,No.2771c;正模:No.2771c(图版5,图8);标本保存在中国科学院北京植物研究所;云南永仁纳拉箐;晚三叠世大荞地组。

1978　杨贤河,509页,图版158,图2;羽叶;四川渡口;晚三叠世大荞地组。

1979　徐仁等,60页,图版55,图9,10;图版56,图8—17;图版57,图2;插图17;羽叶;四川宝鼎;晚三叠世大荞地组中上部;四川渡口太平场;晚三叠世大箐组下部。

△疏脉异羽叶 *Anomozamites paucinervis* Wu,1982

1982b　吴向午,93页,图版14,图2A,2a;图版15,图5A,5a;羽叶;采集号:fx57,fx65;登记号:PB7796,PB7797;正模:PB7796(图版15,图5A,5a);标本保存在中国科学院南京地质古生物研究所;西藏昌都希雄煤点;晚三叠世巴贡组上段。

疏脉异羽叶(比较种) *Anomozamites* cf. *paucinervis* Wu

1990　吴向午、何元良,304页,图版6,图3;羽叶;青海玉树上拉秀;晚三叠世结扎群格玛组。

△假敏斯特异羽叶 *Anomozamites pseudomuensterii* (Sze) Duan,1987

1931　*Pterophyllum pseudomuensterii* Sze,12页,图版2,图2,3;羽叶;江西萍乡;晚三叠世—早侏罗世。

1987　段淑英,39页,图版13,图1,4;羽叶;北京西山斋堂;中侏罗世。

△羽毛异羽叶 *Anomozamites ptilus* Hu,1975

1975　胡雨帆,见徐仁等,74页,图版6,图11,12;羽叶;登记号:No.2852b;标本保存在中国科学院植物研究所;云南永仁纳拉箐;晚三叠世大荞地组。

1978　杨贤河,509页,图版158,图3;羽叶;四川渡口;晚三叠世大荞地组。

1979　徐仁等,61页,图版57,图1,2;羽叶;四川宝鼎;晚三叠世大荞地组中上部。

△蒲圻异羽叶 *Anomozamites puqiensis* Chen G X,1984

1984　陈公信,592 页,图版 245,图 1—5;羽叶;登记号:EP536,EP539—EP541,EP547;标本保存在湖北省地质局;湖北蒲圻苦竹桥;晚三叠世鸡公山组。(注:原文未指定模式标本)

△昌都异羽叶 *Anomozamites qamdoensis* Wu,1982

1982b　吴向午,92 页,图版 14,图 3,3a;图版 17,图 4A,4a;羽叶;采集号:fx44,fx67;登记号:PB7787,PB7788;正模:PB7787(图版 14,图 3,3a);标本保存在中国科学院南京地质古生物研究所;西藏昌都希雄煤点;晚三叠世巴贡组上段。

△方形异羽叶 *Anomozamites quadratus* Cao,1998（中文和英文发表）

1998　曹正尧,285,291 页,图版 6,图 1B,2—10;羽叶和角质层;采集号:NAM-0033;登记号:PB17610b;正模:PB17610b(图版 6,图 1B);标本保存在中国科学院南京地质古生物研究所;安徽宿松毛岭;早侏罗世磨山组。

△简单异羽叶 *Anomozamites simplex* Cao et Shang,1990

1990　曹正尧、商平,47 页,图版 8,图 1—4;羽叶;登记号:PB14729—PB14732;正模:PB14729(图版 8,图 1);标本保存在中国科学院南京地质古生物研究所;辽宁北票长皋蛇不歹;中侏罗世蓝旗组。

△中国异羽叶 *Anomozamites sinensis* Zhang et Zheng,1987

1987　张武、郑少林,277 页,图版 14,图 1—8;插图 17;羽叶和角质层;登记号:SG110033—SG110041;标本保存在沈阳地质矿产研究所;辽宁朝阳良图沟拉马沟;中侏罗世海房沟组;辽宁北票长皋台子山;中侏罗世蓝旗组。(注:原文未指定模式标本)

1990　曹正尧、商平,图版 7,图 1—3a;羽叶;辽宁北票长皋蛇不歹;中侏罗世蓝旗组。

△特别异羽叶 *Anomozamites specialis* Li,1988

1988　李佩娟等,84 页,图版 55,图 6;图版 56,图 1,1a;图版 57,图 1;图版 77,图 1A;图版 106,图 3,4;图版 108,图 5;图版 110,图 1;羽叶和角质层;采集号:80DJ$_{2d}$F$_u$;登记号:PB13543—PB13545;正模:PB13545(图版 77,图 1A);标本保存在中国科学院南京地质古生物研究所;青海大柴旦大煤沟;中侏罗世大煤沟组 *Tyrmia-Sphenobaiera* 层。

托氏异羽叶 *Anomozamites thomasi* Harris,1969

1969　Harris,84 页,插图 39,40;羽叶和角质层;英国约克郡;中侏罗世。

1984　陈芬等,53 页,图版 21,图 1,2;羽叶;北京西山门头沟、大台;中侏罗世龙门组;北京西山大台;早侏罗世上窑坡组。

1984　王自强,259 页,图版 138,图 6—10;图版 159,图 1—5;图版 160,图 3—9;羽叶和角质层;河北下花园;中侏罗世门头沟组。

2003　邓胜徽等,图版 68,图 1,2;羽叶;新疆库车库车河剖面;中侏罗世克孜勒努尔组。

2003　邓胜徽等,图版 72,图 2;羽叶;新疆哈密三道岭煤矿;中侏罗世西山窑组。

△乌兰异羽叶 *Anomozamites ulanensis* Li et He,1979

1979　李佩娟、何元良,见何元良等,148 页,图版 72,图 2—3a;羽叶和角质层;采集号:H74049;登记号:PB6388;正模:PB6388(图版 72,图 2);标本保存在中国科学院南京地质古生物研究所;青海大柴旦大煤沟;中侏罗世大煤沟组。

1988　李佩娟等,84 页,图版 56,图 2;羽叶;青海大柴旦大煤沟;中侏罗世石门沟组

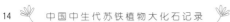

Nilssonia 层。

异羽叶（未定多种）*Anomozamites* spp.

1883 *Anomozamites* sp.,Schenk,246 页,图版 46,图 6a;羽叶;内蒙古土木路察哈尔右旗(?);
侏罗纪。

1883 *Anomozamites* sp.,Schenk,258 页,图版 51,图 8;羽叶;四川广元;侏罗纪。

1963 *Anomozamites* sp.,斯行健、李星学等,166 页,图版 63,图 2;羽叶;陕西西乡檀木坝;早
一中侏罗世。

1968 *Anomozamites* sp.,《湘赣地区中生代含煤地层化石手册》,60 页,图版 15,图 5;图版 29,
图 2a;羽叶;湖南浏阳澄潭江;晚三叠世安源组三坵田下段;江西乐平涌山桥;晚三叠世
安源组。

1979 *Anomozamites* sp.1,徐仁等,61 页,图版 55,图 11,12;羽叶;四川宝鼎花山;晚三叠世大
荞地组中上部。

1979 *Anomozamites* sp.2,徐仁等,61 页,图版 54,图 4;羽叶;四川宝鼎;晚三叠世大荞地组中
上部。

1980 *Anomozamites* sp.,吴舜卿等,78 页,图版 3,图 8;羽叶;湖北兴山耿家河;晚三叠世沙镇
溪组。

1980 *Anomozamites* sp.,吴舜卿等,97 页,图版 14,图 1,1a;羽叶;湖北秭归沙镇溪;早一中侏
罗世香溪组。

1982 *Anomozamites* sp.,段淑英、陈晔,图版 16,图 13;羽叶;四川开县桐树坝;晚三叠世须家河组。

1982b *Anomozamites* sp.,杨学林、孙礼文,35 页,图版 9,图 1;羽叶;大兴安岭东南部红旗煤
矿;早侏罗世红旗组。

1982b *Anomozamites* sp.,杨学林、孙礼文,51 页,图版 21,图 1;羽叶;大兴安岭东南部大有屯;
中侏罗世万宝组。

1982 *Anomozamites* sp.1,张采繁,530 页,图版 348,图 7;羽叶;湖南宜章长策下坪;早侏罗世
唐垅组。

1982 *Anomozamites* sp.2,张采繁,530 页,图版 348,图 9;羽叶;湖南宜章长策下坪;早侏罗世
唐垅组。

1983 *Anomozamites* sp.,张志诚、熊宪政,60 页,图版 7,图 4;羽叶;黑龙江东宁盆地;早白垩
世东宁组。

1984 *Anomozamites* sp.1,陈芬等,53 页,图版 21,图 6;羽叶;北京西山大台;中侏罗世龙门组。

1985 *Anomozamites* sp.,杨学林、孙礼文,106 页,图版 2,图 3;羽叶;大兴安岭南部万宝大有
屯;中侏罗世万宝组。

1986 *Anomozamites* sp.,陈晔等,42 页,图版 10,图 7;羽叶;四川理塘;晚三叠世拉纳山组。

1987 *Anomozamites* sp.1,陈晔等,114 页,图版 25,图 8;羽叶;四川盐边箐河;晚三叠世红果组。

1987 *Anomozamites* sp.2,陈晔等,114 页,图版 25,图 9;羽叶;四川盐边箐河;晚三叠世红果组。

1987 *Anomozamites* sp.3,陈晔等,114 页,图版 15,图 4;羽叶;四川盐边箐河;晚三叠世红果组。

1987 *Anomozamites* sp.,何德长,84 页,图版 21,图 2;羽叶;福建漳平大坑;晚三叠世文宾山组。

1988 *Anomozamites* sp.(sp. nov.?),李佩娟等,85 页,图版 55,图 3A;图版 104,图 13;图版
105,图 3,4;羽叶和角质层;青海大柴旦大煤沟;早侏罗世火烧山组 *Cladophlebis* 层。

1988 *Anomozamites* sp.,孙革、商平,图版 4,图 2;羽叶;内蒙古霍林河煤田;早白垩世霍林河组。

1992 *Anomozamites* sp.[Cf. *A. minor* (Brongniart) Nathorst],孙革、赵衍华,536 页,图版

234,图 2;羽叶;吉林柳河柳条沟;中侏罗世侯家屯组。

1992 *Anomozamites* sp.,孙革、赵衍华,536 页,图版 234,图 5;羽叶;吉林和龙松下坪;晚侏罗世长财组。

1993 *Anomozamites* sp. 1,王士俊,35 页,图版 14,图 22;图版 36,图 6—8;羽叶和角质层;广东乐昌关春;晚三叠世艮口群。

1993 *Anomozamites* sp. 2,王士俊,36 页,图版 14,图 6;图版 16,图 3;羽叶;广东乐昌关春;晚三叠世艮口群。

1993 *Anomozamites* sp. 3,王士俊,36 页,图版 14,图 10;羽叶;广东乐昌关春;晚三叠世艮口群。

1993a *Anomozamites* sp.,吴向午,55 页。

1998 *Anomozamites* sp.,张泓等,图版 41,图 8;羽叶;甘肃兰州窑街;中侏罗世窑街组。

1999 *Anomozamites* sp.,商平等,图版 2,图 3;羽叶;新疆吐哈盆地;中侏罗世西山窑组。

2000 *Anomozamites* sp.,曹正尧,图版 1,图 12B;羽叶;安徽宿松毛岭;早侏罗世武昌组。

2002 *Anomozamites* sp.,吴向午等,159 页,图版 9,图 11B,12;图版 10,图 8,9,10B;羽叶;甘肃山丹毛湖洞;早侏罗世芨芨沟组上段。

2003 *Anomozamites* sp.,邓胜徽等,图版 69,图 1;羽叶;新疆哈密三道岭煤矿;中侏罗世西山窑组。

2003 *Anomozamites* sp.,袁效奇等,图版 19,图 3A;羽叶;内蒙古达拉特旗高头窑柳沟;中侏罗世延安组。

异羽叶?（未定种）*Anomozamites*? sp.

1966 *Anomozamites*? sp. (Cf. *Sinoctenis venulosa* Wu),吴舜卿,237 页,图版 2,图 3;羽叶;贵州安龙龙头山;晚三叠世。

大网羽叶属 Genus *Anthrophyopsis* Nathorst,1878

1878 Nathorst,43 页。

1933 Florin,55 页。

1963 斯行健、李星学等,195 页。

1993a 吴向午,56 页。

模式种:*Anthrophyopsis nilssoni* Nathorst,1878

分类位置:苏铁纲苏铁目(Cycadales,Cycadopsida)

尼尔桑大网羽叶 *Anthrophyopsis nilssoni* Nathorst,1878

1878 Nathorst,43 页,图版 7,图 5;图版 8,图 6;叶碎片;瑞典(Bjuf);晚三叠世(Rhaetic)。

1993a 吴向午,56 页。

粗脉大网羽叶 *Anthrophyopsis crassinervis* Nathorst,1878

1878 Nathorst,44 页,图版 7,图 3;叶碎片;瑞典 Bjuf;晚三叠世(Rhaetic)。

1954 徐仁,57 页,图版 50,图 3,4;叶;江西萍乡高坑,湖南醴陵;晚三叠世。

1962 李星学等,146 页,图版 88,图 3;叶;长江流域;晚三叠世。

1963 斯行健、李星学等,196 页,图版 54,图 1;图版 55,图 3;叶;江西萍乡高坑、乐平、蕉岭,湖南醴陵,云南广通一平浪;晚三叠世(Rhaetic)。

1964 李星学等,123 页,图版 79,图 2,3;叶;华南地区;晚三叠世晚期。

1968 《湘赣地区中生代含煤地层化石手册》,70 页,图版 23,图 1—3;图版 24,图 4,5;叶;湘赣地区;晚三叠世。

1974a 李佩娟等,360 页,图版 192,图 6,7;叶;四川广元须家河、彭县磁峰场;晚三叠世须家河组。

1977 冯少南等,223 页,图版 90,图 4;叶;广东曲江、乐昌;晚三叠世小坪组;湖南东部;晚三叠世安源组。

1978 杨贤河,521 页,图版 165,图 1;叶;四川大邑中河;晚三叠世须家河组。

1978 周统顺,115 页,图版 25,图 3;叶;福建上杭矾头;晚三叠世大坑组上段。

1980 何德长、沈襄鹏,23 页,图版 11,图 1,5;叶;湖南浏阳澄潭江;晚三叠世安源组;广东曲江红卫坑;晚三叠世。

1982 王国平等,271 页,图版 126,图 8;叶;江西萍乡高坑;晚三叠世安源组;福建上杭矾头;晚三叠世文宾山组。

1982 张采繁,534 页,图版 349,图 2;图版 352,图 10;图版 353,图 1;叶;湖南浏阳澄潭江、醴陵石门口、衡阳水寺、资兴三都;晚三叠世。

1987 陈晔等,108 页,图版 26,图 2,3;叶;四川盐边箐河;晚三叠世红果组。

1987 孟繁松,247 页,图版 37,图 1;叶;湖北荆门锅底坑;晚三叠世王龙滩组。

1993 王士俊,42 页,图版 15,图 9;图版 38,图 6—8;图版 39,图 1;叶和角质层;广东乐昌关春;晚三叠世艮口群。

1999b 吴舜卿,41 页,图版 35,图 7;叶;四川广元须家河、旺苍立溪岩;晚三叠世须家河组。

粗脉大网羽叶(比较种) *Anthrophyopsis* cf. *crassinervis* Nathorst

1976 李佩娟等,127 页,图版 40,图 2—4a;叶;云南禄丰渔坝村、一平浪;晚三叠世一平浪组干海子段。

△李氏大网羽叶 *Anthrophyopsis leeana* (Sze) Florin,1933

1931 *Macroglossopteris leeiana* Sze,斯行健,5 页,图版 3,图 1;图版 4,图 1;叶;江西萍乡;早侏罗世(Lias)。

1933 Florin,55 页。

1954 徐仁,57 页,图版 50,图 1,2;叶;江西萍乡高坑,湖南醴陵;晚三叠世。

1958 汪龙文等,589 页,图 590;叶;湖南,江西,云南;晚三叠世。

1963 斯行健、李星学等,197 页,图版 35,图 1,2;叶;江西萍乡高坑,湖南醴陵石门口,云南广通一平浪;晚三叠世(Rhaetic)。

1964 李星学等,124 页,图版 78,图 6;叶;华南地区;晚三叠世。

1964 李佩娟,134,175 页,图版 18,图 1—3;插图 8;叶和角质层;四川广元昭化宝轮院;晚三叠世须家河组。

1982 段淑英、陈晔,504 页,图版 12,图 4;叶;四川开县桐树坝;晚三叠世须家河组。

1987 陈晔等,109 页,图版 26,图 1;叶;四川盐边箐河;晚三叠世红果组。

1989 梅美棠等,98 页,图版 53;叶;华南地区;晚三叠世晚期。

1989 周志炎,141 页,图版 4,图 1,2;图版 5,图 5—9;叶;湖南衡阳杉桥;晚三叠世杨柏冲组。

1993a 吴向午,56 页。

△多脉大网羽叶 *Anthrophyopsis multinervis* Huang,1992

1992 黄其胜,177 页,图版 16,图 1—5,8;叶;采集号:YH12;登记号:SY85009—SY85012;正模:SY85009(图版 16,图 1);标本保存在中国地质大学(武汉)古生物教研室;四川广元杨家崖;晚三叠世须家河组3段。

△具毛? 大网羽叶 *Anthrophyopsis? pilophorus* Wu,1999（中文发表）

1999b 吴舜卿,42页,图版33,图3—4a;图版34,图2—5;叶;采集号:ACC426-8,ACC426-9,
ACC426-10,ACC428,ACC429-6;登记号:PB10699,PB10700,PB10704—PB10707;合模1:
PB10700(图版33,图4);合模2:PB10704(图版34,图2);合模3:PB10706(图版34,图4);
标本保存在中国科学院南京地质古生物研究所;四川旺苍金溪;晚三叠世须家河组;四
川会理麻坪子;晚三叠世白果湾组。[注:依据《国际植物命名法规》(《维也纳法规》)第
37.2条,1958年起,模式标本只能是1块标本]

△涟漪大网羽叶 *Anthrophyopsis ripples* Huang,1992

1992 黄其胜,177页,图版17,图5,5a;叶;采集号:YH40;登记号:SY85023;标本保存在中
国地质大学(武汉)古生物教研室;四川广元杨家崖;晚三叠世须家河组4段。

△具瘤大网羽叶 *Anthrophyopsis tuberculata* Chow et Yao,1968

1968 周志炎、姚兆奇,见《湘赣地区中生代含煤地层化石手册》,70页,图版24,图1,2;图版
25,图3,4;叶;江西萍乡安源;晚三叠世安源组爱坡上段;江西丰城攸洛;晚三叠世安源
组5段;江西乐平涌山桥;晚三叠世安源组井坑山段。(注:原文未指定模式标本)

1977 冯少南等,223页,图版90,图3;叶;广东乐昌;晚三叠世小坪组。

1980 何德长、沈襄鹏,23页,图版12,图3;叶;江西萍乡安源小坑;晚三叠世安源组。

1982 王国平等,271页,图版124,图1,2;叶;江西萍乡安源、丰城攸洛、乐平涌山桥;晚三叠
世安源组。

1982 张采繁,535页,图版357,图7;叶;湖南浏阳澄潭江;晚三叠世。

1983 鞠魁祥等,图版2,图4;叶;江苏南京龙潭范家塘;晚三叠世范家塘组。

1993 王士俊,43页,图版15,图2;图版39,图3,4;叶和角质层;广东乐昌关春;晚三叠世艮
口群。

△细脉大网羽叶 *Anthrophyopsis venulosa* Chow et Yao,1968

1968 周志炎、姚兆奇,见《湘赣地区中生代含煤地层化石手册》,71页,图版24,图3;叶;江西乐
平涌山桥;晚三叠世安源组井坑山段。

1974a 李佩娟等,360页,图版193,图10,11;叶;四川彭县磁峰场;晚三叠世须家河组。

1977 冯少南等,223页,图版90,图5,6;叶;广东乐昌;晚三叠世小坪组。

1978 杨贤河,521页,图版180,图1;叶;四川彭县磁峰场;晚三叠世须家河组。

1979 何元良等,150页,图版73,图3,4;叶;青海格尔木乌丽;晚三叠世结扎群上部。

1982 王国平等,271页,图版123,图1;叶;江西乐平涌山桥;晚三叠世安源组。

1983 鞠魁祥等,图版2,图5;叶;江苏南京龙潭范家塘;晚三叠世范家塘组。

1986 叶美娜等,61页,图版41,图1B;图版42,图1,1a;图版43,图5,5a;叶;四川开江七里
峡、宣汉大路沟煤矿;晚三叠世须家河组。

1987 陈晔等,109页,图版26,图4,5;图版27,图1,2;叶;四川盐边箐河;晚三叠世红果组。

1993 王士俊,43页,图版19,图11;图版39,图2;插图3;叶和角质层;广东乐昌关春;晚三叠
世艮口群。

大网羽叶(未定多种) *Anthrophyopsis* spp.

1982 *Anthrophyopsis* sp.,张采繁,535页,图版357,图7;叶;湖南醴陵石门口、浏阳澄潭江;

晚三叠世安源组。

1983　*Anthrophyopsis* sp.,鞠魁祥等,图版 2,图 6;叶;江苏南京龙潭范家塘;晚三叠世范家塘组。

大网羽叶?（未定种）*Anthrophyopsis*? sp.

1986b　*Anthrophyopsis*? sp.,陈其奭,11 页,图版 3,图 4;叶;浙江义乌乌灶;晚三叠世乌灶组。

变态叶属 Genus *Aphlebia* Presl,1838

1838(1820－1838)　　Presl,112 页。

1991　　孟繁松,72 页。

模式种:*Aphlebia acuta*（Germa et Kaulfuss）Presl,1838

分类位置:分类位置不明植物(plantae incertae sedis)

急尖变态叶 *Aphlebia acuta*（Germa et Kaulfuss）Presl,1838

1831　*Fucoides acutus* Germa et Kaulfuss,230 页,图版 66,图 7;叶;德国;石炭纪。

1838(1820－1838)　　Presl,112 页;德国;石炭纪。

△异形变态叶 *Aphlebi dissimilis* Meng,1991

1991　　孟繁松,72 页,图版 2,图 1,2a;叶;登记号:P87001,P87002;正模:P87001(图版 2,图 1);
标本保存在宜昌地质矿产研究所;湖北南漳东巩;晚三叠世九里岗组。

变态叶(未定种) *Aphlebia* sp.

1991　*Aphlebia* sp.,孟繁松,73 页,图版 2,图 3,3a;叶;湖北南漳东巩陈家湾;晚三叠世九里
岗组。

宾尼亚球果属 Genus *Beania* Carruthers,1869

1869　　Carruthers,98 页。

1982b　郑少林、张武,314 页。

1993a　吴向午,59 页。

模式种:*Beania gracilis* Carruthers,1896

分类位置:苏铁纲苏铁目(Cycadales,Cycadopsida)

纤细宾尼亚球果 *Beania gracilis* Carruthers,1896

1869　　Carruthers,98 页,图版 4;雌性球果;英国约克郡;中侏罗世。

1993a　吴向午,59 页。

△朝阳宾尼亚球果 *Beania chaoyangensis* Zhang et Zheng,1987

1987　　张武、郑少林,304 页,图版 12,图 7－11;插图 33;雌性球果和角质层;登记号:
SG110143;标本保存在沈阳地质矿产研究所;辽宁朝阳良图沟拉马沟;中侏罗世海房
沟组。

△密山宾尼亚球果 *Beania mishanensis* Zheng et Zhang,1982

1982b 郑少林、张武,314 页,图版 16,图 1－7;插图 11;雌性球果;登记号:HYG001－
　　　HYG007;标本保存在沈阳地质矿产研究所;黑龙江密山过关山;晚侏罗世云山组。
　　　(注:原文未指定模式标本)

1993a 吴向午,59 页。

宾尼亚球果(未定种) *Beania* sp.

2002 *Beania* sp.,吴向午等,162 页,图版 10,图 1,1a;雌性球果;甘肃张掖白乱山;早－中侏
　　　罗世潮水群。

宾尼亚球果?(未定种) *Beania*? sp.

1984 *Beania*? sp.,陈芬等,55 页,图版 22,图 5;雌性球果;北京西山门头沟、大台;早侏罗世
　　　下窑坡组。

本内苏铁果属 Genus *Bennetticarpus* Harris,1932

1932 Harris,101 页。

1948 徐仁,62 页。

1993a 吴向午,59 页。

模式种:*Bennetticarpus oxylepidus* Harris,1932

分类位置:苏铁纲本内苏铁目(Bennettiales,Cycadopsida)

尖鳞本内苏铁果 *Bennetticarpus oxylepidus* Harris,1932

1932 Harris,101 页,图版 14,图 1－6,11;本内苏铁果实;东格陵兰斯科比斯湾;晚三叠世
　　　(*Lepidopteris* Zone)。

1993a 吴向午,59 页。

△长珠孔本内苏铁果 *Bennetticarpus longmicropylus* Hsu,1948

1948 徐仁,62 页,图版 1,图 8;图版 2,图 9－15;插图 3,4;胚珠和胚珠的角质层;湖南醴陵;
　　　晚三叠世。

1963 斯行健、李星学等,203 页,图版 67,图 8,9;插图 B;胚珠和胚珠的角质层;湖南醴陵;晚
　　　三叠世晚期。

1993a 吴向午,59 页。

△卵圆本内苏铁果 *Bennetticarpus ovoides* Hsu,1948

1948 徐仁,59 页,图版 1,图 1－7;插图 1,2;种子和种子的角质层;湖南醴陵;晚三叠世。

1963 斯行健、李星学等,202 页,图版 68,图 1;插图 A;种子和种子的角质层;湖南醴陵;晚三
　　　叠世晚期。

1977 冯少南等,233 页,图版 92,图 8;种子和种子的角质层;湖南醴陵石门口;晚三叠世安源组。

1982 张采繁,535 页,图版 348,图 3;种子和种子的角质层;湖南醴陵石门口;晚三叠世安源组。

1993a 吴向午,59 页。

本内苏铁果(未定种) *Bennetticarpus* sp.

1987 *Bennetticarpus* sp.,张武、郑少林,298 页,图版 18,图 1,1a;本内苏铁雌器;辽宁北票长
　　　皋台子山;中侏罗世蓝旗组。

△本溪羊齿属 Genus *Benxipteris* Zhang et Zheng, 1980

1980 张武、郑少林,见张武等,263 页。

1993a 吴向午,9,215 页。

1993b 吴向午,500,510 页。

模式种:*Benxipteris acuta* Zhang et Zheng,1980[注:此属创建时同时报道 4 种。原文未指定模式种,吴向午(1993)将列在第一的种 *Benxipteris acuta* Zhang et Zheng,1980 选作本属的代表种]

分类位置:种子蕨纲(Pteridospermopsida)

△尖叶本溪羊齿 *Benxipteris acuta* Zhang et Zheng, 1980

1980 张武、郑少林,见张武等,263 页,图版 108,图 1—13;插图 193;营养蕨叶和生殖器;登记号:D323—D335;标本保存在沈阳地质矿产研究所;辽宁本溪林家崴子;中三叠世林家组。(注:原文未指定模式标本)

1983 张武等,79 页,图版 3,图 3;蕨叶;辽宁本溪林家崴子;中三叠世林家组。

1993a 吴向午,9,215 页。

1993b 吴向午,500,510 页。

△密脉本溪羊齿 *Benxipteris densinervis* Zhang et Zheng, 1980

1980 张武、郑少林,见张武等,264 页,图版 107,图 3—6;插图 194;营养蕨叶和生殖器;登记号:D319—D322;标本保存在沈阳地质矿产研究所;辽宁本溪林家崴子;中三叠世林家组。(注:原文未指定模式标本)

1993a 吴向午,9,215 页。

1993b 吴向午,500,510 页。

△裂缺本溪羊齿 *Benxipteris partita* Zhang et Zheng, 1980

1980 张武、郑少林,见张武等,265 页,图版 107,图 7—9;图版 109,图 6,7;蕨叶;登记号:D336,D337,D344—D346;标本保存在沈阳地质矿产研究所;辽宁本溪林家崴子;中三叠世林家组。(注:原文未指定模式标本)

1983 张武等,79 页,图版 3,图 4;蕨叶;辽宁本溪林家崴子;中三叠世林家组。

1993a 吴向午,9,215 页。

1993b 吴向午,500,510 页。

△多态本溪羊齿 *Benxipteris polymorpha* Zhang et Zheng, 1980

1980 张武、郑少林,见张武等,265 页,图版 109,图 1—5;蕨叶;登记号:D338—D342;标本保存在沈阳地质矿产研究所;辽宁本溪林家崴子;中三叠世林家组。(注:原文未指定模式标本)

1989 辽宁省地质矿产勘查局,图版 8,图 19;蕨叶;辽宁本溪林家崴子—前甸子;中三叠世林家组。

1993a 吴向午,9,215 页。

1993b 吴向午,500,510 页。

本溪羊齿(未定种) *Benxipteris* sp.

1983 *Benxipteris* sp.,张武等,79 页,图版 3,图 5,6;蕨叶;辽宁本溪林家崴子;中三叠世林家组。

伯恩第属 Genus *Bernettia* Gothan, 1914

1914　Gothan, 58 页。

2000　姚华舟等, 图版 3, 图 6, 7。

模式种: *Bernettia inopinata* Gothan, 1914

分类位置: 苏铁目?(Cycadales?)

意外伯恩第 *Bernettia inopinata* Gothan, 1914

1914　Gothan, 58 页, 图版 27, 图 1—4; 图版 34, 图 3; 苏铁类(?)雄穗; 德国纽伦堡; 晚三叠世 (Rhaetic)。

蜂窝状伯恩第 *Bernettia phialophora* Harris 1935

1935　Harris, 140 页, 图版 22; 图版 23, 图 1, 2, 8—10, 12—14; 雄穗; 东格陵兰斯科比斯湾; 早侏罗世(*Thaumatopteris* Zone)。

2000　姚华舟等, 图版 3, 图 6, 7; 雄性孢子穗; 四川新龙雄龙西乡瓦日; 晚三叠世喇嘛垭组。

△鲍斯木属 Genus *Boseoxylon* Zheng et Zhang, 2005(中文和英文发表)

2005　郑少林、张武, 见郑少林等, 209, 212 页; 印度拉杰马哈尔; 侏罗纪。

模式种: *Boseoxylon andrewii* (Bose et Sah) Zheng et Zhang, 2005

分类位置: 苏铁类(Cycadophytes)

△安德鲁斯鲍斯木 *Boseoxylon andrewii* (Bose et Sah) Zheng et Zhang, 2005(中文和英文发表)

1954　*Sahnioxylon andrewii* Bose et Sah, 4 页, 图版 2, 图 11—18; 木化石; 印度拉杰马哈尔; 侏罗纪。

2005　郑少林、张武, 见郑少林等, 209, 212 页; 印度拉杰马哈尔; 侏罗纪。

巴克兰茎属 Genus *Bucklandia* Presl, 1825

1825(1820—1838)　Presl, 见 Sternberg, 33 页。

1986　叶美娜等, 65 页。

1993a　吴向午, 61 页。

模式种: *Bucklandia anomala* (Stokes et Webb) Presl, 1825

分类位置: 苏铁纲本内苏铁目(Bennettiales, Cycadopsida)

异型巴克兰茎 *Bucklandia anomala* (Stokes et Webb) Presl, 1825

1824　*Cladraria anomala* Stokes et Webb, 423 页; 苏铁类茎干; 英国萨塞克斯(Sussex); 早白垩世(Wealden)。

1825(1820—1838)　Presl, 见 Sternberg, 33 页; 苏铁类茎干; 英国萨塞克斯; 早白垩世(Wealden)。

1993a 吴向午,61 页。

△北票巴克兰茎 *Bucklandia beipiaoensis* **Zhang et Zheng,1987**

1987　张武、郑少林,298 页,图版 29,图 6;苏铁类茎干;登记号:SG110108;标本保存在沈阳
　　　地质矿产研究所;辽宁北票东坤头营子;晚三叠世石门沟组。

△极小巴克兰茎 *Bucklandia minima* **Ye et Peng,1986**

1986　叶美娜、彭时江,见叶美娜等,65 页,图版 33,图 10,10a;图版 34,图 2;苏铁类或本内苏
　　　铁类茎干;标本保存在四川省煤田地质公司一三七队;四川达县斌郎;晚三叠世须家河
　　　组 7 段。(注:原文未指定模式标本)

1993a 吴向午,61 页。

巴克兰茎(未定种) *Bucklandia* **sp.**

1986　*Bucklandia* sp.,叶美娜等,66 页,图版 34,图 5,5b;苏铁类或本内苏铁类茎干;四川达
　　　县斌郎;晚三叠世须家河组 7 段。

1993a *Bucklandia* sp.,吴向午,61 页。

△吉林羽叶属 **Genus** *Chilinia* **Li et Ye,1980**

1980　李星学、叶美娜,7 页。

1986　*Chilinia* Lee et Yen,李星学等,23 页。

1993a *Chilinia* Lee et Yen,吴向午,10,216 页。

1993b *Chilinia* Lee et Yen,吴向午,502,511 页。

模式种:*Chilinia ctenioides* Li et Ye,1980

分类位置:苏铁纲苏铁目(Cycadales,Cycadopsida)

△篦羽叶型吉林羽叶 *Chilinia ctenioides* **Li et Ye,1980**

1980　李星学、叶美娜,7 页,图版 2,图 1—6;羽叶和角质层;登记号:PB8966—PB8969;正模:
　　　PB8966(图版 2,图 1);标本保存在中国科学院南京地质古生物研究所;吉林蛟河杉松;
　　　早白垩世中—晚期杉松组。

1980　*Chilinia ctenioides* Lee et Yeh,张武等,273 页,图版 171,图 3;图版 172,图 4,4a;羽叶;
　　　吉林蛟河杉松;早白垩世磨石砬子组。

1981　*Chilinia ctenioides* Lee et Yeh,叶美娜,图版 1,图 1—3;图版 2,图 3—5;羽叶和角质
　　　层;吉林蛟河杉松;早白垩世晚期磨石砬子组。(裸名)

1986　*Chilinia ctenioides* Lee et Yeh,李星学等,23 页,图版 22;图版 23;图版 24,图 1—4;图
　　　版 25,图 2—4;羽叶和角质层;吉林蛟河杉松;早白垩世蛟河群。

1992　*Chilinia ctenioides* Lee et Yeh,孙革、赵衍华,541 页,图版 241,图 1—3;羽叶;吉林蛟河
　　　煤矿;早白垩世乌林组。

1993a *Chilinia ctenioides* Lee et Yeh,吴向午,10,216 页。

1993b *Chilinia ctenioides* Lee et Yeh,吴向午,502,511 页。

1995a *Chilinia ctenioides* Lee et Yeh,李星学(主编),图版 109,图 2;羽叶;吉林蛟河杉松顶
　　　子;早白垩世乌云组顶部。(中文)

1995b *Chilinia ctenioides* Lee et Yeh,李星学(主编),图版 109,图 2;羽叶;吉林蛟河杉松顶
　　　子;早白垩世乌云组顶部。(英文)

△雅致吉林羽叶 *Chilinia elegans* **Zhang,1980**

1980　张武等,240 页,图版 1,图 1—5a;图版 2,图 1;羽叶和角质层;标本号:P6-10,P6-11;标本保存在沈阳地质矿产研究所;辽宁阜新海州露天煤矿;早白垩世阜新组。(注:原文未指定模式标本)

1985　商平,图版 3,图 1;图版 3,图 5;图版 6,图 9;羽叶;辽宁阜新煤田;早白垩世水泉组。

1988　陈芬等,60 页,图版 31,图 1—6;图版 32,图 1—6;羽叶和角质层;辽宁阜新海州露天煤矿;早白垩世阜新组水泉段。

1993a　吴向午,10,216 页。

△阜新吉林羽叶 *Chilinia fuxinensis* **Meng,1988**

1988　孟祥营,见陈芬等,62,154 页,图版 33,图 1—6;图版 34,图 1—5;羽叶和角质层;标本号:Fx152—Fx155;标本保存在武汉地质学院北京研究生部;辽宁阜新海州露天煤矿;早白垩世阜新组水泉段。(注:原文未指定模式标本)

1997　邓胜徽等,37 页,图版 19,图 8,8a;羽叶;内蒙古海拉尔大雁盆地;早白垩世伊敏组。

△健壮吉林羽叶 *Chilinia robusta* **Zhang,1980**

1980　张武等,240 页,图版 2,图 2—7;插图 1;羽叶和角质层;标本号:P6-12;标本保存在沈阳地质矿产研究所;辽宁阜新海州露天煤矿;早白垩世阜新组。

1993a　吴向午,10,216 页。

蕉羊齿属 **Genus *Compsopteris* Zalessky,1934**

1934　Zalessky,264 页。

1978　杨贤河,502 页。

1993a　吴向午,67 页。

模式种:*Compsopteris adzvensis* Zalessky,1934

分类位置:种子蕨纲(Pteridospermopsida)

阿兹蕉羊齿 *Compsopteris adzvensis* **Zalessky,1934**

1934　Zalessky,264 页,图 38,39;蕨叶状化石;苏联伯朝拉盆地(Pechora Basin);二叠纪。

1993a　吴向午,67 页。

△尖裂蕉羊齿 *Compsopteris acutifida* **Ye et Chen,1986**

1986　叶美娜、陈立贤,见叶美娜等,41 页,图版 25,图 1,3—4a;图版 32,图 6B;蕨叶;标本保存在四川省煤田地质公司一三七队;四川达县铁山金窝、茶园煤矿;晚三叠世须家河组 7 段。(注:原文未指定模式标本)

△粗脉蕉羊齿 *Compsopteris crassinervis* **Yang,1978**

1978　杨贤河,503 页,图版 174,图 1;蕨叶;标本号:Sp0085;正模:Sp0085(图版 174,图 1);标本保存在成都地质矿产研究所;四川渡口摩沙河;晚三叠世大荞地组。

1993a　吴向午,67 页。

休兹蕉羊齿 *Compsopteris hughesii* (Feistmental) **Zalessky**

[注:种名 *Compsopteris hughesii* (Feistmental)由吴舜卿、周汉忠(1996)引用]

1882　*Danaeopsis hughesii* Feistmental,25 页,图版 4—7;图版 8,图 1,5;图版 9,图 4;图版 10;图版 17,图 1;图版 18,图 2;图版 19,图 1,2;蕨叶;印度;二叠纪冈瓦那群。

1996　吴舜卿、周汉忠,6 页,图版 1,图 12;蕨叶;新疆库车库车河剖面;中三叠世克拉玛依组下段。

休兹? 蕉羊齿 *Compsopteris*? *hughesii* (Feistmental) Zalessky

2000　孟繁松等,56 页,图版 16,图 8;蕨叶;湖南桑植芙蓉桥;中三叠世巴东组 2 段。

△疏脉蕉羊齿 *Compsopteris laxivenosa* Zhu,Hu et Meng,1984

1984　朱家楠、胡雨帆、孟繁松,540,544 页,图版 1,图 3;蕨叶;标本号:P82101;正模:P82101(图版 1,图 3);湖北西部荆门-当阳盆地;晚三叠世九里岗组。

△阔叶蕉羊齿 *Compsopteris platyphylla* Yang,1978

1978　杨贤河,503 页,图版 174,图 4;图版 175,图 1;蕨叶;标本号:Sp0088;正模:Sp0088(图版 174,图 4);标本保存在成都地质矿产研究所;四川渡口摩沙河;晚三叠世大荞地组。

1993a　吴向午,67 页。

△青海蕉羊齿 *Compsopteris qinghaiensis* Li et He,1986

1986　李佩娟、何元良,284 页,图版 8,图 1—2a;图版 9,图 1,5;蕨叶;采集号:79PIVF14-4,79PIVF23-3,IP3H16-1;登记号:PB10884,PB10885,PB10887,PB10888;正模:PB10885(图版 8,图 2);标本保存在中国科学院南京地质古生物研究所;青海都兰八宝山;晚三叠世八宝山群下岩组。

△细脉蕉羊齿 *Compsopteris tenuinervis* Yang,1978

1978　杨贤河,503 页,图版 174,图 2,3;蕨叶;标本号:Sp0086,Sp0087;合模 1:Sp0086(图版 174,图 2);合模 2:Sp0087(图版 174,图 3);标本保存在成都地质矿产研究所;四川渡口摩沙河;晚三叠世大荞地组。〔注:依据《国际植物命名法规》(《维也纳法规》)第 37.2 条,1958 年起,模式标本只能是 1 块标本〕

1993a　吴向午,67 页。

△西河蕉羊齿 *Compsopteris xiheensis* (Feng) Zhu,Hu et Meng,1984

1977　*Jingmenophyllum xiheensis* Feng,冯少南等,250 页,图版 94,图 9;蕨叶;湖北荆门西河;晚三叠世香溪群下煤组。

1984　朱家楠、胡雨帆、孟繁松,540,544 页,图版 1,图 1,2;图版 2,图 1;蕨叶;湖北西部荆门-当阳盆地;晚三叠世九里岗组。

△中华蕉羊齿 *Compsopteris zhonghuaensis* Yang,1978

1978　杨贤河,502 页,图版 174,图 5;蕨叶;标本号:Sp0081;正模:Sp0081(图版 174,图 5);标本保存在成都地质矿产研究所;四川渡口摩沙河;晚三叠世大荞地组。

1990　吴舜卿、周汉忠,451 页,图版 4,图 1;蕨叶;新疆库车;早三叠世俄霍布拉克组。

1993a　吴向午,67 页。

悬羽羊齿属 Genus *Crematopteris* Schimper et Mougeot,1844

1844　Schimper,Mougeot,74 页。

1984 王自强,252 页。

1993a 吴向午,68 页。

模式种:*Crematopteris typica* Schimper et Mougeot,1844

分类位置:种子蕨纲(Pteridospermopsida)

标准悬羽羊齿 *Crematopteris typica* Schimper et Mougeot,1844

1844 Schimper,Mougeot,74 页,图版 35;蕨叶;阿尔萨斯苏尔特莱班(Soultz-les-Bains);三叠纪。

1986b 郑少林、张武,179 页,图版 3,图 3,4;蕨叶;辽宁西部喀喇沁左翼杨树沟;早三叠世红砬组。

1993a 吴向午,68 页。

标准悬羽羊齿(比较种) *Crematopteris* cf. *typica* Schimper et Mougeot

1985 王自强,图版 4,图 7;蕨叶;山西平遥上庄;早三叠世和尚沟组。

1990a 王自强、王立新,121 页,图版 18,图 10,13;蕨叶;山西平遥上庄、蒲县城关,河南济源下冶;早三叠世和尚沟组下段。

△短羽片悬羽羊齿 *Crematopteris brevipinnata* Wang,1984

1984 王自强,252 页,图版 110,图 9—12;蕨叶;登记号:P0011a,P0012,P0013,P0116;合模 1:P0116(图版 110,图 9);合模 2:P0013(图版 110,图 11);标本保存在中国科学院南京地质古生物研究所;山西交城;早三叠世刘家沟组。[注:依据《国际植物命名法规》(《维也纳法规》)第 37.2 条,1958 年起,模式标本只能是 1 块标本]

1985 王自强,图版 4,图 1—3;蕨叶;山西交城窑儿头;早三叠世刘家沟组。

1989 王自强、王立新,33 页,图版 4,图 8—11;蕨叶;山西交城;早三叠世刘家沟组中上部。

1993a 吴向午,68 页。

△旋卷悬羽羊齿 *Crematopteris ciricinalis* Wang,1984

1984 王自强,253 页,图版 110,图 1—8;蕨叶;登记号:P0010,P0014—P0016,P0035,P0036;合模 1:P0014(图版 110,图 3);合模 2:P0010(图版 110,图 8);标本保存在中国科学院南京地质古生物研究所;山西交城、榆社;早三叠世刘家沟组、和尚沟组。[注:依据《国际植物命名法规》(《维也纳法规》)第 37.2 条,1958 年起,模式标本只能是 1 块标本]

1985 王自强,图版 4,图 4—6;蕨叶;山西交城窑儿头;早三叠世刘家沟组。

1989 王自强、王立新,33 页,图版 4,图 1—7,14b;蕨叶;山西交城;早三叠世刘家沟组中上部。

1993a 吴向午,68 页。

悬羽羊齿(未定多种) *Crematopteris* spp.

1990a *Crematopteris* sp.,王自强、王立新,121 页,图版 17,图 19,20;蕨叶;山西榆社屯村;早三叠世和尚沟组底部。

1995 *Crematopteris* sp.,孟繁松等,图版 9,图 17;蕨叶;湖南桑植芙蓉桥;中三叠世巴东组 2 段。

2000 *Crematopteris* sp.,孟繁松等,51 页,图版 15,图 12;生殖蕨叶;湖南桑植芙蓉桥;中三叠世巴东组 2 段。

篦羽叶属 Genus *Ctenis* Lindely et Hutton,1834

1834(1831—1837) Lindely,Hutton,63 页。

1906 Yokoyama,29 页。

1963 斯行健、李星学等,190 页。

1993a 吴向午,69 页。

模式种:*Ctenis falcata* Lindely et Hutton,1834

分类位置:苏铁纲苏铁目(Cycadales,Cycadopsida)

镰形篦羽叶 *Ctenis falcata* **Lindely et Hutton,1834**

1834(1831—1837)   Lindely,Hutton,63 页,图版 103;羽叶;英国约克郡;中侏罗世。

1993a 吴向午,69 页。

△大刀篦羽叶 *Ctenis acinacea* Sun,1993

1992 孙革、赵衍华,540 页,图版 236,图 1;图版 237,图 1;羽叶;吉林汪清鹿圈子村北山;晚三叠世马鹿沟组。(裸名)

1993 孙革,78,137 页,图版 26,图 1—5;图版 27,图 1—4;图版 29,图 2;图版 56,图 1;羽叶;采集号:T9-12,T9-15,T9-17,T9-19,T9-109,T9-145,T9-153,T9-181,T10-77,T11-108A,T11-1042;登记号:J77808(标本保存在吉林省区域地质调查所古生物室),PB11950—PB11953,PB11955—PB11958;正模:PB11950(图版 26,图 1);标本保存在中国科学院南京地质古生物研究所;吉林汪清鹿圈子村北山、天桥岭;晚三叠世马鹿沟组。

1993 米家榕等,116 页,图版 26,图 6;羽叶;吉林汪清天桥岭;晚三叠世马鹿沟组。

△贫网篦羽叶 *Ctenis ananastomosans* Zhang et Zheng,1987

1987 张武、郑少林,301 页,图版 25,图 1—3;图版 26,图 14;羽叶和角质层;登记号:SG110122—SG110125;标本保存在沈阳地质矿产研究所;辽宁北票长皋蛇不歹;中侏罗世蓝旗组。(注:原文未指定模式标本)

1990 曹正尧、商平,图版 6,图 6a;图版 9,图 1—4;图版 10,图 4;羽叶;辽宁北票长皋蛇不歹;中侏罗世蓝旗组。

△狭裂片篦羽叶 *Ctenis angustiloba* **Mi,Sun C,Sun Y,Cui,Ai et al.,1996**(中文发表)

1996 米家榕、孙春林、孙跃武、崔尚森、艾永亮等,112 页,图版 16,图 4,6,14;图版 17,图 3;插图 9;羽叶;登记号:HF3042—HF3044,HF3146;正模:HF3146(图版 16,图 6);标本保存在长春地质学院地史古生物教研室;河北抚宁石门寨;早侏罗世北票组。

△异羽叶型篦羽叶 *Ctenis anomozamioides* **Lee P,1964**

1964 李佩娟,130,174 页,图版 14,图 3,3a,4;羽叶;采集号:G14—G16;登记号:PB2830;标本保存在中国科学院南京地质古生物研究所;四川广元须家河、杨家崖;晚三叠世须家河组。

1978 杨贤河,520 页,图版 160,图 4;羽叶;四川广元须家河;晚三叠世须家河组。

1982 王国平等,269 页,图版 122,图 3;羽叶;福建漳平大坑;晚三叠世文宾山组。

1992 黄其胜,图版 19,图 9;羽叶;四川广元杨家崖;晚三叠世须家河组 3 段。

异羽叶型篦羽叶(比较属种) **Cf.** *Ctenis anomozamioides* **Lee P**

1982b 吴向午,97 页,图版 17,图 2;羽叶;西藏贡觉夺盖拉煤点;晚三叠世巴贡组上段。

△大网叶型篦羽叶 *Ctenis anthrophioides* **Li Y T,1982**

1982 李云亭,见王国平等,270 页,图版 122,图 7;图版 123,图 2,3;羽叶;标本号:HP520,

HP521；合模 1：HP520（图版 123，图 2）；合模 2：HP521（图版 123，图 3）；江西丰城攸洛；晚三叠世安源组。〔注：依据《国际植物命名法规》《维也纳法规》第 37.2 条，1958 年起，模式标本只能是 1 块标本〕

△北京篦羽叶 *Ctenis beijingensis* Duan，1987

1987　段淑英，38 页，图版 13，图 2；羽叶；登记号：S-PA-86-475；正模：S-PA-86-475（图版 13，图 2）；标本保存在瑞典国家自然历史博物馆；北京西山斋堂；中侏罗世。

1994　萧宗正等，图版 14，图 4；羽叶；北京门头沟灵水；中侏罗世上窑坡组。

△宾县篦羽叶 *Ctenis binxianensis* Zhang，1980

1980　张武等，273 页，图版 174，图 3；羽叶；登记号：D392；标本保存在沈阳地质矿产研究所；黑龙江宾县；早白垩世陶淇河组。

1985　商平，图版 3，图 6；图版 9，图 1；羽叶；辽宁阜新煤田；早白垩世水泉组。

布列亚篦羽叶 *Ctenis burejensis* Prynanda，1934

1934　Krishtofovich，Prynanda，70 页；插图 2，25；羽叶；布列亚盆地；晚侏罗世。

1986　李星学等，22 页，图版 20，图 1，2；羽叶；吉林蛟河杉松；早白垩世蛟河群。

布列亚篦羽叶（比较种）*Ctenis* cf. *burejensis* Prynanda

1985　商平，图版 6，图 3；羽叶；辽宁阜新煤田；早白垩世水泉组。

△赵氏篦羽叶 *Ctenis chaoi* Sze，1933

1933c　斯行健，18 页，图版 2，图 1—8；羽叶；四川广元须家河；晚三叠世晚期—早侏罗世。〔注：此标本后被改定为 *Anomozamites chaoi*（Sze）Wang（王士俊，1993）〕

1950　Ôishi，90 页；四川，陕西；早侏罗世。

1954　徐仁，56 页，图版 47，图 6；羽叶；四川广元；晚三叠世—早侏罗世；湖北秭归香溪；早侏罗世香溪煤系。

1963　周惠琴，175 页，图版 75，图 3；羽叶；广东花县华岭；晚三叠世。

1963　斯行健、李星学等，190 页，图版 52，图 2—3a；图版 56，图 7；羽叶；四川广元；晚三叠世；湖北当阳观音寺白石岗；早侏罗世香溪群。

1964　李佩娟，129，173 页，图版 2，图 2b；图版 14，图 1，1a，2；图版 18，图 4a；羽叶；四川广元须家河、杨家崖；晚三叠世须家河组。

1965　曹正尧，522 页，图版 5，图 8，8a；插图 11；羽叶；广东高明松柏坑；晚三叠世小坪组。

1968　《湘赣地区中生代含煤地层化石手册》，71 页，图版 16，图 2；图版 22，图 5，5a；羽叶；广东乐昌关村；晚三叠世中生代含煤组 3 段。

1974a　李佩娟，359 页，图版 186，图 8；羽叶；四川广元须家河；晚三叠世须家河组。

1977　冯少南等，222 页，图版 89，图 6，7；插图 79；羽叶；广东高明、曲江、乐昌；晚三叠世小坪组；湖北当阳；早—中侏罗世香溪群上煤组。

1978　周统顺，图版 22，图 8；图版 26，图 4；羽叶；福建上杭矶头；晚三叠世大坑组上段；福建大坑；晚三叠世文宾山组。

1980　何德长、沈襄鹏，23 页，图版 10，图 2；图版 12，图 1；图版 14，图 1；羽叶；湖南宜章杨梅山；晚三叠世安源组；广东曲江牛牯墩；晚三叠世。

1984　陈公信，599 页，图版 252，图 2；羽叶；湖北当阳白石岗；早侏罗世桐竹园组；湖北鄂城程潮；早侏罗世武昌组。

1986 叶美娜等,59 页,图版 40,图 4,4a;羽叶;四川达县铁山金窝;晚三叠世须家河组 5 段。

赵氏篦羽叶(比较种) *Ctenis* cf. *chaoi* Sze

1949 斯行健,26 页,图版 12,图 12;羽叶;湖北当阳白石岗;早侏罗世香溪煤系。[注:此标本后被改定为 *Ctenis chaoi* Sze(徐仁,1954;斯行健、李星学等,1963)]

1982 王国平等,270 页,图版 121,图 8;羽叶;福建上杭矶头;晚三叠世文宾山组。

△中华篦羽叶 *Ctenis chinensis* Hsu,1954

1954 徐仁,56 页,图版 49,图 1;羽叶;北京西山斋堂;中侏罗世或早侏罗世晚期。

1958 汪龙文等,611 页,图 612;羽叶;河北;早—中侏罗世。

1963 斯行健、李星学等,191 页,图版 56,图 1;羽叶;北京西山斋堂;早—中侏罗世。

1980 张武等,273 页,图版 143,图 3;羽叶;辽宁凌源孤山子;中侏罗世。

1981 刘茂强、米家榕,26 页,图版 2,图 2,7;图版 3,图 7;羽叶;吉林临江闹枝沟;早侏罗世义和组。

1982 刘子进,132 页,图版 70,图 1,2;羽叶;甘肃两当西坡;中侏罗世龙家沟组;甘肃玉门昌马北大窑;早—中侏罗世大山口群。

1983 李杰儒,图版 3,图 2;羽叶;辽宁南票(锦西)后富隆山;中侏罗世海房沟组 1 段。

1984 陈公信,599 页,图版 252,图 1;羽叶;湖北鄂城程潮;早侏罗世武昌组。

1984 顾道源,150 页,图版 75,图 1;羽叶;新疆乌恰康苏煤矿;中侏罗世杨叶组。

1987 段淑英,37 页,图版 12;图版 14,图 1,2;图版 15,图 3;羽叶;北京西山斋堂;中侏罗世。

1989 段淑英,图版 3,图 4;羽叶;北京西山斋堂;中侏罗世门头沟煤系。

1995a 李星学(主编),图版 94,图 1;羽叶;北京西山斋堂;中侏罗世窑坡组。(中文)

1995b 李星学(主编),图版 94,图 1;羽叶;北京西山斋堂;中侏罗世窑坡组。(英文)

1996 米家榕等,113 页,图版 19,图 3,8;图版 20,图 5;羽叶;河北抚宁石门寨;早侏罗世北票组。

2003 袁效奇等,图版 18,图 1;羽叶;内蒙古达拉特旗高头窑柳沟;中侏罗世直罗组。

△优雅篦羽叶 *Ctenis consinna* Meng,1988

1988 孟祥营,见陈芬等,63,155 页,图版 27,图 3—11;羽叶和角质层;标本号:Fx135—Fx138;标本保存在武汉地质学院北京研究生部;辽宁阜新新丘露天煤矿;早白垩世阜新组。(注:原文未指定模式标本)

△粗脉篦羽叶 *Ctenis crassinervis* Chen G X,1984

1984 陈公信,599 页,图版 254,图 1—5b;羽叶;登记号:EP702,EP706—EP709;标本保存在湖北省地质局;湖北荆门分水岭;晚三叠世九里岗组。(注:原文未指定模式标本)

△畸形篦羽叶 *Ctenis deformis* Sun,1993

1980 吴水波等,图版 2,图 7;羽叶;吉林汪清托盘沟;晚三叠世。(裸名)

1984 王自强,268 页,图版 131,图 3,4;羽叶;河北承德;早侏罗世甲山组。(裸名)

1992 孙革、赵衍华,540 页,图版 239,图 1,4;羽叶;吉林汪清天桥岭;晚三叠世马鹿沟组。(裸名)

1993 孙革,79,137 页,图版 28,图 2—5;图版 29,图 1;图版 30,图 12;羽叶;采集号:T11-103,T11-1049A,T12-188,T12-824,T12-869,T12-1056;登记号:PB11961—PB11965,PB11968;正模:PB11963(图版 28,图 4);副模 1:PB11961(图版 28,图 2);副模 2:PB11965(图版 29,图 1);标本保存在中国科学院南京地质古生物研究所;吉林汪清鹿圈子村北山、天桥岭;晚三叠世马鹿沟组。

1993 米家榕等,117 页,图版 25,图 6,7;图版 26,图 1,2;羽叶;吉林汪清天桥岭;晚三叠世马鹿沟组。

△优美篦羽叶 *Ctenis delicatus* Zhang et Zheng,1987

1987　张武、郑少林,301页,图版21,图3—9a;插图31;羽叶;登记号:SG110126—SG110132;标本保存在沈阳地质矿产研究所;辽宁北票常河营子牛营子;中侏罗世海房沟组。（注:原文未指定模式标本）

△细齿篦羽叶 *Ctenis denticulata* Ye et Huang,1986

1986　叶美娜、黄国清,见叶美娜等,59页,图版41,图4,4a;羽叶;标本保存在四川煤田地质公司一三七地质队;四川开江七里峡;晚三叠世须家河组3段。

△房山篦羽叶 *Ctenis fangshanensis* Mi,Zhang,Sun et al.,1993

1993　米家榕、张川波、孙春林等,117页,图版27,图1;图版28,图1,3;插图29;羽叶;登记号:B309—B311;正模:B309(图版27,图1);标本保存在长春地质学院地史古生物教研室;北京西山大安山;晚三叠世杏石口组。

美丽篦羽叶 *Ctenis formosa* Vachrameev,1961

1961　Vachrameev,Doludenko,91页,图版41,图1,2;插图27;羽叶;布列亚盆地;早白垩世。

1991　邓胜徽,图版2,图11;羽叶;内蒙古霍林河盆地;早白垩世霍林河组下含煤段。

1995b　邓胜徽,35页,图版19,图5;图版30,图1—3;插图12;羽叶和角质层;内蒙古霍林河盆地;早白垩世霍林河组。

1997　邓胜徽等,37页,图版19,图12—14;羽叶;内蒙古扎赉诺尔;早白垩世伊敏组;内蒙古北部拉布达林盆地;早白垩世大磨拐河组。

美丽篦羽叶（比较种）*Ctenis* cf. *formosa* Vachrameev

1982b　郑少林、张武,315页,图版24,图22;插图12;羽叶;黑龙江鸡西滴道暖泉;晚侏罗世滴道组。

△纤细篦羽叶 *Ctenis gracilis* Tsao,1965

1965　曹正尧,523,527页,图版6,图7,7a;插图12;羽叶;采集号:Of3—Of5;登记号:PB3420;标本保存在中国科学院南京地质古生物研究所;广东高明松柏坑;晚三叠世小坪组。

1977　冯少南等,223页,图版89,图5;插图80;羽叶;广东高明;晚三叠世小坪组。

△海西州篦羽叶 *Cteni haisizhouensis* Wu,1988

1988　吴向午,见李佩娟等,79页,图版53,图4,4a;图版54,图1,2;图版103,图1—4;图版104,图4;羽叶和角质层;采集号:80DP$_1$F$_{25}$;登记号:PB13511—PB13513;合模1:PB13511(图版53,图4);合模2:PB13512(图版54,图1);标本保存在中国科学院南京地质古生物研究所;青海大柴旦大煤沟;早侏罗世火烧山组 *Cladophlebis* 层。［注:依据《国际植物命名法规》(《维也纳法规》)第37.2条,1958年起,模式标本只能是1块标本］

日本篦羽叶 *Ctenis japonica* Ôishi,1932

1932　Ôishi,343页,图版29,图5—7;图版30;图版31,图1;羽叶;日本成羽(Nariwa);晚三叠世(Nariwa Series)。

1964　李佩娟,131页,图版17,图1,2;羽叶;四川广元须家河;晚三叠世须家河组。

1978　周统顺,图版26,图6;羽叶;福建上杭矶头;晚三叠世大坑组上段。

1980　何德长、沈襄鹏,23页,图版9,图1;图版13,图7;图版14,图6;图版26,图1,3;羽叶;
　　　江西乐平涌山;晚三叠世安源组;湖南衡南洲市;早侏罗世造上组。

1982　王国平等,270页,图版125,图5;羽叶;福建上杭矾头;晚三叠世文宾山组。

1987　张武、郑少林,图版26,图13;羽叶;辽宁北票长皋蛇不歹;中侏罗世蓝旗组。

1992　孙革、赵衍华,540页,图版236,图5;图版238,图3;羽叶;吉林汪清天桥岭;晚三叠世
　　　马鹿沟组。

1993　孙革,图版18,图3;79页,图版30,图4;图版31,图1;羽叶;吉林汪清天桥岭;晚三叠
　　　世马鹿沟组。

日本篦羽叶(比较种) *Ctenis* cf. *japonica* Ôishi
1980　吴水波等,图版2,图10;羽叶;吉林汪清托盘沟;晚三叠世。

△荆门篦羽叶 *Ctenis jingmenensis* Meng,1987
1987　孟繁松,246页,图版33,图4;羽叶;采集号:HU-81-P-2;登记号:P82175;正模:P82175
　　　(图版33,图4);标本保存在宜昌地质矿产研究所;湖北荆门分水岭;晚三叠世九里岗组。

△开县篦羽叶 *Ctenis kaixianensis* Duan et Chen,1982
1982　段淑英、陈晔,503页,图版12,图2,3;羽叶;登记号:No.7177,No.7178;合模1:No.7177
　　　(图版12,图2);合模2:No.7178(图版12,图3);标本保存在中国科学院植物研究所;
　　　四川开县桐树坝;晚三叠世须家河组。[注:依据《国际植物命名法规》(《维也纳法规》)
　　　第37.2条,1958年起,模式标本只能是1块标本]

△金原篦羽叶 *Ctenis kaneharai* Yokoyama,1906
1906　Yokoyama,29页,图版9,图1,1a;羽叶;辽宁凤城赛马集碾子沟;侏罗纪。

1933　Yabe,Ôishi,226(32)页;羽叶;辽宁凤城赛马集碾子沟;中—晚侏罗世。

1950　Ôishi,88页,图版27,图1;羽叶;辽宁;晚侏罗世。

1963　斯行健、李星学等,191页,图版55,图4;图版57,图2;羽叶;辽宁凤城赛马集碾子沟;
　　　中—晚侏罗世。

1984　陈芬等,56页,图版24,图4;羽叶;北京西山大安山;早侏罗世上窑坡组。

1985　李杰儒,203页,图版2,图3,4;羽叶;辽宁岫岩黄花甸子张家窝堡;早白垩世小岭组。

1993a　吴向午,69页。

1994　萧宗正等,图版13,图6;羽叶;北京门头沟山神庙;中侏罗世龙门组。

2003　袁效奇等,图版18,图2;羽叶;内蒙古达拉特旗高头窑柳沟;中侏罗世直罗组。

△披针篦羽叶 *Ctenis lanceolata* Mi,Sun C,Sun Y,Cui,Ai et al.,1996(中文发表)
1996　米家榕、孙春林、孙跃武、崔尚森、艾永亮等,113页,图版16,图5;图版17,图1,8;图版
　　　18,图4;插图10;羽叶;登记号:HF3051—HF3053,HF3056;正模:HF3052(图版17,图
　　　1);副模:HF3053(图版17,图8);标本保存在长春地质学院地史古生物教研室;河北
　　　抚宁石门寨;早侏罗世北票组。

△较宽篦羽叶 *Ctenis latior* Mi,Sun C,Sun Y,Cui,Ai et al.,1996(中文发表)
1996　米家榕、孙春林、孙跃武、崔尚森、艾永亮等,114页,图版17,图6;图版18,图3,5;图版
　　　20,图4;插图11;羽叶;登记号:HF3057,HF3058,HF3063,HF3064;正模:HF3058(图
　　　版18,图5);副模:HF3064(图版20,图4);标本保存在长春地质学院地史古生物教研
　　　室;河北抚宁石门寨;早侏罗世北票组。

△李氏篦羽叶 *Ctenis leeiana* **Shen, 1975**

1975 沈光隆,94 页,图版 2,图 1,1a;羽叶;甘肃武都龙家沟煤田;中侏罗世。

1982 刘子进,132 页,图版 69,图 5;羽叶;甘肃武都龙家沟;中侏罗世龙家沟组。

1982a 郑少林、张武,165 页,图版 2,图 4,4a;羽叶;辽宁北票常河营子大板沟;中侏罗世蓝旗组。

△凌源篦羽叶 *Ctenis lingyuanensis* **Zhang, 1980**

1976 张志诚,193 页,图版 97,图 1,2;羽叶;内蒙古包头石拐沟;中侏罗世召沟组。(裸名)

1980 张志诚,见张武等,274 页,图版 143,图 5;图版 144,图 3;羽叶;登记号:D394,D395;标本保存在沈阳地质矿产研究所;辽宁凌源双庙;早侏罗世郭家店组。(注:原文未指定模式标本)

△理塘篦羽叶 *Ctenis litangensis* **Chen, 1986**

1986 陈晔等,41 页,图版 7,图 3,4;图版 10,图 6;羽叶;标本号:No. 7946－No. 7948;四川理塘;晚三叠世拉纳山组。(注:原文未指定模式标本)

△浅裂篦羽叶 *Ctenis lobata* **Chen et Zhang, 1979**

1979b 陈晔、张玉成,见陈晔等,186 页,图版 1,图 2;羽叶;标本号:No. 6817,No. 6860,No. 6931,No. 6996,No. 7047,No. 7055;合模:No. 6860,No. 7047,No. 7055;标本保存在中国科学院植物研究所古植物研究室;四川盐边红泥煤田;晚三叠世大荞地组。[注:依据《国际植物命名法规》(《维也纳法规》)第 37.2 条,1958 年起,模式标本只能是 1 块标本]

1989 梅美棠等,97 页,图版 56,图 4;羽叶;四川;晚三叠世。

△七弦琴形篦羽叶 *Ctenis lyrata* **Li et Ye, 1980**

1978 *Ctenis lyrata* Lee et Yeh,杨学林等,图版 3,图 1;羽叶;吉林蛟河盆地杉松剖面;早白垩世磨石砬子组。(裸名)

1980 李星学、叶美娜,8 页,图版 5,图 1;羽叶;登记号:PB4605;正模:PB4605(图版 5,图 1);标本保存在中国科学院南京地质古生物研究所;吉林蛟河杉松;早白垩世中—晚期杉松组。

1980 *Ctenis lyrata* Lee et Yeh,张武等,274 页,图版 173,图 1－4;图版 174,图 2;羽叶;吉林蛟河杉松;早白垩世磨石砬子组。

1985 *Ctenis lyrata* Lee et Yeh,商平,图版 5,图 1－3;羽叶;辽宁阜新煤田;早白垩世水泉组。

1986 *Ctenis lyrata* Lee et Yeh,李星学等,21 页,图版 18,图 2,2a,3;图版 19;图版 20,图 5,6;图版 21,图 3,4;图版 35,图 2;羽叶;吉林蛟河杉松;早白垩世蛟河群。

1986a *Ctenis lyrata* Lee et Yeh,郑少林、张武等,429 页,图版 1,图 10－15;插图 1,2;羽叶和角质层;辽宁阜新海州露天煤矿;早白垩世海州组;吉林蛟河杉松;早白垩世磨石砬子组。

1987 *Ctenis lyrata* Lee et Yeh,商平,图版 1,图 1;羽叶;辽宁阜新煤田;早白垩世。

1987 *Ctenis lyrata* Lee et Yeh,张志诚,379 页,图版 6,图 1,2;图版 7,图 5;羽叶和角质层;辽宁阜新海州露天煤矿;早白垩世阜新组。

1988 *Ctenis lyrata* Lee et Yeh,陈芬等,63 页,图版 27,图 12;图版 28,图 1－3;图版 29,图 1;图版 64,图 1;插图 17;羽叶和角质层;辽宁阜新海州露天煤矿和新丘露天煤矿;早白垩世阜新组;辽宁铁法;早白垩世小明安碑组上煤段。

1992 *Ctenis lyrata* Lee et Yeh,孙革、赵衍华,540 页,图版 241,图 4;羽叶;吉林蛟河煤矿;早白垩世乌林组。

1995a *Ctenis lyrata* Lee et Yeh,李星学(主编),图版 109,图 1;羽叶;吉林蛟河杉松顶子;早白垩世乌云组顶部。(中文)

1995b *Ctenis lyrata* Lee et Yeh,李星学(主编),图版 109,图 1;羽叶;吉林蛟河杉松顶子;早白

垩世乌云组顶部。（英文）

△大叶篦羽叶 *Ctenis macropinnata* **Meng,1987**

1987　孟繁松,247 页,图版 29,图 3;羽叶;采集号:CH-81-P-1;登记号:P82120;正模:P82120
　　　（图版 29,图 3）;标本保存在宜昌地质矿产研究所;湖北当阳陈垸;早侏罗世香溪组。

△中间篦羽叶 *Ctenis mediata* **Meng,1988**

1988　孟祥营,见陈芬等,64,155 页,图版 30,图 1—4;羽叶和角质层;标本号:Fx146;标本保
　　　存在武汉地质学院北京研究生部;辽宁阜新新丘露天煤矿;早白垩世阜新组水泉段。

△奇异？篦羽叶 *Ctenis？mirabilis* **Ye et Huang,1986**

1986　叶美娜、黄国清,见叶美娜等,59 页,图版 41,图 3,3a;图版 42,图 4,4a;羽叶;标本保存
　　　在四川煤田地质公司一三七地质队;四川开江七里峡;晚三叠世须家河组 3 段。（注:
　　　原文未指定模式标本）

△多脉篦羽叶 *Ctenis multinervis* **Chen,1975**

1975　陈晔,见徐仁等,72 页,图版 3,图 1,2;羽叶;编号:No. 2736;标本保存在中国科学院北
　　　京植物研究所;云南永仁纳拉箐;晚三叠世大荞地组中上部。

1979　徐仁等,47 页,图版 47,图 1,1a;羽叶;四川宝鼎;晚三叠世大荞地组中上部。

尼尔桑篦羽叶 *Ctenis nilssonii*（Nathorst）**Harris,1932**

1878　*Anthrophyopsis nilssonii* Nathorst,43,89 页,图版 8,图 6;羽叶;瑞典;晚三叠世。

1932　Harris,14,88 页,图版 1,图 9;插图 7,36A—36D;羽叶和角质层;东格陵兰斯科斯比
　　　湾;晚三叠世（*Lepidopteris* Zone）。

1979　徐仁等,47 页,图版 46,图 1,2;羽叶;四川宝鼎;晚三叠世大荞地组中上部。

1986　叶美娜等,60 页,图版 42,图 3,3a;羽叶;四川达县雷音铺;晚三叠世须家河组 7 段。

△牛营子篦羽叶 *Ctenis niuyingziensis* **Zhang et Zheng,1987**

1987　张武、郑少林,302 页,图版 21,图 9b;图版 22,图 1a,2,3;图版 27,图 1—5;插图 32;羽
　　　叶;登记号:SG110132—SG110140;标本保存在沈阳地质矿产研究所;北票常河营子牛
　　　营子;中侏罗世海房沟组。（注:原文未指定模式标本）

△长椭圆篦羽叶 *Ctenis oblonga* **Wu,1999**（中文发表）

1999b　吴舜卿,40 页,图版 31,图 5,5a;羽叶;采集号:NE 河 F-6;登记号:PB10690;正模:
　　　PB10690（图版 31,图 5）;标本保存在中国科学院南京地质古生物研究所;四川通江两
　　　河口;晚三叠世须家河组。

东方篦羽叶 *Ctenis orientalis* **Heer,1876**

1876　Heer,105 页,图版 22,图 2;羽叶;布列亚河;晚侏罗世。

1941　Stockmans,Mathieu,45 页,图版 5,图 6;羽叶;河北柳江;侏罗纪。［注:此标本后被改
　　　定为 *Ctenis* sp.（斯行健、李星学等,1963）］

奥洛维尔篦羽叶 *Ctenis orovillensis* **Fontaine,1900**

1900　Fontaine,见 Ward,357 页,图版 58,图 4;羽叶;美国;早白垩世。

奥洛维尔篦羽叶（比较种）*Ctenis* cf. *orovillensis* **Fontaine**

1980　张武等,275 页,图版 177,图 6;羽叶;黑龙江宾县;早白垩世陶淇河组。

庞特篦羽叶 *Ctenis pontica* **Delle,1967**

1967　Delle,93 页,图版 17,图 7,8;图版 18,图 1—3;羽叶;格鲁吉亚;中侏罗世。

1987　张武、郑少林,304 页,图版 23,图 2;图版 24,图 1;羽叶;辽宁北票长皋台子山;中侏罗世蓝旗组。

1990　曹正尧、商平,图版 9,图 5;图版 10,图 2,3;羽叶;辽宁北票长皋蛇不歹;中侏罗世蓝旗组。

△侧羽叶型篦羽叶 *Ctenis pterophyoides* **Chen et Duan,1979**

1979c　陈晔、段淑英,见陈晔等,271 页,图版 3,图 3;羽叶;标本号:No.7023;标本保存在中国科学院植物研究所;四川盐边红泥煤田;晚三叠世大荞地组。

稀脉篦羽叶 *Ctenis rarinervis* **Kiritchkova,1966**（non Cao et Shang,1990）

1966　Kiritchkova,Slastenov,163 页,图版 1,图 1;羽叶;西鄂霍茨克附近列皮斯科河;早白垩世。

△稀脉篦羽叶 *Ctenis rarinervis* **Cao et Shang,1990**（non Kiritchkova,1966）

（注:此种名为 *Ctenis rarinervis* Kiritchkova,1966 的晚出同名）

1990　曹正尧、商平,48 页,图版 5,图 3;图版 6,图 1b,2—4;羽叶;登记号:PB14709—PB14714;正模:PB14711(图版 6,图 3);标本保存在中国科学院南京地质古生物研究所;辽宁北票长皋蛇不歹;中侏罗世蓝旗组。

△反弯篦羽叶 *Ctenis recurvus* **Yang,1978**

1978　杨贤河,521 页,图版 163,图 12;羽叶;标本号:Sp0042;正模:Sp0042(图版 163,图 12);标本保存在成都地质矿产研究所;四川大邑煤矿;晚三叠世须家河组。

列氏篦羽叶 *Ctenis reedii* **Harris,1947**

1947　Harris,659 页;插图 46A,46B;羽叶和角质层;英国约克郡;中侏罗世。

1998　张泓等,图版 38,图 2;羽叶;新疆乌恰康苏;中侏罗世杨叶组。

△规则篦羽叶 *Ctenis regularis* **Chen et Duan,1979**

1979b　陈晔、段淑英,见陈晔等,187 页,图版 1,图 3;羽叶;标本号:No.68525;标本保存在中国科学院植物研究所;四川盐边红泥煤田;晚三叠世大荞地组。

1989　梅美棠等,98 页,图版 51,图 1;羽叶;四川;晚三叠世。

△石门寨篦羽叶 *Ctenis shimenzhaiensis* **Mi,Sun C,Sun Y,Cui,Ai et al.,1996**（中文发表）

1996　米家榕、孙春林、孙跃武、崔尚森、艾永亮等,115 页,图版 16,图 9,10,13;插图 12;羽叶;登记号:HF3048,HF3049,HF3055;正模:HF3049(图版 16,图 13);标本保存在长春地质学院地史古生物教研室;河北抚宁石门寨;早侏罗世北票组。

斯图瓦特篦羽叶 *Ctenis stewartiana* **Harris,1932**

1932　Harris,12 页;插图 6;羽叶和角质层;东格陵兰斯科斯比湾;早侏罗世（*Thaumatopteris* Zone）。

1984　周志炎,22 页,图版 9,图 4;图版 10,图 1,2;插图 5b;羽叶;湖南祁阳河埠塘、衡南洲市;早侏罗世观音滩组排家冲段。

1995a　李星学(主编),图版 84,图 7;羽叶;湖南衡南洲市;早侏罗世观音滩组排家冲段。（中文）

1995b　李星学(主编),图版 84,图 7;羽叶;湖南衡南洲市;早侏罗世观音滩组排家冲段。（英文）

1996 米家榕等,116页,图版18,图7;图版19,图1,2;图版20,图3;羽叶;河北抚宁石门寨; 早侏罗世北票组。

皱轴篦羽叶 *Ctenis sulcicaulis* (Phillips) Ward,1905
1829 *Cycadites sulcicaulis* Phillips,148页,图版7,图21;英国约克郡;中侏罗世。

1905 Ward,113,149页,图版25,图9;图版26;图版38,图7,8;羽叶;美国奥里根;侏罗纪。

1980 张武等,274页,图版144,图4;羽叶;辽宁凌源刀子沟;早侏罗世郭家店组。

1984 王自强,268页,图版138,图12－14;图版146,图1－4;图版167,图1,2;图版168, 图1;羽叶和角质层;河北下花园;中侏罗世门头沟组、玉带山组。

1987 张武、郑少林,图版22,图6;图版25,图7;图版26,图12;羽叶;辽宁北票长皋台子山南 沟;中侏罗世蓝旗组。

1993 米家榕等,118页,图版26,图3;图版29,图1;羽叶;北京西山大安山;晚三叠世杏石口组。

△斯氏篦羽叶 *Ctenis szeiana* Li et Ye,1980
1980 李星学、叶美娜,9页,图版5,图2;羽叶;登记号:PB4605;正模:PB4605(图版5,图1); 标本保存在中国科学院南京地质古生物研究所;吉林蛟河杉松;早白垩世中－晚期杉 松组。

1980 张武等,274页,图版171,图4;图版172,图2;图版174,图4;羽叶;吉林蛟河杉松;早 白垩世磨石砬子组;吉林和龙;早白垩世。[注:此标本后被改定为 *Ctenis burejensis* Prynanda(李星学等,1986)]

1988 陈芬等,64页,图版28,图4;羽叶;辽宁阜新海州露天煤矿;早白垩世阜新组水泉段。

△塔里木篦羽叶 *Ctenis tarimensis* Zhang,1998(中文发表)
1998 张泓等,276页,图版36;图版37;图版38,图3;羽叶;采集号:KS-8;登记号:MP92313, MP92318,MP92319;标本保存在煤炭科学研究总院西安分院;新疆乌恰康苏;中侏罗 世杨叶组。(注:原文未指定模式标本)

△天桥岭篦羽叶 *Ctenis tianqiaolingensis* Mi,Zhang,Sun et al.,1993
1993 米家榕、张川波、孙春林等,118页,图版29,图2,4;图版30,图1;插图30;羽叶;登记 号:W346,W347,W390;正模:W347(图版29,图4);副模:W390(图版30,图1);标本 保存在长春地质学院地史古生物教研室;吉林汪清天桥岭;晚三叠世马鹿沟组。

△上床篦羽叶 *Ctenis uwatokoi* Toyama et Ôishi,1935
1935 Toyama,Ôishi,65页,图版3,图2,3;羽叶;内蒙古扎赉诺尔;中侏罗世。

1950 Ôishi,89页,图版27,图5;羽叶;内蒙古扎赉诺尔;晚侏罗世。

1952 斯行健,186页,图版2,图1;图版3,图1,1a;羽叶;内蒙古呼纳盟嘎查煤田;侏罗纪。

1954 徐仁,56页,图版47,图2,3;羽叶;内蒙古扎赉诺尔;晚侏罗世。

1958 汪龙文等,617页,图617(下部),618;羽叶;内蒙古呼伦贝尔盟;晚侏罗世。

1963 斯行健、李星学等,192页,图版57,图3,3a;羽叶;内蒙古呼纳盟嘎查煤田;晚侏罗世。

1980 张武等,275页,图版175,图2,2a;羽叶;内蒙古扎赉诺尔;早白垩世大磨拐河组。

山成篦羽叶 *Ctenis yamanarii* Kawasaki,1926
1926 Kawasaki,20页,图版5,图18;图版6,图19;羽叶;朝鲜江原道上东莲花里盘松(Ban-syo);晚三叠世－早侏罗世。

1986 叶美娜等,60页,图版40,图2,2a;羽叶;四川宣汉大路沟煤矿;晚三叠世须家河组7段。

1996   米家榕等，116页，图版17，图9；图版18，图1,2；羽叶；河北抚宁石门寨；早侏罗世北票组。

△玉门篦羽叶 *Ctenis yumenensis* Zhang, 1998（中文发表）

1998   张泓等，277页，图版39；图1,2；羽叶；采集号：HX-19；登记号：MP93764；正模：MP93764（图版39，图1）；标本保存在煤炭科学研究总院西安分院；甘肃玉门旱峡；中侏罗世大山口组。

△永仁篦羽叶 *Ctenis yungjenensis* Chen, 1975

1975   陈晔，见徐仁等，72，图版3，图3,4；羽叶；标本号：No.744；标本保存在中国科学院北京植物研究所；云南永仁花山；晚三叠世大荞地组中上部。

1978   杨贤河，521页，图版158，图1；羽叶；四川渡口花山；晚三叠世大荞地组。

1979   徐仁等，47页，图版47，图2,2a；羽叶；四川宝鼎花山；晚三叠世大荞地组中上部。

永仁篦羽叶（比较属种）*Ctenis* cf. *C. yungjenensis* Chu

1986   叶美娜等，61页，图版41，图2,2a；羽叶；四川开县温泉；晚三叠世须家河组7段。

篦羽叶（未定多种）*Ctenis* spp.

1906   *Ctenis* sp., Yokoyama, 25页，图版6，图1a；羽叶；山东潍县坊子；侏罗纪。

1931   *Ctenis* sp., 斯行健，35页，图版5，图2；羽叶；山东潍县坊子；早侏罗世（Lias）。

1933b   *Ctenis* sp., 斯行健，83页，图版12，图9；羽叶；陕西府谷石盘湾；侏罗纪。

1935   *Ctenis* sp., Toyama, Ôishi, 66页，图版4，图1；羽叶；内蒙古扎赉诺尔；中侏罗世。

1949   *Ctenis* sp., 斯行健，25页，图版3，图11；图版9，图2；羽叶；湖北当阳白石岗；早侏罗世香溪煤系。

1963   *Ctenis* sp.1, 斯行健、李星学等，192页，图版58，图3；羽叶；内蒙古扎赉诺尔；晚侏罗世。

1963   *Ctenis* sp.2, 斯行健、李星学等，193页，图版58，图2；图版59，图1；羽叶；湖北当阳观音寺白石岗；早侏罗世香溪群；山东潍县坊子；早—中侏罗世。

1963   *Ctenis* sp.3, 斯行健、李星学等，193页，图版58，图6；羽叶；陕西府谷石盘湾；早—中侏罗世。

1963   *Ctenis* sp.4, 斯行健、李星学等，193页，图版58，图7；羽叶；山东潍县坊子；早—中侏罗世。

1963   *Ctenis* sp.5, 斯行健、李星学等，194页，图版58，图5；羽叶；河北临榆柳江；早—中侏罗世。

1965   *Ctenis* sp., 曹正尧，523页，图版5，图9,9a；羽叶；广东高明松柏坑；晚三叠世小坪组。

1968   *Ctenis* sp.,《湘赣地区中生代含煤地层化石手册》，71页，图版22，图4；羽叶；江西乐平涌山桥；晚三叠世安源组。

1976   *Ctenis* sp., 李佩娟等，128页，图版41，图12；羽叶；云南禄丰渔坝村、一平浪；晚三叠世一平浪组干海子段。

1976   *Ctenis* sp., 周惠琴等，213页，图版120，图3；羽叶；内蒙古东胜；中侏罗世。

1979   *Ctenis* sp., 何元良等，150页，图版71，图7；羽叶；青海大柴旦大煤沟；早侏罗世小煤沟组。

1979   *Ctenis* sp.1, 徐仁等，48页，图版47，图3；羽叶；四川宝鼎花山；晚三叠世大荞地组中上部。

1979   *Ctenis* sp.2, 徐仁等，48页，图版47，图4,5；羽叶；四川宝鼎；晚三叠世大荞地组中上部。

1980   *Ctenis* sp., 张武等，275页，图版173，图5；图版174，图1；羽叶；吉林和龙土山子；早白垩世西山坪组。

1981   *Ctenis* sp., 刘茂强、米家榕，26页，图版2，图6,8；羽叶；吉林临江闹枝沟；早侏罗世义和组。

1982   *Ctenis* sp., 段淑英、陈晔，504页，图版10，图9；羽叶；四川开县桐树坝；晚三叠世须家河组。

1982   *Ctenis* sp., 张采繁，534页，图版349，图4；羽叶；湖南醴陵柑子冲；早侏罗世高家田组。

1982b　*Ctenis* sp.，郑少林、张武，316 页，图版 25，图 1，1a；羽叶；黑龙江虎林云山；中侏罗世裴德组。

1983a　*Ctenis* sp.，曹正尧，15 页，图版 2，图 13；羽叶；黑龙江虎林云山；中侏罗世龙爪沟群下部。

1983　*Ctenis* sp.，何元良，188 页，图版 29，图 6；羽叶；青海祁连尕勒得寺；晚三叠世默勒群尕勒得寺组。

1984　*Ctenis* sp.，陈公信，599 页，图版 252，图 1；羽叶；湖北当阳观音寺白石岗；早侏罗世桐竹园组。

1984　*Ctenis* sp.，周志炎，22 页，图版 9，图 4；图版 10，图 1，2；插图 5b；羽叶；湖南衡南洲市；早侏罗世观音滩组排家冲段。

1986　*Ctenis* sp.，陶君容、熊宪政，122 页，图版 1，图 12；图版 2，图 1—3；羽叶；黑龙江嘉荫；晚白垩世乌云组。

1987　*Ctenis* sp. 1，陈晔等，108 页，图版 22，图 4；羽叶；四川盐边箐河；晚三叠世红果组。

1987　*Ctenis* sp. 2，陈晔等，108 页，图版 22，图 5；羽叶；四川盐边箐河；晚三叠世红果组。

1987　*Ctenis* sp.，张武、郑少林，图版 22，图 7，7a；羽叶；辽宁北票长皋台子山南沟；中侏罗世蓝旗组。

1988　*Ctenis* sp.，陈芬等，64 页，图版 28，图 5；羽叶；辽宁阜新海州露天煤矿；早白垩世阜新组水泉段。

1993　*Ctenis* spp.，米家榕等，119 页，图版 26，图 4，5；羽叶；吉林汪清天桥岭；晚三叠世马鹿沟组；吉林双阳八面石煤矿；晚三叠世小蜂蜜顶子组上段；河北承德上谷；晚三叠世杏石口组。

1993　*Ctenis* sp. [Cf. *C. yokoyamaie* Kryshtofovich]，孙革，80 页，图版 30，图 3；图版 31，图 2；羽叶；吉林汪清鹿圈子村北山；晚三叠世马鹿沟组。

1993　*Ctenis* sp.，孙革，80 页，图版 27，图 5；羽叶；吉林汪清鹿圈子村北山；晚三叠世马鹿沟组。

1994　*Ctenis* sp.，萧宗正等，图版 13，图 3；羽叶；北京门头沟潭柘寺；晚三叠世杏石口组。

1996　*Ctenis* sp.，米家榕等，116 页，图版 16，图 3；羽叶；辽宁北票海房沟；中侏罗世海房沟组。

1998　*Ctenis* sp.，张泓等，图版 38，图 1；羽叶；新疆乌恰康苏；中侏罗世杨叶组。

篦羽叶？（未定种）*Ctenis*? **sp.**

1964　*Ctenis*? sp.，李佩娟，132 页，图版 17，图 3；羽叶；四川广元杨家崖；晚三叠世须家河组。

？篦羽叶（未定种）？*Ctenis* **sp.**

1987　? *Ctenis* sp.，何德长，77 页，图版 2，图 4；羽叶；浙江云和梅源砻铺村；早侏罗世晚期砻铺组 5 层。

梳羽叶属 Genus *Ctenophyllum* Schimper，1870

1870（1869—1874）　　Schimper，143 页。

1977　冯少南等，232 页。

1993a　吴向午，69 页。

模式种：*Ctenophyllum braunianum*（Goeppert）Schimper，1870

分类位置：苏铁纲苏铁目（Cycadales，Cycadopsida）

布劳恩梳羽叶 *Ctenophyllum braunianum*（Goeppert）Schimper，1870

1844　*Pterophyllum braunianum* Goeppert，134 页。

1870(1869－1874)　Schimper，143 页；羽叶；西里西亚拜罗伊特（Bayreuth of Silesia）；晚三叠世（Rhaetic）。

1993a　吴向午，69 页。

△陈垸梳羽叶 *Ctenophyllum chenyuanense* Meng，1984

1984a　孟繁松，101，104 页，图版 2，图 1－3；羽叶；登记号：P82124－P82126；正模：P82126（图版 2，图 3）；标本保存在宜昌地质矿产研究所；湖北当阳三里岗陈垸；早侏罗世香溪组。

△粗脉梳羽叶 *Ctenophyllum crassinerve* Meng，2002（中文发表）

2002　孟繁松等，311 页，图版 7，图 3；图版 8，图 1，1a；羽叶；登记号：SBJ₁XP-4(4)，SBJ₁XP-4(5)；正模：SBJ₁XP-4(5)（图版 8，图 1）；副模：SBJ₁XP-4(4)（图版 7，图 3）；标本保存在宜昌地质矿产研究所；湖北秭归卜庄河；早侏罗世香溪组。

△下延梳羽叶 *Ctenophyllum decurrens* Feng，1977

1977　冯少南等，232 页，图版 84，图 4,5；羽叶；标本号：P25247，P25248；合模 1：P25247（图版 84，图 4）；合模 2：P25248（图版 84，图 5）；标本保存在湖北地质科学研究所；湖北南漳东巩；晚三叠世香溪群下煤组。[注：依据《国际植物命名法规》（《维也纳法规》）第 37.2 条，1958 年起，模式标本只能是 1 块标本]

1984　陈公信，588 页，图版 241，图 4；羽叶；湖北南漳东巩；晚三叠世九里岗组。

1993a　吴向午，69 页。

△湖北梳羽叶 *Ctenophyllum hubeiense* Chen，1977

1977　陈公信，见冯少南等，232 页，图版 84，图 3；羽叶；标本号：P5095；正模：P5095（图版 84，图 3）；标本保存在湖北省地质局；湖北当阳大栗树岗；早－中侏罗世香溪群上煤组。

1984　陈公信，588 页，图版 241，图 2,3；羽叶；湖北当阳大栗树岗；早侏罗世桐竹园组。

1993a　吴向午，69 页。

△疏叶梳羽叶 *Ctenophyllum laxilobum* Meng，1984

1984a　孟繁松，101，104 页，图版 1，图 5；图版 2，图 5；羽叶；登记号：P82122；正模：P82122（图版 1，图 5）；标本保存在宜昌地质矿产研究所；湖北当阳三里岗陈垸；早侏罗世香溪组。

△大叶梳羽叶 *Ctenophyllum macrophyllum* Meng，1987

1987　孟繁松，251 页，图版 34，图 1；羽叶；采集号：S-81-P-1；登记号：P82186；正模：P82186（图版 34，图 1）；标本保存在宜昌地质矿产研究所；湖北当阳三里岗；早侏罗世香溪组。

2002　孟繁松等，图版 6，图 6；羽叶；湖北秭归香溪；早侏罗世香溪组。

△显脉梳羽叶 *Ctenophyllum nervosum* Meng，1987

1987　孟繁松，250 页，图版 27，图 6；羽叶；采集号：DG-80-P-1；登记号：P82185；正模：P82185（图版 27，图 6）；标本保存在宜昌地质矿产研究所；湖北南漳东巩；晚三叠世九里岗组。

梳羽叶（未定种） *Ctenophyllum* sp.

1988a　*Ctenophyllum* sp.，黄其胜、卢宗盛，183 页，图版 1，图 2；羽叶；河南卢氏双槐树；晚三叠世延长群下部 6 层。

篦羽羊齿属 Genus *Ctenopteris* Saporta,1872

1872(1872－1873)　　Saporta,355 页。

1902－1903　　Zeiller,292 页。

1993a　吴向午,69 页。

模式种:*Ctenopteris cycadea*（Berger）Saporta,1872

分类位置:种子蕨纲?（Pteridospermopsida?）

苏铁篦羽羊齿 *Ctenopteris cycadea*（Berger）Saporta,1872

1932　　*Odontopteris cycadea* Berger,23,27 页,图版 3,图 2,3;羽叶;欧洲;晚三叠世。

1872(1872－1873)　　Saporta,355 页,图版 40,图 2－5;图版 41,图 1,2;羽叶;法国摩泽尔
　　　　（Moselle）;侏罗纪。

1978　　杨贤河,500 页,图版 159,图 8;羽叶;四川渡口摩沙河;晚三叠世大荞地组。

1993a　吴向午,69 页。

△异羽叶型篦羽羊齿 *Ctenopteris anomozamioides* Yang,1978

1978　　杨贤河,500 页,图版 181,图 2;羽叶;标本号:Sp0113;正模:Sp0113(图版 181,图 2);标
　　　　本保存在成都地质矿产研究所;四川渡口摩沙河;晚三叠世大荞地组。

△中华篦羽羊齿 *Ctenopteris chinensis*（Hsu et Hu）Hsu,1975

［注:此种名后被改定为 *Ctenozamites chinensis*（Hsu et Hu）Hsu(徐仁等,1979)］

1974　　*Pachypteris chinensis* Hsu et Hu,徐仁、胡雨帆,见徐仁等,272 页,图版 4,图 1,2;蕨
　　　　叶;云南永仁纳拉箐;晚三叠世大荞地组中上部。

1975　　徐仁等,75 页;羽叶;云南永仁纳拉箐;晚三叠世大荞地组。

1978　　杨贤河,501 页,图版 180,图 8;羽叶;四川渡口太平场;晚三叠世大荞地组。

△大叶篦羽羊齿 *Ctenopteris megaphylla* Yang,1978

1978　　杨贤河,501 页,图版 181,图 1;羽叶;标本号:Sp0112;正模:Sp0112(图版 181,图 1);标
　　　　本保存在成都地质矿产研究所;四川渡口摩沙河;晚三叠世大荞地组。

△侧羽叶型篦羽羊齿 *Ctenopteris pterophylloides* Yang,1978

1978　　杨贤河,501 页,图版 161,图 1a;图版 164;羽叶;标本号:Sp0025,Sp0030;正模:Sp0030
　　　　(图版 164);副模:Sp0025(图版 161,图 1a);标本保存在成都地质矿产研究所;四川渡
　　　　口宝鼎;晚三叠世大荞地组。

沙兰篦羽羊齿 *Ctenopteris sarranii* Zeiller,1903

［注:此种后被改定为 *Ctenozamites sarranii* Zeiller(斯行健、李星学等,1963)］

1902－1903　　Zeiller,53 页,图版 6;图版 7,图 1;图版 8,图 1,2;羽叶;越南鸿基;晚三叠世。

1902－1903　　Zeiller,292 页,图版 54,图 3,4;羽叶;云南太平场;晚三叠世。［注:此标本后被
　　　　改定为 *Ctenozamites sarranii* Zeiller(斯行健、李星学等,1963)］

1956a　斯行健,39,146 页,图版 35,图 3,3a,4;羽叶;陕西宜君四郎庙炭河沟;晚三叠世延长层
　　　　上部。［注:此标本后被改定为 *Ctenozamites sarranii* Zeiller(斯行健、李星学等,1963)］

1993a　吴向午,69 页。

沙兰篦羽羊齿（比较属种）Cf. *Ctenopteris sarranii* Zeiller

1927a Halle，19 页，图版 5，图 9，10(?)；羽叶；四川会理石窝铺；晚三叠世（Rhaetic）。［注：图版 5，图 10(?)标本后被改定为 Cf. *Ctenozamites sarranii* Zeiller；图版 5，图 9 标本后被改定为 *Ctenozamites*? sp.（斯行健、李星学等，1963）］

? 篦羽羊齿（未定种）? *Ctenopteris* sp.

1949 ? *Ctenopteris* sp. (? sp. nov.)，斯行健，26 页，图版 15，图 10，11；羽叶；湖北南漳陈家湾；早侏罗世香溪煤系。［注：此标本后被改定为 *Ctenozamites*? sp.，（斯行健、李星学等，1963）］

篦羽羊齿?（未定种）*Ctenopteris*? sp.

1927a *Ctenopteris*? sp.，Halle，17 页，图版 5，图 5；羽叶；四川会理白果湾老厂和新厂；晚三叠世（Rhaetic）。［注：此标本后被改定为 *Ctenozamites*? sp.，（斯行健、李星学等，1963）］

枝羽叶属 Genus *Ctenozamites* Nathorst，1886

1886 Nathorst，122 页。

1963 斯行健、李星学等，197 页。

1993a 吴向午，70 页。

模式种：*Ctenozamites cycadea*（Berger）Nathorst，1886

分类位置：种子蕨纲?（Pteridospermopsida?）或苏铁纲?（Cycadopsida?）

苏铁枝羽叶 *Ctenozamites cycadea*（Berger）Nathorst，1886

1832 *Odontopteris cycadea* Berger，23 页，图版 3，图 2，3；羽叶；欧洲，晚三叠世。

1886 Nathorst，122 页；羽叶；法国摩泽尔；侏罗纪。

1887 Schenk，5 页，图版 3，图 11—16；图版 4，图 18；图版 6，图 30；图版 7，图 36；羽叶；侏罗纪。

1977 冯少南等，224 页，图版 91，图 3，4；羽叶；湖北南漳东巩；晚三叠世香溪群下煤组；湖南浏阳澄潭江；晚三叠世安源组。

1979 何元良等，147 页，图版 70，图 8；图版 71，图 1；叶；青海都兰八宝山；晚三叠世八宝山群。

1982 李佩娟、吴向午，48 页，图版 14，图 3，3a；图版 21，图 1；图版 22，图 3；羽叶；四川乡城三区上热坞村；晚三叠世喇嘛垭组。

1984 陈公信，587 页，图版 240，图 1—3；图版 251，图 1c；羽叶；湖北荆门分水岭、南漳东巩；晚三叠世九里岗组。

1986 叶美娜等，62 页，图版 40，图 3，3a；羽叶；四川开江七里峡；晚三叠世须家河组 5 段。

1987 陈晔等，103 页，图版 15，图 2；图版 16，图 1—4；羽叶；四川盐边箐河；晚三叠世红果组。

1993a 吴向午，70 页。

苏铁枝羽叶（比较属种）Cf. *Ctenozamites cycadea*（Berger）Nathorst

1990 孟繁松，图版 1，图 7，8；羽叶；海南岛琼海九曲江海洋村；早三叠世岭文组。

1992b 孟繁松，179 页，图版 2，图 8，9；羽叶；海南岛琼海九曲江海洋村；早三叠世岭文组。

苏铁枝羽叶（比较种）*Ctenozamites* cf. *cycadea*（Berger）Nathorst

1968 《湘赣地区中生代含煤地层化石手册》，72 页，图版 25，图 1；插图 2；羽叶；湖南浏阳澄潭江;晚三叠世安源组紫家冲段。

1980　何德长、沈襄鹏,25 页,图版 22,图 4;羽叶;湖南衡南洲市;早侏罗世造上组。

△等形枝羽叶 *Ctenozamites aequalis* Meng,1987

1987　孟繁松,243 页,图版 28,图 1,4;羽叶;采集号:DG-80-P-1;登记号:P82159,P82163;正模:P82159(图版 28,图 1);副模:P82163(图版 28,图 4);标本保存在宜昌地质矿产研究所;湖北南漳东巩;晚三叠世九里岗组。

△宝鼎枝羽叶 *Ctenozamites baodingensis* Chen et Tuan,1979

1979　陈晔、段淑英,见徐仁等,73 页,图版 75;羽叶;标本号:No.4726;标本保存在中国科学院植物研究所;四川宝鼎;晚三叠世大荞地组中上部。

1987　陈晔等,102 页,图版 13,图 6,7;图版 14,图 1;羽叶;四川盐边箐河;晚三叠世红果组。

△具泡枝羽叶 *Ctenozamites bullatus* Chen et Duan,1991

1991　陈晔、段淑英,见陈晔等,45,51 页,图版 1,图 1－5;图版 2,图 1－4;插图 1－4;羽叶和角质层;标本号:No.1517,No.1533;标本保存在中国科学院植物研究所;贵州六枝郎岱;晚三叠世(Rhaetic)。(注:原文未指定模式标本)

△中国枝羽叶 *Ctenozamites chinensis* (Hsu et Hu) Hsu,1979

1974　*Pachypteris chinensis* Hsu et Hu,徐仁、胡雨帆,见徐仁等,272 页,图版 4,图 1,2;蕨叶;云南永仁纳拉箐;晚三叠世大荞地组中上部。

1975　*Ctenopteris chinensis* (Hsu et Hu) Hsu,徐仁等,75 页;羽叶;云南永仁纳拉箐;晚三叠世大荞地组。

1979　徐仁等,40 页,图版 39,图 1,1a;羽叶;四川宝鼎;晚三叠世大荞地组中上部。

△奇特枝羽叶 *Ctenozamites difformis* Meng,1990

1990　孟繁松,319 页,图版 2,图 3－5;羽叶;登记号:P87006－P87008;合模:P87006－P87008(图版 2,图 3－5);标本保存在宜昌地质矿产研究所;湖北远安九里岗、荆门姚河、南漳东巩;晚三叠世九里岗组。[注:依据《国际植物命名法规》(《维也纳法规》)第 37.2 条,1958 年起,模式标本只能是 1 块标本]

△指缘枝羽叶 *Ctenozamites digitata* Chen et Duan,1979

1979c　陈晔、段淑英,见陈晔等,269 页,图版 1,图 1,1a;羽叶;标本号:No.6821,No.7016;正模:No.6821(图版 1,图 1,1a);标本保存在中国科学院植物研究所古植物研究室;四川盐边红泥煤田;晚三叠世大荞地组。

△镰形枝羽叶 *Ctenozamites drepanoides* Chen,Duan et Jiao,1992

1992　陈晔、段淑英、教月华,556,557 页,图版 1,图 1－7;插图 1a－1d;羽叶和角质层;标本号:No.2245,No.1875;贵州六枝郎岱;晚三叠世。(注:原文未指定模式标本)

镰形枝羽叶 *Ctenozamites falcata* (Nathorst)

[注:种名 *Ctenozamites falcata* (Nathorst)由张采繁引用(1982)]

1878　*Ctenopteirs? falcata* Nathorst,51 页,图版 1,图 13(?);图版 7,图 7－9;图版 10,图 1;羽叶;瑞典;晚三叠世。

1982　张采繁,532 页,图版 349,图 1,3;图版 350,图 3;羽叶;湖南宜章狗牙洞;晚三叠世。

△广东枝羽叶 *Ctenozamites guangdongensis* Feng, 1977

1977 冯少南等，225页，图版91，图2；羽叶；标本号：P25275；正模：P25275（图版91，图2）；标本保存在湖北地质科学研究所；广东惠阳；晚三叠世小坪组。

△红泥枝羽叶 *Ctenozamites hongniensis* Chen et Duan, 1979

1979c 陈晔、段淑英，见陈晔等，269页，图版2，图2,2a；羽叶；标本号：No.7027；标本保存在中国科学院植物研究所古植物研究室；四川盐边红泥煤田；晚三叠世大荞地组。

△吉安枝羽叶 *Ctenozamites jianensis* Li Y T et Ju, 1982

1982 李云亭、鞠魁祥，见王国平等，271页，图版123，图6；图版125，图4；羽叶；标本号：HB522，HB523；正模：HB523（图版125，图4）；江西吉安茶园；晚三叠世安源组。

△兰山枝羽叶 *Ctenozamites lanshanensis* Zhou, 1981

1981 周志炎，22页，图版3，图8；图版4，图1—9；羽叶和角质层；采集号：KHG181；登记号：PB7579；正模：PB7579（图版4，图1）；标本保存在中国科学院南京地质古生物研究所；湖南兰山圆竹；早侏罗世观音滩组排家冲段。

1982 张采繁，532页，图版354，图3—3c；羽叶；湖南兰山圆竹；早侏罗世高家田组。

1984 周志炎，18页；羽叶；湖南兰山圆竹；早侏罗世观音滩组排家冲段。

1986 张采繁，图版5，图1—1c,2；羽叶；湖南常宁柏坊；早侏罗世石康组。

1995a 李星学（主编），图版83，图1,2；羽叶和角质层（气孔器）；湖南兰山圆竹；早侏罗世观音滩组排家冲段。（中文）

1995b 李星学（主编），图版83，图1,2；羽叶和角质层（气孔器）；湖南兰山圆竹；早侏罗世观音滩组排家冲段。（英文）

△乐昌枝羽叶 *Ctenozamites lechangensis* Wang, 1993

1993 王士俊，16页，图版5，图8,12；图版21，图6—8；图版25，图1,2；羽叶和角质层；标本号：ws0312/1，ws0312/2；标本保存在中山大学生物系植物教研室；广东乐昌关春；晚三叠世艮口群。（注：原文未指定模式标本）

△线裂枝羽叶 *Ctenozamites linearilobus* Zhou, 1984

1984 周志炎，18页，图版7，图12；羽叶；登记号：PB8856；标本保存在中国科学院南京地质古生物研究所；湖南衡南洲市；早侏罗世观音滩组排家冲段。

△小叶枝羽叶 *Ctenozamites microloba* Chen et Duan, 1979

1979a 陈晔、段淑英，见陈晔等，61页，图版2，图3；羽叶；标本号：No.6956；标本保存在中国科学院植物研究所古植物研究室；四川盐边红泥煤田；晚三叠世大荞地组。

1989 梅美棠等，93页，图版47，图1；羽叶；华南地区；晚三叠世。

1990 孟繁松，319页，图版2，图2；插图1,6；羽叶；湖北南漳东巩；晚三叠世九里岗组。

小叶枝羽叶（比较种）*Ctenozamites* cf. *microloba* Chen et Duan

1987 陈晔等，103页，图版14，图7,7a；羽叶；四川盐边箐河；晚三叠世红果组。

△耳状枝羽叶 *Ctenozamites otoeis* Chen et Zhang, 1979

1979a 陈晔、张玉成，见陈晔等，61页，图版3，图1,2；羽叶；标本号：No.6860，No.6997，No.7041，No.7042；合模1：No.7041（图版3，图1）；合模2：No.6997（图版3，图2）；标

本保存在中国科学院植物研究所古植物研究室;四川盐边红泥煤田;晚三叠世大荞地组。[注:依据《国际植物命名法规》(《维也纳法规》)第 37.2 条,1958 年起,模式标本只能是 1 块标本]

1987　陈晔等,103 页,图版 15,图 3;图版 25,图 7;羽叶;四川盐边箐河;晚三叠世红果组。

△齿羊齿型? 枝羽叶 *Ctenozamites? otontopteroides* Meng,1987

1987　孟繁松,244 页,图版 28,图 6;羽叶;采集号:HU-81-P-1;登记号:P82161;正模:P82161(图版 28,图 6);标本保存在宜昌地质矿产研究所;湖北荆门分水岭;晚三叠世九里岗组。

△褶面枝羽叶 *Ctenozamites plicata* Chen et Duan,1979

1979c　陈晔、段淑英,见陈晔等,270 页,图版 1,图 4,5;插图 1;羽叶;标本号:No. 6922,No. 6945,No. 6959a,No. 6959b,No. 6972;合模:No. 6959a,No. 6959b(图版 1,图 4,5);标本保存在中国科学院植物研究所古植物研究室;四川盐边红泥煤田;晚三叠世大荞地组。[注:依据《国际植物命名法规》(《维也纳法规》)第 37.2 条,1958 年起,模式标本只能是 1 块标本]

△叉羽叶型枝羽叶 *Ctenozamites ptilozamioides* Zhou,1978

1978　周统顺,116 页,图版 27,图 1—5;插图 5;羽叶和角质层;采集号:WFI-7d,LF-06;登记号:FKP144,FKP145;标本保存在中国地质科学院地质研究所;福建漳平大坑文宾山;晚三叠世文宾山组下段;福建武平龙井;晚三叠世大坑组上段。(注:原文未指定模式标本)

1982　王国平等,272 页,图版 125,图 2;羽叶;福建武平龙井;晚三叠世文宾山组。

叉羽叶型枝羽叶(比较属种) *Ctenozamites* cf. *C. ptilozamioides* Zhou

1993　王士俊,17 页,图版 6,图 6;羽叶;广东曲江红卫坑;晚三叠世艮口群。

△细小枝羽叶 *Ctenozamites pusillus* Meng,1983

1983　孟繁松,226 页,图版 2,图 3;图版 4,图 1;羽叶;登记号:D76014,D76015;正模:D76014(图版 2,图 3);标本保存在宜昌地质矿产研究所;湖北南漳东巩;晚三叠世九里岗组。

△坚直枝羽叶 *Ctenozamites rigida* Liu (MS) ex Feng et al.,1977

1977　冯少南等,225 页,图版 90,图 1,2;羽叶;广东乐昌关春狗牙洞;晚三叠世小坪组。

1980　何德长、沈襄鹏,24 页,图版 9,图 6;羽叶;广东乐昌关春狗牙洞;晚三叠世。

1987　陈晔等,104 页,图版 14,图 2;图版 15,图 1;羽叶;四川盐边箐河;晚三叠世红果组。

沙兰枝羽叶 *Ctenozamites sarrani* (Zeiller) ex Sze,Lee et al.,1963

[注:种名 *Ctenozamites sarrani* 由斯行健、李星学等(1963)引用]

1902—1903　*Ctenopteris sarrani* Zeiller,53 页,图版 6;图版 7,图 1;图版 8,图 1,2;羽叶;越南鸿基;晚三叠世。

1963　*Ctenozamites sarrani* Zeiller,斯行健、李星学等,198 页,图版 58,图 1;图版 59,图 2,3;羽叶;陕西宜君四郎庙炭河沟;晚三叠世延长群;云南太平场;晚三叠世一平浪群。

1976　*Ctenozamites sarrani* Zeiller,周惠琴等,209 页,图版 116,图 1;羽叶;内蒙古准格尔旗五字湾;中三叠世二马营组上部;晚三叠世延长组下部。

1976　*Ctenozamites sarrani* Zeiller,李佩娟等,126 页,图版 40,图 5,6;羽叶;云南禄丰一平浪;晚三叠世一平浪组干海子段。

1977 *Ctenozamites sarrani* Zeiller,冯少南等,225 页,图版 91,图 1;羽叶;湖北远安铁炉湾;晚三叠世香溪群下煤组;广东北部;晚三叠世小坪组。

1978 *Ctenozamites sarrani* Zeiller,周统顺,115 页,图版 26,图 3;羽叶;福建漳平大坑文宾山;晚三叠世文宾山组下段。

1980 黄枝高、周惠琴,96 页,图版 4,图 6;图版 39,图 2;羽叶;内蒙古准格尔旗五字湾,陕西韩城;中三叠世二马营组上部,晚三叠世延长组下部。

1982 *Ctenozamites sarrani* Zeiller,王国平等,272 页,图版 125,图 1;羽叶;福建漳平大坑;晚三叠世文宾山组。

1984 *Ctenozamites sarrani* Zeiller,陈公信,588 页,图版 238,图 5;羽叶;湖北远安铁炉湾;晚三叠世九里岗组。

1984 *Ctenozamites sarrani* Zeiller,米家榕等,图版 1,图 4;羽叶;北京西山;晚三叠世杏石口组。

1987 *Ctenozamites sarrani* Zeiller,何德长,83 页,图版 18,图 1;图版 20,图 1;羽叶;福建漳平大坑;晚三叠世文宾山组。

1993a *Ctenozamites sarrani* Zeiller,吴向午,70 页。

2002 *Ctenozamites sarrani* Zeiller,孟繁松等,图版 1,图 2;图版 2,图 1—3;羽叶;贵州关岭新铺沙星和毛凹;晚三叠世早期瓦窑组。

沙兰枝羽叶(比较种) *Ctenozamites* cf. *sarrani* (Zeiller) ex Sze,Li et al.
1984 *Ctenozamites* cf. *sarrani* Zeiller,王自强,269 页,图版 115,图 3,4;羽叶;山西宁武;中三叠世二马营组;山西洪洞;中一晚三叠世延长群。

沙兰枝羽叶(比较属种) Cf. *Ctenozamites sarrani* (Zeiller) ex Sze,Lee et al.
1963 Cf. *Ctenozamites sarrani* Zeiller,斯行健、李星学等,198 页,图版 57,图 1;羽叶;四川会理石窝铺;晚三叠世。

1993 Cf. *Ctenozamites sarrani* Zeiller,米家榕等,120 页,图版 30,图 6;羽叶;北京西山潭柘寺;晚三叠世杏石口组。

△狭叶枝羽叶 *Ctenozamites stenophylla* Zhang,1977
1977 张川波,见长春地质学院勘探系调查组等,9 页,图版 2,图 3,6;图版 3,图 5;图版 4,图 5;羽叶;标本号:X-048,X-049,X-050,X-052;标本保存在长春地质学院勘探系;吉林浑江石人;晚三叠世小河口组。(注:原文未指定模式标本)

1992 孙革、赵衍华,541 页,图版 220,图 2;图版 238,图 1;羽叶;吉林浑江石人;晚三叠世小河口组。

1993 米家榕等,121 页,图版 29,图 3,6;图版 30,图 4;图版 31,图 5;羽叶;吉林浑江石人北山;晚三叠世北山组(小河口组)。

△气孔枝羽叶 *Ctenozamites stoatigerus* Huang et Lu,1988
1988b 黄其胜、卢宗盛,550 页,图版 9,图 5,6,11;插图 4;羽叶;登记号:HD83021,HD83022;正模:HD83021(图版 9,图 5);标本保存在武汉地质学院古生物教研室;湖北大冶金山店;早侏罗世武昌组上部。

枝羽叶(未定多种) *Ctenozamites* spp.
1976 *Ctenozamites* sp.,李佩娟等,126 页,图版 45,图 6,6a;羽叶;云南禄丰一平浪;晚三叠世一平浪组干海子段。

1984　*Ctenozamites* sp. 1,周志炎,19 页,图版 7,图 5;羽叶;湖南衡南洲市;早侏罗世观音滩组排家冲段。

1984　*Ctenozamites* sp. 2,周志炎,19 页,图版 6,图 9;羽叶;湖南衡南洲市;早侏罗世观音滩组搭坝口段。

1987　*Ctenozamites* sp. 1,陈晔等,104 页,图版 16,图 10;羽叶;四川盐边箐河;晚三叠世红果组。

1987　*Ctenozamites* sp. 2,陈晔等,104 页,图版 16,图 8;羽叶;四川盐边箐河;晚三叠世红果组。

枝羽叶?（未定多种）*Ctenozamites*? spp.

1963　*Ctenozamites*? sp. 1,斯行健、李星学等,199 页,图版 59,图 6;羽叶;四川会理白果湾老厂和新厂;晚三叠世。

1963　*Ctenozamites*? sp. 2,斯行健、李星学等,199 页,图版 59,图 4;羽叶;四川会理石窝铺;晚三叠世。

1963　*Ctenozamites*? sp. 3,斯行健、李星学等,199 页,图版 58,图 4;图版 60,图 7;羽叶;湖北南漳陈家湾;早侏罗世香溪群。

1982　*Ctenozamites*? sp.,李佩娟、吴向午,48 页,图版 6,图 2;图版 16,图 3,3a;图版 21,图 4A;羽叶;四川德格玉隆区严仁普;晚三叠世喇嘛垭组。

1982b　*Ctenozamites*? sp.,吴向午,89 页,图版 11,图 3,3a,4,4a;羽叶;西藏察雅巴贡一带、贡觉夺盖拉煤点;晚三叠世巴贡组上段。

1983　*Ctenozamites*? sp.,鞠魁祥等,图版 3,图 6,8;羽叶;江苏南京龙潭范家塘;晚三叠世范家塘组。

△苏铁缘蕨属 Genus *Cycadicotis* Pan,1983（裸名）

1983　潘广,1520 页。（中文）

1983b　潘广,见李杰儒,22 页。

1984　潘广,958 页。（英文）

1993a　吴向午,163,249 页。

1993b　吴向午,508,511 页。

模式种:*Cycadicotis nilssonervis* Pan (MS) ex Li,1983[注:原文仅有属名,没有种名（或模式种名）;后指定 *Cycadicotis nilssonervis* Pan (MS) ex Li 为模式种（李杰儒,1983）]

分类位置:"半被子植物类群"中华缘蕨科（Sinodicotiaceae,"hemiangiosperms"）（潘广,1983,1984）或苏铁类（cycadophytes）（李杰儒,1983）

△蕉羽叶脉苏铁缘蕨 *Cycadicotis nilssonervis* Pan (MS) ex Li,1983（裸名）

1983b　潘广,见李杰儒,22 页,图版 2,图 3;叶和雌性生殖器官;标本号:Jp1h2-30;标本保存在辽宁省地质矿产局区域地质调查队;辽宁南票后富隆山盘道沟;中侏罗世海房沟组 3 段。

1987　张武、郑少林,图版 26,图 7—10;插图 25d—25i;叶和雌性生殖器官;辽宁南票后富隆山盘道沟;中侏罗世海房沟组 3 段。[注:此标本后被郑少林等（2003）改定为 *Anomozamites haifanggouensis* (Kimura,Ohana,Zhao et Geng) Zheng et Zhang]

1994　Kimura 等,258 页;插图 5—7[＝张武、郑少林（1987）,图版 26,图 7,9,10];叶;辽宁南票后富隆山盘道沟;中侏罗世海房沟组 3 段。

苏铁缘蕨（种未定）*Cycadicotis* sp. indet.

（注：原文仅有属名，没有种名）

1983　*Cycadicotis* sp. indet.，潘广，1520 页；华北燕辽地区东段；中侏罗世海房沟组。（中文）

1984　*Cycadicotis* sp. indet.，潘广，958 页；华北燕辽地区东段；中侏罗世海房沟组。（英文）

1993a　吴向午，163，249 页。

1993b　吴向午，508，511 页。

似苏铁属 Genus *Cycadites* Sternberg，1825（non Buckland，1836）

1825（1820—1838）　Sternberg，Tentmen，ⅩⅩⅩⅱ页。

1935　Ôishi，85 页。

1993a　吴向午，71 页。

模式种：*Cycadites nilssoni* Sternberg，1825

分类位置：苏铁纲苏铁目（Cycadales，Cycadopsida）

尼尔桑似苏铁 *Cycadites nilssoni* Sternberg，1825

1825（1820—1838）　Sternberg，Tentmen，ⅩⅩⅩⅱ页，图版 47；羽叶；瑞典 Hoer；白垩纪。

1993a　吴向午，71 页。

△东北似苏铁 *Cycadites manchurensis* Ôishi，1935

1935　Ôishi，85 页，图版 6，图 4，4a，4b，5，6；插图 3；羽叶和角质层；黑龙江东宁煤田；晚侏罗世或早白垩世。［注：此标本后被改定为 *Pseudocycas manchurensis*（Ôishi）Hsu（徐仁，1954）］

1993a　吴向午，71 页。

萨氏似苏铁 *Cycadites saladini* Zeiller，1903

1902—1903　Zeiller，154 页，图版 41，图 1—4；羽叶；越南鸿基；晚三叠世。

1982　王国平等，274 页，图版 119，图 7；羽叶；江西余洒老屋里；晚三叠世安源组。

1999b　吴舜卿，43 页，图版 30，图 2，5；羽叶；贵州六枝郎岱；晚三叠世火把冲组。

具沟似苏铁 *Cycadites sulcatus* Kryshtofovich et Prynada，1932

1916　*Dioonites polynovii* Novopokrovsky，Kryshtofovich，30 页，图版 5，图 3；羽叶；滨海区；早白垩世。

1932　Kryshtofovich，Prynada，369 页；羽叶；滨海区；早白垩世。

1983a　郑少林、张武，88 页，图版 6，图 8—11；羽叶；黑龙江勃利万龙村；早白垩世东山组。

△英窝山似苏铁 *Cycadites yingwoshanensis* Zheng et Zhang，2004（中文和英文发表）

2004　郑少林、张武，见王五力等，232 页（中文），492 页（英文），图版 30，图 1；单个羽状叶；标本号：YWS-10；正模：YWS-10（图版 30，图 1）；辽宁义县头道河子；晚侏罗世义县组砖城子层；辽宁北票上园黄半吉沟；晚侏罗世义县组尖山层。（注：原文未注明模式标本的保存单位及地点）

似苏铁（未定多种）*Cycadites* spp.

1980　*Cycadites* sp.，何德长、沈襄鹏，26 页，图版 25，图 4；羽叶；湖南资兴三都同日垅沟；早侏

罗世造上组。

1994　*Cycadites* sp.［Cf. *Pseudocycas steenstrupi*（Phillips）Nathorst］,曹正尧,图 2j;羽叶;浙江诸暨;早白垩世早期寿昌组。

1995a　*Cycadites* sp.［Cf. *Pseudocycas steenstrupi*（Phillips）Nathorst］,李星学（主编）,图版 112,图 8;羽叶;浙江诸暨;早白垩世寿昌组。（中文）

1995b　*Cycadites* sp.［Cf. *Pseudocycas steenstrupi*（Phillips）Nathorst］,李星学（主编）,图版 112,图 8;羽叶;浙江诸暨;早白垩世寿昌组。（英文）

1997　*Cycadites* sp. 1（sp. nov.）,孟繁松、陈大友,54 页,图版 2,图 1,2;羽叶;四川云阳南溪;中侏罗世自流井组东岳庙段。

1999　*Cycadites* sp. 1［Cf. *Pseudocycas saportae*（Seward）Holden］,曹正尧,81 页,图版 19,图 5;羽叶;浙江永嘉章当;早白垩世磨石山组 C 段。

1999　*Cycadites* sp. 2［Cf. *Pseudocycas steenstrupi*（Phillips）Nathorst］,曹正尧,82 页,图版 15,图 12;羽叶;浙江诸暨安华水库;早白垩世寿昌组。

似苏铁属 Genus *Cycadites* Buckland,1836（non Sternberg,1825）

［注:此属名为 *Cycadites* Sternberg,1825 的晚出同名（吴向午,1993a）］

1836　Buckland,497 页。

1993a　吴向午,71 页。

模式种:*Cycadites megalophyllas* Buckland,1836

分类位置:苏铁纲苏铁目（Cycadales,Cycadopsida）

大叶似苏铁 *Cycadites megalophyllas* Buckland,1836

1836　Buckland,497 页,图版 60;苏铁类茎干化石;英国波特兰岛。

1993a　吴向午,71 页。

苏铁鳞片属 Genus *Cycadolepis* Saporta,1873

1873（1873e－1875a）　Saporta,201 页。

1933c　斯行健,23 页。

1963　斯行健、李星学等,200 页。

1993a　吴向午,72 页。

模式种:*Cycadolepis villosa* Saporta,1873

分类位置:苏铁纲苏铁目（Cycadales,Cycadopsida）

长毛苏铁鳞片 *Cycadolepis villosa* Saporta,1873

1873（1873e－1875a）　Saporta,201 页,图版 114,图 4;苏铁鳞片(?);法国 Orbagnoux;侏罗纪。

1993a　吴向午,72 页。

褶皱苏铁鳞片 *Cycadolepis corrugata* Zeiller,1903

1902－1903　Zeiller,200 页,图版 44,图 1;图版 50,图 1－4;苏铁鳞片;越南鸿基;晚三叠世。

1933c 斯行健,23页,图版4,图10,11;苏铁鳞片;四川宜宾;晚三叠世晚期—早侏罗世。

1949 斯行健,24页,图版15,图29,30;苏铁鳞片;湖北秭归香溪,当阳崔家窑、大峡口;早侏罗世香溪煤系。

1963 斯行健、李星学等,200页,图版67,图5,6;苏铁鳞片;湖北秭归香溪;早侏罗世香溪群;四川宜宾;晚三叠世。

1977 冯少南等,233页,图版92,图9;苏铁鳞片;湖北秭归香溪;早—中侏罗世香溪群上煤组。

1978 周统顺,图版21,图10;图版28,图12;苏铁鳞片;福建漳平大坑;晚三叠世文宾山组下段。

1980 何德长、沈襄鹏,30页,图版11,图2;苏铁鳞片;湖南浏阳澄潭江;晚三叠世三丘田组。

1982 王国平等,273页,图版122,图5;苏铁鳞片;福建漳平大坑;晚三叠世文宾山组。

1982 杨贤河,476页,图版12,图8—15a;苏铁鳞片;四川长宁双河;晚三叠世须家河组。

1983 李杰儒,24页,图版3,图4;鳞片;辽宁南票后富隆山盘道沟;中侏罗世海房沟组3段。

1984 厉宝贤、胡斌,141页,图版3,图13;苏铁鳞片;山西大同;早侏罗世永定庄组。

1986 叶美娜等,55页,图版33,图3,7,7a;苏铁鳞片;四川达县铁山金窝、雷音铺,宣汉大路沟煤矿;晚三叠世须家河组7段。

1991 黄其胜、齐悦,图版1,图6;苏铁鳞片;浙江兰溪马涧;早—中侏罗世马涧组下段。

1993 王士俊,38页,图版14,图5,7,13,15;图版37,图5,6;苏铁鳞片和角质层;广东乐昌关春;晚三叠世艮口群。

1993a 吴向午,72页。

1996 米家榕等,107页,图版16,图17;苏铁鳞片;河北抚宁石门寨;早侏罗世北票组。

1998 黄其胜等,图版1,图10;苏铁鳞片;江西上饶清水乡缪源村;早侏罗世林山组3段。

1999b 吴舜卿,43页,图版30,图8,9;苏铁鳞片;四川威远新场黄石板;晚三叠世须家河组。

△南票苏铁鳞片 *Cycadolepis nanpiaoensis* Zhang et Zheng,1987

1987 张武、郑少林,290页,图版15,图8,9,13—15;插图25;苏铁鳞片;登记号:SG110069—SG110073;标本保存在沈阳地质矿产研究所;辽宁南票盘道沟;中侏罗世海房沟组。(注:原文未指定模式标本)

光壳苏铁鳞片 *Cycadolepis nitens* Harris,1944

1944 Harris,428页;插图4,5;苏铁鳞片;英国约克郡;中侏罗世。

1987 张武、郑少林,291页,图版15,图4,4a;苏铁鳞片;辽宁北票长皋台子山;中侏罗世蓝旗组。

褶纹苏铁鳞片 *Cycadolepis rugosa* Johansson,1922

1922 Johansson,40页,图版5,图19—23;苏铁鳞片;瑞典;早侏罗世。

1986 叶美娜等,55页,图版33,图8,8a;苏铁鳞片;四川开县水沟;早侏罗世珍珠冲组。

褶纹苏铁鳞片? *Cycadolepis rugosa*? Johansson

1993 王士俊,38页,图版14,图12,14;图版37,图7,8;苏铁鳞片和角质层;广东乐昌关春、安口;晚三叠世艮口群。

△优美苏铁鳞片 *Cycadolepis speciosa* Zhang et Zheng,1987

1987 张武、郑少林,291页,图版15,图6,16,17;图版26,图4;图版28,图10;插图26;苏铁鳞片;登记号:SG110075—SG110078;标本保存在沈阳地质矿产研究所;辽宁北票长皋台子山;中侏罗世蓝旗组。(注:原文未指定模式标本)

楔形苏铁鳞片 *Cycadolepis spheniscus* Harris,1953

1953 Harris,37 页;插图 2A－2C,2F－2I;苏铁鳞片;英国约克郡;中侏罗世。

1987 张武、郑少林,291 页,图版 15,图 6,16,17;图版 26,图 4;图版 28,图 10;插图 26;苏铁鳞片;辽宁北票长皋台子山;中侏罗世蓝旗组。

△斯氏苏铁鳞片 *Cycadolepis szei* Zhang et Zheng,1987

1987 张武、郑少林,292 页,图版 11,图 5,6;图版 15,图 1－3;图版 26,图 5,6;图版 27,图 8;图版 28,图 8,9;插图 26;苏铁鳞片;登记号:SG110082－SG110093;标本保存在沈阳地质矿产研究所;辽宁北票长皋台子山;中侏罗世蓝旗组。(注:原文未指定模式标本)

流苏苏铁鳞片 *Cycadolepis thysanota* Harris,1969

1969 Harris,120 页,图版 1,图 2,3;插图 55;苏铁鳞片和角质层;英国约克郡;中侏罗世。

1984 周志炎,40 页,图版 18,图 3,4;苏铁鳞片;湖南祁阳河埠塘;早侏罗世观音滩组排家冲段顶部。

△茸毛苏铁鳞片 *Cycadolepis tomentosa* Sze,1942

1942b 斯行健,129 页,图版 1,图 5－8;苏铁鳞片;湖南醴陵石门口;晚三叠世－早侏罗世。

1963 斯行健、李星学等,201 页,图版 77,图 11;苏铁鳞片;湖南醴陵石门口;晚三叠世－早侏罗世。

1977 冯少南等,233 页,图版 97,图 10;苏铁鳞片;湖南醴陵石门口;晚三叠世安源组。

1993 王士俊,39 页,图版 14,图 4,8,9;图版 37,图 3,4;苏铁鳞片和角质层;广东乐昌关春、安口;晚三叠世艮口群。

△外山苏铁鳞片 *Cycadolepis toyamae* Ôishi,1935

1935 Ôishi,87 页,图版 6,图 3,3a,3b;插图 4;苏铁鳞片;黑龙江东宁煤田;晚侏罗世或早白垩世。

1963 斯行健、李星学等,201 页,图版 67,图 4(右);苏铁鳞片;黑龙江东宁煤田;晚侏罗世。

苏铁鳞片(未定多种) *Cycadolepis* spp.

1974 *Cycadolepis* sp.,胡雨帆等,图版 1,图 5;苏铁鳞片;四川雅安观化煤矿;晚三叠世。

1982 *Cycadolepis* sp.,王国平等,273 页,图版 131,图 11;苏铁鳞片;浙江武义祝村;早白垩世馆头组。

1987 *Cycadolepis* sp.,张武、郑少林,293 页,图版 15,图 12;苏铁鳞片;辽宁北票常河营子大板沟;中侏罗世蓝旗组。

1988 *Cycadolepis* sp.,李佩娟等,90 页,图版 53,图 5;图版 62,图 4;苏铁鳞片;青海大柴旦大煤沟;早侏罗世火烧山组 *Cladophlebis* 层和甜水沟组 *Ephedrites* 层。

1993 *Cycadolepis* sp.,王士俊,39 页,图版 14,图 2,11;苏铁鳞片;广东乐昌关春、安口;晚三叠世艮口群。

苏铁鳞片?(未定多种) *Cycadolepis*? spp.

1963 *Cycadolepis*? sp.,斯行健、李星学等,202 页,图版 67,图 7;苏铁鳞片;湖北秭归香溪;早侏罗世香溪群。

1999 *Cycadolepis*? sp.1,曹正尧,81 页,图版 26,图 10,11;苏铁鳞片;浙江诸暨小溪寺;早白垩世寿昌组(?)。

1999　*Cycadolepis*? sp. 2,曹正尧,81 页,图版 25,图 6;苏铁鳞片;浙江诸暨黄家坞;早白垩世寿昌组(?)。

△苏铁鳞叶属 Genus *Cycadolepophyllum* Yang,1978

1978　杨贤河,510 页。

1993a　吴向午,12,217 页。

1993b　吴向午,502,511 页。

模式种:*Cycadolepophyllum minor* Yang,1978

分类位置:苏铁纲本内苏铁目(Bennettiales,Cycadopsida)

△较小苏铁鳞叶 *Cycadolepophyllum minor* Yang,1978

1978　杨贤河,510 页,图版 163,图 11;图版 175,图 4;羽叶;标本号:Sp0041;正模:Sp0041(图版 163,图 11);标本保存在成都地质矿产研究所;四川长宁双河;晚三叠世须家河组。

1982　杨贤河,图版 12,图 1,2;羽叶;四川长宁双河;晚三叠世须家河组。

1993a　吴向午,12,217 页。

1993b　吴向午,502,511 页。

△等形苏铁鳞叶 *Cycadolepophyllum aequale* Yang,1978

1942　*Pterophyllum aequale* (Brongniart) Nathorst,斯行健,189 页,图版 1,图 1—4;羽叶;广东乐昌;晚三叠世—早侏罗世。

1978　杨贤河,510 页;羽叶;广东乐昌;晚三叠世。

1993a　吴向午,12,217 页。

1993b　吴向午,502,511 页。

△异羽叶型苏铁鳞叶 *Cycadolepophyllum anomozamioides* Yang,1982

1982　杨贤河,475 页,图版 12,图 6,7;插图 X-3;羽叶;登记号:Sp255,Sp256;合模 1,2:Sp256,Sp257(图版 12,图 6,7);标本保存在成都地质矿产研究所;四川长宁双河;晚三叠世须家河组。[注:依据《国际植物命名法规》(《维也纳法规》)第 37.2 条,1958 年起,模式标本只能是 1 块标本]

△长宁苏铁鳞叶 *Cycadolepophyllum changningense* Yang,1982

1982　杨贤河,474 页,图版 12,图 3—5a;插图 X-2;羽叶;登记号:Sp255,Sp256;合模 1,2:Sp255,Sp256(图版 12,图 3—5a);标本保存在成都地质矿产研究所;四川长宁双河;晚三叠世须家河组。[注:依据《国际植物命名法规》(《维也纳法规》)第 37.2 条,1958 年起,模式标本只能是 1 块标本]

苏铁掌苞属 Genus *Cycadospadix* Schimper,1870

1870(1869—1874)　Schimper,207 页。

1984　周志炎,41 页。

1993a 吴向午,72 页。

模式种:*Cycadospadix hennocquei*（Pomel）Schimper,1870

分类位置:苏铁纲本内苏铁目(Bennettiales,Cycadopsida)

何氏苏铁掌苞 *Cycadospadix hennocquei*（Pomel）Schimper,1870

1870(1869－1874)　 Schimper,207 页,图版 72;苏铁类大孢子叶;法国摩泽尔;早侏罗世
（Lias）。

1993a 吴向午,72 页。

△帚苏铁掌苞 *Cycadospadix scopulina* Zhou,1984

1984　周志炎,41 页,图版 18,图 5;插图 8;苏铁类大孢子叶;登记号:PB8918;正模:PB8918
（图版 18,图 5);标本保存在中国科学院南京地质古生物研究所;湖南祁阳河埠塘;早
侏罗世观音滩组排家冲段顶部。

1993a 吴向午,72 页。

圆异叶属 Genus *Cyclopteris* Brongniart,1830

1830(1828－1838)　 Brongniart,216 页。

1974　《中国古生代植物》编写小组,139 页。

1987　何德长,78 页。

模式种:*Cyclopteris reniformis* Brongniart,1830

分类位置:种子蕨纲?(Pteridospermopsida?)

肾形圆异叶 *Cyclopteris reniformis* Brongniart,1830

1830(1828－1838)　 Brongniart,216 页,图版 61,图 1;叶;欧洲;石炭纪。

圆异叶（未定种）*Cyclopteris* sp.

1987　*Cyclopteris* sp.,何德长,78 页,图版 7,图 6;叶;浙江云和梅源砻铺村;早侏罗世晚期砻
铺组 5 层。

三角鳞属 Genus *Deltolepis* Harris,1942

1942　Harris,573 页。

1988　吴向午,见李佩娟等,80 页。

1993a 吴向午,75 页。

模式种:*Deltolepis credipota* Harris,1942

分类位置:苏铁纲苏铁目(Cycadales,Cycadopsida)

圆洞三角鳞 *Deltolepis credipota* Harris,1942

1942　Harris,573 页,图 3,4;鳞片和角质层;英国约克郡凯顿湾(Cayton Bay);中侏罗世。

1993a 吴向午,75 页。

△较长？三角鳞 *Deltolepis*? *longior* Wu, 1988

1988 吴向午,见李佩娟等,80 页,图版 64,图 6;图版 66,图 6,7;鳞片;采集号:80DP₁F₂₈;登记号:PB13515－PB13517;正模:PB13515(图版 64,图 6);标本保存在中国科学院南京地质古生物研究所;青海大柴旦大煤沟;早侏罗世甜水沟组 *Ephedrites* 层。

1993a 吴向午,75 页。

三角鳞(未定多种) *Deltolepis* spp.

1993 *Deltolepis* sp. 1,王士俊,47 页,图版 19,图 7;鳞片;广东乐昌安口;晚三叠世艮口群。

1993 *Deltolepis* sp. 2,王士俊,47 页,图版 19,图 6;鳞片;广东乐昌安口;晚三叠世艮口群。

三角鳞？(未定种) *Deltolepis*? sp.

1999 *Deltolepis*? sp.,曹正尧,64 页,图版 14,图 1－3;鳞片;浙江诸暨小溪寺;早白垩世寿昌组(?)。

△牙羊齿属 Genus *Dentopteris* Huang, 1992

1992 黄其胜,179 页。

模式种:*Dentopteris stenophylla* Huang, 1992

分类位置:分类位置不明裸子植物(Gymnospermae incertae sedis)

△窄叶牙羊齿 *Dentopteris stenophylla* Huang, 1992

1992 黄其胜,179 页,图版 18,图 1,1a;蕨叶;登记号:SD87001;标本保存在中国地质大学(武汉)古生物教研室;四川达县铁山;晚三叠世须家河组 7 段。

△宽叶牙羊齿 *Dentopteris platyphylla* Huang, 1992

1992 黄其胜,179 页,图版 19,图 3,5,7;图版 20,图 13;蕨叶;采集号:SD5;登记号:SD87003－SD87005;正模:SD87003(图版 19,图 7);标本保存在中国地质大学(武汉)古生物教研室;四川达县铁山;晚三叠世须家河组 3 段。

带状叶属 Genus *Desmiophyllum* Lesquereux, 1878

1878 Lesquereux,333 页。

1933a 斯行健,71 页。

1963 斯行健、李星学等,347 页。

1993a 吴向午,76 页。

模式种:*Desmiophyllum gracile* Lesquereux, 1878

分类位置:分类位置不明裸子植物(Gymnospermae incertae sedis)

纤细带状叶 *Desmiophyllum gracile* Lesquereux, 1878

1878 Lesquereux,333 页;美国宾夕法尼亚州;石炭纪宾夕法尼亚(Pennsylvania)亚纪。

1993a 吴向午,76 页。

△海西州带状叶 *Desmiophyllum haisizhouense* Li,1988

1988　李佩娟等,136 页,图版 77,图 1B;图版 78,图 2B;图版 136,图 2—3a;叶和角质层;采集号;80DJ$_{2d}$F$_u$;登记号;PB13766,PB13975;标本保存在中国科学院南京地质古生物研究所;青海大柴旦大煤沟;中侏罗世石门沟组 *Nilssonia* 层。(注:原文未指定模式标本)

△特别带状叶 *Desmiophyllum speciosum* Li et Mei,1991

1991　李佩娟、梅盛吴,101,104 页,图版 1—3,插图 1,2;叶和角质层;采集号;80DP1,F87;登记号;PB15064;标本保存在中国科学院南京地质古生物研究所;青海海西州大柴旦大煤沟;中侏罗世大煤沟组。

带状叶(未定多种) *Desmiophyllum* spp.

1933a　*Desmiophyllum* sp.,斯行健,71 页,图版 10,图 3;叶;甘肃武威北达板;早侏罗世。

1933d　*Desmiophyllum* sp.,斯行健,51 页;叶;福建长汀马兰岭;早侏罗世。

1949　*Desmiophyllum* sp.,斯行健,38 页,图版 6,图 3;叶;湖北秭归香溪、兴山大峡口;早侏罗世香溪群。

1956a　*Desmiophyllum* sp.,斯行健,56,162 页,图版 53,图 6;叶;陕西清涧王家渠;晚三叠世延长层中部。

1963　*Desmiophyllum* sp. 1,斯行健、李星学等,348 页,图版 107,图 2;单叶;湖北秭归香溪、兴山大峡口;早侏罗世香溪群;福建长汀马兰岭;早侏罗世梨山群。

1963　*Desmiophyllum* sp. 2,斯行健、李星学等,348 页,图版 80,图 11;单叶;陕西清涧王家渠;晚三叠世延长群中部。

1963　*Desmiophyllum* sp. 3,斯行健、李星学等,348 页,图版 84,图 7;单叶;甘肃武威北达板;早—中侏罗世。

1980　*Desmiophyllum* sp.,何德长、沈襄鹏,28 页,图版 12,图 2,4;图版 14,图 2;带状叶;湖南浏阳澄潭江、醴陵石门口;晚三叠世安源组。

1983　*Desmiophyllum* sp.,张武等,84 页,图版 4,图 17,18;叶;辽宁本溪林家崴子;中三叠世林家组。

1984　*Desmiophyllum* sp. 1,陈芬等,69 页,图版 34,图 4;叶;北京西山大安山;早侏罗世上窑坡组。

1986　*Desmiophyllum* sp.,徐福祥,423 页,图版 2,图 7;单叶;甘肃靖远刀楞山;早侏罗世。

1988　*Desmiophyllum* sp.,黄其胜,图版 1,图 7,8;叶;安徽怀宁;早侏罗世武昌组下部。

1988a　*Desmiophyllum* sp.,黄其胜、卢宗盛,184 页,图版 1,图 5;叶;河南卢氏双槐树;晚三叠世延长群下部 5 层、6 层。

1989　*Desmiophyllum* sp.,郑少林、张武,图版 1,图 15;叶;辽宁新宾南杂木朝阳屯;早白垩世聂尔库组。

1993　*Desmiophyllum* sp. 1,米家榕等,140 页,图版 41,图 23;叶;吉林浑江石人北山;晚三叠世北山组(小河口组)。

1993　*Desmiophyllum* sp. 2,米家榕等,140 页,图版 40,图 9;叶;河北承德上谷;晚三叠世杏石口组。

1993　*Desmiophyllum* sp. 1,王士俊,59 页,图版 21,图 19;叶;广东乐昌关春;晚三叠世艮口群。

1993　*Desmiophyllum* sp. 2,王士俊,60 页,图版 21,图 12—14,17;图版 43,图 7,8;叶和角质层;广东乐昌关春、安口;晚三叠世艮口群。

1993　*Desmiophyllum* sp. 3,王士俊,60 页,图版 21,图 18;叶;广东乐昌关春;晚三叠世艮口群。

1993　*Desmiophyllum* sp. 4,王士俊,60 页,图版 21,图 16,20;叶;广东乐昌关春;晚三叠世艮口群。

1993　*Desmiophyllum* sp. 5,王士俊,61 页,图版 22,图 1B;叶;广东乐昌安口;晚三叠世艮口群。

1993a　*Desmiophyllum* sp.,吴向午,76 页。

1996　*Desmiophyllum* sp.,米家榕等,136 页,图版 22,图 6;叶;辽宁北票海房沟;中侏罗世海房沟组。

1997　*Desmiophyllum* sp.,吴舜卿等,170 页,图版 5,图 13;单叶;香港大澳;早侏罗世晚期—中侏罗世早期大澳组。

1998b　*Desmiophyllum* sp.,邓胜徽,图版 1,图 11;叶;内蒙古平庄-元宝山盆地;早白垩世杏园组。

1999　*Desmiophyllum* sp.,曹正尧,101 页,图版 9,图 14,14a;叶;浙江临安盘龙桥;早白垩世寿昌组。

二叉羊齿属 Genus *Dicrodium* Gothan,1912

1912　Gothan,78 页。

1983　张武、郑少林,见张武等,78 页。

1993a　吴向午,77 页。

模式种:*Dicrodium odonpteroides* Gothan,1912

分类位置:种子蕨纲?（Pteridospermopsida?）

齿羊齿型二叉羊齿 *Dicrodium odonpteroides* Gothan,1912

1912　Gothan,78 页,图版 16,图 5;营养叶;南非;晚三叠世（Rhaetic）。

1993a　吴向午,77 页。

△变形二叉羊齿 *Dicrodium allophyllum* Zhang et Zheng,1983

1983　张武、郑少林,见张武等,78 页,图版 3,图 1,2;插图 9;蕨叶;标本号:LMP20158-1,LMP20158-2;标本保存在沈阳地质矿产研究所;辽宁本溪林家崴子;中三叠世林家组。（注:原文未指定模式标本）

1993a　吴向午,77 页。

网羽叶属 Genus *Dictyozamites* Medlicott et Blanford,1879

1879　Medlicott,Blanford,142 页。

1974b　李佩娟等,377 页。

1993a　吴向午,77 页。

模式种:*Dictyozamites falcata*（Morris）Medlicott et Blanford,1879

分类位置:苏铁纲本内苏铁目（Bennettiales,Cycadopsida）

镰形网羽叶 *Dictyozamites falcata*（Morris）Medlicott et Blanford,1879

1863　*Dictyopteris falcata* Morris,见 Oldham,Morris,38 页,图版 24,图 1,1a;羽叶;印度;侏罗纪。

1879　Medlicott,Blanford,142 页,图版 8,图 6;羽叶;印度;侏罗纪。

1993a　吴向午,77 页。

阿氏网羽叶 *Dictyozamites asseretoi* Barnard,1965

1965　Barnard,1150 页,图版 99,图 3,4;插图 7a,7c;羽叶;伊朗北部;早侏罗世(Shemshak Formation)。

1980　何德长、沈襄鹏,18 页,图版 7,图 5;羽叶;广东曲江红卫坑;晚三叠世。

△白田坝网羽叶 *Dictyozamites baitianbaensis* Lee,1974

1974b　李佩娟等,377 页,图版 201,图 1—3;羽叶;登记号:PB4862;标本保存在中国科学院南京地质古生物研究所;四川广元白田坝;早侏罗世白田坝组。

1978　杨贤河,511 页,图版 189,图 1,2,7a;羽叶;四川江油厚坝白庙;早侏罗世白田坝组。

1993a　吴向午,77 页。

△巴青网羽叶 *Dictyozamites baqenensis* Wu,1982

1982a　吴向午,56 页,图版 8,图 1,1a;羽叶;采集号:Htl-22;登记号:PB7274;正模:PB7274 (图版 8,图 1,1a);标本保存在中国科学院南京地质古生物研究所;西藏巴青村穹堂;晚三叠世土门格拉组。

△美叶网羽叶 *Dictyozamites callophyllus* Cao,1999(中文和英文发表)

1999　曹正尧,77,153 页,图版 20,图 20,20a;羽叶;采集号:W-9066-H40;登记号:PB14449;正模:PB14449(图版 20,图 20);标本保存在中国科学院南京地质古生物研究所;浙江永嘉下呙;早白垩世磨石山组 C 段。

心形网羽叶 *Dictyozamites cordatus* (Kryshtofovich) Prynada,1963

1929　*Protteaephyllum cordatum* Kryshtofovich,125 页,图版 59,图 5;羽叶;南滨海;早白垩世。

1963　Prynada,见 *Palaeontological Basis*,136 页,图版 3,图 2;羽叶;南滨海;早白垩世。

1983　张志诚、熊宪政,58 页,图版 6,图 1—4,6,7;羽叶和角质层;黑龙江东宁盆地;早白垩世东宁组。

1995a　李星学(主编),图版 106,图 2—5;图版 107,图 6,7;羽叶和角质层;黑龙江东宁;早白垩世东宁组。(中文)

1995b　李星学(主编),图版 106,图 2—5;图版 107,图 6,7;羽叶和角质层;黑龙江东宁;早白垩世东宁组。(英文)

△网羽叶型网羽叶 *Dictyozamites dictyozamioides* (Sze) Cao,1994

1945　*Sagenopteris*? *dictyozamioides* Sze,斯行健,49 页;插图 19;蕨叶;福建永安;早白垩世坂头系。

1994　曹正尧,图 2d;羽叶;浙江临安;早白垩世早期寿昌组。[注:此标本后被改定为 *Dictyozamites linanensis* Cao(曹正尧,1999)]

1995a　李星学(主编),图版 112,图 10;羽叶;浙江临安;早白垩世寿昌组。(中文)

1995b　李星学(主编),图版 112,图 10;羽叶;浙江临安;早白垩世寿昌组。(英文)

△湖南网羽叶 *Dictyozamites hunanensis* Wu,1968

1968　吴舜卿,见《湘赣地区中生代含煤地层化石手册》,61 页,图版 17,图 1—3a;插图 19;羽叶;标本保存在中国科学院南京地质古生物研究所;湖南浏阳澄潭江;晚三叠世安源组紫家冲段。(注:原文未指定模式标本)

1977　冯少南等,225 页,图版 92,图 6,7;羽叶;湖南浏阳澄潭江;晚三叠世安源组;广东曲江;

晚三叠世小坪组。

1982 张采繁,532 页,图版 343,图 2;羽叶;湖南浏阳澄潭江;晚三叠世。

川崎网羽叶 *Dictyozamites kawasakii* Tateiwa,1929

1929 Tateiwa,图版(?),图 6a,6b;羽叶;韩国洛东;早白垩世洛东群(Naktong Flora)。

1999 曹正尧,78 页,图版 20,图 14,15;羽叶;浙江永嘉章当;早白垩世磨石山组 C 段。

阔叶网羽叶(比较种) *Dictyozamites* cf. *latifolius* Menendez

1982 王国平等,272 页,图版 131,图 4,5;羽叶;浙江诸暨古桥;早白垩世馆头组。

1989 丁保良等,图版 3,图 7;羽叶;浙江诸暨古桥;早白垩世馆头组。

1999 曹正尧,78 页,图版 21,图 1,1a;羽叶;浙江寿昌清潭;早白垩世寿昌组;浙江诸暨古桥;早白垩世寿昌组(?)。

△临安网羽叶 *Dictyozamites linanensis* Cao,1999(中文和英文发表)

1994 *Dictyozamites dictyozamioides* (Sze) Cao,曹正尧,图 2d;羽叶;浙江临安;早白垩世早期寿昌组。(裸名)

1995a *Dictyozamites dictyozamioides* (Sze) Cao,李星学(主编),图版 112,图 10;羽叶;浙江临安;早白垩世寿昌组。(中文)

1995b *Dictyozamites dictyozamioides* (Sze) Cao,李星学(主编),图版 112,图 10;羽叶;浙江临安;早白垩世寿昌组。(英文)

1999 曹正尧,79,153 页,图版 18,图 8,8a,9;图版 19,图 4;羽叶;采集号:临安-2,ZQ777-1;登记号:PB14450;正模:PB14450(图版 18,图 8);标本保存在中国科学院南京地质古生物研究所;浙江临安盘龙桥;早白垩世寿昌组。

肾形网羽叶 *Dictyozamites reniformis* Ôishi,1936

1936 Ôishi,29 页,图版 9,图 1,1a;羽叶;日本 Yambara,Hukui;早白垩世(Tetori Series)。

2001 孙革等,79,188 页,图版 22,图 2;图版 40,图 10,12;羽叶;辽宁北票上园黄半吉沟;晚侏罗世尖山沟组。

△中华网羽叶 *Dictyozamites zhonghuaensis* Yang,1978

1978 杨贤河,510 页,图版 160,图 3;羽叶;标本号:Sp0022;正模:Sp0022(图版 160,图 3);标本保存在成都地质矿产研究所;四川渡口摩沙河;晚三叠世大荞地组。

网羽叶(未定多种) *Dictyozamites* spp.

1980 *Dictyozamites* sp.,张武等,268 页,图版 168,图 1;羽叶;辽宁凌源;晚侏罗世。

1983 *Dictyozamites* sp.,张志诚、熊宪政,59 页,图版 4,图 5,8;羽叶;黑龙江东宁盆地;早白垩世东宁组。

1984 *Dictyozamites* sp.,王自强,264 页,图版 153,图 10;羽叶;北京西山;早白垩世坨里组。

1989 *Dictyozamites* sp.,梅美棠等,106 页,图版 51,图 2;羽叶;内蒙古卓资;早白垩世。

1992 *Dictyozamites* sp.,孙革、赵衍华,538 页,图版 233,图 9;图版 254,图 2;羽叶;吉林双阳腾家街;早侏罗世板石顶子组。

1994 *Dictyozamites* sp.,曹正尧,图 2c;羽叶;浙江永嘉;早白垩世早期磨石山组。

1995a *Dictyozamites* sp.,李星学(主编),图版 106,图 5;羽叶和角质层;黑龙江东宁;早白垩世东宁组。(中文)

1995b *Dictyozamites* sp.,李星学(主编),图版 106,图 5;羽叶和角质层;黑龙江东宁;早白垩世

东宁组。（英文）

1995a *Dictyozamites* sp.,李星学（主编），图版112，图9，羽叶；浙江永嘉；早白垩世磨石山组。（中文）

1995b *Dictyozamites* sp.,李星学（主编），图版112，图9，羽叶；浙江永嘉；早白垩世磨石山组。（英文）

1999 *Dictyozamites* sp. 1,曹正尧，79页，图版20，图16—19，羽叶；浙江永嘉章当、文成横岩；早白垩世磨石山组 C 段。

1999 *Dictyozamites* sp. 2,曹正尧，79页，图版21，图2，羽叶；浙江丽水下桥；早白垩世寿昌组。

1999b *Dictyozamites* sp. 1,吴舜卿，36页，图版25，图2,2a,羽叶；四川会理福安村；晚三叠世白果湾组。

1999b *Dictyozamites* sp. 2,吴舜卿，36页，图版28，图1,1a;图版29,图5,羽叶；四川会理福安村；晚三叠世白果湾组。

网羽叶?（未定种）*Dictyozamites*? **sp.**

1993 *Dictyozamites*? sp.,王士俊，34页，图版14，图17，羽叶；广东乐昌关春；晚三叠世艮口群。

似狄翁叶属 Genus *Dioonites* Miquel, 1851

1851 Miquel,211页。

1906 Yokoyama,33页。

1993a 吴向午,77页。

模式种：*Dioonites feneonis*（Brongniart）Miquel,1851

分类位置：苏铁纲（Cycadopsida）

窗状似狄翁叶 *Dioonites feneonis*（Brongniart）Miquel, 1851

1828 *Zamites feneonis* Brongniart,99页；羽叶；西欧；侏罗纪。

1851 Miquel,211页；羽叶；西欧；侏罗纪。

1993a 吴向午,77页。

布朗尼阿似狄翁叶 *Dioonites brongniarti*（Mantell）Seward, 1895

1895 Seward,47页；羽叶；英国；早白垩世（Wealden）。

1906 Yokoyama,33页，图版11，图1,2,羽叶；辽宁昌图沙河子；侏罗纪。[注：此标本后被改定为 *Nilssonia sinensis* Yabe et Ôishi（Yabe,Ôishi,1933）；也见斯行健、李星学等（1963）]

1993a 吴向午,77页。

小藤似狄翁叶 *Dioonites kotoi* Yokoyama, 1899

1899 Yokoyama,44页，图版8，图1,1a,1b,1c,1e;图版14，图14,羽叶；日本；早白垩世（Tetori Series）。[注：此标本后被改定为 *Nilssonia kotoi*（Yokoyama）Ôishi（Ôishi,1940）]

1924 Kryshtofovich,107页；叶；辽宁八道河；侏罗纪。

带叶属 Genus *Doratophyllum* Harris, 1932

1932 Harris,36页。

1964 李佩娟,135,175 页。

1993a 吴向午,78 页。

模式种：*Doratophyllum astartensis* Harris,1932

分类位置：苏铁纲（Cycadopsida）

阿斯塔脱带叶 *Doratophyllum astartensis* Harris,1932

1932 Harris,36 页,图版 2,3;叶和角质层;东格陵兰斯科斯比湾;晚三叠世（*Lepidopteris* Zone）。

1993a 吴向午,78 页。

阿斯塔脱带叶（比较种） *Doratophyllum* cf. *astartensis* Harris

1977 冯少南等,237 页,图版 89,图 8,9;叶;广东曲江;晚三叠世小坪组。

阿斯塔脱带叶（比较属种） Cf. *Doratophyllum astartensis* Harris

1980 何德长、沈襄鹏,25 页,图版 9,图 3;图版 13,图 2;叶;湖南醴陵石门口;晚三叠世安源组;广东曲江红卫坑;晚三叠世。

阿斯塔脱带叶（比较属种） *Doratophyllum* cf. *D. astartensis* Harris

1986 叶美娜等,63 页,图版 45,图 3B;叶;四川达县铁山金窝;晚三叠世须家河组 7 段。

△美丽带叶 *Doratophyllum decoratum* Lee,1964

1964 李佩娟,135,175 页,图版 16,图 1,1a,3,5—8;插图 9;单叶和角质层;采集号:Y06, Y07;登记号:PB2835;标本保存在中国科学院南京地质古生物研究所;四川广元须家河;晚三叠世须家河组。

1986 叶美娜等,64 页,图版 43,图 1;图版 44,图 2;叶;四川达县铁山金窝;晚三叠世须家河组 7 段。

1995a 李星学（主编）,图版 73,图 3;图版 76,图 6;叶;四川广元须家河;晚三叠世须家河组。（中文）

1995b 李星学（主编）,图版 73,图 3;图版 76,图 6;叶;四川广元须家河;晚三叠世须家河组。（英文）

美丽?带叶（比较种） *Doratophyllum*? cf. *decoratum* Lee

1986a 陈其奭,450 页,图版 2,图 12B;叶;浙江衢县茶园里;晚三叠世茶园里组。

△须家河带叶 *Doratophyllum hsuchiahoense* Lee,1964

1964 李佩娟,137,176 页,图版 16,图 2,2a,4;插图 10;单叶和角质层;采集号:G18,BA325 (5);登记号:PB2835;标本保存在中国科学院南京地质古生物研究所;四川广元须家河杨家崖;晚三叠世须家河组。

1974a 李佩娟等,360 页,图版 194,图 1—3;单叶;四川广元须家河;晚三叠世须家河组。

1982 刘子进,132 页,图版 69,图 4;叶;陕西镇巴水磨沟;晚三叠世须家河组。

1986 叶美娜等,64 页,图版 43,图 4,4a;图版 44,图 1,3—4a;叶;四川达县铁山金窝、雷音铺,宣汉大路沟煤矿,开江七里峡,开县温泉等;晚三叠世须家河组 7 段。

1988 吴舜卿等,107 页,图版 1,图 7,7a;叶;江苏常熟梅李;晚三叠世范家塘组。

1992 黄其胜,图版 17,图 2;叶;四川达县铁山;晚三叠世须家河组 7 段。

1993 王士俊,46 页,图版 16,图 2,4;叶;广东乐昌关春;晚三叠世艮口群。

1993a 吴向午,78 页。

1999b 吴舜卿,42 页,图版 5,图 3D;图版 36,图 1A,2—3a;图版 37,图 1—2a,5,5a;叶;四川旺苍金溪、万源万新煤矿、达县铁山;晚三叠世须家河组。

? 须家河带叶 ? *Doratophyllum hsuchiahoense* Lee

1968 《湘赣地区中生代含煤地层化石手册》,73 页,图版 29,图 1,1a;叶;广东乐昌关春;晚三叠世中生代含煤组 3 段。

1977 冯少南等,237 页,图版 88,图 6;叶;广东乐昌关春;晚三叠世小坪组。

? 须家河带叶(比较种) ? *Doratophyllum* cf. *hsuchiahoense* Lee

1986b 陈其奭,11 页,图版 6,图 9;叶;浙江义乌乌灶;晚三叠世乌灶组。

带叶(未定种) *Doratophyllum* sp.

1986 *Doratophyllum* sp.,叶美娜等,64 页,图版 43,图 3,3a;图版 45,图 3A—3C;叶;四川达县铁山金窝、白腊坪;晚三叠世须家河组 7 段。

镰刀羽叶属 Genus *Drepanozamites* Harris,1932

1932 Harris,83 页。

1963 斯行健、李星学等,205 页。

1993a 吴向午,78 页。

模式种:*Drepanozamites nilssoni*(Nathorst)Harris,1932

分类位置:苏铁纲(Cycadopsida)

尼尔桑镰刀羽叶 *Drepanozamites nilssoni*(Nathorst)Harris,1932

1878 *Otozamites nilssoni* Nathorst,26 页;瑞典;晚三叠世。

1878 *Adiantites nilssoni* Nathorst,53 页,图版 3,图 11;瑞典;晚三叠世。

1932 Harris,83 页,图版 7;图版 8,图 1,12;插图 44,45;叶和角质层;东格陵兰斯科斯比湾;晚三叠世(*Lepidopteris* Zone)。

1963 斯行健、李星学等,205 页,图版 67,图 1,2;羽叶;江西萍乡;晚三叠世安源组;四川广元须家河;晚三叠世须家河组。

1964 李星学等,129 页,图版 84,图 4;羽叶;华南地区;晚三叠世晚期—早侏罗世。

1964 李佩娟,128,172 页,图版 9,图 3—5;羽叶;四川广元须家河;晚三叠世须家河组。

1974a 李佩娟等,360 页,图版 194,图 9—11;羽叶;四川彭县磁峰场;晚三叠世须家河组。

1976 李佩娟等,127 页,图版 41,图 7;羽叶;云南禄丰一平浪;晚三叠世一平浪组干海子段。

1977 冯少南等,236 页,图版 94,图 2;羽叶;广东乐昌小水;晚三叠世小坪组;湖北蒲圻;晚三叠世武昌群下煤组。

1978 杨贤河,524 页,图版 165,图 10;羽叶;四川灌县海窝子;晚三叠世须家河组。

1978 周统顺,117 页,图版 26,图 1,2;羽叶;福建上杭矶头;晚三叠世大坑上段。

· 1982 王国平等,273 页,图版 124,图 3,4;羽叶;江西丰城攸洛、横丰铺前;晚三叠世安源组;福建上杭矶头;晚三叠世文宾山组。

1982b 吴向午,97 页,图版 17,图 6,6a;图版 18,图 2,2a;羽叶;西藏贡觉夺盖拉煤点、察雅巴贡一带;晚三叠世巴贡组上段。

1982 杨贤河,482 页,图版 4,图 10,10a;图版 9,图 2;羽叶;四川威远葫芦口、通江平溪坝;晚三叠世须家河组。

1982 张采繁,535 页,图版 352,图 8;羽叶;湖南醴陵石门口;晚三叠世。

1983　段淑英等,图版9,图7;羽叶;云南宁蒗背箩山;晚三叠世。

1984　陈公信,601页,图版257,图3—5;羽叶;湖北蒲圻苦竹桥;晚三叠世鸡公山组。

1986　陈晔等,图版9,图1;羽叶;四川理塘;晚三叠世拉纳山组。

1987　陈晔等,117页,图版27,图3,4;图版28,图5,6;图版30,图1;羽叶;四川盐边箐河;晚三叠世红果组。

1987　何德长,81页,图版16,图5;羽叶;湖北蒲圻苦竹桥;晚三叠世鸡公山组。

1989　梅美棠等,105页,图版55,图3,4;羽叶;中国;晚三叠世。

1991　李洁等,55页,图版1,图8,9;图版2,图1,2;羽叶;新疆昆仑山野马滩北;晚三叠世卧龙岗组。

1993　王士俊,45页,图版17,图6;图版18,图2;图版19,图8,10;图版39,图5—8;图版40,图1—3;羽叶和角质层;广东乐昌关春;晚三叠世艮口群。

1993a　吴向午,78页。

1995a　李星学(主编),图版75,图3;羽叶;云南禄丰一平浪;晚三叠世一平浪组。(中文)

1995b　李星学(主编),图版75,图3;羽叶;云南禄丰一平浪;晚三叠世一平浪组。(英文)

1999b　吴舜卿,43页,图版36,图4,5;图版37,图3,4;羽叶;四川彭县磁峰场、旺苍金溪;晚三叠世须家河组。

尼尔桑镰刀羽叶(比较种) *Drepanozamites* cf. *nilssoni* (Nathorst) Harris

1956c　斯行健,图版2,图8;羽叶;甘肃固原泭水峡;晚三叠世延长层。

1963　斯行健、李星学等,206页,图版67,图3;羽叶;甘肃固原泭水峡;晚三叠世延长层。

1980　何德长、沈襄鹏,25页,图版13,图5;羽叶;湖南资兴三都红星矿;晚三叠世安源组。

1987　陈晔等,118页,图版28,图7;羽叶;四川盐边箐河;晚三叠世红果组。

1987　孟繁松,254页,图版26,图4;羽叶;湖北远安茅坪九里岗;晚三叠世九里岗组。

△密脉镰刀羽叶 *Drepanozamites densinervis* Wu,1982

1982b　吴向午,97页,图版20,图5,5a;羽叶;采集号:ft014;登记号:PB7817;正模:PB7817(图版20,图5,5a);标本保存在中国科学院南京地质古生物研究所;西藏江达德登区俄日阿拉;晚三叠世巴贡组上段。

△锐裂镰刀羽叶 *Drepanozamites incisus* Sun,Zhao et Li,1983

1983　孙革、赵衍华、李春田,452,459页,图版1,图9;插图4;羽叶;采集号:DKV6-1;登记号:JD81001,JD81022;正模:JD81022(图版1,图9);标本保存在吉林省地质局区域地质调查大队;吉林双阳大酱缸;晚三叠世大酱缸组。

1992　孙革、赵衍华,543页,图版230,图6;羽叶;吉林双阳大酱缸;晚三叠世大酱缸组。

△裂瓣镰刀羽叶 *Drepanozamites lobata* Yao,1968

1968　姚兆奇,见《湘赣地区中生代含煤地层化石手册》,73页,图版28,图3;羽叶;广东乐昌关春;晚三叠世中生代含煤组1段。

△较小镰刀羽叶 *Drepanozamites minor* Liu (MS) ex Feng,1977

1977　冯少南等,235页,图版94,图3,4;羽叶;广东乐昌小水;晚三叠世小坪组。

△多裂镰刀羽叶 *Drepanozamites multipartitus* Chen et Duan,1985

1985　陈晔、段淑英,见陈晔等,319页,图版2,图5;羽叶;标本号:No.7414;标本保存在中国科学院植物研究所古植物研究室;四川盐边箐河;晚三叠世。

1987　陈晔等,118页,图版29,图1,2;羽叶;四川盐边箐河;晚三叠世红果组。

△南漳镰刀羽叶 *Drepanozamites nanzhangensis* Feng,1977

[注:此种名后被改定为 *Otozamites nanzhangensis*（Feng）Meng,1983(孟繁松,1983)和 *Sphenozamites nanzhangensis*（Feng）Chen G X,1984(陈公信,1984)]

1977　冯少南等,235页,图版94,图1;羽叶;标本号:P25261;正模:P25261(图版94,图1);标本保存在湖北地质科学研究所;湖北南漳东巩;晚三叠世香溪群下煤组。

△潘氏? 镰刀羽叶 *Drepanozamites*? *p'anii* Sze,1956

1956a　斯行健,45,150页,图版40,图1,1a,2;羽叶;登记号:PB2445,PB2446;标本保存在中国科学院南京地质古生物研究所;陕西宜君四郎庙炭河沟;晚三叠世延长层上部。

1963　斯行健、李星学等,206页,图版66,图5;羽叶;陕西宜君四郎庙炭河沟;晚三叠世延长群。

△裂叶镰刀羽叶 *Drepanozamites schizophylla* Wu et Zhou,1990

1990　吴舜卿、周汉忠,453,457页,图版4,图2—4a;羽叶;采集号:ADP-Q1,ADP-Q102,ADP-Q103;登记号:PB14043—PB14045;正模:PB14045(图版4,图4);标本保存在中国科学院南京地质古生物研究所;新疆库车;早三叠世俄霍布拉克组。

1996　吴舜卿、周汉忠,8页,图版6,图8,8a;羽叶;新疆库车库车河剖面;中三叠世克拉玛依组下段。

△义马镰刀羽叶 *Drepanozamites yimaensis* Feng,1977

1977　冯少南等,236页,图版94,图5—7;羽叶;标本号:P25258,P25259,P25303;合模:P25258,P25259,P25303(图版94,图5—7);标本保存在湖北地质科学研究所;河南渑池义马;晚三叠世延长群。[注:依据《国际植物命名法规》(《维也纳法规》)第37.2条,1958年起,模式标本只能是1块标本]

镰刀羽叶(未定多种) *Drepanozamites* spp.

1983　*Drepanozamites* sp.,鞠魁祥等,图版3,图7;羽叶;江苏南京龙潭范家塘;晚三叠世范家塘组。

1983　*Drepanozamites* sp.,孟繁松,227页,图版2,图4;羽叶;湖北南漳东巩;晚三叠世九里岗组。

镰刀羽叶? (未定多种) *Drepanozamites*? spp.

1980　*Drepanozamites*? sp.,吴舜卿等,80页,图版2,图4;羽叶;湖北秭归沙镇溪;晚三叠世沙镇溪组。

1982b　*Drepanozamites*? sp.,郑少林、张武,316页,图版12,图8,8a;羽叶;黑龙江密山兴凯北;中侏罗世裴德组。

△渡口叶属 Genus *Dukouphyllum* Yang,1978

1978　杨贤河,525页。

1993a　吴向午,13,218页。

1993b　吴向午,502,511页。

模式种:*Dukouphyllum noeggerathioides* Yang,1978

分类位置:苏铁纲(Cycadopsida)[注:杨贤河(1982)后把此属归于银杏目(Ginkgoales)楔拜拉科(Sphenobaieraceae)]

△诺格拉齐蕨型渡口叶 *Dukouphyllum noeggerathioides* **Yang,1978**

1978 杨贤河,525页,图版186,图1—3;图版175,图3;叶;标本号:Sp0134—Sp0137;合模:Sp0134—Sp0137;标本保存在成都地质矿产研究所;四川渡口摩沙河;晚三叠世大荞地组。[注:依据《国际植物命名法规》(《维也纳法规》)第37.2条,1958年起,模式标本只能是1块标本]

1993a 吴向午,13,218页。

1993b 吴向午,502,511页。

△渡口痕木属 Genus *Dukouphyton* **Yang,1978**

1978 杨贤河,518页。

1993a 吴向午,13,218页。

1993b 吴向午,502,512页。

模式种:*Dukouphyton minor* Yang,1978

分类位置:苏铁纲本内苏铁目(Bennettiales,Cycadopsida)

△较小渡口痕木 *Dukouphyton minor* **Yang,1978**

1978 杨贤河,518页,图版160,图2;树干印痕;标本号:Sp0021;正模:Sp0021(图版160,图2);标本保存在成都地质矿产研究所;四川渡口摩沙河;晚三叠世大荞地组。

1993a 吴向午,13,218页。

1993b 吴向午,502,512页。

爱斯特拉属 Genus *Estherella* **Boersma et Visscher,1969**

1969 Boersma,Visscher,58页。

1990a 王自强、王立新,137页。

1993a 吴向午,82页。

模式种:*Estherella gracilis* Boersma et Visscher,1969

分类位置:分类位置不明植物(plantae incertae sedis)

细小爱斯特拉 *Estherella gracilis* **Boersma et Visscher,1969**

1969 Boersma,Visscher,58页,图版1,图1;图版2,图2;插图1,2;二叉植物;法国南部;晚二叠世。

1993a 吴向午,82页。

△纤细爱斯特拉 *Estherella delicatula* **Wang Z et Wang L,1990**

1990a 王自强、王立新,137页,图版17,图16—18;草本植物和根;标本号:Z17-485,Z17-496,Z17-497;合模1:Z17-485(图版17,图17);合模2:Z17-496(图版17,图18);合模3:Z17-497(图版17,图16);标本保存在中国科学院南京地质古生物研究所;山西榆社屯村;

早三叠世和尚沟组底部。[注:依据《国际植物命名法规》(《维也纳法规》)第 37.2 条，1958 年起，模式标本只能是 1 块标本]

1993a 吴向午，82 页。

宽叶属 Genus *Euryphyllum* Feistmantel, 1879

1879 Feistmantel，26 页。

1990a 王自强、王立新，130 页。

1993a 吴向午，82 页。

模式种:*Euryphyllum whittianum* Feistmantel，1879

分类位置:种子蕨纲(Pteridospermopsida)

怀特宽叶 *Euryphyllum whittianum* Feistmantel, 1879

1879 Feistmantel，26 页，图版 21，图 1，1a;叶;印度 Buriadi;二叠纪 Karharbari 层。

1993a 吴向午，82 页。

宽叶?(未定种) *Euryphyllum*? sp.

1990a *Euryphyllum*? sp.,王自强、王立新，130 页，图版 21，图 3;叶;山西榆社屯村;早三叠世和尚沟组底部。

1993a *Euryphyllum*? sp.,吴向午，82 页。

恒河羊齿属 Genus *Gangamopteris* McCoy, 1875

1875(1874－1876) McMoy，11 页。

1990a 王自强、王立新，128 页。

1993a 吴向午，84 页。

模式种:*Gangamopteris angostifolia* McCoy，1875

分类位置:种子蕨纲(Pteridospermopsida)

狭叶恒河羊齿 *Gangamopteris angostifolia* McCoy, 1875

1875(1874－1876) McMoy，11 页，图版 12，图 1;图版 13，图 2;蕨叶(具网脉);澳大利亚新南威尔士;二叠纪。

1993a 吴向午，84 页。

△沁水恒河羊齿 *Gangamopteris qinshuiensis* Wang Z et Wang L, 1990

1990a 王自强、王立新，128 页，图版 19，图 1－3;蕨叶;标本号:Z16-212,Z16-214a,Z16-214b;正模:Z16-214a(图版 19，图 2,2a);标本保存在中国科学院南京地质古生物研究所;山西榆社屯村;早三叠世和尚沟组底部。

1993a 吴向午，84 页。

△屯村? 恒河羊齿 *Gangamopteris*? *tuncunensis* Wang Z et Wang L, 1990

1990a 王自强、王立新，128 页，图版 19，图 4;图版 20，图 1,2;蕨叶;标本号:Z05a-185,Z05a-

190；合模 1：Z05a-190（图版 20，图 1）；合模 2：Z05a-185（图版 20，图 2,2a）；标本保存在中国科学院南京地质古生物研究所；山西榆社屯村；早三叠世和尚沟组底部。〔注：依据《国际植物命名法规》（《维也纳法规》）第 37.2 条，1958 年起，模式标本只能是 1 块标本〕

1993a 吴向午,84 页。

△大羽羊齿属 Genus *Gigantopteris* Schenk,1883,emend Gu et Zhi,1974

1883 Schenk,238 页。

1970 Andrews,93 页。

1974 《中国古生代植物》编写小组,130 页。

1993a 吴向午,16,220 页。

1993b 吴向午,501,512 页。

模式种:*Gigantopteris nicotianaefolia* Schenk,1883,emend Gu et Zhi,1974

分类位置:种子蕨纲大羽羊齿类（gigantopterids,Pteridospermopsida）

△烟叶大羽羊齿 *Gigantopteris nicotianaefolia* Schenk,1883 emend Gu et Zhi,1974

1883 Schenk,238 页,图版 32,图 6—8;图版 33,图 1—3;图版 35,图 6;蕨叶;湖南耒阳泥巴口（耒巴口）;晚二叠世龙潭组。

1970 Andrews,93 页。

1974 《中国古生代植物》编写小组,130 页,图版 100,图 2—4;图版 101,图 1;图版 102,图 7;插图 108;蕨叶;湖南,江苏,浙江,云南,河南;晚二叠世早期。

1993a 吴向午,16,220 页。

1993b 吴向午,501,512 页。

齿状大羽羊齿 *Gigantopteris dentata* Yabe,1904

1904 Yabe,159 页。

1917 Koiwai,见 Yabe,71 页,图版 15,图 2—9;图版 16,图 5,6;蕨叶;亚洲;二叠纪。

1920 Yabe,Hayasaka,图版 6,图 6,7;蕨叶;福建龙岩、泉州;早三叠世。

大羽羊齿（未定种）*Gigantopteris* sp.

1920 *Gigantopteris* sp.,Yabe,Hayasaka,图版 6,图 9;蕨叶;福建泉州安溪;早三叠世。

舌羊齿属 Genus *Glossopteris* Brongniart,1822

1822 Brongniart,54 页。

1902—1903 Zeiller,297 页。

1993a 吴向午,85 页。

模式种:*Glossopteris browniana* Brongniart,1828

分类位置:种子蕨纲（Pteridospermopsida）

布朗舌羊齿 *Glossopteris browniana* Brongniart, 1822

1822　Brongniart, 54 页;印度;二叠纪。

1828a－1838　Brongniart, 222 页;印度;二叠纪。

1993a　吴向午, 85 页。

狭叶舌羊齿 *Glossopteris angustifolia* Brongniart, 1830

1830　Brongniart, 224 页, 图版 63, 图 1;西孟加拉 Raniganj 煤田;晚二叠世(Raniganj)。

1902－1903　Zeiller, 297 页, 图版 56, 图 2,2a;蕨叶;云南太平场;晚三叠世。[注:此标本后被改定为 *Sagenopteris*? sp.(斯行健、李星学等, 1963)]

1993a　吴向午, 85 页。

窄叶舌羊齿(比较种) *Glossopteris* cf. *angustifolia* Brongniart

1980　黄枝高、周惠琴, 89 页, 图版 13, 图 1－2a;蕨叶;陕西铜川金锁关;中三叠世铜川组下段。

△中华舌羊齿 *Glossopteris chinensis* Huang et Chow, 1980

1980　黄枝高、周惠琴, 90 页, 图版 20, 图 1－4;蕨叶;登记号:OP214, OP219, OP263;陕西铜川何家坊;中三叠世铜川组上段。(注:原文未指定模式标本)

1982　刘子进, 130 页, 图版 58, 图 2,3;蕨叶;陕西铜川何家坊;晚三叠世延长群下部(铜川组)。

1995a　李星学(主编), 图版 69, 图 1－4;蕨叶;陕西铜川何家坊;中三叠世铜川组中上部。(中文)

1995b　李星学(主编), 图版 69, 图 1－4;蕨叶;陕西铜川何家坊;中三叠世铜川组中上部。(英文)

印度舌羊齿 *Glossopteris indica* Schimper, 1869

1830　Schimper, 645 页;印度 Rajmahal 山;二叠纪。

1902－1903　Zeiller, 296 页, 图版 56, 图 1,1a;蕨叶;云南太平场;晚三叠世。[注:此标本后被改定为 *Sagenopteris*? sp.(斯行健、李星学等, 1963)]

△山西舌羊齿 *Glossopteris shanxiensis* Wang Z et Wang L, 1990

1990a　王自强、王立新, 127 页, 图版 19, 图 5－8;图版 20, 图 3;蕨叶;标本号:Z13-530, Z16-580, Z17-579, Z802-1, Z802-70;正模:Z16-580(图版 19, 图 7);标本保存在中国科学院南京地质古生物研究所;山西榆社屯村;早三叠世和尚沟组底部。

舌羊齿?(未定种) *Glossopteris*? sp.

1906　*Glossopteris*? sp., Yokoyama, 15 页, 图版 5, 图 2;蕨叶;云南宣威倘塘;三叠纪。

舌鳞叶属 Genus *Glossotheca* Surange et Maheshwari, 1970

1970　Surange, Maheshwari, 180 页。

1990a　王自强、王立新, 130 页。

1993a　吴向午, 86 页。

模式种:*Glossotheca utakalensis* Surange et Maheshwari, 1970

分类位置:种子蕨纲(Pteridospermopsida)

乌太卡尔舌鳞叶 *Glossotheca utakalensis* Surange et Maheshwari, 1970

1970　Surange, Maheshwari, 180 页, 图版 40, 图 1—5; 图版 41, 图 6—12; 插图 1—4; 雄性繁殖器官; 印度奥里萨邦(Orissa); 晚二叠世。

1993a　吴向午, 86 页。

△匙舌鳞叶 *Glossotheca cochlearis* Wang Z et Wang L, 1990

1990a　王自强、王立新, 130 页, 图版 21, 图 4; 生殖鳞叶; 标本号: Z16-222a; 正模: Z13-222a(图版 21, 图 4); 标本保存在中国科学院南京地质古生物研究所; 山西榆社屯村; 早三叠世和尚沟组底部。

1993a　吴向午, 86 页。

△楔舌鳞叶 *Glossotheca cuneiformis* Wang Z et Wang L, 1990

1990a　王自强、王立新, 130 页, 图版 21, 图 1; 生殖鳞叶; 标本号: Z13-223; 正模: Z13-223(图版 21, 图 1); 标本保存在中国科学院南京地质古生物研究所; 山西榆社屯村; 早三叠世和尚沟组底部。

1993a　吴向午, 86 页。

△具柄舌鳞叶 *Glossotheca petiolata* Wang Z et Wang L, 1990

1990a　王自强、王立新, 129 页, 图版 21, 图 2; 舌鳞叶; 标本号: Z16-566; 正模: Z16-566(图版 21, 图 2); 标本保存在中国科学院南京地质古生物研究所; 山西榆社屯村; 早三叠世和尚沟组底部。

1993a　吴向午, 86 页。

舌似查米亚属 Genus *Glossozamites* Schimper, 1870

1870(1869—1874)　Schimper, 163 页。

1906　Yokoyama, 38 页。

1993a　吴向午, 86 页。

模式种: *Glossozamites oblongifolius* Schimper, 1870

分类位置: 苏铁类(cycadophytes)

长叶舌似查米亚 *Glossozamites oblongifolius* (Kurr) Schimper, 1870

1870(1869—1874)　Schimper, 163 页, 图版 71; 苏铁类叶; 德国符腾堡(Wuerttemberg); 早侏罗世(Lias)。

1993a　吴向午, 86 页。

△尖头舌似查米亚 *Glossozamites acuminatus* Yokoyama, 1906

1906　Yokoyama, 38 页, 图版 12, 图 5b, 7; 羽叶; 四川合川沙溪庙; 侏罗纪。［注: 此标本后被改定为 *Zamites?* sp. (斯行健、李星学等, 1963)］

1993a　吴向午, 86 页。

△霍氏舌似查米亚 *Glossozamites hohenggeri* (Schenk) Yokoyama, 1906

1869　*Podozamites hohenggeri* Schenk, 9 页, 图版 2, 图 3—6。

1906　Yokoyama,36,37 页,图版 12,图 1,1a,5a,6(?);羽叶;四川昭化石罐子、合川沙溪庙;侏罗纪。[注:此标本后被改定为 *Zamites hohenggeri*（Schenk）Li（斯行健、李星学等,1963）]

1993a　吴向午,86 页。

舌似查米亚（比较属,未定种）Cf. *Glossozamites* sp.

1933c　Cf. *Glossozamites* sp.,斯行健,21 页,图版 4,图 9;羽叶;四川宜宾;晚三叠世晚期－早侏罗世。[注:此标本后被改定为 *Zamites*? sp.（斯行健、李星学等,1963）]

△广西叶属 Genus *Guangxiophyllum* Feng,1977

1977　冯少南等,247 页。

1993a　吴向午,17,221 页。

1993b　吴向午,505,513 页。

模式种:*Guangxiophyllum shangsiense* Feng,1977

分类位置:分类位置不明的裸子植物（Gymnospermae incertae sedis）

△上思广西叶 *Guangxiophyllum shangsiense* Feng,1977

1977　冯少南等,247 页,图版 95,图 1;羽叶;标本号:P25281;正模:P25281（图版 95,图 1）;标本保存在湖北地质科学研究所;广西上思那汤汪门;晚三叠世。

1993a　吴向午,17,221 页。

1993b　吴向午,505,513 页。

哈瑞士羊齿属 Genus *Harrisiothecium* Lundblad,1961

1961　Lundblad,23 页。

1986a　陈其奭,451 页。

1993a　吴向午,88 页。

模式种:*Harrisiothecium marsilioides*（Harris）Lundblad,1961

分类位置:种子蕨纲（Pteridospermopsida）

苹型哈瑞士羊齿 *Harrisiothecium marsilioides*（Harris）Lundblad,1961

1932　*Hydropteridium marsilioides* Harris,122 页,图版 9;图版 10,图 3－8;图版 11,图 1,2,15;插图 52;雄性生殖器官;东格陵兰斯科斯比湾;晚三叠世（*Lepidopteris* Zone）。

1950　*Harrisia marsilioides*（Harris）Lundblad,71 页。

1961　Lundblad,23 页。

1993a　吴向午,88 页。

哈瑞士羊齿?（未定种）*Harrisiothecium*? sp.

1986a　*Harrisiothecium*? sp.,陈其奭,451 页,图版 218,图 16;浙江衢县茶园里;晚三叠世茶园里组。

1993a　*Harrisiothecium*? sp.,吴向午,88 页。

黑龙江羽叶属 Genus *Heilungia* Prynada,1956

1956　Prynada,见 Kiparianova 等,234 页。

1980　张武等,278 页。

1993a 吴向午,90 页。

模式种:*Heilungia amurensis*（Novopokrovsky）Prynada,1956

分类位置:苏铁纲苏铁目(Cycadales,Cycadopsida)

阿穆尔黑龙江羽叶 *Heilungia amurensis*（Novopokrovsky）Prynada,1956

1912　*Pseudoctenis amurensis* Novopokrovsky,10 页,图版 1,图 2,3b;羽叶碎片;布列亚盆地基尔河;早白垩世。

1956　Prynada,见 Kiparianova 等,234 页,图版 41,图 1;羽叶碎片;布列亚盆地基尔河;早白垩世。

1980　张武等,278 页,图版 178,图 1,2;图版 179,图 5;羽叶;内蒙古扎赉诺尔;晚侏罗世兴安岭群。

1993a 吴向午,90 页。

黑龙江羽叶(未定种) *Heilungia* sp.

1992　*Heilungia* sp.,孙革、赵衍华,542 页,图版 236,图 4;羽叶;吉林珲春金沟岭;晚侏罗世金沟岭组。

△香溪叶属 Genus *Hsiangchiphyllum* Sze,1949

1949　斯行健,28 页。

1963　斯行健、李星学等,209 页。

1970　Andrews,105 页。

1993a 吴向午,18,221 页。

1993b 吴向午,501,513 页。

模式种:*Hsiangchiphyllum trinerve* Sze,1949

分类位置:苏铁纲(Cycadopsida)

△三脉香溪叶 *Hsiangchiphyllum trinerve* Sze,1949

1949　斯行健,28 页,图版 7,图 6;图版 8,图 1;羽叶;湖北秭归香溪;早侏罗世香溪煤系。

1962　李星学等,150 页,图版 92,图 4;羽叶;长江流域;早侏罗世。

1963　斯行健、李星学等,209 页,图版 70,图 8;羽叶;湖北秭归香溪;早侏罗世香溪群。

1970　Andrews,105 页。

1974b 李佩娟等,377 页,图版 200,图 1-3;羽叶;四川广元宝轮院;早侏罗世白田坝组。

1977　冯少南等,237 页,图版 93,图 6;羽叶;湖北秭归;早—中侏罗世香溪群上煤组。

1978　杨贤河,525 页,图版 190,图 2;羽叶;四川广元宝轮院;早侏罗世白田坝组。

1984　陈公信,603 页,图版 252,图 3,4;羽叶;湖北荆门海慧沟;早侏罗世桐竹园组;湖北秭归香溪;早侏罗世香溪组。

1993a 吴向午,18,221 页。

1993b 吴向午,501,513 页。

1995a 李星学(主编),图版 85,图 1;羽叶;湖北秭归香溪;早侏罗世香溪组。(中文)

1995b 李星学(主编),图版 85,图 1;羽叶;湖北秭归香溪;早侏罗世香溪组。(英文)

?三脉香溪叶 ?*Hsiangchiphyllum trinerve* Sze

1980 吴舜卿等,109 页,图版 28,图 7;羽叶;湖北秭归香溪;早—中侏罗世香溪组。

1987 何德长,73 页,图版 4,图 5;羽叶;浙江遂昌枫坪;早侏罗世早期花桥组 2 层。

△湖北叶属 Genus *Hubeiophyllum* Feng,1977

1977 冯少南等,247 页。

1993a 吴向午,18,222 页。

1993b 吴向午,506,513 页。

模式种:*Hubeiophyllum cuneifolium* Feng,1977

分类位置:分类位置不明裸子植物(Gymnospermae incertae sedis)

△楔形湖北叶 *Hubeiophyllum cuneifolium* Feng,1977

1977 冯少南等,247 页,图版 100,图 1—4;叶;登记号:P25298—P25301;合模:P25298—
P25301(图版 100,图 1—4);标本保存在湖北地质科学研究所;湖北远安铁炉湾;晚三
叠世香溪群下煤组。[注:依据《国际植物命名法规》(《维也纳法规》)第 37.2 条,1958
年起,模式标本只能是 1 块标本]

1993a 吴向午,18,222 页。

1993b 吴向午,506,513 页。

△狭细湖北叶 *Hubeiophyllum angustum* Feng,1977

1977 冯少南等,247 页,图版 100,图 5—7;叶;登记号:P25302—P25304;合模:P25302—
P25304(图版 100,图 5—7);标本保存在湖北地质科学研究所;湖北远安铁炉湾;晚三
叠世香溪群下煤组。[注:依据《国际植物命名法规》(《维也纳法规》)第 37.2 条,1958
年起,模式标本只能是 1 块标本]

1993a 吴向午,18,222 页。

1993b 吴向午,506,513 页。

奇脉羊齿属 Genus *Hyrcanopteris* Kryshtofovich et Prynada,1933

1933 Kryshtofovich,Prynada,10 页。

1974a 李佩娟等,358 页。

1993a 吴向午,91 页。

模式种:*Hyrcanopteris sevanensis* Kryshtofovich et Prynada,1933

分类位置:种子蕨纲(Pteridospermopsida)

谢万奇脉羊齿 *Hyrcanopteris sevanensis* **Kryshtofovich et Prynada,1933**

1933　Kryshtofovich,Prynada,10 页,图版 1,图 3—5;蕨叶;亚美尼亚;晚三叠世。

1974a　李佩娟等,358 页,图版 193,图 1—3;蕨叶;云南祥云沐滂铺;晚三叠世祥云组。

1976　李佩娟等,116 页,图版 29,图 7—12;图版 45,图 2;蕨叶;云南祥云沐滂铺;晚三叠世祥云组白土田段;云南洱源温盏、兰坪金顶上甸;晚三叠世白基阻组。

1982a　吴向午,54 页,图版 3,图 6;图版 4,图 6;图版 5,图 2;蕨叶;西藏巴青乡巴青村、安多土门;晚三叠世土门格拉组。

1982b　吴向午,89 页,图版 8,图 3B;图版 10,图 6;图版 11,图 1,2;图版 12,图 1A,1a,1D;蕨叶;西藏察雅巴贡一带、贡觉夺盖拉煤点、昌都希雄煤点;晚三叠世巴贡组上段。

1986　陈晔等,图版 6,图 7,8;图版 7,图 1,1a;蕨叶;四川理塘;晚三叠世拉纳山组。

1989　梅美棠等,96 页,图版 48,图 4;蕨叶;中国;晚三叠世。

1990　吴向午、何元良,300 页,图版 5,图 5;图版 6,图 6,7;图版 7,图 8;插图 4;蕨叶;青海杂多结扎麦切能、治多根涌曲-查日曲剖面、玉树上拉秀;晚三叠世结扎群格玛组。

1993a　吴向午,91 页。

△大叶奇脉羊齿 *Hyrcanopteris magnifolia* **Li et Wu,1982**

1982　李佩娟、吴向午,49 页,图版 19,图 1,1a—1c,2;蕨叶;采集号:G1835f19;登记号:PB8537;正模:PB8537(图版 19,图 1);标本保存在中国科学院南京地质古生物研究所;四川德格玉隆区严仁普;晚三叠世喇嘛垭组。

△中国奇脉羊齿 *Hyrcanopteris sinensis* **Lee et Tsao,1976**

1976　李佩娟等,117 页,图版 30,图 3,4,4a,8(?);图版 46,图 7(?);蕨叶;采集号:AARV2/58Y,YHW54;登记号:PB5338—PB5340,PB5487;正模:PB5338(图版 30,图 3);标本保存在中国科学院南京地质古生物研究所;云南禄丰渔坝村、一平浪;晚三叠世一平浪组干海子段;云南兰坪金顶上甸;晚三叠世白基阻组。

1982　李佩娟、吴向午,49 页,图版 20,图 2,2a;图版 22,图 5;蕨叶;四川德格玉隆区严仁普;晚三叠世喇嘛垭组。

1990　吴向午、何元良,301 页,图版 5,图 1,1a;图版 6,图 8—10;插图 5;蕨叶;青海杂多结扎麦切能、治多根涌曲-查日曲剖面;晚三叠世结扎群格玛组。

2000　姚华舟等,图版 3,图 5;蕨叶;四川新龙雄龙西乡英珠娘阿;晚三叠世喇嘛垭组。

中国奇脉羊齿(比较种) *Hyrcanopteris* cf. *sinensis* **Lee et Tsao**

1979　何元良等,146 页,图版 69,图 1;蕨叶;青海格尔木乌丽;晚三叠世结扎群上部。

△中华奇脉羊齿 *Hyrcanopteris zhonghuaensis* **Yang,1978**

1978　杨贤河,502 页,图版 159,图 9;蕨叶;标本号:Sp0018;正模:Sp0018(图版 159,图 9);标本保存在成都地质矿产研究所;西藏昌都卡集拉;晚三叠世。

奇脉羊齿(未定多种) *Hyrcanopteris* **spp.**

1968　*Hyrcanopteris* sp.,《湘赣地区中生代含煤地层化石手册》,53 页,图版 9,图 1;图版 10,图 2;插图 17;蕨叶;广东乐昌葫芦口;晚三叠世中生代含煤组 2 段。

1976　*Hyrcanopteris* sp. 1,李佩娟等,117 页,图版 30,图 1,2,6;蕨叶;云南祥云沐滂铺;晚三叠世祥云组白土田段。

1976　*Hyrcanopteris* sp. 2,李佩娟等,117 页,图版 29,图 6,6a;图版 30,图 5,7;蕨叶;云南祥

云沐滂铺;晚三叠世祥云组白土田段。

1977　*Hyrcanopteris* sp.,冯少南等,218 页,图版 80,图 4;叶部化石;广东乐昌;晚三叠世小坪组。

雅库蒂羽叶属 Genus *Jacutiella* Samylina,1956

1956　Samylina,1336 页。

1982a　郑少林、张武,165 页。

1993a　吴向午,92 页。

模式种:*Jacutiella amurensis* Samylina,1956

分类位置:苏铁纲(Cycadopsida)

阿穆尔雅库蒂羽叶 *Jacutiella amurensis*(Novopokrovsky)Samylina,1956

1912　*Taeniopteris amurensis* Novopokrovsky,6 页,图版 1,图 4;图版 2,图 5;羽叶;黑龙江流
　　　域;早白垩世。

1956　Samylina,1336 页,图版 1,图 2—5;羽叶;阿尔丹河流域;早白垩世。

1993a　吴向午,92 页。

△细齿雅库蒂羽叶 *Jacutiella denticulata* Zheng et Zhang,1982

1982a　郑少林、张武,165 页,图版 2,图 4,4a;羽叶;登记号:EH-15531-1-5;标本保存在沈阳地
　　　质矿产研究所;辽宁北票常河营子大板沟;中侏罗世蓝旗组。

1993a　吴向午,92 页。

△荆门叶属 Genus *Jingmenophyllum* Feng,1977

1977　冯少南等,250 页。

1993a　吴向午,19,223 页。

1993b　吴向午,506,513 页。

模式种:*Jingmenophyllum xiheense* Feng,1977

分类位置:分类位置不明的裸子植物(Gymnospermae incertae sedis)

△西河荆门叶 *Jingmenophyllum xiheense* Feng,1977

1977　冯少南等,250 页,图版 94,图 9;叶;登记号:P25280;正模:P25280(图版 94,图 9);标本
　　　保存在湖北地质科学研究所;湖北荆门西河;晚三叠世香溪群下煤组。[注:此标本后
　　　被改定为 *Compsopteris xiheensis*(Feng)Zhu,Hu et Meng(朱家楠等,1984)]

1993a　吴向午,19,223 页。

1993b　吴向午,506,513 页。

△宽甸叶属 Genus *Kuandiania* Zheng et Zhang,1980

1980　郑少林、张武,见张武等,279 页。

1993a 吴向午,20,223 页。

1993b 吴向午,501,514 页。

模式种:*Kuandiania crassicaulis* Zheng et Zhang,1980

分类位置:苏铁纲(Cycadopsida)

△粗茎宽甸叶 *Kuandiania crassicaulis* Zheng et Zhang,1980

1980 郑少林、张武,见张武等,279 页,图版 144,图 5;羽叶;登记号:D423;标本保存在沈阳地质矿产研究所;辽宁本溪宽甸;中侏罗世转山子组。

1993a 吴向午,20,223 页。

1993b 吴向午,501,514 页。

鳞羊齿属 Genus *Lepidopteris* Schimper,1869

1869(1869—1874) Schimper,572 页。

1933c 斯行健,8 页。

1963 斯行健、李星学等,132 页。

1993a 吴向午,95 页。

模式种:*Lepidopteris stuttgartiensis*（Jaeger）Schimper,1869

分类位置:种子蕨纲盾生种子科(Pelaspermaceae,Pteridospermopsida)

司图加鳞羊齿 *Lepidopteris stuttgartiensis*（Jaeger）Schimper,1869

1827 *Aspidioides stuttgartiensis* Jaeger,32,38 页,图版 8,图 1;蕨叶状化石;德国斯图加特（Stuttgart）;晚三叠世(Keuper)。

1869(1869—1874) Schimper,572 页,图版 34;蕨叶状化石;德国斯图加特(Stuttgart);晚三叠世(Keuper)。

1978 杨贤河,497 页,图版 173,图 4;叶;四川渡口灰家所;晚三叠世大荞地组。

1979 徐仁等,73 页,图版 73,图 1—3;图版 74,图 3—7;蕨叶;四川宝鼎、渡口太平场;晚三叠世大荞地组上部。

1984 陈公信,584 页,图版 237,图 1—3;蕨叶;湖北荆门分水岭;晚三叠世九里岗组;湖北秭归泄滩;晚三叠世沙镇溪组。

1993a 吴向午,95 页。

△渡口鳞羊齿 *Lepidopteris dukouensis* Yang,1978

1978 杨贤河,498 页,图版 172,图 2;蕨叶状化石;登记号:Sp0076;正模:Sp0076(图版 172,图 2);标本保存在成都地质矿产研究所;四川渡口灰家所;晚三叠世大荞地组。

△都兰? 鳞羊齿 *Lepidopteris? dulanensis* Li et He,1979

1979 李佩娟、何元良,见何元良等,145 页,图版 68,图 2—4;蕨叶;采集号:XXXIP₂27F1-11,XXXIP₂27F1-17;登记号:PB6365—PB6368;合模 1:PB6365(图版 68,图 2);合模 2:PB6366(图版 68,图 3,3a);合模 3:PB6367(图版 68,图 4);标本保存在中国科学院南京地质古生物研究所;青海都兰三通沟;晚三叠世八宝山群。[注:依据《国际植物命名法规》《维也纳法规》第 37.2 条,1958 年起,模式标本只能是 1 块标本]

都兰鳞羊齿 *Lepidopteris dulanensis* **Li et He**

1986 李佩娟、何元良,283 页,图版 6,图 1－4;图版 9,图 4,4a;蕨叶;青海都兰八宝山;晚三叠世八宝山群下岩组和上岩组。

△广元鳞羊齿 *Lepidopteris guanyuanensis* **Bian et Wang,1989**

1989 边兆祥、王洪峰,11 页,图版 2,图 3－6,9;蕨叶和角质层;标本号:GX-1 上 3;正模:GX-1 上 3(图版 2,图 3);标本保存在成都地质学院博物馆;四川广元须家河;晚三叠世须家河组。

奥托鳞羊齿 *Lepidopteris ottonis*（Goeppert）**Schimper,1869**

1832 *Alethopteris ottonis* Goeppert,303 页,图版 37,图 3,4;蕨叶状化石;波兰;晚三叠世。

1869(1869－1874)　Schimper,574 页。

1933c 斯行健,8 页,图版 3,图 2－9;蕨叶和角质层;贵州贵阳三桥;晚三叠世。

1954 徐仁,53 页,图版 46,图 2;蕨叶;贵州贵阳;晚三叠世。

1956 李星学,15 页;蕨叶;贵州贵阳三桥;新疆孚远;晚三叠世。

1962 李星学等,147 页,图版 86,图 9;蕨叶;长江流域;晚三叠世。

1963 李星学等,127 页,图版 96,图 1,2;蕨叶;中国西北地区;晚三叠世。

1963 斯行健、李星学等,132 页,图版 45,图 7;图版 47,图 7;图版 51,图 1－6;蕨叶和角质层;贵州贵阳三桥,新疆吉木萨尔,河南济源,广东花县,内蒙古阿拉善左旗贺兰山;晚三叠世。

1964 李星学等,125 页,图版 80,图 4－6;蕨叶;华南地区;晚三叠世晚期。

1968 《湘赣地区中生代含煤地层化石手册》,50 页,图版 10,图 1;蕨叶;湘赣地区;晚三叠世－早侏罗世。

1977 冯少南等,215 页,图版 80,图 2,3;蕨叶;湖北南漳东巩;晚三叠世香溪群下煤组;河南济源;晚三叠世延长群;广东曲江、乐昌、花县;晚三叠世小坪组;湖南西部;晚三叠世小江口组。

1978 杨贤河,498 页,图版 172,图 1;蕨叶状化石;四川渡口灰家所;晚三叠世大荞地组。

1978 张吉惠,473 页,图版 159,图 6;蕨叶;贵州贵阳三桥;晚三叠世。

1978 周统顺,105 页,图版 19,图 4－6;蕨叶;福建漳平大坑;晚三叠世大坑组上段,晚三叠世文宾山组。

1979 何元良等,145 页,图版 68,图 1;蕨叶;青海都兰八宝山;晚三叠世八宝山群。

1980 何德长、沈襄鹏,13 页,图版 4,图 1;图版 5,图 5,6;蕨叶;湖南资兴三都;晚三叠世安源组;广东乐昌狗牙洞;晚三叠世。

1982 王国平等,254 页,图版 116,图 4,5;蕨叶;福建漳平大坑;晚三叠世大坑组。

1982 杨贤河,472 页,图版 4,图 1－3;蕨叶;四川新龙雄龙;晚三叠世喇嘛垭组。

1982 张采繁,526 页,图版 340,图 1,2;图版 355,图 8;蕨叶;湖南醴陵石门口、辰溪五一煤矿;晚三叠世。

1984 陈公信,584 页,图版 237,图 4－8;蕨叶;湖北南漳东巩;晚三叠世九里岗组。

1984 顾道源,147 页,图版 75,图 5;蕨叶;新疆克拉玛依深底沟;中一晚三叠世克拉玛依组。

1987 何德长,82 页,图版 18,图 2;蕨叶;福建漳平大坑;晚三叠世文宾山组。

1987 胡雨帆、顾道源,225 页,图版 4,图 3;蕨叶;新疆克拉玛依深底沟;晚三叠世郝家沟组。

1989 梅美棠等,94 页,图版 47,图 2,2a;插图 3-69;蕨叶;中国;晚三叠世中一晚期。

1990 吴向午、何元良,299页,图版7,图9,9a;蕨叶;青海玉树上拉秀;晚三叠世结扎群格玛组。

1999b 吴舜卿,29页,图版21,图2—4;图版43,图3—5a;蕨叶和角质层;四川会理鹿厂、福安村;晚三叠世白果湾组。

奥托鳞羊齿(比较属种) Cf. *Lepidopteris ottonis* (Goeppert) Schimper

1953a 斯行健,111页,图版1,图1—9;图版2,图1,12—14;蕨叶和角质层;新疆孚远水西沟;晚三叠世。〔注:此标本后被改定为 *Lepidopteris ottonis* (Goeppert) Schimper(斯行健、李星学等,1963)〕

1953b 斯行健,523页,图版1,图1—9;图版2,图1,12—14;蕨叶和角质层;新疆孚远水西沟;晚三叠世。〔注:此标本后被改定为 *Lepidopteris ottonis* (Goeppert) Schimper(斯行健、李星学等,1963)〕

1980 黄枝高、周惠琴,83页,图版34,图5;蕨叶;陕西神木二十里墩;晚三叠世延长组中上部。

1993a 吴向午,95页。

△四川鳞羊齿 *Lepidopteris sichuanensis* Bian et Wang,1989

1989 边兆祥、王洪峰,10页,图版1,图1,2,5,6;蕨叶和角质层;标本号:GX-1下2,GX-1下24;正模:GX-1下2(图版1,图1);标本保存在成都地质学院博物馆;四川广元须家河;晚三叠世须家河组。

托勒兹鳞羊齿 *Lepidopteris toretziensis* Stanislavaky,1976

1976 Stanislavaky,33页,图版2-28;蕨叶;顿巴斯;晚三叠世。

1984 张武、郑少林,385页,图版2,图2—9;插图3;蕨叶;辽宁西部北票东坤头营子;晚三叠世老虎沟组。

1987 张武、郑少林,图版3,图10;蕨叶;辽宁北票东坤头营子;晚三叠世石门沟组。

托勒兹鳞羊齿(比较种) *Lepidopteris* cf. *toretziensis* Stanislavaky

1990b 王自强、王立新,308页,图版6,图1,2;插图4a;蕨叶;山西沁县漫水;中三叠世二马营组底部。

△须家河鳞羊齿 *Lepidopteris xujiahensis* Bian et Wang,1989

1989 边兆祥、王洪峰,12页,图版1,图3,4,7;图版2,图1,2,7,8;蕨叶和角质层;标本号:GX-1下1,GX-1下5;正模:GX-1下1(图版1,图3);标本保存在成都地质学院博物馆;四川广元须家河;晚三叠世须家河组。

鳞羊齿(未定种) *Lepidopteris* sp.

1990 *Lepidopteris* sp.,吴舜卿、周汉忠,452页,图版3,图3,3a,3b;蕨叶;新疆库车;早三叠世俄霍布拉克组。

列斯里叶属 Genus *Lesleya* Lesquereus,1880

1880 Lesquereus,143页。

1979c 陈晔等,271页。

1993a 吴向午,96页。

模式种:*Lesleya grandis* Lesquereus,1880

分类位置:种子蕨纲(Pteridospermopsida)

谷粒列斯里叶 *Lesleya grandis* **Lesquereus,1880**

1880   Lesquereus,143 页,图版 25,图 1-3;舌羊齿状营养叶;美国宾夕法尼亚;晚石炭世
(Base of Chester limestone,Pennsylivanian)。

1993a   吴向午,96 页。

△三叠列斯里叶 *Lesleya triassica* **Chen et Duan,1979**

1979c   陈晔、段淑英,见陈晔等,271 页,图版 3,图 3;舌羊齿状营养叶;标本号:No.7023;标本
保存在中国科学院植物研究所古植物研究室;四川盐边红泥煤田;晚三叠世大荞地组。

1981   陈晔、段淑英,图版 2,图 6;舌羊齿状营养叶;四川盐边红泥煤田;晚三叠世大荞地组。

1993a   吴向午,96 页。

劳达尔特属 Genus *Leuthardtia* **Kräusel et Schaarschmidt,1966**

1966   Kräusel,Schaarschmidt,26 页。

1992b   孟繁松,179 页。

模式种:*Leuthardtia ovalis* Kräusel et Schaarschmidt,1966

分类位置:苏铁纲本内苏铁目(Bennettiales,Cycadopsida)

卵形劳达尔特 *Leuthardtia ovalis* **Kräusel et Schaarschmidt,1966**

1966   Kräusel,Schaarschmidt,26 页,图版 8;雄性繁殖器官;瑞士;晚三叠世。

1990   孟繁松,图版 1,图 9;雄性繁殖器官;海南岛琼海九曲江文山上村、文山下村;早三叠世
岭文组。

1992b   孟繁松,179 页,图版 8,图 10-12;雄性繁殖器官;海南岛琼海九曲江文山上村、文山下
村;早三叠世岭文组。

1995a   李星学(主编),图版 63,图 14;雄性孢子叶球;海南琼海九曲江文山上村;早三叠世岭
文组。(中文)

1995b   李星学(主编),图版 63,图 14;雄性孢子叶球;海南琼海九曲江文山上村;早三叠世岭
文组。(英文)

△灵乡叶属 Genus *Lingxiangphyllum* **Meng,1981**

1981   孟繁松,100 页。

1993a   吴向午,21,224 页。

1993b   吴向午,507,514 页。

模式种:*Lingxiangphyllum princeps* Meng,1981

分类位置:分类位置不明植物(plantae incertae sedis)

△首要灵乡叶 *Lingxiangphyllum princeps* **Meng,1981**

1981   孟繁松,100 页,图版 1,图 12,13;插图 1;叶;登记号:CHP7901,CHP7902;正模:

CHP7901（图版 1，图 12）；标本保存在宜昌地质矿产研究所；湖北大冶灵乡长坪湖；早白垩世灵乡群。

1993a 吴向午，21，224 页。

1993b 吴向午，507，514 页。

厚边羊齿属 Genus *Lomatopteris* Schimper，1869

1869（1869－1874） Schimper，472 页。

1982 张采繁，526 页。

1993a 吴向午，97 页。

模式种：*Lomatopteris jurensis*（Kurr）Schimper，1869

分类位置：种子蕨纲（Pteridospermopsida）

侏罗厚边羊齿 *Lomatopteris jurensis*（Kurr）Schimper，1869

1869（1869－1874） Schimper，472 页，图版 45，图 2－5；蕨叶；德国符腾堡努斯普林根；晚石炭世。

1993a 吴向午，97 页。

△资兴厚边羊齿 *Lomatopteris zixingensis* Tuen（MS）ex Zhang，1982

1982 张采繁，526 页，图版 339，图 1，2；蕨叶；湖南资兴三都同日垅；早侏罗世唐垅组。

1993a 吴向午，97 页。

△大舌羊齿属 Genus *Macroglossopteris* Sze，1931

1931 斯行健，5 页。

1970 Andrews，124 页。

1993a 吴向午，22，225 页。

1993b 吴向午，501，515 页。

模式种：*Macroglossopteris leeiana* Sze，1931

分类位置：种子蕨纲（Pteridospermopsida）

△李氏大舌羊齿 *Macroglossopteris leeiana* Sze，1931

1931 斯行健，5 页，图版 3，图 1；图版 4，图 1；蕨叶；江西萍乡；早侏罗世（Lias）。［注：此属模式种后被改定为 *Anthrophyopsis leeiana*（Sze）Florin（Florin，1933）］

1970 Andrews，124 页。

1993a 吴向午，22，225 页。

1993b 吴向午，501，515 页。

李氏大舌羊齿（比较属种） Cf. *Macroglossopteris leeiana* Sze

1933d 斯行健，41 页，图版 8，图 8；蕨叶；江西吉安；晚三叠世晚期。［注：此标本后被改定为 *Anthrophyopsis leeiana*（Sze）Florin（斯行健、李星学等，1963）］

大叶带羊齿属 Genus *Macrotaeniopteris* Schimper, 1869

1869(1869－1874) Schimper, 610 页。

1883 Schenk, 257 页。

1993a 吴向午, 99 页。

模式种: *Macrotaeniopteris major* (Lindley et Hutton) Schimper, 1869

分类位置: 分类位置不明裸子植物(Gymnospermae incertae sedis)

大大叶带羊齿 *Macrotaeniopteris major* (Lindley et Hutton) Schimper, 1869

1833(1831－1837) *Taeniopteris major* Lindley et Hutton, 31 页, 图版 92; 蕨叶; 英国约克郡格里索普湾(Gristhorpe Bay); 中侏罗世。

1869(1869－1874) Schimper, 610 页; 蕨叶; 英国约克郡格里索普湾; 中侏罗世。

1993a 吴向午, 99 页。

加利福尼亚大叶带羊齿 *Macrotaeniopteris californica* Fontaine, 1900

1900 Fontaine, 见 Ward, 349 页, 图版 53, 图 1; 图版 54, 图 1, 2; 蕨叶; 美国加利福尼亚; 侏罗纪。

加利福尼亚大叶带羊齿(比较种) *Macrotaeniopteris* cf. *californica* Fontaine

1980 张武等, 281 页, 图版 180, 图 1; 图版 193, 图 4; 蕨叶; 内蒙古扎赉诺尔; 晚侏罗世兴安岭群; 辽宁北票马家沟; 早白垩世孙家湾组。

△李希霍芬大叶带羊齿 *Macrotaeniopteris richthofeni* Schenk, 1883

1883 Schenk, 257 页, 图版 51, 图 4, 6; 蕨叶; 四川广元; 侏罗纪。[注: 此标本后被改定为 *Taeniopteris rishthofeni* (Schenk) Sze(斯行健、李星学等, 1963)]

1993a 吴向午, 99 页。

△中间苏铁属 Genus *Mediocycas* Li et Zheng, 2005(中文和英文发表)

2005 李楠、郑少林, 见李楠等, 425, 433 页。

模式种: *Mediocycas kazuoensis* Li et Zheng, 2005

分类位置: 苏铁纲苏铁目(Cycadales, Cycadopsida)

△喀左中间苏铁 *Mediocycas kazuoensis* Li et Zheng, 2005(中文和英文发表)

1986b Problematicum 1, 郑少林、张武, 175, 181 页, 图版 1, 图 10, 11; 辽宁西部喀喇沁左翼杨树沟; 早三叠世红砬组。

1986b *Carpolithus*? sp., 郑少林、张武, 14 页, 图版 3, 图 11－14; 种子; 辽宁西部喀喇沁左翼杨树沟; 早三叠世红砬组。

2005 李楠、郑少林, 见李楠等, 425, 433 页; 插图 3A－3F, 5E; 大孢子叶; 标本号: SG110280－SG110283(正反印痕), SG11026－SG11028; 正模: SG110280－SG110283(插图 3A); 副模: SG110280－SG110283(插图 3B); 标本保存在沈阳地质研究所; 辽宁西部喀喇沁左翼杨树沟; 早三叠世红砬组。

△膜质叶属 Genus *Membranifolia* Sun et Zheng,2001(中文和英文发表)

2001 孙革、郑少林,见孙革等,108,208 页。

模式种:*Membranifolia admirabilis* Sun et Zheng,2001

分类位置:分类位置不明植物(plantae incertae sedis)

△奇异膜质叶 *Membranifolia admirabilis* Sun et Zheng,2001(中文和英文发表)

2001 孙革、郑少林,见孙革等,108,208 页,图版 26,图 1,2;图版 67,图 3－6;膜质叶;标本号:PB19184,PB19185,PB19187,PB19196;正模:PB19184(图版 26,图 1);标本保存在中国科学院南京地质古生物研究所;辽宁凌源;晚侏罗世尖山沟组。

△奇异羊齿属 Genus *Mirabopteris* Mi et Liu,1993

1993 米家榕、刘茂强,见米家榕等,102 页。

模式种:*Mirabopteris hunjiangensis*(Mi et Liu)Mi et Liu,1993

分类位置:种子蕨纲(Pteridospermopsida)

△浑江奇异羊齿 *Mirabopteris hunjiangensis*(Mi et Liu)Mi et Liu,1993

1977 *Paradoxopteris hunjiangensis* Mi et Liu,米家榕、刘茂强,见长春地质学院地勘系调查组等,8 页,图版 3,图 1;插图 1;蕨叶;登记号:X-008;标本保存在长春地质学院地史古生物教研室;吉林浑江石人北山;晚三叠世"北山组"。

1993 米家榕、刘茂强,见米家榕等,102 页,图版 18,图 3;图版 53,图 1,2,6;插图 21;蕨叶和角质层;吉林浑江石人北山;晚三叠世北山组(小河口组)。

△奇脉叶属 Genus *Mironeura* Zhou,1978

1978 周统顺,114 页。

1993a 吴向午,24,227 页。

1993b 吴向午,502,515 页。

模式种:*Mironeura dakengensis* Zhou,1978

分类位置:苏铁纲蕉羽叶目或苏铁目(Nilssoniales or Cycadales,Cycadopsida)

△大坑奇脉叶 *Mironeura dakengensis* Zhou,1978

1978 周统顺,114 页,图版 25,图 1,2,2a;插图 4;蕨叶;采集号:$WFT_3W_1^1$-9;登记号:FKP135;标本保存在中国地质科学院地质研究所;福建漳平大坑文宾山;晚三叠世文宾山组下段。

1982 王国平等,254 页,图版 116,图 4,5;蕨叶;福建漳平大坑;晚三叠世文宾山组。

1984a 孟繁松,102 页,图版 2,图 6;蕨叶;湖北当阳三里岗陈垸;早侏罗世香溪组。

1987 孟繁松,246 页,图版 35,图 7;蕨叶;湖北当阳观音寺;早侏罗世香溪组。

1993 米家榕等,117 页,图版 30,图 3;蕨叶;黑龙江东宁罗圈站;晚三叠世罗圈站组。

1993a 吴向午,24,227 页。

1993b 吴向午,502,515 页。

1998 黄其胜等,222 页,图版 1,图 1,6;蕨叶;江西上饶清水缪源村;早侏罗世林山组 3 段。

△湖北奇脉叶 *Mironeura hubeiensis* Chen G X,1984

1984 陈公信,598 页,图版 258,图 1—3;单叶;登记号:EP520—EP522;标本保存在湖北省地质局;湖北荆门过风垭;晚三叠世九里岗组。(注:原文未指定模式标本)

△多脉奇脉叶 *Mironeura multinervis* Mi,Zhang,Sun et al.,1993

1993 米家榕、张川波、孙春林等,121 页,图版 30,图 5,5a;蕨叶;登记号:B313;标本保存在长春地质学院地史古生物教研室;北京西山潭柘寺;晚三叠世杏石口组。

奇脉叶(未定种) *Mironeura* sp.

1984 *Mironeura* sp.,米家榕等,图版 1,图 9;蕨叶;北京西山;晚三叠世杏石口组。

△间羽叶属 Genus *Mixophylum* Meng,1983

1983 孟繁松,228 页。

1993a 吴向午,24,227 页。

1993b 吴向午,507,515 页。

模式种:*Mixophylum simplex* Meng,1983

分类位置:分类位置不明植物(plantae incertae sedis)

△简单间羽叶 *Mixophylum simplex* Meng,1983

1983 孟繁松,228 页,图版 3,图 1;匙叶;登记号:D76018;正模:D76018(图版 3,图 1);标本保存在宜昌地质矿产研究所;湖北南漳东巩;晚三叠世九里岗组。

1993a 吴向午,24,227 页。

1993b 吴向午,507,515 页。

1996 吴舜卿、周汉忠,11 页,图版 9,图 2,2a,3;图版 10,图 1,1a,2;图版 11,图 1;枝叶和球果;新疆库车库车河剖面;中三叠世克拉玛依组下段。

△南票叶属 Genus *Nanpiaophyllum* Zhang et Zheng,1984

1984 张武、郑少林,389 页。

1993a 吴向午,25,227 页。

1993b 吴向午,507,516 页。

模式种:*Nanpiaophyllum cordatum* Zhang et Zheng,1984

分类位置:分类位置不明植物(plantae incertae sedis)

△心形南票叶 *Nanpiaophyllum cordatum* Zhang et Zheng, 1984

1984 张武、郑少林,389 页,图版 3,图 4—9;插图 8;蕨叶;登记号:J005-1—J005-6;标本保存在沈阳地质矿产研究所;辽宁西部南票沙锅屯;晚三叠世老虎沟组。(注:原文未指定模式标本)

1993a 吴向午,25,227 页。

1993b 吴向午,507,516 页。

△南漳叶属 Genus *Nanzhangophyllum* Chen, 1977

1977 陈公信,见冯少南等,246 页。

1993a 吴向午,25,228 页。

1993b 吴向午,507,516 页。

模式种:*Nanzhangophyllum donggongense* Chen,1977

分类位置:分类位置不明裸子植物(Gymnospermae incertae sedis)

△东巩南漳叶 *Nanzhangophyllum donggongense* Chen, 1977

1977 陈公信,见冯少南等,246 页,图版 99,图 6,7;插图 82;叶;标本号:P5014,P5015;合模 1:P5014(图版 99,图 6);合模 2:P5015(图版 99,图 5);标本保存在湖北省地质局;湖北南漳东巩大道场;早一中侏罗世香溪群上煤组。[注:依据《国际植物命名法规》(《维也纳法规》)第 37.2 条,1958 年起,模式标本只能是 1 块标本]

1984 陈公信,582 页,图版 251,图 1b;叶;湖北荆门分水岭、南漳东巩;晚三叠世九里岗组。

1993a 吴向午,25,228 页。

1993b 吴向午,507,516 页。

新查米亚属 Genus *Neozamites* Vachrameev, 1962

1962 Vachrameev,124 页。

1976 张志诚,193 页。

1993a 吴向午,105 页。

模式种:*Neozamites verchojanensis* Vachrameev,1962

分类位置:苏铁纲本内苏铁目(Bennettiales,Cycadopsida)

维尔霍扬新查米亚 *Neozamites verchojanensis* Vachrameev, 1962

1962 Vachrameev,124 页,图版 12,图 1—5;羽叶;勒拿河流域;早白垩世。

1980 张武等,269 页,图版 168,图 2,3,7,9;羽叶;黑龙江牡丹江林家房子;早白垩世猴石沟组;黑龙江黑河地区;早白垩世八车力沟组。

1982a 杨学林、孙礼文,592 页,图版 3,图 10;羽叶;松辽盆地东南部营城;晚侏罗世沙河子组。

1983a 郑少林、张武,86 页,图版 5,图 6,7;插图 14;羽叶;黑龙江勃利万龙村;早白垩世东山组。

1986 张川波,图版 1,图 8;羽叶;吉林延吉铜佛寺;早白垩世中一晚期铜佛寺组。

1989 梅美棠等,104 页,图版 62,图 4,5;羽叶;华北地区;早白垩世。

1991　张川波等,图版1,图5;图版2,图1;羽叶;吉林九台六台、孟家岭;早白垩世大羊草沟组。

1993a　吴向午,105页。

1995b　邓胜徽,48页,图版23,图7－9;图版36,图5－9;图版37,图1,2;插图19;羽叶和角质层;内蒙古霍林河盆地;早白垩世霍林河组。

1995a　李星学(主编),图版106,图7;羽叶;吉林安图;早白垩世。(中文)

1995b　李星学(主编),图版106,图7;羽叶;吉林安图;早白垩世。(英文)

1996　郑少林、张武,图版3,图14;羽叶;吉林梨树孟家岭;早白垩世营城组。

1997　邓胜徽等,40页,图版19,图7;羽叶;内蒙古扎赉诺尔;早白垩世伊敏组。

维尔霍扬新查米亚? *Neozamites verchojanensis*? Vachrameev

2001　孙革等,79,188页,图版13,图5;图版33,图24;图版48,图9－12,15;羽叶;辽宁北票上园黄半吉沟;晚侏罗世尖山沟组。

维尔霍扬新查米亚(比较种) *Neozamites* cf. *verchojanensis* Vachrameev

1980　张武等,269页,图版168,图5,8;羽叶;辽宁北票泉巨勇;早白垩世孙家湾组。

1988　陈芬等,56页,图版22,图9,10;羽叶;辽宁阜新海州露天煤矿;早白垩世阜新组水泉段。

锯齿新查米亚 *Neozamites denticulatus*（Kryshtofovich et Prynada）Vachrameev,1962

1932　*Otozamites denticulatus* Kryshtofovich et Prynada,369页;羽叶;滨海区;早白垩世。

1962　Vachrameev,125页;羽叶;滨海区;早白垩世。

1980　张武等,268页,图版168,图6;羽叶;黑龙江勃利大崴子;早白垩世桦山群。

1982　陈芬、杨关秀,579页,图版2,图11－15;羽叶;河北平泉猴山沟;早白垩世九佛堂组。

1983a　郑少林、张武,85页,图版5,图3;插图12;羽叶;黑龙江勃利万龙村;早白垩世东山组。

1993　黑龙江省地质矿产局,图版12,图7;羽叶;黑龙江省;早白垩世穆棱组。

伸长新查米亚 *Neozamites elongatus* Kimura et Sekido,1971

1971　Kimura,Sekido,192页,图版24,图1－4;插图1-21,2-22;日本;早白垩世(Oguchi Formation)。

1993　孙革等,267页,图3a,4a,5,6;羽叶和角质层;黑龙江鹤岗;早白垩世石头河子组。

1995a　李星学(主编),图版101,图2;羽叶;黑龙江鹤岗;早白垩世石头河子组。(中文)

1995b　李星学(主编),图版101,图2;羽叶;黑龙江鹤岗;早白垩世石头河子组。(英文)

△锐裂新查米亚 *Neozamites incisus* Tan et Zhu,1982

1982　谭琳、朱家枏,145页,图版34,图13;羽叶;登记号:HL01b;正模:HL01b(图版34,图13);内蒙古乌拉特前旗大佘公社五登毛南;早白垩世李三沟组。

列氏新查米亚 *Neozamites lebedevii* Vachrameev,1962

1962　Vachrameev,125页,图版13,图1－3,5－8;羽叶;苏联雅库特;早白垩世。

1976　张志诚,193页,图版95,图2－4;羽叶;内蒙古四子王旗后白银不浪;早白垩世后白银不浪组。

1983a　郑少林、张武,86页,图版5,图4,5;插图13;羽叶;黑龙江勃利万龙村;早白垩世东山组。

1992　孙革、赵衍华,538页,图版240,图6,7;羽叶;吉林安图两江;早白垩世大拉子组。

1993a　吴向午,105页。

列氏新查米亚(比较种) *Neozamites* cf. *lebedevii* Vachrameev

1980　张武等,268页,图版168,图4;羽叶;辽宁喀喇沁左翼;早白垩世九佛堂组。

准脉羊齿属 Genus *Neuropteridium* Schimper,1879

1879(1879—1890)　Schimper,Schenk,117 页。

1979　周志炎、厉宝贤,446 页。

1993a　吴向午,105 页。

模式种:*Neuropteridium grandifolium* Schimper,1879

分类位置:种子蕨纲(Pteridospermopsida)

大准脉羊齿 *Neuropteridium grandifolium* Schimper,1879

1879(1879—1890)　Schimper,Schenk,117 页,图 90;脉羊齿型羽片;中欧;早三叠世。

1993a　吴向午,105 页。

朝鲜准脉羊齿 *Neuropteridium coreanicum* Koiwai,1927

1927　Koiwai,23 页,图版 1,2;蕨叶;朝鲜;晚二叠世。

1991　北京市地质矿产勘查开发局,图版 11,图 6;蕨叶;北京八大处大悲寺;晚二叠世一中三
叠世双泉组大悲寺段。

△弧脉准脉羊齿 *Neuropteridium curvinerve* Wang Z et Wang L,1990

1990a　王自强、王立新,122 页,图版 20,图 9—13;图版 22,图 9;图版 23,图 1—3;蕨叶;标本
号:Z12-504—Z12-507,Z12-509,Z12-510;合模 1:Z12-507(图版 20,图 9);合模 2:Z12-
510(图版 20,图 11,11a);合模 3:Z12-506(图版 23,图 1);标本保存在中国科学院南京
地质古生物研究所;山西寿阳红咀;早三叠世和尚沟组下段。[注:依据《国际植物命名
法规》(《维也纳法规》)第 37.2 条,1958 年起,模式标本只能是 1 块标本]

△缘边准脉羊齿 *Neuropteridium margninatum* Zhou et Li,1979

1979　周志炎、厉宝贤,446 页,图版 1,图 7—10;带种子的蕨叶;登记号:PB7587—PB7590;正
模:PB7589(图版 1,图 9);标本保存在中国科学院南京地质古生物研究所;海南琼海九
曲江上车村、新华村;早三叠世岭文群九曲江组。

1992b　孟繁松,178 页,图版 3,图 1—8;蕨叶;海南岛琼海九曲江新华村、文山上村、海洋村;早
三叠世岭文组。

1993a　吴向午,105 页。

1995a　李星学(主编),图版 62,图 1—3;蕨叶;海南岛琼海九曲江新华村、文山上村;早三叠世
岭文组。(中文)

1995b　李星学(主编),图版 62,图 1—3;蕨叶;海南岛琼海九曲江新华村、文山上村;早三叠世
岭文组。(英文)

伏氏准脉羊齿 *Neuropteridium voltzii*（Brongniart）Blanckenhorn,1886

1828　*Neuropteris voltzii* Brongniart,24,190 页。

1830　*Neuropteris voltzii* Brongniart,232 页,图版 67。

1886　Blanckenhorn,125 页,图版 15;图版 16;图版 17,图 1,2a。

1995a　*Neuropteridium voltzii* Brongniart,李星学(主编),图版 64,图 4,5;蕨叶;湖南桑植芙
蓉桥;中三叠世巴东组 2 段。(中文)

1995b　*Neuropteridium voltzii* Brongniart,李星学(主编),图版 64,图 4,5;蕨叶;湖南桑植芙蓉桥;中三叠世巴东组 2 段。(英文)

1995　*Neuropteridium voltzii* Brongniart,孟繁松等,21 页,图版 5,图 6—9;蕨叶;湖南桑植芙蓉桥;中三叠世巴东组 2 段。

1996b　*Neuropteridium voltzii* Brongniart,孟繁松,图版 2,图 6—8;蕨叶;湖南桑植洪家关;中三叠世巴东组 2 段。

2000　*Neuropteridium voltzii* Brongniart,孟繁松等,52 页,图版 15,图 4—7;蕨叶;湖南桑植芙蓉桥;中三叠世巴东组 2 段。

准脉羊齿(未定多种) *Neuropteridium* spp.

1986b　*Neuropteridium* sp.,郑少林、张武,179 页,图版 3,图 1,2;蕨叶;辽宁西部喀喇沁左翼杨树沟;早三叠世红砬组。

1990a　*Neuropteridium* sp.,王自强、王立新,122 页,图版 18,图 11,12;图版 24,图 4;蕨叶;山西蒲县城关;早三叠世和尚沟组下段;河南宜阳;早三叠世和尚沟组上段。

蕉羽叶属 Genus *Nilssonia* Brongniart,1825

1825　Brongniart,218 页。

1883　Schenk,247 页。

1963　斯行健、李星学等,180 页。

1993a　吴向午,106 页。

模式种:*Nilssonia brevis* Brongniart,1825

分类位置:苏铁纲蕉羽叶目或苏铁目(Nilssoniales or Cycadales,Cycadopsida)

短叶蕉羽叶 *Nilssonia brevis* Brongniart,1825

1825　Brongniart,218 页,图版 12,图 4,5;羽叶;瑞典霍尔;晚三叠世(Rhaetic)。

1968　《湘赣地区中生代含煤地层化石手册》,66 页,图版 36,图 1;羽叶;湘赣地区;晚三叠世—早侏罗世。

1978　周统顺,图版 24,图 5;羽叶;福建漳平大坑文宾山;晚三叠世文宾山组下段。

1982　王国平等,267 页,图版 121,图 9;羽叶;福建漳平大坑;晚三叠世文宾山组。

1982b　吴向午,95 页,图版 15,图 4;图版 16,图 5,5a;图版 18,图 1,1a;图版 20,图 1A;羽叶;西藏察雅巴贡一带;晚三叠世巴贡组上段。

1993a　吴向午,106 页。

短叶蕉羽叶(比较种) *Nilssonia* cf. *brevis* Brongniart

1993　王士俊,40 页,图版 17,图 5,5a;羽叶;广东乐昌关春;晚三叠世艮口群。

渐尖蕉羽叶 *Nilssonia acuminata*(Presl)Goeppert,1844

1838(1828—1838)　*Zamites acuminata* Presl,见 Sternberg,199 页,图版 43,图 2,4,5;羽叶;西欧;侏罗纪。

1844　Goeppert,141 页;羽叶;西欧;侏罗纪。

1933d　斯行健,40 页,图版 10,图 1—3;羽叶;江西吉安;晚三叠世晚期。[注:此标本后被改定

为 *Nilssonia* cf. *acuminata* (Presl) Goeppert(斯行健、李星学等,1963)〕

1933d 斯行健,52 页,图版 5,图 2—6;羽叶;河北门头沟;早侏罗世。〔注:此标本后被改定为 *Nilssonia* cf. *acuminata* (Presl) Goeppert(斯行健、李星学等,1963)〕

1950 Ôishi,94 页;北京门头沟,江西吉安;早侏罗世。

1968 《湘赣地区中生代含煤地层化石手册》,66 页,图版 19,图 2,3;图版 36,图 2;羽叶;湘赣地区;晚三叠世—早侏罗世。

1974 胡雨帆等,图版 2,图 2C;羽叶;四川雅安观化煤矿;晚三叠世。

1978 周统顺,图版 24,图 2;羽叶;福建上杭矶头;晚三叠世大坑组上段。

1980 黄枝高、周惠琴,94 页,图版 40,图 3;图版 41,图 2;图版 42,图 1;羽叶;陕西神木窟野河石窑上;晚三叠世延长组中段上部。

1980 吴水波等,图版 2,图 1;羽叶;吉林汪清托盘沟;晚三叠世。

1987 陈晔等,105 页,图版 17,图 4,5;图版 18,图 5;羽叶;四川盐边箐河;晚三叠世红果组。

1987 孟繁松,244 页,图版 27,图 8;羽叶;湖北当阳陈垸;早侏罗世香溪组。

1996 米家榕等,108 页,图版 12,图 4(?);图版 13,图 2;图版 12,图 4,5;羽叶;河北抚宁石门寨;早侏罗世北票组。

渐尖蕉羽叶(比较种) *Nilssonia* cf. *acuminata* (Presl) Goeppert

1952 斯行健、李星学,7,26 页,图版 4,图 1;图版 5,图 6;羽叶;四川巴县一品场;早侏罗世。

1954 徐仁,56 页,图版 47,图 4,5;羽叶;北京门头沟;中侏罗世或早侏罗世晚期;江西吉安,湖北香溪;早侏罗世。

1958 汪龙文等,614 页,图 614;羽叶;江西,湖北,河北;早—中侏罗世。

1963 斯行健、李星学等,182 页,图版 72,图 2;羽叶;四川巴县一品场;早侏罗世香溪群;江西吉安,北京门头沟;晚三叠世晚期—中侏罗世。

1978 张吉惠,483 页,图版 163,图 5;羽叶;贵州六枝郎岱;晚三叠世。

1980 张武等,275 页,图版 140,图 4;羽叶;辽宁凌源双庙;早侏罗世郭家店组。

1987 张武、郑少林,299 页,图版 9,图 3,4;图版 10,图 4;羽叶;辽宁南票后富隆山、盘道沟;中侏罗世海房沟组。

1998 王仁农等,图版 26,图 2;羽叶;北京西山斋堂;中侏罗世门头沟群。

2003 邓胜徽等,图版 71,图 5;图版 76,图 4;羽叶;辽宁北票;中侏罗世蓝旗组。

△尖叶蕉羽叶 *Nilssonia acutifolia* Wu,1999(中文发表)

1999b 吴舜卿,38 页,图版 30,图 4,6,10;羽叶;采集号:Jh2-6;登记号:PB10678—PB10680;正模:PB10680(图版 30,图 10);标本保存在中国科学院南京地质古生物研究所;四川彭县磁峰场;晚三叠世须家河组。

△窄小蕉羽叶 *Nilssonia angustissima* Chang,1980

1980 张志诚,见张武等,275 页,图版 176,图 4—6;羽叶;登记号:D404—D406;标本保存在沈阳地质矿产研究所;黑龙江虎林云山;中—晚侏罗世龙爪沟群上部;黑龙江勃利桃山、青龙山;早白垩世城子河组。(注:原文未指定模式标本)

1982b 郑少林、张武,312 页,图版 15,图 1—7;羽叶;黑龙江密山青年水库,虎林云山,永红;晚侏罗世云山组;黑龙江鸡西城子河;早白垩世城子河组。

1983b 曹正尧,38 页,图版 7,图 1B,1C,2—6;羽叶;黑龙江密山平安村、虎林永红;晚侏罗世云山组。

1988 陈芬等,59页,图版27,图1,2;羽叶;辽宁阜新海州露天煤矿;早白垩世阜新组中段。

1993 黑龙江省地质矿产局,图版11,图10;羽叶;黑龙江省;晚侏罗世云山组。

2003 杨小菊,568页,图版3,图2,3;羽叶;黑龙江鸡西盆地;早白垩世穆棱组。

△亚洲蕉羽叶 *Nilssonia asiatica* Zhang,1982

1982 张采繁,533页,图版345,图2,3,6;图版346,图4;羽叶;登记号:HP12—HP14,HP14-1;合模:HP12—HP14(图版345,图2,3,6);标本保存在湖南省地质博物馆;湖南资兴三都同日垅;早侏罗世唐垅组。[注:依据《国际植物命名法规》(《维也纳法规》)第37.2条,1958年起,模式标本只能是1块标本]

△褶皱蕉羽叶 *Nilssonia complicatis* Lee,1963

1963 李佩娟,见斯行健、李星学等,182页,图版50,图1;图版56,图2(?);图版72,图3;羽叶;湖北当阳马头洒、白石岗,广西西湾;早侏罗世。

1984 王自强,267页,图版129,图1—3;羽叶;内蒙古察哈尔右翼中旗;早侏罗世南苏勒图组。

1986 叶美娜等,56页,图版36,图4,4a;羽叶;四川开县温泉;早侏罗世珍珠冲组。

1988 吴舜卿等,106页,图版1,图4;羽叶;江苏常熟梅李;晚三叠世范家塘组。

装饰蕉羽叶 *Nilssonia compta*（Phillips）Bronn,1848

1829 *Cycadites comptus* Phillips,248页,图版7,图20;羽叶;英国约克郡;中侏罗世。

1848 Bronn,812页;羽叶;英国约克郡;中侏罗世。

1883 Schenk,247页,图版53,图2b;羽叶;湖北秭归;侏罗纪。[注:此标本后被改定为 *Pterophyllum aequale*（Brongniart）Nathorst(斯行健、李星学等,1963)或 *Tyrmia nathorsti*（Schenk）Ye(吴舜卿等,1980)]

1978 杨贤河,518页,图版188,图5b—5d,6,7;羽叶;四川达县铁山;早—中侏罗世自流井群。

1978 周统顺,图版24,图7;羽叶;福建漳平大坑文宾山;晚三叠世文宾山组上段。

1982 张采繁,533页,图版344,图1;图版346,图5;羽叶;湖南宜章长策下坪;早侏罗世唐垅组。

1982b 郑少林、张武,313页,图版9,图10,11;羽叶;黑龙江密山兴凯;中侏罗世裴德组。

1993a 吴向午,106页。

装饰蕉羽叶（比较种）*Nilssonia* cf. *compta*（Phillips）Bronn

1929a Yabe,Ôishi,87页,图版19,图2;图版20,图1,1a;羽叶;辽宁昌图沙河子;中侏罗世。[注:此标本后被改定为 *Nilssonia sinensis* Yabe et Ôishi(斯行健、李星学等,1963)]

1949 斯行健,10页,图版6,图2;图版8,图8a;羽叶;湖北当阳奋子沟、白石岗和贾家店;早侏罗世香溪煤系。

1954 徐仁,55页,图版47,图1;羽叶;辽宁昌图;早侏罗世;湖北秭归香溪;早侏罗世香溪煤系。

1958 汪龙文等,606页,图607;羽叶;湖北秭归香溪;早侏罗世香溪煤系。

1963 斯行健、李星学等,183页,图版53,图1;羽叶;湖北当阳奋子沟、白石岗和贾家店;早侏罗世香溪群。

1977 冯少南等,221页,图版88,图7;羽叶;湖北当阳;早—中侏罗世香溪群上煤组。

1978 张吉惠,482页,图版163,图11;羽叶;贵州六枝郎岱;晚三叠世。

1980 何德长、沈襄鹏,21页,图版16,图5;图版22,图5;图版23,图1—3,5,6;图版24,图1—3;羽叶;湖南宜章长策心田门、西岭;早侏罗世造上组。

1983 李杰儒,图版2,图17;羽叶;辽宁南票(锦西)后富隆山;中侏罗世海房沟组1段。

1984 陈公信,596页,图版250,图1,2;羽叶;湖北大冶金山店,当阳奋子沟、白石岗、贾家店;早侏罗世武昌组、桐竹园组。

2002 吴向午等,160页,图版9,图7A,7a,8A;图版10,图7,7a;羽叶;甘肃张掖白乱山;早一中侏罗世潮水群。

装饰蕉羽叶(比较属种) *Nilssonia* cf. *N. compta* (Phillips) Bronn

1993 王士俊,40页,图版15,图1;图版17,图2;羽叶;广东乐昌关春;晚三叠世艮口群。

△紧挤蕉羽叶 *Nilssonia comtigua* Mi,Sun C,Sun Y,Cui,Ai et al.,1996(中文发表)

1996 米家榕、孙春林、孙跃武、崔尚森、艾永亮等,108页,图版14,图20;插图7;羽叶;登记号:HF3037;标本保存在长春地质学院地史古生物教研室;河北抚宁石门寨;早侏罗世北票组。

△合生蕉羽叶 *Nilssonia connata* Wu et Teng,1988

1988 吴舜卿、滕雷鸣,见吴舜卿等,107,109页,图版2,图1,2a,6—7a;羽叶;采集号:KS507,KS508;登记号:PB14003—PB14006;合模1:PB14003(图版2,图1);合模2:PB14004(图版2,图2);合模3:PB14006(图版2,图7);标本保存在中国科学院南京地质古生物研究所;江苏常熟梅李;晚三叠世范家塘组。[注:依据《国际植物命名法规》(《维也纳法规》)第37.2条,1958年起,模式标本只能是1块标本]

△具褶蕉羽叶 *Nilssonia corrugata* Chow et Tsao,1968

1968 周志炎、曹正尧,见《湘赣地区中生代含煤地层化石手册》,66页,图版19,图1;图版28,图1b;羽叶;江西宜丰牌楼;晚三叠世安源组(?)。(注:原文未指定模式标本)

1982 王国平等,267页,图版121,图1;羽叶;江西宜丰牌楼;晚三叠世安源组(?)。

△凸脉蕉羽叶 *Nilssonia costanervis* Meng,1995

1995 孟繁松等,24页,图版5,图3;图版6,图1;图版9,图16,18;羽叶;登记号:BP93045,BP93061,BC06;合模:BP93045,BP93061,BC06(图版5,图3;图版6,图1;图版9,图16,18);标本保存在宜昌地质矿产研究所;湖南桑植芙蓉桥;中三叠世巴东组2段。[注:依据《国际植物命名法规》(《维也纳法规》)第37.2条,1958年起,模式标本只能是1块标本]

1996b 孟繁松,图版3,图11,12;羽叶;湖南桑植芙蓉桥;中三叠世巴东组4段。

2000 孟繁松等,56页,图版18,图4—7;羽叶;湖南桑植芙蓉桥;中三叠世巴东组2段。

△粗轴蕉羽叶 *Nilssonia crassiaxis* Chen,1982

1982 陈其奭,见王国平等,267页,图版123,图5;羽叶;标本号:Zmf-植-0245;正模:Zmf-植-0245(图版123,图5);浙江云和砻铺;早一中侏罗世。

△小刀形蕉羽叶 *Nilssoni cultrata* Li,1982

1982 李佩娟,93页,图版12,图4,4a;图版13,图7,8;羽叶;采集号:D76-6,7788f2-1;登记号:PB7965,PB7973,PB7974;正模:PB7965(图版12,图4);标本保存在中国科学院南京地质古生物研究所;西藏八宿上林卡区阿宗乡;早白垩世多尼组。

小刀形蕉羽叶(比较属种) Cf. *Nilssoni cultrata* Li

2000 吴舜卿,223页,图版7,图3,3a;羽叶;香港大屿山;早白垩世浅水湾群。

△德令哈蕉羽叶 *Nilssonia delinghaensis* Zhang, 1998（中文发表）

1998 张泓等，278 页，图版 40，图 5，6；羽叶；采集号：WG-bc；登记号：MP93910；正模：MP93910（图版 40，图 5）；标本保存在煤炭科学研究总院西安分院；青海德令哈旺尕尕秀；中侏罗世石门沟组。

密脉蕉羽叶 *Nilssonia densinervis*（Fontaine）Berry, 1911

1889 *Platypteridium densinervis* Fontaine，169 页，图版 30，图 8；图版 31，图 1—4；图版 32，图 1，2；图版 33，图 1；图版 34，图 1；图版 35，图 1，2；羽叶；北美；早白垩世。

1911 Berry，362 页，图版 56，57；羽叶；北美；早白垩世。

密脉蕉羽叶（比较种）*Nilssonia* cf. *densinervis*（Fontaine）Berry

1982a 杨学林、孙礼文，592 页，图版 3，图 9；羽叶；松辽盆地东南部营城；早白垩世营城组。

1991 李佩娟、吴一民，288 页，图版 8，图 2；羽叶；西藏八宿瓦达煤矿；早白垩世多尼组。

△渡口蕉羽叶 *Nilssonia dukouensis* Yang, 1978

1978 杨贤河，519 页，图版 178，图 4；羽叶；登记号：Sp0103；正模：Sp0103（图版 178，图 4）；标本保存在成都地质矿产研究所；四川渡口宝鼎；晚三叠世大荞地组。

△最美蕉羽叶 *Nilssonia elegantissima* Meng, 1987

1987 孟繁松，245 页，图版 32，图 5；羽叶；采集号：HU-81-P-1；登记号：P82168；正模：P82168（图版 32，图 6）；标本保存在宜昌地质矿产研究所；湖北荆门分水岭；晚三叠世九里岗组。

脆弱蕉羽叶 *Nilssonia fragilis* Harris, 1932

1932 Harris，47 页，图版 4，图 2—4，6，11；插图 25A—25E；羽叶；东格陵兰斯科斯比湾；晚三叠世（*Lepidopteris* Zone）。

1977 冯少南等，221 页，图版 87，图 1；羽叶；湖北当阳；早—中侏罗世香溪群上煤组；广西恭城西湾；早侏罗世。

1984 陈公信，596 页，图版 249，图 2；图版 250，图 4；羽叶；湖北当阳马头洒、白石岗、桐竹园；早侏罗世桐竹园组；湖北鄂城程潮；早侏罗世武昌组。

△叉脉蕉羽叶 *Nilssonia furcata* Chew et Tsao, 1968

1968 周志炎、曹正尧，见《湘赣地区中生代含煤地层化石手册》，67 页，图版 18，图 3，3a；图版 19，图 4，5；羽叶；江西乐平涌山桥；晚三叠世安源组井坑山段；湖南浏阳料源；晚三叠世安源组。[注：原文未指定模式标本；此标本后被改定为 *Tyrmia furcata*（Chew et Tsao）Wang（王士俊，1993）]

1974a 李佩娟等，359 页，图版 191，图 11；羽叶；四川彭县磁峰场；晚三叠世须家河组。

1977 冯少南等，219 页，图版 85，图 1；羽叶；湖南浏阳料源、株洲华石；晚三叠世安源组；广东曲江、乐昌；晚三叠世小坪组。

1980 何德长、沈襄鹏，21 页，图版 4，图 4；图版 7，图 2；羽叶；湖南浏阳澄潭江；晚三叠世三丘田组；广东曲江牛牯墩；晚三叠世。

1981 周惠琴，图版 3，图 5；羽叶；辽宁北票羊草沟；晚三叠世羊草沟组。

1982 王国平等，268 页，图版 121，图 3—5；羽叶；江西乐平涌山桥；晚三叠世安源组。

1982 张采繁，532 页，图版 344，图 6；图版 345，图 9；图版 349，图 5，8；图版 350，图 1，2；羽叶；湖南浏阳料源、澄潭江、株洲华石；晚三叠世。

1986　叶美娜等,56页,图版35,图5,5a;羽叶;四川达县铁山金窝、宣汉大路沟煤矿;晚三叠世须家河组7段。

1999b　吴舜卿,38页,图版31,图1,2;羽叶;四川达县铁山、彭县磁峰场;晚三叠世须家河组。

△巨大蕉羽叶 *Nilssonia gigantea* Zhou,1978

1978　周统顺,113页,图版30,图8;羽叶;采集号:GTJ$_1^3$-1;登记号:FKP134;标本保存在中国地质科学院地质矿产研究所;福建将乐高塘;早侏罗世梨山组(?)。

1982　王国平等,268页,图版122,图1;羽叶;福建将乐高塘;早侏罗世梨山组。

△舌形蕉羽叶 *Nilssonia glossa* Zhang,1982

1982　张采繁,533页,图版344,图2—4;图版345,图1,4,10;图版349,图7;羽叶;登记号:HP132-1,HP150,HP151,HP152,HP184,PH134,PH226;合模:HP152,HP150,HP151(图版344,图2—4);标本保存在湖南省地质博物馆;湖南宜章长策下坪;早侏罗世唐垅组。〔注:依据《国际植物命名法规》(《维也纳法规》)第37.2条,1958年起,模式标本只能是1块标本〕

△大叶蕉羽叶 *Nilssonia grandifolia* Chow et Huang,1976（non Huang et Chow,1980）

1976　黄枝高、周惠琴,见周惠琴等,209页,图版113,图3;图版114,图2;图版115,图1;羽叶;内蒙古准格尔旗五字湾;中三叠世二马营组上部。(注:原文未指明模式标本)

△大叶蕉羽叶 *Nilssonia grandifolia* Huang et Chow,1980（non Huang et Chow,1976）

（注:此种名为 *Nilssonia grandifolia* Chow et Huang,1976 的晚出等同名）

1980　黄枝高、周惠琴,93页,图版3,图3;图版6,图1,2;羽叶;登记号:OP3001,OP3003,OP2064;内蒙古准格尔旗五字湾;中三叠世二马营组上部。(注:原文未指明模式标本)

粗脉蕉羽叶 *Nilssonia grossinervis* Prynada,1938

1938　Prynada,41页,图版4,图2;羽叶;科雷马盆地;早白垩世。

1982　杨贤河,481页,图版9,图6—11;羽叶;四川威远葫芦口;晚三叠世须家河组。

1989　任守勤、陈芬,636页,图版3,图1—5;羽叶;内蒙古海拉尔五九煤盆地;早白垩世大磨拐河组。

1997　邓胜徽等,36页,图版17,图1;图版18,图7,8;图版19,图11;图版21,图1—3;羽叶和角质层;内蒙古海拉尔五九盆地;早白垩世大磨拐河组。

△赫氏蕉羽叶 *Nilssonia helmerseniana*（Heer）Stockmans et Mathieu,1941

1876　*Pterophyllum helmerseniana* Heer,104页,图版25,图2—6;图版29,图1d;羽叶;黑龙江上游;晚侏罗世。

1941　Stockmans,Mathieu,44页,图版5,图7,7a;羽叶;河北柳江;侏罗纪。〔注:此标本后被改定为 *Nilssonia* cf. *helmerseniana*（Heer）(斯行健、李星学等,1963)〕

1982　张采繁,533页,图版343,图8;羽叶;湖南醴陵柑子冲;早侏罗世高家田组。

1987　陈晔等,106页,图版20,图1;羽叶;四川盐边箐河;晚三叠世红果组。

1995　曾勇等,55页,图版11,图4;羽叶;河南义马;中侏罗世义马组。

赫氏蕉羽叶（比较种）*Nilssonia* cf. *helmerseniana*（Heer）Stockmans et Mathieu

1963　斯行健、李星学等,183页,图版52,图1,1a;羽叶;河北临榆柳江;早—中侏罗世。

1984　陈公信,597页,图版250,图5;羽叶;湖北鄂城程潮;早侏罗世武昌组。

△红泥蕉羽叶 *Nilssonia hongniensis* Duan et Chen, 1979

1979b　段淑英、陈晔,见陈晔等,186 页,图版 2,图 8;羽叶;标本号:No. 7065;标本保存在中国
科学院植物研究所古植物研究室;四川盐边红泥煤田;晚三叠世大箐地组。

△湖北蕉羽叶 *Nilssonia hubeiensis* Meng, 1992

1984　*Nilssonia magnifolia* Chen G X,陈公信,597 页,图版 257,图 1;羽叶;湖北荆门分水
岭;晚三叠世九里岗组。

1992a　孟繁松,705,707 页,图版 1,图 3;图版 3,图 3,4;羽叶;湖北南漳胡家咀;晚三叠世九里岗组。

锯齿蕉羽叶 *Nilssonia incisoserrata* Harris, 1932

1932　Harris,49 页,图版 4,图 1,7—10;图版 5,图 1—7,11,15;图版 8,图 12;插图 26;羽叶和
角质层;东格陵兰斯科斯比湾;早侏罗世(*Thaumatopteris* Zone)。

1982　张采繁,533 页,图版 348,图 2;图版 350,图 4;羽叶;湖南浏阳文家市;早侏罗世高家
田组。

1986　叶美娜等,56 页,图版 34,图 1;图版 35,图 3;图版 36,图 5,5a;羽叶;四川达县铁山金
窝、雷音铺、斌郎;早侏罗世珍珠冲组。

2002　孟繁松等,图版 6,图 5;羽叶;湖北秭归香溪;早侏罗世香溪组。

锯齿蕉羽叶(比较种) *Nilssonia* cf. *incisoserrata* Harris

1983　孙革等,453 页,图版 2,图 8;羽叶;吉林双阳大酱缸;晚三叠世大酱缸组。

井上蕉羽叶 *Nilssonia inouyei* Yokoyama, 1905

1905　Yokoyama,9 页,图版 1,图 4;图版 2,图 4;日本山口;晚三叠世。

1980　吴舜卿等,107 页,图版 20,图 8,9;图版 24,图 3,4;图版 25,图 7,8;羽叶;湖北秭归香
溪、沙镇溪;早一中侏罗世香溪组。

1984　陈公信,597 页,图版 255,图 5,6;羽叶;湖北秭归香溪;早侏罗世香溪组。

井上蕉羽叶(比较种) *Nilssonia* cf. *inouyei* Yokoyama

1981　刘茂强、米家榕,25 页,图版 3,图 12;羽叶;吉林临江闹枝沟;早侏罗世义和组。

△江苏蕉羽叶 *Nilssonia jiangsuensis* Wu et Teng, 1988

1988　吴舜卿、滕雷鸣,见吴舜卿等,107,109 页,图版 2,图 5,5a;羽叶;采集号:KS509;登记
号:PB14009;正模:PB14009(图版 2,图 5,5a);标本保存在中国科学院南京地质古生物
研究所;江苏常熟梅李;晚三叠世范家塘组。

△江油蕉羽叶 *Nilssonia jiangyouensis* Yang, 1978

1978　杨贤河,519 页,图版 189,图 10;羽叶;标本号:Sp0163;正模:Sp0163(图版 189,图 10);
标本保存在成都地质矿产研究所;四川江油厚坝;早侏罗世白田坝组。

肯达尔蕉羽叶 *Nilssonia kendallii* Harris, 1964

1964　Harris,55 页,插图 24,25;羽叶和角质层;英国约克郡;中侏罗世。

1987　张武、郑少林,299 页,图版 18,图 13;图版 19,图 7,7a;羽叶;辽宁西部喀喇沁左翼杨树
沟;早侏罗世北票组。

△坤头营子蕉羽叶 *Nilssonia kuntouyingziensis* Zhang et Zheng, 1987

1987　张武、郑少林,299 页,图版 20,图 1—12;插图 30;羽叶和角质层;登记号:SG110114—

SG110119;标本保存在沈阳地质矿产研究所;辽宁北票东坤头营子;晚三叠世石门沟组。（注:原文未指定模式标本）

△宽叶蕉羽叶 *Nilssonia latifolia* Meng,1987

1987 孟繁松,245页,图版32,图1;羽叶;采集号:DC-80-P-1;登记号:P82166;正模:P82166（图版32,图1）;标本保存在宜昌地质矿产研究所;湖北南漳东巩陈家湾;晚三叠世九里岗组。

△疏松蕉羽叶 *Nilssonia laxa* Duan et Chen,1987

1987 段淑英、陈晔,见陈晔等,106,155页,图版18,图4;图版19,图1;图版20,图2;羽叶;标本号:No.7441—No.7444;标本保存在中国科学院植物研究所;四川盐边箐河;晚三叠世红果组。（注:原文未指定模式标本）

△乐昌蕉羽叶 *Nilssonia lechangensis* Feng,1977

1977 冯少南等,219页,图版88,图3,4;羽叶;登记号:P25263,P25264;合模1:P25263（图版88,图3）;合模2:P25264（图版88,图4）;标本保存在湖北地质科学研究所;广东乐昌小水;晚三叠世小坪组。〔注:依据《国际植物命名法规》（《维也纳法规》）第37.2条,1958年起,模式标本只能是1块标本〕

△辽宁蕉羽叶 *Nilssonia liaoningensis* Zheng,1980

1980 郑少林,见张武等,276页,图版141,图1,2;图版142,图3;图版143,图4;羽叶;登记号:D407—D410;标本保存在沈阳地质矿产研究所;辽宁凌源双庙;早侏罗世郭家店组。（注:原文未指定模式标本）

△线形蕉羽叶 *Nilssonia linearis* Sze,1933

1933d 斯行健,32页,图版9,图1—3;羽叶;内蒙古萨拉齐石拐子;早侏罗世。

1950 Ôishi,94页,图版29,图5;羽叶;内蒙古萨拉齐石拐子;早侏罗世。

1963 斯行健、李星学等,184页,图版53,图7;羽叶;内蒙古萨拉齐石拐子;早—中侏罗世。

1976 张志诚,192页,图版99,图10;羽叶;内蒙古包头石拐沟;早—中侏罗世石拐群。

1978 周统顺,图版24,图6;羽叶;福建漳平大坑;晚三叠世文宾山组下段。

1979 何元良等,149页,图版71,图5,5a;羽叶;青海天峻江仓;早—中侏罗世木里群江仓组。

1984 陈芬等,54页,图版22,图1,2;羽叶;北京门头沟、千军台、大安山、房山;早侏罗世下窑坡组;北京门头沟;早侏罗世上窑坡组。

1984 王自强,267页,图版138,图11;羽叶;河北下花园;中侏罗世门头沟组。

1987 孟繁松,245页,图版27,图5;羽叶;湖北南漳东巩;晚三叠世九里岗组。

1991 赵立明、陶君容,图版1,图6;羽叶;内蒙古赤峰平庄;早白垩世杏园组。

1995 王鑫,图版3,图4;羽叶;陕西铜川;中侏罗世延安组。

1995 曾勇等,56页,图版12,图1;羽叶;河南义马;中侏罗世义马组。

1998 张泓等,图版39,图7;羽叶;新疆乌恰康苏;早侏罗世康苏组。

2002 吴向午等,160页,图版9,图4,5;羽叶;甘肃金昌青土井;内蒙古阿拉善右旗炭井沟;中侏罗世宁远堡组下段。

2003 邓胜徽等,图版71,图2;羽叶;河南义马盆地;中侏罗世义马组。

2003 修申成等,图版2,图3;羽叶;河南义马盆地;中侏罗世义马组。

△零陵蕉羽叶 *Nilssonia linglingensis* Zhou,1984

1984 周志炎,24页,图版10,图3—6;图版11,图1—4;图版12,图1—7;图版8,图8;插图6;羽叶和角质层;登记号:PB8869—PB8878,PB8889;正模:PB8869(图版11,图1);标本保存在中国科学院南京地质古生物研究所;湖南零陵黄阳司王家亭子、祁阳河埠塘;早侏罗世观音滩组中下部;湖南衡南洲市;早侏罗世观音滩组排家冲段。

1995a 李星学(主编),图版84,图2—6;羽叶和角质层;湖南零陵黄阳司;早侏罗世观音滩组中下(?)部;湖南祁阳河埠塘;早侏罗世观音滩组搭坝口段。(中文)

1995b 李星学(主编),图版84,图2—6;羽叶和角质层;湖南零陵黄阳司;早侏罗世观音滩组中下(?)部;湖南祁阳河埠塘;早侏罗世观音滩组搭坝口段。(英文)

△柳江蕉羽叶 *Nilssonia liujiangensis* Mi,Sun C,Sun Y,Cui,Ai et al.,1996(中文发表)

1996 米家榕、孙春林、孙跃武、崔尚森、艾永亮等,109页,图版15,图7;插图8;羽叶;登记号:HF3037;正模:HF3037(图版15,图7)标本保存在长春地质学院地史古生物教研室;河北抚宁石门寨;早侏罗世北票组。

△浏阳蕉羽叶 *Nilssonia liuyangensis* (Tsao) Meng,1987

1968 *Nilssonia magnifolia* Tsao,曹正尧,见《湘赣地区中生代含煤地层化石手册》,67页,图版20,图5;图版19,图4,5;羽叶;湖南浏阳料源;晚三叠世安源组。

1977 *Nilssonia magnifolia* Tsao,冯少南等,219页,图版85,图5;羽叶;湖南浏阳料源;晚三叠世安源组。

1987 孟繁松,245页,图版26,图6;羽叶;湖北荆门粟溪;晚三叠世九里岗组。

浅齿蕉羽叶 *Nilssonia lobatidentata* Vassilevskaja,1963

1963 Vassilevskaja,Pavlov,图版6,图1—3;羽叶;连斯克盆地;早白垩世。

1982b 郑少林、张武,313页,图版8,图8—11;羽叶;黑龙江鸡西滴道暖泉;晚侏罗世滴道组。

△砻铺蕉羽叶 *Nilssonia longpuensis* He,1987

1987 何德长,76页,图版8,图2;图版12,图4;羽叶;标本保存在煤炭科学研究院地质勘探分院;浙江云和梅源砻铺村;早侏罗世晚期砻铺组5层。(注:原文未指定模式标本)

△带状蕉羽叶 *Nilssonia lorifotmis* Wu,1999(中文发表)

1999b 吴舜卿,39页,图版31,图3,4a,6,7;羽叶;采集号:福f35-9,福f33-1,f33-2,广24-T3-X29-f1-1;登记号:PB10686—PB10689;合模1:PB10686(图版31,图3);合模2:PB10687(图版31,图4);合模3:PB10689(图版31,图7);标本保存在中国科学院南京地质古生物研究所;四川会理福安村;晚三叠世白果湾组;四川广元上寺;晚三叠世须家河组。[注:依据《国际植物命名法规》(《维也纳法规》)第37.2条,1958年起,模式标本只能是1块标本]

大蕉羽叶 *Nilssonia magnifolia* Samylina,1964 (non Tsao,1968,nec Chen G X,1984)

1964 Samylina,73页,图版13,图1—3;图版15,图1,2;图版16,图6,7;图版17,图1;科雷马盆地;早白垩世。

△大蕉羽叶 *Nilssonia magnifolia* Tsao,1968 (non Samylina,1964,nec Chen G X,1984)

(注:此种名为 *Nilssonia magnifolia* Samylina,1964 的晚出同名)

1968 曹正尧,见《湘赣地区中生代含煤地层化石手册》,67页,图版20,图5;图版19,图4,5;

羽叶;湖南浏阳料源;晚三叠世安源组。〔注:此标本后被改定为 *Nilssonia liuyangensis* (Tsao) Meng,1987(孟繁松,1987)〕

1977　冯少南等,219 页,图版 85,图 5;羽叶;湖南浏阳料源;晚三叠世安源组。

△大蕉羽叶 *Nilssonia magnifolia* Chen G X,1984 (non Samylina,1964,nec Tsao,1968)

(注:此种名为 *Nilssonia magnifolia* Samylina,1964 的晚出同名)

1984　陈公信,597 页,图版 257,图 1;羽叶;登记号:EP680;标本保存在湖北省地质局;湖北荆门分水岭;晚三叠世九里岗组。〔注:此标本后被改定为 *Nilssonia hubeiensis* Meng,1992(孟繁松,1992)〕

中间蕉羽叶 *Nilssonia mediana* (Leckenby ex Bean MS) Fox-Strangways,1892

1864　*Pterophyllum medianum* Leckenby,77 页,图版 8,图 3;羽叶;英国;中侏罗世。

1892　Fox-Strangways,Barrow,139 页;英国;中侏罗世。

1998　张泓等,图版 39,图 6;羽叶;新疆乌恰康苏;中侏罗世杨叶组。

△微小蕉羽叶 *Nilssonia minutus* Zeng,Shen et Fan,1995

1995　曾勇、沈树忠、范炳恒,56,78 页,图版 13,图 1,2;羽叶;采集号:No. 115148,No. 11592;登记号:YM94062,YM94063;正模:YM94063(图版 13,图 2);副模:YM94062(图版 13,图 1);标本保存在中国矿业大学地质系;河南义马;中侏罗世义马组。

△磨山蕉羽叶 *Nilssonia moshanensis* Huang,1983

1983　黄其胜,31 页,图版 3,图 1—5;羽叶;登记号:AH8193,AH8194,AH8196,AH8198;正模:AH8194(图版 3,图 2);标本保存在武汉地质学院古生物教研室;安徽怀宁拉犁尖;早侏罗世象山群下部。

△摩西拉蕉羽叶 *Nilssonia mosserayi* Stockmans et Mathieu,1941

1941　Stockmans,Mathieu,45 页,图版 5,图 1,1a;羽叶;山西大同高山;侏罗纪。

1963　斯行健、李星学等,185 页,图版 56,图 5,5a;羽叶;山西大同高山;早—中侏罗世。

1977　冯少南等,220 页,图版 85,图 2;羽叶;湖南浏阳料源;晚三叠世安源组。

1980　张武等,276 页,图版 141,图 3;羽叶;辽宁本溪;中侏罗世大堡组。

1984　陈芬等,54 页,图版 37,图 3;羽叶;北京门头沟;早侏罗世上窑坡组。

1984　陈公信,597 页,图版 250,图 3;羽叶;湖北当阳桐竹园;早侏罗世桐竹园组。

1984　康明等,图版 1,图 13;羽叶;河南济源杨树庄;中侏罗世杨树庄组。

1990　郑少林、张武,221 页,图版 5,图 1;羽叶;辽宁本溪田师傅;中侏罗世大堡组。

1995　曾勇等,56 页,图版 12,图 3;羽叶;河南义马;中侏罗世义马组。

1996　常江林、高强,图版 1,图 9;羽叶;山西宁武白高阜;中侏罗世大同组。

2002　吴向午等,161 页,图版 10,图 6;羽叶;甘肃张掖白乱山;早—中侏罗世潮水群。

2003　邓胜徽等,图版 70,图 5A;羽叶;河南义马盆地;中侏罗世义马组。

摩西拉蕉羽叶(比较种) *Nilssonia* cf. *mosserayi* Stockmans et Mathieu

1980　黄枝高、周惠琴,94 页,图版 56,图 5;羽叶;陕西延安杨家崖;中侏罗世延安组下部。

敏斯特蕉羽叶 *Nilssonia muensteri* (Presl) Nathorst,1881

1838(1820—1838)　*Zamites muensteri* Presl,见 Sternberg,199 页,图版 43,图 1,3;羽叶;瑞典;晚三叠世—早侏罗世。

1881　Nathorst,81 页;羽叶;瑞典;晚三叠世—早侏罗世。

1993　米家榕等,110 页,图版 21,图 9;图版 22,图 1—7;图版 23,图 1—3,5;羽叶;黑龙江东宁罗圈站;晚三叠世罗圈站组;吉林汪清天桥岭;晚三叠世马鹿沟组;吉林双阳大酱缸;晚三叠世大酱缸组。

? 敏斯特蕉羽叶 ? *Nilssonia muensteri* (Presl) Nathorst

1968　《湘赣地区中生代含煤地层化石手册》,68 页,图版 20,图 1;羽叶;江西萍乡安源;晚三叠世安源组三垅田段。

敏斯特蕉羽叶(比较种) *Nilssonia* cf. *muensteri* (Presl) Nathorst

1982　李佩娟、吴向午,53 页,图版 2,图 1B;羽叶;四川稻城贡岭区木拉乡坎都村;晚三叠世喇嘛垭组。

1982b　吴向午,96 页,图版 1,图 5A,5a;羽叶;西藏贡觉夺盖拉煤点;晚三叠世巴贡组上段。

敏斯特蕉羽叶(比较属种) *Nilssonia* cf. *N. muensteri* (Presl) Nathorst

1993　米家榕等,111 页,图版 21,图 6;羽叶;河北承德上谷;晚三叠世杏石口组。

△多脉蕉羽叶 *Nilssonia multinervis* Yang,1978

1978　杨贤河,519 页,图版 179,图 4;羽叶;标本号:Sp0109;正模:Sp0109(图版 179,图 4);标本保存在成都地质矿产研究所;四川渡口宝鼎;晚三叠世大荞地组。

△南漳蕉羽叶 *Nilssonia nanzhangensis* Feng,1977

1977　冯少南等,220 页,图版 87,图 2,3;羽叶;标本号:P25255,P25256;合模 1:P25255(图版 87,图 2);合模 2:P25256(图版 87,图 3);标本保存在湖北地质科学研究所;湖北南漳东巩;晚三叠世香溪群下煤组。[注:依据《国际植物命名法规》(《维也纳法规》)第 37.2 条,1958 年起,模式标本只能是 1 块标本]

那氏蕉羽叶(那氏侧羽叶) *Nilssonia nathorsti* (Schenk) (*Pterophyllum nathorsti* Schenk)

[注:此种名最早由冯少南等引用(1977)]

1977　冯少南等,221 页,图版 85,图 4;羽叶;湖北秭归、远安;早—中侏罗世香溪群上煤组;湖北南漳;晚三叠世香溪群下煤组。

东方蕉羽叶 *Nilssonia orientalis* Heer,1878

1878　Heer,18 页,图版 4,图 5—9;羽叶;勒拿河盆地;早白垩世。

1950　Ôishi,92 页,图版 28,图 5;羽叶;陕西,安徽;早侏罗世。

1963　斯行健、李星学等,185 页,图版 56,图 3,4;羽叶;安徽太湖新仓;湖北当阳白石岗;早侏罗世香溪群;四川广元须家河;晚三叠世须家河组。

1968　《湘赣地区中生代含煤地层化石手册》,68 页,图版 21,图 4,5;羽叶;湘赣地区;晚三叠世—早白垩世。

1977　长春地质学院勘探系等,图版 3,图 2,4;羽叶;吉林浑江石人;晚三叠世小河口组。

1977　冯少南等,220 页,图版 89,图 2,3;羽叶;湖北当阳;早—中侏罗世香溪群上煤组;湖北南漳东巩;晚三叠世香溪群下煤组。

1980　何德长、沈襄鹏,21 页,图版 19,图 3;图版 20,图 6;图版 26,图 2;羽叶;湖南祁阳观音滩;早侏罗世造上组。

1980　黄枝高、周惠琴,93 页,图版 41,图 1;羽叶;陕西铜川柳林沟;晚三叠世延长组顶部。

1980　吴舜卿等,107页,图版24,图1,2;图版25,图5,6;羽叶;湖北秭归沙镇溪、兴山回龙寺;早一中侏罗世香溪组。

1982　王国平等,268页,图版125,图3;羽叶;福建漳平鲤鱼;早侏罗世梨山组;安徽太湖新仓;早侏罗世。

1982　张采繁,534页,图版351,图2;羽叶;湖南浏阳文家市;早侏罗世高家田组。

1984　陈公信,598页,图版249,图3,4;羽叶;湖北当阳大崖河、三里岗,湖南长沙桐竹园;早侏罗世桐竹园组;湖北鄂城程潮;早侏罗世武昌组。

1984　顾道源,149页,图版78,图2;羽叶;新疆喀什反修煤矿;中侏罗世杨叶组。

1987　何德长,73页,图版7,图7;图版10,图4;羽叶;浙江遂昌枫坪;早侏罗世早期花桥组8层。

1987　张武、郑少林,图版28,图3;羽叶;辽宁北票长皋台子山南沟;中侏罗世蓝旗组。

1988　陈芬等,59页,图版25,图9;羽叶;辽宁阜新海州露天煤矿;早白垩世阜新组太平下段。

1989　梅美棠等,97页,图版50,图1;羽叶;中国;晚三叠世一早白垩世。

1993　米家榕等,111页,图版22,图4,7 9;羽叶;吉林浑江石人北山;晚三叠世北山组(小河口组);北京西山潭柘寺;晚三叠世杏石口组。

1996　米家榕等,110页,图版14,图18;羽叶;河北抚宁石门寨;早侏罗世北票组。

2002　吴向午等,159页,图版9,图9;羽叶;甘肃山丹毛湖洞;早侏罗世芨芨沟组上段。

东方蕉羽叶(集合种) *Nilssonia* ex gr. *orientalis* Heer

1988　李佩娟等,81页,图版62,图1,2a;图版63,图1,2;图版64,图2,2a;图版68,图5A;图版106,图1,2a;羽叶和角质层;青海大柴旦绿草山绿草沟;中侏罗世石门沟组 *Nilssonia* 层。

1991　李佩娟、吴一民,288页,图版9,图2,2a,3;羽叶;西藏八宿瓦达煤矿;早白垩世多尼组。

1998　张泓等,图版39,图4;羽叶;青海德令哈旺尕秀;中侏罗世石门沟组。

东方蕉羽叶(比较种) *Nilssonia* cf. *orientalis* Heer

1933d　斯行健,57页,图版9,图4;羽叶;安徽太湖新仓;晚三叠世晚期。[注:此标本后被改定为 *Nilssonia orientalis* Heer,1878(斯行健、李星学等,1963)]

1949　斯行健,9页,图版3,图8;羽叶;湖北当阳白石岗;早侏罗世香溪煤系。[注:此标本后被改定为 *Nilssonia orientalis* Heer,1878(斯行健、李星学等,1963)]

1980　张武等,276页,图版147,图2;羽叶;辽宁北票;中侏罗世蓝旗组。

1982　谭琳、朱家楠,145页,图版34,图1,2;羽叶;内蒙古固阳毛忽洞村南;早白垩世固阳组。

1988　吉林省地质矿产局,图版8,图4;羽叶;吉林;早侏罗世。

东方蕉羽叶(比较属种) *Nilssonia* cf. *N. orientalis* Heer

1993　米家榕等,111页,图版23,图6;羽叶;黑龙江东宁水曲柳沟;晚三叠世罗圈站组。

△副短蕉羽叶 *Nilssonia parabrevis* Huang,1983

1983　黄其胜,31页,图版2,图1—6;羽叶;登记号:AH8187—AH8192;正模:AH8188(图版2,图2);标本保存在武汉地质学院古生物教研室;安徽怀宁拉犁尖;早侏罗世象山群下部。

1987　孟繁松,246页,图版29,图4;图版34,图4;羽叶;湖北秭归香溪、沙镇溪、泄滩;早侏罗世香溪组。

1988　黄其胜,图版2,图2;羽叶;湖北大冶金山店;早侏罗世武昌组中部。

1988b　黄其胜、卢宗盛,图版9,图9;羽叶;湖北大冶金山店;早侏罗世武昌组上部。

1996　黄其胜等,图版2,图8;羽叶;四川开县温泉;早侏罗世珍珠冲组上部16层。

1998 黄其胜等,图版1,图12;羽叶;江西上饶清水缪源村;早侏罗世林山组3段。

2001 黄其胜,图版2,图8,羽叶;四川开县温泉;早侏罗世珍珠冲组Ⅳ段16层。

2003 孟繁松等,图版4,图4,5;羽叶;四川云阳水市口;早侏罗世自流井组东岳庙段。

?副短蕉羽叶 ?*Nilssonia parabrevis* Huang

1987 何德长,76页,图版7,图8;图版8,图6,7;图版11,图4;羽叶;浙江云和梅源砻铺村;早侏罗世晚期砻铺组5层、7层。

稍小蕉羽叶 *Nilssonia parvula* (Heer) Fontaine,1905

1876 *Taeniopteris parvula* Heer,98页,图版21,图5,5b;单叶;黑龙江上游;晚侏罗世。

1905 Fontaine,见 Ward 等,92页,图版17,图1—7。

1993 米家榕等,112页,图版24,图9;羽叶;吉林双阳八面石煤矿;晚三叠世小蜂蜜顶子组上段。

△栉形蕉羽叶 *Nilssonia pecten* Ôishi,1935

1935 Ôishi,83页,图版7;图版8,图2;插图2;羽叶;黑龙江东宁煤田;晚侏罗世或早白垩世。

1954 徐仁,55页,图版47,图2,3;羽叶;黑龙江东宁;晚侏罗世。

1958 汪龙文等,619页,图620;羽叶;吉林;晚侏罗世或早白垩世。

1963 斯行健、李星学等,186页,图版54,图2,3;图版67,图4(左);羽叶;黑龙江东宁;晚侏罗世。

1980 张武等,276页,图版177,图1—3;羽叶;黑龙江东宁;早白垩世穆棱组。

1992 孙革、赵衍华,539页,图版234,图7;图版235,图1;图版237,图4;图版240,图5;羽叶;吉林珲春金沟岭;晚侏罗世金沟岭组。

多型蕉羽叶 *Nilssonia polymorpha* Schenk,1876

1876 Schenk,127页,图版29,图1—9;图版30,图1;羽叶;德国;晚三叠世—早侏罗世。

1977 冯少南等,220页,图版89,图4;羽叶;广东五华;晚三叠世小坪组。

1981 周惠琴,图版3,图7;羽叶;辽宁北票羊草沟;晚三叠世羊草沟组。

1982 张采繁,533页,图版343,图6;图版346,图1,2;图版347,图13;羽叶;湖南宜章长策下坪;早侏罗世唐垅组。

多型蕉羽叶(比较种) *Nilssonia* cf. *polymorpha* Schenk

1949 斯行健,12页,图版12,图11;羽叶;湖北当阳白石岗;早侏罗世香溪煤系。[注:此标本后被改定为 *Nilssonia complicatis* Li(斯行健、李星学等,1963)]

1954 徐仁,55页,图版46,图7;羽叶;湖北秭归香溪;早侏罗世香溪煤系。[注:此标本后被改定为 *Nilssonia complicatis* Li(斯行健、李星学等,1963)]

1963 周惠琴,175页,图版75,图1;羽叶;广东五华;晚三叠世。

1980 何德长、沈襄鹏,22页,图版18,图8;图版20,图1;图版24,图6;羽叶;湖南浏阳澄潭江造上村、衡南洲市;早侏罗世造上组。

1982b 吴向午,96页,图版17,图3;羽叶;西藏贡觉夺盖拉煤点;晚三叠世巴贡组上段。

多型蕉羽叶(比较属种) *Nilssonia* cf. *N. polymorpha* Schenk

1986 叶美娜等,57页,图版38,图3—3b;羽叶;四川达县金窝;早侏罗世珍珠冲组。

1993 王士俊,41页,图版17,图3;图版18,图1;羽叶;广东乐昌安口;晚三叠世艮口群。

首要蕉羽叶 *Nilssonia princeps* (Oldham et Morris) Seward,1917

1863 *Pterophyllum princeps* Oldham et Morris,23页,图版10,图1—3;图版11,图1;图版

13,图 1,2;羽叶;印度;中侏罗世。

1917 Seward,576 页,图 623;羽叶;印度;中侏罗世。

1982 王国平等,268 页,图版 121,图 2;羽叶;福建漳平大坑;晚三叠世文宾山组。

首要蕉羽叶(比较种) *Nilssonia* cf. *princeps* (Oldham et Morris) Seward

1930 张席禔,5 页,图版 1,图 21;插图 3;羽叶;广东乳源和湖南宜章交界处的艮口煤田;侏罗纪。

1956 敖振宽,23 页,图版 4,图 2;羽叶;广东广州小坪;晚三叠世小坪煤系。

1963 斯行健、李星学等,186 页,图版 53,图 2;羽叶;广东乳源和湖南宜章交界处的艮口煤田;晚三叠世晚期—早侏罗世。

侧羽叶型蕉羽叶 *Nilssonia pterophylloides* Nathorst,1909

1909 Nathorst,21 页,图版 21,22;羽叶;瑞典;晚三叠世。

1962 李星学等,154 页,图版 94,图 7;羽叶;长江流域;晚三叠世—中侏罗世。

1963 斯行健、李星学等,187 页,图版 108,图 2,2a;羽叶;湖北秭归香溪;早侏罗世香溪群。

1964 李星学等,131 页,图版 86,图 5;羽叶;华南地区;晚三叠世晚期—中侏罗世。

1977 冯少南等,221 页,图版 88,图 1,2;羽叶;河南渑池义马;早—中侏罗世;湖北宜昌当阳三里岗、宜昌秭归;早—中侏罗世香溪群上煤组。

1978 杨贤河,519 页,图版 188,图 10;羽叶;四川江油厚坝;早侏罗世白田坝组。

1978 周统顺,图版 24,图 3;羽叶;福建漳平大坑文宾山;晚三叠世文宾山组上段。

1980 黄枝高、周惠琴,95 页,图版 40,图 2;图版 43,图 1;羽叶;陕西铜川柳林沟;晚三叠世延长组顶部。

1982 王国平等,268 页,图版 124,图 5;羽叶;江西新喻花鼓山;晚三叠世安源组。

1982 张采繁,534 页,图版 343,图 7;图版 357,图 13;羽叶;湖南浏阳高坪;早侏罗世跃龙组。

1984 陈芬等,55 页,图版 23,图 4;羽叶;北京西山门头沟;中侏罗世龙门组。

1984 陈公信,598 页,图版 249,图 1;羽叶;湖北当阳三里岗;早侏罗世桐竹园组;湖北秭归香溪;早侏罗世香溪组。

1986 叶美娜等,57 页,图版 37,图 2—3a;图版 38,图 1,2a;图版 39;图版 40,图 1;羽叶;四川达县铁山金窝、开县温泉;早侏罗世珍珠冲组。

1987 陈晔等,106 页,图版 21,图 1;图版 22,图 2;羽叶;四川盐边箐河;晚三叠世红果组。

1993 王士俊,41 页,图版 17,图 7;图版 18,图 6;羽叶;广东乐昌安口;晚三叠世艮口群。

1995 王鑫,图版 3,图 6;羽叶;陕西铜川;中侏罗世延安组。

1995 曾勇等,56 页,图版 12,图 2;羽叶;河南义马;中侏罗世义马组。

1996 黄其胜等,图版 2,图 7;羽叶;四川达县铁山;早侏罗世珍珠冲组上部。

1996 米家榕等,110 页,图版 15,图 1;羽叶;辽宁北票冠山一井;早侏罗世北票组下段。

2001 黄其胜,图版 2,图 3;羽叶;四川达县铁山;早侏罗世珍珠冲组上部。

2003 邓胜徽等,图版 70,图 5B,6;图版 71,图 3;图版 72,图 1;图版 74,图 3A;羽叶;河南义马盆地;中侏罗世义马组。

2003 修申成等,图版 2,图 4;羽叶;河南义马盆地;中侏罗世义马组。

侧羽叶型蕉羽叶(比较种) *Nilssonia* cf. *pterophylloides* Nathorst

1949 斯行健,10 页,图版 6,图 1;羽叶;湖北秭归香溪;早侏罗世香溪煤系。[注:此标本后被改定为 *Nilssonia pterophylloides* Nathorst,1909(斯行健、李星学等,1963)]

1968 《湘赣地区中生代含煤地层化石手册》,68 页,图版 20,图 2—4;图版 21,图 3;羽叶;江西横峰铺前;晚三叠世熊岭组;江西丰城攸洛;晚三叠世安源组 5 段。

1978　张吉惠,482 页,图版 163,图 10;羽叶;贵州六枝郎岱;晚三叠世。

1984　陈芬等,55 页,图版 22,图 3;羽叶;北京西山千军台;早侏罗世下窑坡组。

△毛羽叶型蕉羽叶 *Nilssonia ptilophylloides* Tsao,1968

1968　曹正尧,见《湘赣地区中生代含煤地层化石手册》,69 页,图版 21,图 1,1a,2;羽叶;标本保存在中国科学院南京地质古生物研究所;湖南浏阳料源;晚三叠世安源组。(注:原文未指定模式标本)

1977　冯少南等,220 页,图版 87,图 9;羽叶;湖南浏阳料源;晚三叠世安源组。

1987　陈晔等,107 页,图版 18,图 2,3;图版 19,图 2;羽叶;四川盐边箐河;晚三叠世红果组。

△柴达木蕉羽叶 *Nilssonia qaidamensis* Li,1988

1988　李佩娟等,81 页,图版 61,图 1,2;图版 62,图 3,3a;羽叶;采集号:80LF$_u$;登记号:PB13524－PB13526;正模:PB13524(图版 61,图 1);标本保存在中国科学院南京地质古生物研究所;青海大柴旦绿草山绿草沟;中侏罗世石门沟组 *Nilssonia* 层。

赛甘蕉羽叶 *Nilssonia saighanensis* Seward,1912

1912　Seward,11 页,图版 4,图 50－53;图版 8,图 106－108;羽叶;阿富汗;侏罗纪。

赛甘蕉羽叶(比较种) *Nilssonia* cf. *saighanensis* Seward

2000　曹正尧,255 页,图版 3,图 5－14;羽叶和角质层;安徽安庆宿松毛岭;早侏罗世武昌组。

绍姆堡蕉羽叶 *Nilssonia schaumburgensis* (Dunker) Nathorst,1890

1846　*Pterophyllum schaumburgensis* Dunker,45 页,图版 1,图 7;图版 2,图 1;图版 6,图 5－10;羽叶;德国;早白垩世。

1890　Nathorst,5 页。

1982a　杨学林、孙礼文,592 页,图版 3,图 7;羽叶;松辽盆地东南部营城;晚侏罗世沙河子组。

1985　商平,112 页,图版 3,图 1;羽叶;辽宁阜新煤田;早白垩世海州组太平段。

1989　丁保良等,图版 1,图 9;羽叶;江西上坪岭下;晚侏罗世－早白垩世。

1996　米家榕等,110 页,图版 14,图 17;羽叶;辽宁北票海房沟;中侏罗世海房沟组。

1996　郑少林、张武,图版 3,图 13A;羽叶;吉林九台营城煤田;早白垩世沙河子组。

绍姆堡蕉羽叶(比较种) *Nilssonia* cf. *schaumburgensis* (Dunker) Nathorst

1982　王国平等,269 页,图版 133,图 15;羽叶;江西上坪岭下;晚侏罗世。

1983a　曹正尧,13 页,图版 2,图 9－11;羽叶;黑龙江虎林云山;中侏罗世龙爪沟群下部。

1983b　曹正尧,38 页,图版 8,图 10,10a;羽叶;黑龙江虎林永红;晚侏罗世云山组下部。

2003　许坤等,图版 6,图 8;羽叶;辽宁北票海房沟;中侏罗世海房沟组。

施密特蕉羽叶 *Nilssonia schmidtii* (Heer) Seward,1912

1876　*Anomozamites schmidtii* Heer,100 页,图版 23,图 2,3;图版 24,图 4－7;羽叶;布列亚盆地;晚侏罗世－早白垩世。

1912　Seward,11 页,图版 2,图 11,12,14;羽叶;特尔马,布列亚盆地;晚侏罗世－早白垩世。

施密特蕉羽叶(比较种) *Nilssonia* cf. *schmidtii* (Heer) Seward

1980　张武等,277 页,图版 140,图 3;图版 141,图 4;图版 177,图 7;羽叶;辽宁北票;早侏罗世北票组;黑龙江密山;中一晚侏罗世龙爪沟群中部。

迟熟蕉羽叶 *Nilssonia serotina* Heer,1878

1878 Heer,19页,图版2,图1—5;羽叶;库页岛;早白垩世。

1988 陈芬等,59页,图版26,图1—6;羽叶和角质层;辽宁阜新清河门;早白垩世沙海组;辽宁阜新新丘露天煤矿;早白垩世阜新组。

△双阳蕉羽叶 *Nilssonia shuangyangensis* Mi,Zhang,Sun et al.,1993

1993 米家榕、张川波、孙春林等,112页,图版24,图1,3,4,5,7;插图25;羽叶;登记号:SHD303—SHD306;正模:SHD303(图版24,图1);标本保存在长春地质学院地史古生物教研室;吉林双阳大酱缸;晚三叠世大酱缸组。

△双鸭山蕉羽叶 *Nilssonia shuangyashanensis* Zheng et Zhang,1982

1982b 郑少林、张武,313页,图版13,图1—7;图版21,图13;羽叶和角质层;登记号:HCS020,H0062(5);标本保存在沈阳地质矿产研究所;黑龙江双鸭山四方台、鸡西城子河;早白垩世城子河组。(注:原文未指定模式标本)

1995 王鑫,图版3,图18;羽叶;陕西铜川;中侏罗世延安组。

简单蕉羽叶 *Nilssonia simplex* Ôishi,1932

1932 Ôishi,318页,图版24,图6,6a;羽叶;日本成羽、山口;晚三叠世(Nariwa Series)。

1950 Ôishi,93页,图版29,图3;羽叶;北京西山;三叠纪双泉组(?)。

1983 鞠魁祥等,图版3,图5;羽叶;江苏南京龙潭范家塘;晚三叠世范家塘组。

1984 米家榕等,图版1,图6;羽叶;北京西山;晚三叠世杏石口组。

1993 米家榕等,113页,图版24,图6;羽叶;北京西山门头沟;晚三叠世杏石口组。

?简单蕉羽叶 ? *Nilssonia simplex* Ôishi

1968 《湘赣地区中生代含煤地层化石手册》,69页,图版21,图6,7a;羽叶;江西萍乡安源;晚三叠世安源组三坵田段。

1977 冯少南等,221页,图版87,图8;羽叶;湖南浏阳澄潭江;晚三叠世安源组。

简单蕉羽叶(比较种) *Nilssonia* cf. *simplex* Ôishi

1986a 陈其奭,450页,图版2,图7;羽叶;浙江衢县茶园里;晚三叠世茶园里组。

△中国蕉羽叶 *Nilssonia sinensis* Yabe et Ôishi,1933

1933 Yabe,Ôishi,224(30)页,图版33(4),图7—9a;图版35(6),图2;羽叶;辽宁昌图沙河子、凤城田师傅沟魏家铺子;中一晚侏罗世。

1933 Ôishi,248(10)页,图版36(1),图3;图版38(3),图6;图版39(4),图18,19;角质层;辽宁昌图沙河子;中一晚侏罗世。

1963 斯行健、李星学等,187页,图版53,图3,4;图版54,图6;图版86,图6;羽叶;辽宁昌图沙河子、陕西府谷;早一中侏罗世,中一晚侏罗世。

1977 冯少南等,222页,图版90,图7;羽叶;河南渑池义马;早一中侏罗世。

1979 王自强、王璞,图版1,图20,21;羽叶;北京西山坨里土洞;早白垩世坨里组。

1980 张武等,277页,图版175,图1;图版176,图1,2;羽叶;辽宁昌图沙河子;早白垩世沙河子组;黑龙江鸡西城子河;早白垩世城子河组。

1981 陈芬等,图版4,图3;羽叶;辽宁阜新海州露天煤矿;早白垩世阜新组水泉层。

1982　刘子进,132 页,图版 70,图 3;羽叶;陕西黄陵店头;早—中侏罗世延安组。

1982　谭琳、朱家楠,145 页,图版 33,图 15—17;羽叶;内蒙古固阳毛忽洞村南;早白垩世固阳组。

1982b　郑少林、张武,314 页,图版 19,图 5b;羽叶;黑龙江密山过关山;晚侏罗世云山组。

1983a　曹正尧,14 页,图版 2,图 1—4;羽叶;黑龙江虎林云山;中侏罗世龙爪沟群下部。

1983b　曹正尧,39 页,图版 2,图 1;图版 9,图 10;羽叶;黑龙江虎林永红;晚侏罗世云山组下部;黑龙江宝清八五一农场煤矿;早白垩世珠山组。

1983a　郑少林、张武,87 页,图版 6,图 12,13;羽叶;黑龙江勃利万龙村;早白垩世东山组。

1984a　曹正尧,11 页,图版 5,图 1,2;羽叶;黑龙江密山裴德;中侏罗世裴德组。

1984　顾道源,149 页,图版 78,图 2;羽叶;新疆玛纳斯紫泥泉子;早侏罗世三工河组。

1984　王自强,268 页,图版 153,图 1—3;羽叶;北京西山;早白垩世坨里组。

1986　李星学等,21 页,图版 20;图 3,4;图版 21,图 1,2;图版 25,图 5;羽叶;吉林蛟河杉松;早白垩世蛟河群。

1986a　郑少林、张武等,427 页,图版 1,图 1—5;插图 1,2;羽叶和角质层;辽宁昌图沙河子;早白垩世沙河子组;黑龙江鸡西滴道;早白垩世城子河组。

1988　陈芬等,60 页,图版 26,图 10—15;图版 63,图 4,10;图版 64,图 2;羽叶和角质层;辽宁阜新清河门;早白垩世沙海组;辽宁阜新新丘露天煤矿;早白垩世阜新组;辽宁铁法;早白垩世小明安碑组下含煤段。

1990　宁夏回族自治区地质矿产局,图版 9,图 5,5a;羽叶;宁夏平罗汝其沟;中侏罗世延安组。

1991　赵立明、陶君容,图版 1,图 3;羽叶;内蒙古赤峰平庄;早白垩世杏园组。

1992a　曹正尧,图版 5,图 3;羽叶;黑龙江东部绥滨-双鸭山地区;早白垩世城子河组 2 段。

1993　胡书生、梅美棠,328 页,图版 2,图 8;羽叶;吉林辽源西安煤矿;早白垩世长安组下含煤段。

1993　黑龙江省地质矿产局,图版 12,图 3;羽叶;黑龙江省;早白垩世城子河组。

1994　曹正尧,图 4i;羽叶;黑龙江鸡西;早白垩世早期城子河组。

1994　高瑞祺等,图版 14,图 1;羽叶;吉林昌图沙河子;早白垩世沙河子组。

1995a　李星学(主编),图版 101,图 1;羽叶;黑龙江鸡西;早白垩世城子河组。(中文)

1995b　李星学(主编),图版 101,图 1;羽叶;黑龙江鸡西;早白垩世城子河组。(英文)

1995　曾勇等,55 页,图版 11,图 1;羽叶;河南义马;中侏罗世义马组。

1996　郑少林、张武,图版 3,图 13B;羽叶;吉林九台营城煤田;早白垩世沙河子组。

1998b　邓胜徽,图版 1,图 4;羽叶;内蒙古平庄-元宝山盆地;早白垩世元宝山组。

1998　张泓等,图版 38,图 4;羽叶;甘肃兰州窑街;中侏罗世窑街组上部。

2003　袁效奇等,图版 19,图 1,2;羽叶;内蒙古达拉特旗高头窑柳沟;中侏罗世延安组。

中国蕉羽叶(比较种) *Nilssonia* cf. *sinensis* Yabe et Ôishi

1986　李蔚荣等,图版 1,图 8,13;羽叶;黑龙江密山裴德过关山;中侏罗世裴德组。

刺蕉羽叶 *Nilssonia spinosa* Krassilov,1973

1973　Krassilov,Shorohova,22 页,图版 10,图 1—6;羽叶;滨海区;早侏罗世。

1992　孙革、赵衍华,539 页,图版 237,图 2;羽叶;吉林汪清鹿圈子村北山;晚三叠世马鹿沟组。

1993　孙革,76 页,图版 21,图 2;羽叶;吉林汪清鹿圈子村北山;晚三叠世马鹿沟组。

△华丽蕉羽叶 *Nilssonia splendens* Sun,1993

1992　孙革、赵衍华,539 页,图版 235,图 2—4;图版 237,图 2;图版 237,图 3;图版 238,图 5;羽叶;吉林汪清天桥岭;晚三叠世马鹿沟组。(裸名)

1993　孙革,77 页,图版 21,图 4,5;图版 22;图版 23,图 1—4;图版 24,图 1—4;图版 25,
　　　图 1—4;羽叶;采集号:T11-177,T12-18,T12-308,T12-321,T12-350,T20,T362,
　　　T956,T2050,T11840;登记号:PB11935—PB11944,PB11947;正模:PB11935(图版 21,
　　　图 4;图版 22);副模:PB11937(图版 23,图 1);标本保存在中国科学院南京地质古生物
　　　研究所;吉林汪清天桥岭;晚三叠世马鹿沟组。

△硬叶蕉羽叶 *Nilssonia sterophylla* Hsu et Hu,1979

1979　徐仁、胡雨帆,见徐仁等,44 页,图版 44,图 6;图版 45,图 1;羽叶;标本号:No. 885,
　　　No. 896A;正模:No. 885(图版 45,图 1);标本保存在中国科学院植物研究所;四川宝鼎
　　　龙树湾;晚三叠世大荞地组中部。

硬叶? 蕉羽叶 *Nilssonia*? *sterophylla* Hsu et Hu

1999b　吴舜卿,39 页,图版 32,图 1A,3,5;图版 33,图 1,2;羽叶;四川旺苍金溪、达县铁山;晚
　　　三叠世须家河组。

合生蕉羽叶 *Nilssonia syllis* Harris,1964

1964　Harris,42 页,图版 1,图 15;插图 18,19;羽叶和角质层;英国约克郡;中侏罗世。

合生蕉羽叶(比较属种) *Nilssonia* cf. *N. syllis* Harris

1993　王士俊,41 页,图版 16,图 3;羽叶;广东曲江红卫坑;晚三叠世艮口群。

带羊齿型蕉羽叶 *Nilssonia taeniopteroides* Halle,1913

1913　Halle,47 页,图版 5;图版 6,图 1—7;插图 11;羽叶;南极洲南极半岛;晚侏罗世。

1983　黄其胜,31 页,图版 2,图 7,8;羽叶;安徽怀宁拉犁尖;早侏罗世象山群下部。

带羊齿型蕉羽叶(比较种) *Nilssonia* cf. *taeniopteroides* Halle

1949　斯行健,11 页,图版 10,图 1a,2;羽叶;湖北当阳白石岗、马头洒;早侏罗世香溪煤系。
　　　[注:此标本后被改定为 *Nilssonia complicatis* Li,1963(斯行健、李星学等,1963)]

1991　黄其胜、齐悦,图版 1,图 5;羽叶;浙江兰溪马涧;早一中侏罗世马涧组下段。

柔轴蕉羽叶 *Nilssonia tenuicaulis* (Phillips) Fox-Strangways,1892

1829　*Cycadites tenucaulis* Phillips,148,189 页,图版 7,图 19;羽叶;英国约克郡;中侏罗世。

1892　Fox-Strangways,219 页;羽叶;英国约克郡;中侏罗世。

1929a　Yabe,Ôishi,86 页,图版 18,图 1;羽叶;河北房山大安山;中侏罗世。

1950　Ôishi,95 页;河北房山大安山;早侏罗世。

1963　斯行健、李星学等,188 页,图版 54,图 4;羽叶;北京房山大安山;中侏罗世。

1980　张武等,277 页,图版 142,图 1;羽叶;辽宁北票;早侏罗世北票组。

1982b　郑少林、张武,314 页,图版 9,图 12,13;羽叶;黑龙江密山兴凯北;中侏罗世裴德组。

1987　张武、郑少林,图版 21,图 1,2;图版 23,图 1;羽叶;辽宁南票后富隆山北沟;中侏罗世海
　　　房沟组;辽宁北票长皋蛇不歹;中侏罗世蓝旗组。

1990　郑少林、张武,221 页,图版 3,图 1,2;羽叶;辽宁本溪田师傅;中侏罗世大堡组。

1993　黑龙江省地质矿产局,图版 11,图 5;羽叶;黑龙江省;中侏罗世七虎林河组。

1995　王鑫,图版 3,图 16;羽叶;陕西铜川;中侏罗世延安组。

1996　米家榕等,111 页,图版 15,图 6;羽叶;辽宁北票冠山二井;早侏罗世北票组下段;辽宁
　　　北票砂金沟;早侏罗世北票组上段。

1998　张泓等,图版 39,图 3;羽叶;青海德令哈旺尕秀;中侏罗世石门沟组。

柔轴蕉羽叶（比较种）*Nilssonia* cf. *tenuicaulis*（Phillips）Fox-Strangways
1954　徐仁,55 页,图版 46,图 6;羽叶;河北房山大安山;中侏罗世。[注:此标本后被改定为
　　　Nilssonia tenuicaulis（Phillips）Fox-Strangways(斯行健、李星学等,1963)]

柔脉蕉羽叶 *Nilssonia tenuinervis* Seward,1900
1880　*Nilssonia tenuinervis* Nathorst,35、83 页;英国约克郡;中侏罗世。（裸名）
1900　Seward,230 页;插图 41;羽叶;英国约克郡;中侏罗世。

柔脉蕉羽叶（比较种）*Nilssonia* cf. *tenuinervis* Seward
1980　吴舜卿等,108 页,图版 25,图 1,1a;羽叶;湖北兴山回龙寺;早－中侏罗世香溪组。
1984　陈公信,598 页,图版 249,图 5;羽叶;湖北兴山回龙寺;早侏罗世香溪组。
1996　米家榕等,111 页,图版 15,图 2;羽叶;辽宁北票兴隆沟;中侏罗世海房沟组。

柔脉蕉羽叶（比较属种）*Nilssonia* cf. *N. tenuinervis* Seward
1986　叶美娜等,57 页,图版 37,图 1;羽叶;四川达县铁山金窝;早侏罗世珍珠冲组。

托马斯蕉羽叶 *Nilssonia thomasii* Harris,1964
1964　Harris,37 页,图版 5,图 6;插图 15;羽叶和角质层;英国约克郡;中侏罗世。
1998　张泓等,图版 38,图 5;图版 39,图 5;羽叶;青海德令哈旺尕秀;中侏罗世石门沟组。

△三角形蕉羽叶 *Nilssonia triagularis* Zhang,1998（中文发表）
1998　张泓等,277 页,图版 40,图 1,2;羽叶;采集号:WG-bc;登记号:MP-93821;正模:MP-
　　　93821(图版 40,图 1);标本保存在煤炭科学研究总院西安分院;青海德令哈旺尕秀;中
　　　侏罗世石门沟组。

波皱蕉羽叶 *Nilssonia undulata* Harris,1932
1932　Harris,42 页,图版 3,图 3,8,9,11;插图 23;羽叶;东格陵兰;早侏罗世（*Thaumatopteris*
　　　Zone）。
1977　冯少南等,222 页,图版 87,图 6,7;羽叶;湖北当阳大崖河;早－中侏罗世香溪群上煤组。
1980　吴舜卿等,108 页,图版 25,图 3,4;羽叶;湖北秭归泄滩;早－中侏罗世香溪组。
1984　陈公信,598 页,图版 246,图 1,2;羽叶;湖北当阳大崖河;早侏罗世桐竹园组。
1984　王自强,268 页,图版 129,图 4;羽叶;内蒙古察哈尔右翼中旗;早侏罗世南苏勒图组。

波皱蕉羽叶（比较种）*Nilssonia* cf. *undulata* Harris
1980　何德长、沈襄鹏,22 页,图版 21,图 4;图版 22,图 2;羽叶;湖南衡南洲市;早侏罗世造上组。

波皱蕉羽叶（比较属种）*Nilssonia* cf. *N. undulata* Harris
1986　叶美娜等,58 页,图版 35,图 4,4a;图版 36,图 2,6;6a;图版 37,图 4;羽叶;四川开县正
　　　坝、温泉;早侏罗世珍珠冲组。

△完达山蕉羽叶 *Nilssonia wandashanensis* Cao,1984
1984a　曹正尧,12,27 页,图版 1,图 1B,2A,3A,3a,4A;图版 2,图 10,10a;图版 5,图 8;图版 9,
　　　图 5,6;插图 4;羽叶;采集号:HM429,HM563,HM567;登记号:PB10787－PB10792,
　　　PB10831,PB10832;正模:PB10791(图版 2,图 10);标本保存在中国科学院南京地质古
　　　生物研究所;黑龙江密山裴德新村;中侏罗世裴德组;黑龙江密山裴德煤矿;中侏罗世

七虎林组下部。

2003 许坤等，图版5，图3,5；羽叶；黑龙江省密山裴德新村；中侏罗世裴德组。

△魏氏蕉羽叶 Nilssonia weii Cao,1989

1989 曹正尧，436,441页，图版1，图1—6；图版3，图5—8；羽叶和角质层；登记号：PB14259；正模：PN14259(图版1，图1)；标本保存在中国科学院南京地质古生物研究所；浙江诸暨沈家；早白垩世寿昌组。

1995a 李星学(主编)，图版111，图4；羽叶；浙江诸暨；早白垩世寿昌组。（中文）

1995b 李星学(主编)，图版111，图4；羽叶；浙江诸暨；早白垩世寿昌组。（英文）

1999 曹正尧，64页；羽叶；浙江诸暨沈家火烧山；早白垩世寿昌组。

△新兴蕉羽叶 Nilssonia xinxingensis Chang,1980

1980 张志诚，见张武等，277页，图版176，图7,7a；羽叶；登记号：D418；标本保存在沈阳地质矿产研究所；黑龙江宾县；早白垩世陶淇河组。

△云和蕉羽叶 Nilssonia yunheensis He,1987

1987 何德长，76页，图版8，图4；图版9，图1；羽叶；标本保存在煤炭科学研究院地质勘探分院；浙江云和梅源砻铺村；早侏罗世晚期砻铺组7层。（注：原文未指定模式标本）

△云阳蕉羽叶 Nilssonia yunyangensis Yang,1978

1978 杨贤河，520页，图版177，图4；羽叶；标本号：Sp0095；正模：Sp0095(图版177，图4)；标本保存在成都地质矿产研究所；四川云阳犀牛；晚三叠世须家河组。

△哲里木蕉羽叶 Nilssonia zelimunsia Deng,1991

1991 邓胜徽，152,155页，图版2，图6—10；羽叶和角质层；标本号：H1012,H1013；标本保存在中国地质大学(北京)；内蒙古霍林河盆地；早白垩世霍林河组下含煤段。（注：原文未指定模式标本）

△斋堂蕉羽叶 Nilssonia zhaitangensis Duan,1987

1987 段淑英，35页，图版14，图5—7；图版15，图4,5；羽叶；登记号：S-PA-86-438,S-PA-439,S-PA-436,S-PA-446；正模：S-PA-86-438(图版14，图5)；标本保存在瑞典国家自然历史博物馆；北京西山斋堂；中侏罗世。

1996 米家榕等，111页，图版16，图1,2,11,12；羽叶；河北抚宁石门寨；早侏罗世北票组。

斋堂蕉羽叶(比较属种) Nilssonia cf. N. zhaitangensis Duan

1996 孙跃武等，图版1，图4；羽叶；河北承德上谷；早侏罗世南大岭组。

蕉羽叶(未定多种) Nilssonia spp.

1933b Nilssonia sp.，斯行健，83页，图版12，图8；羽叶；陕西府谷石盘湾；侏罗纪。〔注：此标本后被改定为 Nilssonia sinensis Yabe et Ôishi(斯行健、李星学等，1963)〕

1938a Nilssonia sp.，斯行健，216页，图版1，图3；羽叶；广西西湾；早侏罗世。〔注：此标本后被改定为？Nilssonia complicatis Li(斯行健、李星学等，1963)〕

1945 Nilssonia sp.，斯行健，50页，插图5；羽叶；福建永安；早白垩世坂头系。

1952 Nilssonia sp.，斯行健、李星学，8,27页，图版4，图2,3；图版7，图8；羽叶；四川巴县一品场、彭县天马山海窝子；早侏罗世。

1963 *Nilssonia* sp. 1,斯行健、李星学等,188 页,图版 54,图 5,7;羽叶;四川巴县一品场、彭县海窝子;早侏罗世香溪群。

1963 *Nilssonia* sp. 2,斯行健、李星学等,189 页,图版 55,图 5;羽叶;福建永安;晚侏罗世一早白垩世早期坂头组。

1963 *Nilssonia* sp. 3,斯行健、李星学等,189 页,图版 56,图 6;羽叶;北京西山桑峪;早一中侏罗世。

1965 *Nilssonia* sp.,曹正尧,522 页,图版 5,图 7;羽叶;广东高明松柏坑;晚三叠世小坪组。

1968 *Nilssonia* sp.,《湘赣地区中生代含煤地层化石手册》,69 页,图版 22,图 1;羽叶;湖南资兴三都;晚三叠世杨梅垅组。

1976 *Nilssonia* sp. 1,张志诚,192 页,图版 94,图 6;羽叶;内蒙古武川东沟;晚侏罗世大青山组。

1976 *Nilssonia* sp. 2,周惠琴等,209 页,图版 114,图 4;羽叶;内蒙古准格尔旗五字湾;中三叠世二马营组上部。

1976 *Nilssonia* sp. 3,周惠琴等,209 页,图版 114,图 3a;羽叶;内蒙古准格尔旗五字湾;中三叠世二马营组上部。

1979 *Nilssonia* sp. 1,徐仁等,44 页,图版 42,图 1—6;图版 43,图 3,4;羽叶;四川宝鼎龙树湾、干巴塘;晚三叠世大荞地组中部、大箐组下部。

1979 *Nilssonia* sp. 2,徐仁等,45 页,图版 43,图 1,2B;图版 46,图 4,5;羽叶;四川宝鼎龙树湾、花山等地;晚三叠世大荞地组中上部。

1979 *Nilssonia* sp. 3,徐仁等,45 页,图版 41,图 4;羽叶;四川渡口太平场;晚三叠世大箐组下部。

1979 *Nilssonia* sp. 4,徐仁等,45 页,图版 42,图 7;羽叶;四川宝鼎干巴塘;晚三叠世大荞地组中部。

1979 *Nilssonia* sp. 5,徐仁等,46 页,图版 43,图 5;羽叶;四川宝鼎施家垭口;晚三叠世大荞地组中上部。

1979 *Nilssonia* sp. 6,徐仁等,46 页,图版 43,图 6;羽叶;四川宝鼎花山;晚三叠世大荞地组中上部。

1979 *Nilssonia* sp. 7,徐仁等,46 页,图版 44,图 1—5;羽叶;四川宝鼎龙树湾;晚三叠世大荞地组中部。

1980 *Nilssonia* sp. (Cf. *Nilssonia orientalis* Heer),黄枝高、周惠琴,94 页,图版 44,图 2;羽叶;陕西神木窟野河石窑上;晚三叠世延长组下部。

1980 *Nilssonia* sp. 1,黄枝高、周惠琴,95 页,图版 6,图 3,4;羽叶;内蒙古准格尔旗五字湾;中三叠世二马营组上部。

1980 *Nilssonia* sp. 2,黄枝高、周惠琴,95 页,图版 5,图 3b;羽叶;内蒙古准格尔旗五字湾;中三叠世二马营组上部。

1980 *Nilssonia* sp.,吴舜卿等,108 页,图版 25,图 2,2a;羽叶;湖北秭归沙镇溪;早一中侏罗世香溪组。

1981 *Nilssonia* sp.,刘茂强、米家榕,26 页,图版 3,图 15;羽叶;吉林临江闹枝沟;早侏罗世义和组。

1982 *Nilssonia* sp. [Cf. *N. kotoi* (Yokoyama) Ôishi],李佩娟,93 页,图版 12,图 5,5a;羽叶;西藏拉萨澎波牛马沟;早白垩世林布宗组。

1982 *Nilssonia* sp. 1,张采繁,534 页,图版 343,图 5;羽叶;湖南浏阳文家市;早侏罗世高家田组。

1982 *Nilssonia* sp. 2,张采繁,534 页,图版 344,图 7—9;羽叶;湖南醴陵柑子冲;早侏罗世高家田组。

1983a *Nilssonia* sp.(Cf. *N. orientalis* Heer),曹正尧,15 页,图版 2,图 1—4;羽叶;黑龙江虎林云山;中侏罗世龙爪沟群下部。

1983 *Nilssonia* sp.,鞠魁祥等,图版 1,图 6;羽叶;江苏南京龙潭范家塘;晚三叠世范家塘组。

1983 *Nilssonia* sp.,李杰儒,图版 3,图 1;羽叶;辽宁南票(锦西)后富隆山;中侏罗世海房沟组 1 段。

1983 *Nilssonia* sp.,孙革等,453 页,图版 3,图 9;羽叶;吉林双阳大酱缸;晚三叠世大酱缸组。

1984a *Nilssonia* sp.,曹正尧,13 页,图版 2,图 12;羽叶;黑龙江密山裴德新村;中侏罗世裴德组。

1984 *Nilssonia* spp.,厉宝贤、胡斌,141 页,图版 3,图 8—12;羽叶;山西大同;早侏罗世永定庄组。

1984 *Nilssonia* sp.(Cf. *N. brevis* Brongniart),周志炎,25 页,图版 13,图 4—7;羽叶;广西钟山西湾;早侏罗世西湾组大岭段。

1984 *Nilssonia* sp.(Cf. *N. taeniopteroides* Halle),周志炎,26 页,图版 8,图 1—3;图版 14,图 1;图版 15,图 3;羽叶;湖南衡南洲市、祁阳河埠塘;早侏罗世观音滩组排家冲段。

1984 *Nilssonia* sp.1,周志炎,26 页,图版 15,图 5;羽叶;湖南衡南洲市;早侏罗世观音滩组排家冲段。

1984 *Nilssonia* sp.2,周志炎,27 页,图版 15,图 4;羽叶;湖南衡南洲市;早侏罗世观音滩组排家冲段。

1984 *Nilssonia* sp.3,周志炎,27 页,图版 9,图 5;羽叶;湖南衡南洲市;早侏罗世观音滩组搭坝口段。

1985 *Nilssonia* sp.,米家榕、孙春林,图版 1,图 7;羽叶;吉林双阳八面石煤矿;晚三叠世小蜂蜜顶子组上段。

1986a *Nilssonia* sp.(sp. nov.),陈其奭,450 页,图版 2,图 12a;羽叶;浙江衢县茶园里;晚三叠世茶园里组。

1986 *Nilssonia* sp.,鞠魁祥、蓝善先,图版 2,图 4;羽叶;江苏南京吕家山;晚三叠世范家塘组。

1986 *Nilssonia* sp.,叶美娜等,58 页,图版 34,图 3,3a;羽叶;四川开县水田;早侏罗世珍珠冲组。

1987 *Nilssonia* sp.1,陈晔等,107 页,图版 21,图 3;羽叶;四川盐边箐河;晚三叠世红果组。

1987 *Nilssonia* sp.2,陈晔等,107 页,图版 22,图 3;羽叶;四川盐边箐河;晚三叠世红果组。

1987 *Nilssonia* sp.3,陈晔等,107 页,图版 21,图 4;羽叶;四川盐边箐河;晚三叠世红果组。

1987 *Nilssonia* sp.,何德长,73 页,图版 7,图 3;羽叶;浙江遂昌枫坪;早侏罗世早期花桥组 8 层。

1987 *Nilssonia* sp.,何德长,77 页,图版 9,图 5;羽叶;浙江云和梅源砻铺村;早侏罗世晚期砻铺组 7 层。

1987 *Nilssonia* sp.,何德长,85 页,图版 21,图 1;羽叶;福建安溪格口;早侏罗世梨山组。

1987 *Nilssonia* sp.,姚宣丽,图版 2,图 2N,2aN;羽叶;湖南衡阳杉桥;早侏罗世观音滩组搭坝口段。

1988 *Nilssonia* sp.,张汉荣等,图版 1,图 6,6a;羽叶;河北蔚县白草窑;中侏罗世乔儿涧组。

1990 *Nilssonia* sp.,曹正尧、商平,图版 8,图 5,5a;羽叶;辽宁北票长皋蛇不歹;中侏罗世蓝旗组。

1990b *Nilssonia* sp.,王自强、王立新,311 页,图版 7,图 7—9;羽叶;山西宁武石坝、沁县漫水、武乡司庄;中三叠世二马营组底部。

1991 *Nilssonia* spp.,李佩娟、吴一民,288 页,图版 8,图 3,3a,4;羽叶;西藏改则弄巴;早白垩世川巴组。

1991 *Nilssonia* sp.,李佩娟、吴一民,289 页,图版 8,图 5;图版 11,图 3;羽叶;西藏改则川巴;早白垩世川巴组。

1992a *Nilssonia* sp.,曹正尧,219 页,图版 5,图 2;羽叶;黑龙江东部绥滨-双鸭山地区;早白垩世城子河组 1 段。

1992　　*Nilssonia* sp. (Cf. *N. jacutica* Samylina),孙革、赵衍华,538 页,图版 240,图 2;羽叶;吉林珲春金沟岭;晚侏罗世金沟岭组。

1993　　*Nilssonia* sp. 1,米家榕等,113 页,图版 24,图 5;插图 26;羽叶;北京西山门头沟;晚三叠世杏石口组。

1993　　*Nilssonia* sp. 2,米家榕等,113 页,图版 28,图 10;图版 24,图 11;羽叶;北京西山门头沟;晚三叠世杏石口组。

1993　　*Nilssonia* sp.,王士俊,42 页,图版 18,图 3,5;图版 40,图 4—8;图版 41,图 1,2;羽叶和角质层;广东乐昌关春;晚三叠世艮口群。

1995　　*Nilssonia* sp.,孟繁松等,图版 6,图 10;羽叶;湖南桑植芙蓉桥;中三叠世巴东组 2 段。

1995　　*Nilssonia* sp.,曾勇等,57 页,图版 13,图 3;羽叶;河南义马;中侏罗世义马组。

1996b　*Nilssonia* sp.,孟繁松,图版 3,图 15;羽叶;湖南桑植芙蓉桥;中三叠世巴东组 2 段。

1996　　*Nilssonia* sp.,米家榕等,112 页,图版 13,图 8;羽叶;河北抚宁石门寨;早侏罗世北票组。

1996　　*Nilssonia* sp. indet.,米家榕等,112 页,图版 14,图 5;羽叶;辽宁北票三宝二井;早侏罗世北票组下段。

1999　　*Nilssonia* sp.,曹正尧,64 页,图版 14,图 1—3;羽叶;浙江临安盘龙桥;早白垩世寿昌组;浙江诸暨黄家坞;早白垩世寿昌组(?)。

1999b　*Nilssonia* sp.,吴舜卿,40 页,图版 33,图 5,5a;羽叶;四川会理鹿厂;晚三叠世白果湾组。

2000　　*Nilssonia* sp.,孟繁松等,57 页,图版 18,图 3;羽叶;湖南桑植芙蓉桥;中三叠世巴东组 2 段。

2000　　*Nilssonia* sp. 1,吴舜卿,223 页,图版 7,图 1,2,2a,7;羽叶;香港大屿山;早白垩世浅水湾群。

2000　　*Nilssonia* sp. 2,吴舜卿,图版 7,图 4,5;羽叶;香港新界西贡嶂上;早白垩世浅水湾群。

2000　　*Nilssonia* sp. 3,吴舜卿,图版 7,图 6;羽叶;香港大屿山;早白垩世浅水湾群。

2002　　*Nilssonia* sp.,吴向午等,162 页,图版 9,图 10;羽叶;甘肃金昌青土井;中侏罗世宁远堡组下段。

2003　　*Nilssonia* sp.,邓胜徽等,图版 74,图 3B;羽叶;河南义马盆地;中侏罗世义马组。

2003　　*Nilssonia* sp.,许坤等,图版 8,图 4;羽叶;辽西;中侏罗世蓝旗组。

2004　　*Nilssonia* sp.,邓胜徽等,210,215 页,图版 1,图 9;图版 2,图 7;图版 3,图 2,3,4B,5B—5D;羽叶;内蒙古阿拉善右旗雅布赖盆地红柳沟剖面;中侏罗世晚期新河组。

蕉羽叶?（未定多种）*Nilssonia*? spp.

1906　　*Nilssonia*? sp.,Yokoyama,23 页,图版 4,图 10,11;羽叶;江西兴安司路铺;侏罗纪。

1963　　*Nilssonia*? sp. 4,斯行健、李星学等,189 页,图版 53,图 5,6;羽叶;江西兴安司路铺;晚三叠世晚期—早侏罗世。

1976　　*Nilssonia*? sp.,李佩娟等,128 页,图版 46,图 8;羽叶;云南剑川石钟山;晚三叠世剑川组。

1979　　*Nilssonia*? sp.,何元良等,150 页,图版 72,图 6;羽叶;青海格尔木乌丽;晚三叠世结扎群上部。

1982　　*Nilssonia*? sp.,李佩娟、吴向午,53 页,图版 22,图 1A,1a;羽叶;四川乡城三区上热坞村;晚三叠世喇嘛垭组。

1982b　*Nilssonia*? sp.,吴向午,96 页,图版 7,图 6B,6b;羽叶;西藏贡觉夺盖拉煤点;晚三叠世巴贡组上段。

1984b　*Nilssonia*? sp.,曹正尧,39 页,图版 4,图 10,10a;羽叶;黑龙江密山大巴山;早白垩世东山组。

1990　　*Nilssonia*? sp.,吴向午、何元良,306 页,图版 5,图 8;羽叶;青海玉树上拉秀;晚三叠世结扎群格玛组。

1998　*Nilssonia*? sp.,王仁农等,图版 26,图 1;羽叶;北京西山斋堂;中侏罗世门头沟群。

蕉带羽叶属 Genus *Nilssoniopteris* Nathorst,1909

1909　Nathorst,29 页。

1949　斯行健,23 页。

1963　斯行健、李星学等,178 页。

1993a　吴向午,106 页。

模式种:*Nilssoniopteris tenuinervis* Nathorst,1909

分类位置:苏铁纲本内苏铁目(Bennettiales,Cycadopsida)

弱脉蕉带羽叶 *Nilssoniopteris tenuinervis* Nathorst,1909

1862　*Taeniopteris tenuinervis* Braun,50 页,图版 13,图 1—3;叶;德国;晚三叠世。

1909　Nathorst,29 页,图版 6,图 23—25;图版 7,图 21;叶;英国约克郡;中侏罗世。

1976　李佩娟等,124 页,图版 38,图 3,4;叶;云南祥云蚂蝗阱;晚三叠世祥云组花果山段;四川渡口摩沙河;晚三叠世纳拉箐组大菁地段。

1983　段淑英等,图版 9,图 6;叶;云南宁蒗背箩山;晚三叠世。

1993a　吴向午,106 页。

2005　孙柏年等,图版 9,图 2;角质层;甘肃窑街;中侏罗世窑街组砂泥岩段。

弱脉蕉带羽叶(比较属种) Cf. *Nilssoniopteris tenuinervis* Nathorst

1999b　吴舜卿,38 页,图版 30,图 7;叶;四川会理福安村;晚三叠世白果湾组。

弱脉蕉带羽叶(比较种) *Nilssoniopteris* cf. *tenuinervis* Nathorst

1982　段淑英、陈晔,503 页,图版 10,图 10,11;叶;四川合川炭坝;晚三叠世须家河组。

△狭叶蕉带羽叶 *Nilssoniopteris angustifolia* Wang,1984

1984　王自强,264 页,图版 141,图 1—5;图版 161,图 1—8;叶和角质层;登记号:P0248—P0250,P0269,P0270;合模 1:P0269(图版 141,图 1);合模 2:P0250(图版 141,图 5);标本保存在中国科学院南京地质古生物研究所;河北下花园;中侏罗世门头沟组。[注:依据《国际植物命名法规》(《维也纳法规》)第 37.2 条,1958 年起,模式标本只能是 1 块标本]

1992　谢明忠、孙景嵩,图版 1,图 10;叶;河北宣化;中侏罗世下花园组。

△安氏蕉带羽叶 *Nilssoniopteris aniana* Li,Ye et Zhou,1986

1986　李星学、叶美娜、周志炎,24 页,图版 25,图 1—1e;图版 26;图版 27;图版 45,图 4,5;叶和角质层;登记号:PB11625;正模:PB11625(图版 25,图 1);标本保存在中国科学院南京地质古生物研究所;吉林蛟河杉松;早白垩世蛟河群。

贝氏蕉带羽叶(带羊齿) *Nilssoniopteris* (*Taniopteris*) *beyrichii* (Schenk) Carpentier,1939

1871　*Oleangrium beyrichii* Schenk,221 页,图版 29,图 6,6a,7,7a;叶;德国明登;早白垩世(Wealden)。

1894　*Taniopteris beyrichii* (Schenk) Seward,125 页,图版 9,图 3,3a;叶;德国明登;早白垩世(Wealden)。

1939   Carpentier,18 页,图版 10,图 1;图版 12,图 1;叶和角质层;德国明登;早白垩世(Wealden)。

贝氏蕉带羽叶 *Nilssoniopteris beyrichii* (Schenk) Nathorst
［注:此种名最早由王自强(1984)引用］

1984   王自强,264 页,图版 153,图 6,7;叶和角质层;河北张家口、丰宁;早白垩世青石砬组。

1985   商平,图版 3,图 4;叶;辽宁阜新煤田;早白垩世海州组太平段。

1988   陈芬等,56 页,图版 22,图 9,10;叶和角质层;辽宁阜新新丘露天煤矿;早白垩世阜新组。

1988   孙革、商平,图版 1,图 10a;图版 2,图 1,2;图版 4,图 1;叶;内蒙古霍林河煤田;早白垩世霍林河组。

1995b   邓胜徽,42 页,图版 18,图 3;图版 20,图 1;图版 22,图 5;图版 26,图 9;图版 37,图 3—6;图版 38,图 1—6;插图 17—17D;叶和角质层;内蒙古霍林河盆地;早白垩世霍林河组。

1997   邓胜徽等,40 页,图版 20,图 7,8;图版 21,图 4—10;图版 22,图 1—6;叶和角质层;内蒙古海拉尔大雁盆地;早白垩世伊敏组、大磨拐河组。

1998b   邓胜徽,图版 2,图 3,4;单叶;内蒙古平庄-元宝山盆地;早白垩世元宝山组。

△伯乐蕉带羽叶 *Nilssoniopteris bolei* Barale G, Thévenard F et Zhou, 1998 (英文发表)

1998   Barale G, Thévenard F,周志炎,见 Barale G 等,15 页,图版 3,图 1—8;叶和角质层;登记号:PB17464,PB17466;正模:PB17466(图版 3,图 1,3—8);标本保存在中国科学院南京地质古生物研究所;河南义马;中侏罗世义马组。

△联接蕉带羽叶 *Nilssoniopteris conjugata* Li, Ye et Zhou, 1986

1986   李星学、叶美娜、周志炎,25 页,图版 28—31;图版 44,图 4,5;叶和角质层;登记号:PB11626,PB11627;正模:PB11626(图版 28,图 1);标本保存在中国科学院南京地质古生物研究所;吉林蛟河杉松;早白垩世蛟河群。

△滴道蕉带羽叶 *Nilssoniopteris didaoensis* (Zheng et Zhang) Meng, 1988

1982   *Taeniopteris didaoensis* Zheng et Zhang,郑少林、张武,311 页,图版 16,图 14—16;单叶;黑龙江鸡东哈达;早白垩世城子河组。

1988   孟祥营,见陈芬等,57,153 页,图版 25,图 1—4;羽叶和角质层;辽宁阜新清河门;早白垩世下沙海组。

格陵兰蕉带羽叶 *Nilssoniopteris groenlandensis* (Harris) Florin, 1933

1926   *Taeniopteris groenlandensis* Harris,97 页,图版 5,图 12;插图 22;叶;格陵兰;晚三叠世(*Lepidopteris* Zone)。

1933   Florin,4,15 页;格陵兰;晚三叠世(*Lepidopteris* Zone)。

格陵兰蕉带羽叶(比较种) *Nilssoniopteris* cf. *groenlandensis* (Harris) Florin

1984   陈芬等,53 页,图版 24,图 1,2;叶;北京西山大台;早侏罗世下窑坡组。

1984   王自强,265 页,图版 127,图 7—9;叶和角质层;河北承德、平泉;早侏罗世甲山组。

格陵兰蕉带羽叶(比较属种) Cf. *Nilssoniopteris groenlandensis* (Harris) Florin

1980   何德长、沈襄鹏,20 页,图版 20,图 4;叶;湖南资兴三都同日垅沟;早侏罗世造上组。

△海拉尔蕉带羽叶 *Nilssoniopteris hailarensis* Zheng et Zhang, 1990

1990   郑少林、张武,见郑少林等,484 页,图版 1,2;插图 2;叶和角质层;标本号:No. HAW5-

1773；正模：No. HAW5-1773（图版 1,2）；内蒙古海拉尔；早白垩世伊敏组。

△霍林河蕉带羽叶 *Nilssoniopteris huolinhensis* Duan et Chen, 1996（英文发表）

1995　段淑英、陈晔，见李承森、崔金钟，86,87 页（包括图）；角质层；内蒙古霍林河盆地；早白
垩世。（裸名）

1996　段淑英、陈晔，356 页，图版 1—3；单叶和角质层；标本号：No. 8370(1)，No. 8370(2)，
No. 8371(1)，No. 8371(2)，No. 8373；正模：No. 8370(2)（图版 1，图 1）；副模：No. 8370
(1)，No. 8371(1)，No. 8371(2)，No. 8373（图版 1，图 2—5）；标本保存在中国科学院植
物研究所；内蒙古霍林河盆地；早白垩世。

1995　李承森、崔金钟，86,87 页（包括图）；角质层；内蒙古霍林河盆地；早白垩世。

下凹蕉带羽叶 *Nilssoniopteris immersa* (Nathorst) Florin, 1933

1876　*Taeniopteris* (*Danaeopsis*) *immersa* Nathorst,45,87 页，图版 1，图 16；图版 19，图 6。

1933　Florin,5 页。

1976　李佩娟等,123 页，图版 39，图 1,2；叶；云南祥云蚂蝗阴；晚三叠世祥云组花果山段；云
南禄丰一平浪；晚三叠世一平浪组干海子段。

1984　陈公信,595 页，图版 247，图 5,6；叶；湖北荆门分水岭；晚三叠世九里岗组。

下凹蕉带羽叶（比较属种）Cf. *Nilssoniopteris immersa* (Nathorst) Florin

1999b　吴舜卿,37 页，图版 30，图 3；羽叶；贵州六枝郎岱；晚三叠世火把冲组。

△变异蕉带羽叶 *Nilssoniopteris inconstans* Sun et Shen, 1985

1985　孙柏年、沈光隆,561,563 页，图版 1，图 1—11；图版 2，图 1—8；叶和角质层；登记号：
Lp. 86001—Lp. 86004；正模：Lp. 86003（图版 1，图 3）；标本保存在兰州大学地质系；甘
肃兰州窑街；中侏罗世窑街组上部。

1998　张泓等,图版 41，图 1—5；叶和角质层；甘肃兰州窑街；中侏罗世窑街组上部。

2005　孙柏年等,图版 15，图 2；角质层；甘肃窑街；中侏罗世窑街组砂泥岩段。

△间脉蕉带羽叶 *Nilssoniopteris introvenius* Zheng et Zhang, 1996（英文发表）

1996　郑少林、张武,384 页，图版 2，图 6—10；叶和角质层；登记号：SG1130312；标本保存在
沈阳地质矿产研究所；吉林长春羊草沟；早白垩世营城组。

密脉蕉带羽叶 *Nilssoniopteris jourdyi* (Zeiller) Florin, 1933

1902—1903　*Taeniopteris jourdyi* Zeiller,66 页，图版 10，图 1—6；图版 11，图 1—4；图版 12，
图 1—4,6；图版 13，图 1—5；叶；越南鸿基；晚三叠世。

1933　Florin,5 页。

1976　李佩娟等,124 页，图版 36，图 2,3；图版 37，图 1,2,5—10a；图版 39，图 3—4a；单叶；云
南祥云沐滂铺、蚂蝗阴；晚三叠世祥云组花果山段；云南禄丰一平浪；晚三叠世一平浪
组干海子段。

1978　杨贤河,518 页，图版 180，图 7；单叶；四川渡口摩沙河；晚三叠世大荞地组。

1979　徐仁等,64 页，图版 62，图 1—8；单叶；四川宝鼎龙树湾和花山；晚三叠世大荞地组中上部。

1980　何德长、沈襄鹏,19 页，图版 8，图 5；叶；广东乐昌关春；晚三叠世。

1981　陈晔、段淑英,图版 3，图 3；单叶；四川盐边红泥煤田；晚三叠世大荞地组。

1982　李佩娟、吴向午,51 页，图版 7，图 4；图版 12，图 1B；图版 14，图 2；叶；四川稻城贡岭区
木拉乡坎都村；晚三叠世喇嘛垭组。

1982a　吴向午,57页,图版6,图7A;图版8,图5C;叶;西藏安多土门;晚三叠世土门格拉组。

1982b　吴向午,95页,图版1,图5B(?);图版6,图4B;图版15,图2;图版17,图5A;图版19,图5A;叶;西藏贡觉夺盖拉煤点、昌都希雄煤点;晚三叠世巴贡组上段。

1984　陈公信,596页,图版247,图9,10;叶;湖北荆门分水岭;晚三叠世九里岗组。

1989　梅美棠等,104页,图版57,图5;叶;中国;晚三叠世。

1993　王士俊,36页,图版19,图2,9;叶;广东乐昌安口;晚三叠世艮口群。

密脉蕉带羽叶? *Nilssoniopteris jourdyi*? (Zeiller) Florin

1987　何德长,77页,图版6,图5;叶;浙江云和梅源砻铺村;早侏罗世晚期砻铺组5层。

密脉蕉带羽叶(比较属种) Cf. *Nilssoniopteris jourdyi* (Zeiller) Florin

1990　吴向午、何元良,306页,图版6,图4,4a;图版7,图7;叶;青海玉树上拉秀;晚三叠世结扎群格玛组。

密脉蕉带羽叶(比较种) *Nilssoniopteris* cf. *jourdyi* (Zeiller) Florin

1987　何德长,85页,图版17,图2;叶;福建安溪格口;早侏罗世梨山组。

宽叶蕉带羽叶 *Nilssoniopteris latifolia* Kiritchkova,1973 (non Zheng et Zhang,1996)

1973　Kiritchkova,10页,图版5,图2;叶;中亚;早侏罗世。

△宽叶蕉带羽叶 *Nilssoniopteris latifolia* Zheng et Zhang,1996 (non Kiritchkova,1973)（英文发表）
(注:此种名为 *Nilssoniopteris latifolia* Kiritchkova,1973 的晚出同名)

1996　郑少林、张武,384页,图版3,图1—5;叶和角质层;登记号:SG113009,SG113010;标本保存在沈阳地质矿产研究所;吉林辽源煤田;早白垩世长安组。(注:原文未指定模式标本)

△立新蕉带羽叶 *Nilssoniopteris lixinensis* Zheng et Zhang,1982

1982b　郑少林、张武,309页,图版10,图1—6;插图10;叶和角质层;登记号:HCLI001;标本保存在沈阳地质矿产研究所;黑龙江鸡西立新;早白垩世城子河组。

狭长蕉带羽叶 *Nilssoniopteris longifolius* Doludenko,1969 (non Chang,1976)

1969　Doludenko,42页,图版39,图1—6;叶和角质层;格鲁吉亚;晚侏罗世。

△狭长蕉带羽叶 *Nilssoniopteris longifolius* Chang,1976 (non Doludenko,1969)
(注:种名 *Nilssoniopteris longifolius* Chang,1976 为格鲁吉亚晚侏罗世 *Nilssoniopteris longifolia* Doludenko,1969 的晚出同名)

1976　张志诚,191页,图版93,图1;图版96,图1—4;叶和角质层;登记号:N110b,N111a;标本保存在沈阳地质矿产研究所;内蒙古包头石拐沟;中侏罗世召沟组。(注:原文未指定模式标本)

狭长蕉带羽叶(比较属种) Cf. *Nilssoniopteris longifolius* Chang,1976 (non Doludenko,1969)

1980　张武等,269页,图版140,图7;叶;辽宁昭乌达盟克什克腾旗小麻杖子;中侏罗世新民组。

△多形蕉带羽叶 *Nilssoniopteris multiformis* Deng,1995

1995b　邓胜徽,43,111页,图版19,图1;图版20,图7;图版23,图1,2;图版36,图1—4;图版

39,图1—6;图版40,图1,2;插图17C;叶和角质层;标本号:H14-073,H17-130,H17-174,H17-170;标本保存在石油勘探开发科学研究院;内蒙古霍林河盆地;早白垩世霍林河组。(注:原文未指定模式标本)

△疏毛蕉带羽叶 *Nilssoniopteris oligotricha* Zhou, 1989

1989 周志炎,144页,图版8,图1—4;图版9,图1,5;图版11,图7—9;图版14,图1;插图18—21;叶和角质层;登记号:PB13832-1,PB13833;正模:PB13832(图版9,图5;插图21);标本保存在中国科学院南京地质古生物研究所;湖南衡阳杉桥;晚三叠世杨柏冲组。

1995a 李星学(主编),图版80,图5—7;轴的上表皮和下表皮(示气孔器和细胞壁);湖南衡阳;晚三叠世杨柏冲组。(中文)

1995b 李星学(主编),图版80,图5—7;轴的上表皮和下表皮(示气孔器和细胞壁);湖南衡阳;晚三叠世杨柏冲组。(英文)

卵形蕉带羽叶 *Nilssoniopteris ovalis* Samylina, 1963

1963 Samylina,89页,图版19,图5;插图8;叶;阿尔丹河下游;早白垩世。

1988 陈芬等,57页,图版22,图6—8;叶和角质层;辽宁阜新新丘露天煤矿;早白垩世阜新组。

1995b 邓胜徽,46页,图版22,图6;叶;内蒙古霍林河盆地;早白垩世霍林河组。

箭齿蕉带羽叶 *Nilssoniopteris pristis* Harris, 1969

1969 Harris,76页,插图35,36;叶和角质层;英国约克郡;中侏罗世。

1988 李佩娟等,86页,图版55,图5;图版56,图3—6a;图版57,图3—6;图版58,图6;图版69,图1A;图版71,图3A;图版83,图1A;图版84,图1A;图版108,图1,4,6;图版109,图1,1A;叶和角质层;青海大柴旦大煤沟;中侏罗世大煤沟组 *Tyrmia-Sphenobaiera* 层。

1995a 李星学(主编),图版89,图3;叶;青海大柴旦大煤沟;中侏罗世大煤沟组。(中文)

1995b 李星学(主编),图版89,图3;叶;青海大柴旦大煤沟;中侏罗世大煤沟组。(英文)

普利纳达蕉带羽叶 *Nilssoniopteris prynadae* Samylina, 1964

1964 Samylina,75页,图版16,图8;图版18,图4—10;叶;科雷马盆地;早白垩世。

1982b 郑少林、张武,308页,图版9,图4—7;叶和角质层;黑龙江双鸭山四方台;早白垩世城子河组。

1988 陈芬等,58页,图版24,图1—8;图版63,图7,11;叶和角质层;辽宁阜新海州露天煤矿;早白垩世阜新组;辽宁铁法;早白垩世小明安碑组下含煤段。

1995b 邓胜徽,46页,图版23,图10;图版40,图3—6;插图17A,17B;叶;内蒙古霍林河盆地;早白垩世霍林河组。

1995a 李星学(主编),图版101,图3,4;图版102,图1—5;叶和角质层;黑龙江鹤岗;早白垩世石头河子组;内蒙古霍林河盆地;早白垩世霍林河组。(中文)

1995b 李星学(主编),图版101,图3,4;图版102,图1—5;叶和角质层;黑龙江鹤岗;早白垩世石头河子组;内蒙古霍林河盆地;早白垩世霍林河组。(英文)

△双鸭山蕉带羽叶 *Nilssoniopteris shuangyashanensis* Zheng et Zhang, 1982

1982b 郑少林、张武,309页,图版11,图1a—7;插图9;叶和角质层;登记号:HCS027;标本保存在沈阳地质矿产研究所;黑龙江双鸭山四方台;早白垩世城子河组。

△波状? 蕉带羽叶 *Nilssoniopteris? undufolia* Wang, 1984

1984 王自强,266页,图版144,图6—9;叶;登记号:P0365—P0367;正模:P0366(图版144,

图 7);副模:P0365(图版 144,图 6);标本保存在中国科学院南京地质古生物研究所;河北涿鹿;中侏罗世玉带山组。

△上床? 蕉带羽叶 *Nilssoniopteris? uwatokoi* (Ôishi) Lee,1963

1935　*Taeniopteris uwatokoi* Ôishi,90 页,图版 8,图 5—7;插图 7;叶和角质层;黑龙江东宁煤田;晚侏罗世或早白垩世。

1963　李佩娟,见斯行健、李星学等,180 页,图版 69,图 2—4;叶和角质层;黑龙江东宁;晚侏罗世。

1980　张武等,269 页,图版 169,图 1,2;叶;黑龙江东宁;早白垩世穆棱组。

狭叶蕉带羽叶 *Nilssoniopteris vittata* (Brongniart) Florin,1933

1828　*Taeniopteris vittata* Brongniart,62 页;英国约克郡;中侏罗世。

1831(1828—1838)　*Taeniopteris vittata* Brongniart,263 页,图版 82,图 1—4;叶;英国约克郡;中侏罗世。

1933　Florin,4,15 页;英国约克郡;中侏罗世。

1949　斯行健,23 页,图版 4,图 3a;叶;湖北当阳白石岗;早—晚侏罗世。〔注:此标本后被改定为 Cf. *Nilssoniopteris vittata* (Brongniart) Florin(斯行健、李星学等,1963)〕

1984　陈芬等,54 页,图版 24,图 3;叶;北京西山门头沟、千军台;中侏罗世龙门组。

1984　王自强,265 页,图版 139,图 1—7;图版 162,图 1—5;叶和角质层;河北下花园;中侏罗世门头沟组;山西大同;中侏罗世大同组。

1988　吴向午,754 页,图版 2,图 1—3c;图版 3,图 2,3;图版 4,图 1;图版 5,图 4,5;叶和角质层;湖北秭归香溪;中侏罗世香溪组。

1993a　吴向午,106 页。

1998　曹正尧,287 页,图版 5,图 1A,3—10;叶和角质层;安徽宿松毛岭;早侏罗世磨山组。

狭叶? 蕉带羽叶 *Nilssoniopteris? vittata* (Brongniart) Florin

1984　顾道源,149 页,图版 80,图 18,19;叶;新疆和丰库布克河;早侏罗世八道湾组。

狭叶蕉带羽叶(比较属种) Cf. *Nilssoniopteris vittata* (Brongniart) Florin

1962　李星学等,153 页,图版 94,图 5;叶;长江流域;晚三叠世—早侏罗世。

1963　斯行健、李星学等,179 页,图版 71,图 3;单叶;内蒙古扎赉诺尔;河北柳江;湖北当阳观音寺白石岗;新疆准噶尔;早—晚侏罗世。

1977　冯少南等,228 页,图版 89,图 1;叶;湖北当阳;早—中侏罗世香溪群上煤组。

2002　吴向午等,160 页,图版 9,图 13;图版 10,图 12;叶;甘肃张掖白乱山;早—中侏罗世潮水群。

狭叶蕉带羽叶(比较种) *Nilssoniopteris* cf. *vittata* (Brongniart) Florin

1984　陈公信,596 页,图版 248,图 6;叶;湖北当阳白石岗;早侏罗世桐竹园组。

1988　李佩娟等,87 页,图版 59,图 4;图版 108,图 2,3;图版 109,图 2—7;叶和角质层;青海大柴旦大煤沟;中侏罗世大煤沟组 *Tyrmia-Sphenobaiera* 层。

△徐氏蕉带羽叶 *Nilssoniopteris xuiana* Zhou,1989

1989　周志炎,142 页,图版 7,图 1,2;图版 8,图 11;图版 9,图 2,3;图版 11,图 1—6;插图 12—17;叶和角质层;登记号:PB13834,PB13835;正模:PB13834(图版 9,图 3);标本保存在中国科学院南京地质古生物研究所;湖南衡阳杉桥;晚三叠世杨柏冲组。

1995a 李星学（主编），图版80，图1—4；叶的上表皮和下表皮（示气孔器）；湖南衡阳；晚三叠世杨柏冲组。（中文）

1995b 李星学（主编），图版80，图1—4；叶的上表皮和下表皮（示气孔器）；湖南衡阳；晚三叠世杨柏冲组。（英文）

蕉带羽叶（未定多种）*Nilssoniopteris* spp.

1981 *Nilssoniopteris* sp.，陈芬等，图版4，图5；叶；辽宁阜新海州露天煤矿；早白垩世阜新组太平层或中间层(?)。

1988 *Nilssoniopteris* sp.，陈芬等，58页，图版25，图5—8；叶和角质层；辽宁阜新清河门；早白垩世下沙海组。

1988 *Nilssoniopteris* sp.（sp. nov.?），孙伯年、杨恕，85页，图版1，图4,4a,5；图版2，图1—4；插图1；叶和角质层；湖北秭归香溪；早—中侏罗世香溪组。

1992 *Nilssoniopteris* sp.，谢明忠、孙景嵩，图版1，图11；叶；河北宣化；中侏罗世下花园组。

1993 *Nilssoniopteris* sp.，王士俊，36页，图版14，图16；图版15，图6—8；图版37，图1,2；叶和角质层；广东乐昌关春；晚三叠世艮口群。

1996 *Nilssoniopteris* sp.（sp. nov.?），郑少林、张武，386页，图版3，图6—12；叶和角质层；辽宁昌图沙河子；早白垩世沙河子组。

2003 *Nilssoniopteris* sp.，邓胜徽等，图版64，图10；图版75，图2；叶；新疆哈密三道岭煤矿；中侏罗世西山窑组。

2003 *Nilssoniopteris* sp.，杨小菊，568页，图版3，图10；图版7，图5—8；叶和角质层；黑龙江鸡西盆地；早白垩世穆棱组。

2004 *Nilssoniopteris* sp.，邓胜徽等，210,215页，图版1，图12；图版2，图5；图版3，图4A，5A；叶；内蒙古阿拉善右旗雅布赖盆地红柳沟剖面；中侏罗世晚期新河组。

匙叶属 Genus *Noeggerathiopsis* Feismantel, 1879

1879 Feismantel，23页。

1901 Krasser，7页。

1993a 吴向午，106页。

模式种：*Noeggerathiopsis hislopi*（Bunbery）Feismantel，1879

分类位置：科达纲（Cordaitopsida）

希氏匙叶 *Noeggerathiopsis hislopi*（Bunbery）Feismantel, 1879

1879 Feismantel，23页，图版19，图1—6；图版20，图1；印度 Domahenia；二叠纪（Karharbari Zone）。

1901 Krasser，7页，图版2，图2,3；叶；陕西；中生代。［注：此标本后被改定为 *Glossophyllum? shensiense* Sze（斯行健，1956a）］

1993a 吴向午，106页。

△湖北？匙叶 *Noeggerathiopsis? hubeiensis* Meng, 1983

1983 孟繁松，228页，图版3，图1；匙叶；登记号：D76018；正模：D76018（图版3，图1）；标本保存在宜昌地质矿产研究所；湖北南漳东巩；晚三叠世九里岗组。

△辽宁匙叶 *Noeggerathiopsis liaoningensis* Mi, Zhang, Sun et al., 1993

1993 米家榕、张川波、孙春林等，123 页，图版 29，图 5；插图 31；叶；登记号：Y301；标本保存在长春地质学院地史古生物教研室；辽宁北票羊草沟；晚三叠世羊草沟组。

△那琳壳斗属 Genus *Norinia* Halle, 1927

1927b Halle，218 页。

1970 Andrews，142 页。

2000 孟繁松等，62 页。

模式种：*Norinia cucullata* Halle，1927

分类位置：分类位置不明的裸子植物（Gymnospermae incertae sedis）

△僧帽状那琳壳斗 *Norinia cucullata* Halle, 1927

1927b Halle，218 页，图版 56，图 8—12；壳斗器官；山西中部；晚二叠世上石盒子组。

1970 Andrews，142 页。

那琳壳斗（未定种）*Norinia* sp.

2000 *Norinia* sp.，孟繁松等，62 页，图版 16，图 3；壳斗器官；重庆奉节大窝埫；中三叠世巴东组 2 段。

准条蕨属 Genus *Oleandridium* Schimper, 1869

1869（1869—1874） Schimper，607 页。

1883 Schenk，258 页。

1993a 吴向午，107 页。

模式种：*Oleandridium vittatum* （Brongniart） Schimper，1869

分类位置：本内苏铁目？（Cycadales?）（注：模式种被认为是 *Williamsoniella* 的营养器官）

狭叶准条蕨 *Oleandridium vittatum* （Brongniart） Schimper, 1869

1831?（1828—1838） *Taniopteris vittatum* Brongniart，263 页，图版 82，图 1—4；蕨叶；英国约克郡；中侏罗世。[注：此标本后被改定为 *Nilssoniopteris vittata* （Brongniart） Florin （Florin，1933）]

1869（1869—1874） Schimper，607 页。

1993a 吴向午，107 页。

△宽膜准条蕨 *Oleandridium eurychoron* Schenk, 1883

1883 Schenk，258 页，图版 51，图 5；蕨叶；四川广元；侏罗纪。[注：此标本后被改定为 *Taeniopteris rishthofeni* （Schenk） Sze（斯行健、李星学等，1963）]

1885 Schenk，168(6)页，图版 13(1)，图 3—5；图版 15(3)，图 2；蕨叶；四川广元；晚三叠世晚期—早侏罗世。[注：此标本后被改定为 *Taeniopteris rishthofeni* （Schenk） Sze（斯行健、李星学等，1963）]

1993a 吴向午，107 页。

耳羽叶属 Genus *Otozamites* Braun, 1843

1843(1839—1843)　　Braun, 见 Muenster, 36 页。

1931　斯行健, 40 页。

1963　斯行健、李星学等, 166 页。

1993a　吴向午, 109 页。

模式种：*Otozamites obtusus*（Lingley et Hutton）Brongniart, 1849［注：此模式种由 Brongniart（1849, 104 页）指定］

分类位置：苏铁纲本内苏铁目（Bennettiales, Cycadopsida）

钝耳羽叶 *Otozamites obtusus*（Lingley et Hutton）Brongniart, 1849

1834(1831—1837)　　*Otozapteriss obtusus* Lingley et Hutton, 129 页, 图版 128; 羽叶; 英国; 侏罗纪。

1849　Brongniart, 104 页; 英国; 侏罗纪。

1993a　吴向午, 109 页。

英国耳羽叶 *Otozamites anglica*（Seward）Harris, 1949

1990　*Nageiopsis anglica* Seward, 288 页, 插图 51; 羽叶; 英国约克郡; 中侏罗世。

1949　Harris, 275 页, 插图 1, 2; 羽叶和角质层; 英国约克郡; 中侏罗世。

2001　孙革等, 81, 188 页, 图版 13, 图 4; 图版 48, 图 13, 14; 羽叶; 辽宁北票上园黄半吉沟; 晚侏罗世尖山沟组。

△安龙? 耳羽叶 *Otozamites? anlungensis* Wu, 1966

1966　吴舜卿, 236, 240 页, 图版 2, 图 4, 4a; 羽叶; 登记号: PB3872; 标本保存在中国科学院南京地质古生物研究所; 贵州安龙龙头山; 晚三叠世。

△亚尖头耳羽叶 *Otozamites apiculatus* Ye et Huang, 1986

1986　叶美娜、黄国清, 见叶美娜等, 49 页, 图版 31, 图 5, 5a; 图版 33, 图 2; 羽叶; 标本保存在四川煤田地质公司一三七地质队; 四川开县温泉; 中侏罗世新田沟组 3 段。(注: 原文未指定模式标本)

△白果湾耳羽叶 *Otozamites baiguowanensis* Yang, 1978

1978　杨贤河, 512 页, 图版 178, 图 3; 羽叶; 登记号: Sp0102; 正模: Sp0102(图版 178, 图 3); 标本保存在成都地质矿产研究所; 四川会理白果湾; 晚三叠世白果湾组。

1999b　吴舜卿, 35 页, 图版 25, 图 5; 图版 26, 图 1, 2a; 羽叶; 四川会理福安村; 晚三叠世白果湾组。

边氏耳羽叶 *Otozamites beani*（Lingley et Hutton）Brongniart, 1849

1832　*Cycadopteris beani* Lindley et Hutton, 127 页, 图版 44; 羽叶; 英国约克郡; 中侏罗世。

1849　Brongniart, 106 页。

1982　王国平等, 263 页, 图版 130, 图 4; 羽叶; 福建永春桥尾; 晚侏罗世坂头组。

1988　刘子进, 94 页, 图版 1, 图 9—11; 羽叶; 甘肃华亭神峪牛坡寺沟、武村堡王家沟、崇信厢房沟; 早白垩世志丹群环河-华池组上段; 甘肃陇县新集川张家台子; 早白垩世志丹群泾川组下部。

1989　丁保良等,图版 3,图 3;羽叶;福建永春桥尾;早白垩世坂头组。

2004　王五力等,230 页,图版 29,图 5,6;羽叶;辽宁义县头道河子;晚侏罗世义县组下部砖城子层。

毕氏耳羽叶 *Otozamites bechei* Brongniart,1849

1825　*Filicites bechei* Brongniart,422 页,图版 19,图 4;羽叶;英国;侏罗纪。

1828　*Zamites bechei* Brongniart,94,195,199 页;英国;侏罗纪。

1849　Brongniart,104 页;英国;侏罗纪。

1963　周惠琴,175 页,图版 74,图 3;羽叶;广东五华;晚三叠世。

1977　冯少南等,227 页,图版 83,图 9;羽叶;广东五华;晚三叠世小坪组。

孟加拉耳羽叶 *Otozamites bengalensis*（Oldham et Morris）Seward,1917

1863　*Palaeozamites bengalensis* Oldham et Morris,27 页,图版 19;羽叶;印度;侏罗纪。

1917　Seward,543 页,图 607。

1949　斯行健,17 页,图版 4,图 3b;图版 11,图 4;羽叶;湖北当阳白石岗、秭归香溪;早侏罗世香溪煤系。［注:此标本后被改定为 *Otozamites mixomorphus* Ye,1980（叶美娜,见吴舜卿等,1980,99 页）］

1963　斯行健、李星学等,167 页,图版 64,图 7;羽叶;湖北秭归香溪、当阳白石岗;早侏罗世香溪群。

1974b　李佩娟等,376 页,图版 202,图 1,2;羽叶;四川广元白田坝;早侏罗世白田坝组。

1977　冯少南等,227 页,图版 83,图 7,8;羽叶;湖北当阳三里岗、秭归香溪;早—中侏罗世香溪群上煤组。

1978　杨贤河,511 页,图版 190,图 8;羽叶;四川广元白田坝;早侏罗世白田坝组。

1978　周统顺,图版 29,图 10;图版 30,图 7;羽叶;福建漳平大瑶;早侏罗世梨山组上段。

1982　王国平等,263 页,图版 119,图 3;羽叶;江苏江宁周村;早—中侏罗世象山群。

孟加拉耳羽叶(比较种) *Otozamites* cf. *bengalensis*（Oldham et Morris）Seward

1964　李佩娟,126 页,图版 11,图 4,4a;羽叶;四川广元杨家崖;晚三叠世须家河组。

△华夏耳羽叶 *Otozamites cathayanus* Zhou,1984

1984　周志炎,29 页,图版 14,图 3,4;图版 15,图 1,2;图版 16,图 1—7;羽叶和角质层;登记号:PB8893—PB8895;正模:PB8893(图版 15,图 1);标本保存在中国科学院南京地质古生物研究所;湖南东安南镇;早侏罗世观音滩组搭坝口段。

1995a　李星学(主编),图版 85,图 3,4;羽叶;湖南东安南镇;早侏罗世观音滩组搭坝口段。(中文)

1995b　李星学(主编),图版 85,图 3,4;羽叶;湖南东安南镇;早侏罗世观音滩组搭坝口段。(英文)

△楚耳羽叶 *Otozamites chuensis* Zhou,1984

1984　周志炎,34 页,图版 20,图 1—1i;羽叶和角质层;登记号:PB8908;正模:PB8908(图版 20,图 1);标本保存在中国科学院南京地质古生物研究所;湖南东安南镇;早侏罗世观音滩组搭坝口段。

齿状耳羽叶 *Otozamites denticulatus* Kryshtofovich et Prynada,1932

1932　Kryshtofovich,Prynada,369 页;滨海区;早白垩世。

1962　*Neozamites denticulatus*（Kryshtofovich et Prynada）Vachrameev,125 页;滨海区;早白垩世。

1967　*Neozamites denticulatus*（Kryshtofovich et Prynada）Vachrameev,Kraccilov,151 页,图

版 40,图 1;羽叶;滨海区;早白垩世。

1979 王自强、王璞,图版 1,图 9;羽叶;北京西山坨里土洞;早白垩世坨里组。

1984 王自强,260 页,图版 149,图 8,9;图版 154,图 5;羽叶;河北平泉;早白垩世九佛堂组;
北京西山;早白垩世坨里组。

△镰状耳羽叶 *Otozamites falcata* Lan,1982

1982 蓝善先,见王国平等,264 页,图版 130,图 6,7;羽叶;标本号:HP540;正模:HP540(图版 130,图 6);山东莱阳马耳山;晚侏罗世莱阳组。

△大羽耳羽叶 *Otozamites gigantipinnatus* Deng,2004(中文和英文发表)

2004 邓胜徽等,210,216 页,图版 1,图 10,11;图版 3,图 1;羽叶;标本号:YBL-24—YBL-26;
正模:YBL-26(图版 3,图 1);标本保存在中国石油天然气股份有限公司勘探开发研究院;内蒙古阿拉善右旗雅布赖盆地红柳沟剖面;中侏罗世晚期新河组。

草状耳羽叶 *Otozamites gramineus* (Phillips) Phillips,1875

1829 *Cycadites gramineus* Phillips,154 页,图版 10,图 2;羽叶;英国约克郡;中侏罗世。

1875 Phillips,223 页(?),图版 10,图 2;羽叶;英国约克郡;中侏罗世。

2004 邓胜徽等,210,215 页,图版 2,图 8;羽叶;内蒙古阿拉善右旗雅布赖盆地红柳沟剖面;
中侏罗世晚期新河组。

尖头耳羽叶 *Otozamites graphicus* (Leckenby) Schimper,1870

1864 *Otopteris graphica* Leckenby,78 页,图版 8,图 5;羽叶;英国约克郡;中侏罗世。

1870(1869—1874)   Schimper,170 页。

1982 张采繁,531 页,图版 341,图 15—17;羽叶;湖南宜章长策下坪;早侏罗世唐垅组。

1984 周志炎,31 页,图版 17,图 1—6;羽叶;湖南祁阳河埠塘;早侏罗世观音滩组排家冲段顶部。

1995a 李星学(主编),图版 83,图 4;羽叶;湖南祁阳河埠塘;早侏罗世观音滩组排家冲段。(中文)

1995b 李星学(主编),图版 83,图 4;羽叶;湖南祁阳河埠塘;早侏罗世观音滩组排家冲段。(英文)

2003 赵应成等,图版 10,图 1,5;羽叶;内蒙古阿拉善右旗雅布赖盆地红柳沟剖面;中侏罗世
晚期新河组。

△香溪耳羽叶 *Otozamites hsiangchiensis* Sze,1949

1949 斯行健,18 页,图版 5,图 3;图版 8,图 3,4;图版 9,图 1;羽叶;湖北秭归香溪;早侏罗世
香溪煤系。

1954 徐仁,59 页,图版 52,图 3;羽叶;湖北秭归香溪;早—中侏罗世香溪煤系。

1962 李星学等,150 页,图版 91,图 3;羽叶;长江流域;早侏罗世。

1963 斯行健、李星学等,167 页,图版 64,图 6;羽叶;湖北秭归香溪;早侏罗世香溪群。

1977 冯少南等,227 页,图版 86,图 7;羽叶;湖北秭归香溪;早—中侏罗世香溪群上煤组。

1979 徐仁等,62 页,图版 57,图 3,4;羽叶;四川宝鼎花山;晚三叠世大荞地组中上部。

1980 吴舜卿等,97 页,图版 14,图 5;图版 15,图 1—2a;图版 16,图 2—5;图版 17,图 4—6;图版 24,图 7,8;羽叶;湖北秭归香溪、泄滩;早—中侏罗世香溪组。

1982 王国平等,264 页,图版 117,图 1;羽叶;安徽休宁汪村;早侏罗世。

1982 张采繁,531 页,图版 338,图 4;图版 342,图 1,2a;羽叶;湖南宜章杨梅山;晚三叠世;湖南常宁柏坊;早侏罗世石康组。

1984 陈公信,593 页,图版 247,图 1,4;羽叶;湖北荆门海慧沟、当阳桐竹园;早侏罗世桐竹园

组;湖北秭归香溪;早侏罗世香溪组。

1984　王自强,260页,图版128,图2,3;羽叶;内蒙古察哈尔右翼中旗;早侏罗世南苏勒图组。

1986　叶美娜等,50页,图版29,图6,6a;图版30,图8,8a;羽叶;四川达县斌郎、开县水田;早侏罗世珍珠冲组。

1988　黄其胜,图版2,图5;羽叶;安徽怀宁;早侏罗世武昌组中上部。

1988　吴向午,752,757页,图版1,图1,2;图版2,图3A;图版3,图1,1A;图版4,图2—6a;图版5,图6—9;羽叶和角质层;湖北秭归香溪;中侏罗世香溪组。

1989　孙伯年等,884页,图版1;图版2;插图1;羽叶和角质层;湖北秭归香溪;早—中侏罗世香溪组。

1995a　李星学(主编),图版86,图6;羽叶;湖北秭归香溪;早—中侏罗世香溪组。(中文)

1995b　李星学(主编),图版86,图6;羽叶;湖北秭归香溪;早—中侏罗世香溪组。(英文)

1997　孟繁松、陈大友,图版2,图13,14;羽叶;重庆云阳南溪;中侏罗世自流井组东岳庙段。

1997　吴舜卿等,164页,图版1,图6,7;图版2,图1A;图版3,图1,9A,9Aa,10(?);羽叶;香港大澳;早侏罗世晚期—中侏罗世早期大澳组。

1998　曹正尧,286页,图版3,图9—12;图版4;图版5,图1B,2;图版6,图1A;羽叶和角质层;安徽宿松毛岭;早侏罗世磨山组。

2002　孟繁松等,图版4,图2;图版5,图4;羽叶;湖北秭归香溪;早侏罗世香溪组。

2003　孟繁松等,图版3,图8;图版4,图1—3;羽叶;重庆云阳水市口;早侏罗世自流井组东岳庙段。

2005　孙柏年等,图版12,图1—4;角质层;湖北秭归香溪;早侏罗世。

△华安耳羽叶 *Otozamites huaanensis* Wang,1982

1982　王国平等,264页,图版120,图1,2;羽叶;合模:图版120,图1,2;福建华安白玉;晚三叠世文宾山组。[注:依据《国际植物命名法规》(《维也纳法规》)第37.2条,1958年起,模式标本只能是1块标本]

中印耳羽叶 *Otozamites indosinensis* Zeiller,1903

1902—1903　Zeiller,186页,图版43,图1,2;羽叶;越南鸿基;晚三叠世。

1977　冯少南等,228页,图版83,图2,3;羽叶;湖南宜章;早侏罗世;广东曲江、乐昌;晚三叠世小坪组。

1979　徐仁等,62页,图版57,图7;图版58,59,图5;羽叶;四川宝鼎沐浴湾;晚三叠世大荞地组中部。

1984　陈公信,594页,图版247,图2;羽叶;湖北鄂城程潮;早侏罗世武昌组。

1990　吴向午、何元良,305页,图版8,图3,3a;羽叶;青海治多、昂欠;晚三叠世结扎群格玛组。

1991　李洁等,54页,图版1,图10,11;羽叶;新疆昆仑山野马滩北;晚三叠世卧龙岗组。

中印耳羽叶(比较种) *Otozamites* cf. *indosinensis* Zeiller

1968　《湘赣地区中生代含煤地层化石手册》,61页,图版35,图3—5;图版36,图5;羽叶;湖南宜章杨梅山;早侏罗世杨梅山组。

1980　何德长、沈襄鹏,19页,图版9,图4;羽叶;湖南宜章杨梅山;晚三叠世。

1982a　吴向午,56页,图版9,图5;羽叶;西藏巴青村穹堂;晚三叠世土门格拉组。

1982b　吴向午,94页,图版16,图2;羽叶;西藏贡觉夺盖拉煤点;晚三叠世巴贡组上段。

△江油耳羽叶 *Otozamites jiangyouensis* Yang,1978

1978　杨贤河,512页,图版189,图5;羽叶;标本号:Sp0190;正模:Sp0190(图版189,图5);标

本保存在成都地质矿产研究所;四川江油厚坝白庙;早侏罗世白田坝组。

△荆门耳羽叶 *Otozamites jingmenensis* Meng, 1987

1987 孟繁松,252页,图版31,图4,4a;羽叶;采集号:YA-82-P-1;登记号:P82198;正模:P82198(图版31,图4,4a);标本保存在宜昌地质矿产研究所;湖北荆门姚河;晚三叠世九里岗组。

克氏耳羽叶 *Otozamites klipsteinii* (Dunker) Seward, 1895

1846 *Cyclopteris klipsteinii* Dunker,11页,图版9,图6,7;羽叶;西欧;早白垩世(Wealden)。

1895 Seward,60页,图版1,图3,4;图版7;羽叶;西欧;早白垩世(Wealden)。

1983a 郑少林、张武,87页,图版5,图8—11;羽叶;黑龙江勃利万龙村;早白垩世东山组。

1993 黑龙江省地质矿产局,图版12,图8;羽叶;黑龙江省;早白垩世东山组。

克氏耳羽叶(比较种) *Otozamites* cf. *klipsteinii* (Dunker) Seward

1984 陈公信,594页,图版247,图3;羽叶;湖北大冶灵乡黑山;早白垩世灵乡组。

1994 曹正尧,图2i;羽叶;浙江衢县;早白垩世早期劳村组。

△披针耳羽叶 *Otozamites lanceolatus* Yang, 1978

1978 杨贤河,512页,图版187,图2;羽叶;标本号:Sp0140;正模:Sp0140(图版187,图2);标本保存在成都地质矿产研究所;四川广元白田坝;早侏罗世白田坝组。

针形耳羽叶 *Otozamites lancifolius* Ôishi, 1932

1932 Ôishi,318页,图版24,图6,6a;羽叶;日本成羽;晚三叠世(Nariwa Series)。

针形耳羽叶(比较种) *Otozamites* cf. *lancifolius* Ôishi

1982 王国平等,264页,图版117,图3;羽叶;江西吉安安塘;晚三叠世安塘组。

△兰溪耳羽叶 *Otozamites lanxiensis* Huang et Qi, 1991

1991 黄其胜、齐悦,605页,图版2,图13;羽叶;登记号:ZM84019;标本保存在中国地质大学(武汉)古生物教研室;浙江兰溪马涧;早—中侏罗世马涧组下段。

林肯耳羽叶 *Otozamites leckenbyi* Harris, 1969

1969 Harris,23页,图版1,图8;插图9,10;羽叶和角质层;英国约克郡;中侏罗世。

1982 张采繁,531页,图版341,图1;羽叶;湖南宜章长策下坪;早侏罗世唐垅组。

△舌状耳羽叶 *Otozamites linguifolius* Lee, 1964

1964 李星学等,134页,图版86,图5;羽叶;浙江寿昌;晚侏罗世—早白垩世建德群下部砚岭组。[注:此标本后被改定为 *Zamites linguifolius* (Lee) Cao(曹正尧,1999)]

1982 王国平等,265页,图版131,图6,7;羽叶;浙江寿昌;晚侏罗世劳村组。

1984 王自强,261页,图版149,图10—12;图版152,图1—9;羽叶和角质层;河北平泉、滦平;早白垩世九佛堂组;山西左云;早白垩世左云组。

1985 商平,图版6,图6—8;羽叶;辽宁清河门;早白垩世沙海组。

1987 商平,图版1,图9;羽叶;辽宁阜新煤田;早白垩世。

1988 刘子进,94页,图版2,图2—7;羽叶;甘肃华亭神峪牛坡寺沟;早白垩世志丹群环河-华池组上段;甘肃陇县新集川张家台子;早白垩世志丹群泾川组。

1989 丁保良等,图版2,图11,12;羽叶;浙江寿昌;晚侏罗世劳村组。

1994　曹正尧，图2h；羽叶；浙江建德；早白垩世早期寿昌组。

1995a　李星学（主编），图版111，图6,7；羽叶；浙江建德；早白垩世寿昌组。（中文）

1995b　李星学（主编），图版111，图6,7；羽叶；浙江建德；早白垩世寿昌组。（英文）

△串珠耳羽叶 *Otozamites margaritaceus* Zhou,1984

1984　周志炎，33页，图版19，图1—4；羽叶和角质层；登记号：PB8904—PB8907；正模：PB8904（图版19，图1）；标本保存在中国科学院南京地质古生物研究所；湖南东安南镇；早侏罗世观音滩组搭坝口段。

马蒂耳羽叶 *Otozamites mattiellianus* Zigno,1885

1873—1885　Zigno,70页，图版34，图9,10；羽叶；意大利；早侏罗世(Lias)。

1984　周志炎，31页，图版18，图1,2d；插图7-3；羽叶和角质层；湖南兰山圆竹；早侏罗世观音滩组排家冲段。

△大叶耳羽叶 *Otozamites megaphyllus* Hsu et Tuan,1974

1974　徐仁、段淑英，见徐仁等，274，图版6，图2,3；羽叶；编号：No.754,No.2732,No.2735,No.2764；合模1：No.2764（图版6，图2）；合模2：No.2735（图版6，图3）；标本保存在中国科学院植物研究所；云南永仁纳拉箐、花山；晚三叠世大荞地组中上部。[注：依据《国际植物命名法规》（《维也纳法规》）第37.2条，1958年起，模式标本只能是1块标本]

1978　杨贤河，513页，图版178，图1；图版173，图5；羽叶；四川渡口宝鼎；晚三叠世大荞地组。

1979　徐仁等，62页，图版58,59，图1—3；图版60，图1；图版61，图7；羽叶；四川宝鼎；晚三叠世大荞地组下部。

1987　孟繁松，252页，图版36，图5；羽叶；湖北南漳东巩、荆门粟溪；晚三叠世九里岗组。

拟态耳羽叶 *Otozamites mimetes* Harris,1949

1949　Harris,285页；插图3B,3C,5；羽叶和角质层；英国约克郡；中侏罗世。

拟态耳羽叶（比较种） *Otozamites* cf. *mimetes* Harris

1988　吴向午，754页，图版1，图3,3a；图版5，图1—3；羽叶和角质层；湖北秭归香溪；中侏罗世香溪组。

△较小耳羽叶 *Otozamites minor* Tsao,1968

1968　曹正尧，见《湘赣地区中生代含煤地层化石手册》，62页，图版35，图6,6a,7；图版37，图6；羽叶；湖南资兴三都；早侏罗世唐垅组。（注：原文未指定模式标本）

1977　冯少南等，228页，图版86，图5；羽叶；湖南资兴三都；早侏罗世。

1978　周统顺，图版29，图9；图版30，图6；羽叶；福建上杭矶头；早侏罗世梨山组上段。

1980　何德长、沈襄鹏，18页，图版17，图4,5,7；图版18，图1—7；图版19，图4；图版21，图2,5；图版22，图3；羽叶；湖南宜章长策心田门、资兴三都同日垅沟；早侏罗世造上组；广东坪石、塘村；早侏罗世。

1982　王国平等，265页，图版118，图9；图版119，图8；羽叶；福建上杭矶头；早侏罗世梨山组。

1982　张采繁，531页，图版340，图4,9,10；图版341，图6,8,18；图版355，图6；羽叶；湖南资兴三都；早侏罗世。

1986　张采繁，图版4，图7；羽叶；湖南宜章长策心田门；早侏罗世唐垅组。

1990　吴向午、何元良，305页，图版7，图6,6a；羽叶；青海治多根涌曲-查日曲剖面；晚三叠世结扎群格玛组。

△混型耳羽叶 *Otozamites mixomorphus* Ye,1980

1949　*Otozamites bengalensis* (Oldham et Morris) Seward,斯行健,17 页,图版 4,图 3b;图版 11,图 4;羽叶;湖北当阳白石岗、秭归香溪;早侏罗世香溪煤系。

1980　叶美娜,见吴舜卿等,99 页,图版 14,图 6—8(＝斯行健,1949,图版 11,图 4);羽叶;湖北秭归香溪、当阳观音寺、白石岗;早－中侏罗世香溪组。

1983　黄其胜,图版 2,图 10;羽叶;安徽怀宁拉犁尖;早侏罗世象山群下部。

1984　陈公信,593 页,图版 248,图 1;羽叶;湖北当阳三里岗、观音寺、白石岗;早侏罗世桐竹园组;湖北秭归香溪;早侏罗世香溪组。

1986　叶美娜等,50 页,图版 30,图 5—7a;羽叶;四川达县铁山金窝、雷音铺、开县温泉;早侏罗世珍珠冲组。

1988b 黄其胜、卢宗盛,图版 9,图 8;羽叶;湖北大冶金山店;早侏罗世武昌组上部。

1991　黄其胜、齐悦,图版 1,图 13;羽叶;浙江兰溪马涧;早－中侏罗世马涧组下段。

1995a 李星学(主编),图版 86,图 5;图版 87,图 2;羽叶;湖北当阳观音寺;早－中侏罗世香溪组。(中文)

1995b 李星学(主编),图版 86,图 5;图版 87,图 2;羽叶;湖北当阳观音寺;早－中侏罗世香溪组。(英文)

1997　孟繁松、陈大友,图版 2,图 3,4;羽叶;重庆云阳南溪;中侏罗世自流井组东岳庙段。

1998　黄其胜等,图版 1,图 15;羽叶;江西上饶清水缪源村;早侏罗世林山组 5 段。

2003　孟繁松等,图版 4,图 11;羽叶;重庆云阳水市口;早侏罗世自流井组东岳庙段。

混型耳羽叶(比较种) *Otozamites* cf. *mixomorphus* Ye

1984　王自强,261 页,图版 128,图 4,5;羽叶;内蒙古察哈尔右翼中旗;早侏罗世南苏勒图组。

△纳拉箐耳羽叶 *Otozamites nalajingensis* Tsao et Guo (MS) ex Hsu et al.,1979

1974　曹仁关、郭福祥,825 页,图版 264,图 5;图版 265,图 1,2;羽叶;四川宝鼎纳拉箐;晚三叠世大荞地组中上部。(手稿)

1979　徐仁等,63 页,图版 58,59,图 4;图版 60,图 4;图版 61,图 2—5;图版 71,图 6,7;羽叶;四川宝鼎沐浴湾、花山;晚三叠世大荞地组中上部。

1987　孟繁松,253 页,图版 32,图 3;羽叶;湖北秭归泄滩;早侏罗世香溪组。

1989　梅美棠等,102 页,图版 52,图 3,4;羽叶;华南地区;晚三叠世。

1997　孟繁松、陈大友,图版 2,图 15;羽叶;重庆云阳南溪;中侏罗世自流井组东岳庙段。

△南漳耳羽叶 *Otozamites nanzhangensis* (Feng) Meng,1983

1977　*Drepanozamites nanzhangensis* Feng,冯少南等,235 页,图版 94,图 1;羽叶;湖北南漳东巩;晚三叠世香溪群下煤组。

1983　孟繁松,226 页,图版 2,图 4;羽叶;湖北南漳东巩;晚三叠世九里岗组。

帕米尔耳羽叶 *Otozamites pamiricus* Prynata,1934

1934　Prynada,50 页,图版 1,图 4;羽叶;帕米尔;晚三叠世。

1979　徐仁等,63 页,图版 57,图 5,6;羽叶;四川宝鼎;晚三叠世大荞地组中上部。

1987　孟繁松,252 页,图版 30,图 6;羽叶;湖北荆门粟溪;晚三叠世九里岗组。

△小剑耳羽叶 *Otozamites parviensifolius* Meng,1987

1987　孟繁松,253 页,图版 31,图 3;图版 36,图 4;羽叶;采集号:G-81-P-1;登记号:P82194,

P82197;正模:P82194(图版 31,图 3);标本保存在宜昌地质矿产研究所;湖北远安茅坪九里岗;晚三叠世九里岗组。

△小耳羽叶 *Otozamites parvus* Zhou,1984
1984　周志炎,38 页,图版 22,图 2—2c;图版 23,图 1—4;羽叶和角质层;登记号:PB8913;正模:PB8913(图版 22,图 2);标本保存在中国科学院南京地质古生物研究所;湖南东安南镇;早侏罗世观音滩组搭坝口段。

毛羽叶型耳羽叶 *Otozamites ptilophylloides* Barnad et Miller,1976
1976　Barnad,Miller,58 页,图版 5,图 9;图版 6,图 1—9;羽叶和角质层;伊朗;中侏罗世(Dogger)。

毛羽叶型耳羽叶(比较属种) Cf. *Otozamites ptilophylloides* Barnad et Miller
1986　叶美娜等,51 页,图版 31,图 4,4a;图版 32,图 6A;羽叶;四川达县铁山金窝;晚三叠世须家河组 7 段。

△反弯耳羽叶 *Otozamites rcurvus* Hsu et Tuan,1974
1974　徐仁、段淑英,见徐仁等,274 页,图版 6,图 4,5;羽叶;编号:No. 771,No. 2657,No. 2714;正模:No. 2714(图版 6,图 5);标本保存在中国科学院北京植物研究所;云南永仁花山;晚三叠世大荞地组中上部。
1978　杨贤河,513 页,图版 173,图 1;图版 178,图 2;羽叶;四川渡口宝鼎;晚三叠世大荞地组。
1979　徐仁等,63 页,图版 60,图 2,3;图版 61,图 1;羽叶;四川宝鼎花山;晚三叠世大荞地组中上部。

秀厄德耳羽叶 *Otozamites sewardii* Ôishi,1940
1940　Ôishi,334 页,图版 331,图 1,1a;羽叶;日本 Simoyama;早白垩世(Tetori Series)。
1995a　李星学(主编),图版 110,图 4,5;羽叶;吉林汪清罗子沟;早白垩世大拉子组。(中文)
1995b　李星学(主编),图版 110,图 4,5;羽叶;吉林汪清罗子沟;早白垩世大拉子组。(英文)

△斯氏耳羽叶 *Otozamites szeianus* Zhou,1984
1984　周志炎,30 页,图版 14,图 2—2b;羽叶和角质层;登记号:PB217;标本保存在中国科学院南京地质古生物研究所;广西钟山西湾;早侏罗世西湾组大岭段。

△当阳耳羽叶 *Otozamites tangyangensis* Sze,1949
1949　斯行健,19 页,图版 14,图 12,13;羽叶;湖北当阳白石岗、曹家窑;早侏罗世香溪煤系。
1954　徐仁,59 页,图版 52,图 4;羽叶;湖北当阳;早—中侏罗世香溪煤系。
1963　斯行健、李星学等,168 页,图版 64,图 4,4a;羽叶;湖北当阳观音寺白石岗、庙前曹家窑;早侏罗世香溪群。
1977　冯少南等,228 页,图版 86,图 8;羽叶;湖北秭归香溪;早—中侏罗世香溪群上煤组。
1982　王国平等,265 页,图版 119,图 10;羽叶;江西景德镇董家山;晚三叠世安源组。

△纤柔耳羽叶 *Otozamites tenellus* Zhou,1984
1984　周志炎,37 页,图版 22,图 1—1i;插图 7-2;羽叶和角质层;登记号:PB8912;标本保存在中国科学院南京地质古生物研究所;广西钟山西湾;早侏罗世西湾组大岭段。

土耳库斯坦耳羽叶 *Otozamites turkestanica* Turukanova-Ketova,1930
1930　Turukanova-Ketova,150 页,图版 2,图 18;图版 5,图 35;羽叶;南哈萨克斯坦;晚侏罗世。

2004　王五力等，229 页，图版 29，图 1，2；羽叶；辽宁义县头道河子；晚侏罗世义县组下部砖城子层。

△潇湘耳羽叶 *Otozamites xiaoxiangensis* Zhou，1984

1984　周志炎，35 页，图版 20，图 2；图版 21，图 1—3；羽叶和角质层；登记号：PB8909—PB8911；正模：PB8909（图版 21，图 1）；标本保存在中国科学院南京地质古生物研究所；湖南零陵黄阳司王家亭子；早侏罗世观音滩组中下(?)部；广西钟山西湾；早侏罗世西湾组大岭段。

△西南耳羽叶 *Otozamites xinanensis* Yang，1978

1978　杨贤河，513 页，图版 189，图 4，4a；羽叶；登记号：Sp0159；正模：Sp0159（图版 189，图 4）；标本保存在成都地质矿产研究所；四川江油厚坝白庙；早侏罗世白田坝组。

△雅布赖耳羽叶 *Otozamites yabulaense* Deng，2004（中文和英文发表）

2003　邓胜徽等，图版 70，图 4；羽叶；内蒙古阿拉善右旗雅布赖盆地；中侏罗世青土井组。（裸名）

2004　邓胜徽等，210，215 页，图版 1，图 6A；图版 2，图 1—4，10；羽叶；标本号：YBL-04，YBL-13—YBL-16，YBL-19；正模：YBL-13（图版 2，图 1）；标本保存在中国石油天然气股份有限公司勘探开发研究院；内蒙古阿拉善右旗雅布赖盆地红柳沟剖面；中侏罗世晚期新河组。

△宜章耳羽叶 *Otozamites yizhangensis* Zhang，1982

1982　张采繁，531 页，图版 340，图 11，11a，14；图版 341，图 2—5，9；羽叶；登记号：HP05，HP07，HP09，HP251，HP256，HP266，HP267；合模：HP251，HP266（图版 340，图 11，14）；标本保存在湖南省地质博物馆；湖南宜章长策下坪；早侏罗世唐垅组。〔注：依据《国际植物命名法规》（《维也纳法规》）第 37.2 条，1958 年起，模式标本只能是 1 块标本〕

1986　张采繁，图版 5，图 8，8a；羽叶；湖南宜章长策心田门；早侏罗世唐垅组。

△云和耳羽叶 *Otozamites yunheensis* He，1987

1987　何德长，75 页，图版 7，图 4；图版 10，图 1；羽叶；标本保存在煤炭科学研究院地质勘探分院；浙江云和梅源砻铺村；早侏罗世晚期砻铺组 5 层、7 层。（注：原文未指定模式标本）

耳羽叶（未定多种）*Otozamites* spp.

1931　*Otozamites* sp.，斯行健，40 页，图版 3，图 4；羽叶；江苏南京栖霞山；早侏罗世（Lias）。

1933d　*Otozamites* sp.(? n. sp.)，斯行健，55 页，图版 12，图 3—7；羽叶；安徽太湖新仓；晚三叠世晚期。

1938a　*Otozamites* sp. 1，斯行健，216 页，图版 1，图 1，2；羽叶；广西西湾；早侏罗世。

1938a　*Otozamites* sp. 2，斯行健，216 页，图版 1，图 6，6a；羽叶；广西西湾；早侏罗世。

1945　*Otozamites* sp.(Cf. *O. klipsteinii* Dunker)，斯行健，49 页，插图 21；羽叶；福建永安；早白垩世坂头系。

1963　*Otozamites* sp. 1(Cf. *O. klipsteinii* Dunker)，斯行健、李星学等，168 页，图版 64，图 3；羽叶；福建永安；晚侏罗世—早白垩世早期坂头组。

1963　*Otozamites* sp. 2，斯行健、李星学等，169 页，图版 91，图 9；羽叶；广西西湾；早侏罗世西湾组。

1963　*Otozamites* sp. 3(? sp. nov.)，斯行健、李星学等，169 页，图版 65，图 7；羽叶；广西西湾；

早侏罗世西湾组。

1963　*Otozamites* sp. 4(? n. sp.)，斯行健、李星学等，169 页，图版 65，图 1—4；羽叶；安徽太湖新仓；晚三叠世晚期—早侏罗世。

1963　*Otozamites* sp. 5，斯行健、李星学等，170 页，图版 65，图 6；羽叶；江苏南京栖霞山；早侏罗世象山群。

1964　*Otozamites* sp.，李佩娟，127 页，图版 11，图 5,5a；羽叶；四川广元杨家崖；晚三叠世须家河组。

1976　*Otozamites* sp. 1，李佩娟等，123 页，图版 37，图 8,9a；羽叶；云南祥云沐滂铺；晚三叠世祥云组花果山段。

1976　*Otozamites* sp. 2，李佩娟等，123 页，图版 37，图 7；羽叶；云南祥云蚂蝗阱；晚三叠世祥云组花果山段。

1979　*Otozamites* sp. 1，何元良等，149 页，图版 72，图 4；羽叶；青海化隆龙马大沙；早白垩世河口群。

1979　*Otozamites* sp. 2，何元良等，149 页，图版 72，图 5；羽叶；青海化隆龙马大沙；早白垩世河口群。

1979　*Otozamites* sp. 1，徐仁等，63 页，图版 61，图 6；羽叶；四川宝鼎；晚三叠世大荞地组中部。

1979　*Otozamites* sp. 2，徐仁等，64 页，图版 60，图 5；羽叶；四川宝鼎；晚三叠世大荞地组中部。

1980　*Otozamites* sp.，黄枝高、周惠琴，93 页，图版 39，图 3；羽叶；陕西铜川柳林沟；晚三叠世延长组中部。

1980　*Otozamites* sp.，吴舜卿等，101 页，图版 17，图 7,7a；羽叶；湖北秭归泄滩；早—中侏罗世香溪组。

1980　*Otozamites* sp.，张武等，270 页，图版 169，图 9—11；羽叶；吉林延吉大拉子；早白垩世大拉子组。

1982b　*Otozamites* sp.，吴向午，94 页，图版 15，图 1,2b；羽叶；西藏贡觉夺盖拉煤点；晚三叠世巴贡组上段。

1982　*Otozamites* sp.，张采繁，531 页，图版 336，图 6；羽叶；湖南宜章长策下坪；早侏罗世唐垅组。

1984　*Otozamites* sp. 1，陈芬等，53 页，图版 23，图 5；羽叶；北京西山大台；早侏罗世下窑坡组。

1984　*Otozamites* sp. 1，周志炎，38 页，图版 16，图 8—8b；插图 7-4；羽叶；湖南兰山圆竹；早侏罗世观音滩组排家冲段。

1984　*Otozamites* sp. 2，周志炎，39 页，图版 17，图 7—9；插图 7-1；羽叶；湖南兰山圆竹；早侏罗世观音滩组排家冲段。

1989　*Otozamites* sp.，曹宝森等，图版 2，图 22；羽叶；福建上杭矶头；早侏罗世早期。

1990　*Otozamites* sp. 1，刘明渭，202 页，图版 31，图 14,15；羽叶；山东莱阳水南；早白垩世莱阳组 3 段。

1990　*Otozamites* sp. 2，刘明渭，202 页，图版 31，图 16,17；羽叶；山东莱阳瓦屋夼；早白垩世莱阳组 1 段。

1990　*Otozamites* sp. 3，刘明渭，203 页；羽叶；山东莱阳瓦屋夼；早白垩世莱阳组 1 段。

1990a　*Otozamites* sp.，王自强、王立新，131 页，图版 20，图 14；羽叶；山西榆社屯村；早三叠世和尚沟组底部。

1990　*Otozamites* sp.，周志炎等，417,423 页，图版 1，图 3；图版 3，图 1,2；图版 4，图 5—8；插图 1A；羽叶和角质层；香港坪洲岛；早白垩世晚期阿尔布期。

1991　*Otozamites* sp.，赵立明、陶君容，图版 1，图 5；羽叶；内蒙古赤峰平庄；早白垩世杏园组。

1992　*Otozamites* sp.，李杰儒，344 页，图版 1，图 19；图版 3，图 2，3，5；羽叶和角质层；辽宁庄河大姜屯；早白垩世普兰店组。

1992　*Otozamites* sp.，孙革、赵衍华，537 页，图版 240，图 1，4；羽叶；吉林珲春金沟岭；晚侏罗世金沟岭组。

1993a　*Otozamites* sp.，吴向午，109 页。

1995　*Otozamites* sp.［Cf. *O. klipsteini* (Dunker) Seward］，曹正尧等，5 页，图版 4，图 1，1a；羽叶；福建政和大溪村附近；早白垩世南园组中段。

1995a　*Otozamites* sp.，李星学（主编），图版 110，图 6－8；图版 143，图 5；羽叶；吉林汪清罗子沟；早白垩世大拉子组。（中文）

1995b　*Otozamites* sp.，李星学（主编），图版 110，图 6－8；图版 143，图 5；羽叶；吉林汪清罗子沟；早白垩世大拉子组。（英文）

1995a　*Otozamites* sp.，李星学（主编），图版 114，图 8；羽叶；香港坪洲岛；早白垩世坪洲组。（中文）

1995b　*Otozamites* sp.，李星学（主编），图版 114，图 8；羽叶；香港坪洲岛；早白垩世坪洲组。（英文）

1997　*Otozamites* sp. 1，吴舜卿等，165 页，图版 1，图 3，3a；羽叶；香港大澳；早侏罗世晚期—中侏罗世早期大澳组。

1997　*Otozamites* sp. 2，吴舜卿等，165 页，图版 1，图 5，5a；羽叶；香港大澳；早侏罗世晚期—中侏罗世早期大澳组。

1997　*Otozamites* sp. 3，吴舜卿等，165 页，图版 1，图 4B，4Ba；羽叶；香港大澳；早侏罗世晚期—中侏罗世早期大澳组。

1999　*Otozamites* sp. 1，曹正尧，69 页，图版 20，图 10，10a；羽叶；浙江青田西山；早白垩世磨石山组 C 段。

1999　*Otozamites* sp. 2，曹正尧，69 页，图版 19，图 2，2a；羽叶；浙江永嘉澄田；早白垩世磨石山组 C 段。

1999　*Otozamites* sp. 3，曹正尧，70 页，图版 20，图 13，13a；羽叶；浙江衢县新路；早白垩世劳村组。

2000　*Otozamites* sp.，曹正尧，255 页，图版 2，图 2－11；羽叶和角质层；安徽安庆宿松毛岭；早侏罗世武昌组。

2004　*Otozamites* sp.，邓胜徽等，210，216 页，图版 2，图 6；羽叶；内蒙古阿拉善右旗雅布赖盆地红柳沟剖面；中侏罗世晚期新河组。

耳羽叶?（未定多种）*Otozamites*? spp.

1982　*Otozamites*? sp.，李佩娟、吴向午，54 页，图版 5，图 4；羽叶；四川乡城甲中；晚三叠世喇嘛垭组。

1993　*Otozamites*? sp.，王士俊，33 页，图版 14，图 18，19；图版 36，图 4，5；羽叶和角质层；广东乐昌关春；晚三叠世艮口群。

1997　*Otozamites*? sp.，吴舜卿等，165 页，图版 1，图 2；羽叶；香港大澳；早侏罗世晚期—中侏罗世早期大澳组。

厚羊齿属 Genus *Pachypteris* Brongniart，1829

1828　Brongniart，50，198 页。（裸名）

1829（1828—1838）　Brongniart，167 页。

1974　徐仁、胡雨帆,见徐仁等,272 页。

1993a　吴向午,109 页。

模式种:*Pachypteris lanceolata* Brongniart,1829

分类位置:种子蕨纲兜生种子蕨科(Corystospermaceae,Pteridospermopsida)

披针厚羊齿 *Pachypteris lanceolata* Brongniart,1829

1828　Brongniart,50,198 页。(裸名)

1829(1828-1838)　Brongniart,167 页,图版 45,图 1;蕨叶;英国;中侏罗世。

1993a　吴向午,109 页。

披针形厚羊齿(比较种) *Pachypteris* cf. *lanceolata* Brongniart

1992　谢明忠、孙景嵩,图版 1,图 7;蕨叶;河北宣化;中侏罗世下花园组。

△中国厚羊齿 *Pachypteris chinensis* Hsu et Hu,1974

1974　徐仁、胡雨帆,见徐仁等,272,图版 4,图 1,2;蕨叶;标本号:No.2500d;标本保存在中国
　　　科学院北京植物研究所;云南永仁纳拉箐;晚三叠世大荞地组中上部。〔注:此标本后
　　　被改定为 *Ctenopteris chinensis*(Hsu et Hu)Hsu(徐仁等,1975)和 *Ctenozamites
　　　chinensis*(Hsu et Hu)Hsu(徐仁等,1979)〕

1993a　吴向午,109 页。

中国厚羊齿(比较属种) Cf. *Pachypteris chinensis* Hsu et Hu

1986　叶美娜等,42 页,图版 26,图 5,5a;蕨叶;四川达县雷音铺;晚三叠世须家河组 7 段。

△乐平厚羊齿 *Pachypteris lepingensis* Yao,1968

1968　姚兆奇,见《湘赣地区中生代含煤地层化石手册》,54 页,图版 8,图 3;蕨叶;江西乐平涌
　　　山桥;晚三叠世安源组。

1977　冯少南等,218 页,图版 81,图 3,4;蕨叶;广东乐昌狗牙洞;晚三叠世小坪组。

1980　何德长、沈襄鹏,14 页,图版 5,图 2;图版 6,图 3,6;蕨叶;江西横峰刘源坑;晚三叠世安
　　　源组;广东乐昌狗牙洞;晚三叠世。

1982　王国平等,256 页,图版 116,图 8;蕨叶;江西乐平涌山桥;晚三叠世安源组。

1982　张采繁,526 页,图版 357,图 2;蕨叶;湖南宜章狗牙洞;晚三叠世。

△帕米尔厚羊齿 *Pachypteris pamirensis* Zhang,1998(中文发表)

1998　张泓等,276 页,图版 18,图 3,4;蕨叶;采集号:KS-1;登记号:MP-92081;正模:MP-
　　　92081(图版 18,图 3);标本保存在煤炭科学研究总院西安分院;新疆乌恰康苏;中侏罗
　　　世杨叶组。

△东方厚羊齿 *Pachypteris orientalis*(Zhang)Yao,1987

1982　*Thinnfeldia orientalis* Zhang,张采繁,527 页,图版 337,图 2-4;蕨叶;湖南宜章长策
　　　下坪;早侏罗世唐垅组。

1987　姚宣丽,547,552 页,图版 1,图 1-5;图版 2,图 5-8;图版 3,图 1-3;插图 1,2,3A;蕨
　　　叶和角质层;湖南衡阳杉桥;早侏罗世观音滩组搭坝口段。

菱形厚羊齿 *Pachypteris rhomboidalis*(Ettingshausen)

〔注:种名 *Pachypteris rhomboidalis*(Ettingshausen)最早由姚宣丽引用(1987)〕

1852　*Thinnfeldia rhomboidalis* Ettingshausen,2 页,图版 1,图 4—7;蕨叶;匈牙利 Steier-dorf;早侏罗世(Lias)。

1987　姚宣丽,547 页,图版 2,图 1,2;角质层;湖南零陵黄阳司王家亭子;早侏罗世观音滩组中下部。

美丽厚羊齿 *Pachypteris specifica* Feistmantel,1876

1876　Feistmantel,32 页,图版 3,图 6,6a;蕨叶;印度库奇区巴乔吉(Bhajogi,Kutch area);早白垩世(Umia)。[注:此标本后被改定为 *Sphenopteris specifica* (Feistmantel) Roy (Roy,1968)]

1993　周志炎、吴一民,122 页,图版 1,图 3,4;插图 3B,3C;蕨叶;西藏南部定日普那县;早白垩世普那组。

斯拜肯厚羊齿 *Pachypteris speikernensis* (Gothan) Frenguelli,1943

1914　*Thinnfeldia rhomboidalis* ett. forma *speikernensis* Gothan,图版 24,图 1;蕨叶;德国纽伦堡(Nuernberg);早侏罗世。

1943　Frenguelli,242,244,328 页;蕨叶;德国纽伦堡;早侏罗世。

斯拜肯厚羊齿(比较种) *Pachypteris* cf. *speikernensis* (Gothan) Frenguelli

1980　何德长、沈襄鹏,14 页,图版 5,图 2;图版 6,图 3,6;蕨叶;江西横峰刘源坑;晚三叠世安源组;广东乐昌狗牙洞;晚三叠世。

△星芒厚羊齿 *Pachypteris stellata* (Zhou) Yao,1987

1981　*Thinnfeldia stellata* Zhou,周志炎,17 页,图版 1,图 6—11;图版 2,图 8,9;蕨叶和角质层;湖南零陵黄阳司王家亭子;早侏罗世观音滩组中下部。

1987　姚宣丽,549 页,图版 2,图 3,4;角质层;湖南零陵黄阳司王家亭子;早侏罗世观音滩组中下部。

△塔里木厚羊齿 *Pachypteris tarimensis* Wu et Zhou,1996(中文和英文发表)

1996　吴舜卿、周汉忠,5,14 页,图版 4,图 1,2a;图版 12,图 1—6;蕨叶和角质层;采集号:ADP-Q4;登记号:PB16915,PB16916;标本保存在中国科学院南京地质古生物研究所;新疆库车库车河剖面;中三叠世克拉玛依组下段。(注:原文未指定模式标本)

△永仁厚羊齿 *Pachypteris yungjenensis* Hsu et Hu,1974

1974　徐仁、胡雨帆,见徐仁等,272,图版 4,图 3—6;图版 5,图 1—4;蕨叶;编号:No.729, No.730,No.886,No.2621,No.2626,No.2659;合模 1:No.886(图版 4,图 3);合模 2:No.2659(图版 5,图 4);标本保存在中国科学院北京植物研究所;云南永仁纳拉箐;晚三叠世大荞地组中部和上部。[注:依据《国际植物命名法规》(《维也纳法规》)第 37.2 条,1958 年起,模式标本只能是 1 块标本]

1978　杨贤河,500 页,图版 180,图 3;蕨叶状化石;四川渡口;晚三叠世大荞地组。

1979　徐仁等,40 页,图版 38,图 3—5;图版 39,图 2,3a;图版 40,图 2,3a;蕨叶;四川宝鼎沐浴湾、花山;晚三叠世大荞地组中部和上部。

厚羊齿(未定多种) *Pachypteris* spp.

1976　*Pachypteris* sp.,周惠琴等,208 页,图版 112,图 3;图版 114,图 1;蕨叶;内蒙古准格尔旗五字湾;中三叠世二马营组上部。

1978　*Pachypteris* sp.,周统顺,图版 15,图 5;蕨叶;福建漳平大坑;晚三叠世文宾山组。

1980　*Pachypteris* sp.,黄枝高、周惠琴,86 页,图版 5,图 1,4;图版 6,图 5;蕨叶;内蒙古准格尔旗五字湾;中三叠世二马营组上部。

1996　*Pachypteris* sp.,吴舜卿、周汉忠,5 页,图版 3,图 1;蕨叶;新疆库车库车河剖面;中三叠世克拉玛依组下段。

古维他叶属 Genus *Palaeovittaria* Feistmantel,1876

1876　Feistmantel,368 页。

1990a　王自强、王立新,131 页。

1993a　吴向午,110 页。

模式种:*Palaeovittaria kurzii* Feistmantel,1876

分类位置:种子蕨纲?(Pteridospermopsida?)

库兹古维他叶 *Palaeovittaria kurzii* Feistmantel,1876

1876　Feistmantel,368 页,图版 19,图 3,4;蕨叶;印度 Raniganj;二叠纪(Raniganj Stage)。

1993a　吴向午,110 页。

△山西古维他叶 *Palaeovittaria shanxiensis* Wang Z et Wang L,1990

1990a　王自强、王立新,131 页,图版 21,图 6-8;蕨叶;标本号:Z16-411,Z16-418,Z16-568;正模:Z16-568(图版 21,图 8);标本保存在中国科学院南京地质古生物研究所;山西榆社屯村;早三叠世和尚沟组底部。

1993a　吴向午,110 页。

△潘广叶属 Genus *Pankuangia* Kimura,Ohana,Zhao et Geng,1994

1994　Kimura 等,256 页。

模式种:*Pankuangia haifanggouensis* Kimura,Ohana,Zhao et Geng,1994

分类位置:苏铁纲苏铁目(Cycadales,Cycadopsida)

△海房沟潘广叶 *Pankuangia haifanggouensis* Kimura,Ohana,Zhao et Geng,1994

1994　Kimura T、Ohana T、赵立明、耿宝印,见 Kimura 等,257 页,图 2-4,8;叶部化石(苏铁类);标本号:L0407A,LJS-8554,LJS-8555,LJS-8690,LJS-8807[潘广定名为 *Juradico-tis elrecta* Pan (MS)];正模:LJS-8690(图 2A);标本保存在中国科学院植物研究所;辽宁锦西;中侏罗世海房沟组。[注:这些标本后被改定为 *Anomozamites haifanggouen-sis* (Kimura,Ohana,Zhao et Geng) Zheng et Zhang(郑少林等,2003)]

△蝶叶属 Genus *Papilionifolium* Cao,1999(中文和英文发表)

1999　曹正尧,102,160 页。

模式种:*Papilionifolium hsui* Cao,1999

分类位置:分类位置不明植物(plantae incertae sedis)

△徐氏蝶叶 *Papilionifolium hsui* Cao,1999(中文和英文发表)

1999　曹正尧,102,160页,图版21,图12—15;插图35;茎和叶;采集号:Zh301;登记号:PB14467—PB14470;正模:PB14469(图版21,图14);标本保存在中国科学院南京地质古生物研究所;浙江文成孔龙;早白垩世馆头组。

副苏铁属 Genus *Paracycas* Harris,1964

1964　Harris,65页。

1984　周志炎,21页。

1993a　吴向午,111页。

模式种:*Paracycas cteis* Harris,1964

分类位置:苏铁纲苏铁目(Cycadales,Cycadopsida)

梳子副苏铁 *Paracycas cteis*(Harris)Harris,1964

1952　*Cycadite cteis* Harris,614页;插图1,2;叶和角质层;英国约克郡;中侏罗世。

1964　Harris,67页;插图29;叶和角质层;英国约克郡;中侏罗世。

1993a　吴向午,111页。

梳子副苏铁(比较种)*Paracycas* cf. *cteis*(Harris)Harris

1998　张泓等,图版41,图9;羽叶;新疆乌恰康苏;中侏罗世杨叶组。

△劲直梳子?副苏铁 *Paracycas*? *rigida* Zhou,1984

1984　周志炎,21页,图版9,图2,3;羽叶;登记号:PB8863,PB8864;正模:PB8863(图版9,图2);标本保存在中国科学院南京地质古生物研究所;湖南祁阳河埠塘、衡南洲市;早侏罗世观音滩组排家冲段。

1987　何德长,73页,图版9,图1;图版11,图5;羽叶;浙江遂昌枫坪;早侏罗世早期花桥组6层。

1993a　吴向午,111页。

劲直梳子副苏铁 *Paracycas rigida* Zhou

1995a　李星学(主编),图版84,图1;羽叶;湖南祁阳河埠塘;早侏罗世观音滩组排家冲段。(中文)

1995b　李星学(主编),图版84,图1;羽叶;湖南祁阳河埠塘;早侏罗世观音滩组排家冲段。(英文)

△三峡梳子?副苏铁 *Paracycas*? *sanxiaenses* Meng,2002(中文发表)

2002　孟繁松等,311页,图版7,图1,2;羽叶;登记号:SBJ₁XP-2(1,2);正模:SBJ₁XP-2(1)(图版7,图1);副模:SBJ₁XP-2(2)(图版7,图2);标本保存在宜昌地质矿产研究所;湖北秭归贾家店;早侏罗世香溪组。

△奇异羊齿属 Genus *Paradoxopteris* Mi et Liu,1977(non Hirmer,1927)

[注:此属名为埃及晚白垩世 *Paradoxopteris* Hirmer,1927的晚出同名(见本丛书第Ⅱ分册,

吴向午,1993a,1993b);此属名后被改定为 *Mirabopteris*（Mi et Liu）Mi et Liu（米家榕等,
1993）]

1977　米家榕、刘茂强,见长春地质学院勘探系等,8 页。

1993a　吴向午,28,229 页。

1993b　吴向午,500,516 页。

模式种:*Paradoxopteris hunjiangensis* Mi et Liu,1977

分类位置:种子蕨纲（Pteridospermopsida）

△浑江奇异羊齿 *Paradoxopteris hunjiangensis* Mi et Liu,1977

1977　米家榕、刘茂强,见长春地质学院勘探系调查组等,8 页,图版 3,图 1;插图 1;蕨叶;标
　　　本号:X-08;标本保存在长春地质学院勘探系;吉林浑江石人;晚三叠世小河口组。
　　　［注:此种后被改定为 *Mirabopteris hunjiangensis*（Mi et Liu）Mi et Liu（米家榕等,
　　　1993）]

1992　孙革、赵衍华,535 页,图版 232,图 3;蕨叶;吉林浑江石人;晚三叠世小河口组。

1993a　吴向午,28,229 页。

1993b　吴向午,500,516 页。

△副镰羽叶属 Genus *Paradrepanozamites* Chen,1977

1977　陈公信,见冯少南等,236 页。

1993a　吴向午,28,230 页。

1993b　吴向午,501,516 页。

模式种:*Paradrepanozamites dadaochangensis* Chen,1977

分类位置:苏铁纲（Cycadopsida）

△大道场副镰羽叶 *Paradrepanozamites dadaochangensis* Chen,1977

1977　陈公信,见冯少南等,236 页,图版 99,图 1,2;插图 81;羽叶;标本号:P5107,P25269;合模 1:
　　　P5107(图版 99,图 1);标本保存在湖北省地质局;合模 2:P25269(图版 99,图 2);标本
　　　保存在湖北地质科学研究所;湖北南漳东巩;晚三叠世香溪群下煤组。［注:依据《国际
　　　植物命名法规》（《维也纳法规》）第 37.2 条,1958 年起,模式标本只能是 1 块标本]

1984　陈公信,601 页,图版 253,图 1;羽叶;湖北南漳东巩、小漳河;晚三叠世九里岗组。

1984　朱家楠等,541,544 页,图版 1,图 4—6;图版 2,图 2,3;羽叶;湖北西部荆门-当阳盆地;
　　　晚三叠世九里岗组。

1990　孟繁松,318 页,图版 1,图 1—3;插图 1;羽叶;湖北南漳东巩、荆门姚河;晚三叠世九里岗组。

1993a　吴向午,28,230 页。

1993b　吴向午,501,516 页。

△小副镰羽叶 *Paradrepanozamites minor* Zhu,Hu et Meng,1984

1984　朱家楠、胡雨帆、孟繁松,542,544 页,图版 2,图 4—6;羽叶;标本号:P82111,P82112;正
　　　模:P82112(图版 2,图 5);湖北西部荆门-当阳盆地;晚三叠世九里岗组。

盾籽属 Genus *Peltaspermum* Harris,1937

1937   Harris,39 页。

1984   王自强,255 页。

1993a   吴向午,113 页。

模式种:*Peltaspermum rotula* Harris,1937

分类位置:种子蕨纲盾籽种子蕨科(Peltaspermaceae,Pteridospermopsida)

圆形盾籽 *Peltaspermum rotula* Harris,1937

1932   *Lepidopteris ottoni* (Goeppert) Schimper,Harris,58 页,图版 6,图 3—6;繁殖器官;东
        格陵兰斯科斯比湾;晚三叠世(*Lepidopteris* Zone)。

1937   Harris,39 页;东格陵兰斯科斯比湾;晚三叠世(*Lepidopteris* Zone)。

1993a   吴向午,113 页。

圆形盾籽(比较种) *Peltaspermum* cf. *rotula* Harris

1990b   王自强、王立新,309 页,图版 7,图 4;孢子叶;山西石楼;中三叠世二马营组底部。

△萼状形盾籽 *Peltaspermum calycinum* Wang Z,1990

1989   王自强,见王自强、王立新,34 页,图版 5,图 8;孢子叶;山西交城窑儿头;早三叠世刘家
        沟组中上部。(裸名)

1990a   王自强,见王自强、王立新,125 页,图版 18,图 5—8;孢子叶;标本号:II2216/7-1,Z801-1,
        Is020-3;正模:Is020-3(图版 18,图 6);标本保存在中国科学院南京地质古生物研究所;
        山西和顺京上;河南义马韩村;早三叠世和尚沟组中下段。

△圆瓣形盾籽 *Peltaspermum lobulatum* Wang Z et Wang L,1989

1989   王自强、王立新,34 页,图版 5,图 1,4;孢子叶;标本号:Z02a-91,Z02-93;正模:Z02a-91
        (图版 5,图 1);标本保存在中国科学院南京地质古生物研究所;山西交城窑儿头;早三
        叠世刘家沟组中部。

1990a   王自强、王立新,125 页,图版 4,图 13;孢子叶;山西榆社屯村;早三叠世和尚沟组底部。

△奇肋盾籽 *Peltaspermum miracarinatum* Meng,1995

1995   孟繁松等,22 页,图版 6,图 6,7;插图 7;孢子叶;登记号:BP93063,BP93064;标本保存
        在宜昌地质矿产研究所;湖南桑植洪家关;中三叠世巴东组 2 段。(注:原文未指定模
        式标本)

1996b   孟繁松,图版 3,图 4,5;带种子的大孢子叶;湖南桑植洪家关;中三叠世巴东组 2 段。

2000   孟繁松等,53 页,图版 17,图 10,11;插图 22;孢子叶;湖南桑植洪家关;中三叠世巴东组 2 段。

△多脊盾籽 *Peltaspermum multicostatum* Zhang et Shen,1987

1987   张泓、沈光隆,206 页,图版 1,图 1—3;孢子叶盘;采集号:Qd44;登记号:Lp80165,
        Lp80166;正模:Lp80165(图版 1,图 1,2);副模:Lp80166(图版 1,图 3);标本保存在兰
        州大学地质系;甘肃肃南草岭大坂;晚二叠世肃南组。

1995a   *Peltaspermum* sp.,李星学(主编),图版 65,图 8;孢子叶盘;湖南桑植洪家关;中三叠世

巴东组2段。(中文)

1995b *Peltaspermum* sp.,李星学(主编),图版65,图8;孢子叶盘;湖南桑植洪家关;中三叠世巴东组2段。(英文)

1995 孟繁松等,22页,图版6,图4,5;孢子叶;湖南桑植洪家关;中三叠世巴东组2段。

1996b 孟繁松,图版3,图2,3;大孢子叶;湖南桑植洪家关;中三叠世巴东组2段。

2000 孟繁松等,53页,图版17,图1—6;孢子叶;湖南桑植洪家关;中三叠世巴东组2段。

盾籽(未定多种) *Peltaspermum* spp.

1990b *Peltaspermum* sp.,王自强、王立新,309页,图版7,图5;大孢子叶;山西武乡司庄;早三叠世二马营组底部。

1992b *Peltaspermum* sp.,孟繁松,178页,图版8,图13,13a;繁殖器官;海南琼海九曲江文山上村;早三叠世岭文组。

1995a *Peltaspermum* sp.,李星学(主编),图版62,图12;繁殖器官;海南岛琼海九曲江文山上村;早三叠世岭文组。(中文)

1995b *Peltaspermum* sp.,李星学(主编),图版62,图12;繁殖器官;海南岛琼海九曲江文山上村;早三叠世岭文组。(英文)

?盾籽(未定种) ?*Peltaspermum* sp.

1984 ?*Peltaspermum* sp.,王自强,255页,图版121,图3—5;繁殖器官;山西石楼;中三叠世二马营组。

1993a ?*Peltaspermum* sp.,吴向午,113页。

△雅观木属 Genus *Perisemoxylon* He et Zhang,1993

1993 何德长、张秀仪,262,264页。

模式种:*Perisemoxylon bispirale* He et Zhang,1993

分类位置:苏铁纲苏铁目(Cycadales,Cycadopsida)

△双螺纹雅观木 *Perisemoxylon bispirale* He et Zhang,1993

1993 何德长、张秀仪,262,264页,图版1,图1,2;图版2,图5;图版4,图3;丝炭化石;采集号:No.9001,No.9002;登记号:S006,S007;正模:S006(图版1,图1);副模:S007(图版1,图2);标本保存在煤炭科学研究总院西安分院;河南义马;中侏罗世。

雅观木(未定种) *Perisemoxylon* sp.

1993 *Perisemoxylon* sp.,何德长、张秀仪,263页,图版2,图1—4;丝炭化石;河南义马;中侏罗世。

△贼木属 Genus *Phoroxylon* Sze,1951

1951b 斯行健,443,451页。

1963 斯行健、李星学等,345页。

1993a 吴向午,29,231页。

1993b 吴向午,502,517 页。

模式种:*Phoroxylon scalari forme* Sze,1951

分类位置:本内苏铁目(Bennetittales)

△梯纹状贼木 *Phoroxylon scalari forme* Sze,1951

1951b 斯行健,443,451 页,图版 5,图 2,3;图版 6,图 1—4;图版 7,图 1—4;插图 3A—3E;木化石;黑龙江鸡西城子河;晚白垩世。

1954a 斯行健,347 页,图版 1,图 1—4;图版 2,图 1—3;木化石;辽宁朝阳瓦房子;早白垩世;图版 2,图 4;图版 3,图 1—4;图版 4,图 1—4;木化石;黑龙江鸡西城子河;晚白垩世。

1954b 斯行健,527 页,图版 1,图 1—4;图版 2,图 1—3;木化石;辽宁朝阳瓦房子;早白垩世;图版 2,图 4;图版 3,图 1—4;图版 4,图 1—4;木化石;黑龙江鸡西城子河;晚白垩世。

1963 斯行健、李星学等,345 页,图版 117,图 1—7;插图 70;木化石;黑龙江鸡西城子河;晚白垩世(?);辽宁朝阳瓦房子;白垩纪(?)。

1993a 吴向午,29,231 页。

1993b 吴向午,502,517 页。

△多列椭线贼木 *Phoroxylon multi forium* Zheng et Zhang,1980

1980 郑少林、张武,见张武等,307 页,图版 167,图 1—6;木化石;登记号:IX2P12L2;标本保存在沈阳地质矿产研究所;黑龙江扎赉特旗白彦蛤德;晚侏罗世兴安岭群(?)。

△茄子河贼木 *Phoroxylon qieziheense* Zheng et Zhang,1982

1982 郑少林、张武,332 页,图版 32,图 1—10;木化石;登记号:HP58;标本保存在沈阳地质矿产研究所;黑龙江勃利茄子河;早白垩世城子河组。

原始鸟毛蕨属 Genus *Protoblechnum* Lesquereux,1880

1880 Lesquereux,188 页。

1956a 斯行健,41,148 页。

1963 斯行健、李星学等,141 页。

1993a 吴向午,122 页。

模式种:*Protoblechnum holdeni*（Andrews）Lesquereux,1880

分类位置:种子蕨纲盔形种子蕨科(Corystospermaceae,Pteridospermopsida)

霍定原始鸟毛蕨 *Protoblechnum holdeni*（Andrews）Lesquereux,1880

1875 *Alethopteris holdeni* Andrews,420 页,图版 51,图 1,2;蕨叶状化石;美国俄亥俄州拉什维尔(Rushville);石炭纪。

1880 Lesquereux,188 页;蕨叶状化石;美国俄亥俄州拉什维尔;石炭纪。

1993a 吴向午,122 页。

休兹原始鸟毛蕨 *Protoblechnum hughesi*（Feistmental）Halle,1927

1882 Feistmantel,25 页,图版 4,图 1;图版 5,图 1,2;图版 6,图 1,2;图版 7,图 1,2;图版 8,图 1—5;图版 9,图 4;图版 10,图 1;图版 17,图 1;蕨叶;印度(Parsora);晚三叠世(Parsora Stage)。

1927b Halle,134 页。

?休兹原始鸟毛蕨 ?*Protoblechnum hughesi*（Feistmental）Halle
1956a 斯行健,41,148 页,图版 46,图 1—6;图版 9,图 2—5;图版 10,图 1,2;图版 12,图 7;蕨叶;
陕西安定窑坪,宜君四郎庙炭河沟,绥德叶家坪、三十里铺、高家庵;晚三叠世延长层。
1956b 斯行健,462,470 页,图版 2,图 4;蕨叶;新疆准噶尔盆地克拉玛依;晚三叠世晚期延长
层上部。
1963 斯行健、李星学等,141 页,图版 48,图 1;蕨叶;陕西安定盘龙窑坪,宜君四郎庙,绥德高
家庵、叶家坪、三十里铺;晚三叠世延长下部和上部;内蒙古阿拉善旗(?);晚三叠世;广
东花县(?);晚三叠世小坪群。
1965 曹正尧,518 页,图版 3,图 1;插图 6;蕨叶;广东高明松柏坑;晚三叠世小坪组。
1977 冯少南等,216 页,图版 81,图 2;蕨叶;河南济源;晚三叠世延长群;广东高明;晚三叠世
小坪组。
1980 黄枝高、周惠琴,85 页,图版 33,图 1;图版 34,图 4;蕨叶;陕西铜川柳林沟、焦平,神木
高家塔;晚三叠世延长组中上部。
1982 刘子进,129 页,图版 67,图 1,2;蕨叶;陕西安定蟠龙,宜君四郎庙,绥德高家庵、叶家
坪、三十里铺,神木高家塔;晚三叠世延长群。
1984 王自强,253 页,图版 116,图 1,2;蕨叶;山西宁武;中—晚三叠世延长群。
1993a 吴向午,122 页。

△壮观?原始鸟毛蕨 *Protoblechnum*? *magnificum* Meng,1983
1983 孟繁松,224 页,图版 1,图 7;图版 2,图 5;蕨叶;登记号:D76008,D76009;正模:D76008
(图版 1,图 7);标本保存在宜昌地质矿产研究所;湖北南漳东巩;晚三叠世九里岗组。

△南漳?原始鸟毛蕨 *Protoblechnum*? *nanzhangense* Meng,1983
1983 孟繁松,225 页,图版 2,图 1,2;蕨叶;登记号:D76012,D76013;合模 1:D76012(图版 2,
图 1);合模 2(图版 2,图 2);标本保存在宜昌地质矿产研究所;湖北南漳东巩;晚三叠世
九里岗组。[注:依据《国际植物命名法规》(《维也纳法规》)第 37.2 条,1958 年起,模式
标本只能是 1 块标本]

△翁氏原始鸟毛蕨 *Protoblechnum wongii* Halle,1927
[注:此种后被改定为 *Compsopteris wongii*（Halle）Zal.（《中国古生代植物》编写小组,1974）]
1927 Halle,135 页,图版 35,36;图版 64,图 12;蕨叶;山西中部;早二叠世下石盒子系、上石
盒子系。
1976 周惠琴等,208 页,图版 109,图 6,7;图版 110,图 1;图版 111,图 1—3;图版 112,图 1,2;
图版 113,图 1;蕨叶;内蒙古准格尔旗五字湾;中三叠世二马营组上部。
1980 黄枝高、周惠琴,85 页,图版 2,图 5;图版 3,图 1,2;图版 4,图 2;蕨叶;内蒙古准格尔旗
五字湾;中三叠世二马营组上部。

原始鸟毛蕨（未定种） *Protoblechnum* sp.
1979 *Protoblechnum* sp.,何元良等,145 页,图版 68,图 6;蕨叶;青海都兰八宝山;晚三叠世八
宝山群。

假篦羽叶属 Genus *Pseudoctenis* Seward,1911

1911   Seward,692 页。

1931   斯行健,59 页。

1963   斯行健、李星学等,194 页。

1993a   吴向午,123 页。

模式种:*Pseudoctenis eathiensis*（Richard）Seward,1911

分类位置:苏铁纲苏铁目（Cycadales,Cycadopsida）

伊兹假篦羽叶 *Pseudoctenis eathiensis*（Richard）Seward,1911

1911   Seward,692 页,图版 4,图 62,67;图版 7,图 11,12;图版 8,图 32;羽叶碎片;苏格兰;侏罗纪。

1980   张武等,278 页,图版 143,图 1,2;羽叶;辽宁北票;中侏罗世海房沟组。

1993a   吴向午,123 页。

△二叉假篦羽叶 *Pseudoctenis bifurcata* Chen et Zhang,1979

1979c   陈晔、张玉成,见陈晔等,270 页,图版 1,图 2,3;羽叶;标本号:No. 6861,No. 6862,No. 6864;合模:No. 6861,No. 6862(图版 1,图 2,3);标本保存在中国科学院植物研究所古植物研究室;四川盐边红泥煤田;晚三叠世大荞地组。［注:依据《国际植物命名法规》（《维也纳法规》）第 37.2 条,1958 年起,模式标本只能是 1 块标本］

短羽假篦羽叶 *Pseudoctenis brevipennis* Ôishi,1940

1940   Ôishi,322 页,图版 28,图 5;羽叶;日本福岛;早白垩世领石群（Ryoseki Series）。

1987   张武、郑少林,301 页,图版 28,图 13—13b;羽叶;辽宁南票后富隆山;中侏罗世海房沟组。

粗脉假篦蕉羽叶 *Pseudoctenis crassinervis* Seward,1911

1911   Seward,691 页,图版 4,图 69;羽叶;色什兰都（Southland）;侏罗纪。

粗脉假篦蕉羽叶（比较种）*Pseudoctenis* cf. *crassinervis* Seward

1931   斯行健,59 页,图版 5,图 5,6;羽叶;辽宁阜新孙家沟;早侏罗世（Lias）。

1963   斯行健、李星学等,195 页,图版 59,图 5;羽叶;辽宁阜新孙家沟;晚侏罗世。

1980   张武等,278 页,图版 176,图 3;羽叶;辽宁阜新孙家沟;早白垩世(?)。

1993a   吴向午,123 页。

△大叶假篦羽叶 *Pseudoctenis gigantea* Hsu et Chen,1975

1975   徐仁、陈晔,见徐仁等,73,图版 4;羽叶;登记号:No. 2754;标本保存在中国科学院植物研究所;云南永仁纳拉箐;晚三叠世大荞地组下部。

1978   杨贤河,522 页,图版 158,图 4;羽叶;四川渡口;晚三叠世大荞地组。

1979   徐仁等,49 页,图版 48;羽叶;四川宝鼎;晚三叠世大荞地组下部。

1989   梅美棠等,98 页,图版 54;羽叶;华南地区;晚三叠世。

1992   孙革、赵衍华,541 页,图版 238,图 2,4;羽叶;吉林汪清马鹿沟;晚三叠世马鹿沟组。

1993   孙革,80 页,图版 21,图 3,4;羽叶;吉林汪清鹿圈子村北山;晚三叠世马鹿沟组。

△合川假篦羽叶 *Pseudoctenis hechuanensis* Duan et Chen, 1982

1982　段淑英、陈晔,504 页,图版 12,图 1;羽叶;登记号:No. 7125;正模:No. 7125(图版 12, 图 1);标本保存在中国科学院植物研究所;四川合川炭坝;晚三叠世须家河组。

1993　王士俊,44 页,图版 17,图 1;羽叶;广东乐昌安口;晚三叠世艮口群。

赫氏假篦羽叶 *Pseudoctenis herriesi* Harris, 1946

1946　Harris,829 页;插图 4—6;羽叶;英国约克郡;中侏罗世。

赫氏假篦羽叶(比较种) *Pseudoctenis* cf. *herriesi* Harris

2002　吴向午等,162 页,图版 9,图 6a,14;图版 10,图 2—5a;羽叶;甘肃金昌青土井;中侏罗世宁远堡组下段;甘肃张掖白乱山;早—中侏罗世潮水群。

△徐氏假篦羽叶 *Pseudoctenis hsui* Lee P, 1964

1964　李佩娟,132,174 页,图版 15,图 1—4;插图 7;羽叶和角质层;采集号:BA326(6);登记号:PB2834;标本保存在中国科学院南京地质古生物研究所;四川广元须家河;晚三叠世须家河组。

1978　杨贤河,522 页,图版 180,图 4;羽叶;四川广元须家河;晚三叠世须家河组。

兰氏假篦羽叶 *Pseudoctenis lanei* Thomas, 1913

1913　Thomas,242 页,图版 24,图 4;图版 26;羽叶;英国约克郡;中侏罗世。

兰氏假篦羽叶(比较种) *Pseudoctenis* cf. *lanei* Thomas

1984　王自强,269 页,图版 128,图 6;羽叶;内蒙古察哈尔右翼中旗;早侏罗世南苏勒图组。

△长叶假篦羽叶 *Pseudoctenis longiformis* Zhang, 1982

1982　张采繁,534 页,图版 350,图 5;羽叶;登记号:HP02;正模:HP02(图版 350,图 5);标本保存在湖南省地质博物馆;湖南宜章长策下坪;早侏罗世唐垅组。

△绵竹假篦羽叶 *Pseudoctenis mianzhuensis* Wu, 1999(中文发表)

1999b　吴舜卿,40 页,图版 34,图 1,6;图版 35,图 1,3;羽叶;登记号:PB10702,PB10703, PB10708,PB10709;合模 1:PB10702(图版 34,图 1);合模 2:PB10703(图版 34,图 6);标本保存在中国科学院南京地质古生物研究所;四川绵竹金花;晚三叠世须家河组。[注:依据《国际植物命名法规》《维也纳法规》第 37.2 条,1958 年起,模式标本只能是 1 块标本]

△较小? 假篦羽叶 *Pseudoctenis*? *minor* (Cao, Liang et Ma) Cao, 1999(中文和英文发表)

1995　*Zamiophyllum*? *minor* Cao, Liang et Ma,曹正尧等,7 页,图版 1,图 8;羽叶;福建政和大溪村附近;早白垩世南园组中段。

1999　曹正尧,65,148 页,图版 17,图 2—4;图版 22,图 9;羽叶;浙江文成徐山村、临海山头何、黄岩平田;早白垩世馆头组。

多脂假篦羽叶 *Pseudoctenis oleosa* Harris, 1949

1949　Harris,580 页;插图 8A,8B,9;羽叶和角质层;英国约克郡;中侏罗纪。

1987　张武、郑少林,301 页,图版 24,图 2;羽叶;辽宁北票长皋蛇不歹;中侏罗世蓝旗组。

多脂假篦羽叶(比较种) *Pseudoctenis* cf. *oleosa* Harris

1988　李佩娟等,80 页,图版 63,图 5;羽叶;青海大柴旦大煤沟;早侏罗世火烧山组 *Cladophlebis* 层。

△厚叶假篦羽叶 *Pseudoctenis pachyphylla* Chen et Duan, 1979

1979c 陈晔、段淑英，见陈晔等，271页，图版2，图1；羽叶；标本号：No. 6907，No. 6978，No. 7062，No. 7063，No. 7065；正模：No. 6907（图版2，图1）；标本保存在中国科学院植物研究所古植物研究室；四川盐边红泥煤田；晚三叠世大荞地组。

△美丽假篦羽叶 *Pseudoctenis pulchra* Wu, 1999（中文发表）

1999b 吴舜卿，41页，图版35，图8；羽叶；采集号：f47-5；登记号：PB10715；正模：PB10715（图版35，图8）；标本保存在中国科学院南京地质古生物研究所；四川会理福安村；晚三叠世白果湾组。

△棒状假篦羽叶 *Pseudoctenis rhabdoides* Li et Hu, 1984

1984 厉宝贤、胡斌，141页，图版4，图1—3；羽叶；登记号：PB10428A，PB10429，PB10430；正模：PB10428A（图版4，图1）；标本保存在中国科学院南京地质古生物研究所；山西大同；早侏罗世永定庄组。

△铁山假篦羽叶 *Pseudoctenis tieshanensis* Huang, 1992

1992 黄其胜，175页，图版18，图2，3，3a；羽叶；采集号：SD20；登记号：SD87006，SD87008；标本保存在中国地质大学（武汉）古生物教研室；四川达县铁山；晚三叠世须家河组7段；四川广元须家河；晚三叠世须家河组3段。（注：原文未指定模式标本）

△剑形假篦羽叶 *Pseudoctenis xiphida* Ye et Huang, 1986

［注：此种名后被改定为 *Pterophyllum xiphida*（Ye et Huang）Wang, 1993（王士俊，1993）］

1986 叶美娜、黄国清，见叶美娜等，62页，图版44，图5，5a；羽叶；标本保存在四川省煤田地质公司一三七队；四川达县铁山金窝；晚三叠世须家河组7段。

假篦羽叶（未定多种）*Pseudoctenis* spp.

1978 *Pseudoctenis* sp.，周统顺，图版26，图5；羽叶；福建武平龙井；晚三叠世大坑组上段。

1979 *Pseudoctenis* sp.，徐仁等，49页，图版46，图3；羽叶；四川宝鼎龙树湾；晚三叠世大荞地组中部。

1982 *Pseudoctenis* sp.1，李佩娟、吴向午，54页，图版21，图2；羽叶；四川乡城三区上热坞村；晚三叠世喇嘛垭组。

1982 *Pseudoctenis* sp.2，李佩娟、吴向午，54页，图版5，图4；羽叶；四川义敦热柯区章纳；晚三叠世喇嘛垭组。

1983 *Pseudoctenis* sp.，李杰儒，23页，图版3，图3；羽叶；辽宁南票后富隆山盘道沟；中侏罗世海房沟组1段。

1986 *Pseudoctenis* sp.1，叶美娜等，63页，图版43，图2，2a；羽叶；四川达县铁山金窝；早侏罗世珍珠冲组。

1986 *Pseudoctenis* sp.2，叶美娜等，63页，图版42，图2；羽叶；四川开县温泉；早侏罗世珍珠冲组。

1993 *Pseudoctenis* sp.1，米家榕等，120页，图版27，图2；图版45，图4a；羽叶；吉林汪清天桥岭；晚三叠世马鹿沟组。

1993 *Pseudoctenis* sp.2，米家榕等，120页，图版30，图2；羽叶；河北承德上谷；晚三叠世杏石口组。

1996 *Pseudoctenis* sp.，黄其胜等，图版2，图8；羽叶；四川开县温泉；早侏罗世珍珠冲组下部6层。

1999b *Pseudoctenis* sp.1，吴舜卿，41页，图版32，图4；羽叶；四川旺苍金溪；晚三叠世须家河组。

1999b　*Pseudoctenis* sp. 2,吴舜卿,41 页,图版 1,图 2;羽叶;四川威远新场黄石板;晚三叠世须家河组。

2000　*Pseudoctenis* sp.,曹正尧,256 页,图版 2,图 12—14;图版 3,图 1—4;羽叶和角质层;江苏江都;早侏罗世陵园组。

2001　*Pseudoctenis* sp.,黄其胜,图版 1,图 7;羽叶;四川开县温泉;早侏罗世珍珠冲组Ⅱ段 6 层。

? 假箆羽叶(未定种) ? *Pseudoctenis* sp.

1980　? *Pseudoctenis* sp.,何德长、沈襄鹏,24 页,图版 13,图 1,3;羽叶;湖南浏阳澄潭江;晚三叠世安源组。

假箆羽叶?(未定种) *Pseudoctenis*? sp.

1999　*Pseudoctenis*? sp.,曹正尧,65 页,图版 19,图 6;羽叶;浙江文成徐山村;早白垩世馆头组。

假苏铁属 Genus *Pseudocycas* Nathorst,1907

1907　Nathorst,4 页。

1954　徐仁,60 页。

1963　斯行健、李星学等,173 页。

1993a　吴向午,123 页。

模式种:*Pseudocycas insignis* Nathorst,1907

分类位置:苏铁纲本内苏铁目(Bennettiales,Cycadopsida)

特殊假苏铁 *Pseudocycas insignis* Nathorst,1907

1907　Nathorst,4 页,图版 1,图 1—5;图版 2,图 1—9;图版 3,图 1;羽叶;瑞典(Hoer);早侏罗世(Lias)。

1993a　吴向午,123 页。

△满洲假苏铁 *Pseudocycas manchurensis* (Ôishi) Hsu,1954

1935　*Cycadites manchurensis* Ôishi,85 页,图版 6,图 4,4a,4b,5,6;插图 3;羽叶和角质层;黑龙江东宁煤田;晚侏罗世或早白垩世。

1954　徐仁,60 页,图版 48,图 4,5;羽叶;黑龙江东宁;晚侏罗世。

1963　斯行健、李星学等,174 页,图版 66,图 1—3;羽叶和角质层;黑龙江东宁;晚侏罗世。

1980　张武等,270 页,图版 169,图 3;羽叶;黑龙江东宁;早白垩世穆棱组。

1993a　吴向午,123 页。

栉形?假苏铁 *Pseudocycas*? *pecten* (Ôishi)

[注:种名 *Pseudocycas*? *pecten* (Ôishi)由周志炎等引用(1980)]

1935　*Nilssonia pecten* Ôishi,83 页,图版 7;图版 8,图 2;插图 2;羽叶;黑龙江东宁煤田;晚侏罗世或早白垩世。

1980　周志炎等,66,72 页;羽叶;黑龙江鸡西麻山;早白垩世穆棱组。

1982b　*Pseudocycas*? *pecten* Ôishi,郑少林、张武,310 页;羽叶;黑龙江鸡西麻山;早白垩世穆棱组。

假苏铁（未定种）*Pseudocycas* sp.

1983 *Pseudocycas* sp.,陈芬、杨关秀,133 页,图版 17,图 6;羽叶;西藏狮泉河地区;早白垩世日松群上部。

假苏铁?（未定种）*Pseudocycas*? sp.

1999 *Pseudocycas*? sp.,曹正尧,79 页,图版 15,图 11,11a;羽叶;浙江永嘉槎川;早白垩世磨石山组 C 段。

假丹尼蕨属 Genus *Pseudodanaeopsis* Fontaine,1883

1883 Fontaine,59 页。

1979 李佩娟、何元良,见何元良等,147 页。

1993a 吴向午,124 页。

模式种:*Pseudodanaeopsis seticulata* Fontaine,1883

分类位置:真蕨纲? 或种子蕨纲?（Pteridospermopsida? or Filicopsida?）

刚毛状假丹尼蕨 *Pseudodanaeopsis seticulata* Fontaine,1883

1883 Fontaine,59 页,图版 30,图 1—4;蕨叶;美国弗吉尼亚克拉佛山;三叠纪。

1993a 吴向午,124 页。

△中国假丹尼蕨 *Pseudodanaeopsis sinensis* Li et He,1979

1979 李佩娟、何元良,见何元良等,147 页,图版 69,图 2—3a;蕨叶;采集号:XIF038;登记号:PB6371,PB6372;标本保存在中国科学院南京地质古生物研究所;青海都兰超木超河上游;晚三叠世八宝山群。（注:原文未指定模式标本）

1983 何元良,187 页,图版 29,图 1,2;蕨叶;青海祁连尕勒得寺;晚三叠世默勒群尕勒得寺组。

1993a 吴向午,124 页。

假丹尼蕨（未定种）*Pseudodanaeopsis* sp.

1983 *Pseudodanaeopsis* sp.,何元良,187 页,图版 29,图 3,4;蕨叶;青海祁连尕勒得寺;晚三叠世默勒群尕勒得寺组。

△假带羊齿属 Genus *Pseudotaeniopteris* Sze,1951

1951a 斯行健,83 页。

1963 斯行健、李星学等,362 页。

1993a 吴向午,29,231 页。

1993b 吴向午,507,517 页。

模式种:*Pseudotaeniopteris piscatorius* Sze,1951

分类位置:疑问化石（Problemticum）

△鱼形假带羊齿 *Pseudotaeniopteris piscatorius* Sze,1951

1951a 斯行健,83 页,图版 1,图 1,2;疑问化石;辽宁本溪工源;早白垩世。

1963　斯行健、李星学等,362 页,图版 103,图 2,2a;疑问化石;辽宁本溪太子河南岸小东沟;
　　　早白垩世大明山群。

1993a 吴向午,29,231 页。

1993b 吴向午,507,517 页。

侧羽叶属 Genus *Pterophyllum* Brongniart,1828

1828　Brongniart,95 页。

1883　Schenk,247 页。

1963　斯行健、李星学等,152 页。

1993a 吴向午,125 页。

模式种:*Pterophyllum longifolium* Brongniart,1828

分类位置:苏铁纲本内苏铁目(Bennettiales,Cycadopsida)

长叶侧羽叶 *Pterophyllum longifolium* Brongniart,1828

1822(1822—1823)　　*Aigacites filicoides* Schlotheim,图版 4,图 2;羽叶;瑞士;晚三叠世。

1828　Brongniart,95 页。

1979　徐仁等,54 页,图版 50,图 5—7;插图 16;羽叶;四川宝鼎干巴塘、花山;晚三叠世大荞地
　　　组中上部。

1983　孟繁松,226 页,图版 3,图 6;羽叶;湖北南漳东巩陈家湾;晚三叠世九里岗组。

1987　孟繁松,248 页,图版 32,图 4;羽叶;湖北南漳东巩;晚三叠世九里岗组。

1993a 吴向午,125 页。

等形侧羽叶 *Pterophyllum aequale*（Brongniart）Nathorst,1878

1825　*Nilssonia aequalis* Brongniart,219 页,图版 12,图 6;羽叶;瑞士;早侏罗世。

1878　Nathorst,18 页,图版 2,图 13;羽叶;瑞士;早侏罗世。

1883　Schenk,247 页,图版 48,图 7;羽叶;内蒙古土木路察哈尔右旗(?);侏罗纪。[注:此标
　　　本后被改定为 *Pterophyllum richthofeni* Schenk(斯行健、李星学等,1963)]

1920　*Pterophyllum aequale* Brongniart,Yabe et Hayasaka,图版 5,图 11;羽叶;江西萍乡胡
　　　家坊;晚三叠世(Rhaetic)—早侏罗世(Lias)。

1929a *Pterophyllum aequale* Brongniart,Yabe et Ôishi,93 页,图版 18,图 4;图版 20,图 3;羽
　　　叶;江西萍乡胡家坊;晚三叠世—早侏罗世。

1931　*Pterophyllum aequale* Brongniart,斯行健,11 页,图版 2,图 5;羽叶;江西萍乡;早侏罗
　　　世(Lias)。

1933c 斯行健,20 页,图版 4,图 2—7;羽叶;四川宜宾;晚三叠世晚期—早侏罗世。

1942b 斯行健,189 页,图版 1,图 1—4;羽叶;湖南醴陵石门口;晚三叠世—早侏罗世[注:此标
　　　本后被改定为 *Cycadolepophyllum aequale* Yang(杨贤河,1978)]

1949　斯行健,15 页,图版 12,图 8;羽叶;湖北当阳白石岗、畚子沟;早侏罗世香溪煤系。

1950　Ôishi,100 页;四川,江西;早侏罗世。

1952　斯行健、李星学,8,27 页,图版 3,图 1—6a;图版 4,图 6;图版 6,图 5;羽叶;四川巴县一
　　　品场、威远矮山子;早侏罗世。

1954　徐仁,57 页,图版 50,图 5;羽叶;江西萍乡安源,湖南醴陵石门口,云南广通一平浪,四川威远;晚三叠世(Rhaetic)。

1956　李星学,18 页,图版 5,图 6;羽叶;四川巴县;早侏罗世香溪煤系。

1962　李星学等,147 页,图版 87,图 5;羽叶;长江流域;晚三叠世—早侏罗世。

1963　周惠琴,174 页,图版 74,图 1;羽叶;广东五华;晚三叠世。

1963　斯行健、李星学等,152 页,图版 60,图 5,6;图版 69,图 7—8a;图版 71,图 9;羽叶,四川开江、威远,江西丰城、高要、萍乡,湖南醴陵、资兴,广东乐昌、花县、恩平,云南;晚三叠世—早侏罗世。

1964　李星学等,128 页,图版 77,图 1,2;羽叶;华南地区;晚三叠世晚期—早侏罗世。

1968　《湘赣地区中生代含煤地层化石手册》,55 页,图版 11,图 1—5;图版 16,图 5;羽叶;湘赣地区;晚三叠世—早侏罗世。

1974　胡雨帆等,图版 1,图 6;羽叶;四川雅安观化煤矿;晚三叠世。

1974a　李佩娟等,358 页,图版 191,图 1—4;羽叶;四川彭县磁峰场;晚三叠世须家河组。

1976　李佩娟等,118 页,图版 33,图 8—10;羽叶;云南禄丰一平浪;晚三叠世一平浪组干海子段。

1977　冯少南等,229 页,图版 82,图 1,2;羽叶;湖北远安、秭归;早一中侏罗世香溪群上煤组;湖南醴陵;晚三叠世安源组;广东乐昌、花县、恩平;晚三叠世小坪组。

1978　陈其奭等,图版 1,图 3;羽叶;浙江义乌乌灶;晚三叠世乌灶组。

1978　杨贤河,506 页,图版 157,图 5,6;图版 163,图 5;羽叶;四川彭县磁峰场、大邑太平;晚三叠世须家河组。

1978　张吉惠,481 页,图版 162,图 8;羽叶;贵州六枝郎岱;晚三叠世。

1978　周统顺,108 页,图版 21,图 5,6;羽叶;福建漳平大坑、上杭矶头;晚三叠世大坑组上段、文宾山组。

1979　徐仁等,52 页,图版 49,图 1;羽叶;四川宝鼎花山;晚三叠世大荞地组中上部。

1980　何德长、沈襄鹏,16 页,图版 5,图 4;图版 8,图 4;羽叶;湖南浏阳澄潭江;晚三叠世安源组、三丘田组。

1982　段淑英、陈晔,501 页,图版 8,图 6—8;羽叶;四川合川炭坝、大竹枊档湾、宣汉七里峡;晚三叠世须家河组。

1982　李佩娟、吴向午,49 页,图版 9,图 3;羽叶;四川稻城贡岭区木拉乡坎都村;晚三叠世喇嘛垭组。

1982　王国平等,259 页,图版 115,图 6;羽叶;福建漳平大坑;晚三叠世大坑组;江西丰城攸洛;晚三叠世安源组。

1982　杨贤河,477 页,图版 9,图 3,4;羽叶;四川威远葫芦口;晚三叠世须家河组。

1982　张采繁,529 页,图版 340,图 8;羽叶;湖南醴陵石门口、株洲华石、衡阳水寺、辰溪五一煤矿;晚三叠世。

1983　李杰儒,图版 2,图 5—7;羽叶;辽宁南票后富隆山盘道沟;中侏罗世海房沟组 3 段。

1984　陈公信,588 页,图版 243,图 1,2;羽叶;湖北荆门烟墩;早侏罗世桐竹园组。

1987　陈晔等,110 页,图版 16,图 5,6;图版 27,图 6—8;羽叶;四川盐边箐河;晚三叠世红果组。

1989　梅美棠等,99 页,图版 50,图 4;羽叶;中国;晚三叠世—侏罗纪。

1992　谢明忠、孙景嵩,图版 1,图 9;羽叶;河北宣化;中侏罗世下花园组。

1993　王士俊,18 页,图版 7,图 2,6;图版 9,图 6;图版 26,图 5—8;羽叶和角质层;广东乐昌关春;晚三叠世艮口群。

1993a　吴向午,125 页。

1999b 吴舜卿,29 页,图版 24,图 3—6;羽叶;贵州六枝郎岱;晚三叠世火把冲组;四川会理麻坪子;晚三叠世白果湾组。

2000 姚华舟等,图版 3,图 1;羽叶;四川新龙雄龙西乡英珠娘阿;晚三叠世喇嘛垭组。

等形侧羽叶? *Pterophyllum aequale*? (Brongniart) Nathorst
1956 敖振宽,23 页,图版 4,图 4;羽叶;广东广州小坪;晚三叠世小坪煤系。

等形侧羽叶(比较种) *Pterophyllum* cf. *aequale* (Brongniart) Nathorst
1982b 吴向午,90 页,图版 20,图 3;羽叶;西藏昌都希雄煤点;晚三叠世巴贡组上段。

1986a 陈其奭,449 页,图版 2,图 8;羽叶;浙江衢县茶园里;晚三叠世茶园里组。

1986b 陈其奭,10 页,图版 3,图 7;羽叶;浙江义乌乌灶;晚三叠世乌灶组。

1987a 钱丽君等,图版 22,图 5;羽叶;陕西神木西沟大砭窑;中侏罗世延安组 1 段底部。

△狭细形侧羽叶 *Pterophyllum angustifolium* Deng,1991
1991 邓胜徽,152,155 页,图版 2,图 6—10;羽叶和角质层;标本号:H1012,H1013;标本保存在中国地质大学(北京);内蒙古霍林河盆地;早白垩世霍林河组下含煤段。(注:原文未指定模式标本)

1995b 邓胜徽,36 页,图版 16,图 5;图版 19,图 2;图版 21,图 1,1a;图版 33,图 4—6;图版 34,图 4;插图 13;羽叶和角质层;内蒙古霍林河盆地;早白垩世霍林河组。

1996 郑少林、张武,图版 2,图 1—5;叶和角质层;吉林辽源煤田;早白垩世长安组。

狭细侧羽叶 *Pterophyllum angustum* (Braun) Gothan,1914
1843 *Ctenis angusta* Braun,39 页,图版 11,图 2a,2b;羽叶;德国;晚三叠世。

1914 Gothan,46 页,图版 26,图 3;羽叶;德国;晚三叠世

1929a Yabe,Ôishi,96 页,图版 18,图 5;图版 19,图 5,5a,6;羽叶;湖南浏阳南乡煤田;晚三叠世。

1963 斯行健、李星学等,153 页,图版 60,图 2,3;羽叶;湖南浏阳;晚三叠世安源组(?);黑龙江东宁;晚侏罗世。

1974 胡雨帆等,图版 2,图 3;羽叶;四川雅安观化煤矿;晚三叠世。

1977 冯少南等,230 页,图版 82,图 8;羽叶;湖南浏阳澄潭江;晚三叠世安源组;广东乐昌;晚三叠世小坪组。

1979 徐仁等,53 页,图版 49,图 2,3;羽叶;四川宝鼎;晚三叠世大荞地组中上部。

1982 王国平等,259 页,图版 117,图 6;羽叶;江西于都黎村;晚三叠世安源组。

1982 张采繁,529 页,图版 355,图 5;羽叶;湖南浏阳澄潭江;晚三叠世。

1986 叶美娜等,44 页,图版 25,图 2;图版 27,图 1—3;图版 28,图 4;羽叶;四川宣汉、开江、达县;晚三叠世须家河组 7 段。

1987 陈晔等,110 页,图版 23,图 1,2;羽叶;四川盐边箐河;晚三叠世红果组。

1993 王士俊,19 页,图版 9,图 8;图版 13,图 2;羽叶;广东乐昌关春;晚三叠世艮口群。

狭细侧羽叶(比较种) *Pterophyllum* cf. *angustum* (Braun) Gothan
1968 《湘赣地区中生代含煤地层化石手册》,56 页,图版 12,图 4;羽叶;广东乐昌关春;晚三叠世中生代含煤组 1 段。

1975 徐福祥,102 页,图版 2,图 4,5;羽叶;甘肃天水后老庙干柴沟;晚三叠世干柴沟组。

1980 张武等,270 页,图版 169,图 4;羽叶;黑龙江东宁;早白垩世穆棱组。

狭细侧羽叶(比较属种) Cf. *Pterophyllum angustum*（Braun）Gothan

1935　Ôishi,88 页,图版 8,图 1A;插图 5;羽叶;黑龙江东宁煤田;晚侏罗世或早白垩世。[注:此标本后被改定为 *Pterophyllum angustum*（Braun）Gothan(斯行健、李星学等,1963)]

1950　Ôishi,101 页,图版 32,图 4;羽叶;黑龙江东宁;晚侏罗世;湖南;早侏罗世。

△弧形侧羽叶 *Pterophyllum arcustum* Wang,1984

1984　王自强,256 页,图版 147,图 1—3;羽叶;登记号:P0375－P0377;合模 1:P0376(图版 147,图 6);合模 2:P0377(图版 147,图 7);标本保存在中国科学院南京地质古生物研究所;河北青龙;晚侏罗世后城组。[注:依据《国际植物命名法规》(《维也纳法规》)第 37.2 条,1958 年起,模式标本只能是 1 块标本]

阿斯他特侧羽叶 *Pterophyllum astartense* Harris,1932

1932　Harris,44 页,图版 4,图 10;插图 19－21;羽叶和角质层;东格陵兰;晚三叠世(*Lepidopteris* Zone)。

1978　周统顺,图版 21,图 4;羽叶;福建上杭矶头;晚三叠世文宾山组。

1982　王国平等,260 页,图版 118,图 5;羽叶;福建上杭矶头;晚三叠世文宾山组。

1982b　吴向午,90 页,图版 12,图 3B;图版 13,图 4,4a;羽叶;西藏昌都希雄煤点;晚三叠世巴贡组上段。

1986　陈晔等,42 页,图版 8,图 1,2;羽叶;四川理塘;晚三叠世拉纳山组。

1986　叶美娜等,44 页,图版 27,图 7,7a;羽叶;四川达县斌郎;晚三叠世须家河组 7 段。

1990　王宇飞、陈晔,727 页,图版 1,图 7,8;图版 2,图 14－19;羽叶和角质层;贵州六枝郎岱;晚三叠世。

1995　李承森、崔金钟,84,85 页(包括图);角质层;贵州六枝郎岱;晚三叠世。

阿斯他特侧羽叶(比较种) *Pterophyllum* cf. *astartense* Harris

1979　徐仁等,53 页,图版 49,图 4;羽叶;四川宝鼎;晚三叠世大荞地组中上部。

△包头侧羽叶 *Pterophyllum baotoum* Chang,1976

1976　张志诚,190 页,图版 94,图 1－5;图版 95,图 1;羽叶和角质层;登记号:N96,N97,N101,N104;标本保存在沈阳地质矿产研究所;内蒙古包头石拐沟;中侏罗世召沟组。(注:原文未指定模式标本)

极细侧羽叶 *Pterophyllum bavieri* Zeiller,1903

1902－1903　Zeiller,198 页,图版 49,图 1－3;羽叶;越南鸿基;晚三叠世。

1965　曹正尧,519 页,图版 4,图 8－10a;插图 8;羽叶;广东高明松柏坑;晚三叠世小坪组。

1968　《湘赣地区中生代含煤地层化石手册》,56 页,图版 12,图 5;羽叶;湘赣地区;晚三叠世。

1977　冯少南等,230 页,图版 82,图 10;羽叶;湖北南漳东巩;晚三叠世香溪群下煤组;广东高明、曲江;晚三叠世小坪组。

1978　张吉惠,481 页,图版 161,图 8,9;羽叶;贵州六枝郎岱;晚三叠世。

1978　周统顺,109 页,图版 22,图 2;羽叶;福建漳平大坑;晚三叠世文宾山组。

1979　徐仁等,53 页,图版 49,图 5,6;羽叶;四川宝鼎;晚三叠世大荞地组中上部。

1980　何德长、沈襄鹏,18 页,图版 8,图 6;羽叶;湖南浏阳澄潭江;晚三叠世安源组。

1982　王国平等,260 页,图版 116,图 1;羽叶;福建漳平大坑;晚三叠世文宾山组。

1982　杨贤河,477页,图版14,图13;羽叶;四川新龙雄龙;晚三叠世喇嘛垭组。

1984　陈公信,589页,图版258,图4,5;羽叶;湖北荆门分水岭、南漳东巩;晚三叠世九里岗组。

1986a　陈其奭,449页,图版3,图18;羽叶;浙江衢县茶园里;晚三叠世茶园里组。

1989　梅美棠等,99页,图版52,图5;羽叶;中国;晚三叠世。

1993　王士俊,19页,图版6,图1,4;图版27,图1—3;羽叶和角质层;广东乐昌关春、安口;晚三叠世艮口群。

?极细侧羽叶 ?*Pterophyllum bavieri* Zeiller
1987　何德长,73页,图版7,图2;羽叶;浙江遂昌枫坪;早侏罗世早期花桥组2层。

极细侧羽叶(比较种) *Pterophyllum* cf. *bavieri* Zeiller
1996　米家榕等,102页,图版12,图2;羽叶;河北抚宁石门寨;早侏罗世北票组。

布列亚侧羽叶 *Pterophyllum burejense* Prenada ex Vachrameev et Doludenko,1961
1961　Vachrameev,Doludenko,84页,图版36,图1—4;羽叶;布列亚盆地;早白垩世。

1982b　郑少林、张武,310页,图版12,图2;羽叶;黑龙江双鸭山宝山;早白垩世城子河组。

1988　孙革、商平,图版2,图4;羽叶;内蒙古霍林河煤田;早白垩世霍林河组。

1997　邓胜徽等,38页,图版18,图1—3;图版20,图1—6;羽叶和角质层;内蒙古扎赉诺尔;早白垩世伊敏组。

布列亚侧羽叶(亲近种) *Pterophyllum* aff. *burejense* Prenada ex Vachrameev et Doludenko
1988　陈芬等,53页,图版20,图2—8;羽叶和角质层;辽宁阜新海州露天煤矿;早白垩世阜新组水泉段。

1995b　邓胜徽,38页,图版18,图1;图版20,图2,3;图版34,图1—3,5;插图14;羽叶和角质层;内蒙古霍林河盆地;早白垩世霍林河组。

布列亚侧羽叶(比较种) *Pterophyllum* cf. *burejense* Prenada ex Vachrameev et Doludenko
1987　张武、郑少林,图版6,图1;羽叶;辽宁南票盘道沟;中侏罗世海房沟组。

△长宁侧羽叶 *Pterophyllum changningense* Yang,1982
1982　杨贤河,478页,图版12,图17,18;羽叶;登记号:Sp257,Sp259;合模1,2:Sp257,Sp259(图版12,图17,18);标本保存在成都地质矿产研究所;四川长宁双河;晚三叠世须家河组。[注:依据《国际植物命名法规》(《维也纳法规》)第37.2条,1958年起,模式标本只能是1块标本]

优雅侧羽叶 *Pterophyllum concinnum* Heer,1874
1874　Heer,68页,图版14,图15—20;图版15,图5b,11;羽叶;格陵兰;早白垩世。

1988　陈芬等,53页,图版20,图9—11;羽叶和角质层;辽宁阜新海州露天煤矿;早白垩世阜新组孙家湾段。

△紧挤侧羽叶 *Pterophyllum contiguum* Schenk,1883
1883　Schenk,262页,图版53,图6;羽叶;湖北秭归;侏罗纪。[注:此标本后被改定为 *Pterophyllum aequale* (Brongniart) Nathorst(斯行健、李星学等,1963)或 *Tyrmia nathorsti* (Schenk) Ye(吴舜卿等,1980)]

1920　Yabe,Hayasaka,图版5,图7;羽叶;江西崇仁沧源;侏罗纪。[注:此标本后被改定为

Pterophyllum aequale（Brongniart）Nathorst(斯行健、李星学等,1963)]

1929a Yabe,Ôishi,91 页,图版 18,图 3;图版 19,图 3;羽叶;江西崇仁沧源张家岭;晚三叠世一早侏罗世。[注:此标本后被改定为 *Pterophyllum aequale*（Brongniart）Nathorst(斯行健、李星学等,1963)]

1979 徐仁等,54 页,图版 50,图 1—4;羽叶;四川宝鼎龙树湾;晚三叠世大荞地组中上部。

紧挤侧羽叶（比较种）*Pterophyllum* cf. *contiguum* Schenk

1952 斯行健、李星学等,9,28 页,图版 5,图 5;羽叶;四川巴县一品场;早侏罗世。[注:此标本后被改定为 *Anomozamites inconstans* Schimper(斯行健、李星学等,1963)]

1984 陈公信,589 页,图版 242,图 5;羽叶;湖北秭归泄滩;早侏罗世香溪组。

△膜脊侧羽叶 *Pterophyllum costa* Ye et Xu,1986

1986 叶美娜、许爱福,见叶美娜等,45 页,图版 13,图 3B;图版 20,图 4,4a;图版 29,图 7,7a;羽叶;标本保存在四川煤田地质公司一三七地质队;四川宣汉大路沟煤矿、达县雷音铺;晚三叠世须家河组 7 段。(注:原文未指定模式标本)

1996 米家榕等,102 页,图版 13,图 1,3,6,9,10;羽叶;河北抚宁石门寨;早侏罗世北票组。

△粗脉侧羽叶 *Pterophyllum crassinervum* Huang et Chow,1980

1980 黄枝高、周惠琴,92 页,图版 38,图 4;图版 39,图 1;图版 40,图 1;羽叶;登记号:OP705,OP753;陕西铜川柳林沟、崾险;晚三叠世延长组上部。(注:原文未指定模式标本)

1982 刘子进,130 页,图版 71,图 1,2;羽叶;陕西铜川崾险、柳林沟;晚三叠世延长群中上部。

篦羽叶型侧羽叶 *Pterophyllum ctenoides* Ôishi,1932

1932 Ôishi,314 页,图版 23,图 1—3;图版 24,图 1;羽叶;日本成羽;晚三叠世(Nariwa Series)。

1978 周统顺,110 页,图版 22,图 1;羽叶;福建上杭矶头;晚三叠世文宾山组下段。

1979 何元良等,148 页,图版 71,图 2;羽叶;青海都兰八宝山;晚三叠世八宝山群。

1980 张武等,270 页,图版 139,图 7;羽叶;辽宁本溪;中侏罗世三个岭组。

1982 王国平等,260 页,图版 116,图 7;羽叶;福建上杭矶头;晚三叠世文宾山组。

1992 孙革、赵衍华,535 页,图版 234,图 4;图版 236,图 3;羽叶;吉林汪清马鹿沟;晚三叠世马鹿沟组。

1993 米家榕等,107 页,图版 20,图 2;羽叶;吉林浑江石人北山;晚三叠世北山组(小河口组)。

1993 孙革,76 页,图版 21,图 2,3;图版 28,图 1;羽叶;吉林汪清马鹿沟;晚三叠世马鹿沟组。

1999b 吴舜卿,30 页,图版 23,图 1,2;图版 32,图 2(?),6;羽叶;四川广安,达县铁山、彭县磁峰场;晚三叠世须家河组。

△下延侧羽叶 *Pterophyllum decurrens* Sze,1949

1949 斯行健,15 页,图版 12,图 5—7;羽叶;湖北秭归香溪;早侏罗世香溪煤系。

1963 斯行健、李星学等,154 页,图版 61,图 7;羽叶;湖北秭归香溪;早侏罗世香溪群。

1968 《湘赣地区中生代含煤地层化石手册》,56 页,图版 12,图 6;图版 14,图 6,7a;羽叶;湘赣地区;晚三叠世一早侏罗世(?)。

1977 冯少南等,232 页,图版 84,图 1;羽叶;湖北秭归;早一中侏罗世香溪群上煤组。

1982 段淑英、陈晔,501 页,图版 9,图 4;羽叶;四川云阳南溪;早侏罗世珍珠冲组。

1982 王国平等,260 页,图版 119,图 9;羽叶;福建漳平下僚;晚三叠世大坑组。

1982 张采繁,530 页,图版 356,图 3;羽叶;湖南浏阳跃龙;早侏罗世跃龙组。

1983　李杰儒,23 页,图版 2,图 4;辽宁南票后富隆山盘道沟;中侏罗世海房沟组 3 段。

1984　陈公信,589 页,图版 244,图 2;羽叶;湖北秭归;早侏罗世香溪组。

1984　王自强,257 页,图版 129,图 8—12;羽叶;山西大同;早侏罗世永定庄组。

1987　何德长,72 页,图版 7,图 9;羽叶;浙江遂昌枫坪;早侏罗世早期花桥组 2 层。

1989　梅美棠等,100 页,图版 50,图 3;羽叶;华南地区;晚三叠世。

1993　王士俊,20 页,图版 6,图 3,5;图版 27,图 4—7;羽叶和角质层;广东乐昌关春;晚三叠世艮口群。

1999b　吴舜卿,31 页,图版 23,图 3;图版 24,图 7,8;图版 48,图 1—2a;羽叶和角质层;四川威远新场黄石板、达县铁山;晚三叠世须家河组。

△长裂片侧羽叶 *Pterophyllum dolicholobum* Meng,1987

1987　孟繁松,247 页,图版 25,图 7;图版 31,图 2;羽叶;采集号:DC-81-P-1;登记号:P82179;合模 1:P82179(图版 25,图 7);合模 2:P82179(图版 31,图 2);标本保存在宜昌地质矿产研究所;湖北南漳东巩陈家湾;晚三叠世九里岗组。［注:依据《国际植物命名法规》（《维也纳法规》）第 37.2 条,1958 年起,模式标本只能是 1 块标本］

△东荣侧羽叶 *Pterophyllum dongrongense* Cao,1992

1992a　曹正尧,217,227 页,图版 4,图 1B,5—8;图版 6,图 8B;羽叶和角质层;登记号:PB16075,PB16093;正模:PB16093(图版 6,图 8B);标本保存在中国科学院南京地质古生物研究所;黑龙江东部绥滨-双鸭山地区;早白垩世城子河组 4 段。

△渡口侧羽叶 *Pterophyllum dukouense* Yang,1978

1978　杨贤河,506 页,图版 176,图 1,2;羽叶;标本号:Sp0030,Sp0091;合模 1:Sp0030(图版 176,图 1);合模 2:Sp0091(图版 176,图 2);标本保存在成都地质矿产研究所;四川渡口宝鼎;晚三叠世大荞地组。［注:依据《国际植物命名法规》（《维也纳法规》）第 37.2 条,1958 年起,模式标本只能是 1 块标本］

△明显侧羽叶 *Pterophyllum exhibens* Lee P,1964

1964　李佩娟,121,169 页,图版 10,图 1—5;图版 11,图 1—3;插图 4;羽叶和角质层;采集号:G01,G02,G04,G07;登记号:PB2821;标本保存在中国科学院南京地质古生物研究所;四川广元须家河;晚三叠世须家河组。

1968　《湘赣地区中生代含煤地层化石手册》,57 页,图版 13,图 2—4a;羽叶;湘赣地区;晚三叠世。

1976　李佩娟等,119 页,图版 34,图 7;羽叶;四川渡口摩沙河;晚三叠世纳拉箐组大荞地段。

1977　冯少南等,230 页,图版 84,图 7;羽叶;广东曲江、乐昌;晚三叠世小坪组。

1978　周统顺,110 页,图版 21,图 8;羽叶;福建漳平大坑;晚三叠世文宾山组下段。

1980　何德长、沈襄鹏,18 页,图版 13,图 6;羽叶;广东曲江红卫坑;晚三叠世。

1982　段淑英、陈晔,501 页,图版 8,图 4,5;羽叶;四川合川炭坝;晚三叠世须家河组。

1982　王国平等,260 页,图版 118,图 1;羽叶;福建漳平大坑;晚三叠世文宾山组;江西乐平涌山桥、萍乡安源;晚三叠世安源组。

1986　叶美娜等,45 页,图版 28,图 6C;羽叶;四川达县雷音铺;晚三叠世须家河组 7 段。

1987　陈晔等,110 页,图版 23,图 3—6;羽叶;四川盐边箐河;晚三叠世红果组。

1987　何德长,84 页,图版 17,图 5A;图版 19,图 1;羽叶;福建漳平大坑;晚三叠世文宾山组。

1989　梅美棠等,100 页,图版 56,图 1;羽叶;华南地区;晚三叠世。

1993　王士俊,20 页,图版 6,图 8;图版 27,图 8;图版 28,图 1,2;羽叶和角质层;广东乐昌关春;晚三叠世艮口群。

1995a 李星学(主编),图版76,图5;羽叶;四川广元须家河;晚三叠世须家河组。(中文)

1995b 李星学(主编),图版76,图5;羽叶;四川广元须家河;晚三叠世须家河组。(英文)

1999b 吴舜卿,31页,图版25,图1,2;羽叶;四川会理鹿厂;晚三叠世白果湾组;四川达县铁山;晚三叠世须家河组。

△镰形侧羽叶 *Pterophyllum falcatum* Liu (MS) ex Feng et al.,1977

1977 冯少南等,230页,图版83,图6;羽叶;广东英德;晚三叠世小坪组。

△庄重侧羽叶 *Pterophyllum festum* Zheng et Zhang,1982

1982a 郑少林、张武,164页,图版1,图2,2a;羽叶;登记号:EH-15531-6-7;标本保存在沈阳地质矿产研究所;辽宁北票常河营子大板沟;中侏罗世蓝旗组。

△硬叶侧羽叶 *Pterophyllum firmifolium* Ye,1980

1980 叶美娜,见吴舜卿等,96页,图版14,图2—4;图版34,图1—3;图版35,图7;羽叶和角质层;采集号:ACG-122;登记号:PB6767—PB6769;正模:PB6768(图版14,图3);标本保存在中国科学院南京地质古生物研究所;湖北秭归香溪;早—中侏罗世香溪组。

1983 段淑英等,图版8,图4;羽叶;云南宁蒗背箩山;晚三叠世。

1984 陈公信,589页,图版241,图1;羽叶;湖北秭归香溪;早侏罗世香溪组。

1987 张武、郑少林,277页,图版6,图2—7;羽叶和角质层;辽宁朝阳良图沟拉马沟;中侏罗世海房沟组。

1988b 黄其胜、卢宗盛,图版9,图2;羽叶;湖北大冶金山店;早侏罗世武昌组中部。

1988 孙伯年、杨恕,85页,图版1,图2,3;图版2,图5—7;羽叶和角质层;湖北秭归香溪;早—中侏罗世香溪组。

1995a 李星学(主编),图版86,图4;羽叶;湖北秭归香溪;早—中侏罗世香溪组。(中文)

1995b 李星学(主编),图版86,图4;羽叶;湖北秭归香溪;早—中侏罗世香溪组。(英文)

△叉脉侧羽叶 *Pterophyllum furcata* Yang,1978

1978 杨贤河,507页,图版178,图6;羽叶;标本号:Sp0105;正模:Sp0105(图版178,图6);标本保存在成都地质矿产研究所;四川渡口宝鼎;晚三叠世大荞地组。

△阜新侧羽叶 *Pterophyllum fuxinense* Zheng et Zhang,1984 (non Zhang Z C,1987)

1984 郑少林、张武,665,667页,图版1,图1—7;插图1;羽叶和角质层;辽宁阜新;早白垩世海州组。

△阜新侧羽叶 *Pterophyllum fuxinense* Zhang Z C,1987 (non Zheng et Zhang,1984)

(注:此种名为 *Pterophyllum fuxinense* Zheng et Zhang,1984 的晚出同名)

1987 张志诚,379页,图版5,图1—5;羽叶和角质层;登记号:SG12036—SG12038;标本保存在沈阳地质矿产研究所;辽宁阜新海州露天煤矿;早白垩世阜新组。(注:原文未指定模式标本)

△贵州侧羽叶 *Pterophyllum guizhouense* Wang et Chen,1990

1990 王宇飞、陈晔,725,726页,图版1,图1—6,9,10;图版2,图11—13;羽叶和角质层;贵州六枝郎岱;晚三叠世。(注:原文未指定模式标本)

1995 李承森、崔金钟,83页(包括图);角质层;贵州六枝郎岱;晚三叠世。

△海拉尔侧羽叶 *Pterophyllum hailarense* Ren,1997（中文和英文发表）

1997　任守勤,见邓胜徽等,39,105 页,图版 19,图 1—5;羽叶;标本保存在石油勘探开发科学研究院;内蒙古扎赉诺尔;早白垩世伊敏组。（注:原文未指定模式标本）

大型侧羽叶 *Pterophyllum hanesianum* Harris,1932

1932　Harris,40 页,图版 4,图 1,5;图版 8,图 6;插图 16—18;羽叶和角质层;东格陵兰斯科斯比湾;晚三叠世（*Lepidopteris* Zone）。

1982a　吴向午,54 页,图版 8,图 3,3a;羽叶;西藏安多土门;晚三叠世土门格拉组。

△华北侧羽叶 *Pterophyllum huabeiense* Wang,1984

1984　王自强,257 页,图版 152,图 11;图版 154,图 3,4;图版 163,图 6—10;羽叶;登记号:P0396—P0398;合模 1:P0396（图版 152,图 11）;合模 2:P0397（图版 154,图 3）;合模 3:P0398（图版 154,图 4）;标本保存在中国科学院南京地质古生物研究所;河北张家口;早白垩世青石碇组;河北平泉;早白垩世九佛堂组;北京西山;早白垩世坨里组。〔注:依据《国际植物命名法规》（《维也纳法规》）第 37.2 条,1958 年起,模式标本只能是 1 块标本〕

1994　萧宗正等,图版 15,图 6;羽叶;北京房山坨里北;早白垩世芦尚坟组。

△湖北侧羽叶 *Pterophyllum hubeiense* Meng,1983

1983　孟繁松,225 页,图版 3,图 3,4;羽叶;登记号:D76019,D76020;正模:D76019（图版 3,图 3）;标本保存在宜昌地质矿产研究所;湖北南漳东巩;晚三叠世九里岗组。

△霍林侧羽叶 *Pterophyllum huolinhense* Deng,1991

1991　邓胜徽,152,155 页,图版 2,图 1—5;羽叶和角质层;标本号:H1010,H1011;标本保存在中国地质大学（北京）;内蒙古霍林盆地;早白垩世霍林河组下含煤段。（注:原文未指定模式标本）

1995b　邓胜徽,40 页,图版 18,图 2;图版 22,图 1—3;图版 30,图 4—8;图版 31,图 1—7;图版 32,图 1—6;图版 33,图 1—3;插图 15;羽叶和角质层;内蒙古霍林河盆地;早白垩世霍林河组。

△不等形侧羽叶 *Pterophyllum inaequale* Chen,1986

1986a　陈其奭,449,452 页,图版 2,图 10,11;羽叶;登记号:M1536,M1539;正模:M1536（图版 2,图 10）;标本保存在浙江省自然博物馆;浙江衢县茶园里;晚三叠世茶园里组。

变异侧羽叶 *Pterophyllum inconstans*（Braun）Goeppert,1844

1843　*Pterozamites*（*Ctenis*）*inconstans* Braun,见 Muenster,30 页;德国（Frankonia）;晚三叠世。

1843　*Ctenis inconstans* Braun,见 Muenster,100 页,图版 2,图 6,7;羽叶;德国（Frankonia）;晚三叠世。

1844　Goeppert,136 页;德国（Frankonia）;晚三叠世。

1950　Ôishi,103 页;湖南,河南,江西,云南;早侏罗世。

1956　敖振宽,23 页,图版 5,图 1;羽叶;广东广州小坪;晚三叠世小坪煤系。

变异侧羽叶（异羽叶） *Pterophyllum*（*Anomozamites*）*inconstans*（Braun）Goeppert

1902—1903　Zeiller,300 页,图版 56,图 6;羽叶;云南太平场;晚三叠世。

1920　Yabe,Hayasaka,图版 5,图 4;羽叶;江西萍乡胡家坊;晚三叠世（Rhaetic）—早侏罗世（Lias)。［注：此标本后被改定为 *Anomazamites inconstans*（Braun）（斯行健、李星学等，1963）］

1922　Yabe,19 页,图版 4,图 7,8;羽叶;北京西山;侏罗纪。［注:此标本后被改定为 *Anomazamites inconstans*（Braun）（斯行健、李星学等,1963）］

1929a　Yabe,Ôishi,98 页,图版 20,图 5,6;羽叶;湖南浏阳南乡煤田,江西萍乡胡家坊,云南太平场;晚三叠世。［注:此标本后被改定为 ? *Anomazamites inconstans*（Braun）（斯行健、李星学等,1963）］

1931　*Pterophyllum*（*Anomazamites*）*inconstans* Braun,斯行健,10 页,图版 2,图 6;羽叶;江西萍乡;早侏罗世（Lias）。［注:此标本后被改定为 *Anomazamites inconstans*（Braun）（斯行健、李星学等,1963）］

变异侧羽叶（比较种）*Pterophyllum* cf. *inconstans*（Braun）Goeppert

1949　*Pterophyllum* cf. *inconstans* Braun,斯行健,12 页,图版 3,图 6,7;图版 6,图 4,5;羽叶;湖北当阳奋了沟、白石岗、崔家沟、马头洒;早侏罗世香溪煤系。［注:此标本后被改定为 *Anomazamites inconstans*（Braun）（斯行健、李星学等,1963）］

伊塞克库尔侧羽叶 *Pterophyllum issykkulense* Genkina,1963

1963　Genkina,94 页,图版 1,图 6;图版 2,图 1,4;羽叶;伊赛克库尔湖;侏罗纪。

1990　郑少林、张武,219 页,图版 4,图 3;羽叶;辽宁本溪田师傅;中侏罗世大堡组。

耶格侧羽叶 *Pterophyllum jaegeri* Brongniart,1828

1828　Brongniart,95 页;西欧;晚三叠世。

1929a　Yabe,Ôishi,95 页,图版 19,图 4;图版 20,图 4;羽叶;湖南浏阳南乡煤田;晚三叠世。

1950　Ôishi,102 页,图版 33,图 1;羽叶;中国;晚三叠世。

1963　斯行健、李星学等,154 页,图版 61,图 4;羽叶;湖南浏阳南乡煤田;晚三叠世晚期(?)。

1977　冯少南等,230 页,图版 82,图 7;羽叶;湖南浏阳;晚三叠世安源组;广东乐昌狗牙洞;晚三叠世小坪组。

1978　杨贤河,506 页,图版 177,图 5;羽叶;四川渡口太平场;晚三叠世大荞地组。

1978　周统顺,图版 24,图 1;羽叶;福建漳平大坑;晚三叠世文宾山组。

1979　徐仁等,54 页,图版 49,图 7;羽叶;四川宝鼎;晚三叠世大荞地组中上部。

1982　李佩娟、吴向午,50 页,图版 7,图 3;羽叶;四川德格玉隆区严仁普;晚三叠世喇嘛垭组。

1982　张采繁,529 页,图版 355,图 4;羽叶;湖南浏阳澄潭江、宜章狗牙洞;晚三叠世。

1987　陈晔等,111 页,图版 24,图 5;羽叶;四川盐边箐河;晚三叠世红果组。

1987　孟繁松,248 页,图版 28,图 3;羽叶;湖北南漳东巩;晚三叠世九里岗组。

1989　梅美棠等,100 页,图版 50,图 2;羽叶;中国;晚三叠世。

耶格侧羽叶（比较种）*Pterophyllum* cf. *jaegeri* Brongniart

1979　何元良等,148 页,图版 71,图 3;羽叶;青海格尔木乌丽;晚三叠世结扎群上部。

1985　米家榕、孙春林,图版 1,图 20;羽叶;吉林双阳八面石煤矿;晚三叠世小蜂蜜顶子组上段。

耶格侧羽叶（比较属种）*Pterophyllum* cf. *P. jaegeri* Brongniart

1993　米家榕等,108 页,图版 21,图 8;羽叶;吉林双阳八面石煤矿;晚三叠世小蜂蜜顶子组上段。

△江西侧羽叶 *Pterophyllum jiangxiense*（Yao et Lih）Zhou,1989

1968　*Zamites jiangxiensis* Yao et Lih,姚兆奇、厉宝贤,见《湘赣地区中生代含煤地层化石手册》,64页,图版17,图5,6;图版18,图1—2a;图版33,图1—3;羽叶和角质层;江西萍乡安源;晚三叠世安源组紫家冲段;江西丰城攸洛;晚三叠世安源组5段。

1989　周志炎,147页,图版9,图11;图版10,图1,2;图版12,图5,6;图版17,图7;插图28—30;羽叶和角质层;湖南衡阳杉桥;晚三叠世杨柏冲组。

1993　王士俊,21页,图版12,图3;图版13,图5,7;图版35,图6—8;羽叶和角质层;广东乐昌关春;晚三叠世艮口群。

△鸡西侧羽叶 *Pterophyllum jixiense* Chow et Wang,1980

1980　周志炎、望竞,见周志炎等,62页;黑龙江麻山;早白垩世城子河组。(仅名单)

1980　张武等,271页,图版169,图5,6;羽叶;黑龙江麻山;早白垩世城子河组。

△甘肃侧羽叶 *Pterophyllum kansuense* Xu,1975

1975　徐福祥,103页,图版3,图5,5a;羽叶;甘肃天水后老庙干柴沟;晚三叠世干柴沟组。

科奇侧羽叶 *Pterophyllum kochii* Harris,1926

1926　Harris,89页,图版7,图6;插图17A—17I;羽叶;东格陵兰斯科斯比湾;晚三叠世(*Lepidopteris* Zone)。

1932　Harris,58页;插图29;羽叶和角质层;东格陵兰斯科斯比湾;晚三叠世(*Lepidopteris* Zone)。

1982　杨贤河,478页,图版9,图5;图版11,图4,5;羽叶;四川威远葫芦口;晚三叠世须家河组。

△拉马沟侧羽叶 *Pterophyllum lamagouense* Zhang et Zheng,1987

1987　张武、郑少林,279页,图版7,图1—8;图版26,图2,3;插图18;羽叶和角质层;登记号:SG110044—SG110047;标本保存在沈阳地质矿产研究所;辽宁朝阳良图沟拉马沟;中侏罗世海房沟组。(注:原文未指定模式标本)

△乐昌侧羽叶 *Pterophyllum lechangensis* Wang,1993

1993　王士俊,21页,图版9,图3,4,9,10;图版10,图4;图版30,图2—4;羽叶和角质层;标本号:ws0190/4,ws0232/1,ws0297/1,ws0319/1,ws0320/2,ws032013;标本保存在中山大学生物系植物教研室;广东乐昌关春;晚三叠世艮口群。(注:原文未指定模式标本)

△李氏侧羽叶 *Pterophyllum leei* Lee P,1964

1964　李佩娟,124,171页,图版13,图1—3a;羽叶和角质层;采集号:G07,G09;登记号:PB2823;标本保存在中国科学院南京地质古生物研究所;四川广元须家河;晚三叠世须家河组。

△辽宁侧羽叶 *Pterophyllum liaoningense* Meng et Chen,1988

1988　孟祥营、陈芬,见陈芬等,54,152页,图版21,图1—6;图版22,图1—5;图版63,图6;羽叶和角质层;标本号:Fx107—Fx111;标本保存在武汉地质学院北京研究生部;辽宁阜新海州露天煤矿、新丘露天煤矿;早白垩世阜新组;辽宁铁法;早白垩世小明安碑组下含煤段。(注:原文未指定模式标本)

1997　邓胜徽等,39页,图版18,图5,6;羽叶;内蒙古扎赉诺尔;早白垩世伊敏组。

1998b　邓胜徽,图版1,图7,8;羽叶;内蒙古平庄-元宝山盆地;早白垩世元宝山组。

△辽西侧羽叶 *Pterophyllum liaoxiense* Zhang et Zheng,1987

1987　张武、郑少林,280页,图版19,图1—6;插图19;羽叶;登记号:SG110048—SG110053;

标本保存在沈阳地质矿产研究所;辽宁北票长皋蛇不歹;中侏罗世蓝旗组。(注:原文未指定模式标本)

△舌形侧羽叶 *Pterophyllum lingulatum* Chen G X,1984 (non Wu S Q,1999)

1984 陈公信,589 页,图版 243,图 5;羽叶;登记号:EP765;标本保存在湖北省地质局;湖北荆门凉风垭;早侏罗世桐竹园组。

△舌形侧羽叶 *Pterophyllum lingulatum* Wu S Q,1999 (non Chen G X,1984)（中文发表）

(注:此种名为 *Pterophyllum lingulatum* Chen G X,1984 的晚出同名)

1999b 吴舜卿,31 页,图版 22,图 5—7;图版 23,图 4;羽叶;采集号:ACC-302,ACC-428;登记号:PB10631—PB10633,PB10637;正模:PB10637(图版 23,图 4);标本保存在中国科学院南京地质古生物研究所;四川广安前峰、旺苍金溪、达县铁山;晚三叠世须家河组。

△灵乡侧羽叶 *Pterophyllum lingxiangense* Meng,1981

1981 孟繁松,99 页,图版 1,图 14—15a;羽叶;登记号:HP7604,HP7605;合模 1:HP7604(图版 1,图 14);合模 2:HP7605(图版 1,图 15,15a);标本保存在宜昌地质矿产研究所;湖北大冶灵乡黑山;早白垩世灵乡群。〔注:依据《国际植物命名法规》(《维也纳法规》)第 37.2 条,1958 年起,模式标本只能是 1 块标本〕

1984 陈公信,590 页,图版 242,图 3,4;羽叶;湖北大冶灵乡黑山;早白垩世灵乡组。

莱尔侧羽叶 *Pterophyllum lyellianum* Dunker,1846

1846 Dunker,14 页,图 5,图 1,2;羽叶;德国西北部;早白垩世。

1991 李佩娟、吴一民,286 页,图版 7,图 5—7;羽叶;西藏改则麻米;早白垩世川巴组。

莱尔侧羽叶(比较种) *Pterophyllum* cf. *lyellianum* Dunker

1982 王国平等,261 页,图版 130,图 3;羽叶;浙江丽水老竹;晚侏罗世寿昌组。

1989 丁保良等,图版 1,图 5;羽叶;浙江丽水老竹;早白垩世磨石山组 C-2 段。

△大拖延侧羽叶 *Pterophyllum macrodecurrense* Duan et Chen,1982

1982 段淑英、陈晔,502 页,图版 9,图 3;图版 10,图 1;羽叶;登记号:No.7172,No.7170;合模 1:No.7170(图版 9,图 3);合模 2:No.7172(图版 10,图 1);标本保存在中国科学院植物研究所;四川云阳南溪;早侏罗世珍珠冲组。〔注:依据《国际植物命名法规》(《维也纳法规》)第 37.2 条,1958 年起,模式标本只能是 1 块标本〕

△壮观侧羽叶 *Pterophyllum magnificum* YDS (MS) ex Lee et al.,1976

1976 李佩娟等,119 页,图版 33,图 1—3;羽叶;四川渡口摩沙河;晚三叠世纳拉箐组大荞地段。

1984 陈公信,590 页,图版 246,图 9;羽叶;湖北荆门分水岭;晚三叠世九里岗组。

1993 王士俊,22 页,图版 8,图 4,5;图版 10,图 6;羽叶;广东乐昌关春;晚三叠世艮口群。

壮观侧羽叶(比较种) *Pterophyllum* cf. *magnificum* YDS (MS) ex Lee et al.

1982b 吴向午,91 页,图版 12,图 5;羽叶;西藏昌都希雄煤点;晚三叠世巴贡组上段。

△门头沟侧羽叶 *Pterophyllum mentougouensis* Chen et Dou,1984

1984 陈芬、窦亚伟,见陈芬等,50,121 页,图版 20,图 1,2;羽叶;采集号:DLEF15;登记号:BM122,BM123;合模 1,2:BM122,BM123(图版 20,图 1,2);标本保存在武汉地质学院北京研究生部;北京西山大台;早侏罗世下窑坡组。〔注:依据《国际植物命名法规》

《《维也纳法规》）第 37.2 条,1958 年起,模式标本只能是 1 块标本〕

2003　邓胜徽等,图版 71,图 4;羽叶;新疆哈密三道岭煤矿;中侏罗世西山窑组。

△较小侧羽叶 *Pterophyllum minor* Wang,1993

1993　王士俊,23 页,图版 10,图 2,8;图版 12,图 5B;图版 30,图 8;图版 31,图 1,2;羽叶和角质层;标本号:ws0258/4,ws0260/3,ws0303/1;标本保存在中山大学生物系植物教研室;广东乐昌关春;晚三叠世艮口群。(注:原文未指定模式标本)

△细弱侧羽叶 *Pterophyllum minutum* Lee et Tsao,1976

1976　李佩娟、曹正尧,见李佩娟等,121 页,图版 13,图 4;图版 32,图 1—10;羽叶;采集号:AARIV1/50M;登记号:PB5224,PB5356—PB5365;正模:PB5357(图版 32,图 2);标本保存在中国科学院南京地质古生物研究所;云南祥云沐滂铺;晚三叠世祥云组白土田段;云南禄丰一平浪;晚三叠世一平浪组干海子段。

1979　何元良等,148 页,图版 71,图 4;羽叶;青海囊谦白龙昂;晚三叠世结扎群上部。

1982a　吴向午,55 页,图版 4,图 7B;图版 5,图 7,7a;图版 8,图 4,5A;图版 9,图 4B;羽叶;西藏安多土门;晚三叠世土门格拉组。

1982b　吴向午,91 页,图版 13,图 1,1a,2,2a,3;图版 14,图 4;图版 16,图 3B;羽叶;西藏贡觉夺盖拉煤点、昌都希雄煤点;晚三叠世巴贡组上段。

1990　吴向午、何元良,303 页,图版 5,图 6,7A;图版 6,图 2;图版 7,图 3—5a;羽叶;青海杂多结扎格玛、玉树上拉秀;晚三叠世结扎群格玛组。

细弱侧羽叶(比较属种) *Pterophyllum* cf. *P. minutum* Lee et Tsao

1993　王士俊,23 页,图版 9,图 7;图版 10,图 7;图版 32,图 1—3;羽叶和角质层;广东乐昌关春;晚三叠世艮口群。

多条纹侧羽叶 *Pterophyllum multilineatum* Shirley,1897

1897　Shirley J,91 页,图版 7a;羽叶;昆士兰;晚三叠世。

1902—1903　Zeiller,301 页,图版 56,图 5;羽叶;云南太平场;晚三叠世。〔注:Zeiller 在图版说明中命名为 *Pterophyllum* sp. (Zeiller,1903)〕

1927a　Halle,18 页,图版 5,图 8;羽叶;四川会理白果湾;晚三叠世(Rhaetic)。

1963　斯行健、李星学等,155 页,图版 61,图 6;图版 63,图 9;羽叶;湖南浏阳南乡煤田;晚三叠世晚期(?)。

1966　吴舜卿,235 页,图版 2,图 1;羽叶;贵州安龙龙头山;晚三叠世。

1993　王士俊,24 页,图版 7,图 3,7;图版 8,图 6;图版 28,图 3—5;羽叶和角质层;广东乐昌关春;晚三叠世艮口群。

多条纹侧羽叶(比较种) *Pterophyllum* cf. *multilineatum* Shirley

1979　徐仁等,55 页,图版 51,图 1—5;羽叶;四川宝鼎花山;晚三叠世大荞地组中上部。

敏斯特侧羽叶 *Pterophyllum muensteri* (Presl) Goeppert,1844

1838(1820—1838)　*Zamites muensteri* Presl,见 Sternberg,199 页,图版 43,图 1,3;羽叶;瑞典;晚三叠世—早侏罗世。

1844　Goeppert,53 页。

敏斯特侧羽叶(比较种) *Pterophyllum* cf. *muensteri* Presl

1952　斯行健、李星学,9,27 页,图版 3,图 1—6a;图版 4,图 6;图版 6,图 5;羽叶;四川巴县一

品场；早侏罗世。〔注：此标本后被改定为 *Pterophyllum* sp.（斯行健、李星学等，1963）〕

△那氏侧羽叶 *Pterophyllum nathorsti* Schenk，1883

1883　Schenk，261 页，图版 53，图 5,7；羽叶；湖北秭归；侏罗纪。〔注：此标本后被改定为 *Tyrmia nathorsti*（Schenk）Ye（吴舜卿等，1980）〕

1929a　Yabe，Ôishi，97 页；羽叶；湖北秭归香溪贾泉店；晚三叠世。

1930　张席禔，4 页，图 1，图 19,20；羽叶；广东乳源和湖南宜章交界处的艮口煤田；侏罗纪。

1931　斯行健，9 页，图版 1，图 4—6a；羽叶；江西萍乡；早侏罗世（Lias）。

1933c　斯行健，25 页，图版 4，图 10,11；羽叶；四川宜宾南广；晚三叠世晚期—早侏罗世。

1949　斯行健，14 页，图版 2，图 1—4；图版 3，图 1,2；图版 8，图 2；图版 9，图 3b；羽叶；湖北秭归香溪，当阳曾家窑、奋子沟、白石岗、崔家沟、马头洒；早侏罗世香溪煤系。

1952　斯行健、李星学等，9,28 页，图版 6，图 6；羽叶；四川威远矮山子；早侏罗世。

1954　徐仁，58 页，图版 48，图 2；羽叶；湖北当阳曾家窑；早—中侏罗世香溪煤系。

1958　汪龙义等，593 页，图 593；羽叶；江西，湖北，四川，内蒙古；晚三叠世—早侏罗世。

1963　斯行健、李星学等，156 页，图版 61，图 5；羽叶；湖北秭归香溪、当阳观音寺白石岗，四川威远矮山子；早侏罗世；安徽太湖新仓，江西萍乡；晚三叠世—早侏罗世。

1964　李星学等，131 页，图版 86，图 4；羽叶；华南地区；晚三叠世—早侏罗世。

1978　周统顺，图版 21，图 2,3；羽叶；福建漳平大坑；晚三叠世文宾山组；福建上杭矾头；晚三叠世大坑组。

1979　徐仁等，55 页，图版 49，图 8,9；羽叶；四川宝鼎；晚三叠世大荞地组上部。

1984　陈公信，590 页，图版 243，图 4；图版 261，图 6；羽叶；湖北当阳大崖河、三里岗、大栗树岗；早侏罗世桐竹园组；湖北秭归香溪；早侏罗世香溪组。

那氏侧羽叶（比较属种）Cf. *Pterophyllum nathorsti* Schenk

1933d　斯行健，31 页；羽叶；内蒙古萨拉齐石拐子；早侏罗世。

1982b　吴向午，91 页，图版 13，图 5,5a；图版 16，图 1；羽叶；西藏贡觉夺盖拉煤点；晚三叠世巴贡组上段。

尼尔桑侧羽叶 *Pterophyllum nilssoni*（Phillips）Lindley et Hutton，1832

1829　*Aspleniopteris nilssoni* Phillips，147 页，图版 8，图 4；羽叶；英国约克郡；中侏罗世。

1832（1831—1837）　Lindley，Hutton，193 页，图版 67，图 2；羽叶；英国约克郡；中侏罗世。

尼尔桑侧羽叶（异羽叶）*Pterophyllum*（*Anomozamites*）*nilssoni*（Phillips）Lindley et Hutton

1829　*Aspleniopteris nilssoni* Phillips，147 页，图版 8，图 4；羽叶；英国约克郡；中侏罗世。

1832（1831—1837）　*Pterophyllum nilssoni*（Phillips）Lindley et Hutton，193 页，图版 67，图 2；羽叶；英国约克郡；中侏罗世。

1900　*Anomozamites nilssoni*（Phillips）Seward，204 页；插图 36；羽叶；英国约克郡；中侏罗世。

1925　Teilhard de Chardin，Fritel，532 页，图版 24，图 2；羽叶；辽宁丰镇；侏罗纪。〔注：此标本后被改定为 ?*Anomazamites inconstans*（Braun）（斯行健、李星学等，1963）〕

△小耳侧羽叶 *Pterophyllum otoboliolatum* Hsu et Hu，1979

1978　张吉惠，481 页，图版 163，图 6；羽叶；四川仁怀龙井；晚三叠世。（裸名）

1979　徐仁、胡雨帆，见徐仁等，56 页，图版 50，图 8；图版 52，图 1,1a；图版 53，图 6；羽叶；标本号:No.946,No.959,No.2674;主模:No.2674(图版53,图6);标本保存在中国科学院植物研究所;四川宝鼎龙树湾等地;晚三叠世大荞地组中上部。

小耳侧羽叶(比较种) *Pterophyllum* cf. *otoboliolatum* Hsu et Hu
1983　鞠魁祥等,124页,图版1,图7;羽叶;江苏南京龙潭范家塘;晚三叠世范家塘组。

△稀脉侧羽叶 *Pterophyllum paucicostatum* Xu,1975
1975　徐福祥,102页,图版2,图2,3,3a;羽叶;甘肃天水后老庙干柴沟;晚三叠世干柴沟组。(注:原文未指定模式标本)
1982　刘子进,130页,图版69,图3;羽叶;甘肃天水后老庙;晚三叠世后老庙组。

羽状侧羽叶 *Pterophyllum pinnatifidum* Harris,1932
1932　Harris,55页,图版8,图8;插图26—28;羽叶和角质层;东格陵兰斯科斯比湾;晚三叠世(*Lepidopteris* Zone)。
1968　《湘赣地区中生代含煤地层化石手册》,57页,图版14,图1—3;羽叶;湘赣地区;晚三叠世。
1974a　李佩娟等,358页,图版191,图9,10;羽叶;四川彭县磁峰场;晚三叠世须家河组。
1977　冯少南等,231页,图版82,图3;羽叶;广东北部;晚三叠世小坪组。
1978　周统顺,111页,图版21,图9;羽叶;福建漳平大坑文宾山;晚三叠世文宾山组上段。
1980　何德长、沈襄鹏,17页,图版8,图2;图版11,图6;羽叶;湖南浏阳澄潭江;晚三叠世安源组。
1982　王国平等,261页,图版116,图6;羽叶;福建上杭矶头;晚三叠世文宾山组。
1983　段淑英等,图版9,图4,5;羽叶;云南宁蒗背箩山;晚三叠世。
1986　叶美娜等,45页,图版28,图1,3;羽叶;四川达县铁山金窝、开县温泉;晚三叠世须家河组。
1987　陈晔等,111页,图版24,图2,4;羽叶;四川盐边箐河;晚三叠世红果组。
1987　孟繁松,248页,图版34,图3;羽叶;湖北当阳三里岗;早侏罗世香溪组。
1993　王士俊,24页,图版6,图7;图版7,图1,5;羽叶;广东乐昌关春、安口;晚三叠世艮口群。
1999b　吴舜卿,32页,图版25,图3,4;羽叶;四川旺苍金溪、达县铁山;晚三叠世须家河组。

羽状侧羽叶(比较种) *Pterophyllum* cf. *pinnatifidum* Harris
1980　张武等,271页,图版139,图1;羽叶;辽宁本溪宽甸;中侏罗世转山子组。
1982　段淑英、陈晔,502页,图版9,图1;羽叶;四川合川炭坝;晚三叠世须家河组。
1983　李杰儒,23页,图版2,图9;辽宁南票后富隆山盘道沟;中侏罗世海房沟组3段。

波氏侧羽叶 *Pterophyllum portali* Zeiller,1903
1902—1903　Zeiller,186页,图版46,图1—5a;羽叶;越南鸿基;晚三叠世。
1949　斯行健,13页,图版6,图6;羽叶;湖北秭归香溪;早侏罗世香溪煤系。[注:此标本后被改定为 *Pterophyllum* cf. *portali* Zeiller(斯行健、李星学等,1963)]
1954　徐仁,58页,图版50,图6;羽叶;湖北秭归香溪;早—中侏罗世香溪煤系。[注:此标本后被改定为 *Pterophyllum* cf. *portali* Zeiller(斯行健、李星学等,1963)]
1966　吴舜卿,236页,图版2,图2;羽叶;贵州安龙龙头山;晚三叠世。
1987　段淑英,43页,图版14,图4;图版15,图1,2;羽叶;北京西山斋堂;中侏罗世。

波氏侧羽叶(比较种) *Pterophyllum* cf. *portali* Zeiller
1963　斯行健、李星学等,157页,图版61,图8;羽叶;湖北秭归香溪;早侏罗世香溪群。
1984　陈公信,590页,图版242,图1;羽叶;湖北秭归香溪;早侏罗世香溪组。

1987　陈晔等,111页,图版24,图3;羽叶;四川盐边箐河;晚三叠世红果组。

紧密侧羽叶 *Pterophyllum propinquum* Goeppert,1844

1844　Goeppert,132页,图版1,图5;羽叶;德国;侏罗纪。

1933　Yabe,Ôishi,226(32)页,图版34,图2;羽叶;辽宁本溪田师傅二道沟;早—中侏罗世。

1950　Ôishi,102页,图版33,图2;羽叶;辽宁;早侏罗世。

1963　斯行健、李星学等,157页,图版63,图3;羽叶;辽宁本溪田师傅二道沟;早—中侏罗世。

1981　刘茂强、米家榕,25页,图版3,图9;羽叶;吉林临江闹枝沟;早侏罗世义和组。

1982b　郑少林、张武,311页,图版14,图8;羽叶;黑龙江鸡西滴道;早白垩世城子河组。

1984　陈芬等,51页,图版19,图1,2;图版20,图3,4;羽叶;北京门头沟、大安山;早侏罗世下窑坡组、上窑坡组。

1985　商平,图版6,图4,5;羽叶;辽宁阜新煤田;早白垩世海州组孙家湾段。

1990　郑少林、张武,219页,图版4,图2;图版5,图2;羽叶;辽宁本溪田师傅;中侏罗世大堡组。

1994　萧宗正等,图版14,图3;羽叶;北京门头沟灵水;中侏罗世上窑坡组。

紧密侧羽叶(比较种) *Pterophyllum* cf. *propinquum* Goeppert

1980　张武等,271页,图版170,图4;羽叶;黑龙江鸡西;早白垩世城子河组。

△假敏斯特侧羽叶 *Pterophyllum pseudomuesteri* Sze,1931

1931　斯行健,12页,图版2,图2,3;羽叶;江西萍乡;早侏罗世(Lias)。[注:此标本后被改定为 *Anomozamites pseudomuensterii* (Sze) Duan(段淑英,1987)]

1963　斯行健、李星学等,158页,图版60,图4;图版61,图3;羽叶;江西萍乡;晚三叠世—早侏罗世。

1982　王国平等,261页,图版112,图4;羽叶;江西萍乡;晚三叠世—早侏罗世。

1986　叶美娜等,46页,图版28,图5;羽叶;四川达县铁山金窝、开县温泉;早侏罗世珍珠冲组。

羽毛侧羽叶 *Pterophyllum ptilum* Harris,1932

1932　Harris,61页,图版5,图1—5,11;插图30,31;羽叶和角质层;东格陵兰斯科斯比湾;晚三叠世(*Lepidopteris* Zone)。

1954　徐仁,58页,图版51,图2—4;羽叶;江西萍乡安源,湖南醴陵石门口,云南广通一平浪,四川威远;晚三叠世(Rhaetic)。

1958　汪龙文等,589页,图589;羽叶;云南,江西,湖南,四川;晚三叠世。

1962　李星学等,148页,图版87,图3,4;羽叶;长江流域;晚三叠世—早侏罗世。

1963　周惠琴,174页,图版76,图2;羽叶;广东花县华岭;晚三叠世。

1963　斯行健、李星学等,158页,图版61,图1—2a;羽叶;湖南资兴、醴陵石门口;江西新余花鼓山、萍乡、筱其、高坡焦岭;晚三叠世安源组;广东花县华岭、饶平平溪;晚三叠世小坪组;云南广通一平浪;晚三叠世一平浪群。

1964　李星学等,124页,图版78,图3—5;羽叶;华南地区;晚三叠世晚期—早侏罗世。

1968　《湘赣地区中生代含煤地层化石手册》,57页,图10,图3a,7b;图版15,图1—4;羽叶;湘赣地区;晚三叠世。

1974a　李佩娟等,358页,图版191,图5—8;羽叶;四川绵竹金花公社、大邑双河场;晚三叠世须家河组。

1974　胡雨帆等,图版2,图7;羽叶;四川雅安观化煤矿;晚三叠世。

1976　李佩娟等,120页,图版33,图11,12;羽叶;云南禄丰一平浪;晚三叠世一平浪组干海子段。

1977　冯少南等,231页,图版82,图5,6;羽叶;广东曲江、乐昌、花县;晚三叠世小坪组;湖南
　　　　资兴、醴陵;晚三叠世安源组。

1978　陈其奭等,图版1,图2;羽叶;浙江义乌乌灶;晚三叠世乌灶组。

1978　张吉惠,481页,图版162,图6;羽叶;贵州仁怀龙井;晚三叠世。

1978　周统顺,109页,图版21,图1;羽叶;福建上杭矾头;晚三叠世大坑组上段。

1980　何德长、沈襄鹏,17页,图版8,图3;图版10,图6,7;羽叶;湖南醴陵石门口;晚三叠世
　　　　安源组;广东曲江红卫坑;晚三叠世。

1982　段淑英、陈晔,502页,图版9,图2;图版10,图6,7;羽叶;四川宣汉七里峡、开县桐树
　　　　坝;晚三叠世须家河组。

1982　李佩娟、吴向午,50页,图版11,图3,3a;羽叶;四川乡城三区上热坞村;晚三叠世喇嘛
　　　　垭组。

1982　王国平等,261页,图版118,图8;羽叶;江西新余花鼓山;晚三叠世安源组;福建漳平大
　　　　坑;晚三叠世文宾山组。

1982　张采繁,529页,图版340,图8;羽叶;湖南资兴三都、醴陵石门口、浏阳澄潭江;晚三叠世。

1985　福建省地质矿产局,图版3,图4;羽叶;福建永定外龙潭;晚三叠世文宾山组。

1986a　陈其奭,449页,图版2,图9;羽叶;浙江衢县茶园里;晚三叠世茶园里组。

1986b　陈其奭,10页,图版6,图10;羽叶;浙江义乌乌灶;晚三叠世乌灶组。

1986　陈晔等,图版7,图2;羽叶;四川理塘;晚三叠世拉纳山组。

1986　叶美娜等,46页,图版26,图6,6a;图版27,图6,6a;图版28,图2,7,7a;羽叶;四川达县
　　　　雷音铺、铁山金窝;晚三叠世须家河组。

1987　陈晔等,112页,图版24,图1;羽叶;四川盐边箐河;晚三叠世红果组。

1987　何德长,84页,图版20,图4;羽叶;福建漳平大坑;晚三叠世文宾山组。

1989　梅美棠等,100页,图版50,图5;羽叶;华南地区;晚三叠世。

1989　周志炎,149页,图版8,图6—10;图版9,图4,9;图版12,图7,8;图版14,图6;插图
　　　　31;羽叶;湖南衡阳杉桥;晚三叠世杨柏冲组。

1992　黄其胜,图版17,图4;羽叶;四川达县铁山;晚三叠世须家河组5段。

1993　王士俊,25页,图版11,图3;图版32,图4—6;羽叶和角质层;广东乐昌关春、安口;晚
　　　　三叠世艮口群。

1999b　吴舜卿,33页,图版5,图3A;图版23,图5;图版24,图2;图版36,图1B;图版48,图3,
　　　　3a;羽叶和角质层;四川会理鹿厂;晚三叠世白果湾组;四川达县铁山;晚三叠世须家河
　　　　组;贵州六枝郎岱;晚三叠世火把冲组。

△矮小侧羽叶 *Pterophyllum pumulum* Zhang et Zheng,1987

1987　张武、郑少林,281页,图版8,图1—9;插图20;羽叶和角质层;登记号:SG110054,
　　　　SG110055;标本保存在沈阳地质矿产研究所;辽宁朝阳良图沟拉马沟;中侏罗世海房沟
　　　　组。(注:原文未指定模式标本)

△斑点侧羽叶 *Pterophyllum punctatum* Mi,Zhang et Sun et al.,1993

1993　米家榕、张川波、孙春林等,108页,图版20,图4,8;插图24;羽叶;登记号:Y302,Y303;
　　　　正模:Y302(图版20,图4);标本保存在长春地质学院地史古生物教研室;辽宁北票羊
　　　　草沟;晚三叠世羊草沟组。

△祁连侧羽叶 *Pterophyllum qilianense* He,1979

1979　何元良等,148页,图版72,图1;羽叶;登记号:PB6385;正模:PB6385(图版72,图1);

标本保存在中国科学院南京地质古生物研究所;青海祁连尕勒德寺北马尔根滩;晚三叠世默勒群中岩组。

△整齐侧羽叶 *Pterophyllum regulare* Cao, 1992

1992a 曹正尧,218,227 页,图版 4,图 1A,2—4;图版 6,图 8A;羽叶和角质层;登记号: PB16074,PB16092;正模:PB16074(图版 4,图 1A);标本保存在中国科学院南京地质古生物研究所;黑龙江东部绥滨-双鸭山地区;早白垩世城子河组 4 段和顶部。

△李希霍芬侧羽叶 *Pterophyllum richthofeni* Schenk, 1883

1883 Schenk,247 页,图版 47,图 7;图版 48,图 5,6,8;羽叶;内蒙古土木路察哈尔右旗(?); 侏罗纪。

1963 斯行健、李星学等,159 页,图版 62,图 1,2;羽叶;内蒙古土木路;早—中侏罗世。

1984 顾道源,148 页,图版 78,图 5;羽叶;新疆阿克陶苏盖提河;中侏罗世杨叶组。

李希霍芬侧羽叶(比较种) *Pterophyllum* cf. *richthofeni* Schenk

1984 王自强,257 页,图版 139,图 8;图版 163,图 1—5;羽叶和角质层;河北下花园;中侏罗世门头沟组。

欣克侧羽叶 *Pterophyllum schenkii* (Zeiller) Zeiller, 1903

1886 *Anomozamites schenki* Zeiller,460 页,图版 24,图 9;羽叶;越南鸿基;晚三叠世。

1902—1903 Zeiller,181 页,图版 43,图 7;羽叶;越南鸿基;晚三叠世。

1976 李佩娟等,121 页,图版 33,图 11,12;羽叶;云南禄丰一平浪;晚三叠世一平浪组干海子段。

1982a 吴向午,55 页,图版 9,图 1,1a;羽叶;西藏安多土门;晚三叠世土门格拉组。

1982b 吴向午,91 页,图版 12,图 3A,3a,4,4a;羽叶;西藏昌都希雄煤矿;晚三叠世巴贡组上段。

1986 陈晔等,图版 8,图 3,4;羽叶;四川理塘;晚三叠世拉纳山组。

?欣克侧羽叶 ?*Pterophyllum schenkii* (Zeiller) Zeiller

1965 曹正尧,520 页,图版 4,图 11;插图 9;羽叶;广东高明松柏坑;晚三叠世小坪组。

申西诺夫侧羽叶 *Pterophyllum sensinovianum* Heer, 1876

1876 Heer,105 页,图版 24,图 8;羽叶;黑龙江上游;晚侏罗世。

1982b 郑少林、张武,311 页,图版 12,图 3—7;羽叶;黑龙江鸡东哈达;早白垩世城子河组。

申西诺夫侧羽叶(比较种) *Pterophyllum* cf. *sensinovianum* Heer

1980 张武等,271 页,图版 169,图 7—9;羽叶;辽宁昌图亮甲;早白垩世沙河子组;辽宁凌源冰沟;早白垩世冰沟组。

1991 张川波等,图版 2,图 13;羽叶;吉林九台刘房子;早白垩世大羊草沟组。

△陕西侧羽叶 *Pterophyllum shaanxiense* He, 1987

1987a 何德长,见钱丽君等,81 页,图版 21,图 4;图版 25,图 4;羽叶;登记号:Sh094;标本保存在煤炭科学研究总院地质勘探分院;陕西神木考考乌素沟;中侏罗世延安组 1 段 11 层。

△四川侧羽叶 *Pterophyllum sichuanense* Duan et Chen, 1987

1987 段淑英、陈晔,见陈晔等,112,156 页,图版 24,图 6;羽叶;标本号:No.7480;标本保存在中国科学院植物研究所古植物研究室;四川盐边箐河;晚三叠世红果组。

△中国侧羽叶 *Pterophyllum sinense* Lee P,1964

1964　李佩娟,122,170 页,图版 4,图 1b;图版 12,图 1－7;插图 5;羽叶和角质层;采集号:BP326(7);登记号:PB2822;标本保存在中国科学院南京地质古生物研究所;四川广元须家河;晚三叠世须家河组。

1968　《湘赣地区中生代含煤地层化石手册》,58 页,图版 16,图 4;羽叶;湘赣地区;晚三叠世。

1974a　李佩娟等,359 页,图版 194,图 7,8;羽叶;四川广元须家河;晚三叠世须家河组。

1976　李佩娟等,120 页,图版 33,图 4－7;图版 34,图 1,1a;羽叶;云南禄丰渔坝村、一平浪;晚三叠世一平浪组干海子段。

1977　冯少南等,231 页,图版 82,图 4;羽叶;湖北远安;晚三叠世香溪群下煤组;广东曲江、乐昌;晚三叠世小坪组。

1978　杨贤河,507 页,图版 161,图 3;羽叶;四川乡城沙孜;晚三叠世喇嘛垭组。

1978　周统顺,110 页,图版 21,图 7;羽叶;福建武平龙井;晚三叠世文宾山组上段。

1980　吴舜卿等,77 页,图版 3,图 6,7;羽叶;湖北兴山耿家河;晚三叠世沙镇溪组。

1982　李佩娟、吴向午,51 页,图版 12,图 2,2a;羽叶;四川乡城三区丹娘沃岗村;晚三叠世喇嘛垭组。

1982　王国平等,261 页,图版 117,图 7;羽叶;江西乐安牛田;晚三叠世安源组。

1982　张采繁,529 页,图版 340,图 3;羽叶;湖南浏阳澄潭江;晚三叠世。

1984　陈公信,591 页,图版 246,图 10;羽叶;湖北远安九里岗;晚三叠世九里岗组。

1986　陈晔等,图版 5,图 5a;羽叶;四川理塘;晚三叠世拉纳山组。

1986　叶美娜等,46 页,图版 27,图 4－5a;羽叶;四川开县斌郎、铁山金窝;晚三叠世须家河组。

1987　何德长,83 页,图版 17,图 1a;图版 19,图 2,5;图版 21,图 6;羽叶;福建漳平大坑;晚三叠世文宾山组。

1990　吴向午、何元良,303 页,图版 8,图 4,4a;羽叶;青海杂多结扎麦切能、治多根涌曲-查日曲剖面;晚三叠世结扎群格玛组。

1993　王士俊,25 页,图版 7,图 4;图版 11,图 1;图版 29,图 5－7;羽叶和角质层;广东乐昌关春;晚三叠世艮口群。

1995a　李星学(主编),图版 90,图 5;羽叶;青海大柴旦大煤沟;中侏罗世大煤沟组。(中文)

1995b　李星学(主编),图版 90,图 5;羽叶;青海大柴旦大煤沟;中侏罗世大煤沟组。(英文)

1999b　吴舜卿,33 页,图版 35,图 2,5,6;羽叶;四川万源万新煤矿、旺苍金溪;晚三叠世须家河组。

中国侧羽叶(比较种) *Pterophyllum* cf. *sinense* Lee P

1980　何德长、沈襄鹏,17 页,图版 8,图 8;羽叶;广东曲江红卫坑;晚三叠世。

1986a　陈其奭,449 页,图版 2,图 14,15;羽叶;浙江衢县茶园里;晚三叠世茶园里组。

亚等形侧羽叶 *Pterophyllum subaequale* Hartz,1896

1896　Hartz,236 页,图版 15,图 3,1;羽叶;格陵兰;晚三叠世－早侏罗世。

1965　曹正尧,520 页,图版 5,图 1－4;羽叶;广东高明松柏坑;晚三叠世小坪组。

1968　《湘赣地区中生代含煤地层化石手册》,58 页,图版 12,图 1－3;图版 13,图 4,4a;羽叶;湘赣地区;晚三叠世－早侏罗世。

1977　冯少南等,231 页,图版 82,图 9;羽叶;广东高明;晚三叠世小坪组。

1979　徐仁等,56 页,图版 53,图 3,4;羽叶;四川宝鼎;晚三叠世大荞地组上部。

1980　何德长、沈襄鹏,16 页,图版 6,图 4;羽叶;湖南浏阳料源矿;晚三叠世三丘田组。

1982　杨贤河,479页,图版12,图15b,16;羽叶;四川长宁双河;晚三叠世须家河组。

1984　陈公信,590页,图版244,图1;羽叶;湖北荆门凉风垭;早侏罗世桐竹园组。

1986　叶美娜等,47页,图版26,图2;图版28,图6A,6a,8;羽叶;四川达县斌郎、雷音铺;晚三叠世须家河组7段。

1987　孟繁松,248页,图版30,图5;羽叶;湖北南漳东巩;晚三叠世九里岗组。

△亚狭细侧羽叶 *Pterophyllum subangustum* Yang,1982

1982　杨贤河,479页,图版10,图1—5;羽叶;采集号:H30;登记号:Sp245—Sp249;合模1—5:Sp245—Sp249(图版10,图1—5);标本保存在成都地质矿产研究所;四川威远葫芦口;晚三叠世须家河组。[注:依据《国际植物命名法规》(《维也纳法规》)第37.2条,1958年起,模式标本只能是1块标本]

1989　周志炎,144页,图版9,图6—8,10,12;图版10,图3—8;图版12,图1—4;图版16,图6;插图22—24;羽叶和角质层;湖南衡阳杉桥;晚三叠世杨柏冲组。

1995a　李星学(主编),图版81,图1,2;羽叶的上表皮和下表皮;湖南衡阳;晚三叠世杨柏冲组。(中文)

1995b　李星学(主编),图版81,图1,2;羽叶的上表皮和下表皮;湖南衡阳;晚三叠世杨柏冲组。(英文)

苏昌侧羽叶 *Pterophyllum sutschanense* Prynada ex Samylina,1961

1961　Samylina,638页,图版2,图5;图版4;羽叶;南滨海;早白垩世。

苏昌侧羽叶(比较种) *Pterophyllum* cf. *sutschanense* Prynada ex Samylina

1982a　杨学林、孙礼文,592页,图版3,图2;羽叶;松辽盆地东南部营城;早白垩世营城组。

1983　张志诚、熊宪政,60页,图版6,图1—3,6,7;图版7,图6;羽叶;黑龙江东宁盆地;早白垩世东宁组。

△斯氏细侧羽叶 *Pterophyllum szei* Li,1988

1988　李佩娟等,82页,图版57,图8;图版58,图1—3a;图版59,图1A,1a—2a;图版60,图1—5;图版61,图3;图版63,图3—4a;图版64,图1;图版107,图1—9;羽叶和角质层;采集号:80DJ₂dFu;登记号:PB13527—PB13531,PB13534—PB13540;标本保存在中国科学院南京地质古生物研究所;青海大柴旦大煤沟;中侏罗世大煤沟组 *Tyrmia-Sphenobaiera* 层。(注:原文未指定模式标本)

1992　谢明忠、孙景嵩,图版1,图12;羽叶;河北宣化;中侏罗世下花园组。

托马斯侧羽叶 *Pterophyllum thomasi* Harris,1952

1952　Harris,618页;插图3,4;羽叶和角质层;英国约克郡;中侏罗世。

托马斯侧羽叶(亲近种) *Pterophyllum* aff. *thomasi* Harris

1983　李杰儒,23页,图版2,图8;羽叶;辽宁南票后富隆山盘道沟;中侏罗世海房沟组3段。

梯兹侧羽叶 *Pterophyllum tietzei* Schenk,1887

1887　Schenk,6页,图版6,图27—29;图版11,图52;羽叶;伊朗;晚三叠世。

1949　斯行健,13页,图版5,图2;羽叶;湖北秭归香溪;早侏罗世香溪煤系。

1954　徐仁,58页,图版48,图1;羽叶;湖北秭归香溪;早—中侏罗世香溪煤系。

1958　汪龙文等,606页,图606;羽叶;湖北秭归香溪;侏罗纪香溪煤系。

1962 李星学等,153页,图版91,图4;羽叶;长江流域;晚三叠世—早侏罗世。

1963 斯行健、李星学等,159页,图版60,图1;羽叶;湖北秭归香溪;早侏罗世香溪群;江苏南京栖霞山;早侏罗世象山群。

1964 李星学等,129页,图版84,图3;羽叶;华南地区;晚三叠世晚期—早侏罗世。

1977 冯少南等,231页,图版83,图1;羽叶;湖北秭归;早—中侏罗世香溪群上煤组。

1979 徐仁等,57页,图版52,图4,5;图版55,图1,2;羽叶;四川宝鼎花山;晚三叠世大荞地组中上部。

1984 陈公信,591页,图版242,图2;羽叶;湖北秭归香溪;早侏罗世香溪组。

1986 叶美娜等,47页,图版29,图3;图版30,图2;羽叶;四川开县温泉;晚三叠世须家河组7段。

梯兹侧羽叶(比较种) *Pterophyllum* cf. *tietzei* Schenk
1984 顾道源,148页,图版78,图3,4;羽叶;新疆喀什反修煤矿;中侏罗世杨叶组。

△变异侧羽叶 *Pterophyllum variabilum* Duan et Chen,1979
1979b 段淑英、陈晔,见陈晔等,187页,图版1,图1;羽叶;标本号:No.6970;标本保存在中国科学院植物研究所古植物研究室;四川盐边红泥煤田;晚三叠世大荞地组。

△香溪侧羽叶 *Pterophyllum xiangxiensis* Meng,1987
1987 孟繁松,248页,图版33,图6;图版37,图6,7;插图19;羽叶和角质层;采集号:X-80-P-1;登记号:P82176;正模:P82176(图版33,图6);标本保存在宜昌地质矿产研究所;湖北秭归香溪;早侏罗世香溪组。

△西南侧羽叶 *Pterophyllum xinanense* Yang,1978
1978 杨贤河,507页,图版161,图2;羽叶;标本号:Sp0026;正模:Sp0026(图版161,图2);标本保存在成都地质矿产研究所;四川渡口宝鼎;晚三叠世大荞地组。

1993 王士俊,26页,图版7,图8,9;图版8,图1,7;图版28,图6—8;羽叶和角质层;广东乐昌关春;晚三叠世艮口群。

△剑形侧羽叶 *Pterophyllum xiphida* (Ye et Huang) Wang,1993
1986 *Pseudoctenis xiphida* Ye et Huang,叶美娜等,62页,图版44,图5,5a;羽叶;四川达县铁山金窝;晚三叠世须家河组7段。

1993 王士俊,26页,图版6,图2;图版8,图3;图版29,图1—4;羽叶和角质层;广东乐昌关春;晚三叠世艮口群。

△剑型侧羽叶 *Pterophyllum xiphioides* Zhou,1989
1989 周志炎,147页,图版13,图1—8;图版14,图2—5;图版19,图2,19;插图25—27;羽叶和角质层;登记号:PB13843,PB13844;正模:PB13843(图版19,图2;插图25—27);标本保存在中国科学院南京地质古生物研究所;湖南衡阳杉桥;晚三叠世杨柏冲组。

△营城侧羽叶 *Pterophyllum yingchengense* Zhang,1980
1980 张武等,271页,图版171,图5;图版172,图3;羽叶;登记号:D380,D381;标本保存在沈阳地质矿产研究所;吉林九台营城子;早白垩世营城子组。(注:原文未指定模式标本)

1983 张志诚、熊宪政,60页,图版7,图2,7;羽叶;黑龙江东宁盆地;早白垩世东宁组。

1992 孙革、赵衍华,536页,图版234,图1,3,6;羽叶;吉林九台营城子煤矿、长春石碑岭煤矿;早白垩世营城子组。

1994 高瑞祺等,图版15,图4;羽叶;吉林九台;早白垩世营城子组。

△云南侧羽叶 *Pterophyllum yunnanense* Hu,1975

1975 胡雨帆,见徐仁等,73页,图版5,图5,6;羽叶;编号:No.732,No.745;模式标本:No.732(图版5,图6);标本保存在中国科学院植物研究所;云南永仁纳拉箐;晚三叠世大荞地组。

1978 杨贤河,508页,图版157,图4;羽叶;四川渡口;晚三叠世大荞地组。

1979 徐仁等,57页,图版52,图2,3;羽叶;四川宝鼎花山;晚三叠世大荞地组中上部。

云南侧羽叶(比较种) *Pterophyllum* cf. *yunnanense* Hu

1996 米家榕等,103页,图版12,图5;羽叶;辽宁北票三宝二井;早侏罗世北票组下段。

△漳平侧羽叶 *Pterophyllum zhangpingeise* Wang,1982(non He Dechang,1987)

1982 王国平等,262页,图版119,图4,5;羽叶;标本号:TH8-161;正模:TH8-161(图版119,图5);福建漳平大坑;晚三叠世大坑组。

△漳平侧羽叶 *Pterophyllum zhangpingeise* He,1987(non Wang Guoping,1982)

(注:此种名为 *Pterophyllum zhangpingeise* Wang,1982 的晚出同名)

1987 何德长,84页,图版17,图1B;图版20,图2;羽叶;标本保存在煤炭科学研究总院地质勘探分院;福建漳平大坑;晚三叠世文宾山组。(注:原文未指定模式标本)

对生侧羽叶 *Pterophyllum zygotacticum* Harris,1932

1932 Harris,64页,图版5,图7,9,10;插图32—34;羽叶和角质层;东格陵兰斯科斯比湾;晚三叠世(*Lepidopteris* Zone)。

1982 王国平等,262页,图版119,图2;羽叶;福建漳平大坑;晚三叠世文宾山组。

对生侧羽叶(比较种) *Pterophyllum* cf. *zygotacticum* Harris

1982a 吴向午,56页,图版3,图5—5b;羽叶;西藏巴青村穷堂;晚三叠世土门格拉组。

1986a 陈其奭,449页,图版3,图1b,15;羽叶;浙江衢县茶园里;晚三叠世茶园里组。

侧羽叶(未定多种) *Pterophyllum* spp.

1903 *Pterophyllum* sp.,Zeiller,图版56,图6;羽叶;云南太平场;晚三叠世。

1925 *Pterophyllum* sp.,Teilhard de Chardin,Fritel,532页;插图4a;羽叶;辽宁朝阳;侏罗纪。[注:此标本后被改定为 *Pterophyllum*? sp.(斯行健、李星学等,1963)]

1931 *Pterophyllum* sp. a,斯行健,13页,图版1,图7;羽叶;江西萍乡;早侏罗世(Lias)。

1931 *Pterophyllum* sp. b,斯行健,13页,图版1,图6B;羽叶;江西萍乡;早侏罗世(Lias)。

1935 *Pterophyllum* sp.,Ôishi,90页,图版8,图3,4;插图6;羽叶;黑龙江东宁煤田;晚侏罗世或早白垩世。

1956 *Pterophyllum* sp.,敖振宽,24页,图版4,图3;羽叶;广东广州小坪;晚三叠世小坪煤系。

1963 *Pterophyllum* sp. 1,斯行健、李星学等,160页,图版62,图4;羽叶;黑龙江东宁;晚侏罗世。

1963 *Pterophyllum* sp. 3,斯行健、李星学等,160页,图版62,图3;羽叶;四川巴县一品场;早侏罗世香溪群。

1963 *Pterophyllum* sp. 4,斯行健、李星学等,161页,图版62,图6;羽叶;江西萍乡;晚三叠世晚期—早侏罗世。

1965 *Pterophyllum* sp. 1,曹正尧,521页,图版5,图5;羽叶;广东高明松柏坑;晚三叠世小坪组。

1965　*Pterophyllum* sp. 2,曹正尧,521 页,图版 6,图 3;插图 10;羽叶;广东高明松柏坑;晚三叠世小坪组。

1965　*Pterophyllum* sp. 3,曹正尧,521 页,图版 4,图 12;图版 5,图 6;图版 6,图 4;羽叶;广东高明松柏坑;晚三叠世小坪组。

1965　*Pterophyllum* sp. 4,曹正尧,521 页,图版 6,图 5;羽叶;广东高明松柏坑;晚三叠世小坪组。

1975　*Pterophyllum* sp.(? n. sp.),徐福祥,103 页,图版 3,图 3,4;羽叶;甘肃天水后老庙干柴沟;晚三叠世干柴沟组。

1975　*Pterophyllum* sp.,徐福祥,106 页,图版 5,图 7,8;羽叶;甘肃天水后老庙干柴沟;早一中侏罗世炭和里组。

1976　*Pterophyllum* sp.,张志诚,191 页,图版 95,图 7;羽叶;内蒙古包头石拐沟;中侏罗世召沟组。

1977　*Pterophyllum* sp.,长春地质学院勘探系调查组等,图版 3,图 7;羽叶;吉林浑江石人;晚三叠世小河口组。

1978　*Pterophyllum* sp.,陈其奭等,图版 1,图 11;羽叶;浙江义乌乌灶;晚三叠世乌灶组。

1978　*Pterophyllum* sp.,杨贤河,508 页,图版 189,图 9;羽叶;四川江油厚坝白庙;早侏罗世白田坝组。

1979　*Pterophyllum* sp. 1,徐仁等,57 页,图版 49,图 10;图版 51,图 6,7;羽叶;四川宝鼎干巴塘;晚三叠世大荞地组中上部。

1979　*Pterophyllum* sp. 2,徐仁等,57 页,图版 53,图 5;羽叶;四川宝鼎花山;晚三叠世大荞地组中上部。

1979　*Pterophyllum* sp. 3,徐仁等,58 页,图版 52,图 6;羽叶;四川宝鼎花山;晚三叠世大荞地组中上部。

1980　*Pterophyllum* sp.,黄枝高、周惠琴,92 页,图版 36,图 4;羽叶;陕西铜川焦坪;晚三叠世延长组上部。

1980　*Pterophyllum* sp.,吴舜卿等,77 页,图版 3,图 9;羽叶;湖北秭归沙镇溪;晚三叠世沙镇溪组。

1982　*Pterophyllum* sp.,段淑英、陈晔,图版 10,图 2;羽叶;四川合川炭坝;晚三叠世须家河组。

1982b　*Pterophyllum* sp.,吴向午,92 页,图版 13,图 6;羽叶;西藏贡觉夺盖拉煤点;晚三叠世巴贡组上段。

1982　*Pterophyllum* sp.,张采繁,530 页,图版 345,图 5,8;羽叶;湖南醴陵柑子冲;早侏罗世高家田组。

1982b　*Pterophyllum* sp.,郑少林、张武,311 页,图版 12,图 9;羽叶;黑龙江密山兴凯;中侏罗世裴德组。

1983a　*Pterophyllum* sp.,曹正尧,15 页,图版 2,图 6—8;羽叶;黑龙江虎林云山;中侏罗世龙爪沟群下部。

1983　*Pterophyllum* sp.,何元良,188 页,图版 29,图 5;羽叶;青海祁连尕勒得寺;晚三叠世默勒群尕勒得寺组。

1983　*Pterophyllum* sp.,张武等,80 页,图版 3,图 8,9;羽叶;辽宁本溪林家崴子;中三叠世林家组。

1984　*Pterophyllum* sp. 1,陈芬等,51 页,图版 19,图 3;羽叶;北京西山大安山;早侏罗世下窑坡组。

1984　*Pterophyllum* sp.,周志炎,27 页,图版 9,图 6,7;羽叶;湖南祁阳河埠塘;早侏罗世观音滩组搭坝口段。

1985　*Pterophyllum* sp.,米家榕、孙春林,图版 1,图 11;羽叶;吉林双阳八面石煤矿;晚三叠世小蜂蜜顶子组上段。

1986　*Pterophyllum* sp.，陈晔等，42页，图版8，图5；羽叶；四川理塘；晚三叠世拉纳山组。

1986　*Pterophyllum* sp.，鞠魁祥、蓝善先，图版1，图1；羽叶；江苏南京吕家山；晚三叠世范家塘组。

1987　*Pterophyllum* sp.，何德长，75页，图版7，图10；羽叶；浙江云和梅源砻铺村；早侏罗世晚期砻铺组5层、7层。

1987　*Pterophyllum* sp.，何德长，81页，图版16，图3；羽叶；湖北蒲圻苦竹桥；晚三叠世鸡公山组。

1987a　*Pterophyllum* sp.，钱丽君等，图版21，图3；羽叶；陕西神木考考乌素沟；中侏罗世延安组4段78层。

1988　*Pterophyllum* sp. 1，陈芬等，55页，图版20，图1；羽叶；辽宁阜新清河门；早白垩世沙海组下段。

1988　*Pterophyllum* sp. 2，陈芬等，56页，图版63，图1；羽叶；辽宁铁法；早白垩世小明安碑组下含煤段。

1988　*Pterophyllum* sp.，李佩娟等，83页，图版55，图4,4a；羽叶；青海大柴旦大煤沟；中侏罗世大煤沟组 *Tyrmia-Sphenobaiera* 层。

1988　*Pterophyllum* sp.，孙革、商平，图版3，图1b；羽叶；内蒙古霍林河煤田；早白垩世霍林河组。

1990　*Pterophyllum* sp.，吴向午、何元良，304页，图版8，图1B,1b；羽叶；青海治多根涌曲-查日曲剖面；晚三叠世结扎群格玛组。

1992a　*Pterophyllum* sp. 1，曹正尧，218页，图版4，图9—11；羽叶和角质层；黑龙江东部绥滨-双鸭山地区；早白垩世城子河组1段。

1992a　*Pterophyllum* sp. 2，曹正尧，218页，图版5，图4,5；羽叶；黑龙江东部绥滨-双鸭山地区；早白垩世城子河组2段、3段。

1992　*Pterophyllum* sp.，谢明忠、孙景嵩，图版1，图8；羽叶；河北宣化；中侏罗世下花园组。

1993　*Pterophyllum* sp. 1，米家榕等，109页，图版21，图1；羽叶；吉林双阳八面石煤矿；晚三叠世小蜂蜜顶子组上段。

1993　*Pterophyllum* sp. 2，米家榕等，109页，图版21，图2；羽叶；北京西山大安山；晚三叠世杏石口组。

1993　*Pterophyllum* spp.，米家榕等，109页，图版21，图3—5,7,7a,10；羽叶；北京西山大安山；晚三叠世杏石口组。

1993　*Pterophyllum* sp. 1，王士俊，27页，图版8，图2；图版29，图8—10；图版30，图1；羽叶和角质层；广东乐昌关春；晚三叠世艮口群。

1993　*Pterophyllum* sp. 2，王士俊，28页，图版9，图1,2,5；图版10，图1,3；图版30，图5—7；羽叶和角质层；广东乐昌关春；晚三叠世艮口群。

1993　*Pterophyllum* sp. 3，王士俊，28页，图版10，图5；图版13，图9；图版31，图3—5；羽叶和角质层；广东乐昌关春；晚三叠世艮口群。

1993　*Pterophyllum* sp. 4，王士俊，29页，图版11，图2；图版31，图6—8；羽叶和角质层；广东乐昌关春；晚三叠世艮口群。

1993　*Pterophyllum* sp. 5，王士俊，29页，图版11，图4；图版32，图7,8；羽叶和角质层；广东乐昌关春；晚三叠世艮口群。

1995b　*Pterophyllum* sp.，邓胜徽，41页，图版22，图4；图版35，图1—4；插图16；羽叶和角质层；内蒙古霍林河盆地；早白垩世霍林河组。

1996　*Pterophyllum* sp.，曹正尧、张亚玲，图版2，图5b；羽叶；甘肃张掖平山湖；中侏罗世青土井组下段。

1996 *Pterophyllum* sp. 1,米家榕等,103 页,图版 14,图 2;羽叶;河北抚宁石门寨;早侏罗世北票组。

1996 *Pterophyllum* sp. 2,米家榕等,103 页,图版 14,图 9;羽叶;辽宁北票兴隆沟;中侏罗世海房沟组。

1996 *Pterophyllum* sp. indet.,米家榕等,104 页,图版 13,图 4,5;羽叶;辽宁北票冠山一井;早侏罗世北票组下段;辽宁北票东升煤矿;早侏罗世北票组上段。

1998 *Pterophyllum* sp. 1,曹正尧,284 页,图版 2,图 1B,2;图版 3,图 4—8;羽叶和角质层;安徽宿松毛岭;早侏罗世磨山组。

1998 *Pterophyllum* sp. 2,曹正尧,285 页,图版 2,图 1A,3—9;图版 3,图 1—3;羽叶和角质层;安徽宿松毛岭;早侏罗世磨山组。

1998 *Pterophyllum* sp.,张泓等,图版 41,图 7;羽叶;甘肃兰州窑街煤田;中侏罗世窑街组。

1999b *Pterophyllum* sp.,吴舜卿,33 页,图版 21,图 1,1a(A);羽叶;四川达县铁山;晚三叠世须家河组。

2003 *Pterophyllum* sp.,邓胜徽等,图版 74,图 2;羽叶;新疆哈密三道岭煤矿;中侏罗世西山窑组。

2003 *Pterophyllum* sp.,许坤等,图版 6,图 6;羽叶;辽宁北票东升矿四井;早侏罗世早期北票组上段。

2005 *Pterophyllum* sp.,孙柏年等,图版 20,图 1;羽叶;甘肃窑街;中侏罗世窑街组砂泥岩段。

侧羽叶?(未定多种) *Pterophyllum*? spp.

1906 *Pterophyllum*? sp.,Yokoyama,22 页,图版 4,图 9;羽叶;广西兴安司路铺;侏罗纪。

1929b *Pterophyllum*? sp.,Yabe,Ôishi,104 页,图版 21,图 5,5a;羽叶;山东潍县坊子煤田;侏罗纪。

1939 *Pterophyllum*? sp.,Matuzawa,15 页,图版 4,图 3;羽叶;辽宁北票煤矿;晚三叠世—中侏罗世早期北票煤组。

1963 *Pterophyllum*? sp. 5,斯行健、李星学等,161 页,图版 62,图 10;羽叶;辽宁朝阳;中侏罗世或晚侏罗世。

1963 *Pterophyllum*? sp. 6,斯行健、李星学等,161 页,图版 62,图 5;羽叶;内蒙古丰镇;中—晚侏罗世。

1963 *Pterophyllum*? sp. 7,斯行健、李星学等,161 页,图版 62,图 7;羽叶;辽宁朝阳北票;早—中侏罗世。

1963 *Pterophyllum*? sp. 8,斯行健、李星学等,162 页,图版 91,图 8;羽叶;江西兴安司路铺;晚三叠世晚期—早侏罗世。

1963 *Pterophyllum*? sp. 9,斯行健、李星学等,162 页,图版 62,图 11;羽叶;山东潍县坊子;早—中侏罗世。

1983 *Pterophyllum*? sp.,陈芬、杨关秀,133 页,图版 17,图 5;羽叶;西藏狮泉河地区;早白垩世日松群上部。

1999b *Pterophyllum*? sp.,吴舜卿,34 页,图版 24,图 1;羽叶;四川达县铁山;晚三叠世须家河组。

侧羽叶(比较属,未定多种) Cf. *Pterophyllum* spp.

1933c Cf. *Pterophyllum* sp.,斯行健,6 页,图版 6,图 11;羽叶;陕西西乡檀木坝;早侏罗世。

1933d Cf. *Pterophyllum* sp. a,斯行健,31 页;羽叶;内蒙古萨拉齐石拐子;早侏罗世。

1933d Cf. *Pterophyllum* sp. b,斯行健,31 页;羽叶;内蒙古萨拉齐石拐子;早侏罗世。

1963 Cf. *Pterophyllum* sp.,斯行健、李星学等,162 页,图版 62,图 8;羽叶;陕西西乡檀木坝;

早一中侏罗世。

侧羽叶（异羽叶）（未定多种）*Pterophyllum*（*Anomozamites*）spp.

1920 *Pterophyllum*（*Anomozamites*）sp.，Yabe，Hayasaka，图版 5，图 10；羽叶；江西崇仁沧源；侏罗纪。

1929a *Pterophyllum*（*Anomozamites*）sp.，Yabe，Ôishi，100 页；江西崇仁沧源；侏罗纪。

1933c *Pterophyllum*（*Anomozamites*）sp.（Cf. *inconstans* Braun），斯行健，6 页，图版 6，图 9，10；羽叶；陕西西乡檀木坝；早侏罗世。［注：此标本后被改定为 *Anomozamites* sp.（斯行健、李星学等，1963）］

1963 *Pterophyllum*（*Anomozamites*）sp. 2，斯行健、李星学等，160 页，图版 62，图 9；羽叶；江西崇仁沧源；晚三叠世一早侏罗世。

翅似查米亚属 Genus *Pterozamites* Braun，1843

1843（1839－1843） Braun，见 Muenster，29 页。

1867（1865） Newberry，120 页。

1993a 吴向午，126 页。

模式种：*Pterozamites scitamineus*（Sternberg）Braun，1843

分类位置：苏铁纲（Cycadopsida）

纤弱翅似查米亚 *Pterozamites scitamineus*（Sternberg）Braun，1843

1820－1838 *Phyllites scitamineaeformis* Sternberg，图版 37，图 2。

1838（1820－1838） *Taeniopteris scitaminea* Presl，见 Sternberg，139 页。

1843（1839－1843） Braun，见 Muenster，29 页。

1993a 吴向午，126 页。

△中国翅似查米亚 *Pterozamites sinensis* Newberry，1867

1867（1865） Newberry，120 页，图版 9，图 3；羽叶；北京西山桑峪；侏罗纪。［注：此标本后被改定为 *Nillsonia* sp.（斯行健、李星学等，1963）］

1993a 吴向午，126 页。

毛羽叶属 Genus *Ptilophyllum* Morris，1840

1840 Morris，见 Grant，327 页。

1902－1903 Zeiller，300 页。

1963 斯行健、李星学等，170 页。

1993a 吴向午，126 页。

模式种：*Ptilophyllum acutifolium* Morris，1840

分类位置：苏铁纲本内苏铁目（Bennettiales，Cycadopsida）

尖叶毛羽叶 *Ptilophyllum acutifolium* Morris，1840

1840 Morris，见 Grant，327 页，图版 21，图 1a－3；羽叶；印度卡里亚瓦山脉南部（southern

Charivar Range);侏罗纪。

1902—1903　Zeiller,300 页,图版 56,图 7,7a,8;羽叶;云南太平场;晚三叠世。[注:此标本后被改定为 ? *Ptilophyllum pecten* (Phillips) Morris(斯行健、李星学等,1963)]

1930　张席禔,4 页,图版 1,图 11—18;插图 2;羽叶;广东乳源和湖南宜章交界处的艮口煤田;侏罗纪。

1974b　李佩娟等,376 页,图版 202,图 3;羽叶;四川广元白田坝;早侏罗世白田坝组。

1978　杨贤河,514 页,图版 190,图 3;羽叶;四川广元白田坝;早侏罗世白田坝组。

1984　王自强,262 页,图版 128,图 1;羽叶;内蒙古察哈尔右翼中旗;早侏罗世南苏勒图组。

1993　王士俊,31 页,图版 11,图 8;图版 12,图 4,6—8;图版 13,图 1;图版 34,图 3—6;羽叶和角质层;广东乐昌关春;晚三叠世艮口群。

1993a　吴向午,126 页。

1993　周志炎、吴一民,122 页,图版 1,图 5;羽叶;西藏南部定日普那县;早白垩世普那组。

北极毛羽叶 *Ptilophyllum arcticum* (Goeppert) Seward,1926

1864　*Ptilophyllum arcticum* Goeppert,174 页。

1866　Zamites *arcticum* Goeppert,134 页,图版 2,图 9,10。

1926　Seward,92 页,图版 7,图 43;羽叶;西格陵兰;早白垩世。

北极毛羽叶(比较种) *Ptilophyllum cf. arcticum* (Goeppert) Seward

1989　丁保良等,图版 1,图 12;羽叶;福建赤石下杜坝;早白垩世坂头组。

1994　曹正尧,图 2f;羽叶;浙江丽水;早白垩世早期寿昌组。

1995a　李星学(主编),图版 111,图 5;羽叶;浙江丽水;早白垩世寿昌组。(中文)

1995b　李星学(主编),图版 111,图 5;羽叶;浙江丽水;早白垩世寿昌组。(英文)

1999　曹正尧,70 页,图版 14,图 4;图版 15,图 3—6;图版 16,图 9;羽叶;浙江永嘉槎川村、青田底半坑;早白垩世磨石山组 C 段;浙江丽水老竹;早白垩世寿昌组。

北方毛羽叶 *Ptilophyllum boreale* (Heer) Seward,1917

1883　*Zamites borealis* Heer,66 页,图版 14,15;羽叶;格陵兰;早白垩世。

1917　Seward,525 页,图 525;羽叶;格陵兰;早白垩世。

1945　斯行健,49 页,插图 1,2;羽叶;福建永安;早白垩世坂头系。

1963　斯行健、李星学等,171 页,图版 64,图 1,2;羽叶;福建永安;晚侏罗世—早白垩世早期坂头组。

1964　李星学等,134 页,图版 89,图 3;羽叶;华南地区;晚侏罗世(?)—早白垩世。

1982　王国平等,257 页,图版 131,图 9;羽叶;江西上坪岭下;晚侏罗世—早白垩世。

1989　丁保良等,图版 3,图 4;羽叶;江西铅山石溪;早白垩世石溪组。

1990　刘明渭,203 页;羽叶;山东莱阳山前店;早白垩世莱阳组 3 段。

北方毛羽叶(比较属种) Cf. *Ptilophyllum boreale* (Heer) Seward

2000　吴舜卿,223 页,图版 6,图 1;羽叶;香港新界西贡嶂上;早白垩世浅水湾群。

北方毛羽叶(比较种) *Ptilophyllum cf. boreale* (Heer) Seward

1954　徐仁,60 页,图版 51,图 5,6;羽叶;福建永安;早白垩世早期坂头系。[注:此标本后被改定为 *Ptilophyllum boreale* (Heer) Seward(斯行健、李星学等,1963)]

1958　汪龙文等,624 页,图 625;羽叶;福建;早白垩世坂头系。

1982 李佩娟,92页,图版13,图5;羽叶;西藏洛隆(?)勒体;早白垩世多尼组。

1995 曹正尧等,5页,图版2,图1,1a;图版3,图4,4a;羽叶;福建政和大溪村附近;早白垩世南园组中段。

1999 曹正尧,71页,图版17,图6—9,9a;羽叶;浙江诸暨古里桥;早白垩世寿昌组(?)。

△华夏毛羽叶 *Ptilophyllum cathayanum* Cao,1999（中文和英文发表）

1999 曹正尧,72,149页,图版16,图1—8,8a;羽叶;采集号:ZH23,ZH261,W-95062-H27—W-95062-H45,W-95062-H74;登记号:PB14397—PB14399,PB14401—PB14404;正模:PB14399(图版16,图3);标本保存在中国科学院南京地质古生物研究所;浙江寿昌寿昌大桥、丽水老竹;早白垩世寿昌组;浙江永嘉槎川村、章当;早白垩世磨石山组C段。

高加索毛羽叶 *Ptilophyllum caucasicum* Doludenko et Svanidze,1964

1964 Doludenko,Svanidze,113页,图版1,图1—13;图版2,图1—10;羽叶;格鲁吉亚;中—晚侏罗世。

1982 王国平等,257页,图版134,图9;羽叶;福建柘荣仙源里;晚侏罗世小溪组。

1989 丁保良等,图版2,图14;羽叶;福建柘荣仙源里;晚侏罗世小溪组。

△紧挤毛羽叶 *Ptilophyllum contiguum* Sze,1949

1949 斯行健,22页,图版11,图2,3;羽叶;湖北秭归香溪;早侏罗世香溪煤系。

1963 斯行健、李星学等,171页,图版64,图5;羽叶;湖北秭归香溪;早侏罗世香溪群。

1977 冯少南等,224页,图版86,图2,3;羽叶;湖北秭归、远安;早—中侏罗世香溪群上煤组。

1980 吴舜卿等,101页,图版16,图7;图版17,图1—3;图版18,图1—4a;图版19,图4—8;图版20,图1,2a,3—6;羽叶;湖北秭归香溪、兴山郑家河;早—中侏罗世香溪组。

1982 段淑英、陈晔,503页,图版10,图3,4,8;羽叶;四川达县铁山、宣汉七里峡;早侏罗世珍珠冲组。

1984 陈公信,594页,图版246,图5,6;羽叶;湖北鄂城程潮、秭归香溪;早侏罗世武昌组、香溪组。

1984 王自强,262页,图版128,图7(?),8—10;羽叶;河北承德;早侏罗世甲山组;内蒙古察哈尔右翼中旗;早侏罗世南苏勒图组。

1986 叶美娜等,52页,图版31,图2—3a;图版32,图3—4a;图版33,图1;羽叶;四川达县铁山金窝、雷音铺、斌郎、开县温泉;早侏罗世珍珠冲组。

1987 孟繁松,253页,图版32,图3;羽叶;湖北秭归泄滩;早侏罗世香溪组。

1988 黄其胜,图版2,图3;羽叶;安徽和县;早侏罗世武昌组上部。

1988b 黄其胜、卢宗盛,图版9,图8;图版10,图5;羽叶;湖北大冶金山店;早侏罗世武昌组中部。

1989 梅美棠等,102页,图版56,图3;图版57,图4;羽叶;中国;晚三叠世—早侏罗世。

1995a 李星学(主编),图版86,图1,3;图版87,图4;羽叶;湖北秭归香溪;早—中侏罗世香溪组。（中文）

1995b 李星学(主编),图版86,图1,3;图版87,图4;羽叶;湖北秭归香溪;早—中侏罗世香溪组。（英文）

1997 吴舜卿等,166页,图版4,图1,2(?),3(?),4,5,9(?);羽叶;香港大澳;早侏罗世晚期—中侏罗世早期大澳组。

1998 黄其胜等,图版1,图3;羽叶;江西上饶清水缪源村;早侏罗世林山组3段。

2002 孟繁松等,图版4,图3;羽叶;湖北秭归贾家店;早侏罗世香溪组。

2003 孟繁松等,图版4,图6—8;羽叶;四川云阳水市口;早侏罗世自流井组东岳庙段。

△雅致毛羽叶 *Ptilophyllum elegans* Chen,1982

1982　陈其奭,见王国平等,258 页,图版 132,图 5,6;羽叶;标本号:L-A-22-2;正模:L-A-22-2 (图版 132,图 5);浙江丽水老竹;晚侏罗世寿昌组。

1995a　李星学(主编),图版 112,图 5;羽叶;浙江丽水;早白垩世寿昌组。(中文)

1995b　李星学(主编),图版 112,图 5;羽叶;浙江丽水;早白垩世寿昌组。(英文)

1999　曹正尧,73 页,图版 17,图 5,5a;图版 19,图 7;羽叶;浙江丽水老竹下桥;早白垩世寿昌组。

△大叶毛羽叶 *Ptilophyllum grandifolium* Cao,1999(中文和英文发表)

1999　曹正尧,73,150 页,图版 19,图 3,3a;羽叶;采集号:W-95062-H16;登记号:PB14424;正模:PB14424(图版 19,图 3);标本保存在中国科学院南京地质古生物研究所;浙江永嘉章当;早白垩世磨石山组 C 段。

△古里桥毛羽叶 *Ptilophyllum guliqiaoense* Cao,1999(中文和英文发表)

1999　曹正尧,73,150 页,图版 1,图 12;图版 15,图 7－9;羽叶;采集号:ZH95;登记号:PB14385－PB14388;正模:PB14385(图版 15,图 7);标本保存在中国科学院南京地质古生物研究所;浙江诸暨古里桥;早白垩世寿昌组(?)。

△香港毛羽叶 *Ptilophyllum hongkongense* Wu,2000(中文发表)

2000　吴舜卿,222 页,图版 5,图 1,1a,2(?),2a,3－7b;羽叶;采集号:SP-2,SP-5,SP-6,SP-8,SP-10;登记号:PB18057－PB18063;合模 1:PB18059(图版 5,图 3);合模 2:PB18060(图版 5,图 4);标本保存在中国科学院南京地质古生物研究所;香港大屿山;早白垩世浅水湾群。[注:依据《国际植物命名法规》《维也纳法规》第 37.2 条,1958 年起,模式标本只能是 1 块标本]

△兴山毛羽叶 *Ptilophyllum hsingshanense* Wu,1980

1980　吴舜卿等,103 页,图版 15,图 3－5;图版 16,图 1;图版 19,图 9－10a;图版 20,图 7;图版 21,图 5,6;羽叶;采集号:ACG-168,ACG-211,ACG-236;登记号:PB6774－PB6776,PB6778,PB6805,PB6806,PB6810,PB6816,PB6817;正模:PB6778(图版 16,图 1);标本保存在中国科学院南京地质古生物研究所;湖北兴山回龙寺,秭归泄滩、沙镇溪;早－中侏罗世香溪组。

1982　张采繁,532 页,图版 334,图 3,4;图版 342,图 3A－5A;图版 354,图 5,6;羽叶;湖南浏阳跃龙;早侏罗世跃龙组。

1983　黄其胜,图版 3,图 7;羽叶;安徽怀宁拉犁尖;早侏罗世象山群下部。

1984　陈公信,594 页,图版 246,图 3,4;羽叶;湖北荆门海慧沟、当阳桐竹园;早侏罗世桐竹园组;湖北兴山回龙寺,秭归泄滩、沙镇溪;早侏罗世香溪组。

1986　叶美娜等,52 页,图版 31,图 1,6,6a;图版 32,图 1,2,8;羽叶;四川开县温泉;早侏罗世珍珠冲组。

1986　张采繁,图版 4,图 6;羽叶;湖南浏阳跃龙;早侏罗世跃龙组。

1987　孟繁松,253 页,图版 26,图 2,2a;羽叶;湖北秭归香溪;早侏罗世香溪组。

1991　黄其胜、齐悦,图版 2,图 12;羽叶;浙江兰溪马涧;早－中侏罗世马涧组下段。

1995a　李星学(主编),图版 86,图 7;羽叶;湖北兴山回龙寺;早－中侏罗世香溪组。(中文)

1995b　李星学(主编),图版 86,图 7;羽叶;湖北兴山回龙寺;早－中侏罗世香溪组。(英文)

1997　吴舜卿等,166 页,图版 1,图 6(?);图版 2,图 1B(?),1C(?),1D(?);图版 3,图 3(?),

7(?);图版 5,图 1,2(?),3(?),4(?),5,7(?),10(?),12A(?),12B(?);羽叶;香港大澳;早侏罗世晚期－中侏罗世早期大澳组。

2000　曹正尧,254 页,图版 1,图 1—12a;羽叶和角质层;安徽宿松毛岭;早侏罗世武昌组。

2002　孟繁松等,图版 5,图 1;羽叶;湖北秭归香溪;早侏罗世香溪组。

△宽叶毛羽叶 *Ptilophyllum latipinnatum* Cao,1999（中文和英文发表）

1999　曹正尧,74,151 页,图版 14,图 5—7;羽叶;采集号:W-9062-H2,W-9062-H15;登记号:PB14379－PB14381;正模:PB14379(图版 14,图 5);标本保存在中国科学院南京地质古生物研究所;浙江永嘉章当;早白垩世磨石山组 C 段。

△乐昌毛羽叶 *Ptilophyllum lechangensis* Wang,1993

1993　王士俊,32 页,图版 13,图 4,8;图版 35,图 2—5;羽叶和角质层;标本号:ws0552;标本保存在中山大学生物系植物教研室;广东乐昌关春;晚三叠世艮口群。

粗轴毛羽叶 *Ptilophyllum pachyrachis* Ôishi,1940

1940　Ôishi,346 页,图版 33,图 1;图版 34,图 1—3;羽叶;日本福井县;晚侏罗世(Tetori Series)。

粗轴毛羽叶(比较种) *Ptilophyllum* cf. *pachyrachis* Ôishi

1982　王国平等,258 页,图版 131,图 10;羽叶;浙江温岭太湖山青峰寺;晚侏罗世磨石山组。

栉形毛羽叶 *Ptilophyllum pecten* (Phillips) Morris,1841

1829　*Cycadites pecten* Phillips,图版 7,图 22;图版 10,图 4;羽叶;英国;中侏罗世。

1841　Morris,117 页;羽叶;英国;中侏罗世。

1949　斯行健,21 页,图版 10,图 4;图版 11,图 1;图版 12,图 2;图版 13,图 15a;图版 14,图 16;羽叶;湖北秭归香溪;早侏罗世香溪煤系。

1962　李星学等,152 页,图版 93,图 1;羽叶;长江流域;晚三叠世－早侏罗世。

1963　李星学(主编),图版 1,图 7;羽叶;浙江寿昌李家;早－中侏罗世乌灶。

1963　斯行健、李星学等,172 页,图版 65,图 7;羽叶;湖北秭归香溪;早侏罗世香溪群;云南太平场;晚三叠世。

1964　李星学等,128 页,图版 83,图 7;羽叶;华南地区;晚三叠世晚期－早侏罗世。

1974b　李佩娟等,376 页,图版 200,图 5,6;羽叶;四川广元白田坝;早侏罗世白田坝组。

1977　冯少南等,224 页,图版 86,图 1;羽叶;湖北秭归;早－中侏罗世香溪群上煤组。

1978　杨贤河,514 页,图版 187,图 3,4;羽叶;四川广元白田坝;早侏罗世白田坝组。

1981　孟繁松,99 页,图版 1,图 9,10;羽叶;湖北大冶灵乡黑山、长坪湖;早白垩世灵乡群。

1982　段淑英、陈晔,503 页,图版 10,图 5;羽叶;四川云阳南溪;早侏罗世珍珠冲组。

1982　刘子进,131 页,图版 68,图 4;图版 71,图 3;羽叶;陕西镇巴长滩河;早－中侏罗世白田坝组。

1982　王国平等,258 页,图版 120,图 3;羽叶;安徽怀宁月山,江苏南京;早－中侏罗世象山群。

1982　张采繁,532 页,图版 357,图 12;羽叶;湖南浏阳跃龙;早侏罗世跃龙组。

1984　陈公信,594 页,图版 246,图 7;羽叶;湖北秭归香溪;早侏罗世香溪组。

1989　梅美棠等,103 页,图版 56,图 2;羽叶;中国;晚三叠世－早白垩世。

1996　黄其胜等,图版 2,图 8;羽叶;四川开县温泉;早侏罗世珍珠冲组上部 16 层。

2001　黄其胜,图版 2,图 9;羽叶;重庆开州温泉;早侏罗世珍珠冲组Ⅲ段 16 层。

栉形毛羽叶(比较种) *Ptilophyllum* cf. *pecten* (Phillips) Morris

1982　张采繁,532 页,图版 343,图 3—4a;羽叶;湖南浏阳跃龙;早侏罗世跃龙组。

扇状毛羽叶 *Ptilophyllum pectinoides*（Phillips）Morris, 1841

1829 *Cycadites pectinoides* Phillips, 图版 7, 图 22; 图版 10, 图 4; 羽叶; 英国; 中侏罗世。

1841 *Ptilophyllum pectinoideum*（Phillips）Morris, 117 页; 英国; 中侏罗世。

1913 *Ptilophyllum pectinoides*（Phillips）Morris, Halle, 378 页, 图版 9, 图 2—5; 羽叶; 英国; 中侏罗世。

扇状毛羽叶（比较种）*Ptilophyllum* cf. *pectinoides*（Phillips）Morris

1987 张武、郑少林, 276 页, 图版 8, 图 10; 图版 9, 图 9; 插图 16; 羽叶; 辽宁北票长皋台子山; 中侏罗世蓝旗组。

△反曲毛羽叶 *Ptilophyllum reflexum* Wang, 1984

1984 王自强, 262 页, 图版 143, 图 7; 图版 146, 图 5—8; 图版 164, 图 1—9; 羽叶和角质层; 登记号: P0369, P0371—P0373; 合模 1: P0373（图版 143, 图 7）; 合模 2: P0369（图版 146, 图 7）; 标本保存在中国科学院南京地质古生物研究所; 河北涿鹿; 中侏罗世玉带山组。〔注: 依据《国际植物命名法规》（《维也纳法规》）第 37.2 条, 1958 年起, 模式标本只能是 1 块标本〕

索卡尔毛羽叶 *Ptilophyllum sokalense* Doludenko, 1963

1963 Doludenko, 798 页, 图版 1, 图 1—13; 图版 2, 图 7; 羽叶; 乌克兰; 中侏罗世晚期—晚侏罗世早期。

索卡尔毛羽叶（比较种）*Ptilophyllum* cf. *sokalense* Doludenko

1980 吴舜卿等, 102 页, 图版 19, 图 1—3; 羽叶; 湖北秭归香溪; 早—中侏罗世香溪组。

1984 陈公信, 595 页, 图版 248, 图 4, 5; 羽叶; 湖北秭归香溪; 早侏罗世香溪组。

1997 吴舜卿等, 167 页, 图版 3, 图 5, 8, 9B, 11; 羽叶; 香港大澳; 早侏罗世晚期—中侏罗世早期大澳组。

索卡尔毛羽叶（比较属种）*Ptilophyllum* cf. *P. sokalense* Doludenko

1986 叶美娜等, 52 页, 图版 32, 图 7, 7a; 羽叶; 四川达县铁山金窝; 早侏罗世珍珠冲组。

△大澳毛羽叶 *Ptilophyllum taioense* Wu, 1997（中文发表）

1997 吴舜卿等, 168 页, 图版 4, 图 10, 10a; 羽叶; 采集号: TO-64; 登记号: PB11772; 正模: PB11772（图版 4, 图 10, 10a）; 标本保存在中国科学院南京地质古生物研究所; 香港大澳; 早侏罗世晚期—中侏罗世早期大澳组。

△王氏毛羽叶 *Ptilophyllum wangii* Cao, 1999（中文和英文发表）

1999 曹正尧, 74, 151 页, 图版 14, 图 8; 羽叶; 采集号: 沈家-1; 标本号: PB14382; 正模: PB14382（图版 14, 图 8）; 标本保存在中国科学院南京地质古生物研究所; 浙江诸暨沈家村火烧山; 早白垩世寿昌组。

△永嘉毛羽叶 *Ptilophyllum yongjiaense* Cao, 1999（中文和英文发表）

1999 曹正尧, 75, 152 页, 图版 19, 图 8, 9, 9a; 羽叶; 采集号: W-9065-H1; 登记号: PB14425, PB14426; 正模: PB14425（图版 19, 图 8）; 标本保存在中国科学院南京地质古生物研究所; 浙江永嘉石门坦; 早白垩世磨石山组 C 段。

△云和毛羽叶 *Ptilophyllum yunheense* Chen,1982

1982 陈其奭,见王国平等,258页,图版120,图4,5;图版121,图6,7;羽叶;标本号:Zmf-植-00243;正模:Zmf-植-00243(图版120,图4);浙江云和砻铺村;早—中侏罗世。

△政和毛羽叶 *Ptilophyllum zhengheense* Wang,1982

1982 王国平等,259页,图版131,图12,13;羽叶;登记号:TH8-83;合模:TH8-83(图版131,图12,13);福建政和大溪;晚侏罗世。[注:依据《国际植物命名法规》(《维也纳法规》)第37.2条,1958年起,模式标本只能是1块标本]

1989 丁保良等,图版2,图19;羽叶;福建政和大溪;晚侏罗世小溪组。

1994 曹正尧,图2g;羽叶;福建政和;早白垩世早期南园组。

1995 曹正尧等,6页,图版3,图1—3;羽叶;福建政和大溪村附近;早白垩世南园组中段。

1995a 李星学(主编),图版112,图3,4;羽叶;福建政和;早白垩世南园组。(中文)

1995b 李星学(主编),图版112,图3,4;羽叶;福建政和;早白垩世南园组。(英文)

1999 曹正尧,75页,图版16,图10;羽叶;浙江青田底半坑;早白垩世磨石山组C段。

毛羽叶(未定多种) *Ptilophyllum* spp.

1964 *Ptilophyllum* sp.,李佩娟,127页,图版11,图6,6a;羽叶;四川广元杨家崖;晚三叠世须家河组。

1977 *Ptilophyllum* sp.,段淑英等,116页,图版3,图2;羽叶;西藏拉萨牛马沟;早白垩世。

1978 *Ptilophyllum* sp.,杨贤河,414页,图版183,图3;羽叶;四川广元杨家崖;晚三叠世须家河组。

1980 *Ptilophyllum* sp.,吴舜卿等,103页,图版21,图1—4;羽叶;湖北秭归沙镇溪;早—中侏罗世香溪组。

1981 *Ptilophyllum* sp.,孟繁松,99页,图版1,图16,16a;羽叶;湖北大冶灵乡长坪湖;早白垩世灵乡群。

1985 *Ptilophyllum* sp.,曹正尧,280页,图版3,图1—3;羽叶;安徽含山彭庄村;晚侏罗世(?)含山组。

1988 *Ptilophyllum* sp.,李佩娟等,89页,图版61,图4,4a;羽叶;青海大柴旦大煤沟;中侏罗世饮马沟组 *Eboracia* 层。

1988 *Ptilophyllum* sp.,吴舜卿等,106页,图版2,图3—4a;羽叶;江苏常熟梅李;晚三叠世范家塘组。

1991 *Ptilophyllum* sp.1,李佩娟、吴一民,286页,图版7,图10;图版10,图3;羽叶;西藏改则麻米;早白垩世川巴组。

1991 *Ptilophyllum* sp.2,李佩娟、吴一民,286页,图版7,图8,9;图版10,图2,4,5;羽叶;西藏改则麻米;早白垩世川巴组。

1995a *Ptilophyllum* sp.,李星学(主编),图版88,图1,12;羽叶;安徽含山;晚侏罗世含山组。(中文)

1995b *Ptilophyllum* sp.,李星学(主编),图版88,图1,12;羽叶;安徽含山;晚侏罗世含山组。(英文)

1995 *Ptilophyllum* sp.1,曹正尧等,6页,图版3,图5,5a;羽叶;福建政和大溪村附近;早白垩世南园组中段。

1995 *Ptilophyllum* sp.2,曹正尧等,6页,图版2,图2;羽叶;福建政和大溪村附近;早白垩世南园组中段。

1999 *Ptilophyllum* sp.1,曹正尧,75页,图版15,图1,1a,2;羽叶;浙江永嘉下岙;早白垩世磨石山组C段。

1999　*Ptilophyllum* sp. 2,曹正尧,76 页,图版 15,图 10;图版 18,图 3;羽叶;浙江诸暨古里桥;早白垩世寿昌组(?)。

1999　*Ptilophyllum* sp. 3,曹正尧,76 页,图版 18,图 1,2;羽叶;浙江文成羊尾山;早白垩世磨石山组 C 段。

毛羽叶?（未定多种）*Ptilophyllum*? spp.

1982　*Ptilophyllum*? sp.,李佩娟,93 页,图版 13,图 9;羽叶;西藏拉萨澎波牛马沟;早白垩世林布宗组。

1993　*Ptilophyllum*? sp.,王士俊,33 页,图版 12,图 1,5A;图版 34,图 7,8;图版 35,图 1;羽叶和角质层;广东乐昌关春;晚三叠世艮口群。

1999　*Ptilophyllum* sp. 4,曹正尧,76 页,图版 18,图 4,4a;羽叶;浙江永嘉章当;早白垩世磨石山组 C 段。

2000　*Ptilophyllum*? sp.,吴舜卿,223 页,图版 6,图 4,4a;羽叶;香港大屿山;早白垩世浅水湾群。

2000　*Ptilophyllum*? spp.,吴舜卿,图版 6,图 2,3,5,6;羽叶;香港大屿山;早白垩世浅水湾群。

叉羽叶属 Genus *Ptilozamites* Nathorst,1878

1878　Nathorst,23 页。

1954　徐仁,54 页。

1963　斯行健、李星学等,140 页。

1993a　吴向午,126 页。

模式种:*Ptilozamites nilssoni* Nathorst,1878

分类位置:种子蕨纲(Pteridospermopsida)

尼尔桑叉羽叶 *Ptilozamites nilssoni* Nathorst,1878

1878　Nathorst,23 页,图版 3,图 1—5,8;羽叶;瑞典赫加奈斯(Hoganas);晚三叠世(Rhaetic Series)。

1968　《湘赣地区中生代含煤地层化石手册》,51 页,图版 10,图 5;插图 15;羽叶;湘赣地区;晚三叠世-早侏罗世。

1976　李佩娟等,115 页,图版 31,图 5—8;羽叶;云南祥云蚂蝗阱;晚三叠世祥云组花果山段;云南禄丰渔坝村;晚三叠世-平浪组舍资段。

1977　冯少南等,217 页,图版 81,图 7;羽叶;广东北部;晚三叠世小坪组;湖南东部;晚三叠世安源组。

1978　杨贤河,499 页,图版 158,图 5;羽叶;四川永川;晚三叠世须家河组。

1978　周统顺,108 页,图版 20,图 5,6;羽叶;福建上杭矶头、武平龙井;晚三叠世大坑组上段。

1982　王国平等,256 页,图版 115,图 7;羽叶;福建漳平大坑;晚三叠世文宾山组。

1982　张采繁,528 页,图版 353,图 2;羽叶;湖南资兴三都;晚三叠世。

1986a　陈其奭,448 页,图版 2,图 1—4;羽叶;浙江衢县茶园里;晚三叠世茶园里组。

1986　李佩娟、何元良,287 页,图版 10,图 1—4a;羽叶;青海都兰八宝山;晚三叠世八宝山群下岩组。

1987　孟繁松,243 页,图版 24,图 6;羽叶;湖北南漳东巩;晚三叠世九里岗组。

1993a　吴向午,126 页。

1995a 李星学(主编),图版 75,图 2;羽叶;云南祥云蚂蝗阱;晚三叠世祥云组。(中文)

1995b 李星学(主编),图版 75,图 2;羽叶;云南祥云蚂蝗阱;晚三叠世祥云组。(英文)

2000 姚华舟等,图版 2,图 2;羽叶;四川新龙雄龙西乡英珠娘阿;晚三叠世喇嘛垭组。

尼尔桑叉羽叶(比较属种) Cf. *Ptilozamites nilssoni* Nathorst

1965 曹正尧,519 页,图版 4,图 7;羽叶;广东高明松柏坑;晚三叠世小坪组。

1999b 吴舜卿,27 页,图版 20,图 3;羽叶;四川会理福安村;晚三叠世白果湾组。

△中国叉羽叶 *Ptilozamites chinensis* Hsu,1954

1954 徐仁,54 页,图版 48,图 6;图版 53,图 1;羽叶;湖南醴陵;晚三叠世。

1958 汪龙文等,590 页,图 591;羽叶;湖南,江西;晚三叠世。

1962 李星学等,147 页,图版 86,图 11;图版 87,图 1;羽叶;长江流域;晚三叠世。

1963 周惠琴,173 页,图版 74,图 2;羽叶;广东花县华岭、高明;晚三叠世。

1963 斯行健、李星学等,140 页,图版 48,图 2;图版 49,图 3;图版 72,图 1;羽叶;湖南醴陵,江西萍乡、乐平涌山桥;晚三叠世安源组;广东华林;晚三叠世小坪组;四川开江、宜宾、邛来;晚三叠世香溪群下部;云南广通;晚三叠世一平浪组。

1964 李星学等,124 页,图版 80,图 7;图版 81,图 1,2;羽叶;华南地区;晚三叠世晚期。

1965 曹正尧,518 页,图版 3,图 2—4;图版 4,图 1—4;图版 6,图 1;羽叶;广东高明松柏坑;晚三叠世小坪组。

1968 《湘赣地区中生代含煤地层化石手册》,51 页,图版 9,图 2,3a;羽叶;湘赣地区;晚三叠世。

1976 李佩娟等,115 页,图版 31,图 1—4;羽叶;云南祥云沐滂铺;晚三叠世祥云组花果山段;云南禄丰渔坝村、一平浪;晚三叠世一平浪组舍资段。

1977 冯少南等,217 页,图版 81,图 8,9;羽叶;广东乐昌关春、小水,花县华岭;晚三叠世小坪组;湖南醴陵;晚三叠世安源组。

1978 杨贤河,499 页,图版 172,图 3;羽叶;四川新龙雄龙;晚三叠世喇嘛垭组。

1978 周统顺,106 页,图版 20,图 1—4;插图 3;羽叶;福建漳平大坑、上杭矾头、武平龙井;晚三叠世大坑组上段;晚三叠世文宾山组。

1980 何德长、沈襄鹏,13 页,图版 6,图 2,5;图版 8,图 1;羽叶;江西乐平涌山桥;晚三叠世安源组;广东乐山关春;晚三叠世。

1981 周志炎,19 页,图版 2,图 1—7;图版 3,图 1—6;叶和角质层;湖南衡阳杉桥;晚三叠世。

1982 段淑英、陈晔,501 页,图版 9,图 5,6;羽叶;四川大竹枷档湾、宣汉七里峡;晚三叠世须家河组。

1982 王国平等,255 页,图版 118,图 6,7;图版 119,图 9;羽叶;福建漳平大坑;晚三叠世文宾山组;福建武平龙井;晚三叠世大坑组;江西萍乡、乐平涌山桥;晚三叠世安源组。

1982 杨贤河,473 页,图版 8,图 1,2;羽叶;四川冕宁解放桥;晚三叠世白果湾组。

1982 张采繁,528 页,图版 353,图 4—4c;羽叶;湖南衡阳杉桥;晚三叠世。

1985 福建省地质矿产局,图版 3,图 5;羽叶;福建永定外龙潭;晚三叠世文宾山组。

1986a 陈其奭,448 页,图版 2,图 6,19;羽叶;浙江衢县茶园里;晚三叠世茶园里组。

1986 叶美娜等,43 页,图版 25,图 6,7;图版 26,图 1;羽叶;四川达县雷音铺、斌郎、铁山金窝,开江七里峡;晚三叠世须家河组 7 段。

1989 梅美棠等,93 页,图版 48,图 1;羽叶;华南地区;晚三叠世中—晚期。

1989 周志炎,140 页,图版 4,图 5;图版 6,图 1—8;羽叶;湖南衡阳杉桥;晚三叠世杨柏冲组。

1990 吴向午、何元良,299 页,图版 5,图 2,2a,3,3a;羽叶;青海囊谦;晚三叠世结扎群格玛组。

1993　王士俊,14 页,图版 5,图 5,7;图版 25,图 3—8;羽叶和角质层;广东乐昌关春;晚三叠世艮口群。

1993a 吴向午,126 页。

1995a 李星学(主编),图版 74,图 4;羽叶;云南祥云沐滂铺;晚三叠世祥云组。(中文)

1995b 李星学(主编),图版 74,图 4;羽叶;云南祥云沐滂铺;晚三叠世祥云组。(英文)

1995a 李星学(主编),图版 81,图 3—8;羽叶和羽轴的上表皮和下表皮;湖南衡阳;晚三叠世杨柏冲组。(中文)

1995b 李星学(主编),图版 81,图 3—8;羽叶和羽轴的上表皮和下表皮;湖南衡阳;晚三叠世杨柏冲组。(英文)

1999b 吴舜卿,27 页,图版 19,图 3,3a(A);图版 20,图 2,2a;图版 21,图 1a(B);图版 45,图 1,1a,2,2a;图版 46,图 1—3a;图版 47,图 1,2;羽叶和角质层;四川达县铁山;晚三叠世须家河组。

2000　姚华舟等,图版 2,图 1;羽叶;四川新龙雄龙西乡瓦日;晚三叠世喇嘛垭组。

△乐昌叉羽叶 *Ptilozamites lechangensis* Wang,1993

1993　王士俊,15 页,图版 5,图 2,9;图版 24,图 1—9;羽叶和角质层;标本号:ws0125,ws0126;正模:ws0125(图版 5,图 2);标本保存在中山大学生物系植物教研室;广东乐昌关春;晚三叠世艮口群。

细弱叉羽叶 *Ptilozamites tenuis* Ôishi,1932

1932　Ôishi,321 页,图版 25,图 1—3 页;羽叶;日本成羽;晚三叠世(Nariwa Series)。

1977　冯少南等,217 页,图版 81,图 5;羽叶;广东花县华岭;晚三叠世小坪组。

1980　何德长、沈襄鹏,13 页,图版 4,图 5;羽叶;广东曲江牛牯墩;晚三叠世。

1987　何德长,83 页,图版 20,图 5;羽叶;福建漳平大坑;晚三叠世文宾山组。

细弱叉羽叶(比较种) *Ptilozamites* cf. *tenuis* Ôishi

1986a 陈其奭,448 页,图版 2,图 5;羽叶;浙江衢县茶园里;晚三叠世茶园里组。

△小水叉羽叶 *Ptilozamites xiaoshuiensis* Feng,1977

1977　冯少南等,218 页,图版 81,图 1;羽叶;标本号:P25240;正模:P25240(图版 81,图 1);标本保存在湖北地质科学研究所;广东乐昌小水;晚三叠世小坪组。

叉羽叶(未定种) *Ptilozamites* sp.

1980　*Ptilozamites* sp.(? sp. nov.),黄枝高、周惠琴,84 页,图版 26,图 7,8;插图 5;羽叶;陕西神木窟野河石窑上;晚三叠世延长组下部。

叉羽叶?(未定种) *Ptilozamites*? sp.

1965　*Ptilozamites*? sp.,曹正尧,519 页,图版 4,图 6;羽叶;广东高明松柏坑;晚三叠世小坪组。

?叉羽叶(未定种) ?*Ptilozamites* sp.

1987　? *Ptilozamites* sp.,何德长,83 页,图版 18,图 5a;羽叶;福建漳平大坑;晚三叠世文宾山组。

蒲逊叶属 Genus *Pursongia* Zalessky,1937

1937　Zalessky,13 页。

1990 吴舜卿、周汉忠,454 页。

1993a 吴向午,127 页。

模式种:*Pursongia amalitzkii* Zalessky,1937

分类位置:种子蕨纲?(Pteridospermopsida?)

阿姆利茨蒲逊叶 *Pursongia amalitzkii* **Zalessky,1937**

1937 Zalessky,13 页;插图 1;形似舌羊齿类的叶部化石;苏联乌拉尔;二叠纪。

1993a 吴向午,127 页。

蒲逊叶?(未定种) *Pursongia*? **sp.**

1990 *Pursongia*? sp.,吴舜卿、周汉忠,454 页,图版 4,图 6,6a;蕨叶;新疆库车;早三叠世俄
霍布拉克组。

1993a *Pursongia*? sp.,吴向午,127 页。

△琼海叶属 Genus *Qionghaia* Zhou et Li,1979

1979 周志炎、厉宝贤,454 页。

1993a 吴向午,30,232 页。

1993b 吴向午,506,517 页。

模式种:*Qionghaia carnosa* Zhou et Li,1979

分类位置:本内苏铁类?(Bennettitales?)

△肉质琼海叶 *Qionghaia carnosa* **Zhou et Li,1979**

1979 周志炎、厉宝贤,454 页,图版 2,图 21,21a;大孢子叶;登记号:PB7618;标本保存在中国
科学院南京地质古生物研究所;海南琼海九曲江新华村;早三叠世岭文群九曲江组。

1993a 吴向午,30,232 页。

1993b 吴向午,506,517 页。

△热河似查米亚属 Genus *Rehezamites* Wu S,1999(中文发表)

1999a 吴舜卿,15 页。

2001 孙革等,81,189 页。

模式种:*Rehezamites anisolobus* Wu S,1999

分类位置:苏铁纲本内苏铁目?(Bennettitales?,Cycadopsida)

△不等裂热河似查米亚 *Rehezamites anisolobus* **Wu S,1999**(中文发表)

1999a 吴舜卿,15 页,图版 8,图 1,1a;羽叶;采集号:AEO-187;登记号:PB18265;标本保存在
中国科学院南京地质古生物研究所;辽宁北票上园黄半吉沟;晚侏罗世义县组下部尖
山沟层。

2001 孙革等,81,189 页,图版 12,图 7;图版 15,图 6;图版 22,图 1,7;图版 46,图 1—7;羽叶;
辽宁北票上园黄半吉沟;晚侏罗世尖山沟组。

2001　吴舜卿,121 页,图 157;羽叶;辽宁北票上园黄半吉沟;晚侏罗世义县组下部尖山沟层。

2003　吴舜卿,174 页,图 239(左);羽叶;辽宁北票上园黄半吉沟;晚侏罗世义县组下部尖山沟层。

热河似查米亚(未定种) *Rehezamites* sp.

1999a　*Rehezamites* sp.,吴舜卿,15 页,图版 7,图 1,1a;羽叶;辽宁北票上园黄半吉沟;晚侏罗世义县组下部尖山沟层。

棒状茎属 Genus *Rhabdotocaulon* Fliche,1910

1910　Fliche,257 页。

1990　吴舜卿、周汉忠,455 页。

1993a　吴向午,128 页。

模式种:*Rhabdotocaulon zeilleri* Fliche,1910

分类位置:分类不明(incertae sedis)

蔡氏棒状茎 *Rhabdotocaulon zeilleri* Fliche,1910

1910　Fliche,257 页,图版 25,图 5;茎干;法国孚日山脉(Vosges Range);晚三叠世(Keuper)。

1993a　吴向午,128 页。

棒状茎(未定种) *Rhabdotocaulon* sp.

1990　*Rhabdotocaulon* sp.,吴舜卿、周汉忠,455 页,图版 2,图 6;茎干;新疆库车;早三叠世俄霍布拉克组。

1993a　吴向午,128 页。

扇羊齿属 Genus *Rhacopteris* Schimper,1869

1869(1869—1874)　　Schimper,482 页。

1933　斯行健,42 页。

1974　《中国古生代植物》编写小组,70 页。

1993a　吴向午,129 页。

模式种:*Rhacopteris elegans* (Ettingshausen) Schimper,1869

分类位置:种子蕨纲(Pteridospermopsida)

华丽扇羊齿 *Rhacopteris elegans* (Ettingshausen) Schimper,1869

1852　*Asplenites elegans* Ettingshausen;蕨叶;欧洲;早石炭世。

1869(1869—1874)　　Schimper,482 页;蕨叶;欧洲;早石炭世。

1993a　吴向午,129 页。

△高腾? 扇羊齿 *Rhacopteris*? *gothani* Sze,1933

1933　斯行健,42 页,图版 11,图 1—3;蕨叶;江西萍乡;晚三叠世晚期。[注:此标本后被改定

为 *Drepanozamites nilssoni* Harris（Harris，1937）]

1993a 吴向午，129 页。

扇羊齿(不等羊齿)(未定种) *Rhacopteris* (*Anisoperis*) sp.

1936 *Rhacopteris* (*Anisoperis*) sp. (? n. sp)，斯行健，165 页，图版 1，图 1；蕨叶；广西西湾；早侏罗世。［注：此标本后被改定为 *Otozamites* sp.（斯行健、李星学等，1963）］

针叶羊齿属 Genus *Rhaphidopteris* Barale，1972

1972 Barale，1011 页。

1984 王自强，254 页。

1993a 吴向午，129 页。

模式种：*Rhaphidopteris astartensis*（Harris）Barale，1972

分类位置：种子蕨纲(Pteridospermopsida)

阿斯塔脱针叶羊齿 *Rhaphidopteris astartensis*（Harris）Barale，1972

1932 *Stenopteris astartensis* Harris，77 页；插图 32；叶和角质层；东格陵兰斯科斯比湾；晚三叠世(*Lepidopteris* Zone)。

1972 Barale，1011 页；东格陵兰斯科斯比湾；晚三叠世(*Lepidopteris* Zone)。

1993a 吴向午，129 页。

△两叉针叶羊齿 *Rhaphidopteris bifurcata*（Hsu et Chen）Chen et Jiao，1991

1974 *Sphenobaiera bifurcata* Hsu et Chen，徐仁、陈晔，见徐仁等，275 页，图版 7，图 2—5；插图 5；叶；云南永仁纳拉箐；晚三叠世大荞地组中上部。

1979 *Stenopteris bifurcata*（Hsu et Chen）Hsu，徐仁等，41 页，图版 63，图 1，2a；图版 70，图 5，5a；插图 15；叶；四川宝鼎；晚三叠世大荞地组中部。

1991a 陈晔、教月华，445 页；蕨叶；四川宝鼎；晚三叠世大荞地组中部。

△角形针叶羊齿 *Rhaphidopteris cornuta* Zhang et Zhou，1996(中文和英文发表)

1996 章伯乐、周志炎，532，542 页，图版 1，图 1—7；图版 2，图 1—10；图版 3，图 1—8；插图 1，2；叶和角质层；登记号：PB16816—PB16818，PB16821—PB16824；正模：PB16817(图版 1，图 7)；标本保存在中国科学院南京地质古生物研究所；河南义马；中侏罗世义马组。

2000 周志炎、章伯乐，图版 2，图 5；叶；河南义马；中侏罗世义马组。

△纤细针叶羊齿 *Rhaphidopteris gracilis*（Wu）Zhang et Zhou，1996(中文和英文发表)

1988 *Stenopteris gracilis* Wu，吴向午，见李佩娟等，78 页，图版 53，图 3，3a；图版 102，图 1，2；蕨叶和角质层；青海大柴旦大煤沟；早侏罗世甜水沟组 *Ephedrites* 层。

1996 章伯乐、周志炎，530，540 页。

△徐氏针叶羊齿 *Rhaphidopteris hsuii* Chen et Jiao，1991

1991a 陈晔、教月华，443，445 页，图版 1，2，图 1—9；蕨叶和角质层；标本号：No. 2204；标本保存在中国科学院植物研究所；贵州六枝郎岱；晚三叠世。

△宽裂片针叶羊齿 *Rhaphidopteris latiloba* **Chen et Jiao,1991**

1991b 陈晔、教月华,699 页,图版 1,图 1—5;插图 1—3;蕨叶和角质层;标本号:No. 2185;标本保存在中国科学院植物研究所;贵州六枝郎岱;晚三叠世。

△六枝针叶羊齿 *Rhaphidopteris liuzhiensis* **Chen et Jiao,1991**

1991b 陈晔、教月华,701 页,图版 2,图 1—4;插图 4—7;蕨叶和角质层;标本号:No. 2110;标本保存在中国科学院植物研究所;贵州六枝郎岱;晚三叠世。

△拟扇型针叶羊齿 *Rhaphidopteris rhipidoides* **Zhou et Zhang,2000**(英文发表)

2000 周志炎、章伯乐,19 页,图版 1,图 1—5;图版 2,图 1—4;插图 3—5;叶和角质层;登记号:PB18395,PB18397,PB18401,PB18402;正模:PB18395(图版 1,图 1;图版 2,图 1,2);副模:PB18397(图版 1,图 3),PB18401(图版 2,图 3),PB18402(图版 1,图 2);标本保存在中国科学院南京地质古生物研究所;河南义马;中侏罗世义马组。

△皱纹针叶羊齿 *Rhaphidopteris rugata* **Wang,1984**

1984 王自强,254 页,图版 131,图 5—9;蕨叶;登记号:P0144—P0147;合模 1:P0144(图版 131,图 5);合模 2:P0147(图版 131,图 9);标本保存在中国科学院南京地质古生物研究所;河北平泉;早侏罗世甲山组。〔注:依据《国际植物命名法规》(《维也纳法规》)第 37.2 条,1958 年起,模式标本只能是 1 块标本〕

1993a 吴向午,129 页。

△少华针叶羊齿 *Rhaphidopteris shaohuae* **Zhou et Zhang,2000**(英文发表)

2000 周志炎、章伯乐,18 页,图版 1,图 6—8;蕨叶;登记号:PB18396,PB18400;正模:PB18400(图版 1,图 7,8);标本保存在中国科学院南京地质古生物研究所;河南义马;中侏罗世义马组。

科达似查米亚属 Genus *Rhiptozamites* Schmalhausen,1879

1879 Schmalhausen,32 页。

1906 Krasser,616 页。

1993a 吴向午,130 页。

模式种:*Rhiptozamites goeppertii* Schmalhausen,1879

分类位置:科达纲(Cordaitopsida)

葛伯特科达似查米亚 *Rhiptozamites goeppertii* Schmalhausen,1879

1879 Schmalhausen,32 页,图版 4,图 2—4;科达叶(?);俄罗斯;二叠纪。

1906 Krasser,616 页,图版 4,图 9,10;科达叶(?);吉林火石岭;侏罗纪。

1993a 吴向午,130 页。

鱼网叶属 Genus *Sagenopteris* Presl,1838

1838(1820—1838) Presl,见 Sernberg,165 页。

1945   斯行健,49 页。

1963   斯行健、李星学等,353 页

1993a   吴向午,132 页。

模式种:*Sagenopteris nilssoniana* (Brongniart) Ward,1900[注:此模式种由 Harris(1932,5 页)指定。最初的模式种为 *Sagenopteris rhoiifolia* Presl,见 Sternberg,1838(1820—1838)]

分类位置:种子蕨纲(Pteridospermopsida)

尼尔桑鱼网叶 *Sagenopteris nilssoniana* (Brongniart) Ward,1900

1825   *Filicite nilssoniana* Brongniart,218 页,图版 12,图 1;英国;侏罗纪。

1900   Ward,352 页;英国;侏罗纪。

1932   Harris,5 页。

1993a   吴向午,132 页。

尼尔桑鱼网叶(比较种) *Sagenopteris* cf. *nilssoniana* Ward

1979   何元良等,157 页,图版 70,图 4—6,6a;蕨叶;青海大通左司土沟;早—中侏罗世木里群。

1980   何德长、沈襄鹏,15 页,图版 16,图 8;图版 17,图 1—3,6,8;图版 25,图 3;蕨叶;湖南资兴三都同日垅沟;早侏罗世造上组。

两瓣鱼网叶 *Sagenopteris bilobara* Yabe,1905

1905   Yabe,41 页,图版 3,图 6;蕨叶;日本;早白垩世(Tetori Series)。[注:此标本后被改定为 *Marchantites yabei* Kryshtofovich (Ôishi,1940)]

1964   Miki,13 页,图版 1,图 A;蕨叶;辽宁凌源;中生代狼鳍鱼层(*Lycoptera* Zone)。

鞘状鱼网叶 *Sagenopteris colpodes* Harris,1940

1940   Harris,250 页;插图 1,2,6F—6Hb;蕨叶;英国约克郡;中侏罗世。

1984   王自强,254 页,图版 147,图 6;蕨叶;河北青龙;晚侏罗世后城组。

鞘状鱼网叶(比较种) *Sagenopteris* cf. *colpodes* Harris

1985   商平、王自强,512 页,图版 2,图 8—13;图版 3,图 14—17;蕨叶和角质层;河北康堡毛不拉;晚侏罗世含煤沉积。

△网状? 鱼网叶 *Sagenopteris*? *dictyozamioides* Sze,1945

1945   斯行健,49 页;插图 19;蕨叶;福建永安;早白垩世坂头组。[注:此标本后被改定为 *Dictyozamites dictyozamioides* (Sze) Cao(曹正尧,1994)]

1963   斯行健、李星学等,353 页,图版 104,图 2;蕨叶;福建永安;晚侏罗世—早白垩世早期坂头组。

1993a   吴向午,132 页。

椭圆鱼网叶 *Sagenopteris elliptica* Fontaine,1889

1889   Fontaine,149 页,图版 27,图 11—17;蕨叶;美国马里兰德州巴尔的摩;早白垩世波托巴克群(Potomac Group)。

1980   张武等,307 页,图版 183,图 8—10;图版 192,图 3;蕨叶;黑龙江集贤七台河;早白垩世城子河组。

1983a   郑少林、张武,84 页,图版 6,图 4—7;插图 10;蕨叶;黑龙江勃利密山大巴山;早白垩世东山组。

1991   张川波等,图版 2,图 14,15;蕨叶;吉林九台孟家岭、刘房子;早白垩世大羊草沟组。

△似银杏型鱼网叶 *Sagenopteris ginkgoides* **Huang et Chow,1980**

1980　黄枝高、周惠琴,112页,图版44,图3;图版45,图4;蕨叶;登记号:OP879,OP880;陕西铜川焦坪;晚三叠世延长组上部。(注:原文未指定模式标本)

△舌羊齿型鱼网叶 *Sagenopteris glossopteroides* **Hsu et Tuan,1974**

1974　徐仁、段淑英,见徐仁等,273页,图版5,图5;蕨叶;标本号:No. 2618a, No. 2618b, No. 2619, No. 2622, No. 2623;正模:No. 2618a(图版5,图5);标本保存在中国科学院植物研究所;云南永仁纳拉箐;晚三叠世大荞地组中上部。

1978　杨贤河,504页,图版157,图1;蕨叶状化石;四川渡口;晚三叠世大荞地组。

1979　徐仁等,42页,图版38,图6;图版40,图1;图版41,图1,2;蕨叶状化石;四川宝鼎;晚三叠世大荞地组中上部。

1981　陈晔、段淑英,图版3,图1;蕨叶状化石;四川盐边红泥煤田;晚三叠世大荞地组。

1989　梅美棠等,96页,图版49;蕨叶;中国;晚三叠世。

赫勒鱼网叶 *Sagenopteris hallei* **Harris,1932**

1932　Harris,10页,图版1,图1,3—5;插图2G—2J;蕨叶和角质层;东格陵兰斯科斯比湾;早侏罗世(*Thaumatopteris* Zone)。

赫勒鱼网叶(比较种) *Sagenopteris* cf. *hallei* **Harris**

1980　何德长、沈襄鹏,15页,图版4,图3;图版5,图3;蕨叶;江西横峰刘源坑;晚三叠世安源组。

△胶东鱼网叶 *Sagenopteris jiaodongensis* **Liu,1990**

1990　刘明渭,202页,图版31,图10—13;蕨叶;采集号:85GDM1-2-ZH29,25754-2H-(4);登记号:HZ-123,HZ-124;正模:HZ-123(图版31,图10,11);标本保存在山东省地质矿产局区调队;山东莱阳大明、西朱兰;早白垩世莱阳组3段。

△京西鱼网叶 *Sagenopteris jinxiensis* **Wang,1984**

1984　王自强,254页,图版154,图1,2;蕨叶;登记号:P0451,P0452;正模:P0451(图版154,图1);副模:P0452(图版154,图2);标本保存在中国科学院南京地质古生物研究所;北京西山;早白垩世夏庄组。

△莱阳鱼网叶 *Sagenopteris laiyangensis* **Liu,1990**

1990　刘明渭,202页,图版31,图9;蕨叶;采集号:85GDYT2-ZH7;登记号:HZ-132;正模:HZ-132(图版31,图9);标本保存在山东省地质矿产局区调队;山东莱阳黄崖底;早白垩世莱阳组3段。

△披针形鱼网叶 *Sagenopteris lanceolatus* **Li et He,1979**［**non Wang X F (MS) ex Wang Z Q,1984,nec Huang et Chow,1980**］

1979　李佩娟、何元良,见何元良等,156页,图版69,图4,4a;图版70,图1—3;蕨叶;登记号:PB6373—PB6376;正模:PB6376(图版70,图3);副模:PB6373(图版69,图4,4a);标本保存在中国科学院南京地质古生物研究所;青海天峻多索河北山;晚三叠世默勒群上岩组。

△披针形鱼网叶 *Sagenopteris lanceolatus* **Huang et Chow,1980**［**non Wang X F (MS) ex Wang Z Q,1984,nec Li et He,1979**］

(注:此种名为 *Sagenopteris lanceolatus* Li et He,1979 的晚出同名)

1980　黄枝高、周惠琴，112 页，图版 42，图 3,4；图版 44，图 4；图版 45，图 3；蕨叶；登记号：OP474，OP475，OP855，OP856；陕西铜川柳林沟、焦坪；晚三叠世延长组上部。（注：原文未指定模式标本）

1982　刘子进，139 页，图版 72，图 4；蕨叶；陕西铜川柳林沟；晚三叠世延长群上部。

△披针形鱼网叶 *Sagenopteris lanceolatus* Wang X F (MS) ex Wang Z Q, 1984 (non Li et He, 1979, nec Huang et Chow, 1980)

（注：此种名为 *Sagenopteris lanceolatus* Li et He, 1979 的晚出同名）

1975　王喜富，40 页，图版 67，图 4,4a；蕨叶；陕西宜君焦坪；晚三叠世中期延长层上部。（手稿）

1984　王自强，255 页，图版 121，图 3—5；蕨叶；山西石楼；中—晚三叠世延长群。

△辽西鱼网叶 *Sagenopteris liaoxiensis* Shang et Wang, 1985

1985　商平、王自强，512,515 页，图版 1，图 1—4；图版 2，图 1—7；图版 3，图 1—8；蕨叶和角质层；标本号：Fx-1，B620；合模 1：Fx-1（图版 1，图 1）；合模 2：B620（图版 2，图 1）；标本保存在阜新矿业学院；辽宁阜新冰沟；早白垩世海州组上部。［注：依据《国际植物命名法规》《维也纳法规》第 37.2 条，1958 年起，模式标本只能是 1 块标本］

1985　商平，图版 4，图 1—5；蕨叶；辽宁阜新煤田；早白垩世海州组。

1987　商平，图版 1，图 4；蕨叶；辽宁阜新煤田；早白垩世。

△临安鱼网叶 *Sagenopteris linanensis* Chen, 1982

1982　陈其奭，见王国平等，256 页，图版 130，图 10,11；蕨叶；标本号：B-1441-A77；正模：B-1441-A77（图版 130，图 10）；浙江临安盘龙桥；晚侏罗世寿昌组。

1989　丁保良等，图版 1，图 7；蕨叶；浙江临安盘龙桥；晚侏罗世—早白垩世寿昌组。

△偏柄鱼网叶 *Sagenopteris loxosteleor* Tuan (MS) ex Zhang, 1982

1982　张采繁，529 页，图版 353，图 6；蕨叶；湖南资兴三都同日垅；早侏罗世唐垅组。

曼特尔鱼网叶 *Sagenopteris mantelli* (Dunker) Schenk, 1871

1846　*Cyclopteris mantelli* Dunker, 10 页，图版 9，图 4,5；蕨叶；德国；早白垩世。

1871　Schenk，222 页，图版 31，图 5；蕨叶；德国；早白垩世。

1989　郑少林、张武，30 页，图版 1，图 12,12a；蕨叶；辽宁新宾南杂木聂尔库村；早白垩世聂尔库组。

曼特尔鱼网叶（比较种）*Sagenopteris* cf. *mantelli* (Dunker) Schenk

1984b　曹正尧，42 页，图版 5，图 4—9；蕨叶；黑龙江密山大巴山；早白垩世东山组。

△居中鱼网叶 *Sagenopteris mediana* Tuan (MS) ex Zhang, 1982

1982　张采繁，528 页，图版 339，图 6；图版 353，图 3,7；蕨叶；湖南资兴三都同日垅；早侏罗世唐垅组。

△密山鱼网叶 *Sagenopteris mishanensis* Zheng et Zhang, 1983

1983a　郑少林、张武，85 页，图版 6，图 1—3；插图 11；蕨叶；标本号：DHW001—DHW003；标本保存在沈阳地质矿产研究所；黑龙江勃利密山大巴山；早白垩世东山组。（注：原文未指定模式标本）

具柄鱼网叶 *Sagenopteris petiolata* Ôishi, 1940

1940　Ôishi，360 页，图版 37，图 1,2；蕨叶；日本 Rokumambo；晚侏罗世（Kiyosue Group）。

1999　曹正尧,63 页,图版 2,图 9;图版 13,图 14;图版 18,图 10;图版 21,图 5;蕨叶;浙江临安
　　　盘龙桥;早白垩世寿昌组;浙江永嘉章当;早白垩世磨石山组 C 段。

菲氏鱼网叶 *Sagenopteris phillipsii*（Brongniart）Presl,1838

1830(1828－1838)　*Glossopteris phillipsii* Brongniart,255 页,图版 61,图 5;图版 63,图 2;蕨
　　　叶;英国;侏罗纪。

1838(1820－1838)　Presl,见 Sternberg,69 页。

1976　周惠琴等,213 页,图版 120,图 2,2a;蕨叶;内蒙古东胜;中侏罗世。

△寿昌鱼网叶 *Sagenopteris shouchangensis* Lee,1964

1964　李星学等,135 页,图版 89,图 12,13;蕨叶;浙江寿昌;晚侏罗世－早白垩世建德群下部
　　　砚岭组。

1982　王国平等,256 页,图版 132,图 7,8;蕨叶;浙江寿昌东村;晚侏罗世劳村组。

1989　丁保良等,图版 1,图 7;蕨叶;浙江寿昌东村;晚侏罗世劳村组。

1995a　李星学(主编),图版 112,图 11;蕨叶;浙江建德;早白垩世寿昌组。(中文)

1995b　李星学(主编),图版 112,图 11;蕨叶;浙江建德;早白垩世寿昌组。(英文)

寿昌鱼网叶(比较种) *Sagenopteris* cf. *shouchangensis* Lee

1999　曹正尧,63 页,图版 21,图 3,4;蕨叶;浙江永嘉章当;早白垩世磨石山组 C 段。

△匙形鱼网叶 *Sagenopteris spatulata* Sze,1956

1956a　斯行健,55,160 页,图版 35,图 1,1a;蕨叶;登记号:PB2341－PB2346;标本保存在中国
　　　科学院南京地质古生物研究所;陕西宜君四郎庙炭河沟;晚三叠世延长层上部。

1963　李星学等,126 页,图版 94,图 1,2;蕨叶;中国西北地区;晚三叠世。

1963　斯行健、李星学等,354 页,图版 104,图 1,1a;蕨叶;陕西宜君四郎庙炭河沟;甘肃武威,
　　　河南济源;晚三叠世延长群上部。

1984　顾道源,157 页,图版 74,图 3;蕨叶;新疆阿克陶苏盖提河;中侏罗世杨叶组。

1987　陈晔等,104 页,图版 17,图 2,3;图版 18,图 1;蕨叶;四川盐边箐河;晚三叠世红果组。

匙形鱼网叶(比较种) *Sagenopteris* cf. *spatulata* Sze

1979　何元良等,157 页,图版 69,图 5;蕨叶;青海祁连尕勒德寺北马根滩;晚三叠世默勒群
　　　中岩组。

1987　孟繁松,244 页,图版 24,图 5;蕨叶;湖北荆门分水岭;晚三叠世九里岗组。

△窄叶鱼网叶 *Sagenopteris stenofolia* Hsu et Tuan,1974

1974　徐仁、段淑英,见徐仁等,273,图版 6,图 1;蕨叶;标本号:No. 2620;标本保存在中国科
　　　学院植物研究所;云南永仁纳拉箐;晚三叠世大荞地组中上部。

1978　杨贤河,504 页,图版 177,图 7,8;蕨叶状化石;四川渡口灰家所;晚三叠世大荞地组。

1979　徐仁等,43 页,图版 41,图 3;蕨叶状化石;四川宝鼎;晚三叠世大荞地组中上部。

1981　陈晔、段淑英,图版 2,图 3;蕨叶状化石;四川盐边红泥煤田;晚三叠世大荞地组。

1989　梅美棠等,96 页,图版 48,图 3;蕨叶;中国;晚三叠世。

△绥芬鱼网叶 *Sagenopteris suifengensis* Zhang et Xiong,1983

1983　张志诚、熊宪政,58 页,图版 2,图 7;图版 3,图 1,2,7－10;蕨叶;标本号:HD237－
　　　HD242;标本保存在沈阳地质矿产研究所;黑龙江东宁盆地;早白垩世东宁组。(注:原

文未指定模式标本）

1995a 李星学（主编），图版 106，图 6；图版 107，图 6,7；蕨叶；黑龙江东宁；早白垩世东宁组。（中文）

1995b 李星学（主编），图版 106，图 6；图版 107，图 6,7；蕨叶；黑龙江东宁；早白垩世东宁组。（英文）

魏氏鱼网叶 *Sagenopteris williamsii* （Newberry） Bell，1956

1891 *Chiropteris williamsii* Newberry，198 页，图版 14，图 10,11。

1956 Bell，80 页，图版 31，图 2；图版 33，图 4；图版 34，图 1—3；图版 36，图 1；蕨叶；加拿大西部；早白垩世。

魏氏鱼网叶（比较种） *Sagenopteris* cf. *williamsii* （Newberry） Bell

1979 王自强、王璞，图版 1，图 22；蕨叶；北京西山朝阳山；早白垩世夏庄组。

△永安鱼网叶 *Sagenopteris yunganensis* Sze，1945

1945 斯行健，47 页，插图 20；蕨叶；福建永安；早白垩世坂头系。

1963 顾知微等，图版 1，图 1,2；蕨叶；浙江寿昌东村白水岭；早白垩世建德亚群砚岭组上部(?)。

1963 斯行健、李星学等，354 页，图版 104，图 8；蕨叶；福建永安；晚侏罗世—早白垩世早期坂头组。

1964 李星学等，135 页，图版 89，图 2；蕨叶；华南地区；晚侏罗世—早白垩世。

1982 王国平等，257 页，图版 132，图 10；蕨叶；福建永安坂头；晚侏罗世坂头组。

1989 丁保良等，图版 2，图 10；蕨叶；福建永安坂头；早白垩世坂头组。

1995a 李星学（主编），图版 111，图 8；蕨叶；福建永安坂头；早白垩世坂头组。（中文）

1995b 李星学（主编），图版 111，图 8；蕨叶；福建永安坂头；早白垩世坂头组。（英文）

鱼网叶（未定多种） *Sagenopteris* spp.

1956a *Sagenopteris* sp.，斯行健，56,161 页，图版 35，图 2,2a；蕨叶；陕西宜君杏树坪；晚三叠世延长层上部。

1963 *Sagenopteris* sp.1，斯行健、李星学等，354 页，图版 104，图 5,5a；蕨叶；陕西宜君杏树坪；晚三叠世延长群上部。

1968 *Sagenopteris* sp.1，《湘赣地区中生代含煤地层化石手册》，55 页，图版 22，图 3；蕨叶；江西乐平涌山桥；晚三叠世安源组井坑山段。

1968 *Sagenopteris* sp.2，《湘赣地区中生代含煤地层化石手册》，55 页，图版 36，图 6,7；蕨叶；湖南资兴三都；早侏罗世唐垅组。

1977 *Sagenopteris* sp.，冯少南等，219 页，图版 98，图 12；叶部化石；广东曲江红卫坑；晚三叠世小坪组。

1979 *Sagenopteris* sp.，徐仁等，43 页，图版 38，图 7,7a；蕨叶状化石；四川宝鼎；晚三叠世大荞地组中上部。

1980 *Sagenopteris* sp.，何德长、沈襄鹏，16 页，图版 21，图 1；蕨叶；湖南宜章长策西岭；早侏罗世造上组。

1982b *Sagenopteris* sp.，吴向午，90 页，图版 11，图 5,5a；蕨叶；西藏察雅巴贡一带；晚三叠世巴贡组上段。

1982 *Sagenopteris* sp.，张采繁，529 页，图版 352，图 1,2,4；叶；湖南醴陵柑子冲；早侏罗世高家田组。

1983 *Sagenopteris* sp.，孟繁松，229 页，图版 2，图 6；叶；湖北南漳东巩；晚三叠世九里岗组。

1984 *Sagenopteris* sp.1，陈芬等，69 页，图版 37，图 5；蕨叶；北京西山大台；早侏罗世上窑坡组。

1984 *Sagenopteris* sp. （Cf. *S. hallei* Harris），周志炎，19 页，图版 7，图 6—8；蕨叶；湖南祁

阳河埠塘、衡南洲市;早侏罗世观音滩组排家冲段。

1984　*Sagenopteris* sp.,周志炎,19页,图版7,图9—9b;蕨叶;湖南东安南镇;早侏罗世观音滩组搭坝口段。

1987　*Sagenopteris* sp.,陈晔等,105页,图版17,图1;蕨叶;四川盐边箐河;晚三叠世红果组。

1987　*Sagenopteris* sp.,何德长,77页,图版6,图6;蕨叶;浙江云和梅源砻铺村;早侏罗世晚期砻铺组。

1990　*Sagenopteris* sp.,吴向午、何元良,302页,图版3,图7,7a;插图6;蕨叶;青海杂多结扎麦切能;晚三叠世结扎群格玛组。

1995a　*Sagenopteris* sp. (Cf. *S. hallei* Harris),李星学(主编),图版83,图5;蕨叶;湖南祁阳河埠塘;早侏罗世观音滩组排家冲段。(中文)

1995b　*Sagenopteris* sp. (Cf. *S. hallei* Harris),李星学(主编),图版83,图5;蕨叶;湖南祁阳河埠塘;早侏罗世观音滩组排家冲段。(英文)

1995a　*Sagenopteris* sp.,李星学(主编),图版142,图4;蕨叶;黑龙江鸡西;早白垩世城子河组。(中文)

1995b　*Sagenopteris* sp.,李星学(主编),图版142,图4;蕨叶;黑龙江鸡西;早白垩世城子河组。(英文)

2002　*Sagenopteris* sp.,孟繁松等,图版4,图3;蕨叶;湖北秭归大峡口郑家河;早侏罗世香溪组。

2002　*Sagenopteris* sp.,张振来等,图版14,图1;蕨叶;湖北巴东东浪口红旗煤矿;晚三叠世沙镇溪组。

鱼网叶?(未定多种) *Sagenopteris*? spp.

1963　*Sagenopteris*? sp. 2,斯行健、李星学等,355页,图版105,图2,2a;蕨叶;云南太平场;晚三叠世。

1963　*Sagenopteris*? sp. 3,斯行健、李星学等,355页,图版105,图1,1a;蕨叶;云南太平场;晚三叠世。

1989　*Sagenopteris*? sp.,周志炎,141页,图版8,图5;蕨叶;湖南衡阳杉桥;晚三叠世杨柏冲组。

1992　*Sagenopteris*? sp.,孙革、赵衍华,561页,图版257,图5;蕨叶;吉林和龙松下坪;晚侏罗世长财组。

1993c　*Sagenopteris*? sp.,吴向午,80页,图版5,图4;蕨叶;陕西商县凤家山-山倾村剖面;早白垩世凤家山组下段。

萨尼木属 Genus *Sahnioxylon* Bose et Sah,1954,emend Zheng et Zhang,2005

1954　Bose,Sah,1页。

2005　郑少林、张武,见郑少林等,211页。

模式种:*Sahnioxylon rajmahalense* (Sahni) Bose et Sah,1954

分类位置:苏铁类? 或被子植物?(cycadophytes? or angiospermous?)

拉杰马哈尔萨尼木 *Sahnioxylon rajmahalense* (Sahni) Bose et Sah,1954

1932　*Homoxylon rajmahalense* Sahni,1页,图版1,2;木化石;印度比哈尔拉杰马哈尔山(Rajmahal Hills of Behar,India);侏罗纪。

1954　Bose,Sah,1页,图版1;木化石;印度比哈尔拉杰马哈尔山;侏罗纪。

2005　郑少林、张武,见郑少林等,212页,图版1,图A—E;图版2,图A—D;木化石;辽宁北票长皋和巴图营;中侏罗世髫髻山组。

斯科勒斯比叶属 Genus *Scoresbya* Harris,1932

1932　Harris,38 页。

1952　斯行健、李星学等,15,34 页。

1963　斯行健、李星学等,349 页。

1993a　吴向午,135 页。

模式种:*Scoresbya dentata* Harris,1932

分类位置:分类位置不明的裸子植物(Gymnospermae incertae sedis)

齿状斯科勒斯比叶 *Scoresbya dentata* Harris,1932

1932　Harris,38 页,图版 2,3;叶部化石;东格陵兰斯科斯比湾;早侏罗世(*Thaumatopteris* Zone)。

1952　斯行健、李星学等,15,34 页,图版 7,图 1,1a;插图 3—5;蕨叶;四川巴县一品场;早侏罗世。

1954　徐仁,67 页,图版 57,图 5,6;蕨叶;四川巴县一品场;早侏罗世。

1962　李星学等,153 页,图版 94,图 3,4;蕨叶;长江流域;晚三叠世—早侏罗世。

1963　斯行健、李星学等,349 页,图版 104,图 4,4a;蕨叶;四川巴县一品场;早侏罗世。

1978　杨贤河,534 页,图版 180,图 5;图版 167,图 5;蕨叶;四川大邑一品场;晚三叠世须家河组。

1980　何德长、沈襄鹏,29 页,图版 10,图 4;图版 14,图 2;带状叶;广东乐昌狗牙洞;晚三叠世。

1982　曹正尧,344 页,图版 1,图 1,2,2a;插图 1;蕨叶;江苏南京石佛庵;早侏罗世陵园组。

1982　张采繁,540 页,图版 353,图 8;蕨叶;湖南祁阳黄泥塘;早侏罗世石康组—高家田组。

1984　周志炎,20 页,图版 7,图 10,11;蕨叶;湖南祁阳河埠塘;早侏罗世观音滩组搭坝口段。

1987　陈晔等,132 页,图版 42,图 8;蕨叶;四川盐边箐河;晚三叠世红果组。

1993a　吴向午,135 页。

1995a　李星学(主编),图版 83,图 7;蕨叶;江苏南京石佛庵;早侏罗世象山群下部。(中文)

1995b　李星学(主编),图版 83,图 7;蕨叶;江苏南京石佛庵;早侏罗世象山群下部。(英文)

齿状斯科勒斯比叶(比较种) *Scoresbya* cf. *dentata* Harris

1977　冯少南等,245 页,图版 94,图 11;蕨叶;广东乐昌关春、狗牙洞;晚三叠世小坪组。

△全缘斯科勒斯比叶 *Scoresbya entegra* Chen et Duan,1985

1985　陈晔、段淑英,见陈晔等,320 页,图版 2,图 1,2;蕨叶;标本号:No. 7516,No. 7517;合模:No. 7516,No. 7517(图版 2,图 1,2);标本保存在中国科学院植物研究所古植物研究室;四川盐边箐河;晚三叠世。[注:依据《国际植物命名法规》(《维也纳法规》)第 37.2 条,1958 年起,模式标本只能是 1 块标本]

1987　陈晔等,132 页,图版 42,图 9,10;蕨叶;四川盐边箐河;晚三叠世红果组。

△完整斯科勒斯比叶 *Scoresbya integrifolia* Meng,1986

1986　孟繁松,215,217 页,图版 1,图 1,2;图版 2,图 1,2;蕨叶;登记号:P82250,P82251;正模:P82250(图版 1,图 1);标本保存在宜昌地质矿产研究所;湖北远安九里岗、荆门分水岭;晚三叠世九里岗组。

△美丽？斯科勒斯比叶 *Scoresbya*? *speciosa* Li et Wu X W,1979

1979　李佩娟、吴向午,见何元良等,157页,图版70,图7,7a;蕨叶;采集号:XXXIP$_2$-1F-!;登记号:PB6381;正模:PB6381(图版70,图7,7a);标本保存在中国科学院南京地质古生物研究所;青海都兰八宝山;晚三叠世八宝山群。

△斯氏斯科勒斯比叶 *Scoresbya szeiana* Lee P,1964

1964　李佩娟,144,177页,图版19,图12;蕨叶;采集号:BA326(8);登记号:PB2848;标本保存在中国科学院南京地质古生物研究所;四川广元须家河;晚三叠世须家河组。

1978　杨贤河,534页,图版163,图13;蕨叶;四川广元须家河;晚三叠世须家河组。

1992　黄其胜,图版16,图7;图版19,图2;蕨叶;四川达县铁山;晚三叠世须家河组3段。

1996　黄其胜等,图版1,图4,5;蕨叶;四川达县铁山;早侏罗世珍珠冲组下部。

斯科勒斯比叶(未定种) *Scoresbya* sp.

1999b　*Scoresbya* sp.,吴舜卿,51页,图版44,图6;蕨叶;四川万源竹峪关坝;晚三叠世须家河组。

斯科勒斯比叶？(未定种) *Scoresbya*? sp.

1999b　*Scoresbya*? sp.,吴舜卿,52页,图版44,图1,3;蕨叶;四川万源万新煤矿、旺苍金溪;晚三叠世须家河组。

革叶属 Genus *Scytophyllum* Bornemann,1856

1856　Bornemann,75页。

1984　张武、郑少林,388页。

1993a　吴向午,135页。

模式种:*Scytophyllum bergeri* Bornemann,1856

分类位置:种子蕨纲(Pteridospermopsida)

培根革叶 *Scytophyllum bergeri* Bornemann,1856

1856　Bornemann,75页,图版7,图5,6;蕨叶碎片;德国(Muelhausen);晚三叠世[Keuper(?)]。

1993a　吴向午,135页。

培根革叶(比较种) *Scytophyllum* cf. *bergeri* Bornemann

1990a　王自强、王立新,125页,图版24,图1-3;插图6a,6b;蕨叶;河南宜阳;早三叠世和尚沟组上段。

△朝阳革叶 *Scytophyllum chaoyangensis* Zhang et Zheng,1984

1984　张武、郑少林,388页,图版3,图1-3;插图4;蕨叶;登记号:Ch5-13-Ch5-15;标本保存在沈阳地质矿产研究所;辽宁西部北票东坤头营子;晚三叠世老虎沟组。(注:原文未指定模式标本)

1987　张武、郑少林,273页,图版3,图6-9;插图14;蕨叶;辽宁西部北票东坤头营子;晚三叠世石门沟组。

1989　辽宁省地质矿产开发局,图版8,图20;蕨叶;辽宁西部北票东坤头营子;晚三叠世老虎沟组。

1993a 吴向午,135 页。

△隐脉? 革叶 *Scytophyllum*? *cryptonerve* Wang Z et Wang L,1990

1990b 王自强、王立新,309 页,图版 9,图 1,2;蕨叶;标本号:Js-5-1,Js-5-2;合模 1:Js-5-1(图版 9,图 1);合模 2:Js-5-2(图版 9,图 2);标本保存在中国科学院南京地质古生物研究所;山西宁武石坝;中三叠世二马营组底部。[注:依据《国际植物命名法规》(《维也纳法规》)第 37.2 条,1958 年起,模式标本只能是 1 块标本]

△湖南革叶 *Scytophyllum hunanense* Meng,1995

1995 孟繁松等,23 页,图版 4,图 13;图版 5,图 1,2,10;图版 6,图 2;蕨叶;登记号:DBP91001,DBP91002—DBP91004,DBP91006;正模:DBP91001(图版 4,图 13);副模标本:DBP91002—DBP91004,DBP91006(图版 5,图 1,2,10;图版 6,图 2);标本保存在宜昌地质矿产研究所;湖南桑植芙蓉桥;中三叠世巴东组 2 段。[注:依据《国际植物命名法规》(《维也纳法规》)第 37.2 条,1958 年起,模式标本只能是 1 块标本]

1995a 李星学(主编),图版 65,图 9;蕨叶;湖南桑植芙蓉桥;中三叠世巴东组 2 段。(中文)

1995b 李星学(主编),图版 65,图 9;蕨叶;湖南桑植芙蓉桥;中三叠世巴东组 2 段。(英文)

1996b 孟繁松,图版 3,图 6—8;蕨叶;湖南桑植芙蓉桥;中三叠世巴东组 2 段。

2000 孟繁松等,54 页,图版 15,图 1—3;图版 16,图 2;图版 17,图 14;蕨叶;湖南桑植芙蓉桥;中三叠世巴东组 2 段。

△库车革叶 *Scytophyllum kuqaense* Wu et Zhou,1990

1990 吴舜卿、周汉忠,452,457 页,图版 3,图 1—2a,5,5a;蕨叶;采集号:Q120,Q123,Q121;登记号:PB14037—PB14039;合模 1:PB14038(图版 3,图 2);合模 2:PB14039(图版 3,图 5);标本保存在中国科学院南京地质古生物研究所;新疆库车;早三叠世俄霍布拉克组。[注:依据《国际植物命名法规》(《维也纳法规》)第 37.2 条,1958 年起,模式标本只能是 1 块标本;此种后被改定为 *Aipteridium kuqaense* (Wu et Zhou) Wu et Zhou(吴舜卿、周汉忠,1996)]

△倒卵形革叶 *Scytophyllum obovatifolium* Li et He,1986

1986 李佩娟、何元良,281 页,图版 5,图 1—3a;图版 6,图 5;图版 9,图 2(?),3;蕨叶;采集号:IP3H12-3;登记号:PB10872—PB10874,PB10886,PB10889;正模:PB10872(图版 5,图 1);标本保存在中国科学院南京地质古生物研究所;青海都兰八宝山;晚三叠世八宝山群下岩组。

△五字湾革叶 *Scytophyllum wuziwanensis* (Huang et Zhou)

[注:此种名最早由李星学等(1995a,1995b)引用]

1976 *Aipteris wuziwanensis* Chow et Huang,周惠琴等,208 页,图版 113,图 2;图版 114,图 3B;图版 118,图 4;蕨叶;内蒙古准格尔旗五字湾;中三叠世二马营组上部。

1980 *Aipteris wuziwanensis* Huang et Chow,黄枝高、周惠琴,89 页,图版 3,图 6;图版 5,图 2—3a;蕨叶;内蒙古准格尔旗五字湾;中三叠世二马营组上部。

1995a 李星学(主编),图版 66,图 1;蕨叶;内蒙古准格尔旗五字湾;中三叠世二马营组上部。(中文)

1995b 李星学(主编),图版 66,图 1;蕨叶;内蒙古准格尔旗五字湾;中三叠世二马营组上部。(英文)

革叶(未定多种) *Scytophyllum* spp.

1990b *Scytophyllum* sp.,王自强、王立新,309 页,图版 7,图 1—3;蕨叶;山西沁县漫水;早三

叠世二马营组底部

1995 *Scytophyllum* sp.1,孟繁松等,图版5,图11;羽叶;湖南桑植芙蓉桥;中三叠世巴东组2段。

1995 *Scytophyllum* sp.2,孟繁松等,图版6,图3;羽叶;湖南桑植芙蓉桥;中三叠世巴东组2段。

1996a *Scytophyllum* sp.,孟繁松,图版1,图6;蕨叶;湖南桑植洪家关;中三叠世巴东组4段。

1996b *Scytophyllum* sp.1,孟繁松,图版3,图1;蕨叶;湖南桑植芙蓉桥;中三叠世巴东组2段。

1996b *Scytophyllum* sp.2,孟繁松,图版4,图10;蕨叶;湖南桑植洪家关;中三叠世巴东组4段。

2000 *Scytophyllum* sp.1,孟繁松等,54页,图版16,图1;蕨叶;湖南桑植芙蓉桥;中三叠世巴东组2段。

2000 *Scytophyllum* sp.2,孟繁松等,55页,图版16,图7;蕨叶;湖南桑植洪家关;中三叠世巴东组4段。

△中国篦羽叶属 Genus *Sinoctenis* Sze,1931

1931 斯行健,14页。

1963 斯行健、李星学等,207页。

1970 Andrews,197页。

1993a 吴向午,33,234页。

1993b 吴向午,502,518页。

模式种:*Sinoctenis grabauiana* Sze,1931

分类位置:苏铁纲(Cycadopsida)

△葛利普中国篦羽叶 *Sinoctenis grabauiana* Sze,1931

1931 斯行健,14页,图版2,图1;图版4,图2;羽叶;江西萍乡;早侏罗世(Lias)。

1963 斯行健、李星学等,207页,图版68,图2,3;羽叶;江西萍乡;晚三叠世安源组(?)。

1968 《湘赣地区中生代含煤地层化石手册》,63页,图版27,图2;羽叶;江西萍乡;晚三叠世安源组;江西乐平涌山桥;晚三叠世安源组井坑山段。

1970 Andrews,197页。

1977 冯少南等,234页,图版93,图7,8;羽叶;湖北南漳东巩;晚三叠世香溪群下煤组。

1982 王国平等,274页,图版126,图1;羽叶;江西萍乡、乐平涌山桥;晚三叠世安源组。

1993a 吴向午,33,234页。

1993b 吴向午,502,518页。

△等形中国篦羽叶 *Sinoctenis aequalis* Meng,1991

1991 孟繁松,72页,图版2,图1－2a;羽叶;登记号:P87001,P87002;正模:P87001(图版2,图1);标本保存在宜昌地质矿产研究所;湖北南漳东巩陈家湾;晚三叠世九里岗组。

△异羽叶型? 中国篦羽叶 *Sinoctenis*? *anomozamioides* Yang,1978

1978 杨贤河,522页,图版189,图3,3a;羽叶;标本号:Sp0158;正模:Sp0158(图版189,图3);标本保存在成都地质矿产研究所;四川江油厚坝白庙;早侏罗世白田坝组。

△短叶? 中国篦羽叶 *Sinoctenis*? *brevis* Wu,1968

1968 吴舜卿,见《湘赣地区中生代含煤地层化石手册》,64页,图版28,图1a;羽叶;江西萍乡;晚三叠世安源组;江西乐平涌山桥;晚三叠世安源组井坑山段。

△美叶中国篦羽叶 *Sinoctenis calophylla* **Wu et Lih,1968**

1968 吴舜卿、厉宝贤,见《湘赣地区中生代含煤地层化石手册》,63页,图版22,图2;图版25, 图2;图版26,图1—6;图版27,图1;图版33,图4—6;羽叶和角质层;江西萍乡;晚三叠 世安源组;江西乐平涌山桥;晚三叠世安源组井坑山段。(注:原文未指定模式标本)

1974a 李佩娟等,359页,图版192,图1—5;羽叶;四川彭县磁峰场;晚三叠世须家河组。

1976 李佩娟等,125页,图版35,图1,2;图版47,图1—8;羽叶;云南禄丰一平浪;晚三叠世 一平浪组干海子段。

1977 冯少南等,234页,图版93,图2—4;羽叶;湖南浏阳料源;晚三叠世安源组;广东曲江、 乐昌;晚三叠世小坪组。

1978 陈其奭等,图版1,图7;羽叶;浙江义乌乌灶;晚三叠世乌灶组。

1978 杨贤河,523页,图版163,图4;羽叶;四川大邑太平;晚三叠世须家河组。

1978 周统顺,113页,图版24,图8;羽叶;福建武平龙井;晚三叠世大坑组。

1980 何德长、沈襄鹏,20页,图版6,图1;图版8,图7;羽叶;湖南攸县炭山坡;晚三叠世安源 组;广东曲江红卫坑;晚三叠世。

1980 吴舜卿等,78页,图版3,图10,11;羽叶;湖北兴山郑家河;晚三叠世沙镇溪组。

1982 段淑英、陈晔,505页,图版12,图5,6;羽叶;四川开县桐树坝、彭县磁峰场;晚三叠世须 家河组。

1982 李佩娟、吴向午,52页,图版8,图3;图版9,图4;图版21,图3,3a;羽叶;四川稻城贡岭 区木拉乡坎都村;晚三叠世喇嘛垭组。

1982 刘子进,131页,图版69,图1,2;图版72,图3;羽叶;陕西镇巴响洞子;晚三叠世须家河组。

1982 王国平等,274页,图版123,图4;羽叶;江西丰城攸洛、乐平涌山桥、萍乡安源;晚三叠 世安源组;福建武平龙井;晚三叠世文宾山组。

1982b 吴向午,94页,图版7,图4B;图版17,图1;图版18,图3;羽叶;西藏贡觉夺盖拉煤点; 晚三叠世巴贡组上段。

1982 杨贤河,483页,图版11,图3;羽叶;四川威远葫芦口;晚三叠世须家河组。

1982 张采繁,535页,图版356;图12,12a;羽叶;湖南浏阳料源;晚三叠世安源组。

1983 段淑英等,图版10,图1,2;羽叶;云南宁蒗背箩山;晚三叠世。

1983 鞠魁祥等,124页,图版3,图3;羽叶;江苏南京龙潭范家塘;晚三叠世范家塘组。

1984 陈公信,602页,图版259,图3;羽叶;湖北兴山耿家河;晚三叠世沙镇溪组。

1986b 陈其奭,10页,图版5,图6—9;羽叶;浙江义乌乌灶;晚三叠世乌灶组。

1986 叶美娜等,53页,图版35,图1,2,6,6a;羽叶;四川达县斌郎、铁山金窝;晚三叠世须家 河组7段。

1987 陈晔等,115页,图版31,图3,4;羽叶;四川盐边箐河;晚三叠世红果组。

1988 吴舜卿等,106页,图版1,图3,5,8;羽叶;江苏常熟梅李;晚三叠世范家塘组。

1992 黄其胜,图版19,图1;羽叶;四川达县铁山;晚三叠世须家河组7段。

1993 王士俊,37页,图版13,图10;图版14,图20,21;图版36,图1—3;羽叶和角质层;广东 乐昌关春、安口;晚三叠世艮口群。

1999b 吴舜卿,35页,图版26,图3,4;图版27,图1,2,4—8;图版28,图4;图版48,图4,4a;图 版49,图1,1a;图版50,图1;羽叶和角质层;四川万源、彭县磁峰场、旺苍金溪;晚三叠 世须家河组。

2000 姚华舟等,图版2,图3;羽叶;四川新龙雄龙西乡英珠娘阿;晚三叠世喇嘛垭组。

△广元中国箆羽叶 *Sinoctenis guangyuanensis* Yang,1978
1978 杨贤河,523页,图版178,图5;羽叶;标本号:Sp0104;正模:Sp0104(图版178,图5);标本保存在成都地质矿产研究所;四川广元须家河;晚三叠世须家河组。

△大叶中国箆羽叶 *Sinoctenis macrophylla* Liu (MS) ex Feng et al.,1977
1977 冯少南等,234页,图版93,图5;羽叶;广东英德;晚三叠世小坪组。

△较小中国箆羽叶 *Sinoctenis minor* Feng,1977
1977 冯少南等,235页,图版93,图1;羽叶;标本号:P25265;正模:P25265(图版93,图1);标本保存在湖北地质科学研究所;湖北南漳东巩;晚三叠世香溪群下煤组。
1980 张武等,268页,图版103,图1,1a;羽叶;辽宁凌源老虎沟;晚三叠世老虎沟组。
1982 张武,189页,图版1,图12,12a;羽叶;辽宁凌源;晚三叠世老虎沟组。
1984 陈公信,602页,图版259,图4;羽叶;湖北南漳东巩;晚三叠世九里岗组。

△侧羽叶型中国箆羽叶 *Sinoctenis pterophylloides* Yang,1978
1978 杨贤河,524页,图版179,图1;羽叶;标本号:Sp0107;正模:Sp0107(图版179,图1);标本保存在成都地质矿产研究所;四川大邑双河;晚三叠世须家河组。
1987 陈晔等,116页,图版30,图2,3;图版31,图2;羽叶;四川盐边箐河;晚三叠世红果组。

△微美中国箆羽叶 *Sinoctenis pulcella* Ye,1979
1979 叶美娜,78页,图版2,图5—5b;羽叶;登记号:PB7489;标本保存在中国科学院南京地质古生物研究所;四川江油马鞍塘;中三叠世天井山组。

△沙镇溪中国箆羽叶 *Sinoctenis shazhenxiensis* Li,1980
1980 厉宝贤,见吴舜卿等,79页,图版4,图1—2a;羽叶;采集号:ACG-221;登记号:PB6695,PB6696;正模:PB6695(图版4,图1);标本保存在中国科学院南京地质古生物研究所;湖北秭归沙镇溪;晚三叠世沙镇溪组。
1984 陈公信,602页,图版255,图3;羽叶;湖北秭归沙镇溪;晚三叠世沙镇溪组。

△细轴中国箆羽叶 *Sinoctenis stenorachis* Duan et Zhang,1987
1987 段淑英、张玉成,见陈晔等,116,156页,图版30,图4;羽叶;标本号:No.7483;标本保存在中国科学院植物研究所古植物研究室;四川盐边箐河;晚三叠世红果组。

△密脉中国箆羽叶 *Sinoctenis venulosa* Wu,1966
1966 吴舜卿,237,240页,图版2,图5,5a;羽叶;登记号:PB3873;标本保存在中国科学院南京地质古生物研究所;贵州安龙龙头山;晚三叠世。
1978 张吉惠,483页,图版162,图7;羽叶;贵州安龙;晚三叠世。

△云南中国箆羽叶 *Sinoctenis yuannanensis* Lee,1976
1976 李佩娟等,125页,图版36,图1,4;图版37,图1—3;羽叶;登记号:PB5392,PB5393,PB5396—PB5398;正模:PB5392(图版36,图4);标本保存在中国科学院南京地质古生物研究所;云南禄丰一平浪;晚三叠世一平浪组干海子段。
1983 段淑英等,图版10,图3;羽叶;云南宁蒗背箩山;晚三叠世。
1986a 陈其奭,450页,图版3,图4,17;羽叶;浙江衢县茶园里;晚三叠世茶园里组。

1987　陈晔等,116,156页,图版31,图1;图版32,图1,2;羽叶;四川盐边箐河;晚三叠世红果组。

1989　梅美棠等,105页,图版51,图2;羽叶;华南地区;晚三叠世。

1993　王士俊,37页,图版12,图9;图版13,图3;图版15,图4,5;羽叶;广东乐昌关春;晚三叠世艮口群。

1995a　李星学(主编),图版77,图1;羽叶;云南禄丰一平浪;晚三叠世一平浪组。(中文)

1995b　李星学(主编),图版77,图1;羽叶;云南禄丰一平浪;晚三叠世一平浪组。(英文)

△中华中国篦羽叶 *Sinoctenis zhonghuaensis* Yang,1978

1978　杨贤河,523页,图版179,图2—3a;羽叶;标本号:Sp0108,Sp0064;合模1:Sp0064(图版179,图2);合模2:Sp0108(图版179,图3);标本保存在成都地质矿产研究所;四川乡城沙孜;晚三叠世喇嘛垭组。[注:依据《国际植物命名法规》(《维也纳法规》)第37.2条,1958年起,模式标本只能是1块标本]

1982　杨贤河,483页,图版11,图2;羽叶;四川威远葫芦口;晚三叠世须家河组。

中国篦羽叶(未定多种) *Sinoctenis* spp.

1987　*Sinoctenis* sp.1,陈晔等,117页,图版33,图1;羽叶;四川盐边箐河;晚三叠世红果组。

1987　*Sinoctenis* sp.2,陈晔等,117页,图版21,图2;图版23,图1;羽叶;四川盐边箐河;晚三叠世红果组。

1999b　*Sinoctenis* sp.,吴舜卿,35页,图版27,图3;图版44,图4;羽叶;四川万源万新煤矿;晚三叠世须家河组。

中国篦羽叶?(未定多种) *Sinoctenis*? spp.

1976　*Sinoctenis*? sp.,李佩娟等,126页,图版35,图3,3a;羽叶;云南祥云蚂蝗阱;晚三叠世祥云组花果山段。

1982b　*Sinoctenis*? sp.,吴向午,95页,图版18,图4;图版20,图2;羽叶;西藏贡觉夺盖拉煤点;晚三叠世巴贡组上段。

?中国篦羽叶(未定种) ? *Sinoctenis* sp.

1984　? *Sinoctenis* sp.,顾道源,150页,图版75,图3;羽叶;新疆阿克陶乌依塔克;早侏罗世康苏组。

△中国似查米亚属 Genus *Sinozamites* Sze,1956

1956a　斯行健,46,150页。

1963　斯行健、李星学等,207页。

1993a　吴向午,35,235页。

1993b　吴向午,501,518页。

模式种:*Sinozamites leeiana* Sze,1956

分类位置:苏铁纲(Cycadopsida)

△李氏中国似查米亚 *Sinozamites leeiana* Sze,1956

1956a　斯行健,47,151页,图版39,图1—3;图版50,图4;图版53,图5;羽叶;登记号:PB2447—PB2450;标本保存在中国科学院南京地质古生物研究所;陕西宜君杏树坪黄草湾;晚三叠世延长层上部。

1963　李星学等,127页,图版95,图1;羽叶;中国西北地区;晚三叠世。

1963　斯行健、李星学等,208页,图版69,图5,6;羽叶;陕西宜君杏树坪;晚三叠世延长群。

1993a　吴向午,35,235页。

1993b　吴向午,501,518页。

1995a　李星学(主编),图版72,图1,2;羽叶;陕西宜君杏树坪;晚三叠世延长组上部。(中文)

1995b　李星学(主编),图版72,图1,2;羽叶;陕西宜君杏树坪;晚三叠世延长组上部。(英文)

2000　姚华舟等,图版2,图4;羽叶;四川新龙雄龙西乡英珠娘阿;晚三叠世喇嘛垭组。

△湖北中国似查米亚 *Sinozamites hubeiensis* Chen G X,1984

1984　陈公信,602页,图版256,图2—3b;羽叶;登记号:EP417,EP431;标本保存在湖北省地质局;湖北荆门分水岭;晚三叠世九里岗组。(注:原文未指定模式标本)

△较大中国似查米亚 *Sinozamites magnus* Zhang,1980

1980　张武等,280页,图版110,图3—6;羽叶;登记号:D424—D426;标本保存在沈阳地质矿产研究所;辽宁本溪林家崴子;中三叠世林家组。(注:原文未指定模式标本)

△密脉中国似查米亚 *Sinozamites myrioneurus* Zhang et Zheng,1983

1983　张武、郑少林,见张武等,80页,图版4,图1—4;羽叶;标本号:LMP2090-1—LMP2090-4;标本保存在沈阳地质矿产研究所;辽宁本溪林家崴子;中三叠世林家组。(注:原文未指定模式标本)

中国似查米亚(未定种) *Sinozamites* sp.

1990　*Sinozamites* sp.,吴舜卿、周汉忠,453页,图版4,图9;羽叶;新疆库车;早三叠世俄霍布拉克组。

中国似查米亚?(未定多种) *Sinozamites*? spp.

1976　*Sinozamites*? sp.,周惠琴等,210页,图版115,图4;羽叶;内蒙古准格尔旗五字湾;中三叠世二马营组上部。

1980　*Sinozamites*? sp.,黄枝高、周惠琴,96页,图版4,图1;羽叶;内蒙古准格尔旗五字湾;中三叠世二马营组上部。

楔羽叶属 Genus *Sphenozamites*(Brongniart)Miquel,1851

1851　Miquel,210页。

1949　斯行健,25页。

1963　斯行健、李星学等,203页。

1993a　吴向午,140页。

模式种:*Sphenozamites beani*(Lindely et Hutton)Miquel,1851

分类位置:苏铁纲(Cycadopsida)

毕氏楔羽叶 *Sphenozamites beani*(Lindely et Hutton)Miquel,1851

1832(1831—1837)　*Cyclopteris beani* Lindley et Hutton,127页,图版44;羽叶;英国约克郡

格里索普湾;侏罗纪。

1851　Miquel,210 页;羽叶;英国约克郡格里索普湾;侏罗纪。

1993a　吴向午,140 页。

△章氏楔蕉羽叶 *Sphenozamites changi* Sze,1956

1956a　斯行健,43,149 页,图版 36,图 1,2;图版 37,图 1—5;图版 38,图 1—3;羽叶;登记号:
　　　PB2435—PB2444;标本保存在中国科学院南京地质古生物研究所;陕西宜君杏树坪;
　　　晚三叠世延长层上部。

1963　李星学等,126 页,图版 92,图 3;羽叶;中国西北地区;晚三叠世。

1963　斯行健、李星学等,204 页,图版 106,图 4;羽叶;陕西宜君杏树坪;晚三叠世延长群上部。

1985　孟繁松,29 页,图版 2,图 4,5;羽叶;湖北南漳东巩陈家湾;晚三叠世九里岗组。

1995a　李星学(主编),图版 72,图 4;羽叶;陕西宜君杏树坪;晚三叠世延长组上部。(中文)

1995b　李星学(主编),图版 72,图 4;羽叶;陕西宜君杏树坪;晚三叠世延长组上部。(英文)

章氏楔羽叶(比较种) *Sphenozamites* cf. *changi* Sze

1977　冯少南等,233 页,图版 92,图 1,2;羽叶;湖北南漳东巩;晚三叠世香溪群下煤组。

章氏楔羽叶(比较属种) *Sphenozamites* cf. *S. changi* Sze

1993　米家榕等,122 页,图版 30,图 6;羽叶;北京西山大安山;晚三叠世杏石口组。

△东巩楔羽叶 *Sphenozamites donggongensis* Meng,1985

1985　孟繁松,27 页,图版 1,图 1,2;羽叶;登记号:PT81032,PT81033;合模 1:PT81032(图版
　　　1,图 1);合模 2:PT81033(图版 1,图 2);标本保存在宜昌地质矿产研究所;湖北南漳东
　　　巩;晚三叠世九里岗组。[注:依据《国际植物命名法规》(《维也纳法规》)第 37.2 条,
　　　1958 年起,模式标本只能是 1 块标本]

△镰形? 楔羽叶 *Sphenozamites*? *drepanoides* Li,1980

1980　厉宝贤,见吴舜卿等,79 页,图版 4,图 3—4a;羽叶;采集号:ACG-221;登记号:PB6697,
　　　PB6698;正模:PB6698(图版 4,图 4);标本保存在中国科学院南京地质古生物研究所;
　　　湖北秭归沙镇溪;晚三叠世沙镇溪组。

1984　陈公信,600 页,图版 255,图 1,2;羽叶;湖北秭归沙镇溪;晚三叠世沙镇溪组。

△明显楔羽叶 *Sphenozamites evidens* Meng,1985

1985　孟繁松,28 页,图版 2,图 1,2;羽叶;登记号:PT81036,PT81037;合模 1:PT81036(图版 2,
　　　图 1);合模 2:PT81037(图版 2,图 2);标本保存在宜昌地质矿产研究所;湖北南漳东巩
　　　陈家湾;晚三叠世九里岗组。[注:依据《国际植物命名法规》(《维也纳法规》)第 37.2
　　　条,1958 年起,模式标本只能是 1 块标本]

△分水岭楔羽叶 *Sphenozamites fenshuilingensis* Meng,1985

1985　孟繁松,27 页,图版 1,图 4;羽叶;登记号:PT81030;正模:PT81030(图版 1,图 4);标本
　　　保存在宜昌地质矿产研究所;湖北荆门分水岭、南漳东巩;晚三叠世九里岗组。

△湖南楔羽叶 *Sphenozamites hunanensis* Chow,1968

1968　周志炎,见《湘赣地区中生代含煤地层化石手册》,74 页,图版 31,图 1;图版 32,图 1;羽
　　　叶;湖南浏阳澄潭江;晚三叠世安源组紫家冲段。(注:原文未指定模式标本)

1977 冯少南等,234 页,图版 92,图 4,5;羽叶;湖南浏阳澄潭江;晚三叠世安源组;广东曲江;
晚三叠世小坪组。

1980 何德长、沈襄鹏,26 页,图版 7,图 1;羽叶;广东曲江红卫坑;晚三叠世。

1982 张采繁,535 页,图版 355,图 9;羽叶;湖南浏阳澄潭江;晚三叠世安源组。

△荆门楔羽叶 *Sphenozamites jingmenensis* Chen G X,1984

1984 陈公信,600 页,图版 256,图 4,5;羽叶;登记号:EP411,EP412;标本保存在湖北省地质
局;湖北荆门分水岭、南漳东巩;晚三叠世九里岗组。(注:原文未指定模式标本)

斜楔羽叶 *Sphenozamites marionii* Counillon,1914

1914 Counillon,7 页,图版 3,图 5,5a;羽叶;越南鸿基;晚三叠世。

斜楔羽叶(比较种) *Sphenozamites* cf. *marionii* Counillon

1979 何元良等,150 页,图版 71,图 6;图版 73,图 2;羽叶;青海天峻羊康;晚三叠世默勒群。

△南漳楔羽叶 *Sphenozamites nanzhangensis* (Feng) Chen G X,1984

1977 *Drepanozamites nanzhangensis* Feng,冯少南等,235 页,图版 94,图 1;羽叶;湖北南漳
东巩;晚三叠世香溪群下煤组。

1984 陈公信,600 页,图版 257,图 1,2;羽叶;湖北荆门分水岭、南漳东巩;晚三叠世九里岗组。

△菱形楔羽叶 *Sphenozamites rhombifolius* Meng,1985

1985 孟繁松,28 页,图版 2,图 3;羽叶;登记号:PT81034;正模:PT81034(图版 2,图 3);标本
保存在宜昌地质矿产研究所;湖北南漳东巩陈家湾;晚三叠世九里岗组。

△永仁楔羽叶 *Sphenozamites yunjenensis* Hsu et Tuan,1974

1974 徐仁、段淑英,见徐仁等,274 页,图版 7,图 1;羽叶;标本号:No.751;标本保存在中国
科学院植物研究所;云南永仁花山;晚三叠世大荞地组中上部。

1979 徐仁等,65 页,图版 69,图 1;羽叶;四川宝鼎花山;晚三叠世大荞地组中上部。

1984 陈公信,601 页,图版 256,图 1;羽叶;湖北荆门分水岭;晚三叠世九里岗组。

永仁楔羽叶(比较种) *Sphenozamites* cf. *yunjenensis* Hsu et Tuan

1987 陈晔等,115 页,图版 28,图 3,4;羽叶;四川盐边箐河;晚三叠世红果组。

楔羽叶(未定多种) *Sphenozamites* spp.

1949 *Sphenozamites* sp.,斯行健,25 页;羽叶;湖北南漳东巩陈家湾;早侏罗世香溪煤系。

1963 *Sphenozamites* sp.,斯行健、李星学等,205 页;羽叶;湖北南漳东巩陈家湾;早侏罗世香
溪群。

1977 *Sphenozamites* sp.,冯少南等,234 页,图版 92,图 3;羽叶;湖北南漳东巩;晚三叠世香溪
群下煤组。

1984 *Sphenozamites* sp.,米家榕等,图版 1,图 5;羽叶;北京西山;晚三叠世杏石口组。

1985 *Sphenozamites* sp.,孟繁松,29 页,图版 1,图 3;羽叶;湖北南漳东巩陈家湾;晚三叠世九
里岗组。

1986a *Sphenozamites* sp.,陈其奭,450 页,图版 3,图 16;叶;浙江衢县茶园里;晚三叠世茶园里组。

1993a *Sphenozamites* sp.,吴向午,140 页。

1995 *Sphenozamites* sp.,孟繁松等,图版 8,图 7;羽叶;湖南桑植洪家关;中三叠世巴东组 2 段。

1996b *Sphenozamites* sp.，孟繁松，图版 3，图 13；羽叶；湖南桑植洪家关；中三叠世巴东组 2 段。

2000 *Sphenozamites* sp.，孟繁松等，57 页，图版 16，图 6；羽叶；湖南桑植洪家关；中三叠世巴东组 2 段。

楔羽叶?（未定种）*Sphenozamites*? sp.

1993 *Sphenozamites*? sp.，王士俊，47 页，图版 14，图 3；羽叶；广东乐昌关春；晚三叠世艮口群。

螺旋器属 Genus *Spirangium* Schimper，1870

1870(1869—1874) Schimper，516 页。

1954 斯行健，318 页。

1993a 吴向午，140 页。

模式种：*Spirangium carbonicum* Schimper，1870

分类位置：疑问化石（Problematicum）

石炭螺旋器 *Spirangium carbonicum* Schimper，1870

1870(1869—1874) Schimper，516 页；可疑化石；德国萨克森；晚石炭世。

1993a 吴向午，140 页。

△中朝螺旋器 *Spirangium sino-coreanum* Sze，1954

1925 *Spirangium* sp.，Kawasaki，57 页，图版 47，图 127；可疑化石；朝鲜平安南道大同郡大宝山；早侏罗世。

1954 斯行健，318 页，图版 1，图 1；可疑化石；甘肃灵武石滴沟；早侏罗世；图版 1，图 2(＝Kawasaki，1925，57 页，图版 47，图 127)。

1993a 吴向午，140 页。

狭羊齿属 Genus *Stenopteris* Saporta，1872

1872(1872a—1873b) Saporta，292 页。

1979 徐仁、陈晔，见徐仁等，41 页。

1993a 吴向午，142 页。

模式种：*Stenopteris desmomera* Saporta，1872

分类位置：种子蕨纲盔形种子目（Corystospermates，Pteridospermopsida）

束状狭羊齿 *Stenopteris desmomera* Saporta，1872

1872(1872a—1873b) Saporta，292 页，图版 32，图 1,2；图版 33，图 1；营养叶；法国（Morrestel）；侏罗纪（Kimmeridgian）。

1993a 吴向午，142 页。

△两叉狭羊齿 *Stenopteris bifurcata*（Hsu et Chen）Hsu et Chen，1979

［注：此种名后被陈晔、教月华(1991)改定为 *Rhaphidopteris bifurcata*（Hsu et Chen）Chen et Jiao］

1974　*Sphenobaiera bifurcata* Hsu et Chen,徐仁、陈晔,见徐仁等,275 页,图版 7,图 2—5;插
　　　图 5;叶;云南永仁纳拉箐;晚三叠世大荞地组中上部。

1979　徐仁、陈晔,见徐仁等,41 页,图版 63,图 1—2a;图版 70,图 5,5a;插图 15;叶;四川宝
　　　鼎;晚三叠世大荞地组中部。

1992　黄其胜,图版 19,图 6;蕨叶;四川广元杨家崖;晚三叠世须家河组 3 段。

1993a　吴向午,142 页。

迪纳塞尔狭羊齿 *Stenopteris dinosaarensis* Harris,1932

1932　Harris,75 页,图版 8,图 4;插图 31;蕨叶和角质层;东格陵兰斯科斯比湾;早侏罗世
　　　(*Thaumatopteris* Zone)。〔注:此标本后被改定为 *Tharrisia dinosaurensis*(Harris)
　　　Zhou,Wu et Zhang,2001〕

1980　黄枝高、周惠琴,86 页,图版 53,图 9;图版 56,图 1;蕨叶;陕西府谷殿儿湾;早侏罗世富县
　　　组。〔注:此标本后被改定为 *Tharrisia dinosaurensis*(Harris)Zhou,Wu et Zhang,2001〕

1988　李佩娟等,77 页,图版 53,图 1—2a;图版 102,图 3—5;图版 105,图 1,2;蕨叶和角质层;
　　　青海大柴旦大煤沟;早侏罗世甜水沟组 *Ephedrites* 层。〔注:此标本后被改定为 *Thar-*
　　　risia dinosaurensis(Harris)Zhou,Wu et Zhang,2001)〕

1995a　李星学(主编),图版 93,图 1;蕨叶;青海大柴旦大煤沟;早侏罗世甜水沟组。(中文)

1995b　李星学(主编),图版 93,图 1;蕨叶;青海大柴旦大煤沟;早侏罗世甜水沟组。(英文)

△纤细狭羊齿 *Stenopteris gracilis* Wu,1988

1988　吴向午,见李佩娟等,78 页,图版 53,图 3,3a;图版 102,图 1,2;蕨叶和角质层;采集号:
　　　80DP$_1$F$_{28}$;登记号:PB13510;正模:PB13510(图版 53,图 3,3a);标本保存在中国科学院
　　　南京地质古生物研究所;青海大柴旦大煤沟;早侏罗世甜水沟组 *Ephedrites* 层。〔注:
　　　此种后被归于 *Raphidopteris gracilis*(Wu)Zhang et Zhou(章伯乐、周志炎,1996)〕

△优美狭羊齿 *Stenopteris spectabilis* Mi Sun C,Sun Y,Cui,Ai et al.,1996(中文发表)

1996　米家榕、孙春林、孙跃武、崔尚森、艾永亮等,101 页,图版 12,图 1,7—9;插图 5;蕨叶和
　　　角质层;登记号:BL2199;正模:BL2199(图版 12,图 9);标本保存在长春地质学院地史
　　　古生物教研室;辽宁北票台吉二井;早侏罗世北票组下段。〔注:此标本后被改定为
　　　Tharrisia pectabilis(Mi et al.)Zhou,Wu et Zhang,2001)〕

弗吉尼亚狭羊齿 *Stenopteris virginica* Fontaine,1889

1889　Fontaine,112 页,图版 21,图 1;蕨叶;北美;早白垩世。

弗吉尼亚狭羊齿(比较种) *Stenopteris* cf. *virginica* Fontaine

1980　张武等,262 页,图版 166,图 6;插图 192;蕨叶;黑龙江密山;早白垩世穆棱组。

威氏狭羊齿 *Stenopteris williamsonii*(Brongniart)Harris,1964

1828　*Sphenopteris williamsonii* Brongniart,50 页;蕨叶;英国约克郡;中侏罗世。

1828　*Sphenopteris williamsonii* Brongniart,图版 49,图 6—8;蕨叶;英国约克郡;中侏罗世。

1964　Harris,147 页;插图 59,60;蕨叶和角质层;英国约克郡;中侏罗世。

威氏狭羊齿(比较种) *Stenopteris* cf. *williamsonii*(Brongniart)Harris

1984　陈芬等,50 页,图版 19,图 4;蕨叶;北京西山大安山;早侏罗世下窑坡组。

狭羊齿（未定种）*Stenopteris* **sp.**

1976 *Stenopteris* sp.,李佩娟等,118 页,图版 31,图 9,10;蕨叶;云南思茅奴贵山;早白垩世曼岗组。

△大箐羽叶属 Genus *Tachingia* Hu,1975

1975 胡雨帆,见徐仁等,75 页。

1979 徐仁等,71 页。

1993a 吴向午,39,238 页。

1993b 吴向午,507,519 页。

模式种:*Tachingia pinniformis* Hu,1975

分类位置:分类位置不明的裸子植物或苏铁纲?(Gymnospermae incertae sedis or Cycadopsida?)

△羽状大箐羽叶 *Tachingia pinniformis* Hu,1975

1975 胡雨帆,见徐仁等,75 页,图版 5,图 1—4;蕨叶;标本号:No.801;标本保存在中国科学院北京植物研究所;四川渡口太平场;晚三叠世大箐组底部。

1979 徐仁等,72 页,图版 71,图 5,5b;蕨叶;四川渡口太平场;晚三叠世大箐组下部。

1993a 吴向午,39,238 页。

1993b 吴向午,507,519 页。

带羊齿属 Genus *Taeniopteris* Brongniart,1832

1828 Brongniart,62 页。

1832(?)(1828—1838) Brongniart,263 页。

1902—1903 Zeiller,292 页。

1963 斯行健、李星学等,356 页。

1993a 吴向午,145 页。

模式种:*Taeniopteris vittata* Brongniart,1832

分类位置:分类位置不明的裸子植物(Gymnospermae incertae sedis)

条纹带羊齿 *Taeniopteris vittata* Brongniart,1832

1832(?) (1828—1838) Brongniart,263 页,图版 82,图 1—4;叶;英国惠特比(Whitby);侏罗纪。

1911 Seward,16,45 页,图版 3,图 30,31;蕨叶;新疆准噶尔盆地;早—中侏罗世。

1931 Gothan,斯行健,33 页,图版 1,图 2;蕨叶;新疆西部;侏罗纪。[注:此标本后被改定为 Cf. *Nilssoniopteris vittata* (Brongniart) Florin(斯行健、李星学等,1963)]

1941 Stockmans,Mathieu,43 页,图版 4,图 4,4a;蕨叶;河北柳江;侏罗纪。[注:此标本后被改定为 Cf. *Nilssoniopteris vittata* (Brongniart) Florin(斯行健、李星学等,1963)]

1954 徐仁,66 页,图版 57,图 1,2;蕨叶;湖北当阳白石岗;早—中侏罗世香溪煤系。[注:此标本后被改定为 Cf. *Nilssoniopteris vittata* (Brongniart) Florin(斯行健、李星学等,

1963)〕

1993a 吴向午,145 页。

条纹带羊齿? *Taeniopteris vittata*? **Brongniart**

1935 Toyama, Ôishi,67 页,图版 4,图 4;蕨叶;内蒙古扎赉诺尔;中侏罗世。〔注:此标本后被改定为 Cf. *Nilssoniopteris vittata* (Brongniart) Florin(斯行健、李星学等,1963)〕

条纹带羊齿(比较种) *Taeniopteris* cf. *vittata* **Brongniart**

1958 汪龙文等,603 页,图 603;蕨叶;新疆,东北地区,河北,湖北;侏罗纪。

异形带羊齿 *Taeniopteris abnormis* **Gutbier,1849**

1835 Gutbier,73 页,图版 13,图 1—3。(裸名)

1849 Gutbier,见 Geinitz,Gutbier,17 页,图版 7,图 1,2。

1976 周惠琴等,211 页,图版 118,图 2;单叶;内蒙古准格尔旗五字湾;中三叠世二马营组上部。

1980 黄枝高、周惠琴,112 页,图版 7,图 4;单叶;内蒙古准格尔旗五字湾;中三叠世二马营组上部。

△间脉带羊齿 *Taeniopteris alternata* **Tuan et Chen,1977**

1977 段淑英等,116 页,图版 1,图 1;蕨叶;标本号:No. 6591,No. 6592,No. 6596;模式标本:No. 6592(图版 1,图 1);标本保存在中国科学院北京植物研究所;西藏拉萨牛马沟;早白垩世。

△凹顶带羊齿 *Taeniopteris cavata* **Chen et Zhang,1979**

1979b 陈晔、张玉成,见陈晔等,188 页,图版 3,图 7;蕨叶;标本号:No. 6957;标本保存在中国科学院植物研究所古植物研究室;四川盐边红泥煤田;晚三叠世大荞地组。

△脊带羊齿 *Taeniopteris costiformis* **Meng,1992**

1992b 孟繁松,182 页,图版 2,图 11,11a;叶;采集号:HYP-1;登记号:P86011;正模:P86011(图版 2,图 11,11a);标本保存在宜昌地质矿产研究所;海南琼海九曲江海洋村;早三叠世岭文组。

1995a 李星学(主编),图版 62,图 10;蕨叶;海南琼海九曲江海洋村;早三叠世岭文组。(中文)

1995b 李星学(主编),图版 62,图 10;蕨叶;海南琼海九曲江海洋村;早三叠世岭文组。(英文)

△皱波状带羊齿 *Taeniopteris crispata* **Chen et Duan,1979**

1979b 陈晔、段淑英,见陈晔等,188 页,图版 3,图 8,9;蕨叶;标本号:No. 6930,No. 6969;合模:No. 6930,No. 6969(图版 3,图 8,9);标本保存在中国科学院植物研究所古植物研究室;四川盐边红泥煤田;晚三叠世大荞地组。〔注:依据《国际植物命名法规》(《维也纳法规》)第 37.2 条,1958 年起,模式标本只能是 1 块标本〕

△稻城带羊齿 *Taeniopteris daochengensis* **Yang,1978**

1978 杨贤河,536 页,图版 165,图 6,7;蕨叶;标本号:Sp0054,Sp0055;合模 1:Sp0054(图版 165,图 6);合模 2:Sp0055(图版 165,图 7);标本保存在成都地质矿产研究所;四川新龙雄龙;晚三叠世喇嘛垭组。〔注:依据《国际植物命名法规》(《维也纳法规》)第 37.2 条,1958 年起,模式标本只能是 1 块标本〕

△密脉带羊齿 *Taeniopteris densissima* **Halle, 1927**

1927b Halle,156 页,图版 41,图 5—7;蕨叶;山西太原;晚二叠世早期上盒子系。

1991 北京市地质矿产开发局,图版11,图3;蕨叶;北京西山八大处大悲寺;晚二叠世—中三叠世双泉组大悲寺段。

△德·特拉带羊齿 *Taeniopteris de terrae* Gothan et Sze,1931

1931 Gothan,斯行健,33页,图版1,图3,3a;蕨叶;新疆西部;侏罗纪。

1950 Ôishi,185页;新疆;侏罗纪。

1963 斯行健、李星学等,357页,图版71,图4,4a;蕨叶;新疆准噶尔叶尔羌;早—中侏罗世。

1984 顾道源,158页,图版79,图3;蕨叶;新疆泽普叶尔羌;早侏罗世康苏组。

△滴道带羊齿 *Taeniopteris didaoensis* Zheng et Zhang,1982

1982b 郑少林、张武,311页,图版16,图14—16;单叶;登记号:HCN004—HCN006;标本保存在沈阳地质矿产研究所;黑龙江鸡东哈达;早白垩世城子河组。[注:原文未指定模式标本;此种后被改定为 *Nilssoniopteris didaoensis*（Zheng et Zhang）Meng（陈芬等,1988）]

△东巩带羊齿 *Taeniopteris donggongensis* Meng,1987

1987 孟繁松,256页,图版37,图3;叶;采集号:DG-80-P-1;登记号:P82229;正模:P82229(图版37,图3);标本保存在宜昌地质矿产研究所;湖北南漳东巩;晚三叠世九里岗组。

△雅致带羊齿 *Taeniopteris elegans* Mi,Zhang,Sun et al.,1993

1993 米家榕、张川波、孙春林等,154页,图版48,图32,32a;插图38;单叶;登记号:B601;标本保存在长春地质学院地史古生物教研室;北京西山门头沟;晚三叠世杏石口组。

△椭圆带羊齿 *Taeniopteris elliptica*（Fontaine）Zheng et Zhang,1983

1889 *Angiopteridium elliptica* Fontaine,114页,图版29,图3;叶;北美;早白垩世。

1983a 郑少林、张武,91页,图版6,图14;单叶;黑龙江勃利万龙村;早白垩世东山组。

微缺带羊齿 *Taeniopteris emarginata* Ôishi,1940

1940 Ôishi,423页,图版46,图1—3;单叶;日本(Kuwasima);早白垩世(Tetori Series)。

微缺带羊齿（比较种）*Taeniopteris* cf. *emarginata* Ôishi

1983a 郑少林、张武,91页,图版7,图12,13;单叶;黑龙江密山大巴山;早白垩世东山组。

大带羊齿 *Taeniopteris gigantea* Schenk,1867

1867 Schenk,146页,图版28,图12;单叶;瑞典;晚三叠世。

大带羊齿（比较种）*Taeniopteris* cf. *gigantea* Schenk

1979 徐仁等,69页,图版67,图5;单叶;四川宝鼎龙树湾;晚三叠世大荞地组中上部。

△海南带羊齿 *Taeniopteris hainanensis* Zhou et Li,1979

1979 周志炎、厉宝贤,447页,图版1,图6;叶;登记号:PB7586;正模:PB7586(图版1,图6);标本保存在中国科学院南京地质古生物研究所;海南琼海九曲江海洋村;早三叠世岭文群(九曲江组)。

△红泥带羊齿 *Taeniopteris hongniensis* Chen et Duan,1979

1979b 陈晔、段淑英,见陈晔等,188页,图版3,图3—6;羽叶;标本号:No.6880—No.6884;合模:No.6881—No.6884(图版3,图4—6);标本保存在中国科学院植物研究所古植物研究室;四川盐边红泥煤田;晚三叠世大荞地组。[注:依据《国际植物命名法规》(《维也纳法规》)第 37.2 条,1958 年起,模式标本只能是 1 块标本]

下凹带羊齿 *Taeniopteris immersa* **Nathorst,1878**

1878　*Taeniopteris* (*Danaeopsis*?) *immersa* Nathorst,45 页,图版 1,图 16;叶;瑞典;晚三叠世。

下凹带羊齿(比较种) *Taeniopteris* cf. *immersa* **Nathorst**

1902－1903　Zeiller,292 页,图版 54,图 5;单叶;云南太平场;晚三叠世。

1963　斯行健、李星学等,358 页,图版 70,图 1,2;蕨叶;云南太平场;晚三叠世;新疆准噶尔;晚三叠世延长群。

1968　《湘赣地区中生代含煤地层化石手册》,80 页,图版 29,图 3,4;单叶;湘赣地区;晚三叠世。

1978　周统顺,图版 28,图 15;单叶;福建漳平大坑;晚三叠世文宾山组下段。

1979　徐仁等,69 页,图版 66,图 3;单叶;四川宝鼎龙树湾;晚三叠世大荞地组中部。

1984　顾道源,158 页,图版 79,图 4;蕨叶;新疆克拉玛依;晚三叠世郝家沟组。

1984　米家榕等,图版 1,图 8;蕨叶;北京西山;晚三叠世杏石口组。

披针带羊齿 *Taeniopteris lanceolata* **Ôishi,1932**

1932　Ôishi,325 页,图版 25,图 5－9;蕨叶;日本成羽;晚三叠世(Nariwa Series)。

1983　段淑英等,图版 11,图 2,3;蕨叶;云南宁蒗背箩山;晚三叠世。

1985　米家榕、孙春林,图版 2,图 24,27;蕨叶;吉林双阳八面石煤矿;晚三叠世小蜂蜜顶子组上段。

1987　陈晔等,133 页,图版 43,图 4,5;图版 45,图 13;蕨叶;四川盐边箐河;晚三叠世红果组。

1993　米家榕等,154 页,图版 48,图 23,27－29;蕨叶;吉林双阳八面石煤矿;晚三叠世小蜂蜜顶子组上段。

△列克勒带羊齿 *Taeniopteris leclerei* **Zeiller,1903**

1902－1903　Zeiller,294 页,图版 55,图 1－4;单叶;云南太平场;晚三叠世。

1927a　Halle,17 页,图版 5,图 2－4;蕨叶;四川会理白果湾老厂和新厂;晚三叠世(Rhaetic)。

1954　徐仁,66 页,图版 56,图 5,6;叶;四川会理;晚三叠世。

1958　汪龙文等,587 页,图 588;蕨叶;四川;晚三叠世。

1963　周惠琴,176 页,图版 76,图 3;蕨叶;广东;晚三叠世。

1963　斯行健、李星学等,357 页,图版 70,图 9,9a;单叶;云南太平场;四川会理白果湾;晚三叠世一平浪组;广东花县;晚三叠世小坪组。

1966　吴舜卿,235 页,图版 1,图 7,7a;蕨叶;贵州安龙龙头山;晚三叠世。

1974a　李佩娟等,362 页,图版 191,图 12,13;蕨叶;四川会理白果湾;晚三叠世白果湾组。

1976　李佩娟等,134 页,图版 39,图 5,6;图版 40,图 7,8;蕨叶;四川渡口摩沙河;晚三叠世纳拉箐组大荞地段。

1977　冯少南等,248 页,图版 99,图 3;蕨叶;广东花县;晚三叠世小坪组。

1978　杨贤河,536 页,图版 165,图 4,5;叶;四川渡口宝鼎;晚三叠世大荞地组。

1979　徐仁等,69 页,图版 65,图 1－8;图版 66,图 2;图版 67,图 1－4;图版 68,图 1－3;蕨叶;四川宝鼎龙树湾、花山等地;晚三叠世大荞地组中上部。

1988　陈楚震等,图版 5,图 2,3;图版 6,图 4,5;蕨叶;江苏常熟梅李;晚三叠世范家塘组。

1988　吴舜卿等,108 页,图版 1,图 10,10a;单叶;江苏常熟梅李;晚三叠世范家塘组。

1989 梅美棠等,114 页,图版 57,图 7;图版 62,图 3;单叶;中国;晚三叠世。

1993a 吴向午,145 页。

1995a 李星学(主编),图版 77,图 2;单叶;四川宝鼎龙树湾;晚三叠世大荞地组。（中文）

1995b 李星学(主编),图版 77,图 2;单叶;四川宝鼎龙树湾;晚三叠世大荞地组。（英文）

列克勒带羊齿(比较种) *Taeniopteris* cf. *leclerei* Zeiller

1968 《湘赣地区中生代含煤地层化石手册》,81 页,图版 30,图 1,1a;叶;湖南浏阳料源;晚三叠世安源组。

1983 孙革等,456 页,图版 3,图 5;单叶;吉林双阳大酱缸;晚三叠世大酱缸组。

列克勒带羊齿(比较属种) *Taeniopteris* cf. *T. leclerei* Zeiller

1993 王士俊,58 页,图版 17,图 4;图版 19,图 3;单叶;广东乐昌关春;晚三叠世艮口群。

△线形带羊齿 *Taeniopteris linearis* Mi et Sun,1985

1985 米家榕、孙春林,5 页,图版 2,图 4,17;插图 4;蕨叶;标本号：SXO408,SXO410;正模：SXO408(图版 2,图 4);标本保存在长春地质学院地史古生物教研室;吉林双阳八面石煤矿;晚三叠世小蜂蜜顶子组上段。

1993 米家榕等,155 页,图版 48,图 26,30;单叶;吉林双阳八面石煤矿;晚三叠世小蜂蜜顶子组上段。

△柳江带羊齿 *Taeniopteris liujiangensis* Mi,Sun C,Sun Y,Cui,Ai et al.,1996(中文发表)

1996 米家榕、孙春林、孙跃武、崔尚森、艾永亮等,148 页,图版 39,图 1—7,10—12,21;插图 23;单叶;登记号：HF7008—HF7018;正模：HF7015(图版 39,图 10);标本保存在长春地质学院地史古生物教研室;河北抚宁石门寨;早侏罗世北票组。

△陇县? 带羊齿 *Taeniopteris? longxianensis* Liu,1985

1985 刘子进等,115 页,图版 3,图 6—9;插图 4A;蕨叶;登记号：P4009,P4015,P4016;正模：P40015(插图 4A);标本保存在西安地质矿产研究所;陕西陇县娘娘庙;中三叠世晚期铜川组上段。

马氏带羊齿 *Taeniopteris mac clellandi* (Oldhama et Morris) Feistmantel,1876

1863 *Stangerites mac clellandi* Oldhama et Morris,33 页,图版 3;叶;印度;侏罗纪。

1869 *Angiopteridium mac clellandi* (Oldhama et Morris) Schimper,605 页;印度;侏罗纪。

1876 Feistmantel,36 页;印度;侏罗纪。

马氏带羊齿? *Taeniopteris mac clellandi*? (Oldhama et Morris) Feistmantel

1930 张席褆,2 页,图版 1,图 1—6;插图 1;蕨叶;广东乳源和湖南宜章交界处的艮口煤田;侏罗纪。［注：此标本后被改定为 *Taeniopteris* sp. (斯行健、李星学等,1963)］

大叶带羊齿 *Taeniopteris magnifolia* Rogers,1843

1843 Rogers,306—309 页,图版 14;叶;美国弗吉尼亚;晚三叠世。

1979 徐仁等,70 页,图版 66,图 1;图版 69,图 3;单叶;四川宝鼎;晚三叠世大荞地组中上部。

大叶带羊齿(比较种) *Taeniopteris* cf. *magnifolia* Rogers

1982 张采繁,541 页,图版 346,图 3;叶;湖南衡阳水寺;晚三叠世。

△具边带羊齿 *Taeniopteris marginata* **Mi,Sun C,Sun Y,Cui,Ai et al.,1996**（中文发表）

1996 米家榕、孙春林、孙跃武、崔尚森、艾永亮等,149 页,图版 5,图 3a;图版 39,图 8,9,18;
插图 24;单叶;登记号:HF2018,HF7002—HF7004;正模:HF7004(图版 39,图 8);标本
保存在长春地质学院地史古生物教研室;河北抚宁石门寨;早侏罗世北票组。

△麻山带羊齿 *Taeniopteris mashanensis* **Chow et Yeh,1980**

1980 周志炎、叶美娜,见周志炎等,62 页;黑龙江麻山;早白垩世城子河组。（仅名单）

1980 张武等,280 页,图版 180,图 2,3;蕨叶;黑龙江麻山;早白垩世城子河组。

△细小带羊齿 *Taeniopteris minuscula* **Chen et Zhang,1979**

1979b 陈晔等,188 页,图版 2,图 1—6;插图 1;蕨叶;标本号:No. 799a,No. 799b,No. 6825a,
No. 6825b,No. 6876,No. 6923;合模:No. 799a,No. 799b,No. 6825a,No. 6825b,No.
6876,No. 6923(图版 2,图 1—6);标本保存在中国科学院植物研究所古植物研究室;四
川盐边红泥煤田;晚三叠世大荞地组。[注:依据《国际植物命名法规》《维也纳法规》
第 37.2 条,1958 年起,模式标本只能是 1 块标本]

△奇异带羊齿 *Taeniopteris mirabilis* **Meng,1987**

1987 孟繁松,256 页,图版 34,图 5,5a;图版 36,图 6;叶;采集号:DG-80-P-1;登记号:P82227,
P82228;合模 1:P82227(图版 34,图 5);合模 2:P82228(图版 36,图 6);标本保存在宜昌地
质矿产研究所;湖北南漳东巩、荆门姚河;晚三叠世九里岗组。[注:依据《国际植物命名
法规》《维也纳法规》第 37.2 条,1958 年起,模式标本只能是 1 块标本]

△奇脉带羊齿 *Taeniopteris mironervis* **Meng,1992**

1992b 孟繁松,182 页,图版 4,图 5—9;叶;采集号:XHP-1;登记号:P86031—P86035;合模:
P86031—P86035(图版 4,图 5—9);标本保存在宜昌地质矿产研究所;海南琼海九曲江
新华村、海洋村;早三叠世岭文组。[注:依据《国际植物命名法规》《维也纳法规》第
37.2 条,1958 年起,模式标本只能是 1 块标本]

△多褶带羊齿 *Taeniopteris multiplicata* **Chen et Duan,1979**

1979c 陈晔、段淑英,见陈晔等,271 页,图版 3,图 1;蕨叶;标本号:No. 6846,No. 6977;正模:
No. 6846(图版 3,图 1);标本保存在中国科学院植物研究所古植物研究室;四川盐边红
泥煤田;晚三叠世大荞地组。

难波带羊齿 *Taeniopteris nabaensis* **Ôishi,1932**

1932 Ôishi,328 页,图版 25,图 11—13;插图 3;叶;日本成羽;晚三叠世(Nariwa Series)。

1980 何德长、沈襄鹏,29 页,图版 10,图 5;蕨叶;湖南浏阳澄潭江;晚三叠世三丘田组。

难波带羊齿(比较种) *Taeniopteris* **cf.** *nabaensis* **Ôishi**

1968 《湘赣地区中生代含煤地层化石手册》,81 页,图版 29,图 2c;插图 22;叶;江西乐平涌山
桥;晚三叠世安源组。

1987 孟繁松,257 页,图版 37,图 2;叶;湖北南漳东巩;晚三叠世九里岗组。

△南漳带羊齿 *Taeniopteris nanzhangensuis* **Feng,1977**

1977 冯少南等,248 页,图版 99,图 9;蕨叶;标本号:P25297;正模:P25297(图版 99,图 9);标
本保存在湖北地质科学研究所;湖北南漳东巩;晚三叠世香溪群下煤组。

1984　陈公信,582页,图版253,图3;蕨叶;湖北南漳东巩;晚三叠世九里岗组。

多脉带羊齿 *Taeniopteris nervosa* (Fontaine) Berry,1911

1889　*Angiopteridium nervosum* Fontaine,144页,图版29,图2;叶;北美;早白垩世。

1911　Berry,293页,图版77,图1;叶;北美;早白垩世。

1983a　郑少林、张武,92页,图版7,图11;单叶;黑龙江勃利万龙村;早白垩世东山组。

尼尔桑型带羊齿 *Taeniopteris nilssonioides* Zeiller,1903

1902—1903　Zeiller,78页,图版15,图1—4;叶;越南鸿基;晚三叠世。

1978　杨贤河,536页,图版163,图8;叶;四川渡口宝鼎;晚三叠世大荞地组。

△斜脉带羊齿 *Taeniopteris obliqua* Chow et Wu,1968

1968　周志炎、吴舜卿,见《湘赣地区中生代含煤地层化石手册》,81页,图版27,图4,4a;叶;湖南浏阳料源;晚三叠世安源组。

1977　冯少南等,249页,图版99,图4;蕨叶;湖南浏阳料源;晚三叠世安源组。

1978　周统顺,图版23,图6;蕨叶;福建漳平大坑文宾山;晚三叠世文宾山组上段。

1981　周惠琴,图版3,图9;蕨叶;辽宁北票羊草沟;晚三叠世羊草沟组。

1982　王国平等,293页,图版128,图5;蕨叶;福建漳平大坑;晚三叠世大坑组。

1982　张采繁,541页,图版356,图6,6a;蕨叶;湖南浏阳料源;晚三叠世安源组。

1987　孟繁松,257页,图版25,图6;图版33,图5;蕨叶;湖北南漳东巩、荆门姚河;晚三叠世九里岗组。

△厚缘带羊齿 *Taeniopteris pachyloma* Chen et Zhang,1979

1979b　陈晔、张玉成,见陈晔等,189页,图版3,图1,2;蕨叶;标本号:No.6848a,No.6848b,No.6924;合模1:No.6848a(图版3,图1);合模2:No.6848b(图版3,图2);标本保存在中国科学院植物研究所古植物研究室;四川盐边红泥煤田;晚三叠世大荞地组。〔注:依据《国际植物命名法规》(《维也纳法规》)第37.2条,1958年起,模式标本只能是1块标本〕

稍小带羊齿 *Taeniopteris parvula* Heer,1876

1876　Heer,98页,图版21,图5;叶;黑龙江上游;晚侏罗世。

1941　Stockmans,Mathieu,43页,图版4,图4,4a;蕨叶;河北柳江;侏罗纪。〔注:此标本后被改定为 *Taeniopteris* cf. *parvula* Heer(斯行健、李星学等,1963)〕

1954　徐仁,67页,图版56,图7;叶;河北临榆柳江;侏罗纪。〔注:此标本后被改定为 *Taeniopteris* cf. *parvula* Heer(斯行健、李星学等,1963)〕

?稍小带羊齿 ?*Taeniopteris parvula* Heer

1987　何德长,84页,图版18,图5b;蕨叶;福建漳平大坑;晚三叠世文宾山组。

稍小带羊齿(比较种) *Taeniopteris* cf. *parvula* Heer

1963　斯行健、李星学等,358页,图版68,图5,6;单叶;河北临榆柳江下井峪;早—中侏罗世。

1987　陈晔等,134页,图版44,图6;单叶;四川盐边箐河;晚三叠世红果组。

1987　孟繁松,257页,图版32,图2;叶;湖北当阳三里岗;早侏罗世香溪组;湖北秭归泄滩;中侏罗世陈家湾组。

1991　赵立明、陶君容,图版1,图4;蕨叶;内蒙古赤峰平庄;早白垩世杏园组。

1999b　孟繁松,图版1,图15;单叶;湖北秭归泄滩;中侏罗世陈家湾组。

宽轴带羊齿 *Taeniopteris platyrachis* Samylina,1976

1976　Samylina,53 页,图版 25,图 4－6;蕨叶;苏联马加丹、鄂木斯克;早白垩世。

宽轴带羊齿(比较种) *Taeniopteris* cf. *platyrachis* Samylina

1982　谭琳、朱家楠,156 页,图版 41,图 10;蕨叶;内蒙古固阳毛忽洞村;早白垩世固阳组。

△蒲圻带羊齿 *Taeniopteris puqiensis* Chen G X,1984

1984　陈公信,582 页,图版 228,图 7,8;蕨叶;登记号:EP517,EP518;标本保存在湖北省地质局;湖北蒲圻苦竹桥;晚三叠世鸡公山组。(注:原文未指定模式标本)

△少脉带羊齿 *Taeniopteris rarinervis* (Turutanova-Kettova) Sun ex Wu,1980(裸名)

1958　*Danaeopsis rarinervis* Turutanova-Ketova,见 Prynada,Turutanova-Ketova,图版 3,图 4;叶;乌拉尔山脉东侧中部;晚三叠世。

1980　吴水波等,图版 2,图 10;叶;吉林汪清托盘沟;晚三叠世。[注:此标本后被改定为 *Taeniopteris tianqiaolingensis* Sun(孙革,1993)](裸名)

△疏脉带羊齿 *Taeniopteris remotinervis* Meng,1987

1987　孟繁松,257 页,图版 33,图 5;叶;采集号:YA-81-P-1;登记号:P82231;正模:P82231(图版 33,图 5);标本保存在宜昌地质矿产研究所;湖北荆门姚河;晚三叠世九里岗组。

△李希霍芬带羊齿 *Taeniopteris richthofeni* (Schenk) Sze,1933

1883　*Macrotaeniopteris richthofeni* Schenk,257 页,图版 51,图 4,6;蕨叶;四川广元;侏罗纪。

1883　*Angiopteris richthofeni* Schenk,260 页,图版 53,图 3,4;蕨叶;湖北秭归;侏罗纪。

1933c　斯行健,14 页,图版 3,图 1;图版 5,图 1;蕨叶;四川广元须家河;晚三叠世晚期－早侏罗世。

1949　斯行健,29 页,图版 12,图 10;单叶;湖北当阳崔家窑;早侏罗世香溪煤系.

1963　斯行健、李星学等,359 页,图版 70,图 5－7;单叶;四川广元;晚三叠世须家河组;湖北当阳崔家窑;早侏罗世香溪群。

1977　冯少南等,249 页,图版 88,图 5;蕨叶;湖北秭归;早－中侏罗世香溪群上煤组。

1979　徐仁等,70 页,图版 63,图 3;单叶;四川宝鼎;晚三叠世大荞地组中上部。

1986　陈晔等,43 页,图版 10,图 1;单叶;四川理塘;晚三叠世拉纳山组。

1987　陈晔等,133 页,图版 44,图 4,5;单叶;四川盐边箐河;晚三叠世红果组。

1987　何德长,74 页,图版 9,图 4;蕨叶;浙江遂昌枫坪;早侏罗世早期花桥组 2 层。

1989　梅美棠等,114 页,图版 57,图 6;单叶;华南地区;晚三叠世。

1991　黄其胜、齐悦,图版 1,图 8;蕨叶;浙江兰溪马涧;早－中侏罗世马涧组下段。

窄薄带羊齿 *Taeniopteris spathulata* McMlelland,1850

1850　McMlelland,53 页,图版 16,图 1;英国;侏罗纪。

1920　Yabe,Hayasaka,图版 3,图 2;图版 4,图 3,3a;蕨叶;江西萍乡胡家坊;晚三叠世(Rhaetic)－早侏罗世(Lias)。

狭叶带羊齿 *Taeniopteris stenophylla* Kryshtofovich,1910

1910　Kryshtofovich,11 页,图版 23,图 3a,4,4a;蕨叶;南滨海;晚三叠世。

1992　孙革、赵衍华,562 页,图版 255,图 3;单叶;吉林汪清天桥岭;晚三叠世马鹿沟组。

1993　米家榕等,155 页,图版 49,图 1－3;蕨叶;黑龙江东宁罗圈站;晚三叠世罗圈站组。

1993　孙革,110 页,图版 50,图 8－11;单叶;吉林汪清天桥岭;晚三叠世马鹿沟组。

狭叶带羊齿（比较种）*Taeniopteris* cf. *stenophylla* Kryshtofovich

1976　李佩娟等,134页,图版39,图9,9a;蕨叶;云南禄丰渔坝村、一平浪;晚三叠世一平浪组干海子段。

1982　段淑英、陈晔,509页,图版16,图11,12;叶;四川合川炭坝;晚三叠世须家河组。

1983　段淑英等,图版11,图4;蕨叶;云南宁蒗背笋山;晚三叠世。

1987　陈晔等,135页,图版44,图7;单叶;四川盐边箐河;晚三叠世红果组。

1996　米家榕等,149页,图版39,图15,16;单叶;河北抚宁石门寨;早侏罗世北票组。

细脉带羊齿 *Taeniopteris tenuinervis* Braun, 1862

1862　Braun,50页,图版13,图1—3;蕨叶;德国;晚三叠世。

1968　《湘赣地区中生代含煤地层化石手册》,82页,图版27,图1;单叶;湘赣地区;晚三叠世—早侏罗世。

1982　张采繁,534页,图版343,图5;蕨叶;湖南浏阳文家市;早侏罗世高家田组。

1983　孙革等,457页,图版3,图6,7;单叶;吉林双阳大酱缸;晚三叠世大酱缸组。

1987　陈晔等,134页,图版43,图1—3;图版44,图1;单叶;四川盐边箐河;晚三叠世红果组。

1988　吉林省地质矿产局,图版8,图5;蕨叶;吉林;早侏罗世。

1993　米家榕等,156页,图版49,图4,5,7,11;单叶;吉林双阳大酱缸;晚三叠世大酱缸组;吉林双阳八面石煤矿;晚三叠世小蜂蜜顶子组上段。

1996　米家榕等,149页,图版39,图17,19;单叶;河北抚宁石门寨;早侏罗世北票组。

细脉带羊齿（比较种）*Taeniopteris* cf. *tenuinervis* Braun

1949　斯行健,30页,图版3,图10;图版12,图9;单叶;湖北秭归香溪、当阳曾家窑;早侏罗世香溪煤系。

1963　斯行健、李星学等,359页,图版71,图2;单叶;湖北秭归香溪,四川威远;早侏罗世香溪群。

1977　冯少南等,249页,图版99,图8;蕨叶;湖北秭归;早—中侏罗世香溪群上煤组。

1979　何元良等,158页,图版78,图5;蕨叶;青海都兰八宝山;晚三叠世八宝山群。

1981　刘茂强、米家榕,28页,图版2,图10;蕨叶;吉林临江闹枝沟;早侏罗世义和组。

1984　陈公信,582页,图版255,图4;蕨叶;湖北秭归香溪;早侏罗世香溪组。

1987　陈晔等,135页,图版44,图2,3;单叶;四川盐边箐河;晚三叠世红果组。

1987　何德长,85页,图版21,图5;蕨叶;福建漳平大坑;晚三叠世文宾山组。

1991　赵立明、陶君容,图版1,图2;蕨叶;内蒙古赤峰平庄;早白垩世杏园组。

细脉带羊齿（比较属种）*Taeniopteris* cf. *T. tenuinervis* Braun

1993　米家榕等,156页,图版49,图10;蕨叶;吉林浑江石人北山;晚三叠世北山组（小河口组）。

△天桥岭带羊齿 *Taeniopteris tianqiaolingensis* Sun, 1993

1980　*Taeniopteris rarinervis*(Turutanova-Kettova)Sun ex Wu,吴水波等,图版2,图10;吉林汪清托盘沟;晚三叠世。

1992　孙革、赵衍华,562页,图版255,图1,2,4—6;图版256,图2,6,7;图版239,图2;单叶;吉林汪清天桥岭;晚三叠世马鹿沟组。（裸名）

1993　孙革,110,141页,图版53,图1—7;图版54,图1—7;图版55,图1—7;图版56,图2—6;单叶;采集号:T11-8,T11-10,T11-19,T11-19a,T11-23,T11-124,T11-173,T11-205,T11-207,T11-550,T11-777,T11-845,T11-850,T11-937,T11-982,T11-1078,T12-304,T12-314,T12-328,T12-329B,T12-435,T13-1032,T13-1074,T365B,T600,T12358;登

记号：PB11873，PB11900，PB11967，PB12119，PB12120，PB12122－PB12129，PB12131－PB12138（标本保存在中国科学院南京地质古生物研究所），J77823，J77827（标本保存在吉林省区域地质矿产调查所古生物室）；吉林汪清天桥岭；晚三叠世马鹿沟组。

1993　米家榕等，156页，图版49，图6，8，9，12；图版50，图1－7；图版51，图1；图版52，图7－9；单叶；吉林汪清天桥岭；晚三叠世马鹿沟组；吉林双阳大酱缸；晚三叠世大酱缸组；北京西山潭柘寺；晚三叠世杏石口组。

1995a　李星学（主编），图版78，图4；图版79，图1，2；蕨叶；吉林汪清天桥岭；晚三叠世马鹿沟组。（中文）

1995b　李星学（主编），图版78，图4；图版79，图1，2；蕨叶；吉林汪清天桥岭；晚三叠世马鹿沟组。（英文）

△上床带羊齿 *Taeniopteris uwatokoi* Ôishi，1935

1935　Ôishi，90页，图版8，图5－7；插图7；叶和角质层；黑龙江东宁煤田；晚侏罗世或早白垩世。〔注：此标本后被改定为 *Nilssoniopteris? uwatokoi* (Ôishi) Li（斯行健、李星学等，1963）〕

1950　Ôishi，185页；黑龙江东宁煤田；晚侏罗世或早白垩世。

△羊草沟带羊齿 *Taeniopteris yangcaogouensis* Mi，Zhang，Sun et al.，1993

1993　米家榕、张川波、孙春林等，157页，图版51，图7－10；插图39；单叶；登记号：Y601－Y604；正模：Y601（图版51，图7）；标本保存在长春地质学院地史古生物教研室；辽宁北票羊草沟；晚三叠世羊草沟组。

△洋源带羊齿 *Taeniopteris yangyuanensis* Wang，1982

1982　王国平等，294页，图版134，图1，2；蕨叶；标本号：TH8-98；合模1：TH8-98（图版134，图1）；合模2：TH8-98（图版134，图2）；福建政和洋源；晚侏罗世南园组。〔注：依据《国际植物命名法规》（《维也纳法规》）第37.2条，1958年起，模式标本只能是1块标本〕

雄德带羊齿 *Taeniopteris youndyi* Zeiller

1977　冯少南等，249页，图版99，图5；蕨叶；广东乐昌关春；晚三叠世小坪组。

△云阳带羊齿 *Taeniopteris yunyangensis* Yang，1978

1978　杨贤河，536页，图版165，图2，3；单叶；标本号：Sp0051，Sp0052；正模：Sp0052（图版165，图3）；标本保存在成都地质矿产研究所；四川云阳犀牛；晚三叠世须家河组。

带羊齿（未定多种） *Taeniopteris* spp.

1902－1903　*Taeniopteris* sp.，Zeiller，296页；蕨叶；云南太平场；晚三叠世。

1927a　*Taeniopteris* sp.，Halle，18页；蕨叶；四川会理白果湾真家洞；晚三叠世（Rhaetic）。

1933c　*Taeniopteris* sp. (Cf. *T. stenophylla* Kryshtofovich)，斯行健，20页，图版5，图5；蕨叶；四川宜宾；晚三叠世晚期－早侏罗世。

1935　*Taeniopteris* sp.，Toyama，Ôishi，68页，图版4，图5；蕨叶；内蒙古扎赉诺尔；中侏罗世。

1952　*Taeniopteris* sp.，斯行健、李星学，9，28页，图版2，图4；蕨叶；四川威远矮山子；早侏罗世。〔注：此标本后被改定为 *Taeniopteris* cf. *tenunervis* Braun（斯行健、李星学等，1963）〕

1959　*Taeniopteris* sp.，斯行健，13，29页，图版4，图4；蕨叶；青海柴达木盆地红柳沟；侏罗纪。

1963　*Taeniopteris* sp. 1，斯行健、李星学等，360页，图版70，图3，4；蕨叶；广东乳源和湖南宜章交界处的艮口煤田；晚三叠世晚期－早侏罗纪。

1963　*Taeniopteris* sp. 2，斯行健、李星学等，360页，图版69，图1；蕨叶；青海柴达木盆地红柳沟;侏罗纪。

1963　*Taeniopteris* sp. 3,斯行健、李星学等,360 页;蕨叶;四川会理白果湾真家洞;晚三叠世。

1965　*Taeniopteris* sp.,曹正尧,523 页,图版 6,图 2;蕨叶;广东高明松柏坑;晚三叠世小坪组。

1968　*Taeniopteris* sp.,《湘赣地区中生代含煤地层化石手册》,82 页,图版 28,图 2,2a;叶;江西横峰铺前;晚三叠世熊岭组。

1975　*Taeniopteris* sp.,徐福祥,103 页,图版 2,图 6;图版 3,图 1,2;蕨叶;甘肃天水后老庙硬湾沟;晚三叠世干柴沟组。

1975　*Taeniopteris* sp.,徐福祥,106 页,图版 4,图 5,6;蕨叶;甘肃天水后老庙干柴沟;早—中侏罗世炭和里组。

1976　*Taeniopteris* sp. 1,张志诚,201 页,图版 92,图 5;蕨叶;内蒙古包头石拐沟;中侏罗世召沟组。

1976　*Taeniopteris* sp. 2,张志诚,201 页,图版 92,图 6;蕨叶;内蒙古包头石拐沟;中侏罗世召沟组。

1976　*Taeniopteris* sp. 1,李佩娟等,135 页,图版 39,图 7,8;单叶;云南祥云蚂蝗阱;晚三叠世祥云组花果山段。

1976　*Taeniopteris* sp. 2,李佩娟等,135 页,图版 40,图 1;单叶;云南祥云蚂蝗阱;晚三叠世祥云组花果山段。

1976　*Taeniopteris* sp. 3,李佩娟等,135 页,图版 46,图 12;蕨叶;云南剑川石钟山;晚三叠世石钟山组。

1979　*Taeniopteris* sp. 1,何元良等,158 页,图版 78,图 6,6a;蕨叶;青海都兰八宝山;早侏罗世小煤沟组。

1979　*Taeniopteris* sp. 1,徐仁等,71 页,图版 68,图 4;单叶;四川宝鼎;晚三叠世大荞地组(?)。

1979　*Taeniopteris* sp. 2,徐仁等,71 页,图版 69,图 2;单叶;四川宝鼎;晚三叠世大荞地组中上部。

1980　*Taeniopteris* sp. 1,黄枝高、周惠琴,113 页,图版 3,图 4;单叶;陕西吴堡张家墕;中三叠世二马营组上部。

1980　*Taeniopteris* sp. 2,黄枝高、周惠琴,113 页,图版 7,图 6;单叶;陕西吴堡张家墕;中三叠世二马营组上部。

1980　*Taeniopteris* sp.,吴舜卿等,83 页,图版 5,图 10,10a;叶;湖北秭归沙镇溪;晚三叠世沙镇溪组。

1980　*Taeniopteris* sp.,吴舜卿等,120 页,图版 33,图 1,1a;叶;湖北秭归沙镇溪;早—中侏罗世香溪组。

1980　*Taeniopteris* sp.,张武等,280 页,图版 178,图 3;图版 180,图 4,5;蕨叶;辽宁建昌冰沟;早白垩世冰沟组;黑龙江宾县高丽帽子;早白垩世陶淇河组。

1982b　*Taeniopteris* sp.,吴向午,99 页,图版 16,图 3,3a;蕨叶;西藏昌都希雄煤点;晚三叠世巴贡组上段。

1982b　*Taeniopteris* sp. 1,郑少林、张武,316 页,图版 21,图 14,15;单叶;黑龙江密山裴德;中侏罗世东胜村组。

1982b　*Taeniopteris* sp. 2,郑少林、张武,316 页,图版 16,图 12,13;单叶;黑龙江鸡西滴道暖泉;晚侏罗世滴道组。

1983　*Taeniopteris* sp.,何元良,189 页,图版 29,图 10;蕨叶;青海刚察伊克乌兰;晚三叠世默勒群阿塔寺组上段。

1983　*Taeniopteris* sp.,孙革等,457 页,图版 3,图 8;单叶;吉林双阳大酱缸;晚三叠世大酱缸组。

1983 *Taeniopteris* spp.,张武等,84 页,图版 5,图 13,17;单叶;辽宁本溪林家崴子;中三叠世林家组。

1984 *Taeniopteris* sp.,王自强,270 页,图版 115,图 5;图版 120,图 2;蕨叶;山西洪洞;中三叠世延长群。

1985 *Taeniopteris* sp.,米家榕、孙春林,图版 2,图 28;单叶;吉林双阳八面石煤矿;晚三叠世小蜂蜜顶子组上段。

1986a *Taeniopteris* sp.,陈其奭,450 页,图版 2,图 13;单叶;浙江衢县茶园里;晚三叠世茶园里组。

1986 *Taeniopteris* sp. 1,陈晔等,43 页,图版 10,图 2;单叶;四川理塘;晚三叠世拉纳山组。

1986 *Taeniopteris* sp. 2,陈晔等,43 页,图版 10,图 3;单叶;四川理塘;晚三叠世拉纳山组。

1986 *Taeniopteris* sp. 3,陈晔等,43 页,图版 10,图 4;单叶;四川理塘;晚三叠世拉纳山组。

1986 *Taeniopteris* sp. 4,陈晔等,43 页,图版 10,图 5;单叶;四川理塘;晚三叠世拉纳山组。

1986 *Taeniopteris* sp. (*Doratophyllum?* sp.),叶美娜等,88 页,图版 45,图 1;蕨叶;四川宣汉炉厂坪;晚三叠世须家河组 7 段。

1987 *Taeniopteris* sp. 1,陈晔等,135 页,图版 45,图 2;单叶;四川盐边箐河;晚三叠世红果组。

1987 *Taeniopteris* sp. 2,陈晔等,135 页,图版 45,图 1;单叶;四川盐边箐河;晚三叠世红果组。

1987 *Taeniopteris* sp. 3,陈晔等,136 页,图版 45,图 3;单叶;四川盐边箐河;晚三叠世红果组。

1988 *Taeniopteris* sp.,李佩娟等,137 页,图版 96,图 6,6a;蕨叶;青海大柴旦大煤沟;中侏罗世大煤沟组 *Tyrmia-Sphenobaiera* 层。

1988 *Taeniopteris* sp. (? *Marattiopsis* sp.),吴舜卿等,108 页,图版 1,图 6,9,9a;单叶;江苏常熟梅李;晚三叠世范家塘组。

1989 *Taeniopteris* sp.,王自强、王立新,35 页,图版 4,图 13;蕨叶;山西交城窑儿头;早三叠世刘家沟组中上部。

1990 *Taeniopteris* sp.,吴向午、何元良,307 页,图版 5,图 7b;图版 6,图 5;图版 7,图 10,10a,11;蕨叶;青海玉树上拉秀、杂多结扎格玛克;晚三叠世结扎群格玛组。

1992a *Taeniopteris* sp. 1,曹正尧,图版 5,图 1,1a;单叶;黑龙江东部绥滨-双鸭山地区;早白垩世城子河组 4 段。

1992a *Taeniopteris* sp. 2,曹正尧,图版 2,图 12B;单叶;黑龙江东部绥滨-双鸭山地区;早白垩世城子河组 1 段。

1992 *Taeniopteris* sp. (Cf. *T. minensis* Ôishi),孙革、赵衍华,562 页,图版 256,图 4;单叶;吉林汪清天桥岭;晚三叠世马鹿沟组。

1992 *Taeniopteris* sp.,孙革、赵衍华,562 页,图版 245,图 8;单叶;吉林珲春金沟岭;晚侏罗世金沟岭组。

1993 *Taeniopteris* sp. 1,米家榕等,158 页,图版 51,图 4,4a;单叶;河北承德武家厂;晚三叠世杏石口组。

1993 *Taeniopteris* sp. 2,米家榕等,158 页,图版 51,图 5;单叶;北京西山潭柘寺;晚三叠世杏石口组。

1993 *Taeniopteris* sp. 3,米家榕等,159 页,图版 52,图 11;插图 40;单叶;辽宁北票羊草沟;晚三叠世羊草沟组。

1993 *Taeniopteris* sp. 4,米家榕等,159 页,图版 51,图 2,3;单叶;吉林双阳大酱缸;晚三叠世大酱缸组。

1993 *Taeniopteris* sp. 5,米家榕等,160 页,图版 51,图 6;单叶;吉林汪清天桥岭;晚三叠世马鹿沟组。

1993　*Taeniopteris* sp. 6，米家榕等，160 页，图版 52，图 1；单叶；北京西山门头沟；晚三叠世杏石口组。

1993　*Taeniopteris* sp. 7，米家榕等，160 页，图版 52，图 2，2a，3；单叶；河北承德上谷；晚三叠世杏石口组。

1993　*Taeniopteris* sp. 8，米家榕等，161 页，图版 52，图 4；单叶；北京西山潭柘寺；晚三叠世杏石口组。

1993　*Taeniopteris* spp.，米家榕等，161 页，图版 52，图 5，6，10；单叶；河北承德上谷，北京西山潭柘寺；晚三叠世杏石口组。

1993　*Taeniopteris* sp. (Cf. *T. minensis* Ôishi)，孙革，109 页，图版 50，图 12；单叶；吉林汪清天桥岭；晚三叠世马鹿沟组。

1993　*Taeniopteris* sp.，孙革，112 页，图版 50，图 13；单叶；吉林汪清天桥岭；晚三叠世三仙岭组。

1993　*Taeniopteris* sp. 1，王士俊，58 页，图版 16，图 5，5a，7；图版 43，图 6；叶和角质层；广东乐昌关春；晚三叠世艮口群。

1993　*Taeniopteris* sp. 2，王士俊，59 页，图版 18，图 4；图版 19，图 1—1b；蕨叶；广东乐昌关春；晚三叠世艮口群。

1993　*Taeniopteris* sp. 3，王士俊，59 页，图版 19，图 5；蕨叶；广东乐昌关春；晚三叠世艮口群。

1993　*Taeniopteris* sp. 4，王士俊，59 页，图版 19，图 4；蕨叶；广东乐昌关春；晚三叠世艮口群。

1995　*Taeniopteris* sp.，孟繁松等，图版 7，图 3；单叶；湖南桑植马合口；中三叠世巴东组 2 段。

1996　*Taeniopteris* sp.，米家榕等，150 页，图版 39，图 14；单叶；河北抚宁石门寨；早侏罗世北票组。

2000　*Taeniopteris* sp.，孟繁松等，61 页，图版 19，图 5；蕨叶；湖南桑植马合口；中三叠世巴东组 2 段。

2000　*Taeniopteris* sp.，吴舜卿，226 页，图版 7，图 9，9a；单叶；香港新界西贡嶂上；早白垩世浅水湾群。

2004　*Taeniopteris* sp.，孙革、梅盛吴，图版 5，图 4，5；图版 6，图 1，2；蕨叶；中国西北地区潮水盆地、雅布赖盆地；早—中侏罗世。

2004　*Taeniopteris* sp. (? gen. et sp. nov.)，王五力等，232 页，图版 30，图 2—5；蕨叶；辽宁义县头道河子；晚侏罗世义县组砖城子层。

带羊齿？（未定多种） *Taeniopteris*? spp.

1956b　*Taeniopteris*? sp.，斯行健，图版 2，图 5；蕨叶；新疆准噶尔盆地克拉玛依；晚三叠世晚期延长层上部。［注：此标本后被改定为 *Taeniopteris* cf. *immersa* Nathorst（斯行健、李星学等，1963）］

1963　*Taeniopteris*? sp. 4，斯行健、李星学等，361 页，图版 71，图 1；蕨叶；内蒙古扎赉诺尔；晚侏罗世。

带似查米亚属 Genus *Taeniozamites* Harris，1932

1932　Harris，33，101 页。

1935　Ôishi，90 页。

1993a　吴向午，145 页。

模式种：*Taeniozamites vittata* (Brongniart) Harris，1932

分类位置：苏铁纲本内苏铁目（Bennettiales，Cycadopsida）

狭叶带似查米亚 *Taeniozamites vittata* (Brongniart) Harris, 1932

1932　Harris，33，101 页；插图 39；营养叶（可能为 *Williamsoniella coronata* 营养叶）。［注：此属名是 *Nilssoniopteris* 的一个异名（Harris，1937）］

1993a 吴向午，145 页。

△上床带似查米亚 *Taeniozamites uwatokoi* (Ôishi) Takahashi, 1953

1935　Ôishi，90 页，图版 8，图 5—7；插图 7；叶和角质层；黑龙江东宁煤田；晚侏罗世或早白垩世。

1953a Takahashi，172 页；黑龙江东宁煤田；晚侏罗世或早白垩世。［注：此种名是 *Nilssoniopteris*? *uwatokoi* (Ôishi) Li，1963 的一个异名（吴向午，1993b）］

1993a 吴向午，145 页。

△蛟河羽叶属 Genus *Tchiaohoella* Lee et Yeh ex Wang, 1984（裸名）

［注：属名 *Tchiaohoella* 可能为 *Chiaohoella* 的误拼，分类位置为真蕨纲铁线蕨科（Adiantaceae）（李星学等，1986，13 页）］

1984　*Tchiaohoella* Lee et Ye，1964（MS），王自强，269 页。（裸名）

模式种：*Tchiaohoella mirabilis* Lee et Yeh ex Wang，1984（nom. nud. ）

分类位置：苏铁纲（Cycadopsida）

△奇异蛟河羽叶 *Tchiaohoella mirabilis* Lee et Yeh ex Wang, 1984（裸名）

1984　*Tchiaohoella mirabilis* Lee et Yeh，1964，王自强，269 页。

蛟河羽叶（未定种） *Tchiaohoella* sp.

1984　*Tchiaohoella* sp.，王自强，270 页，图版 149，图 7；羽叶；河北平泉；早白垩世九佛堂组。

特西蕨属 Genus *Tersiella* Radczenko, 1960

1960　Radczenko，Srebrodolskae，120 页。

1996　吴舜卿、周汉忠，7 页。

模式种：*Tersiella beloussovae* Radczenko，1960

分类位置：种子蕨纲（Pteridospermopsida）

贝氏特西蕨 *Tersiella beloussovae* Radczenko, 1960

1960　Radczenko，Srebrodolskae，120 页，图版 23，图 3—7；蕨叶；苏联伯朝拉盆地；早三叠世。

拉氏特西蕨 *Tersiella radczenkoi* Sixtel, 1962

1962　Sixtel，342 页，图版 19，图 7—13；图版 20，图 1—5；插图 25；蕨叶；南费尔干纳盆地；三叠纪。

1996　吴舜卿、周汉忠，7 页，图版 4，图 3—5；图版 5，图 1—6；图版 6，图 1—5，7；图版 11，图 4B；图版 13，图 1—4；蕨叶；新疆库车库车河剖面；中三叠世克拉玛依组下段。

△哈瑞士叶属 Genus *Tharrisia* Zhou,Wu et Zhang,2001(英文发表)

2001　周志炎、吴向午、章伯乐,99页。

模式种:*Tharrisia dinosaurensis*(Harris)Zhou,Wu et Zhang,2001

分类位置:分类位置不明的裸子植物(Gymnospermae incertae sedis)

△迪纳塞尔哈瑞士叶 *Tharrisia dinosaurensis*(Harris)Zhou,Wu et Zhang,2001(英文发表)

1932　*Stenopteris dinosaurensis* Harris,75页,图版8,图4;插图31;叶和角质层;东格陵兰斯
　　　科斯比湾;早侏罗世(*Thaumatopteris* Zone)。

1988　*Stenopteris dinosaurensis* Harris,李佩娟等,77页,图版53,图1—2a;图版102,图3—5;图
　　　版105,图1,2;叶和角质层;青海大柴旦大煤沟;早侏罗世甜水沟组 *Ephedrites* 层。

2001　周志炎、吴向午、章伯乐,99页,图版1,图7—10;图版3,图2;图版4,图1,2;图版5,图
　　　1—5;图版7,图1,2;插图3;叶和角质层;东格陵兰;早侏罗世 *Thaumatopteris* 带;
　　　瑞典(?);早侏罗世;中国青海大柴旦大煤沟;早侏罗世甜水沟组 *Ephedrites* 层;陕西府
　　　谷殿儿湾;早侏罗世富县组。

△侧生瑞士叶 *Tharrisia lata* Zhou et Zhang,2001(英文发表)

2001　周志炎、章伯乐,见周志炎等,103页,图版1,图1—6;图版3,图1,3—8;图版5,图5—8;
　　　图版6,图1—8;插图5;叶和角质层;登记号:PB18124—PB18128;正模:PH18124(图版
　　　1,图1);副模:PB18125—PB18128;标本保存在中国科学院南京地质古生物研究所;河
　　　南义马;中侏罗世义马组下部4层。

△优美哈瑞士叶 *Tharrisia spectabilis*(Mi,Sun C,Sun Y,Cui,Ai et al.)Zhou,Wu et Zhang, 2001(英文发表)

1996　*Stenopteris spectabilis* Mi,Sun C,Sun Y,Cui,Ai et al.,米家榕等,101页,图版12,图1,
　　　7—9;插图5;蕨叶和角质层;辽宁北票台吉二井;早侏罗世北票组下段。

2001　周志炎、吴向午、章伯乐,101页,图版2,图14;图版4,图3—7;图版7,图3—8;插图4;
　　　叶和角质层;辽宁北票台吉二井;早侏罗世北票组下段。

△奇异羽叶属 Genus *Thaumatophyllum* Yang,1978

1978　杨贤河,515页。

1993a 吴向午,41,239页。

1993b 吴向午,502,520页。

模式种:*Thaumatophyllum ptilum*(Harris)Yang,1978

分类位置:苏铁纲本内苏铁目(Bennettiales,Cycadopsida)

△羽毛奇异羽叶 *Thaumatophyllum ptilum*(Harris)Yang,1978

1932　*Pterophyllum ptilum* Harris,61页,图版5,图1—5,11;插图30,31;羽叶;东格陵兰;晚
　　　三叠世。

1954 *Pterophyllum ptilum* Harris,徐仁,58 页,图版 51,图 2—4;羽叶;云南一平浪,江西安源,湖南石门口,四川等;晚三叠世。

1978 杨贤河,515 页,图版 163,图 14;羽叶;四川大邑太平;晚三叠世须家河组。

1982 杨贤河,480 页,图版 13,图 1—9;图版 8,图 3;图版 5,图 7;羽叶;四川威远葫芦口;晚三叠世须家河组;四川冕宁解放桥;晚三叠世白果湾组;四川新龙雄龙;晚三叠世喇嘛垭组。

1993a 吴向午,41,239 页。

1993b 吴向午,502,520 页。

△羽毛奇异羽叶粗肥异型 *Thaumatophyllum ptilum* var. *obesum* Yang,1982

1982 杨贤河,481 页,图版 13,图 10—11a;羽叶;采集号:H30;登记号:Sp269,Sp270;标本保存在成都地质矿产研究所;四川威远葫芦口;晚三叠世须家河组顶部。

△多条纹奇异羽叶 *Thaumatophyllum multilineatum* Yang,1982

1982 杨贤河,481 页,图版 13,图 12—14;羽叶;采集号:H30;登记号:Sp271—Sp273;合模 1—3:Sp271—Sp273(图版 13,图 12—14);标本保存在成都地质矿产研究所;四川威远黄石板;晚三叠世须家河组;四川新龙雄龙;晚三叠世英珠娘阿组。[注:依据《国际植物命名法规》《维也纳法规》第 37.2 条,1958 年起,模式标本只能是 1 块标本]

丁菲羊齿属 Genus *Thinnfeldia* Ettingshausen,1852

1852 Ettingshausen,2 页。

1923 周赞衡,83,141 页。

1963 斯行健、李星学等,133 页。

1993a 吴向午,147 页。

模式种:*Thinnfeldia rhomboidalis* Ettingshausen,1852

分类位置:种子蕨纲(Pteridospermopsida)

菱形丁菲羊齿 *Thinnfeldia rhomboidalis* Ettingshausen,1852

[注:有人将此种改定为 *Pachypteris rhomboidalis* (Ettingshausen)(姚宣丽,1987)]

1852 Ettingshausen,2 页,图版 1,图 4—7;蕨叶;匈牙利斯蒂儿多夫(Steierdorf);早侏罗世(Lias)。

1933d 斯行健,47 页,图版 6,图 1—8;蕨叶;福建长汀马兰岭;早侏罗世。

1936 潘钟祥,28 页,图版 13,图 8;蕨叶;陕西绥德叶家坪;晚三叠世延长层上部。

1954 徐仁,54 页,图版 46,图 5;蕨叶;陕西绥德叶家坪;晚三叠世延长层上部。

1956a 斯行健,35,142 页,图版 34,图 5,5a;蕨叶;陕西宜君杏树坪、绥德叶家坪;晚三叠世延长层上部。

1958 汪龙文等,592 页,图 592(下部);蕨叶;陕西;晚三叠世晚期—早侏罗世。

1963 李星学等,125 页,图版 92,图 1,2;蕨叶;中国西北地区;晚三叠世—早侏罗世。

1963 李佩娟,130 页,图版 59,图 1;蕨叶;陕西宜君,福建;晚三叠世—早侏罗世。

1963 斯行健、李星学等,137 页,图版 47,图 4;图版 48,图 5;图版 49,图 5;图版 108,图 1;蕨叶;福建长汀;晚三叠世晚期—早侏罗世;陕西宜君、绥德;晚三叠世延长群。

1964 李星学等,131 页,图版 86,图 3;蕨叶;华南地区;晚三叠世—早侏罗世。

1978 杨贤河,499页,图版174,图5;蕨叶;四川永川;晚三叠世须家河组。

1978 周统顺,图版20,图7;蕨叶;福建武平龙井;晚三叠世大坑组上段。

1979 徐仁等,39页,图版38,图1,2;蕨叶;四川宝鼎;晚三叠世大荞地组中上部、大菁组下部。

1980 黄枝高、周惠琴,84页,图版29,图1;图版33,图2;蕨叶;陕西神木窟野河石窑上;晚三叠世延长组下部。

1981 周志炎,17页,图版1,图1—4,5(?);蕨叶;湖南祁阳河埠塘;早侏罗世观音滩组排家冲段顶部。

1982 王国平等,255页,图版118,图10;蕨叶;福建漳平大坑;晚三叠世大坑组。

1982 张采繁,527页,图版354,图2;蕨叶;湖南祁阳河埠塘;早侏罗世石康组。

1984 陈公信,585页,图版238,图1—3;蕨叶;湖北荆门分水岭;晚三叠世九里岗组。

1984 周志炎,17页,图版8,图1—6;图版9,图1,1a;插图4;蕨叶和角质层;湖南零陵黄阳司;早侏罗世观音滩组中(?)下部;湖南祁阳河埠塘;早侏罗世观音滩组搭坝口段。

1986 张采繁,198页,图版4,图1—1c,2;插图7;蕨叶和角质层;湖南常宁柏坊;早侏罗世石康组。

1989 梅美棠等,92页,图版46,图5;蕨叶;中国;晚三叠世—早侏罗世。

1993a 吴向午,147页。

1998 段淑英,283页,图版1,图1—8;蕨叶和角质层;贵州六枝郎岱;晚三叠世。

菱形丁菲羊齿(比较种) *Thinnfeldia* cf. *rhomboidalis* Ettingshausen

1977 长春地质学院勘探系调查组等,图版4,图2;蕨叶;吉林浑江石人;晚三叠世小河口组。

1984 王自强,255页,图版131,图1,2;羽叶;内蒙古察哈尔右翼中旗;早侏罗世南苏勒图组。

菱形丁菲羊齿(比较属种) *Thinnfeldia* cf. *Th. rhomboidalis* Ettingshausen

1993 米家榕等,104页,图版19,图5;蕨叶;吉林浑江石人北山;晚三叠世北山组(小河口组)。

△座延羊齿型丁菲羊齿 *Thinnfeldia alethopteroides* Sze,1956

1956a 斯行健,38,145页,图版34,图6;图版45,图1,1a,2;蕨叶;登记号:PB2421—PB2423;标本保存在中国科学院南京地质古生物研究所;陕西宜君杏树坪黄草湾;晚三叠世延长层上部。

1963 斯行健、李星学等,135页,图版45,图6;图版47,图1,1a;蕨叶;陕西宜君杏树坪;晚三叠世延长群。

1977 冯少南等,216页,图版84,图6;叶;广东乐昌小水;晚三叠世小坪组。

1980 黄枝高、周惠琴,83页,图版31,图2;图版33,图3;蕨叶;陕西神木高家塔;晚三叠世延长组中部。

1982 刘子进,129页,图版66,图3;蕨叶;陕西宜君杏树坪、神木高家塔;晚三叠世延长群中部。

座延羊齿型丁菲羊齿(比较种) *Thinnfeldia* cf. *alethopteroides* Sze

1983 鞠魁祥等,图版1,图1;蕨叶;江苏南京龙潭范家塘;晚三叠世范家塘组。

△雅致丁菲羊齿 *Thinnfeldia elegans* Meng,1982

1982 孟繁松,581页,图版1,图4;图版2,图5;蕨叶;登记号:P81010,P81011;正模:P81010(图版1,图4);标本保存在宜昌地质矿产研究所;湖北远安茅坪九里岗;晚三叠世九里岗组。

1990 孟繁松,318页,图版1,图4;插图1,2;羽叶;湖北远安九里岗、南漳东巩;晚三叠世九里岗组。

△剑形丁菲羊齿 *Thinnfeldia ensifolium* Wang, 1975

1975　王喜富,29 页,图版 55,图 1,1a,2;蕨叶;陕西绥德高家崖;晚三叠世延长层上部。

1986　李佩娟、何元良,284 页,图版 7,图 1—5a;图版 10,图 5;蕨叶;青海都兰草木策;晚三叠世草木策组。

锐裂丁菲羊齿 *Thinnfeldia incisa* Saporta, 1873

1873　Saporta,173 页,图版 41,图 3,4;图版 42,图 1—3;蕨叶;法国;晚三叠世。

1980　吴水波等,图版 1,图 10;蕨叶;吉林汪清托盘沟;晚三叠世。

1992　孙革、赵衍华,534 页,图版 233,图 2,4,5;蕨叶;吉林汪清鹿圈子村北山;晚三叠世马鹿沟组。

1993　米家榕等,103 页,图版 18,图 5—9;蕨叶;吉林双阳八面石煤矿;晚三叠世小蜂蜜顶子组上段;河北承德上谷;晚三叠世杏石口组。

1993　孙革,74 页,图版 19,图 1—6;图版 20,图 1A,2,3;蕨叶;吉林汪清鹿圈子村北山;晚三叠世马鹿沟组。

△江山丁菲羊齿 *Thinnfeldia jiangshanensis* Chen, 1982

1982　陈其奭,见王国平等,255 页,图版 116,图 2,3;蕨叶;标本号:Zmf-植-00057;正模:Zmf-植-00057(图版 116,图 2);浙江江山道塘山;晚三叠世—早侏罗世。

△库车? 丁菲羊齿 *Thinnfeldia? kuqaensis* Gu et Hu, 1979 (non Gu et Hu, 1984, nec Gu et Hu, 1987)

1979　顾道源、胡雨帆,11 页,图版 2,图 4,4a;蕨叶;采集号:J24;登记号:XPc112;标本保存在新疆石油管理局;新疆库车基奇克套;晚三叠世塔里奇克组。

△库车? 丁菲羊齿 *Thinnfeldia? kuqaensis* Gu et Hu, 1984 (non Gu et Hu, 1979, nec Gu et Hu, 1987)

(注:此种名为 *Thinnfeldia? kuqaensis* Gu et Hu,1979 的晚出等同名)

1984　顾道源、胡雨帆,见顾道源,147 页,图版 70,图 2;蕨叶;采集号:J24;登记号:XPC112;标本保存在新疆石油管理局;新疆库车基奇克套;晚三叠世塔里奇克组。

△库车? 丁菲羊齿 *Thinnfeldia? kuqaensis* Gu et Hu, 1987 (non Gu et Hu, 1979, nec Gu et Hu, 1984)

(注:此种名为 *Thinnfeldia? kuqaensis* Gu et Hu,1979 的晚出等同名)

1987　胡雨帆、顾道源,见胡雨帆,225 页,图版 2,图 2,2a;蕨叶;采集号:J24;登记号:XPC112;标本保存在新疆石油管理局;新疆库车基奇克套;晚三叠世塔里奇克组。

△松弛丁菲羊齿 *Thinnfeldia laxa* Sze, 1956

[注:此种名原拼为 *laxusa*,后被改为 *laxa*(斯行健、李星学等,1963)]

1956a　*Thinnfeldia laxusa* Sze,斯行健,39,145 页,图版 44,图 1—4;图版 45,图 3,4;蕨叶;登记号:PB2424—PB2429;标本保存在中国科学院南京地质古生物研究所;陕西宜君杏树坪黄草湾;晚三叠世延长层上部。

1963　斯行健、李星学等,135 页,图版 47,图 2,3;图版 50,图 2;蕨叶;陕西宜君杏树坪;晚三叠世延长群上部。

1977　冯少南等,216 页,图版 81,图 6;叶;广东乐昌小水;晚三叠世小坪组。

△鹿厂丁菲羊齿？ *Thinnfeldia? luchangensis* Wu，1999（中文发表）

1999b 吴舜卿，28 页，图版 22，图 3，4；蕨叶；采集号：鹿 f113-11，鹿 f113-13；登记号：PB10629，PB10630；合模 1：PB10629（图版 22，图 3）；合模 2：PB10630（图版 22，图 4）；标本保存在中国科学院南京地质古生物研究所；四川会理鹿厂；晚三叠世白果湾组。[注：依据《国际植物命名法规》（《维也纳法规》）第 37.2 条，1958 年起，模式标本只能是 1 块标本]

△神奇？ 丁菲羊齿 *Thinnfeldia? magica* Sun，1993

1992 孙革、赵衍华，534 页，图版 233，图 1，3，7，8；蕨叶；吉林汪清鹿圈子村北山；晚三叠世马鹿沟组。（裸名）

1993 孙革，74 页，图版 18，图 1；图版 19，图 7，8，10；图版 20，图 4—7；插图 20；蕨叶；采集号：T13′-20，T13′-61，T13′-67，T13′-82，T13′-105，T13′-123，T13-206，T13′-300；登记号：PB11907，PB11920—PB11923，PB11928—PB11931；正模：PB11907（图版 18，图 1）；副模：PB11928（图版 20，图 4）；标本保存在中国科学院南京地质古生物研究所；吉林汪清鹿圈子村北山；晚三叠世马鹿沟组。

较大丁菲羊齿 *Thinnfeldia major* （Raciborski） Gothan，1912

1894 *Thinnfeldia rhomboidalis* (forma) *major* Raciborski，66 页，图版 19，图 8；图版 21，图 6；蕨叶；波兰克拉科夫；侏罗纪。

1912 Gothan，69，78 页，图版 14，图 3；蕨叶；波兰克拉科夫；侏罗纪。

1956a 斯行健，35，143 页，图版 32(?)，图 4；图版 42，图 3；蕨叶；陕西宜君杏树坪、绥德叶家坪；晚三叠世延长层上部。

1963 斯行健、李星学等，136 页，图版 48，图 4；图版 50，图 3；蕨叶；陕西宜君杏树坪；晚三叠世延长群。

1983 张武等，78 页，图版 2，图 9a，9b；图版 3，图 7；图版 5，图 18，19；蕨叶；辽宁本溪林家崴子；中三叠世林家组。

△单羽状"丁菲羊齿" *"Thinnfeldia" monopinnata* Wang Z et Wang L，1990

1990a 王自强、王立新，126 页，图版 20，图 4—8；蕨叶；标本号：Z16-514，Z16-514a，Z16-520，Z16-521；合模 1：Z16-514（图版 20，图 4，4a）；合模 2：Z16-521（图版 20，图 8，8a）；标本保存在中国科学院南京地质古生物研究所；山西寿阳红咀；早三叠世和尚沟组下段。[注：依据《国际植物命名法规》（《维也纳法规》）第 37.2 条，1958 年起，模式标本只能是 1 块标本]

△南漳丁菲羊齿 *Thinnfeldia nanzhangensis* Meng，1982

1987 孟繁松，582 页，图版 1，图 1；图版 2，图 1—4；蕨叶；登记号：P81012—P81014，P81016，P81017；正模：P81013（图版 2，图 1）；标本保存在宜昌地质矿产研究所；湖北南漳东巩陈家湾；晚三叠世九里岗组。

1990 孟繁松，318 页，图版 2，图 1；插图 1，3；蕨叶；湖北南漳东巩、胡家咀；晚三叠世九里岗组。

诺登斯基丁菲羊齿 *Thinnfeldia nordenskioeldii* Nathorst，1875

1875 Nathorst，10(382)页；瑞典；晚三叠世。

1876 Nathorst，34 页，图版 6，图 4，5；蕨叶；瑞典；晚三叠世。

1936 潘钟祥，27 页，图版 11，图 5；图版 12，图 1—6；图版 13，图 4，5，6(?)，7；蕨叶；陕西绥德叶家坪；晚三叠世延长层上部；陕西富县李家坪；早侏罗世瓦窑堡煤系下部。

1954　徐仁,54 页,图版 46,图 4;蕨叶;陕西绥德叶家坪;晚三叠世延长层上部。

1956b　斯行健,图版 2,图 3;蕨叶;新疆准噶尔盆地克拉玛依;晚三叠世晚期延长层上部。

1963　李佩娟,129 页,图版 58,图 1;蕨叶;陕西宜君;晚三叠世延长组上部。

1963　斯行健、李星学等,136 页,图版 43,图 3;图版 49,图 1;蕨叶;陕西宜君杏树坪、绥德叶
　　　家坪,新疆准噶尔盆地;晚三叠世延长群上部。

1980　黄枝高、周惠琴,83 页,图版 32,图 5;蕨叶;陕西铜川柳林沟;晚三叠世延长组顶部。

1980　张武等,263 页,图版 105,图 1a;蕨叶;吉林浑江石人;晚三叠世北山组。

1982　刘子进,129 页,图版 67,图 3;蕨叶;陕西宜君杏树坪、绥德叶家坪、铜川柳林沟;晚三叠
　　　世延长群上部。

1982　张采繁,527 页,图版 337,图 9;蕨叶;湖南宜章长策下坪;早侏罗世唐垅组底部。

1984　顾道源,147 页,图版 74,图 4,5;蕨叶;新疆克拉玛依深底沟;晚三叠世郝家沟组;新疆
　　　库车基奇克套;晚三叠世塔里奇克组。

1991　李洁等,54 页,图版 1,图 6,7;蕨叶;新疆昆仑山野马滩北;晚三叠世卧龙岗组。

1993　米家榕等,103 页,图版 19,图 1,2;蕨叶;河北承德上谷;晚三叠世杏石口组。

1998　张泓等,图版 27,图 3;蕨叶;青海大柴旦大煤沟;早侏罗世小煤沟组。

? 诺登斯基丁菲羊齿 ? *Thinnfeldia nordenskioeldii* Nathorst

1956a　斯行健,37,143 页,图版 37,图 6—8;蕨叶;陕西宜君杏树坪黄草湾、绥德叶家坪;晚三
　　　叠世延长层上部。[注:图版 37 的图 8 标本后被改定为 *Thinnfeldia nordenskioeldii*
　　　Nathorst(斯行健、李星学等,1963)]

1963　斯行健、李星学等,137 页,图版 47,图 5;图版 49,图 4;蕨叶;陕西宜君杏树坪;晚三叠
　　　世延长群上部。

1980　黄枝高、周惠琴,83 页,图版 32,图 4;蕨叶;陕西铜川柳林沟;晚三叠世延长组顶部。

1995　孟繁松等,24 页,图版 6,图 8,9;蕨叶;湖南桑植芙蓉桥;中三叠世巴东组 2 段。

1996b　孟繁松,图版 3,图 14;蕨叶;湖南桑植芙蓉桥;中三叠世巴东组 2 段。

诺登斯基? 丁菲羊齿 *Thinnfeldia*? *nordenskioeldii* Nathorst

2000　孟繁松等,55 页,图版 18,图 8,9;蕨叶;湖南桑植芙蓉桥;中三叠世巴东组 2 段。

诺登斯基丁菲羊齿(比较属种) Cf. *Thinnfeldia nordenskioeldii* Nathorst

1990　吴向午、何元良,300 页,图版 4,图 6,6a;蕨叶;青海玉树上拉秀;晚三叠世结扎群格玛组。

△东方丁菲羊齿 *Thinnfeldia orientalois* Zhang,1982

[注:此种后被改定为 *Pachypteris orientalis* (Zhang) Yao(姚宣丽,1987)]

1982　张采繁,527 页,图版 337,图 2—4;蕨叶;登记号:HP03,HP04,HP303;合模:HP03,
　　　HP04,HP303(图版 337,图 2—4);标本保存在湖南省地质博物馆;湖南宜章长策下坪;
　　　早侏罗世唐垅组。[注:依据《国际植物命名法规》(《维也纳法规》)第 37.2 条,1958 年
　　　起,模式标本只能是 1 块标本]

1986　张采繁,192 页,插图 4;蕨叶;湖南宜章长策心田门;早侏罗世唐垅组。

△蒲圻丁菲羊齿 *Thinnfeldia puqiensis* Chen G X,1984

1984　陈公信,584 页,图版 238,图 4;蕨叶;登记号:EP271;标本保存在湖北省地质局;湖北
　　　蒲圻苦竹桥;晚三叠世鸡公山组。

△坚直丁菲羊齿 *Thinnfeldia rigida* Sze,1956

1956a 斯行健,37,144页,图版41,图1—3;图版42,图1—2a;图版43,图3,4;图版52,图2;
蕨叶;登记号:PB2413—PB2415,PB2417—PB2419;标本保存在中国科学院南京地质古
生物研究所;陕西宜君杏树坪;晚三叠世延长层上部。

1962 朱为庆,166,170页,图版1,图1—6b;图版2,图1—5;蕨叶和角质层;内蒙古鄂尔多斯
准格尔旗黑钱沟;晚三叠世延长组。

1963 斯行健、李星学等,138页,图版48,图3;图版49,图2;图版50,图4;蕨叶;陕西宜君杏
树坪;晚三叠世延长群上部。

1979 何元良等,146页,图版68,图5,5a;蕨叶;青海祁连默勒;晚三叠世默勒群上岩组。

1988a 黄其胜、卢宗盛,183页,图版1,图2;蕨叶;河南卢氏双槐树;晚三叠世延长群下部6层。

1993 米家榕等,104页,图版19,图3,3a,8,8a;蕨叶和角质层;吉林浑江石人北山;晚三叠世
北山组(小河口组)。

1993 王士俊,14页,图版5,图4,6,10,10a;图版26,图1—4;蕨叶和角质层;广东乐昌关春;
晚三叠世艮口群。

?坚直丁菲羊齿 ?*Thinnfeldia rigida* Sze

1986 叶美娜等,41页,图版26,图3;蕨叶;四川达县铁山金窝;晚三叠世须家河组7段。

△简单丁菲羊齿 *Thinnfeldia simplex* Mi,Zhang,Sun et al.,1993

1993 米家榕、张川波、孙春林等,105页,图版19,图11;插图22;蕨叶;登记号:H254;标本保存
在长春地质学院地史古生物教研室;吉林浑江石人北山;晚三叠世北山组(小河口组)。

△中华丁菲羊齿 *Thinnfeldia sinensis* Zhang,1986

1986 张采繁,196页,图版1,图1—2a;图版5,图5,6;插图6;蕨叶和角质层;登记号:pp01-
15,pp01-15-1,pp01-19,pp01-200;标本保存在湖南省地质博物馆;湖南常宁柏坊;早侏
罗世石康组。(注:原文未指定模式标本)

△匙形丁菲羊齿 *Thinnfeldia spatulata* Chen G X,1984

1984 陈公信,585页,图版239,图3,4;蕨叶;登记号:EP588,EP687;标本保存在湖北省地质
局;湖北荆门分水岭;晚三叠世九里岗组。(注:原文未指定模式标本)

华丽丁菲羊齿 *Thinnfeldia spesiosa* Ettingshausen,1852

1852 Ettingshausen,4页,图版1,图8;蕨叶;欧洲(Begruend neur Arten);早侏罗世(Lias)。

华丽丁菲羊齿(比较种) *Thinnfeldia* cf. *spesiosa* Ettingshausen

1985 米家榕、孙春林,图版1,图3—5,9;蕨叶;吉林双阳八面石煤矿;晚三叠世小蜂蜜顶子
组上段。

△星芒丁菲羊齿 *Thinnfeldia stellata* Zhou,1981

[注:此种后被改定为 *Pachypteris stellata*(Zhou)Yao(姚宣丽,1987)]

1981 周志炎,17页,图版1,图6—11;图版2,图8,9;蕨叶;采集号:KHG170;登记号:
PB7573;正模:PB7573(图版1,图6);标本保存在中国科学院南京地质古生物研究所;
湖南零陵黄阳司王家亭子;早侏罗世观音滩组中下部。

1982 张采繁,527页,图版354,图1—1d;蕨叶;湖南零陵黄阳司王家亭子;早侏罗世石康组。

1984 周志炎,18页;蕨叶和角质层;湖南零陵黄阳司;早侏罗世观音滩组中(?)下部。

1986 张采繁,197页,图版3,图3-3c;蕨叶和角质层;湖南常宁柏坊;早侏罗世石康组。

△湘东丁菲羊齿 *Thinnfeldia xiangdongensis* **Zhang,1982**

1982 张采繁,527页,图版337,图7;图版339,图4,5;图版340,图7;图版348,图10,11;图版352,图13;图版356,图13;蕨叶和角质层;合模:图版337图7,图版339图4,5,图版340图7;标本保存在湖南省地质博物馆;湖南常宁柏坊;早侏罗世石康组。[注:依据《国际植物命名法规》(《维也纳法规》)第37.2条,1958年起,模式标本只能是1块标本]

1986 张采繁,196页,图版2,图1-1c,2;图版5,图3,4;插图5;蕨叶和角质层;湖南常宁柏坊;早侏罗世石康组。

△小水丁菲羊齿 *Thinnfeldia xiaoshuiensis* **Feng,1977**

1977 冯少南等,216页,图版91,图5,6;蕨叶;广东乐昌小水;晚三叠世小坪组。(注:原文未指定模式标本)

△西河丁菲羊齿 *Thinnfeldia xiheensis* (**Feng**) **Chen G X,1984**

1977 *Jingmenophyllum xiheense* Feng,冯少南等,250页,图版94,图9;羽叶;湖北荆门西河;晚三叠世香溪群下煤组。

1984 陈公信,585页,图版258,图4-6;蕨叶;湖北荆门分水岭、西河,南漳东巩;晚三叠世九里岗组。

△远安丁菲羊齿 *Thinnfeldia yuanensis* **Meng,1982**

1982 孟繁松,583页,图版1,图2,3;叶;登记号:P81018,P81019;合模1:P81018(图版1,图2);合模2:P81019(图版1,图3);标本保存在宜昌地质矿产研究所;湖北远安茅坪九里岗;晚三叠世九里岗组。[注:依据《国际植物命名法规》(《维也纳法规》)第37.2条,1958年起,模式标本只能是1块标本]

丁菲羊齿(未定多种) *Thinnfeldia* **spp.**

1923 *Thinnfeldia* sp.,周赞衡,83,141页,图版2,图6;蕨叶;山东莱阳南务村;早白垩世。[注:此标本后被改定为疑问化石(Problematicum)(斯行健、李星学等,1963)]

1963 *Thinnfeldia* sp.,周惠琴,173页,图版76,图1;蕨叶;广东高明;晚三叠世。

1968 *Thinnfeldia* sp.《湘赣地区中生代含煤地层化石手册》,52页,图版9,图3b;蕨叶;江西乐平涌山桥;晚三叠世安源组井坑山段。

1976 *Thinnfeldia* sp.,周惠琴等,208页,图版109,图5;蕨叶;内蒙古准格尔旗五字湾;中三叠世二马营组上部。

1977 *Thinnfeldia* sp.,长春地质学院勘探系调查组等,图版3,图3;蕨叶;吉林浑江石人;晚三叠世小河口组。

1980 *Thinnfeldia* sp.,黄枝高、周惠琴,84页,图版2,图4;蕨叶;内蒙古准格尔旗五字湾;中三叠世二马营组。

1983 *Thinnfeldia* sp.,鞠魁祥等,图版1,图2;蕨叶;江苏南京龙潭范家塘;晚三叠世范家塘组。

1985 *Thinnfeldia* sp.,米家榕、孙春林,图版1,图13;蕨叶;吉林双阳八面石煤矿;晚三叠世小蜂蜜顶子组上段。

1986b *Thinnfeldia* sp.,陈其奭,9页,图版1,图7;蕨叶;浙江义乌乌灶;晚三叠世乌灶组。

1989 *Thinnfeldia* sp.,曹宝森等,图版2,图21,23;蕨叶;福建永定堂堡;早侏罗世下村组。

1993 *Thinnfeldia* sp.,米家榕等,106 页,图版 19,图 4,4a;蕨叶;吉林汪清天桥岭;晚三叠世马鹿沟组。

1993 *Thinnfeldia* sp.,孙革,75 页,图版 19,图 9;蕨叶;吉林汪清鹿圈子村北山;晚三叠世马鹿沟组。

1999b *Thinnfeldia* sp.,吴舜卿,28 页,图版 22,图 1,2;蕨叶;四川达县铁山;晚三叠世须家河组。

2000 *Thinnfeldia* sp.,孟繁松等,55 页,图版 18,图 1,2;蕨叶;湖南桑植芙蓉桥;中三叠世巴东组 2 段。

丁菲羊齿?（未定多种）*Thinnfeldia*? spp.

1965 *Thinnfeldia*? sp.,曹正尧,518 页;插图 6;蕨叶;广东高明松柏坑;晚三叠世小坪组。

1993 *Thinnfeldia*? sp.,米家榕等,105 页,图版 19,图 6,7;蕨叶;吉林双阳大酱缸;晚三叠世大酱缸组。

?丁菲羊齿（未定种）?*Thinnfeldia* sp.

1987 ?*Thinnfeldia* sp.,胡雨帆、顾道源,225 页,图版 2,图 3,4;蕨叶;新疆库车比尤勒包谷孜;晚三叠世塔里奇克组。

△铜川叶属 Genus *Tongchuanophyllum* Huang et Zhou,1980

1980 黄枝高、周惠琴,91 页。

1993a 吴向午,42,240 页。

1993b 吴向午,501,520 页。

模式种:*Tongchuanophyllum trigonus* Huang et Zhou,1980

分类位置:种子蕨纲(Pteridospermopsida)

△三角形铜川叶 *Tongchuanophyllum trigonus* Huang et Zhou,1980

1980 黄枝高、周惠琴,91 页,图版 17,图 2;图版 21,图 2,2a;蕨叶;登记号:OP151,OP3035;陕西铜川金锁关、神木枣坬;中三叠世铜川组上段下部。(注:原文未指定模式标本)

1993a 吴向午,42,240 页。

1993b 吴向午,501,520 页。

△优美铜川叶 *Tongchuanophyllum concinnum* Huang et Zhou,1980

1980 黄枝高、周惠琴,91 页,图版 16,图 4;图版 18,图 1,2;蕨叶;登记号:OP131,OP149;陕西铜川金锁关、神木枣坬;中三叠世铜川组上段下部。(注:原文未指定模式标本)

1982 刘子进,128 页,图版 66,图 4,5;蕨叶;陕西铜川金锁关;晚三叠世延长群下部铜川组。

1993a 吴向午,42,240 页。

优美铜川叶（比较种）*Tongchuanophyllum* cf. *concinnum* Huang et Zhou

1990a 王自强、王立新,127 页,图版 15,图 6;蕨叶;山西榆社屯村;早三叠世和尚沟组底部;山西寿阳红咀;早三叠世和尚沟组下部。

△巨叶铜川叶 *Tongchuanophyllum magnifolius* Wang Z et Wang L,1990

1990b 王自强、王立新,310 页,图版 8,图 1;图版 9,图 3—5;图版 10,图 1—3;插图 4b,5a—5c;蕨叶;标本号:No. 8409-5, No. 8409-19, No. 8409-24, No. 8409-26, No. 8409-43,

No. 8503-1，No. 8503-3；正模：No. 8503-1（图版 9，图 2）；标本保存在中国科学院南京地质古生物研究所；山西沁县漫水；早三叠世二马营组底部；山西宁武陈家畔沟；中一晚三叠世延长群下部。

△小铜川叶 *Tongchuanophyllum minimum* Wang Z et Wang L，1990

1990a 王自强、王立新，126 页，图版 17，图 7—10；蕨叶；标本号：Z15a-540，Z16-612，Z22-541，Z22-542；合模 1：Z22-541（图版 17，图 7，7a）；合模 2：Z15a-540（图版 17，图 9）；标本保存在中国科学院南京地质古生物研究所；山西榆社屯村；早三叠世和尚沟组底部。［注：依据《国际植物命名法规》（《维也纳法规》）第 37.2 条，1958 年起，模式标本只能是 1 块标本］

△陕西铜川叶 *Tongchuanophyllum shensiense* Huang et Zhou，1980

1980 黄枝高、周惠琴，91 页，图版 13，图 5；图版 14，图 3；图版 18，图 3；图版 21，图 1；图版 22，图 1；蕨叶；登记号：OP39，OP49，OP59，OP60；陕西铜川金锁关、神木枣圪；中三叠世铜川组下段。（注：原文未指定模式标本）

1993a 吴向午，42，240 页。

1995a 李星学（主编），图版 69，图 4；蕨叶；陕西铜川金锁关；中三叠世铜川组中部。（中文）

1995b 李星学（主编），图版 69，图 4；蕨叶；陕西铜川金锁关；中三叠世铜川组中部。（英文）

陕西铜川叶（比较种）*Tongchuanophyllum* cf. *shensiense* Huang et Zhou

1990a 王自强、王立新，127 页，图版 18，图 9；蕨叶；山西和顺马坊；早三叠世和尚沟组下段；山西武乡司庄；中三叠世二马营组底部。

1990b 王自强、王立新，311 页，图版 7，图 6；蕨叶；山西武乡司庄；中三叠世二马营组底部。

铜川叶（未定多种）*Tongchuanophyllum* spp.

1996 *Tongchuanophyllum* sp.，吴舜卿、周汉忠，6 页，图版 2，图 3，3a；蕨叶；新疆库车库车河剖面；中三叠世克拉玛依组下段。

2000 *Tongchuanophyllum* sp.（sp. nov.），孟繁松等，56 页，图版 16，图 8；蕨叶；湖南桑植马合口；湖北咸丰梅坪；中三叠世巴东组 2 段。

△蛟河蕉羽叶属 Genus *Tsiaohoella* Lee et Yeh ex Zhang et al.，1980（裸名）

［注：属名 *Tsiaohoella* 可能为 *Chiaohoella* 的误拼，分类位置为真蕨纲铁线蕨科（Adiantaceae）（李星学等，1986，13 页）］

1980 张武等，279 页。

1993a 吴向午，43，241 页。

1993b 吴向午，503，520 页。

模式种：*Tsiaohoella mirabilis* Lee et Yeh ex Zhang et al.，1980

分类位置：苏铁纲（Cycadopsida）

△奇异蛟河蕉羽叶 *Tsiaohoella mirabilis* Lee et Yeh ex Zhang et al.，1980（裸名）

1980 张武等，279 页，图版 177，图 4，5；图版 179，图 2，4；羽叶；吉林蛟河杉松；早白垩世磨石砬子组。

1993a 吴向午，43，241 页。

1993b 吴向午,503,520 页。

△新似查米亚型蛟河蕉羽叶 *Tsiaohoella neozamioides* Lee et Yeh ex Zhang et al.,1980（裸名）
1980 张武等,79 页,图版 179,图 1,4;羽叶;吉林蛟河杉松;早白垩世磨石砬子组。
1993a 吴向午,43,241 页。
1993b 吴向午,503,520 页。

基尔米亚叶属 Genus *Tyrmia* Prynada,1956

1956 Prynada,见 Kiparianova 等,241 页。
1980 叶美娜,见吴舜卿等,105 页。
1993a 吴向午,152 页。
模式种:*Tyrmia tyrmensis* Prynada,1956
分类位置:苏铁纲本内苏铁目(Bennettiales,Cycadopsida)

基尔米亚基尔米亚叶 *Tyrmia tyrmensis* Prynada,1956

1956 Prynada,见 Kiparianova 等,241 页,图版 42,图 2;羽叶;布列亚盆地基尔亚河;早白垩世。
1982b 郑少林、张武,312 页,图版 14,图 1—7;羽叶;黑龙江宝清珠山煤矿;早白垩世。
1993a 吴向午,152 页。

△尖齿基尔米亚叶 *Tyrmia acrodonta* Wu S,1999（中文发表）

1999a 吴舜卿,14 页,图版 7,图 2—6;羽叶;采集号:AEO-109,AEO-110,AEO-149,AEO-
195,AEO-220;登记号:PB18260—PB18264;标本保存在中国科学院南京地质古生物
研究所;辽宁北票上园黄半吉沟;晚侏罗世义县组下部尖山沟层。(注:原文未指定模
式标本)
2001 孙革等,81,189 页,图版 13,图 1—3;图版 45,图 1—10;羽叶;辽宁北票上园黄半吉沟;
晚侏罗世尖山沟组。
2003 吴舜卿,174 页,图 239(右);羽叶;辽宁北票上园黄半吉沟;晚侏罗世义县组下部尖山
沟层。

△等形? 基尔米亚叶 *Tyrmia? aequalis* Liu et Mi,1981

1981 刘茂强、米家榕,25 页,图版 2,图 9;图版 3,图 3,8,11,16;登记号:R7746,R7728—
R7731;羽叶;吉林临江闹枝沟;早侏罗世义和组。(注:原文未指定模式标本)

△矩形基尔米亚叶 *Tyrmia calcariformis* Li et Hu,1984

1984 厉宝贤、胡斌,140 页,图版 3,图 4—7;羽叶;登记号:PB10397B,PB10398B,PB10418,
PB10419B;正模:PB10397B(图版 3,图 4);标本保存在中国科学院南京地质古生物研
究所;山西大同;早侏罗世永定庄组。

△朝阳基尔米亚叶 *Tyrmia chaoyangensis* Zhang,1980

1980 张武等,272 页,图版 140,图 13;羽叶;登记号:D382;标本保存在沈阳地质矿产研究所;
辽宁朝阳;中侏罗世。

△密脉基尔米亚叶 *Tyrmia densinervosa* Zheng et Zhang,1982

1982b 郑少林、张武,312 页,图版 10,图 7—9;图版 12,图 1;羽叶;登记号:HCJ007,HCS022

－HCS024；标本保存在沈阳地质矿产研究所；黑龙江双鸭山岭东、鸡东哈达、鸡西城子河；早白垩世城子河组、穆棱组。（注：原文未指定模式标本）

△宽羽基尔米亚叶 *Tyrmia eurypinnata* Mi,Zhang,Sun et al.,1993

1993　米家榕、张川波、孙春林等，114 页，图版 24，图 12；图版 25，图 3－5；插图 27；羽叶；登记号：W331－W334；正模：W331（图版 24，图 12）；副模 1：W332（图版 25，图 3）；副模 2：W334（图版 25，图 5）；标本保存在长春地质学院地史古生物教研室；吉林汪清天桥岭；晚三叠世马鹿沟组。

△叉脉基尔米亚叶 *Tyrmia furcata*（Chew et Tsao）Wang,1993

1968　*Nilssonia furcata* Chew et Tsao，周志炎、曹正尧，见《湘赣地区中生代含煤地层化石手册》，67 页，图版 18，图 3，3a；图版 19，图 4，5；羽叶；江西乐平涌山桥；晚三叠世安源组井坑山段；湖南浏阳料源；晚三叠世安源组。

1993　王士俊，30 页，图版 12，图 2；图版 13，图 6，6a；图版 14，图 1，1a；图版 33，图 5－8；图版 34，图 1，2；羽叶和角质层；广东曲江红卫坑，乐昌关春、安口；晚三叠世艮口群。

△大叶基尔米亚叶 *Tyrmia grandifolia* Zhang et Zheng,1987

1987　张武、郑少林，281 页，图版 9，图 5，6；图版 10，图 3；插图 21；羽叶；登记号：SG110056－SG110058；标本保存在沈阳地质矿产研究所；辽宁南票盘道沟；中侏罗世海房沟组。（注：原文未指定模式标本）

1990　郑少林、张武，219 页，图版 4，图 1；羽叶；辽宁本溪田师傅；中侏罗世大堡组。

△较宽基尔米亚叶 *Tyrmia latior* Ye,1980

1980　叶美娜，见吴舜卿等，105 页，图版 23，图 1－6；图版 24，图 5，6，7b；羽叶；采集号：ACG-128，ACG-168；登记号：PB6829－PB6834，PB6841－PB6843；合模：PB6830－PB6833（图版 23，图 1－4）；标本保存在中国科学院南京地质古生物研究所；湖北秭归香溪、兴山回龙寺；早－中侏罗世香溪组。［注：依据《国际植物命名法规》（《维也纳法规》）第 37.2 条，1958 年起，模式标本只能是 1 块标本］

1986　叶美娜等，53 页，图版 33，图 9，9a；羽叶；四川达县铁山金窝、斌郎；早侏罗世珍珠冲组。

1988　黄其胜，图版 2，图 1；羽叶；安徽怀宁；早侏罗世武昌组上部。

1993a　吴向午，152 页。

1995a　李星学（主编），图版 87，图 1；羽叶；湖北秭归香溪；早－中侏罗世香溪组。（中文）

1995b　李星学（主编），图版 87，图 1；羽叶；湖北秭归香溪；早－中侏罗世香溪组。（英文）

1996　米家榕等，106 页，图版 14，图 19，21，23；羽叶；河北抚宁石门寨；早侏罗世北票组。

△优美基尔米亚叶 *Tyrmia lepida* Huang,1983

1983　黄其胜，30 页，图版 4，图 10－14；羽叶；登记号：AH8149－AH8153；正模：AH8142－AH8153（图版 4，图 13，14）；标本保存在武汉地质学院古生物教研室；安徽怀宁拉犁尖；早侏罗世象山群下部。

△奇异基尔米亚叶 *Tyrmia mirabilia* Zhang et Zheng,1987

1987　张武、郑少林，283 页，图版 13，图 1－7；插图 22；羽叶和角质层；登记号：SG110059，SG110060；标本保存在沈阳地质矿产研究所；辽宁朝阳良图沟拉马沟；中侏罗世海房沟组。（注：原文未指定模式标本）

△那氏基尔米亚叶 *Tyrmia nathorsti*（Schenk）Ye，1980

1883　*Pterophyllum nathorsti* Schenk，261 页，图版 53，图 5，7；湖北秭归；侏罗纪。

1980　叶美娜，见吴舜卿等，104 页，图版 22，图 1—11；羽叶；湖北秭归香溪、沙镇溪，兴山郑家河、回龙寺；早—中侏罗世香溪组。

1982　段淑英、陈晔，505 页，图版 16，图 14，15；羽叶；四川达县铁山；早侏罗世珍珠冲组。

1984　陈芬等，55 页，图版 23，图 1，2；羽叶；北京西山大台；早侏罗世上窑坡组。

1984　厉宝贤、胡斌，140 页，图版 3，图 1—3；羽叶；山西大同；早侏罗世永定庄组。

1984　王自强，258 页，图版 129，图 5—7；羽叶；山西大同；早侏罗世永定庄组。

1985　米家榕、孙春林，图版 1，图 12，17；羽叶；吉林双阳八面石煤矿；晚三叠世小蜂蜜顶子组上段。

1986　叶美娜等，54 页，图版 30，图 4；图版 32，图 5，9—11；图版 33，图 6，6a；图版 34，图 4B；羽叶；四川达县铁山金窝、雷音铺、斌郎，开县温泉；早侏罗世珍珠冲组。

1987　何德长，75 页，图版 2，图 6；图版 6，图 4；羽叶；浙江云和梅源砻铺村；早侏罗世晚期砻铺组 5 层。

1989　梅美棠等，104 页，图版 52，图 1，2；羽叶；中国；早侏罗世。

1993　米家榕等，115 页，图版 24，图 2，10；羽叶；吉林双阳八面石煤矿；晚三叠世小蜂蜜顶子组上段。

1995a　李星学（主编），图版 87，图 3；羽叶；湖北秭归香溪；早—中侏罗世香溪组。（中文）

1995b　李星学（主编），图版 87，图 3；羽叶；湖北秭归香溪；早—中侏罗世香溪组。（英文）

1996　黄其胜等，图版 2，图 3；羽叶；四川宣汉七里峡；早侏罗世珍珠冲组上部。

1998　黄其胜等，图版 1，图 9；羽叶；江西上饶清水缪源村；早侏罗世林山组 3 段。

1998　张泓等，图版 41，图 6；羽叶；甘肃兰州窑街煤田；中侏罗世窑街组上部。

2001　黄其胜，图版 2，图 2；羽叶；四川宣汉七里峡；早侏罗世珍珠冲组上部。

2005　孙柏年等，图版 15，图 6；羽叶；甘肃兰州窑街；中侏罗世窑街组砂泥岩段。

那氏基尔米亚叶（比较属种）Cf. *Tyrmia nathorsti*（Schenk）Ye

1988　李佩娟等，88 页，图版 59，图 3；羽叶；青海大柴旦大煤沟；中侏罗世大煤沟组 *Tyrmia-Sphenobaiera* 层。

那氏基尔米亚叶（比较种）*Tyrmia* cf. *nathorsti*（Schenk）Ye

1997　吴舜卿等，168 页，图版 4，图 6，7；羽叶；香港大澳；早侏罗世晚期—中侏罗世早期大澳组。

△长椭圆基尔米亚叶 *Tyrmia oblongifolia* Zhang，1980

1980　张武等，272 页，图版 170，图 1—3；图版 2，图 1；羽叶；登记号：D383—D386；标本保存在沈阳地质矿产研究所；辽宁朝阳；中侏罗世。〔注：原文未指定模式标本；此标本后被改定为 *Vitimia oblongifolia*（Zhang）Wang（王自强，1984）〕

△厚叶基尔米亚叶 *Tyrmia pachyphylla* Zhang et Zheng，1987

1987　张武、郑少林，285 页，图版 9，图 1，2；图版 10，图 1，2；羽叶；登记号：SG110061—SG110064；标本保存在沈阳地质矿产研究所；辽宁北票长皋台子山；中侏罗世蓝旗组。（注：原文未指定模式标本）

波利诺夫基尔米亚叶 *Tyrmia polynovii*（Novopokrovsky）Prynada，1956

1912　*Dioonites polynovii* Novopokrovsky，9 页，图版 3，图 6；羽叶；布列亚盆地；早白垩世。

1956　Prynada，见 Kipariaova 等，242 页；羽叶；布列亚盆地；早白垩世。

1980　张武等,272 页,图版 169,图 12;图版 171,图 2,6;羽叶;辽宁北票泉巨勇公社;早白垩世孙家湾组。

侧羽叶型基尔米亚叶 *Tyrmia pterophyoides* **Prynada,1956**

1912　*Dioonites* sp.,Novopokrovsky,10 页,图版 3,图 5;羽叶;布列亚盆地;晚侏罗世—早白垩世。

1956　Prynada,见 Kipariaova 等,242 页;羽叶;布列亚盆地;晚侏罗世—早白垩世。

1982a　郑少林、张武,165 页,图版 1,图 1;羽叶;辽宁北票常河营子大板沟;中侏罗世蓝旗组。

△欣克基尔米亚叶 *Tyrmia schenkii* **Mi,Sun C,Sun Y,Cui,Ai et al.,1996**(中文发表)

1996　米家榕、孙春林、孙跃武、崔尚森、艾永亮等,107 页,图版 14,图 5,6,14;插图 6;羽叶;登记号:HF3019—HF3021;正模:HF3020(图版 14,图 5);标本保存在长春地质学院地史古生物教研室;河北抚宁石门寨;早侏罗世北票组。

△中华基尔米亚叶 *Tyrmia sinensis* **Li,1988**

1988　李佩娟等,88 页,图版 57,图 1;图版 58,图 4;图版 110,图 2—6;羽叶和角质层;采集号:80DJ$_{2d}$F$_u$;登记号:PB13563;正模:PB13563(图版 57,图 1);标本保存在中国科学院南京地质古生物研究所;青海大柴旦大煤沟;中侏罗世大煤沟组 *Tyrmia-Sphenobaiera* 层。

1995a　李星学(主编),图版 92,图 2;羽叶;青海大柴旦大煤沟;中侏罗世大煤沟组。(中文)

1995b　李星学(主编),图版 92,图 2;羽叶;青海大柴旦大煤沟;中侏罗世大煤沟组。(英文)

△宿松基尔米亚叶 *Tyrmia susongensis* **Cao,1998**(中文和英文发表)

1998　曹正尧,283,290 页,图版 1,图 1—10;羽叶和角质层;采集号:NAM-001;登记号:PB17607;正模:PB17607(图版 1,图 1);标本保存在中国科学院南京地质古生物研究所;安徽宿松毛岭;早侏罗世磨山组。

△台子山基尔米亚叶 *Tyrmia taizishanensis* **Zhang et Zheng,1987**

1987　张武、郑少林,285 页,图版 11,图 1—3;插图 23;羽叶;登记号:SG110065—SG110067;标本保存在沈阳地质矿产研究所;辽宁北票长皋台子山;中侏罗世蓝旗组。(注:原文未指定模式标本)

△强壮基尔米亚叶 *Tyrmia valida* **Zhang et Zheng,1987**

1987　张武、郑少林,288 页,图版 11,图 4;插图 24;羽叶;登记号:SG110068;标本保存在沈阳地质矿产研究所;辽宁北票常河营子大板沟;中侏罗世蓝旗组。

基尔米亚叶(未定多种) *Tyrmia* **spp.**

1980　*Tyrmia* sp.,吴舜卿等,106 页,图版 21,图 7;羽叶;湖北秭归香溪;早—中侏罗世香溪组。

1984　*Tyrmia* sp.1,陈芬等,56 页,图版 23,图 3;羽叶;北京西山门头沟;中侏罗世龙门组。

1993　*Tyrmia* sp.1,米家榕等,115 页,图版 25,图 1,2;插图 28;羽叶;吉林汪清天桥岭;晚三叠世马鹿沟组。

1993　*Tyrmia* sp.2,米家榕等,116 页,图版 24,图 8;羽叶;黑龙江东宁罗圈站;晚三叠世罗圈站组。

1993　*Tyrmia* sp.,王士俊,31 页,图版 11,图 6,7;图版 33,图 1—4;羽叶和角质层;广东乐昌关春;晚三叠世艮口群。

1996　*Tyrmia* sp.,孙跃武等,图版 1,图 14;羽叶;河北承德上谷;早侏罗世南大岭组。

2003　*Tyrmia* sp.,杨小菊,566 页,图版 3,图 1;图版 5,图 12;图版 6,图 1—5;羽叶和角质层;
　　　　黑龙江鸡西盆地;早白垩世穆棱组。

基尔米亚叶?（未定种）*Tyrmia*? sp.

1988　*Tyrmia*? sp.,李佩娟等,89 页,图版 57,图 2;图版 58,图 5,5a;图版 60,图 6,6a;羽叶;
　　　　青海大柴旦大煤沟;中侏罗世大煤沟组 *Tyrmia-Sphenobaiera* 层。

乌拉尔叶属 Genus *Uralophyllum* Kryshtofovich et Prinada,1933

1933　Kryshtofovich,Prinada,25 页。

1990　吴舜卿、周汉忠,454 页。

1993a 吴向午,153 页。

模式种:*Uralophyllum krascheninnikovii* Kryshtofovich et Prinada,1933

分类位置:苏铁纲?（Cycadopsida?）

克氏乌拉尔叶 *Uralophyllum krascheninnikovii* Kryshtofovich et Prinada,1933

1933　Kryshtofovich,Prinada,25 页,图版 2,图 7b;图版 3,图 1—4;苏联东乌拉尔;晚三叠
　　　　世—早侏罗世。

1993a 吴向午,153 页。

拉氏乌拉尔叶 *Uralophyllum radczenkoi* （Sixtel）Dobruskina,1982

1962　*Tersiella radczenkoi* Sixtel,342 页,图版 19,图 7—13;图版 20,图 1—5;插图 25;叶;南
　　　　费尔干纳;晚三叠世。

1982　Dobruskina,122 页。

拉氏?乌拉尔叶（比较种）*Uralophyllum*? cf. *radczenkoi* （Sixtel）Dobruskina

1990　吴舜卿、周汉忠,454 页,图版 4,图 7,7a;叶;新疆库车;早三叠世俄霍布拉克组。

1993a 吴向午,153 页。

瓦德克勒果属 Genus *Vardekloeftia* Harris,1932

1932　Harris,109 页。

1986　叶美娜等,65 页。

1993a 吴向午,153 页。

模式种:*Vardekloeftia sulcata* Harris,1932

分类位置:苏铁纲本内苏铁目（Bennettiales,Cycadopsida）

具槽瓦德克勒果 *Vardekloeftia sulcata* Harris,1932

1932　Harris,109 页,图版 15,图 1,4,5,12;图版 17,图 1,2;图版 18,图 1,5;插图 49B,49C;
　　　　雌蕊、果实和角质层;东格陵兰斯科斯比湾;晚三叠世（*Lepidopteris* Zone）。

1986　叶美娜等,65 页,图版 45,图 2—2b;图版 56,图 6;果实;四川达县铁山金窝、白腊坪;晚

三叠世须家河组 7 段。

1993　王士俊,39 页,图版 22,图 1A;图版 23,图 16;果实;广东乐昌关春、安口;晚三叠世艮口群。

1993a　吴向午,153 页。

维特米亚叶属 Genus *Vitimia* Vachrameev,1977

1977　Vachrameev,见 Vachrameev,Kotova,105 页。

1979　王自强、王璞,图版 1,图 8。

1993a　吴向午,154 页。

模式种:*Vitimia doludenkoi* Vachrameev,1977

分类位置:苏铁纲本内苏铁目(Bennettiales,Cycadopsida)

多氏维特米亚叶 *Vitimia doludenkoi* Vachrameev,1977

1977　Vachrameev,见 Vachrameev,Kotova,105 页,图版 11,图 1—5;叶;外贝加尔;早白垩世。

1979　王自强、王璞,图版 1,图 8;叶;北京西山坨里、公主坟;早白垩世坨里组。

1993a　吴向午,154 页。

△长圆维特米亚叶 *Vitimia oblongifolia*(Zhang)Wang,1984

1980　*Tyrmia oblongifolia* Zhang,张武等,272 页,图版 170,图 1—3;图版 2,图 1;叶;辽宁朝阳;中侏罗世。

1984　王自强,266 页,图版 149,图 13,16;叶;北京西山;早白垩世坨里组;河北平泉;早白垩世九佛堂组。

△燕山维特米亚叶 *Vitimia yanshanensis* Wang,1984

1984　王自强,267 页,图版 150,图 10;叶;登记号:P0354;正模:P0354(图版 150,图 10);标本保存在中国科学院南京地质古生物研究所;河北滦平;早白垩世九佛堂组。

书带蕨叶属 Genus *Vittaephyllum* Dobruskina,1975

1975　Dobruskina,127 页。

1992b　孟繁松,178 页。

模式种:*Vittaephyllum bifurcata*(Sixtel)Dobruskina,1975

分类位置:种子蕨纲(Pteridospermopsida)

二叉书带蕨叶 *Vittaephyllum bifurcata*(Sixtel)Dobruskina,1975

1962　*Furcula bifurcata* Sixtel,327 页,图版 3;图版 7,图 1—8;蕨叶;乌兹别克斯坦;晚二叠世—早三叠世。

1975　Dobruskina,129 页,图版 11,图 2,6,7,9,10;蕨叶;乌兹别克斯坦;晚二叠世—早三叠世。

书带蕨叶(未定种)*Vittaephyllum* sp.

1990　*Vittaephyllum* sp.,孟繁松,图版 1,图 11,12;叶;海南琼海九曲江新华村;早三叠世岭文组。

1992b *Vittaephyllum* sp.,孟繁松,178页,图版3,图10—12;叶;海南琼海九曲江新华村;早三叠世岭文组。

韦尔奇花属 Genus *Weltrichia* Braun,1847

1847　Braun,86页。

1979　周志炎、厉宝贤,448页。

1993a　吴向午,155页。

模式种:*Weltrichia mirabilis* Braun,1847

分类位置:苏铁纲本内苏铁目(Bennettiales,Cycadopsida)

奇异韦尔奇花 *Weltrichia mirabilis* Braun,1847

1847　Braun,86页。

1849　Braun,710页,图版2,图1—3;本内苏铁雄花;西欧;晚三叠世(Rhaetic)。

1993a　吴向午,155页。

△道虎沟韦尔奇花 *Weltrichia daohugouensis* Li et Zheng,2004(英文发表)

2004　李楠、郑少林,见李楠等,1270页,图1—8,10—13;本内苏铁雄花;标本号:DHG-1a-1b;正模:DHG-1a-1b(包括正反两面;图1—8,10—13);内蒙古宁城山头道虎沟;中侏罗世海房沟组。

△黄半吉沟韦尔奇花 *Weltrichia huangbanjigouensis* Sun et Zheng,2001(中文和英文发表)

2001　孙革、郑少林,见孙革等,82,190页,图版12,图3;图版48,图1—3;本内苏铁雄花;标本号:PB19050,PB19050A;正模:PB19050(图版12,图3);标本保存在中国科学院南京地质古生物研究所;辽宁北票上园黄半吉沟;晚侏罗世尖山沟组。

2004　李楠等,1274页;辽宁北票上园黄半吉沟;晚侏罗世尖山沟组。

韦尔奇花(未定多种) *Weltrichia* spp.

1979　*Weltrichia* sp.,周志炎、厉宝贤,448页,图版1,图15,16,16a;本内苏铁雄花;海南琼海九曲江上车村、新华村;早三叠世岭文群九曲江组。

1980　*Weltrichia* sp.,吴舜卿等,106页,图版23,图8;本内苏铁雄花;湖北秭归香溪;早—中侏罗世香溪组。

1982　*Weltrichia* sp.,李佩娟,93页,图版14,图7;本内苏铁雄花;西藏洛隆雪阿乡;早白垩世多尼组。

1984　*Weltrichia* sp.,陈公信,596页,图版242,图5;本内苏铁雄花;湖北秭归香溪;早侏罗世香溪组。

1993a　*Weltrichia* sp.,吴向午,155页。

韦尔奇花?(未定种) *Weltrichia*? sp.

1982b　*Weltrichia*? sp.,吴向午,97页,图版16,图4—4b;本内苏铁雄花;西藏察雅肯通嘎曲上游;晚三叠世甲丕拉组。

威廉姆逊尼花属 Genus *Williamsonia* Carruthers, 1870

1870   Carruthers, 693 页。

1949   斯行健, 23 页。

1993a   吴向午, 155 页。

模式种: *Williamsonia gigas*（Lindley et Hutton）Carruthers, 1870

分类位置: 苏铁纲本内苏铁目（Bennettiales, Cycadopsida）

大威廉姆逊尼花 *Williamsonia gigas*（Lindley et Hutton）Carruthers, 1870

1835(1831—1837)   *Zamites gigas* Lindley et Hutton, 45 页, 图版 165; 英国约克郡; 中侏罗世。

1870   Carruthers, 693 页; 生殖器官; 英国约克郡; 中侏罗世。

1993a   吴向午, 155 页。

△美丽威廉姆逊尼花 *Williamsonia bella* Wu S, 1999（中文发表）

1999a   吴舜卿, 14 页, 图版 9, 图 2, 2a; 本内苏铁雌花; 采集号: AEO-226; 登记号: PB18272; 标本保存在中国科学院南京地质古生物研究所; 中国辽宁北票上园黄半吉沟; 晚侏罗世义县组下部尖山沟层。

2001   孙革等, 83, 190 页, 图版 12, 图 4, 5; 图版 47, 图 1—8; 本内苏铁雌花; 辽宁北票上园黄半吉沟; 晚侏罗世尖山沟组。

2001   吴舜卿, 121 页, 图 156; 本内苏铁雌花; 辽宁北票上园黄半吉沟; 晚侏罗世义县组下部尖山沟层。

2003   吴舜卿, 173 页, 图 238; 本内苏铁雌花; 辽宁北票上园黄半吉沟; 晚侏罗世义县组下部尖山沟层。

△微小威廉姆逊尼花 *Williamsonia exiguos* Zheng et Zhang, 2004（中文和英文发表）

2004   郑少林、张武, 见王五力等, 231 页（中文）, 491 页（英文）, 图版 29, 图 3, 4; 本内苏铁雌花; 标本号: JJG-118, JJG-119; 正模: JJG-119（图版 29, 图 3）; 副模: JJG-118（图版 29, 图 4）; 辽宁义县头道河子; 晚侏罗世义县组下部砖城子层。（注: 原文未注明模式标本的保存单位及地点）

△尖山沟威廉姆逊尼花 *Williamsonia jianshangouensis* Sun et Zheng, 2001（中文和英文发表）

2001   孙革、郑少林, 见孙革等, 83, 190 页, 图版 12, 图 1, 2; 图版 43, 图 2; 图版 48, 图 5—8; 图版 68, 图 11; 本内苏铁雌花; 标本号: PB19005, PB19058—PB19060; 正模: PB19058（图版 12, 图 1）; 标本保存在中国科学院南京地质古生物研究所; 辽宁北票上园尖山沟; 晚侏罗世尖山沟组。[注: 此标本后被改定为 *Williamsoniella jianshangouensis*（Sun et Zheng）Zheng et Zhang（郑少林、张武, 见王五力等, 2004）]

△披针形? 威廉姆逊尼花 *Williamsonia? lanceolobata* Wang Z et Wang L, 1990

1990a   王自强、王立新, 130 页, 图版 21, 图 4; 蕨叶; 标本号: Z16-222a; 正模: Z16-222a（图版 21, 图 4）; 标本保存在中国科学院南京地质古生物研究所; 山西榆社屯村; 早三叠世和尚沟组底部。

△蛇不歹？威廉姆逊尼花 *Williamsonia*？*shebudaiensis* Zhang et Zheng, 1987

1987 张武、郑少林,293页,图版17,图5,5a;图版18,图2－7;本内苏铁雌花;登记号:SG110095－SG110100;标本保存在沈阳地质矿产研究所;辽宁北票长皋蛇不歹;中侏罗世蓝旗组。(注:原文未指定模式标本)

弗吉尼亚威廉姆逊尼花 *Williamsonia virginiensis* Fontaine, 1882

1882 Fontaine,273页,图版133,165;本内苏铁雌花;美国弗吉尼亚州;早白垩世(Potomac Group)。

弗吉尼亚威廉姆逊尼花(比较种) *Williamsonia* cf. *virginiensis* Fontaine

1995a 李星学(主编),图版110,图9,10;图版143,图3;本内苏铁雌花;吉林龙井智新;早白垩世大拉子组。(中文)

1995b 李星学(主编),图版110,图9,10;图版143,图3;本内苏铁雌花;吉林龙井智新;早白垩世大拉子组。(英文)

威廉姆逊尼花(未定多种) *Williamsonia* spp.

1949 *Williamsonia* sp.,斯行健,23页,图版13,图15;本内苏铁生殖器官;湖北秭归香溪;早侏罗世香溪煤系。［注:此标本后被改定为 *Cycadolepis*? sp.(斯行健、李星学等,1963)］

1978 *Williamsonia* sp. 1,周统顺,图版23,图5;本内苏铁生殖器官;福建漳平大坑文宾山;晚三叠世文宾山组下段。

1978 *Williamsonia* sp. 2,周统顺,图版21,图10;本内苏铁生殖器官;福建漳平大坑文宾山;晚三叠世文宾山组。

1993a *Williamsonia* sp.,吴向午,155页。

2003 *Williamsonia* sp.,袁效奇等,图版19,图3b,4;本内苏铁生殖器官;内蒙古达拉特旗高头窑柳沟;中侏罗世延安组。

? 威廉姆逊尼花(未定种) ?*Williamsonia* sp.

1987 ?*Williamsonia* sp.,何德长,77页,图版7,图5;本内苏铁雌生殖器官;浙江云和梅源砻铺村;早侏罗世晚期砻铺组5层。

小威廉姆逊尼花属 Genus *Williamsoniella* Thomas, 1915

1915 Thomas,115页。

1976 张志诚,190页。

1993a 吴向午,156页。

模式种:*Williamsoniella coronata* Thomas,1915

分类位置:苏铁纲本内苏铁目(Bennettiales,Cycadopsida)

科罗纳小威廉姆逊尼花 *Williamsoniella coronata* Thomas, 1915

1915 Thomas,115页,图版12－14;插图1－5;本内苏铁花穗;英国约克郡;中侏罗世(Gristhorpe Plant Bed)。

1993a 吴向午,156页。

布拉科娃小威廉姆逊尼花 *Williamsoniella burakove* Turutanova-Ketova, 1963

1963　Turutanova-Ketova, 30 页, 图版 2, 图 10—14; 本内苏铁雄生殖器官; 土库曼; 中侏罗世。

1990　郑少林、张武, 219 页, 图版 6, 图 7; 本内苏铁雄生殖器官; 辽宁本溪田师傅; 中侏罗世大堡组。

△大堡小威廉姆逊尼花 *Williamsoniella dabuensis* Zheng et Zhang, 1990

1990　郑少林、张武, 220 页, 图版 5, 图 7A; 插图 3; 本内苏铁雄生殖器官; 标本号: Kp10-18; 标本保存在沈阳地质矿产研究所; 辽宁本溪田师傅; 中侏罗世大堡组。

△瘦形? 小威廉姆逊尼花 *Williamsoniella? exiliforma* Zhang et Zheng, 1987

1987　张武、郑少林, 298 页, 图版 18, 图 8; 插图 29; 本内苏铁生殖器官; 登记号: SG110106; 标本保存在沈阳地质矿产研究所; 辽宁北票常河营子大板沟; 中侏罗世蓝旗组。

△尖山沟小威廉姆逊尼花 *Williamsoniella jianshangouensis* (Sun et Zheng) Zheng et Zhang, 2004 (中文和英文发表)

2001　*Williamsonia jianshangouensis* Sun et Zheng, 孙革等, 83, 190 页, 图版 12, 图 1, 2; 图版 43, 图 2; 图版 48, 图 5—8; 图版 68, 图 11; 本内苏铁雌花; 标本号: PB19005, PB19058—PB19060; 正模: PB19058 (图版 12, 图 1); 标本保存在中国科学院南京地质古生物研究所; 辽宁北票上园乡尖山沟; 晚侏罗世尖山沟组。

2004　郑少林、张武, 见王五力等, 231 页 (中文), 492 页 (英文), 图版 30, 图 9, 10; 本内苏铁两性花; 辽宁北票上园乡尖山沟 (?); 晚侏罗世尖山沟组 (?)。

卡拉套小威廉姆逊尼花 *Williamsoniella karataviensis* Turutanova-Ketova, 1963

1963　Turutanova-Ketova, 34 页, 图版 4, 图 1—9; 图版 7, 图 1—6; 插图 9; 本内苏铁雄性生殖器官; 南哈萨克斯坦州; 晚侏罗世。

卡拉套小威廉姆逊尼花 (比较种) *Williamsoniella* cf. *karataviensis* Turutanova-Ketova

2003　邓胜徽等, 图版 70, 图 1; 本内苏铁生殖器官; 新疆哈密三道岭煤矿; 中侏罗世西山窑组。

最小小威廉姆逊尼花 *Williamsoniella minima* Turutanova-Ketova, 1963

1963　Turutanova-Ketova, 35 页, 图版 1, 图 14, 15; 本内苏铁雄性生殖器官; 黑龙江上游; 晚侏罗世。

1990　郑少林、张武, 220 页, 图版 6, 图 2, 3; 本内苏铁雄性生殖器官; 辽宁本溪田师傅; 中侏罗世大堡组。

△中国小威廉姆逊尼花 *Williamsoniella sinensis* Zhang et Zheng, 1987

1987　张武、郑少林, 294 页, 图版 16, 图 1—11; 图版 17, 图 1—3; 插图 28; 本内苏铁生殖器官; 登记号: SG110101—SG110105; 标本保存在沈阳地质矿产研究所; 辽宁北票长皋蛇不歹、台子山; 中侏罗世蓝旗组。(注: 原文未指定模式标本)

小威廉姆逊尼花 (未定多种) *Williamsoniella* spp.

1976　*Williamsoniella* sp., 张志诚, 190 页, 图版 97, 图 3; 本内苏铁生殖器官; 内蒙古包头石拐沟; 中侏罗世召沟组。

1986　*Williamsoniella* sp.1, 叶美娜等, 54 页, 图版 34, 图 4A, 4a; 小孢子叶; 四川达县铁山金窝; 早侏罗世珍珠冲组。

1986　*Williamsoniella* sp.2, 叶美娜等, 55 页, 图版 33, 图 4; 小孢子叶; 四川达县铁山金窝; 早

侏罗世珍珠冲组。

1993a *Williamsoniella* sp.,吴向午,156 页。

△兴安叶属 Genus *Xinganphyllum* Wang,1977

1977　黄本宏,60 页。

1986　孟繁松,216,217 页。

1993a　吴向午,44,242 页。

1993b　吴向午,507,521 页。

模式种:*Xinganphyllum aequale* Wang,1977

分类位置:分类位置不明植物(plantae incertae sedis)

△等形兴安叶 *Xinganphyllum aequale* Wang,1977

1977　黄本宏,60 页,图版 6,图 1,2;图版 7,图 1—3;插图 20;叶部化石;登记号:PFH0234, PFH0236,PFH0238,PFH0240,PFH0241;标本保存在沈阳地质矿产研究所;黑龙江神树三角山;晚二叠世三角山组。

1993a　吴向午,44,242 页。

1993b　吴向午,507,521 页。

△大叶？兴安叶 *Xinganphyllum? grandifolium* Meng,1986

1986　孟繁松,216,217 页,图版 1,图 3,4;图版 2,图 3,4;蕨叶;登记号:P82252—P82255;正模:P82255(图版 2,图 4);标本保存在宜昌地质矿产研究所;湖北远安九里岗、荆门分水岭;晚三叠世九里岗组。

1993a　吴向午,44,242 页。

1993b　吴向午,507,521 页。

△新龙叶属 Genus *Xinlongia* Yang,1978

1978　杨贤河,516 页。

1993a　吴向午,45,242 页。

1993b　吴向午,502,521 页。

模式种:*Xinlongia pterophylloides* Yang,1978

分类位置:苏铁纲本内苏铁目(Bennettiales,Cycadopsida)

△侧羽叶型新龙叶 *Xinlongia pterophylloides* Yang,1978

1978　杨贤河,516 页,图版 182,图 1;插图 118;羽叶;标本号:Sp0116;正模:Sp0116(图版 182,图 1);标本保存在成都地质矿产研究所;四川新龙雄龙;晚三叠世喇嘛垭组。

1993a　吴向午,45,242 页。

1993b　吴向午,502,521 页。

△和恩格尔新龙叶 *Xinlongia hoheneggeri* (Schenk) Yang,1978

1869　*Podozamites hoheneggeri*,Schenk,9 页,图版 2,图 3—6。

1906　*Glossozamites hoheneggeri*（Schenk）Yokoyama,36,37页,图版12,图1,1a,5a,6(?);羽叶;四川昭化石罐子、合川沙溪庙;侏罗纪。

1978　杨贤河,516页,图版178,图7;羽叶;四川广元须家河;晚三叠世须家河组。

1993a　吴向午,45,242页。

1993b　吴向午,502,521页。

△似查米亚新龙叶 *Xinlongia zamioides* Yang,1982

1982　杨贤河,482页,图版11,图1;羽叶;采集号:H20;登记号:Sp250;正模:Sp250(图版11,图1);标本保存在成都地质矿产研究所;四川威远葫芦口;晚三叠世须家河组。

△新龙羽叶属 Genus *Xinlongophyllum* Yang,1978

1978　杨贤河,505页。

1993a　吴向午,46,242页。

1993b　吴向午,507,521页。

模式种:*Xinlongophyllum ctenopteroides* Yang,1978

分类位置:种子蕨纲(Pteridospermopsida)

△篦羽羊齿型新龙羽叶 *Xinlongophyllum ctenopteroides* Yang,1978

1978　杨贤河,505页,图版182,图2;羽叶;标本号:Sp0117;正模:Sp0117(图版182,图2);标本保存在成都地质矿产研究所;四川新龙雄龙;晚三叠世喇嘛垭组。

1993　王士俊,17页,图版5,图3,11;羽叶;广东曲江红卫坑;晚三叠世艮口群。

1993a　吴向午,46,242页。

1993b　吴向午,507,521页。

△多条纹新龙羽叶 *Xinlongophyllum multilineatum* Yang,1978

1978　杨贤河,506页,图版182,图3,4;羽叶;标本号:Sp0118,Sp0119;合模1:Sp0118(图版182,图3);合模2:Sp0119(图版182,图4);标本保存在成都地质矿产研究所;四川新龙雄龙;晚三叠世喇嘛垭组。［注:依据《国际植物命名法规》(《维也纳法规》)第37.2条,1958年起,模式标本只能是1块标本］

1993a　吴向午,46,242页。

1993b　吴向午,507,521页。

矢部叶属 Genus *Yabeiella* Ôishi,1931

1931　Ôishi,263页。

1983　张武等,83页。

1993a　吴向午,157页。

模式种:*Yabeiella brachebuschiana*（Kurtz）Ôishi,1931

分类位置:分类位置不明植物(plantae incertae sedis)

短小矢部叶 *Yabeiella brachebuschiana* (Kurtz) Ôishi, 1931

1912—1922　*Oleandridium brachebuschiana* Kurtz, 129页,图版17,图307;图版21,图147—150,302,304—306,308;带羊齿类叶部化石;阿根廷;晚三叠世(Rhaetic)。

1931　Ôishi,263页,图版26,图4—6;带羊齿类叶部化石;阿根廷;晚三叠世(Rhaetic)。

1993a　吴向午,157页。

马雷耶斯矢部叶 *Yabeiella mareyesiaca* (Geinitz) Ôishi, 1931

1876　*Taeniopteris mareyesiaca* Geinitz, 9页,图版2,图3;带羊齿类叶部化石;阿根廷拉里奥、圣胡安、门多萨;晚三叠世(Rhaetic)。

1931　Ôishi,262页。

1993a　吴向午,157页。

马雷耶斯矢部叶(比较种) *Yabeiella* cf. *mareyesiaca* (Geinitz) Ôishi

1983　张武等,83页,图版5,图9;带羊齿类叶部化石;辽宁本溪林家崴子;中三叠世林家组。

1993a　吴向午,157页。

△多脉矢部叶 *Yabeiella multinervis* Zhang et Zheng, 1983

1983　张武等,83页,图版5,图1—8;带羊齿类叶部化石;标本号:LMP2079—LMP2085;标本保存在沈阳地质矿产研究所;辽宁本溪林家崴子;中三叠世林家组。(注:原文未指定模式标本)

1993a　吴向午,157页。

△义县叶属 Genus *Yixianophyllum* Zheng, Li N, Li Y, Zhang et Bian, 2005 (英文发表)

2005　郑少林、李楠、李勇、张武、边雄飞,585页。

模式种:*Yixianophyllum jinjiagouensie* Zheng, Li N, Li Y, Zhang et Bian, 2005

分类位置:苏铁目(Cycadales)

△金家沟义县叶 *Yixianophyllum jinjiagouensie* Zheng, Li N, Li Y, Zhang et Bian, 2005 (英文发表)

2004　*Taeniopteris* sp. (gen. et sp. nov.),王五力等,232页,图版30,图2—5;单叶;辽宁义县金家沟;晚侏罗世义县组砖城子层。(中文和英文)

2005　郑少林、李楠、李勇、张武、边雄飞,585页,图版1,2,图2,3A,3B,4A,5J;叶和角质层;采集号:JJG-7—JJG-11;正模:JJG-7(图版1,图1);副模:JJG-8—JJG-10(图版1,图3,5,6);标本保存在沈阳地质研究所;辽宁义县金家沟;晚侏罗世义县组下部。(英文)

△永仁叶属 Genus *Yungjenophyllum* Hsu et Chen, 1974

1974　徐仁、陈晔,见徐仁等,275页。

1993a　吴向午,48,244页。

1993b　吴向午,507,521页。

模式种:*Yungjenophyllum grandifolium* Hsu et Chen,1974

分类位置:分类位置不明植物(plantae incertae sedis)

△大叶永仁叶 *Yungjenophyllum grandifolium* **Hsu et Chen,1974**

1974 徐仁、陈晔,见徐仁等,275,图版8,图1—3;单叶;编号:No.2883;标本保存在中国科学院植物研究所;云南永仁,四川宝鼎;晚三叠世大荞地组中部。

1979 徐仁等,71页,图版64,图1—1b;单叶;四川宝鼎;晚三叠世大荞地组中部。

1993a 吴向午,48,244页。

1993b 吴向午,507,521页。

查米亚属 Genus *Zamia* Linné

1925 Teilhard de Chardin,Fritel,537页。

1993a 吴向午,158页。

模式种:(现生属)

分类位置:苏铁纲苏铁科(Cycadaceae,Cycadopsida)

查米亚(未定种) *Zamia* sp.

1925 *Zamia* sp.,Teilhard de Chardin,Fritel,537页;陕西榆林油坊头;侏罗纪。

1993a *Zamia* sp.,吴向午,158页。

查米羽叶属 Genus *Zamiophyllum* Nathorst,1890

1890 Nathorst,46页。

1954 李星学,439页。

1963 斯行健、李星学等,177页。

1993a 吴向午,158页。

模式种:*Zamiophyllum buchianum*(Ettingshausen)Nathorst,1890

分类位置:苏铁纲本内苏铁目(Bennettiales,Cycadopsida)

布契查米羽叶 *Zamiophyllum buchianum*(Ettingshausen)**Nathorst,1890**

1852 *Pterophyllum buchianum* Ettingshausen,21页,图版1,图1;羽叶;德国;早白垩世。

1890 Nathorst,46页,图版2,图1;图版3;图版5,图2;羽叶;日本(Togodani);早白垩世。

1954 李星学,439页,图版1,图1,2;羽叶;甘肃东部华亭五村堡;早白垩世六盘山煤系五村堡组。

1963 李星学等,144页,图版115,图4;羽叶;中国西北地区;晚侏罗世—早白垩世。

1963 斯行健、李星学等,178页,图版65,图8,9;羽叶;甘肃东部华亭五村堡;晚侏罗世—早白垩世六盘山群。

1977 段淑英等,116页,图版2,图5;羽叶;西藏拉萨牛马沟;早白垩世。

1980 张武等,273页,图版171,图1;羽叶;吉林延吉大拉子;早白垩世大拉子组。

1982 李佩娟,92页,图版12,图1—3;羽叶;西藏洛隆下达乡、边坝拉孜村;早白垩世多尼组;西藏拉萨澎波牛马沟;早白垩世林布宗组。

1982 王国平等,266 页,图版 131,图 8;羽叶;福建政和大溪;晚侏罗世南园组。

1983 陈芬、杨关秀,133 页,图版 17,图 7—9;羽叶;西藏狮泉河地区;早白垩世日松群上部。

1987 张武、郑少林,图版 22,图 4,5;羽叶;辽宁北票长皋蛇不歹;中侏罗世蓝旗组。

1989 丁保良等,图版 2,图 18;羽叶;福建政和大溪;晚侏罗世小溪组。

1989 梅美棠等,103 页,图版 59,图 4;羽叶;中国;中侏罗世—早白垩世。

1993a 吴向午,158 页。

1994 曹正尧,图 3g;羽叶;浙江新昌;早垩世早期馆头组。

1995a 李星学(主编),图版 113,图 5;羽叶;浙江新昌;早白垩世馆头组。(中文)

1995b 李星学(主编),图版 113,图 5;羽叶;浙江新昌;早白垩世馆头组。(英文)

1995a 李星学(主编),图版 143,图 1;羽叶;吉林汪清罗子沟;早白垩世大拉子组。(中文)

1995b 李星学(主编),图版 143,图 1;羽叶;吉林汪清罗子沟;早白垩世大拉子组。(英文)

1999 曹正尧,68 页,图版 17,图 1,1a,1b;图版 19,图 1;羽叶;浙江新昌苏秦、临海小岭、泰顺泗溪;早白垩世馆头组。

2003 邓胜徽等,图版 74,图 1;羽叶;辽宁北票;中侏罗世蓝旗组。

布契查米羽叶(比较属种) Cf. *Zamiophyllum buchianum* (Ettingshausen) Nathorst

2000 吴舜卿,图版 6,图 7—9;羽叶;香港大屿山;早白垩世浅水湾群。

狭叶查米羽叶 *Zamiophyllum angustifolium* (Fontaine) ex Feng et al.,1977

[注:种名 *Zamiophyllum angustifolium* 最早由冯少南等(1977)引用]

1889 *Dioonites buchianus* var. *angustifolium* Fontaine,185 页,图版 67,图 6;图版 68,图 4;图版 71,图 2;羽叶;北美;早白垩世波托马克群(Potomac Group)。

1894 *Zamiophyllum buchianus* var. *angustifolium* Yokoyama,224 页,图版 25,图 5;图版 28,图 8,9;图版 22(?),图 4;羽叶;日本;早白垩世。

1977 *Zamiophyllum angustifolium* (Schimper)(= *Dioonites buchianus* var. *angustifolium* Schimper),冯少南等,229 页,图版 87,图 4,5;羽叶;广东紫金;早白垩世。

1982 王国平等,266 页,图版 131,图 1,2;羽叶;浙江临海小岭;晚侏罗世寿昌组。

1989 丁保良等,图版 3,图 1;羽叶;浙江临海小岭;晚侏罗世磨石山组 C-2 段。

△较小? 查米羽叶 *Zamiophyllum*? *minor* Cao,Liang et Ma,1995

1995 曹正尧、梁诗经、马爱双,7 页,图版 1,图 8;羽叶;登记号:PB16831;标本保存在中国科学院南京地质古生物研究所;福建政和大溪村附近;早白垩世南园组中段。[注:此标本后被改定为 *Pseudoctenis*? *minor* (Cao,Liang et Ma) Cao(曹正尧,1999)]

查米羽叶(未定种) *Zamiophyllum* sp.

1996 *Zamiophyllum* sp.,米家榕等,106 页,图版 16,图 8;图版 34,图 6b;羽叶;辽宁北票东升煤矿;早侏罗世北票组上段。

匙羊齿属 Genus *Zamiopteris* Schmalhausen,1879

1879 Schmalhausen,80 页。

1990a 王自强、王立新,129 页。

1993a 吴向午,159 页。

模式种:*Zamiopteris glossopteroides* Schmalhausen,1879

分类位置:种子蕨纲(Pteridospermopsida)

舌羊齿型匙羊齿 *Zamiopteris glossopteroides* **Schmalhausen,1879**

1879 Schmalhausen,80 页,图版 14,图 1－3;舌羊齿型叶;俄国(Suka);二叠纪。

1993a 吴向午,159 页。

△东宁匙羊齿 *Zamiopteris dongningensis* **Mi,Zhang,Sun et al.,1993**

1993 米家榕、张川波、孙春林等,106 页,图版 19,图 9,10;图版 20,图 1,3,6;插图 23;蕨叶;登记号:D203－D207;标本保存在长春地质学院地史古生物教研室;黑龙江东宁罗圈站;晚三叠世罗圈站组。(注:原文未指定模式标本)

△微细匙羊齿 *Zamiopteris minor* **Wang Z et Wang L,1990**

1990a 王自强、王立新,129 页,图版 22,图 11;蕨叶;标本号:Z05a-189;正模:Z05a-189(图版 22,图 11);标本保存在中国科学院南京地质古生物研究所;山西榆社屯村;早三叠世和尚沟组底部。

1993a 吴向午,159 页。

查米果属 **Genus** *Zamiostrobus* **Endlicher,1836**

1836(1836－1840) Endlicher,72 页。

1982 李佩娟,93 页。

1993a 吴向午,159 页。

模式种:*Zamiostrobus macrocephala*(Lindley et Hutton)Endilicher,1836

分类位置:苏铁纲本内苏铁目(Bennettiales,Cycadopsida)

大蕊查米果 *Zamiostrobus macrocephala*(**Lindley et Hutton**)**Endilicher,1836**

1834(1831－1837) *Zamites macrophylla* Lindley et Hutton,117 页,图版 125;球果;英国;白垩纪。

1836(1836－1840) Endilicher,72 页;球果;英国;白垩纪。

1993a 吴向午,159 页。

查米果?(未定种) *Zamiostrobus*? **sp.**

1982 *Zamiostrobus*? sp.,李佩娟,93 页,图版 14,图 6;球果;西藏洛隆中一松多;早白垩世多尼组。

1993a *Zamiostrobus*? sp.,吴向午,159 页。

似查米亚属 **Genus** *Zamites* **Brongniart,1828**

1828 Brongniart,94 页。

1874 Brongniart,408 页。

1963 斯行健、李星学等,174 页。

1993a 吴向午,159 页。

模式种:*Zamites gigas*(Lindley et Hutton)Morris,1843(注:本属名原是一个含义较广的属名,此模式种是后来选定的)

分类位置:苏铁纲本内苏铁目(Bennettiales,Cycadopsida)

巨大似查米亚 *Zamites gigas*(Lindley et Hutton)Morris,1843

1835(1831—1837) *Zamia gigas* Lindley et Hutton,45 页,图版 165;羽叶;英国斯卡伯勒(Scarborough);侏罗纪。

1843 Morris,24 页。

1987 张武、郑少林,275 页,图版 15,图 18;羽叶;辽宁北票长皋台子山;中侏罗世蓝旗组。

1993a 吴向午,159 页。

巨大似查米亚(比较种)*Zamites cf. gigas*(Lindley et Hutton)Morris

1979 何元良等,149 页,图版 71,图 1;羽叶;青海大柴旦大煤沟;早侏罗世小煤沟组。

1988 李佩娟等,90 页,图版 54,图 3,3a;图版 62,图 4;羽叶;青海大柴旦大煤沟;早侏罗世小煤沟组 *Zamites* 层。

△拖延似查米亚 *Zamites decurens* Huang,1992

1992 黄其胜,175 页,图版 16,图 6;羽叶;采集号:XY42;登记号:SX85028;标本保存在中国地质大学(武汉)古生物教研室;四川广元须家河;晚三叠世须家河组 3 段。

分离似查米亚 *Zamites distans* Presl,1838

1838(1820—1838) *Zamites distans* Presl,见 Sternberg,196 页,图版 26,图 3;枝叶;巴伐利亚;早侏罗世。[注:此种后被改定为 *Podozamites distans*(Presl)Braun(Münster,1843(1839—1843),28 页)]

1874 Brongniart,408 页;枝叶;陕西西南部丁家沟;侏罗纪。[注:此标本后被改定为 *Podozamites lanceolatus*(Lindley et Hutton)Braun(斯行健、李星学等,1963)]

1993a 吴向午,159 页。

△东巩似查米亚 *Zamites donggongensis* Meng,1984

1984b 孟繁松,55 页,图版 1,图 4;图版 2,图 3;图版 3,图 1;羽叶;登记号:P81023,P81024,P81025;合模 1:P81023(图版 1,图 4);合模 2:P81025(图版 2,图 3);合模 3:P81024(图版 3,图 1);标本保存在宜昌地质矿产研究所;湖北南漳东巩;晚三叠世九里岗组。[注:依据《国际植物命名法规》(《维也纳法规》)第 37.2 条,1958 年起,模式标本只能是 1 块标本]

△剑形似查米亚 *Zamites ensitformis*(Heer)Stockmans et Mathieu,1941

1876 *Podozamites ensiformis* Heer,46 页,图版 3,图 8—10;图版 20,图 6b;图版 28,图 5a;伊尔库茨克盆地;侏罗纪;黑龙江上游;晚侏罗世。

1941 Stockmans,Mathieu,46 页,图版 6,图 4;羽叶;河北柳江;侏罗纪。

△镰状似查米亚 *Zamites falcatus* Cao,1999(中文和英文发表)

1999 曹正尧,65,148 页,图版 21,图 8(?);图版 22,图 1—3,3a;羽叶;采集号:62MCF23,ZH98,ZH99;登记号:PB14456—PB14459;正模:PB14457(图版 22,图 2);标本保存在

中国科学院南京地质古生物研究所；浙江诸暨黄家坞、寿昌寿昌大桥；早白垩世寿昌组(?)。

△范家塘? 似查米亚 *Zamites? fanjiachangensis* **Ju et Lan,1983**

1983　鞠魁祥、蓝善先,见鞠魁祥等,123 页,图版 2,图 7,9;插图 3;羽叶;登记号:HPf740-1,
　　　　HPf740-2;合模 1:HPf740-1(图版 2,图 7);合模 2:HPf740-2(图版 2,图 9);标本保存
　　　　在南京地质矿产研究所;江苏南京龙潭范家塘;晚三叠世范家塘组。[注:依据《国际植
　　　　物命名法规》《维也纳法规》第 37.2 条,1958 年起,模式标本只能是 1 块标本]

秣叶似查米亚 *Zamites feneonis* （Brongniart）**Unger,1850**

1828　*Zamia feneonis* Brongniart,94 页。

1847　*Grossozamites feneonis* Pomal,344 页。

1849　*Pterozamites feneonis* Brongniart,62 页。

1850　Unger,286 页。

1852　Ettingshausen,9 页,图版 3,图 1;羽叶;法国;晚侏罗世。

1991　*Zamites feneonis* (Pomal) Ettingshausen,李佩娟、吴一民,287 页,图版 8,图 1;图版 9,
　　　　图 1;羽叶;西藏拉萨彭波牛马沟;早白垩世林布宗组。

△和恩格尔似查米亚 *Zamites hoheneggerii* （Schenk）**Lee,1963**

1869　*Podozamites hoheneggeri* Schenk,9 页,图版 2,图 3—6。

1906　*Glossozamites hoheneggeri* (Schenk) Yokoyama,36,37 页,图版 12,图 1,1a,5a,6(?);
　　　　羽叶;四川昭化石罐子、合川沙溪庙;侏罗纪。

1963　李佩娟,见斯行健、李星学等,175 页,图版 66,图 6;羽叶;四川昭化石罐子、合川沙溪
　　　　庙;中—晚侏罗世。

1992　孙革、赵衍华,537 页,图版 234,图 8,9;图版 253,图 3;图版 256,图 3;羽叶;吉林九台斜
　　　　尾巴沟;早白垩世营城子组。

1993　胡书生、梅美棠,图版 2,图 7;羽叶;吉林辽源西安煤矿;早白垩世长安组下含煤段。

和恩格尔似查米亚(比较种) *Zamites* cf. *hoheneggerii* （Schenk）**Lee**

1982　李佩娟,91 页,图版 13,图 6,6a;羽叶;西藏八宿上林卡区脚九乡;早白垩世多尼组。

1999　曹正尧,66 页,图版 14,图 9;图版 20,图 11,12;图版 21,图 7,7a;图版 40,图 10,10a;羽
　　　　叶;浙江寿昌劳村;早白垩世劳村组。

△华亭似查米亚(耳羽叶?) *Zamites* （*Otozanites?*） *huatingensis* **Liu,1988**

1988　刘子进,95 页,图版 1,图 15—17;图版 2,图 1;羽叶;标本号:NW-12;正模:图版 1,图
　　　　15;标本保存在西安地质矿产研究所;甘肃华亭武村堡王家沟;早白垩世志丹群环河-
　　　　华池组上段。

△湖北似查米亚 *Zamites hubeiensis* **Chen G X,1984**

1984　陈公信,595 页,图版 248,图 3—3b;羽叶;登记号:EP425;标本保存在湖北省地质局;
　　　　湖北远安九里岗;晚三叠世九里岗组。

△分明似查米亚 *Zamites insignis* **Meng,1984**

1984b　孟繁松,55 页,图版 1,图 2,3;羽叶;登记号:P81021,P81022;合模 1:P81021(图版 1,图

2）；合模 2：P81022（图版 1，图 3）；标本保存在宜昌地质矿产研究所；湖北南漳东巩；晚三叠世九里岗组。［注：依据《国际植物命名法规》《维也纳法规》第 37.2 条，1958 年起，模式标本只能是 1 块标本］

△江西似查米亚 *Zamites jiangxiensis* Yao et Lih，1968

1968　姚兆奇、厉宝贤，见《湘赣地区中生代含煤地层化石手册》，64 页，图版 17，图 4—8；图版 18，图 1，2a；图版 33，图 1—3；羽叶和角质层；江西萍乡安源；晚三叠世安源组紫家冲段；江西丰城攸洛；晚三叠世安源组 5 段。［注：原文未指定模式标本；此种后被改定为 *Pterophyllum jiangxiensis*（Yao et Lih）Zhou（周志炎，1989）］

1980　何德长、沈襄鹏，20 页，图版 9，图 2；羽叶；湖南宜章杨梅山；晚三叠世。

1982　王国平等，265 页，图版 122，图 6；羽叶；江西萍乡安源；晚三叠世安源组。

1986　叶美娜等，48 页，图版 28，图 9；图版 29，图 1，2，4，4a；图版 30，图 1，3；羽叶；四川达县铁山金窝、斌郎、白腊坪，大竹柏林，开县温泉；晚三叠世须家河组。

1987　何德长，83 页，图版 17，图 5b；羽叶；福建漳平大坑；晚三叠世文宾山组。

1999b　吴舜卿，37 页，图版 5，图 3C；图版 28，图 3；图版 29，图 2—4；图版 30，图 1；图版 49，图 2—2b，3；图版 50，图 2；羽叶和角质层；四川达县铁山、威远新场黄石板；晚三叠世须家河组。

披针似查米亚 *Zamites lanceolatus*（Lindley et Hutton）Braun，1840（non Cao，Liang et Ma，1995）

1837（1831—1837）　*Zamia lanceolatus* Lindley et Hutton，194 页；英国；中侏罗世。

1840　Braun，100 页；英国；中侏罗世。

△披针似查米亚 *Zamites lanceolatus* Cao，Liang et Ma，1995［non（Lindley et Hutton）Braun，1840］

［注：此种名为 *Zamites lanceolatus*（Lindley et Hutton）Braun，1840 的晚出同名］

1995　曹正尧、梁诗经、马爱双，6，14 页，图版 2，图 3—4a；羽叶；登记号：PB16841；标本保存在中国科学院南京地质古生物研究所；福建政和大溪村附近；早白垩世南园组中段。

△舌形似查米亚 *Zamites linguifolium*（Lee）Cao，1999（中文和英文发表）

1964　*Otozamites linguifolium* Lee，李星学等，134 页，图版 86，图 5；羽叶；浙江寿昌；晚侏罗世—早白垩世建德群下部砚岭组。

1999　曹正尧，66，149 页，图版 19，图 10—12；图版 20，图 1—7，7a；羽叶；浙江寿昌劳村、田畈；早白垩世劳村组；浙江寿昌东村；早白垩世寿昌组；浙江诸暨黄家坞；早白垩世寿昌组（?）；浙江青田底半坑；早白垩世磨石山组。

△龙宫似查米亚 *Zamites longgongensis* Chen，1982

1982　陈其奭，见王国平等，266 页，图版 131，图 3；羽叶；标本号：1698-H103；正模：1698-H103（图版 131，图 3）；浙江文成龙宫；晚侏罗世磨石山组。

1989　丁保良等，图版 3，图 6；羽叶；浙江文成龙宫；晚侏罗世磨石山组 C-2 段。

1995a　李星学（主编），图版 112，图 6；羽叶；浙江文成；早白垩世磨石山组。（中文）

1995b　李星学（主编），图版 112，图 6；羽叶；浙江文成；早白垩世磨石山组。（英文）

△大叶似查米亚 *Zamites macrophyllus* Meng，1984

1984b　孟繁松，55 页，图版 3，图 2；羽叶；登记号：P81020；正模 1：P81020（图版 3，图 2）；标本保

存在宜昌地质矿产研究所;湖北南漳东巩;晚三叠世九里岗组。

△倒披针形似查米亚 *Zamites oblanceolatus* Meng,1987

1987　孟繁松,251页,图版30,图1;羽叶;采集号:DC-82-P-1;登记号:P82187;正模:P82187 (图版30,图1);标本保存在宜昌地质矿产研究所;湖北南漳东巩陈家湾;晚三叠世九 里岗组。

△中国似查米亚 *Zamites sinensis* Sze,1949

1949　斯行健,20页,图版5,图1;图版9,图3a;图版12,图4;羽叶;湖北秭归香溪;早侏罗世 香溪煤系。

1954　徐仁,59页,图版52,图1,2;羽叶;湖北秭归香溪;早—中侏罗世香溪煤系。

1958　汪龙文等,604页,图604(下部),605;羽叶;湖北秭归香溪;侏罗纪香溪煤系。

1963　斯行健、李星学等,176页,图版66,图4;羽叶;湖北当阳白石岗、庙前曹家窑;早侏罗世 香溪群。

1977　冯少南等,229页,图版85,图3;羽叶;湖北秭归;早—中侏罗世香溪群上煤组。

1984　陈公信,595页,图版248,图2;羽叶;湖北当阳桐竹园;早侏罗世桐竹园组;湖北秭归香 溪;早侏罗世香溪组。

1986　叶美娜等,49页,图版29,图5,5a;羽叶;四川宣汉炉厂坪;晚三叠世须家河组7段。

1995a　李星学(主编),图版87,图5;羽叶;湖北秭归香溪;早—中侏罗世香溪组。(中文)

1995b　李星学(主编),图版87,图5;羽叶;湖北秭归香溪;早—中侏罗世香溪组。(英文)

中国似查米亚(比较种) *Zamites* cf. *sinensis* Sze

1984　王自强,263页,图版150,图12;羽叶;河北张家口;早白垩世青石砬组;北京西山;早白 垩世坨里组。

△四川似查米亚 *Zamites sichuanensis* Yang,1978

1978　杨贤河,517页,图版163,图10;羽叶;标本号:Sp0040;正模:Sp0040(图版163,图10); 标本保存在成都地质矿产研究所;四川达县铁山;晚三叠世须家河组。

土佐似查米亚 *Zamites tosanus* Ôishi,1940

1940　Ôishi,357页,图版35,图4,4a;羽叶;日本高知长冈;早白垩世(Ryoseki Series)。

1987　张武、郑少林,275页,图版25,图8;羽叶;辽宁北票长皋台子山;中侏罗世蓝旗组。

截形似查米亚 *Zamites truncatus* Zeiller,1903

1902—1903　Zeiller,166页,图版3—6;羽叶;越南鸿基;晚三叠世。

1978　周统顺,112页,图版25,图4;羽叶;福建武平龙井;晚三叠世文宾山组上段。

1982　王国平等,266页,图版122,图8;羽叶;福建武平龙井;晚三叠世文宾山组。

1987　孟繁松,251页,图版30,图2—4;羽叶;湖北荆门粟溪;晚三叠世九里岗组。

△姚河似查米亚 *Zamites yaoheensis* Meng,1984

1984b　孟繁松,56页,图版2,图4,5;羽叶;登记号:P81026,P81027;合模1:P81026(图版2,图 4);合模2:P81028(图版2,图5);标本保存在宜昌地质矿产研究所;湖北南漳东巩;晚 三叠世九里岗组。[注:依据《国际植物命名法规》(《维也纳法规》)第37.2条,1958年

起,模式标本只能是 1 块标本]

△义县似查米亚 *Zamites yixianensis* Zheng et Zhang, 2004(中文和英文发表)

2004 郑少林、张武,见王五力等,230 页(中文),491 页(英文),图版 29,图 7,8;羽叶;标本号:YWS-17;标本保存在沈阳地质矿产研究所;辽宁义县头道河子;晚侏罗世义县组下部砖城子层。(注:原文未注明模式标本的保存单位及地点)

△秭归似查米亚 *Zamites ziguiensis* Meng, 1984

1984b 孟繁松,56 页,图版 1,图 1;图版 2,图 1;图版 3,图 3;羽叶;登记号:PJ81001－PJ81003;合模 1:PJ81001(图版 1,图 1);合模 2:PJ81002(图版 2,图 1);合模 3:PJ81003(图版 3,图 3);标本保存在宜昌地质矿产研究所;湖北秭归香溪;中侏罗世千佛岩组中上部。[注:依据《国际植物命名法规》(《维也纳法规》)第 37.2 条,1958 年起,模式标本只能是 1 块标本]

齐氏似查米亚 *Zamites zittellii* (Schenk) Seward, 1917

1871 *Podozamites zittellii* Schenk,8 页,图版 1,图 8;羽叶;奥地利;早白垩世。

1917 Seward,530,535 页,图 601F;羽叶;奥地利;早白垩世。

齐氏似查米亚(比较种) *Zamites* cf. *zittellii* (Schenk) Seward

1999 曹正尧,67 页,图版 21,图 6;羽叶;浙江寿昌劳村;早白垩世劳村组。

似查米亚(未定多种) *Zamites* spp.

1923 *Zamites* sp.,周赞衡,81,141 页,图版 1,图 9;图版 2,图 5;羽叶;山东莱阳南务村;早白垩世。

1925 *Zamites* sp.,Teilhard de Chardin,Fritel,537 页;辽宁丰镇;侏罗纪。

1963 *Zamites* sp.1,斯行健、李星学等,176 页,图版 53,图 8;图版 89,图 6;羽叶;山东莱阳;晚侏罗世－早白垩世。

1982 *Zamites* sp.,张采繁,530 页,图版 348,图 9;羽叶;湖南宜章长策下坪;早侏罗世唐垅组。

1983 *Zamites* sp.1,陈芬、杨关秀,133 页,图版 18,图 1;羽叶;西藏狮泉河地区;早白垩世日松群上部。

1983 *Zamites* sp.2,陈芬、杨关秀,133 页,图版 18,图 2,3;羽叶;西藏狮泉河地区;早白垩世日松群上部。

1983 *Zamites* sp.,李杰儒,24 页,图版 3,图 5－8;羽叶;辽宁南票(锦西)后富隆山;中侏罗世海房沟组 1 段。

1984b *Zamites* sp.(? sp. nov.),孟繁松,56 页,图版 2,图 2;羽叶;湖北南漳东巩;晚三叠世九里岗组。

1986 *Zamites* sp.,段淑英,333 页,图版 1,图 5;羽叶;北京延庆下德龙湾;中侏罗世后城组。

1987 *Zamites* sp.,陈晔等,114 页,图版 25,图 10;图版 28,图 1,2;羽叶;四川盐边箐河;晚三叠世红果组。

1987 *Zamites* sp.,张武、郑少林,276 页,图版 21,图 15;图版 24,图 6;图版 25,图 11;插图 15;羽叶;辽宁北票长皋台子山;中侏罗世蓝旗组。

1990 *Zamites* sp.1,刘明渭,203 页;羽叶;山东莱阳大明;早白垩世莱阳组 3 段。

1990　*Zamites* sp. 2,刘明渭,203 页;羽叶;山东莱阳大明;早白垩世莱阳组 3 段。

1994　*Zamites* sp.,曹正尧,图 2d;羽叶;浙江诸暨;早白垩世早期馆头组。

1995　*Zamites* sp. 1,曹正尧等,7 页,图版 2,图 5;羽叶;福建政和大溪村附近;早白垩世南园组中段。

1995　*Zamites* sp. 2,曹正尧等,7 页,图版 2,图 6,6a;羽叶;福建政和大溪村附近;早白垩世南园组中段。

1995a　*Zamites* sp.,李星学(主编),图版 112,图 7;羽叶;浙江诸暨;早白垩世寿昌组(?)。(中文)

1995b　*Zamites* sp.,李星学(主编),图版 112,图 7;羽叶;浙江诸暨;早白垩世寿昌组(?)。(英文)

1996　*Zamites* sp.,米家榕等,106 页,图版 15,图 3;羽叶;河北抚宁石门寨;早侏罗世北票组。

1999　*Zamites* sp. 1,曹正尧,67 页,图版 20,图 8,9,9a;羽叶;浙江文成洋尾山、永嘉章当;早白垩世磨石山组 C 段。

1999　*Zamites* sp. 2,曹正尧,67 页,图版 18,图 5,5a;羽叶;浙江永嘉章当;早白垩世磨石山组 C 段。

1999b　*Zamites* sp.,吴舜卿,37 页,图版 29,图 1;羽叶;四川达县铁山;晚三叠世须家河组。

2004　*Zamites* sp.,孙革、梅盛吴,图版 8,图 1,5,7;羽叶;中国西北地区潮水盆地、雅布赖盆地;早一中侏罗世。

似查米亚?（未定多种）*Zamites*? **spp.**

1963　*Zamites*? sp. 2,斯行健、李星学等,176 页,图版 66,图 7b;羽叶;四川合川沙溪庙;中一晚侏罗世。

1963　*Zamites*? sp. 3,斯行健、李星学等,177 页,图版 68,图 4;羽叶;四川宜宾;晚三叠世晚期。

1990　*Zamites*? sp.,刘明渭,204 页;羽叶;山东莱阳团旺;早白垩世莱阳组 3 段。

1999　*Zamites*? sp. 3,曹正尧,68 页,图版 18,图 6,6a,7,7a;羽叶;浙江丽水下桥;早白垩世寿昌组。

不能鉴定的苏铁植物碎片 Indeterminable Cycadophytes

1999　Indeterminable Leaves of Cycadophytes,曹正尧,82 页,图版 21,图 9—11;图版 22,图 4—8;羽叶;浙江寿昌劳村;早白垩世劳村组;浙江永嘉章当;早白垩世磨石山组 C 段。

苏铁类叶部化石(？新属) Cycadophyten-Blatt（？gen. nov.）

1933c　Cycadophyten-Blatt（gen. nov.）,斯行健,18 页,图版 2,图 13,14;羽叶;四川广元须家河;晚三叠世晚期—早侏罗世。

1963　Cycadophyten-Blatt（gen. nov.）,斯行健、李星学等,209 页,图版 53,图 9,9a;羽叶;四川广元须家河;晚三叠世晚期—早侏罗世。

种子蕨角质层,类型 1 Cuticle of Pteridospermae, Type 1［Cf. *Lepidopteris ottonis* (Goeppert)］

1980　Cuticle of Pteridospermae, Type 1［Cf. *Lepidopteris Ottonis* (Goeppert)］,欧阳舒、李再平,156 页,图版 7,图 6,7,9;表皮碎片;云南富源庆云;早三叠世卡以头层。

种子蕨？角质层，类型 2 Cuticle of Pteridospermae?, Type 2

1980　Cuticle of Pteridospermae?, Type 2, 欧阳舒、李再平, 157 页, 图版 7, 图 14; 表皮碎片; 云南富源庆云; 早三叠世卡以头层。

裸子植物角质层，类型 3 Cuticle of Gymnospermae, Type 3

1980　Cuticle of Gymnospermae, Type 3, 欧阳舒、李再平, 157 页, 图版 7, 图 10; 表皮碎片; 云南富源庆云; 早三叠世卡以头层。

裸子植物管胞，类型 1 Tracheid of Gymnospermae, Type 1

1980　Tracheid of Gymnospermae, Type 1, 欧阳舒、李再平, 157 页, 图版 7, 图 8; 管胞; 云南富源庆云; 早三叠世卡以头层。

裸子植物管胞，类型 2 Tracheid of Gymnospermae, Type 2

1980　Tracheid of Gymnospermae, Type 2, 欧阳舒、李再平, 157 页, 图版 7, 图 11,13; 管胞; 云南富源庆云; 早三叠世卡以头层。

裸子植物管胞，类型 3 Tracheid of Gymnospermae, Type 3

1980　Tracheid of Gymnospermae, Type 3, 欧阳舒、李再平, 157 页, 图版 7, 图 12; 管胞; 云南富源庆云; 早三叠世卡以头层。

裸子植物鳞片化石 Squamae Gymnospermae

1963　Squamae Gymnospermarum, 斯行健、李星学等, 316 页, 图版 103, 图 4,4a; 果鳞; 山西大同高山; 早－中侏罗世大同群。

枝部化石 Branchlets

1935　Branchlets, Toyama, Ôishi, 图版 5, 图 4; 内蒙古扎赉诺尔; 中侏罗世。

1963　Branchletes, 斯行健、李星学等, 361 页, 图版 103, 图 5; 内蒙古扎赉诺尔; 晚侏罗世扎赉诺尔组。

叶部化石 Undetermined Leaf Fragment

1952　Undetermined Leaf Fragment, 斯行健、李星学, 16,35 页, 图版 9, 图 8,8a; 四川巴县一品场; 早侏罗世。

1963　Undetermined Leaf Fragment, 斯行健、李星学等, 361 页, 图版 44, 图 3; 图版 80, 图 5; 四川巴县一品场; 早侏罗世香溪群。

1979　Undetermined Leaf Fragment, 周志炎、厉宝贤, 448 页, 图版 1, 图 14; 叶部碎片; 海南琼海九曲江新昌; 早三叠世岭文群九曲江组。

根部化石？ Roods?

1935　Roods?, Toyama, Ôishi, 图版 5, 图 5; 内蒙古扎赉诺尔; 中侏罗世。

1963　Roods?, 斯行健、李星学等, 361 页, 图版 103, 图 6; 内蒙古扎赉诺尔; 晚侏罗世扎赉诺尔组。

种子化石 Seed

1933c　Seed, 斯行健, 73 页, 图版 10, 图 11; 种子; 甘肃武威北达坂; 早侏罗世。

表皮 Epidermis

1933c Epidermis,斯行健,23 页,图版 6,图 14;四川宜宾;晚三叠世晚期—早侏罗世。

1963 Epidermis,斯行健、李星学等,361 页;四川宜宾;晚三叠世晚期。

疑问化石 Problematicum

1933c Problematicum,斯行健,23 页,图版 5,图 7,8;四川宜宾;晚三叠世晚期—早侏罗世。

1936 Problematicum,潘钟祥,33 页,图版 12,图 8;图版 13,图 10,11;图版 15,图 6;陕西绥德高家庵、沙滩坪;晚三叠世延长层。[注:此标本后被改定为 *Strobilites* sp.(斯行健、李星学等,1963)]

1949 Problematicum(? Weibliche Bennettieen Blueten),斯行健,24 页,图版 15,图 31,32;湖北秭归香溪;早侏罗世香溪煤系。

1956 Problematicum a,敖振宽,27 页,图版 7,图 2;球果(?);广东广州小坪;晚三叠世小坪煤系。

1956 Problematicum b,敖振宽,27 页,图版 7,图 3;球果(?);广东广州小坪;晚三叠世小坪煤系。

1956a Problematicum a,斯行健,60,165 页,图版 28,图 7,8;陕西延长七里村;晚三叠世延长层上部。

1956a Problematicum b,斯行健,60,166 页,图版 56,图 4;陕西宜君焦家坪;晚三叠世延长层上部。

1956a Problematicum c(*Musctes* sp.),斯行健,61,166 页,图版 56,图 5,5a;陕西延长城南;晚三叠世延长层上部。

1956 Indeterminable Fragment,周志炎、张善桢,图版 1,图 4;蕨叶碎片;内蒙古阿拉善旗扎哈道蓝巴格;晚三叠世延长层。[注:此标本后被改定为 ?*Protoblechnum hughesi* (Feistmental) Halle(斯行健、李星学等,1963)]

1963 Problematicum 1,斯行健、李星学等,362 页,图版 91,图 10;四川彭县青岗林;早侏罗世。

1963 Problematicum 2,斯行健、李星学等,362 页,图版 91,图 12;四川宜宾;晚三叠世晚期。

1963 Problematicum 3,斯行健、李星学等,363 页,图版 15,图 31,32;湖北秭归香溪;早侏罗世香溪群。

1963 Problematicum 4,斯行健、李星学等,363 页,图版 28,图 7,8;陕西延长七里村;晚三叠世延长群上部。

1963 Problematicum 5,斯行健、李星学等,363 页,图版 104,图 7;陕西宜君焦家坪;晚三叠世延长群上部。

1963 Problematicum 6,斯行健、李星学等,363 页,图版 63,图 1;图版 74,图 10;陕西延长;晚三叠世延长群上部。

1963 Problematicum 7,斯行健、李星学等,364 页,图版 46,图 7;山东莱阳南务村;晚侏罗世—早白垩世。

1963 Problematicum 8,斯行健、李星学等,364 页,图版 86,图 7;球果(?);广东广州小坪;晚三叠世小坪煤系。

1963 Problematicum 9,斯行健、李星学等,364 页,图版 86,图 8;球果(?);广东广州小坪;晚三叠世小坪煤系。

附　　录

附录1　属名索引

[按中文名称的汉语拼音升序排列，属名后为页码（中文记录页码/英文记录页码），"△"号示依据中国标本建立的属名]

附录2 种名索引

[按中文名称的汉语拼音升序排列,属名或种名后为页码(中文记录页码/英文记录页码),"△"号示依据中国标本建立的属名或种名]

C

D

E

K

L

N

附录3 存放模式标本的单位名称

中文名称	English Name
长春地质学院 （吉林大学地球科学学院）	Changchun College of Geology (College of Earth Sciences, Jilin University)
长春地质学院勘探系 （吉林大学地球科学学院）	Department of Geological Exploration, Changchun College of Geology (College of Earth Sciences, Jilin University)
成都地质矿产研究所 （中国地质调查局成都地质调查中心）	Chengdu Institute of Geology and Mineral Resources (Chengdu Institute of Geology and Mineral Resources, China Geological Survey)
成都地质学院博物馆 （成都理工大学博物馆）	Museum of Chengdu Institute of Geology (Museum of Chengdu University of Technology)
阜新矿业学院 （辽宁工程技术大学）	Fuxin Mining Institute (Liaoning Technical University)
湖北地质科学研究所 （湖北省地质科学研究院）	Hubei Institute of Geological Sciences (Hubei Institute of Geosciences)
湖北省地质局	Geological Bureau of Hubei Province
湖南省地质博物馆	Geological Museum of Hunan Province
吉林省区域地质矿产调查所古生物室	Department of Palaeontology, Regional Geological and Mineral Resources Survey of Jilin Province
吉林省地质局区域地质调查大队 （吉林省区域地质调查大队）	Regional Geological Surveying Team, Jilin Geological Bureau (Regional Geological Surveying Team of Jilin Province)
兰州大学地质系	Department of Geology, Lanzhou University
辽宁省地质矿产局区域地质调查队 （辽宁省区域地质调查大队）	Regional Geological Surveying Team, Bureau of Geology and Mineral Resources of Liaoning Province (Regional Geological Surveying Team of Liaoning Province)
煤炭科学研究总院西安分院	Xi'an Branch, China Coal Research Institute
煤炭科学研究总院地质勘探分院 （煤炭科学研究总院西安分院）	Branch of Geology Exploration, China Coal Research Institute (Xi'an Branch, China Coal Research Institute)

中文名称	English Name
南京地质矿产研究所 （中国地质调查局南京地质调查中心）	Nanjing Institute of Geology and Mineral Resources （Nanjing Institute of Geology and Mineral Resources，China Geological Survey）
瑞典国家自然历史博物馆	Swedish Museum of Natural History
山东省地矿局区域地质调查大队	Regional Geological Surveying Team，Bureau of Geology and Mineral Resources of Shandong Province
沈阳地质矿产研究所 （中国地质调查局沈阳地质调查中心）	Shenyang Institute of Geology and Mineral Resources （Shenyang Institute of Geology and Mineral Resources，China Geological Survey）
石油勘探开发科学研究院 （中国石油化工股份有限公司石油勘探开发研究院）	Research Institute of Petroleum Exploration and Development （Research Institute of Petroleum Exploration and Development，PetroChina）
四川省煤田地质公司一三七地质队 （四川省煤田地质局一三七地质队）	137 Geological Team of Sichuan Coal Field Geological Company （Sichuan Coal Field Geology Bureau 137 Geological Team）
武汉地质学院北京研究生部 ［中国地质大学（北京）］	Beijing Graduate School，Wuhan College of Geology ［China University of Geosciences（Beijing）］
武汉地质学院古生物教研室 ［中国地质大学（武汉）古生物教研室］	Department of Palaeontology，Wuhan College of Geology ［Department of Palaeontology，China University of Geosciences（Wuhan）］
西安地质矿产研究所 （中国地质调查局西安地质调查中心）	Xi'an Institute of Geology and Mineral Resources （Xi'an Institute of Geology and Mineral Resources，China Geological Survey）
新疆石油管理局 （中国石油天然气集团公司新疆石油管理局地质调查处）	Petroleum Administration of Xinjiang Uighur Autonomous Region （Department of Geological Surveying，Petroleum Administration of Xinjiang Uighur Autonomous Region，PetroChina）
宜昌地质矿产研究所 （中国地质调查局武汉地质调查中心）	Yichang Institute of Geology and Mineral Resources （Wuhan Institute of Geology and Mineral Resources，China Geological Survey）

中文名称	English Name
浙江省自然博物馆	Zhejiang Museum of Natural History
中国地质大学(北京)	China University of Geosciences (Beijing)
中国地质大学(武汉)古生物教研室	Department of Palaeontology, China University of Geosciences (Wuhan)
中国科学院植物研究所	Institute of Botany, Chinese Academy of Sciences
中国科学院南京地质古生物研究所	Nanjing Institute of Geology and Palaeontology, Chinese Academy of Sciences
中国科学院植物研究所古植物研究室	Department of Palaeobotany, Institute of Botany, Chinese Academy of Sciences
中国矿业大学地质系	Department of Geology, China University of Mining and Technology
中山大学生物系植物教研室	Botanical Section, Department of Biology, Sun Yat-sen University
中山大学生命科学学院	School of Life Sciences, Sun Yat-sen University

附录 4 丛书属名索引(Ⅰ－Ⅵ分册)

(按中文名称的汉语拼音升序排列,属名后为分册号/中文记录页码/英文记录页码,"△"号示依据中国标本建立的属名)

H

J

K

中国植物大化石记录（1865—2005）

X

Supported by Special Research Program of
Basic Science and Technology of the Ministry
of Science and Technology (2013FY113000)

Record of Megafossil Plants from China (1865–2005)

Ⅲ

Record of Mesozoic Megafossil Cycadophytes from China

Compiled by
WU Xiangwu, WANG Guan and FENG Man

University of Science and Technology of China Press

Brief Introduction

This book is the third volume of *Record of Megafossil Plants from China* (1865 — 2005). There are two parts of both Chinese and English versions, mainly documents complete data on the Mesozoic megafossil pteridospermatophytes and cycadophytes from China that have been officially published from 1865 to 2005. All of the records are compiled according to generic and specific taxa. Each record of the generic taxon include: author(s) who established the genus, establishing year, synonym, type species and taxonomic status. The species records are included under each genus, including detailed descriptions of original data, such as author(s) who established the species, publishing year, author(s) or identified person(s), page(s), plate (s), text-figure(s), locality(ies), ages and horizon(s). For those generic names or specific names established based on Chinese specimens, the type specimens and their depository institutions have also been recorded. In this book, totally 143 generic names (among them, 50 generic names are established based on Chinese specimens) have been documented, and totally 1304 specific names (among them, 677 specific names are established based on Chinese specimens). Each part attaches four appendixes, including: Index of Generic Names, Index of Specific Names, Table of Institutions that House the Type Specimens and Index of Generic Names to Volumers Ⅰ — Ⅵ. At the end of the book, there are references.

This book is a complete collection and an easy reference document that compiled based on extensive survey of both Chinese and abroad literatures and a systematic data collections of palaeobotany. It is suitable for reading for those who are working on research, education and data base related to palaeobotany, life sciences and earth sciences.

GENERAL FOREWORD

As a branch of sciences studying organisms of the geological history, palaeontology relies utterly on the fossil record, so does the palaeobotany as a branch of palaeontology. The compilation and editing of fossil plant data started early in the 19 century. F. Unger published *Synopsis Plantarum Fossilium* and *Genera et Species Plantarium Fossilium* in 1845 and 1850 respectively, not long after the introduction of C. von Linné's binomial nomenclature to the study of fossil plants by K. M. von Sternberg in 1820. Since then, indices or catalogues of fossil plants have been successively compiled by many professional institutions and specialists. Amongst them, the most influential are catalogues of fossil plants in the Geological Department of British Museum written by A. C. Seward and others, *Fossilium Catalogus II : Palantae* compiled by W. J. Jongmans and his successor S. J. Dijkstra, *The Fossil Record* (*Volume 1*) and *The Fossil Revord* (*Volume 2*) chief-edited by W. B. Harland and others and afterwards by M. J. Benton, and *Index of Generic Names of Fossil Plants* compiled by H. N. Andrews Jr. and his successors A. D. Watt, A. M. Blazer and others. Based partly on Andrews' index, the digital database "Index Nominum Genericorum (ING)" was set up by the joint efforts of the International Association of Plant Taxonomy and the Smithsonian Institution. There are also numerous catalogues or indices of fossil plants of specific regions, periods or institutions, such as catalogues of Cretaceous and Tertiary plants of North America compiled by F. H. Knowlton, L. F. Ward and R. S. La Motte, and those of upper Triassic plants of the western United States by S. Ash, Carboniferous, Permian and Jurassic plants by M. Boersma and L. M. Broekmeyer, Indian fossil plants by R. N. Lakhanpal, and fossil records of plants by S. V. Meyen and index of sporophytes and gymnosperm referred to USSR by V. A. Vachrameev. All these have no doubt benefited to the academic exchanges between palaeobotanists from different countries, and contributed considerably to the development of palaeobotany.

Although China is amongst the countries with widely distributed terrestrial deposits and rich fossil resources, scientific researches on fossil plants began much later in our country than in many other countries. For a quite long time, in our country, there were only few researchers, who are engaged in palaeobotanical studies. Since the 1950s, especially the beginning of Reform and Opening to the outside world in the late 1980s, palaeobotany became blooming in our country as other disciplines of science and technology. During the development and construction of the country, both palaeobotanists and publications have been markedly increased. The editing and compilation of the fossil plant record has also been put on the agenda to meet the needs of increasing academic activities, along with participation in the "Plant Fossil Records (PFR)" project sponsored by the International Organization of Palaeobotany. Professor Wu is one of the few pioneers who have paid special attention to data accumulation and compilation of the fossil plant records in China. Back in 1993, He published *Record of Generic Names of Mesozoic Megafossil Plants from China (1865 — 1990)* and *Index of New Generic Names Founded on Mesozoic and Cenozoic Specimens from China (1865 — 1990)* . In 2006, he published the generic names after 1990. *Catalogue of the Cenozoic Megafossil Plants of China* was also published by Liu and others (1996).

It is a time consuming task to compile a comprehensive catalogue containing the fossil records of all plant groups in the geological history. After years of hard work, all efforts finally bore fruits, and are able to publish separately according to classification and geological distribution, as well as the progress of data accumulating and editing. All data will eventually be incorporated into the databases of all China fossil records: "Palaeontological and Stratigraphical Database of China" and "Geobiodiversity Database (GBDB)".

The pubilication of *Record of Megafossil Plants from China (1865 — 2005)* is one of the milestones in the development of palaeobotany, undoubtedly it will provide a good foundation and platform for the further development of this discipline. As an aged researcher in palaeobotany, I look eagerly forward to seeing the publication of the serial fossil catalogues of China.

Zhou Zhiyan

INTRODUCTION

In China, there is a long history of plant fossil discovery, as it is well documented in ancient literatures. Among them the voluminous work *Mengxi Bitan* (*Dream Pool Essays*) by Shen Kuo (1031 — 1095) in the Beisong (Northern Song) Dynasty is probably the earliest. In its 21st volume, fossil stems [later identified as stems of *Equisctites* or pith-casts of *Neocalamites* by Deng (1976)] from Yongningguan, Yanzhou, Shaanxi (now Yanshuiguan of Yanchuan County, Yan'an City, Shaanxi Province) were named "bamboo shoots" and described in details, which based on an interesting interpretation on palaeogeography and palaeoclimate was offered.

Like the living plants, the binary nomenclature is the essential way for recognizing, naming and studying fossil plants. The binary nomenclature (nomenclatura binominalis) was originally created for naming living plants by Swedish explorer and botanist Carl. von Linné in his *Species Plantarum* firstly published in 1753. The nomenclature was firstly adopted for fossil plants by the Czech mineralogist and botanist K. M. von Sternberg in his *Versuch einer Geognostisch : Botanischen Darstellung der Flora der Vorwelt* issued since 1820. The *International Code of Botanical Nomenclature* thus set up the beginning year of modern botanical and palaeobotanical nomenclature as 1753 and 1820 respectively. Our series volumes of Chinese megafossil plants also follows this rule, compile generic and specific names of living plants set up in and after 1753 and of fossil plants set up in and after 1820. As binary nomenclature was firstly used for naming fossil plants found in China by J. S. Newberry [1865 (1867)] at the Smithsonian Institute, USA, his paper *Description of Fossil Plants from the Chinese Coal-bearing Rocks* naturally becomes the starting point of the compiling of Chinese megafossil plant records of the current series.

China has a vast territory covers well developed terrestrial strata, which yield abundant fossil plants. During the past one and over a half centuries, particularly after the two milestones of the founding of PRC in 1949 and the beginning of Reform and Opening to the outside world in late 1970s, to meet the growing demands of the development and construction of the country, various scientific disciplines related to geological prospecting and meaning have been remarkably developed, among which palaeobotanical studies have been also well-developed with lots of fossil materials being accumulated. Preliminary statistics has shown that during 1865 (1867) — 2000, more than 2000 references related to Chinese megafossil plants had been published [Zhou and Wu (chief compilers), 2002]; 525 genera of Mesozoic megafossil plants discovered in China had been reported during 1865 (1867) — 1990 (Wu, 1993a), while 281 genera of Cenozoic megafossil plants found in China had been documented by 1993 (Liu et al. , 1996); by the year of 2000, totally about 154 generic names have been established based on Chinese fossil plant material for the Mesozoic and Cenozoic deposits (Wu, 1993b, 2006). The above-mentioned megafossil plant records were published scatteredly in various periodicals or scientific magazines in different languages, such as Chinese, English, German, French, Japanese, Russian, etc. , causing much inconvenience for the use and exchange of colleagues of palaeobotany and related fields both at home and abroad.

To resolve this problem, besides bibliographies of palaeobotany [Zhou and Wu (chief compilers), 2002], the compilation of all fossil plant records is an efficient way, which has already obtained enough attention in China since the 1980s (Wu, 1993a, 1993b, 2006). Based on the previous compilation as well as extensive searching for the bibliographies and literatures, now we are planning to publish series volumes of *Record of Megafossil Plants from China* (*1865 — 2005*) which is tentatively scheduled to comprise volumes of bryophytes, lycophytes, sphenophytes, filicophytes, cycadophytes, ginkgophytes, coniferophytes, angiosperms and others. These volumes are mainly focused on the Mesozoic megafossil plant data that were published from 1865 to 2005.

In each volume, only records of the generic and specific ranks are compiled, with higher ranks in the taxonomical hierarchy, e. g. , families, orders, only mentioned in the item of "taxonomy" under each record. For a complete compilation and a well understanding for geological records of the megafossil plants, those genera and species with their type species and type specimens not originally described from China are also included in the volume.

Records of genera are organized alphabetically, followed by the items of author(s) of genus, publishing year of genus, type species (not necessary for genera originally set up for living plants), and taxonomy and others.

Under each genus, the type species(not necessary for genera originally set up for living plants) is firstly listed, and other species are then organized alphabetically. Every taxon with symbols of "aff. ""Cf. ""cf. ""ex gr. " or "?" and others in its name is also listed as an individual record but arranged after the species without any symbol. Undetermined species (sp.) are listed at the end of each genus entry. If there are more than one undetermined species (spp.), they will be arranged chronologically. In every record of species (including undetermined species) items of author of species, establishing year of species, and so on, will be included.

Under each record of species, all related reports (on species or specimens) officially published are covered with the exception of those shown solely as names with neither description nor illustration. For every report of the species or specimen, the following items are included: publishing year, author(s) or the person(s) who identify the specimen (species), page(s) of the literature, plate(s), figure(s), preserved organ(s), locality(ies), horizon(s) or stratum(a) and age(s). Different reports of the same specimen (species) is (are) arranged chronologically, and then alphabetically by authors' names, which may further classified into a, b, etc. , if the same author(s) published more than one report within one year on the same species.

Records of generic and specific names founded on Chinese specimen(s) is (are) marked by the symbol "△". Information of these records are documented as detailed as possible based on their original publication.

To completely document *Record of Megafossil Plants from China* (*1865 —2005*), we compile all records faithfully according to their original publication without doing any delection or modification, nor offering annotations. However, all related modification and comments published later are included under each record, particularly on those with obvious problems, e. g. , invalidly published naked names (nom. nud.).

According to *International Code of Botanical Nomenclature* (*Vienna Code*) article 36. 3, in order to be validly published, a name of a new taxon of fossil plants published on or after January 1st, 1996 must be accompanied by a Latin or English description or diagnosis or by a reference to a previously and effectively published Latin or English description or diagnosis (McNeill and others, 2006; Zhou, 2007; Zhou Zhiyan, Mei Shengwu, 1996; *Brief News of Palaeobotany in China*, No. 38). The current series follows article 36. 3 and the original language(s) of description and/or diagnosis is (are) shown in the records for those published on or after January 1st, 1996.

For the convenience of both Chinese speaking and non-Chinese speaking colleagues, every record in this series is compiled as two parts that are of essentially the same contents, in Chinese and English respectively. All cited references are listed only in western language (mainly English) strictly following the format of the English part of Zhou and Wu (chief compilers) (2002). Each part attaches four appendixes: Index of Generic Names, Index of Specific Names, Table of Institutions that House the Type Specimens and Index of Generic Names to Volumes Ⅰ－Ⅵ.

The publication of series volumes of *Record of Megafossil Plant from China* (*1865 — 2005*) is the necessity for the discipline accumulation and development. It provides further references for understanding the plant fossil biodiversity evolution and radiation of major plant groups through the geological ages. We hope that the publication of these volumes will be helpful for promoting the professional exchange at home and abroad of palaeobotany.

This book is the third volume of *Record of Megafossil Plants from China* (1865 — 2005). This volume is an attempt to compile complete data on the Mesozoic megafossil pteridospermatonhetes and cycadophytes from China that have been officially published from 1865 to 2005. In this book, totally 143 generic names (among them, 50 generic names are established based on Chinese specimens) have been documented, and totally 1304 specific names (among them, 677 specific names are established based on Chinese specimens). The dispersed pollen grains are not included in this book. We are grateful to reveive further comments and suggestions from readers and colleagues.

This work is jointly supported by the Basic Work of Science and Technology (2013FY113000) and the State Key Program of Basic Research (2012CB822003) of the Ministry of Science and Technology, the National Natural Sciences Foundation of China (No. 41272010), the State Key Laboratory of Palaeobiology and Stratigraphy (No. 103115), the Important Directional Project (ZKZCX2-YW-154) and the Information Construction Project (INF105-SDB-1-42) of Knowledge Innovation Program of the Chinese Academy of Sciences.

We thank Prof. Wang Jun and others many colleagues and experts from the Department of Palaeobotany and Palaeontology of Nanjing Institute of Geology and Palaeontology (NIGPS), CAS for helpful suggestions and support. Special thanks are due to Acad. Zhou Zhiyan for his kind help and support for this work, and writing "General Foreword" of this book. We also acknowledge our sincere thanks to Prof. Yang Qun (the director of NIGPAS), Acad. Rong Jiayu, Acad. Shen Shuzhong and Prof. Yuan Xunlai (the head of State Key Laboratory of Palaeobiology and Stratigraphy), for their support for successful compilation and publication of this book. Ms. Zhang Xiaoping, Ms. Chu Cunying and others from the Liboratory of NIGPAS are appreciated for assistances of books and literatures collections.

Editor

SYSTEMATIC RECORDS

△**Genus *Acthephyllum* Duan et Chen, 1982**

1982   Duan Shuying, Chen Ye, p. 510.

1993a Wu Xiangwu, pp. 6, 212.

1993b Wu Xiangwu, pp. 506, 509.

Type species: *Acthephyllum kaixianense* Duan et Chen, 1982

Taxonomic status: Gymnospermae incertae sedis

△*Acthephyllum kaixianense* **Duan et Chen, 1982**

1982   Duan Shuying, Chen Ye, p. 510, pl. 11, figs. 1—5; fern-like leaves; Reg. No.: No. 7173—No. 7176, No. 7219; Holotype: No. 7219 (pl. 11, fig. 3); Repository: Institute of Botany, the Chinese Academy of Sciences; Tongshuba of Kaixian, Sichuan; Late Triassic Hsuchi-aho Formation.

1993a Wu Xiangwu, pp. 6, 212.

1993b Wu Xiangwu, pp. 506, 509.

△**Genus *Aetheopteris* Chen G X et Meng, 1984**

1984   Chen Gongxin, p. 587.

1993a Wu Xiangwu, pp. 6, 213.

1993b Wu Xiangwu, pp. 501, 509.

Type species: *Aetheopteris rigida* Chen G X et Meng, 1984

Taxonomic status: Gymnospermae incertae sedis

△*Aetheopteris rigida* **Chen G X et Meng, 1984**

1984   Chen Gongxin, Meng Fansong, in Chen Gongxin, p. 587, pl. 261, figs. 3, 4; pl. 262, fig. 3; text-fig. 133; fern-like leaves; Reg. No.: EP685; Holotype: EP685 (pl. 262, fig. 3); Repository: Geological Bureau of Hubei Province; Paratype: pl. 261, figs. 3, 4; Repository: Yichang Institute of Geology and Mineral Resources; Fenshuiling of Jingmen, Hubei; Late Triassic Jiuligang Formation.

1993a Wu Xiangwu, pp. 6, 213

1993b Wu Xiangwu, pp. 501, 509.

△Genus *Aipteridium* Li et Yao, 1983

1983　Li Xingxue, Yao Zhaoqi, p. 322.

1993a　Wu Xiangwu, p. 165.

Type species: *Aipteridium pinnatum* (Sixtel) Li et Yao, 1983

Taxonomic status: Pteridospermopsida

△*Aipteridium pinnatum* (Sixtel) Li et Yao, 1983

1961　*Aipteris pinnatum* Sixtel, p. 153, pl. 3; fern-like leaf; South Fergana; Late Triassic.

1983　Li Xingxue, Yao Zhaoqi, p. 322.

1991　Yao Zhaoqi, Wang Xifu, p. 50, pl. 1, figs. 3—5; pl. 2, figs. 1—3; text-figs. 1—3; fern-like leaves; Jiaoping of Yijun, Shaanxi; middle Late Triassic upper part of Yenchang Group.

1993a　Wu Xiangwu, p. 165.

△*Aipteridium kuqaense* (Wu et Zhou) Wu et Zhou, 1996 (in Chinese)

1990　*Scytophyllum kuqaense* Wu et Zhou, Wu Shunqing, Zhou Hanzhong, pp. 452, 457, pl. 3, figs. 1—2a, 5, 5a; fern-like leaves; Kuqa, Xinjiang; Early Triassic Ehuobulake Formation.

1996　Wu Shunqing, Zhou Hanzhong, p. 6, pl. 3, figs. 2—4; fern-like leaves; Kuqa River Section of Kuqa, Xinjiang; Middle Triassic lower member of Karamay Formation. (in Chinese)

Aipteridium cf. *kuqaense* (Wu et Zhou) Wu et Zhou

1996　Wu Shunqing, Zhou Hanzhong, p. 7, pl. 3, figs. 5, 5a; fern-like leaves; Kuqa River Section of Kuqa, Xinjiang; Middle Triassic lower member of Karamay Formation.

△*Aipteridium zhiluoense* Wang, 1991

1991　Yao Zhaoqi, Wang Xifu, pp. 50, 55, pl. 1, figs. 1, 2; fern-like leaves; Reg. No.: PB15532; Holotype: PB15532 (pl. 1, fig. 1); Repository: Nanjing Institute of Geology and Palaeontology, Chinese Academy of Sciences; Zhiluo of Huangling, Shaanxi; middle Late Triassic upper part of Yenchang Group.

Aipteridium spp.

1991　*Aipteridium* spp., Yao Zhaoqi, Wang Xifu, p. 50, pl. 1, figs. 3—5; pl. 2, figs. 1—3; text-figs. 1—3; fern-like leaves; Jiaoping of Yijun, Shaanxi; middle Late Triassic upper part of Yenchang Group.

Genus *Aipteris* Zalessky, 1939

1939　Zalessky, p. 348.

1976　Huang Zhigao, Zhou Huiqin, p. 208.

1993a　Wu Xiangwu, p. 50.

Type species: *Aipteris speciosa* Zalessky, 1939

Taxonomic status: Pteridospermopsida

Aipteris speciosa Zalessky, 1939

1939 Zalessky, p. 348, fig. 27; fern-like foliage; Karanaiera, USSR; Permian.

1993a Wu Xiangwu, p. 50.

Aipteris nerviconfluens Brick, 1952

1952 Brick, p. 37, pl. 13, figs. 1—9; fern-like leaves; Aktyubinsk; Late Triassic.

1980 Huang Zhigao, Zhou Huiqin, p. 87, pl. 35, fig. 3; pl. 36, figs. 1, 2; pl. 37, figs. 2—5; fern-like leaves; Ershilidun and Yangjiaping of Shenmu, Shaanxi; Late Triassic lower part of Yenchang Formation.

△*Aipteris obovata* Huang et Chow, 1980

1980 Huang Zhigao, Zhou Huiqin, p. 88, pl. 37, fig. 1; pl. 38, figs. 2, 3; text-figs. 6, 7; fern-like leaves; Reg. No.: OP3040, OP3041; Yangjiaping of Shenmu, Shaanxi; Late Triassic lower part of Yenchang Formation. (Notes: The type specimen was not designated in the original paper)

△*Aipteris shensiensis* Huang et Chow, 1980

1980 Huang Zhigao, Zhou Huiqin, p. 88, pl. 34, figs. 1—3; pl. 35, figs. 1, 2; fern-like leaves; Reg. No.: OP405, OP531, OP532, OP536; Liulingou of Tongchuan, Shaanxi; Late Triassic upper part of Yenchang Formation. (Notes: The type specimen was not designated in the original paper)

1982 Liu Zijin, p. 128, pl. 67, fig. 4; fern-like leaf; Liulingou of Tongchuan, Shaanxi; Late Triassic apex part of Yenchang Formation.

△*Aipteris wuziwanensis* Chow et Huang, 1976 (non Huang et Chow, 1980)

1976 Chow Huiqin and others, p. 208, pl. 113, fig. 2; pl. 114, fig. 3B; pl. 118, fig. 4; fern-like leaves; Wuziwan of Jungar Banner, Inner Mongolia; Middle Triassic upper part of Ermaying Formation. (Notes: The type specimen was not designated in the original paper)

1993a Wu Xiangwu, p. 50.

△*Aipteris wuziwanensis* Huang et Chow, 1980 (non Chow et Huang, 1976)

(Notes: This specific name *Aipteris wuziwanensis* Huang et Chow, 1980 is a later isonym of *Aipteris wuziwanensis* Chow et Huang, 1976)

1980 Huang Zhigao, Zhou Huiqin, p. 89, pl. 3, fig. 6; pl. 5, figs. 2—3a; fern-like leaves; Reg. No.: OP3008, OP3009, OP3103; Wuziwan of Jungar Banner, Inner Mongolia; Middle Triassic upper part of Ermaying Formation. [Notes: The type specimen was not designated in the original paper; This specimen lately was referred as *Scytophyllum wuziwanensis* (Huang et Zhou)(Li Xingxue and others, 1995)]

"*Aipteris*" cf. *wuziwanensis* Huang et Chow

1983 Zhang Wu and others, p. 77, pl. 2, figs. 14—16; text-fig. 8; fern-like leaves; Linjiawaizi in Benxi, Liaoning; Middle Triassic Linjia Formation.

Aipteris sp.

1983   Aipteris sp., Meng Fansong, p. 225, pl. 4, fig. 3; fern-like leaf; Donggong of Nanzhang, Hubei; Late Triassic Jiuligang Formation.

Genus *Amdrupia* Harris, 1932

1932   Harris, p. 29.

1954   Hsu J, p. 67.

1993a   Wu Xiangwu, p. 52.

Type species: *Amdrupia stenodonta* Harris, 1932

Taxonomic status: Gymnospermae incertae sedis

Amdrupia stenodonta Harris, 1932

1932   Harris, p. 29, pl. 3, fig. 4; gymnosperm leaf; Scoresby Sound, East Greenland; Late Triassic *Lepidopteris* Zone.

1952   *Amdrupiopsis sphenopteroides* Sze et Lee, Sze H C, Lee H H, pp. 6, 24, pl. 3, figs. 7—7b; text-fig. 1; fern-like leaves; Aishanzi of Weiyuan, Sichuan; Early Jurassic.

1954   Hsu J, p. 67, pl. 57, figs. 3, 4; fern-like leaves; Aishanzi of Weiyuan, Sichuan; Early Jurassic. 〔Notes: This specimen was referred as *Amdrupia sphenopteroides* (Sze et Lee) Lee (Sze H C, Lee H H and others, 1963)〕

1993a   Wu Xiangwu, p. 52.

△*Amdrupia*? *cladophleboides* Yao, 1968

1968   Yao Zhaoqi, in *Fossil Atlas of Mesozoic Coal-bearing Strata in Kiangsi and Hunan Provinces*, p. 79, pl. 3, figs. 4—6; fern-like leaves; Chengtanjiang of Liuyang, Hunan; Late Triassic Zijiachong Member of Anyuan Formation; Yongshanqiao of Leping, Jiangxi; Late Triassic Anyuan Formation. (Notes: The type specimen was not designated in the original paper)

1977   Feng Shaonan and others, p. 245, pl. 94, fig. 8; fern-like leaf; Chengtanjiang of Liuyang and Huashi of Zhuzhou, Hunan; Late Triassic Anyuan Formation.

1978   Zhang Jihui, p. 487, pl. 163, figs. 8, 9; fern-like leaves; Shanpen of Zunyi, Guizhou; Late Triassic.

1980   He Dechang, Shen Xiangpeng, p. 29, pl. 7, fig. 4; pl. 10, fig. 3; pl. 11, fig. 7; pl. 14, fig. 4; fern-like leaves; Tongrilonggou in Sandu of Zixing and Chengtanjiang of Liuyang, Hunan; Late Triassic Anyuan Formation and Sanqiutian Formation; Gouyadong of Lechang, Guangdong; Late Triassic.

△*Amdrupia kashiensis* Gu et Hu, 1984

1984   Gu Daoyuan, p. 157, pl. 73, figs. 3, 4; fern-like leaves; Col. No.: 742H₃-37; Reg. No.: XPAM12, XPAM13; Repository: Petroleum Administration of Xinjiang Uighur Autonomous Region; Fanxiu Coal Mine in Kashgar, Xinjiang; Early Jurassic Kangsu Formation.

△*Amdrupia? kwangyuanensis* Huang, 1992

1992　Huang Qisheng, p. 178, pl. 17, figs. 1, 1a; fern-like leaf; Col. No.: XY42; Reg. No.: SX85021; Repository: Department of Palaeontology, China University of Geosciences (Wuhan); Yangjiaya of Guangyuan, Sichuan; Late Triassic member 3 of Hsuchiaho Formation.

△*Amdrupia sphenopteroides* (Sze et Lee) Lee, 1963

1952　*Amdrupiopsis sphenopteroides* Sze et Lee, Sze H C, Lee H H, pp. 6, 24, pl. 3, figs. 7 — 7b; text-fig. 1; fern-like leaves; Aishanzi of Weiyuan, Sichuan; Early Jurassic.

1954　*Amdrupia stenodonta* Harris, Hsu J, p. 67, pl. 57, figs. 3, 4; leaves; Aishanzi of Weiyuan, Sichuan; Early Jurassic.

1963　Lee H H, in Sze H C, Lee H H and others, p. 117, pl. 43, fig. 9; fern-like leaf; Yipinchang of Baxian and Aishanzi of Weiyuan, Sichuan; Early Jurassic Hsiangchi Group.

Cf. *Amdrupia sphenopteroides* (Sze et Lee) Lee

1964　Lee P C, p. 146, pl. 18, figs. 4, 4a; fern-like leaf; Yangjiaya of Guangyuan, Sichuan; Late Triassic Hsuchiaho Formation.

Amdrupia sp.

1999b　*Amdrupia* sp., Wu Shunqing, p. 51, pl. 43, fig. 3; fern-like leaf; Wanxin Coal Mine in Wanyuan, Sichuan; Late Triassic Hsuchiaho Formation.

Amdrupia? spp.

1982　*Amdrupia?* sp., Wang Guoping and others, p. 293, pl. 128, fig. 7; fern-like leaf; Luoxi of Jinxian, Jiangxi; Late Triassic Anyuan Formation.

1987　*Amdrupia?* sp., He Dechang, p. 74, pl. 8, fig. 1; fern-like leaf; Fengping of Suichang, Zhejiang; Early Jurassic bed 2 of Huaqiao Formation.

△Genus *Amdrupiopsis* Sze et Lee, 1952

1952　Sze H C, Lee H H, pp. 6, 24.

1978　Yang Xianhe, p. 535.

1982　Watt, p. 4.

1993a　Wu Xiangwu, pp. 7, 213.

1993b　Wu Xiangwu, pp. 505, 509.

Type species: *Amdrupiopsis sphenopteroides* Sze et Lee, 1952

Taxonomic status: Gymnospermae incertae sedis

△*Amdrupiopsis sphenopteroides* Sze et Lee, 1952

1952　Sze H C, Lee H H, pp. 6, 24, pl. 3, figs. 7 — 7b; text-fig. 1; fern-like leaves; Repository: Nanjing Institute of Geology and Palaeontology, Chinese Academy of Sciences; Aishanzi of Weiyuan, Sichuan; Early Jurassic. [Notes: This specimen was referred as *Amdrupia stenodonta* Harris (Hsu J,1954) and *Amdrupia sphenopteroides* (Sze et Lee) Lee (Sze H C,Lee H H and others,1963)]

1962　Lee H H,p. 150,pl. 91,fig. 3;fern-like leaf;Changjiang River Basin;Early Jurassic.

1978　Yang Xianhe,p. 535,pl. 183,figs. 3,4;text-fig. 123;fern-like leaves;Yipinchang of Dayi, Sichuan;Late Triassic Hsuchiaho Formation.

1982　Watt,p. 4.

1993a　Wu Xiangwu,pp. 7,213.

1993b　Wu Xiangwu,pp. 505,509.

Genus *Androstrobus* Schimper,1870

1870　Schimper,p. 199

1979　Hsu J,Hu Yufan,in Hsu J and others,p. 50.

1993a　Wu Xiangwu,p. 53.

Type species:*Androstrobus zamioides* Schimper,1870

Taxonomic status:Cycadales,Cycadopsida

Androstrobus zamioides Schimper,1870

1870　Schimper,p. 199,pl. 72,figs. 1—3;cycad male cones;Etrochey,France;Jurassic Bathonian.

1979　Hsu J,Hu Yufan,in Hsu J and others,p. 50.

1993a　Wu Xiangwu,p. 53.

Androstrobus nathorsti Seward,1895

1895　Seward,p. 110,pl. 9,figs. 1—4;cycad male cones;England;Early Cretaceous (Weaden).

Cf. *Androstrobus nathorsti* Sewad

1989　Zheng Shaolin,Zhang Wu,p. 30,pl. 1,fig. 1;cycad male cone;Nieerkucun in Nanzamu of Xinbin,Liaoning;Early Cretaceous Nieerku Formation.

△*Androstrobus pagiodiformis* Hsu et Hu,1979

1979　Hsu J,Hu Yufan,in Hsu J and others,p. 50,pl. 45,figs. 2,2a;cycad male cone;No.:No. 874A;Repository:Institute of Botany, the Chinese Academy of Sciences;Baoding, Sichuan;Late Triassic middle part of Daqiaodi Formation.

1993a　Wu Xiangwu,p. 53.

Androstrobus sp.

2002　*Androstrobus* sp.,Wu Xiangwu and others,p. 162,pl. 9,figs. 6A,14;pl. 10,figs. 2—5a; microsporophylls;Qingtujing of Jinchang, Gansu;Middle Jurassic lower member of Ningyuanpu Formation;Bailuanshan of Zhangye, Gansu;Early — Middle Jurassic Chaishui Group.

△Genus *Angustiphyllum* Huang, 1983

1983　Huang Qisheng, p. 33.

1993a　Wu Xiangwu, pp. 7, 214.

1993b　Wu Xiangwu, pp. 500, 510.

Type species: *Angustiphyllum yaobuense* Huang, 1983

Taxonomic status: Pteridospermopsida

△*Angustiphyllum yaobuense* Huang, 1983

1983　Huang Qisheng, p. 33, pl. 4, figs. 1—7; leaves; Reg. No.: Ahe8132, Ahe8134 — Ahe8138,
　　　Ahe8140; Holotype: AHe8132, Ahe8134 (pl. 4, figs. 1, 2); Repository: Department of
　　　Palaeontology, Wuhan College of Geology; Lalijian of Huaining, Anhui; Early Jurassic
　　　lower part of Xiangshan Group.

1993a　Wu Xiangwu, pp. 7, 214.

1993b　Wu Xiangwu, pp. 500, 510.

Genus *Anomozamites* Schimper, 1870

1870 (1869—1874)　Schimper, p. 140.

1883　Schenk, p. 246.

1963　Sze H C, Lee H H and others, p. 162.

1993a　Wu Xiangwu, p. 55.

Type species: *Anomozamites inconstans* Schimper, 1870

Taxonomic status: Bennettiales, Cycadopsida

Anomozamites inconstans (Goeppert) Schimper, 1870

1843 (1841—1846)　*Pterophyllum inconstans* Goeppert, p. 136; cycadophyte foliage; Bavaria,
　　　Germany; Late Triassic (Rhaetic).

1867 (1865b—1867)　*Pterophyllum inconstans* Goeppert, Schenk, p. 171, pl. 37, figs. 5—9;
　　　cycadophyte foliage; Bavaria, Germany; Late Triassic (Rhaetic).

1870 (1869—1874)　Schimper, p. 140.

1954　Hsu J, p. 59, pl. 51, fig. 1; cycadophyte leaf; Liuyang, Hunan; Pingxiang, Jiangxi; Late
　　　Triassic.

1963　Sze H C, Lee H H and others, p. 164, pl. 63, fig. 7; cycadophyte leaf; Dangyang, Hubei;
　　　Yipinchang of Baxian, Sichuan; Early Jurassic Hsiangchi Group; Hujiafang of Pingxiang
　　　and Ji'an, Jiangxi; Taihu of Anhui and Shaanxi; Late Triassic—Early Jurassic.

1974b　Lee P C and others, p. 376, pl. 200, figs. 7, 8; cycadophyte leaves; Baitianba of
　　　Guangyuan, Sichuan; Early Jurassic Baitianba Formation.

1977　Feng Shaonan and others, p. 227, pl. 86, fig. 6; cycadophyte leaf; Dangyang, Hubei; Early

—Middle Jurassic Upper Coal Formation of Hsiangchi Group; Liuyang, Hunan; Late Triassic Anyuan Formation.

1978　Yang Xianhe, p. 508, pl. 190, fig. 6; cycadophyte leaf; Baitianba of Guangyuan, Sichuan; Early Jurassic Baitianba Formation.

1978　Zhou Tongshun, pl. 15, fig. 5; pl. 22, fig. 3; cycadophyte leaves; Wenbinshan in Dakeng of Zhangping, Fujian; Late Triassic upper member of Wenbinshan Formation.

1979　Hsu J and others, p. 60, pl. 55, figs. 1—9b; cycadophyte leaves; Ganbatang of Baoding, Sichuan; Late Triassic middle-upper part of Daqiaodi Formation.

1983　Ju Kuixiang and others, pl. 1, fig. 5; cycadophyte leaf; Fanjiatang in Longtan of Nanjing, Jiangsu; Late Triassic Fanjiatang Formation.

1984　Chen Gongxin, p. 591, pl. 243, fig. 6a; pl. 244, figs. 4, 5; cycadophyte leaves; Tongzhuyuan of Dangyang, Hubei; Early Jurassic Tongzhuyuan Formation.

Anomozamites cf. *inconstans* (Braun) Schimper

1988b　Huang Qisheng, Lu Zongsheng, pl. 9, fig. 7; cycadophyte leaf; Jinshandian of Daye, Hubei; Early Jurassic middle part of Wuchang Formation.

1990　Wu Xiangwu, He Yuanliang, p. 304, pl. 8, figs. 1A, 1a; cycadophyte leaf; Zhiduo, Qinghai; Late Triassic Gema Formation of Jieza Group.

△*Anomozamites alternus* Hsu et Hu, 1975

1975　Hsu J, Hu Yufan, in Hsu J and others, p. 73, pl. 6, figs. 1—3; text-fig. 1; cycadophyte leaves; No.: No. 2500b, No. 2577b, No. 25771a; Holotype: No. 2500b (pl. 6, fig. 1); Repository: Institute of Botany, the Chinese Academy of Sciences; Nalajing of Yongren, Yunnan; Late Triassic Daqiaodi Formation.

1978　Yang Xianhe, p. 508, pl. 157, fig. 2; cycadophyte leaf; Dukou, Sichuan; Late Triassic Daqiaodi Formation.

1979　Hsu J and others, p. 59, pl. 54, figs. 1—3; cycadophyte leaves; Baoding, Sichuan; Late Triassic middle-upper part of Daqiaodi Formation.

Anomozamites amdrupiana Harris, 1932

1932　Harris, p. 33, pl. 8, fig. 5; text-fig. 12; cycadophyte leaves; Scoresby Sound, East Greenland; Late Triassic *Lepidopteris* Zone.

1977　Feng Shaonan and others, p. 226, pl. 98, figs. 13—15; cycadophyte leaves; Nanzhang and Yuanan, Hubei; Late Triassic Lower Coal Formation of Hsiangchi Group.

1984　Chen Gongxin, p. 591, pl. 246, fig. 8; cycadophyte leaf; Jiuligang of Yuanan, Hubei; Late Triassic Jiuligang Formation.

1987　Chen Ye and others, p. 113, pl. 24, figs. 7, 8; cycadophyte leaves; Qinghe of Yanbian, Sichuan; Late Triassic Hongguo Formation.

1989　Mei Meitang and others, p. 101, pl. 50, fig. 6; cycadophyte leaf; China; Late Triassic.

Anomozamites cf. *amdrupiana* Harris

1988　Wu Shunqing and others, p. 105, pl. 1, fig. 2; cycadophyte leaf; Changshu, Jiangsu; Late

Triassic Fanjiatang Formation.

1999b   Wu Shunqing,p. 34,pl. 26,fig. 6;cycadophyte leaf;Langdai of Liuzhi,Guizhou;Late Tri-
assic Huobachong Formation.

Anomozamites angulatus Heer,1876

1876   Heer,p. 103,pl. 25,fig. 1;cycadophyte leaf;upper reaches of Heilongjiang River;Late
Jurassic.

1976   Chang Chichen,p. 191,pl. 93,fig. 4;pl. 95,figs. 5,6;cycadophyte leaves;Shiguaigou of
Baotou,Inner Mongolia;Middle Jurassic Zhaogou Formation.

1980   Zhang Wu and others,p. 267,pl. 139,figs. 2－4;cycadophyte leaves;Beipiao,Liaoning;
Middle Jurassic Lanqi Formation;Chaoyang,Liaoning;Early－Middle Jurassic.

1982b   Zheng Shaolin,Zhang Wu,p. 311,pl. 9,figs. 8,9;cycadophyte leaves;Peide of Mishan,
Heilongjiang;Middle Jurassic Peide Formation.

1987   Zhang Wu, Zheng Shaolin, pl. 12,fig. 1; cycadophyte leaf; Pandaogou of Nanpiao,
Liaoning;Middle Jurassic Haifanggou Formation.

1995b   Deng Shenghui,p. 47,pl. 18,fig. 4;pl. 23,figs. 3－6;pl. 34,fig. 6;pl. 35,figs. 5,6;text-
fig. 18;cycadophyte leaves and cuticles;Huolinhe Basin,Inner Mongolia;Early Creta-
ceous Huolinhe Formation.

1996   Mi Jiarong and others, p. 104,pl. 13,fig. 7;cycadophyte leaf;Haifanggou of Beipiao,
Liaoning;Middle Jurassic Haifanggou Formation.

1997   Deng Shenghui and others,p. 38,pl. 18,figs. 1－3;pl. 20,fig. 16;cycadophyte leaves and
cuticles;Dayan Basin of Hailar,Inner Mongolia;Early Cretaceous Yimin Formation and
Damoguaihe Formation.

Anomozamites cf. *angulatus* Heer

1983   Zhang Zhicheng,Xiong Xianzheng,p. 60,pl. 6,figs. 4,5;cycadophyte leaves;Dongning
Basin,Heilongjiang;Early Cretaceous Dongning Formation.

Anomozamites arcticus Vassilievskaja,1963

1963   Vassilievskaja,Pavlov,pl. 24,fig. 3;pl. 25,fig. 2;pl. 35,fig. 3;pl. 38,fig. 1A;cycadophyte
leaves;Early Cretaceous(Arctic Zone).

1983   Zhang Zhicheng, Xiong Xianzheng, p. 59, pl. 5, figs. 1－3,5,6; cycadophyte leaves;
Dongning Basin,Heilongjiang;Early Cretaceous Dongning Formation.

1992   Sun Ge,Zhao Yanhua,p. 536,pl. 233,fig. 6;pl. 240,fig. 3;cycadophyte leaves;Luozigou
of Wangqing,Jilin;Late Jurassic Jingouling Formation.

1995a   Li Xingxue （editor-in-chief）, pl. 97,fig. 6;pl. 101,fig. 5;cycadophyte leaves;Hegang,
Heilongjiang;Early Cretaceous Shitouhezi Formation.（in Chinese）

1995b   Li Xingxue （editor-in-chief）, pl. 97,fig. 6;pl. 101,fig. 5;cycadophyte leaves;Hegang,
Heilongjiang;Early Cretaceous Shitouhezi Formation.（in English）

△*Anomozamites chaoi* （Sze） Wang,1993

1933   *Ctenis chaoi* Sze,Sze H C,p. 18,pl. 2,figs. 1－8;cycadophyte leaves;Xujiahe of Guang-
yuan,Sichuan;late Late Triassic－Early Jurassic.

1993   Wang Shijun,p. 34, pl. 16,figs. 1,1a,6;pl. 38,figs. 1－5; cycadophyte leaves and cuticles；Guanchun of Lechang，Guangdong；Late Triassic Genkou Group.

△*Anomozamites densinervis* Lee，1976

1976　Lee P C and others，p. 121，pl. 35，figs. 4—5a；cycadophyte leaves；Reg. No.：PB5390，
　　　　PB5391；Holotype：PB5390 (pl. 35，fig. 4)；Repository：Nanjing Institute of Geology and
　　　　Palaeontology，Chinese Academy of Sciences；Moshahe of Dukou，Sichuan；Late Triassic
　　　　Daqiaodi Member of Nalajing Formation.

△*Anomozamites fangounus* Duan，1987

1987　Duan Shuying，p. 42，pl. 15，fig. 7；cycadophyte leaf；Reg. No.：S-PA-86-478；Holotype：
　　　　S-PA-86-478 (pl. 15，fig. 7)；Repository：Swedish National Museum of Natural History；
　　　　Zhaitang of West Hill，Beijing；Middle Jurassic.

△*Anomozamites giganteus* Zhou，1978

1978　Zhou Tongshun，p. 112，pl. 23，figs. 1—4；cycadophyte leaves；Col. No.：$WFT_3 W_2^{1-4}$；Reg.
　　　　No.：$FKP054_{1-4}$；Repository：Institute of Geology，Chinese Academy of Geological Sci-
　　　　ences；Wenbinshan in Dakeng of Zhangping，Fujian；Late Triassic lower member of Wen-
　　　　binshan Formation. (Notes：The type specimen was not designated in the original
　　　　paper)

1982　Wang Guoping and others，p. 262，pl. 118，figs. 2，3；cycadophyte leaves；Dakeng of
　　　　Zhangping，Fujian；Late Triassic Wenbinshan Formation.

1996　Mi Jiarong and others，p. 104，pl. 14，fig. 7；cycadophyte leaf；Xinglonggou of Beipiao，
　　　　Liaoning；Middle Jurassic Haifanggou Formation.

2003　Xu Kun and others，pl. 6，fig. 2；cycadophyte leaf；Xinglonggou of Beipiao，Liaoning；Mid-
　　　　dle Jurassic Haifanggou Formation.

Anomozamites gracilis Nathorst，1875

1875　Nathorst，p. 383；cycadophyte leaf；Switzerland；Late Triassic.

1876　Nathorst，p. 43，pl. 12，figs. 4—12；cycadophyte leaves；Switzerland；Late Triassic.

1999b　Meng Fansong，pl. 1，fig. 9；cycadophyte leaf；Xietan of Zigui，Hubei；Middle Jurassic
　　　　Chenjiawan Formation.

Anomozamites cf. *gracilis* Nathorst

1949　Sze H C，p. 16，pl. 2，fig. 6；pl. 7，fig. 5；cycadophyte leaves；Xiangxi of Zigui，Hubei；Ear-
　　　　ly Jurassic Hsiangchi Coal Series.

1963　Sze H C，Lee H H and others，p. 163，pl. 63，figs. 8，8a；cycadophyte leaves；Xiangxi of
　　　　Zigui，Hubei；Early Jurassic Hsiangchi Group.

1977　Feng Shaonan and others，p. 226，pl. 84，fig. 2；cycadophyte leaf；Dangyang，Hubei；Early
　　　　—Middle Jurassic Upper Coal Formation of Hsiangchi Group；Yuanan，Hubei；Late Tri-
　　　　assic Lower Coal Formation of Hsiangchi Group.

1982　Zhang Caifan，p. 530，pl. 340，fig. 6；pl. 344，fig. 5；cycadophyte leaves；Yangjiaqiao of
　　　　Xiangtan，Hunan；Early Jurassic Shikang Formation.

1983　Duan Shuying and others，pl. 12，fig. 4；cycadophyte leaf；Beiluoshan of Ninglang，Yun-
　　　　nan；Late Triassic.

1984   Chen Fen and others, p. 52, pl. 21, fig. 5; cycadophyte leaf; Mentougou of West Hill, Beijing; Early Jurassic Upper Yaopo Formation.

1984   Chen Gongxin, p. 591, pl. 244, fig. 3; cycadophyte leaf; Sanligang of Dangyang, Hubei; Early Jurassic Tongzhuyuan Formation; Xiangxi of Zigui, Hubei; Early Jurassic Hsiangchi (Xiangxi) Formation.

1997   Meng Fansong, Chen Dayou, pl. 2, figs. 5, 6; cycadophyte leaves; Nanxi of Yunyang, Sichuan; Middle Jurassic Dongyuemiao Member of Ziliujing Formation.

2003   Meng Fansong and others, pl. 2, figs. 6—8; cycadophyte leaves; Shuishikou of Yunyang, Sichuan; Early Jurassic Dongyuemiao Member of Ziliujing Formation.

Anomozamites cf. *A. gracilis* Nathorst

1993   Mi Jiarong and others, p. 110, pl. 20, figs. 6, 6a; cycadophyte leaves; Bamianshi Coal Mine of Shuangyang, Jilin; Late Triassic upper member of Xiaofengmidingzi Formation.

△*Anomozamites haifanggouensis* (Kimura, Ohana, Zhao et Geng) Zheng et Zhang, 2003 (in English)

1994   *Pankuangia haifanggouensis* Kimura, Ohana, Zhao et Geng, Kimua and others, p. 257, figs. 2—4, 8; cycadophyte leaves; Sanjiaochengcun of Jinxi, Liaoning; Middle Jurassic Haifanggou Formation.

2003   Zheng Shaolin, Zhang Wu, in Zheng Shaolin and others, p. 667, figs. 2—7; cycadophyte leaves and reproductive organs; Daohugou in Shantou Town of Ningcheng, Inner Mongolia; Middle Jurassic Haifanggou Formation.

Anomozamites hartzii Harris, 1926

1926   Harris, p. 86, pl. 5, figs. 3, 4a, 5; text-fig. 15A—15E; cycadophyte leaves and cuticles; Scoresby Sound, East Greenland; Late Triassic *Thaumatopteris* Zone.

1996   Mi Jiarong and others, p. 104, pl. 14, fig. 3; cycadophyte leaf; Shimenzhai of Funing, Hebei; Early Jurassic Beipiao Formation.

Anomozamites cf. *hartzii* Harris

1979   Hsu J and others, p. 59, pl. 54, figs. 5—8; cycadophyte leaves; Baoding, Sichuan; Late Triassic middle-upper part of Daqiaodi Formation.

1984   Gu Daoyuan, p. 149, pl. 78, fig. 1; cycadophyte leaf; Fanxiu Coal Mine in Kashgar, Xinjiang; Middle Jurassic Yangye (Yangxia) Formation.

△*Anomozamites jingmenensis* Chen G X, 1984

1984   Chen Gongxin, p. 592, pl. 243, fig. 3; cycadophyte leaf; Reg. No.: EP753; Repository: Geological Bureau of Hubei Province; Yandun of Jingmen, Hubei; Early Jurassic Tongzhuyuan Formation.

Anomozamites kornilovae Orlovskaja, 1976

1976   Orlovskaja, p. 57, pl. 19, figs. 1—8; pl. 20, figs. 1—8; pl. 21, figs. 1—5; text-figs. 26a—26h; cycadophyte leaves; South Kazakstan; Middle Jurassic.

1987   Zhang Wu, Zheng Shaolin, p. 276, pl. 9, fig. 7; pl. 12, figs. 2—6; cycadophyte leaves; Taizishan in Changgao of Beipiao, Liaoning; Middle Jurassic Lanqi Formation; Pandaogou of Nanpiao, Liaoning; Middle Jurassic Haifanggou Formation.

△*Anomozamites kuzhuensis* Chen G X, 1984

1984 Chen Gongxin, p. 592, pl. 245, figs. 6—8; cycadophyte leaves; Reg. No.: EP553—EP555; Repository: Geological Bureau of Hubei Province; Kuzhuqiao of Puqi, Hubei; Late Triassic Jigongshan Formation. (Notes: The type specimen was not designated in the original paper)

△*Anomozamites latirhchis* Duan, 1987

1987 Duan Shuying, p. 41, pl. 15, fig. 6; cycadophyte leaf; Reg. No.: S-PA-86-482; Holotype: S-PA-86-482 (pl. 15, fig. 6); Repository: Swedish National Museum of Natural History; Zhaitang of West Hill, Beijing; Middle Jurassic.

△*Anomozamites latipinnatus* Wang, 1984

1984 Wang Ziqiang, p. 258, pl. 138, figs. 1—5; pl. 159, figs. 6—8; pl. 160, figs. 1, 2; cycadophyte leaves and cuticles; Reg. No.: P0251—P0255; Syntype 1: P0251 (pl. 138, fig. 1); Syntype 2: P0253 (pl. 138, fig. 3); Repository: Nanjing Institute of Geology and Palaeontology, Chinese Academy of Sciences; Xiahuayuan, Hebei; Middle Jurassic Mentougou Formation. [Notes: According to *International Code of Botanical Nomenclature* (*Vienna Code*) article 37. 2, from the year 1958, the holotype type specimen should be unique]

△*Anomozamites loczyi* Schenk, 1885

1885 Schenk, p. 172 (10), pl. 14 (2), figs. 1—4; cycadophyte leaves; Guangyuan, Sichuan; late Late Triassic—Early Jurassic.

1963 Sze H C, Lee H H and others, p. 165, pl. 52, fig. 4; pl. 103, fig. 1; cycadophyte leaves; Guangyuan, Sichuan; late Late Triassic Hsuchiaho Formation.

1964 Lee P C, pp. 125, 172, pl. 14, figs. 5, 5a; cycadophyte leaves; Xujiahe of Guangyuan, Sichuan; Late Triassic Hsuchiaho Formation.

1968 *Fossil Atlas of Mesozoic Coal-bearing Strata in Kiangsi and Hunan Provinces*, p. 59, pl. 16, figs. 1, 1a; cycadophyte leaf; Jiangxi (Kiangsi) and Hunan; Late Triassic.

1974a Lee P C and others, p. 359, pl. 194, figs. 4—6; cycadophyte leaves; Xujiahe of Guangyuan and Cifengchang of Pengxian, Sichuan; Late Triassic Hsuchiaho Formation.

1976 Lee P C and others, p. 122, pl. 34, figs. 2—4a; cycadophyte leaves; Yipinglang of Lufeng, Yunnan; Late Triassic Ganhaizi Member of Yipinglang Formation.

1977 Feng Shaonan and others, p. 226, pl. 86, fig. 4; cycadophyte leaf; eastern Hunan; Late Triassic Anyuan Formation.

1978 Yang Xianhe, p. 508, pl. 180, fig. 6; cycadophyte leaf; Cifengchang of Pengxian, Sichuan; Late Triassic Hsuchiaho Formation.

1978 Zhou Tongshun, p. 111, pl. 22, fig. 7; cycadophyte leaf; Wenbinshan in Dakeng of Zhangping, Fujian; Late Triassic upper member of Wenbinshan Formation.

1980 Huang Zhigao, Zhou Huiqin, p. 92, pl. 28, fig. 5; cycadophyte leaf; Jiaoping of Tongchuan, Shaanxi; Late Triassic upper part of Yenchang Formation.

1982 Zhang Caifan, p. 530, pl. 355, figs. 3, 3a; cycadophyte leaf; Zheqiao of Hengyang, Hunan; Late Triassic.

1984 Chen Gongxin, p. 592, pl. 244, figs. 6—8; pl. 269, fig. 19b; cycadophyte leaves; Kuzhuqiao of Puqi, Hubei; Late Triassic Jigongshan Formation; Miaoqian of Dangyang, Hubei; Late Triassic Jiuligang Formation.

1986　Ye Meina and others, p. 48, pl. 28, figs. 10, 10a; cycadophyte leaf; Wenquan of Kaixian, Sichuan; Late Triassic member 3 of Hsuchiaho Formation.

1987　Chen Ye and others, p. 113, pl. 15, fig. 5; pl. 16, fig. 9; pl. 25, figs. 1—3; cycadophyte leaves; Qinghe of Yanbian, Sichuan; Late Triassic Hongguo Formation.

1989　Mei Meitang and others, p. 101, pl. 50, fig. 7; text-fig. 3-73; cycadophyte leaf; South China; Late Triassic.

Anomozamites cf. *loczyi* Schenk

1982　Li Peijuan, Wu Xiangwu, p. 51, pl. 6, fig. 3; pl. 10, fig. 4; cycadophyte leaves; Xiangcheng area, Sichuan; Late Triassic Lamaya Formation.

1982　Wang Guoping and others, p. 262, pl. 118, fig. 4; cycadophyte leaf; Dakeng of Zhangping, Fujian; Late Triassic Dakeng Formation.

Anomozamites major (Brongniart) Nathorst, 1878

1825　*Pterophyllum majus* Brongniart, p. 219, pl. 12, fig. 7; cycadophyte leaf; Sweden; Late Triassic.

1878　Nathorst, p. 21.

1987　Duan Shuying, p. 41, pl. 114, fig. 3; cycadophyte leaf; Zhaitang of West Hill, Beijing; Middle Jurassic.

1989　Duan Shuying, pl. 1, fig. 4; cycadophyte leaf; Zhaitang of West Hill, Beijing; Middle Jurassic Mentougou Coal Series.

2003　Deng Shenghui and others, pl. 69, fig. 2; cycadophyte leaf; Sadaoling Coal Mine in Hami, Xinjiang; Middle Jurassic Xishanyao Formation.

? *Anomozamites major* (Brongniart) Nathorst

1965　Tsao Chengyao, p. 522, pl. 6, fig. 6; cycadophyte leaf; Songbaikeng of Gaoming, Guangdong; Late Triassic Siaoping Formation (Siaoping Series).

Anomozamites cf. *major* (Brongniart) Nathorst

1933d　Sze H C, p. 30, pl. 8, figs. 4, 5; cycadophyte leaves; Shiguaizi of Saratsi, Inner Mongolia; Early Jurassic.

1933d　Sze H C, p. 57, pl. 9, fig. 5; cycadophyte leaf; Xincang of Taihu, Anhui; late Late Triassic.

1949　Sze H C, p. 16, pl. 2, fig. 5; pl. 3, fig. 9; pl. 6, fig. 7; pl. 14, fig. 14; cycadophyte leaves; Xiangxi of Zigui, Hubei; Early Jurassic Hsiangchi Coal Series.

1963　Lee H H (editor-in-chief), pl. 1, fig. 2; cycadophyte leaf; Lijia of Shouchang, Zhejiang; Early—Middle Jurassic Wuzao Formation.

1963　Sze H C, Lee H H and others, p. 165, pl. 63, figs. 4, 5; cycadophyte leaves; Xiangxi of Zigui, Hubei; Early Jurassic Hsiangchi Group; Xincang of Taihu, Anhui; Late Triassic—Early Jurassic.

1977　Feng Shaonan and others, p. 227, pl. 84, fig. 8; cycadophyte leaf; Zigui, Hubei; Early—Middle Jurassic Upper Coal Formation of Hsiangchi Group.

1978   Zhou Tongshun, pl. 22, fig. 4; cycadophyte leaf; Jitou of Shanghang, Fujian; Late Triassic upper member of Dakeng Formation.

1980   Zhang Wu and others, p. 267, pl. 140, figs. 1, 2; cycadophyte leaves; Lingyuan, Liaoning; Early Jurassic Guojiadian Formation.

1982   Wang Guoping and others, p. 263, pl. 119, fig. 6; cycadophyte leaf; Dakeng of Zhangping, Fujian; Late Triassic Dakeng Formation.

1983   Li Jieru, pl. 2, figs. 11—16; cycadophyte leaves; Houfulongshan of Nanpiao, Liaoning; Middle Jurassic member 3 of Haifanggou Formation.

1984   Chen Fen and others, p. 52, pl. 21, figs. 3, 4; cycadophyte leaves; Datai and Zhaitang of West Hill, Beijing; Early Jurassic Lower Yaopo Formation; Daanshan, Beijing; Early Jurassic Upper Yaopo Formation; Datai and Daanshan of West Hill, Beijing; Middle Jurassic Longmen Formation.

2002   Wu Xiangwu and others, p. 159, pl. 9, fig. 11A; pl. 10, figs. 10A, 11; cycadophyte leaves; Maohudong of Shandan, Gansu; Early Jurassic upper member of Jijigou Formation.

Anomozamites marginatus (Unger) Nathorst, 1876

1850   *Pterophyllum marginatum* Unger, p. 286.

1867   *Pterophyllum marginatum* Unger, Schenk, p. 166, pl. 37, figs. 2—4; cycadophyte leaves; Pasjoe and Hoer, Sweden; Late Triassic.

1876 (1878)   Nathorst, pp. 43 (1876), 22 (1878), pl. 12, figs. 1—3; cycadophyte leaves; Pasjoe and Hoer, Sweden; Late Triassic.

1986   Ye Meina and others, p. 48, pl. 28, figs. 6B, 6b; cycadophyte leaf; Leiyinpu of Daxian, Sichuan; Late Triassic member 7 of Hsuchiaho Formation.

Cf. *Anomozamites marginatus* (Unger) Nathorst

1982b   Wu Xiangwu, p. 92, pl. 19, fig. 3; cycadophyte leaf; Gonjo area, Tibet; Late Triassic upper member of Bagong Formation.

Anomozamites cf. *marginatus* (Unger) Nathorst

1984   Chen Gongxin, p. 592, pl. 247, figs. 7, 8; cycadophyte leaves; Chengchao of Echeng, Hubei; Early Jurassic Wuchang Formation.

1996   Mi Jiarong and others, p. 105, pl. 14, fig. 12; cycadophyte leaf; Shimenzhai of Funing, Hebei; Early Jurassic Beipiao Formation.

Anomozamites minor (Brongniart) Nathorst, 1878

1825   *Pterophyllum minor* Brongniart, p. 218, pl. 12, fig. 8; cycadophyte leaf; Sweden; Late Triassic.

1878   Nathorst, p. 12, pl. 12, figs. 4—12; cycadophyte leaves; Sweden; Late Triassic.

1956   Ngo C K, p. 24, pl. 5, fig. 2; cycadophyte leaf; Xiaoping of Guangzhou, Guangdong; Late Triassic Siaoping Coal Series.

1963   Chow Huiqin, p. 174, pl. 75, fig. 2; cycadophyte leaf; Heyuan, Guangdong; Late Triassic.

1964   Lee H H and others, p. 124, pl. 79, fig. 1; cycadophyte leaf; South China; late Late Triassic—Early Jurassic.

1977   Feng Shaonan and others, p. 226, pl. 83, fig. 4; cycadophyte leaf; Heyuan, Guangdong;

Late Triassic Siaoping Formation.

1979   Hsu J and others, p. 60, pl. 56, figs. 1—7; cycadophyte leaves; Baoding, Sichuan; Late
        Triassic middle-upper part of Daqiaodi Formation.

1982   Wang Guoping and others, p. 263, pl. 117, fig. 2; cycadophyte leaf; Xishan of Hengfeng,
        Jiangxi; Late Triassic Anyuan Formation.

1983   Ju Kuixiang and others, pl. 3, fig. 1; cycadophyte leaf; Fanjiatang in Longtan of Nanjing,
        Jiangsu; Late Triassic Fanjiatang Formation.

1986   Chen Ye and others, p. 42, pl. 8, fig. 6; cycadophyte leaf; Litang, Sichuan; Late Triassic
        Lanashan Formation.

1993   Mi Jiarong and others, p. 110, pl. 20, fig. 7; cycadophyte leaf; Luoquanzhan of Dongning,
        Heilongjiang; Late Triassic Luoquanzhan Formation.

1996   Mi Jiarong and others, p. 105, pl. 14, figs. 1, 4, 8, 10—13, 22; cycadophyte leaf; Shi-
        menzhai of Funing, Hebei; Early Jurassic Beipiao Formation.

? *Anomozamites minor* (Brongniart) Nathorst

1968   *Fossil Atlas of Mesozoic Coal-bearing Strata in Kiangsi and Hunan Provinces*, p. 60,
        pl. 16, fig. 3; cycadophyte leaf; Chengtanjiang of Liuyang, Hunan; Late Triassic San-
        qiutian lower member of Anyuan Formation.

Anomozamites cf. *minor* (Brongniart) Nathorst

1933d   Sze H C, p. 56, pl. 9, figs. 6—10; cycadophyte leaves; Xincang of Taihu, Anhui; late Late
        Triassic.

1954   Hsu J, p. 59, pl. 48, fig. 3; cycadophyte leaf; Ji'an and Chongren of Jiangxi, Xincang in
        Taihu of Anhui; Late Triassic (Rhaetic).

1958   Wang Longwen and others, p. 591, fig. 592 (upper part); cycadophyte leaf; Jiangxi and
        Anhui; Late Triassic.

1962   Lee H H, p. 148, pl. 86, fig. 10; cycadophyte leaf; Changjiang River Basin; Late Triassic
        —Early Jurassic.

1963   Sze H C, Lee H H and others, p. 166, pl. 63, fig. 6; cycadophyte leaf; Ji'an and Chongren
        of Jiangxi, Xincang in Taihu of Anhui; Late Triassic—Early Jurassic.

1976   Lee P C and others, p. 122, pl. 34, figs. 5—6a; cycadophyte leaves; Moshahe of Dukou,
        Sichuan; Late Triassic Daqiaodi Member of Nalajing Formation.

1978   Zhang Jihui, p. 482, pl. 162, fig. 5; cycadophyte leaf; Langdai of Liuzhi, Guizhou; Late
        Triassic.

1978   Zhou Tongshun, pl. 22, fig. 6; cycadophyte leaf; Wenbinshan in Dakeng of Zhangping,
        Fujian; Late Triassic upper member of Dakeng Formation.

1982   Liu Zijin, p. 131, pl. 75, fig. 12; cycadophyte leaf; Hujiayao of Fengxian, Shaanxi; Middle
        Jurassic Longjiagou Formation.

1982   Zhang Caifan, p. 530, pl. 348, fig. 9; cycadophyte leaf; Liaoyuan of Liuyang and Xiaping
        of Changce, Hunan; Early Jurassic Tanglong Formation.

1983   Li Jieru, p. 23, pl. 2, fig. 10; cycadophyte leaf; Houfulongshan of Nanpiao, Liaoning; Mid-
        dle Jurassic member 3 of Haifanggou Formation.

1987   Chen Ye and others, p. 113, pl. 25, figs. 4—6; cycadophyte leaves; Qinghe of Yanbian,

Sichuan; Late Triassic Hongguo Formation.

1988 Li Peijuan and others, p. 83, pl. 55, figs. 2, 2a; cycadophyte leaf; Dameigou of Da Qaidam, Qinghai; Middle Jurassic *Tyrmia-Sphenobaiera* Bed of Dameigou Formation.

1998 Zhang Hong and others, pl. 40, figs. 3, 4, 7; cycadophyte leaves; Wanggaxiu of Delingha and Dameigou of Da Qaidam, Qinghai; Middle Jurassic Shimengou Formation.

1999b Meng Fansong, pl. 1, figs. 7, 8; cycadophyte leaves; Xietan of Zigui, Hubei; Middle Jurassic Chenjiawan Formation.

1999b Wu Shunqing, p. 34, pl. 26, fig. 5; cycadophyte leaf; Shangsi of Guangyuan, Sichuan; Late Triassic Hsuchiaho Formation.

Cf. *Anomozamites minor* (Brongniart) Nathorst

1933d Sze H C, p. 41, pl. 8, fig. 8; cycadophyte leaf; Ji'an, Jiangxi; late Late Triassic. [Notes: This specimen lately was referred as *Anomozamites* cf. *minor* (Brongniart) Nathorst (Sze H C, Lee H H and others, 1963)]

1996 *Anomozamites* cf. *A. minor* (Brongniart) Nathorst, Sun Yuewu and others, pl. 1, fig. 13; cycadophyte leaf; Shanggu of Chengde, Hebei; Early Jurassic Nandaling Formation.

Anomozamites morrisianus (Oldham) Schimper, 1872

1863 *Pterophyllum morrisianum* Oldham, in Oldham, Morris, p. 20, pl. 15, fig. 1; pl. 17, fig. 2; cycadophyte leaves; Bihar, India; Late Jurassic Rajmahal Stage.

1870—1872 Schimper, p. 143; cycadophyte leaf; Bihar, India; Late Jurassic Rajmahal Stage.

1925 Teilhard de Chardin, Fritel, p. 534; text-fig. 5; cycadophyte leaf; Fengzhen, Liaoning; Jurassic. [Notes: This specimen lately was referred as *Pterophyllum*? sp. (Sze H C, Lee H H and others, 1963)]

△*Anomozamites multinervis* Duan et Zhang, 1979

1979b Duan Shuying, Zhang Yucheng, in Chen Ye and others, p. 187, pl. 2, fig. 7; cycadophyte leaf; No.: No. 7040; Repository: Institute of Botany, the Chinese Academy of Sciences; Hongni of Yanbian, Sichuan; Late Triassic Daqiaodi Formation.

Anomozamites nitida Harris, 1932

1932 Harris, p. 30, pl. 2, fig. 2; pl. 3, figs. 1, 7, 8, 12; text-fig. 11; cycadophyte leaves and cuticles; Scoresby Sound, East Greenland; Late Triassic *Lepidopteris* Zone.

1980 Zhang Wu and others, p. 267, pl. 139, fig. 6; cycadophyte leaf; Lingyuan, Liaoning; Early Jurassic Guojiadian Formation.

Anomozamites cf. *nitida* Harris

1978 Zhou Tongshun, pl. 22, fig. 5; cycadophyte leaf; Wenbinshan in Dakeng of Zhangping, Fujian; Late Triassic upper member of Wenbinshan Formation.

1996 Mi Jiarong and others, p. 105, pl. 14, fig. 16; cycadophyte leaf; Shimenzhai of Funing, Hebei; Early Jurassic Beipiao Formation.

Anomozamites nilssoni (Phillips) Seward, 1900

1829 *Asplniopteris nilssoni* Phillips, p. 147, pl. 8, fig. 4; cycadophyte leaf; Yorkshire, England;

Middle Jurassic.

1900   Seward, p. 204; text-fig. 36; cycadophyte leaf; Yorkshire, England; Middle Jurassic.

1984   Chen Fen and others, p. 52, pl. 22, figs. 4, 5; cycadophyte leaves; Zhaitang of West Hill, Beijing; Early Jurassic Upper Yaopo Formation.

1987   Meng Fansong, p. 250, pl. 35, figs. 5, 6; text-fig. 20; cycadophyte leaves; Chenyuan of Dangyang, Hubei; Early Jurassic Hsiangchi (Xiangxi) Formation.

Anomozamites cf. *nilssoni* (Phillips) Seward

1980   Zhang Wu and others, p. 267, pl. 139, fig. 5; cycadophyte leaf; Lingyuan, Liaoning; Early Jurassic Guojiadian Formation.

△*Anomozamites orientalis* Wu, 1982

1982b   Wu Xiangwu, p. 93, pl. 14, figs. 1, 1a, 2B; pl. 15, fig. 3; pl. 16, fig. 6; pl. 19, figs. 5B, 6(?); cycadophyte leaves; Col. No.: fx10, fx44, fx57, fx65, F003-2, F003-7, F208; Reg. No.: PB7790—PB7795; Holotype: PB7794 (pl. 14, fig. 2B); Repository: Nanjing Institute of Geology and Palaeontology, Chinese Academy of Sciences; Qamdo area and Bagong of Chagyab, Tibet; Late Triassic upper member of Bagong Formation.

△*Anomozamites pachylomus* Hsu et Hu, 1975

1975   Hsu J, Hu Yufan, in Hsu J and others, p. 74, pl. 5, figs. 7, 8; pl. 6, figs. 4—10; cycadophyte leaves; No.: No. 729d, No. 764, No. 2572, No. 2573, No. 2771b, No. 2771c; Holotype: No. 2771c (pl. 5, fig. 8); Repository: Institute of Botany, the Chinese Academy of Sciences; Nalajing of Yongren, Yunnan; Late Triassic Daqiaodi Formation.

1978   Yang Xianhe, p. 509, pl. 158, fig. 2; cycadophyte leaf; Dukou, Sichuan; Late Triassic Daqiaodi Formation.

1979   Hsu J and others, p. 60, pl. 55, figs. 9, 10; pl. 56, figs. 8—17; pl. 57, fig. 2; text-fig. 17; cycadophyte leaves; Baoding, Sichuan; Late Triassic middle-upper part of Daqiaodi Formation; Taipingchang of Dukou, Sichuan; Late Triassic lower part of Daqing Formation.

△*Anomozamites paucinervis* Wu, 1982

1982b   Wu Xiangwu, p. 93, pl. 14, figs. 2A, 2a; pl. 15, figs. 5A, 5a; cycadophyte leaves; Col. No.: fx57, fx65; Reg. No.: PB7796, PB7797; Holotype: PB7796 (pl. 15, figs. 5A, 5a); Repository: Nanjing Institute of Geology and Palaeontology, Chinese Academy of Sciences; Qamdo area, Tibet; Late Triassic upper member of Bagong Formation.

Anomozamites cf. *paucinervis* Wu

1990   Wu Xiangwu, He Yuanliang, p. 304, pl. 6, fig. 3; cycadophyte leaf; Yushu, Qinghai; Late Triassic Gema Formation of Jieza Group.

△*Anomozamites pseudomuensterii* (Sze) Duan, 1987

1931   *Pterophyllum pseudomuensterii* Sze, p. 12, pl. 2, figs. 2, 3; cycadophyte leaves; Pingxiang, Jiangxi; Late Triassic—Early Jurassic.

1987   Duan Shuying, p. 39, pl. 13, figs. 1, 4; cycadophyte leaves; Zhaitang of West Hill, Beijing; Middle Jurassic.

△*Anomozamites ptilus* **Hu,1975**

1975 Hu Yufan,in Hsu J and others,p. 74,pl. 6,figs. 11,12;cycadophyte leaves;No.:No. 2852b;Repository:Institute of Botany, the Chinese Academy of Sciences;Nalajing of Yongren,Yunnan;Late Triassic Daqiaodi Formation.

1978 Yang Xianhe,p. 509,pl. 158,fig. 3; cycadophyte leaf; Dukou, Sichuan; Late Triassic Daqiaodi Formation.

1979 Hsu J and others,p. 61,pl. 57,figs. 1,2;cycadophyte leaves;Baoding,Sichuan;Late Triassic middle-upper part of Daqiaodi Formation.

△*Anomozamites puqiensis* **Chen G X,1984**

1984 Chen Gongxin,p. 592,pl. 245,figs. 1—5;cycadophyte leaves;Reg. No.:EP536,EP539—EP541,EP547;Repository:Geological Bureau of Hubei Province;Kuzhuqiao of Puqi, Hubei;Late Triassic Jigongshan Formation. (Notes:The type specimen was not designated in the original paper)

△*Anomozamites qamdoensis* **Wu,1982**

1982b Wu Xiangwu,p. 92,pl. 14,figs. 3,3a;pl. 17,figs. 4A,4a;cycadophyte leaves;Col. No.: fx44,fx67;Reg. No.:PB7787,PB7788;Holotype:PB7787 (pl. 14,figs. 3,3a);Repository:Nanjing Institute of Geology and Palaeontology,Chinese Academy of Sciences;Qamdo area,Tibet;Late Triassic upper member of Bagong Formation.

△*Anomozamites quadratus* **Cao,1998** (in Chinese and English)

1998 Cao Zhengyao,pp. 285,291,pl. 6,figs. 1B,2—10;cycadophyte leaves and cuticles;Col. No.:NAM-0033;Reg. No.:PB17610b;Holotype:PB17610b (pl. 6,fig. 1B);Repository:Nanjing Institute of Geology and Palaeontology,Chinese Academy of Sciences;Maoling of Susong,Anhui;Early Jurassic Moshan Formation.

△*Anomozamites simplex* **Cao et Shang,1990**

1990 Cao Zhengyao,Shang Ping,p. 47,pl. 8,figs. 1—4;cycadophyte leaves;Reg. No.:PB14729 —PB14732;Holotype:PB14729 (pl. 8,fig. 1);Repository:Nanjing Institute of Geology and Palaeontology, Chinese Academy of Sciences; Shebudai in Changgao of Beipiao, Liaoning;Middle Jurassic Lanqi Formation.

△*Anomozamites sinensis* **Zhang et Zheng,1987**

1987 Zhang Wu,Zheng Shaolin,p. 277,pl. 14,figs. 1—8;text-fig. 17;cycadophyte leaves and cuticles;Reg. No.:SG110033—SG110041;Repository:Shenyang Institute of Geology and Mineral Resources; Lamagou of Chaoyang, Liaoning; Middle Jurassic Haifanggou Formation;Taizishan in Changgao of Beipiao, Liaoning;Middle Jurassic Lanqi Formation. (Notes:The type specimen was not designated in the original paper)

1990 Cao Zhengyao,Shang Ping,pl. 7,figs. 1—3a;cycadophyte leaves;Shebudai in Changgao of Beipiao,Liaoning;Middle Jurassic Lanqi Formation.

△*Anomozamites specialis* **Li,1988**

1988 Li Peijuan and others,p. 84,pl. 55,fig. 6;pl. 56,figs. 1,1a;pl. 57,fig. 1;pl. 77,fig. 1A;pl.

106,figs. 3,4;pl. 108,fig. 5;pl. 110,fig. 1;cycadophyte leaves and cuticles;Col. No.: 80DJ$_{2d}$F$_u$;Reg. No.:PB13543—PB13545;Holotype:PB13545 (pl. 77,fig. 1A);Repository:Nanjing Institute of Geology and Palaeontology, Chinese Academy of Sciences; Dameigou of Da Qaidam,Qinghai;Middle Jurassic *Tyrmia-Sphenobaiera* Bed of Dameigou Formation.

Anomozamites thomasi Harris,1969

1969   Harris,p. 84;text-figs. 39,40;cycadophyte leaves and cuticles;Yorkshire,England;Middle Jurassic.

1984   Chen Fen and others,p. 53,pl. 21,figs. 1,2;cycadophyte leaves;Mentougou and Datai of West Hill,Beijing;Middle Jurassic Longmen Formation;Datai of West Hill,Beijing;Early Jurassic Upper Yaopo Formation.

1984   Wang Ziqiang,p. 259,pl. 138,figs. 6—10;pl. 159,figs. 1—5;pl. 160,figs. 3—9;cycadophyte leaves and cuticles;Xiahuayuan,Hebei;Middle Jurassic Mentougou Formation.

2003   Deng Shenghui and others,pl. 68,figs. 1,2;cycadophyte leaves;Kuqa River Section of Kuqa,Xinjiang;Middle Jurassic Kezilenur Formation.

2003   Deng Shenghui and others,pl. 72,fig. 2;cycadophyte leaf;Sandaoling Coal Mine of Hami,Xinjiang;Middle Jurassic Xishanyao Formation.

△*Anomozamites ulanensis* Li et He,1979

1979   Li Peijuan,He Yuanliang,in He Yuanliang and others,p. 148,pl. 72,figs. 2—3a;cycadophyte leaves and cuticles;Col. No.:H74049;Reg. No.:PB6388;Holotype:PB6388 (pl. 72, fig. 2); Repository:Nanjing Institute of Geology and Palaeontology, Chinese Academy of Sciences;Dameigou of Da Qaidam,Qinghai;Middle Jurassic Dameigou Formation.

1988   Li Peijuan and others,p. 84,pl. 56,fig. 2;cycadophyte leaf;Dameigou of Da Qaidam, Qinghai;Middle Jurassic *Nilssonia* Bed of Shimengou Formation.

Anomozamites spp.

1883   *Anomozamites* sp.,Schenk,p. 246,pl. 46,fig. 6a;cycadophyte leaf;Tumulu, Inner Mongolia;Jurassic.

1883   *Anomozamites* sp.,Schenk,p. 258,pl. 51,fig. 8;cycadophyte leaf;Guangyuan,Sichuan; Jurassic.

1963   *Anomozamites* sp.,Sze H C,Lee H H and others,p. 166,pl. 63,fig. 2;cycadophyte leaf; Tanmupa of Xixiang,Shaanxi;Early—Middle Jurassic.

1968   *Anomozamites* sp.,*Fossil Atlas of Mesozoic Coal-bearing Strata in Kiangsi and Hunan Provinces*,p. 60,pl. 15,fig. 5;pl. 29,fig. 2a;cycadophyte leaves;Chengtanjiang of Liuyang, Hunan; Late Triassic Sanqiutian lower member of Anyuan Formation; Yongshanqiao of Leping,Jiangxi;Late Triassic Anyuan Formation.

1979   *Anomozamites* sp. 1,Hsu J and others,p. 61,pl. 55,figs. 11,12;cycadophyte leaves; Huashan of Baoding,Sichuan;Late Triassic middle-upper part of Daqiaodi Formation.

1979   *Anomozamites* sp. 2,Hsu J and others,p. 61,pl. 54,fig. 4;cycadophyte leaf;Baoding,Sichuan;Late Triassic middle-upper part of Daqiaodi Formation.

1980 *Anomozamites* sp.,Wu Shunqing and others,p. 78,pl. 3,fig. 8; cycadophyte leaf; Gengjiahe of Xinshan,Hubei;Late Triassic Shazhenxi Formation.

1980 *Anomozamites* sp.,Wu Shunqing and others,p. 97,pl. 14,figs. 1,1a; cycadophyte leaf; Shanzhenxi of Zigui,Hubei;Early—Middle Jurassic Hsiangchi (Xiangxi) Formation.

1982 *Anomozamites* sp.,Duan Shuying,Chen Ye,pl. 16,fig. 13; cycadophyte leaf; Tongshuba of Kaixian,Sichuan;Late Triassic Hsuchiaho Formation.

1982b *Anomozamites* sp.,Yang Xuelin,Sun Liwen,p. 35,pl. 9,fig. 1; cycadophyte leaf; Hongqi Coal Mine of southeastern Da Hinggan Ling;Early Jurassic Hongqi Formation.

1982b *Anomozamites* sp.,Yang Xuelin,Sun Liwen,p. 51,pl. 21,fig. 1;cycadophyte leaf;Dayoutun of southeastern Da Hinggan Ling;Middle Jurassic Wanbao Formation.

1982 *Anomozamites* sp. 1,Zhang Caifan,p. 530,pl. 348,fig. 7; cycadophyte leaf; Xiaping in Changce of Yizhang,Hunan;Early Jurassic Tanglong Formation.

1982 *Anomozamites* sp. 2,Zhang Caifan,p. 530,pl. 348,fig. 9; cycadophyte leaf; Xiaping in Changce of Yizhang,Hunan;Early Jurassic Tanglong Formation.

1983 *Anomozamites* sp.,Zhang Zhicheng,Xiong Xianzheng,p. 60,pl. 7,fig. 4; cycadophyte leaf;Dongning Basin,Heilongjiang;Early Cretaceous Dongning Formation.

1984 *Anomozamites* sp. 1,Chen Fen and others,p. 53,pl. 21,fig. 6; cycadophyte leaf;Datai of West Hill,Beijing;Middle Jurassic Longmen Formation.

1985 *Anomozamites* sp.,Yang Xuelin,Sun Liwen,p. 106,pl. 2,fig. 3;cycadophyte leaf;Dayoutun in Wanbao of southern Da Hinggan Ling;Middle Jurassic Wanbao Formation.

1986 *Anomozamites* sp.,Chen Ye and others,p. 42,pl. 10,fig. 7; cycadophyte leaf; Litang, Sichuan;Late Triassic Lanashan Formation.

1987 *Anomozamites* sp. 1,Chen Ye and others,p. 114,pl. 25,fig. 8; cycadophyte leaf; Qinghe of Yanbian,Sichuan;Late Triassic Hongguo Formation.

1987 *Anomozamites* sp. 2,Chen Ye and others,p. 114,pl. 25,fig. 9; cycadophyte leaf; Qinghe of Yanbian,Sichuan;Late Triassic Hongguo Formation.

1987 *Anomozamites* sp. 3,Chen Ye and others,p. 114,pl. 15,fig. 4; cycadophyte leaf; Qinghe of Yanbian,Sichuan;Late Triassic Hongguo Formation.

1987 *Anomozamites* sp.,He Dechang,p. 84,pl. 21,fig. 2; cycadophyte leaf; Dakeng of Zhangping,Fujian;Late Triassic Wenbinshan Formation.

1988 *Anomozamites* sp. (sp. nov. ?),Li Peijuan and others,p. 85,pl. 55,fig. 3A;pl. 104,fig. 13;pl. 105,figs. 3,4;cycadophyte leaves and cuticles;Dameigou of Da Qaidam,Qinghai; Early Jurassic *Cladophlebis* Bed of Huoshaoshan Formation.

1988 *Anomozamites* sp.,Sun Ge, Shang Ping,pl. 4, fig. 2; cycadophyte leaf; Huolinhe Coal Mine,Inner Mongolia;Early Cretaceous Huolinhe Formation.

1992 *Anomozamites* sp. [Cf. *A. minor* (Brongniart) Nathorst],Sun Ge, Zhao Yanhua, p. 536,pl. 234,fig. 2;cycadophyte leaf;Liutiaogou of Liuhe,Jilin;Middle Jurassic Houjiatun Formation.

1992 *Anomozamites* sp.,Sun Ge, Zhao Yanhua,p. 536,pl. 234,fig. 5; cycadophyte leaf; Songxiaping of Helong,Jilin;Late Jurassic Changcai Formation.

1993 *Anomozamites* sp. 1, Wang Shijun,p. 35,pl. 14,fig. 22; pl. 36,figs. 6 — 8; cycadophyte leaves and cuticles;Guanchun of Lechang,Guangdong;Late Triassic Genkou Group.

1993   *Anomozamites* sp. 2, Wang Shijun, p. 36, pl. 14, fig. 6; pl. 16, fig. 3; cycadophyte leaves; Guanchun of Lechang, Guangdong; Late Triassic Genkou Group.

1993   *Anomozamites* sp. 3, Wang Shijun, p. 36, pl. 14, fig. 10; cycadophyte leaf; Guanchun of Lechang, Guangdong; Late Triassic Genkou Group.

1993a *Anomozamites* sp., Wu Xiangwu, p. 55.

1998   *Anomozamites* sp., Zhang Hong and others, pl. 41, fig. 8; cycadophyte leaf; Yaojie, Lanzhou, Gansu; Middle Jurassic Yaojie Formation.

1999   *Anomozamites* sp., Shang Ping and others, pl. 2, fig. 3; cycadophyte leaf; Turpan-Hami Basin, Xinjiang; Middle Jurassic Xishanyao Formation.

2000   *Anomozamites* sp., Cao Zhengyao, pl. 1, fig. 12B; cycadophyte leaf; Maoling of Susong, Anhui; Early Jurassic Wuchang Formation.

2002   *Anomozamites* sp., Wu Xiangwu and others, p. 159, pl. 9, figs. 11B, 12; pl. 10, figs. 8, 9, 10B; cycadophyte leaves; Maohudong of Shandan, Gansu; Early Jurassic upper member of Jijigou Formation.

2003   *Anomozamites* sp., Deng Shenghui and others, pl. 69, fig. 1; cycadophyte leaf; Sandaoling Coal Mine of Hami, Xinjiang; Middle Jurassic Xishanyao Formation.

2003   *Anomozamites* sp., Yuan Xiaoqi and others, pl. 19, fig. 3A; cycadophyte leaf; Gaotouyao of Dalad Banner, Inner Mongolia; Middle Jurassic Yan'an Formation.

Anomozamites? sp.

1966   *Anomozamites*? sp. (Cf. *Sinoctenis venulosa* Wu), Wu Shunching, p. 237, pl. 2, fig. 3; cycadophyte leaf; Longtoushan of Anlong, Guizhou; Late Triassic.

Genus *Anthrophyopsis* Nathorst, 1878

1878   Nathorst, p. 43.

1933   Florin, p. 55,

1963   Sze H C, Lee H H and others, p. 195.

1993a Wu Xiangwu, p. 56.

Type species: *Anthrophyopsis nilssoni* Nathorst, 1878

Taxonomic status: Cycadales, Cycadopsida

Anthrophyopsis nilssoni Nathorst, 1878

1878   Nathorst, p. 43, pl. 7, fig. 5; pl. 8, fig. 6; leaf fragments; Bjuf, Sweden; Late Triassic (Rhaetic).

1993a Wu Xiangwu, p. 56.

Anthrophyopsis crassinervis Nathorst, 1878

1878   Nathorst, p. 44, pl. 7, fig. 3; leaf fragment; Bjuf, Sweden; Late Triassic (Rhaetic).

1954   Hsu J, p. 57, pl. 50, figs. 3, 4; leaves; Gaokeng in Pingxiang of Jiangxi and Liling of Hunan; Late Triassic.

1962   Lee H H and others, p. 146, pl. 88, fig. 3; leaf; Changjiang River Basin; Late Triassic.

1963   Sze H C, Lee H H and others, p. 196, pl. 54, fig. 1; pl. 55, fig. 3; leaves; Gaokeng, Leping and Jiaoling of Pingxiang, Jiangxi; Liling, Hunan; Yipinglang of Guantong, Yunnan; Late Triassic (Rhaetic).

1964   Lee H H and others, p. 123, pl. 79, figs. 2,3; leaves; South China; late Late Triassic.

1968   *Fossil Atlas of Mesozoic Coal-bearing Strata in Kiangsi and Hunan Provinces*, p. 70, pl. 23, figs. 1—3; pl. 24, figs. 4,5; leaves; Jiangxi (Kiangsi) and Hunan; Late Triassic.

1974a   Lee P C and others, p. 360, pl. 192, figs. 6, 7; leaves; Xujiahe of Guangyuan and Cifengchang of Pengxian, Sichuan; Late Triassic Hsuchiaho Formation.

1977   Feng Shaonan and others, p. 223, pl. 90, fig. 4; leaf; Qujiang and Lechang, Guangdong; Late Triassic Siaoping Formation; eastern Hunan; Late Triassic Anyuan Formation.

1978   Yang Xianhe, p. 521, pl. 165, fig. 1; leaf; Zhonghe of Dayi, Sichuan; Late Triassic Hsuchiaho Formation.

1978   Zhou Tongshun, p. 115, pl. 25, fig. 3; leaf; Jitou of Shanghang, Fujian; Late Triassic upper member of Dakeng Formation.

1980   He Dechang, Shen Xiangpeng, p. 23, pl. 11, figs. 1,5; leaves; Chengtanjiang of Liuyang, Hunan; Late Triassic Anyuan Formation; Hongweikeng of Qujiang, Guangdong; Late Triassic.

1982   Wang Guoping and others, p. 271, pl. 126, fig. 8; leaf; Gaokeng of Pingxiang, Jiangxi; Late Triassic Anyuan Formation; Jitou of Shanghang, Fujian; Late Triassic Wenbinshan Formation.

1982   Zhang Caifan, p. 534, pl. 349, fig. 2; pl. 352, fig. 10; pl. 353, fig. 1; leaves; Chengtanjiang of Liuyang, Shimenkou of Liling, Shuisi of Hengyang and Sandu of Zixing, Hunan; Late Triassic.

1987   Chen Ye and others, p. 108, pl. 26, figs. 2,3; leaves; Qinghe of Yanbian, Sichuan; Late Triassic Hongguo Formation.

1987   Meng Fansong, p. 247, pl. 37, fig. 1; leaf; Guodikeng of Jingmen, Hubei; Late Triassic Wanglongtan Formation.

1993   Wang Shijun, p. 42, pl. 15, fig. 9; pl. 38, figs. 6—8; pl. 39, fig. 1; leaves and cuticles; Guanchun of Lechang, Guangdong; Late Triassic Genkou Group.

1999b   Wu Shunqing, p. 41, pl. 35, fig. 7; leaf; Xujiahe of Guangyuan and Lixiyan of Wangcang, Sichuan; Late Triassic Hsuchiaho Formation.

Anthrophyopsis cf. *crassinervis* **Nathorst**

1976   Lee P C and others, p. 127, pl. 40, figs. 2—4a; leaves; Yubacun and Yipinglang of Lufeng, Yunnan; Late Triassic Ganhaizi Member of Yipinglang Formation.

△*Anthrophyopsis leeana* (Sze) **Florin, 1933**

1931   *Macroglossopteris leeiana* Sze, Sze H C, p. 5, pl. 3, fig. 1; pl. 4, fig. 1; leaves; Pingxiang, Jiangxi; Early Jurassic (Lias).

1933   Florin, p. 55,

1954   Hsu J, p. 57, pl. 50, figs. 1,2; leaves; Gaokeng in Pingxiang of Jiangxi and Liling of Hunan; Late Triassic.

1958   Wang Longwen and others, p. 589, fig. 590; leaf; Hunan, Jiangxi and Yunnan; Late Triassic.

1963 Sze H C, Lee H H and others, p. 197, pl. 35, figs. 1, 2; leaves; Gaokeng in Pingxiang of Jiangxi, Shimenkou in Liling of Hunan and Yipinglang in Guangtong of Yunnan; Late Triassic (Rhaetic).

1964 Lee H H and others, p. 124, pl. 78, fig. 6; fern-like leaf; South China; Late Triassic.

1964 Lee P C, pp. 134, 175, pl. 18, figs. 1—3; text-fig. 8; leaves and cuticles; Zhaohua of Guangyuan, Sichuan; Late Triassic Hsuchiaho Formation.

1982 Duan Shuying, Chen Ye, p. 504, pl. 12, fig. 4; leaf; Tongshuba of Kaixian, Sichuan; Late Triassic Hsuchiaho Formation.

1987 Chen Ye and others, p. 109, pl. 26, fig. 1; leaf; Qinghe of Yanbian, Sichuan; Late Triassic Hongguo Formation.

1989 Mei Meitang and others, p. 98, pl. 53; leaf; South China; late Late Triassic.

1989 Zhou Zhiyan, p. 141, pl. 4, figs. 1, 2; pl. 5, figs. 5—9; leaves; Shanqiao of Hengyang, Hunan; Late Triassic Yangbaichong Formation.

1993a Wu Xiangwu, p. 56.

△*Anthrophyopsis multinervis* **Huang, 1992**

1992 Huang Qisheng, p. 177, pl. 16, figs. 1—5, 8; leaves; Col. No.: YH12; Reg. No.: SY85009 —SY85012; Holotype: SY85009 (pl. 16, fig. 1); Repository: Department of Palaeontology, China University of Geosciences (Wuhan); Yangjiaya of Guangyuan, Sichuan; Late Triassic member 3 of Hsuchiaho Formation.

△*Anthrophyopsis*? *pilophorus* **Wu, 1999** (in Chinese)

1999b Wu Shunqing, p. 42, pl. 33, figs. 3—4a; pl. 34, figs. 2—5; fern-like leaves; Col. No.: ACC426-8, ACC426-9, ACC426-10, ACC428, ACC429-6; Reg. No.: PB10699, PB10700, PB10704—PB10707; Syntype 1: PB10700 (pl. 33, fig. 4); Syntype 2: PB10704 (pl. 34, fig. 2); Syntype 3: PB10706 (pl. 34, fig. 4); Repository: Nanjing Institute of Geology and Palaeontology, Chinese Academy of Sciences; Jinxi of Wangcang, Sichuan; Late Triassic Hsuchiaho Formation; Mapingzi of Huili, Sichuan; Late Triassic Baiguowan Formaion. [Notes: According to *International Code of Botanical Nomenclature* (*Vienna Code*) article 37. 2, from the year 1958, the holotype type specimen should be unique]

△*Anthrophyopsis ripples* **Huang, 1992**

1992 Huang Qisheng, p. 177, pl. 17, figs. 5, 5a; leaf; Col. No.: YH40; Reg. No.: SY85023; Repository: Department of Palaeontology, China University of Geosciences (Wuhan); Yangjiaya of Guangyuan, Sichuan; Late Triassic member 4 of Hsuchiaho Formation.

△*Anthrophyopsis tuberculata* **Chow et Yao, 1968**

1968 Chow Tseyen, Yao Zhaoqi, in *Fossil Atlas of Mesozoic Coal-bearing Strata in Kiangsi and Hunan Provinces*, p. 70, pl. 24, figs. 1, 2; pl. 25, figs. 3, 4; leaves; Anyuan of Pingxiang, Jiangxi; Late Triassic Aipuki Member of Anyuan Formation; Youluo of Fengcheng, Jiangxi; Late Triassic member 5 of Anyuan Formation; Yongshanqiao of Leping, Jiangxi; Late Triassic Jingkengshan Member of Anyuan Formation. (Notes: The type specimen was not designated in the original paper)

1977 Feng Shaonan and others, p. 223, pl. 90, fig. 3; leaf; Lechang, Guangdong; Late Triassic

Siaoping Formation.

1980　He Dechang, Shen Xiangpeng, p. 23, pl. 12, fig. 3; leaf; Xiaokeng in Anyuan of Pingxiang, Jiangxi; Late Triassic Anyuan Formation.

1982　Wang Guoping and others, p. 271, pl. 124, figs. 1, 2; leaf; Anyuan of Pingxiang, Youluo of Fengcheng and Yongshanqiao of Leping, Jiangxi; Late Triassic Anyuan Formation.

1982　Zhang Caifan, p. 535, pl. 357, fig. 7; leaf; Chengtanjiang of Liuyang, Hunan; Late Triassic.

1983　Ju Kuixiang and others, pl. 2, fig. 4; leaf; Fanjiatang in Longtan of Nanjing, Jiangsu; Late Triassic Fanjiatang Formation.

1993　Wang Shijun, p. 43, pl. 15, fig. 2; pl. 39, figs. 3, 4; leaves and cuticles; Guanchun of Lechang, Guangdong; Late Triassic Genkou Group.

△*Anthrophyopsis venulosa* Chow et Yao, 1968

1968　Chow Tseyen, Yao Zhaoqi, in *Fossil Atlas of Mesozoic Coal-bearing Strata in Kiangsi and Hunan Provinces*, p. 71, pl. 24, fig. 3; leaf; Yongshanqiao of Leping, Jiangxi; Late Triassic Jingkengshan Member of Anyuan Formation.

1974a　Lee P C and others, p. 360, pl. 193, figs. 10, 11; leaves; Cifengchang of Pengxian, Sichuan; Late Triassic Hsuchiaho Formation.

1977　Feng Shaonan and others, p. 223, pl. 90, figs. 5, 6; leaves; Lechang, Guangdong; Late Triassic Siaoping Formation.

1978　Yang Xianhe, p. 521, pl. 180, fig. 1; leaf; Cifengchang of Pengxian, Sichuan; Late Triassic Hsuchiaho Formation.

1979　He Yuanliang and others, p. 150, pl. 73, figs. 3, 4; leaves; Wuli of Golmud, Qinghai; Late Triassic upper part of Jieza Group.

1982　Wang Guoping and others, p. 271, pl. 123, fig. 1; leaf; Yongshanqiao of Leping, Jiangxi; Late Triassic Anyuan Formation.

1983　Ju Kuixiang and others, pl. 2, fig. 5; leaf; Fanjiatang in Longtan of Nanjing, Jiangsu; Late Triassic Fanjiatang Formation.

1986　Ye Meina and others, p. 61, pl. 41, fig. 1B; pl. 42, figs. 1, 1a; pl. 43, figs. 5, 5a; leaves; Qilixia of Kaijiang and Dalugou Coal Mine of Xuanhan, Sichuan; Late Triassic Hsuchiaho Formation.

1987　Chen Ye and others, p. 109, pl. 26, figs. 4, 5; pl. 27, figs. 1, 2; leaves; Qinghe of Yanbian, Sichuan; Late Triassic Hongguo Formation.

1993　Wang Shijun, p. 43, pl. 19, fig. 11; pl. 39, fig. 2; text-fig. 3; leaves and cuticles; Guanchun of Lechang, Guangdong; Late Triassic Genkou Group.

Anthrophyopsis spp.

1982　*Anthrophyopsis* sp., Zhang Caifan, p. 535, pl. 357, fig. 7; leaf; Shimenkou of Liling and Chengtanjiang of Liuyang, Hunan; Late Triassic Anyuan Formation.

1983　*Anthrophyopsis* sp., Ju Kuixiang and others, pl. 2, fig. 6; leaf; Fanjiatang in Longtan of Nanjing, Jiangsu; Late Triassic Fanjiatang Formation.

Anthrophyopsis? sp.

1986b　*Anthrophyopsis*? sp., Chen Qishi, p. 11, pl. 3, fig. 4; leaf; Wuzao of Yiwu, Zhejiang; Late Triassic Wuzao Formation.

Genus *Aphlebia* Presl, 1838

1838 (1820—1838)   Presl, p. 112.

1991   Meng Fansong, p. 72.

Type species: *Aphlebia acuta* (Germa et Kaulfuss) Presl, 1838

Taxonomic status: Plantae incertae sedis

Aphlebia acuta (Germa et Kaulfuss) Presl, 1838

1831   *Fucoides acutus* Germa et Kaulfuss, p. 230, pl. 66, fig. 7; leaf; Germany; Carboniferous.

1838 (1820—1838)   Presl, p. 112; Germany; Carbniferous.

△*Aphlebi dissimilis* Meng, 1991

1991   Meng Fansong, p. 72, pl. 2, figs. 1 — 2a; leaves; Reg. No.: P87001, P87002; Holotype: P87001 (pl. 2, fig. 1); Repository: Yichang Institute of Geology and Mineral Resources; Donggong of Nanzhang, Hubei; Late Triassic Jiuligang Formation.

Aphlebia sp.

1991   *Aphlebia* sp., Meng Fansong, p. 73, pl. 2, figs. 3, 3a; leaf; Chenjiawan in Donggong of Nanzhang, Hubei; Late Triassic Jiuligang Formation.

Genus *Beania* Carruthers, 1869

1869   Carruthers, p. 98.

1982b   Zheng Shaolin, Zhang Wu, p. 314.

1993a   Wu Xiangwu, p. 59.

Type species: *Beania gracilis* Carruthers, 1896

Taxonomic status: Cycadales, Cycadopsida

Beania gracilis Carruthers, 1896

1869   Carruthers, p. 98, pl. 4; female cone; Yorkshire, England; Middle Jurassic.

1993a   Wu Xiangwu, p. 59.

Beania chaoyangensis Zhang et Zheng, 1987

1987   Zhang Wu, Zheng Shaolin, p. 304, pl. 12, figs. 7 — 11; text-fig. 33; female cones and cuticles; Reg. No.: SG110143; Repository: Shenyang Institute of Geology and Mineral Resources; Lamagou of Chaoyang, Liaoning; Middle Jurassic Haifanggou Formation.

△*Beania mishanensis* Zheng et Zhang, 1982

1982b   Zheng Shaolin, Zhang Wu, p. 314, pl. 16, figs. 1 — 7; text-fig. 11; female cones; Reg. No.: HYG001 — HYG007; Repository: Shenyang Institute of Geology and Mineral Resources; Guoguanshan of Mishan, Heilongjiang; Late Jurassic Yunshan Formation. (Notes: The type specimen was not designated in the original paper)

1993a Wu Xiangwu, p. 59.

Beania sp.

2002 *Beania* sp., Wu Xiangwu and others, p. 162, pl. 10, figs. 1, 1a; female cone; Bailuanshan of Zhangye, Gansu; Early—Middle Jurassic Chaishui Group.

Beania? sp.

1984 *Beania*? sp., Chen Fen and others, p. 55, pl. 22, fig. 5; female cone; Mentougou and Datai of West Hill, Beijing; Early Jurassic Lower Yaopo Formation.

Genus *Bennetticarpus* Harris, 1932

1932 Harris, p. 101.

1948 Hsu J, p. 62.

1993a Wu Xiangwu, p. 59.

Type species: *Bennetticarpus oxylepidus* Harris, 1932

Taxonomic status: Bennettiales, Cycadopsida

Bennetticarpus oxylepidus Harris, 1932

1932 Harris, p. 101, pl. 14, figs. 1—6, 11; fruits; Scoresby Sound, East Greenland; Late Triassic *Lepidopteris* Zone.

1993a Wu Xiangwu, p. 59.

△*Bennetticarpus longmicropylus* Hsu, 1948

1948 Hsu J, p. 62, pl. 1, fig. 8; pl. 2, figs. 9—15; text-figs. 3, 4; ovules and cuticles of micropylartube; Liling, Hunan; Late Triassic.

1963 Sze H C, Lee H H and others, p. 203, pl. 67, figs. 8, 9; text-fig. B; ovules and cuticles of micropylartube; Liling, Hunan; late Late Triassic.

1993a Wu Xiangwu, p. 59.

△*Bennetticarpus ovoides* Hsu, 1948

1948 Hsu J, p. 59, pl. 1, figs. 1—7; text-figs. 1, 2; seeds and cuticles of seed; Liling, Hunan; Late Triassic.

1963 Sze H C, Lee H H and others, p. 202, pl. 68, fig. 1; text-fig. A; seeds and cuticles of seed; Liling, Hunan; late Late Triassic.

1977 Feng Shaonan and others, p. 233, pl. 92, fig. 8; seed and cuticle of seed; Shimenkou of Liling, Hunan; Late Triassic Anyuan Formation.

1982 Zhang Caifan, p. 535, pl. 348, fig. 3; seed and cuticle of seed; Shimenkou of Liling, Hunan; Late Triassic Anyuan Formation.

1993a Wu Xiangwu, p. 59.

Bennetticarpus sp.

1987 *Bennetticarpus* sp., Zhang Wu, Zheng Shaolin, p. 298, pl. 18, figs. 1, 1a; Bennettitalean gynaecium; Taizishan in Changgao of Beipiao, Liaoning; Middle Jurassic Lanqi Formation.

△Genus *Benxipteris* Zhang et Zheng, 1980

1980　Zhang Wu, Zheng Shaolin, in Zhang Wu and others, p. 263.

1993a　Wu Xiangwu, pp. 9, 215.

1993b　Wu Xiangwu, pp. 500, 510.

Type species: *Benxipteris acuta* Zhang et Zheng, 1980 [Notes: The type species was not designated in the original paper; *Benxipteris acuta* Zhang et Zheng was designated by Wu Xiangwu (1993) as the type species]

Taxonomic status: Pteridospermopsida

△*Benxipteris acuta* Zhang et Zheng, 1980

1980　Zhang Wu, Zheng Shaolin, in Zhang Wu and others, p. 263, pl. 108, figs. 1—13; text-fig. 193; sterile leaves and fertile leaves; Reg. No.: D323—D335; Repository: Shenyang Institute of Geology and Mineral Resources; Linjiawaizi of Benxi, Liaoning; Middle Triassic Linjia Formation. (Notes: The type specimen was not designated in the original paper)

1983　Zhang Wu and others, p. 79, pl. 3, fig. 3; fern-like leaf; Linjiawaizi of Benxi, Liaoning; Middle Triassic Linjia Formation.

1993a　Wu Xiangwu, pp. 9, 215.

1993b　Wu Xiangwu, pp. 500, 510.

△*Benxipteris densinervis* Zhang et Zheng, 1980

1980　Zhang Wu, Zheng Shaolin, in Zhang Wu and others, p. 264, pl. 107, figs. 3—6; text-fig. 194; sterile leaves and fertile leaves; Reg. No.: D319—D322; Repository: Shenyang Institute of Geology and Mineral Resources; Linjiawaizi of Benxi, Liaoning; Middle Triassic Linjia Formation. (Notes: The type specimen was not designated in the original paper)

1993a　Wu Xiangwu, pp. 9, 215.

1993b　Wu Xiangwu, pp. 500, 510.

△*Benxipteris partita* Zhang et Zheng, 1980

1980　Zhang Wu, Zheng Shaolin, in Zhang Wu and others, p. 265, pl. 107, figs. 7—9; pl. 109, figs. 6, 7; fern-like leaves; Reg. No.: D336, D337, D344—D346; Repository: Shenyang Institute of Geology and Mineral Resources; Linjiawaizi of Benxi, Liaoning; Middle Triassic Linjia Formation. (Notes: The type specimen was not designated in the original paper)

1983　Zhang Wu and others, p. 79, pl. 3, fig. 4; fern-like leaf; Linjiawaizi of Benxi, Liaoning; Middle Triassic Linjia Formation.

1993a　Wu Xiangwu, pp. 9, 215.

1993b　Wu Xiangwu, pp. 500, 510.

△*Benxipteris polymorpha* Zhang et Zheng, 1980

1980　Zhang Wu, Zheng Shaolin, in Zhang Wu and others, p. 265, pl. 109, figs. 1—5; fern-like leaves; Reg. No.: D338—D342; Repository: Shenyang Institute of Geology and Mineral

Resources；Linjiawaizi of Benxi，Liaoning；Middle Triassic Linjia Formation. （Notes：The type specimen was not designated in the original paper）

1989 Bureau of Geology and Mineral Resources of Liaoning Province，pl. 8，fig. 19；fern-like leaf；Linjiawaizi—Qiandianzi of Benxi，Liaoning；Middle Triassic Linjia Formation.

1993a Wu Xiangwu，pp. 9，215.

1993b Wu Xiangwu，pp. 500，510.

Benxipteris sp.

1983 *Benxipteris* sp.，Zhang Wu and others，p. 79，pl. 3，figs. 5，6；fern-like leaves；Linjiawaizi of Benxi，Liaoning；Middle Triassic Linjia Formation.

Genus *Bernettia* Gothan，1914

1914 Gothan，p. 58.

2000 Yao Huazhou and others，pl. 3，figs. 6，7.

Type species：*Bernettia inopinata* Gothan，1914

Taxonomic status：Cycadales?

Bernettia inopinata Gothan，1914

1914 Gothan，p. 58，pl. 27，figs. 1—4；pl. 34，fig. 3；cycadophyte(?) cones；Nuernberg，Germany；Late Triassic (Rhaetic).

Bernettia phialophora Harris 1935

1935 Harris，p. 140，pl. 22；pl. 23，figs. 1，2，8—10，12—14；male cones；Scoresby Sound，East Greenland；Early Jurassic *Thaumatopteris* Bed.

2000 Yao Huazhou and others，pl. 3，figs. 6，7；male cones；Xionglong of Xinlong，Sichuan；Late Triassic Lamaya Formation.

△Genus *Boseoxylon* Zheng et Zhang，2005 （in English and Chinese）

2005 Zheng Shaolin，Zhang Wu，in Zheng Shaolin and others，pp. 209，212；Rajmahal Hills of Behar，India；Jurassic.

Type species：*Boseoxylon andrewii* (Bose et Sah) Zheng et Zhang，2005

Taxonomic status：Cycadophytes

△*Boseoxylon andrewii* (Bose et Sah) Zheng et Zhang，2005 （in English and Chinese）

1954 *Sahnioxylon andrewii* Bose et Sah，p. 4，pl. 2，figs. 11—18；woods；Rajmahal Hills of Behar，India；Jurassic.

2005 Zheng Shaolin，Zhang Wu，in Zheng Shaolin and others，pp. 209，212；Rajmahal Hills of Behar，India；Jurassic.

Genus *Bucklandia* Presl, 1825

1825 (1820—1838)　　Presl, in Sternberg, p. 33.

1986　Ye Meina and others, p. 65.

1993a　Wu Xiangwu, p. 61.

Type species: *Bucklandia anomala* (Stokes et Webb) Presl, 1825

Taxonomic status: Bennettiales, Cycadopsida

Bucklandia anomala (Stokes et Webb) Presl, 1825

1824　*Cladraria anomala* Stokes et Webb, p. 423; cycadophyte trunk; Sussex, England; Early Cretaceous (Wealden).

1825 (1820—1838)　　Presl, in Sternberg, p. 33; cycadophyte trunk; Sussex, England; Early Cretaceous (Wealden).

1993a　Wu Xiangwu, p. 61.

△*Bucklandia beipiaoensis* Zhang et Zheng, 1987

1987　Zhang Wu, Zheng Shaolin, p. 298, pl. 29, fig. 6; trunk; Reg. No.: SG110108; Repository: Shenyang Institute of Geology and Mineral Resources; Dongkuntouyingzi of Beipiao, Liaoning; Late Triassic Shimengou Formation.

△*Bucklandia minima* Ye et Peng, 1986

1986　Ye Meina, Peng Shijiang, in Ye Meina and others, p. 65, pl. 33, figs. 10, 10a; pl. 34, fig. 2; Bennettitalean or cycadophyte trunks; Repository: 137 Geological Team of Sichuan Coal Field Geological Company; Binlang of Daxian, Sichuan; Late Triassic member 7 of Hsuchiaho Formation. (Notes: The type specimen was not designated in the original paper)

1993a　Wu Xiangwu, p. 61.

Bucklandia sp.

1986　*Bucklandia* sp., Ye Meina and others, p. 66, pl. 34, figs. 5, 5b; cycadophyte or Bennetitalean trunk; Binlang of Daxian, Sichuan; Late Triassic member 7 of Hsuchiaho Formation.

1993a　*Bucklandia* sp., Wu Xiangwu, p. 61.

△Genus *Chilinia* Li et Ye, 1980

1980　Li Xingxue, Ye Meina, p. 7.

1986　*Chilinia* Lee et Yeh, Li Xingxue and others, p. 23.

1993a　*Chilinia* Lee et Yeh, Wu Xiangwu, pp. 10, 216.

1993b　*Chilinia* Lee et Yeh, Wu Xiangwu, pp. 502, 511.

Type species: *Chilinia ctenioides* Li et Ye, 1980

Taxonomic status:Cycadales,Cycadopsida

△*Chilinia ctenioides* Li et Ye,1980

1980　Li Xingxue,Ye Meina,p. 7,pl. 2,figs. 1—6;cycadophyte leaves and cuticles;Reg. No.:
　　　PB8966—PB8969;Holotype:PB8966（pl. 2,fig. 1）;Repository:Nanjing Institute of Ge-
　　　ology and Palaeontology,Chinese Academy of Sciences;Shansong of Jiaohe,Jilin;middle
　　　—late Early Cretaceous Shansong Formation.

1980　*Chilinia ctenioides* Lee et Yeh,Zhang Wu and others,p. 273,pl. 171,fig. 3;pl. 172,figs. 4,
　　　4a;cycadophyte leaves;Shansong of Jiaohe,Jilin;Early Cretaceous Moshilazi Formation.

1981　*Chilinia ctenioides* Lee et Yeh,Ye Meina,pl. 1,figs. 1—3;pl. 2,figs. 3—5;cycadophyte
　　　leaves and cuticles;Shansong of Jiaohe,Jilin;late Early Cretaceous Moshilazi Formation.
　　　（nom. nud.）

1986　*Chilinia ctenioides* Lee et Yeh,Li Xingxue and others,p. 23,pl. 22;pl. 23;pl. 24,figs. 1
　　　—4;pl. 25,figs. 2—4;cycadophyte leaves and cuticles;Shansong of Jiaohe,Jilin;Early
　　　Cretaceous Jiaohe Group.

1992　*Chilinia ctenioides* Lee et Yeh,Sun Ge,Zhao Yanhua,p. 541,pl. 241,figs. 1—3;cycado-
　　　phyte leaves;Jiaohe Coal Mine,Jilin;Early Cretaceous Wulin Formation.

1993a　*Chilinia ctenioides* Lee et Yeh,Wu Xiangwu,pp. 10,216.

1993b　*Chilinia ctenioides* Lee et Yeh,Wu Xiangwu,pp. 502,511.

1995a　*Chilinia ctenioides* Lee et Yeh,Li Xingxue（editor-in-chief）,pl. 109,fig. 2;cycadophyte
　　　leaf;Dingzi in Shansong of Jiaohe,Jilin;Early Cretaceous upper part of Wuyun Forma-
　　　tion.（in Chinese）

1995b　*Chilinia ctenioides* Lee et Yeh,Li Xingxue（editor-in-chief）,pl. 109,fig. 2;cycadophyte
　　　leaf;Dingzi in Shansong of Jiaohe,Jilin;Early Cretaceous upper part of Wuyun Forma-
　　　tion.（in English）

△*Chilinia elegans* Zhang,1980

1980　Zhang Wu and others,p. 240,pl. 1,figs. 1—5a;pl. 2,fig. 1;cycadophyte leaves and cuti-
　　　cles;No.:P6-10,P6-11;Repository:Shenyang Institute of Geology and Mineral Re-
　　　sources;Haizhou Opencut Coal Mine of Fuxin,Liaoning;Early Cretaceous Fuxin Forma-
　　　tion.（Notes:The type specimen was not designated in the original paper）

1985　Shang Ping,pl. 3,fig. 1;pl. 3,fig. 5;pl. 6,fig. 9;cycadophyte leaves;Fuxin Coal Basin,
　　　Liaoning;Early Cretaceous Shuiquan Formation.

1988　Chen Fen and others,p. 60,pl. 31,figs. 1—6;pl. 32,figs. 1—6;cycadophyte leaves and
　　　cuticles;Haizhou Opencut Coal Mine of Fuxin,Liaoning;Early Cretaceous Shuiquan
　　　Member of Fuxin Formation.

1993a　Wu Xiangwu,pp. 10,216.

△*Chilinia fuxinensis* Meng,1988

1988　Meng Xiangying,in Chen Fen and others,pp. 62,154,pl. 33,figs. 1—6;pl. 34,figs. 1—5;cyc-
　　　adophyte leaves and cuticles;No.:Fx152—Fx155;Repository:Beijing Graduate School,
　　　Wuhan College of Geology;Haizhou Opencut Coal Mine of Fuxin,Liaoning;Early Creta-
　　　ceous Shuiquan Member of Fuxin Formation.（Notes:The type specimen was not desig-
　　　nated in the original paper）

1997 Deng Shenghui and others, p. 37, pl. 19, figs. 8, 8a; cycadophyte leaf; Dayan Basin of Hailar, Inner Mongolia; Early Cretaceous Yimin Formation.

△*Chilinia robusta* Zhang, 1980

1980 Zhang Wu and others, p. 240, pl. 2, figs. 2—7; text-fig. 1; cycadophyte leaves and cuticles; No.: P6-12; Repository: Shenyang Institute of Geology and Mineral Resources; Haizhou Opencut Coal Mine of Fuxin, Liaoning; Early Cretaceous Fuxin Formation.

1993a Wu Xiangwu, pp. 10, 216.

Genus *Compsopteris* Zalessky, 1934

1934 Zalessky, p. 264.

1978 Yang Xianhe, p. 502.

1993a Wu Xiangwu, p. 67.

Type species: *Compsopteris adzvensis* Zalessky, 1934

Taxonomic status: Pteridospermopsida

Compsopteris adzvensis Zalessky, 1934

1934 Zalessky, p. 264, figs. 38, 39; fern-like leaves; Pechora Basin, USSR; Permian.

1993a Wu Xiangwu, p. 67.

△*Compsopteris acutifida* Ye et Chen, 1986

1986 Ye Meina, Chen Lixian, in Ye Meina and others, p. 41, pl. 25, figs. 1, 3—4a; pl. 32, fig. 6B; fern-like leaves; Repository: The 137th Coal Field Geologycal Team of Sichuan Coal Field Geological Company in Daxian; Jinwo in Tieshan and Chayuan Coal Mine of Daxian, Sichuan; Late Triassic member 7 of Hsuchiaho Formation. (Notes: The type specimen was not designated in the original paper)

△*Compsopteris crassinervis* Yang, 1978

1978 Yang Xianhe, p. 503, pl. 174, fig. 1; fern-like leaf; Reg. No.: Sp0085; Holotype: Sp0085 (pl. 174, fig. 1); Repository: Chengdu Institute of Geology and Mineral Resources; Moshahe of Dukou, Sichuan; Late Triassic Daqiaodi Formation.

1993a Wu Xiangwu, p. 67.

Compsopteris hughesii (Feistmental) Zalessky

[Notes: The name *Compsopteris hughesii* (Feistmental) is appllied by Wu Shunqing, Zhou Hanzhong (1996)]

1882 *Danaeopsis hughesii* Feistmental, p. 25, pl. 4—7; pl. 8, figs. 1, 5; pl. 9, fig. 4; pl. 10; pl. 17, fig. 1; pl. 18, fig. 2; pl. 19, figs. 1, 2; fern-like leaves; India; Permian Gondwana Schichten.

1996 Wu Shunqing, Zhou Hanzhong, p. 6, pl. 1, fig. 12; fern-like leaf; Kuqa River Section of Kuqa, Xinjiang; Middle Triassic lower member of Karamay Formation.

Compsopteris? *hughesii* (Feistmental) Zalessky

2000 Meng Fansong and others, p. 56, pl. 16, fig. 8; fern-like leaf; Furongqiao of Sangzhi, Hunan; Middle Triassic member 2 of Badong Formation.

△*Compsopteris laxivenosa* Zhu, Hu et Meng, 1984

1984　Zhu Jianan, Hu Yufan, Meng Fansong, pp. 540, 544, pl. 1, fig. 3; fern-like leaf; No.: P82101; Holotype: P82101 (pl. 1, fig. 3); Jingmen-Dangyang Basin, western Hubei; Late Triassic Jiuligang Formation.

△*Compsopteris platyphylla* Yang, 1978

1978　Yang Xianhe, p. 503, pl. 174, fig. 4; pl. 175, fig. 1; fern-like leaves; Reg. No.: Sp0088; Holotype: Sp0088 (pl. 174, fig. 4); Repository: Chengdu Institute of Geology and Mineral Resources; Moshahe of Dukou, Sichuan; Late Triassic Daqiaodi Formation.

1993a　Wu Xiangwu, p. 67.

△*Compsopteris qinghaiensis* Li et He, 1986

1986　Li Peijuan, He Yuanliang, p. 284, pl. 8, figs. 1—2a; pl. 9, figs. 1, 5; fern-like leaves; Col. No.: 79PIVF14-4, 79PIVF23-3, IP3H16-1; Reg. No.: PB10884, PB10885, PB10887, PB10888; Holotype: PB10885 (pl. 8, fig. 2); Repository: Nanjing Institute of Geology and Palaeontology, Chinese Academy of Sciences; Babaoshan of Dulan, Qinghai; Late Triassic Lower Rock Formation of Babaoshan Group.

△*Compsopteris tenuinervis* Yang, 1978

1978　Yang Xianhe, p. 503, pl. 174, figs. 2, 3; fern-like leaves; Reg. No.: Sp0086, Sp0087; Syntype 1: Sp0086 (pl. 174, fig. 2); Syntype 2: Sp0087 (pl. 174, fig. 3); Repository: Chengdu Institute of Geology and Mineral Resources; Moshahe of Dukou, Sichuan; Late Triassic Daqiaodi Formation. [Notes: According to *International Code of Botanical Nomenclature (Vienna Code)* article 37. 2, from the year 1958, the holotype type specimen should be unique]

1993a　Wu Xiangwu, p. 67.

△*Compsopteris xiheensis* (Feng) Zhu, Hu et Meng, 1984

1977　*Jingmenophyllum xiheensis* Feng, Feng Shaonan and others, p. 250, pl. 94, fig. 9; fern-like leaf; Xihe of Jingmen, Hubei; Late Triassic Lower Coal Formation of Hsiangchi Group.

1984　Zhu Jianan, Hu Yufan, Meng Fansong, pp. 540, 544, pl. 1, figs. 1, 2; pl. 2, fig. 1; fern-like leaves; Jingmen-Dangyang Basin, western Hubei; Late Triassic Jiuligang Formation.

△*Compsopteris zhonghuaensis* Yang, 1978

1978　Yang Xianhe, p. 502, pl. 174, fig. 5; fern-like leaf; Reg. No.: Sp0081; Holotype: Sp0081 (pl. 174, fig. 5); Repository: Chengdu Institute of Geology and Mineral Resources; Moshahe of Dukou, Sichuan; Late Triassic Daqiaodi Formation.

1990　Wu Shunqing, Zhou Hanzhong, p. 451, pl. 4, fig. 1; fern-like leaf; Kuqa, Xinjiang; Early Triassic Ehuobulake Formation.

1993a　Wu Xiangwu, p. 67.

Genus *Crematopteris* Schimper et Mougeot, 1844

1844　Schimper, Mougeot, p. 74.

1984　Wang Ziqiang, p. 252.

1993a　Wu Xiangwu, p. 68.

Type species: *Crematopteris typica* Schimper et Mougeot, 1844

Taxonomic status: Pteridospermopsida

Crematopteris typica Schimper et Mougeot, 1844

1844　Schimper, Mougeot, p. 74, pl. 35; fern-like leaf; Soultz-les-Bains, Alsace; Triassic.

1986b　Zheng Shaolin, Zhang Wu, p. 179, pl. 3, figs. 3, 4; fern-like leaves; Yangshugou of Harqin Left Wing, western Liaoning; Early Triassic Hongla Formation.

1993a　Wu Xiangwu, p. 68.

Crematopteris cf. *typica* Schimper et Mougeot

1985　Wang Ziqiang, pl. 4, fig. 7; fern-like leaf; Shangzhuang of Pingyao, Shanxi; Early Triassic Heshanggou (Heshankou) Formation.

1990a　Wang Ziqiang, Wang Lixin, p. 121, pl. 18, figs. 10, 13; fern-like leaves; Pingyao and Puxian of Shanxi, Xiaye in Jiyuan of Henan; Early Triassic lower member of Heshanggou Formation.

△*Crematopteris brevipinnata* Wang, 1984

1984　Wang Ziqiang, p. 252, pl. 110, figs. 9 — 12; fern-like leaves; Reg. No.: P0011a, P0012, P0013, P0116; Syntype 1: P0116 (pl. 110, fig. 9); Syntype 2: P0013 (pl. 110, fig. 11); Repository: Nanjing Institute of Geology and Palaeontology, Chinese Academy of Sciences; Jiaocheng, Shanxi; Early Triassic Liujiagou Formation. [Notes: According to *International Code of Botanical Nomenclature* (*Vienna Code*) article 37. 2, from the year 1958, the holotype type specimen should be unique]

1985　Wang Ziqiang, pl. 4, figs. 1 — 3; fern-like leaves; Yaoertou of Jiaocheng, Shanxi; Early Triassic Liujiagou (Liujiakou) Formation.

1989　Wang Ziqiang, Wang Lixin, p. 33, pl. 4, figs. 8 — 11; fern-like leaves; Jiaocheng, Shanxi; Early Triassic middle-upper part of Liujiagou Formation.

1993a　Wu Xiangwu, p. 68.

△*Crematopteris ciricinalis* Wang, 1984

1984　Wang Ziqiang, p. 253, pl. 110, figs. 1 — 8; fern-like leaves; Reg. No.: P0010, P0014 — P0016, P0035, P0036; Syntype 1: P0014 (pl. 110, fig. 3); Syntype 2: P0010 (pl. 110, fig. 8); Repository: Nanjing Institute of Geology and Palaeontology, Chinese Academy of Sciences; Jiaocheng and Yushe, Shanxi; Early Triassic Liujiagou Formation and Heshanggou Formation. [Notes: According to *International Code of Botanical Nomenclature* (*Vienna Code*) article 37. 2, from the year 1958, the holotype type specimen should be unique]

1985 Wang Ziqiang, pl. 4, figs. 4 — 6; fern-like leaves; Yaoertou of Jiaocheng, Shanxi; Early Triassic Liujiagou (Liujiakou) Formation.

1989 Wang Ziqiang, Wang Lixin, p. 33, pl. 4, figs. 1 — 7, 14b; fern-like leaves; Jiaocheng, Shanxi; Early Triassic middle-upper part of Liujiagou Formation.

1993a Wu Xiangwu, p. 68.

Crematopteris spp.

1990a *Crematopteris* sp., Wang Ziqiang, Wang Lixin, p. 121, pl. 17, figs. 19, 20; fern-like leaves; Tuncun of Yushe, Shanxi; Early Triassic base part of Heshanggou Formation.

1995 *Crematopteris* sp., Meng Fansong and others, pl. 9, fig. 17; fern-like leaf; Furongqiao of Sangzhi, Hunan; Middle Triassic member 2 of Badong Formation.

2000 *Crematopteris* sp., Meng Fansong and others, p. 51, pl. 15, fig. 12; fertile pinna; Furongqiao of Sangzhi, Hunan; Middle Triassic member 2 of Badong Formation.

Genus *Ctenis* Lindely et Hutton, 1834

1834 (1831—1837) Lindely, Hutton, p. 63.

1906 Yokoyama, p. 29.

1963 Sze H C, Lee H H and others, p. 190.

1993a Wu Xiangwu, p. 69.

Type species: *Ctenis falcata* Lindely et Hutton, 1834

Taxonomic status: Cycadales, Cycadopsida

Ctenis falcata Lindely et Hutton, 1834

1834 (1831—1837) Lindely, Hutton, p. 63, pl. 103; cycadophyte leaf; Yorkshire, England; Middle Jurassic.

1993a Wu Xiangwu, p. 69.

△*Ctenis acinacea* Sun, 1993

1992 Sun Ge, Zhao Yanhua, p. 540, pl. 236, fig. 1; pl. 237, fig. 1; cycadophyte leaves; North Hill in Lujuanzicun of Wangqing, Jilin; Late Triassic Malugou Formation. (nom. nud.)

1993 Sun Ge, pp. 78, 137, pl. 26, figs. 1 — 5; pl. 27, figs. 1 — 4; pl. 29, fig. 2; pl. 56, fig. 1; cycadophyte leaves; Col. No.: T9-12, T9-15, T9-17, T9-19, T9-145, T9-153, T9-181, T10-77, T11-108, T11-1042; Reg. No.: J77808 [Repository: Regional Geological and Mineral Resources Survey of Jilin Province (Department of Palaeontology)], PB11950 — PB11953, PB11955 — PB11958; Holotype: PB11950 (pl. 26, fig. 1); Repository: Nanjing Institute of Geology and Palaeontology, Chinese Academy of Sciences; North Hill in Lujuanzicun and Tianqiaoling of Wangqing, Jilin; Late Triassic Malugou Formation.

1993 Mi Jiarong and others, p. 116, pl. 26, fig. 6; cycadophyte leaf; Tianqiaoling of Wangqing, Jilin; Late Triassic Malugou Formation.

△*Ctenis ananastomosans* Zhang et Zheng, 1987

1987   Zhang Wu, Zheng Shaolin, p. 301, pl. 25, figs. 1—3; pl. 26, fig. 14; cycadophyte leaves and cuticles; Reg. No.: SG110122—SG110125; Repository: Shenyang Institute of Geology and Mineral Resources; Shebudai in Changgao of Beipiao, Liaoning; Middle Jurassic Lanqi Formation. (Notes: The type specimen was not designated in the original paper)

1990   Cao Zhengyao, Shang Ping, pl. 6, fig. 6a; pl. 9, figs. 1—4; pl. 10, fig. 4; cycadophyte leaves; Shebudai in Changgao of Beipiao, Liaoning; Middle Jurassic Lanqi Formation.

△*Ctenis angustiloba* Mi, Sun C, Sun Y, Cui, Ai et al., 1996 (in Chinese)

1996   Mi Jiarong, Sun Chuanlin, Sun Yuewu, Cui Shangsen, Ai Yongliang and others, p. 112, pl. 16, figs. 4, 6, 14; pl. 17, fig. 3; text-fig. 9; cycadophyte leaves; Reg. No.: HF3042—HF3044, HF3146; Holotype: HF3146 (pl. 16, fig. 6); Repository: Department of Geological History and Palaeotology, Changchun College of Geology; Shimenzhai of Funing, Hebei; Early Jurassic Beipiao Formation.

△*Ctenis anomozamioides* Lee P, 1964

1964   Lee P C, pp. 130, 174, pl. 14, figs. 3, 3a, 4; cycadophyte leaves; Col. No.: G14—G16; Reg. No.: PB2830; Repository: Nanjing Institute of Geology and Palaeontology, Chinese Academy of Sciences; Xujiahe and Yangjiaya of Guangyuan, Sichuan; Late Triassic Hsuchiaho Formation.

1978   Yang Xianhe, p. 520, pl. 160, fig. 4; cycadophyte leaf; Hsuchiaho (Xujiahe) of Guangyuan, Sichuan; Late Triassic Hsuchiaho Formation.

1982   Wang Guoping and others, p. 269, pl. 122, fig. 3; cycadophyte leaf; Dakeng of Zhangping, Fujian; Late Triassic Wenbinshan Formation.

1992   Huang Qisheng, pl. 19, fig. 9; cycadophyte leaf; Yangjiaya of Guangyuan, Sichuan; Late Triassic member 3 of Hsuchiaho Formation.

Cf. *Ctenis anomozamioides* Lee P

1982b   Wu Xiangwu, p. 97, pl. 17, fig. 2; cycadophyte leaf; Gonjo area, Tibet; Late Triassic upper member of Bagong Formation.

△*Ctenis anthrophioides* Li Y T, 1982

1982   Li Yunting, in Wang Guoping and others, p. 270, pl. 122, fig. 1; pl. 123, figs. 2, 3; cycadophyte leaves; Reg. No.: HP520, HP521; Syntype 1: HP520 (pl. 123, fig. 2); Syntype 2: HP521 (pl, 123, fig. 3); Youluo of Fengcheng, Jiangxi; Late Triassic Anyuan Formation. [Notes: According to *International Code of Botanical Nomenclature* (*Vienna Code*) article 37. 2, from the year 1958, the holotype type specimen should be unique]

△*Ctenis beijingensis* Duan, 1987

1987   Duan Shuying, p. 38, pl. 13, fig. 2; cycadophyte leaf; Reg. No.: S-PA-86-475; Holotype: S-PA-86-475 (pl. 13, fig. 2); Repository: Swedish National Museum of Natural History; Zhaitang of West Hill, Beijing; Middle Jurassic.

1994   Xiao Zongzheng and others, pl. 14, fig. 4; cycadophyte leaf; Lingshui of Mentougou, Beijing; Middle Jurassic Upper Yaopo Formation.

△*Ctenis binxianensis* Zhang, 1980

1980   Zhang Wu and others, p. 273, pl. 174, fig. 3; cycadophyte leaf; Reg. No.: D392; Repository: Shenyang Institute of Geology and Mineral Resources; Binxian, Heilongjiang; Early Cretaceous.

1985   Shang Ping, pl. 3, fig. 6; pl. 9, fig. 1; cycadophyte leaves; Fuxin Coal Basin, Liaoning; Early Cretaceous Shuiquan Formation.

Ctenis burejensis Prynanda, 1934

1934   Krishtofovich, Prynanda, p. 70, text-figs. 2, 25; cycadophyte leaves; Bureya Basin; Late Jurassic.

1986   Li Xingxue and others, p. 22, pl. 20; figs. 1, 2; cycadophyte leaves; Shansong of Jiaohe, Jilin; Early Cretaceous Jiaohe Group.

Ctenis cf. *burejensis* Prynanda

1985   Shang Ping, pl. 6, fig. 3; cycadophyte leaf; Fuxin Coal Basin, Liaoning; Early Cretaceous Shuiquan Formation.

△*Ctenis chaoi* Sze, 1933

1933c   Sze H C, p. 18, pl. 2, figs. 1—8; cycadophyte leaves; Xujiahe of Guangyuan, Sichuan; late Late Triassic — Early Jurassic. [Notes: This specimen lately was referred as *Anomozamites chaoi* (Sze) Wang (Wang Shijun, 1993)]

1950   Ôishi, p. 90; Sichuan and Shannxi; Early Jurassic.

1954   Hsu J, p. 56, pl. 47, fig. 6; cycadophyte leaf; Guangyuan, Sichuan; Late Triassic — Early Jurassic; Xiangxi of Zigui, Hubei; Early Jurassic Hsiangchi Coal Series.

1963   Chow Huiqin, p. 175, pl. 75, fig. 3; cycadophyte leaf; Hualing of Huaxian, Guangdong; Late Triassic.

1963   Sze H C, Lee H H and others, p. 190, pl. 52, figs. 2—3a; pl. 56, fig. 7; cycadophyte leaves; Guangyuan, Sichuan; Late Triassic; Baishigang of Dangyang, Hubei; Early Jurassic Hsiangchi Group.

1964   Lee P C, pp. 129, 173, pl. 2, fig. 2b; pl. 14, figs. 1, 1a, 2; pl. 18, fig. 4a; cycadophyte leaves; Xujiahe and Yangjiaya of Guangyuan, Sichuan; Late Triassic Hsuchiaho Formation.

1965   Tsao Chengyao, p. 522, pl. 5, figs. 8, 8a; text-fig. 11; cycadophyte leaf; Songbaikeng of Gaoming, Guangdong; Late Triassic Siaoping Formation (Siaoping Series).

1968   *Fossil Atlas of Mesozoic Coal-bearing Strata in Kiangsi and Hunan Provinces*, p. 71, pl. 16, fig. 2; pl. 22, figs. 5, 5a; cycadophyte leaves; Guanchun of Lechang, Guangdong; Late Triassic member 3 of Coal-bearing Formation.

1974a   Lee P C and others, p. 359, pl. 186, fig. 8; cycadophyte leaf; Xujiahe of Guangyuan, Sichuan; Late Triassic Hsuchiaho Formation.

1977   Feng Shaonan and others, p. 222, pl. 89, figs. 6, 7; text-fig. 79; cycadophyte leaves; Gaoming, Qujiang and Lechang, Guangdong; Late Triassic Siaoping Formation; Dangyang, Hubei; Early—Middle Jurassic Upper Coal Formation of Hsiangchi Group.

1978　Zhou Tongshun, pl. 22, fig. 8; pl. 26, fig. 4; cycadophyte leaves; Jitou of Shanghang, Fujian; Late Triassic upper member of Dakeng Formation; Dakeng, Fujian; Late Triassic Wenbinshan Formation.

1980　He Dechang, Shen Xiangpeng, p. 23, pl. 10, fig. 2; pl. 12, fig. 1; pl. 14, fig. 1; cycadophyte leaves; Yangmeishan of Yizhang, Hunan; Late Triassic Anyuan Formation; Niugudun of Qujiang, Guangdong; Late Triassic.

1984　Chen Gongxin, p. 599, pl. 252, fig. 2; cycadophyte leaf; Baishigang of Dangyang, Hubei; Early Jurassic Tongzhuyuan Formation; Chengchao of Echeng, Hubei; Early Jurassic Wuchang Formation.

1986　Ye Meina and others, p. 59, pl. 40, figs. 4, 4a; cycadophyte leaf; Jinwo in Tieshan of Daxian, Sichuan; Late Triassic member 5 of Hsuchiaho Formation.

Ctenis cf. *chaoi* Sze

1949　Sze H C, p. 26, pl. 12, fig. 12; cycadophyte leaf; Baishigang of Dangyang, Hubei; Early Jurassic Hsiangchi Coal Series. [Notes: This specimen lately was referred as *Ctenis chaoi* Sze (Hsu J, 1954; Sze H C, Lee H H and others, 1963)]

1982　Wang Guoping and others, p. 270, pl. 121, fig. 8; cycadophyte leaf; Jitou of Shanghang, Fujian; Late Triassic Wenbinshan Formation.

△*Ctenis chinensis* Hsu, 1954

1954　Hsu J, p. 56, pl. 49, fig. 1; cycadophyte leaf; Zhaitang of West Hill, Beijing; Middle Jurassic or late Early Jurassic.

1958　Wang Longwen and others, p. 611, fig. 612; cycadophyte leaf; Hebei; Early—Middle Jurassic.

1963　Sze H C, Lee H H and others, p. 191, pl. 56, fig. 1; cycadophyte leaf; Zhaitang of West Hill, Beijing; Early—Middle Jurassic.

1980　Zhang Wu and others, p. 273, pl. 143, fig. 3; cycadophyte leaf; Gushanzi of Lingyuan, Liaoning; Middle Jurassic.

1981　Liu Maoqiang, Mi Jiarong, p. 26, pl. 2, figs. 2, 7; pl. 3, fig. 7; cycadophyte leaves; Naozhigou of Linjiang, Jilin; Early Jurassic Yihuo Formation.

1982　Liu Zijin, p. 132, pl. 70, figs. 1, 2; cycadophyte leaves; Xipo of Liangdang, Gansu; Middle Jurassic Longjiagou Formation; Beidayao in Changma of Yumen, Gansu; Early — Middle Jurassic Dashankou Group.

1983　Li Jieru, pl. 3, fig. 2; cycadophyte leaf; Houfulongshan of Nanpiao (Jinxi), Liaoning; Middle Jurassic member 1 of Haifanggou Formation.

1984　Chen Gongxin, p. 599, pl. 252, fig. 1; cycadophyte leaf; Chengchao of Echeng, Hubei; Early Jurassic Wuchang Formation.

1984　Gu Daoyuan, p. 150, pl. 75, fig. 1; cycadophyte leaf; Kangsu Coal Mine of Wuqia, Xinjiang; Middle Jurassic Yangye (Yangxia) Formation.

1987　Duan Shuying, p. 37, pl. 12; pl. 14, figs. 1, 2; pl. 15, fig. 3; cycadophyte leaves; Zhaitang of West Hill, Beijing; Middle Jurassic.

1989　Duan Shuying, pl. 3, fig. 4; cycadophyte leaf; Zhaitang of West Hill, Beijing; Middle Jurassic Mentougou Coal Series.

1995a Li Xingxue（editor-in-chief）,pl. 94,fig. 1;cycadophyte leaf;Zhaitang of West Hill,Beijing;Middle Jurassic Yaopo Formation.（in Chinese）

1995b Li Xingxue（editor-in-chief）,pl. 94,fig. 1;cycadophyte leaf;Zhaitang of West Hill,Beijing;Middle Jurassic Yaopo Formation.（in English）

1996 Mi Jiarong and others,p. 113,pl. 19,figs. 3,8;pl. 20,fig. 5;cycadophyte leaves;Shimenzhai of Funing,Hebei;Early Jurassic Beipiao Formation.

2003 Yuan Xiaoqi and others,pl. 18,fig. 1;cycadophyte leaf;Gaotouyao of Dalad Banner,Inner Mongolia;Middle Jurassic Zhiluo Formation.

△*Ctenis consinna* Meng,1988

1988 Meng Xiangying,in Chen Fen and others,pp. 63,155,pl. 27,figs. 3－11;cycadophyte leaves and cuticles;No.:Fx135－Fx138;Repository:Beijing Graduate School,Wuhan College of Geology;Xinqiu Opencut Coal Mine of Fuxin,Liaoning;Early Cretaceous Fuxin Formation.（Notes:The type specimen was not designated in the original paper）

△*Ctenis crassinervis* Chen G X,1984

1984 Chen Gongxin,p. 599,pl. 254,figs. 1－5b;cycadophyte leaves;Reg. No.:EP702,EP706－EP709;Repository:Geological Bureau of Hubei Province;Fenshuiling of Jingmen,Hubei;Late Triassic Jiuligang Formation.（Notes:The type specimen was not designated in the original paper）

△*Ctenis deformis* Sun,1993

1980 Wu Shuibo and others,pl. 2,fig. 7;cycadophyte leaf;Tuopangou area of Wangqing,Jilin;Late Triassic.（nom. nud.）

1984 Wang Ziqiang,p. 268,pl. 131,figs. 3,4;cycadophyte leaves;Chengde,Hebei;Early Jurassic Jiashan Formation.（nom. nud.）

1992 Sun Ge,Zhao Yanhua,p. 540,pl. 239,figs. 1,4;cycadophyte leaves;Tianqiaoling of Wangqing,Jilin;Late Triassic Malugou Formation.（nom. nud.）

1993 Sun Ge,pp. 79,137,pl. 28,figs. 2－5;pl. 29,fig. 1;pl. 30,fig. 12;cycadophyte leaves;Col. No.:T11-103,T11-1049A,T12-188,T12-824,T12-869,T12-1056;Reg. No.:PB11961－PB11965,PB11968;Holotype:PB11963（pl. 28,fig. 4）;Paratype 1:PB11961（pl. 28,fig. 2）;Paratype 2:PB11965（pl. 29,fig. 1）;Repository:Nanjing Institute of Geology and Palaeontology,Chinese Academy of Sciences;North Hill in Lujuanzicun and Tianqiaoling of Wangqing,Jilin;Late Triassic Malugou Formation.

1993 Mi Jiarong and others,p. 117,pl. 25,figs. 6,7;pl. 26,figs. 1,2;cycadophyte leaves;Tianqiaoling of Wangqing,Jilin;Late Triassic Malugou Formation.

△*Ctenis delicatus* Zhang et Zheng,1987

1987 Zhang Wu,Zheng Shaolin,p. 301,pl. 21,figs. 3－9a;text-fig. 31;cycadophyte leaves;Reg. No.:SG110126－SG110132;Repository:Shenyang Institute of Geology and Mineral Resources;Niuyingzi in Changheyingzi of Beipiao,Liaoning;Middle Jurassic Haifanggou Formation.（Notes:The type specimen was not designated in the original paper）

△*Ctenis denticulata* Ye et Huang,1986

1986 Ye Meina,Huang Guoqing,in Ye Meina and others,p. 59,pl. 41,figs. 4,4a;cycadophyte leaf;Repository:137 Geological Team of Sichuan Coal Field Geological Company;Qilixia of Kaijiang,Sichuan;Late Triassic member 3 of Hsuchiaho Formation.

△*Ctenis fangshanensis* **Mi,Zhang,Sun et al.,1993**

1993   Mi Jiarong,Zhang Chuanbo,Sun Chunlin and others,p. 117,pl. 27,fig. 1;pl. 28,figs. 1,3; text-fig. 29; cycadophyte leaves; Reg. No.: B309 — B311; Holotype: B309 (pl. 27, fig. 1); Repository:Department of Geological History and Palaeontology,Changchun College of Geology;Daanshan of West Hill,Beijing;Late Triassic Xingshikou Formation.

Ctenis formosa **Vachrameev,1961**

1961   Vachrameev,Doludenko,p. 91,pl. 41,figs. 1,2;text-fig. 27;cycadophyte leaves;Bureya Basin;Early Cretaceous.

1991   Deng Shenghui, pl. 2, fig. 11; cycadophyte leaf; Huolinhe Basin, Inner Mongolia; Early Cretaceous lower part of Huolinhe Formation.

1995b   Deng Shenghui,p. 35,pl. 19,fig. 5;pl. 30,figs. 1—3;text-fig. 12;cycadophyte leaves and cuticles;Huolinhe Basin,Inner Mongolia;Early Cretaceous Huolinhe Formation.

1997   Deng Shenghui and others, p. 37, pl. 19, figs. 12—14; cycadophyte leaves; Jalai Nur, Inner Mongolia; Early Cretaceous Yimin Formation; Labudalin Basin, northern Inner Mongolia;Early Cretaceous Damoguaihe Formation.

Ctenis cf. *formosa* **Vachrameev**

1982b   Zheng Shaolin,Zhang Wu,p. 315,pl. 24,fig. 22;text-fig. 12;cycadophyte leaf;Nuanquan in Didao of Jixi,Heilongjiang;Late Jurassic Didao Formation.

△*Ctenis gracilis* **Tsao,1965**

1965   Tsao Chengyao,pp. 523,527,pl. 6,figs. 7,7a;text-fig. 12;cycadophyte leaf;Col. No.:Of3 —Of5;Reg. No.:PB3420;Repository:Nanjing Institute of Geology and Palaeontology, Chinese Academy of Sciences; Songbaikeng of Gaoming, Guangdong; Late Triassic Xiaoping Formation (Siaoping Series).

1977   Feng Shaonan and others,p. 223,pl. 89,fig. 5;text-fig. 80;cycadophyte leaf;Gaoming, Guangdong;Late Triassic Siaoping Formation.

△*Cteni haisizhouensis* **Wu,1988**

1988   Wu Xiangwu,in Li Peijuan and others,p. 79,pl. 53,figs. 4,4a;pl. 54,figs. 1,2;pl. 103, figs. 1—4;pl. 104,fig. 4;cycadophyte leaves and cuticles;Col. No.:80DP$_1$F$_{25}$;Reg. No.: PB13511—PB13513;Syntype 1:PB13511 (pl. 53,fig. 4);Syntype 2:PB13512 (pl. 54,fig. 1);Repository:Nanjing Institute of Geology and Palaeontology,Chinese Academy of Sciences;Dameigou of Da Qaidam,Qinghai;Early Jurassic *Cladophlebis* Bed of Huoshaoshan Formation. [Notes:According to *International Code of Botanical Nomenclature* (*Vienna Code*) article 37. 2,from the year 1958,the holotype type specimen should be unique]

Ctenis japonica **Ôishi,1932**

1932   Ôishi,p. 343,pl. 29,figs. 5—7;pl. 30;pl. 31,fig. 1;cycadophyte leaves;Nariwa of Okayama,Japan;Late Triassic Nariwa Series.

1964 Lee P C,p. 131,pl. 17,figs. 1,2;cycadophyte leaves;Xujiahe of Guangyuan,Sichuan; Late Triassic Hsuchiaho Formation.

1978 Zhou Tongshun,pl. 26,fig. 6;cycadophyte leaf;Jitou of Shanghang,Fujian;Late Triassic upper member of Dakeng Formation.

1980 He Dechang,Shen Xiangpeng,p. 23,pl. 9,fig. 1;pl. 13,fig. 7;pl. 14,fig. 6;pl. 26,figs. 1, 3;cycadophyte leaves;Yongshan of Leping,Jiangxi;Late Triassic Anyuan Formation; Zhoushi of Hengnan,Hunan;Early Jurassic Zaoshang Formation.

1982 Wang Guoping and others,p. 270,pl. 125,fig. 5;cycadophyte leaf;Jitou of Shanghang, Fujian;Late Triassic Wenbinshan Formation.

1987 Zhang Wu,Zheng Shaolin,pl. 26,fig. 13;cycadophyte leaf;Shebudai in Changgao of Beipiao,Liaoning;Middle Jurassic Lanqi Formation.

1992 Sun Ge,Zhao Yanhua,p. 540,pl. 236,fig. 5;pl. 238,fig. 3;cycadophyte leaves;Tianqiaoling of Wangqing,Jilin;Late Triassic Malugou Formation.

1993 Sun Ge,p. 79,pl. 18,fig. 3;pl. 30,fig. 4;pl. 31,fig. 1;cycadophyte leaves;Tianqiaoling of Wangqing,Jilin;Late Triassic Malugou Formation.

Ctenis cf. *japonica* Ôishi

1980 Wu Shuibo and others,pl. 2,fig. 10;cycadophyte leaf;Tuopangou of Wangqing,Jilin; Late Triassic.

△*Ctenis jingmenensis* Meng,1987

1987 Meng Fansong,p. 246,pl. 33,fig. 4;cycadophyte leaf;Col. No.:HU-81-P-2;Reg. No.: P82175;Holotype:P82175 (pl. 33,fig. 4);Repository:Yichang Institute of Geology and Mineral Resources;Fenshuiling of Jingmen,Hubei;Late Triassic Jiuligang Formation.

△*Ctenis kaixianensis* Duan et Chen,1982

1982 Duan Shuying,Chen Ye,p. 503,pl. 12,figs. 2,3;cycadophyte leaves;Reg. No.:No. 7177, No. 7178;Syntype 1:No. 7177 (pl. 12,fig. 2);Syntype 2:No. 7178 (pl. 12,fig. 3);Repository:Institute of Botany,the Chinese Academy of Sciences;Tongshuba of Kaixian, Sichuan;Late Triassic Hsuchiaho Formation. [Notes:According to *International Code of Botanical Nomenclature* (*Vienna Code*) article 37. 2,from the year 1958,the holotype type specimen should be unique]

△*Ctenis kaneharai* Yokoyama,1906

1906 Yokoyama,p. 29,pl. 9,figs. 1,1a;cycadophyte leaf;Nianzigou (Nientzukou) of Benxi, Liaoning;Jurassic.

1933 Yabe,Ôishi,p. 226 (32);cycadophyte leaf;Nianzigou (Nientzukou) of Benxi,Liaoning; Middle—Late Jurassic.

1950 Ôishi,p. 88,pl. 27,fig. 1;cycadophyte leaf;Liaoning;Late Jurassic.

1963 Sze H C,Lee H H and others,p. 191,pl. 55,fig. 4;pl. 57,fig. 2;cycadophyte leaves; Nianzigou (Nientzukou) of Benxi,Liaoning;Middle—Late Jurassic.

1984 Chen Fen and others,p. 56,pl. 24,fig. 4;cycadophyte leaf;Daanshan,Beijing;Early Jurassic Upper Yaopo Formation.

1985　Li Jieru,p. 203,pl. 2,figs. 3,4;cycadophyte leaves;Huanghuadianzi of Xiuyan,Liaoning; Early Cretaceous Xiaoling Formation.

1993a　Wu Xiangwu,p. 69.

1994　Xiao Zongzheng and others,pl. 13,fig. 6;cycadophyte leaf;Mentougou,Beijing;Middle Jurassic Longmen Formation.

2003　Yuan Xiaoqi and others,pl. 18,fig. 2;cycadophyte leaf;Gaotouyao of Dalad Banner,Inner Mongolia;Middle Jurassic Zhiluo Formation.

△*Ctenis lanceolata* **Mi,Sun C,Sun Y,Cui,Ai et al.,1996** (in Chinese)

1996　Mi Jiarong,Sun Chuanlin,Sun Yuewu,Cui Shangsen,Ai Yongliang and others,p. 113, pl. 16,fig. 5;pl. 17,figs. 1,8;pl. 18,fig. 4;text-fig. 10;cycadophyte leaves;Reg. No.: HF3051—HF3053,HF3056;Holotype:HF3052 (pl. 17,fig. 1);Paratype:HF3053 (pl. 17,fig. 8);Repository:Department of Geological History and Palaeotology,Changchun College of Geology;Shimenzhai of Funing,Hebei;Early Jurassic Beipiao Formation.

△*Ctenis latior* **Mi,Sun C,Sun Y,Cui,Ai et al.,1996** (in Chinese)

1996　Mi Jiarong,Sun Chuanlin,Sun Yuewu,Cui Shangsen,Ai Yongliang and others,p. 114, pl. 17,fig. 6;pl. 18,figs. 3,5;pl. 20,fig. 4;text-fig. 11;cycadophyte leaves;Reg. No.: HF3057, HF3058, HF3063, HF3064; Holotype: HF3058 (pl. 18,fig. 5); Paratype: HF3064 (pl. 20,fig. 4);Repository:Department of Geological History and Palaeotology, Changchun College of Geology; Shimenzhai of Funing, Hebei; Early Jurassic Beipiao Formation.

△*Ctenis leeiana* **Shen,1975**

1975　Shen K L,p. 94,pl. 2,figs. 1,1a;cycadophyte leaf;Longjiagou Coal Field of Wudu,Gansu;Middle Jurassic.

1982　Liu Zijin,p. 132,pl. 69,fig. 5;cycadophyte leaf;Longjiagou of Wudu,Gansu;Middle Jurassic Longjiagou Formation.

1982a　Zheng Shaolin,Zhang Wu,p. 165,pl. 2,figs. 4,4a;cycadophyte leaf;Dabangou in Changheyingzi of Beipiao,Liaoning;Middle Jurassic Lanqi Formation.

△*Ctenis lingyuanensis* **Zhang,1980**

1976　Chang Chichen,p. 193,pl. 97,figs. 1,2;cycadophyte leaves;Shiguaigou of Baotou,Inner Mongolia;Middle Jurassic Zhaogou Formation. (nom. nud.)

1980　Zhang Chichen,in Zhang Wu and others,p. 274,pl. 143,fig. 5;pl. 144,fig. 3;cycadophyte leaves;Reg. No.:D394,D395;Repository:Shenyang Institute of Geology and Mineral Resources;Shuangmiao of Lingyuan,Liaoning;Early Jurassic Guojiadian Formation. (Notes:The type specimen was not designated in the original paper)

△*Ctenis litangensis* **Chen,1986**

1986　Chen Ye and others,p. 41,pl. 7,figs. 3,4;pl. 10,fig. 6;cycadophyte leaves;No.:7946— 7948;Litang,Sichuan;Late Triassic Lanashan Formation. (Notes:The type specimen was not designated in the original paper)

△*Ctenis lobata* Chen et Zhang, 1979

1979b Chen Ye, Zhang Yucheng, in Chen Ye and others, p. 186, pl. 1, fig. 2; cycadophyte leaf;
No.: No. 6817, No. 6860, No. 6931, No. 6996, No. 7047, No. 7055; Syntypes: No. 6860,
No. 7047, No. 7055; Repository: Department of Palaeobotany, Institute of Botany, the Chinese
Academy of Sciences; Hongni Coal Field of Yanbian, Sichuan; Late Triassic Daqiaodi Forma-
tion. [Notes: According to *International Code of Botanical Nomenclature* (*Vienna Code*) ar-
ticle 37. 2, from the year 1958, the holotype type specimen should be unique]

1989 Mei Meitang and others, p. 97, pl. 56, fig. 4; cycadophyte leaf; Sichuan; Late Triassic.

△*Ctenis lyrata* Li et Ye, 1980

1978 *Ctenis lyrata* Lee et Yeh, Yang Xuelin and others, pl. 3, fig. 1; cycadophyte leaf; Shan-
song Section of Jiaohe Basin, Jilin; Early Cretaceous Moshilazi Formation. (nom. nud.)

1980 Li Xingxue, Ye Meina, p. 8, pl. 5, fig. 1; cycadophyte leaf; Reg. No.: PB4605; Holotype:
PB4605 (pl. 5, fig. 1); Repository: Nanjing Institute of Geology and Palaeontology, Chi-
nese Academy of Sciences; Shansong of Jiaohe, Jilin; middle — late Early Cretaceous
Shansong Formation.

1980 *Ctenis lyrata* Lee et Yeh, Zhang Wu and others, p. 274, pl. 173, figs. 1—4; pl. 174, fig. 2;
cycadophyte leaves; Shansong of Jiaohe, Jilin; Early Cretaceous Moshilazi Formation.

1985 *Ctenis lyrata* Lee et Yeh, Shang Ping, pl. 5, figs. 1—3; cycadophyte leaves; Fuxin Coal
Field, Liaoning; Early Cretaceous Shuiquan Formation.

1986 *Ctenis lyrata* Lee et Yeh, Li Xingxue and others, p. 21, pl. 18, figs. 2, 2a, 3; pl. 19; pl. 20,
figs. 5, 6; pl. 21, figs. 3, 4; pl. 35, fig. 2; cycadophyte leaves; Shansong of Jiaohe, Jilin;
Early Cretaceous Jiaohe Group.

1986a *Ctenis lyrata* Lee et Yeh, Zheng Shaolin, Zhang Wu, p. 429, pl. 1, figs. 10—15; text-figs. 1, 2;
cycadophyte leaves and cuticles; Haizhou Opencut Coal Mine of Fuxin, Liaoning; Early Creta-
ceous Haizhou Formation; Shansong of Jiaohe, Jilin; Early Cretaceous Moshilazi Formation.

1987 *Ctenis lyrata* Lee et Yeh, Shang Ping, pl. 1, fig. 1; cycadophyte leaf; Fuxin Coal Field, Li-
aoning; Early Cretaceous.

1987 *Ctenis lyrata* Lee et Yeh, Zhang Zhicheng, p. 379, pl. 6, figs. 1, 2; pl. 7, fig. 5; cycado-
phyte leaves and cuticles; Haizhou Opencut Coal Mine of Fuxin, Liaoning; Early Creta-
ceous Fuxin Formation.

1988 *Ctenis lyrata* Lee et Yeh, Chen Fen and others, p. 63, pl. 27, fig. 12; pl. 28, figs. 1—3; pl.
29, fig. 1; pl. 64, fig. 1; text-fig. 17; cycadophyte leaves and cuticles; Haizhou Opencut
Coal Mine and Xinqiu Opencut Mine of Fuxin, Liaoning; Early Cretaceous Fuxin Forma-
tion; Tiefa Basin, Liaoning; Early Cretaceous Upper Coal-bearing Member of
Xiaoming'anbei Formation.

1992 *Ctenis lyrata* Lee et Yeh, Sun Ge, Zhao Yanhua, p. 540, pl. 241, fig. 4; cycadophyte leaf;
Jiaohe Coal Mine, Jilin; Early Cretaceous Wulin Formation.

1995a *Ctenis lyrata* Lee et Yeh, Li Xingxue (editor-in-chief), pl. 109, fig. 1; cycadophyte leaf; Dingzi
in Shansong of Jiaohe, Jilin; Early Cretaceous upper part of Wuyun Formation. (in Chinese)

1995b *Ctenis lyrata* Lee et Yeh, Li Xingxue (editor-in-chief), pl. 109, fig. 1; cycadophyte leaf;
Dingzi in Shansong of Jiaohe, Jilin; Early Cretaceous upper part of Wuyun Formation.
(in English)

△*Ctenis macropinnata* Meng, 1987

1987 Meng Fansong, p. 247, pl. 29, fig. 3; cycadophyte leaf; Col. No.: CH-81-P-1; Reg. No.:

P82120;Holotype:P82120 (pl. 29,fig. 3);Repository:Yichang Institute of Geology and Mineral Resources;Chenyuan of Dangyang,Hubei;Early Jurassic Hsiangchi (Xiangxi) Formation.

△*Ctenis mediata* **Meng,1988**

1988 Meng Xiangying,in Chen Fen and others,pp. 64,155,pl. 30,figs. 1—4;cycadophyte leaves and cuticles;No.:Fx146;Repository:Beijing Graduate School,Wuhan College of Geology;Xinqiu Opencut Coal Mine of Fuxin,Liaoning;Early Cretaceous Shuiquan Member of Fuxin Formation.

△*Ctenis*? *mirabilis* **Ye et Huang,1986**

1986 Ye Meina,Huang Guoqing,in Ye Meina and others,p. 59,pl. 41,figs. 3,3a;pl. 42,figs. 4,4a;cycadophyte leaves;Repository:137 Geological Team of Sichuan Coal Field Geological Company;Qilixia of Kaijiang,Sichuan;Late Triassic member 3 of Hsuchiaho Formation. (Notes:The type specimen was not designated in the original paper)

△*Ctenis multinervis* **Chen,1975**

1975 Chen Ye,in Hsu J and others,p. 72,pl. 3,figs. 1,2;cycadophyte leaves;No.:No. 2736; Repository:Institute of Botany,the Chinese Academy of Sciences;Nalajing of Yongren, Yunnan;Late Triassic middle-upper part of Daqiaodi Formation.

1979 Hsu J and others,p. 47,pl. 47,figs. 1,1a;cycadophyte leaf;Baoding,Sichuan;Late Triassic middle-upper part of Daqiaodi Formation.

Ctenis nilssonii **(Nathorst) Harris,1932**

1878 *Anthrophyopsis nilssonii* Nathorst,pp. 43,89,pl. 8,fig. 6;cycadophyte leaf;Sweden; Late Triassic.

1932 Harris,pp. 14,88,pl. 1,fig. 9;text-figs. 7,36A—36D;cycadophyte leaf and cuticle; Scoresby Sound,East Greenland;Late Triassic *Lepidopteris* Zone.

1979 Hsu J and others,p. 47,pl. 46,figs. 1,2;cycadophyte leaves;Baoding,Sichuan;Late Triassic middle-upper part of Daqiaodi Formation.

1986 Ye Meina and others,p. 60,pl. 42,figs. 3,3a;cycadophyte leaf;Leiyinpu of Daxian,Sichuan;Late Triassic member 7 of Hsuchiaho Formation.

△*Ctenis niuyingziensis* **Zhang et Zheng,1987**

1987 Zhang Wu,Zheng Shaolin,p. 302,pl. 21,fig. 9b;pl. 22,figs. 1a,2,3;pl. 27,figs. 1—5; text-fig. 32;cycadophyte leaves;Reg. No.:SG110132—SG110140;Repository:Shenyang Institute of Geology and Mineral Resources;Niuyingzi in Changheyingzi of Beipiao, Liaoning;Middle Jurassic Haifanggou Formation. (Notes:The type specimen was not designated in the original paper)

△*Ctenis oblonga* **Wu,1999** (in Chinese)

1999b Wu Shunqing,p. 40,pl. 31,figs. 5,5a;cycadophyte leaf;Col. No.:NE 河 F-6;Reg. No.: PB10690;Holotype:PB10690 (pl. 31,fig. 5);Repository:Nanjing Institute of Geology and Palaeontology,Chinese Academy of Sciences;Lianghekou of Tongjiang,Sichuan; Late Triassic Hsuchiaho Formation.

Ctenis orientalis **Heer, 1876**

1876   Heer, p. 105, pl. 22, fig. 2; cycadophyte leaf; Bureya River; Late Jurassic.

1941   Stockmans, Mathieu, p. 45, pl. 5, fig. 6; cycadophyte leaf; Liujiang, Hebei; Jurassic. [Notes: This specimen lately was referred as *Ctenis* sp. (Sze H C, Lee H H and others, 1963)]

Ctenis orovillensis **Fontaine, 1900**

1900   Fontaine, in Ward, p. 357, pl. 58, fig. 4; cycadophyte leaf; America; Early Cretaceous Taoqihe Formation.

Ctenis cf. orovillensis **Fontaine**

1980   Zhang Wu and others, p. 275, pl. 177, fig. 6; cycadophyte leaf; Binxian, Heilongjiang; Early Cretaceous.

Ctenis pontica **Delle, 1967**

1967   Delle, p. 93, pl. 17, figs. 7, 8; pl. 18, figs. 1—3; cycadophyte leaves; Georgian; Middle Jurassic.

1987   Zhang Wu, Zheng Shaolin, p. 304, pl. 23, fig. 2; pl. 24, fig. 1; cycadophyte leaves; Taizishan in Changgao of Beipiao, Liaoning; Middle Jurassic Lanqi Formation.

1990   Cao Zhengyao, Shang Ping, pl. 9, fig. 5; pl. 10, figs. 2, 3; cycadophyte leaves; Shebudai in Changgao of Beipiao, Liaoning; Middle Jurassic Lanqi Formation.

△*Ctenis pterophyoides* **Chen et Duan, 1979**

1979c   Chen Ye, Duan Shuying, in Chen Ye and others, p. 271, pl. 3, fig. 3; cycadophyte leaf; No.: No. 7023; Repository: Institute of Botany, the Chinese Academy of Sciences; Hongni Coal Field of Yanbian, Sichuan; Late Triassic Daqiaodi Formation.

Ctenis rarinervis **Kiritchkova, 1966 (non Cao et Shang, 1990)**

1966   Kiritchkova, Slastenov, p. 163, pl. 1, fig. 1; cycadophyte leaf; Lepiske River, West Pryochotsk; Early Cretaceous.

△*Ctenis rarinervis* **Cao et Shang, 1990 (non Kiritchkova, 1966)**

(Notes: This specific name *Ctenis rarinervis* Cao et Shang, 1990 is a homonym junius of *Ctenis rarinervis* Kiritchkova, 1966)

1990   Cao Zhengyao, Shang Ping, p. 48, pl. 5, fig. 3; pl. 6, figs. 1b, 2—4; cycadophyte leaves; Reg. No.: PB14709—PB14714; Holotype: PB14711 (pl. 6, fig. 3); Repository: Nanjing Institute of Geology and Palaeontology, Chinese Academy of Sciences; Shebudai in Changgao of Beipiao, Liaoning; Middle Jurassic Lanqi Formation.

△*Ctenis recurvus* **Yang, 1978**

1978   Yang Xianhe, p. 521, pl. 163, fig. 12; cycadophyte leaf; Reg. No.: Sp0042; Holotype: Sp0042 (pl. 163, fig. 12); Repository: Chendu Institute of Geology and Mineral Resources; Dayi Coal Mine, Sichuan; Late Triassic Hsuchiaho Formation.

Ctenis reedii **Harris, 1947**

1947   Harris, p. 659; text-figs. 46A, 46B; cycadophyte leaf and cuticle; Yorkshire, England;

Middle Jurassic.

1998   Zhang Hong and others, pl. 38, fig. 2; cycadophyte leaf; Kangsu of Wuqia, Xinjiang; Middle Jurassic Yangye (Yangxia) Formation.

△*Ctenis regularis* **Chen et Duan, 1979**

1979b   Chen Ye, Duan Shuying, in Chen Ye and others, p. 187, pl. 1, fig. 3; cycadophyte leaf; No.: No. 68525; Repository: Institute of Botany, the Chinese Academy of Sciences; Hongni Coal Field of Yanbian, Sichuan; Late Triassic Daqiaodi Formation.

1989   Mei Meitang and others, p. 98, pl. 51, fig. 1; cycadophyte leaf; Sichuan; Late Triassic.

△*Ctenis shimenzhaiensis* **Mi, Sun C, Sun Y, Cui, Ai et al., 1996** (in Chinese)

1996   Mi Jiarong, Sun Chuanlin, Sun Yuewu, Cui Shangsen, Ai Yongliang and others, p. 115, pl. 16, figs. 9, 10, 13; text-fig. 12; cycadophyte leaves; Reg. No.: HF3048, HF3049, HF3055; Holotype: HF3049 (pl. 16, fig. 13); Repository: Department of Geological History and Palaeotology, Changchun College of Geology; Shimenzhai of Funing, Hebei; Early Jurassic Beipiao Formation.

Ctenis stewartiana **Harris, 1932**

1932   Harris, p. 12; text-fig. 6; cycadophyte leaf and cuticle; Scoresby Sound, East Greenland; Early Jurassic *Thaumatopteris* Zone.

1984   Zhou Zhiyan, p. 22, pl. 9, fig. 4; pl. 10, figs. 1, 2; text-fig. 5b; cycadophyte leaves; Hebutang of Qiyang and Zhoushi of Hengnan, Hunan; Early Jurassic Paijiachong Member of Guanyintan Formation.

1995a   Li Xingxue (editor-in-chief), pl. 84, fig. 7; cycadophyte leaf; Zhoushi of Hengnan, Hunan; Early Jurassic Paijiachong Member of Guanyintan Formation. (in Chinese)

1995b   Li Xingxue (editor-in-chief), pl. 84, fig. 7; cycadophyte leaf; Zhoushi of Hengnan, Hunan; Early Jurassic Paijiachong Member of Guanyintan Formation. (in English)

1996   Mi Jiarong and others, p. 116, pl. 18, fig. 7; pl. 19, figs. 1, 2; pl. 20, fig. 3; cycadophyte leaves; Shimenzhai of Funing, Hebei; Early Jurassic Beipiao Formation.

Ctenis sulcicaulis **(Phillips) Ward, 1905**

1829   *Cycadites sulcicaulis* Phillips, p. 148, pl. 7, fig. 21; cycadophyte leaf; Yorkshire, England; Middle Jurassic.

1905   Ward, pp. 113, 149, pl. 25, fig. 9; pl. 26; pl. 38, figs. 7, 8; cycadophyte leaves; Oregon, USA; Jurassic.

1980   Zhang Wu and others, p. 274, pl. 144, fig. 4; cycadophyte leaf; Daozigou of Lingyuan, Liaoning; Early Jurassic Guojiadian Formation.

1984   Wang Ziqiang, p. 268, pl. 138, figs. 12—14; pl. 146, figs. 1—4; pl. 167, figs. 1, 2; pl. 168, fig. 1; cycadophyte leaves and cuticles; Xiahuayuan, Hebei; Middle Jurassic Mentougou Formation and Yudaishan Formation.

1987   Zhang Wu, Zheng Shaolin, pl. 22, fig. 6; pl. 25, fig. 7; pl. 26, fig. 12; cycadophyte leaves; Taizishan in Changgao of Beipiao, Liaoning; Middle Jurassic Lanqi Formation.

1993   Mi Jiarong and others, p. 118, pl. 26, fig. 3; pl. 29, fig. 1; cycadophyte leaves; Daanshan of West Hill, Beijing; Late Triassic Xingshikou Formation.

△*Ctenis szeiana* Li et Ye, 1980

1980　Li Xingxue, Ye Meina, p. 9, pl. 5, fig. 2; cycadophyte leaf; Reg. No.: PB4605; Holotype: PB4605 (pl. 5, fig. 1); Repository: Nanjing Institute of Geology and Palaeontology, Chinese Academy of Sciences; Shansong of Jiaohe, Jilin; middle — late Early Cretaceous Shansong Formation.

1980　Zhang Wu and others, p. 274, pl. 171, fig. 4; pl. 172, fig. 2; pl. 174, fig. 4; cycadophyte leaves; Shansong of Jiaohe, Jilin; Early Cretaceous Moshilazi Formation; Helong, Jilin; Early Cretaceous. [Notes: This specimen lately was referred as *Ctenis burejensis* Prynanda (Li Xingxue and others, 1986)]

1988　Chen Fen and others, p. 64, pl. 28, fig. 4; cycadophyte leaf; Haizhou Opencut Coal Mine of Fuxin, Liaoning; Early Cretaceous Shuiquan Member of Fuxin Formation.

△*Ctenis tarimensis* Zhang, 1998 (in Chinese)

1998　Zhang Hong and others, p. 276, pl. 36; pl. 37; pl. 38, fig. 3; cycadophyte leaf; Col. No.: KS-8; Reg. No.: MP92313, MP92318, MP92319; Repository: Xi'an Branch, China Coal Research Institute; Kangsu of Wuqia, Xinjiang; Middle Jurassic Yangye (Yangxia) Formation. (Notes: The type specimen was not designated in the original paper)

△*Ctenis tianqiaolingensis* Mi, Zhang, Sun et al., 1993

1993　Mi Jiarong, Zhang Chuanbo, Sun Chunlin and others, p. 118, pl. 29, figs. 2, 4; pl. 30, fig. 1; text-fig. 30; cycadophyte leaves; Reg. No.: W346, W347, W390; Holotype: W347 (pl. 29, fig. 4); Paratype: W390 (pl. 30, fig. 1); Repository: Department of Geological History and Palaeontology, Changchun College of Geology; Tianqiaoling of Wangqing, Jilin; Late Triassic Malugou Formation.

△*Ctenis uwatokoi* Toyama et Ôishi, 1935

1935　Toyama, Ôishi, p. 65, pl. 3, figs. 2, 3; cycadophyte leaves; Jalai Nur, Inner Mongolia (Chalai-Nor of Hsing-An, Manchoukuo); Middle Jurassic.

1950　Ôishi, p. 89, pl. 27, fig. 5; cycadophyte leaf; Jalai Nur, Inner Mongolia; Late Jurassic.

1952　Sze H C, p. 186, pl. 2, fig. 1; pl. 3, figs. 1, 1a; cycadophyte leaves; Jalai Nur Coal Mine, Inner Mongolia; Jurassic.

1954　Hsu J, p. 56, pl. 47, figs. 2, 3; cycadophyte leaves; Jalai Nur, Inner Mongolia; Late Jurassic.

1958　Wang Longwen and others, p. 617, figs. 617 (lower part), 618; cycadophyte leaves; Hulun Buir League, Inner Mongolia; Late Jurassic.

1963　Sze H C, Lee H H and others, p. 192, pl. 57, figs. 3, 3a; cycadophyte leaf; Jalai Nur, Inner Mongolia; Late Jurassic.

1980　Zhang Wu and others, p. 275, pl. 175, figs. 2, 2a; cycadophyte leaf; Jalai Nur, Inner Mongolia; Early Cretaceous Damoguaihe Formation.

Ctenis yamanarii Kawasaki, 1926

1926　Kawasaki, p. 20, pl. 5, fig. 18; pl. 6, fig. 19; cycadophyte leaves; Bansyo of Tyosen, Korea; Late Triassic—Early Jurassic.

1986 Ye Meina and others, p. 60, pl. 40, figs. 2, 2a; cycadophyte leaf; Dalugou Coal Mine of Xuanhan, Sichuan; Late Triassic member 7 of Hsuchiaho Formation.

1996 Mi Jiarong and others, p. 116, pl. 17, fig. 9; pl. 18, figs. 1, 2; cycadophyte leaves; Shimenzhai of Funing, Hebei; Early Jurassic Beipiao Formation.

△*Ctenis yumenensis* **Zhang, 1998** (in Chinese)

1998 Zhang Hong and others, p. 277, pl. 39; figs. 1, 2; cycadophyte leaves; Col. No.: HX-19; Reg. No.: MP93764; Holotype: MP93764 (pl. 39, fig. 1); Repository: Xi'an Branch, China Coal Research Institute; Hanxia of Yumen, Gansu; Middle Jurassic Dashankou Formation.

△*Ctenis yungjenensis* **Chen, 1975**

1975 Chen Ye, in Hsu J and others, p. 72, pl. 3, figs. 3, 4; cycadophyte leaves; No.: No. 744; Repository: Institute of Botany, the Chinese Academy of Sciences; Huashan of Yongren, Yunnan; Late Triassic middle-upper part of Daqiaodi Formation.

1978 Yang Xianhe, p. 521, pl. 158, fig. 1; cycadophyte leaf; Huashan of Dukou, Sichuan; Late Triassic Daqiaodi Formation.

1979 Hsu J and others, p. 47, pl. 47, figs. 2, 2a; cycadophyte leaf; Huashan of Baoding, Sichuan; Late Triassic middle-upper part of Daqiaodi Formation.

Ctenis cf. *C. yungjenensis* **Chu**

1986 Ye Meina and others, p. 61, pl. 41, figs. 2, 2a; cycadophyte leaf; Wenquan of Kaixian, Sichuan; Late Triassic member 7 of Hsuchiaho Formation.

Ctenis **spp.**

1906 *Ctenis* sp., Yokoyama, p. 25, pl. 6, fig. 1a; cycadophyte leaf; Fangzi of Weixian, Shandong; Jurassic.

1931 *Ctenis* sp., Sze H C, p. 35, pl. 5, fig. 2; cycadophyte leaf; Fangzi of Weixian, Shandong; Early Jurassic (Lias).

1933b *Ctenis* sp., Sze H C, p. 83, pl. 12, fig. 9; cycadophyte leaf; Shipanwan of Fugu, Shaanxi; Jurassic.

1935 *Ctenis* sp., Toyama, Ôishi, p. 66, pl. 4, fig. 1; cycadophyte leaf; Jalai Nur, Inner Mongolia; Middle Jurassic.

1949 *Ctenis* sp., Sze H C, p. 25, pl. 3, fig. 11; pl. 9, fig. 2; cycadophyte leaves; Baishigang of Dangyang, Hubei; Early Jurassic Hsiangchi Coal Series.

1963 *Ctenis* sp. 1, Sze H C, Lee H H and others, p. 192, pl. 58, fig. 3; cycadophyte leaf; Jalai Nur, Inner Mongolia; Late Jurassic.

1963 *Ctenis* sp. 2, Sze H C, Lee H H and others, p. 193, pl. 58, fig. 2; pl. 59, fig. 1; cycadophyte leaves; Baishigang of Dangyang, Hubei; Early Jurassic Hsiangchi Group; Fangzi of Weixian, Shandong; Early—Middle Jurassic.

1963 *Ctenis* sp. 3, Sze H C, Lee H H and others, p. 193, pl. 58, fig. 6; cycadophyte leaf; Shipanwan of Fugu, Shaanxi; Early—Middle Jurassic.

1963 *Ctenis* sp. 4, Sze H C, Lee H H and others, p. 193, pl. 58, fig. 7; cycadophyte leaf; Fangzi of Weixian, Shandong; Early—Middle Jurassic.

1963   *Ctenis* sp. 5,Sze H C,Lee H H and others,p. 194,pl. 58,fig. 5;cycadophyte leaf;Liujiang of Linyu,Hebei;Early—Middle Jurassic.

1965   *Ctenis* sp.,Tsao Chengyao,p. 523,pl. 5,figs. 9,9a;cycadophyte leaf;Songbaikeng of Gaoming,Guangdong;Late Triassic Siaoping Formation (Siaoping Series).

1968   *Ctenis* sp., *Fossil Atlas of Mesozoic Coal-bearing Strata in Kiangsi and Hunan Provinces*,p. 71,pl. 22,fig. 4;cycadophyte leaf;Yongshanqiao of Leping,Jiangxi;Late Triassic Anyuan Formation.

1976   *Ctenis* sp.,Lee P C and others,p. 128,pl. 41,fig. 12;cycadophyte leaf;Yubacun and Yipinglang of Lufeng,Yunnan;Late Triassic Ganhaizi Member of Yipinglang Formation.

1976   *Ctenis* sp.,Chow Huiqin and others,p. 213,pl. 120,fig. 3;cycadophyte leaf;Dongsheng, Inner Mongolia;Middle Jurassic.

1979   *Ctenis* sp.,He Yuanliang and others,p. 150,pl. 71,fig. 7;cycadophyte leaf;Dameigou of Da Qaidam,Qinghai;Early Jurassic Xiaomeigou Formation.

1979   *Ctenis* sp. 1,Hsu J and others,p. 48,pl. 47,fig. 3;cycadophyte leaf;Huashan of Baoding, Sichuan;Late Triassic middle-upper part of Daqiaodi Formation.

1979   *Ctenis* sp. 2,Hsu J and others,p. 48,pl. 47,figs. 4,5;cycadophyte leaves;Baoding, Sichuan;Late Triassic middle-upper part of Daqiaodi Formation.

1980   *Ctenis* sp.,Zhang Wu and others,p. 275,pl. 173,fig. 5;pl. 174,fig. 1;cycadophyte leaves; Tushanzi of Helong,Jilin;Early Cretaceous Xishanping Formation.

1981   *Ctenis* sp.,Liu Maoqiang,Mi Jiarong,p. 26,pl. 2,figs. 6,8;cycadophyte leaves;Naozhigou of Linjiang,Jilin;Early Jurassic Yihuo Formation.

1982   *Ctenis* sp.,Duan Shuying,Chen Ye,p. 504,pl. 10,fig. 9;cycadophyte leaf;Tongshuba of Kaixian,Sichuan;Late Triassic Hsuchiaho Formation.

1982   *Ctenis* sp.,Zhang Caifan,p. 534,pl. 349,fig. 4;cycadophyte leaf;Ganzichong of Liling, Hunan;Early Jurassic Gaojiatian Formation.

1982b   *Ctenis* sp.,Zheng Shaolin,Zhang Wu,p. 316,pl. 25,figs. 1,1a;cycadophyte leaf;Yunshan of Hulin,Heilongjiang;Middle Jurassic Peide Formation.

1983a   *Ctenis* sp.,Cao Zhengyao,p. 15,pl. 2,fig. 13;cycadophyte leaf;Yunshan of Hulin,Heilongjiang;Middle Jurassic lower part of Longzhaogou Group.

1983   *Ctenis* sp.,He Yuanliang,p. 188,pl. 29,fig. 6;cycadophyte leaf;Galedesi of Qilian,Qinghai;Late Triassic Galedesi Formation of Mule Group.

1984   *Ctenis* sp.,Chen Gongxin,p. 599,pl. 252,fig. 1;cycadophyte leaf;Baishigang of Dangyang,Hubei;Early Jurassic Tongzhuyuan Formation.

1984   *Ctenis* sp.,Zhou Zhiyan,p. 22,pl. 9,fig. 4;pl. 10,figs. 1,2;text-fig. 5b;cycadophyte leaves;Zhoushi of Hengnan,Hunan;Early Jurassic Paijiachong Member of Guanyintan Formation.

1986   *Ctenis* sp.,Tao Junrong,Xiong Xianzheng,p. 122,pl. 1,fig. 12;pl. 2,figs. 1—3;cycadophyte leaves;Jiayin,Heilongjiang;Late Cretaceous Wuyun Formation.

1987   *Ctenis* sp. 1,Chen Ye and others,p. 108,pl. 22,fig. 4;cycadophyte leaf;Qinghe of Yanbian,Sichuan;Late Triassic Hongguo Formation.

1987   *Ctenis* sp. 2,Chen Ye and others,p. 108,pl. 22,fig. 5;cycadophyte leaf;Qinghe of Yanbian,Sichuan;Late Triassic Hongguo Formation.

1987 *Ctenis* sp., Zhang Wu, Zheng Shaolin, pl. 22, figs. 7, 7a; cycadophyte leaf; Taizishan in Changgao of Beipiao, Liaoning; Middle Jurassic Lanqi Formation.

1988 *Ctenis* sp., Chen Fen and others, p. 64, pl. 28, fig. 5; cycadophyte leaf; Haizhou Opencut Coal Mine of Fuxin, Liaoning; Early Cretaceous Shuiquan Member of Fuxin Formation.

1993 *Ctenis* spp., Mi Jiarong and others, p. 119, pl. 26, figs. 4, 5; cycadophyte leaves; Tianqiaoling of Wangqing, Jilin; Late Triassic Malugou Formation; Bamianshi Coal Mine of Shuangyang, Jilin; Late Triassic upper member of Xiaofengmidingzi Formation; Chengde, Hebei; Late Triassic Xingshikou Formation.

1993 *Ctenis* sp. [Cf. *C. yokoyamaie* Kryshtofovich], Sun Ge, p. 80, pl. 30, fig. 3; pl. 31, fig. 2; cycadophyte leaves; North Hill in Lujuanzicun of Wangqing, Jilin; Late Triassic Malugou Formation.

1993 *Ctenis* sp., Sun Ge, p. 80, pl. 27, fig. 5; cycadophyte leaf; North Hill in Lujuanzicun of Wangqing, Jilin; Late Triassic Malugou Formation.

1994 *Ctenis* sp., Xiao Zongzheng and others, pl. 13, fig. 3; cycadophyte leaf; Tanzhesi of Mentougou, Beijing; Late Triassic Xingshikou Formation.

1996 *Ctenis* sp., Mi Jiarong and others, p. 116, pl. 16, fig. 3; cycadophyte leaf; Haifanggou of Beipiao, Liaoning; Middle Jurassic Haifanggou Formation.

1998 *Ctenis* sp., Zhang Hong and others, pl. 38, fig. 1; cycadophyte leaf; Kangsu of Wuqia, Xinjiang; Middle Jurassic Yangye (Yangxia) Formation.

Ctenis? sp.

1964 *Ctenis*? sp., Lee P C, p. 132, pl. 17, fig. 3; cycadophyte leaf; Yangjiaya of Guangyuan, Sichuan; Late Triassic Hsuchiaho Formation.

? *Ctenis* sp.

1987 ? *Ctenis* sp., He Dechang, p. 77, pl. 2, fig. 4; cycadophyte leaf; Longpucun in Meiyuan of Yunhe, Zhejiang; late Early Jurassic bed 5 of Longpu Formation.

Genus *Ctenophyllum* Schimper, 1870

1870 (1869—1874) Schimper, p. 143.

1977 Feng Shaonan and others, p. 232.

1993a Wu Xiangwu, p. 69.

Type species: *Ctenophyllum braunianum* (Goeppert) Schimper, 1870

Taxonomic status: Cycadales, Cycadopsida

Ctenophyllum braunianum (Goeppert) Schimper, 1870

1844 *Pterophyllum braunianum* Goeppert, p. 134.

1870 (1869 — 1874) Schimper, p. 143; cycadophyte leaf; Bayreuth, Silesia; Late Triassic (Rhaetic).

1993a Wu Xiangwu, p. 69.

△*Ctenophyllum chenyuanense* **Meng,1984**

1984a Meng Fansong,pp. 101,104,pl. 2,figs. 1－3;cycadophyte leaves;Reg. No.:P82124－
P82126;Holotype:P82126 (pl. 2,fig. 3);Repository:Yichang Institute of Geology and
Mineral Resources; Chenyuan in Sanligang of Dangyang, Hubei; Early Jurassic
Hsiangchi (Xiangxi) Formation.

△*Ctenophyllum crassinerve* **Meng,2002** (in Chinese)

2002 Meng Fansong and others,p. 311,pl. 7,fig. 3;pl. 8,figs. 1,1a;cycadophyte leaves;Reg.
No.:SBJ₁XP-4 (4),SBJ₁XP-4 (5);Holotype:SBJ₁XP-4 (5) (pl. 8,fig. 1);Paratype:
SBJ₁XP-4 (4) (pl. 7,fig. 3);Repository:Yichang Institute of Geology and Mineral Re-
sources;Buzhuanghe of Zigui,Hubei;Early Jurassic Hsiangchi (Xiangxi) Formation.

△*Ctenophyllum decurrens* **Feng,1977**

1977 Feng Shaonan and others,p. 232,pl. 84,figs. 4,5;cycadophyte leaves;Reg. No.:P25247,
P25248;Syntype 1:P25247 (pl. 84,fig. 4);Syntype 2:P25248 (pl. 84,fig. 5);Reposito-
ry:Hubei Institute of Geological Sciences;Donggong of Nanzhang,Hubei;Late Triassic
Lower Coal Formation of Hsiangchi Group. [Notes:According to *International Code of
Botanical Nomenclature* (*Vienna Code*) article 37. 2,from the year 1958,the holotype
type specimen should be unique]

1984 Chen Gongxin,p. 588,pl. 241,fig. 4;cycadophyte leaf;Donggong of Nanzhang,Hubei;
Late Triassic Jiuligang Formation.

1993a Wu Xiangwu,p. 69.

△*Ctenophyllum hubeiense* **Chen,1977**

1977 Chen Gongxin,in Feng Shaonan and others,p. 232,pl. 84,fig. 3;cycadophyte leaf;Reg.
No.:P5095;Holotype:P5095 (pl. 84,fig. 3);Repository:Geological Bureau of Hubei
Province;Dalishugang of Dangyang,Hubei;Early－Middle Jurassic Upper Coal Forma-
tion of Hsiangchi Group.

1984 Chen Gongxin,p. 588,pl. 241,figs. 2,3;cycadophyte leaves;Dalishugang of Dangyang,
Hubei;Early Jurassic Tongzhuyuan Formation.

1993a Wu Xiangwu,p. 69.

△*Ctenophyllum laxilobum* **Meng,1984**

1984a Meng Fansong,pp. 101,104,pl. 1,fig. 5;pl. 2,fig. 5;cycadophyte leaves;Reg. No.:
P82122;Holotype:P82122 (pl. 1,fig. 5);Repository:Yichang Institute of Geology and
Mineral Resources;Chenyuan in Sanligang of Dangyang,Hubei;Early Jurassic Xiangxi
(Hsiangchi) Formation.

△*Ctenophyllum macrophyllum* **Meng,1987**

1987 Meng Fansong,p. 251,pl. 34,fig. 1;cycadophyte leaf;Col. No.:S-81-P-1;Reg. No.:
P82186;Holotype:P82186 (pl. 34,fig. 1);Repository:Yichang Institute of Geology and
Mineral Resources;Sanligang of Dangyang,Hubei;Early Jurassic Hsiangchi (Xiangxi)
Formation.

2002 Meng Fansong and others,pl. 6,fig. 6;cycadophyte leaf;Xiangxi of Zigui,Hubei;Early

Jurassic Hsiangchi (Xiangxi) Formation.

△*Ctenophyllum nervosum* **Meng, 1987**

1987   Meng Fansong, p. 250, pl. 27, fig. 6; cycadophyte leaf; Col. No.: DG-80-P-1; Reg. No.: P82185; Holotype: P82185 (pl. 27, fig. 6); Repository: Yichang Institute of Geology and Mineral Resources; Donggong of Nanzhang, Hubei; Late Triassic Jiuligang Formation.

Ctenophyllum **sp.**

1988a *Ctenophyllum* sp., Huang Qisheng, Lu Zongsheng, p. 183, pl. 1, fig. 2; cycadophyte leaf; Shuanghuaishu of Lushi, Henan; Late Triassic bed 6 in lower part of Yenchang Formation.

Genus *Ctenopteris* **Saporta, 1872**

1872 (1872—1873)   Saporta, p. 355.

1902—1903 Zeiller, p. 292.

1993a Wu Xiangwu, p. 69.

Type species: *Ctenopteris cycadea* (Berger) Saporta, 1872

Taxonomic status: Pteridospermopsida?

Ctenopteris cycadea (Berger) **Saporta, 1872**

1832   *Odontopteris cycadea* Berger, pp. 23, 27, pl. 3, figs. 2, 3; cycadophyte leaves; Europe; Late Triassic.

1872 (1872—1873)   Saporta, p. 355, pl. 40, figs. 2—5; pl. 41, figs. 1, 2; cycadophyte leaves; Moselle, France; Jurassic.

1978   Yang Xianhe, p. 500, pl. 159, fig. 8; cycadophyte leaf; Moshahe of Dukou, Sichuan; Late Triassic Daqiaodi Formation.

1993a Wu Xiangwu, p. 69.

△*Ctenopteris anomozamioides* **Yang, 1978**

1978   Yang Xianhe, p. 500, pl. 181, fig. 2; cycadophyte leaf; No.: Sp0113; Holotype: Sp0113 (pl. 181, fig. 2); Repository: Chengdu Institute of Geology and Mineral Resources; Moshahe of Dukou, Sichuan; Late Triassic Daqiaodi Formation.

△*Ctenopteris chinensis* (Hsu et Hu) **Hsu, 1975**

[Notes: This specific name lately was referred as *Ctenozamites chinensis* (Hsu et Hu) Hsu (Hsu J and others, 1979)]

1974   *Pachypteris chinensis* Hsu et Hu, Hsu J, Hu Yufan, in Hsu J and others, p. 272, pl. 4, figs. 1, 2; fern-like leaves; Nalajing of Yongren, Yunnan; Late Triassic middle-upper part of Daqiaodi Formation.

1975   Hsu J and others, p. 75; cycadophyte leaf; Nalajing of Yongren, Yunnan; Late Triassic Daqiaodi Formation.

1978   Yang Xianhe, p. 501, pl. 180, fig. 8; cycadophyte leaf; Taipingchang of Dukou, Sichuan;

Late Triassic Daqiaodi Formation.

△*Ctenopteris megaphylla* Yang, 1978

1978   Yang Xianhe, p. 501, pl. 181, fig. 1; cycadophyte leaf; No.: Sp0112; Holotype: Sp0112 (pl. 181, fig. 1); Repository: Chengdu Institute of Geology and Mineral Resources; Moshahe of Dukou, Sichuan; Late Triassic Daqiaodi Formation.

△*Ctenopteris pterophylloides* Yang, 1978

1978   Yang Xianhe, p. 501, pl. 161, fig. 1a; pl. 164; cycadophyte leaf; No.: Sp0025, Sp0030; Holotype: Sp0030 (pl. 164); Paratype: Sp0025 (pl. 161, fig. 1a); Repository: Chengdu Institute of Geology and Mineral Resources; Baoding of Dukou, Sichuan; Late Triassic Daqiaodi Formation.

Ctenopteris sarranii Zeiller, 1903

[Notes: This species lately was referred as *Ctenozamites sarranii* Zeiller (Sze H C, Lee H H and others, 1963)]

1902—1903   Zeiller, p. 53, pl. 6; pl. 7, fig. 1; pl. 8, figs. 1, 2; cycadophyte leaves; Hong Gai, Vietnam; Late Triassic.

1902—1903   Zeiller, p. 292, pl. 54, figs. 3, 4; cycadophyte leaves; Taipingchang (Tai-Pin-Tchang), Yunnan; Late Triassic. [Notes: This specimen lately was referred as *Ctenozamites sarranii* Zeiller (Sze H C, Lee H H and others, 1963)]

1956a   Sze H C, pp. 39, 146, pl. 35, figs. 3, 3a, 4; fern-like leaves; Tanhegou in Silangmiao (T'anhokou in Shilangmiao) of Yijun, Shaanxi; Late Triassic upper part of Yenchang Formation. [Notes: This specimen lately was referred as *Ctenozamites sarranii* Zeiller (Sze H C, Lee H H and others, 1963)]

1993a   Wu Xiangwu, p. 69.

Cf. *Ctenopteris sarranii* Zeiller

1927a   Halle, p. 19, pl. 5, figs. 9, 10(?); cycadophyte leaves; Shiwopu of Huili, Sichuan; Late Triassic (Rhaetic). [Notes: This specimen of pl. 5, fig. 10? lately was referred as Cf. *Ctenozamites sarranii* Zeiller; Specimen of pl. 5, fig. 9 lately was referred as *Ctenozamites*? sp. (Sze H C, Lee H H and others, 1963)]

? *Ctenopteris* sp.

1949   ? *Ctenopteris* sp. (? sp. nov.), Sze H C, p. 26, pl. 15, figs. 10, 11; cycadophyte leaves; Chenjiawan of Nanzhang, Hubei; Early Jurassic Hsiangchi Coal Series. [Notes: This specimen lately was referred as *Ctenozamites*? sp. (Sze H C, Lee H H and others, 1963)]

Ctenopteris? sp.

1927a   *Ctenopteris*? sp., Halle, p. 17, pl. 5, fig. 5; cycadophyte leaf; Baiguowan of Huili, Sichuan; Late Triassic (Rhaetic). [Notes: This specimen lately was referred as *Ctenozamites*? sp. (Sze H C, Lee H H and others, 1963)]

Genus *Ctenozamites* Nathorst, 1886

1886   Nathorst, p. 122.

1963   Sze H C, Lee H H and others, p. 197.

1993a Wu Xiangwu, p. 70.

Type species: *Ctenozamites cycadea* (Berger) Nathorst, 1886

Taxonomic status: Pteridospermopsida? or Cycadopsida?

Ctenozamites cycadea (Berger) Nathorst, 1886

1832   *Odontopteris cycadea* Berger, p. 23, pl. 3, figs. 2, 3; cycadophyte leaves; Euroupe; Late Triassic.

1886   Nathorst, p. 122; cycadophyte leaf; Moselle, France; Jurassic.

1887   Schenk, p. 5, pl. 3, figs. 11—16; pl. 4, fig. 18; pl. 6, fig. 30; pl. 7, fig. 36; cycadophyte leaves; Jurassic.

1977   Feng Shaonan and others, p. 224, pl. 91, figs. 3, 4; cycadophyte leaves; Donggong of Nanzhang, Hubei; Late Triassic Lower Coal Formation of Hsiangchi Group; Chengtanjiang of Liuyang, Hunan; Late Triassic Anyuan Formation.

1979   He Yuanliang and others, p. 147, pl. 70, fig. 8; pl. 71, fig. 1; cycadophyte leaves; Babaoshan of Dulan, Qinghai; Late Triassic Babaoshan Group.

1982   Li Peijuan, Wu Xiangwu, p. 48, pl. 14, figs. 3, 3a; pl. 21, fig. 1; pl. 22, fig. 3; cycadophyte leaves; Xiangcheng area, Sichuan; Late Triassic Lamaya Formation.

1984   Chen Gongxin, p. 587, pl. 240, figs. 1—3; pl. 251, fig. 1c; cycadophyte leaves; Fenshuiling of Jingmen and Donggong of Nanzhang, Hubei; Late Triassic Jiuligang Formation.

1986   Ye Meina and others, p. 62, pl. 40, figs. 3, 3a; cycadophyte leaf; Qilixia of Kaijiang, Sichuan; Late Triassic member 5 of Hsuchiaho Formation.

1987   Chen Ye and others, p. 103, pl. 15, fig. 2; pl. 16, figs. 1—4; cycadophyte leaves; Qinghe of Yanbian, Sichuan; Late Triassic Hongguo Formation.

1993a Wu Xiangwu, p. 70.

Cf. *Ctenozamites cycadea* (Berger) Nathorst

1990   Meng Fansong, pl. 1, figs. 7, 8; cycadophyte leaves; Haiyangcun in Jiuqujiang of Qionghai, Hainan; Early Triassic Lingwen Formation.

1992b Meng Fansong, p. 179, pl. 2, figs. 8, 9; cycadophyte leaves; Haiyangcun in Jiuqujiang of Qionghai, Hainan; Early Triassic Lingwen Formation.

Ctenozamites cf. *cycadea* (Berger) Nathorst

1968   *Fossil Atlas of Mesozoic Coal-bearing Strata in Kiangsi and Hunan Provinces*, p. 72, pl. 25, fig. 1; text-fig. 2; cycadophyte leaf; Chengtanjiang of Liuyang, Hunan; Late Triassic Zijiachong Member of Anyuan Formation.

1980   He Dechang, Shen Xiangpeng, p. 25, pl. 22, fig. 4; cycadophyte leaf; Zhoushi of Hengnan, Hunan; Early Jurassic Zaoshang Formation.

△*Ctenozamites aequalis* Meng, 1987

1987   Meng Fansong, p. 243, pl. 28, figs. 1, 4; cycadophyte leaves; Col. No.: DG-80-P-1; Reg.

No.:P82159,P82163;Holotype:P82159（pl. 28, fig. 1）;Paratype:P82163（pl. 28, fig. 4）;Repository:Yichang Institute of Geology and Mineral Resources;Donggong of Nanzhang,Hubei;Late Triassic Jiuligang Formation.

△*Ctenozamites baodingensis* Chen et Tuan,1979

1979　Chen Ye, Tuan Shuyin, in Hsu J and others, p. 73, pl. 75; cycadophyte leaf; No.: No. 4726;Repository:Institute of Botany, the Chinese Academy of Sciences;Bao-ding, Sichuan;Late Triassic middle-upper part of Daqiaodi Formation.

1987　Chen Ye and others,p. 102,pl. 13,figs. 6,7;pl. 14,fig. 1;cycadophyte leaves;Qinghe of Yanbian,Sichuan;Late Triassic Hongguo Formation.

△*Ctenozamites bullatus* Chen et Duan,1991

1991　Chen Ye,Duan Shuying,in Chen Ye and others,pp. 45,51,pl. 1,figs. 1—5;pl. 2,figs. 1—4;text-figs. 1—4;cycadophyte leaves and cuticles;No.:No. 1517,No. 1533;Repository:Institute of Botany, the Chinese Academy of Sciences;Langdai of Liuzhi,Guizhou;Late Triassic（Raetic）.（Notes:The type specimen was not designated in the original paper）

△*Ctenozamites chinensis*（Hsu et Hu）Hsu,1979

1974　*Pachypteris chinensis* Hsu et Hu,Hsu J, Hu Yufan, in Hsu J and others,p. 272,pl. 4, figs. 1,2;cycadophyte leaves;Nalajing of Yongren,Yunnan;Late Triassic middle-upper part of Daqiaodi Formation.

1975　*Ctenopteris chinensis*（Hsu et Hu）Hsu,Hsu J and others,p. 75;cycadophyte leaf;Nalajing of Yongren,Yunnan;Late Triassic Daqiaodi Formation.

1979　Hsu J and others,p. 40,pl. 39,figs. 1,1a;cycadophyte leaf;Baoding,Sichuan;Late Triassic middle-upper part of Daqiaodi Formation.

△*Ctenozamites difformis* Meng,1990

1990　Meng Fansong,p. 319,pl. 2,figs. 3—5;cycadophyte leaves;Reg. No.:P87006—P87008; Syntypes:P87006—P87008（pl. 2,figs. 3—5）;Repository:Yichang Institute of Geology and Mineral Resources;Jiuligang of Yuanan, Yaohe of Jingmen and Donggong of Nanzhang,Hubei;Late Triassic Jiuligang Formation.［Notes:According to *International Code of Botanical Nomenclature*（*Vienna Code*）article 37. 2,from the year 1958,the holotype type specimen should be unique］

△*Ctenozamites digitata* Chen et Duan,1979

1979c　Chen Ye,Duan Shuying,in Chen Ye and others,p. 269,pl. 1,figs. 1,1a;cycadophyte leaf;No.:No. 6821,No. 7016;Holotype:No. 6821（pl. 1,figs. 1,1a）;Repository:Department of Palaeobotany, Institute of Botany, the Chinese Academy of Sciences;Hongni Coal Field of Yanbian,Sichuan;Late Triassic Daqiaodi Formation.

△*Ctenozamites drepanoides* Chen,Duan et Jiao,1992

1992　Chen Ye,Duan Shuying and Jiao Yuehua,pp. 556,557,pl. 1,figs. 1—7;text-figs. 1a—1d; cycadophyte leaves and cuticles; No.: No. 2245,No. 1875; Langdai of Liuzhi, Guizhou;Late Triassic.（Notes:The type specimen was not designated in the original paper）

Ctenozamites falcata（Nathorst）

［Notes:The name *Ctenozamites falcata*（Nathorst）is applied by Zhang Caifan（1982）］

1878　*Ctenopteirs? falcata* Nathorst,p. 51,pl. 1,fig. 13(?);pl. 7,figs. 7－9;pl. 10,fig. 1;cyc-
　　　　adophyte leaves;Sweden;Late Triassic.

1982　Zhang Caifan,p. 532,pl. 349,figs. 1,3;pl. 350,fig. 3;cycadophyte leaves;Gouyadong of
　　　　Yizhang,Hunan;Late Triassic.

△*Ctenozamites guangdongensis* Feng,1977

1977　Feng Shaonan and others,p. 225,pl. 91,fig. 2;cycadophyte leaf;No.:P25275;Holotype:
　　　　P25275 (pl. 92, fig. 2);Repository:Hubei Institute of Geological Sciences;Huiyang,
　　　　Guangdong;Late Triassic Siaoping Formation.

△*Ctenozamites hongniensis* Chen et Duan,1979

1979c　Chen Ye,Duan Shuying,in Chen Ye and others,p. 269,pl. 2,figs. 2,2a;cycadophyte
　　　　leaf;No.:No. 7027;Repository:Department of Palaeobotany,Institute of Botany,the
　　　　Chinese Academy of Sciences;Hongni Coal Field of Yanbian,Sichuan;Late Triassic
　　　　Daqiaodi Formation.

△*Ctenozamites jianensis* Li Y T et Ju,1982

1982　Li Yunting,Ju Kuixiang,in Wang Guoping and others,p. 271,pl. 123,fig. 6;pl. 125,fig.
　　　　4;cycadophyte leaves;No.:HB522,HB523;Holotype:HB523 (pl. 125,fig. 4);Chayuan
　　　　of Ji'an,Jiangxi;Late Triassic Anyuan Formation.

△*Ctenozamites lanshanensis* Zhou,1981

1981　Zhou Zhiyan,p. 22,pl. 3,fig. 8;pl. 4,figs. 1－9;cycadophyte leaves and cuticles;Col.
　　　　No.:KHG181;Reg. No.:PB7579;Holotype:PB7579 (pl. 4,fig. 1);Repository:Nanjing
　　　　Institute of Geology and Palaeontology,Chinese Academy of Sciences;Yuanzhu of
　　　　Lanshan,Hunan;Early Jurassic Paijiachong Member of Guanyintan Formation.

1982　Zhang Caifan,p. 532,pl. 354,figs. 3－3c;cycadophyte leaf;Yuanzhu of Lanshan,Hunan;
　　　　Early Jurassic Gaojiatian Formation.

1984　Zhou Zhiyan,p. 18;cycadophyte leaf;Yuanzhu of Lanshan,Hunan;Early Jurassic Paijia-
　　　　chong Member of Guanyintan Formation.

1986　Zhang Caifan,pl. 5,figs. 1－1c,2;cycadophyte leaves;Baifang of Changning,Hunan;
　　　　Early Jurassic Shikang Formation.

1995a　Li Xingxue (editor-in-chief),pl. 83,figs. 1,2;cycadophyte leaves and cuticles (stoma-
　　　　tas);Yuanzhu of Lanshan,Hunan;Early Jurassic Paijiachong Member of Guanyintan
　　　　Formation. (in Chinese)

1995b　Li Xingxue (editor-in-chief),pl. 83,figs. 1,2;cycadophyte leaves and cuticles (stoma-
　　　　tas);Yuanzhu of Lanshan,Hunan;Early Jurassic Paijiachong Member of Guanyintan
　　　　Formation. (in English)

△*Ctenozamites lechangensis* Wang,1993

1993　Wang Shijun,p. 16,pl. 5,figs. 8,12;pl. 21,figs. 6－8;pl. 25,figs. 1,2;cycadophyte leav-
　　　　es and cuticles;No.:ws0312/1,ws0312/2;Repository:Botanical Section,Department of
　　　　Biology,Sun Yat-sen University;Guanchun of Lechang,Guangdong;Late Triassic Gen-
　　　　kou Group. (Notes:The type specimen was not designated in the original paper)

△*Ctenozamites linearilobus* Zhou,1984

1984　Zhou Zhiyan,p. 18,pl. 7,fig. 12;cycadophyte leaf;Reg. No.:PB8856;Repository:Nanjing
　　　　Institute of Geology and Palaeontology,Chinese Academy of Sciences;Zhoushi of Heng-
　　　　nan,Hunan;Early Jurassic Paijiachong Member of Guanyintan Formation.

△*Ctenozamites microloba* **Chen et Duan, 1979**

1979a Chen Ye, Duan Shuying, in Chen Ye and others, p. 61, pl. 2, fig. 3; cycadophyte leaf; No.: No. 6956; Repository: Department of Palaeobotany, Institute of Botany, the Chinese Academy of Sciences; Hongni Coal Field of Yanbian, Sichuan; Late Triassic Daqiaodi Formation.

1989 Mei Meitang and others, p. 93, pl. 47, fig. 1; cycadophyte leaf; South China; Late Triassic.

1990 Meng Fansong, p. 319, pl. 2, fig. 2; text-figs. 1, 6; cycadophyte leaf; Donggong of Nanzhang, Hubei; Late Triassic Jiuligang Formation.

Ctenozamites cf. *microloba* **Chen et Duan**

1987 Chen Ye and others, p. 103, pl. 14, figs. 7, 7a; cycadophyte leaf; Qinghe of Yanbian, Sichuan; Late Triassic Hongguo Formation.

△*Ctenozamites otoeis* **Chen et Zhang, 1979**

1979a Chen Ye, Zhang Yucheng, in Chen Ye and others, p. 61, pl. 3, figs. 1, 2; cycadophyte leaves; No.: No. 6860, No. 6997, No. 7041, No. 7042; Syntype 1: No. 7041 (pl. 3, fig. 1); Syntype 2: No. 6997 (pl. 3, fig. 2); Repository: Department of Palaeobotany, Institute of Botany, the Chinese Academy of Sciences; Hongni Coal Field of Yanbian, Sichuan; Late Triassic Daqiaodi Formation. [Notes: According to *International Code of Botanical Nomenclature* (*Vienna Code*) article 37. 2, from the year 1958, the holotype type specimen should be unique]

1987 Chen Ye and others, p. 103, pl. 15, fig. 3; pl. 25, fig. 7; cycadophyte leaves; Qinghe of Yanbian, Sichuan; Late Triassic Hongguo Formation.

△*Ctenozamites? otontopteroides* **Meng, 1987**

1987 Meng Fansong, p. 244, pl. 28, fig. 6; cycadophyte leaf; Col. No.: HU-81-P-1; Reg. No.: P82161; Holotype: P82161 (pl. 28, fig. 6); Repository: Yichang Institute of Geology and Mineral Resources; Fenshuiling of Jingmen, Hubei; Late Triassic Jiuligang Formation.

△*Ctenozamites plicata* **Chen et Duan, 1979**

1979c Chen Ye, Duan Shuying, in Chen Ye and others, p. 270, pl. 1, figs. 4, 5; text-fig. 1; cycadophyte leaves; No.: No. 6922, No. 6945, No. 6959a, No. 6959b, No. 6972; Syntypes: No. 6959a, No. 6959b (pl. 1, figs. 4, 5); Repository: Department of Palaeobotany, Institute of Botany, the Chinese Academy of Sciences; Hongni Coal Field of Yanbian, Sichuan; Late Triassic Daqiaodi Formation. [Notes: According to *International Code of Botanical Nomenclature* (*Vienna Code*) article 37. 2, from the year 1958, the holotype type specimen should be unique]

△*Ctenozamites ptilozamioides* **Zhou, 1978**

1978 Zhou Tongshun, p. 116, pl. 27, figs. 1 — 5; text-fig. 5; cycadophyte leaves and cuticles; Col. No.: WFI-7d, LF-06; Reg. No.: FKP144, FKP145; Repository: Institute of Geology, Chinese Academy of Geological Sciences; Wenbinshan in Dakeng of Zhangping, Fujian; Late Triassic lower member of Wenbinshan Formation; Longjing of Wuping, Fujian; Late Triassic upper member of Dakeng Formation. (Notes: The type specimen was not designated in the original paper)

1982 Wang Guoping and others, p. 272, pl. 125, fig. 2; cycadophyte leaf; Longjing of Wuping, Fujian; Late Triassic Wenbinshan Formation.

Ctenozamites cf. *C. ptilozamioides* Zhou

1993   Wang Shijun, p. 17, pl. 6, fig. 6; cycadophyte leaf; Hongweikeng of Qujiang, Guangdong; Late Triassic Genkou Group.

△*Ctenozamites pusillus* Meng, 1983

1983   Meng Fansong, p. 226, pl. 2, fig. 3; pl. 4, fig. 1; cycadophyte leaves; Reg. No.: D76014, D76015; Holotype: D76014 (pl. 2, fig. 3); Repository: Yichang Institute of Geology and Mineral Resources; Donggong of Nanzhang, Hubei; Late Triassic Jiuligang Formation.

△*Ctenozamites rigida* Liu (MS) ex Feng et al., 1977

1977   Feng Shaonan and others, p. 225, pl. 90, figs. 1, 2; cycadophyte leaves; Gouyadong in Guanchun of Lechang, Guangdong; Late Triassic Siaoping Formation.

1980   He Dechang, Shen Xiangpeng, p. 24, pl. 9, fig. 6; cycadophyte leaf; Gouyadong in Guanchun of Lechang, Guangdong; Late Triassic.

1987   Chen Ye and others, p. 104, pl. 14, fig. 2; pl. 15, fig. 1; cycadophyte leaves; Qinghe of Yanbian, Sichuan; Late Triassic Hongguo Formation.

Ctenozamites sarrani (Zeiller) ex Sze, Lee et al., 1963

[Notes: The name *Ctenozamites sarrani* is applied by Sze H C, Lee H H and others (1963)]

1902—1903   *Ctenopteris sarrani* Zeiller, p. 53, pl. 6; pl. 7, fig. 1; pl. 8, figs. 1, 2; cycadophyte leaves; Hong Gai, Vietnam; Late Triassic.

1963   *Ctenozamites sarrani* Zeiller, Sze H C, Lee H H and others, p. 198, pl. 58, fig. 1; pl. 59, figs. 2, 3; cycadophyte leaves; Tanhegou in Silangmiao (T'anhokou in Shilangmiao) of Yijun, Shaanxi; Late Triassic Yenchang Group; Taipingchang, Yunnan; Late Triassic Yipinglang Group.

1976   *Ctenozamites sarrani* Zeiller, Chow Huiqin and others, p. 209, pl. 116, fig. 1; cycadophyte leaf; Wuziwan of Jungar Banner, Inner Mongolia; Middle Triassic upper part of Ermaying Formation; Late Triassic lower part of Yenchang Formation.

1976   *Ctenozamites sarrani* Zeiller, Lee P C and others, p. 126, pl. 40, figs. 5, 6; cycadophyte leaves; Yipinglang of Lufeng, Yunnan; Late Triassic Ganhaizi Member of Yipinglang Formation.

1977   *Ctenozamites sarrani* Zeiller, Feng Shaonan and others, p. 225, pl. 91, fig. 1; cycadophyte leaf; Tieluwan of Yuanan, Hubei; Late Triassic Lower Coal Formation of Hsiangchi Group; northern Guangdong; Late Triassic Xiaoping Formation.

1978   *Ctenozamites sarrani* Zeiller, Zhou Tongshun, p. 115, pl. 26, fig. 3; cycadophyte leaf; Wenbinshan in Dakeng of Zhangping, Fujian; Late Triassic lower member of Wenbinshan Formation.

1980   Huang Zhigao, Zhou Huiqin, p. 96, pl. 4, fig. 6; pl. 39, fig. 2; cycadophyte leaves; Wuziwan in Jungar Banner of Inner Mongolia, Hancheng of Shaanxi; Middle Triassic upper part of Ermaying Formation, Late Triassic lower part of Yenchang Formation.

1982   *Ctenozamites sarrani* Zeiller, Wang Guoping and others, p. 272, pl. 125, fig. 1; cycadophyte leaf; Dakeng of Zhangping, Fujian; Late Triassic Wenbinshan Formation.

1984   *Ctenozamites sarrani* Zeiller, Chen Gongxin, p. 588, pl. 238, fig. 5; cycadophyte leaf; Tieluwan of Yuanan, Hubei; Late Triassic Jiuligang Formation.

1984　*Ctenozamites sarrani* Zeiller, Mi Jiarong and others, pl. 1, fig. 4; cycadophyte leaf; West Hill, Beijing; Late Triassic Xingshikou Formation.

1987　*Ctenozamites sarrani* Zeiller, He Dechang, p. 83, pl. 18, fig. 1; pl. 20, fig. 1; cycadophyte leaves; Dakeng of Zhangping, Fujian; Late Triassic Wenbinshan Formation.

1993a　*Ctenozamites sarrani* Zeiller, Wu Xiangwu, p. 70.

2002　*Ctenozamites sarrani* Zeiller, Meng Fansong and others, pl. 1, fig. 2; pl. 2, figs. 1—3; cycadophyte leaves; Xinpu of Guanling, Guizhou; early Late Triassic Wayao Formation.

Ctenozamites cf. *sarrani* (Zeiller) ex Sze, Lee et al.

1984　*Ctenozamites* cf. *sarrani* Zeiller, Wang Ziqiang, p. 269, pl. 115, figs. 3, 4; cycadophyte leaves; Ningwu, Shanxi; Middle Triassic Ermaying Formation; Hongdong, Shanxi; Middle Triassic Yenchang Formation.

Cf. *Ctenozamites sarrani* (Zeiller) ex Sze, Lee et al.

1963　Cf. *Ctenozamites sarrani* Zeiller, Sze H C, Lee H H and others, p. 198, pl. 57, fig. 1; cycadophyte leaf; Shiwopu of Huili, Sichuan; Late Triassic.

1993　Cf. *Ctenozamites sarrani* Zeiller, Mi Jiarong and others, p. 120, pl. 30, fig. 6; cycadophyte leaf; Tanzhesi of West Hill, Beijing; Late Triassic Xingshikou Formation.

△*Ctenozamites stenophylla* Zhang, 1977

1977　Zhang chuanbo, in Department of Geological Exploration, Changchun College of Geology and others, p. 9, pl. 2, figs. 3, 6; pl. 3, fig. 5; pl. 4, fig. 5; cycadophyte leaves; No.: X-049, No. 048, No. 050, No. 052; Repository: Department of Geological Exploration, Changchun College of Geology; Shiren of Hunjiang, Jilin; Late Triassic Xiaohekou Formation. (Notes: The type specimen was not designated in the original paper)

1992　Sun Ge, Zhao Yanhua, p. 541, pl. 220, fig. 2; pl. 238, fig. 1; cycadophyte leaves; Shiren of Hunjiang, Jilin; Late Triassic Xiaohekou Formation.

1993　Mi Jiarong and others, p. 121, pl. 29, figs. 3, 6; pl. 30, fig. 4; pl. 31, fig. 5; cycadophyte leaves; Shiren of Hunjiang, Jilin; Late Triassic Beishan Formation (Xiaohekou Formation).

△*Ctenozamites stoatigerus* Huang et Lu, 1988

1988b　Huang Qisheng, Lu Zongsheng, p. 550, pl. 9, figs. 5, 6, 11; text-fig. 4; cycadophyte leaves; Reg. No.: HD83021, HD83022; Holotype: HD83021 (pl. 9, fig. 5); Repository: Department of Palaeontology, Wuhan College of Geology; Jinshandian of Daye, Hubei; Early Jurassic upper part of Wuchang Formation.

Ctenozamites spp.

1976　*Ctenozamites* sp., Lee P C and others, p. 126, pl. 45, figs. 6, 6a; cycadophyte leaf; Yipinglang of Lufeng, Yunnan; Late Triassic Ganhaizi Member of Yipinglang Formation.

1984　*Ctenozamites* sp. 1, Zhou Zhiyan, p. 19, pl. 7, fig. 5; cycadophyte leaf; Zhoushi of Hengnan, Hunan; Early Jurassic Paijiachong Member of Guanyintan Formation.

1984　*Ctenozamites* sp. 2, Zhou Zhiyan, p. 19, pl. 6, fig. 9; cycadophyte leaf; Zhoushi of Hengnan, Hunan; Early Jurassic Dabakou Member of Guanyintan Formation.

1987　*Ctenozamites* sp. 1, Chen Ye and others, p. 104, pl. 16, fig. 10; cycadophyte leaf; Qinghe of Yanbian, Sichuan; Late Triassic Hongguo Formation.

1987　*Ctenozamites* sp. 2, Chen Ye and others, p. 104, pl. 16, fig. 8; cycadophyte leaf; Qinghe of Yanbian, Sichuan; Late Triassic Hongguo Formation.

Ctenozamites? spp.

1963　*Ctenozamites*? sp. 1, Sze H C, Lee H H and others, p. 199, pl. 59, fig. 6; cycadophyte leaf; Baiguowan of Huili, Sichuan; Late Triassic.

1963　*Ctenozamites*? sp. 2, Sze H C, Lee H H and others, p. 199, pl. 59, fig. 4; cycadophyte leaf; Shiwopu of Huili, Sichuan; Late Triassic.

1963　*Ctenozamites*? sp. 3, Sze H C, Lee H H and others, p. 199, pl. 58, fig. 4; pl. 60, fig. 7; cycadophyte leaves; Chenjiawan of Nanzhang, Hubei; Early Jurassic Hsiangchi Group.

1982　*Ctenozamites*? sp., Li Peijuan, Wu Xiangwu, p. 48, pl. 6, fig. 2; pl. 16, figs. 3, 3a; pl. 21, fig. 4a; cycadophyte leaves; Dege area, Sichuan; Late Triassic Lamaya Formation.

1982b　*Ctenozamites*? sp., Wu Xiangwu, p. 89, pl. 11, figs. 3, 3a, 4, 4a; cycadophyte leaves; Bagong of Chagyab and Gongjo, Tibet; Late Triassic upper member of Bagong Formation.

1983　*Ctenozamites*? sp., Ju Kuixiang and others, pl. 3, figs. 6, 8; cycadophyte leaves; Fanjiatang in Longtan of Nanjing, Jiangsu; Late Triassic Fanjiatang Formation.

△**Genus *Cycadicotis* Pan, 1983** (nom. nud.)

1983　Pan Guang, p. 1520. (in Chinese)

1983b　Pan Guang, in Li Jieru, p. 22.

1984　Pan Guang, p. 958. (in English)

1993a　Wu Xiangwu, pp. 163, 249.

1993b　Wu Xiangwu, pp. 508, 511.

Type species: *Cycadicotis nilssonervis* Pan (MS) ex Li, 1983 [Notes: Generic name was given only, but without specific name (or type species) in the original paper; *Cycadicotis nilssonervis* Pan (MS) ex Li was lately regarded as the type species (Li Jieru, 1983)]

Taxonomic status: Sinodicotiaceae "Hemiangiosperms" (Pan Guang, 1983, 1984) or Cycadophytes (Li Jieru, 1983)

△*Cycadicotis nilssonervis* **Pan (MS) ex Li, 1983** (nom. nud.)

1983b　Pan Guang, in Li Jieru, p. 22, pl. 2, fig. 3; leaf and reproductive organ-like appendage; No.: Jp1h2-30; Repository: Regional Geological Surveying Team, Liaoning Geological Bureau; Houfulongshan of Nanpiao, Liaoning; Middle Jurassic Haifanggou Formation.

1987　Zhang Wu, Zheng Shaolin, pl. 26, figs. 7—10; text-figs. 25d—25i; leaves and reproductive organ-like appendages; western Liaoning; Middle Jurassic Haifanggou Formation member 3. [Notes: The specimens lately was referred by Zheng Shaoling and others (2003) as *Anomozamites haifanggouensis* (Kimura, Ohana, Zhao et Geng) Zheng et Zhang]

1994 Kimura and others p. 258; text-figs. 5－7 [＝Zhang Wu, Zheng Shaolin (1987), pl. 26, figs. 7,9,10]; leaves; Houfulongshan of Nanpiao, Liaoning; Middle Jurassic Haifanggou Formation.

Cycadicotis sp. indet.

[Notes: Generic name was given only, but without specific name (or type species) in the original paper]

1983 *Cycadicotis* sp. indet., Pan Guang, p. 1520; Yanshan-Liaoning area; Middle Jurassic Haifanggou Formation. (in Chinese)

1984 *Cycadicotis* sp. indet., Pan Guang, p. 958; Yanshan-Liaoning area; Middle Jurassic Haifanggou Formation. (in English)

1993a Wu Xiangwu, pp. 163,249.

1993b Wu Xiangwu, pp. 508,511.

Genus *Cycadites* Sternberg, 1825 (non Buckland, 1836)

1825 (1820－1838) Sternberg, Tentmen, p. XXXXⅱ.

1935 Ôishi, p. 85.

1993a Wu Xiangwu, p. 71.

Type species: *Cycadites nilssoni* Sternberg, 1825

Taxonomic status: Cycadales, Cycadopsida

Cycadites nilssoni Sternberg, 1825

1825 (1820－1838) Sternberg, Tentmen, p. XXXXⅱ, pl. 47; cycadophyte leaf; Hoer, Swenden; Cretaceous.

1993a Wu Xiangwu, p. 71.

△*Cycadites manchurensis* Ôishi, 1935

1935 Ôishi, p. 85, pl. 6, figs. 4,4a,4b,5,6; text-fig. 3; cycadophyte leaves and cuticles; Dongning Coal Field, Heilongjiang; Late Jurassic or Early Cretaceous. [Notes: This specimen lately was referred as *Pseudocycas manchurensis* (Ôishi) Hsu (Hsu J, 1954)]

1993a Wu Xiangwu, p. 71.

Cycadites saladini Zeiller, 1903

1902－1903 Zeiller, p. 154, pl. 41, figs. 1－4; cycadophyte leaves; Hong Gai, Vietnam; Late Triassic.

1982 Wang Guoping and others, p. 274, pl. 119, fig. 7; cycadophyte leaf; Laowuli of Yusa, Jiangxi; Late Triassic Anyuan Formation.

1999b Wu Shunqing, p. 43, pl. 30, figs. 2,5; cycadophyte leaves; Langdai of Liuzhi, Guizhou; Late Triassic Huobachong Formation.

Cycadites sulcatus Kryshtofovich et Prynada, 1932

1916 *Dioonites polynovii* Novopokrovsky, Kryshtofovich, p. 30, pl. 5, fig. 3; cycadophyte leaf;

South Primorye;Early Cretaceous.

1932   Kryshtofovich,Prynada,p. 369;cycadophyte leaf;South Primorye;Early Cretaceous.

1983a   Zheng Shaolin,Zhang Wu,p. 88,pl. 6,figs. 8－11;cycadophyte leaves;Wanlongcun of Boli,Heilongjiang;Early Cretaceous Dongshan Formation.

△*Cycadites yingwoshanensis* Zheng et Zhang,2004 (in Chiness and English)

2004   Zheng Shaolin,Zhang Wu,in Wang Wuli and others,pp. 232 (in Chinese),492 (in English), pl. 30,fig. 1;cycadophyte leaf;No.:YWS-10;Holotype:YWS-10 (pl. 30,fig. 1);Yixian, Liaoning;Late Jurassic Zhuanchengzi Bed in lower part of Yixian Formation;Huangbanjigou in Shangyuan of Beipiao,Liaoning;Late Jurassic Jianshangou Bed of Yixian Formation. (Notes:The repository of the type specimens was not mentioned in the original paper)

Cycadites spp.

1980   *Cycadites* sp., He Dechang, Shen Xiangpeng, p. 26,pl. 25,fig. 4; cycadophyte leaf; Tongrilonggou in Sandu of Zixing,Hunan;Early Jurassic Zaoshang Formation.

1994   *Cycadites* sp. [Cf. Pseudocycas steenstrupi (Phillips) Nathorst],Cao Zhengyao,fig. 2j; cycadophyte leaf;Zhuji,Zhejiang;early Early Cretaceous Shouchang Formation.

1995a   *Cycadites* sp. [Cf. *Pseudocycas steenstrupi* (Phillips) Nathorst],Li Xingxue (editor-in-chief),pl. 112,fig. 8;cycadophyte leaf;Zhuji,Zhejiang;Early Cretaceous Shouchang Formation. (in Chinese)

1995b   *Cycadites* sp. [Cf. *Pseudocycas steenstrupi* (Phillips) Nathorst],Li Xingxue (editor-in-chief),pl. 112,fig. 8;cycadophyte leaf;Zhuji,Zhejiang;Early Cretaceous Shouchang Formation. (in English)

1997   *Cycadites* sp. 1 (sp. nov.), Meng Fansong,Chen Dayou,p. 54,pl. 2,figs. 1,2;cycadophyte leaves; Nanxi of Yunyang, Sichuan; Middle Jurassic Dongyuemiao Member of Ziliujing Formation.

1999   *Cycadites* sp. 1 [Cf. *Pseudocycas saportae* (Seward) Holden],Cao Zhengyao,p. 81,pl. 19,fig. 5;cycadophyte leaf;Zhangdang of Yongjia,Zhejiang;Early Cretaceous member C of Moshishan Formation.

1999   *Cycadites* sp. 2 [Cf. *Pseudocycas steenstrupi* (Phillips) Nathorst],Cao Zhengyao,p. 82, pl. 15, fig. 12; cycadophyte leaf; Anhua of Zhuji, Zhejiang; Early Cretaceous Shouchang Formation.

Genus *Cycadites* Buckland,1836 (non Sternberg,1825)

(Notes:*Cycadites* Buckland,1836 is a homoum junius of *Cycadites* Sternberg,1825)

1836   Buckland,p. 497.

1993a   Wu Xiangwu,p. 71.

Type species:*Cycadites megalophyllas* Buckland,1836

Taxonomic status:Cycadales,Cycadopsida

Cycadites megalophyllas Buckland,1836

1836   Buckland,p. 497,pl. 60;petrified cycadophyte trunk;Portaland Island,England.

1993a Wu Xiangwu,p. 71.

Genus *Cycadolepis* Saporta, 1873

1873 (1873e—1875a)   Saporta,p. 201.

1933c Sze H C,p. 23.

1963   Sze H C,Lee H H and others,p. 200.

1993a Wu Xiangwu,p. 72.

Type species: *Cycadolepis villosa* Saporta,1873

Taxonomic status: Cycadales,Cycadopsida

Cycadolepis villosa Saporta, 1873

1873 （1873e — 1875a）   Saporta, p. 201,pl. 114,fig. 4; cycadophyte scale (?); Orbagnoux,
France; Jurassic.

1993a Wu Xiangwu,p. 72.

Cycadolepis corrugata Zeiller, 1903

1902—1903   Zeiller,p. 200,pl. 44,fig. 1; pl. 50,figs. 1—4; cycadophyte scales; Hong Gai, Viet-
nam; Late Triassic.

1933c Sze H C,p. 23,pl. 4,figs. 10,11; cycadophyte scales; Yibin,Sichuan; late Late Triassic—
Early Jurassic.

1949   Sze H C,p. 24,pl. 15,figs. 29,30; cycadophyte scales; Xiangxi of Zigui,Cuijiayao and
Daxiakou of Dangyang,Hubei; Early Jurassic Hsiangchi Coal Series.

1963   Sze H C,Lee H H and others,p. 200,pl. 67,figs. 5,6; cycadophyte scales; Xiangxi of
Zigui,Hubei; Early Jurassic Hsiangchi Group; Yibin,Sichuan; Late Triassic.

1977   Feng Shaonan and others,p. 233,pl. 92,fig. 9; cycadophyte scale; Xiangxi of Zigui,Hu-
bei; Early—Middle Jurassic Upper Coal Formation of Hsiangchi Group.

1978   Zhou Tongshun,pl. 21,fig. 10; pl. 28,fig. 12; cycadophyte scales; Dakeng of Zhangping,
Fujian; Late Triassic lower member of Wenbinshan Formation.

1980   He Dechang,Shen Xiangpeng,p. 30,pl. 11,fig. 2; cycadophyte scale; Chengtanjiang of
Liuyang,Hunan; Late Triassic Sanqiutian Formation.

1982   Wang Guoping and others,p. 273,pl. 122,fig. 5; cycadophyte scale; Dakeng of Zhang-
ping,Fujian; Late Triassic Wenbinshan Formation.

1982   Yang Xianhe,p. 476,pl. 12,figs. 8—15a; cycadophyte scales; Shuanghe of Changning,Si-
chuan; Late Triassic Hsuchiaho Formation.

1983   Li Jieru,p. 24,pl. 3,fig. 4; cycadophyte scale; Houfulongshan of Nanpiao,Liaoning; Mid-
dle Jurassic member 3 of Haifanggou Formation.

1984   Li Baoxian,Hu Bin,p. 141,pl. 3,fig. 13; cycadophyte scale; Datong,Shanxi; Early Jura-
ssic Yongdingzhuang Formation.

1986   Ye Meina and others,p. 55,pl. 33,figs. 3,7,7a: cycadophyte scales; Leiyinpu and Jinwo
in Tieshan of Daxian and Dalugou Coal Mine of Xuanhan,Sichuan; Late Triassic member

7 of Hsuchiaho Formation.

1991 Huang Qisheng, Qi Yue, pl. 1, fig. 6; cycadophyte scale; Majian of Lanxi, Zhejiang; Early
—Middle Jurassic lower member of Majian Formation.

1993 Wang Shijun, p. 38, pl. 14, figs. 5, 7, 13, 15; pl. 37, figs. 5, 6; cycadophyte scales and cuti-
cles; Guanchun of Lechang, Guangdong; Late Triassic Genkou Group.

1993a Wu Xiangwu, p. 72.

1996 Mi Jiarong and others, p. 107, pl. 16, fig. 17; cycadophyte scale; Shimenzhai of Funing,
Hebei; Early Jurassic Beipiao Formation.

1998 Huang Qisheng and others, pl. 1, fig. 10; cycadophyte scale; Miaoyuancun of Shangrao,
Jiangxi; Early Jurassic member 3 of Linshan Formation.

1999b Wu Shunqing, p. 43, pl. 30, figs. 8, 9; cycadophyte scales; Huangshiban in Xinchang of
Weiyuan, Sichuan; Late Triassic Hsuchiaho Formation.

△*Cycadolepis nanpiaoensis* Zhang et Zheng, 1987

1987 Zhang Wu, Zheng Shaolin, p. 290, pl. 15, figs. 8, 9, 13—15; text-fig. 25; cycadophyte
scales; Reg. No.: SG110069—SG110073; Repository: Shenyang Institute of Geology and
Mineral Resources; Pandaogou of Nanpiao, Liaoning; Middle Jurassic Haifanggou For-
mation. (Notes: The type specimen was not designated in the original paper)

Cycadolepis nitens Harris, 1944

1944 Harris, p. 428; text-figs. 4, 5; cycadophyte scales; Yorkshire, England; Middle Jurassic.

1987 Zhang Wu, Zheng Shaolin, p. 291, pl. 15, figs. 4, 4a; cycadophyte scale; Taizishan in
Changgao of Beipiao, Liaoning; Middle Jurassic Lanqi Formation.

Cycadolepis rugosa Johansson, 1922

1922 Johansso, p. 40, pl. 5, figs. 19—23; cycadophyte scales; Sweden; Early Jurassic.

1986 Ye Meina and others, p. 55, pl. 33, figs. 8, 8a; cycadophyte scale; Shuigou of Kaixian,
Sichuan; Early Jurassic Zhenzhuchong Formation.

Cycadolepis rugosa? Johansson

1993 Wang Shijun, p. 38, pl. 14, figs. 12, 14; pl. 37, figs. 7, 8; cycadophyte scales and cuticles;
Guanchun and Ankou of Lechang, Guangdong; Late Triassic Genkou Group.

△*Cycadolepis speciosa* Zhang et Zheng, 1987

1987 Zhang Wu, Zheng Shaolin, p. 291, pl. 15, figs. 6, 16, 17; pl. 26, fig. 4; pl. 28, fig. 10; text-
fig. 26; cycadophyte scales; Reg. No.: SG110075—SG110078; Repository: Shenyang In-
stitute of Geology and Mineral Resources; Taizishan in Changgao of Beipiao, Liao-ning;
Middle Jurassic Lanqi Formation. (Notes: The type specimen was not designated in the
original paper)

Cycadolepis spheniscus Harris, 1953

1953 Harris, p. 37; text-figs. 2A—2C, 2F—2I; cycadophyte scale; Yorkshire, England; Middle
Jurassic.

1987 Zhang Wu, Zheng Shaolin, p. 291, pl. 15, figs. 6, 16, 17; pl. 26, fig. 4; pl. 28, fig. 10; text-
fig. 26; cycadophyte scales; Taizishan in Changgao of Beipiao, Liaoning; Middle Jurassic

Lanqi Formation.

△*Cycadolepis szei* **Zhang et Zheng, 1987**

1987　Zhang Wu, Zheng Shaolin, p. 292, pl. 11, figs. 5, 6; pl. 15, figs. 1—3; pl. 26, figs. 5, 6; pl. 27, fig. 8; pl. 28, figs. 8, 9; text-fig. 26; cycadophyte scales; Reg. No.: SG110082—SG110093; Repository: Shenyang Institute of Geology and Mineral Resources; Taizishan in Changgao of Beipiao, Liaoning; Middle Jurassic Lanqi Formation. (Notes: The type specimen was not designated in the original paper)

Cycadolepis thysanota **Harris 1969**

1969　Harris, p. 120, pl. 1, figs. 2, 3; text-fig. 55; cycadophyte scales and cuticles; Yorkshire, England; Middle Jurassic.

1984　Zhou Zhiyan, p. 40, pl. 18, figs. 3, 4; cycadophyte scales; Hebutang of Qiyang, Hunan; Early Jurassic Paijiachong Member of Guanyintan Formation.

△*Cycadolepis tomentosa* **Sze, 1942**

1942b　Sze H C, p. 129, pl. 1, figs. 5—8; cycadophyte scales; Shimenkou of Liling, Hunan; Late Triassic—Early Jurassic.

1963　Sze H C, Lee H H and others, p. 201, pl. 77, fig. 11; cycadophyte scale; Shimenkou of Liling, Hunan; Late Triassic—Early Jurassic.

1977　Feng Shaonan and others, p. 233, pl. 97, fig. 10; cycadophyte scale; Shimenkou of Liling, Hunan; Late Triassic Anyuan Formation.

1993　Wang Shijun, p. 39, pl. 14, figs. 4, 8, 9; pl. 37, figs. 3, 4; cycadophyte scales and cuticles; Guanchun and Ankou of Lechang, Guangdong; Late Triassic Genkou Group.

△*Cycadolepis toyamae* **Ôishi, 1935**

1935　Ôishi, p. 87, pl. 6, figs. 3, 3a, 3b; text-fig. 4; cycadophyte scales; Dongning Coal Field, Heilongjiang; Late Jurassic or Early Cretaceous.

1963　Sze H C, Lee H H and others, p. 201, pl. 67, fig. 4 (right); cycadophyte scale; Dongning Coal Field, Heilongjiang; Late Jurassic.

Cycadolepis **spp.**

1974　*Cycadolepis* sp., Hu Yufan and others, pl. 1, fig. 5; cycadophyte scale; Guanhua Coal Mine of Yaan, Sichuan; Late Triassic.

1982　*Cycadolepis* sp., Wang Guoping and others, p. 273, pl. 131, fig. 11; cycadophyte scale; Zhucun of Wuyi, Zhejiang; Early Cretaceous Guantou Formation.

1987　*Cycadolepis* sp., Zhang Wu, Zheng Shaolin, p. 293, pl. 15, fig. 12; cycadophyte scale; Dabangou in Changheyingzi of Beipiao, Liaoning; Middle Jurassic Lanqi Formation.

1988　*Cycadolepis* sp., Li Peijuan and others, p. 90, pl. 53, fig. 5; pl. 62, fig. 4; cycadophyte scales; Dameigou of Da Qaidam, Qinghai; Early Jurassic *Cladophlebis* Bed of Huoshaoshan Formationi and Early Jurassic *Ephedrites* Bed of Tianshuigou Formation.

1993　*Cycadolepis* sp., Wang Shijun, p. 39, pl. 14, figs. 2, 11; cycadophyte scales; Guanchun and Ankou of Lechang, Guangdong; Late Triassic Genkou Group.

Cycadolepis? spp.

1963   *Cycadolepis*? sp.,Sze H C,Lee H H and others,p. 202,pl. 67,fig. 7;cycadophyte scale; Xiangxi of Zigui,Hubei;Early Jurassic Hsiangchi Group.

1999   *Cycadolepis*? sp. 1,Cao Zhengyao,p. 81,pl. 26,figs. 10,11;cycadophyte scales;Xiaoxisi of Zhuji,Zhejiang;Early Cretaceous Shouchang Formation(?).

1999   *Cycadolepis*? sp. 2,Cao Zhengyao,p. 81,pl. 25,fig. 6;cycadophyte scale;Huangjiawu of Zhuji,Zhejiang;Early Cretaceous Shouchang Formation(?).

△Genus *Cycadolepophyllum* Yang,1978

1978   Yang Xianhe,p. 510.

1993a   Wu Xiangwu,pp. 12,217.

1993b   Wu Xiangwu,pp. 502,511.

Type species:*Cycadolepophyllum minor* Yang,1978

Taxonomic status:Bennettiales,Cycadopsida

△*Cycadolepophyllum minor* Yang,1978

1978   Yang Xianhe, p. 510, pl. 163, fig. 11; pl. 175, fig. 4; cycadophyte leaves; Reg. No.: Sp0041;Holotype:Sp0041 (pl. 163,fig. 11);Repository:Chengdu Institute of Geology and Mineral Resources;Shuanghe of Changning,Sichuan;Late Triassic Hsuchiaho Formation.

1982   Yang Xianhe,pl. 12,figs. 1,2;cycadophyte leaves;Shuanghe of Changning,Sichuan;Late Triassic Hsuchiaho Formation.

1993a   Wu Xiangwu,pp. 12,217.

1993b   Wu Xiangwu,pp. 502,511.

△*Cycadolepophyllum aequale* Yang,1978

1942   *Pterophyllum aequale* (Brongniart) Nathorst,Sze H C,p. 189,pl. 1,figs. 1—4;cycadophyte leaves;Lechang,Guangdong;Late Triassic—Early Jurassic.

1978   Yang Xianhe,p. 510;cycadophyte leaf;Lechang,Guangdong;Late Triassic.

1993a   Wu Xiangwu,pp. 12,217.

1993b   Wu Xiangwu,pp. 502,511.

△*Cycadolepophyllum anomozamioides* Yang,1982

1982   Yang Xianhe,p. 475,pl. 12,figs. 6,7;text-fig. X-3;cycadophyte leaves;Reg. No.:Sp255, Sp256;Syntypes 1,2:Sp256,Sp257 (pl. 12,figs. 6,7);Repository:Chengdu Institute of Geology and Mineral Resources;Shuanghe of Changning,Sichuan;Late Triassic Hsuchiaho Formation. 〔Notes:According to *International Code of Botanical Nomenclature* (*Vienna Code*) article 37. 2,from the year 1958,the holotype type specimen should be unique〕

△*Cycadolepophyllum changningense* Yang,1982

1982   Yang Xianhe,p. 474,pl. 12,figs. 3—5a;text-fig. X-2;cycadophyte leaves;Reg. No.:

Sp255, Sp256; Syntypes 1, 2; Sp255, Sp256 (pl. 12, figs. 3—5a); Repository: Chengdu Institute of Geology and Mineral Resources; Shuanghe of Changning, Sichuan; Late Triassic Hsuchiaho Formation. [Notes: According to *International Code of Botanical Nomenclature* (*Vienna Code*) article 37. 2, from the year 1958, the holotype type specimen should be unique]

Genus *Cycadospadix* Schimper, 1870

1870 (1869—1874) Schimper, p. 207.

1984 Zhou Zhiyan, p. 41.

1993a Wu Xiangwu, p. 72.

Type species: *Cycadospadix hennocquei* (Pomel) Schimper, 1870

Taxonomic status: Bennettiales, Cycadopsida

Cycadospadix hennocquei (Pomel) Schimper, 1870

1870 (1869—1874) Schimper, p. 207, pl. 72; cycadophyte megasporophyll; Moselle, France; Early Jurassic (Lias).

1993a Wu Xiangwu, p. 72.

△*Cycadospadix scopulina* Zhou, 1984

1984 Zhou Zhiyan, p. 41, pl. 18, fig. 5; text-fig. 8; cycadophyte megasporophyll; Reg. No.: PB8918; Holotype: PB8918 (pl. 18, fig. 5); Repository: Nanjing Institute of Geology and Palaeontology, Chinese Academy of Sciences; Hebutang of Qiyang, Hunan; Early Jurassic Paijiachong Member of Guanyintan Formation.

1993a Wu Xiangwu, p. 72.

Genus *Cyclopteris* Brongniart, 1830

1830 (1828—1838) Brongniart, p. 216.

1974 *Palaeozoic plants from China* Writing Group, p. 139.

1987 He Dechang, p. 78.

Type species: *Cyclopteris reniformis* Brongniart, 1830

Taxonomic status: Pteridospermopsida?

Cyclopteris reniformis Brongniart, 1830

1830 (1828—1838) Brongniart, p. 216, pl. 61, fig. 1; leaf; Europe; Carboniferous.

Cyclopteris sp.

1987 *Cyclopteris* sp., He Dechang, p. 78, pl. 7, fig. 6; leaf; Longpucun in Meiyuan of Yunhe, Zhejiang; late Early Jurassic bed 5 of Longpu Formation.

Genus *Deltolepis* Harris, 1942

1942　Harris, p. 573.

1988　Wu Xiangwu, in Li Peijuan and others, p. 80.

1993a　Wu Xiangwu, p. 75.

Type species: *Deltolepis credipota* Harris, 1942

Taxonomic status: Cycadales, Cycadopsida

Deltolepis credipota Harris, 1942

1942　Harris, p. 573, figs. 3, 4; scales and cuticles referred to *Androlepis* and *Beania*; Cayton Bay of Yorkshire, England; Middle Jurassic.

1993a　Wu Xiangwu, p. 75.

△*Deltolepis*? *longior* Wu, 1988

1988　Wu Xiangwu, in Li Peijuan and others, p. 80, pl. 64, fig. 6; pl. 66, figs. 6, 7; scales; Col. No.: 80DP$_1$F$_{28}$; Reg. No.: PB13515 — PB13517; Holotype: PB13515 (pl. 64, fig. 6); Repository: Nanjing Institute of Geology and Palaeontology, Chinese Academy of Sciences; Dameigou of Da Qaidam, Qinghai; Early Jurassic *Ephedrites* Bed of Tianshuigou Formation.

1993a　Wu Xiangwu, p. 75.

Deltolepis spp.

1993　*Deltolepis* sp. 1, Wang Shijun, p. 47, pl. 19, fig. 7; scale; Ankou of Lechang, Guangdong; Late Triassic Genkou Group.

1993　*Deltolepis* sp. 2, Wang Shijun, p. 47, pl. 19, fig. 6; scale; Ankou of Lechang, Guangdong; Late Triassic Genkou Group.

Deltolepis? sp.

1999　*Deltolepis*? sp., Cao Zhengyao, p. 64, pl. 14, figs. 1 — 3; scales; Xiaoxisi of Zhuji, Zhejiang; Early Cretaceous Shouchang Formation(?).

△Genus *Dentopteris* Huang, 1992

1992　Huang Qisheng, p. 179.

Type species: *Dentopteris stenophylla* Huang, 1992

Taxonomic status: Gymnospermae incertae sedis

△*Dentopteris stenophylla* Huang, 1992

1992　Huang Qisheng, p. 179, pl. 18, figs. 1, 1a; fern-like leaf; Reg. No.: SD87001; Repository: Department of Palaeontology, China University of Geosciences (Wuhan); Tieshan of

Daxian, Sichuan; Late Triassic member 7 of Hsuchiaho Formation.

△*Dentopteris platyphylla* Huang, 1992

1992   Huang Qisheng, p. 179, pl. 19, figs. 3, 5, 7; pl. 20, fig. 13; fern-like leaves; Col. No.: SD5; Reg. No.: SD87003 — SD87005; Holotype: SD87003 (pl. 19, fig. 7); Repository: Department of Palaeontology, China University of Geosciences (Wuhan); Tieshan of Daxian, Sichuan; Late Triassic member 3 of Hsuchiaho Formation.

Genus *Desmiophyllum* Lesquereux, 1878

1878   Lesquereux, p. 333.

1933a   Sze H C, p. 71.

1963   Sze H C, Lee H H and others, p. 347.

1993a   Wu Xiangwu, p. 76.

Type species: *Desmiophyllum gracile* Lesquereux, 1878

Taxonomic status: Gymnospermae incertae sedis

Desmiophyllum gracile Lesquereux, 1878

1878   Lesquereux, p. 333; Cannelton, Beaver County, Pennsylvania, USA; Carboniferous Pennsylvanian.

1993a   Wu Xiangwu, p. 76.

△*Desmiophyllum haisizhouense* Li, 1988

1988   Li Peijuan and others, p. 136, pl. 77, fig. 1B; pl. 78, fig. 2B; pl. 136, figs. 2—3a; leaves and cuticles; Col. No.: 80DJ$_{2d}$F$_u$; Reg. No.: PB13766, PB13975; Repository: Nanjing Institute of Geology and Palaeontology, Chinese Academy of Sciences; Dameigou of Da Qaidam, Qinghai; Middle Jurassic *Nilssonia* Bed of Shimengou Formation. (Notes: The type specimen was not designated in the original paper)

△*Desmiophyllum speciosum* Li et Mei, 1991

1991   Li Peijuan, Mei Shengwu, pp. 101, 104, pl. 1—3; text-figs. 1, 2; leaves and cuticles; Col. No.: 80DP1, F87; Reg. No.: PB15064; Repository: Nanjing Institute of Geology and Palaeontology, Chinese Academy of Sciences; Dameigou, Qinghai; Middle Jurassic Dameigou Formation.

Desmiophyllum spp.

1933a   *Desmiophyllum* sp., Sze H C, p. 71, pl. 10, fig. 3; leaf; Beidaban of Wuwei, Gansu; Early Jurassic.

1933d   *Desmiophyllum* sp., Sze H C, p. 51; leaf; Malanling of Changting, Fujian; Early Jurassic.

1949   *Desmiophyllum* sp., Sze H C, p. 38, pl. 6, fig. 3; leaf; Xiangxi of Zigui and Daxiakou of Xingshan, Hubei; Early Jurassic Hsiangchi Group.

1956a   *Desmiophyllum* sp., Sze H C, pp. 56, 162, pl. 53, fig. 6; leaf; Wangjiaqu of Qingjian, Shaanxi; Late Triassic middle part of Yenchang Formation.

1963   *Desmiophyllum* sp. 1,Sze H C,Lee H H and others,p. 348,pl. 107,fig. 2;leaf;Xiangxi of Zigui and Daxiakou of Xingshan,Hubei;Early Jurassic Hsiangchi Group;Malanling of Changting,Fujian;Early Jurassic Lishan Group.

1963   *Desmiophyllum* sp. 2, Sze H C, Lee H H and others, p. 348, pl. 80, fig. 11; leaf; Wangjiaqu of Qingjian,Shaanxi;Late Triassic middle part of Yenchang Group.

1963   *Desmiophyllum* sp. 3,Sze H C,Lee H H and others,p. 348,pl. 84,fig. 7;leaf;Beidaban of Wuwei,Gansu;Early—Middle Jurassic.

1980   *Desmiophyllum* sp.,He Dechang, Shen Xiangpeng,p. 28,pl. 12,figs. 2,4;pl. 14,fig. 2; leaves;Chengtanjiang of Liuyang and Shimenkou of Liling,Hunan;Late Triassic Anyuan Formation.

1983   *Desmiophyllum* sp.,Zhang Wu and others,p. 84,pl. 4,figs. 17,18;leaves;Linjiawaizi of Benxi,Liaoning;Middle Triassic Linjia Formation.

1984   *Desmiophyllum* sp. 1,Chen Fen and others,p. 69,pl. 34,fig. 4;leaf;Daanshan of West Hill,Beijing;Early Jurassic Upper Yaopo Formation.

1986   *Desmiophyllum* sp.,Xu Fuxiang,p. 423,pl. 2,fig. 7;leaf;Daolengshan of Jingyuan,Gansu;Early Jurassic.

1988   *Desmiophyllum* sp.,Huang Qisheng,pl. 1,figs. 7,8;leaves;Huaining,Anhui;Early Jurassic lower part of Wuchang Formation.

1988a   *Desmiophyllum* sp.,Huang Qisheng, Lu Zongsheng,p. 184,pl. 1,fig. 5;leaf;Shuanghuaishu of Lushi,Henan;Late Triassic bed 5 and bed 6 in lower part of Yenchang Formation.

1989   *Desmiophyllum* sp.,Zheng Shaolin, Zhang Wu,pl. 1, fig. 15; leaf; Chaoyangtun in Nanzamu of Xinbin,Liaoning;Early Cretaceous Nieerku Formation.

1993   *Desmiophyllum* sp. 1,Mi Jiarong and others,p. 140,pl. 41,fig. 23;leaf;Shiren of Hunjiang,Jilin;Late Triassic Beishan Formation (Xiaohekou Formation).

1993   *Desmiophyllum* sp. 2,Mi Jiarong and others,p. 140,pl. 40,fig. 9;leaf;Chengde,Hebei; Late Triassic Xingshikou Formation.

1993   *Desmiophyllum* sp. 1, Wang Shijun, p. 59, pl. 21, fig. 19; leaf; Guanchun of Lechang, Guangdong;Late Triassic Genkou Group.

1993   *Desmiophyllum* sp. 2,Wang Shijun,p. 60,pl. 21,figs. 12—14,17;pl. 43,figs. 7,8;leaves and cuticles; Guanchun and Ankou of Lechang, Guangdong; Late Triassic Genkou Group.

1993   *Desmiophyllum* sp. 3, Wang Shijun, p. 60, pl. 21, fig. 18; leaf; Guanchun of Lechang, Guangdong;Late Triassic Genkou Group.

1993   *Desmiophyllum* sp. 4, Wang Shijun, p. 60, pl. 21, figs. 16, 20; leaves; Guanchun of Lechang,Guangdong;Late Triassic Genkou Group.

1993   *Desmiophyllum* sp. 5,Wang Shijun,p. 61,pl. 22,fig. 1B;leaf;Ankou of Lechang,Guangdong;Late Triassic Genkou Group.

1993a   *Desmiophyllum* sp.,Wu Xiangwu,p. 76.

1996   *Desmiophyllum* sp.,Mi Jiarong and others,p. 136,pl. 22,fig. 6;leaf;Haifanggou of Beipiao,Liaoning;Middle Jurassic Haifanggou Formation.

1997   *Desmiophyllum* sp.,Wu Shunqing and others,p. 170,pl. 5,fig. 13;leaf;Tai O,Hongkong;late Early Jurassic—early Middle Jurassic Taio Formation.

1998b *Desmiophyllum* sp., Deng Shenghui, pl. 1, fig. 11; leaf; Pingzhuang-Yuanbaoshan Basin, Inner Mongolia; Early Cretaceous Xingyuan Formation.

1999 *Desmiophyllum* sp., Cao Zhengyao, p. 101, pl. 9, figs. 14, 14a; leaf; Panlongqiao of Lin'an, Zhejiang; Early Cretaceous Shouchang Formation.

Genus *Dicrodium* Gothan, 1912

1912 Gothan, p. 78.

1983 Zhang Wu, Zheng Shaolin, in Zhang Wu and others, p. 78.

1993a Wu Xiangwu, p. 77.

Type species: *Dicrodium odonpteroides* Gothan, 1912

Taxonomic status: Pteridospermopsida?

Dicrodium odonpteroides Gothan, 1912

1912 Gothan, p. 78, pl. 16, fig. 5; foliage; South Africa; Late Triassic (Rhaetic).

1993a Wu Xiangwu, p. 77.

△*Dicrodium allophyllum* Zhang et Zheng, 1983

1983 Zhang Wu, Zheng Shaolin, in Zhang Wu and others, p. 78, pl. 3, figs. 1, 2; text-fig. 9; fern-like leaves; No.: LMP20158-1, LMP20158-2; Repository: Shenyang Institute of Geology and Mineral Resources; Linjiawaizi of Benxi, Liaoning; Middle Triassic Linjia Formation. (Notes: The type specimen was not designated in the original paper)

1993a Wu Xiangwu, p. 77.

Genus *Dictyozamites* Medlicott et Blanford, 1879

1879 Medlicott, Blanford, p. 142.

1974b Lee P C and others, p. 377.

1993a Wu Xiangwu, p. 77.

Type species: *Dictyozamites falcata* (Morris) Medlicott et Blanford, 1879

Taxonomic status: Bennettiales, Cycadopsida

Dictyozamites falcata (Morris) Medlicott et Blanford, 1879

1863 *Dictyopteris falcata* Morris, in Oldham, Morris, p. 38, pl. 24, figs. 1, 1a; cycadophyte leaf; India; Jurassic.

1879 Medlicott, Blanford, p. 142, pl. 8, fig. 6; cycadophyte leaf; India; Jurassic.

1993a Wu Xiangwu, p. 77.

Dictyozamites asseretoi Barnard, 1965

1965 Barnard, p. 1150, pl. 99, figs. 3, 4; text-figs. 7a, 7c; cycadophyte leaf; North Iran; Early Jurassic Shemshak Formation.

1980　He Dechang,Shen Xiangpeng,p. 18,pl. 7,fig. 5;cycadophyte leaf;Hongweikeng of Qu-
　　　　jiang,Guangdong;Late Triassic.

△*Dictyozamites baitianbaensis* Lee,1974

1974b　Lee P C and others,p. 377,pl. 201,figs. 1—3;cycadophyte leaves;Reg. No.:PB4862;Re-
　　　　pository:Nanjing Institute of Geology and Palaeontology,Chinese Academy of Sciences;
　　　　Baitianba of Guangyuan,Sichuan;Early Jurassic Baitianba Formation.
1978　Yang Xianhe,p. 511,pl. 189,figs. 1,2,7a;cycadophyte leaves;Baimiao in Houba of Jian-
　　　　gyou,Sichuan;Early Jurassic Baitianba Formation.
1993a　Wu Xiangwu,p. 77.

△*Dictyozamites baqenensis* Wu,1982

1982a　Wu Xiangwu, p. 56, pl. 8, figs. 1, 1a; cycadophyte leaf; Col. No.: Ht1-22; Reg. No.:
　　　　PB7274;Holotype:PB7274 (pl. 8,figs. 1,1a);Repository:Nanjing Institute of Geology
　　　　and Palaeontology,Chinese Academy of Sciences;Baqing,Tibet;Late Triassic Tumaingela
　　　　Formation.

△*Dictyozamites callophyllus* Cao,1999 (in Chinese and English)

1999　Cao Zhengyao,pp. 77,153,pl. 20,figs. 20,20a;cycadophyte leaf;Col. No.:W-9066-H40;
　　　　Reg. No.:PB14449;Holotype:PB14449 (pl. 20,fig. 20);Repository:Nanjing Institute of
　　　　Geology and Palaeontology,Chinese Academy of Sciences;Xiaao of Yongjia,Zhejiang;
　　　　Early Cretaceous member C of Moshishan Formation.

Dictyozamites cordatus (Kryshtofovich) Prynada,1963

1929　*Protteaephyllum cordatum* Kryshtofovich,p. 125,pl. 59,fig. 5;cycadophyte leaf;South
　　　　Primorye;Early Cretaceous.
1963　Prynada,in *Palaeontological Basis*,p. 136,pl. 3,fig. 2;cycadophyte leaf;South Pri-
　　　　morye;Early Cretaceous.
1983　Zhang Zhicheng,Xiong Xianzheng,p. 58,pl. 6,figs. 1—4,6,7;cycadophyte leaves and
　　　　cuticles;Dongning Basin,Heilongjiang;Early Cretaceous Dongning Formation.
1995a　Li Xingxue (editor-in-chief),pl. 106,figs. 2—5;pl. 107,figs. 6,7;cycadophyte leaves and
　　　　cuticles;Dongning,Heilongjiang;Early Cretaceous Dongning Formation. (in Chinese)
1995b　Li Xingxue (editor-in-chief),pl. 106,figs. 2—5;pl. 107,figs. 6,7;cycadophyte leaves and
　　　　cuticles;Dongning,Heilongjiang;Early Cretaceous Dongning Formation. (in English)

△*Dictyozamites dictyozamioides* (Sze) Cao,1994

1945　*Sagenopteris*? *dictyozamioides* Sze,Sze H C,p. 49;text-fig. 19;fern-like leaf;Yongan,
　　　　Fujian;Early Cretaceous Pantou Series.
1994　Cao Zhengyao, fig. 2d; cycadophyte leaf; Lin'an, Zhejiang; early Early Cretaceous
　　　　Shouchang Formation. [Notes:This specimen lately was referred as *Dictyozamites*
　　　　linanensis Cao (Cao Zhengyao,1999)]
1995a　Li Xingxue (editor-in-chief),pl. 112,fig. 10;cycadophyte leaf;Lin'an,Zhejiang;Early
　　　　Cretaceous Shouchang Formation. (in Chinese)
1995b　Li Xingxue (editor-in-chief),pl. 112,fig. 10;cycadophyte leaf;Lin'an,Zhejiang;Early

Cretaceous Shouchang Formation. (in English)

△*Dictyozamites hunanensis* Wu, 1968

1968   Wu Shunching, in *Fossil Atlas of Mesozoic Coal-bearing Strata in Kiangsi and Hunan Provinces*, p. 61, pl. 17, figs. 1—3a; text-fig. 19; cycadophyte leaves; Repository: Nanjing Institute of Geology and Palaeontology, Chinese Academy of Sciences; Chengtanjiang of Liuyang, Hunan; Late Triassic Zijiachong Member of Anyuan Formation. (Notes: The type specimen was not designated in the original paper)

1977   Feng Shaonan and others, p. 225, pl. 92, figs. 6, 7; cycadophyte leaves; Chengtanjiang of Liuyang and Huashi of Zhuzhou, Hunan; Late Triassic Anyuan Formation; Qujiang, Guangdong; Late Triassic Siaoping Formation.

1982   Zhang Caifan, p. 532, pl. 343, fig. 2; cycadophyte leaf; Chengtanjiang of Liuyang, Hunan; Late Triassic.

Dictyozamites kawasakii Tateiwa, 1929

1929   Tateiwa, pl. (?), figs. 6a, 6b; cycadophyte leaf; Naktong, Korea; Early Cretaceous Naktong Flora.

1999   Cao Zhengyao, p. 78, pl. 20, figs. 14, 15; cycadophyte leaves; Zhangdang of Yongjia, Zhejiang; Early Cretaceous member C of Moshishan Formation.

Dictyozamites cf. *latifolius* Menendez

1982   Wang Guoping and others, p. 272, pl. 131, figs. 4, 5; cycadophyte leaves; Guqiao of Zhuji, Zhejiang; Early Cretaceous Guantou Formation.

1989   Ding Baoliang and others, pl. 3, fig. 7; cycadophyte leaf; Guqiao of Zhuji, Zhejiang; Early Cretaceous Guantou Formation.

1999   Cao Zhengyao, p. 78, pl. 21, figs. 1, 1a; cycadophyte leaf; Qingtan of Shouchang, Zhejiang; Early Cretaceous Shouchang Formation; Guqiao of Zhuji, Zhejiang; Early Cretaceous Shouchang Formation(?).

△*Dictyozamites linanensis* Cao, 1999 (in Chinese and English)

1994   *Dictyozamites dictyozamioides* (Sze) Cao, Cao Zhengyao, fig. 2d; cycadophyte leaf; Lin'an, Zhejiang; early Early Cretaceous Shouchang Formation. (nom. nud.)

1995a   *Dictyozamites dictyozamioides* (Sze) Cao, Li Xingxue (editor-in-chief), pl. 112, fig. 10; cycadophyte leaf; Lin'an, Zhejiang; Early Cretaceous Shouchang Formation. (in Chinese)

1995b   *Dictyozamites dictyozamioides* (Sze) Cao, Li Xingxue (editor-in-chief), pl. 112, fig. 10; cycadophyte leaf; Lin'an, Zhejiang; Early Cretaceous Shouchang Formation. (in English)

1999   Cao Zhengyao, pp. 79, 153, pl. 18, figs. 8, 8a, 9; pl. 19, fig. 4; cycadophyte leaves; Col. No.: 临安-2, ZQ777-1; Reg. No.: PB14450; Holotype: PB14450 (pl. 18, fig. 8); Repository: Nanjing Institute of Geology and Palaeontology, Chinese Academy of Sciences; Panlongqiao of Lin'an, Zhejiang; Early Cretaceous Shouchang Formation.

Dictyozamites reniformis Ôishi, 1936

1936   Ôishi, p. 29, pl. 9, figs. 1, 1a; cycadophyte leaf; Yambara of Hukui, Japan; Early Cretaceous Tetori Series.

2001   Sun Ge and others, pp. 79, 188, pl. 22, fig. 2; pl. 40, figs. 10, 12; cycadophyte leaves; Huangbanjigou in Shangyuan of Beipiao, Liaoning; Late Jurassic Jian-shangou Formation.

△*Dictyozamites zhonghuaensis* Yang, 1978

1978   Yang Xianhe, p. 510, pl. 160, fig. 3; cycadophyte leaf; Reg. No.: Sp0022; Holotype: Sp0022 (pl. 160, fig. 3); Repository: Chengdu Institute of Geology and Mineral Resources; Moshahe of Dukou, Sichuan; Late Triassic Daqiaodi Formation.

Dictyozamites spp.

1980   *Dictyozamites* sp., Zhang Wu and others, p. 268, pl. 168, fig. 1; cycadophyte leaf; Lingyuan, Liaoning; Late Jurassic.

1983   *Dictyozamites* sp., Zhang Zhicheng, Xiong Xianzheng, p. 59, pl. 4, figs. 5, 8; cycadophyte leaves; Dongning Basin, Heilongjiang; Early Cretaceous Dongning Formation.

1984   *Dictyozamites* sp., Wang Ziqiang, p. 264, pl. 153, fig. 10; cycadophyte leaf; West Hill, Beijing; Early Cretaceous Tuoli Formation.

1989   *Dictyozamites* sp., Mei Meitang and others, p. 106, pl. 51, fig. 2; cycadophyte leaf; Zhuozi, Inner Mongolia; Early Cretaceous.

1992   *Dictyozamites* sp., Sun Ge, Zhao Yanhua, p. 538, pl. 233, fig. 9; pl. 254, fig. 2; cycadophyte leaves; Tengjiajie of Shuanyang, Jilin; Early Jurassic Banshidingzi Formation.

1994   *Dictyozamites* sp., Cao Zhengyao, fig. 2c; cycadophyte leaf; Yongjia, Zhejiang; early Early Cretaceous Moshishan Formation.

1995a *Dictyozamites* sp., Li Xingxue (editor-in-chief), pl. 106, fig. 5; cycadophyte leaf and cuticle; Dongning, Heilongjiang; Early Cretaceous Dongning Formation. (in Chinese)

1995b *Dictyozamites* sp., Li Xingxue (editor-in-chief), pl. 106, fig. 5; cycadophyte leaf and cuticle; Dongning, Heilongjiang; Early Cretaceous Dongning Formation. (in English)

1995a *Dictyozamites* sp., Li Xingxue (editor-in-chief), pl. 112, fig. 9; cycadophyte leaf; Yongjia, Zhejiang; Early Cretaceous Moshishan Formation. (in Chinese)

1995b *Dictyozamites* sp., Li Xingxue (editor-in-chief), pl. 112, fig. 9; cycadophyte leaf; Yongjia, Zhejiang; Early Cretaceous Moshishan Formation. (in English)

1999   *Dictyozamites* sp. 1, Cao Zhengyao, p. 79, pl. 20, figs. 16 − 19; cycadophyte leaves; Zhangdang of Yongjia and Hengyan of Wencheng, Zhejiang; Early Cretaceous member C of Moshishan Formation.

1999   *Dictyozamites* sp. 2, Cao Zhengyao, p. 79, pl. 21, fig. 2; cycadophyte leaf; Xiaqiao of Lishui, Zhejiang; Early Cretaceous Shouchang Formation.

1999b *Dictyozamites* sp. 1, Wu Shunqing, p. 36, pl. 25, figs. 2, 2a; cycadophyte leaf; Fuancun of Huili, Sichuan; Late Triassic Baiguowan Formaion.

1999b *Dictyozamites* sp. 2, Wu Shunqing, p. 36, pl. 28, figs. 1, 1a; pl. 29, fig. 5; cycadophyte leaves; Fuancun of Huili, Sichuan; Late Triassic Baiguowan Formaion.

Dictyozamites? sp.

1993   *Dictyozamites*? sp., Wang Shijun, p. 34, pl. 14, fig. 17; cycadophyte leaf; Guanchun of Lechang, Guangdong; Late Triassic Genkou Group.

Genus *Dioonites* Miquel, 1851

1851　Miquel, p. 211.

1906　Yokoyama, p. 33.

1993a　Wu Xiangwu, p. 77.

Type species: *Dioonites feneonis* (Brongniart) Miquel, 1851

Taxonomic status: Cycadopsida

Dioonites feneonis (Brongniart) Miquel, 1851

1828　Zamites *feneonis* Brongniart, p. 99; leaf; West Europe; Jurassic.

1851　Miquel, p. 211; cycadophyte leaf; West Europe; Jurassic.

1993a　Wu Xiangwu, p. 77.

Dioonites brongniarti (Mantell) Seward, 1895

1895　Seward, p. 47; cycadophyte leaf; England; Early Cretaceous (Wealden).

1906　Yokoyama, p. 33, pl. 11, figs. 1,2; leaves; Shahezi of Changtu, Liaoning; Jurassic. [Notes: This specimen lately was referred as *Nilssonia sinensis* Yabe et Ôishi (Yabe, Ôishi, 1933); or Sze H C, Lee H H and others (1963)]

1993a　Wu Xiangwu, p. 77.

Dioonites kotoi Yokoyama, 1899

1899　Yokoyama, p. 44, pl. 8, figs. 1,1a,1b,1c,1e; pl. 14, fig. 14; cycadophyte leaves; Japan; Early Cretaceous Tetori Series. [Notes: This specimen lately was referred as *Nilssonia kotoi* (Yokoyama) Ôishi (Ôishi, 1940)]

1924　Kryshtofovich, p. 107; leaf; Badaohe (Pataoho), Liaoning; Jurassic.

Genus *Doratophyllum* Harris, 1932

1932　Harris, p. 36.

1964　Lee P C, pp. 135,175.

1993a　Wu Xiangwu, p. 78.

Type species: *Doratophyllum astartensis* Harris, 1932

Taxonomic status: Cycadopsida

Doratophyllum astartensis Harris, 1932

1932　Harris, p. 36, pls. 2,3; leaves and cuticles; Scoresby Sound, East Greenland; Late Triassic *Lepidopteris* Zone.

1993a　Wu Xiangwu, p. 78.

Doratophyllum cf. *astartensis* Harris

1977　Feng Shaonan and others, p. 237, pl. 89, figs. 8,9; leaves; Qujiang, Guangdong; Late Triassic Siaoping Formation.

Cf. *Doratophyllum astartensis* Harris

1980   He Dechang, Shen Xiangpeng, p. 25, pl. 9, fig. 3; pl. 13, fig. 2; leaves; Shimenkou of Liling, Hunan; Late Triassic Anyuan Formation; Hongweikeng of Qujiang, Guangdong; Late Triassic.

Doratophyllum cf. *D. astartensis* Harris

1986   Ye Meina and others, p. 63, pl. 45, fig. 3B; leaf; Jinwo in Tieshan of Daxian, Sichuan; Late Triassic member 7 of Hsuchiaho Formation.

△*Doratophyllum decoratum* Lee, 1964

1964   Lee P C, pp. 135, 175, pl. 16, figs. 1, 1a, 3, 5−8; text-fig. 9; leaves and cuticles; Col. No.: Y06, Y07; Reg. No.: PB2835; Repository: Nanjing Institute of Geology and Palaeontology, Chinese Academy of Sciences; Xujiahe of Guangyuan, Sichuan; Late Triassic Hsuchiaho Formation.

1986   Ye Meina and others, p. 64, pl. 43, fig. 1; pl. 44, fig. 2; leaves; Jinwo in Tieshan of Daxian, Sichuan; Late Triassic member 7 of Hsuchiaho Formation.

1995a   Li Xingxue (editor-in-chief), pl. 73, fig. 3; pl. 76, fig. 6; leaves; Xujiahe of Guangyuan, Sichuan; Late Triassic Hsuchiaho Formation. (in Chinese)

1995b   Li Xingxue (editor-in-chief), pl. 73, fig. 3; pl. 76, fig. 6; leaves; Xujiahe of Guangyuan, Sichuan; Late Triassic Hsuchiaho Formation. (in English)

Doratophyllum? cf. *decoratum* Lee

1986a   Chen Qishi, p. 450, pl. 2, fig. 12B; leaf; Chayuanli of Quxian, Zhejiang; Late Triassic Chayuanli Formation.

△*Doratophyllum hsuchiahoense* Lee, 1964

1964   Lee P C, pp. 137, 176, pl. 16, figs. 2, 2a, 4; text-fig. 10; leaves and cuticles; Col. No.: G18, BA325 (5); Reg. No.: PB2835; Repository: Nanjing Institute of Geology and Palaeontology, Chinese Academy of Sciences; Xujiahe (Yangjiaya) of Guangyuan, Sichuan; Late Triassic Hsuchiaho Formation.

1974a   Lee P C and others, p. 360, pl. 194, figs. 1−3; leaves; Xujiahe of Guangyuan, Sichuan; Late Triassic Hsuchiaho Formation.

1982   Liu Zijin, p. 132, pl. 69, fig. 4; leaf; Shuimogou of Zhenba, Shaanxi; Late Triassic Hsuchiaho Formation.

1986   Ye Meina and others, p. 64, pl. 43, figs. 4, 4a; pl. 44, figs. 1, 3−4a; leaves; Leiyinpu and Jinwo in Tieshan of Daxian, Dalugou Coal Mine of Xuanhan, Qilixia of Kaijiang and Wenquan of Kaixian, Sichuan; Late Triassic member 7 of Hsuchiaho Formation.

1988   Wu Shunqing and others, p. 107, pl. 1, figs. 7, 7a; leaf; Meili of Changshu, Jiangsu; Late Triassic Fanjiatang Formation.

1992   Huang Qisheng, pl. 17, fig. 2; leaf; Tieshan of Daxian, Sichuan; Late Triassic member 7 of Hsuchiaho Formation.

1993   Wang Shijun, p. 46, pl. 16, figs. 2, 4; leaves; Guanchun of Lechang, Guangdong; Late Triassic Genkou Group.

1993a Wu Xiangwu,p. 78.

1999b Wu Shunqing,p. 42,pl. 5,fig. 3D;pl. 36,figs. 1A,2—3a;pl. 37,figs. 1—2a,5,5a;leaves;
Jinxi of Wangcang,Wanxin Coal Mine in Wanyuan and Teishan of Daxian,Sichuan;Late
Triassic Hsuchiaho Formation.

? *Doratophyllum hsuchiahoense* Lee

1968 *Fossil Atlas of Mesozoic Coal-bearing Strata in Kiangsi and Hunan Provinces*,p. 73,
pl. 29,figs. 1,1a;leaf;Guanchun of Lechang,Guangdong;Late Triassic member 3 of
Coal-bearing Formation.

1977 Feng Shaonan and others,p. 237,pl. 88,fig. 6;leaf;Guanchun of Lechang,Guangdong;
Late Triassic Siaoping Formation.

? *Doratophyllum* cf. *hsuchiahoense* Lee

1986b Chen Qishi,p. 11,pl. 6,fig. 9;leaf;Wuzao of Yiwu,Zhejiang;Late Triassic Wuzao For-
mation.

Doratophyllum sp.

1986 *Doratophyllum* sp.,Ye Meina and others,p. 64,pl. 43,figs. 3,3a;pl. 45,figs. 3A—3C;
leaves;Jinwo and Bailaping in Tieshan of Daxian,Sichuan;Late Triassic member 7 of
Hsuchiaho Formation.

Genus *Drepanozamites* Harris,1932

1932 Harris,p. 83.

1963 Sze H C,Lee H H and others,p. 205.

1993a Wu Xiangwu,p. 78.

Type species:*Drepanozamites nilssoni* (Nathorst) Harris,1932

Taxonomic status:Cycadopsida

Drepanozamites nilssoni (Nathorst) Harris,1932

1878 *Otozamites nilssoni* Nathorst,p. 26;Sweden;Late Triassic.

1878 *Adiantites nilssoni* Nathorst,p. 53,pl. 3,fig. 11;Sweden;Late Triassic.

1932 Harris,p. 83,pl. 7;pl. 8,figs. 1,12;text-figs. 44,45;leaves and cuticles;Scoresby Sound,
East Greenland;Late Triassic *Lepidopteris* Zone.

1963 Sze H C,Lee H H and others,p. 205,pl. 67,figs. 1,2;cycadophyte leaves;Pingxiang,
Jiangxi;Late Triassic Anyuan Formation;Xujiahe of Guangyuan,Sichuan;Late Triassic
Hsuchiaho Formation.

1964 Lee H H and others,p. 129,pl. 84,fig. 4;cycadophyte leaf;South China;late Late Tria-
ssic—Early Jurassic.

1964 Lee P C,pp. 128,172,pl. 9,figs. 3—5;cycadophyte leaves;Xujiahe of Guangyuan,
Sichuan;Late Triassic Hsuchiaho Formation.

1974a Lee P C and others, p. 360, pl. 194, figs. 9 — 11; cycadophyte leaves; Cifengchang of Pengxian, Sichuan; Late Triassic Hsuchiaho Formation.

1976 Lee P C and others, p. 127, pl. 41, fig. 7; cycadophyte leaf; Yipinglang of Lufeng, Yunnan; Late Triassic Ganhaizi Member of Yipinglang Formation.

1977 Feng Shaonan and others, p. 236, pl. 94, fig. 2; cycadophyte leaf; Xiaoshui of Lechang, Guangdong; Late Triassic Siaoping Formation; Puqi, Hubei; Late Triassic Lower Coal Formation of Wuchang Group.

1978 Yang Xianhe, p. 524, pl. 165, fig. 10; cycadophyte leaf; Haiwozi of Guanxian, Sichuan; Late Triassic Hsuchiaho Formation.

1978 Zhou Tongshun, p. 117, pl. 26, figs. 1, 2; cycadophyte leaves; Jitou of Shanghang, Fujian; Late Triassic upper member of Dakeng Formation.

1982 Wang Guoping and others, p. 273, pl. 124, figs. 3, 4; cycadophyte leaves; Youluo of Fengcheng and Puqian of Hengfeng, Jiangxi; Late Triassic Anyuan Formation; Jitou of Shanghang, Fujian; Late Triassic Wenbinshan Formation.

1982b Wu Xiangwu, p. 97, pl. 17, figs. 6, 6a; pl. 18, figs. 2, 2a; cycadophyte leaves; Gonjo area and Bagong of Chagyab, Tibet; Late Triassic upper member of Bagong Formation.

1982 Yang Xianhe, p. 482, pl. 4, figs. 10, 10a; pl. 9, fig. 2; cycadophyte leaves; Hulukou of Weiyuan and Pingxiba of Tongjiang, Sichuan; Late Triassic Hsuchiaho Formation.

1982 Zhang Caifan, p. 535, pl. 352, fig. 8; cycadophyte leaf; Shimenkou of Liling, Hunan; Late Triassic.

1983 Duan Shuying and others, pl. 9, fig. 7; cycadophyte leaf; Beiluoshan of Ninglang, Yunnan; Late Triassic.

1984 Chen Gongxin, p. 601, pl. 257, figs. 3 — 5; cycadophyte leaves; Kuzhuqiao of Puqi, Hubei; Late Triassic Jigongshan Formation.

1986 Chen Ye and others, pl. 9, fig. 1; cycadophyte leaf; Litang, Sichuan; Late Triassic Lanashan Formation.

1987 Chen Ye and others, p. 117, pl. 27, figs. 3, 4; pl. 28, figs. 5, 6; pl. 30, fig. 1; cycadophyte leaves; Qinghe of Yanbian, Sichuan; Late Triassic Hongguo Formation.

1987 He Dechang, p. 81, pl. 16, fig. 5; cycadophyte leaf; Kuzhuqiao of Puqi, Hubei; Late Triassic Jigongshan Formation.

1989 Mei Meitang and others, p. 105, pl. 55, figs. 3, 4; cycadophyte leaves; China; Late Triassic.

1991 Li Jie and others, p. 55, pl. 1, figs. 8, 9; pl. 2, figs. 1, 2; cycadophyte leaves; northern Yematan of Kunlun Mountain, Xinjiang; Late Triassic Wolonggang Formation.

1993 Wang Shijun, p. 45, pl. 17, fig. 6; pl. 18, fig. 2; pl. 19, figs. 8, 10; pl. 39, figs. 5 — 8; pl. 40, figs. 1 — 3; cycadophyte leaves and cuticles; Guanchun of Lechang, Guangdong; Late Triassic Genkou Group.

1993a Wu Xiangwu, p. 78.

1995a Li Xingxue (editor-in-chief), pl. 75, fig. 3; cycadophyte leaf; Yipinglang of Lufeng, Yunnan; Late Triassic Yipinglang Formation. (in Chinese)

1995b Li Xingxue (editor-in-chief), pl. 75, fig. 3; cycadophyte leaf; Yipinglang of Lufeng, Yunnan; Late Triassic Yipinglang Formation. (in English)

1999b Wu Shunqing, p. 43, pl. 36, figs. 4, 5; pl. 37, figs. 3, 4; cycadophyte leaves; Cifengchang of

Pengxian and Jinxi of Wangcang, Sichuan; Late Triassic Hsuchiaho Formation.

Drepanozamites cf. *nilssoni* (Nathorst) Harris

1956c Sze H C, pl. 2, fig. 8; cycadophyte leaf; Ruishuixia (Juishuihsia) of Guyuan, Gansu; Late Triassic Yenchang Formation.

1963 Sze H C, Lee H H and others, p. 206, pl. 67, fig. 3; cycadophyte leaf; Ruishuixia (Juishuihsia) of Guyuan, Gansu; Late Triassic Yenchang Group.

1980 He Dechang, Shen Xiangpeng, p. 25, pl. 13, fig. 5; cycadophyte leaf; Hongxing Mine in Sandu of Zixing, Hunan; Late Triassic Anyuan Formation.

1987 Chen Ye and others, p. 118, pl. 28, fig. 7; cycadophyte leaf; Qinghe of Yanbian, Sichuan; Late Triassic Hongguo Formation.

1987 Meng Fansong, p. 254, pl. 26, fig. 4; cycadophyte leaf; Jiuligang in Maoping of Yuanan, Hubei; Late Triassic Jiuligang Formation.

△*Drepanozamites densinervis* Wu, 1982

1982b Wu Xiangwu, p. 97, pl. 20, figs. 5, 5a; cycadophyte leaf; Col. No.: ft014; Reg. No.: PB7817; Holotype: PB7817 (pl. 20, figs. 5, 5a); Repository: Nanjing Institute of Geology and Palaeontology, Chinese Academy of Sciences; Derdoin of Jomda, Tibet; Late Triassic upper member of Bagong Formation.

△*Drepanozamites incisus* Sun, Zhao et Li, 1983

1983 Sun Ge, Zhao Yanhua, Li Chuntian, pp. 452, 459, pl. 1, fig. 9; text-fig. 4; cycadophyte leaf; Col. No.: DKV6-1; Reg. No.: JD81001, JD81002; Holotype: JD81022 (pl. 1, fig. 9); Repository: Regional Geological Surveying Team, Jilin Geological Bureau; Dajianggang of Shuangyang, Jilin; Late Triassic Dajianggang Formation.

1992 Sun Ge, Zhao Yanhua, p. 543, pl. 230, fig. 6; cycadophyte leaf; Dajianggang of Shuangyang, Jilin; Late Triassic Dajianggang Formation.

△*Drepanozamites lobata* Yao, 1968

1968 Yao Zhaoqi, in *Fossil Atlas of Mesozoic Coal-bearing Strata in Kiangsi and Hunan Provinces*, p. 73, pl. 28, fig. 3; cycadophyte leaf; Guanchun of Lechang, Guangdong; Late Triassic member 1 of Coal-bearing Formation.

△*Drepanozamites minor* Liu (MS) ex Feng, 1977

1977 Feng Shaonan and others, p. 235, pl. 94, figs. 3, 4; cycadophyte leaves; Xiaoshui of Lechang, Guangdong; Late Triassic Siaoping Formation.

△*Drepanozamites multipartitus* Chen et Duan, 1985

1985 Chen Ye, Duan Shuying, in Chen Ye and others, p. 319, pl. 2, fig. 5; cycadophyte leaf; No.: No. 7414; Repository: Department of Palaeobotany, Institute of Botany, the Chinese Academy of Sciences; Qinghe of Yanbian, Sichuan; Late Triassic.

1987 Chen Ye and others, p. 118, pl. 29, figs. 1, 2; cycadophyte leaves; Qinghe of Yanbian, Sichuan; Late Triassic Hongguo Formation.

△*Drepanozamites nanzhangensis* Feng, 1977

[Notes: This specific name lately was referred as *Otozamites nanzhangensis* (Feng) Meng, 1983

(Meng Fansong,1983) and *Sphenozamites nanzhangensis*（Feng）Chen G X（Chen Gongxin,
1984）]

1977   Feng Shaonan and others,p. 235,pl. 94,fig. 1;cycadophyte leaf;Reg. No.:P25261;Holo-
type:P25261（pl. 94,fig. 1）;Repository:Hubei Institute of Geological Sciences;Dong-
gong of Nanzhang,Hubei;Late Triassic Lower Coal Formation of Hsiangchi Group.

△*Drepanozamites*? *p'anii* Sze,1956

1956a   Sze H C,pp. 45,150,pl. 40,figs. 1,1a,2;cycadophyte leaves;Reg. No.:PB2445,PB2446;
Repository:Nanjing Institute of Geology and Palaeontology,Chinese Academy of Sci-
ences;Tanhegou in Silangmiao（T'anhokou in Shilangmiao）of Yijun,Shaanxi;Late Tri-
assic upper part of Yenchang Formation.

1963   Sze H C,Lee H H and others, p. 206, pl. 66, fig. 5; cycadophyte leaf; Tanhegou in
Silangmiao（T'anhokou in Shilangmiao）of Yijun, Shaanxi; Late Triassic Yenchang
Group.

△*Drepanozamites schizophylla* Wu et Zhou,1990

1990   Wu Shunqing,Zhou Hanzhong,pp. 453,457,pl. 4,figs. 2—4a;cycadophyte leaves;Col.
No.: ADP-Q1, ADP-Q102, ADP-Q103; Reg. No.: PB14043 — PB14045; Holotype:
PB14045（pl. 4,fig. 4）;Repository:Nanjing Institute of Geology and Palaeontology,Chi-
nese Academy of Sciences;Kuqa,Xinjiang;Early Triassic Ehuobulake Formation.

1996   Wu Shunqing,Zhou Hanzhong,p. 8,pl. 6,figs. 8,8a;cycadophyte leaf;Kuqa River Sec-
tion of Kuqa,Xinjiang;Middle Triassic lower member of Karamay Formation.

△*Drepanozamites yimaensis* Feng,1977

1977   Feng Shaonan and others,p. 236,pl. 94,figs. 5—7;leaves;Reg. No.:P25258,P25259,
P25303;Syntypes:P25258,P25259,P25303（pl. 94,figs. 5—7）;Repository:Hubei Insti-
tute of Geological Sciences;Yima of Mianchi,Henan;Late Triassic Yenchang Group.
[Notes:According to *International Code of Botanical Nomenclature*（*Vienna Code*）ar-
ticle 37. 2,from the year 1958,the holotype type specimen should be unique]

Drepanozamites spp.

1983   *Drepanozamites* sp.,Ju Kuixiang and others,pl. 3,fig. 7;cycadophyte leaf;Fanjiatang in
Longtan of Nanjing,Jiangsu;Late Triassic Fanjiatang Formation.

1983   *Drepanozamites* sp.,Meng Fansong,p. 227,pl. 2,fig. 4;cycadophyte leaf;Donggong of
Nanzhang,Hubei;Late Triassic Jiuligang formation.

Drepanozamites? spp.

1980   *Drepanozamites*? sp.,Wu Shunqing and others,p. 80,pl. 2,fig. 4;cycadophyte leaf;
Shanzhenxi of Zigui,Hubei;Late Triassic Shazhenxi Formation.

1982b   *Drepanozamites*? sp.,Zheng Shaolin, Zhang Wu,p. 316,pl. 12,figs. 8,8a;cycadophyte
leaf;Xingkai of Mishan,Heilongjiang;Middle Jurassic Peide Formation.

△Genus *Dukouphyllum* Yang,1978

1978　Yang Xianhe,p. 525.

1993a　Wu Xiangwu,pp. 13,218.

1993b　Wu Xiangwu,pp. 502,511.

Type species:*Dukouphyllum noeggerathioides* Yang,1978

Taxonomic status:Cycadopsida[Notes:This Genus lately was referred in Ginkgoales Sphe-
　　　nobaieraceae (Yang Xianhe,1982)]

△*Dukouphyllum noeggerathioides* Yang,1978

1978　Yang Xianhe, p. 525, pl. 186, figs. 1 — 3; pl. 175, fig. 3; leaves; Reg. No.: Sp0134 —
　　　Sp0137;Syntypes:Sp0134—Sp0137;Repository:Chengdu Institute of Geology and Min-
　　　eral Resources;Moshahe of Dukou,Sichuan;Late Triassic Daqiaodi Formation. [Notes:
　　　According to *International Code of Botanical Nomenclature* (*Vienna Code*) article 37.
　　　2,from the year 1958,the holotype type specimen should be unique]

1993a　Wu Xiangwu,pp. 13,218.

1993b　Wu Xiangwu,pp. 502,511.

△Genus *Dukouphyton* Yang,1978

1978　Yang Xianhe,p. 518.

1993a　Wu Xiangwu,pp. 13,218.

1993b　Wu Xiangwu,pp. 502,512.

Type species:*Dukouphyton minor* Yang,1978

Taxonomic status:Bennettiales,Cycadopsida

△*Dukouphyton minor* Yang,1978

1978　Yang Xianhe, p. 518, pl. 160, fig. 2; impression of stem; Reg. No.: Sp0021; Holotype:
　　　Sp0021 (pl. 160,fig. 2);Repository:Chengdu Institute of Geology and Mineral Resources;
　　　Moshahe of Dukou,Sichuan;Late Triassic Daqiaodi Formation.

1993a　Wu Xiangwu,pp. 13,218.

1993b　Wu Xiangwu,pp. 502,512.

Genus *Estherella* Boersma et Visscher,1969

1969　Boersma,Visscher,p. 58.

1990a　Wang Ziqiang,Wang Lixin,p. 137.

1993a　Wu Xiangwu,p. 82.

Type species: *Estherella gracilis* Boersma et Visscher, 1969

Taxonomic status: plantae incertae sedis

Estherella gracilis Boersma et Visscher, 1969

1969   Boersma, Visscher, p. 58, pl. 1, fig. 1; pl. 2, fig. 2; text-figs. 1, 2; dichotomus plants; South France; Late Permian.

1993a   Wu Xiangwu, p. 82.

△*Estherella delicatula* Wang Z et Wang L, 1990

1990a   Wang Ziqiang, Wang Lixin, p. 137, pl. 17, figs. 16 — 18; herbs and roots; No.: Z17-485, Z17-496, Z17-497; Syntype 1: Z17-485 (pl. 17, fig. 17); Syntype 2: Z17-496 (pl. 17, fig. 18); Syntype 3: Z17-497 (pl. 17, fig. 16); Repository: Nanjing Institute of Geology and Palaeontology, Chinese Academy of Sciences; Tuncun of Yushe, Shanxi; Early Triassic base part of Heshanggou Formation. [Notes: According to *International Code of Botanical Nomenclature* (*Vienna Code*) article 37. 2, from the year 1958, the holotype type specimen should be unique]

1993a   Wu Xiangwu, p. 82.

Genus *Euryphyllum* Feistmantel, 1879

1879   Feistmantel, p. 26.

1990a   Wang Ziqiang, Wang Lixin, p. 130.

1993a   Wu Xiangwu, p. 82.

Type species: *Euryphyllum whittianum* Feistmantel, 1879

Taxonomic status: Pteridospermopsida

Euryphyllum whittianum Feistmantel, 1879

1879   Feistmantel, p. 26, pl. 21, figs. 1, 1a; leaf; Buriadi, India; Permian Lower Gondwana, Karharbari Bed.

1993a   Wu Xiangwu, p. 82.

Euryphyllum? sp.

1990a   *Euryphyllum*? sp., Wang Ziqiang, Wang Lixin, p. 130, pl. 21, fig. 3; leaf; Tuncun of Yushe, Shanxi; Early Triassic base part of Heshanggou Formation.

1993a   *Euryphyllum*? sp., Wu Xiangwu, p. 82.

Genus *Gangamopteris* McCoy, 1875

1875 (1874 — 1876)   McCoy, p. 11.

1990a   Wang Ziqiang, Wang Lixin, p. 128

1993a   Wu Xiangwu, p. 84.

Type species：*Gangamopteris angostifolia* McCoy，1875

Taxonomic status：Pteridospermopsida

Gangamopteris angostifolia McCoy，1875

1875（1874—1876）　McMoy，p. 11，pl. 12，fig. 1；pl. 13，fig. 2；large net-veined leaves；New
　　　　South Wales，Australia；Permian.

1993a　Wu Xiangwu，p. 84.

△*Gangamopteris qinshuiensis* Wang Z et Wang L，1990

1990a　Wang Ziqiang，Wang Lixin，p. 128，pl. 19，figs. 1—3；fern-like leaves；No.：Z16-212，Z16-
　　　　214a，Z16-214b；Holotype：Z16-214a（pl. 19，figs. 2，2a）；Repository：Nanjing Institute of
　　　　Geology and Palaeontology，Chinese Academy of Sciences；Tuncun of Yushe，Shanxi；
　　　　Early Triassic base part of Heshanggou Formation.

1993a　Wu Xiangwu，p. 84.

△*Gangamopteris*? *tuncunensis* Wang Z et Wang L，1990

1990a　Wang Ziqiang，Wang Lixin，p. 128，pl. 19，fig. 4；pl. 20，figs. 1，2；fern-like leaves；No.：
　　　　Z05a-185，Z05a-190；Syntype 1：Z05a-190（pl. 20，fig. 1）；Syntype 2：Z05a-185（pl. 20，
　　　　figs. 2，2a）；Repository：Nanjing Institute of Geology and Palaeontology，Chinese Acade-
　　　　my of Sciences；Tuncun of Yushe，Shanxi；Early Triassic base part of Heshanggou For-
　　　　mation.　［Notes：According to *International Code of Botanical Nomenclature*（*Vienna
　　　　Code*）article 37. 2，from the year 1958，the holotype type specimen should be unique］

1993a　Wu Xiangwu，p. 84.

△Genus *Gigantopteris* Schenk，1883，emend Gu et Zhi，1974

1883　Schenk，p. 238.

1970　Andrews，p. 93.

1974　*Palaeozoic Plants from China* Writing Group，p. 130.

1993a　Wu Xiangwu，pp. 16，220.

1993b　Wu Xiangwu，pp. 501，512.

Type species：*Gigantopteris nicotianaefolia* Schenk，1883，emend Gu et Zhi，1974

Taxonomic status：Gigantopterids，Pteridospermopsida

△*Gigantopteris nicotianaefolia* Schenk，1883，emend Gu et Zhi，1974

1883　Schenk，p. 238，pl. 32，figs. 6—8；pl. 33，figs. 1—3；pl. 35，fig. 6；fern-like leaves；Nibakou
　　　　（Lur-Pakou）of Leiyang，Hunan；Late Permian Longtan Formation.

1970　Andrews，p. 93.

1974　*Palaeozoic Plants from China* Writing Group，p. 130，pl. 100，figs. 2—4；pl. 101，fig. 1；
　　　　pl. 102，fig. 7；text-fig. 108；fern-like leaves；Hunan，Jiangsu，Zhejiang，Yunnan，Henan；
　　　　early Late Permian.

1993a　Wu Xiangwu，pp. 16，220.

1993b Wu Xiangwu, pp. 501,512.

Gigantopteris dentata Yabe, 1904

1904   Yabe, p. 159.

1917   Koiwai, in Yabe, p. 71, pl. 15, figs. 2—9; pl. 16, figs. 5,6; fern-like leaves; Asia; Permian.

1920   Yabe, Hayasaka, pl. 6, figs. 6,7; fern-like leaves; Longyan and Anxi, Fujian; Early Triassic.

Gigantopteris sp.

1920   *Gigantopteris* sp., Yabe, Hayasaka, pl. 6, fig. 9; fern-like leaf; Anxi of Quanzhou, Fujian; Early Triassic.

Genus *Glossopteris* Brongniart, 1822

1822   Brongniart, p. 54.

1902—1903   Zeiller, p. 297.

1993a Wu Xiangwu, p. 85.

Type species: *Glossopteris browniana* Brongniart, 1828

Taxonomic status: Pteridospermopsida

Glossopteris browniana Brongniart, 1822

1822   Brongniart, p. 54; India; Permian.

1828a—1838   Brongniart, p. 222; India; Permian.

1993a Wu Xiangwu, p. 85.

Glossopteris angustifolia Brongniart, 1830

1830   Brongniart, p. 224, pl. 63, fig. 1; Raniganj Coal Field, West Bengal; Late Permian (Raniganj).

1902—1903   Zeiller, p. 297, pl. 56, figs. 2,2a; fern-like leaf; Taipingchang (Tai-Pin-Tchang), Yunnan; Late Triassic. [Notes: This specimen lately was referred as *Sagenopteris*? sp. (Sze H C, Lee H H and others, 1963)]

1993a Wu Xiangwu, p. 85.

Glossopteris cf. *angustifolia* Brongniart

1980   Huang Zhigao, Zhou Huiqin, p. 89, pl. 13, figs. 1—2a; fern-like leaves; Jinsuoguan of Tongchuan, Shaanxi; Middle Triassic lower member of Tongchuan Formation.

△*Glossopteris chinensis* Huang et Chow, 1980

1980   Huang Zhigao, Zhou Huiqin, p. 90, pl. 20, figs. 1—4; fern-like leaves; Reg. No.: OP219, OP214, OP263; Hejiafang of Tongchuan, Shaanxi; Middle Triassic upper member of Tongchuan Formation. (Notes: The type specimen was not designated in the original paper)

1982   Liu Zijin, p. 130, pl. 58, figs. 2,3; fern-like leaves; Hejiafang of Tongchuan, Shaanxi; Late Triassic lower part of Yenchang Group (Tongchuan Formation).

1995a　Li Xingxue（editor-in-chief）,pl. 69,figs. 1－4;fern-like leaves;Hejiafang of Tongchuan, Shaanxi;Middle Triassic middle-upper part of Tongchuan Formation. （in Chinese）

1995b　Li Xingxue（editor-in-chief）,pl. 69,figs. 1－4;fern-like leaves;Hejiafang of Tongchuan, Shaanxi;Middle Triassic middle-upper part of Tongchuan Formation. （in English）

Glossopteris indica **Schimper,1869**

1830　Schimper,p. 645;Rajmahal Hill,India;Permian.

1902－1903　Zeiller,p. 296,pl. 56,figs. 1,1a;fern-like leaf;Taipingchang（Tai-Pin-Tchang）, Yunnan;Late Triassic. ［Notes:This specimen lately was referred as *Sagenopteris*? sp. （Sze H C,Lee H H and others,1963）］

△*Glossopteris shanxiensis* **Wang Z et Wang L,1990**

1990a　Wang Ziqiang,Wang Lixin,p. 127,pl. 19,figs. 5－8;pl. 20,fig. 3;fern-like leaves;No.: Z13-530,Z16-580,Z17-579,Z802-1,Z802-70;Holotype:Z16-580（pl. 19,fig. 7）;Repository:Nanjing Institute of Geology and Palaeontology,Chinese Academy of Sciences; Tuncun of Yushe,Shanxi;Early Triassic base part of Heshanggou Formation.

Glossopteris? **sp.**

1906　*Glossopteris*? sp.,Yokoyama,p. 15,pl. 5,fig. 2;fern-like leaf;Tangtang of Xuanwei, Yunnan;Triassic.

Genus *Glossotheca* **Surange et Maheshwari,1970**

1970　Surange,Maheshwari,p. 180.

1990a　Wang Ziqiang,Wang Lixin,p. 130.

1993a　Wu Xiangwu,p. 86.

Type species:*Glossotheca utakalensis* Surange et Maheshwari,1970

Taxonomic status:Pteridospermopsida

Glossotheca utakalensis **Surange et Maheshwari,1970**

1970　Surange,Maheshwari,p. 180,pl. 40,figs. 1－5;pl. 41,figs. 6－12;text-figs. 1－4;male fructifications;Orissa,India;Late Permian.

1993a　Wu Xiangwu,p. 86.

△*Glossotheca cochlearis* **Wang Z et Wang L,1990**

1990a　Wang Ziqiang,Wang Lixin,p. 130,pl. 21,fig. 4;male fructification;No.:Z16-222a;Holotype:Z13-222a（pl. 21,fig. 4）;Repository:Nanjing Institute of Geology and Palaeontology,Chinese Academy of Sciences;Tuncun of Yushe,Shanxi;Early Triassic base part of Heshanggou Formation.

1993a　Wu Xiangwu,p. 86.

△*Glossotheca cuneiformis* **Wang Z et Wang L,1990**

1990a　Wang Ziqiang,Wang Lixin,p. 130,pl. 21,fig. 1;male fructification;No.:Z13-223;Holotype：Z13-223（pl. 21,fig. 1）；Repository：Nanjing Institute of Geology and Palaeontology,Chinese Academy of Sciences；Tuncun of Yushe,Shanxi；Early Triassic base part of Heshanggou Formation.

1993a Wu Xiangwu,p. 86.

△*Glossotheca petiolata* Wang Z et Wang L,1990

1990a Wang Ziqiang,Wang Lixin,p. 129,pl. 21,fig. 2；male fructification；No.：Z16-566；Holotype：Z16-566（pl. 21,fig. 2）；Repository：Nanjing Institute of Geology and Palaeontology,Chinese Academy of Sciences；Tuncun of Yushe,Shanxi；Early Triassic base part of Heshanggou Formation.

1993a Wu Xiangwu,p. 86.

Genus *Glossozamites* Schimper,1870

1870（1869—1874）　Schimper,p. 163.

1906　Yokoyama,p. 38.

1993a Wu Xiangwu,p. 86.

Type species：*Glossozamites oblongifolius* Schimper,1870

Taxonomic status：Cycadophyte

Glossozamites oblongifolius（Kurr）Schimper,1870

1870（1869—1874）　Schimper,p. 163,pl. 71；cycadophphyte leaf；Wurttemberg,Germany；Early Jurassic（Lias）.

1993a Wu Xiangwu,p. 86.

△*Glossozamites acuminatus* Yokoyama,1906

1906　Yokoyama,p. 38,pl. 12,figs. 5b,7；cycadophyte leaves；Shaximiao of Hechuan,Sichuan；Jurassic. [Notes：This specimen lately was referred as *Zamites*? sp.（Sze H C,Lee H H and others,1963）]

1993a Wu Xiangwu,p. 86.

△*Glossozamites hohenggeri*（Schenk）Yokoyama,1906

1869　*Podozamites hohenggeri* Schenk,p. 9,pl. 2,figs. 3—6.

1906　Yokoyama,pp. 36,37,pl. 12,figs. 1,1a,5a,6(?)；cycadophyte leaves；Shiguanzi of Zhaohua and Shaximiao of Hechuan,Sichuan；Jurassic. [Notes：This specimen lately was referred as *Zamites hohenggeri*（Schenk）Li（Sze H C,Lee H H and others,1963）]

1993a Wu Xiangwu,p. 86.

Cf. *Glossozamites* sp.

1933c Cf. *Glossozamites* sp.,Sze H C,p. 21,pl. 4,fig. 9；cycadophyte leaf；Yibin,Sichuan；late Late Triassic—Early Jurassic. [Notes：This specimen lately was referred as *Zamites*? sp.（Sze H C,Lee H H and others,1963）]

△Genus *Guangxiophyllum* Feng, 1977

1977   Feng Shaonan and others, p. 247.

1993a   Wu Xiangwu, pp. 17, 221.

1993b   Wu Xiangwu, pp. 505, 513.

Type species: *Guangxiophyllum shangsiense* Feng, 1977

Taxonomic status: Gymnospermae incertae sedis

△*Guangxiophyllum shangsiense* Feng, 1977

1977   Feng Shaonan and others, p. 247, pl. 95, fig. 1; leaf; Reg. No.: P25281; Holotype: P25281
        (pl. 95, fig. 1); Repository: Hubei Institute of Geological Sciences; Wangmen of Shangsi,
        Guangxi; Late Triassic.

1993a   Wu Xiangwu, pp. 17, 221.

1993b   Wu Xiangwu, pp. 505, 513.

Genus *Harrisiothecium* Lundblad, 1961

1961   Lundblad, p. 23.

1986a   Chen Qishi, p. 451.

1993a   Wu Xiangwu, p. 88.

Type species: *Harrisiothecium marsilioides* (Harris) Lundblad, 1961

Taxonomic status: Pteridospermopsida

Harrisiothecium marsilioides (Harris) Lundblad, 1961

1932   *Hydropteridium marsilioides* Harris, p. 122, pl. 9; pl. 10, figs. 3—8; pl. 11, figs. 1, 2,
        15; text-fig. 52; male fructifications; Scoresby Sound, East Greenland; Late Triassic *Lep-
        idopteris* Zone.

1950   *Harrisia marsilioides* (Harris) Lundblad, p. 71.

1961   Lundblad, p. 23.

1993a   Wu Xiangwu, p. 88.

Harrisiothecium? sp.

1986a   *Harrisiothecium*? sp., Chen Qishi, p. 451, pl. 218, fig. 16; Chayuanli of Quxian, Zhejiang;
        Late Triassic Chayuanli Formation.

1993a   *Harrisiothecium*? sp., Wu Xiangwu, p. 88.

Genus *Heilungia* Prynada, 1956

1956   Prynada, in Kiparianova and others, p. 234.

1980　Zhang Wu and others,p. 278.

1993a　Wu Xiangwu,p. 90.

Type species:*Heilungia amurensis* (Novopokrovsky) Prynada,1956

Taxonomic status:Cycadales,Cycadopsida

Heilungia amurensis (**Novopokrovsky**) **Prynada,1956**

1912　*Pseudoctenis amurensis* Novopokrovsky,p. 10,pl. 1,figs. 2,3b;foliage fragments;Tyrma River,Bureya Basin;Early Cretaceous.

1956　Prynada,in Kiparianova and others,p. 234,pl. 41,fig. 1;foliage fragment;Tyrma River, Bureya Basin;Early Cretaceous.

1980　Zhang Wu and others,p. 278,pl. 178,figs. 1,2;pl. 179,fig. 5;cycadophyte leaves;Jalai Nur,Inner Mongolia;Late Jurassic Xing'anling Group.

1993a　Wu Xiangwu,p. 90.

Heilungia sp.

1992　*Heilungia* sp.,Sun Ge,Zhao Yanhua,p. 542,pl. 236,fig. 4;cycadophyte leaf;Jingouling of Hunchun,Jilin;Late Jurassic Jingouling Formation.

△Genus *Hsiangchiphyllum* Sze,1949

1949　Sze H C,p. 28.

1963　Sze H C,Lee H H and others,p. 209.

1970　Andrews,p. 105.

1993a　Wu Xiangwu,pp. 18,221.

1993b　Wu Xiangwu,pp. 501,513.

Type species:*Hsiangchiphyllum trinerve* Sze,1949

Taxonomic status:Cycadopsida

△*Hsiangchiphyllum trinerve* Sze,1949

1949　Sze H C,p. 28,pl. 7,fig. 6;pl. 8,fig. 1;cycadophyte leaves;Xiangxi of Zigui,Hubei; Early Jurassic Hsiangchi Coal Series.

1962　Lee H H and others,p. 150,pl. 92,fig. 4;cycadophyte leaf;Changjiang River Basin;Early Jurassic.

1963　Sze H C,Lee H H and others,p. 209,pl. 70,fig. 8;cycadophyte leaf;Xiangxi of Zigui, Hubei;Early Jurassic Hsiangchi Group.

1970　Andrews,p. 105.

1974b　Lee P C and others,p. 377,pl. 200,figs. 1 — 3;cycadophyte leaves;Baolunyuan of Guangyuan,Sichuan;Early Jurassic Baitianba Formation.

1977　Feng Shaonan and others,p. 237,pl. 93,fig. 6;cycadophyte leaf;Zigui,Hubei;Early— Middle Jurassic Upper Coal Formation of Hsiangchi Group.

1978　Yang Xianhe,p. 525,pl. 190,fig. 2;cycadophyte leaf;Baolunyuan of Guangyuan,Sichuan;Early Jurassic Baitianba Formation.

1984　Chen Gongxin,p. 603,pl. 252,figs. 3,4;cycadophyte leaves;Haihuigou of Jingmen,Hubei;Early Jurassic Tongzhuyuan Formation;Xiangxi of Zigui, Hubei; Early Jurassic Hsiangchi Formation.

1993a　Wu Xiangwu,pp. 18,221.

1993b　Wu Xiangwu,pp. 501,513.

1995a　Li Xingxue（editor-in-chief）,pl. 85,fig. 1;cycadophyte leaf;Xiangxi of Zigui, Hubei; Early Jurassic Hsiangchi（Xiangxi）Formation.（in Chinese）

1995b　Li Xingxue（editor-in-chief）,pl. 85,fig. 1;cycadophyte leaf;Xiangxi of Zigui, Hubei; Early Jurassic Hsiangchi（Xiangxi）Formation.（in English）

? *Hsiangchiphyllum trinerve* Sze

1980　Wu Shunqing and others,p. 109,pl. 28,fig. 7;cycadophyte leaf;Xiangxi of Zigui, Hubei; Early—Middle Jurassic Hsiangchi（Xiangxi）Formation.

1987　He Dechang,p. 73,pl. 4,fig. 5;cycadophyte leaf;Fengping of Suichang,Zhejiang;Early Jurassic bed 2 of Huaqiao Formation.

△Genus *Hubeiophyllum* Feng,1977

1977　Feng Shaonan and others,p. 247.

1993a　Wu Xiangwu,pp. 18,222.

1993b　Wu Xiangwu,pp. 506,513.

Type species:*Hubeiophyllum cuneifolium* Feng,1977

Taxonomic status:Gymnospermae incertae sedis

△*Hubeiophyllum cuneifolium* Feng,1977

1977　Feng Shaonan and others,p. 247,pl. 100,figs. 1—4;leaves;Reg. No.:P25298—P25301; Syntypes:P25298—P25301（pl. 100,figs. 1—4）;Repository:Hubei Institute of Geological Sciences; Tieluwan of Yuanan, Hubei; Late Triassic Lower Coal Formation of Hsiangchi Group. [Notes:According to *International Code of Botanical Nomenclature* (*Vienna Code*) article 37. 2,from the year 1958,the holotype type specimen should be unique]

1993a　Wu Xiangwu,pp. 18,222.

1993b　Wu Xiangwu,pp. 506,513.

△*Hubeiophyllum angustum* Feng,1977

1977　Feng Shaonan and others,p. 247,pl. 100,figs. 5—7;leaves;Reg. No.:P25302—P25304; Syntypes:P25302—P25304（pl. 100,figs. 5—7）;Repository:Hubei Institute of Geological Sciences; Tieluwan of Yuanan, Hubei; Late Triassic Lower Coal Formation of Hsiangchi Group. [Notes:According to *International Code of Botanical Nomenclature* (*Vienna Code*) article 37. 2,from the year 1958,the holotype type specimen should be unique]

1993a　Wu Xiangwu,pp. 18,222.

1993b Wu Xiangwu,pp. 506,513.

Genus *Hyrcanopteris* Kryshtofovich et Prynada,1933

1933   Kryshtofovich,Prynada,p. 10.

1974a Lee P C and others,p. 358.

1993a Wu Xiangwu,p. 91.

Type species:*Hyrcanopteris sevanensis* Kryshtofovich et Prynada,1933

Taxonomic status:Pteridospermopsida

Hyrcanopteris sevanensis Kryshtofovich et Prynada,1933

1933   Kryshtofovich,Prynada,p. 10,pl. 1,figs. 3—5;fern-like leaves;Armenia;Late Triassic.

1974a Lee P C and others,p. 358,pl. 193,figs. 1—3;fern-like leaves;Mupangpu of Xiangyun, Yunnan;Late Triassic Xiangyun Formation.

1976   Lee P C and others,p. 116,pl. 29,figs. 7—12;pl. 45,fig. 2;fern-like leaves;Mupangpu of Xiangyun,Yunnan;Late Triassic Baitutian Member of Xiangyun Formation;Wenzhan of Eryuan and Jindingshandian of Lanping,Yunnan;Late Triassic Baijizu Formation.

1982a Wu Xiangwu,p. 54,pl. 3,fig. 6;pl. 4,fig. 6;pl. 5,fig. 2;fern-like leaves;Tumain of Amdo and Baqingcun,Tibet;Late Triassic Tumaingela Formation.

1982b Wu Xiangwu,p. 89,pl. 8,fig. 3B;pl. 10,fig. 6;pl. 11,figs. 1,2;pl. 12,figs. 1A,1a,1D; fern-like leaves;Gonjo area,Bagong of Chagyab and Qamdo area,Tibet;Late Triassic upper member of Bagong Formation.

1986   Chen Ye and others,pl. 6,figs. 7,8;pl. 7,figs. 1,1a;fern-like leaf;Litang,Sichuan;Late Triassic Lanashan Formation.

1989   Mei Meitang and others,p. 96,pl. 48,fig. 4;fern-like leaf;China;Late Triassic.

1990   Wu Xiangwu,He Yuanliang,p. 300,pl. 5,fig. 5;pl. 6,figs. 6,7;pl. 7,fig. 8;text-fig. 4; fern-like leaves;Zaduo,Yushu and Zhiduo,Qinghai;Late Triassic Gema Formation of Jieza Group.

1993a Wu Xiangwu,p. 91.

△*Hyrcanopteris magnifolia* Li et Wu,1982

1982   Li Peijuan,Wu Xiangwu,p. 49,pl. 19,figs. 1,1a—1c,2;fern-like leaves;Col. No.: G1835f19;Reg. No.:PB8537;Holotype:PB8537 (pl. 19,fig. 1);Repository:Nanjing Institute of Geology and Palaeontology,Chinese Academy of Sciences;Dege area,Sichuan; Late Triassic Lamaya Formation.

△*Hyrcanopteris sinensis* Lee et Tsao,1976

1976   Lee P C and others,p. 117,pl. 30,figs. 3,4,4a,8(?);pl. 46,fig. 7(?);fern-like leaves; Col. No.: AARV2/58Y, YHW54; Reg. No.: PB5338 — PB5340, PB5487; Holotype: PB5338 (pl. 30,fig. 3);Repository:Nanjing Institute of Geology and Palaeontology,Chinese Academy of Sciences;Yubacun and Yipinglang of Lufeng,Yunnan; Late Triassic Ganhaizi Member of Yipinglang Formation;Jindingshangdian of Lanping,Yunnan;Late

Triassic Baijizu Formation.

1982 Li Peijuan,Wu Xiangwu,p. 49,pl. 20,figs. 2,2a; pl. 22,fig. 5; fern-like leaves; Dege area,western Sichuan; Late Triassic Lamaya Formation.

1990 Wu Xiangwu,He Yuanliang,p. 301,pl. 5,figs. 1,1a; pl. 6,figs. 8 — 10; text-fig. 5; fern-like leaves; Zaduo and Zhiduo,Qinghai; Late Triassic Gema Formation of Jieza Group.

2000 Yao Huazhou and others,pl. 3,fig. 5; fern-like leaf; Xionglong of Xinlong,Sichuan; Late Triassic Lamaya Formation.

Hyrcanopteris cf. *sinensis* Lee et Tsao

1979 He Yuanliang and others,p. 146,pl. 69,fig. 1; fern-like leaf; Wuli of Golmud,Qinghai; Late Triassic upper part of Jieza Group.

△*Hyrcanopteris zhonghuaensis* Yang,1978

1978 Yang Xianhe,p. 502,pl. 159,fig. 9; fern-like leaf; Reg. No.: Sp0018; Holotype: Sp0018 (pl. 159,fig. 9); Repository: Chengdu Institute of Geology and Mineral Resources; Kajila of Qamdo,Tibet; Late Triassic.

Hyrcanopteris spp.

1968 *Hyrcanopteris* sp.,*Fossil Atlas of Mesozoic Coal-bearing Strata in Kiangsi and Hunan Provinces*,p. 53,pl. 9,fig. 1; pl. 10,fig. 2; text-fig. 17; fern-like leaves; Hulukou of Lechang,Guangdong; Late Triassic member 2 of Coal-bearing Formation.

1976 *Hyrcanopteris* sp. 1,Lee P C and others,p. 117,pl. 30,figs. 1,2,6; fern-like leaves; Mupangpu of Xiangyun,Yunnan; Late Triassic Baitutian Member of Xiangyun Formation.

1976 *Hyrcanopteris* sp. 2,Lee P C and others,p. 117,pl. 29,figs. 6,6a; pl. 30,figs. 5,7; fern-like leaves; Mupangpu of Xiangyun, Yunnan; Late Triassic Baitutian Member of Xiangyun Formation.

1977 *Hyrcanopteris* sp.,Feng Shaonan and others,p. 218,pl. 80,fig. 4; fern-like leaf; Lechang,Guangdong; Late Triassic Siaoping Formation.

Genus *Jacutiella* Samylina,1956

1956 Samylina,p. 1336.

1982a Zheng Shaolin,Zhang Wu,p. 165.

1993a Wu Xiangwu,p. 92.

Type species: *Jacutiella amurensis* Samylina,1956

Taxonomic status: Cycadopsida

Jacutiella amurensis (Novopokrovsky) Samylina,1956

1912 *Taeniopteris amurensis* Novopokrovsky,p. 6,pl. 1,fig. 4; pl. 2,fig. 5; cycadophyte leaves; Heilongjiang Basin; Early Cretaceous.

1956 Samylina,p. 1336,pl. 1,figs. 2 — 5; cycadophyte leaves; Aldan River Basin; Early Cretaceous.

1993a Wu Xiangwu, p. 92.

△*Jacutiella denticulata* **Zheng et Zhang, 1982**

1982a Zheng Shaolin, Zhang Wu, p. 165, pl. 2, figs. 4, 4a; cycadophyte leaf; Reg. No.: EH-15531-1-5; Repository: Shenyang Institute of Geology and Mineral Resources; Dabangou in Changheyingzi of Beipiao, Liaoning; Middle Jurassic Lanqi Formation. (Notes: The type specimen was not designated in the original paper)

1993a Wu Xiangwu, p. 92.

△**Genus** *Jingmenophyllum* **Feng, 1977**

1977   Feng Shaonan and others, p. 250.

1993a Wu Xiangwu, pp. 19, 223.

1993b Wu Xiangwu, pp. 506, 513.

Type species: *Jingmenophyllum xiheense* Feng, 1977

Taxonomic status: Gymnospermae incertae sedis

△*Jingmenophyllum xiheense* **Feng, 1977**

1977   Feng Shaonan and others, p. 250, pl. 94, fig. 9; cycadophyte leaf; No.: P25280; Holotype: P25280 (pl. 94, fig. 9); Repository: Hubei Institute of Geological Sciences; Xihe of Jing-men, Hubei; Late Triassic Lower Coal Formation of Hsiangchi Group. [Notes: This specimen lately was referred as *Compsopteris xiheensis* (Feng) Zhu, Hu et Meng (Zhu Jianan and others, 1984)]

1993a Wu Xiangwu, pp. 19, 223.

1993b Wu Xiangwu, pp. 506, 513.

△**Genus** *Kuandiania* **Zheng et Zhang, 1980**

1980   Zheng Shaolin, Zhang Wu, in Zhang Wu and others, p. 279.

1993a Wu Xiangwu, pp. 20, 223.

1993b Wu Xiangwu, pp. 501, 514.

Type species: *Kuandiania crassicaulis* Zheng et Zhang, 1980

Taxonomic status: Cycadopsida

△*Kuandiania crassicaulis* **Zheng et Zhang, 1980**

1980   Zheng Shaolin, Zhang Wu, in Zhang Wu and others, p. 279, pl. 144, fig. 5; cycadophyte leaf; Reg. No.: D423; Repository: Shenyang Institute of Geology and Mineral Resources; Kuandian of Benxi, Liaoning; Middle Jurassic Zhuanshanzi Formation.

1993a Wu Xiangwu, pp. 20, 223.

1993b Wu Xiangwu, pp. 501, 514.

Genus *Lepidopteris* Schimper 1869

1869 (1869—1874)　Schimper, p. 572.

1933c　Sze H C, p. 8.

1963　Sze H C, Lee H H and others, p. 132.

1993a　Wu Xiangwu, p. 95.

Type species: *Lepidopteris stuttgartiensis* (Jaeger) Schimper, 1869

Taxonomic status: Pelaspermaceae, Pteridospermopsida

Lepidopteris stuttgartiensis (Jaeger) Schimper 1869

1827　*Aspidioides stuttgartiensis* Jaeger, pp. 32, 38, pl. 8, fig. 1; fern-like folage; near Stuttgart; Late Triassic (Keuper).

1869 (1869—1874)　Schimper, p. 572, pl. 34; fern-like folage; near Stuttgart; Late Triassic (Keuper).

1978　Yang Xianhe, p. 497, pl. 173, fig. 4; leaf; Huijiasuo of Dukou, Sichuan; Late Triassic Daqiaodi Formation.

1979　Hsu J and others, p. 73, pl. 73, figs. 1—3; pl. 74, figs. 3—7; fern-like leaves; Baoding and Taipingchang of Dukou, Sichuan; Late Triassic upper part of Daqiaodi Formation.

1984　Chen Gongxin, p. 584, pl. 237, figs. 1—3; fern-like leaves; Fenshuiling of Jingmen, Hubei; Late Triassic Jiuligang Formation; Xietan of Zigui, Hubei; Late Triassic Shazhenxi Formation.

1993a　Wu Xiangwu, p. 95.

△*Lepidopteris dukouensis* Yang, 1978

1978　Yang Xianhe, p. 498, pl. 172, fig. 2; fern-like folage; Reg. No.: Sp0076; Holotype: Sp0076 (pl. 172, fig. 2); Repository: Chengdu Institute of Geology and Mineral Resources; Huijiasuo of Dukou, Sichuan; Late Triassic Daqiaodi Formation.

△*Lepidopteris*? *dulanensis* Li et He, 1979

1979　Li Peijuan, He Yuanliang, in He Yuanliang and others, p. 145, pl. 68, figs. 2—4; fern-like leaves; Col. No.: XXXIP₂27F1-11, XXXIP₂27F1-17; Reg. No.: PB6365—PB6368; Syntype 1: PB6365 (pl. 68, fig. 2); Syntype 2: PB6366 (pl. 68, figs. 3, 3a); Syntype 3: PB6367 (pl. 68, fig. 4); Repository: Nanjing Institute of Geology and Palaeontology, Chinese Academy of Sciences; Santonggou of Dulan, Qinghai; Late Triassic Babaoshan Group. [Notes: According to *International Code of Botanical Nomenclature* (*Vienna Code*) article 37. 2, from the year 1958, the holotype type specimen should be unique]

Lepidopteris dulanensis Li et He

1986　Li Peijuan, He Yuanliang, p. 283, pl. 6, figs. 1—4; pl. 9, figs. 4, 4a; fern-like leaves; Babaoshan of Dulan, Qinghai; Late Triassic Lower Rock Formation and Upper Rock Formation of Babaoshan Group.

△*Lepidopteris guanyuanensis* **Bian et Wang,1989**

1989   Bian Zhaoxiang,Wang Hongfeng,p. 11,pl. 2,figs. 3—6,9;fern-like leaves and cuticles;
        No.;GX-1上3;Holotype;GX-1上3 (pl. 2,fig. 3);Repository;Museum of Chengdu Insti-
        tute of Geology;Xujiahe of Guangyuan,Sichuan;Late Triassic Hsuchiaho Formation.

Lepidopteris ottonis **(Goeppert) Schimper,1869**

1832   *Alethopteris ottonis* Goeppert,p. 303,pl. 37,figs. 3,4;fern-like foliage;Poland;Late Tri-
        assic.

1869 (1869—1874)   Schimper,p. 574.

1933c   Sze H C,p. 8, pl. 3, figs. 2 — 9; fern-like leaves and cuticles; Sanqiao of Guiyang,
        Guizhou;Late Triassic.

1954   Hsu J,p. 53,pl. 46,fig. 2;fern-like leaf;Guiyang,Guizhou;Late Triassic.

1956   Lee H H,p. 15;fern-like leaf;Sanqiao of Guiyang,Guizhou;Fuyuan,Xinjiang;Late Tri-
        assic.

1962   Lee H H,p. 147,pl. 86,fig. 9;fern-like leaf;Changjiang River Basin;Late Triassic.

1963   Lee H H and others,p. 127,pl. 96,figs. 1,2;fern-like leaves;Northwest China;Late
        Triassic.

1963   Sze H C,Lee H H and others,p. 132,pl. 45,fig. 7;pl. 47,fig. 7;pl. 51,figs. 1—6;fern-
        like leaves and cuticles; Sanqiao of Guiyang, Guizhou; Jimsar of Xinjiang, Jiyuan of
        Henan,Huaxian of Guangdong,Helanshan in Alxa Left Banner of Inner Mongolia;Late
        Triassic.

1964   Lee H H and others,p. 125,pl. 80,figs. 4—6;fern-like leaves;South China;late Late
        Triassic.

1968   *Fossil Atlas of Mesozoic Coal-bearing Strata in Kiangsi and Hunan Provinces*,p. 50,
        pl. 10,fig. 1;fern-like leaf;Jiangxi (Kiangsi) and Hunan;Late Triassic—Early Jurassic.

1977   Feng Shaonan and others, p. 215, pl. 80, figs. 2, 3; fern-like leaves; Donggong of
        Nanzhang,Hubei;Late Triassic Lower Coal Formation of Hsiangchi Group;Jiyuan,
        Henan;Late Triassic Yenchang Group;Qujiang,Lechang and Huaxian,Guangdong;Late
        Triassic Siaoping Formation;western Hunan;Late Triassic Xiaojiangkou Formation.

1978   Yang Xianhe,p. 498,pl. 172,fig. 1;leaf;Huijiasuo of Dukou,Sichuan;Late Triassic
        Daqiaodi Formation.

1978   Zhang Jihui,p. 473,pl. 159,fig. 6;fern-like leaf;Sanqiao of Guiyang,Guizhou;Late Tri-
        assic.

1978   Zhou Tongshun,p. 105,pl. 19,figs. 4—6;fern-like leaves;Dakeng of Zhangping,Fujian;
        Late Triassic upper member of Dakeng Formation;Late Triassic Wenbinshan Forma-
        tion.

1979   He Yuanliang and others,p. 145,pl. 68,fig. 1;fern-like leaf;Babaoshan of Dulan,Qing-
        hai;Late Triassic Babaoshan Group.

1980   He Dechang,Shen Xiangpeng,p. 13,pl. 4,fig. 1;pl. 5,figs. 5,6;fern-like leaves;Sandu of
        Zixing, Hunan; Late Triassic Anyuan Formation; Gouyadong of Lechang, Guangdong;
        Late Triassic.

1982   Wang Guoping and others,p. 254,pl. 116,figs. 4,5;fern-like leaves;Dakeng of Zhangping, Fujian; Late Triassic Dakeng Formation.

1982　Yang Xianhe, p. 472, pl. 4, figs. 1－3; fern-like leaves; Xionglong of Xinlong, Sichuan; Late Triassic Lamaya Formation.

1982　Zhang Caifan, p. 526, pl. 340, figs. 1, 2; pl. 355, fig. 8; fern-like leaves; Shimenkou of Liling and 5. 1 Coal Mine of Chenxi, Hunan; Late Triassic.

1984　Chen Gongxin, p. 584, pl. 237, figs. 4－8; fern-like leaves; Donggong of Nanzhang, Hubei; Late Triassic Jiuligang Formation.

1984　Gu Daoyuan, p. 147, pl. 75, fig. 5; fern-like leaf; Karamay, Junggar (Dzungaria) Basin, Xinjiang; Middle—Late Triassic Karamay Formation.

1987　He Dechang, p. 82, pl. 18, fig. 2; fern-like leaf; Dakeng of Zhangping, Fujian; Late Triassic Wenbinshan Formation.

1987　Hu Yufan, Gu Daoyuan, p. 225, pl. 4, fig. 3; fern-like leaf; Karamay, Junggar (Dzungaria) Basin, Xinjiang; Late Triassic Haojiagou Formation.

1989　Mei Meitang and others, p. 94, pl. 47, figs. 2, 2a; text-fig. 3-69; fern-like leaf; China; middle—late Late Triassic.

1990　Wu Xiangwu, He Yuanliang, p. 299, pl. 7, figs. 9, 9a; fern-like leaf; Yushu, Qinghai; Late Triassic Gema Formation of Jieza Group.

1999b　Wu Shunqing, p. 29, pl. 21, figs. 2－4; pl. 43, figs. 3－5a; fern-like leaves and cuticles; Luchang and Fuancun of Huili, Sichuan; Late Triassic Baiguowan Formaion.

Cf. *Lepidopteris ottonis* (Goeppert) Schimper

1953a　Sze H C, p. 111, pl. 1, figs. 1－9; pl. 2, figs. 1, 12－14; fern-like leaves and cuticles; Shuixigou of Fuyuan, Xinjiang; Late Triassic. [Notes: This specimen lately was referred as *Lepidopteris ottonis* (Goeppert) Schimper (Sze H C, Lee H H and others, 1963)]

1953b　Sze H C, p. 323, pl. 1, figs. 1－9; pl. 2, figs. 1, 12－14; fern-like leaves and cuticles; Shuixigou of Fuyuan, Xinjiang; Late Triassic. [Notes: This specimen lately was referred as *Lepidopteris ottonis* (Goeppert) Schimper (Sze H C, Lee H H and others, 1963)]

1980　Huang Zhigao, Zhou Huiqin, p. 83, pl. 34, fig. 5; fern-like leaf; Shenmu, Shaanxi; Late Triassic middle-upper part of Yenchang Formation.

1993a　Wu Xiangwu, p. 95.

△*Lepidopteris sichuanensis* Bian et Wang, 1989

1989　Bian Zhaoxiang, Wang Hongfeng, p. 10, pl. 1, figs. 1, 2, 5, 6; fern-like leaves and cuticles; No.: GX-1下2, GX-1下24; Holotype: GX-1下2 (pl. 1, fig. 1); Repository: Museum of Chengdu Institute of Geology; Xujiahe of Guangyuan, Sichuan; Late Triassic Hsuchiaho Formation.

Lepidopteris toretziensis Stanislavaky, 1976

1976　Stanislavaky, p. 33, pl. 2-28; fern-like leaf; Donbas; Late Triassic.

1984　Zhang Wu, Zheng Shanolin, p. 385, pl. 2, figs. 2－9; text-fig. 3; fern-like leaves; Beipiao, western Liaoning; Late Triassic Laohugou Formation.

1987　Zhang Wu, Zheng Shaolin, pl. 3, fig. 10; fern-like leaf; Dongkuntouyingzi of Beipiao, Liaoning; Late Triassic Shimengou Formation.

Lepidopteris cf. *toretziensis* Stanislavaky

1990b Wang Ziqiang, Wang Lixin, p. 308, pl. 6, figs. 1, 2; text-fig. 4a; fern-like leaves; Manshui of Qinxian, Shanxi; Middle Triassic base part of Ermaying Formation.

△*Lepidopteris xujiahensis* Bian et Wang, 1989

1989 Bian Zhaoxiang, Wang Hongfeng, p. 12, pl. 1, figs. 3, 4, 7; pl. 2, figs. 1, 2, 7, 8; fern-like leaves and cuticles; No.: GX-1下1, GX-1下5; Holotype: GX-1下1 (pl. 1, fig. 3); Repository: Museum of Chengdu Institute of Geology; Xujiahe of Guangyuan, Sichuan; Late Triassic Hsuchiaho Formation.

Lepidopteris sp.

1990 *Lepidopteris* sp., Wu Shunqing, Zhou Hanzhong, p. 452, pl. 3, figs. 3—3b; fern-like leaf; Kuqa, Xinjiang; Early Triassic Ehuobulake Formation.

Genus *Lesleya* Lesquereus, 1880

1880 Lesquereus, p. 143.

1979c Chen Ye and others, p. 271.

1993a Wu Xiangwu, p. 96.

Type species: *Lesleya grandis* Lesquereus, 1880

Taxonomic status: Pteridospermopsida

Lesleya grandis Lesquereus, 1880

1880 Lesquereus, p. 143, pl. 25, figs. 1—3; *Glossopteris*-like foliage; Pennsylvania, USA; Upper Carboniferous (Base of Chester limestone, Pennsylivanian).

1993a Wu Xiangwu, p. 96.

△*Lesleya triassica* Chen et Duan, 1979

1979c Chen Ye, Duan Shuying, in Chen Ye and others, p. 271, pl. 3, fig. 3; *Glossopteris*-like foliage; No.: No. 7023; Repository: Department of Palaeobotany, Institute of Botany, the Chinese Academy of Sciences; Hongni Coal Field of Yanbian, Sichuan; Late Triassic Daqiaodi Formation.

1981 Chen Ye, Duan Shuying, pl. 2, fig. 6; *Glossopteris*-like foliage; Hongni Coal Field of Yanbian, Sichuan; Late Triassic Daqiaodi Formation.

1993a Wu Xiangwu, p. 96.

Genus *Leuthardtia* Kräusel et Schaarschmidt, 1966

1966 Kräusel, Schaarschmidt, p. 26.

1992b Meng Fansong, p. 179.

Type species: *Leuthardtia ovalis* Kräusel et Schaarschmidt, 1966

Taxonomic status：Bennettiales，Cycadopsida

Leuthardtia ovalis Kräusel et Schaarschmidt，1966

1966   Kräusel，Schaarschmidt，p. 26，pl. 8；male organ；Switzerland；Late Triassic.

1990   Meng Fansong，pl. 1，fig. 9；male organ；Wenshanxiacun in Jiuqujiang of Qionghai，Hainan；Early Triassic Lingwen Formation.

1992b Meng Fansong，p. 179，pl. 8，figs. 10－12；male organs；Wenshanshangcun in Jiuqujiang of Qionghai，Hainan；Early Triassic Lingwen Formation.

1995a Li Xingxue（editor-in-chief），pl. 63，fig. 14；male sporophyll；Wenshanshangcun in Jiuqujiang of Qionghai，Hainan；Early Triassic Lingwen Formation. （in Chinese）

1995b Li Xingxue（editor-in-chief），pl. 63，fig. 14；male sporophyll；Wenshanshangcun in Jiuqujiang of Qionghai，Hainan；Early Triassic Lingwen Formation. （in English）

△Genus *Lingxiangphyllum* Meng，1981

1981   Meng Fansong，p. 100.

1993a Wu Xiangwu，pp. 21，224.

1993b Wu Xiangwu，pp. 507，514.

Type species：*Lingxiangphyllum princeps* Meng，1981

Taxonomic status：plantae incertae sedis

△*Lingxiangphyllum princeps* Meng，1981

1981   Meng Fansong，p. 100，pl. 1，figs. 12，13；text-fig. 1；single leaves；Reg. No.：CHP7901，CHP7902；Holotype：CHP7901（pl. 1，fig. 12）；Repository：Yichang Institute of Geology and Mineral Resources；Changpinghu in Lingxiang of Daye，Hubei；Early Cretaceous Lingxiang Group.

1993a Wu Xiangwu，pp. 21，224.

1993b Wu Xiangwu，pp. 507，514.

Genus *Lomatopteris* Schimper，1869

1869（1869－1874）   Schimper，p. 472.

1982   Zhang Caifan，p. 526.

1993a Wu Xiangwu，p. 97.

Type species：*Lomatopteris jurensis*（Kurr）Schimper，1869

Taxonomic status：Pteridospermopsida

Lomatopteris jurensis（Kurr）Schimper，1869

1869（1869－1874）   Schimper，p. 472，pl. 45，figs. 2－5；fern-like leaves；Nussplingen of Wurttemberg，Germany；Late Carboniferous.

1993a Wu Xiangwu，p. 97.

△*Lomatopteris zixingensis* Tuen (MS) ex Zhang, 1982

1982 Zhang Caifan, p. 526, pl. 339, figs. 1, 2; fern-like leaves; Tongrilong in Sandu of Zixing, Hunan; Early Jurassic Tanglong Formation.

1993a Wu Xiangwu, p. 97.

△Genus *Macroglossopteris* Sze, 1931

1931 Sze H C, p. 5.

1970 Andrews, p. 124.

1993a Wu Xiangwu, pp. 22, 225.

1993b Wu Xiangwu, pp. 501, 515.

Type species: *Macroglossopteris leeiana* Sze, 1931

Taxonomic status: Pteridospermopsida

△*Macroglossopteris leeiana* Sze, 1931

1931 Sze H C, p. 5, pl. 3, fig. 1; pl. 4, fig. 1; fern-like leaves; Pingxiang, Jiangxi; Early Jurassic (Lias). [Notes: This Type species lately was referred as *Anthrophyopsis leeiana* (Sze) Florin (Florin, 1933)]

1970 Andrews, p. 124.

1993a Wu Xiangwu, pp. 22, 225.

1993b Wu Xiangwu, pp. 501, 515.

Cf. *Macroglossopteris leeiana* Sze

1933d Sze H C, p. 41, pl. 8, fig. 8; cycadophyte leaf; Ji'an, Jiangxi; late Late Triassic. [Notes: This specimen lately was referred as *Anthrophyopsis leeiana* (Sze) Florin (Sze H C, Lee H H and others, 1963)]

Genus *Macrotaeniopteris* Schimper, 1869

1869 (1869—1874) Schimper, p. 610.

1883 Schenk, p. 257.

1993a Wu Xiangwu, p. 99.

Type species: *Macrotaeniopteris major* (Lindley et Hutton) Schimper, 1869

Taxonomic status: Gymnospermae incertae sedis

Macrotaeniopteris major (Lindley et Hutton) Schimper, 1869

1833 (1831—1837) *Taeniopteris major* Lindley et Hutton, p. 31, pl. 92; fern-like leaf; Gristhorpe Bay of Yorkshire, England; Middle Jurassic.

1869 (1869—1874) Schimper, p. 610; fern-like leaf; Gristhorpe Bay of Yorkshire, England; Middle Jurassic.

1993a Wu Xiangwu,p. 99.

Macrotaeniopteris californica **Fontaine,1900**

1900 Fontaine,in Ward, p. 349, pl. 53, fig. 1; pl. 54, figs. 1, 2; fern-like leaves; California, America;Jurassic.

Macrotaeniopteris **cf.** *californica* **Fontaine**

1980 Zhang Wu and others,p. 281,pl. 180,fig. 1;pl. 193,fig. 4;fern-like leaves;Jalai Nur,Inner Mongolia; Late Jurassic Xing'anling Group; Majiagou of Beipiao, Liaoning; Early Cretaceous Sunjiawan Formation.

△*Macrotaeniopteris richthofeni* **Schenk,1883**

1883 Schenk,p. 257,pl. 51,figs. 4,6;fern-like leaves;Guangyuan,Sichuan;Jurassic. [Notes: This specimen lately was referred as *Taeniopteris rishthofeni* (Schenk) Sze. (Sze H C, Lee H H and others,1963)]

1993a Wu Xiangwu,p. 99.

△**Genus** *Mediocycas* **Li et Zheng,2005** (in Chinese and English)

2005 Li Nan,Zheng Shaolin,in Li Nan and others,pp. 425,433.

Type species:*Mediocycas kazuoensis* Li et Zheng,2005

Taxonomic status:Cycadales,Cycadopsida

△*Mediocycas kazuoensis* **Li et Zheng,2005** (in Chines and English)

1986b Problematicum 1,Zheng Shaolin,Zhang Wu,pp. 175,181,pl. 1,figs. 10,11;Yangshugou of Harqin Left Wing,western Liaoning;Early Triassic Hongla Formation.

1986b *Carpolithus*? sp.,Zheng Shaolin,Zhang Wu,p. 14,pl. 3,figs. 11—14;seeds;Yangshugou of Harqin Left Wing,western Liaoning;Early Triassic Hongla Formation.

2005 Li Nan,Zheng Shaolin,in Li Nan and others,pp. 425,433;text-figs. 3A—3F,5E;megasporophylls;No.:SG110280—SG110283 (couter part),SG11026—SG11028;Holotype: SG110280—SG110283 (text-fig. 3A);Paratype:SG110280—SG110283 (text-fig. 3B); Repository:Shenyang Institute of Geology and Mineral Resources;Yangshugou of Harqin Left Wing,western Liaoning;Early Triassic Hongla Formation.

△**Genus** *Membranifolia* **Sun et Zheng,2001** (in Chinese and English)

2001 Sun Ge,Zheng Shaolin,in Sun Ge and others,pp. 108,208.

Type species:*Membranifolia admirabilis* Sun et Zheng,2001

Taxonomic status:plantae incertae sedis

△*Membranifolia admirabilis* **Sun et Zheng,2001** (in Chinese and English)

2001 Sun Ge,Zheng Shaolin,in Sun Ge and others,pp. 108,208,pl. 26,figs. 1,2;pl. 67,figs.

3－6;leaves;No.:PB19184,PB19185,PB19187,PB19196;Holotype:PB19184（pl. 26,
fig. 1）;Repository:Nanjing Institute of Geology and Palaeontology,Chinese Academy of
Sciences;Lingyuan,Liaoning;Late Jurassic Jianshangou Formation.

△Genus *Mirabopteris* Mi et Liu, 1993

1993　Mi Jiarong,Liu Maoqiang,in Mi Jiarong and others,p. 102.

Type species:*Mirabopteris hunjiangensis*（Mi et Liu）Mi et Liu,1993

Taxonomic status:Pteridospermopsida

△*Mirabopteris hunjiangensis*（Mi et Liu）Mi et Liu, 1993

1977　*Paradoxopteris hunjiangensis* Mi et Liu,Mi Jiarong,Liu Maoqiang,in Surveying Group
of Department,Geological Exploration,Changchun College of Geology and others,p. 8,
pl. 3,fig. 1;text-fig. 1;fern-like leaf;Reg. No.:X-008;Repository:Department of Geolo-
gical History and Palaeontology,Changchun College of Geology;Shiren of Hunjiang,Ji-
lin;Late Triassic "Beishan Formation".

1993　Mi Jiarong,Liu Maoqiang,in Mi Jiarong and others,p. 102,pl. 18,fig. 3;pl. 53,figs. 1,2,6;
text-fig. 21;fern-like leaves and cuticles;Shiren of Hunjiang,Jilin;Late Triassic Beishan
Formation（Xiaohekou Formation）.

△Genus *Mironeura* Zhou, 1978

1978　Zhou Tongshun,p. 114.

1993a　Wu Xiangwu,pp. 24,227.

1993b　Wu Xiangwu,pp. 502,515.

Type species:*Mironeura dakengensis* Zhou,1978

Taxonomic status:Nilssoniales or Cycadales,Cycadopsida

△*Mironeura dakengensis* Zhou, 1978

1978　Zhou Tongshun,p. 114,pl. 25,figs. 1,2,2a;text-fig. 4;fern-like leaves;Col. No.:WFT_3-
W_1^1-9;Reg. No.:FKP135;Repository:Institute of Geology,the Chinese Academy of Geo-
logical Sciences;Wenbinshan in Dakeng of Zhangping,Fujian;Late Triassic lower mem-
ber of Wenbinshan Formation.

1982　Wang Guoping and others,p. 254,pl. 116,figs. 4,5;fern-like leaves;Dakeng of Zhang-
ping,Fujian;Late Triassic Wenbinshan Formation.

1984a　Meng Fansong,p. 102,pl. 2,fig. 6;fern-like leaf;Chenyuan in Sanligang of Dangyang,
Hubei;Early Jurassic Hsiangchi（Xiangxi）Formation.

1987　Meng Fansong,p. 246,pl. 35,fig. 7;fern-like leaf;Guanyinsi of Dangyang,Hubei;Early
Jurassic Hsiangchi（Xiangxi）Formation.

1993　Mi Jiarong and others,p. 117,pl. 30,fig. 3;fern-like leaf;Luoquanzhan of Dongning,

Heilongjiang; Late Triassic Luoquanzhan Formation.

1993a Wu Xiangwu, pp. 24, 227.

1993b Wu Xiangwu, pp. 502, 515.

1998 Huang Qisheng and others, p. 222, pl. 1, figs. 1, 6; fern-like leaves; Miaoyuancun of Shang-rao, Jiangxi; Early Jurassic member 3 of Linshan Formation.

△*Mironeura hubeiensis* Chen G X, 1984

1984 Chen Gongxin, p. 598, pl. 258, figs. 1—3; leaves; Reg. No.: EP520—EP522; Repository: Geological Bureau of Hubei Province; Guofenya of Jingmen, Hubei; Late Triassic Jiuligang Formation. (Notes: The type specimen was not designated in the original paper)

△*Mironeura multinervis* Mi, Zhang, Sun et al., 1993

1993 Mi Jiarong, Zhang Chuanbo, Sun Chunlin and others, p. 121, pl. 30, figs. 5, 5a; fern-like leaf; Reg. No.: B313; Repository: Department of Geological History and Palaeontology, Changchun College of Geology; Tanzhesi of West Hill, Beijing; Late Triassic Xingshikou Formation.

Mironeura sp.

1984 *Mironeura* sp., Mi Jiarong and others, pl. 1, fig. 9; fern-like leaf; West Hill, Beijing; Late Triassic Xingshikou Formation.

△Genus *Mixophylum* Meng, 1983

1983 Meng Fansong, p. 228.

1993a Wu Xiangwu, pp. 24, 227.

1993b Wu Xiangwu, pp. 507, 515.

Type species: *Mixophylum simplex* Meng, 1983

Taxonomic status: plantae incertae sedis

△*Mixophylum simplex* Meng, 1983

1983 Meng Fansong, p. 228, pl. 3, fig. 1; leaf; Reg. No.: D76018; Holotype: D76018 (pl. 3, fig. 1); Repository: Yichang Institute of Geology and Mineral Resources; Donggong of Nanzhang, Hubei; Late Triassic Jiuligang Formation.

1993a Wu Xiangwu, pp. 24, 227.

1993b Wu Xiangwu, pp. 507, 515.

1996 Wu Shunqing, Zhou Hanzhong, p. 11, pl. 9, figs. 2, 2a, 3; pl. 10, figs. 1, 1a, 2; pl. 11, fig. 1; shoots with leaves and cones; Kuqa River Section of Kuqa, Xinjiang; Middle Triassic lower member of Karamay Formation.

△Genus *Nanpiaophyllum* Zhang et Zheng, 1984

1984 Zhang Wu, Zheng Shanolin, p. 389.

1993a Wu Xiangwu, pp. 25, 227.

1993b Wu Xiangwu, pp. 507, 516.

Type species: *Nanpiaophyllum cordatum* Zhang et Zheng, 1984

Taxonomic status: plantae incertae sedis

△*Nanpiaophyllum cordatum* Zhang et Zheng, 1984

1984 Zhang Wu, Zheng Shanolin, p. 389, pl. 3, figs. 4—9; text-fig. 8; fern-like leaves; Reg. No.: J005-1—J005-6; Repository: Shenyang Institute of Geology and Mineral Resources; Nanpiao, western Liaoning; Late Triassic Laohugou Formation. (Notes: The type specimen was not designated in the original paper)

1993a Wu Xiangwu, pp. 25, 227.

1993b Wu Xiangwu, pp. 507, 516.

△Genus *Nanzhangophyllum* Chen, 1977

1977 Chen Gongxin, in Feng Shaonan and others, p. 246.

1993a Wu Xiangwu, pp. 25, 228.

1993b Wu Xiangwu, pp. 507, 516.

Type species: *Nanzhangophyllum donggongense* Chen, 1977

Taxonomic status: Gymnospermae

△*Nanzhangophyllum donggongense* Chen, 1977

1977 Chen Gongxin, in Feng Shaonan and others, p. 246, pl. 99, figs. 6, 7; text-fig. 82; leaves; Reg. No.: P5014, P5015; Syntype 1: P5014 (pl. 99, fig. 6); Syntype 2: P5015 (pl. 99, fig. 7); Repository: Geological Bureau of Hubei Province; Donggong of Nanzhang, Hubei; Late Triassic Lower Coal Formation of Hsiangchi Group. [Notes: According to *International Code of Botanical Nomenclature* (*Vienna Code*) article 37. 2, from the year 1958, the holotype type specimen should be unique]

1984 Chen Gongxin, p. 582, pl. 251, fig. 1b; single leaf; Fenshuiling of Jingmen and Donggong of Nanzhang, Hubei; Late Triassic Jiuligang Formation.

1993a Wu Xiangwu, pp. 25, 228.

1993b Wu Xiangwu, pp. 507, 516.

Genus *Neozamites* Vachrameev, 1962

1962 Vachrameev, p. 124.

1976 Chang Chichen, p. 193.

1993a Wu Xiangwu, p. 105.

Type species: *Neozamites verchojanensis* Vachrameev, 1962

Taxonomic status: Bennettiales, Cycadopsida

Neozamites verchojanensis Vachrameev, 1962

1962   Vachrameev,p. 124,pl. 12,figs. 1—5;cycadophyte leaves;Lena Basin;Early Cretaceous.

1980   Zhang Wu and others,p. 269,pl. 168,figs. 2,3,7,9;cycadophyte leaves;Linjiafangzi of Mudanjiang, Heilongjiang; Early Cretaceous Houshigou Formation; Heihe area, Heilongjiang;Early Cretaceous Bacheligou Formation.

1982a   Yang Xuelin,Sun Liwen,p. 592,pl. 3,fig. 10;cycadophyte leaf;Yingcheng of southeastern Songhuajiang-Liaohe Basin;Late Jurassic Shahezi Formation.

1983a   Zheng Shaolin,Zhang Wu,p. 86,pl. 5,figs. 6,7;text-fig. 14;cycadophyte leaves;Wanlongcun of Boli,Heilongjiang;Early Cretaceous Dongshan Formation.

1986   Zhang Chuanbo,pl. 1,fig. 8;cycadophyte leaf;Tongfosi of Yanji,Jilin;middle—late Early Cretaceous Tongfosi Formation.

1989   Mei Meitang and others,p. 104,pl. 62,figs. 4,5;cycadophyte leaves;North China;Early Cretaceous.

1991   Zhang Chuanbo and others,pl. 1, fig. 5; pl. 2, fig. 1; cycadophyte leaves; Liutai and Mengjialing of Jiutai,Jilin;Early Cretaceous Dayangcaogou Formation.

1993a   Wu Xiangwu,p. 105.

1995b   Deng Shenghui,p. 48,pl. 23, figs. 7—9;pl. 36, figs. 5—9;pl. 37, figs. 1,2;text-fig. 19; cycadophyte leaves and cuticles; Huolinhe Basin, Inner Mongolia; Early Cretaceous Huolinhe Formation.

1995a   Li Xingxue (editor-in-chief), pl. 106, fig. 7; cycadophyte leaf; Antu, Jilin; Early Cretaceous. (in Chinese)

1995b   Li Xingxue (editor-in-chief), pl. 106, fig. 7; cycadophyte leaf; Antu, Jilin; Early Cretaceous. (in English)

1996   Zheng Shaolin,Zhang Wu,pl. 3,fig. 14;cycadophyte leaf;Mengjialing of Jiutai,Jilin;Early Cretaceous Yingcheng Formation.

1997   Deng Shenghui and others,p. 40,pl. 19,fig. 7;cycadophyte leaf;Jalai Nur,Inner Mongolia;Early Cretaceous Yimin Formation.

Neozamites verchojanensis? Vachrameev

2001   Sun Ge and others,pp. 79,188,pl. 13,fig. 5;pl. 33,fig. 24;pl. 48,figs. 9—12,15;cycadophyte leaves;Huangbanjigou in Shangyuan of Beipiao,Liaoning;Late Jurassic Jianshangou Formation.

Neozamites cf. verchojanensis Vachrameev

1980   Zhang Wu and others,p. 269, pl. 168, figs. 5,8; cycadophyte leaves; Beipiao, Liaoning; Early Cretaceous Sunjiawan Formation.

1988   Chen Fen and others,p. 56,pl. 22,figs. 9,10;cycadophyte leaves;Haizhou Opencut Coal Mine of Fuxin,Liaoning;Early Cretaceous Shuiquan Member of Fuxin Formation.

Neozamites denticulatus (Kryshtofovich et Prynada) Vachrameev, 1962

1932   *Otozamites denticulatus* Kryshtofovich et Prynada,p. 369;cycadophyte leaf;Primorski Krai;Early Cretaceous.

1962   Vachrameev,p. 125;cycadophyte leaf;Primorski Krai;Early Cretaceous.

1980   Zhang Wu and others, p. 268, pl. 168, fig. 6; cycadophyte leaf; Daweizi of Boli, Heilongjiang; Early Cretaceous Huashan Group.

1982   Chen Fen, Yang Guanxiu, p. 579, pl. 2, figs. 11—15; cycadophyte leaves; Houshangou of Pingquan, Hebei; Early Cretaceous Jiufotang Formation.

1983a   Zheng Shaolin, Zhang Wu, p. 85, pl. 5, fig. 3; text-fig. 12; cycadophyte leaf; Wanlongcun of Boli, Heilongjiang; Early Cretaceous Dongshan Formation.

1993   Bureau of Geology and Mineral Resources of Heilongjiang Province, pl. 12, fig. 7; cycadophyte leaf; Heilongjiang Province; Early Cretaceous Muling Formation.

Neozamites elongatus Kimura et Sekido, 1971

1971   Kimura, Sekido, p. 192, pl. 24, figs. 1—4; text-figs. 1-21, 2-22; Japan; Early Cretaceous Oguchi Formation.

1993   Sun Ge and others, p. 267, figs. 3a, 4a, 5, 6; cycadophyte leaves and cuticles; Hegang, Heilongjiang; Early Cretaceous Shitouhezi Formation.

1995a   Li Xingxue (editor-in-chief), pl. 101, fig. 2; cycadophyte leaf; Hegang, Heilongjiang; Early Cretaceous Shitouhezi Formation. (in Chinese)

1995b   Li Xingxue (editor-in-chief), pl. 101, fig. 2; cycadophyte leaf; Hegang, Heilongjiang; Early Cretaceous Shitouhezi Formation. (in English)

△*Neozamites incisus* Tan et Zhu, 1982

1982   Tan Lin, Zhu Jianan, p. 145, pl. 34, fig. 13; cycadophyte leaf; Reg. No.: HL01b; Holotype: HL01b (pl. 34, fig. 13); Urad Qianqi, Inner Mongolia; Early Cretaceous Lisangou Formation.

Neozamites lebedevii Vachrameev, 1962

1962   Vachrameev, p. 125, pl. 13, figs. 1—3, 5—8; cycadophyte leaves; Yakut, USSR; Early Cretaceous.

1976   Chang Chichen, p. 193, pl. 95, figs. 2—4; cycadophyte leaves; Houbaiyinbulang in Siziwang (Dorbod) Banner, Inner Mongolia; Early Cretaceous Houbaiyinbulang Formation.

1983a   Zheng Shaolin, Zhang Wu, p. 86, pl. 5, figs. 4, 5; text-fig. 13; cycadophyte leaves; Wanlongcun of Boli, eastern Heilongjiang; Early Cretaceous Dongshan Formation.

1992   Sun Ge, Zhao Yanhua, p. 538, pl. 240, figs. 6, 7; cycadophyte leaves; Liangjiang of Antu, Jilin; Early Cretaceous Dalazi Formation.

1993a   Wu Xiangwu, p. 105.

Neozamites cf. *lebedevii* Vachrameev

1980   Zhang Wu and others, p. 268, pl. 168, fig. 4; cycadophyte leaf; Harqin Left Wing, Liaoning; Early Cretaceous Jiufotang Formation.

Genus *Neuropteridium* Schimper, 1879

1879 (1879—1890)   Schimper, Schenk, p. 117.

1979　Zhou Zhiyan,Li Baoxian,p. 446.

1993a　Wu Xiangwu,p. 105.

Type species:*Neuropteridium grandifolium* Schimper,1879

Taxonomic status:Pteridospermopsida

Neuropteridium grandifolium Schimper,1879

1879（1879—1890）　Schimper,Schenk,p. 117,fig. 90;neuropterid pinnule;Central Europe; Early Triassic.

1993a　Wu Xiangwu,p. 105.

Neuropteridium coreanicum Koiwai,1927

1927　Koiwai,p. 23,pls. 1,2;fern-like leaves;Korea;Late Permian.

1991　Bureau of Geology and Mineral Resources of Beijing Municipality,pl. 11,fig. 6;fern-like leaf;Dabeisi,Beijing;Late Permian — Middle Triassic Dabeisi Member of Shuangquan Formation.

△*Neuropteridium curvinerve* Wang Z et Wang L,1990

1990a　Wang Ziqiang,Wang Lixin,p. 122,pl. 20,figs. 9—13;pl. 22,fig. 9;pl. 23,figs. 1—3; fern-like leaves;No.:Z12-504—Z12-507,Z12-509,Z12-510;Syntype 1:Z12-507（pl. 20, fig. 9）;Syntype 2:Z12-510（pl. 20,figs. 11,11a）;Syntype 3:Z12-506（pl. 23,fig. 1）;Repository:Nanjing Institute of Geology and Palaeontology,Chinese Academy of Sciences; Hongzu of Shouyang,Shanxi;Early Triassic lower member of Heshanggou Formation. [Notes:According to *International Code of Botanical Nomenclature*（*Vienna Code*）article 37. 2,from the year 1958,the holotype type specimen should be unique]

△*Neuropteridium margninatum* Zhou et Li,1979

1979　Zhou Zhiyan,Li Baoxian,p. 446,pl. 1,figs. 7—10;fern-like leaves with seeds;Reg. No.: PB7587—PB7590;Holotype:PB7589（pl. 1,fig. 9）;Repository:Nanjing Institute of Geology and Palaeontology,Chinese Academy of Sciences;Shangchecun and Xinhuacun in Jiuqujiang of Qionghai,Hainan;Early Triassic Jiuqujiang Formation of Lingwen Group.

1992b　Meng Fansong,p. 178,pl. 3,figs. 1—8;fern-like leaves;Xinhuacun,Wenshanshangcun and Haiyangcun in Jiuqujiang of Qionghai,Hainan;Early Triassic Lingwen Formation.

1993a　Wu Xiangwu,p. 105.

1995a　Li Xingxue（editor-in-chief）,pl. 62,figs. 1—3;fern-like leaves;Wenshanshangcun and Xinhuacun in Jiuqujiang of Qionghai,Hainan;Early Triassic Lingwen Formation.（in Chinese）

1995b　Li Xingxue（editor-in-chief）,pl. 62,figs. 1—3;fern-like leaves;Wenshanshangcun and Xinhuacun in Jiuqujiang of Qionghai,Hainan;Early Triassic Lingwen Formation.（in English）

Neuropteridium voltzii（Brongniart）Blanckenhorn,1886

1828　*Neuropteris voltzii* Brongniart,pp. 24,190.

1830　*Neuropteris voltzii* Brongniart,p. 232,pl. 67.

1886   Blanckenhorn, p. 125, pl. 15; pl. 16; pl. 17, figs. 1, 2a.

1995a *Neuropteridium voltzii* Brongniart, Li Xingxue (editor-in-chief), pl. 64, figs. 4, 5; fern-like leaves; Furongqiao of Sangzhi, Hunan; Middle Triassic member 2 of Badong Formation. (in Chinese)

1995b *Neuropteridium voltzii* Brongniart, Li Xingxue (editor-in-chief), pl. 64, figs. 4, 5; fern-like leaves; Furongqiao of Sangzhi, Hunan; Middle Triassic member 2 of Badong Formation. (in English)

1995   *Neuropteridium voltzii* Brongniart, Meng Fansong and others, p. 21, pl. 5, figs. 6 − 9; fern-like leaves; Furongqiao of Sangzhi, Hunan; Middle Triassic member 2 of Badong Formation.

1996b *Neuropteridium voltzii* Brongniart, Meng Fansong, pl. 2, figs. 6 − 8; fern-like leaves; Hongjiaguan of Sangzhi, Hunan; Middle Triassic member 2 of Badong Formation.

2000   *Neuropteridium voltzii* Brongniart, Meng Fansong and others, p. 52, pl. 15, figs. 4 − 7; fern-like leaves; Furongqiao of Sangzhi, Hunan; Middle Triassic member 2 of Badong Formation.

Neuropteridium spp.

1986b *Neuropteridium* sp., Zheng Shaolin, Zhang Wu, p. 179, pl. 3, figs. 1, 2; fern-like leaves; Yangshugou of Harqin Left Wing, western Liaoning; Early Triassic Hongla Formation.

1990a *Neuropteridium* sp. Wang Ziqiang, Wang Lixin, p. 122, pl. 18, figs. 11, 12; pl. 24, fig. 4; fern-like leaves; Puxian, Shanxi; Early Triassic lower member of Heshanggou Formation; Yiyang, Henan; Early Triassic upper member of Heshanggou Formation.

Genus *Nilssonia* Brongniart, 1825

1825   Brongniart, p. 218.

1883   Schenk, p. 247.

1963   Sze H C, Lee H H and others, p. 180.

1993a Wu Xiangwu, p. 106.

Type species: *Nilssonia brevis* Brongniart, 1825

Taxonomic status: Nilssoniales or Cycadales, Cycadopsida

Nilssonia brevis Brongniart, 1825

1825   Brongniart, p. 218, pl. 12, figs. 4, 5; cycadophyte leaves; Hoer, Sweden; Late Triassic (Rhaetic).

1968   *Fossil Atlas of Mesozoic Coal-bearing Strata in Kiangsi and Hunan Provinces*, p. 66, pl. 36, fig. 1; cycadophyte leaf; Kiangsi (Jiangxi) and Hunan; Late Triassic − Early Jurassic. .

1978   Zhou Tongshun, pl. 24, fig. 5; cycadophyte leaf; Wenbinshan in Dakeng of Zhangping, Fujian; Late Triassic lower member of Wenbinshan Formation.

1982   Wang Guoping and others, p. 267, pl. 121, fig. 9; cycadophyte leaf; Dakeng of Zhangping,

Fujian; Late Triassic Wenbinshan Formation.

1982b Wu Xiangwu, p. 95, pl. 15, fig. 4; pl. 16, figs. 5, 5a; pl. 18, figs. 1, 1a; pl. 20, fig. 1A; cycadophyte leaves; Bagong of Chagyab, Tibet; Late Triassic upper member of Bagong Formation.

1993a Wu Xiangwu, p. 106.

Nilssonia cf. *brevis* Brongniart

1993　Wang Shijun, p. 40, pl. 17, figs. 5, 5a; cycadophyte leaf; Guanchun of Lechang, Guangdong; Late Triassic Genkou Group.

Nilssonia acuminata (Presl) Goeppert, 1844

1838 (1828—1838)　*Zamites acuminata* Presl, in Sternberg, p. 199, pl. 43, figs. 2, 4, 5; cycadophyte leaves; West Europe; Jurassic.

1844　Goeppert, p. 141; cycadophyte leaf; West Europe; Jurassic.

1933d Sze H C, p. 40, pl. 10, figs. 1—3; cycadophyte leaves; Ji'an, Jiangxi; late Late Triassic. [Notes: This specimen lately was referred as *Nilssonia* cf. *acuminata* (Presl) Goeppert (Sze H C, Lee H H and others, 1963)]

1933d Sze H C, p. 52, pl. 5, figs. 2—6; cycadophyte leaves; Mentougou, Hebei; Early Jurassic. [Notes: This specimen lately was referred as *Nilssonia* cf. *acuminata* (Presl) Goeppert (Sze H C, Lee H H and others, 1963)]

1950　Ôishi, p. 94; Mentougou of Beijing and Ji'an of Jiangxi; Early Jurassic.

1968　*Fossil Atlas of Mesozoic Coal-bearing Strata in Kiangsi and Hunan Provinces*, p. 66, pl. 19, figs. 2, 3; pl. 36, fig. 2; cycadophyte leaves; Jiangxi (Kiangsi) and Hunan; Late Triassic—Early Jurassic.

1974　Hu Yufan and others, pl. 2, fig. 2C; cycadophyte leaf; Guanhua Coal Mine of Yaan, Sichuan; Late Triassic.

1978　Zhou Tongshun, pl. 24, fig. 2; cycadophyte leaf; Jitou of Shanghang, Fujian; Late Triassic upper member of Dakeng Formation.

1980　Huang Zhigao, Zhou Huiqin, p. 94, pl. 40, fig. 3; pl. 41, fig. 2; pl. 42, fig. 1; cycadophyte leaves; Shiyaoshang of Shenmu, Shaanxi; Late Triassic upper part in middle member of Yenchang Group.

1980　Wu Shuibo and others, pl. 2, fig. 1; cycadophyte leaf; Tuopangou of Wangqing, Jilin; Late Triassic.

1987　Chen Ye and others, p. 105, pl. 17, figs. 4, 5; pl. 18, fig. 5; cycadophyte leaves; Qinghe of Yanbian, Sichuan; Late Triassic Hongguo Formation.

1987　Meng Fansong, p. 244, pl. 27, fig. 8; cycadophyte leaf; Chenyuan of Dangyang, Hubei; Early Jurassic Hsiangchi (Xiangxi) Formation.

1996　Mi Jiarong and others, p. 108, pl. 12, fig. 4(?); pl. 13, fig. 2; pl. 12, figs. 4, 5; cycadophyte leaves; Shimenzhai of Funing, Hebei; Early Jurassic Beipiao Formation.

Nilssonia cf. *acuminata* (Presl) Goeppert

1952　Sze H C, Lee H H, pp. 7, 26, pl. 4, fig. 1; pl. 5, fig. 6; cycadophyte leaves; Yipinchang of Baxian, Sichuan (Szechuan); Early Jurassic.

1954   Hsu J, p. 56, pl. 47, figs. 4, 5; cycadophyte leaves; Mentougou, Beijing; Middle Jurassic or late Early Jurassic; Ji'an, Jiangxi; Xiangxi of Zigui, Hubei; Early Jurassic.

1958   Wang Longwen and others, p. 614, fig. 614; cycadophyte leaf; Jiangxi, Hubei, Hebei; Early—Middle Jurassic.

1963   Sze H C, Lee H H and others, p. 182, pl. 72, fig. 2; cycadophyte leaf; Yipinchang of Baxian, Sichuan (Szechuan); Early Jurassic Hsiangchi Group; Ji'an of Jiangxi and Mentougou of Beijing; late Late Triassic—Middle Jurassic.

1978   Zhang Jihui, p. 483, pl. 163, fig. 5; cycadophyte leaf; Langdai of Liuzhi, Guizhou; Late Triassic.

1980   Zhang Wu and others, p. 275, pl. 140, fig. 4; cycadophyte leaf; Shuangmiao of Lingyuan, Liaoning; Early Jurassic Guojiadian Formation.

1987   Zhang Wu, Zheng Shaolin, p. 299, pl. 9, figs. 3, 4; pl. 10, fig. 4; cycadophyte leaves; Houfulongshan and Pandaogou of Nanpiao, Liaoning; Middle Jurassic Haifanggou Formation.

1998   Wang Rennong and others, pl. 26, fig. 2; cycadophyte leaf; Zhaitang of West Hill, Beijing; Middle Jurassic Mentougou Group.

2003   Deng Shenghui and others, pl. 71, fig. 5; pl. 76, fig. 4; cycadophyte leaves; Beipiao, Liaoning; Middle Jurassic Lanqi Formation.

△*Nilssonia acutifolia* **Wu, 1999** (in Chinese)

1999b   Wu Shunqing, p. 38, pl. 30, figs. 4, 6, 10; cycadophyte leaves; Col. No.: Jh2-6; Reg. No.: PB10678—PB10680; Holotype: PB10680 (pl. 30, fig. 10); Repository: Nanjing Institute of Geology and Palaeontology, Chinese Academy of Sciences; Cifengchang of Pengxian, Sichuan; Late Triassic Hsuchiaho Formation.

△*Nilssonia angustissima* **Chang, 1980**

1980   Chang Chichen, in Zhang Wu and others, p. 275, pl. 176, figs. 4—6; cycadophyte leaves; Reg. No.: D404 — D406; Repository: Shenyang Institute of Geology and Mineral Resources; Yunshan of Hulin, Heilongjiang; Middle—Late Jurassic upper part of Longzhaogou Formation; Taoshan and Qinglongshan of Boli, Heilongjiang; Early Cretaceous Chengzihe Formation. (Notes: The type specimen was not designated in the original paper)

1982b   Zheng Shaolin, Zhang Wu, p. 312, pl. 15, figs. 1—7; cycadophyte leaves; Mishan, Yuanshan and Yonghong of Hulin, Heilongjiang; Late Jurassic Yunshan Formation; Chengzihe of Jixi, Heilongjiang; Early Cretaceous Chengzihe Formation.

1983b   Cao Zhengyao, p. 38, pl. 7, figs. 1B, 1C, 2—6; cycadophyte leaves; Ping'ancun of Mishan and Yonghong of Hulin, Heilongjiang; Late Jurassic Yunshan Formation.

1988   Chen Fen and others, p. 59, pl. 27, figs. 1, 2; cycadophyte leaves; Haizhou Opencut Coal Mine of Fuxin, Liaoning; Early Cretaceous middle member of Fuxin Formation.

1993   Bureau of Geology and Mineral Resources of Heilongjiang Province, pl. 11, fig. 10; cycadophyte leaf; Heilongjiang Province; Late Jurassic Yunshan Formation.

2003   Yang Xiaoju, p. 568, pl. 3, figs. 2, 3; cycadophyte leaves; Jixi Basin, Heilongjiang; Early Cretaceous Muling Formation.

△*Nilssonia asiatica* Zhang, 1982

1982 Zhang Caifan, p. 533, pl. 345, figs. 2, 3, 6; pl. 346, fig. 4; cycadophyte leaves; Reg. No.: HP12—HP14, HP14-1; Syntypes: HP12—HP14 (pl. 345, figs. 2, 3, 6); Repository: Geology Museum of Hunan Province; Tongrilong in Sandu of Zixing, Hunan; Early Jurassic Tanglong Formation. [Notes: According to *International Code of Botanical Nomenclature (Vienna Code)* article 37. 2, from the year 1958, the holotype type specimen should be unique]

△*Nilssonia complicatis* Lee, 1963

1963 Li Peijuan, in Sze H C, Lee H H and others, p. 182, pl. 50, fig. 1; pl. 56, fis. 2(?); pl. 72, fig. 3; cycadophyte leaves; Matousa and Baishigang of Dangyang, Hubei; Early Jurassic Hsiangchi Group; Xiwan, Guangxi; Early Jurassic.

1984 Wang Ziqiang, p. 267, pl. 129, figs. 1—3; cycadophyte leaves; Chahar Right Middle Banner, Inner Mongolia; Middle Jurassic Nansuletu Formation.

1986 Ye Meina and others, p. 56, pl. 36, figs. 4, 4a; cycadophyte leaf; Wenquan of Kaixian, Sichuan; Early Jurassic Zhenzhuchong Formation.

1988 Wu Shunqing and others, p. 106, pl. 1, fig. 4; cycadophyte leaf; Meili of Changshu, Jiangsu; Late Triassic Fanjiatang Formation.

Nilssonia compta (Phillips) Bronn, 1848

1829 *Cycadites comptus* Phillips, p. 248, pl. 7, fig. 20; cycadophyte leaf; Yorkshire, England; Middle Jurassic.

1848 Bronn, p. 812; cycadophyte leaf; Yorkshire, England; Middle Jurassic.

1883 Schenk, p. 247, pl. 53, fig. 2b; cycadophyte leaf; Zigui, Hubei; Jurassic. [Notes: This specimen lately was referred as *Pterophyllum aequale* (Brongniart) Nathorst (Sze H C, Lee Xingxue and others, 1963) or *Tyrmia nathorsti* (Schenk) Ye (Wu Shunqing and others, 1980)]

1978 Yang Xianhe, p. 518, pl. 188, figs. 5b—5d, 6, 7; cycadophyte leaves; Tieshan of Daxian, Sichuan (Szechuan); Early—Middle Jurassic Ziliujing Formation.

1978 Zhou Tongshun, pl. 24, fig. 7; cycadophyte leaf; Wenbinshan in Dakeng of Zhangping, Fujian; Late Triassic upper member of Wenbinshan Formation.

1982 Zhang Caifan, p. 533, pl. 344, fig. 1; pl. 346, fig. 5; cycadophyte leaves; Xiaping in Changce of Yizhang, Hunan; Early Jurassic Tanglong Formation.

1982b Zheng Shaolin, Zhang Wu, p. 313, pl. 9, figs. 10, 11; cycadophyte leaves; Xingkai of Mishan, Heilongjiang; Middle Jurassic Peide Formation.

1993a Wu Xiangwu, p. 106.

Nilssonia cf. *compta* (Phillips) Bronn

1929a Yabe, Ôishi, p. 87, pl. 19, fig. 2; pl. 20, figs. 1, 1a; cycadophyte leaves; Shahezi of Changtu, Liaoning; Middle Jurassic. [Notes: This specimen lately was referred as *Nilssonia sinensis* Yabe et Ôishi (Sze H C, Lee H H and others, 1963)]

1949 Sze H C, p. 10, pl. 6, fig. 2; pl. 8, fig. 8a; cycadophyte leaves; Taizigou, Baishigang and Jiajiadian of Dangyang, Hubei; Early Jurassic Hsiangchi Coal Series.

1954　Hsu J, p. 55, pl. 47, fig. 1; cycadophyte leaf; Changtu, Liaoning; Early Jurassic; Xiangxi of Zigui, Hubei; Early Jurassic Hsiangchi Coal Series.

1958　Wang Longwen and others, p. 606, fig. 607; cycadophyte leaf; Xiangxi of Zigui, Hubei; Jurassic Hsiangchi Coal Series.

1963　Sze H C, Lee H H and others, p. 183, pl. 53, fig. 1; cycadophyte leaf; Taizigou, Baishigang and Jiajiadian of Dangyang, Hubei; Early Jurassic Hsiangchi Group.

1977　Feng Shaonan and others, p. 221, pl. 88, fig. 7; cycadophyte leaf; Dangyang, Hubei; Early —Middle Jurassic Upper Coal Formation of Hsiangchi Group.

1978　Zhang Jihui, p. 482, pl. 163, fig. 11; cycadophyte leaf; Langdai of Liuzhi, Guizhou; Late Triassic.

1980　He Dechang, Shen Xiangpeng, p. 21, pl. 16, fig. 5; pl. 22, fig. 5; pl. 23, figs. 1—3, 5, 6; pl. 24, figs. 1—3; cycadophyte leaves; Xintianmen and Xiling in Changce of Yizhang, Hunan; Early Jurassic Zaoshang Formation.

1983　Li Jieru, pl. 2, fig. 17; cycadophyte leaf; Houfulongshan of Nanpiao (Jinxi), Liaoning; Middle Jura-ssic member 1 of Haifanggou Formation.

1984　Chen Gongxin, p. 596, pl. 250, figs. 1, 2; cycadophyte leaves; Jinshandian of Daye, Taizigou, Baishigang and Jiajiadian of Dangyang, Hubei; Early Jurassic Wuchang Formation and Tongzhuyuan Formation.

2002　Wu Xiangwu and others, p. 160, pl. 9, figs. 7A, 7a, 8A; pl. 10, figs. 7, 7a; cycadophyte leaves; Bailuanshan of Zhangye, Gansu; Early—Middle Jurassic Chaoshui Group.

Nilssonia cf. *N. compta* (Phillips) Bronn

1993　Wang Shijun, p. 40, pl. 15, fig. 1; pl. 17, fig. 2; cycadophyte leaves; Guanchun of Lechang, Guangdong; Late Triassic Genkou Group.

△*Nilssonia comtigua* Mi, Sun C, Sun Y, Cui, Ai et al., 1996 (in Chinese)

1996　Mi Jiarong, Sun Chunlin, Sun Yuewu, Cui Shangsen, Ai Yongliang and others, p. 108, pl. 14, fig. 20; text-fig. 7; cycadophyte leaves; Reg. No.: HF3037; Repository: Department of Geological History and Palaeotology, Changchun College of Geology; Shimenzhai of Funing, Hebei; Early Jurassic Beipiao Formation.

△*Nilssonia connata* Wu et Teng, 1988

1988　Wu Shunqing, Teng Leiming, in Wu Shunqing and others, pp. 107, 109, pl. 2, figs. 1—2a, 6—7a; cycadophyte leaves; Col. No.: KS507, KS508; Reg. No.: PB14003—PB14006; Syntype 1: PB14003 (pl. 2, fig. 1); Syntype 2: PB14004 (pl. 2, fig. 2); Syntype 3: PB14006 (pl. 2, fig. 7); Repository: Nanjing Institute of Geology and Palaeontology, Chinese Academy of Sciences; Changshu, Jiangsu; Late Triassic Fanjiatang Formation. [Notes: According to *International Code of Botanical Nomenclature* (*Vienna Code*) article 37.2, from the year 1958, the holotype type specimen should be unique]

△*Nilssonia corrugata* Chow et Tsao, 1968

1968　Chow Tseyen, Tsao Chengyao, in *Fossil Atlas of Mesozoic Coal-bearing Strata in Kiangsi and Hunan Provinces*, p. 66, pl. 19, fig. 1; pl. 28, fig. 1b; cycadophyte leaves; Pailou of Yifeng, Jiangxi; Late Triassic Anyuan Formation(?). (Notes: The type specimen was not designated in the original paper)

1982　Wang Guoping and others, p. 267, pl. 121, fig. 1; cycadophyte leaf; Pailou of Yifeng, Jiangxi; Late Triassic Anyuan Formation(?).

△*Nilssonia costanervis* **Meng, 1995**

1995　Meng Fansong and others, p. 24, pl. 5, fig. 3; pl. 6, fig. 1; pl. 9, figs. 16, 18; cycadophyte leaves; Reg. No.: BP93045, BP93061, BC06; Syntypes: BP93045, BP93061, BC06 (pl. 5, fig. 3; pl. 6, fig. 1; pl. 9, figs. 16, 18); Repository: Yichang Institute of Geology and Mineral Resources; Furongqiao of Sangzhi, Hunan; Middle Triassic member 2 of Badong Formation. [Notes: According to *International Code of Botanical Nomenclature* (*Vienna Code*) article 37. 2, from the year 1958, the holotype type specimen should be unique]

1996b　Meng Fansong, pl. 3, figs. 11, 12; cycadophyte leaves; Furongqiao of Sangzhi, Hunan; Middle Triassic member 4 of Badong Formation.

2000　Meng Fansong and others, p. 56, pl. 18, figs. 4－7; cycadophyte leaves; Furongqiao of Sangzhi, Hunan; Middle Triassic member 2 of Badong Formation.

△*Nilssonia crassiaxis* **Chen, 1982**

1982　Chen Qishi, in Wang Guoping and others, p. 267, pl. 123, fig. 5; cycadophyte leaf; Reg. No.: Zmf-植-00245; Holotype: Zmf-植-00245 (pl. 123, fig. 5); Longpu of Yunhe, Zhejiang; Early—Middle Jurassic.

△*Nilssoni cultrata* **Li, 1982**

1982　Li Peijuan, p. 93, pl. 12, figs. 4, 4a; pl. 13, figs. 7, 8; cycadophyte leaves; Col. No.: D76-6, 7788f2-1; Reg. No.: PB7973, PB7974, PB7965; Holotype: PB7965 (pl. 12, fig. 4); Repository: Nanjing Institute of Geology and Palaeontology, Chinese Academy of Sciences; Baxoi, eastern Tibet; Early Cretaceous Duoni Formation.

Cf. *Nilssoni cultrata* **Li**

2000　Wu Shunqing, p. 223, pl. 7, figs. 3, 3a; cycadophyte leaf; Dayushan, Hongkong; Early Cretaceous Repulse Bay Group.

△*Nilssonia delinghaensis* **Zhang, 1998** (in Chinese)

1998　Zhang Hong and others, p. 278, pl. 40, figs. 5, 6; cycadophyte leaves; Col. No.: WG–bc; Reg. No.: MP-93910; Holotype: MP93910 (pl. 40, fig. 5); Repository: Xi'an Branch, China Coal Research Institute; Wanggaxiu of Delingha, Qinghai; Middle Jurassic Shimengou Formation.

Nilssonia densinervis (**Fontaine**) **Berry, 1911**

1889　*Platypteridium densinervis* Fontaine, p. 169, pl. 30, fig. 8; pl. 31, figs. 1－4; pl. 32, figs. 1, 2; pl. 33, fig. 1; pl. 34, fig. 1; pl. 35, figs. 1, 2; cycadophyte leaves; North America; Early Cretaceous.

1911　Berry, p. 362, pls. 56, 57; cycadophyte leaves; North America; Early Cretaceous.

Nilssonia cf. *densinervis* (Fontaine) Berry

1982a Yang Xuelin, Sun Liwen, p. 592, pl. 3, fig. 9; cycadophyte leaf; Yingcheng of southeastern Songhuajiang-Liaohe Basin; Early Cretaceous Yingcheng Formation.

1991 Li Peijuan, Wu Yimin, p. 288, pl. 8, fig. 2; cycadophyte leaf; Baxoi, western Tibet; Early Cretaceous Duoni Formation.

△*Nilssonia dukouensis* Yang, 1978

1978 Yang Xianhe, p. 519, pl. 178, fig. 4; cycadophyte leaf; Reg. No.: Sp0103; Holotype: Sp0103 (pl. 178, fig. 4); Repository: Chengdu Institute of Geology and Mineral Resources; Baoding of Dukou, Sichuan; Late Triassic Daqiaodi Formation.

△*Nilssonia elegantissima* Meng, 1987

1987 Meng Fansong, p. 245, pl. 32, fig. 5; cycadophyte leaf; Col. No.: HU-81-P-1; Reg. No.: P82168; Holotype: P82168 (pl. 32, fig. 6); Repository: Yichang Institute of Geology and Mineral Resources; Fenshuiling of Jingmen, Hubei; Late Triassic Jiuligang Formation.

Nilssonia fragilis Harris, 1932

1932 Harris, p. 47, pl. 4, figs. 2—4, 6, 11; text-figs. 25A—25E; cycadophyte leaves; Scoresby Sound, East Greenland; Late Triassic *Lepidopteris* Zone.

1977 Feng Shaonan and others, p. 221, pl. 87, fig. 1; cycadophyte leaf; Dangyang, Hubei; Early —Middle Jurassic Upper Coal Formation of Hsiangchi Group; Xiwan of Gongcheng, Guangxi; Early Jurassic.

1984 Chen Gongxin, p. 596, pl. 249, fig. 2; pl. 250, fig. 4; cycadophyte leaves; Matousa, Baishigang and Tongzhuyuan of Dangyang, Hubei; Early Jurassic Tongzhuyuan Formation; Chengchao of Echeng, Hubei; Early Jurassic Wuchang Formation.

△*Nilssonia furcata* Chew et Tsao, 1968

1968 Chow Tseyen, Tsao Chengyao, in *Fossil Atlas of Mesozoic Coal-bearing Strata in Kiangsi and Hunan Provinces*, p. 67, pl. 18, figs. 3, 3a; pl. 19, figs. 4, 5; cycadophyte leaves; Yongshanqiao of Leping, Jiangxi; Late Triassic Jingkengshan Member of Anyuan Formation; Liaoyuan of Liuyang, Hunan; Late Triassic Anyuan Formation. (Notes: The type specimen was not designated in the original paper)

1974a Lee P C and others, p. 359, pl. 191, fig. 11; cycadophyte leaf; Cifengchang of Pengxian, Sichuan; Late Triassic Hsuchiaho Formation.

1977 Feng Shaonan and others, p. 219, pl. 85, fig. 1; cycadophyte leaf; Liaoyuan of Liuyang and Huashi of Zhuzhou, Hunan; Late Triassic Anyuan Formation; Qujiang and Lechang, Guangdong; Late Triassic Siaoping Formation.

1980 He Dechang, Shen Xiangpeng, p. 21, pl. 4, fig. 4; pl. 7, fig. 2; cycadophyte leaves; Chengtanjiang of Liuyang, Hunan; Late Triassic Sanqiutian Formation; Niugudun of Qujiang, Guangdong; Late Triassic.

1981 Zhou Huiqin, pl. 3, fig. 5; cycadophyte leaf; Yangcaogou of Beipiao, Liaoning; Late Triassic Yangcaogou Formation.

1982 Wang Guoping and others,p. 268,pl. 121,figs. 3—5;cycadophyte leaves;Yongshanqiao of Leping,Jiangxi;Late Triassic Anyuan Formation.

1982 Zhang Caifan,p. 532,pl. 344,fig. 6;pl. 345,fig. 9;pl. 349,figs. 5,8;pl. 350,figs. 1,2; cycadophyte leaves;Liaoyuan and Chengtanjiang of Liuyang,Huashi of Zhuzhou,Hunan;Late Triassic.

1986 Ye Meina and others,p. 56,pl. 35,figs. 5,5a;cycadophyte leaf;Jinwo in Tieshan of Daxian and Dalugou Coal Mine of Xuanhan,Sichuan;Late Triassic member 7 of Hsuchiaho Formation.

1999b Wu Shunqing,p. 38,pl. 31,figs. 1,2;cycadophyte leaves;Tieshan of Daxian and Cifengchang of Pengxian,Sichuan;Late Triassic Hsuchiaho Formation.

△*Nilssonia gigantea* Zhou,1978

1978 Zhou Tongshun,p. 113,pl. 30,fig. 8;cycadophyte leaf;Col. No.:GTJ$_1^3$-1;Reg. No.: FKP134;Repository:Institute of Geology,Chinese Academy of Geological Sciences; Gaotang of Jiangle,Fujian;Early Jurassic Lishan Formation(?).

1982 Wang Guoping and others,p. 268,pl. 122,fig. 1;cycadophyte leaf;Gaotang of Jiangle, Fujian;Early Jurassic Lishan Formation.

△*Nilssonia glossa* Zhang,1982

1982 Zhang Caifan,p. 533,pl. 344,figs. 2—4;pl. 345,figs. 1,4,10;pl. 349,fig. 7;cycadophyte leaves;Reg. No.:HP132-1,HP150,HP151,HP152,HP184,PH134,PH226;Syntypes: HP152,HP150,HP151 (pl. 344,figs. 2—4);Repository:Geology Museum of Hunan Province;Xiaping in Changce of Yizhang,Hunan;Early Jurassic Tanglong Formation. [Notes:According to *International Code of Botanical Nomenclature* (*Vienna Code*) article 37. 2,from the year 1958,the holotype type specimen should be unique]

△*Nilssonia grandifolia* Chow et Huang,1976 (non Huang et Chow,1980)

1976 Huang Zhigao,Zhou Huiqin,in Chow Huiqin and others,p. 209,pl. 113,fig. 3;pl. 114, fig. 2;pl. 115,fig. 1;cycadophyte leaves;Wuziwan of Jungar Banner,Inner Mongolia; Middle Triassic upper part of Ermaying Formation. (Notes:The type specimen was not designated in the original paper)

△*Nilssonia grandifolia* Huang et Chow,1980 (non Huang et Chow,1976)

(Notes:This specific name *Nilssonia grandifolia* Huang et Chow,1980 is a later isonym of *Nilssonia grandifolia* Chow et Huang,1976)

1980 Huang Zhigao,Zhou Huiqin,p. 93,pl. 3,fig. 3;pl. 6,figs. 1,2;cycadophyte leaves;Reg. No.:OP2064,OP3001,OP3003;Wuziwan of Jungar Banner,Inner Mongolia;Middle Triassic upper part of Ermaying Formation. (Notes:The type specimen was not designated in the original paper)

Nilssonia grossinervis **Prynada, 1938**

1938   Prynada, p. 41, pl. 4, fig. 2; cycadophyte leaf; Kolyma Basin; Early Cretaceous.

1982   Yang Xianhe, p. 481, pl. 9, figs. 6 — 11; cycadophyte leaves; Hulukou of Weiyuan, Sichuan; Late Triassic Hsuchiaho Formation.

1989   Ren Shouqin and Chen Fen, p. 636, pl. 3, figs. 1 — 5; cycadophyte leaves; Wujiu Coal Basin of Hailar, Inner Mongolia; Early Cretaceous Damoguaihe Formation.

1997   Deng Shenghui and others, p. 36, pl. 17, fig. 1; pl. 18, figs. 7, 8; pl. 19, fig. 11; pl. 21, figs. 1—3; cycadophyte leaves and cuticles; Wujiu Coal Basin of Hailar, Inner Mongolia; Early Cretaceous Damoguaihe Formation.

△*Nilssonia helmerseniana* **(Heer) Stockmans et Mathieu, 1941**

1876   *Pterophyllum helmerseniana* Heer, p. 104, pl. 25, figs. 2—6; pl. 29, fig. 1d; cycadophyte leaves; upper reaches of Heilongjiang River; Late Jurassic.

1941   Stockmans, Mathieu, p. 44, pl. 5, figs. 7, 7a; cycadophyte leaf; Liujiang, Hebei; Jurassic. [Notes: This specimen lately was referred as *Nilssonia* cf. *helmerseniana* (Heer) (Sze H C, Lee H H and others, 1963)]

1982   Zhang Caifan, p. 533, pl. 343, fig. 8; cycadophyte leaf; Ganzichong of Liling, Hunan; Early Jurassic Gaojiatian Formation.

1987   Chen Ye and others, p. 106, pl. 20, fig. 1; cycadophyte leaf; Qinghe of Yanbian, Sichuan; Late Triassic Hongguo Formation.

1995   Zeng Yong and others, p. 55, pl. 11, fig. 4; cycadophyte leaf; Yima, Henan; Middle Jurassic Yima Formation.

Nilssonia cf. *helmerseniana* **(Heer) Stokans of Mathieu**

1963   Sze H C, Lee H H and others, p. 183, pl. 52, figs. 1, 1a; cycadophyte leaf; Liujiang of Linyu, Hebei; Early—Middle Jurassic.

1984   Chen Gongxin, p. 597, pl. 250, fig. 5; cycadophyte leaf; Chengchao of Echeng, Hubei; Early Jurassic Wuchang Formation.

△*Nilssonia hongniensis* **Duan et Chen, 1979**

1979b   Duan Shuying, Chen Ye, in Chen Ye and others, p. 186, pl. 2, fig. 8; cycadophyte leaf; No.: No. 7065; Repository: Institute of Botany, the Chinese Academy of Sciences; Hongni Coal Field of Yanbian, Sichuan; Late Triassic Daqiaodi Formation.

△*Nilssonia hubeiensis* **Meng, 1992**

1984   *Nilssonia magnifolia* Chen G X, Chen Gongxin, p. 597, pl. 257, fig. 1; cycadophyte leaf; Fenshuiling of Jingmen, Hubei; Late Triassic Jiuligang Formation.

1992a   Meng Fansong, pp. 705, 707, pl. 1, fig. 3; pl. 3, figs. 3, 4; cycadophyte leaves; Hujiazui of Nanzhang, Hubei; Late Triassic Jiuligang Formation.

Nilssonia incisoserrata Harris, 1932

1932　Harris, p. 49, pl. 4, figs. 1, 7—10; pl. 5, figs. 1—7, 11, 15; pl. 8, fig. 12; text-fig. 26; cycadophyte leaves and cuticles; Scoresby Sound, East Greenland; Early Jurassic *Thaumatopteris* Zone.

1982　Zhang Caifan, p. 533, pl. 348, fig. 2; pl. 350, fig. 4; cycadophyte leaves; Wenjiashi of Liuyang, Hunan; Early Jurassic Gaojiatian Formation.

1986　Ye Meina and others, p. 56, pl. 34, fig. 1; pl. 35, fig. 3; pl. 36, figs. 5, 5a; cycadophyte leaves; Leiyinpu, Binlang and Jinwo in Tieshan of Daxian, Sichuan; Early Jurassic Zhenzhuchong Formation.

2002　Meng Fansong and others, pl. 6, fig. 5; cycadophyte leaf; Xiangxi of Zigui, Hubei; Early Jurassic Hsiangchi (Xiangxi) Formation.

Nilssonia cf. incisoserrata Harris

1983　Sun Ge and others, p. 453, pl. 2, fig. 8; cycadophyte leaf; Dajianggang of Shuangyang, Jilin; Late Triassic Dajianggang Formation.

Nilssonia inouyei Yokoyama, 1905

1905　Yokoyama, p. 9, pl. 1, fig. 4; pl. 2, fig. 4; Yamanoi, Japan; Late Triassic.

1980　Wu Shunqing and others, p. 107, pl. 20, figs. 8, 9; pl. 24, figs. 3, 4; pl. 25, figs. 7, 8; cycadophyte leaves; Xiangxi and Shazhenxi of Zigui, Hubei; Early—Middle Jurassic Hsiangchi (Xiangxi) Formation.

1984　Chen Gongxin, p. 597, pl. 255, figs. 5, 6; cycadophyte leaves; Xiangxi of Zigui, Hubei; Early Jurassic Hsiangchi (Xiangxi) Formation.

Nilssonia cf. inouyei Yokoyama

1981　Liu Maoqiang, Mi Jiarong, p. 25, pl. 3, fig. 12; cycadophyte leaf; Naozhigou of Linjiang, Jilin; Early Jurassic Yihuo Formation.

△Nilssonia jiangsuensis Wu et Teng, 1988

1988　Wu Shunqing, Teng Leiming, in Wu Shunqing and others, pp. 107, 109, pl. 2, figs. 5, 5a; cycadophyte leaves; Col. No.: KS509; Reg. No.: PB14009; Holotype: PB14009 (pl. 2, figs. 5, 5a); Repository: Nanjing Institute of Geology and Palaeontology, Chinese Academy of Sciences; Changshu, Jiangsu; Late Triassic Fanjiatang Formation.

△Nilssonia jiangyouensis Yang, 1978

1978　Yang Xianhe, p. 519, pl. 189, fig. 10; cycadophyte leaf; Reg. No.: Sp0163; Holotype: Sp0163 (pl. 189, fig. 10); Repository: Chengdu Institute of Geology and Mineral Resources; Houba of Jiangyou, Sichuan; Early Jurassic Baitianba Formation.

Nilssonia kendallii Harris, 1964

1964　Harris, p. 55; text-figs. 24, 25; cycadophyte leaves and cuticles; Yorkshire, England; Middle Jurassic.

1987　Zhang Wu, Zheng Shaolin, p. 299, pl. 18, fig. 13; pl. 19, figs. 7, 7a; cycadophyte leaves; Yangshugou of Harqin Left Wing, western Liaoning; Early Jurassic Beipiao Formation.

△*Nilssonia kuntouyingziensis* Zhang et Zheng, 1987

1987   Zhang Wu, Zheng Shaolin, p. 299, pl. 20, figs. 1—12; text-fig. 30; cycadophyte leaves and cuticles; Reg. No.: SG110114—SG110119; Repository: Shenyang Institute of Geology and Mineral Resources; Dongkuntouyingzi of Beipiao, Liaoning; Late Triassic Shimengou Formation. (Notes: The type specimen was not designated in the original paper)

△*Nilssonia latifolia* Meng, 1987

1987   Meng Fansong, p. 245, pl. 32, fig. 1; cycadophyte leaf; Col. No.: DC-80-P-1; Reg. No.: P82166; Holotype: P82166 (pl. 32, fig. 1); Repository: Yichang Institute of Geology and Mineral Resources; Chenjiawan in Donggong of Nanzhang, Hubei; Late Triassic Jiuligang Formation.

△*Nilssonia laxa* Duan et Chen, 1987

1987   Duan Shuying, Chen Ye, in Chen Ye and others, pp. 106, 155, pl. 18, fig. 4; pl. 19, fig. 1; pl. 20, fig. 2; cycadophyte leaves; No.: No. 7441—No. 7444; Repository: Institute of Botany, the Chinese Academy of Sciences; Qinghe of Yanbian, Sichuan; Late Triassic Hongguo Formation. (Notes: The type specimen was not designated in the original paper)

△*Nilssonia lechangensis* Feng, 1977

1977   Feng Shaonan and others, p. 219, pl. 88, figs. 3, 4; cycadophyte leaves; Reg. No.: P25263, P25264; Syntype 1: P25263 (pl. 88, fig. 3); Syntyp 2: P25264 (pl. 88, fig. 4); Repository: Hubei Institute of Geological Sciences; Xiaoshui of Lechang, Guangdong; Late Triassic Siaoping Formation. [Notes: According to *International Code of Botanical Nomenclature (Vienna Code)* article 37. 2, from the year 1958, the holotype type specimen should be unique]

△*Nilssonia liaoningensis* Zheng, 1980

1980   Zheng Shaolin, in Zhang Wu and others, p. 276, pl. 141, figs. 1, 2; pl. 142, fig. 3; pl. 143, fig. 4; cycadophyte leaves; Reg. No.: D407—D410; Reporsitory: Shenyang Institute of Geology and Mineral Resources; Shuangmiao of Lingyuan, Liaoning; Early Jurassic Guojiadian Formation. (Notes: The type specimen was not designated in the original paper)

△*Nilssonia linearis* Sze, 1933

1933d Sze H C, p. 32, pl. 9, figs. 1—3; cycadophyte leaves; Shiguaizi of, Inner Mongolia; Early Jurassic.

1950   Ôishi, p. 94, pl. 29, fig. 5; cycadophyte leaf; Shiguaizi of Saratsi, Inner Mongolia; Early Jurassic.

1963   Sze H C, Lee H H and others, p. 184, pl. 53, fig. 7; cycadophyte leaf; Shiguaizi of Saratsi, Inner Mongolia; Early—Middle Jurassic.

1976   Chang Chichen, p. 192, pl. 99, fig. 10; cycadophyte leaf; Shiguaigou of Baotou, Inner Mongolia; Early—Middle Jurassic Shiguai Group.

1978   Zhou Tongshun, pl. 24, fig. 6; cycadophyte leaf; Dakeng of Zhangping, Fujian; Late Triassic lower member of Wenbinshan Formation.

1979   He Yuanliang and others, p. 149, pl. 71, figs. 5, 5a; cycadophyte leaf; Jiangcang of Tianjun, Qinghai; Early—Middle Jurassic Jiangcang Formation of Muli Group.

1984 Chen Fen and others, p. 54, pl. 22, figs. 1, 2; cycadophyte leaves; Mentougou, Qianjuntai, Daanshan and Fangshan, Beijing; Early Jurassic Lower Yaopo Formatin; Mentougou, Beijing; Early Jurassic Upper Yaopo Formation.

1984 Wang Ziqiang, p. 267, pl. 138, fig. 11; cycadophyte leaf; Xiahuayuan, Hebei; Middle Jurassic Mentougou Formation.

1987 Meng Fansong, p. 245, pl. 27, fig. 5; cycadophyte leaf; Donggong of Nanzhang, Hubei; Late Triassic Jiuligang Formation.

1991 Zhao Liming, Tao Junrong, pl. 1, fig. 6; cycadophyte leaf; Pingzhuang of Chifeng, Inner Mongolia; Early Cretaceous Xingyuan Formation.

1995 Wang Xin, pl. 3, fig. 4; cycadophyte leaf; Tongchuan, Shaanxi; Middle Jurassic Yan'an Formation.

1995 Zeng Yong and others, p. 56, pl. 12, fig. 1; cycadophyte leaf; Yima, Henan; Middle Jurassic Yima Formation.

1998 Zhang Hong and others, pl. 39, fig. 7; cycadophyte leaf; Kangsu of Wuqia, Xinjiang; Early Jurassic Kangsu Formation.

2002 Wu Xiangwu and others, p. 160, pl. 9, figs. 4, 5; cycadophyte leaves; Qingtujing of Jinchang, Gansu; Tanjinggou of Alxa Right Banner, Inner Mongolia; Middle Jurassic lower member of Ningyuanbao Formation.

2003 Deng Shenghui and others, pl. 71, fig. 2; cycadophyte leaf; Yima Basin, Henan; Middle Jurassic Yima Formation.

2003 Xiu Shengcheng and others, pl. 2, fig. 3; cycadophyte leaf; Yima Basin, Henan; Middle Jurassic Yima Formation.

△*Nilssonia linglingensis* Zhou, 1984

1984 Zhou Zhiyan, p. 24, pl. 10, figs. 3—6; pl. 11, figs. 1—4; pl. 12, figs. 1—7; pl. 8, fig. 8; text-fig. 6; cycadophyte leaves and cuticles; Reg. No.: PB8869—PB8878, PB8889; Holotype: PB8869 (pl. 11, fig. 1); Repository: Nanjing Institute of Geology and Palaeontology, Chinese Academy of Sciences; Wangjiatingzi in Huangyangsi of Lingling and Hebutang of Qiyang, Hunan; Early Jurassic middle-lower part of Guanyintan Formation; Zhoushi of Hengnan, Hunan; Early Jurassic Paijiachong Member of Guanyintan Formation.

1995a Li Xingxue (editor-in-chief), pl. 84, figs. 2—6; cycadophyte leaves and cuticles; Huangyangsi of Lingling, Hunan; Early Jurassic middle lower(?) part of Guanyintan Formation; Hebutang of Qiyang, Hunan; Early Jurassic Dabakou Member of Guanyintan Formation. (in Chinese)

1995b Li Xingxue (editor-in-chief), pl. 84, figs. 2—6; cycadophyte leaves and cuticles; Huangyangsi of Lingling, Hunan; Early Jurassic middle lower(?) part of Guanyintan Formation; Hebutang of Qiyang, Hunan; Early Jurassic Dabakou Member of Guanyintan Formation. (in English)

△*Nilssonia liujiangensis* Mi, Sun C, Sun Y, Cui, Ai et al., 1996 (in Chinese)

1996 Mi Jiarong, Sun Chunlin, Sun Yuewu, Cui Shangsen, Ai Yongliang and others, p. 109, pl. 15, fig. 7; text-fig. 8; cycadophyte leaf; Reg. No.: HF3037; Holotype: HF3037 (pl. 15, fig. 7); Repository: Department of Geological History and Palaeotology, Changchun College of Geology; Shimenzhai of Funing, Hebei; Early Jurassic Beipiao Formation.

△*Nilssonia liuyangensis* (Tsao) Meng, 1987

1968　*Nilssonia magnifolia* Tsao, Tsao Chengyao, in *Fossil Atlas of Mesozoic Coal-bearing Strata in Kiangsi and Hunan Provinces*, p. 67, pl. 20, fig. 5; pl. 19, figs. 4, 5; cycadophyte leaves; Liaoyuan of Liuyang, Hunan; Late Triassic Anyuan Formation.

1977　*Nilssonia magnifolia* Tsao, Feng Shaonan and others, p. 219, pl. 85, fig. 5; cycadophyte leaf; Liaoyuan of Liuyang Hunan; Late Triassic Anyuan Formation.

1987　Meng Fansong, p. 245, pl. 26, fig. 6; cycadophyte leaf; Suxi of Jingmen, Hubei; Late Triassic Jiuligang Formation.

Nilssonia lobatidentata Vassilevskaja, 1963

1963　Vassilevskaja, Pavlov, pl. 6, figs. 1 — 3, cycadophyte leaves; Lensk Basin; Early Cretaceous.

1982b　Zheng Shaolin, Zhang Wu, p. 313, pl. 8, figs. 8 — 11; cycadophyte leaves; Nuanquan in Didao of Jixi, Heilongjiang; Late Jurassic Didao Formation.

△*Nilssonia longpuensis* He, 1987

1987　He Dechang, p. 76, pl. 8, fig. 2; pl. 12, fig. 4; cycadophyte leaves; Repository: Branch of Geology Exploration, China Coal Research Institute; Longpucun in Meiyuan of Yunhe, Zhejiang; Early Jurassic bed 5 of Longpu Formation. (Notes: The type specimen was not designated in the original paper)

△*Nilssonia lorifotmis* Wu, 1999 (in Chinese)

1999b　Wu Shunqing, p. 39, pl. 31, figs. 3, 4a, 6, 7; cycadophyte leaves; Col. No.: f35-9, f33-1, f33-2, J⌒24-T3-X29-f1-1; Reg. No.: PB10686 — PB10689; Syntype 1: PB10686 (pl. 31, fig. 3); Syntype 2: PB10687 (pl. 31, fig. 4); Syntype 3: PB10686 (pl. 31, fig. 7); Repository: Nanjing Institute of Geology and Palaeontology, Chinese Academy of Sciences; Fuancun of Huili, Sichuan; Late Triassic Baiguowan Formaion; Shangsi of Guangyuan, Sichuan; Late Triassic Hsuchiaho Formation. [Notes: According to *International Code of Botanical Nomenclature* (*Vienna Code*) article 37. 2, from the year 1958, the holotype type specimen should be unique]

Nilssonia magnifolia Samylina, 1964 (non Tsao, 1968, nec Chen G X, 1984)

1964　Samylina, p. 73, pl. 13, figs. 1 — 3; pl. 15, figs. 1, 2; pl. 16, figs. 6, 7; pl. 17, fig. 1; Kolyma Basin; Early Cretaceous.

△*Nilssonia magnifolia* Tsao, 1968 (non Samylina, 1964, nec Chen G X, 1984)

[Notes: This specific name *Nilssonia magnifolia* Tsao, 1968 is a late homomum (homomum junius) of *Nilssonia magnifolia* Samylina, 1964]

1968　Tsao Chengyao, in *Fossil Atlas of Mesozoic Coal-bearing Strata in Kiangsi and Hunan Provinces*, p. 67, pl. 20, fig. 5; pl. 19, figs. 4, 5; cycadophyte leaves; Liaoyuan of Liuyang, Hunan; Late Triassic Anyuan Formation. [Notes: This specimen lately was referred as *Nilssonia liuyangensis* (Tsao) Meng, 1987 (Meng Fansong, 1987)]

1977　Feng Shaonan and others, p. 219, pl. 85, fig. 5; cycadophyte leaf; Liaoyuan of Liuyang Hunan; Late Triassic Anyuan Formation.

△*Nilssonia magnifolia* Chen G X, 1984 (non Samylina, 1964, nec Tsao, 1968)

[Notes: This specific name *Nilssonia magnifolia* Chen G X, 1984 is a late homomum (homomum junius) of *Nilssonia magnifolia* Samylina, 1964]

1984　Chen Gongxin, p. 597, pl. 257, fig. 1; cycadophyte leaf; Reg. No.: EP680; Repository: Geological Bureau of Hubei Province; Fenshuiling of Jingmen, Hubei; Late Triassic Jiuligang Formation. [Notes: This specimen lately was referred as *Nilssonia hubeiensis* Meng, 1992 (Meng Fansong, 1992)]

Nilssonia mediana (Leckenby ex Bean MS) Fox-Strangways, 1892

1864　*Pterophyllum medianum* Leckenby, p. 77, pl. 8, fig. 3; cycadophyte leaf; England; Middle Jurassic.

1892　Fox-Strangways, Barrow, p. 139; England; Middle Jurassic.

1998　Zhang Hong and others, pl. 39, fig. 6; cycadophyte leaf; Kangsu of Wuqia, Xinjiang; Middle Jurassic Yangye (Yangxia) Formation.

△*Nilssonia minutus* Zeng, Shen et Fan, 1995

1995　Zeng Yong, Shen Shuzhong, Fan Bingheng, pp. 56, 78, pl. 13, figs. 1, 2; cycadophyte leaves; Col. No.: No. 115148, No. 11592; Reg. No.: YM94062, YM94063; Holotype: YM94063 (pl. 13, fig. 2); Paratype: YM94062 (pl. 13, fig. 1); Repository: Department of Geology, China University of Mining and Technology; Yima, Henan; Middle Jurassic Yima Formation.

△*Nilssonia moshanensis* Huang, 1983

1983　Huang Qisheng, p. 31, pl. 3, figs. 1—5; cycadophyte leaves; Reg. No.: AH8193, AH8194, AH8196, AH8198; Holotype: AH8194 (pl. 3, fig. 2); Repository: Palaeontological Section, Wuhan College of Geology; Lalijian of Huaining, Anhui; Early Jurassic lower part of Xiangshan Group.

△*Nilssonia mosserayi* Stockmans et Mathieu, 1941

1941　Stockmans, Mathieu, p. 45, pl. 5, figs. 1, 1a; cycadophyte leaf; Gaoshan of Datong, Shanxi; Jurassic.

1963　Sze H C, Lee H H and others, p. 185, pl. 56, figs. 5, 5a; cycadophyte leaf; Gaoshan of Datong, Shanxi; Early—Middle Jurassic.

1977　Feng Shaonan and others, p. 220, pl. 85, fig. 2; cycadophyte leaf; Liaoyuan of Liuyang, Hunan; Late Triassic Anyuan Formation.

1980　Zhang Wu and others, p. 276, pl. 141, fig. 3; cycadophyte leaf; Benxi, Liaoning; Middle Jurassic Dabu Formation.

1984　Chen Fen and others, p. 54, pl. 37, fig. 3; cycadophyte leaf; Mentougou, Beijing; Early Jurassic Upper Yaopo Formation.

1984　Chen Gongxin, p. 597, pl. 250, fig. 3; cycadophyte leaf; Tongzhuyuan of Dangyang, Hubei; Early Jurassic Tongzhuyuan Formation.

1984 Kang Ming and others, pl. 1, fig. 13; cycadophyte leaf; Yangshuzhuang of Jiyuan, Henan; Middle Jurassic Yangshuzhuang Formation.

1990 Zheng Shaolin, Zhang Wu, p. 221, pl. 5, fig. 1; cycadophyte leaf; Tianshifu of Benxi, Liaoning; Middle Jurassic Dabu Formation.

1995 Zeng Yong and others, p. 56, pl. 12, fig. 3; cycadophyte leaf; Yima, Henan; Middle Jurassic Yima Formation.

1996 Chang Jianglin, Gao Qiang, pl. 1, fig. 9; cycadophyte leaf; Baigaofu of Ningwu; Shanxi; Middle Jurassic Datong Formation.

2002 Wu Xiangwu and others, p. 161, pl. 10, fig. 6; cycadophyte leaf; Bailuanshan of Zhangye, Gansu; Early—Middle Jurassic Chaoshui Group.

2003 Deng Shenghui and others, pl. 70, fig. 5A; cycadophyte leaf; Yima Basin, Henan; Middle Jurassic Yima Formation.

Nilssonia cf. *mosserayi* **Stockmans et Mathieu**

1980 Huang Zhigao, Zhou Huiqin, p. 94, pl. 56, fig. 5; cycadophyte leaf; Yangjiaya of Yan'an, Shaanxi; Middle Jurassic lower part of Yan'an Formation.

Nilssonia muensteri **(Presl) Nathorst, 1881**

1838 (1820—1838) *Zamites muensteri* Presl, in Sternberg, p. 199, pl. 43, figs. 1, 3; cycadophyte leaves; Sewden; Late Triassic—Early Jurassic.

1881 Nathorst, p. 81; cycadophyte leaf; Sewden; Late Triassic—Early Jurassic.

1993 Mi Jiarong and others, p. 110, pl. 21, fig. 9; pl. 22, figs. 1—7; pl. 23, figs. 1—3, 5; cycadophyte leaves; Luoquanzhan of Dongning, Heilongjiang; Late Triassic Luoquanzhan Formation; Tianqiaoling of Wangqing, Jilin; Late Triassic Malugou Formation; Dajianggang of Shuangyang, Jilin; Late Triassic Dajianggang Formation.

? *Nilssonia muensteri* **(Presl) Nathorst**

1968 *Fossil Atlas of Mesozoic Coal-bearing Strata in Kiangsi and Hunan Provinces*, p. 68, pl. 20, fig. 1; cycadophyte leaf; Anyuan of Pingxiang, Jiangxi; Late Triassic Sanqiutian Member of Anyuan Formation.

Nilssonia cf. *muensteri* **(Presl) Nathorst**

1982 Li Peijuan, Wu Xiangwu, p. 53, pl. 2, fig. 1B; cycadophyte leaf; Daocheng area, Sichuan; Late Triassic Lamaya Formation.

1982b Wu Xiangwu, p. 96, pl. 1, figs. 5A, 5a; cycadophyte leaf; Gonjo area, Tibet; Late Triassic upper member of Bagong Formation.

Nilssonia cf. *N. muensteri* **(Presl) Nathorst**

1993 Mi Jiarong and others, p. 111, pl. 21, fig. 6; cycadophyte leaf; Chengde, Hebei; Late Triassic Xingshikou Formation.

△*Nilssonia multinervis* **Yang, 1978**

1978 Yang Xianhe, p. 519, pl. 179, fig. 4; cycadophyte leaf; Reg. No.: Sp0109; Holotype: Sp0109 (pl. 178, fig. 4); Repository: Chengdu Institute of Geology and Mineral Resources; Baoding of Dukou, Sichuan; Late Triassic Daqiaodi Formation.

△*Nilssonia nanzhangensis* Feng, 1977

1977 Feng Shaonan and others, p. 220, pl. 87, figs. 2, 3; cycadophyte leaves; Reg. No.: P25255, P25256; Syntype 1: P25255 (pl. 87, fig. 2); Syntype 2: P25256 (pl. 87, fig. 3); Repository: Hubei Institute of Geological Sciences; Donggong of Nanzhang, Hubei; Late Triassic Lower Coal Formation of Hsiangchi Group. [Notes: According to *International Code of Botanical Nomenclature* (*Vienna Code*) article 37. 2, from the year 1958, the holotype type specimen should be unique]

Nilssonia nathorsti (Schenk) (*Pterophyllum nathorsti* Schenk)

[Notes: The name *Nilssonia nathorsti* (Schenk) is applied by Feng Shaonan and others (1977)]

1977 Feng Shaonan and others, p. 221, pl. 85, fig. 4; cycadophyte leaf; Zigui and Yuanan, Hubei; Early—Middle Jurassic Upper Coal Formation of Hsiangchi Group; Nanzhang, Hubei; Late Triassic Lower Coal Formation of Hsiangchi Group.

Nilssonia orientalis Heer, 1878

1878 Heer, p. 18, pl. 4, figs. 5—9; cycadophyte leaves; Lena Basin; Early Cretaceous.

1950 Ôishi, p. 92, pl. 28, fig. 5; cycadophyte leaf; Anhui and Shaanxi; Early Jurassic.

1963 Sze H C, Lee H H and others, p. 185, pl. 56, figs. 3, 4; cycadophyte leaves; Xincang of Taihu, Anhui; Baishigang of Dangyang, Hubei; Early Jurassic Hsiangchi Group; Xujiahe of Guangyuan, Sichuan; Late Triassic Hsuchiaho Formation.

1968 *Fossil Atlas of Mesozoic Coal-bearing Strata in Kiangsi and Hunan Provinces*, p. 68, pl. 21, figs. 4, 5; cycadophyte leaves; Jiangxi (Kiangsi) and Hunan; Late Triassic—Early Cretaceous.

1977 Department of Geological Exploration, Changchun College of Geology and others, pl. 3, figs. 2, 4; cycadophyte leaves; Shiren of Hunjiang, Jilin; Late Triassic Xiaohekou Formation.

1977 Feng Shaonan and others, p. 220, pl. 89, figs. 2, 3; cycadophyte leaves; Dangyang, Hubei; Early—Middle Jurassic Upper Coal Formation of Hsiangchi Group; Donggong of Nanzhang, Hubei; Late Triassic Lower Coal Formation of Hsiangchi Group.

1980 He Dechang, Shen Xiangpeng, p. 21, pl. 19, fig. 3; pl. 20, fig. 6; pl. 26, fig. 2; cycadophyte leaves; Guanyintan of Qiyang, Hunan; Early Jurassic Zaoshang Formation.

1980 Huang Zhigao, Zhou Huiqin, p. 93, pl. 41, fig. 1; cycadophyte leaf; Liulingou of Tongchuan, Shaanxi; Late Triassic top part of Yenchang Formation.

1980 Wu Shunqing and others, p. 107, pl. 24, figs. 1, 2; pl. 25, figs. 5, 6; cycadophyte leaves; Shazhenxi of Zigui and Huilongsi of Xingshan, Hubei; Early—Middle Jurassic Hsiangchi (Xiangxi) Formation.

1982 Wang Guoping and others, p. 268, pl. 125, fig. 3; cycadophyte leaf; Liyu of Zhangping, Fujian; Early Jurassic Lishan Formation; Xincang of Taihu, Anhui; Early Jurassic.

1982 Zhang Caifan, p. 534, pl. 351, fig. 2; cycadophyte leaf; Wenjiashi of Liuyang, Hunan; Early Jurassic Gaojiatian Formation.

1984 Chen Gongxin, p. 598, pl. 249, figs. 3, 4; cycadophyte leaves; Dayahe and Sanligang in

Dangyang of Hubei, Tongzhuyuan in Changsha of Hunan; Early Jurassic Tongzhuyuan Formation; Chengchao of Echeng, Hubei; Early Jurassic Wuchang Formation.

1984 Gu Daoyuan, p. 149, pl. 78, fig. 2; cycadophyte leaf; Fanxiu Coal Mine of Kashgar, Xinjiang; Middle Jurassic Yangye (Yangxia) Formation.

1987 He Dechang, p. 73, pl. 7, fig. 7; pl. 10, fig. 4; cycadophyte leaves; Fengping of Suichang, Zhejiang; early Early Jurassic bed 8 of Huaqiao Formation.

1987 Zhang Wu, Zheng Shaolin, pl. 28, fig. 3; cycadophyte leaf; Taizishan in Changgao of Beipiao, Liaoning; Middle Jurassic Lanqi Formation.

1988 Chen Fen and others, p. 59, pl. 25, fig. 9; cycadophyte leaf; Haizhou Opencut Coal Mine, Fuxin, Liaoning; Early Cretaceous Lower Taiping Member of Fuxin Formation.

1989 Mei Meitang and others, p. 97, pl. 50, fig. 1; cycadophyte leaf; China; Late Triassic — Early Cretaceous.

1993 Mi Jiarong and others, p. 111, pl. 22, figs. 4, 7 — 9; cycadophyte leaves; Shiren of Hunjiang, Jilin; Late Triassic Beishan Formation (Xiaohekou Formation); Tanzhesi of East Hill, Beijing; Late Triassic Xingshikou Formation.

1996 Mi Jiarong and others, p. 110, pl. 14, fig. 18; cycadophyte leaf; Shimenzhai of Funing, Hebei; Early Jurassic Beipiao Formation.

2002 Wu Xiangwu and others, p. 159, pl. 9, fig. 9; cycadophyte leaf; Maohudong of Shandan, Gansu; Early Jurassic upper member of Jijigou Formation.

Nilssonia ex gr. *orientalis* Heer

1988 Li Peijuan and others, p. 81, pl. 62, figs. 1, 2a; pl. 63, figs. 1, 2; pl. 64, figs. 2, 2a; pl. 68, fig. 5A; pl. 106, figs. 1 — 2a; cycadophyte leaves and cuticles; Lvcaogou in Lvcaoshan of Da Qaidam, Qinghai; Middle Jurassic *Nilssonia* Bed of Shimengou Formation.

1991 Li Peijuan, Wu Yimin, p. 288, pl. 9, figs. 2, 2a, 3; cycadophyte leaves; Baxoi, Tibet; Early Cretaceous Duoni Formation.

1998 Zhang Hong and others, pl. 39, fig. 4; cycadophyte leaf; Wanggaxiu of Delingha, Qinghai; Middle Jurassic Shimengou Formation.

Nilssonia cf. *orientalis* Heer

1933d Sze H C, p. 57, pl. 9, fig. 4; cycadophyte leaf; Xincang of Taihu, Anhui; late Late Triassic. [Notes: This specimen lately was referred as *Nilssonia orientalis* Heer, 1878 (Sze H C, Lee H H and others, 1963)]

1949 Sze H C, p. 9, pl. 3, fig. 8; cycadophyte leaf; Baishigang of Dangyang, Hubei; Early Jurassic Hsiangchi Coal Series. [Notes: This specimen lately was referred as *Nilssonia orientalis* Heer, 1878 (Sze H C, Lee H H and others, 1963)]

1980 Zhang Wu and others, p. 276, pl. 147, fig. 2; cycadophyte leaf; Beipiao, Liaoning; Middle Jurassic Lanqi Formation.

1982 Tan Lin, Zhu Jianan, p. 145, pl. 34, figs. 1, 2; cycadophyte leaves; Maohudong of Guyang, Inner Mongolia; Early Cretaceous Guyang Formation.

1988 Bureau of Geology and Mineral Resources of Liaoning Province, pl. 8, fig. 4; cycadophyte leaf; Jilin; Early Jurassic.

Nilssonia cf. N. orientalis Heer

1993 Mi Jiarong and others,p. 111,pl. 23,fig. 6;cycadophyte leaf;Shuiquliugou of Dongning, Heilongjiang;Late Triassic Luoquanzhan Formation.

△Nilssonia parabrevis Huang,1983

1983 Huang Qisheng, p. 31, pl. 2, figs. 1 — 6; cycadophyte leaves; Reg. No.: AH8187 — AH8192;Holotype:AH8188 (pl. 2,fig. 2);Repository:Department of Palaeontology, Wuhan College of Geology; Lalijian of Huaining, Anhui; Early Jurassic lower part of Xiangshan Group.

1987 Meng Fansong,p. 246,pl. 29,fig. 4;pl. 34,fig. 4;cycadophyte leaves;Xiangxi,Shazhenxi and Xietan of Zigui,Hubei;Early Jurassic Hsiangchi (Xiangxi) Formation.

1988 Huang Qisheng,pl. 2,fig. 2;cycadophyte leaf;Jinshandian of Daye,Hubei;Early Jurassic middle part of Wuchang Formation.

1988b Huang Qisheng,Lu Zongsheng,pl. 9,fig. 9;cycadophyte leaf;Jinshandian of Daye,Hubei;Early Jurassic upper part of Wuchang Formation.

1996 Huang Qisheng and others,pl. 2,fig. 8;cycadophyte leaf;Wenquan of Kaixian,Sichuan; Early Jurassic bed 16 in upper part of Zhenzhuchong Formation.

1998 Huang Qisheng and others,pl. 1,fig. 12;cycadophyte leaf;Miaoyuancun of Shangrao, Jiangxi;Early Jurassic member 3 of Linshan Formation.

2001 Huang Qisheng,pl. 2,fig. 8;cycadophyte leaf;Wenquan of Kaixian, Sichuan; Early Jurassic bed 16 in member Ⅳ of Zhenzhuchong Formation.

2003 Meng Fansong and others,pl. 4,figs. 4,5;cycadophyte leaves;Shuishikou of Yunyang, Sichuan;Early Jurassic Dongyuemiao Member of Ziliujing Formation.

? Nilssonia parabrevis Huang

1987 He Dechang,p. 76,pl. 7,fig. 8;pl. 8,figs. 6,7;pl. 11,fig. 4;cycadophyte leaves;Longpucun in Meiyuan of Yunhe,Zhejiang;Early Jurassic bed 5 and bed 7 of Longpu Formation.

Nilssonia parvula (Heer) Fontaine,1905

1876 *Taeniopteris parvula* Heer,98,pl. 21,figs. 5,5b;cycadophyte leaf;upper Heilongjiang River;Late Jurassic.

1905 Fontaine,in Ward et al.,p. 92,pl. 17,figs. 1—7.

1993 Mi Jiarong and others,p. 112,pl. 24,fig. 9;cycadophyte leaf;Bamianshi Coal Mine of Shuangyang,Jilin;Late Triassic upper member of Xiaofengmidingzi Formation.

△Nilssonia pecten Ôishi,1935

1935 Ôishi,p. 83,pl. 7;pl. 8,fig. 2;text-fig. 2;cycadophyte leaves;Dongning Coal Mine,Heilongjiang;Late Jurassic or Early Cretaceous.

1954 Hsu J,p. 55,pl. 47,figs. 2,3;cycadophyte leaves;Dongning,Heilongjiang;Late Jurassic.

1958 Wang Longwen and others,p. 619,fig. 620;cycadophyte leaf;Jilin;Late Jurassic or Early Cretaceous.

1963 Sze H C,Lee H H and others,p. 186,pl. 54,figs. 2,3;pl. 67,fig. 4 (left);cycadophyte leaves; Dongning, Heilongjiang; Late Jurassic.

1980   Zhang Wu and others, p. 276, pl. 177, figs. 1—3; cycadophyte leaves; Dongning, Heilongjiang; Early Cretaceous Muling Formation.

1992   Sun Ge, Zhao Yanhua, p. 539, pl. 234, fig. 7; pl. 235, fig. 1; pl. 237, fig. 4; pl. 240, fig. 5; cycadophyte leaves; Jingouling of Hunchun, Jilin; Late Jurassic Jingouling Formation.

Nilssonia polymorpha **Schenk, 1876**

1876   Schenk, p. 127, pl. 29, figs. 1—9; pl. 30, fig. 1; cycadophyte foliage; Germany; Late Triassic—Early Jurassic.

1977   Feng Shaonan and others, p. 220, pl. 89, fig. 4; cycadophyte leaf; Wuhua, Guangdong; Late Triassic Siaoping Formation.

1981   Zhou Huiqin, pl. 3, fig. 7; cycadophyte leaf; Yangcaogou of Beipiao, Liaoning; Late Triassic Yangcaogou Formation.

1982   Zhang Caifan, p. 533, pl. 343, fig. 6; pl. 346, figs. 1, 2; pl. 347, fig. 13; cycadophyte leaves; Xiaping in Changce of Yizhang, Hunan; Early Jurassic Tanglong Formation.

Nilssonia **cf.** *polymorpha* **Schenk**

1949   Sze H C, p. 12, pl. 12, fig. 11; cycadophyte leaf; Baishigang of Dangyang, Hubei; Early Jurassic Hsiangchi Coal Series. [Notes: This specimen lately was referred as *Nilssonia complicatis* (Sze H C, Lee H H and others, 1963)]

1954   Hsu J, p. 55, pl. 46, fig. 7; cycadophyte leaf; Xiangxi of Zigui, Hubei; Early Jurassic Hsiangchi Coal Series. [Notes: This specimen lately was referred as *Nilssonia complicatis* Li (Sze H C, Lee H H and others, 1963)]

1963   Chow Huiqin, p. 175, pl. 75, fig. 1; cycadophyte leaf; Wuhua, Guangdong; Late Triassic.

1980   He Dechang, Shen Xiangpeng, p. 22, pl. 18, fig. 8; pl. 20, fig. 1; pl. 24, fig. 6; cycadophyte leaves; Zaoshangcun in Chengtanjiang of Liuyang and Zhoushi of Hengnan, Hunan; Early Jurassic Zaoshang Formation.

1982b Wu Xiangwu, p. 96, pl. 17, fig. 3; cycadophyte leaf; Gonjo area, Tibet; Late Triassic upper member of Bagong Formation.

Nilssonia **cf.** *N. polymorpha* **Schenk**

1986   Ye Meina and others, p. 57, pl. 38, figs. 3—3b; cycadophyte leaf; Jinwo of Daxian, Sichuan; Early Jurassic Zhenzhuchong Formation.

1993   Wang Shijun, p. 41, pl. 17, fig. 3; pl. 18, fig. 1; cycadophyte leaves; Ankou of Lechang, Guangdong; Late Triassic Genkou Group.

Nilssonia princeps **(Oldham et Morris) Seward, 1917**

1863   *Pterophyllum princeps* Oldham et Morris, p. 23, pl. 10, figs. 1—3; pl. 11, fig. 1; pl. 13, figs. 1, 2; cycaphyte leaves; India; Middle Jurassic.

1917   Seward, p. 576, fig. 623; cycaphyte leaf; India; Middle Jurassic.

1982   Wang Guoping and others, p. 268, pl. 121, fig. 2; cycadophyte leaf; Dakeng of Zhangping, Fujian; Late Triassic Webinshan Formation.

Nilssonia **cf.** *princeps* **(Oldham et Morris) Seward**

1930   Chang H C, p. 5, pl. 1, fig. 21; text-fig. 3; cycadophyte leaf; Genkou Coal Mine on boundary between Guangdong and Hunan;Jurassic.

1956　Ngo C K,p. 23,pl. 4,fig. 2;cycadophyte leaf;Xiaoping of Guangzhou,Guangdong;Late Triassic Siaoping Coal Series.

1963　Sze H C,Lee H H and others,p. 186,pl. 53,fig. 2;cycadophyte leaf;Genkou Coal Mine on boundary between Guangdong and Hunan;late Late Triassic—Early Jurassic.

Nilssonia pterophylloides Nathorst,1909

1909　Nathorst,p. 21,pls. 21,22;cycadophyte foliage;Sweden;Late Triassic (Rhaetic).

1962　Lee H H,p. 154,pl. 94,fig. 7;cycadophyte leaf;Changjiang River Basin;Late Triassic—Middle Jurassic.

1963　Sze H C,Lee H H and others,p. 187,pl. 108,figs. 2,2a;cycadophyte leaf;Xiangxi of Zigui,Hubei;Early Jurassic Hsiangchi Group.

1964　Lee H H and others,p. 131,pl. 86,fig. 5;cycadophyte leaf;South China;late Late Triassic—Middle Jurassic.

1977　Feng Shaonan and others,p. 221,pl. 88,figs. 1,2;cycadophyte leaves;Yima at Mianchi, Henan;Early—Middle Jurassic;Sanligang in Dangyang and Zigui of Yichang,Hubei; Early—Middle Jura-ssic Upper Coal Formation of Hsiangchi Group.

1978　Yang Xianhe,p. 519,pl. 188,fig. 10;cycadophyte leaf;Houba of Jiangyou,Sichuan;Early Jurassic Baitianba Formation.

1978　Zhou Tongshun,pl. 24,fig. 3;cycadophyte leaf;Wenbinshan in Dakeng of Zhangping, Fujian;Late Triassic upper member of Wenbinshan Formation.

1980　Huang Zhigao,Zhou Huiqin,p. 95,pl. 40,fig. 2;pl. 43,fig. 1;cycadophyte leaves; Liulingou of Tongchuan,Shaanxi;Late Triassic top part of Yenchang Formation.

1982　Wang Guoping and others,p. 268,pl. 124,fig. 5;cycadophyte leaf;Huagushan of Xinyu, Jiangxi;Late Triassic Anyuan Formation.

1982　Zhang Caifan,p. 534,pl. 343,fig. 7;pl. 357,fig. 13;cycadophyte leaves;Gaoping of Liuyang,Hunan;Early Jurassic Yuelong Formation.

1984　Chen Fen and others,p. 55,pl. 23,fig. 4;cycadophyte leaf;Mentougou,Beijing;Middle Jurassic Longmen Formation.

1984　Chen Gongxin,p. 598,pl. 249,fig. 1;cycadophyte leaf;Sanligang of Dangyang,Hubei; Early Jurassic Tongzhuyuan Formation;Xiangxi of Zigui,Hubei;Early Jurassic Hsiangchi (Xiangxi) Formation.

1986　Ye Meina and others,p. 57,pl. 37,figs. 2—3a;pl. 38,figs. 1,2a;pl. 39;pl. 40,fig. 1;cycadophyte leaves;Jinwo in Tieshan of Daxian,Wenquan of Kaixian,Sichuan;Early Jurassic Zhenzhuchong Formation.

1987　Chen Ye and others,p. 106,pl. 21,fig. 1;pl. 22,fig. 2;cycadophyte leaves;Qinghe of Yanbian,Sichuan;Late Triassic Hongguo Formation.

1993　Wang Shijun,p. 41,pl. 17,fig. 7;pl. 18,fig. 6;cycadophyte leaves;Ankou of Lechang, Guangdong;Late Triassic Genkou Group.

1995　Wang Xin,pl. 3,fig. 6;cycadophyte leaf;Tongchuan,Shaanxi;Middle Jurassic Yan'an Formation.

1995　Zeng Yong and others,p. 56,pl. 12,fig. 2;cycadophyte leaf;Yima,Henan;Middle Jurassic Yima Formation.

1996　Huang Qisheng and others, pl. 2, fig. 7; cycadophyte leaf; Tieshan of Daxian, Sichuan; Early Jurassic upper part of Zhenzhuchong Formation.

1996　Mi Jiarong and others, p. 110, pl. 15, fig. 1; cycadophyte leaf; Guanshan of Beipiao, Liaoning; Early Jurassic lower member of Beipiao Formation.

2001　Huang Qisheng, pl. 2, fig. 3; cycadophyte leaf; Tieshan of Daxian, Sichuan; Early Jurassic upper part of Zhenzhuchong Formation.

2003　Deng Shenghui and others, pl. 70, figs. 5B, 6; pl. 71, fig. 3; pl. 72, fig. 1; pl. 74, fig. 3A; cycadophyte leaves; Yima Basin, Henan; Middle Jurassic Yima Formation.

2003　Xiu Shencheng and others, pl. 2, fig. 4; cycadophyte leaf; Yima Basin, Henan; Middle Jurassic Yima Formation.

Nilssonia cf. *pterophylloides* Nathorst

1949　Sze H C, p. 10, pl. 6, fig. 1; cycadophyte leaf; Xiangxi of Zigui, Hubei; Early Jurassic Hsiangchi Coal Series. [Notes: This specimen lately was referred as *Nilssonia pterophylloides* Nathorst, 1909 (Sze H C, Lee H H and others, 1963)]

1968　*Fossil Atlas of Mesozoic Coal-bearing Strata in Kiangsi and Hunan Provinces*, p. 68, pl. 20, figs. 2－4; pl. 21, fig. 3; cycadophyte leaves; Puqian of Hengfeng, Jiangxi; Late Triassic Xiongling Formation; Youluo of Fengcheng, Jiangxi; Late Triassic member 5 of Anyuan Formation.

1978　Zhang Jihui, p. 482, pl. 163, fig. 10; cycadophyte leaf; Langdai of Liuzhi, Guizhou; Late Triassic.

1984　Chen Fen and others, p. 55, pl. 22, fig. 3; cycadophyte leaf; Qianjuntai, Beijing; Early Jurassic Lower Yaopo Formation.

△*Nilssonia ptilophylloides* Tsao, 1968

1968　Tsao Chengyao, in *Fossil Atlas of Mesozoic Coal-bearing Strata in Kiangsi and Hunan Provinces*, p. 69, pl. 21, figs. 1, 1a, 2; cycadophyte leaves; Liaoyuan of Liuyang, Hunan; Late Triassic Anyuan Formation. (Notes: The type specimen was not designated in the original paper)

1977　Feng Shaonan and others, p. 220, pl. 87, fig. 9; cycadophyte leaf; Liaoyuan of Liuyang, Hunan; Late Triassic Anyuan Formation.

1987　Chen Ye and others, p. 107, pl. 18, figs. 2, 3; pl. 19, fig. 2; cycadophyte leaves; Qinghe of Yanbian, Sichuan; Late Triassic Hongguo Formation.

△*Nilssonia qaidamensis* Li, 1988

1988　Li Peijuan and others, p. 81, pl. 61, figs. 1, 2; pl. 62, figs. 3, 3a; cycadophyte leaves; Col. No.: 80LF$_u$; Reg. No.: PB13524－PB13526; Holotype: PB13524 (pl. 61, fig. 1); Repository: Nanjing Institute of Geology and Palaeontology, Chinese Academy of Sciences; Lvcaogou in Lvcaoshan of Da Qaidam, Qinghai; Middle Jurassic *Nilssonia* Bed of Shimengou Formation.

Nilssonia saighanensis Seward, 1912

1912　Seward, p. 11, pl. 4, figs. 50－53; pl. 8, figs. 106－108; cycadophyte leaves; Afghanistan;

Jurassic.

Nilssonia cf. saighanensis Seward

2000   Cao Zhengyao, p. 255, pl. 3, figs. 5 — 14; cycadophyte leaves and cuticles; Maoling of Susong, Anhui; Early Jurassic Wuchang Formation.

Nilssonia schaumburgensis (Dunker) Nathorst, 1890

1846   *Pterophyllum schaumburgensis* Dunker, p. 45, pl. 1, fig. 7; pl. 2, fig. 1; pl. 6, figs. 5—10; cycadophyte leaves; Germany; Early Cretaceous.

1890   Nathorst, p. 5.

1982a   Yang Xuelin, Sun Liwen, p. 592, pl. 3, fig. 7; cycadophyte leaf; Yingcheng of southeastern Songhuajiang-Liaohe Basin; Late Jurassic Shahezi Formation.

1985   Shang Ping, p. 112, pl. 3, fig. 1; cycadophyte leaf; Fuxin Coal Basin, Liaoning; Early Cretaceous Taiping Member of Haizhou Formation.

1989   Ding Baoliang and others, pl. 1, fig. 9; cycadophyte leaf; Lingxia of Shangping, Jiangxi; Late Jurassic—Early Cretaceous.

1996   Mi Jiarong and others, p. 110, pl. 14, fig. 17; cycadophyte leaf; Haifanggou of Beipiao, Liaoning; Middle Jurassic Haifanggou Formation.

1996   Zheng Shaolin, Zhang Wu, pl. 3, fig. 13A; cycadophyte leaf; Yingcheng Coal Mine of Jiutai, Jilin; Early Cretaceous Shahezi Formation.

Nilssonia cf. schaumburgensis (Dunker) Nathorst

1982   Wang Guoping and others, p. 269, pl. 133, fig. 15; cycadophyte leaf; Lingxia of Shangping, Jiangxi; Late Jurassic.

1983a   Cao Zhengyao, p. 13, pl. 2, figs. 9 — 11; cycadophyte leaves; Yunshan of Hulin, Heilongjiang; Middle Jurassic lower part of Longzhaogou Group.

1983b   Cao Zhengyao, p. 38, pl. 8, figs. 10, 10a; cycadophyte leaf; Yonghong of Hulin, Heilongjiang; Late Jurassic lower part of Yunshan Formation.

2003   Xu Kun and others, pl. 6, fig. 8; cycadophyte leaf; Haifanggou of Beipiao, Liaoning; Middle Jurassic Haifanggou Formation.

Nilssonia schmidtii (Heer) Seward, 1912

1876   *Anomozamites schmidtii* Heer, p. 100, pl. 23, figs. 2, 3; pl. 24, figs. 4 — 7; cycadophyte leaves; Bureya Basin; Late Jurassic—Early Cretaceous.

1912   Seward, p. 11, pl. 2, figs. 11, 12, 14; cycadophyte leaves; Tyrma River, Bureya Basin; Late Jurassic—Early Cretaceous.

Nilssonia cf. schmidtii (Heer) Seward

1980   Zhang Wu and others, p. 277, pl. 140, fig. 3; pl. 141, fig. 4; pl. 177, fig. 7; cycadophyte leaves; Beipiao, Liaoning; Early Jurassic Beipiao Formation; Mishan, Heilongjiang; Middle—Late Jurassic middle part of Longzhaogou Formation.

Nilssonia serotina Heer, 1878

1878   Heer, p. 19, pl. 2, figs. 1—5; cycadophyte leaves; Sakhalin Island; Early Cretaceous.

1988   Chen Fen and others, p. 59, pl. 26, figs. 1 — 6; cycadophyte leaves and cuticles; Qinghemen of Fuxin, Liaoning; Early Cretaceous Shahai Formation; Xinqiu Opencut Coal Mine of Fuxin, Liaoning; Early Cretaceous Fuxin Formation.

△*Nilssonia shuangyangensis* Mi, Zhang, Sun et al., 1993

1993   Mi Jiarong, Zhang Chuanbo, Sun Chunlin and others, p. 112, pl. 24, figs. 1, 3, 4, 5, 7; text-fig. 25; cycadophyte leaves; Reg. No.: SHD303—SHD306; Holotype: SHD303 (pl. 24, fig. 1); Repository: Department of Geological History and Palaeontology, Changchun College of Geology; Dajianggang of Shuangyang, Jilin; Late Triassic Dajianggang Formation.

△*Nilssonia shuangyashanensis* Zheng et Zhang, 1982

1982b Zheng Shaolin, Zhang Wu, p. 313, pl. 13, figs. 1—7; pl. 21, fig. 13; cycadophyte leaves and cuticles; Reg. No.: HCS020, H0062 (5); Repository: Shenyang Institute of Geology and Mineral Resources; Sifangtai of Shuangyashan and Chengzihe of Jixi, Heilongjiang; Early Cretaceous Chengzihe Formation. (Notes: The type specimen was not designated in the original paper)

1995   Wang Xin, p. 3, fig. 18; cycadophyte leaf; Tongchuan, Shaanxi; Middle Jurassic Yan'an Formation.

Nilssonia simplex Ôishi, 1932

1932   Ôishi, p. 318, pl. 24, figs. 6, 6a; cycadophyte leaf; Nariwa and Yamaguti, Japan; Late Triassic (Nariwa Series).

1950   Ôishi, p. 93, pl. 29, fig. 3; cycadophyte leaf; West Hill, Beijing; Triassic Shuangquan Formation(?).

1983   Ju Kuixiang and others, pl. 3, fig. 5; cycadophyte leaf; Fanjiatang in Longtan of Nanjing, Jiangsu; Late Triassic Fanjiatang Formation.

1984   Mi Jiarong and others, pl. 1, fig. 6; cycadophyte leaf; West Hill, Beijing; Late Triassic Xingshikou Formation.

1993   Mi Jiarong and others, p. 113, pl. 24, fig. 6; cycadophyte leaf; Mentougou of West Hill, Beijing; Late Triassic Xingshikou Formation.

? *Nilssonia simplex* Ôishi

1968   *Fossil Atlas of Mesozoic Coal-bearing Strata in Kiangsi and Hunan Provinces*, p. 69, pl. 21, figs. 6—7a; cycadophyte leaves; Anyuan of Pingxiang, Jiangxi; Late Triassic Sanqiutian Member of Anyuan Formation.

1977   Feng Shaonan and others, p. 221, pl. 87, fig. 8; cycadophyte leaf; Chengtanjiang of Liuyang, Hunan; Late Triassic Anyuan Formation.

Nilssonia cf. *simplex* Ôishi

1986a Chen Qishi, p. 450, pl. 2, fig. 7; cycadophyte leaf; Chayuanli of Quxian, Zhejiang; Late Triassic Chayuanli Formation.

△*Nilssonia sinensis* Yabe et Ôishi, 1933

1933   Yabe, Ôishi, p. 224 (30), pl. 33 (4), figs. 7—9a; pl. 35 (6), fig. 2; cycadophyte leaves; Shahezi (Shahotzu) of Changtu and Weijiapuzi (Weichiapuzu) of Benxi, Liaoning; Middle—Late Jurassic.

1933   Ôishi, p. 248 (10), pl. 36 (1), fig. 3; pl. 38 (3), fig. 6; pl. 39 (4), figs. 18, 19; cuticles; Shahezi (Shahotzu) of Changtu, Liaoning; Middle—Late Jurassic.

1963   Sze H C, Lee H H and others, p. 187, pl. 53, figs. 3, 4; pl. 54, fig. 6; pl. 86, fig. 6; cycadophyte leaves; Shahezi (Shahotzu) in Changtu of Liaoning and Fugu of Shaanxi; Early—Middle Jurassic and Middle—Late Jurassic.

1977   Feng Shaonan and others, p. 222, pl. 90, fig. 7; cycadophyte leaf; Yima of Mianchi, Henan; Early—Middle Jurassic.

1979   Wang Ziqing, Wang Pu, pl. 1, figs. 20, 21; cycadophyte leaves; Tuoli of West Hill, Beijing; Early Cretaceous Tuoli Formation.

1980   Zhang Wu and others, p. 277, pl. 175, fig. 1; pl. 176, figs. 1, 2; cycadophyte leaves; Shahezi of Changtu, Liaoning; Early Cretaceous Shahezi Formation; Chengzihe of Jixian, Heilongjiang; Early Cretaceous Chengzihe Formation.

1981   Chen Fen and others, pl. 4, fig. 3; cycadophyte leaf; Haizhou Opencut Coal Mine of Fuxin, Liaoning; Early Cretaceous Shuiquan Bed of Fuxin Formation.

1982   Liu Zijin, p. 132, pl. 70, fig. 3; cycadophyte leaf; Diantou of Huangling, Shaanxi; Early—Middle Jurassic Yan'an Formation.

1982   Tan Lin, Zhu Jianan, p. 145, pl. 33, figs. 15—17; cycadophyte leaves; Maohudong of Guyang, Inner Mongolia; Early Cretaceous Guyang Formation.

1982b   Zheng Shaolin, Zhang Wu, p. 314, pl. 19, fig. 5b; cycadophyte leaf; Guoguanshan of Mishan, Heilongjiang; Late Jurassic Yunshan Formation.

1983a   Cao Zhengyao, p. 14, pl. 2, figs. 1—4; cycadophyte leaves; Yunshan of Hulin, Heilongjiang; Middle Jurassic lower part of Longzhaogou Group.

1983b   Cao Zhengyao, p. 39, pl. 2, fig. 1; pl. 9, fig. 10; cycadophyte leaves; Yonghong of Hulin, Heilongjiang; Late Jurassic lower part of Yunshan Formation; Baoqing, Heilongjiang; Early Cretaceous Zhushan Formation.

1983a   Zheng Shaolin, Zhang Wu, p. 87, pl. 6, figs. 12, 13; cycadophyte leaves; Wanlongcun of Boli, Heilongjiang; Early Cretaceous Dongshan Formation.

1984a   Cao Zhengyao, p. 11, pl. 5, figs. 1, 2; cycadophyte leaves; Peide of Mishan, Heilongjiang; Middle Jurassic Peide Formation.

1984   Gu Daoyuan, p. 149, pl. 78, fig. 2; cycadophyte leaf; Manas, Xinjiang; Early Jurassic Sangonghe Formation.

1984   Wang Ziqiang, p. 268, pl. 153, figs. 1—3; cycadophyte leaves; West Hill, Beijing; Early Cretaceous Tuoli Formation.

1986   Li Xingxue and others, p. 21, pl. 20, figs. 3, 4; pl. 21, figs. 1, 2; pl. 25, fig. 5; cycadophyte leaves; Shansong of Jiaohe, Jilin; Early Cretaceous Jiaohe Group.

1986a   Zheng Shaolin, Zhang Wu, p. 427, pl. 1, figs. 1—5; text-figs. 1, 2; cycadophyte leaves and cuticles; Shahezi of Changtu, Liaoning; Early Cretaceous Shahezi Formation; Didao of Jixi, Heilongjiang; Early Cretaceous Chengzihe Formation.

1988   Chen Fen and others, p. 60, pl. 26, figs. 10—15; pl. 63, figs. 4, 10; pl. 64, fig. 2; cycadophyte leaves and cuticles; Qinghemen of Fuxin, Liaoning; Early Cretaceous Shahai Formation; Xinqiu Opencut Coal Mine of Fuxin, Liaoning; Early Cretaceous Fuxin Formation; Tiefa, Liaoning; Early Cretaceous Lower Coal-bearing Member of Xiaoming'anbei

Formation.

1990 Bureau of Geology and Mineral Resources of Ningxia Hui Autonomous Region, pl. 9, figs. 5, 5a; cycadophyte leaf; Rujigou of Pingluo, Ningxia; Middle Jurassic Yan'an Formation.

1991 Zhao Liming, Tao Junrong, pl. 1, fig. 6; cycadophyte leaf; Pingzhuang of Chifeng, Inner Mongolia; Early Cretaceous Xingyuan Formation.

1992a Cao Zhengyao, pl. 5, fig. 3; cycadophyte leaf; Suibin-Shuangyashan area, eastern Heilongjiang; Early Cretaceous member 2 of Chengzihe Formation.

1993 Hu Shusheng, Mei Meitang, p. 328, pl. 2, fig. 8; cycadophyte leaf; Xi'an Coal Mine of Liaoyuan, Jilin; Early Cretaceous Lower Coal-bearing Member of Chang'an Formation.

1993 Bureau of Geology and Mineral Resources of Heilongjiang Province, pl. 12, fig. 3; cycadophyte leaf; Heilongjiang Province; Early Cretaceous Chengzihe Formation.

1994 Cao Zhengyao, fig. 4i; cycadophyte leaf; Jixian, Heilongjiang; early Early Cretaceous Chengzihe Formation.

1994 Gao Ruiqi and others, pl. 14, fig. 1; cycadophyte leaf; Shahezi of Changtu, Liaoning; Early Cretaceous Shahezi Formation.

1995a Li Xingxue (editor-in-chief), pl. 101, fig. 1; cycadophyte leaf; Jixi, Heilongjiang; Early Cretaceous Chengzihe Formation. (in Chinese)

1995b Li Xingxue (editor-in-chief), pl. 101, fig. 1; cycadophyte leaf; Jixi, Heilongjiang; Early Cretaceous Chengzihe Formation. (in English)

1995 Zeng Yong and others, p. 55, pl. 11, fig. 1; cycadophyte leaf; Yima, western Henan; Middle Jurassic Yima Formation.

1996 Zheng Shaolin, Zhang Wu, pl. 3, fig. 13B; cycadophyte leaf; Yingcheng Coal Mine of Jiutai, Jilin; Early Cretaceous Shahezi Formation.

1998b Deng Shenghui, pl. 1, fig. 4; cycadophyte leaf; Pingzhuang-Yuanbaoshan Basin, Inner Mongolia; Early Cretaceous Yuanbaoshan Formation.

1998 Zhang Hong and others, pl. 38, fig. 4; cycadophyte leaf; Yaojie of Lanzhou, Gansu; Middle Jurassic upper part of Yaojie Formation.

2003 Yuan Xiaoqi and others, pl. 19, figs. 1, 2; cycadophyte leaves; Gaotouyao of Dalad Banner, Inner Mongolia; Middle Jurassic Yan'an Formation.

Nilssonia cf. *sinensis* Yabe et Ôishi

1986 Li Weirong and others, pl. 1, figs. 8, 13; cycadophyte leaves; Guoguanshan in Peide of Mishan, Heilongjiang; Middle Jurassic Peide Formation.

Nilssonia spinosa Krassilov, 1973

1973 Krassilov, Shorohova, p. 22, pl. 10, figs. 1—6; cycadophyte leaves; Primorski; Early Jurassic.

1992 Sun Ge, Zhao Yanhua, p. 539, pl. 237, fig. 2; cycadophyte leaf; North Hill in Lujuanzicun of Wangqing, Jilin; Late Triassic Malugou Formation.

1993 Sun Ge, p. 76, pl. 21, fig. 2; cycadophyte leaf; North Hill in Lujuanzicun of Wangqing, Jilin; Late Triassic Malugou Formation.

△*Nilssonia splendens* Sun, 1993

1992 Sun Ge, Zhao Yanhua, p. 539, pl. 235, figs. 2—4; pl. 237, fig. 2; pl. 237, fig. 3; pl. 238, fig. 5; cycadophyte leaves; Tianqiaoling of Wangqing, Jilin; Late Triassic Malugou Formation. (nom. nud.)

1993 Sun Ge, p. 77, pl. 21, figs. 4, 5; pl. 22; pl. 23, figs. 1—4; pl. 24, figs. 1—4; pl. 25, figs. 1—4; cycadophyte leaves; Col. No.: T11-177, T12-18, T12-308, T12-321, T12-350, T362, T956, T11840, T2050, 2O; Reg. No.: PB11935—PB11944, PB11947; Holotype: PB11935 (pl. 21, fig. 4; pl. 22); Paratype: PB11937 (pl. 23, fig. 1); Repository: Nanjing Institute of Geology and Palaeontology, Chinese Academy of Sciences; Tianqiaoling of Wangqing, Jilin; Late Triassic Malugou Formation.

△*Nilssonia sterophylla* Hsu et Hu, 1979

1979 Hsu J, Hu Yufan, in Hsu J and others, p. 44, pl. 44, fig. 6; pl. 45, fig. 1; cycadophyte leaves; No.: No. 885, No. 896A; Holotype: No. 885 (pl. 45, fig. 1); Repository: Beijing Institute of Botany, the Chinese Academy of Sciences; Longshuwan of Dukou, Sichuan; Late Triassic middle part of Daqiaodi Formation.

Nilssonia? sterophylla Hsu et Hu

1999b Wu Shunqing, p. 39, pl. 32, figs. 1A, 3, 5; pl. 33, figs. 1, 2; cycadophyte leaves; Jinxi of Wangcang and Teishan of Daxian, Sichuan; Late Triassic Hsuchiaho Formation.

Nilssonia syllis Harris, 1964

1964 Harris, p. 42, pl. 1, fig. 15; text-figs. 18, 19; cycadophyte leaf and cuticle; Yorkshire, England; Middle Jurassic.

Nilssonia cf. *N. syllis* Harris

1993 Wang Shijun, p. 41, pl. 16, fig. 3; cycadophyte leaf; Hongweikeng of Qujiang, Guangdong; Late Triassic Genkou Group.

Nilssonia taeniopteroides Halle, 1913

1913 Halle, p. 47, pl. 5; pl. 6, figs. 1—7; text-fig. 11; cycadophyte leaves; Antarctic Peninsula, Antarctica; Late Jurassic.

1983 Huang Qisheng, p. 31, pl. 2, figs. 7, 8; cycadophyte leaves; Lalijian of Huaining, Anhui; Early Jurassic lower part of Xiangshan Group.

Nilssonia cf. *taeniopteroides* Halle

1949 Sze H C, p. 11, pl. 10, figs. 1a, 2; cycadophyte leaves; Baishigang and Matousa of Dangyang, Hubei; Early Jurassic Hsiangchi Coal Series. [Notes: This specimen lately was referred as *Nilssonia complicatis* Li, 1963 (Sze H C, Lee H H and others, 1963)]

1991 Huang Qisheng, Qi Yue, pl. 1, fig. 5; cycadophyte leaf; Majian of Lanxi, Zhejiang; Early—Middle Jurassic lower member of Majian Formation.

Nilssonia tenuicaulis (Phillips) Fox-Strangways, 1892

1829 *Cycadites tenucaulis* Phillips, pp. 148, 189, pl. 7, fig. 19; cycadophyte leaf; Yorkshire, England; Middle Jurassic.

1892 Fox-Strangways, p. 219; cycadophyte leaf; Yorkshire, England; Middle Jurassic.

1929a Yabe, Ôishi, p. 86, pl. 18, fig. 1; cycadophyte leaf; Daanshan of Fangshan, Heibei; Middle Jurassic.

1950 Ôishi, p. 95; Daanshan of Fangshan, Hebei; Early Jurassic.

1963 Sze H C, Lee H H and others, p. 188, pl. 54, fig. 4; cycadophyte leaf; Daanshan of Fangshan, Beijing; Middle Jurassic.

1980 Zhang Wu and others, p. 277, pl. 142, fig. 1; cycadophyte leaf; Beipiao, Liaoning; Early Jurassic Beipiao Formation.

1982b Zheng Shaolin, Zhang Wu, p. 314, pl. 9, figs. 12, 13; cycadophyte leaves; Xingkai of Mishan, Heilongjiang; Middle Jurassic Peide Formation.

1987 Zhang Wu, Zheng Shaolin, pl. 21, figs. 1, 2; pl. 23, fig. 1; cycadophyte leaves; Houfulongshan of Nanpiao, Liaoning; Middle Jurassic Haifanggou Formation; Shebudai in Changgao of Beipiao, Liaoning; Middle Jurassic Lanqi Formation.

1990 Zheng Shaolin, Zhang Wu, p. 221, pl. 3, figs. 1, 2; cycadophyte leaves; Tianshifu of Benxi, Liaoning; Middle Jurassic Dabu Formation.

1993 Bureau of Geology and Mineral Resources of Heilongjiang Province, pl. 11, fig. 5; cycadophyte leaf; Heilongjiang Province; Middle Jurassic Qihulinhe Formation.

1995 Wang Xin, pl. 3, fig. 16; cycadophyte leaf; Tongchuan, Shaanxi; Middle Jurassic Yan'an Formation.

1996 Mi Jiarong and others, p. 111, pl. 15, fig. 6; cycadophyte leaf; Guanshan of Beipiao, Liaoning; Early Jurassic lower member of Beipiao Formation; Shajingou of Beipiao, Liaoning; Early Jurassic upper member of Beipiao Formation.

1998 Zhang Hong and others, pl. 39, fig. 3; cycadophyte leaf; Wanggaxiu of Delingha, Qinghai; Middle Jurassic Shimengou Formation.

Nilssonia cf. *tenuicaulis* (Phillips) Fox-Strangways

1954 Hsu J, p. 55, pl. 46, fig. 6; cycadophyte leaf; Daanshan of Fangshan, Hebei; Middle Jurassic. [Notes: This specimen lately was referred as *Nilssonia tenuicaulis* (Phillips) Fox-Strangways (Sze H C, Lee H H and others, 1963)]

Nilssonia tenuinervis Seward, 1900

1880 *Nilssonia tenuinervis* Nathorst, pp. 35, 83; Yorkshire, England; Middle Jurassic. (mon. nud.)

1900 Seward, p. 230; text-fig. 41; cycadophyte leaf; Yorkshire, England; Middle Jurassic.

Nilssonia cf. *tenuinervis* Seward

1980 Wu Shunqing and others, p. 108, pl. 25, figs. 1, 1a; cycadophyte leaf; Huilongsi of Xingshan, Hubei; Early—Middle Jurassic Hsiangchi (Xiangxi) Formation.

1984 Chen Gongxin, p. 598, pl. 249, fig. 5; cycadophyte leaf; Huilongsi of Xingshan, Hubei; Early Jurassic Hsiangchi (Xiangxi) Formation.

1996 Mi Jiarong and others, p. 111, pl. 15, fig. 2; cycadophyte leaf; Xinglonggou of Beipiao, Liaoning; Middle Jurassic Haifanggou Formation.

Nilssonia cf. *N. tenuinervis* Seward

1986   Ye Meina and others, p. 57, pl. 37, fig. 1; cycadophyte leaf; Jinwo in Tieshan of Daxian, Sichuan; Early Jurassic Zhenzhuchong Formation.

Nilssonia thomasii Harris, 1964

1964   Harris, p. 37, pl. 5, fig. 6; text-fig. 15; cycadophyte leaves and cuticles; Yorkshire, England; Middle Jurassic.

1998   Zhang Hong and others, pl. 38, fig. 5; pl. 39, fig. 5; cycadophyte leaves; Wanggaxiu of Delingha, Qinghai; Middle Jurassic Shimengou Formation.

△*Nilssonia triagularis* Zhang, 1998 (in Chinese)

1998   Zhang Hong and others, p. 277, pl. 40, figs. 1, 2; cycadophyte leaves; Col. No.: WG-bc; Reg. No.: MP-93821; Holotype: MP-93821 (pl. 40, fig. 1); Repository: Xi'an Branch, China Coal Research Institute; Wanggaxiu of Delingha, Qinghai; Middle Jurassic Shimengou Formation.

Nilssonia undulata Harris, 1932

1932   Harris, p. 42, pl. 3, figs. 3, 8, 9, 11; text-fig. 23; cycadophyte leaves; East Greenland; Early Jurassic *Thaumatopteris* Zone.

1977   Feng Shaonan and others, p. 222, pl. 87, figs. 6, 7; cycadophyte leaves; Dayahe of Dangyang, Hubei; Early—Middle Jurassic Upper Coal Formation of Hsiangchi Group.

1980   Wu Shunqing and others, p. 108, pl. 25, figs. 3, 4; cycadophyte leaves; Xietan of Zigui, Hubei; Early—Middle Jurassic Hsiangchi (Xiangxi) Formation.

1984   Chen Gongxin, p. 598, pl. 246, figs. 1, 2; cycadophyte leaves; Dayahe of Dangyang, Hubei; Early Jurassic Tongzhuyuan Formation.

1984   Wang Ziqiang, p. 268, pl. 129, fig. 4; cycadophyte leaf; Chahar Right Middle Banner, Inner Mongolia; Early Jurassic Nansuletu Formation.

Nilssonia cf. *undulata* Harris

1980   He Dechang, Shen Xiangpeng, p. 22, pl. 21, fig. 4; pl. 22, fig. 2; cycadophyte leaves; Zhoushi of Hengnan, Hunan; Early Jurassic Zaoshang Formation.

Nilssonia cf. *N. undulata* Harris

1986   Ye Meina and others, p. 58, pl. 35, figs. 4, 4a; pl. 36, figs. 2, 6; 6a; pl. 37, fig. 4; cycadophyte leaves; Zhengba and Wenquan of Kaixian, Sichuan; Early Jurassic Zhenzhuchong Formation.

△*Nilssonia wandashanensis* Cao, 1984

1984a   Cao Zhengyao, pp. 12, 27, pl. 1, figs. 1B, 2A, 3A, 3a, 4A; pl. 2, figs. 10, 10a; pl. 5, fig. 8; pl. 9, figs. 5, 6; text-fig. 4; cycadophyte leaves; Col. No.: HM429, HM563, HM567; Reg. No.: PB10787—PB10792, PB10831, PB10832; Holotype: PB10791 (pl. 2, fig. 10); Repository: Nanjing Institute of Geology and Palaeontology, Chinese Academy of Sciences; Xingcun in Peide of Mishan, Heilongjiang; Middle Jurassic Peide Formation; Peide Coal Mine of Mishan, Heilongjiang; Middle Jurassic Qihulin Formation.

2003   Xu Kun and others, pl. 5, figs. 3, 5; cycadophyte leaves; Xingcun in Peide of Mishan, Heilongjiang; Middle Jurassic Peide Formation.

△*Nilssonia weii* Cao, 1989

1989   Cao Zhengyao, pp. 436, 441, pl. 1, figs. 1—6; pl. 3, figs. 5—8; cycadophyte leaves and cuticles; Reg. No.: PB14259; Holotype: PN14259 (pl. 1, fig. 1); Repository: Nanjing Institute of Geology and Palaeontology, Chinese Academy of Sciences; Shenjia of Zhuji, Zhejiang; Early Cretaceous Shouchang Formation.

1995a   Li Xingxue (editor-in-chief), pl. 111, fig. 4; cycadophyte leaf; Zhuji, Zhejiang; Early Cretaceous Shouchang Formation. (in Chinese)

1995b   Li Xingxue (editor-in-chief), pl. 111, fig. 4; cycadophyte leaf; Zhuji, Zhejiang; Early Cretaceous Shouchang Formation. (in English)

1999   Cao Zhengyao, p. 64; cycadophyte leaf; Shenjia of Zhuji, Zhejiang; Early Cretaceous Shouchang Formation.

△*Nilssonia xinxingensis* Chang, 1980

1980   Chang Chichen, in Zhang Wu and others, p. 277, pl. 176, figs. 7, 7a; cycadophyte leaf; Reg. No.: D418; Repository: Shenyang Institute of Geology and Mineral Resources; Binxian, Heilongjiang; Early Cretaceous.

△*Nilssonia yunheensis* He, 1987

1987   He Dechang, p. 76, pl. 8, fig. 4; pl. 9, fig. 1; cycadophyte leaves; Repository: Branch of Geology Exploration, China Coal Research Institute; Longpucun in Meiyuan of Yunhe, Zhejiang; Early Jurassic bed 7 of Longpu Formation. (Notes: The type specimen was not designated in the original paper)

△*Nilssonia yunyangensis* Yang, 1978

1978   Yang Xianhe, p. 520, pl. 177, fig. 4; cycadophyte leaf; Reg. No.: Sp0095; Holotype: Sp0095 (pl. 177, fig. 4); Repository: Chengdu Institute of Geology and Mineral Resources; Xiniu of Yunyang, Sichuan; Late Triassic Hsuchiaho Formation.

△*Nilssonia zelimunsia* Deng, 1991

1991   Deng Shenghui, pp. 152, 155, pl. 2, figs. 6—10; cycadophyte leaves and cuticles; No.: H1012, H1013; Repository: China University of Geosciences (Beijing); Huolinhe Basin, Inner Mongolia; Early Cretaceous lower part of Huolinhe Formation. (Notes: The type specimen was not designated in the original paper)

△*Nilssonia zhaitangensis* Duan, 1987

1987   Duan Shuying, p. 35, pl. 14, figs. 5—7; pl. 15, figs. 4, 5; cycadophyte leaves; Reg. No.: S-PA-86-438, S-PA-436, S-PA-439, S-PA-446; Holotype: S-PA-86-438 (pl. 14, fig. 5); Repository: Swedish National Museum of Natural History; Zhaitang of West Hill, Beijing; Middle Jurassic.

1996   Mi Jiarong and others, p. 111, pl. 16, figs. 1, 2, 11, 12; cycadophyte leaves; Shimenzhai of Funing, Hebei; Early Jurassic Beipiao Formation.

Nilssonia cf. *N. zhaitangensis* Duan

1996   Sun Yuewu and others, pl. 1, fig. 4; cycadophyte leaf; Shanggu of Chengde, Hebei; Early Jurassic Nandaling Formation.

Nilssonia spp.

1933b   *Nilssonia* sp., Sze H C, p. 83, pl. 12, fig. 8; cycadophyte leaf; Shipanwan of Fugu, Shaanxi; Jurassic. [Notes: This specimen lately was referred as *Nilssonia sinensis* Yabe et, Ôishi (Sze H C, Lee H H and others, 1963)]

1938a   *Nilssonia* sp., Sze H C, p. 216, pl. 1, fig. 3; cycadophyte leaf; Xiwan, Guangxi; Early Jurassic. [Notes: This specimen lately was referred as ? *Nilssonia complicatis* Lee (Sze H C, Lee H H and others, 1963)]

1945   *Nilssonia* sp., Sze H C, p. 50; text-fig. 5; cycadophyte leaf; Yongan, Fujian; Early Cretaceous Pantou Series.

1952   *Nilssonia* sp., Sze H C, Lee H H, pp. 8, 27, pl. 4, figs. 2, 3; pl. 7, fig. 8; cycadophyte leaves; Yipinchang of Baxian and Haiwozi of Pengxian, Sichuan; Early Jurassic.

1963   *Nilssonia* sp. 1, Sze H C, Lee H H and others, p. 188, pl. 54, figs. 5, 7; cycadophyte leaves; Yipinchang of Baxian and Haiwozi of Pengxian, Sichuan; Early Jurassic Hsiangchi (Xiangxi) Formation.

1963   *Nilssonia* sp. 2, Sze H C, Lee H H and others, p. 189, pl. 55, fig. 5; cycadophyte leaf; Yongan, Fujian; Late Jurassic—early Early Cretaceous Pantou Formation.

1963   *Nilssonia* sp. 3, Sze H C, Lee H H and others, p. 189, pl. 56, fig. 6; cycadophyte leaf; Sangyu of West Hill, Beijing; Early—Middle Jurassic.

1965   *Nilssonia* sp., Tsao Chengyao, p. 522, pl. 5, fig. 7; cycadophyte leaf; Songbaikeng of Gaoming, Guangdong; Late Triassic Siaoping Formation (Siaoping Series).

1968   *Nilssonia* sp., *Fossil Atlas of Mesozoic Coal-bearing Strata in Kiangsi and Hunan Provinces*, p. 69, pl. 22, fig. 1; cycadophyte leaf; Sandu of Zixing, Hunan; Late Triassic Yangmeilong Formation.

1976   *Nilssonia* sp. 1, Chang Chichen, p. 192, pl. 94, fig. 6; cycadophyte leaf; Donggou of Wuchuan, Inner Mongolia; Late Jurassic Daqingshan Formation.

1976   *Nilssonia* sp. 2, Chow Huiqin and others, p. 209, pl. 114, fig. 4; cycadophyte leaf; Wuziwan of Jungar Banner, Inner Mongolia; Middle Triassic upper part of Ermaying Formation.

1976   *Nilssonia* sp. 3, Chow Huiqin and others, p. 209, pl. 114, fig. 3a; cycadophyte leaf; Wuziwan of Jungar Banner, Inner Mongolia; Middle Triassic upper part of Ermaying Formation.

1979   *Nilssonia* sp. 1, Hsu J and others, p. 44, pl. 42, figs. 1—6; pl. 43, figs. 3, 4; cycadophyte leaves; Longshuwan and Ganbatang of Baoding, Sichuan; Late Triassic middle part of Daqiaodi Formation and lower part of Daqing Formation.

1979   *Nilssonia* sp. 2, Hsu J and others, p. 45, pl. 43, figs. 1, 2B; pl. 46, figs. 4, 5; cycadophyte leaves; Longshuwan and Huashan of Baoding, Sichuan; Late Triassic middle-upper part of Daqiaodi Formation.

1979   *Nilssonia* sp. 3, Hsu J and others, p. 45, pl. 41, fig. 4; cycadophyte leaf; Taipinchang of

Dukou,Sichuan;Late Triassic lower part of Daqing Formation;

1979　*Nilssonia* sp. 4,Hsu J and others,p. 45,pl. 42,fig. 7;cycadophyte leaf;Ganbatang of Baoding,Sichuan;Late Triassic middle part of Daqiaodi Formation.

1979　*Nilssonia* sp. 5,Hsu J and others,p. 46,pl. 43,fig. 5;cycadophyte leaf;Shijiayakou of Baoding,Sichuan;Late Triassic middle-upper part of Daqiaodi Formation.

1979　*Nilssonia* sp. 6,Hsu J and others,p. 46,pl. 43,fig. 6;cycadophyte leaf;Huashan of Baoding,Sichuan;Late Triassic middle-upper part of Daqiaodi Formation.

1979　*Nilssonia* sp. 7,Hsu J and others,p. 46,pl. 44,figs. 1—5;cycadophyte leaves;Longshu-wan of Baoding,Sichuan;Late Triassic middle part of Daqiaodi Formation.

1980　*Nilssonia* sp. （Cf. *Nilssonia orientalis* Heer）,Huang Zhigao,Zhou Huiqin,p. 94, pl. 44,fig. 2;cycadophyte leaf;Shiyaoshang of Shenmu,Shaanxi;Late Triassic lower part of Yenchang Formation.

1980　*Nilssonia* sp. 1,Huang Zhigao,Zhou Huiqin,p. 95,pl. 6,figs. 3,4;cycadophyte leaves; Wuziwan of Jungar Banner,Inner Mongolia;Middle Triassic upper part of Ermaying Formation.

1980　*Nilssonia* sp. 2,Huang Zhigao,Zhou Huiqin,p. 95,pl. 5,fig. 3b;cycadophyte leaf;Wuzi-wan of Jungar Banner,Inner Mongolia;Middle Triassic upper part of Ermaying Forma-tion.

1980　*Nilssonia* sp.,Wu Shunqing and others,p. 108,pl. 25,figs. 2,2a;cycadophyte leaf; Shanzhenxi of Zigui,Hubei;Early—Middle Jurassic Hsiangchi（Xiangxi）Formation.

1981　*Nilssonia* sp.,Liu Maoqiang,Mi Jiarong,p. 26,pl. 3,fig. 15;cycadophyte leaf;Naozhigou of Linjiang,Jilin;Early Jurassic Yihuo Formation.

1982　*Nilssonia* sp. ［Cf. *N. kotoi*（Yokoyama）Ôishi］,Li Peijuan,p. 93,pl. 12,figs. 5,5a;cyc-adophyte leaf;Painbo of Lhasa,Tibet;Early Cretaceous Lingbuzhong Formation.

1982　*Nilssonia* sp. 1,Zhang Caifan,p. 534,pl. 343,fig. 5;cycadophyte leaf;Wenjiashi of Liu-yang,Hunan;Early Jurassic Gaojiatian Formation.

1982　*Nilssonia* sp. 2,,Zhang Caifan,p. 534,pl. 344,figs. 7—9;cycadophyte leaves;Ganzi-chong of Liling,Hunan;Early Jurassic Gaojiatian Formation.

1983a　*Nilssonia* sp. （Cf. *N. orientalis* Heer）,Cao Zhengyao,p. 15,pl. 2,figs. 1—4;cycado-phyte leaves;Yunshan of Hulin,Heilongjiang;Middle Jurassic lower part of Longzhao-gou Group.

1983　*Nilssonia* sp.,Ju Kuixiang and others,pl. 1,fig. 6;cycadophyte leaf;Fanjiatang in Long-tan of Nanjing,Jiangsu;Late Triassic Fanjiatang Formation.

1983　*Nilssonia* sp.,Li Jieru,pl. 3,fig. 1;cycadophyte leaf;Houfulongshan of Jinxi,Liaoning; Middle Jurassic member 1 of Haifanggou Formation.

1983　*Nilssonia* sp.,Sun Ge and others,p. 453,pl. 3,fig. 9;cycadophyte leaf;Dajianggang of Shuangyang,Jilin;Late Triassic Dajianggang Formation.

1984a　*Nilssonia* sp.,Cao Zhengyao,p. 13,pl. 2,fig. 12;cycadophyte leaf;Xingcun in Peide of Mishan,Heilongjiang;Middle Jurassic Peide Formation.

1984　*Nilssonia* spp.,Li Baoxian,Hu Bin,p. 141,pl. 3,figs. 8—12;cycadophyte leaves;Da-tong,Shanxi;Early Jurassic Yongdingzhuang Formation.

1984　*Nilssonia* sp. （Cf. *N. brevis* Brongniart）,Zhou Zhiyan,p. 25,pl. 13,figs. 4—7;cycadophyte leaves; Xiwan of Zhongshan, Guangxi; Early Jurassic Daling Member of Xiwan Formation.

1984　*Nilssonia* sp. (Cf. *N. taeniopteroides* Halle), Zhou Zhiyan, p. 26, pl. 8, figs. 1—3; pl. 14, fig. 1; pl. 15, fig. 3; cycadophyte leaves; Zhoushi of Hengnan and Hebutang of Qiyang, Hunan; Early Jurassic Paijiachong Member of Guanyintan Formation.

1984　*Nilssonia* sp. 1, Zhou Zhiyan, p. 26, pl. 15, fig. 5; cycadophyte leaf; Zhoushi of Hengnan, Hunan; Early Jurassic Paijiachong Member of Guanyintan Formation.

1984　*Nilssonia* sp. 2, Zhou Zhiyan, p. 27, pl. 15, fig. 4; cycadophyte leaf; Zhoushi of Hengnan, Hunan; Early Jurassic Paijiachong Member of Guanyintan Formation.

1984　*Nilssonia* sp. 3, Zhou Zhiyan, p. 27, pl. 9, fig. 5; cycadophyte leaf; Zhoushi of Hengnan, Hunan; Early Jurassic Dabakou Member of Guanyintan Formation.

1985　*Nilssonia* sp., Mi Jiarong, Sun Chunlin, pl. 1, fig. 7; cycadophyte leaf; Bamianshi Coal Mine of Shuangyang, Jilin; Late Triassic upper member of Xiaofengmidingzi Formation.

1986a　*Nilssonia* sp. (sp. nov.), Chen Qishi, p. 450, pl. 2, fig. 12a; cycadophyte leaf; Chayuanli of Quxian, Zhejiang; Late Triassic Chayuanli Formation.

1986　*Nilssonia* sp., Ju Kuixiang, Lan Shanxian, p. 2, fig. 4; cycadophyte leaf; Lvjiashan of Nanjing, Jiangsu; Late Triassic Fanjiatang Formation.

1986　*Nilssonia* sp., Ye Meina and others, p. 58, pl. 34, figs. 3, 3a; cycadophyte leaf; Shuitian of Kaixian, Sichuan; Early Jurassic Zhenzhuchong Formation.

1987　*Nilssonia* sp. 1, Chen Ye and others, p. 107, pl. 21, fig. 3; cycadophyte leaf; Qinghe of Yanbian, Sichuan; Late Triassic Hongguo Formation.

1987　*Nilssonia* sp. 2, Chen Ye and others, p. 107, pl. 22, fig. 3; cycadophyte leaf; Qinghe of Yanbian, Sichuan; Late Triassic Hongguo Formation.

1987　*Nilssonia* sp. 3, Chen Ye and others, p. 107, pl. 21, fig. 4; cycadophyte leaf; Qinghe of Yanbian, Sichuan; Late Triassic Hongguo Formation.

1987　*Nilssonia* sp., He Dechang, p. 73, pl. 7, fig. 3; cycadophyte leaf; Fengping of Suichang, Zhejiang; Early Jurassic bed 8 of Huaqiao Formation.

1987　*Nilssonia* sp., He Dechang, p. 77, pl. 9, fig. 5; cycadophyte leaf; Longpucun in Meiyuan of Yunhe, Zhejiang; late Early Jurassic bed 7 of Longpu Formation.

1987　*Nilssonia* sp., He Dechang, p. 85, pl. 21, fig. 1; cycadophyte leaf; Gekou of Anxi, Fujian; Early Jurassic Lishan Formation.

1987　*Nilssonia* sp., Yao Xuanli, pl. 2, figs. 2N, 2aN; cycadophyte leaf; Shanqiao of Hengyang, Hunan; Early Jurassic Dabakou Member of Guanyintan Formation.

1988　*Nilssonia* sp., Zhang Hanrong and others, pl. 1, figs. 6, 6a; cycadophyte leaf; Baicaoyao of Yuxian, Hebei; Middle Jurassic Qiaoerjian Formation.

1990　*Nilssonia* sp., Cao Zhengyao, Shang Ping, pl. 8, figs. 5, 5a; cycadophyte leaf; Shebudai in Changgao of Beipiao, Liaoning; Middle Jurassic Lanqi Formation.

1990b　*Nilssonia* sp., Wang Ziqiang, Wang Lixin, p. 311, pl. 7, figs. 7—9; cycadophyte leaves; Shiba of Ningwu, Manshui of Qinxian and Sizhuang of Wuxiang, Shanxi; Middle Triassic base part of Ermaying Formation.

1991　*Nilssonia* spp., Li Peijuan, Wu Yimin, p. 288, pl. 8, figs. 3, 3a, 4; cycadophyte leaves; Gerze, Tibet; Early Cretaceous Chuanba Formation.

1991　*Nilssonia* sp.,Li Peijuan,Wu Yimin,p. 289,pl. 8,fig. 5;pl. 11,fig. 3;cycadophyte leaves;Chuanba of Gerze,Tibet;Early Cretaceous Chuanba Formation.

1992a　*Nilssonia* sp.,Cao Zhengyao,p. 219,pl. 5,fig. 2;cycadophyte leaf;Suibin-Shuangyashan area,eastern Heilongjiang;Early Cretaceous member 1 of Chengzihe Formation.

1992　*Nilssonia* sp. (Cf. *N. jacutica* Samylina),Sun Ge,Zhao Yanhua,p. 538,pl. 240,fig. 2; cycadophyte leaf;Jingouling of Hunchun,Jilin;Late Jurassic Jingouling Formation.

1993　*Nilssonia* sp. 1,Mi Jiarong and others,p. 113,pl. 24,fig. 5;text-fig. 26;cycadophyte leaf;Mentougou of West Hill,Beijing;Late Triassic Xingshikou Formation.

1993　*Nilssonia* sp. 2,Mi Jiarong and others,p. 113,pl. 28,fig. 10;pl. 24,fig. 11;cycadophyte leaves;Mentougou of West Hill,Beijing;Late Triassic Xingshikou Formation.

1993　*Nilssonia* sp.,Wang Shijun,p. 42,pl. 18,figs. 3,5;pl. 40,figs. 4－8;pl. 41,figs. 1,2;cycadophyte leaves and cuticles;Guanchun of Lechang,Guangdong;Late Triassic Genkou Group.

1995　*Nilssonia* sp.,Meng Fansong and others,pl. 6,fig. 10;cycadophyte leaf;Furongqiao of Sangzhi,Hunan;Middle Triassic member 2 of Badong Formation.

1995　*Nilssonia* sp.,Zeng Yong and others,p. 57,pl. 13,fig. 3;cycadophyte leaf;Yima,Henan; Middle Jurassic Yima Formation.

1996b　*Nilssonia* sp.,Meng Fansong,pl. 3,fig. 15;cycadophyte leaf;Furongqiao of Sangzhi,Hunan;Middle Triassic member 2 of Badong Formation.

1996　*Nilssonia* sp.,Mi Jiarong and others,p. 112,pl. 13,fig. 8;cycadophyte leaf;Shimenzhai of Funing,Hebei;Early Jurassic Beipiao Formation.

1996　*Nilssonia* sp. indet,Mi Jiarong and others,p. 112,pl. 14,fig. 5;cycadophyte leaf;Sanbao of Beipiao,Liaoning;Early Jurassic lower member of Beipiao Formation.

1999　*Nilssonia* sp.,Cao Zhengyao,p. 64,pl. 14,figs. 1－3;cycadophyte leaves;Panlongqiao of Lin'an,Zhejiang; Early Cretaceous Shouchang Formation; Huangjiawu of Zhuji, Zhejiang;Early Cretaceous Shouchang Formation(?).

1999b　*Nilssonia* sp.,Wu Shunqing,p. 40,pl. 33,figs. 5,5a;cycadophyte leaf;Luchang of Huili, Sichuan;Late Triassic Baiguowan Formaion.

2000　*Nilssonia* sp., Meng Fansong and others, p. 57, pl. 18, fig. 3; cycadophyte leaf; Furongqiao of Sangzhi,Hunan;Middle Triassic member 2 of Badong Formation.

2000　*Nilssonia* sp. 1,Wu Shunqing,p. 223,pl. 7,figs. 1,2,2a,7;cycadophyte leaves;Dayushan,Hongkong;Early Cretaceous Repulse Bay Group.

2000　*Nilssonia* sp. 2,Wu Shunqing, pl. 7, figs. 4,5; cycadophyte leaves; Xigong of Xinjie, Hongkong;Early Cretaceous Repulse Bay Group.

2000　*Nilssonia* sp. 3,Wu Shunqing,pl. 7,fig. 6;cycadophyte leaf;Dayushan,Hongkong;Early Cretaceous Repulse Bay Group.

2002　*Nilssonia* sp.,Wu Xiangwu and others,p. 162,pl. 9,fig. 10;cycadophyte leaf;Qingtujing of Jinchang,Gansu;Middle Jurassic lower member of Ninyuanpu Formation.

2003　*Nilssonia* sp.,Deng Shenghui and others,pl. 74,fig. 3B;cycadophyte leaf;Yima Basin, Henan;Middle Jurassic Yima Formation.

2003　*Nilssonia* sp., Xu Kun and others, pl. 8, fig. 4; cycadophyte leaf; western Liaoning; Middle Jurassic Lanqi Formation.

2004   *Nilssonia* sp.,Deng Shenghui and others,pp. 210,215,pl. 1,fig. 9;pl. 2,fig. 7;pl. 3,figs. 2,3,4B,5B—5D;cycadophyte leaves;Hongliugou Section in Abram Basin,Inner Mongolia;late Middle Jurassic Xinhe Formation.

Nilssonia? spp.

1906   *Nilssonia*? sp., Yokoyama, p. 23, pl. 4, figs. 10, 11; cycadophyte leaves; Silupu of Xing'an,Jiangxi;Jurassic.

1963   *Nilssonia*? sp. 4,Sze H C,Lee H H and others, p. 189, pl. 53, figs. 5,6; cycadophyte leaves;Silupu of Xing'an,Jiangxi;late Late Triassic—Early Jurassic.

1976   *Nilssonia*? sp.,Lee P C and others,p. 128,pl. 46,fig. 8;cycadophyte leaf;Shizhongshan of Jianchuan,Yunnan;Late Triassic Jianchuan Formation.

1979   *Nilssonia*? sp.,He Yuanliang and others,p. 150,pl. 72,fig. 6;cycadophyte leaf;Wuli of Golmud,Qinghai;Late Triassic upper part of Jieza Group.

1982   *Nilssonia*? sp.,Li Peijuan,Wu Xiangwu,p. 53,pl. 22,figs. 1A, 1a;cycadophyte leaf; Xiangcheng area,western Sichuan;Late Triassic Lamaya Formation.

1982b *Nilssonia*? sp.,Wu Xiangwu,p. 96,pl. 7,figs. 6B,6b;cycadophyte leaves;Gonjo area,Tibet;Late Triassic upper member of Bagong Formation.

1984b *Nilssonia*? sp.,Cao Zhengyao,p. 39,pl. 4,figs. 10,10a;cycadophyte leaf;Dabashan of Mishan,Heilongjiang;Early Cretaceous Dongshan Formation.

1990   *Nilssonia*? sp., Wu Xiangwu, He Yuanliang, p. 306, pl. 5, fig. 8; cycadophyte leaf; Yushu,Qinghai;Late Triassic Gema Formation of Jieza Group.

1998   *Nilssonia*? sp.,Wang Rennong and others,pl. 26,fig. 1;cycadophyte leaf;Zhaitang of West Hill,Beijing;Middle Jurassic Mentougou Group.

Genus *Nilssoniopteris* Nathorst,1909

1909   Nathorst,p. 29.

1949   Sze H C,p. 23.

1963   Sze H C,Lee H H and others,p. 178.

1993a Wu Xiangwu,p. 106.

Type species:*Nilssoniopteris tenuinervis* Nathorst,1909

Taxonomic status:Bennettiales,Cycadopsida

Nilssoniopteris tenuinervis Nathorst,1909

1862   *Taeniopteris tenuinervis* Braun,p. 50,pl. 13,figs. 1—3;leaves;Germany;Late Triassic.

1909   Nathorst,p. 29,pl. 6,figs. 23—25;pl. 7,fig. 21;leaves;Yorkshire,England;Middle Jurassic.

1976   Lee P C and others, p. 124, pl. 38, figs. 3,4; cycadophyte leaves; Mahuangjing of Xiangyun, Yunnan; Late Triassic Huaguoshan Member of Xiangyun Formation; Moshahe of Dukou,Sichuan;Late Triassic Daqiaodi Member of Nalajing Formation.

1983   Duan Shuying and others,pl. 9,fig. 6;leaf;Beiluoshan of Ninglang,Yunnan;Late Triassic.

1993a Wu Xiangwu,p. 106.

2005   Sun Bainian and others,pl. 9,fig. 2;cuticle;Yaojie,Gansu;Middle Jurassic Yaojie Formation.

Cf. *Nilssoniopteris tenuinervis* Nathorst

1999b Wu Shunqing, p. 38, pl. 30, fig. 7; leaf; Fuancun of Huili, Sichuan; Late Triassic Baiguowan Formaion.

Nilssoniopteris cf. *tenuinervis* Nathorst

1982 Duan Shuying, Chen Ye, p. 503, pl. 10, figs. 10, 11; leaves; Tanba of Hechuan, Sichuan; Late Triassic Hsuchiaho Formation.

△*Nilssoniopteris angustifolia* Wang, 1984

1984 Wang Ziqiang, p. 264, pl. 141, figs. 1—5; pl. 161, figs. 1—8; cycadophyte leaves and cuticles; Reg. No.: P0248—P0250, P0269, P0270; Syntype 1: P0269 (pl. 141, fig. 1); Syntype 2: P0250 (pl. 141, fig. 5); Repository: Nanjing Institute of Geology and Palaeontology, Chinese Academy of Sciences; Xiahuayuan, Hebei; Middle Jurassic Mentougou Formation. [Notes: According to *International Code of Botanical Nomenclature* (*Vienna Code*) article 37. 2, from the year 1958, the holotype type specimen should be unique]

1992 Xie Mingzhong, Sun Jingsong, pl. 1, fig. 10; leaf; Xuanhua, Hebei; Middle Jurassic Xiahuayuan Formation.

△*Nilssoniopteris aniana* Li, Ye et Zhou, 1986

1986 Li Xingxue, Ye Meina, Zhou Zhiyan, p. 24, pl. 25, figs. 1—1e; pl. 26; pl. 27; pl. 45, figs. 4, 5; leaves and cuticles; Reg. No.: PB11625; Holotype: PB11625 (pl. 25, fig. 1); Repository: Nanjing Institute of Geology and Palaeontology, Chinese Academy of Sciences; Shansong of Jiaohe, Jilin; Early Cretaceous Jiaohe Group.

Nilssoniopteris (*Taniopteris*) *beyrichii* (Schenk) Carpentier, 1939

1871 *Oleangrium beyrichii* Schenk, p. 221, pl. 29, figs. 6, 6a, 7, 7a; leaves; Minden, Germany; Early Cretaceous (Wealden).

1894 *Taniopteris beyrichii* (Schenk) Seward, p. 125, pl. 9, figs. 3, 3a; leaf; Minden, Germany; Early Cretaceous (Wealden).

1939 Carpentier, p. 18, pl. 10, fig. 1; pl. 12, fig. 1; cuticles and leaves; Minden, Germany; Early Cretaceous (Wealden).

Nilssoniopteris beyrichii (Schenk) Nathorst

[Notes: The name *Nilssoniopteris beyrichii* (Schenk) Nathorst is firstly applied by Wang Ziqiang (1984)]

1984 *Nilssoniopteris beyrichii* (Schenk) Nathorst, Wang Ziqiang, p. 264, pl. 153, figs. 6, 7; leaves and cuticles; Zhangjiakou and Fengning, Hebei; Early Cretaceous Qingshila Formation.

1985 Shang Ping, pl. 3, fig. 4; cycadophyte leaf; Fuxin Coal Basin, Liaoning; Early Cretaceous Taiping Member of Haizhou Formation.

1988 Chen Fen and others, p. 56, pl. 22, figs. 9, 10; leaves and cuticles; Xinqiu Opencut Coal Mine of Fuxin, Liaoning; Early Cretaceous Fuxin Formation.

1988 Sun Ge, Shang Ping, pl. 1, fig. 10a; pl. 2, figs. 1, 2; pl. 4, fig. 1; leaves; Huolinhe Coal Field, Inner Mongolia; Early Cretaceous Huolinhe Formation.

1995b Deng Shenghui, p. 42, pl. 18, fig. 3; pl. 20, fig. 1; pl. 22, fig. 5; pl. 26, fig. 9; pl. 37, figs.

3—6;pl. 38,figs. 1—6;text-fig. 17-D;leaves and cuticles;Huolinhe Basin,Inner Mongolia;Early Cretaceous Huolinhe Formation.

1997　Deng Shenghui and others,p. 40,pl. 20,figs. 7,8;pl. 21,figs. 4—10;pl. 22,figs. 1—6; leaves and cuticles;Dayan Basin of Hailar,Inner Mongolia;Early Cretaceous Yimin Formation and Damoguaihe Formation.

1998b　Deng Shenghui,pl. 2,figs. 3,4;leaves;Pingzhuang-Yuanbaoshan Basin,Inner Mongolia; Early Cretaceous Yuanbaoshan Formation.

△*Nilssoniopteris bolei* Barale G,Thévenard F et Zhou,1998 (in English)

1998　Barale G,Thévenard F,Zhou Zhiyan,in Barale G and others,p. 15,pl. 3,figs. 1—8;leaves and cuticles;Reg. No.:PB17464,PB17466;Holotype:PB17466 (pl. 3,figs. 1,3—8); Repository:Nanjing Institute of Geology and Palaeontology,Chinese Academy of Sciences;Yima,Henan;Middle Jurassic Yima Formation.

△*Nilssoniopteris conjugata* Li,Ye et Zhou,1986

1986　Li Xingxue,Ye Meina,Zhou Zhiyan,p. 25,pl. 28—31;pl. 44,figs. 4,5;leaves and cuticles;Reg. No.:PB11626,PB11627;Holotype:PB11626 (pl. 28,fig. 1);Repository:Nanjing Institute of Geology and Palaeontology,Chinese Academy of Sciences;Shansong of Jiaohe,Jilin;Early Cretaceous Jiaohe Group.

△*Nilssoniopteris didaoensis* (Zheng et Zhang) Meng,1988

1982　*Taeniopteris didaoensis* Zheng et Zhang,Zheng Shaolin,Zhang Wu,p. 311,pl. 16,figs. 14—16;leaves;Hada of Jidong,Heilongjiang;Early Cretaceous Chengzihe Formation.

1988　Meng Xiangying,in Chen Fen and others,pp. 57,153,pl. 25,figs. 1—4;leaves and cuticles;Qinghemen of Fuxin,Liaoning;Early Cretaceous Lower Shahai Formation.

Nilssoniopteris groenlandensis (Harris) Florin,1933

1926　*Taeniopteris groenlandensis* Harris,p. 97,pl. 5,fig. 12;text-fig. 22;leaf;Greenland;Late Triassic *Lepidopteris* Zone.

1933　Florin,pp. 4,15;Greenland;Late Triassic *Lepidopteris* Zone.

Nilssoniopteris cf. *groenlandensis* (Harris) Florin

1984　Chen Fen and others,p. 53,pl. 24,figs. 1,2;leaves;Datai of West Hill,Beijing;Early Jurassic Lower Yaopo Formation.

1984　Wang Ziqiang,p. 265,pl. 127,figs. 7—9;leaves;Chengde and Pingquan,Hebei;Early Jurassic Jiashan Formation.

Cf. *Nilssoniopteris groenlandensis* (Harris) Florin

1980　He Dechang,Shen Xiangpeng,p. 20,pl. 20,fig. 4;leaf;Zixing,Hunan;Early Jurassic Zaoshang Formation;Late Triassic.

△*Nilssoniopteris hailarensis* Zheng et Zhang,1990

1990　Zheng Shaolin,Zhang Wu,in Zheng Shaolin and others,p. 484,pls. 1,2;text-fig. 2;leaves and cuticles;No.:No. HAW5-1773;Holotype:HAW5-1773 (pls. 1,2);Hailar,Inner Mongolia;Early Cretaceous Yimin Formation.

△*Nilssoniopteris huolinhensis* Duan et Chen,1996 (in English)

1995　Duan Shuying,Chen Ye,in Li Chengsen,Cui Jinzhong,pp. 86,87 (with figure);cuticles;

Huolinhe Basin, Inner Mongolia; Early Cretaceous.

1996   Duan Shuying, Chen Ye, p. 356, pls. 1—3; simple leaves with cuticles; specimen No.: No. 8370 (1), No. 8370 (2), No. 8371 (1), No. 8371 (2), No. 8373; Holotype: No. 8370 (2) (pl. 1, fig. 1); Paratypes: No. 8370 (1), No. 8371 (1), No. 8371 (2), No. 8373 (pl. 1, figs. 2—5); Repository: Institute of Botany, the Chinese Academy of Sciences; Huolinhe Basin, Inner Mongolia; Early Cretaceous.

1995   Li Chengsen, Cui Jinzhong, pp. 86, 87 (with figure); cuticles; Huolinhe Basin, Inner Mongolia; Early Cretaceous.

Nilssoniopteris immersa (Nathorst) Florin, 1933

1876   *Taeniopteris* (*Danaeopsis*) *immersa* Nathorst, pp. 45, 87, pl. 1, fig. 16; pl. 19, fig. 6.

1933   Florin, p. 5.

1976   Lee P C and others, p. 123, pl. 39, figs. 1, 2; leaves; Mahuangjing of Xiangyun, Yunnan; Late Triassic Huaguoshan Member of Xiangyun Formation; Yipinglang of Lufeng, Yunnan; Late Triassic Ganhaizi Member of Yipinglang Formation.

1984   Chen Gongxin, p. 595, pl. 247, figs. 5, 6; leaves; Fenshuiling of Jingmen, Hubei; Late Triassic Jiuligang Formation.

Cf. *Nilssoniopteris immersa* (Nathorst) Florin

1999b Wu Shunqing, p. 37, pl. 30, fig. 3; leaf; Langdai of Liuzhi, Guizhou; Late Triassic Huobachong Formation.

△*Nilssoniopteris inconstans* Sun et Shen, 1985

1985   Sun Bainian, Shen Guanglong, pp. 561, 563, pl. 1, figs. 1—11; pl. 2, figs. 1—8; leaves and cuticles; Reg. No.: Lp. 86001—Lp. 86004; Holotype: Lp. 86003 (pl. 1, fig. 3); Repository: Department of Geology, Lanzhou University; Yaojie of Lanzhou, Gansu; Middle Jurassic upper part of Yaojie Formation.

1998   Zhang Hong and others, pl. 41, figs. 1—5; leaves and cuticles; Yaojie of Lanzhou, Gansu; Middle Jurassic upper part of Yaojie Formation.

2005   Sun Bainian and others, pl. 15, fig. 2; cuticle; Yaojie, Gansu; Middle Jurassic Yaojie Formation.

△*Nilssoniopteris introvenius* Zheng et Zhang, 1996 (in English)

1996   Zheng Shaolin, Zhang Wu, p. 384, pl. 2, figs. 6—10; leaves and cuticles; Reg. No.: SG1130312; Repository: Shenyang Institute of Geology and Mineral Resources; Yangcaogou of Changchun, Jilin; Early Cretaceous Yingcheng Formation.

Nilssoniopteris jourdyi (Zeiller) Florin, 1933

1902—1903   *Taeniopteris jourdyi* Zeiller, p. 66, pl. 10, figs. 1—6; pl. 11, figs. 1—4; pl. 12, figs. 1—4, 6; pl. 13, figs. 1—5; cycadophyte leaves; Hong Gai, Vietnam; Late Triassic.

1933   Florin, p. 5.

1976   Lee P C and others, p. 124, pl. 36, figs. 2, 3; pl. 37, figs. 1, 2, 5—10a; pl. 39, figs. 3—4a; leaves; Mupangpu and Mahuangjing of Xiangyun, Yunnan; Late Triassic Huaguoshan Member of Xiangyun Formation; Yipinglang of Lufeng, Yunnan; Late Triassic Ganhaizi Member of Yipinglang Formation.

1978   Yang Xianhe, p. 518, pl. 180, fig. 7; leaf; Moshahe of Dukou, Sichuan; Late Triassic

Daqiaodi Formation.

1979 Hsu J and others, p. 64, pl. 62, figs. 1—8; leaves; Longshuwan and Huashan of Baoding, Sichuan; Late Triassic middle-upper part of Daqiaodi Formation.

1980 He Dechang, Shen Xiangpeng, p. 19, pl. 8, fig. 5; leaf; Guanchun of Lechang, Guangdong; Late Triassic.

1981 Chen Ye, Duan Shuying, pl. 3, fig. 3; single leaf; Hongni Coal Field of Yanbian, Sichuan; Late Triassic Daqiaodi Formation.

1982 Li Peijuan, Wu Xiangwu, p. 51, pl. 7, fig. 4; pl. 12, fig. 1B; pl. 14, fig. 2; leaves; Daocheng area, Sichuan; Late Triassic Lamaya Formation.

1982a Wu Xiangwu, p. 57, pl. 6, fig. 7A; pl. 8, fig. 5C; leaves; Tumain of Amdo, Tibet; Late Triassic Tumaingela Formation.

1982b Wu Xiangwu, p. 95, pl. 1, fig. 5B(?); pl. 6, fig. 4B; pl. 15, fig. 2; pl. 17, fig. 5A; pl. 19, fig. 5A; leaves; Gonjo and Qamdo area, Tibet; Late Triassic upper member of Bagong Formation.

1984 Chen Gongxin, p. 596, pl. 247, figs. 9, 10; leaves; Fenshuiling of Jingmen, Hubei; Late Triassic Jiuligang Formation.

1989 Mei Meitang and others, p. 104, pl. 57, fig. 5; leaf; China; Late Triassic.

1993 Wang Shijun, p. 36, pl. 19, figs. 2, 9; leaves; Ankou of Lechang, Guangdong; Late Triassic Genkou Group.

? *Nilssoniopteris jourdyi* (Zeiller) Florin

1987 He Dechang, p. 77, pl. 6, fig. 5; leaf; Longpucun in Meiyuan of Yunhe, Zhejiang; late Early Jurassic bed 5 of Longpu Formation.

Cf. *Nilssoniopteris jourdyi* (Zeiller) Florin

1990 Wu Xiangwu, He Yuanliang, p. 306, pl. 6, figs. 4, 4a; pl. 7, fig. 7; leaves; Yushu, Qinghai; Late Triassic Gema Formation of Jieza Group.

Nilssoniopteris cf. *jourdyi* (Zeiller) Florin

1987 He Dechang, p. 85, pl. 17, fig. 2; leaf; Gekou of Anxi, Fujian; Early Jurassic Lishan Formation.

Nilssoniopteris latifolia Kiritchkova, 1973 (non Zheng et Zhang, 1996)

1973 Kiritchkova, p. 10, pl. 5, fig. 2; leaf; Central Asia; Early Jurassic.

△*Nilssoniopteris latifolia* Zheng et Zhang, 1996 (non Kiritchkova, 1973) (in English)

[Notes: This specific name *Nilssoniopteris latifolia* Zheng et Zhang, 1996 is a late homomum (homomum junius) of *Nilssoniopteris latifolia* Kiritchkova, 1973]

1996 Zheng Shaolin, Zhang Wu, p. 384, pl. 3, figs. 1—5; leaves and cuticles; Reg. No.: SG1130309, SG113010; Repository: Shenyang Institute of Geology and Mineral Resources; Liaoyuan Coal Field, Jilin; Early Cretaceous Chang'an Formation. (Notes: The type specimen was not designated in the original paper)

△*Nilssoniopteris lixinensis* Zheng et Zhang, 1982

1982b Zheng Shaolin, Zhang Wu, p. 309, pl. 10, figs. 1—6; text-fig. 10; cycadophyte leaves and cuticles; Reg. No.: HCLI001; Repository: Shenyang Institute of Geology and Mineral Resources; Lixin of Jixian, Heilongjiang; Early Cretaceous Chengzihe Formation.

Nilssoniopteris longifolius Doludenko, 1969 (non Chang, 1976)

1969   Doludenko, p. 42, pl. 39, figs. 1—6; leaves and cuticles; Georgia; Late Jurassic.

△*Nilssoniopteris longifolius* Chang, 1976 (non Doludenko, 1969)

(Notes: The species name *Nilssoniopteris longifolius* Chang, 1976 is a heterotypic later homonym of *Nilssoniopteris longifolia* Doludenko, 1969)

1976   Chang Chichen, p. 191, pl. 93, fig. 1; pl. 96, figs. 1—4; leaves and cuticles; Reg. No.: N110b, N111a; Repository: Shenyang Institute of Geology and Mineral Resources; Shiguaigou of Baotou, Inner Mongolia; Middle Jurassic Zhaogou Formation. (Notes: The type specimen was not designated in the original paper)

Cf. *Nilssoniopteris longifolius* Chang, 1976 (non Doludenko, 1969)

1980   Zhang Wu and others, p. 269, pl. 140, fig. 7; leaf; Xiaomazhangzi in Hexigten Banner of Juud League, Liaoning; Middle Jurassic Xinming Formation.

△*Nilssoniopteris multiformis* Deng, 1995

1995b   Deng Shenghui, pp. 43, 111, pl. 19, fig. 1; pl. 20, fig. 7; pl. 23, figs. 1, 2; pl. 36, figs. 1—4; pl. 39, figs. 1—6; pl. 40, figs. 1, 2; text-fig. 17C; leaves and cuticles; No.: H14-073, H17-130, H17-174, H17-170; Repository: Research Institute of Petroleum Exploration and Development, Beijing; Huolinhe Basin, Inner Mongolia; Early Cretaceous Huolinhe Formation. (Notes: The type specimen was not designated in the original paper)

△*Nilssoniopteris oligotricha* Zhou, 1989

1989   Zhou Zhiyan, p. 144, pl. 8, figs. 1—4; pl. 9, figs. 1, 5; pl. 11, figs. 7—9; pl. 14, fig. 1; text-figs. 18—21; leaves and cuticles; Reg. No.: PB13832-1, PB13833; Holotype: PB13832 (pl. 9, fig. 5; text-fig. 21); Repository: Nanjing Institute of Geology and Palaeontology, Chinese Academy of Sciences; Shanqiao of Hengyang, Hunan; Late Triassic Yangbaichong Formation.

1995a   Li Xingxue (editor-in-chief), pl. 80, figs. 5—7; upper cuticles and lower cuticles of rachis (showing stomata and sinuous anticlinal cell-walls); Hengyang, Hunan; Late Triassic Yangbaichong Formation. (in Chinese)

1995b   Li Xingxue (editor-in-chief), pl. 80, figs. 5—7; upper cuticles and lower cuticles of rachis (showing stomata and sinuous anticlinal cell-walls); Hengyang, Hunan; Late Triassic Yangbaichong Formation. (in English)

Nilssoniopteris ovalis Samylina, 1963

1963   Samylina, p. 89, pl. 19, fig. 5; text-fig. 8; leaf; lower Aldan River; Early Cretaceous.

1988   Chen Fen and others, p. 57, pl. 22, figs. 6—8; leaves and cuticles; Xinqiu Opencut Coal Mine of Fuxin, Liaoning; Early Cretaceous Fuxin Formation.

1995b   Deng Shenghui, p. 46, pl. 22, fig. 6; leaf; Huolinhe Basin, Inner Mongolia; Early Cretaceous Huolinhe Formation.

Nilssoniopteris pristis Harris, 1969

1969   Harris, p. 76; text-figs. 35, 36; leaves and cuticles; Yorkshire, England; Middle Jurassic.

1988   Li Peijuan and others, p. 86, pl. 55, fig. 5; pl. 56, figs. 3—6a; pl. 57, figs. 3—6; pl. 58, fig. 6; pl. 69, fig. 1A; pl. 71, fig. 3A; pl. 83, fig. 1A; pl. 84, fig. 1a; pl. 108, figs. 1, 4, 6; pl. 109, figs. 1, 1A; leaves and cuticles; Dameigou of Da Qaidam, Qinghai; Middle Jurassic *Tyrmia-Sphenobaiera* Bed of Dameigou Formation.

1995a Li Xingxue (editor-in-chief), pl. 89, fig. 3; leaf; Dameigou of Da Qaidam, Qinghai; Middle Jurassic Dameigou Formation. (in Chinese)

1995b Li Xingxue (editor-in-chief), pl. 89, fig. 3; leaf; Dameigou of Da Qaidam, Qinghai; Middle Jurassic Dameigou Formation. (in English)

Nilssoniopteris prynadae Samylina, 1964

1964   Samylina, p. 75, pl. 16, fig. 8; pl. 18, figs. 4—10; leaves; Kolyma Basin; Early Cretaceous.

1982b Zheng Shaolin, Zhang Wu, p. 308, pl. 9, figs. 4—7; leaves and cuticles; Sifangtai of Shuangyashan, Heilongjiang; Early Cretaceous Chengzihe Formation.

1988   Chen Fen and others, p. 58, pl. 24, figs. 1—8; pl. 63, figs. 7, 11; leaves and cuticles; Haizhou Opencut Coal Mine of Fuxin, Liaoning; Early Cretaceous Fuxin Formation; Tiefa, Liaoning; Early Cretaceous Lower Coal-bearing Member of Xiaoming'anbei Formation.

1995b Deng Shenghui, p. 46, pl. 23, fig. 10; pl. 40, figs. 3—6; text-figs. 17A, 17B; leaves; Huolinhe Basin, Inner Mongolia; Early Cretaceous Huolinhe Formation.

1995a Li Xingxue (editor-in-chief), pl. 101, figs. 3, 4; pl. 102, figs. 1—5; leaves and cuticles; Hegang, Heilongjiang; Early Cretaceous Shitouhezi Formation; Huolinhe Basin, Inner Mongolia; Early Cretaceous Huolinhe Formation. (in Chinese)

1995b Li Xingxue (editor-in-chief), pl. 101, figs. 3, 4; pl. 102, figs. 1—5; leaves and cuticles; Hegang, Heilongjiang; Early Cretaceous Shitouhezi Formation; Huolinhe Basin, Inner Mongolia; Early Cretaceous Huolinhe Formation. (in English)

△Nilssoniopteris shuangyashanensis Zheng et Zhang, 1982

1982b Zheng Shaolin, Zhang Wu, p. 309, pl. 11, figs. 1a—7; text-fig. 9; leaves and cuticles; Reg. No.: HCS027; Repository: Shenyang Institute of Geology and Mineral Resources; Sifangtai of Shuangyashan, Heilongjiang; Early Cretaceous Chengzihe Formation.

△Nilssoniopteris? undufolia Wang, 1984

1984   Wang Ziqiang, p. 266, pl. 144, figs. 6—9; leaves; Reg. No.: P0365—P0367; Holotype: P0366 (pl. 144, fig. 7); Paratype: P0365 (pl. 144, fig. 6); Repository: Nanjing Institute of Geology and Palaeontology, Chinese Academy of Sciences; Zhuolu, Hebei; Middle Jurassic Yudaishan Formation.

△Nilssoniopteris? uwatokoi (Ôishi) Lee, 1963

1935   *Taeniopteris uwatokoi* Ôishi, p. 90, pl. 8, figs. 5—7; text-fig. 7; leaves and cuticles; Dongning Coal Field, Heilongjiang; Late Jurassic or Early Cretaceous.

1963   Lee P C, in Sze H C, Lee H H and others, p. 180, pl. 69, figs. 2—4; leaves and cuticles;

Dongning, Heilongjiang; Late Jurassic.

1980 Zhang Wu and others, p. 269, pl. 169, figs. 1,2; leaves; Dongning, Heilongjiang; Early Cretaceous Muling Formation.

Nilssoniopteris vittata (Brongniart) Florin, 1933

1828 *Taeniopteris vittata* Brongniart, p. 62; Yorkshire, England; Middle Jurassic.

1831 (1828—1838) *Taeniopteris vittata* Brongniart, p. 263, pl. 82, figs. 1—4; leaves; Yorkshire, England; Middle Jurassic.

1933 Florin, pp. 4,5; Yorkshire, England; Middle Jurassic.

1949 Sze H C, p. 23, pl. 4, fig. 3a; leaf; Baishigang of Dangyang, Hubei; Early—Late Jurassic. [Notes: This specimen lately was referred as Cf. *Nilssoniopteris vittata* (Brongniart) Florin (Sze H C, Lee H H and others, 1963)]

1984 Chen Fen and others, p. 54, pl. 24, fig. 3; leaf; Mentougou and Qianjuntai, Beijing; Middle Jurassic Longmen Formation.

1984 Wang Ziqiang, p. 265, pl. 139, figs. 1—7; pl. 162, figs. 1—5; leaves and cuticles; Xiahuayuan, Hebei; Middle Jurassic Mentougou Formation; Datong, Shanxi; Middle Jurassic Datong Formation.

1988 Wu Xiangwu, p. 754, pl. 2, figs. 1—3c; pl. 3, figs. 2,3; pl. 4, fig. 1; pl. 5, fig. 4,5; leaves and cuticles; Xiangxi of Zigui, Hubei; Middle Jurassic Hsiangchi (Xiangxi) Formation.

1993a Wu Xiangwu, p. 106.

1998 Cao Zhengyao, p. 287, pl. 5, figs. 1A,3—10; leaves and cuticles; Maoling of Susong, Anhui; Early Jurassic Moshan Formation.

Nilssoniopteris? *vittata* (Brongniart) Florin

1984 Gu Daoyuan, p. 149, pl. 80, figs. 18,19; leaves; Kubuk River in Junggar (Dzungaria) Basin, Xinjiang; Early Jurassic Badaowan Formation.

Cf. *Nilssoniopteris vittata* (Brongniart) Florin

1962 Lee H H, p. 153, pl. 94, fig. 5; leaf; Changjiang River Basin; Late Triassic — Early Jurassic.

1963 Sze H C, Lee H H and others, p. 179, pl. 71, fig. 3; leaf; Jalai Nur, Inner Mongolia (Chalai-Nor of Hsing-An, Manchoukuo); Liujiang, Hebei; Baishigang of Dangyang, Hubei; Junggar (Dzungaria), Xinjiang; Early—Middle Jurassic.

1977 Feng Shaonan and others, p. 228, pl. 89, fig. 1; leaf; Dangyang, Hubei; Early—Middle Jurassic Upper Coal Formation of Hsiangchi Group.

2002 Wu Xiangwu and others, p. 160, pl. 9, fig. 13; pl. 10, fig. 12; leaves; Bailuanshan of Zhangye, Gansu; Early—Middle Jurassic Chaishui Group.

Nilssoniopteris cf. *vittata* (Brongniart) Florin

1984 Chen Gongxin, p. 596, pl. 248, fig. 6; leaf; Baishigang of Dangyang, Hubei; Early Jurassic Tongzhuyuan Formation.

1988 Li Peijuan and others, p. 87, pl. 59, fig. 4; pl. 108, figs. 2,3; pl. 109, figs. 2—7; leaves and cuticles; Dameigou of Da Qaidam, Qinghai; Middle Jurassic *Tyrmia-Sphenobaiera* Bed of Dameigou Formation.

△*Nilssoniopteris xuiana* Zhou,1989

1989 Zhou Zhiyan,p. 142,pl. 7,figs. 1,2;pl. 8,fig. 11;pl. 9,figs. 2,3;pl. 11,figs. 1－6;text-figs. 12－17;leaves and cuticles;Reg. No.:PB13834,PB13835;Holotype:PB13834（pl. 9,fig. 3）;Repository:Nanjing Institute of Geology and Palaeontology,Chinese Academy of Sciences;Shanqiao of Hengyang,Hunan;Late Triassic Yangbaichong Formation.

1995a Li Xingxue（editor-in-chief）,pl. 80,figs. 1－4;upper cuticles and lower cuticles of leaves （showing stomatas）;Hengyang,Hunan;Late Triassic Yangbaichong Formation. （in Chinese）

1995b Li Xingxue（editor-in-chief）,pl. 80,figs. 1－4;upper cuticles and lower cuticles of leaves （showing stomatas）;Hengyang,Hunan;Late Triassic Yangbaichong Formation. （in English）

Nilssoniopteris spp.

1981 *Nilssoniopteris* sp.,Chen Fen and others,pl. 4,fig. 5;leaf;Haizhou Opencut Coal Mine of Fuxin,Liaoning;Early Cretaceous Fuxin Formation.

1988 *Nilssoniopteris* sp.,Chen Fen and others,p. 58,pl. 25,figs. 5－8;leaves and cuticles; Qinghemen of Fuxin,Liaoning;Early Cretaceous Shahai Formation.

1988 *Nilssoniopteris* sp. （sp. nov.?）,Sun Bainian, Yang Shu,p. 85,pl. 1,fig. 4,4a,5;pl. 2, figs. 1－4;text-fig. 1;leaves and cuticles;Xiangxi of Zigui,Hubei;Early－Middle Jurassic Hsiangchi （Xiangxi） Formation.

1992 *Nilssoniopteris* sp.,Xie Mingzhong, Sun Jingsong,pl. 1,fig. 11;leaf;Xuanhua,Hebei; Middle Jurassic Xiahuayuan Formation.

1993 *Nilssoniopteris* sp.,Wang Shijun,p. 36,pl. 14,fig. 16;pl. 15,figs. 6－8;pl. 37,figs. 1,2; leaves and cuticles;Guanchun of Lechang,Guangdong;Late Triassic Genkou Group.

1996 *Nilssoniopteris* sp. （sp. nov.?）,Zheng Shaolin, Zhang Wu,p. 386,pl. 3,figs. 6－12; leaves and cuticles;Shahezi of Changtu,Liaoning;Early Cretaceous Shahezi Formation.

2003 *Nilssoniopteris* sp.,Deng Shenghui and others,pl. 64,fig. 10;pl. 75,fig. 2;leaves;Sandao-ling Coal Mine of Hami,Xinjiang;Middle Jurassic Xishanyao Formation.

2003 *Nilssoniopteris* sp.,Yang Xiaoju,p. 568,pl. 3,fig. 10;pl. 7,figs. 5－8;leaves and cuticles;Jixi Basin,Heilongjiang;Early Cretaceous Muling Formation.

2004 *Nilssoniopteris* sp.,Deng Shenghui and others,pp. 210,215,pl. 1,fig. 12;pl. 2,fig. 5;pl. 3, figs. 4A,5A;leaves;Hongliugou Section in Abram Basin,Inner Mongolia;late Middle Jurassic Xinhe Formation.

Genus *Noeggerathiopsis* Feismantel,1879

1879 Feismantel,p. 23.

1901 Krasser,p. 7.

1993a Wu Xiangwu,p. 106.

Type species:*Noeggerathiopsis hislopi* （Bunbery） Feismantel,1879

Taxonomic status:Cordaitopsida

Noeggerathiopsis hislopi (Bunbery) Feismantel, 1879

1879   Feismantel, p. 23, pl. 19, figs. 1—6; pl. 20, fig. 1; leaves; Domahenia, India; Permian Karharbari Bed.

1901   Krasser, p. 7, pl. 2, figs. 2, 3; leaves; Shaanxi; Mesozoic. [Notes: This specimen lately was referred as *Glossophyllum? shensiense* Sze (Sze H C, 1956a)]

1993a Wu Xiangwu, p. 106.

△*Noeggerathiopsis? hubeiensis* Meng, 1983

1983   Meng Fansong, p. 228, pl. 3, fig. 1; leaf; Reg. No.: D76018; Holotype: D76018 (pl. 3, fig. 1); Repository: Yichang Institute of Mineral Resources; Donggong of Nanzhang, Hubei; Late Triassic Jiuligang Formation.

△*Noeggerathiopsis liaoningensis* Mi, Zhang, Sun et al., 1993

1993   Mi Jiarong, Zhang Chuanbo, Sun Chunlin and others, p. 123, pl. 29, fig. 5; text-fig. 31; leaf; Reg. No.: Y301; Repository: Department of Geological History and Palaeontology, Changchun College of Geology; Yangcaogou of Beipiao, Liaoning; Late Triassic Yangcaogou Formation.

△Genus *Norinia* Halle, 1927

1927b Halle, p. 218.

1970   Andrews, p. 142.

2000   Meng Fansong and others, p. 62.

Type species: *Norinia cucullata* Halle, 1927

Taxonomic status: Gymnospermae incertae sedis

△*Norinia cucullata* Halle, 1927

1927b Halle, p. 218, pl. 56, figs. 8—12; cupules; central Shanxi; Late Permian Upper Shihhotse Formation.

1970   Andrews, p. 142.

Norinia sp.

2000   *Norinia* sp., Meng Fansong and others, p. 62, pl. 16, fig. 3; cupule; Dawoshang of Fengjie, Chongqing; Middle Triassic member 2 of Badong Formation.

Genus *Oleandridium* Schimper, 1869

1869 (1869—1874)   Schimper, p. 607.

1883   Schenk, p. 258.

1993a Wu Xiangwu, p. 107.

Type species: *Oleandridium vittatum* (Brongniart) Schimper, 1869

Taxonomic status: Bennettiales? (Notes: The type species now believed to be foilage of *Williamsoniella*)

Oleandridium vittatum (Brongniart) Schimper, 1869

1831? (1828—1838) *Taniopteris vittatum* Brongniart, p. 263, pl. 82, figs. 1—4; fern-like leaves; Yorkshire, England; Middle Jurassic. [Notes: This specimen lately was referred as *Nilssoniopteris vittata* (Brongniart) Florin (Florin, 1933)]

1869 (1869—1874) Schimper, p. 607.

1993a Wu Xiangwu, p. 107.

△*Oleandridium eurychoron* Schenk, 1883

1883 Schenk, p. 258, pl. 51, fig. 5; fern-like leaves; Guangyuan, Sichuan; Jurassic. [Notes: This specimen lately was referred as *Taeniopteris rishthofeni* (Schenk) Sze (Sze H C, Lee H H and others, 1963)]

1885 Schenk, p. 168 (6), pl. 13 (1), figs. 3—5; pl. 15 (3), fig. 2; fern-like leaves; Guangyuan, Sichuan; late Late Triassic—Early Jurassic. [Notes: This specimen lately was referred as *Taeniopteris rishthofeni* (Schenk) Sze (Sze H C, Lee H H and others, 1963)]

1993a Wu Xiangwu, p. 107.

Genus *Otozamites* Braun, 1843

1843 (1839—1843) Braun, in Muenster, p. 36.

1931 Sze H C, p. 40.

1963 Sze H C, Lee H H and others, p. 166.

1993a Wu Xiangwu, p. 109.

Type species: *Otozamites obtusus* (Lingley et Hutton) Brongniart, 1849 [Notes: This species de-signated as the type by Brongniart (1849, p. 104)]

Taxonomic status: Bennettiales, Cycadopsida

Otozamites obtusus (Lingley et Hutton) Brongniart, 1849

1834 (1831—1837) *Otozapteriss obtusus* Lingley et Hutton, p. 129, pl. 128; cycadophyte leaf; England; Jurassic.

1849 Brongniart, p. 104; England; Jurassic.

1993a Wu Xiangwu, p. 109.

Otozamites anglica (Seward) Harris, 1949

1990 *Nageiopsis anglica* Seward, p. 288; text-fig. 51; cycadophyte leaf; Yorkshire, England; Middle Jurassic.

1949 Harris, p. 275; text-figs. 1, 2; cycadophyte leaves and cuticles; Yorkshire, England; Middle Jurassic.

2001 Sun Ge and others, pp. 81, 188, pl. 13, fig. 4; pl. 48, figs. 13, 14; cycadophyte leaves; Huangbanjigou in Shangyuan of Beipiao, Liaoning; Late Jurassic Jianshangou Formation.

△*Otozamites? anlungensis* Wu, 1966

1966　Wu Shunching, pp. 236, 240, pl. 2, figs. 4, 4a; cycadophyte leaf; Reg. No.: PB3872; Repository: Nanjing Institute of Geology and Palaeontology, Chinese Academy of Sciences; Longtoushan of Anlong, Guizhou; Late Triassic.

△*Otozamites apiculatus* Ye et Huang, 1986

1986　Ye Meina, Huang Guoqing, in Ye Meina and others, p. 49, pl. 31, figs. 5, 5a; pl. 33, fig. 2; cycadophyte leaves; Repository: 137 Geological Team of Sichuan Coal Field Geological Company; Wenquan of Kaixian, Sichuan; Middle Jurassic member 3 of Xintiangou Formation. (Notes: The type specimen was not designated in the original paper)

△*Otozamites baiguowanensis* Yang, 1978

1978　Yang Xianhe, p. 512, pl. 178, fig. 3; cycadophyte leaf; Reg. No.: Sp0102; Holotype: Sp0102 (pl. 178, fig. 3); Repository: Chengdu Institute of Geology and Mineral Resources; Baiguowan of Huili, Sichuan; Late Triassic Baiguowan Formation.

1999b Wu Shunqing, p. 35, pl. 25, fig. 5; pl. 26, figs. 1, 2a; cycadophyte leaves; Fuancun of Huili, Sichuan; Late Triassic Baiguowan Formaion.

Otozamites beani (Lingley et Hutton) Brongnart, 1849

1832　*Cycadopteris beani* Lindley et Hutton, p. 127, pl. 44; cycadophyte leaf; Yorkshire, England; Middle Jurassic.

1849　Brongniart, p. 106.

1982　Wang Guoping and others, p. 263, pl. 130, fig. 4; cycadophyte leaf; Qiaowei of Yongchun, Fujian; Late Jurassic Pantou Formation.

1988　Liu Zijin, p. 94, pl. 1, figs. 9 — 11; cycadophyte leaves; Niuposigou in Shenyu and Wangjiagou in Wucunbao of Huating, Xiangfanggou of Chongxin, Gansu; Early Cretaceous upper member in Huanhe-Huachi Formation of Zhidan Group; Zhangjiataizi of Longxian, Gansu; Early Cretaceous lower part in Jingchuan Formation of Zhidan Group.

1989　Ding Baoliang and others, pl. 3, fig. 3; cycadophyte leaf; Qiaowei of Yongchun, Fujian; Early Cretaceous Pantou Formation.

2004　Wang Wuli and others, p. 230, pl. 29, figs. 5, 6; cycadophyte leaves; Yixian, Liaoning; Late Jurassic Zhuanchengzi Bed in lower part of Yixian Formation.

Otozamites bechei Brongniart, 1849

1825　*Filicites bechei* Brongniart, p. 422, pl. 19, fig. 4; cycadophyte leaf; England; Jurassic.

1828　*Zamites bechei* Brongniart, pp. 94, 195, 199; England; Jurassic.

1849　Brongniart, p. 104; England; Jurassic.

1963　Chow Huiqin, p. 175, pl. 74, fig. 3; cycadophyte leaf; Wuhua, Guangdong; Late Triassic.

1977　Feng Shaonan and others, p. 227, pl. 83, fig. 9; cycadophyte leaf; Wuhua, Guangdong; Late Triassic Siaoping Formation.

Otozamites bengalensis (Oldham et Morris) Seward, 1917

1863　*Palaeozamites bengalensis* Oldham et Morris, p. 27, pl. 19; cycadophyte leaf; India; Jurassic.

1917 Seward, p. 543, fig. 607.

1949 Sze H C, p. 17, pl. 4, fig. 3b; pl. 11, fig. 4; cycadophyte leaves; Baishigang of Dangyang and Xiangxi of Zigui, Hubei; Early Jurassic Hsiangchi Coal Series. [Notes: This specimen lately was referred as *Otozamites mixomorphus* Ye, 1980 (Ye Meina, in Wu Shunqing and others, 1980, p. 99)]

1963 Sze H C, Lee H H and others, p. 167, pl. 64, fig. 7; cycadophyte leaf; Xiangxi of Zigui and Baishigang of Dangyang, Hubei; Early Jurassic Hsiangchi Group.

1974b Lee P C and others, p. 376, pl. 202, figs. 1, 2; cycadophyte leaves; Baitianba of Guangyuan, Sichuan; Early Jurassic Baitianba Formation.

1977 Feng Shaonan and others, p. 227, pl. 83, figs. 7, 8; cycadophyte leaves; Sanligang of Dangyang and Xiangxi of Zigui, Hubei; Early — Middle Jurassic Upper Coal Formation of Hsiangchi Group.

1978 Yang Xianhe, p. 511, pl. 190, fig. 8; cycadophyte leaf; Baitianba of Guangyuan, Sichuan; Early Jurassic Baitianba Formation.

1978 Zhou Tongshun, pl. 29, fig. 10; pl. 30, fig. 7; cycadophyte leaves; Dayao of Zhangping, Fujian; Early Jurassic upper member of Lishan Formation.

1982 Wang Guoping and others, p. 263, pl. 119, fig. 3; cycadophyte leaf; Zhoucun of Jiangning, Jiangsu; Early—Middle Jurassic Xiangshan Formation.

Otozamites cf. *bengalensis* (Oldham et Morris) Seward

1964 Lee P C, p. 126, pl. 11, figs. 4, 4a; cycadophyte leaf; Yangjiaya of Guangyuan, Sichuan; Late Triassic Hsuchiaho Formation.

△*Otozamites cathayanus* Zhou, 1984

1984 Zhou Zhiyan, p. 29, pl. 14, figs. 3, 4; pl. 15, figs. 1, 2; pl. 16, figs. 1 — 7; cycadophyte leaf and cuticles; Reg. No.: PB8893 — PB8895; Holotype: PB8893 (pl. 15, fig. 1); Repository: Nanjing Institute of Geology and Palaeontology, Chinese Academy of Sciences; Nanzhen of Dongan, Hunan; Early Jurassic Dabakou Member of Guanyintan Formation.

1995a Li Xingxue (editor-in-chief), pl. 85, figs. 3, 4; cycadophyte leaves; Nanzhen of Dongan, Hunan; Early Jurassic Dabakou Member of Guanyintan Formation. (in Chinese)

1995b Li Xingxue (editor-in-chief), pl. 85, figs. 3, 4; cycadophyte leaves; Nanzhen of Dongan, Hunan; Early Jurassic Dabakou Member of Guanyintan Formation. (in English)

△*Otozamites chuensis* Zhou, 1984

1984 Zhou Zhiyan, p. 34, pl. 20, figs. 1 — 1i; cycadophyte leaf and cuticle; Reg. No.: PB8908; Holotype: PB8908 (pl. 20, fig. 1); Repository: Nanjing Institute of Geology and Palaeontology, Chinese Academy of Sciences; Nanzhen of Dongan, Hunan; Early Jurassic Dabakou Member of Guanyintan Formation.

Otozamites denticulatus Kryshtofovich et Prynada, 1932

1932 Kryshtofovich, Prynada, p. 369; Primorski Krai; Early Cretaceous.

1962 *Neozamites denticulatus* (Kryshtofovich et Prynada) Vachrameev, p. 125; Primorski Krai; Early Cretaceous.

1967   *Neozamites denticulatus* (Kryshtofovich et Prynada) Vachrameev, Kraccilov, p. 151, pl. 40, fig. 1; cycadophyte leaf; Primorski Krai; Early Cretaceous.

1979   Wang Ziqing, Wang Pu, pl. 1, fig. 9; cycadophyte leaf; Tuoli of West Hill, Beijing; Early Cretaceous Tuoli Formation.

1984   Wang Ziqiang, p. 260, pl. 149, figs. 8, 9; pl. 154, fig. 5; cycadophyte leaves; Pingquan, Hebei; Ealy Cretaceous Jiufotang Formation; West Hill, Beijing; Early Cretaceous Tuoli Formation.

△*Otozamites falcata* Lan, 1982

1982   Lan Shanxian, in Wang Guoping and others, p. 264, pl. 130, figs. 6, 7; cycadophyte leaves; Reg. No.: HP540; Holotype: HP540 (pl. 130, fig. 6); Maershan of Laiyang, Shandong; Late Jurassic Laiyang Formation.

△*Otozamites gigantipinnatus* Deng, 2004 (in Chinese and English)

2004   Deng Shenghui and others, pp. 210, 216, pl. 1, figs. 10, 11; pl. 3, fig. 1; cycadophyte leaves; No.: YBL-24—YBL-26; Holotype: YBL-26 (pl. 3, fig. 1); Repository: Research Institute of Petroleum Exploration and Development; Hongliugou Section in Abram Basin, Inner Mongolia; late Middle Jurassic Xinhe Formation.

Otozamites gramineus (Phillips) Phillips, 1875

1829   *Cycadites gramineus* Phillips, p. 154, pl. 10, fig. 2; cycadophyte leaf; Yorkshire, England; Middle Jurassic.

1875   Phillips, p. 223(?), pl. 10, fig. 2; cycadophyte leaf; Yorkshire, England; Middle Jurassic.

2004   Deng Shenghui and others, pp. 210, 215, pl. 2, fig. 8; cycadophyte leaf; Hongliugou Section in Abram Basin, Inner Mongolia; late Middle Jurassic Xinhe Formation.

Otozamites graphicus (Leckenby) Schimper, 1870

1864   *Otopteris graphica* Leckenby, p. 78, pl. 8, fig. 5; cycadophyte leaf; Yorkshire, England; Middle Jurassic.

1870 (1869—1874)   Schimper, p. 170; cycadophyte leaf; Yorkshire, England; Middle Jurassic.

1982   Zhang Caifan, p. 531, pl. 341, figs. 15 — 17; cycadophyte leaves; Xiaping in Changce of Yizhang, Hunan; Early Jurassic Tanglong Formation.

1984   Zhou Zhiyan, p. 31, pl. 17, figs. 1—6; cycadophyte leaves; Hebutang of Qiyang, Hunan; Early Jurassic Paijiachong Member of Guanyintan Formation.

1995a   Li Xingxue (editor-in-chief), pl. 83, fig. 4; cycadophyte leaf; Hebutang of Qiyang, Hunan; Early Jurassic Paijiachong Member of Guanyintan Formation. (in Chinese)

1995b   Li Xingxue (editor-in-chief), pl. 83, fig. 4; cycadophyte leaf; Hebutang of Qiyang, Hunan; Early Jurassic Paijiachong Member of Guanyintan Formation. (in English)

2003   Zhao Yingcheng and others. pl. 10, figs. 1, 5; cycadophyte leaves; Hongliugou Section in Abram Basin, Inner Mongolia; late Middle Jurassic Xinhe Formation.

△*Otozamites hsiangchiensis* Sze, 1949

1949   Sze H C, p. 18, pl. 5, fig. 3; pl. 8, figs. 3, 4; pl. 9, fig. 1; cycadophyte leaves; Xiangxi of Zigui, Hubei; Early Jurassic Hsiangchi Coal Series.

1954 Hsu J, p. 59, pl. 52, fig. 3; cycadophyte leaf; Xiangxi of Zigui, Hubei; Early — Middle Jurassic Hsiangchi Coal Series.

1962 Lee H H, p. 150, pl. 91, fig. 3; cycadophyte leaf; Changjiang River Basin; Early Jurassic.

1963 Sze H C, Lee H H and others, p. 167, pl. 64, fig. 6; cycadophyte leaf; Xiangxi of Zigui, Hubei; Early Jurassic Hsiangchi Group.

1977 Feng Shaonan and others, p. 227, pl. 86, fig. 7; cycadophyte leaf; Xiangxi of Zigui, Hubei; Early—Middle Jurassic Upper Coal Formation of Hsiangchi Group.

1979 Hsu J and others, p. 62, pl. 57, figs. 3, 4; cycadophyte leaves; Huashan of Baoding, Sichuan; Late Triassic middle-upper part of Daqiaodi Formation.

1980 Wu Shunqing and others, p. 97, pl. 14, fig. 5; pl. 15, figs. 1—2a; pl. 16, figs. 2—5; pl. 17, figs. 4—6; pl. 24, figs. 7, 8; cycadophyte leaves; Xiangxi and Xietan of Zigui, Hubei; Early —Middle Jurassic Hsiangchi (Xiangxi) Formation.

1982 Wang Guoping and others, p. 264, pl. 117, fig. 1; cycadophyte leaf; Wangcun of Xiuning, Anhui; Early Jurassic.

1982 Zhang Caifan, p. 531, pl. 338, fig. 4; pl. 342, figs. 1—2a; cycadophyte leaves; Yangmeishan of Yizhang, Hunan; Late Triassic; Baifang of Changning, Hunan; Early Jurassic Shikang Formation.

1984 Chen Gongxin, p. 593, pl. 247, figs. 1, 4; cycadophyte leaves; Haihuigou of Jingmen and Tongzhuyuan of Dangyang, Hubei; Early Jurassic Tongzhuyuan Formation; Xiangxi of Zigui, Hubei; Early Jurassic Hsiangchi (Xiangxi) Formation.

1984 Wang Ziqiang, p. 260, pl. 128, figs. 2, 3; cycadophyte leaves; Chahar Right Mliddle Banner, Inner Mongolia; Early Jurassic Nansuletu Formation.

1986 Ye Meina and others, p. 50, pl. 29, figs. 6, 6a; pl. 30, figs. 8, 8a; cycadophyte leaves; Binlang of Daxian and Shuitian of Kaixian, Sichuan; Early Jurassic Zhenzhuchong Formation.

1988 Huang Qisheng, pl. 2, fig. 5; cycadophyte leaf; Huaining, Anhui; Early Jurassic middle-upper part of Wuchang Formation.

1988 Wu Xiangwu, p. 752, 757, pl. 1, figs. 1, 2; pl. 2, fig. 3A; pl. 3, figs. 1, 1A; pl. 4, figs. 2—6a; pl. 5, figs. 6—9; cycadophyte leaves and cuticles; Xiangxi of Zigui, Hubei; Middle Jurassic Hsiangchi (Xiangxi) Formation.

1989 Sun Bainian and others, p. 884, pl. 1; pl. 2; text-fig. 1; cycadophyte leaf and cuticle; Xiangxi of Zigui, Hubei; Early—Middle Jurassic Hsiangchi (Xiangxi) Formation.

1995a Li Xingxue (editor-in-chief), pl. 86, fig. 6; cycadophyte leaf; Xiangxi of Zigui, Hubei; Early—Middle Jurassic Hsiangchi (Xiangxi) Formation. (in Chinese)

1995b Li Xingxue (editor-in-chief), pl. 86, fig. 6; cycadophyte leaf; Xiangxi of Zigui, Hubei; Early—Middle Jurassic Hsiangchi (Xiangxi) Formation. (in English)

1997 Meng Fansong, Chen Dayou, pl. 2, figs. 13, 14; cycadophyte leaves; Nanxi of Yunyang, Sichuan; Middle Jurassic Dongyuemiao Member of Ziliujing Formation.

1997 Wu Shunqing and others, p. 164, pl. 1, figs. 6, 7; pl. 2, fig. 1A; pl. 3, figs. 1, 9A, 9Aa, 10 (?); cycadophyte leaves; Tai O, Hongkong; late Early Jurassic — early Middle Jurassic Taio Formation.

1998 Cao Zhengyao, p. 286, pl. 3, figs. 9—12; pl. 4; pl. 5, figs. 1B, 2; pl. 6, fig. 1A; cycadophyte leaves and cuticles; Maoling of Susong, Anhui; Early Jurassic Moshan Formation.

2002　　Meng Fansong and others, pl. 4, fig. 2; pl. 5, fig. 4; cycadophyte leaves; Xiangxi of Zigui, Hubei; Early Jurassic Hsiangchi (Xiangxi) Formation.

2003　　Meng Fansong and others, pl. 3, fig. 8; pl. 4, figs. 1—3; cycadophyte leaves; Shuishikou of Yunyang, Chongqing; Early Jurassic Dongyuemiao Member of Ziliujing Formation.

2005　　Sun Bainian and others, pl. 12, figs. 1—4; cuticles; Xiangxi of Zigui, Hubei; Early Jurassic.

△*Otozamites huaanensis* Wang, 1982

1982　　Wang Guoping and others, p. 264, pl. 120, figs. 1, 2; cycadophyte leaves; Syntypes: pl. 120, figs. 1, 2; Baiyu of Huaan, Fujian; Late Triassic Webinshan Formation. [Notes: According to *International Code of Botanical Nomenclature* (*Vienna Code*) article 37. 2, from the year 1958, the holotype type specimen should be unique]

Otozamites indosinensis Zeiller, 1903

1902—1903　Zeiller, p. 186, pl. 43, figs. 1, 2; cycadophyte leaves; Hong Gai, Vietnam; Late Triassic.

1977　　Feng Shaonan and others, p. 228, pl. 83, figs. 2, 3; cycadophyte leaves; Yizhang, Hunan; Early Jurassic; Qujiang and Lechang, Guangdong; Late Triassic Siaoping Formation.

1979　　Hsu J and others, p. 62, pl. 57, fig. 7; pls. 58, 59, fig. 5; cycadophyte leaves; Muyuwan of Baoding, Sichuan; Late Triassic middle part of Daqiaodi Formation.

1984　　Chen Gongxin, p. 594, pl. 247, fig. 2; cycadophyte leaf; Chengchao of Echeng, Hubei; Early Jurassic Wuchang Formation.

1990　　Wu Xiangwu, He Yuanliang, p. 305, pl. 8, figs. 3, 3a; cycadophyte leaf; Zhiduo, Qinghai; Late Triassic Gema Formation of Jieza Group.

1991　　Li Jie and others, p. 54, pl. 1, figs. 10, 11; cycadophyte leaves; northern Yematan of Kunlun Moutain, Xinjiang; Late Triassic Wolonggang Formation.

Otozamites cf. *indosinensis* Zeiller

1968　　*Fossil Atlas of Mesozoic Coal-bearing Strata in Kiangsi and Hunan Provinces*, p. 61, pl. 35, figs. 3—5; pl. 36, fig. 5; cycadophyte leaves; Yangmeishan of Yizhang, Hunan; Early Jurassic Yangmeishan Formation.

1980　　He Dechang, Shen Xiangpeng, p. 19, pl. 9, fig. 4; cycadophyte leaf; Yangmeishan of Yizhang, Hunan; Late Triassic.

1982a　Wu Xiangwu, p. 56, pl. 9, fig. 5; cycadophyte leaf; Baqing area, Tibet; Late Triassic Tumaingela Formation.

1982b　Wu Xiangwu, p. 94, pl. 16, fig. 2; cycadophyte leaf; Gonjo area, Tibet; Late Triassic upper member of Bagong Formation.

△*Otozamites jiangyouensis* Yang, 1978

1978　　Yang Xianhe, p. 512, pl. 189, fig. 5; cycadophyte leaf; Reg. No.: Sp0190; Holotype: Sp0190 (pl. 189, fig. 5); Repository: Chengdu Institute of Geology and Mineral Resources; Baimiao in Houba of Jiangyou, Sichuan; Early Jurassic Baitianba Formation.

△*Otozamites jingmenensis* Meng, 1987

1987　　Meng Fansong, p. 252, pl. 31, figs. 4, 4a; cycadophyte leaf; Col. No.: YA-82-P-1; Reg.

No.:P82198;Holotype:P82198 (pl. 31,fig. 4,4a);Repository:Yichang Institute of Geology and Mineral Resources;Yaohe of Jingmen, Hubei; Late Triassic Jiuligang Formation.

Otozamites klipsteinii (Dunker) Seward,1895

1846   *Cyclopteris klipsteinii* Dunker,p. 11,pl. 9,figs. 6,7;cycadophyte leaves;West Europe; Early Cretaceous (Wealden).

1895   Seward,p. 60,pl. 1,figs. 3,4;pl. 7;cycadophyte leaves;West Europe;Early Cretaceous (Wealden).

1983a   Zheng Shaolin,Zhang Wu,p. 87,pl. 5,figs. 8—11;cycadophyte leaves;Wanlongcun of Boli,Heilongjiang;Early Cretaceous Dongshan Formation.

1993   Bureau of Geology and Mineral Resources of Heilongjiang Province,pl. 12,fig. 8;cycadophyte leaf;Heilongjiang Province;Early Cretaceous Dongshan Formation.

Otozamites cf. klipsteinii (Dunker) Seward

1984   Chen Gongxin,p. 594,pl. 247,fig. 3;cycadophyte leaf; Heishan in Lingxiang of Daye, Hubei;Early Cretaceous Lingxiang Group.

1994   Cao Zhengyao,fig. 2i;cycadophyte leaf;Quxian,Zhejiang;early Early Cretaceous Laocun Formation.

△Otozamites lanceolatus Yang,1978

1978   Yang Xianhe,p. 512,pl. 187,fig. 2;cycadophyte leaf;Reg. No.:Sp0140;Holotype:Sp0140 (pl. 187,fig. 2);Repository:Chengdu Institute of Geology and Mineral Resources;Baitianba of Guangyuan,Sichuan;Early Jurassic Baitianba Formation.

Otozamites lancifolius Ôishi,1932

1932   Ôishi,p. 318,pl. 24,figs. 6,6a;cycaphyte leaf;Nariwa,Japan;Late Triassic (Nariwa).

Otozamites cf. lancifolius Ôishi

1982   Wang Guoping and others,p. 264,pl. 117,fig. 3;cycadophyte leaf;Antang of Ji'an,Jiangxi;Late Triassic Antang Formation.

△Otozamites lanxiensis Huang et Qi,1991

1991   Huang Qisheng,Qi Yue,p. 605,pl. 2,fig. 13;cycadophyte leaf;Reg. No.:ZM84019;Repository:Department of Palaeontology,China University of Geosciences (Wuhan);Majian of Lanxi,Zhejiang;Early—Middle Jurassic Majian Formation.

Otozamites leckenbyi Harris,1969

1969   Harris,p. 23,pl. 1,fig. 8;text-figs. 9,10;cycadophyte leaf and cuticle;Yorkshire, England;Middle Jurassic.

1982   Zhang Caifan,p. 531,pl. 341,fig. 1;cycadophyte leaf;Xiaping in Changce of Yizhang, Hunan;Early Jurassic Tanglong Formation.

△Otozamites linguifolius Lee,1964

1964   Lee H H and others,p. 134,pl. 86,fig. 5;cycadophyte leaf;Shouchang,Zhejiang;Late

Jurassic—Early Cretaceous lower part in Yanling Formation of Jiande Group. [Notes: This specimen lately was referred as *Zamites linguifolius* (Lee) Cao (Cao Zhengyao, 1999)]

1982   Wang Guoping and others, p. 265, pl. 131, figs. 6,7; cycadophyte leaves; Shouchang, Zhejiang; Late Jurassic Laocun Formation.

1984   Wang Ziqiang, p. 261, pl. 149, figs. 10—12; pl. 152, figs. 1—9; cycadophyte leaves and cuticles; Pingquan and Luanping, Hebei; Early Cretaceous Jiufotang Formation; Zuoyun, Shanxi; Early Cretaceous Zuoyun Formation.

1985   Shang Ping, pl. 6, figs. 6—8; cycadophyte leaves; Qinghemen, Liaoning; Early Cretaceous Shahai Formation.

1987   Shang Ping, pl. 1, fig. 9; cycadophyte leaf; Fuxin Coal Basin, Liaoning; Early Cretaceous.

1988   Liu Zijin, p. 94, pl. 2, figs. 2—7; cycadophyte leaves; Niuposigou in Shenyu of Huating, Gansu; Early Cretaceous upper member in Huanhe-Huachi Formation of Zhidan Group; Zhangjiataizi of Longxian, Gansu; Early Cretaceous lower part in Jingchuan Formation of Zhidan Group.

1989   Ding Baoliang and others, pl. 2, figs. 11, 12; cycadophyte leaves; Shouchang, Zhejiang; Late Jurassic Laocun Formation.

1994   Cao Zhengyao, fig. 2h; cycadophyte leaf; Jiande, Zhejiang; early Early Cretaceous Shouchang Formation.

1995a   Li Xingxue (editor-in-chief), pl. 111, figs. 6,7; cycadophyte leaves; Jiande, Zhejiang; Early Cretaceous Shouchang Formation. (in Chinese)

1995b   Li Xingxue (editor-in-chief), pl. 111, figs. 6,7; cycadophyte leaves; Jiande, Zhejiang; Early Cretaceous Shouchang Formation. (in English)

△*Otozamites margaritaceus* Zhou, 1984

1984   Zhou Zhiyan, p. 33, pl. 19, figs. 1—4; cycadophyte leaves and cuticles; Reg. No.: PB8904—PB8907; Holotype: PB8904 (pl. 19, fig. 1); Repository: Nanjing Institute of Geology and Palaeontology, Chinese Academy of Sciences; Nanzhen of Dongan, Hunan; Early Jurassic Dabakou Member of Guanyintan Formation.

Otozamites mattiellianus Zigno, 1885

1873—1885   Zigno, p. 70, pl. 34, figs. 9,10; cycadophyte leaves; Italy; Early Jurassic (Lias).

1984   Zhou Zhiyan, p. 31, pl. 18, figs. 1,2d; text-fig. 7-3; cycadophyte leaves and cuticles; Yuanzhu of Lanshan, Hunan; Early Jurassic Paijiachong Member of Guanyintan Formation.

△*Otozamites megaphyllus* Hsu et Tuan, 1974

1974   Hsu J, Tuan Shuyin, in Hsu J and others, p. 274, pl. 6, figs. 2,3; cycadophyte leaves; No. : No. 754, No. 2764, No. 2732, No. 2735; Syntype 1: No. 2764 (pl. 6, fig. 2); Syntype 2: No. 2735 (pl. 6, fig. 3); Repository: Institute of Botany, the Chinese Academy of Sciences; Nalajing and Huashan of Yongren, Yunnan; Late Triassic middle-upper part of Daqiaodi Formation. [Notes: According to *International Code of Botanical Nomenclature* (*Vienna Code*) article 37. 2, from the year 1958, the holotype type specimen should be unique]

1978   Yang Xianhe, p. 513, pl. 178, fig. 1; pl. 173, fig. 5; cycadophyte leaf; Baoding of Dukou, Sichuan; Late Triassic Daqiaodi Formation.

1979   Hsu J and others, p. 62, pls. 58, 59, figs. 1—3; pl. 60, fig. 1; pl. 61, fig. 7; cycadophyte leaves; Baoding, Sichuan; Late Triassic lower part of Daqiaodi Formation.

1987   Meng Fansong, p. 252, pl. 36, fig. 5; cycadophyte leaf; Donggong of Nanzhang and Suxi of Jingmen, Hubei; Late Triassic Jiuligang Formation.

Otozamites mimetes Harris, 1949

1949   Harris, p. 285; text-figs. 3B, 3C, 5; cycadophyte leaves and cuticles; Yorkshire, England; Middle Jurassic.

Otozamites cf. *mimetes* Harris

1988   Wu Xiangwu, p. 754, pl. 1, figs. 3, 3a; pl. 5, figs. 1—3; cycadophyte leaves and cuticles; Xiangxi of Zigui, Hubei; Middle Jurassic Hsiangchi (Xiangxi) Formation.

△*Otozamites minor* Tsao, 1968

1968   Tsao Chengyao, in *Fossil Atlas of Mesozoic Coal-bearing Strata in Kiangsi and Hunan Provinces*, p. 62, pl. 35, figs. 6, 6a, 7; pl. 37, fig. 6; cycadophyte leaves; Sandu of Zixing, Hunan; Early Jurassic Tanglong Formation. (Notes: The type specimen was not designated in the original paper)

1977   Feng Shaonan and others, p. 228, pl. 86, fig. 5; cycadophyte leaf; Sandu of Zixing, Hunan; Early Jurassic.

1978   Zhou Tongshun, pl. 29, fig. 9; pl. 30, fig. 6; cycadophyte leaves; Jitou of Shanghang, Fujian; Early Jurassic upper member of Lishan Formation.

1980   He Dechang, Shen Xiangpeng, p. 18, pl. 17, figs. 4, 5, 7; pl. 18, figs. 1—7; pl. 19, fig. 4; pl. 21, figs. 2, 5; pl. 22, fig. 3; cycadophyte leaves; Xintianmen in Changce of Yizhang and Tongrilonggou in Sandu of Zixing, Hunan; Early Jurassic Zaoshang Formation; Pingshi and Tangcun, Guangdong; Early Jurassic.

1982   Wang Guoping and others, p. 265, pl. 118, fig. 9; pl. 119, fig. 8; cycadophyte leaves; Jitou of Shanghang, Fujian; Early Jurassic Lishan Formation.

1982   Zhang Caifan, p. 531, pl. 340, figs. 4, 9, 10; pl. 341, figs. 6, 8, 18; pl. 355, fig. 6; cycadophyte leaves; Sandu of Zixing, Hunan; Early Jurassic.

1986   Zhang Caifan, pl. 4, fig. 7; cycadophyte leaf; Xintianmen in Changce of Yizhang, Hunan; Early Jurassic Tanglong Formation.

1990   Wu Xiangwu, He Yuanliang, p. 305, pl. 7, figs. 6, 6a; cycadophyte leaf; Yushu and Zhiduo, Qinghai; Late Triassic Gema Formation of Jieza Group.

△*Otozamites mixomorphus* Ye, 1980

1949   *Otozamites bengalensis* (Oldham et Morris) Seward, Sze H C, p. 17, pl. 4, fig. 3b; pl. 11, fig. 4; cycadophyte leaves; Baishigang of Dangyang and Xiangxi of Zigui, Hubei; Early Jurassic Hsiangchi Coal Series.

1980   Ye Meina, in Wu Shunqing and others, p. 99, pl. 14, figs. 6—8 (=Sze H C, 1949, pl. 11, fig.

4); cycadophyte leaves; Xiangxi of Zigui, Guanyinsi and Baishigang of Dangyang, Hubei; Early—Middle Jurassic Hsiangchi (Xiangxi) Formation.

1983　Huang Qisheng, pl. 2, fig. 10; cycadophyte leaf; Lalijian of Huaining, Anhui; Early Jurassic lower part of Xiangshan Group.

1984　Chen Gongxin, p. 593, pl. 248, fig. 1; cycadophyte leaf; Sanligang, Guanyinsi and Baishigang of Dangyang, Hubei; Early Jurassic Tongzhuyuan Formation; Xiangxi of Zigui, Hubei; Early Jurassic Hsiangchi (Xiangxi) Formation.

1986　Ye Meina and others, p. 50, pl. 30, figs. 5—7a; cycadophyte leaves; Jinwo and Leiyinpu in Tieshan of Daxian and Wenquan of Kaixian, Sichuan; Early Jurassic Zhenzhuchong Formation.

1988b　Huang Qisheng, Lu Zongsheng, pl. 9, fig. 8; cycadophyte leaf; Jinshandian of Daye, Hubei; Early Jurassic upper part of Wuchang Formation.

1991　Huang Qisheng, Qi Yue, pl. 1, fig. 13; cycadophyte leaf; Majian of Lanxi, Zhejiang; Early—Middle Jurassic Majian Formation.

1995a　Li Xingxue (editor-in-chief), pl. 86, fig. 5; pl. 87, fig. 2; cycadophyte leaves; Guanyinsi of Dangyang, Hubei; Early—Middle Jurassic Hsiangchi (Xiangxi) Formation. (in Chinese)

1995b　Li Xingxue (editor-in-chief), pl. 86, fig. 5; pl. 87, fig. 2; cycadophyte leaves; Guanyinsi of Dangyang, Hubei; Early—Middle Jurassic Hsiangchi (Xiangxi) Formation. (in English)

1997　Meng Fansong, Chen Dayou, pl. 2, figs. 3, 4; cycadophyte leaves; Nanxi of Yunyang, Chongqing; Middle Jurassic Dongyuemiao Member of Ziliujing Formation.

1998　Huang Qisheng and others, pl. 1, fig. 15; cycadophyte leaf; Miaoyuancun of Shangrao, Jiangxi; Early Jurassic member 5 of Linshan Formation.

2003　Meng Fansong and others, pl. 4, fig. 11; cycadophyte leaf; Shuishikou of Yunyang, Chongqing; Early Jurassic Dongyuemiao Member of Ziliujing Formation.

Otozamites cf. *mixomorphus* Ye

1984　Wang Ziqiang, p. 261, pl. 128, figs. 4, 5; cycadophyte leaves; Chanar Right Middle Banner, Inner Mongolia; Early Jurassic Nansuletu Formation.

△*Otozamites nalajingensis* Tsao et Guo (MS) ex Hsu et al., 1979

1974　Cao Renguan, Guo Fuxiang, p. 825, pl. 264, fig. 5; pl. 265, figs. 1, 2; cycadophyte leaves; Nalajing of Baoding, Sichuan; Late Triassic middle-upper part of Daqiaodi Formation. (MS)

1979　Hsu J and others, p. 63, pls. 58, 59, fig. 4; pl. 60, fig. 4; pl. 61, figs. 2—5; pl. 71, figs. 6, 7; cycadophyte leaves; Muyuwan and Huashan of Baoding, Sichuan; Late Triassic middle-upper part of Daqiaodi Formation.

1987　Meng Fansong, p. 253, pl. 32, fig. 3; cycadophyte leaf; Xietan of Zigui, Hubei; Early Jurassic Hsiangchi (Xiangxi) Formation.

1989　Mei Meitang and others, p. 102, pl. 52, figs. 3, 4; cycadophyte leaves; South China; Late Triassic.

1997　Meng Fansong, Chen Dayou, pl. 2, fig. 15; cycadophyte leaf; Nanxi of Yunyang, Chongqing; Middle Jurassic Dongyuemiao Member of Ziliujing Formation.

△*Otozamites nanzhangensis* (Feng) Meng, 1983

1977　*Drepanozamites nanzhangensis* Feng, Feng Shaonan and others, p. 235, pl. 94, fig. 1; cycadophyte leaf；Donggong of Nanzhang，Hubei；Late Triassic Lower Coal Formation of Hsiangchi Group.

1983　Meng Fansong，p. 226，pl. 2，fig. 4；cycadophyte leaf；Donggong of Nanzhang，Hubei；Late Triassic Jiuligang Formation.

Otozamites pamiricus **Prynata，1934**

1934　Prynada，p. 50，pl. 1，fig. 4；cycadophyte leaf；Pamir；Late Triassic.

1979　Hsu J and others，p. 63，pl. 57，figs. 5，6；cycadophyte leaves；Baoding，Sichuan；Late Triassic middle-upper part of Daqiaodi Formation.

1987　Meng Fansong，p. 252，pl. 30，fig. 6；cycadophyte leaf；Suxi of Jingmen，Hubei；Late Triassic Jiuligang Formation.

△*Otozamites parviensifolius* **Meng，1987**

1987　Meng Fansong，p. 253，pl. 31，fig. 3；pl. 36，fig. 4；cycadophyte leaves；Col. No.：G-81-P-1；Reg. No.：P82194，P82197；Holotype：P82194（pl. 31，fig. 3）；Repository：Yichang Institute of Geology and Mineral Resources；Jiuligang in Maoping of Yuanan，Hubei；Late Triassic Jiuligang Formation.

△*Otozamites parvus* **Zhou，1984**

1984　Zhou Zhiyan，p. 38，pl. 22，figs. 2—2c；pl. 23，figs. 1—4；cycadophyte leaves and cuticles；Reg. No.：PB8913；Holotype：PB8913（pl. 22，fig. 2）；Repository：Nanjing Institute of Geology and Palaeontology，Chinese Academy of Sciences；Nanzhen of Dongan，Hunan；Early Jurassic Dabakou Member of Guanyintan Formation.

Otozamites ptilophylloides **Barnad et Miller，1976**

1976　Barnad，Miller，p. 58，pl. 5，fig. 9；pl. 6，figs. 1—9；cycadophyte leaves and cuticles；Iran；Middle Jurassic（Dogger）.

Cf. *Otozamites ptilophylloides* **Barnad et Miller**

1986　Ye Meina and others，p. 51，pl. 31，figs. 4，4a；pl. 32，fig. 6A；cycadophyte leaves；Jinwo in Tieshan of Daxian，Sichuan；Late Triassic member 7 of Hsuchiaho Formation.

△*Otozamites rcurvus* **Hsu et Tuan，1974**

1974　Hsu J，Tuan Shuyin，in Hsu J and others，p. 274，pl. 6，figs. 4，5；cycadophyte leaves；No.：No. 771，No. 2657，No. 2714；Holotype：No. 2714（pl. 6，fig. 5）；Repository：Institute of Botany，the Chinese Academy of Sciences；Huashan of Yongren，Yunnan；Late Triassic middle-upper part of Daqiaodi Formation.

1978　Yang Xianhe，p. 513，pl. 173，fig. 1；pl. 178，fig. 2；cycadophyte leaves；Dukou of Baoding，Sichuan；Late Triassic Daqiaodi Formation.

1979　Hsu J and others，p. 63，pl. 60，figs. 2，3；pl. 61，fig. 1；cycadophyte leaves；Huashan of Baoding，Sichuan；Late Triassic middle-upper part of Daqiaodi Formation.

Otozamites sewardii **Ôishi，1940**

1940　Ôishi，p. 334，pl. 331，figs. 1，1a；cycadophyte leaf；Simoyama，Japan；Early Cretaceous Tetori Series.

1995a Li Xingxue (editor-in-chief), pl. 110, figs. 4, 5; cycadophyte leaves; Luozigou of Wang-
       qing, Jilin; Early Cretaceous Dalazi Formation. (in Chinese)

1995b Li Xingxue (editor-in-chief), pl. 110, figs. 4, 5; cycadophyte leaves; Luozigou of Wang-
       qing, Jilin; Early Cretaceous Dalazi Formation. (in English)

△*Otozamites szeianus* Zhou, 1984

1984   Zhou Zhiyan, p. 30, pl. 14, figs. 2—2b; cycadophyte leaf and cuticle; Reg. No.: PB217; Re-
       pository: Nanjing Institute of Geology and Palaeontology, Chinese Academy of Sciences;
       Xiwan of Zhongshan, Guangxi; Early Jurassic Daling Member of Xiwan Formation.

△*Otozamites tangyangensis* Sze, 1949

1949   Sze H C, p. 19, pl. 14; figs. 12, 13; cycadophyte leaves; Baishigang and Caojiayao of
       Dangyang, Hubei; Early Jurassic Hsiangchi Coal Series.

1954   Hsu J, p. 59, pl. 52, fig. 4; cycadophyte leaf; Dangyang, Hubei; Early—Middle Jurassic
       Hsiangchi Coal Series.

1963   Sze H C, Lee H H and others, p. 168, pl. 64, figs. 4, 4a; cycadophyte leaf; Baishigang and
       Caojiayao of Dangyang, Hubei; Early Jurassic Hsiangchi Group.

1977   Feng Shaonan and others, p. 228, pl. 86, fig. 8; cycadophyte leaf; Xiangxi of Zigui, Hubei;
       Early—Middle Jurassic Upper Coal Formation of Hsiangchi Group.

1982   Wang Guoping and others, p. 265, pl. 119, fig. 10; cycadophyte leaf; Dongjiashan of Jing-
       dezhen, Jiangxi; Late Triassic Anyuan Formation.

△*Otozamites tenellus* Zhou, 1984

1984   Zhou Zhiyan, p. 37, pl. 22, figs. 1—1i; text-fig. 7-2; cycadophyte leaf and cuticle; Reg.
       No.: PB8912; Repository: Nanjing Institute of Geology and Palaeontology, Chinese Aca-
       demy of Sciences; Xiwan of Zhongshan, Guangxi; Early Jurassic Daling Member of Xi-
       wan Formation.

Otozamites turkestanica Turukanova-Ketova, 1930

1930   Turukanova-Ketova, p. 150, pl. 2, fig. 18; pl. 5, fig. 35; cycadophyte leaves; South Kazak-
       stan; Late Jurassic.

2004   Wang Wuli and others, p. 229, pl. 29, figs. 1, 2; cycadophyte leaves; Yixian area, Liao-
       ning; Late Jurassic Zhuanchengzi Bed in lower part of Yixian Formation.

△*Otozamites xiaoxiangensis* Zhou, 1984

1984   Zhou Zhiyan, p. 35, pl. 20, fig. 2; pl. 21, figs. 1—3; cycadophyte leaves and cuticles; Reg.
       No.: PB8909—PB8911; Holotype: PB8909 (pl. 21, fig. 1); Repository: Nanjing Institute
       of Geology and Palaeontology, Chinese Academy of Sciences; Wangjiatingzi in Huang-
       yangsi of Lingling, Hunan; Early Jurassic middle lower part(?) of Guanyintan Forma-
       tion; Xiwan of Zhongshan, Guangxi; Early Jurassic Daling Member of Xiwan Formation.

△*Otozamites xinanensis* Yang, 1978

1978   Yang Xianhe, p. 513, pl. 189, figs. 4, 4a; cycadophyte leaf; Reg. No.: Sp0159; Holotype:

Sp0159（pl. 189, fig. 4）; Repository: Chengdu Institute of Geology and Mineral Resources; Baimiao in Houba of Jiangyou, Sichuan; Early Jurassic Baitianba Formation.

△*Otozamites yabulaense* Deng, 2004 （in Chinese and English）

2003   Deng Shenghui and others, pl. 70, fig. 4; cycadophyte leaf; Abram Basin, Inner Mongolia; Middle Jurassic Qingtujing Formation. （nom. nud. ）

2004   Deng Shenghui and others, pp. 210, 215, pl. 1, fig. 6A; pl. 2, figs. 1－4, 10; cycadophyte leaves; No.: YBL-04, YBL-13－YBL-16, YBL-19; Holotype: YBL-13（pl. 2, fig. 1）; Repository: Research Institute of Petroleum Exploration and Development; Hongliugou Section in Abram Basin, Inner Mongolia; late Middle Jurassic Xinhe Formation.

△*Otozamites yizhangensis* Zhang, 1982

1982   Zhang Caifan, p. 531, pl. 340, figs. 11, 11a, 14; pl. 341, figs. 2－5, 9; cycadophyte leaves; Reg. No.: HP05, HP07, HP09, HP251, HP256, HP266, HP267; Syntypes: HP251, HP266（pl. 340, figs. 11, 14）; Repository: Geology Museum of Hunan Province; Xiaping in Changce of Yizhang, Hunan; Early Jurassic Tanglong Formation.［Notes: According to *International Code of Botanical Nomenclature*（*Vienna Code*）article 37. 2, from the year 1958, the holotype type specimen should be unique］

1986   Zhang Caifan, pl. 5, figs. 8, 8a; cycadophyte leaf; Xintianmen in Changce of Yizhang, Hunan; Early Jurassic Tanglong Formation.

△*Otozamites yunheensis* He, 1987

1987   He Dechang, p. 75, pl. 7, fig. 4; pl. 10, fig. 1; cycadophyte leaves; Repository: Branch of Geology Exploration, China Coal Research Institite; Longpucun in Meiyuan of Yunhe, Zhejiang; Early Jurassic bed 5 and bed 7 of Longpu Formation. （Notes: The type specimen was not designated in the original paper）

Otozamites spp.

1931   *Otozamites* sp., Sze H C, p. 40, pl. 3, fig. 4; cycadophyte leaf; Qixiashan of Nanjing, Jiangsu; Early Jurassic （Lias）.

1933d   *Otozamites* sp. （? n. sp.）, Sze H C, p. 55, pl. 12, figs. 3－7; cycadophyte leaves; Xincang of Taihu, Anhui; late Late Triassic.

1938a   *Otozamites* sp. 1, Sze H C, p. 216, pl. 1, figs. 1, 2; cycadophyte leaves; Xiwan, Guangxi; Early Jurassic.

1938a   *Otozamites* sp. 2, Sze H C, p. 216, pl. 1, figs. 6, 6a; cycadophyte leaf; Xiwan, Guangxi; Early Jurassic.

1945   *Otozamites* sp. （Cf. *O. klipsteinii* Dunker）, Sze H C, p. 49; text-fig. 21; cycadophyte leaf; Yongan, Fujian; Early Cretaceous Pantou Series.

1963   *Otozamites* sp. 1 （Cf. *O. klipsteinii* Dunker）, Sze H C, Lee H H and others, p. 168, pl. 64, fig. 3; cycadophyte leaf; Yongan, Fujian; Late Jurassic－early Early Cretaceous Pantou Formation.

1963   *Otozamites* sp. 2, Sze H C, Lee H H and others, p. 169, pl. 91, fig. 9; cycadophyte leaf;

Xiwan,Guangxi;Early Jurassic Xiwan Formation.

1963 *Otozamites* sp. 3 (? sp. nov.),Sze H C,Lee H H and others, p. 169,pl. 65,fig. 7;cycadophyte leaf;Xiwan,Guangxi;Early Jurassic Xiwan Formation.

1963 *Otozamites* sp. 4 (? n. sp.),Sze H C,Lee H H and others,p. 169,pl. 65,figs. 1—4;cycadophyte leaves;Xincang of Taihu,Anhui;late Late Triassic—Early Jurassic.

1963 *Otozamites* sp. 5,Sze H C,Lee H H and others,p. 170,pl. 65,fig. 6;cycadophyte leaf;Qixiashan of Nanjing,Jiangsu;Early Jurassic Xiangshan Group.

1964 *Otozamites* sp.,Lee P C,p. 127,pl. 11,figs. 5,5a;cycadophyte leaf;Yangjiaya of Guangyuan,Sichuan;Late Triassic Hsuchiaho Formation.

1976 *Otozamites* sp. 1,Lee P C and others,p. 123,pl. 37,figs. 8,9a;cycadophyte leaves;Mupangpu of Xiangyun,Yunnan;Late Triassic Huaguoshan Member of Xiangyun Formation.

1976 *Otozamites* sp. 2,Lee P C and others,p. 123,pl. 37,fig. 7;cycadophyte leaf;Mahuangjing of Xiangyun,Yunnan;Late Triassic Huaguoshan Member of Xiangyun Formation.

1979 *Otozamites* sp. 1,He Yuanliang and others,p. 149,pl. 72,fig. 4;cycadophyte leaf;Madasha of Hualong,Qinghai;Early Cretaceous Hekou Group.

1979 *Otozamites* sp. 2,He Yuanliang and others,p. 149,pl. 72,fig. 5;cycadophyte leaf;Madasha of Hualong,Qinghai;Early Cretaceous Hekou Group.

1979 *Otozamites* sp. 1,Hsu J and others, p. 63, pl. 61, fig. 6;cycadophyte leaf;Baoding,Sichuan;Late Triassic middle part of Daqiaodi Formation.

1979 *Otozamites* sp. 2, Hsu J and others, p. 64, pl. 60, fig. 5;cycadophyte leaf;Baoding,Sichuan;Late Triassic middle part of Daqiaodi Formation.

1980 *Otozamites* sp., Huang Zhigao, Zhou Huiqin, p. 93, pl. 39, fig. 3;cycadophyte leaf;Liulingou of Tongchuan,Shaanxi;Late Triassic middle part of Yenchang Formation.

1980 *Otozamites* sp.,Wu Shunqing and others,p. 101,pl. 17,figs. 7,7a;cycadophyte leaf;Xietan of Zigui,Hubei;Early—Middle Jurassic Hsiangchi (Xiangxi) Formation.

1980 *Otozamites* sp.,Zhang Wu and others, p. 270, pl. 169, figs. 9—11;cycadophyte leaves;Dalazi of Yanji,Jilin;Early Cretaceous Dalazi Formation.

1982b *Otozamites* sp.,Wu Xiangwu,p. 94,pl. 15,figs. 1,2b;cycadophyte leaves;Gonjo area,Tibet;Late Triassic upper member of Bagong Formation.

1982 *Otozamites* sp.,Zhang Caifan,p. 531,pl. 336,fig. 6;cycadophyte leaf;Xiaping in Changce of Yizhang,Hunan;Early Jurassic Tanglong Formation.

1984 *Otozamites* sp. 1,Chen Fen and others,p. 53,pl. 23,fig. 5;cycadophyte leaf;Datai,Beijing;Early Jurassic Lower Yaopo Formation.

1984 *Otozamites* sp. 1,Zhou Zhiyan,p. 38,pl. 16,figs. 8—8b;text-fig. 7-4;cycadophyte leaf;Yuanzhu of Lanshan,Hunan;Early Jurassic Paijiachong Member of Guanyintan Formation.

1984 *Otozamites* sp. 2,Zhou Zhiyan,p. 39,pl. 17,figs. 7—9;text-fig. 7-1;cycadophyte leaves;Yuanzhu of Lanshan,Hunan;Early Jurassic Paijiachong Member of Guanyintan Formation.

1989   *Otozamites* sp.,Cao Baosen and others,pl. 2,fig. 22;cycadophyte leaf;Jitou of Shang-hang,Fujian;early Early Jurassic.

1990   *Otozamites* sp. 1,Liu Mingwei,p. 202,pl. 31,figs. 14,15;cycadophyte leaves;Shuinan of Laiyang,Shandong;Early Cretaceous member 3 of Laiyang Formation.

1990   *Otozamites* sp. 2,Liu Mingwei,p. 202,pl. 31,figs. 16,17;cycadophyte leaves;Wawu-kuang of Laiyang,Shandong;Early Cretaceous member 1 of Laiyang Formation.

1990   *Otozamites* sp. 3,Liu Mingwei,p. 203;cycadophyte leaf;Wawukuang of Laiyang,Shan-dong;Early Cretaceous member 1 of Laiyang Formation.

1990a   *Otozamites* sp. Wang Ziqiang,Wang Lixin,p. 131,pl. 20,fig. 14;cycadophyte leaf;Tun-cun of Yushe,Shanxi;Early Triassic base part of Heshanggou Formation.

1990   *Otozamites* sp.,Zhou Zhiyan and others,pp. 417,423,pl. 1,fig. 3;pl. 3,figs. 1,2;pl. 4, figs. 5—8;text-fig. 1A;cycadophyte leaves and cuticles;Pingzhou (Pingchau) Island, Hongkong;late Early Cretaceous Albian.

1991   *Otozamites* sp.,Zhao Liming,Tao Junrong,pl. 1,fig. 5;cycadophyte leaf;Pingzhuang of Chifeng,Inner Mongolia;Early Cretaceous Xingyuan Formation.

1992   *Otozamites* sp.,Li Jieru,p. 344,pl. 1,fig. 19;pl. 3,figs. 2,3,5;cycadophyte leaves and cuticles;Dajiangtun of Zhuanghe,Liaoning;Early Cretaceous Pulandian Formation.

1992   *Otozamites* sp.,Sun Ge,Zhao Yanhua,p. 537,pl. 240,figs. 1,4;cycadophyte leaves; Jingouling of Hunchun,Jilin;Late Jurassic Jingouling Formation.

1993a   *Otozamites* sp.,Wu Xiangwu,p. 109.

1995   *Otozamites* sp. [Cf. *O. klipsteini* (Dunker) Seward],Cao Zhengyao and others,p. 5,pl. 4,figs. 1,1a;cycadophyte leaf;Daxicun of Zhenghe,Fujian;Early Cretaceous middle member of Nanyuan Formation.

1995a   *Otozamites* sp.,Li Xingxue (editor-in-chief),pl. 110,figs. 6—8;pl. 143,fig. 5;cycado-phyte leaves;Luozigou of Wangqing,Jilin;Early Cretaceous Dalazi Formation. (in Chinese)

1995b   *Otozamites* sp.,Li Xingxue (editor-in-chief),pl. 110,figs. 6—8;pl. 143,fig. 5;cycado-phyte leaves;Luozigou of Wangqing,Jilin;Early Cretaceous Dalazi Formation. (in English)

1995a   *Otozamites* sp.,Li Xingxue (editor-in-chief),pl. 114,fig. 8;cycadophyte leaf;Pingzhou (Pingchau) Island,Hongkong;Early Cretaceous Pingzhou Formation. (in Chinese)

1995b   *Otozamites* sp.,Li Xingxue (editor-in-chief),pl. 114,fig. 8;cycadophyte leaf;Pingzhou (Pingchau) Island,Hongkong;Early Cretaceous Pingzhou Formation. (in English)

1997   *Otozamites* sp. 1,Wu Shunqing and others,p. 165,pl. 1,figs. 3,3a;cycadophyte leaf;Tai O,Hongkong;late Early Jurassic—early Middle Jurassic Taio Formation.

1997   *Otozamites* sp. 2,Wu Shunqing and others,p. 165,pl. 1,figs. 5,5a;cycadophyte leaf;Tai O,Hongkong;late Early Jurassic—early Middle Jurassic Taio Formation.

1997   *Otozamites* sp. 3,Wu Shunqing and others,p. 165,pl. 1,figs. 4B,4Ba;cycadophyte leaf; Tai O,Hongkong;late Early Jurassic—early Middle Jurassic Taio Formation.

1999   *Otozamites* sp. 1,Cao Zhengyao,p. 69,pl. 20,figs. 10,10a;cycadophyte leaf;Xishan of Qingtian,Zhejiang;Early Cretaceous member C of Moshishan Formation.

1999   *Otozamites* sp. 2,Cao Zhengyao,p. 69,pl. 19,figs. 2,2a;cycadophyte leaf;Chengtian of Yongjia,Zhejiang;Early Cretaceous member C of Moshishan Formation.

1999   *Otozamites* sp. 3,Cao Zhengyao,p. 70,pl. 20,figs. 13,13a;cycadophyte leaf;Xinlu of

Quxian, Zhejiang; Early Cretaceous Laocun Formation.

2000 *Otozamites* sp., Cao Zhengyao, p. 255, pl. 2, figs. 2—11; cycadophyte leaves and cuticles; Maoling of Susong, Anhui; Early Jurassic Wuchang Formation.

2004 *Otozamites* sp., Deng Shenghui and others, pp. 210, 216, pl. 2, fig. 6; cycadophyte leaf; Hongliugou Section in Abram Basin, Inner Mongolia; late Middle Jurassic Xinhe Formation.

Otozamites? spp.

1982 *Otozamites*? sp., Li Peijuan, Wu Xiangwu, p. 54, pl. 5, fig. 4; cycadophyte leaf; Xiangcheng area, Sichuan; Late Triassic Lamaya Formation.

1993 *Otozamites*? sp., Wang Shijun, p. 33, pl. 14, figs. 18, 19; pl. 36, figs. 4, 5; cycadophyte leaves and cuticles; Guanchun of Lechang, Guangdong; Late Triassic Genkou Group.

1997 *Otozamites*? sp., Wu Shunqing and others, p. 165, pl. 1, fig. 2; cycadophyte leaf; Tai O, Hongkong; late Early Jurassic—early Middle Jurassic Taio Formation.

Genus *Pachypteris* Brongniart, 1829

1828 Brongniart, pp. 50, 198. (nom. nud.)

1829 (1828—1838) Brongniart, p. 167.

1974 Hsu J, Hu Yufan, in Hsu J and others, p. 272.

1993a Wu Xiangwu, p. 109.

Type species: *Pachypteris lanceolata* Brongniart, 1829

Taxonomic status: Corystospermaceae, Pteridospermopsida

Pachypteris lanceolata Brongniart, 1829

1828 Brongniart, pp. 50, 198. (nom. nud.)

1829 (1828 — 1838) Brongniart, p. 167, pl. 45, fig. 1; fern-like leaf; Yorkshire, England; Middle Jurassic.

1993a Wu Xiangwu, p. 109.

Pachypteris cf. *lanceolata*

1992 Xie Mingzhong, Sun Jingsong, pl. 1, fig. 7; fern-like leaf; Xuanhua, Hebei; Middle Jurassic Xiahuayuan Formation.

△*Pachypteris chinensis* Hsu et Hu, 1974

1974 Hsu J, Hu Yufan, in Hsu J and others, p. 272, pl. 4, figs. 1, 2; fern-like leaves; No.: No. 2500d; Repository: Institute of Botany, the Chinese Academy of Sciences; Nalajing of Yongren, Yunnan; Late Triassic middle-upper part of Daqiaodi Formation. [Notes: This specimen lately was referred as *Ctenopteris chinensis* (Hsu et Hu) Hsu (Hsu J and others, 1975) and *Ctenozamites chinensis* (Hsu et Hu) Hsu (Hsu J and others, 1979)]

1993a Wu Xiangwu, p. 109.

Cf. *Pachypteris chinensis* Hsu et Hu

1986　Ye Meina and others, p. 42, pl. 26, figs. 5, 5a; fern-like leaf; Leiyinpu of Daxian, Sichuan; Late Triassic member 7 of Hsuchiaho Formation.

△*Pachypteris lepingensis* Yao, 1968

1968　*Fossil Atlas of Mesozoic Coal-bearing Strata in Kiangsi and Hunan Provinces*, p. 54, pl. 8, fig. 3; fern-like leaf; Yongshanqiao of Leping, Jiangxi; Late Triassic Anyuan Formation.

1977　Feng Shaonan and others, p. 218, pl. 81, figs. 3, 4; fern-like leaves; Gouyadong of Lechang, Guangdong; Late Triassic Siaoping Formation

1980　He Dechang, Shen Xiangpeng, p. 14, pl. 5, fig. 2; pl. 6, figs. 3, 6; fern-like leaves; Liuyuankeng of Hengfeng, Jiangxi; Late Triassic Anyuan Formation; Gouyadong of Lechang, Guangdong; Late Triassic.

1982　Wang Guoping and others, p. 256, pl. 116, fig. 8; fern-like leaf; Yongshanqiao of Leping, Jiangxi; Late Triassic Anyuan Formation.

1982　Zhang Caifan, p. 526, pl. 357, fig. 2; fern-like leaf; Gouyadong of Yizhang, Hunan; Late Triassic.

△*Pachypteris pamirensis* Zhang, 1998 (in Chinese)

1998　Zhang Hong and others, p. 276, pl. 18, figs. 3, 4; fern-like leaves; Col. No.: KS-1; Reg. No.: MP-92081; Holotype: MP-92081 (pl. 18, fig. 3); Repository: Xi'an Branch, China Coal Research Institute; Kangsu of Wuqia, Xinjiang; Middle Jurassic Yangye (Yangxia) Formation.

△*Pachypteris orientalis* (Zhang) Yao, 1987

1982　*Thinnfeldia orientalis* Zhang, Zhang Caifan, p. 527, pl. 337, figs. 2—4; fern-like leaves; Xiaping in Changce of Yizhang, Hunan; Early Jurassic Tanglong Formation.

1987　Yao Xuanli, pp. 547, 552, pl. 1, figs. 1—5; pl. 2, figs. 5—8; pl. 3, figs. 1—3; text-fig. 1, 2, 3A; fern-like leaves and cuticles; Shanqiao of Hengyang, Hunan; Early Jurassic Dabakou Member of Guanyintan Formation.

Pachypteris rhomboidalis (Ettingshausen)

[Notes: The name *Pachypteris rhomboidalis* (Ettingshausen) is firstly applied by Yao Xuanli (1987)]

1852　*Thinnfeldia rhomboidalis* Ettingshausen, p. 2, pl. 1, figs. 4—7; fern-like leaves; Steierdorf, Hungary; Early Jurassic (Lias).

1987　Yao Xuanli, p. 547, pl. 2, figs. 1, 2; cuticles; Wangjiatingzi in Huangyangsi of Lingling, Hunan; Early Jurassic middle-lower part of Guanyintan Formation.

Pachypteris specifica Feistmantel, 1876

1876　Feistmantel, p. 32, pl. 3, figs. 6, 6a; fern-like leaf; Bhajogi of Kutch area, India; Early Cretaceouys (Umia). [Notes: This specimen lately was referred as *Sphenopteris specifica* (Feistmantel) Roy (Roy, 1968)]

1993　Zhou Zhiyan, Wu Yimin, p. 122, pl. 1, figs. 3, 4; text-figs. 3B, 3C; fern-like leaves; Puna of Tingri (Xegar), southern Tibet; Early Cretaceous Puna Formation.

Pachypteris speikernensis (Gothan) Frenguelli, 1943

1914   *Thinnfeldia rhomboidalis* ett. forma. *speikernensis* Gothan, pl. 24, fig. 1; fern-like leaf; Nuernberg, Germany; Early Jurassic.

1943   Frenguelli, pp. 242, 244, 328; fern-like leaves; Nuernberg, Germany; Early Jurassic.

Pachypteris cf. speikernensis (Gothan) Frenguelli

1980   He Dechang, Shen Xiangpeng, p. 14, pl. 5, fig. 2; pl. 6, figs. 3, 6; fern-like leaves; Liuyuankeng of Hengfeng, Jiangxi; Late Triassic Anyuan Formation; Gouyadong of Lechang, Guangdong; Late Triassic.

Pachypteris stellata (Zhou) Yao, 1987

1981   *Thinnfeldia stellata* Zhou, Zhou Zhiyan, p. 17, pl. 1, figs. 6—11; pl. 2, figs. 8, 9; fern-like leaves and cuticles; Wangjiatingzi in Huangyangsi of Lingling, Hunan; Early Jurassic middle—lower part of Guanyintan Formation.

1987   Yao Xuanli, p. 549, pl. 2, figs. 3, 4; cuticles; Wangjiatingzi in Huangyangsi of Lingling, Hunan; Early Jurassic middle-lower part of Guanyintan Formation.

△Pachypteris tarimensis Wu et Zhou, 1996 (in Chinese and English)

1996   Wu Shunqing, Zhou Hanzhong, pp. 5, 14, pl. 4, figs. 1, 2a; pl. 12, figs. 1—6; fern-like leaves and cuticles; Col. No.: ADP-Q4; Reg. No.: PB16915, PB16916; Repository: Nanjing Institute of Geology and Palaeontology, Chinese Academy of Sciences; Kuqa River Section of Kuqa, Xinjiang; Middle Triassic lower member of Karamay Formation. (Notes: The type specimen was not designated in the original paper)

△Pachypteris yungjenensis Hsu et Hu, 1974

1974   Hsu J, Hu Yufan, in Hsu J and others, p. 272, pl. 4, figs. 3—6; pl. 5, figs. 1—4; fern-like leaves; No.: No. 729, No. 730, No. 886, No. 2621, No. 2626, No. 2659; Syntype 1: No. 886 (pl. 4, fig. 3); Syntype 2: No. 2659 (pl. 5, fig. 4); Repository: Institute of Botany, the Chinese Academy of Sciences; Nalajing of Yongren, Yunnan; Late Triassic middle part and upper part of Daqiaodi Formation. [Notes: According to *International Code of Botanical Nomenclature* (*Vienna Code*) article 37. 2, from the year 1958, the holotype type specimen should be unique]

1978   Yang Xianhe, p. 500, pl. 180, fig. 3; fern-like leaf; Dukou, Sichuan; Late Triassic Daqiaodi Formation.

1979   Hsu J and others, p. 40, pl. 38, figs. 3—5; pl. 39, figs. 2, 3a; pl. 40, figs. 2, 3a; fern-like leaves; Muyuwan and Huashan of Baoding, Sichuan; Late Triassic middle part and upper part of Daqiaodi Formation.

Pachypteris spp.

1976   *Pachypteris* sp., Chow Huiqin and others, p. 208, pl. 112, fig. 3; pl. 114, fig. 1; fern-like leaves; Wuziwan of Jungar Banner, Inner Mongolia; Middle Triassic upper part of Ermaying Formation.

1978   *Pachypteris* sp., Zhou Tongshun, pl. 15, fig. 5; fern-like leaf; Dakeng of Zhangping, Fujian; Late Triassic Wenbinshan Formation.

1980   *Pachypteris* sp., Huang Zhigao, Zhou Huiqin, p. 86, pl. 5, figs. 1, 4; pl. 6, fig. 5; fern-like leaves; Wuziwan of Jungar Banner, Inner Mongolia; Middle Triassic upper part of Ermaying Formation.

1996   *Pachypteris* sp., Wu Shunqing, Zhou Hanzhong, p. 5, pl. 3, fig. 1; fern-like leaf; Kuqa River Section of Kuqa, Xinjiang; Middle Triassic lower member of Karamay Formation.

Genus *Palaeovittaria* Feistmantel, 1876

1876   Feistmantel, p. 368.

1990a   Wang Ziqiang, Wang Lixin, p. 131.

1993a   Wu Xiangwu, p. 110.

Type species: *Palaeovittaria kurzii* Feistmantel, 1876

Taxonomic status: Pteridospermopsida?

Palaeovittaria kurzii Feistmantel, 1876

1876   Feistmantel, p. 368, pl. 19, figs. 3, 4; fern-like leaves; Raniganj, India; Permian (Raniganj Stage).

1993a   Wu Xiangwu, p. 110.

△*Palaeovittaria shanxiensis* Wang Z et Wang L, 1990

1990a   Wang Ziqiang, Wang Lixin, p. 131, pl. 21, figs. 6—8; fern-like leaves; No.: Z16-411, Z16-418, Z16-568; Holotype: Z16-568 (pl. 21, fig. 8); Repository: Nanjing Institute of Geology and Palaeontology, Chinese Academy of Sciences; Tuncun of Yushe, Shanxi; Early Triassic base part of Heshanggou Formation.

1993a   Wu Xiangwu, p. 110.

△Genus *Pankuangia* Kimura, Ohana, Zhao et Geng, 1994

1994   Kimura and others, p. 257.

Type species: *Pankuangia haifanggouensis* Kimura, Ohana, Zhao et Geng, 1994

Taxonomic status: Cycadales, Cycadopsida

△*Pankuangia haifanggouensis* Kimura, Ohana, Zhao et Geng, 1994

1994   Kimura T, Ohana T, Zhao Liming, Geng Baoyin, in Kimura and others, p. 257, figs. 2—4, 8; cycadophyte leaves; No.: L0407A, LJS-8554, LJS-8555, LJS-8690, LJS-8807 [regarded by Pan Kuang as *Juradicotes crecta* Pan (MS)]; Holotype: LJS-8690 (fig. 2A); Repository: Institute of Botany, the Chinese Academy of Sciences; Sanjiaochengcun, Jinxi, Liaoning; Middle Jurassic Haifanggou Formation. [Notes: This specimen lately was referred as *Anomozamites haifanggouensis* (Kimura, Ohana, Zhao et Geng) Zheng et Zhang (Zheng Shaolin and others, 2003)]

△**Genus *Papilionifolium* Cao, 1999** (in Chinese and English)

1999   Cao Zhengyao, pp. 102, 160.

Type species: *Papilionifolium hsui* Cao, 1999

Taxonomic status: plantae incertae sedis

△***Papilionifolium hsui* Cao, 1999** (in Chinese and English)

1999   Cao Zhengyao, pp. 102, 160, pl. 21, figs. 12—15; text-fig. 35; leaves-bearing stems; Col. No.: Zh301; Reg. No.: PB14467—PB14470; Holotype: PB14469 (pl. 21, fig. 14); Repository: Nanjing Institute of Geology and Palaeontology, Chinese Academy of Sciences; Kong-long of Wencheng, Zhejiang; Early Cretaceous Guantou Formation.

Genus *Paracycas* Harris, 1964

1964   Harris, p. 65.

1984   Zhou Zhiyan, p. 21.

1993a Wu Xiangwu, p. 111.

Type species: *Paracycas cteis* Harris, 1964

Taxonomic status: Cycadales, Cycadopsida

***Paracycas cteis* (Harris) Harris, 1964**

1952   *Cycadite cteis* Harris, p. 614; text-figs. 1, 2; cycadophyte leaves with cuticles; Yorkshire, England; Middle Jurassic.

1964   Harris, p. 67; text-fig. 29; cycadophyte leaf with cuticle; Yorkshire, England; Middle Jurassic.

1993a Wu Xiangwu, p. 111.

***Paracycas* cf. *cteis* (Harris) Harris**

1998   Zhang Hong and others, pl. 41, fig. 9; cycadophyte leaf; Kangsu of Wuqia, Xinjiang; Middle Jurassic Yangye (Yangxia) Formation.

△***Paracycas*? *rigida* Zhou, 1984**

1984   Zhou Zhiyan, p. 21, pl. 9, figs. 2, 3; cycadophyte leaves; Reg. No.: PB8863, PB8864; Holotype: PB8863 (pl. 9, fig. 2); Repository: Nanjing Institute of Geology and Palaeontology, Chinese Academy of Sciences; Hebutang of Qiyang and Zhoushi of Hengnan, Hunan; Early Jurassic Paijiachong Member of Guanyintan Formation.

1987   He Dechang, p. 73, pl. 9, fig. 1; pl. 11, fig. 5; cycadophyte leaves; Fengping of Suichang, Zhejiang; Early Jurassic bed 6 of Huaqiao Formation.

1993a Wu Xiangwu, p. 111.

Paracycas rigida Zhou

1995a Li Xingxue (editor-in-chief), pl. 84, fig. 1; cycadophyte leaf; Hebutang of Qiyang, Hunan; Early Jurassic Paijiachong Member of Guanyintan Formation. (in Chinese)

1995b Li Xingxue (editor-in-chief), pl. 84, fig. 1; cycadophyte leaf; Hebutang of Qiyang, Hunan; Early Jurassic Paijiachong Member of Guanyintan Formation. (in English)

△*Paracycas*? *sanxiaenses* Meng, 2002 (in Chinese)

2002 Meng Fansong and others, p. 311, pl. 7, figs. 1, 2; cycadophyte leaves; Reg. No.: SBJ₁XP-2 (1, 2); Holotype: SBJ₁ XP-2 (1) (pl. 7, fig. 1); Paratype: SBJ₁ XP-2 (2) (pl. 7, fig. 2); Repository: Yichang Institute of Geology and Mineral Resources; Jiajiadian of Zigui, Hubei; Early Jurassic Hsiangchi (Xiangxi) Formation.

△Genus *Paradoxopteris* Mi et Liu, 1977 (non Hirmer, 1927)

[Notes: This generic name *Paradoxopteris* Mi et Liu, 1977 is a late homomum (homonymum junius) of *Paradoxopteris* Hirmer, 1927 (see the volume Ⅱ, Wu Xiangwu, 1993a, 1993b) and lately was referred as *Mirabopteris* (Mi et Liu) Mi et Liu (Mi Jiarong and others, 1993)]

1977 Mi Jiarong, Liu Maoqiang, in Department of Geological Exploration, Changchun College of Geology and others, p. 8.

1993a Wu Xiangwu, pp. 28, 229.

1993b Wu Xiangwu, pp. 500, 516.

Type species: *Paradoxopteris hunjiangensis* Mi et Liu, 1977

Taxonomic status: Pteridospermopsida

△*Paradoxopteris hunjiangensis* Mi et Liu, 1977

1977 Mi Jiarong, Liu Maoqiang, in Department of Geological Exploration, Changchun College of Geology and others, p. 8, pl. 3, fig. 1; text-fig. 1; fern-like leaf; No.: X-08; Repository: Department of Geological Exploration, Changchun College of Geology; Shiren of Hunjiang, Jilin; Late Triassic Xiaohekou Formation. [Notes: This species lately was referred as *Mirabopteris hunjiangensis* (Mi et Liu) Mi et Liu (Mi Jiarong and others, 1993)]

1992 Sun Ge, Zhao Yanhua, p. 535, pl. 232, fig. 3; fern-like leaf; Shiren of Hunjiang, Jilin; Late Triassic Xiaohekou Formation.

1993a Wu Xiangwu, pp. 28, 229.

1993b Wu Xiangwu, pp. 500, 516.

△Genus *Paradrepanozamites* Chen, 1977

1977 Chen Gongxin, in Feng Shaonan and others, p. 236.

1993a Wu Xiangwu, pp. 28, 230.

1993b Wu Xiangwu, pp. 501, 516.

Type species: *Paradrepanozamites dadaochangensis* Chen, 1977

Taxonomic status: Cycadopsida

△*Paradrepanozamites dadaochangensis* **Chen, 1977**

1977　Chen Gongxin, in Feng Shaonan and others, p. 236, pl. 99, figs. 1, 2; text-fig. 81; cycado-phyte leaves; Reg. No.: P5107, P25269; Syntype 1: P5107 (pl. 99, fig. 1); Repository: Ge-ological Bureau of Hubei Province; Syntype 2: P25269 (pl. 99, fig. 2); Repository: Hubei Institute of Geological Sciences; Donggong of Nanzhang, Hubei; Late Triassic Lower Coal Formation of Hsiangchi Group. [Notes: According to *International Code of Botan-ical Nomenclature (Vienna Code)* article 37. 2, from the year 1958, the holotype type specimen should be unique]

1984　Chen Gongxin, p. 601, pl. 253, fig. 1; cycadophyte leaf; Donggong and Xiaozhang River of Nanzhang, Hubei; Late Triassic Jiuligang Formation.

1984　Zhu Jianan and others, pp. 541, 544, pl. 1, figs. 4—6; pl. 2, figs. 2, 3; cycadophyte leaves; Jingmen-Dangyang Basin, western Hubei; Late Triassic Jiuligang Formation.

1990　Meng Fansong, p. 318, pl. 1, figs. 1—3; cycadophyte leaves; Donggong of Nanzhang and Yaohe of Jingmen, Hubei; Late Triassic Jiuligang Formation.

1993a　Wu Xiangwu, pp. 28, 230.

1993b　Wu Xiangwu, pp. 501, 516.

△*Paradrepanozamites minor* **Zhu, Hu et Meng, 1984**

1984　Zhu Jianan, Hu Yufan and Meng Fansong, pp. 542, 544, pl. 2, figs. 4—6; cycadophyte leaves; No.: P82111, P82112; Holotype: P82112 (pl. 2, fig. 5); Jingmen-Dangyang Basin, western Hubei; Late Triassic Jiuligang Formation.

Genus *Peltaspermum* **Harris, 1937**

1937　Harris, p. 39.

1984　Wang Ziqiang, p. 255.

1993a　Wu Xiangwu, p. 113.

Type species: *Peltaspermum rotula* Harris, 1937

Taxonomic status: Peltaspermaceae, Pteridospermopsida

Peltaspermum rotula **Harris, 1937**

1932　*Lepidopteris ottoni* (Goeppert) Schimper, Harris, p. 58, pl. 6, figs. 3—6; peltate seed-bearing organs; Scoresby Sound, East Greenland; Late Triassic *Lepidopteris* Zone.

1937　Harris, p. 39; peltate seed-bearing organ; Scoresby Sound, East Greenland; Late Triassic *Lepidopteris* Zone.

1993a　Wu Xiangwu, p. 113.

Peltaspermum cf. *rotula* **Harris**

1990b　Wang Ziqiang, Wang Lixin, p. 309, pl. 7, fig. 4; megasporophyll; Shilou, Shanxi; Middle

Triassic base part of Ermaying Formation.

△*Peltaspermum calycinum* Wang Z,1990

1989 Wang Ziqiang, in Wang Ziqiang, Wang Lixin, p. 34, pl. 5, fig. 8; megasporophyll; Yaoertou of Jiaocheng, Shanxi; Early Triassic middle-upper part of Liujiagou Formation. (nom. nud.)

1990a Wang Ziqiang,in Wang Ziqiang,Wang Lixin,p. 125,pl. 18,figs. 5—8;megasporophylls; No.:II2216/7-1,Z801-1,Is020-3;Holotype:Is020-3 (pl. 18,fig. 6);Repository:Nanjing Institute of Geology and Palaeontology,Chinese Academy of Sciences;Jinshang of He-shun, Shanxi;Hancun of Yima,Henan;Early Triassic middle member and upper member of Heshanggou Formation.

△*Peltaspermum lobulatum* Wang Z et Wang L,1989

1989 Wang Ziqiang, Wang Lixin, p. 34, pl. 5, figs. 1, 4; megasporophylls; No.: Z02a-91, Z02-93; Holotype:Z02a-91 (pl. 5,fig. 1);Repository:Nanjing Institute of Geology and Palae-ontology,Chinese Academy of Sciences; Yaoertou of Jiaocheng, Shanxi; Early Triassic middle part of Liujiagou Formation.

1990a Wang Ziqiang, Wang Lixin, p. 125, pl. 4, fig. 13; megasporophyll; Tuncun of Yushe, Shanxi;Early Triassic base part of Heshanggou Formation.

△*Peltaspermum miracarinatum* Meng,1995

1995 Meng Fansong and others, p. 22, pl. 6, figs. 6, 7; text-fig. 7; sporophylls; Reg. No.: BP93063,BP93064;Repository:Yichang Institute of Geology and Mineral Resources; Hongjiaguan of Sangzhi, Hunan; Middle Triassic member 2 of Badong Formation. (Notes:The type specimen was not designated in the original paper)

1996b Meng Fansong,pl. 3,figs. 4,5;megasporophylls bearing seeds;Hongjiaguan of Sangzhi, Hunan;Middle Triassic member 2 of Badong Formation.

2000 Meng Fansong and others,p. 53,pl. 17,figs. 10,11;sporophylls;Hongjiaguan of Sang-zhi,Hunan;Middle Triassic member 2 of Badong Formation.

△*Peltaspermum multicostatum* Zhang et Shen,1987

1987 Zhang Hong,Shen Guanglong,p. 206,pl. 1,figs. 1—3;megasporophylls;Col. No.:Qd-44;Reg. No.:Lp80165,Lp80166; Holotype:Lp80165 (pl. 1, figs. 1, 2);Paratype: Lp80166 (pl. 1,fig. 3);Repository:Department of Geology, Lanzhou University;Sunan, Gansu;Late Permian Sunan Formation.

1995a Li Xingxue (editor-in-chief), pl. 65, fig. 8; sporophyll discoid; Hongjiaguan of Sangzhi, Hunan;Middle Triassic member 2 of Badong Formation. (in Chinese)

1995b Li Xingxue (editor-in-chief), pl. 65, fig. 8; sporophyll discoid; Hongjiaguan of Sangzhi, Hunan;Middle Triassic member 2 of Badong Formation. (in English)

1995 Meng Fansong and others, p. 22, pl. 6, figs. 4, 5; sporophylls; Hongjiaguan of Sangzhi, Hunan;Middle Triassic member 2 of Badong Formation.

1996b Meng Fansong,pl. 3,figs. 2,3;megasporophylls;Hongjiaguan of Sangzhi,Hunan;Middle Triassic member 2 of Badong Formation.

2000 Meng Fansong and others,p. 53,pl. 17,figs. 1—6;sporophylls;Hongjiaguan of Sangzhi,

Hunan；Middle Triassic member 2 of Badong Formation.

Peltaspermum spp.

1990b　*Peltaspermum* sp.，Wang Ziqiang，Wang Lixin，p. 309，pl. 7，fig. 5；megasporophyll；Sizhuang of Wuxiang，Shanxi；Middle Triassic base part of Ermaying Formation.

1992b　*Peltaspermum* sp.，Meng Fansong，p. 178，pl. 8，figs. 13，13a；sporophyll；Wenshanshangcun in Jiuqujiang of Qionghai，Hainan；Early Triassic Lingwen Formation.

1995a　*Peltaspermum* sp.，Li Xingxue（editor-in-chief），pl. 62，fig. 12；sporophyll discoid；Wenshanshangcun in Jiuqujiang of Qionghai，Hainan；Early Triassic Lingwen Formation.（in Chinese）

1995b　*Peltaspermum* sp.，Li Xingxue（editor-in-chief），pl. 62，fig. 12；sporophyll discoid；Wenshanshangcun in Jiuqujiang of Qionghai，Hainan；Early Triassic Lingwen Formation.（in English）

? *Peltaspermum* sp.

1984　? *Peltaspermum* sp.，Wang Ziqiang，p. 255，pl. 121，figs. 3—5；fern-like leaves；Shilou，Shanxi；Middle Triassic Ermaying Formation.

1993a　? *Peltaspermum* sp.，Wu Xiangwu，p. 113.

△Genus *Perisemoxylon* He et Zhang，1993

1993　He Dechang，Zhang Xiuyi，pp. 262，264.

Type species：*Perisemoxylon bispirale* He et Zhang，1993

Taxonomic status：Cycadales，Cycadopsida

△*Perisemoxylon bispirale* He et Zhang，1993

1993　He Dechang，Zhan Xiuyi，pp. 262，264，pl. 1，figs. 1，2；pl. 2，fig. 5；pl. 4，fig. 3；fusain woods；Col. No.：No. 9001，No. 9002；Reg. No.：S006，S007；Holotype：S006（pl. 1，fig. 1）；Paratype：S007（pl. 1，fig. 2）；Repository：Xi'an Branch，China Coal Research Institute；Yima，Henan；Middle Jurassic.

Perisemoxylon sp.

1993　*Perisemoxylon* sp.，He Dechang，Zhang Xiuyi，p. 263，pl. 2，figs. 1—4；fusain woods；Yima，Henan；Middle Jurassic.

△Genus *Phoroxylon* Sze，1951

1951b　Sze H C，pp. 443，451.

1963　Sze H C，Lee H H and others，p. 345.

1993a　Wu Xiangwu，pp. 29，231.

1993b　Wu Xiangwu，pp. 502，517.

Type species: *Phoroxylon scalariforme* Sze, 1951

Taxonomic status: Bennetittales

△*Phoroxylon scalariforme* Sze, 1951

1951b Sze H C, pp. 443, 451, pl. 5, figs. 2, 3; pl. 6, figs. 1—4; pl. 7, pl. 1—4; text-figs. 3A—3E; petrified woods; Chengzihe of Jixi, Heilongjiang; Late Cretaceous.

1954a Sze H C, p. 347, pl. 1, figs. 1—4; pl. 2, figs. 1—3; petrified woods; Wafangzi of Chaoyang, Liaoning; Early Cretaceous; pl. 2, fig. 4; pl. 3, figs. 1—4; pl. 4, figs. 1—4; petrified woods; Chengzihe of Jixi, Heilongjiang; Late Cretaceous.

1954b Sze H C, p. 527, pl. 1, figs. 1—4; pl. 2, figs. 1—3; petrified woods; Wafangzi of Chaoyang, Liaoning; Early Cretaceous; pl. 2, fig. 4; pl. 3, figs. 1—4; pl. 4, figs. 1—4; petrified woods; Chengzihe of Jixi, Heilongjiang; Late Cretaceous.

1963 Sze H C, Lee H H and others, p. 345, pl. 117, figs. 1—7; text-fig. 70; petrified woods; Chengzihe of Jixi, Heilongjiang; Late Cretaceous(?); Wafangzi of Chaoyang, Liaoning; Cretaceous(?).

1993a Wu Xiangwu, pp. 29, 231.

1993b Wu Xiangwu, pp. 502, 517.

△*Phoroxylon multiforium* Zheng et Zhang, 1980

1980 Zheng Shaolin, Zhang Wu, in Zhang Wu and others, p. 307, pl. 167, figs. 1—6; petrified woods; Reg No.: IX2P12L2; Repository: Shenyang Institute of Geology and Mineral Resources; Jalaid Banner, Heilongjiang; Late Jurassic Xing'anling Group(?).

△*Phoroxylon qieziheense* Zheng et Zhang, 1982

1982 Zheng Shaolin, Zhang Wu, p. 332, pl. 32, figs. 1—10; petrified woods; No.: HP58; Repository: Shenyang Institute of Geology and Mineral Resources; Qiezihe of Boli, Heilongjiang; Early Cretaceous Chengzihe Formation.

Genus *Protoblechnum* Lesquereux, 1880

1880 Lesquereux, p. 188.

1956a Sze H C, pp. 41, 148.

1963 Sze H C, Lee H H and others, p. 141.

1993a Wu Xiangwu, p. 122.

Type species: *Protoblechnum holdeni* (Andrews) Lesquereux, 1880

Taxonomic status: Corystospermaceae, Pteridospermopsida

Protoblechnum holdeni (Andrews) Lesquereux, 1880

1875 *Alethopteris holdeni* Andrews, p. 420, pl. 51, figs. 1, 2; fern-like foliages; Rushville of Ohio, USA; Carboniferous.

1880 Lesquereux, p. 188; fern-like foliage; Rushville of Ohio, USA; Carboniferous.

1993a Wu Xiangwu, p. 122.

Protoblechnum hughesi (Feistmental) **Halle, 1927**

1882   Feistmantel, p. 25, pl. 4, fig. 1; pl. 5, figs. 1, 2; pl. 6, figs. 1, 2; pl. 7, figs. 1, 2; pl. 8, figs. 1—5; pl. 9, fig. 4; pl. 10, fig. 1; pl. 17, fig. 1; fern-like leaves; Parsora of Shahdol area, India; Late Triassic Parsora Stage.

1927b   Halle, p. 134.

? *Protoblechnum hughesi* (Feistmental) **Halle**

1956a   Sze H C, pp. 41, 148, pl. 46, figs. 1—6; pl. 9, figs. 2—5; pl. 10, figs. 1, 2; pl. 12, fig. 7; fern-like leaves; Yaoping of Anding, Tanhegou in Silangmiao (T'anhokou in Shilangmiao) of Yijun, Yejiaping, Sanshilipu and Gaojiaan of Suide, Shannxi; Late Triassic Yenchang Formation.

1956b   Sze H C, pp. 462, 470, pl. 2, fig. 4; fern-like leaf; Karamay of Junggar (Dzungaria) Basin, Xinjiang; late Late Triassic upper part of Yenchang Formation.

1963   Sze H C, Lee H H and others, p. 141, pl. 48, fig. 1; fern-like leaf; Yaoping in Panlong of Anding, Silangmiao of Yijun, Gaojiaan, Yejiaping and Sanshilipu of Suide, Shaanxi; Late Triassic lower part and upper part of Yenchang Group; Alxa Banner(?), Inner Mongolia; Late Triassic; Huaxian(?), Guangdong; Late Triassic Xiaoping Group (Siaoping Series).

1965   Tsao Chengyao, p. 518, pl. 3, fig. 1; text-fig. 6; fern-like leaf; Songbaikeng of Gaoming, Guangdong; Late Triassic Siaoping Formation (Siaoping Series).

1977   Feng Shaonan and others, p. 216, pl. 81, fig. 2; fern-like leaf; Jiyuan, Henan; Late Triassic Yenchang Group; Gaoming, Guangdong; Late Triassic Siaoping Formation.

1980   Huang Zhigao, Zhou Huiqin, p. 85, pl. 33, fig. 1; pl. 34, fig. 4; fern-like leaves; Liulingou and Jiaoping of Tongchuan, Gaojiata of Shenmu, Shaanxi; Late Triassic middle-upper part of Yenchang Formation.

1982   Liu Zijin, p. 129, pl. 67, figs. 1, 2; fern-like leaves; Panlong of Anding, Silangmiao (T'anhokou in Shilangmiao) of Yijun, Gaojiaan, Yejiaping and Sanshilipu of Suide, Gaojiata of Shenmu, Shaanxi; Late Triassic Yenchang Group.

1984   Wang Ziqiang, p. 253, pl. 116, figs. 1, 2; fern-like leaves; Ningwu, Shanxi; Middle—Late Triassic Yenchang Formation.

1993a   Wu Xiangwu, p. 122.

△*Protoblechnum? magnificum* **Meng, 1983**

1983   Meng Fansong, p. 224, pl. 1, fig. 7; pl. 2, fig. 5; fern-like leaves; Reg. No.: D76008, D76009; Holotype: D76008 (pl. 1, fig. 7); Repository: Yichang Institute of Geology and Mineral Resources; Donggong of Nanzhang, Hubei; Late Triassic Jiuligang Formation.

△*Protoblechnum? nanzhangense* **Meng, 1983**

1983   Meng Fansong, p. 225, pl. 2, figs. 1, 2; fern-like leaves; Reg. No.: D76012, D76013; Syntype 1: D76012 (pl. 2, fig. 1); Syntype 2: (pl. 2, fig. 2); Repository: Yichang Institute of Geology and Mineral Resources; Donggong of Nanzhang, Hubei; Late Triassic Jiuligang Formation. [Notes: According to *International Code of Botanical Nomenclature (Vienna Code)* article 37. 2, from the year 1958, the holotype type specimen should be unique]

△*Protoblechnum wongii* Halle, 1927

[Notes: This species lately was referred as *Compsopteris wongii* (Halle) Zal. (*Palaeozoic Plants from China* Writing Group, 1974)]

1927   Halle, p. 135, pls. 35, 36; pl. 64, fig. 12; fern-like leaves; central Shanxi (Shansi); Early Permian Lower Shihhotse Series and Upper Shihhotse Series.

1976   Chow Huiqin and others, p. 208, pl. 109, figs. 6, 7; pl. 110, fig. 1; pl. 111, figs. 1—3; pl. 112, figs. 1, 2; pl. 113, fig. 1; fern-like leaves; Wuziwan of Jungar Banner, Inner Mongolia; Middle Triassic upper part of Ermaying Formation.

1980   Huang Zhigao, Zhou Huiqin, p. 85, pl. 2, fig. 5; pl. 3, figs. 1, 2; pl. 4, fig. 2; fern-like leaves; Wuziwan of Jungar Banner, Inner Mongolia; Middle Triassic upper part of Ermaying Formation.

Protoblechnum sp.

1979   *Protoblechnum* sp., He Yuanliang and others, p. 145, pl. 68, fig. 6; fern-like leaf; Babaoshan of Dulan, Qinghai; Late Triassic Babaoshan Group.

Genus *Pseudoctenis* Seward, 1911

1911   Seward, p. 692.

1931   Sze H C, p. 59.

1963   Sze H C, Lee H H and others, p. 194.

1993a   Wu Xiangwu, p. 123.

Type species: *Pseudoctenis eathiensis* (Richards) Seward, 1911

Taxonomic status: Cycadales, Cycadopsida

Pseudoctenis eathiensis (Richards) Seward, 1911

1911   Seward, p. 692, pl. 4, figs. 62, 67; pls. 7, 11, 12; pl. 8, fig. 32; cycadophyte frond fragments; Scotland; Late Jurassic.

1980   Zhang Wu and others, p. 278, pl. 143, figs. 1, 2; cycadophyte leaves; Beipiao, Liaoning; Middle Jurassic Haifanggou Formation.

1993a   Wu Xiangwu, p. 123.

△*Pseudoctenis bifurcata* Chen et Zhang, 1979

1979c   Chen Ye, Zhang Yucheng, in Chen Ye and others, p. 270, pl. 1, figs. 2, 3; cycadophyte leaves; No.: No. 6861, No. 6862, No. 6864; Syntypes: No. 6861, No. 6862 (pl. 1, figs. 2, 3); Repository: Department of Palaeobotany, Institute of Botany, the Chinese Academy of Sciences; Hongni Coal Field of Yanbian, Sichuan; Late Triassic Daqiaodi Formation. [Notes: According to *International Code of Botanical Nomenclature* (*Vienna Code*) article 37. 2, from the year 1958, the holotype type specimen should be unique]

Pseudoctenis brevipennis Ôishi, 1940

1940   Ôishi, p. 322, pl. 28, fig. 5; cycadophyte leaf; Fukushima, Japan; Early Cretaceous Ryose-

ki Series.

1987 Zhang Wu, Zheng Shaolin, p. 301, pl. 28, figs. 13 — 13b; cycadophyte leaf; Houfulong-shan of Nanpiao, Liaoning; Middle Jurassic Haifanggou Formation.

Pseudoctenis crassinervis Seward, 1911

1911 Seward, p. 691, pl. 4, fig. 69; cycadophyte leaf; Scotland; Jurassic.

Pseudoctenis cf. *crassinervis* Seward

1931 Sze H C, p. 59, pl. 5, figs. 5, 6; cycadophyte leaves; Sunjiagou of Fuxin, Liaoning; Early Jurassic (Lias).

1963 Sze H C, Lee H H and others, p. 195, pl. 59, fig. 5; cycadophyte leaf; Sunjiagou of Fuxin, Liaoning; Late Jurassic.

1980 Zhang Wu and others, p. 278, pl. 176, fig. 3; cycadophyte leaf; Sunjiagou of Fuxin, Liaoning; Early Cretaceous(?).

1993a Wu Xiangwu, p. 123.

△*Pseudoctenis gigantea* Hsu et Chen, 1975

1975 Hsu J, Chen Yeh, in Hsu J and others, p. 73, pl. 4; cycadophyte leaf; No.; No. 2754; Repository; Institute of Botany, the Chinese Academy of Sciences; Nalajing of Yongren, Yunnan; Late Triassic lower part of Daqiaodi Formation.

1978 Yang Xianhe, p. 522, pl. 158, fig. 4; cycadophyte leaf; Dukou, Sichuan; Late Triassic Daqiaodi Formation.

1979 Hsu J and others, p. 49, pl. 48; cycadophyte leaf; Baoding, Sichuan; Late Triassic lower part of Daqiaodi Formation.

1989 Mei Meitang and others, p. 98, pl. 54; cycadophyte leaf; South China; Late Triassic.

1992 Sun Ge, Zhao Yanhua, p. 541, pl. 238, figs. 2, 4; cycadophyte leaves; Malugou of Wangqing, Jilin; Late Triassic Malugou Formation.

1993 Sun Ge, p. 80, pl. 21, figs. 3, 4; cycadophyte leaves; North Hill in Lujuanzicun of Wang qing, Jilin; Late Triassic Malugou Formation.

△*Pseudoctenis hechuanensis* Duan et Chen, 1982

1982 Duan Shuying, Chen Ye, p. 504, pl. 12, fig. 1; cycadophyte leaf; Reg. No.; No. 7125; Holotype; No. 7125 (pl. 12, fig. 1); Repository; Institute of Botany, the Chinese Academy Sciences; Tanba of Hechuan, Sichuan; Late Triassic Hsuchiaho Formation.

1993 Wang Shijun, p. 44, pl. 17, fig. 1; cycadophyte leaf; Ankou of Lechang, Guangdong; Late Triassic Genkou Group.

Pseudoctenis herriesi Harris, 1946

1946 Harris, p. 829; text-figs. 4 — 6; cycadophyte leaves; Yorkshire, England; Middle Jurassic.

Pseudoctenis cf. *herriesi* Harris

2002 Wu Xiangwu and others, p. 162, pl. 9, figs. 6a, 14; pl. 10, figs. 2 — 5a; cycadophyte leaves; Qingtujing of Jinchang, Gansu; Middle Jurassic lower member of Ningyuanpu Formation; Bailuanshan of Zhangye, Gansu; Early — Middle Jurassic Chaishui Group.

△*Pseudoctenis hsui* Lee P, 1964

1964　Lee P C, pp. 132, 174, pl. 15, figs. 1—4; text-fig. 7; cycadophyte leaves and cuticles; Col. No.: BA326 (6); Reg. No.: PB2834; Repository: Nanjing Institute of Geology and Palaeontology, Chinese Academy of Sciences; Xujiahe of Guangyuan, Sichuan; Late Triassic Hsuchiaho Formation.

1978　Yang Xianhe, p. 522, pl. 180, fig. 4; cycadophyte leaf; Xujiahe of Guangyuan, Sichuan; Late Triassic Hsuchiaho Formation.

Pseudoctenis lanei Thomas, 1913

1913　Thomas, p. 242, pl. 24, fig. 4; pl. 26; cycadophyte leaves; Yorkshire, England; Middle Jurassic.

Pseudoctenis cf. *lanei* Thomas

1984　Wang Ziqiang, p. 269, pl. 128, fig. 6; cycadophyte leaf; Chahar Right Middle Banner, Inner Mongolia; Nansuletu Formation.

△*Pseudoctenis longiformis* Zhang, 1982

1982　Zhang Caifan, p. 534, pl. 350, fig. 5; cycadophyte leaf; Reg. No.: HP02; Holotype: HP02 (pl. 350, fig. 5); Repository: Geology Museum of Hunan Province; Xiaping in Changce of Yizhang, Hunan; Early Jurassic Tanglong Formation.

△*Pseudoctenis mianzhuensis* Wu, 1999 (in Chinese)

1999b　Wu Shunqing, p. 40, pl. 34, figs. 1, 6; pl. 35, figs. 1, 3; cycadophyte leaves; Reg. No.: PB10702, PB10703, PB10708, PB10709; Syntype 1: PB10702 (pl. 34, fig. 1); Syntype 2: PB10703 (pl. 34, fig. 6); Repository: Nanjing Institute of Geology and Palaeontology, Chinese Academy of Sciences; Jinhua of Mianzhu, Sichuan; Late Triassic Hsuchiaho Formation. [Notes: According to *International Code of Botanical Nomenclature* (*Vienna Code*) article 37.2, from the year 1958, the holotype type specimen should be unique]

△*Pseudoctenis*? *minor* (Cao, Liang et Ma) Cao, 1999 (in Chinese and English)

1995　*Zamiophyllum*? *minor* Cao, Liang et Ma, Cao Zhengyao and others, p. 7, pl. 1, fig. 8; cycadophyte leaf; Daxicun of Zhenghe, Fujian; Early Cretaceous middle member of Nanyuan Formation.

1999　Cao Zhengyao, pp. 65, 148, pl. 17, figs. 2—4; pl. 22, fig. 9; cycadophyte leaves; Xushancun of Wencheng, Shantouhe of Linhai and Pingtian of Huangyan, Zhejiang; Early Cretaceous Guantou Formation.

Pseudoctenis oleosa Harris, 1949

1949　Harris, p. 580; text-figs. 8A, 8B, 9; cycadophyte leaves and cuticles; Yorkshire, England; Middle Jurassic.

1987　Zhang Wu, Zheng Shaolin, p. 301, pl. 24, fig. 2; cycadophyte leaf; Shebudai in Changgao of Beipiao, Liaoning; Middle Jurassic Lanqi Formation.

Pseudoctenis cf. *oleosa* Harris

1988　Li Peijuan and others, p. 80, pl. 63, fig. 5; cycadophyte leaf; Dameigou of Da Qaidam, Qinghai; Early Jurassic *Cladophlebis* Bed of Huoshaoshan Formation.

△*Pseudoctenis pachyphylla* Chen et Duan, 1979

1979c Chen Ye, Duan Shuying, in Chen Ye and others, p. 271, pl. 2, fig. 1; cycadophyte leaf; No.: No. 6907, No. 6978, No. 7062, No. 7063, No. 7065; Holotype: No. 6907 (pl. 2, fig. 1); Repository: Department of Palaeobotany, Institute of Botany, the Chinese Academy of Sciences; Hongni Coal Field of Yanbian, Sichuan; Late Triassic Daqiaodi Formation.

△*Pseudoctenis pulchra* Wu, 1999 (in Chinese)

1999b Wu Shunqing, p. 41, pl. 35, fig. 8; cycadophyte leaf; Col. No.: f47-5; Reg. No.: PB10715; Holotype: PB10715 (pl. 35, fig. 8); Repository: Nanjing Institute of Geology and Palaeontology, Chinese Academy of Sciences; Fuancun of Huili, Sichuan; Late Triassic Baiguowan Formaion.

△*Pseudoctenis rhabdoides* Li et Hu, 1984

1984 Li Baoxian, Hu Bin, p. 141, pl. 4, figs. 1—3; cycadophyte leaves; Reg. No.: PB10428A, PB10429, PB10430; Holotype: PB10428A (pl. 4, fig. 1); Repository: Nanjing Institute of Geology and Palaeontology, Chinese Academy of Sciences; Datong, Shanxi; Early Jurassic Yongdingzhuang Formation.

△*Pseudoctenis tieshanensis* Huang, 1992

1992 Huang Qisheng, p. 175, pl. 18, figs. 2, 3, 3a; cycadophyte leaves; Col. No.: SD20; Reg. No.: SD87006, SD87008; Repository: Department of Palaeontology, China University of Geosciences (Wuhan); Tieshan of Daxian, Sichuan; Late Triassic member 7 of Hsuchiaho Formation; Xujiahe of Guangyuan, Sichuan; Late Triassic member 3 of Hsuchiaho Formation. (Notes: The type specimen was not designated in the original paper)

△*Pseudoctenis xiphida* Ye et Huang, 1986

[Notes: This specific name lately was referred as *Pterophyllum xiphida* (Ye et Huang) Wang, 1993 (Wang Shijun, 1993)]

1986 Ye Meina, Huang Guoqing, in Ye Meina and others, p. 62, pl. 44, figs. 5, 5a; cycadophyte leaf; Repository: 137 Geological Team of Sichuan Coal Field Geological Company; Jinwo in Tieshan of Daxian, Sichuan; Late Triassic member 7 of Hsuchiaho Formation.

Pseudoctenis spp.

1978 *Pseudoctenis* sp., Zhou Tongshun, pl. 26, fig. 5; cycadophyte leaf; Longjing of Wuping, Fujian; Late Triassic upper member of Dakeng Formation.

1979 *Pseudoctenis* sp., Hsu J and others, p. 49, pl. 46, fig. 3; cycadophyte leaf; Longshuwan of Baoding, Sichuan; Late Triassic middle part of Daqiaodi Formation.

1982 *Pseudoctenis* sp. 1, Li Peijuan, Wu Xiangwu, p. 54, pl. 21, fig. 2; cycadophyte leaf; Xiangcheng area, Sichuan; Late Triassic Lamaya Formation.

1982 *Pseudoctenis* sp. 2, Li Peijuan, Wu Xiangwu, p. 54, pl. 5, fig. 4; cycadophyte leaf; Yidun area, Sichuan; Late Triassic Lamaya Formation.

1983 *Pseudoctenis* sp., Li Jieru, p. 23, pl. 3, fig. 3; cycadophyte leaf; Houfulongshan of Nanpiao (Jinxi), Liaoning; Middle Jurassic member 1 of Haifanggou Formation.

1986   *Pseudoctenis* sp. 1, Ye Meina and others, p. 63, pl. 43, figs. 2, 2a; cycadophyte leaf; Jinwo in Tieshan of Daxian, Sichuan; Early Jurassic Zhenzhuchong Formation.

1986   *Pseudoctenis* sp. 2, Ye Meina and others, p. 63, pl. 42, fig. 2; cycadophyte leaf; Wenquan of Kaixian, Sichuan; Early Jurassic Zhenzhuchong Formation.

1993   *Pseudoctenis* sp. 1, Mi Jiarong and others, p. 120, pl. 27, fig. 2; pl. 45, fig. 4a; cycadophyte leaves; Tianqiaoling of Wangqing, Jilin; Late Triassic Malugou Formation.

1993   *Pseudoctenis* sp. 2, Mi Jiarong and others, p. 120, pl. 30, fig. 2; cycadophyte leaf; Chengde, Hebei; Late Triassic Xingshikou Formation.

1996   *Pseudoctenis* sp., Huang Qisheng and others, pl. 2, fig. 8; cycadophyte leaf; Wenquan of Kaixian, Sichuan; Early Jurassic bed 6 in lower part of Zhenzhuchong Formation.

1999b   *Pseudoctenis* sp. 1, Wu Shunqing, p. 41, pl. 32, fig. 4; cycadophyte leaf; Jinxi of Wangcang, Sichuan; Late Triassic Hsuchiaho Formation.

1999b   *Pseudoctenis* sp. 2, Wu Shunqing, p. 41, pl. 1, fig. 2; cycadophyte leaf; Huangshiban in Xinchang of Weiyuan, Sichuan; Late Triassic Hsuchiaho Formation.

2000   *Pseudoctenis* sp., Cao Zhengyao, p. 256, pl. 2, figs. 12—14; pl. 3, figs. 1—4; cycadophyte leaves and cuticles; Jiangdu, Jiangsu; Early Jurassic Lingyuan Formation.

2001   *Pseudoctenis* sp., Huang Qisheng, pl. 1, fig. 7; cycadophyte leaf; Wenquan of Kaixian, Sichuan; Early Jurassic bed 6 in member Ⅱ of Zhenzhuchong Formation.

? *Pseudoctenis* sp.

1980   ? *Pseudoctenis* sp., He Dechang, Shen Xiangpeng, p. 24, pl. 13, figs. 1, 3; cycadophyte leaves; Chengtanjiang of Liuyang, Hunan; Late Triassic Anyuan Formation.

Pseudoctenis? sp.

1999   *Pseudoctenis*? sp., Cao Zhengyao, p. 65, pl. 19, fig. 6; cycadophyte leaf; Xushancun of Wencheng, Zhejiang; Early Cretaceous Guantou Formation.

Genus *Pseudocycas* Nathorst, 1907

1907   Nathorst, p. 4.

1954   Hsu J, p. 60.

1963   Sze H C, Lee H H and others, p. 173.

1993a   Wu Xiangwu, p. 123.

Type species: *Pseudocycas insignis* Nathorst, 1907

Taxonomic status: Bennettiales, Cycadopsida

Pseudocycas insignis Nathorst, 1907

1907   Nathorst, p. 4, pl. 1, figs. 1—5; pl. 2, figs. 1—9; pl. 3, fig. 1; cycadophyte leaves; Hoer, Sweden; Early Jurassic (Lias).

1993a   Wu Xiangwu, p. 123.

△*Pseudocycas manchurensis* (Ôishi) Hsu, 1954

1935   *Cycadites manchurensis* Ôishi, p. 85, pl. 6, figs. 4, 4a, 4b, 5, 6; text-fig. 3; cycadophyte

leaves and cuticles; Dongning Coal Field, Heilongjiang; Late Jurassic or Early Creta-
ceous.

1954   Hsu J, p. 60, pl. 48, figs. 4, 5; cycadophyte leaves; Dongning, Heilongjiang; Late Jurassic.

1963   Sze H C, Lee H H and others, p. 174, pl. 66, figs. 1—3; cycadophyte leaves and cuticles;
Dongning, Heilongjiang; Late Jurassic.

1980   Zhang Wu and others, p. 270, pl. 169, fig. 3; cycadophyte leaf; Dongning, Heilongjiang;
Early Cretaceous Muling Formation.

1993a Wu Xiangwu, p. 123.

Pseudocycas? *pecten* (Ôishi)

[Notes: The name *Pseudocycas*? *pecten* (Ôishi) is applied by Zhou Zhiyan and others (1980)]

1935   *Nilssonia pecten* Ôishi, p. 83, pl. 7; pl. 8, fig. 2; text-fig. 2; cycadophyte leaves; Dongning
Coal Field, Heilongjiang; Late Jurassic or Early Cretaceous.

1980   Zhou Zhiyan and others, pp. 66, 72; cycadophyte leaves; Mashan of Jixi, Heilongjiang;
Early Cretaceous Muling Formation.

1982b *Pseudocycas*? *pecten* Ôishi, Zheng Shaolin, Zhang Wu, p. 310; cycadophyte leaf; Mashan
of Jixi, Heilongjiang; Early Cretaceous Muling Formation.

Pseudocycas sp.

1983   *Pseudocycas* sp., Chen Fen, Yang Guanxiu, p. 133, pl. 17, fig. 6; cycadophyte leaf; Shi-
quanhe area, Tibet; Early Cretaceous upper part of Risong Group.

Pseudocycas? sp.

1999   *Pseudocycas*? sp., Cao Zhengyao, p. 79, pl. 15, figs. 11, 11a; cycadophyte leaf; Chachuan
of Yongjia, Zhejiang; Early Cretaceous member C of Moshishan Formation.

Genus *Pseudodanaeopsis* Fontaine, 1883

1883   Fontaine, p. 59.

1979   Li Peijuan, He Yuanliang, in He Yuanliang and others, p. 147.

1993a Wu Xiangwu, p. 124.

Type species: *Pseudodanaeopsis seticulata* Fontaine, 1883

Taxonomic status: Filicopsida? or Pteridospermopsida?

Pseudodanaeopsis seticulata Fontaine, 1883

1883   Fontaine, p. 59, pl. 30, figs. 1 — 4; fern-like leaves; Clover Hill of Virginia, USA;
Triassic.

1993a Wu Xiangwu, p. 124.

△*Pseudodanaeopsis sinensis* Li et He, 1979

1979   Li Peijuan, He Yuanliang, in He Yuanliang and others, p. 147, pl. 69, figs. 2—3a; fern-
like leaves; Col. No.: XIF038; Reg. No.: PB6371, PB6372; Repository: Nanjing Institute of
Geology and Palaeontology, Chinese Academy of Sciences; upper Chaomochaohe in Du-

lan, Qinghai; Late Triassic Babaoshan Group. (Notes: The type specimen was not designated in the original paper)

1983　He Yuanliang, p. 187, pl. 29, figs. 1, 2; fern-like leaves; Galedesi of Qilian, Qinghai; Late Triassic Galedesi Formation of Mule Group.

1993a　Wu Xiangwu, p. 124.

Pseudodanaeopsis sp.

1983　*Pseudodanaeopsis* sp., He Yuanliang, p. 87, pl. 29, figs. 3, 4; fern-like leaves; Galedesi of Qilian, Qinghai; Late Triassic Galedesi Formation of Mule Group.

△Genus *Pseudotaeniopteris* Sze, 1951

1951a　Sze H C, p. 83.

1963　Sze H C, Lee H H and others, p. 362.

1993a　Wu Xiangwu, pp. 29, 231.

1993b　Wu Xiangwu, pp. 507, 517.

Type species: *Pseudotaeniopteris piscatorius* Sze, 1951

Taxonomic status: Problemticum

△*Pseudotaeniopteris piscatorius* Sze, 1951

1951a　Sze H C, p. 83, pl. 1, figs. 1, 2; Problemticum; Benxi, Liaoning; Early Cretaceous.

1963　Sze H C, Lee H H and others, p. 362, pl. 103, figs. 2, 2a; Benxi, Liaoning; Early Cretaceous Damingshan Group.

1993a　Wu Xiangwu, pp. 29, 231.

1993b　Wu Xiangwu, pp. 507, 517.

Genus *Pterophyllum* Brongniart, 1828

1828　Brongniart, p. 95.

1883　Schenk, p. 247.

1963　Sze H C, Lee H H and others, p. 152.

1993a　Wu Xiangwu, p. 125.

Type species: *Pterophyllum longifolium* Brongniart, 1828

Taxonomic status: Bennettiales, Cycadopsida

Pterophyllum longifolium Brongniart, 1828

1822 (1822—1823)　*Aigacites filicoides* Schlotheim, pl. 4, fig. 2; cycadophyte leaf; Switzerland; Late Triassic.

1828　Brongniart, p. 95.

1979　Hsu J and others, p. 54, pl. 50, figs. 5—7; text-fig. 16; cycadophyte leaves; Ganbatang and Huashan of Baoding, Sichuan; Late Triassic middle-upper part of Daqiaodi Formation.

1983　Meng Fansong, p. 226, pl. 3, fig. 6; cycadophyte leaf; Chenjiawan in Donggong of Nanzhang, Hubei; Late Triassic Jiuligang Formation.

1987　Meng Fansong, p. 248, pl. 32, fig. 4; cycadophyte leaf; Donggong of Nanzhang, Hubei; Late Triassic Jiuligang Formation.

1993a　Wu Xiangwu, p. 125.

Pterophyllum aequale (Brongniart) Nathorst, 1878

1825　*Nilssonia aequalis* Brongniart, p. 219, pl. 12, fig. 6; cycadophyte leaf; Switzerland; Early Jurassic.

1878　Nathorst, p. 18, pl. 2, fig. 13; pinna leaf; Switzerland; Early Jurassic.

1883　Schenk, p. 247, pl. 48, fig. 7; cycadophyte leaf; Tumulu, Inner Mongolia; Jurassic. [Notes: This specimen lately was referred as *Pterophyllum richthofeni* Schenk (Sze H C, Lee H H and others, 1963)]

1920　*Pterophyllum aequale* Brongniart, Yabe et Hayasaka, pl. 5, fig. 11; cycadophyte leaf; Hujiafang of Pingxiang, Jiangxi; Late Triassic (Rhaetic)—Early Jurassic (Lias).

1929a　*Pterophyllum aequale* Brongniart, Yabe et Ôishi, p. 93, pl. 18, fig. 4; pl. 20, fig. 3; cycadophyte leaves; Hujiafang of Pingxiang, Jiangxi; Late Triassic—Early Jurassic.

1931　*Pterophyllum aequale* Brongniart, Sze H C, p. 11, pl. 2, fig. 5; cycadophyte leaf; Pingxiang, Jiangxi; Early Jurassic (Lias).

1933c　Sze H C, p. 20, pl. 4, figs. 2—7; cycadophyte leaves; Yibin, Sichuan; late Late Triassic—Early Jurassic.

1942b　Sze H C, p. 189, pl. 1, figs. 1—4; cycadophyte leaves; Shimenkou of Liling, Hunan; Late Triassic—Early Jurassic.

1949　Sze H C, p. 15, pl. 12, fig. 8; cycadophyte leaves; Baishigang and Taizigou of Dangyang, Hubei; Early Jurassic Hsiangchi Coal Series.

1950　Ôishi, p. 100; Sichuan and Jiangxi; Early Jurassic.

1952　Sze H C, Lee H H, pp. 8, 27, pl. 3, figs. 1—6a; pl. 4, fig. 6; pl. 6, fig. 5; cycadophyte leaves; Aishanzi of Weiyuan and Yipinchang of Baxian, Sichuan; Early Jurassic.

1954　Hsu J, p. 57, pl. 50, fig. 5; cycadophyte leaf; Anyuan of Pingxiang, Jiangxi; Shimenkou in Liling of Hunan, Yipinglang in Guangtong of Yunnan and Weiyuan of Sichuan; Late Tria-ssic (Rhaetic).

1956　Lee H H, p. 18, pl. 5, fig. 6; cycadophyte leaf; Baxian, Sichuan; Early Jurassic Hsiangchi Coal Series.

1962　Lee H H, p. 147, pl. 87, fig. 5; cycadophyte leaf; Changjiang River Basin; Late Triassic—Early Jurassic.

1963　Chow Huiqin, p. 174, pl. 74, fig. 1; cycadophyte leaf; Wuhua, Guangdong; Late Triassic.

1963　Sze H C, Lee H H and others, p. 152, pl. 60, figs. 5, 6; pl. 69, figs. 7—8a; pl. 71, fig. 9; cycadophyte leaves; Weiyuan and Kaijiang, Sichuan; Fengcheng, Gaoyao and Pingxiang, Jiangxi; Liling and Zixing of Hunan, Lechang, Huaxian and Enping of Guangdong, Yunnan; Late Triassic—Early Jurassic.

1964　Lee H H and others, p. 128, pl. 77, figs. 1, 2; cycadophyte leaves; South China; late Late

Triassic—Early Jurassic.

1968   *Fossil Atlas of Mesozoic Coal-bearing Strata in Kiangsi and Hunan Provinces*, p. 55, pl. 11, figs. 1—5; pl. 16, fig. 5; cycadophyte leaves; Jiangxi (Kiangsi) and Hunan; Late Triassic—Early Jurassic.

1974   Hu Yufan and others, pl. 1, fig. 6; cycadophyte leaf; Guanhua Coal Mine of Yaan, Sichuan; Late Triassic.

1974a   Lee P C and others, p. 358, pl. 191, figs. 1—4; cycadophyte leaves; Cifengchang of Pengxian, Sichuan; Late Triassic Hsuchiaho Formation.

1976   Lee P C and others, p. 118, pl. 33, figs. 8—10; cycadophyte leaves; Yipinglang of Lufeng, Yunnan; Late Triassic Ganhaizi Member of Yipinglang Formation.

1977   Feng Shaonan and others, p. 229, pl. 82, figs. 1, 2; cycadophyte leaves; Yuanan and Zigui, Hubei; Early—Middle Jurassic Upper Coal Formation of Hsiangchi Group; Liling, Hunan; Late Triassic Anyuan Formation; Lechang, Huaxian and Enping, Guangdong; Late Triassic Siaoping Formation.

1978   Chen Qishi and others, pl. 1, fig. 3; cycadophyte leaf; Wuzao of Yiwu, Zhejiang; Late Triassic Wuzao Formation.

1978   Yang Xianhe, p. 506, pl. 157, figs. 5, 6; pl. 163, fig. 5; cycadophyte leaves; Cifengchang of Pengxian and Taiping of Dayi, Sichuan; Late Triassic Hsuchiaho Formation.

1978   Zhang Jihui, p. 481, pl. 162, fig. 8; cycadophyte leaf; Langdai of Liuzhi, Guizhou; Late Triassic.

1978   Zhou Tongshun, p. 108, pl. 21, figs. 5, 6; cycadophyte leaves; Dakeng of Zhangping and Jitou of Shanghang, Fujian; Late Triassic upper member of Dakeng Formation and Wenbinshan Formation.

1979   Hsu J and others, p. 52, pl. 49, fig. 1; cycadophyte leaf; Huashan of Baoding, Sichuan; Late Triassic middle-upper part of Daqiaodi Formation.

1980   He Dechang, Shen Xiangpeng, p. 16, pl. 5, fig. 4; pl. 8, fig. 4; cycadophyte leaves; Chengtanjiang of Liuyang, Hunan; Late Triassic Anyuan Formation and Sanqiutian Formation.

1982   Duan Shuying, Chen Ye, p. 501, pl. 8, figs. 6—8; cycadophyte leaves; Tanba of Hechuan, Jiadangwan of Dazhu and Qilixia of Xuanhan, Sichuan; Late Triassic Hsuchiaho Formation.

1982   Li Peijuan, Wu Xiangwu, p. 49, pl. 9, fig. 3; cycadophyte leaf; Daocheng area, Sichuan; Late Triassic Lamaya Formation.

1982   Wang Guoping and others, p. 259, pl. 115, fig. 6; cycadophyte leaf; Dakeng of Zhangping, Fujian; Late Triassic Dakeng Formation; Youluo of Fengcheng, Jiangxi; Late Triassic Anyuan Formation.

1982   Yang Xianhe, p. 477, pl. 9, figs. 3, 4; cycadophyte leaves; Hulukou of Weiyuan, Sichuan; Late Triassic Hsuchiaho Formation.

1982   Zhang Caifan, p. 529, pl. 340, fig. 8; cycadophyte leaf; Shimenkou of Liling, Huashi of Zhuzhou, Shuisi of Hengyang and 5.1 Coal Mine of Chenxi, Hunan; Late Triassic.

1983   Li Jieru, pl. 2, figs. 5—7; cycadophyte leaves; Houfulongshan of Nanpiao (Jinxi), Liaoning; Middle Jurassic member 3 of Haifanggou Formation.

1984   Chen Gongxin, p. 588, pl. 243, figs. 1, 2; cycadophyte leaves; Yandun of Jingmen, Hubei;

Early Jurassic Tongzhuyuan Formation.

1987　Chen Ye and others, p. 110, pl. 16, figs. 5, 6; pl. 27, figs. 6－8; cycadophyte leaves; Qinghe of Yanbian, Sichuan; Late Triassic Hongguo Formation.

1989　Mei Meitang and others, p. 99, pl. 50, fig. 4; cycadophyte leaf; China; Late Triassic －Jurassic.

1992　Xie Mingzhong, Sun Jingsong, pl. 1, fig. 9; cycadophyte leaf; Xuanhua, Hebei; Middle Jurassic Xiahuayuan Formation.

1993　Wang Shijun, p. 18, pl. 7, figs. 2, 6; pl. 9, fig. 6; pl. 26, figs. 5－8; cycadophyte leaves and cuticles; Guanchun of Lechang, Guangdong; Late Triassic Genkou Group.

1993a　Wu Xiangwu, p. 125.

1999b　Wu Shunqing, p. 29, pl. 24, figs. 3－6; cycadophyte leaves; Langdai of Liuzhi, Guizhou; Late Triassic Huobachong Formation; Mapingzi of Huili, Sichuan; Late Triassic Baiguowan Formaion.

2000　Yao Huazhou and others, pl. 3, fig. 1; cycadophyte leaf; Xionglong of Xinlong, Sichuan; Late Triassic Lamaya Formation.

Pterophyllum aequale? (**Brongniart**) **Nathorst**

1956　Ngo C K, p. 23, pl. 4, fig. 4; cycadophyte leaf; Xiaoping of Guangzhou, Guangdong; Late Triassic Siaoping Coal Series.

Pterophyllum cf. *aequale* (**Brongniart**) **Nathorst**

1982b　Wu Xiangwu, p. 90, pl. 20, fig. 3; cycadophyte leaf; Qamdo area, Tibet; Late Triassic upper member of Bagong Formation.

1986a　Chen Qishi, p. 449, pl. 2, fig. 8; cycadophyte leaf; Chayuanli of Quxian, Zhejiang; Late Triassic Chayuanli Formation.

1986b　Chen Qishi, p. 10, pl. 3, fig. 7; cycadophyte leaf; Wuzao of Yiwu, Zhejiang; Late Triassic Wuzao Formation.

1987a　Qian Lijun and others, pl. 22, fig. 5; cycadophyte leaf; Dabianyao in Xigou of Shenmu, Shaanxi; Middle Jurassic member 1 of Yan'an Formation.

△*Pterophyllum angustifolium* **Deng, 1991**

1991　Deng Shenghui, pp. 152, 155, pl. 2, figs. 6－10; cycadophyte leaves and cuticles; No.: H1012, H1013; Repository: China University of Geosciences (Beijing); Huolinhe Basin, Inner Mongolia; Early Cretaceous lower part of Huolinhe Formation. (Notes: The type specimen was not designated in the original paper)

1995b　Deng Shenghui, p. 36, pl. 16, fig. 5; pl. 19, fig. 2; pl. 21, figs. 1, 1a; pl. 33, figs. 4－6; pl. 34, fig. 4; text-fig. 13; cycadophyte leaves and cuticles; Huolinhe Basin, Inner Mongolia; Early Cretaceous Huolinhe Formation.

1996　Zheng Shaolin, Zhang Wu, pl. 2, fig. 1－5; cycadophyte leaves and cuticles; Liaoyuan Coal Field, Jilin; Early Cretaceous Chang'an Formation.

Pterophyllum angustum (**Braun**) **Gothan, 1914**

1843　*Ctenis angusta* Braun, p. 39, pl. 11, figs. 2a, 2b; cycadophyte leaf; Germany; Late Triassic.

1914   Gothan,p. 46,pl. 26,fig. 3;cycadophyte leaf;Germany;Late Triassic.

1929a   Yabe,Ôishi,p. 96,pl. 18,fig. 5;pl. 19,figs. 5,5a,6;cycadophyte leaves;Nanxiang Coal Field of Liuyang,Hunan;Late Triassic.

1963   Sze H C,Lee H H and others,p. 153,pl. 60,figs. 2,3;cycadophyte leaves;Liuyang,Hunan;Late Triassic Anyuan Formation(?);Dongning,Heilongjiang;Late Jurassic.

1974   Hu Yufan and others,pl. 2,fig. 3;cycadophyte leaf;Guanhua Coal Mine of Yaan, Sichuan;Late Triassic.

1977   Feng Shaonan and others,p. 230,pl. 82,fig. 8;cycadophyte leaf;Chengtanjiang of Liuyang,Hunan;Late Triassic Anyuan Formation;Lechang,Guangdong;Late Triassic Siaoping Formation.

1979   Hsu J and others,p. 53,pl. 49,figs. 2,3;cycadophyte leaves;Baoding,Sichuan;Late Triassic middle-upper part of Daqiaodi Formation.

1982   Wang Guoping and others,p. 259,pl. 117,fig. 6;cycadophyte leaf;Licun of Yudu, Jiangxi;Late Triassic Anyuan Formation.

1982   Zhang Caifan,p. 529,pl. 355,fig. 5;cycadophyte leaf;Chengtanjiang of Liuyang,Hunan; Late Triassic.

1986   Ye Meina and others,p. 44,pl. 25,fig. 2;pl. 27,figs. 1—3;pl. 28,fig. 4;cycadophyte leaves;Xuanhan,Kaijiang and Daxian,Sichuan;Late Triassic member 7 of Hsuchiaho Formation.

1987   Chen Ye and others,p. 110,pl. 23,figs. 1,2;cycadophyte leaves;Qinghe of Yanbian, Sichuan;Late Triassic Hongguo Formation.

1993   Wang Shijun,p. 19,pl. 9,fig. 8;pl. 13,fig. 2;cycadophyte leaves;Guanchun of Lechang, Guangdong;Late Triassic Genkou Group.

Pterophyllum cf. *angustum* (Braun) Gothan

1968   *Fossil Atlas of Mesozoic Coal-bearing Strata in Kiangsi and Hunan Provinces*,p. 56, pl. 12,fig. 4;cycadophyte leaf;Guanchun of Lechang,Guangdong;Late Triassic member 1 of Coal-bearing Formation.

1975   Xu Fuxiang,p. 102,pl. 2,figs. 4,5;cycadophyte leaves;Houlaomiao of Tianshui,Gansu; Late Triassic Ganchaigou Formation.

1980   Zhang Wu and others,p. 270,pl. 169,fig. 4;cycadophyte leaf;Dongning,Heilongjiang; Early Cretaceous Muling Formation.

Cf. *Pterophyllum angustum* (Braun) Gothan

1935   Ôishi,p. 88,pl. 8,fig. 1A;text-fig. 5;cycadophyte leaf;Dongning Coal Field,Heilongjiang;Late Jurassic or Early Cretaceous. [Notes:This specimen lately was referred as *Pterophy-llum angustum* (Braun) Gothan (Sze H C,Lee H H and others,1963)]

1950   Ôishi,p. 101,pl. 32,fig. 4;cycadophyte leaf;Dongning,Heilongjiang;Late Jurassic;Hunan,Early Jurassic.

△*Pterophyllum arcustum* Wang,1984

1984   Wang Ziqiang,p. 256,pl. 147,figs. 1—3;cycadophyte leaves;Reg. No.:P0375—P0377; Syntype 1:P0376 (pl. 147,fig. 6);Syntype 2:P0377 (pl. 147,fig. 7);Repository:Nanjing

Institute of Geology and Palaeontology, Chinese Academy of Sciences; Qinglong, Hebei; Late Jurassic Houcheng Formation. [Notes: According to *International Code of Botanical Nomenclature (Vienna Code)* article 37. 2, from the year 1958, the holotype type specimen should be unique]

Pterophyllum astartense Harris, 1932

1932　Harris, p. 44, pl. 4, fig. 10; text-figs. 19 — 21; cycadophyte leaf and cuticle; East Greenland; Late Triassic *Lepidopteris* Zone.

1978　Zhou Tongshun, pl. 21, fig. 4; cycadophyte leaf; Jitou of Shanghang, Fujian; Late Triassic Wenbinshan Formation.

1982　Wang Guoping and others, p. 260, pl. 118, fig. 5; cycadophyte leaf; Jitou of Shanghang, Fujian; Late Triassic Wenbinshan Formation.

1982b　Wu Xiangwu, p. 90, pl. 12, fig. 3B; pl. 13, figs. 4, 4a; cycadophyte leaves; Qamdo area, Tibet; Late Triassic upper member of Bagong Formation.

1986　Chen Ye and others, p. 42, pl. 8, figs. 1, 2; cycadophyte leaves; Litang, Sichuan; Late Triassic Lanashan Formation.

1986　Ye Meina and others, p. 44, pl. 27, figs. 7, 7a; cycadophyte leaf; Binlang of Daxian, Sichuan; Late Triassic member 7 of Hsuchiaho Formation.

1990　Wang Yufei, Chen Ye, p. 727, pl. 1, figs. 7, 8; pl. 2, figs. 14 — 19; cycadophyte leaves and cuticles; Langdai of Liuzhi, Guizhou; Late Triassic.

1995　Li Chengsen, Cui Jinzhong, pp. 84, 85 (with figures); cuticles; Langdai of Liuzhi, Guizhou; Late Triassic.

Pterophyllum cf. *astartense* Harris

1979　Hsu J and others, p. 53, pl. 49, fig. 4; cycadophyte leaf; Baoding, Sichuan; Late Triassic middle-upper part of Daqiaodi Formation.

△*Pterophyllum baotoum* Chang, 1976

1976　Chang Chichen, p. 190, pl. 94, figs. 1 — 5; pl. 95, fig. 1; cycadophyte leaves and cuticles; Reg. No.: N96, N97, N101, N104; Repository: Shenyang Institute of Geology and Mineral; Shiguaigou of Baotou, Inner Mongolia; Middle Jurassic Zhaogou Formation. (Notes: The type specimen was not designated in the original paper)

Pterophyllum bavieri Zeiller, 1903

1902 — 1903　Zeiller, p. 198, pl. 49 figs. 1 — 3; cycadophyte leaves; Hong Gai, Vietnam; Late Triassic.

1965　Tsao Chengyao, p. 519, pl. 4, figs. 8 — 10a; text-fig. 8; cycadophyte leaves; Songbaikeng of Gaoming, Guangdong; Late Triassic Siaoping Formation (Siaoping Series).

1968　*Fossil Atlas of Mesozoic Coal-bearing Strata in Kiangsi and Hunan Provinces*, p. 56, pl. 12, fig. 5; cycadophyte leaf; Jiangxi (Kiangsi) and Hunan; Late Triassic.

1977　Feng Shaonan and others, p. 230, pl. 82, fig. 10; cycadophyte leaf; Donggong of Nanzhang, Hubei; Late Triassic Lower Coal Formation of Hsiangchi Group; Gaoming and Qujiang, Guangdong; Late Triassic Siaoping Formation.

1978　Zhang Jihui, p. 481, pl. 161, figs. 8, 9; cycadophyte leaves; Langdai of Liuzhi, Guizhou;

Late Triassic.

1978   Zhou Tongshun, p. 109, pl. 22, fig. 2; cycadophyte leaf; Dakeng of Zhangping, Fujian; Late Triassic Wenbinshan Formation.

1979   Hsu J and others, p. 53, pl. 49, figs. 5, 6; cycadophyte leaves; Baoding, Sichuan; Late Triassic middle-upper part of Daqiaodi Formation.

1980   He Dechang, Shen Xiangpeng, p. 18, pl. 8, fig. 6; cycadophyte leaf; Chengtanjiang of Liuyang, Hunan; Late Triassic Anyuan Formation.

1982   Wang Guoping and others, p. 260, pl. 116, fig. 1; cycadophyte leaf; Dakeng of Zhangping, Fujian; Late Triassic Wenbinshan Formation.

1982   Yang Xianhe, p. 477, pl. 14, fig. 13; cycadophyte leaf; Xionglong of Xinlong, Sichuan; Late Triassic Lamaya Formation.

1984   Chen Gongxin, p. 589, pl. 258, figs. 4, 5; cycadophyte leaves; Fenshuiling of Jingmen and Donggong of Nanzhang, Hubei; Late Triassic Jiuligang Formation.

1986a   Chen Qishi, p. 449, pl. 3, fig. 18; cycadophyte leaf; Chayuanli of Quxian, Zhejiang; Late Triassic Chayuanli Formation.

1989   Mei Meitang and others, p. 99, pl. 52, fig. 5; cycadophyte leaf; China; Late Triassic.

1993   Wang Shijun, p. 19, pl. 6, figs. 1, 4; pl. 27, figs. 1—3; cycadophyte leaves and cuticles; Guanchun and Ankou of Lechang, Guangdong; Late Triassic Genkou Group.

? *Pterophyllum bavieri* Zeiller

1987   He Dechang, p. 73, pl. 7, fig. 2; cycadophyte leaf; Fengping of Suichang, Zhejiang; Early Jurassic bed 2 of Huaqiao Formation.

Pterophyllum cf. *bavieri* Zeiller

1996   Mi Jiarong and others, p. 102, pl. 12, fig. 2; cycadophyte leaf; Shimenzhai of Funing, Hebei; Early Jurassic Beipiao Formation.

Pterophyllum burejense Prenada ex Vachrameev et Doludenko, 1961

1961   Vachrameev, Doludenko, p. 84, pl. 36, figs. 1—4; cycadophyte leaves; Bureya Basin; Early Cretaceous.

1982b   Zheng Shaolin, Zhang Wu, p. 310, pl. 12, fig. 2; cycadophyte leaf; Baoshan of Shuangyashan, Heilongjiang; Early Cretaceous Chengzihe Formation.

1988   Sun Ge, Shang Ping, pl. 2, fig. 4; cycadophyte leaf; Huolinhe Coal Mine, Inner Mongolia; Early Cretaceous Huolinhe Formation.

1997   Deng Shenghui and others, p. 38, pl. 18, figs. 1—3; pl. 20, figs. 1—6; cycadophyte leaves and cuticles; Jalai Nur, Inner Mongolia; Early Cretaceous Yimin Formation.

Pterophyllum aff. *burejense* Prenada ex Vachrameev et Doludenko

1988   Chen Fen and others, p. 53, pl. 20, figs. 2—8; cycadophyte leaves and cuticles; Haizhou Opencut Coal Mine of Fuxin, Liaoning; Early Cretaceous Fuxin Formation.

1995b   Deng Shenghui, p. 38, pl. 18, fig. 1; pl. 20, figs. 2, 3; pl. 34, figs. 1—3, 5; text-fig. 14; cycadophyte leaves and cuticles; Huolinhe Basin, Inner Mongolia; Early Cretaceous Huolinhe Formation.

Pterophyllum cf. *burejense* Prenada ex Vachrameev et Doludenko

1987   Zhang Wu, Zheng Shaolin, pl. 6, fig. 1; cycadophyte leaf; Pandaogou of Nanpiao, Liaoning; Middle Jurassic Haifanggou Formation.

△*Pterophyllum changningense* Yang, 1982

1982   Yang Xianhe, p. 478, pl. 12, figs. 17, 18; cycadophyte leaves; Reg. No.: Sp257, Sp259; Syntypes 1, 2: Sp257, Sp259 (pl. 12, figs. 17, 18); Repository: Chengdu Institute of Geology and Mineral Resources; Shuanghe of Changning, Sichuan; Late Triassic Hsuchiaho Formation. [Notes: According to *International Code of Botanical Nomenclature (Vienna Code)* article 37. 2, from the year 1958, the holotype type specimen should be unique]

Pterophyllum concinnum Heer, 1874

1874   Heer, p. 68, pl. 14, figs. 15—20; pl. 15, figs. 5b, 11; cycadophyte leaves; Greenland; Early Cretaceous.

1988   Chen Fen and others, p. 53, pl. 20, figs. 9—11; cycadophyte leaves and cuticles; Haizhou Opencut Coal Mine of Fuxin, Liaoning; Early Cretaceous Sunjiawan Member of Fuxin Formation.

△*Pterophyllum contiguum* Schenk, 1883

1883   Schenk, p. 262, pl. 53, fig. 6; cycadophyte leaf; Zigui, Hubei; Jurassic. [Notes: This specimen lately was referred as *Pterophyllum aequale* (Brongniart) Nathorst (Sze H C, Lee Xingxue and others, 1963) or *Tyrmia nathorsti* (Schenk) Ye (Wu Shunqing and others, 1980)]

1920   Yabe, Hayasaka, pl. 5, fig. 7; cycadophyte leaf; Cangyuan of Chongren, Jiangxi; Jurassic. [Notes: This specimen lately was referred as *Pterophyllum aequale* (Brongniart) Nathorst (Sze H C, Lee H H and others, 1963)]

1929a   Yabe, Ôishi, p. 91, pl. 18, fig. 3; pl. 19, fig. 3; cycadophyte leaves; Zhangjialing in Cangyuan of Chongren, Jiangxi; Late Triassic—Early Jurassic. [Notes: This specimen lately was referred as *Pterophyllum aequale* (Brongniart) Nathorst (Sze H C, Lee H H and others, 1963)]

1979   Hsu J and others, p. 54, pl. 50, figs. 1—4; cycadophyte leaves; Longshuwan of Baoding, Sichuan; Late Triassic middle-upper part of Daqiaodi Formation.

Pterophyllum cf. *contiguum* Schenk

1952   Sze H C, Lee H H, pp. 9, 28, pl. 5, fig. 5; cycadophyte leaves; Yipinchang of Baxian, Sichuan (Szechuan); Early Jurassic. [Notes: This specimen lately was referred as *Anomozamites inconstans* Schimper (Sze H C, Lee H H and others, 1963)]

1984   Chen Gongxin, p. 589, pl. 242, fig. 5; cycadophyte leaf; Xietan of Zigui, Hubei; Early Jurassic Hsiangchi (Xiangxi) Formation.

△*Pterophyllum costa* Ye et Xu, 1986

1986   Ye Meina, Xu Aifu, in Ye Meina and others, p. 45, pl. 13, fig. 3B; pl. 20, figs. 4, 4a; pl. 29, figs. 7, 7a; cycadophyte leaves; Repository: 137 Geological Team of Sichuan Coal Field Geological Company; Dalugou Coal Mine of Xuanhan and Leiyinpu of Daxian, Sichuan;

Late Triassic member 7 of Hsuchiaho Formation. (Notes: The type specimen was not designated in the original paper)

1996　Mi Jiarong and others, p. 102, pl. 13, figs. 1, 3, 6, 9, 10; cycadophyte leaves; Shimenzhai of Funing, Hebei; Early Jurassic Beipiao Formation.

△*Pterophyllum crassinervum* Huang et Chow, 1980

1980　Huang Zhigao, Zhou Huiqin, p. 92, pl. 38, fig. 4; pl. 39, fig. 1; pl. 40, fig. 1; cycadophyte leaves; Reg. No.: OP705, OP753; Liulingou of Tongchuan, Shaanxi; Late Triassic upper part of Yenchang Formation. (Notes: The type specimen was not designated in the original paper)

1982　Liu Zijin, p. 130, pl. 71, figs. 1, 2; cycadophyte leaves; Liulingou of Tongchuan, Shaanxi; Late Triassic upper part of Yenchang Group.

Pterophyllum ctenoides Ôishi, 1932

1932　Ôishi, p. 314, pl. 23, figs. 1—3; pl. 24, fig. 1; cycadophyte leaves; Nariwa of Okayama, Japan; Late Triassic (Nariwa Series).

1978　Zhou Tongshun, p. 110, pl. 22, fig. 1; cycadophyte leaf; Jitou of Shanghang, Fujian; Late Triassic lower member of Wenbinshan Formation.

1979　He Yuanliang and others, p. 148, pl. 71, fig. 2; cycadophyte leaf; Babaoshan of Dulan, Qinghai; Late Triassic Babaoshan Group.

1980　Zhang Wu and others, p. 270, pl. 139, fig. 7; cycadophyte leaf; Benxi, Liaoning; Middle Jurassic Sangelin Formation.

1982　Wang Guoping and others, p. 260, pl. 116, fig. 7; cycadophyte leaf; Jitou of Shanghang, Fujian; Late Triassic Wenbinshan Formation.

1992　Sun Ge, Zhao Yanhua, p. 535, pl. 234, fig. 4; pl. 236, fig. 3; cycadophyte leaves; Malugou of Wangqing, Jilin; Late Triassic Malugou Formation.

1993　Mi Jiarong and others, p. 107, pl. 20, fig. 2; cycadophyte leaf; Shiren of Hunjiang, Jilin; Late Triassic Beishan Formation (Xiaohekou Formation).

1993　Sun Ge, p. 76, pl. 21, figs. 2, 3; pl. 28, fig. 1; cycadophyte leaves; Malugou of Wangqing, Jilin; Late Triassic Malugou Formation.

1999b　Wu Shunqing, p. 30, pl. 23, figs. 1, 2; pl. 32, figs. 2(?), 6; cycadophyte leaves; Guang'an, Tieshan of Daxian and Cifengchang of Pengxian, Sichuan; Late Triassic Hsuchiaho Formation.

△*Pterophyllum decurrens* Sze, 1949

1949　Sze H C, p. 15, pl. 12, figs. 5—7; cycadophyte leaves; Xiangxi of Zigui, Hubei; Early Jurassic Hsiangchi Coal Series.

1963　Sze H C, Lee H H and others, p. 154, pl. 61, fig. 7; cycadophyte leaf; Xiangxi of Zigui, Hubei; Early Jurassic Hsiangchi Group.

1968　*Fossil Atlas of Mesozoic Coal-bearing Strata in Kiangsi and Hunan Provinces*, p. 56, pl. 12, fig. 6; pl. 14, figs. 6, 7a; cycadophyte leaves; Jiangxi (Kiangsi) and Hunan area; Late Triassic—Early Jurassic(?).

1977　Feng Shaonan and others, p. 232, pl. 84, fig. 1; cycadophyte leaf; Zigui, Hubei; Early—

Middle Jurassic Upper Coal Formation of Hsiangchi Group.

1982　Duan Shuying, Chen Ye, p. 501, pl. 9, fig. 4; cycadophyte leaf; Nanxi of Yunyang, Sichuan; Early Jurassic Zhenzhuchong Formation.

1982　Wang Guoping and others, p. 260, pl. 119, fig. 9; cycadophyte leaf; Xialiao of Zhangping, Fujian; Late Triassic Dakeng Formation.

1982　Zhang Caifan, p. 530, pl. 356, fig. 3; cycadophyte leaf; Yuelong of Liuyang, Hunan; Early Jurassic Yuelong Formation.

1983　Li Jieru, p. 23, pl. 2, fig. 4; Houfulongshan of Nanpiao (Jinxi), Liaoning; Middle Jurassic member 3 of Haifanggou Formation.

1984　Chen Gongxin, p. 589, pl. 244, fig. 2; cycadophyte leaf; Zigui, Hubei; Early Jurassic Hsiangchi (Xiangxi) Formation.

1984　Wang Ziqiang, p. 257, pl. 129, figs. 8—12; cycadophyte leaves; Datong, Shanxi; Early Jurassic Yongdingzhuang Formation.

1987　He Dechang, p. 72, pl. 7, fig. 9; cycadophyte leaf; Fengping of Suichang, Zhejiang; Early Jurassic bed 2 of Huaqiao Formation.

1989　Mei Meitang and others, p. 100, pl. 50, fig. 3; cycadophyte leaf; South China; Late Triassic.

1993　Wang Shijun, p. 20, pl. 6, figs. 3, 5; pl. 27, figs. 4—7; cycadophyte leaves and cuticles; Guanchun of Lechang, Guangdong; Late Triassic Genkou Group.

1999b　Wu Shunqing, p. 31, pl. 23, fig. 3; pl. 24, figs. 7, 8; pl. 48, figs. 1—2a; cycadophyte leaves and cuticles; Huangshiban in Xinchang of Weiyuan and Tieshan of Daxian, Sichuan; Late Triassic Hsuchiaho Formation.

△*Pterophyllum dolicholobum* Meng 1987

1987　Meng Fansong, p. 247, pl. 25, fig. 7; pl. 31, fig. 2; cycadophyte leaves; Col. No.: DC-81-P-1; Reg. No.: P82179; Syntype 1: P82179 (pl. 25, fig. 7); Syntype 2: P82179 (pl. 31, fig. 2); Repository: Yichang Institute of Geology and Mineral Resources; Chenjiawan in Donggong of Nanzhang, Hubei; Late Triassic Jiuligang Formation. [Notes: According to *International Code of Botanical Nomenclature* (*Vienna Code*) article 37. 2, from the year 1958, the holotype type specimen should be unique]

△*Pterophyllum dongrongense* Cao, 1992

1992a　Cao Zhengyao, pp. 217, 227, pl. 4, figs. 1B, 5—8; pl. 6, fig. 8B; cycadophyte leaves and cuticles; Reg. No.: PB16075, PB16093; Holotype: PB16093 (pl. 6, fig. 8B); Repository: Nanjing Institute of Geology and Palaeontology, Chinese Academy of Sciences; Shuangyashan-Suibin area, eastern Heilongjiang; Early Cretaceous member 4 of Chengzihe Formation.

△*Pterophyllum dukouense* Yang, 1978

1978　Yang Xianhe, p. 506, pl. 176, figs. 1, 2; cycadophyte leaves; No.: Sp0030, Sp0091; Syntype 1: Sp0030 (pl. 176, fig. 1); Syntype 2: Sp0091 (pl. 176, fig. 2); Repository: Chengdu Institute of Geology and Mineral Resources; Baoding of Dukou, Sichuan; Late Triassic Daqiaodi Formation. [Notes: According to *International Code of Botanical Nomenclature* (*Vienna Code*) article 37. 2, from the year 1958, the holotype type specimen should be unique]

△*Pterophyllum exhibens* Lee P, 1964

1964　Lee P C, pp. 121,169, pl. 10, figs. 1—5; pl. 11, figs. 1—3; text-fig. 4; cycadophyte leaves and cuticles; Col. No.: G01, G02, G04, G07; Reg. No.: PB2821; Repository: Nanjing Institute of Geology and Palaeontology, Chinese Academy of Sciences; Xujiahe of Guangyuan, Sichuan; Late Triassic Hsuchiaho Formation.

1968　*Fossil Atlas of Mesozoic Coal-bearing Strata in Kiangsi and Hunan area Provinces*, p. 57, pl. 13, figs. 2—4a; cycadophyte leaves; Jiangxi (Kiangsi) and Hunan; Late Triassic.

1976　Lee P C and others, p. 119, pl. 34, fig. 7; cycadophyte leaf; Moshahe of Dukou, Sichuan; Late Triassic Daqiaodi Member of Nalajing Formation.

1977　Feng Shaonan and others, p. 230, pl. 84, fig. 7; cycadophyte leaf; Qujiang and Lechang, Guangdong; Late Triassic Siaoping Formation.

1978　Zhou Tongshun, p. 110, pl. 21, fig. 8; cycadophyte leaf; Dakeng of Zhangping, Fujian; Late Triassic lower member of Wenbinshan Formation.

1980　He Dechang, Shen Xiangpeng, p. 18, pl. 13, fig. 6; cycadophyte leaf; Hongweikeng of Qujiang, Guangdong; Late Triassic.

1982　Duan Shuying, Chen Ye, p. 501, pl. 8, figs. 4,5; cycadophyte leaves; Tanba of Hechuan, Sichuan; Late Triassic Hsuchiaho Formation.

1982　Wang Guoping and others, p. 260, pl. 118, fig. 1; cycadophyte leaf; Dakeng of Zhangping, Fujian; Late Triassic Wenbinshan Formation; Yongshanqiao of Leping and Anyuan of Pingxiang, Jiangxi; Late Triassic Anyuan Formation.

1986　Ye Meina and others, p. 45, pl. 28, fig. 6C; cycadophyte leaf; Leiyinpu of Daxian, Sichuan; Late Triassic member 7 of Hsuchiaho Formation.

1987　Chen Ye and others, p. 110, pl. 23, figs. 3—6; cycadophyte leaves; Qinghe of Yanbian, Sichuan; Late Triassic Hongguo Formation.

1987　He Dechang, p. 84, pl. 17, fig. 5A; pl. 19, fig. 1; cycadophyte leaves; Dakeng of Zhangping, Fujian; Late Triassic Wenbinshan Formation.

1989　Mei Meitang and others, p. 100, pl. 56, fig. 1; cycadophyte leaf; South China; Late Triassic.

1993　Wang Shijun, p. 20, pl. 6, fig. 8; pl. 27, fig. 8; pl. 28, figs. 1, 2; cycadophyte leaves and cuticles; Guanchun of Lechang, Guangdong; Late Triassic Genkou Group.

1995a　Li Xingxue (editor-in-chief), pl. 76, fig. 5; cycadophyte leaf; Xujiahe of Guangyuan, Sichuan; Late Triassic Hsuchiaho Formation. (in Chinese)

1995b　Li Xingxue (editor-in-chief), pl. 76, fig. 5; cycadophyte leaf; Xujiahe of Guangyuan, Sichuan; Late Triassic Hsuchiaho Formation. (in English)

1999b　Wu Shunqing, p. 31, pl. 25, figs. 1, 2; cycadophyte leaves; Luchang of Huili, Sichuan; Late Triassic Baiguowan Formaion; Tieshan of Daxian, Sichuan; Late Triassic Hsuchiaho Formation.

△*Pterophyllum falcatum* Liu (MS) ex Feng et al., 1977

1977　Feng Shaonan and others, p. 230, pl. 83, fig. 6; cycadophyte leaf; Yingde, Guangdong; Late Triassic Siaoping Formation.

△*Pterophyllum festum* Zheng et Zhang, 1982

1982a　Zheng Shaolin, Zhang Wu, p. 164, pl. 1, figs. 2, 2a; cycadophyte leaf; Reg. No.: EH-

15531-6-7;Repository:Shenyang Institute of Geology and Mineral Resources;Dabangou in Changheyingzi of Beipiao,Liaoning;Middle Jurassic Lanqi Formation.

△*Pterophyllum firmifolium* Ye,1980

1980　Ye Meina,in Wu Shunqing and others,p. 96,pl. 14,figs. 2—4;pl. 34,figs. 1—3;pl. 35, fig. 7;cycadophyte leaves and cuticles;Col. No.:ACG-122;Reg. No.:PB6767—PB6769; Holotype:PB6768（pl. 14,fig. 3）;Repository:Nanjing Institute of Geology and Palaeontology,Chinese Academy of Sciences;Xiangxi of Zigui, Hubei; Early— Middle Jurassic Hsiangchi (Xiangxi) Formation.

1983　Duan Shuying and others, pl. 8, fig. 4; cycadophyte leaf; Beiluoshan of Ninglang, Yunnan;Late Triassic.

1984　Chen Gongxin,p. 589,pl. 241,fig. 1;cycadophyte leaf;Xiangxi of Zigui, Hubei; Early Jurassic Hsiangchi (Xiangxi) Formation.

1987　Zhang Wu, Zheng Shaolin, p. 277, pl. 6, figs. 2 — 7; cycadophyte leaves and cuticles; Lamagou of Chaoyang, Liaoning;Middle Jurassic Haifanggou Formation.

1988b　Huang Qisheng, Lu Zongsheng, pl. 9, fig. 2; cycadophyte leaf; Jinshandian of Daye, Hubei;Early Jurassic middle part of Wuchang Formation.

1988　Sun Bainian, Yang Shu,p. 85,pl. 1,figs. 2,3;pl. 2,figs. 5—7;cycadophyte leaves and cuticles;Xiangxi of Zigui, Hubei; Early—Middle Jurassic Hsiangchi (Xiangxi) Formation.

1995a　Li Xingxue（editor-in-chief）, pl. 86, fig. 4; cycadophyte leaf; Xiangxi of Zigui, Hubei; Early—Middle Jurassic Hsiangchi (Xiangxi) Formation.（in Chinese）

1995b　Li Xingxue（editor-in-chief）, pl. 86, fig. 4; cycadophyte leaf; Xiangxi of Zigui, Hubei; Early—Middle Jurassic Hsiangchi (Xiangxi) Formation.（in English）

△*Pterophyllum furcata* Yang,1978

1978　Yang Xianhe, p. 507, pl. 178, fig. 6; cycadophyte leaf; No.: Sp0105; Holotype: Sp0105 （pl. 178, fig. 6）; Repository: Chengdu Institute of Geology and Mineral Resources; Baoding of Dukou,Sichuan;Late Triassic Daqiaodi Formation.

△*Pterophyllum fuxinense* Zheng et Zhang,1984（non Zhang Z C,1987）

1984　Zheng Shaolin, Zhang Wu, pp. 665,667, pl. 1, figs. 1—7; text-fig. 1; cycadophyte leaves and cuticles;Fuxin,Liaoning;Early Cretaceous Haizhou Formation.

△*Pterophyllum fuxinense* Zhang Z C,1987（non Zheng et Zhang,1984）

（Notes:This specific name *Pterophyllum fuxinense* Zhang Z C,1987 is a homonym junius of *Pterophyllum fuxinense* Zheng et Zhang,1984）

1987　Zhang Zhicheng, p. 379, pl. 5, figs. 1 — 5; cycadophyte leaf and cuticles; Reg. No.: SG12036—SG12038;Repository:Shenyang Institute of Geology and Mineral Resources; Haizhou Opencut Coal Mine of Fuxin, Liaoning; Early Cretaceous Fuxin Formation. （Notes:The type specimen was not designated in the original paper）

△*Pterophyllum guizhouense* Wang et Chen,1990

1990　Wang Yufei,Chen Ye, pp. 725,726, pl. 1, figs. 1—6,9,10; pl. 2, figs. 11—13; cycadophyte leaves and cuticles;Langdai of Liuzhi, Guizhou;Late Triassic.（Notes:The type specimen was not designated in the original paper)

1995   Li Chengsen,Cui Jinzhong,p. 83 (with figure);cuticle;Langdai of Liuzhi,Guizhou;Late Triassic.

△*Pterophyllum hailarense* **Ren,1997** (in Chinese and English)

1997   Ren Shouqin,in Deng Shenghui and others,pp. 38,105,pl. 19,figs. 1—5;cycadophyte leaves;Repository:Research Institute of Petroleum Exploration and Development;Jalai Nur,Inner Mongolia;Early Cretaceous Yimin Formation. (Notes:The type specimen was not designated in the original paper)

Pterophyllum hanesianum **Harris 1932**

1932   Harris,p. 40,pl. 4,figs. 1,5;pl. 8,fig. 6;text-figs. 16—18;cycadophyte leaves and cuticles;Scoresby Sound,East Greenland;Late Triassic *Lepidopteris* Zone.

1982a   Wu Xiangwu,p. 54,pl. 8,figs. 3,3a;cycadophyte leaf;Tumain of Amdo,Tibet;Late Triassic Tumaingela Formation.

△*Pterophyllum huabeiense* **Wang,1984**

1984   Wang Ziqiang,p. 257,pl. 152,fig. 11;pl. 154,figs. 3,4;pl. 163,figs. 6—10;cycadophyte leaves;Reg. No.:P0396—P0398;Syntype 1:P0396 (pl. 152,fig. 11);Syntype 2:P0397 (pl. 154,fig. 3);Syntype 3:P0398 (pl. 154,fig. 4);Repository:Nanjing Institute of Geology and Palaeontology,Chinese Academy of Sciences;Zhangjiakou,Hebei;Early Cretaceous Qingshila Formation;Pingquan,Hebei;Early Cretaceous Jiufotang Formation;West Hill,Beijing;Early Cretaceous Tuoli Formation. [Notes:According to *International Code of Botanical Nomenclature* (*Vienna Code*) article 37. 2,from the year 1958,the holotype type specimen should be unique]

1994   Xiao Zongzheng and others,pl. 15,fig. 6;cycadophyte leaf;Tuoli of Fangshan,Beijing;Early Cretaceous Lushangfen Formation.

△*Pterophyllum hubeiense* **Meng,1983**

1983   Meng Fansong,p. 225,pl. 3,figs. 3,4;cycadophyte leaves;Reg. No.:D76019,D76020;Holotype:D76019 (pl. 3,fig. 3);Repository:Yichang Institute of Geology and Mineral Resources;Donggong of Nanzhang,Hubei;Late Triassic Jiuligang Formation.

△*Pterophyllum huolinense* **Deng,1991**

1991   Deng Shenghui,pp. 152,155,pl. 2,figs. 1—5;cycadophyte leaves and cuticles;No.:H1010,H1011;Repository:China University of Geosciences (Beijing);Huolin Basin,Inner Mongolia;Early Cretaceous lower part of Huolinhe Formation. (Notes:The type specimen was not designated in the original paper)

1995b   Deng Shenghui,p. 40,pl. 18,fig. 2;pl. 22,figs. 1—3;pl. 30,figs. 4—8;pl. 31,figs. 1—7;pl. 32,figs. 1—6;pl. 33,figs. 1—3;text-fig. 15;cycadophyte leaves and cuticles;Huolinhe Basin,Inner Mongolia;Early Cretaceous Huolinhe Formation.

△*Pterophyllum inaequale* **Chen,1986**

1986a   Chen Qishi,pp. 449,452,pl. 2,figs. 10,11;cycadophyte leaves;Reg. No.:M1536,M1539;Holotype:M1536 (pl. 2,fig. 10);Repository:Zhejiang Museum of Natural History;Chayuanli of Quxian,Zhejiang;Late Triassic Chayuanli Formation.

Pterophyllum inconstans (Braun) Goeppert,1844

1843   *Pterozamites* (*Ctenis*) *inconstans* Braun,in Muenster,p. 30;Frankoniia,Germany;Late Triassic.

1843   *Ctenis inconstans* Braun,in Muenster,p. 100,pl. 2,figs. 6,7;cycadophyte leaves;Frankoniia,Germany;Late Triassic.

1844   Goeppert,p. 136;Frankoniia,Germany;Late Triassic.

1950   Ôishi,p. 100;Hunan,Henan,Jiangxi,Yunnan;Early Jurassic.

1956   Ngo C K,p. 23,pl. 5,fig. 1;cycadophyte leaf;Xiaoping of Guangzhou,Guangdong;Late Triassic Siaoping Coal Series.

Pterophyllum (*Anomozamites*) *inconstans* (Braun) Goeppert

1902−1903   Zeiller,p. 300,pl. 56,fig. 6;cycadophyte leaf;Taipingchang (Tai-Pin-Tchang),Yunnan;Late Triassic.

1920   Yabe,Hayasaka,pl. 5,fig. 4;cycadophyte leaf;Hujiafang of Pingxiang,Jiangxi;Late Triassic (Rhaetic)−Early Jurassic (Lias). [Notes:This specimen lately was referred as *Anomazamites inconstans* (Braun) (Sze H C,Lee H H and others,1963)]

1922   Yabe,p. 19,pl. 4,figs. 7,8;cycadophyte leaves;West Hill,Beijing;Jurassic. [Notes: This specimen lately was referred as *Anomazamites inconstans* (Braun) (Sze H C,Lee H H and others,1963)]

1929a   Yabe,Ôishi,p. 98,pl. 20,figs. 5,6;cycadophyte leaves;Nanxiang Coal Mine in Liuyang of Hunan,Hujiafang in Pingxiang of Jiangxi and Taipingchang of Yunnan;Late Triassic. [Notes:This specimen lately was referred as ? *Anomazamites inconstans* (Braun) (Sze H C,Lee H H and others,1963)]

1931   *Pterophyllum* (*Anomozamites*) *inconstans* Braun,Sze H C,p. 10,pl. 2,fig. 6;cycadophyte leaf;Pingxiang,Jiangxi;Early Jurassic (Lias). [Notes:This specimen lately was referred as *Anomazamites inconstans* (Braun) (Sze H C,Lee H H and others,1963)]

Pterophyllum cf. *inconstans* (Braun) Goeppert

1949   *Pterophyllum* cf. *inconstans* Braun,Sze H C,p. 12,pl. 3,figs. 6,7;pl. 6,figs. 3;5;cycadophyte leaves;Taizigou,Baishigang,Cuijiagou and Matousa of Dangyang,Hubei;Early Jurassic Hsiangchi Coal Series. [Notes:This specimen lately was referred as *Anomazamites inconstans* (Braun) (Sze H C,Lee H H and others,1963)]

Pterophyllum issykkulense Genkina,1963

1963   Genkina,p. 94,pl. 1,fig. 6;pl. 2,figs. 1,4;cycadophyte leaves;Issyk Kul Lake;Jurassic.

1990   Zheng Shaolin, Zhang Wu, p. 219, pl. 4, fig. 3; cycadophyte leaf; Tianshifu of Benxi, Liaoning;Middle Jurassic Dabu Formation.

Pterophyllum jaegeri Brongniart,1828

1828   Brongniart,p. 95;West Europe;Late Triassic.

1929a   Yabe,Ôishi,p. 95,pl. 19,fig. 4;pl. 20,fig. 4;cycadophyte leaves;Nanxiang Coal Field of Liuyang,Hunan;Late Triassic.

1950 Ôishi,p. 102,pl. 33,fig. 1;cycadophyte leaf;China;Late Triassic.

1963 Sze H C,Lee H H and others,p. 154,pl. 61,fig. 4;cycadophyte leaf;Nanxiang Coal Field of Liuyang,Hunan;late Late Triassic(?).

1977 Feng Shaonan and others,p. 230,pl. 82,fig. 7;cycadophyte leaf;Liuyang,Hunan;Late Triassic Anyuan Formation;Gouyadong of Lechang,Guangdong;Late Triassic Siaoping Formation.

1978 Yang Xianhe,p. 506,pl. 177,fig. 5;cycadophyte leaf;Taipingchang of Dukou,Sichuan; Late Triassic Daqiaodi Formation.

1978 Zhou Tongshun,pl. 24,fig. 1;cycadophyte leaf;Dakeng of Zhangping,Fujian;Late Triassic Wenbinshan Formation.

1979 Hsu J and others,p. 54,pl. 49,fig. 7;cycadophyte leaf;Baoding,Sichuan;Late Triassic middle-upper part of Daqiaodi Formation.

1982 Li Peijuan,Wu Xiangwu,p. 50,pl. 7,fig. 3;cycadophyte leaf;Dege area,Sichuan;Late Triassic Lamaya Formation.

1982 Zhang Caifan,p. 529,pl. 355,fig. 4;cycadophyte leaf;Chengtanjiang of Liuyang and Gouyadong of Yizhang,Hunan;Late Triassic.

1987 Chen Ye and others,p. 111,pl. 24,fig. 5;cycadophyte leaf;Qinghe of Yanbian,Sichuan; Late Triassic Hongguo Formation.

1987 Meng Fansong,p. 248,pl. 28,fig. 3;cycadophyte leaf;Donggong of Nanzhang,Hubei; Late Triassic Jiuligang Formation.

1989 Mei Meitang and others,p. 100,pl. 50,fig. 2;cycadophyte leaf;China;Late Triassic.

Pterophyllum cf. jaegeri Brongniart

1979 He Yuanliang and others,p. 148,pl. 71,fig. 3;cycadophyte leaf;Wuli of Golmud,Qinghai;Late Triassic upper part of Jieza Group.

1985 Mi Jiarong,Sun Chunlin,pl. 1,fig. 20;cycadophyte leaf;Bamianshi Coal Mine of Shuangyang,Jilin;Late Triassic upper member of Xiaofengmidingzi Formation.

Pterophyllum cf. P. jaegeri Brongniart

1993 Mi Jiarong and others,p. 108,pl. 21,fig. 8;cycadophyte leaf;Bamianshi Coal Mine of Shuangyang,Jilin;Late Triassic upper member of Xiaofengmidingzi Formation.

△Pterophyllum jiangxiense (Yao et Lih) Zhou,1989

1968 *Zamites jiangxiensis* Yao et Lih,Yao C C,Lih Baoxian,in *Fossil Atlas of Mesozoic Coal-bearing Strata in Kiangsi and Hunan Provinces*,p. 64,pl. 17,figs. 5,6;pl. 18, figs. 1—2a;pl. 33,figs. 1—3;cycadophyte leaves and cuticles;Anyuan of Pingxiang,Jiangxi;Late Triassic Zijiachong Member of Anyuan Formation;Youluo of Fengcheng,Jiangxi;Late Triassic member 5 of Anyuan Formation.

1989 Zhou Zhiyan,p. 147,pl. 9,fig. 11;pl. 10,figs. 1,2;pl. 12,figs. 5,6;pl. 17,fig. 7;text-figs. 28—30;cycadophyte leaves and cuticles;Shanqiao of Hengyang,Hunan;Late Triassic Yangbaichong Formation.

1993 Wang Shijun,p. 21,pl. 12,fig. 3;pl. 13,figs. 5,7;pl. 35,figs. 6—8;cycadophyte leaves and cuticles;Guanchun of Lechang,Guangdong;Late Triassic Genkou Group.

△*Pterophyllum jixiense* Chow et Wang,1980

1980　Zhou Zhiyan,Wang Jing,in Zhou Zhiyan and others,p. 62;Mashan,Heilongjiang;Early Cretaceous Chengzihe Formation. (name only)

1980　Zhang Wu and others,p. 271,pl. 169,figs. 5,6;cycadophyte leaves;Mashan,Heilongjiang;Early Cretaceous Chengzihe Formation.

△*Pterophyllum kansuense* Xu,1975

1975　Xu Fuxiang,p. 103,pl. 3,figs. 5,5a;cycadophyte leaf;Houlaomiao of Tianshui,Gansu; Late Triassic Ganchaigou Formation.

Pterophyllum kochii Harris,1926

1926　Harris,p. 89,pl. 7,fig. 6;text-figs. 17A—17I;cycadophyte leaf;Scoresby Sound,East Greenland;Late Triassic *Lepidopteris* Zone.

1932　Harris,p. 58;text-fig. 29;cycadophyte leaf and cuticle;Scoresby Sound,East Greenland; Late Triassic *Lepidopteris* Zone.

1982　Yang Xianhe, p. 478, pl. 9, fig. 5;pl. 11, figs. 4, 5;cycadophyte leaves;Hulukou of Weiyuan,Sichuan;Late Triassic Hsuchiaho Formation.

△*Pterophyllum lamagouense* Zhang et Zheng,1987

1987　Zhang Wu,Zheng Shaolin,p. 279,pl. 7,figs. 1—8;pl. 26,figs. 2,3;text-fig. 18;cycadophyte leaves and cuticles;Reg. No.:SG110044—SG110047;Repository:Shenyang Institute of Geology and Mineral Resources;Lamagou of Chaoyang,Liaoning;Middle Jurassic Haifanggou Formation. (Notes:The type specimen was not designated in the original paper)

△*Pterophyllum lechangensis* Wang,1993

1993　Wang Shijun,p. 21,pl. 9,figs. 3,4,9,10;pl. 10,fig. 4;pl. 30,figs. 2—4;cycadophyte leaves and cuticles;No.:ws0190/4,ws0232/1,ws0297/1,ws0319/1,ws0320/2,ws0320/3; Repository:Botanical Section,Department of Biology,Sun Yat-sen University;Guanchun of Lechang,Guangdong;Late Triassic Genkou Group. (Notes:The type specimen was not designated in the original paper)

△*Pterophyllum leei* Lee P,1964

1964　Lee P C,pp. 124,171,pl. 13,figs. 1—3a;cycadophyte leaves and cuticles;Col. No.:G07, G09;Reg. No.:PB2823;Repository:Nanjing Institute of Geology and Palaeontology,Chinese Academy of Sciences;Xujiahe of Guangyuan,Sichuan;Late Triassic Hsuchiaho Formation.

△*Pterophyllum liaoningense* Meng et Chen,1988

1988　Meng Xiangying,Chen Fen,in Chen Fen and others,pp. 54,152,pl. 21,figs. 1—6;pl. 22, figs. 1—5;pl. 63,fig. 6;cycadophyte leaves and cuticles;No.:Fx107—Fx111;Repository:Beijing Graduate School,Wuhan College of Geology;Haizhou Opencut Coal Mine and Xinqiu Opencut Coal Mine of Fuxin,Liaoning;Early Cretaceous Fuxin Formation;Tiefa Basin,Liaoning;Early Cretaceous Lower Coal-bearing Member of Xiaoming'anbei Formation. (Notes: The type specimen was not designated in the original paper)

1997 Deng Shenghui and others, p. 39, pl. 18, figs. 5, 6; cycadophyte leaves; Jalai Nur, Inner Mongolia; Early Cretaceous Yimin Formation.

1998b Deng Shenghui, pl. 1, figs. 7, 8; cycadophyte leaves; Pingzhuang-Yuanbaoshan Basin, Inner Mongolia; Early Cretaceous Yuanbaoshan Formation.

△*Pterophyllum liaoxiense* Zhang et Zheng, 1987

1987 Zhang Wu, Zheng Shaolin, p. 280, pl. 19, figs. 1 — 6; text-fig. 19; cycadophyte leaves; Reg. No.: SG110048—SG110053; Repository: Shenyang Institute of Geology and Mineral Resources; Shebudai in Changgao of Beipiao, Liaoning; Middle Jurassic Lanqi Formation. (Notes: The type specimen was not designated in the original paper)

△*Pterophyllum lingulatum* Chen G X, 1984 (non Wu S Q, 1999)

1984 Chen Gongxin, p. 589, pl. 243, fig. 5; cycadophyte leaf; Reg. No.: EP765; Repostory: Geological Bureau of Hubei Province; Liangfengya of Jingmen, Hubei; Early Jurassic Tongzhuyuan Formation.

△*Pterophyllum lingulatum* Wu S Q, 1999 (non Chen G X, 1984) (in Chinese)

(Notes: This specific name *Pterophyllum lingulatum* Wu S Q, 1999 is a homonym junius of *Pterophyllum lingulatum* Chen G X, 1984)

1999b Wu Shunqing, p. 31, pl. 22, figs. 5 — 7; pl. 23, fig. 4; cycadophyte leaves; Col. No.: ACC-302, ACC-428; Reg. No.: PB10631—PB10633, PB10637; Holotype: PB10637 (pl. 23, fig. 4); Repository: Nanjing Institute of Geology and Palaeontology, Chinese Academy of Sciences; Qianfeng of Guang'an, Jinxi of Wangcang and Tieshan of Daxian, Sichuan; Late Triassic Hsuchiaho Formation.

△*Pterophyllum lingxiangense* Meng, 1981

1981 Meng Fansong, p. 99, pl. 1, figs. 14 — 15a; cycadophyte leaves; Reg. No.: HP7604, HP7605; Syntype 1: HP7604 (pl. 1, fig. 14); Syntype 2: HP7605 (pl. 1, figs. 15, 15a); Repository: Yichang Institute of Geology and Mineral Resources; Heishan in Lingxiang of Daye, Hubei; Early Cretaceous Lingxiang Group. [Notes: According to *International Code of Botanical Nomenclature* (*Vienna Code*) article 37. 2, from the year 1958, the holotype type specimen should be unique]

1984 Chen Gongxin, p. 590, pl. 242, figs. 3, 4; cycadophyte leaves; Heishan in Lingxiang of Daye, Hubei; Early Cretaceous Lingxiang Group.

Pterophyllum lyellianum Dunker, 1846

1846 Dunker, p. 14, pl. 5, figs. 1, 2; cycadophyte leaves; Northwest Germany; Early Cretaceous.

1991 Li Peijuan, Wu Yimin, p. 286, pl. 7, figs. 5 — 7; cycadophyte leaves; Marme of Gerze, Tibet; Early Cretaceous Chuanba Formation.

Pterophyllum cf. *lyellianum* Dunker

1982 Wang Guoping and others, p. 261, pl. 130, fig. 3; cycadophyte leaf; Laozhu of Lishui, Zhejiang; Late Jurassic Shouchang Formation.

1989   Ding Baoliang and others, pl. 1, fig. 5; cycadophyte leaf; Laozhu of Lishui, Zhejiang; Early Cretaceous member C-2 of Moshishan Formation.

△*Pterophyllum macrodecurrense* Duan et Chen, 1982

1982   Duan Shuying, Chen Ye, p. 502, pl. 9, fig. 3; pl. 10, fig. 1; cycadophyte leaves; Reg. No.: No. 7170, No. 7172; Syntype 1: No. 7170 (pl. 9, fig. 3); Syntype 2: No. 7172 (pl. 10, fig. 1); Repository: Institute of Botany, the Chinese Academy of Sciences; Nanxi of Yunyang, Sichuan; Early Jurassic Zhenzhuchong Formation. [Notes: According to *International Code of Botanical Nomenclature* (*Vienna Code*) article 37. 2, from the year 1958, the holotype type specimen should be unique]

△*Pterophyllum magnificum* YDS (MS) ex Lee et al., 1976

1976   Lee P C and others, p. 119, pl. 33, figs. 1—3; cycadophyte leaves; Moshahe of Dukou, Sichuan; Late Triassic Daqiaodi Member of Nalajing Formation.

1984   Chen Gongxin, p. 590, pl. 246, fig. 9; cycadophyte leaf; Fenshuiling of Jingmen, Hubei; Late Triassic Jiuligang Formation.

1993   Wang Shijun, p. 22, pl. 8, figs. 4, 5; pl. 10, fig. 6; cycadophyte leaves; Guanchun of Lechang, Guangdong; Late Triassic Genkou Group.

Pterophyllum cf. *magnificum* YDS (MS) ex Lee et al.

1982b Wu Xiangwu, p. 91, pl. 12, fig. 5; cycadophyte leaf; Qamdo area, Tibet; Late Triassic upper member of Bagong Formation.

△*Pterophyllum mentougouensis* Chen et Dou, 1984

1984   Chen Fen, Dou Yawei, in Chen Fen and others, pp. 50, 121, pl. 20, figs. 1, 2; cycadophyte leaves; Col. No.: DLEF15; Reg. No.: BM122, BM123; Syntype 1: BM1221 (pl. 20, fig. 1); Syntype 2: BM123 (pl. 20, fig. 2); Repository: Beijing Graduate School, Wuhan College of Geology; Datai, Beijing; Early Jurassic Lower Yaopo Formation. [Notes: According to *International Code of Botanical Nomenclature* (*Vienna Code*) article 37. 2, from the year 1958, the holotype type specimen should be unique]

2003   Deng Shenghui and others, pl. 71, fig. 4; cycadophyte leaf; Sadaoling Coal Mine of Hami, Xinjiang; Middle Jurassic Xishanyao Formation.

△*Pterophyllum minor* Wang, 1993

1993   Wang Shijun, p. 23, pl. 10, figs. 2, 8; pl. 12, fig. 5B; pl. 30, fig. 8; pl. 31, figs. 1, 2; cycadophyte leaves and cuticles; No.: ws0258/4, ws0260/3, ws0303/1; Repository: Botanical Section, Department of Biology, Sun Yat-sen University; Guanchun of Lechang, Guangdong; Late Triassic Genkou Group. (Notes: The type specimen was not designated in the original paper)

△*Pterophyllum minutum* Lee et Tsao, 1976

1976   Lee P C, Tsao Chengyao (Tsao C Y), in Lee P C and others, p. 121, pl. 13, fig. 4; pl. 32, figs. 1—10; cycadophyte leaves; Col. No.: AARIV1/50M; Reg. No.: PB5224, PB5356—

PB5365; Holotype: PB5357 (pl. 32, fig. 2); Repository: Nanjing Institute of Geology and Palaeontology, Chinese Academy of Sciences; Mupangpu of Xiangyun, Yunnan; Late Triassic Baitutian Menber of Xiangyun Formation; Yipinglang of Lufeng, Yunnan; Late Triassic Ganhaizi Member of Yipinglang Formation.

1979 He Yuanliang and others, p. 148, pl. 71, fig. 4; cycadophyte leaf; Bailongmao of Nangqen, Qinghai; Late Triassic upper part of Jieza Group.

1982a Wu Xiangwu, p. 55, pl. 4, fig. 7B; pl. 5, figs. 7, 7a; pl. 8, figs. 4, 5A; pl. 9, fig. 4B; cycadophyte leaves; Tumain of Amdo, Tibet; Late Triassic Tumaingela Formation.

1982b Wu Xiangwu, p. 91, pl. 13, figs. 1, 1a, 2, 2a, 3; pl. 14, fig. 4; pl. 16, fig. 3B; cycadophyte leaves; Gonjo and Qamdo area, Tibet; Late Triassic upper member of Bagong Formation.

1990 Wu Xiangwu, He Yuanliang, p. 303, pl. 5, figs. 6, 7A; pl. 6, fig. 2; pl. 7, figs. 3—5a; cycadophyte leaves; Gema in Jieza of Zaduo and Shanglaxiu of Yushu, Qinghai; Late Triassic Gema Formation of Jieza Group.

Pterophyllum cf. P. minutum Lee et Tsao

1993 Wang Shijun, p. 23, pl. 9, fig. 7; pl. 10, fig. 7; pl. 32, figs. 1—3; cycadophyte leaves and cuticles; Guanchun of Lechang, Guangdong; Late Triassic Genkou Group.

Pterophyllum multilineatum Shirley, 1897

1897 Shirley J, p. 91, pl. 7a; cycadophyte leaf; Queensland; Late Triassic.

1902—1903 Zeiller, p. 301, pl. 56, fig. 5; cycadophyte leaf; Taipingchang (Tai-Pin-Tchang), Yunnan; Late Triassic. [Notes: The figus was referred as Pterophyllum sp. in explanation of the plates (Zeiller, 1903)]

1927a Halle, p. 18, pl. 5, fig. 8; cycadophyte leaf; Baiguowan of Huili, Sichuan; Late Triassic (Rhaetic).

1963 Sze H C, Lee H H and others, p. 155, pl. 61, fig. 6; pl. 63, fig. 9; cycadophyte leaves; Nanxiang Coal Field of Liuyang, Hunan; Late Triassic(?).

1966 Wu Shunching, p. 235, pl. 2, fig. 1; cycadophyte leaf; Longtoushan of Anlong, Guizhou; Late Triassic.

1993 Wang Shijun, p. 24, pl. 7, figs. 3, 7; pl. 8, fig. 6; pl. 28, figs. 3—5; cycadophyte leaves and cuticles; Guanchun of Lechang, Guangdong; Late Triassic Genkou Group.

Pterophyllum cf. multilineatum Shirley

1979 Hsu J and others, p. 55, pl. 51, figs. 1—5; cycadophyte leaves; Huashan of Baoding, Sichuan; Late Triassic middle-upper part of Daqiaodi Formation.

Pterophyllum muensteri (Presl) Goeppert, 1844

1838 (1820—1838) Zamites muensteri Presl, in Sternberg, p. 199, pl. 43, figs. 1, 3; cycadophyte leaves; Sewden; Late Triassic—Early Jurassic.

1844 Goeppert, p. 53.

Pterophyllum cf. munsteri (Presl) Goeppert

1952 Sze H C, Lee H H, pp. 9, 27, pl. 3, figs. 1—6a; pl. 4, fig. 6; pl. 6, fig. 5; cycadophyte leaves; Yipinchang of Baxian, Sichuan (Szechuan); Early Jurassic. [Notes: This specimen lately was referred as *Pterophyllum* sp. (Sze H C, Lee H H and others, 1963)]

△*Pterophyllum nathorsti* Schenk, 1883

1883　Schenk, p. 261, pl. 53, figs. 5, 7; cycadophyte leaves; Zigui, Hubei; Jurassic. [Notes: This specimen lately was referred as *Tyrmia nathorsti* (Schenk) Ye (Wu Shunqing and others, 1980)]

1929a　Yabe, Ôishi, p. 97; cycadophyte leaf; Jiaquandian in Xiangxi of Zigui, Hubei; Late Triassic.

1930　Chang H C, p. 4, pl. 1, figs. 19, 20; cycadophyte leaves; Genkou Coal Field on boundary between Guangdong and Hunan; Jurassic.

1931　Sze H C, p. 9, pl. 1, figs. 4—6a; cycadophyte leaves; Pingxiang, Jiangxi; Early Jurassic (Lias).

1933c　Sze H C, p. 25, pl. 4, figs. 10, 11; cycadophyte leaves; Nanguang of Yibin, Sichuan; late Late Triassic—Early Jurassic.

1949　Sze H C, p. 14, pl. 2, figs. 1—4; pl. 3, figs. 1, 2; pl. 8, fig. 2; pl. 9, fig. 3b; cycadophyte leaves; Xiangxi of Zigui, Hubei; Zengjiayao, Taizigou, Baishigang, Cuijiagou and Matousa of Dangyang, Hubei; Early Jurassic Hsiangchi Coal Series.

1952　Sze H C, Lee H H, pp. 9, 28, pl. 6, fig. 6; cycadophyte leaf; Aishanzi of Weiyuan, Sichuan; Early Jurassic.

1954　Hsu J, p. 58, pl. 48, fig. 2; cycadophyte leaf; Zengjiayao of Dangyang, Hubei; Early—Middle Jurassic Hsiangchi Coal Series.

1958　Wang Longwen and others, p. 593, fig. 593; cycadophyte leaf; Jiangxi, Hubei, Sichuan and Inner Mongolia; Late Triassic—Early Jurassic.

1963　Sze H C, Lee H H and others, p. 156, pl. 61, fig. 5; cycadophyte leaf; Xiangxi of Zigui and Baishigang in Guanyinsi of Dangyang, Hubei; Aishanzi of Weiyuan, Sichuan; Early Jurassic; Xincang of Taihu, Anhui; Pingxiang, Jiangxi; Late Triassic—Early Jurassic.

1964　Lee H H and others, p. 131, pl. 86, fig. 4; cycadophyte leaf; South China; Late Triassic—Early Jurassic.

1978　Zhou Tongshun, pl. 21, figs. 2, 3; cycadophyte leaves; Dakeng of Zhangping, Fujian; Late Triassic Wenbinshan Formation; Jitou of Shanghang, Fujian; Late Triassic Dakeng Formation.

1979　Hsu J and others, p. 55, pl. 49, figs. 8, 9; cycadophyte leaves; Baoding, Sichuan; Late Triassic upper part of Daqiaodi Formation.

1984　Chen Gongxin, p. 590, pl. 243, fig. 4; pl. 261, fig. 6; cycadophyte leaves; Dayahe, Sanligang and Dalishugang of Dangyang, Hubei; Early Jurassic Tongzhuyuan Formation; Xiangxi of Zigui, Hubei; Early Jurassic Hsiangchi (Xiangxi) Formation.

Cf. *Pterophyllum nathorsti* Schenk

1933d　Sze H C, p. 31; cycadophyte leaf; Shiguaizi of Saratsi, Inner Mongolia; Early Jurassic.

1982b　Wu Xiangwu, p. 91, pl. 13, figs. 5, 5a; pl. 16, fig. 1; cycadophyte leaves; Gonjo area, Tibet; Late Triassic upper member of Bagong Formation.

Pterophyllum nilssoni (Phillips) Lindley et Hutton, 1832

1829　*Aspleniopteris nilssoni* Phillips, p. 147, pl. 8, fig. 4; cycadophyte leaf; Yorkshire, England; Middle Jurassic.

1832 (1831—1837)   Lindley, Hutton, p. 193, pl. 67, fig. 2; cycadophyte leaf; Yorkshire, England; Middle Jurassic.

Pterophyllum (*Anomozamites*) *nilssoni* (**Phillips**) **Lindley et Hutton**

1829   *Aspleniopteris nilssoni* Phillips, p. 147, pl. 8, fig. 4; cycadophyte leaf; Yorkshire, England; Middle Jurassic.

1832 (1831—1837)   *Pterophyllum nilssoni* (Phillips) Lindley et Hutton, p. 193, pl. 67, fig. 2; cycadophyte leaf; Yorkshire, England; Middle Jurassic.

1900   *Anomozamites nilssoni* (Phillips) Seward, p. 204; text-fig. 36; cycadophyte leaf; Yorkshire, England; Middle Jurassic.

1925   Teilhard de Chardin, Fritel, p. 532, pl. 24, fig. 2; cycadophyte leaf; Fengzhen, Liaoning; Jurassic. [Notes: This specimen lately was referred as ? *Anomazamites inconstans* (Braun) (Sze H C, Lee H H and others, 1963)]

△*Pterophyllum otoboliolatum* **Hsu et Hu, 1979**

1978   Zhang Jihui, p. 481, pl. 163, fig. 6; cycadophyte leaf; Longjing of Renhuai, Sichuan; Late Triassic. (nom. nud.)

1979   Hsu J, Hu Yufan, in Hsu J and others, p. 56, pl. 50, fig. 8; pl. 52, figs. 1, 1a; pl. 53, fig. 6; cycadophyte leaves; No.: No. 946, No. 959, No. 2674; Holotype: No. 2674 (pl. 53, fig. 6); Repository: Institute of Botany, the Chinese Academy of Sciences; Longshuwan of Dukou, Sichuan; Late Triassic middle-upper part of Daqiaodi Formation.

Pterophyllum **cf.** *otoboliolatum* **Hsu et Hu**

1983   Ju Kuixiang and others, p. 124, pl. 1, fig. 7; cycadophyte leaf; Fanjiatang in Longtan of Nanjing, Jiangsu; Late Triassic Fanjiatang Formation.

△*Pterophyllum paucicostatum* **Xu, 1975**

1975   Xu Fuxiang, p. 102, pl. 2, figs. 2, 3, 3a; cycadophyte leaves; Houlaomiao of Tianshui, Gansu; Late Triassic Ganchaigou Formation. (Notes: The type specimen was not designated in the original paper)

1982   Liu Zijin, p. 130, pl. 69, fig. 3; cycadophyte leaf; Houlaomiao of Tianshui, Gansu; Late Triassic Houlaomiao Formation.

Pterophyllum pinnatifidum **Harris, 1932**

1932   Harris, p. 55, pl. 8, fig. 8; text-figs. 26—28; cycadophyte leaves and cuticles; Scoresby Sound, East Greenland; Late Triassic *Lepidopteris* Zone.

1968   *Fossil Atlas of Mesozoic Coal-bearing Strata in Kiangsi and Hunan Provinces*, p. 57, pl. 14, figs. 1—3; cycadophyte leaves; Jiangxi (Kiangsi) and Hunan area; Late Triassic.

1974a   Lee P C and others, p. 358, pl. 191, figs. 9, 10; cycadophyte leaves; Cifengchang of Pengxian, Sichuan; Late Triassic Hsuchiaho Formation.

1977   Feng Shaonan and others, p. 231, pl. 82, fig. 3; cycadophyte leaf; northern Guangdong; Late Triassic Siaoping Formation.

1978   Zhou Tongshun, p. 111, pl. 21, fig. 9; cycadophyte leaf; Wenbinshan in Dakeng of Zhangping, Fujian; Late Triassic upper member of Wenbinshan Formation.

1980　He Dechang, Shen Xiangpeng, p. 17, pl. 8, fig. 2; pl. 11, fig. 6; cycadophyte leaves; Chengtanjiang of Liuyang, Hunan; Late Triassic Anyuan Formation.

1982　Wang Guoping and others, p. 261 pl. 116, fig. 6; cycadophyte leaf; Jitou of Shanghang, Fujian; Late Triassic Wenbinshan Formation.

1983　Duan Shuying and others, pl. 9, figs. 4, 5; cycadophyte leaves; Beiluoshan of Ninglang, Yunnan; Late Triassic.

1986　Ye Meina and others, p. 45, pl. 28, figs. 1, 3; cycadophyte leaves; Jinwo in Tieshan of Daxian and Wenquan of Kaixian, Sichuan; Late Triassic Hsuchiaho Formation.

1987　Chen Ye and others, p. 111, pl. 24, figs. 2, 4; cycadophyte leaves; Qinghe of Yanbian, Sichuan; Late Triassic Hongguo Formation.

1987　Meng Fansong, p. 248, pl. 34, fig. 3; cycadophyte leaf; Sanligang of Dangyang, Hubei; Early Jurassic Hsiangchi (Xiangxi) Formation.

1993　Wang Shijun, p. 24, pl. 6, fig. 7; pl. 7, figs. 1, 5; cycadophyte leaves; Guanchun and Ankou of Lechang, Guangdong; Late Triassic Genkou Group.

1999b　Wu Shunqing, p. 32, pl. 25, figs. 3, 4; cycadophyte leaves; Jinxi of Wangcang and Tieshan of Daxian, Sichuan; Late Triassic Hsuchiaho Formation.

Pterophyllum cf. *pinnatifidum* Harris

1980　Zhang Wu and others, p. 271, pl. 139, fig. 1; cycadophyte leaf; Kuandian of Benxi, Liaoning; Middle Jurassic Zhuanshanzi Formation.

1982　Duan Shuying, Chen Ye, p. 502, pl. 9, fig. 1; cycadophyte leaf; Tanba of Hechuan, Sichuan; Late Triassic Hsuchiaho Formation.

1983　Li Jieru, p. 23, pl. 2, fig. 9; Houfulongshan of Nanpiao, Liaoning; Middle Jurassic member 3 of Haifanggou Formation.

Pterophyllum portali Zeiller, 1903

1902—1903　Zeiller, p. 186, pl. 46, figs. 1—5a; cycadophyte leaves; Hong Gai, Vietnam; Late Triassic.

1949　Sze H C, p. 13, pl. 6, fig. 6; cycadophyte leaf; Xiangxi of Zigui, Hubei; Early Jurassic Hsiangchi Coal Series. [Notes: This specimen lately was referred as *Pterophyllum* cf. *portali* Zeiller (Sze H C, Lee H H and others, 1963)]

1954　Hsu J, p. 58, pl. 50, fig. 6; cycadophyte leaf; Xiangxi of Zigui, Hubei; Early Jurassic Hsiangchi Coal Series. [Notes: This specimen lately was referred as *Pterophyllum* cf. *portali* Zeiller (Sze H C, Lee H H and others, 1963)]

1966　Wu Shunching, p. 236, pl. 2, fig. 2; cycadophyte leaf; Longtoushan of Anlong, Guizhou; Late Triassic.

1987　Duan Shuying, p. 43, pl. 14, fig. 4; pl. 15, figs. 1, 2; cycadophyte leaves; Zhaitang of West Hill, Beijing; Middle Jurassic.

Pterophyllum cf. *portali* Zeiller

1963　Sze H C, Lee H H and others, p. 157, pl. 61, fig. 8; cycadophyte leaf; Xiangxi of Zigui, Hubei; Early Jurassic Hsiangchi Group.

1984　Chen Gongxin, p. 590, pl. 242, fig. 1; cycadophyte leaf; Xiangxi of Zigui, Hubei; Early Jurassic Hsiangchi (Xiangxi) Formation.

1987　Chen Ye and others, p. 111, pl. 24, figs. 3; cycadophyte leaves; Qinghe of Yanbian, Sichuan; Late Triassic Hongguo Formation.

Pterophyllum propinquum Goeppert, 1844

1844　Goeppert, p. 132, pl. 1, fig. 5; cycadophyte leaf; Germany; Jurassic.

1933　Yabe, Ôishi, p. 226 (32), pl. 34, fig. 2; cycadophyte leaf; Erdaogou (Erhtaokou) of Benxi, Liaoning; Early—Middle Jurassic.

1950　Ôishi, p. 102, pl. 33, fig. 2; cycadophyte leaf; Fengtian of Manzhou, Liaoning; Early Jurassic.

1963　Sze H C, Lee H H and others, p. 157, pl. 63, fig. 3; cycadophyte leaf; Erdaogou (Erhtaokou) of Benxi, Liaoning; Early—Middle Jurassic.

1981　Liu Maoqiang, Mi Jiarong, p. 25, pl. 3, fig. 9; cycadophyte leaf; Naozhigou of Linjiang, Jilin; Early Jurassic Yihuo Formation.

1982b　Zheng Shaolin, Zhang Wu, p. 311, pl. 14, fig. 8; cycadophyte leaf; Didao of Jixi, Heilongjiang; Early Cretaceous Chengzihe Formation.

1984　Chen Fen and others, p. 51, pl. 19, figs. 1, 2; pl. 20, figs. 3, 4; cycadophyte leaves; Mentou gou and Daanshan, Beijing; Early Jurassic Lower Yaopo Formation and Upper Yaopo Formation.

1985　Shang Ping, pl. 6, figs. 4, 5; cycadophyte leaves; Fuxin Coal Basin, Liaoning; Early Cretaceous Sunjiawan Member of Haizhou Formation.

1990　Zheng Shaolin, Zhang Wu, p. 219, pl. 4, fig. 2; pl. 5, fig. 2; cycadophyte leaves; Tianshifu of Benxi, Liaoning; Middle Jurassic Dabu Formation.

1994　Xiao Zongzheng and others, pl. 14, fig. 3; cycadophyte leaf; Mentougou, Beijing; Middle Jurassic Upper Yaopo Formation.

Pterophyllum cf. *propinquum* Goeppert

1980　Zhang Wu and others, p. 271, pl. 170, fig. 4; cycadophyte leaf; Jixi, Heilongjiang; Early Cretaceous Chengzihe Formation.

△*Pterophyllum pseudomuesteri* Sze, 1931

1931　Sze H C, p. 12, pl. 2, figs. 2, 3; cycadophyte leaves; Pingxiang, Jiangxi; Early Jurassic (Lias). [Notes: This specimen lately was referred as *Anomozamites pseudomuensterii* (Sze) Duan (Duan Shuying, 1987)]

1963　Sze H C, Lee H H and others, p. 158, pl. 60, fig. 4; pl. 61, fig. 3; cycadophyte leaves; Pingxiang, Jiangxi; Late Triassic—Early Jurassic.

1982　Wang Guoping and others, p. 261, pl. 112, fig. 4; cycadophyte leaf; Pingxiang, Jiangxi; Late Triassic—Early Jurassic.

1986　Ye Meina and others, p. 46, pl. 28, fig. 5; cycadophyte leaf; Jinwo in Tieshan of Daxian and Wenquan of Kaixian, Sichuan; Early Jurassic Zhenzhuchong Formation.

Pterophyllum ptilum Harris, 1932

1932　Harris, p. 61, pl. 5, figs. 1—5, 11; text-figs. 30, 31; cycadophyte leaves and cuticles;

Scoresby Sound, East Greenland; Late Triassic *Lepidopteris* Zone.

1954　Hsu J, p. 58, pl. 51, figs. 2—4; cycadophyte leaves; Anyuan in Pingxiang of Jiangxi, Shimenkou in Liling of Hunan, Yipinglang in Lufeng of Yunnan and Weiyuan of Sichuan; Late Triassic (Rhaetic).

1958　Wang Longwen and others, p. 589, fig. 589; cycadophyte leaf; Yunnan, Jiangxi, Hunan and Sichuan; Late Triassic.

1962　Lee H H, p. 148, pl. 87, figs. 3, 4; cycadophyte leaves; Changjiang River Basin; Late Triassic—Early Jurassic.

1963　Chow Huiqin, p. 174, pl. 76, fig. 2; cycadophyte leaf; Hualing of Huaxian, Guangdong; Late Triassic.

1963　Sze H C, Lee H H and others, p. 158, pl. 61, figs. 1—2a; cycadophyte leaves; Zixing and Shimenkou of Liling, Hunan; Huagushan of Xinyu, Pingxiang, Xiaoqi and Jiaoling of Gaopo, Jiangxi; Late Triassic Anyuan Formation; Hualing of Huaxian and Pingxi of Raoping, Guangdong; Late Triassic Siaoping Formation; Yipinglang of Guangtong, Yunnan; Late Triassic Yipinglang Group.

1964　Lee H H and others, p. 124, pl. 78, figs. 3—5; cycadophyte leaves; South China; late Late Triassic—Early Jurassic.

1968　*Fossil Atlas of Mesozoic Coal-bearing Strata in Kiangsi and Hunan Provinces*, p. 57, pl. 10, figs. 3a, 7b; pl. 15, figs. 1—4; cycadophyte leaves; Jiangxi (Kiangsi) and Hunan area; Late Triassic.

1974a　Lee P C and others, p. 358, pl. 191, figs. 5—8; cycadophyte leaves; Jinhua of Mianzhu and Shuanghechang of Dayi, Sichuan; Late Triassic Hsuchiaho Formation.

1974　Hu Yufan and others, pl. 2, fig. 7; cycadophyte leaf; Guanhua Coal Mine of Yaan, Sichuan; Late Triassic.

1976　Lee P C and others, p. 120, pl. 33, figs. 11, 12; cycadophyte leaves; Yipinglang of Lufeng, Yunnan; Late Triassic Ganhaizi Member of Yipinglang Formation.

1977　Feng Shaonan and others, p. 231, pl. 82, figs. 5, 6; cycadophyte leaves; Qujiang, Lechang and Huaxian, Guangdong; Late Triassic Siaoping Formation; Zixing and Liling, Hunan; Late Triassic Anyuan Formation.

1978　Chen Qishi and others, pl. 1, fig. 2; cycadophyte leaf; Wuzao of Yiwu, Zhejiang; Late Triassic Wuzao Formation.

1978　Zhang Jihui, p. 481, pl. 162, fig. 6; cycadophyte leaf; Longjing of Renhuai, Guizhou; Late Triassic.

1978　Zhou Tongshun, p. 109, pl. 21, fig. 1; cycadophyte leaf; Jitou of Shanghang, Fujian; Late Triassic upper member of Dakeng Formation.

1980　He Dechang, Shen Xiangpeng, p. 17, pl. 8, fig. 3; pl. 10, figs. 6, 7; cycadophyte leaves; Shimenkou of Liling, Hunan; Late Triassic Anyuan Formation; Hongweikeng of Qujiang, Guangdong; Late Triassic.

1982　Duan Shuying, Chen Ye, p. 502, pl. 9, fig. 2; pl. 10, figs. 6, 7; cycadophyte leaves; Qilixia of Xuanhan and Tongshuba of Kaixian, Sichuan; Late Triassic Hsuchiaho Formation.

1982　Li Peijuan, Wu Xiangwu, p. 50, pl. 11, figs. 3, 3a; cycadophyte leaf; Xiangcheng area, Sichuan; Late Triassic Lamaya Formation.

1982 Wang Guoping and others, p. 261, pl. 118, fig. 8; cycadophyte leaf; Huagushan of Xinyu, Jiangxi; Late Triassic Anyuan Formation; Dakeng of Zhangping, Fujian; Late Triassic Wenbinshan Formation.

1982 Zhang Caifan, p. 529, pl. 340, fig. 8; cycadophyte leaf; Sandu of Zixing, Shimenkou of Liling and Chengtanjiang of Liuyang, Hunan; Late Triassic.

1985 Bureau of Geology and Mineral Resources of Fujian Province, pl. 3, fig. 4; cycadophyte leaf; Yongding, Fujian; Late Triassic Wenbinshan Formation.

1986a Chen Qishi, p. 449, pl. 2, fig. 9; cycadophyte leaf; Chayuanli of Quxian, Zhejiang; Late Triassic Chayuanli Formation.

1986b Chen Qishi, p. 10, pl. 6, fig. 10; cycadophyte leaf; Wuzao of Yiwu, Zhejiang; Late Triassic Wuzao Formation.

1986 Chen Ye and others, pl. 7, fig. 2; cycadophyte leaf; Litang, Sichuan; Late Triassic Lanashan Formation.

1986 Ye Meina and others, p. 46, pl. 26, figs. 6, 6a; pl. 27, figs. 6, 6a; pl. 28, figs. 2, 7, 7a; cycadophyte leaves; Leiyinpu and Jinwo in Tieshan of Daxian, Sichuan; Late Triassic Hsuchiaho Formation.

1987 Chen Ye and others, p. 112, pl. 24, fig. 1; cycadophyte leaf; Qinghe of Yanbian, Sichuan; Late Triassic Hongguo Formation.

1987 He Dechang, p. 84, pl. 20, fig. 4; cycadophyte leaf; Dakeng of Zhangping, Fujian; Late Triassic Wenbinshan Formation.

1989 Mei Meitang and others, p. 100, pl. 50, fig. 5; cycadophyte leaf; South China; Late Triassic.

1989 Zhou Zhiyan, p. 149, pl. 8, figs. 6—10; pl. 9, figs. 4, 9; pl. 12, figs. 7, 8; pl. 14, fig. 6; text-fig. 31; cycadophyte leaves; Shanqiao of Hengyang, Hunan; Late Triassic Yangbaichong Formation.

1992 Huang Qisheng, pl. 17, fig. 4; cycadophyte leaf; Tieshan of Daxian, Sichuan; Late Triassic member 5 of Hsuchiaho Formation.

1993 Wang Shijun, p. 25, pl. 11, fig. 3; pl. 32, figs. 4—6; cycadophyte leaves and cuticles; Guanchun and Ankou of Lechang, Guangdong; Late Triassic Genkou Group.

1999b Wu Shunqing, p. 33, pl. 5, fig. 3A; pl. 23, fig. 5; pl. 24, fig. 2; pl. 36, fig. 1B; pl. 48, figs. 3, 3a; cycadophyte leaves and cuticles; Luchang of Huili, Sichuan; Late Triassic Baiguowan Formaion; Tieshan of Daxian, Sichuan; Late Triassic Hsuchiaho Formation; Langdai of Liuzhi, Guizhou; Late Triassic Huobachong Formation.

△*Pterophyllum pumulum* Zhang et Zheng, 1987

1987 Zhang Wu, Zheng Shaolin, p. 281, pl. 8, figs. 1—9; text-fig. 20; cycadophyte leaves and cuticles; Reg. No.: SG110054, SG110055; Repository: Shenyang Institute of Geology and Mineral Resources; Lamagou of Chaoyang, Liaoning; Middle Jurassic Haifanggou Formation. (Notes: The type specimen was not designated in the original paper)

△*Pterophyllum punctatum* Mi, Zhang, Sun et al., 1993

1993 Mi Jiarong, Zhang Chuanbo, Sun Chunlin and others, p. 108, pl. 20, figs. 4, 8; text-fig. 24; cycadophyte leaves; Reg. No.: Y302, Y303; Holotype: Y302 (pl. 20, fig. 4); Repository: Department of Geological History and Palaeontology, Changchun College of Geology;

Yangcaogou of Beipiao, Liaoning; Late Triassic Yangcaogou Formation.

△*Pterophyllum qilianense* He, 1979

1979　He Yuanliang and others, p. 148, pl. 72, fig. 1; cycadophyte leaf; Reg. No.: PB6385; Holotype: PB6385 (pl. 72, fig. 1); Repository: Nanjing Institute of Geology and Palaeontology, Chinese Academy of Sciences; Galedesi of Qilian, Qinghai; Late Triassic Middle Formation of Mule Group.

△*Pterophyllum regulare* Cao, 1992

1992a　Cao Zhengyao, pp. 218, 227, pl. 4, figs. 1A, 2－4; pl. 6, fig. 8A; cycadophyte leaves and cuticles; Reg. No.: PB16074, PB16092; Holotype: PB16074 (pl. 4, fig. 1A); Repository: Nanjing Institute of Geology and Palaeontology, Chinese Academy of Sciences; Suibin-Shuangyashan area, eastern Heilongjiang; Early Cretaceous member 4 and apex part of Chengzihe Formation.

△*Pterophyllum richthofeni* Schenk, 1883

1883　Schenk, p. 247, pl. 47, fig. 7; pl. 48, figs. 5, 6, 8; cycadophyte leaves; Chahar Right Banner (?) of Tumulu, Inner Mongolia; Jurassic.

1963　Sze H C, Lee H H and others, p. 159, pl. 62, figs. 1, 2; cycadophyte leaves; Chahar Right Banner(?) of Tumulu, Inner Mongolia; Early—Middle Jurassic.

1984　Gu Daoyuan, p. 148, pl. 78, fig. 5; cycadophyte leaf; Soget in Aketao, Xinjiang; Middle Jurassic Yangye (Yangxia) Formation.

Pterophyllum cf. *richthofeni* Schenk

1984　Wang Ziqiang, p. 257, pl. 139, fig. 8; pl. 163, figs. 1－5; cycadophyte leaves and cuticles; Xiahuayuan, Hebei; Middle Jurassic Mentougou Formation.

Pterophyllum schenkii (Zeiller) Zeiller, 1903

1886　*Anomozamites schenki* Zeiller, p. 460, pl. 24, fig. 9; cycadophyte leaf; Hong Gai, Vietnam; Late Triassic.

1902－1903　Zeiller, p. 181, pl. 43, fig. 7; Hong Gai, Vietnam; Late Triassic.

1976　Lee P C and others, p. 121, pl. 33, figs. 11, 12; cycadophyte leaves; Yipinglang of Lufeng, Yunnan; Late Triassic Ganhaizi Member of Yipinglang Formation.

1982a　Wu Xiangwu, p. 55, pl. 9, figs. 1, 1a; cycadophyte leaf; Tumain of Amdo, Tibet; Late Triassic Tumaingela Formation.

1982b　Wu Xiangwu, p. 91, pl. 12, figs. 3A, 3a, 4, 4a; cycadophyte leaves; Qamdo area, Tibet; Late Triassic upper member of Bagong Formation.

1986　Chen Ye and others, pl. 8, figs. 3, 4; cycadophyte leaves; Litang, Sichuan; Late Triassic Lanashan Formation.

? *Pterophyllum schenkii* (Zeiller) Zeiller

1965　Tsao Chengyao, p. 520, pl. 4, fig. 11; text-fig. 9; cycadophyte leaf; Songbaikeng of Gaoming, Guangdong; Late Triassic Siaoping Formation (Siaoping Series).

Pterophyllum sensinovianum Heer, 1876

1876　Heer, p. 105, pl. 24, fig. 8; cycadophyte leaf; upper reaches of Heilongjiang River; Late

Jurassic.

1982b Zheng Shaolin, Zhang Wu, p. 311, pl. 12, figs. 3—7; cycadophyte leaves; Hada of Jidong, Heilongjiang; Early Cretaceous Chengzihe Formation.

Pterophyllum cf. *sensinovianum* Heer

1980 Zhang Wu and others, p. 271, pl. 169, figs. 7—9; cycadophyte leaves; Liangjia of Changtu, Liaoning; Early Cretaceous Shahezi Formation; Binggou of Lingyuan, Liaoning; Early Cretaceous Binggou Formation.

1991 Zhang Chuanbo and others, pl. 2, fig. 13; cycadophyte leaf; Liufangzi of Jiutai, Jilin; Early Cretaceous Dayangcaogou Formation.

△*Pterophyllum shaanxiense* He, 1987

1987a He Dechang, in Qian Lijun and others, p. 81, pl. 21, fig. 4; pl. 25, fig. 4; cycadophyte leaves; Reg. No.: Sh094; Repository: Branch of Geology Exploration, China Coal Research Institute; Kaokaowusugou of Shenmu, Shaanxi; Middle Jurassic bed 11 in member 1 of Yan'an Formation. (Notes: The type specimen was not designated in the original paper)

△*Pterophyllum sichuanense* Duan et Chen, 1987

1987 Duan Shuying, Chen Ye, in Chen Ye and others, pp. 112, 156, pl. 24, fig. 6; cycadophyte leaf; No.: No. 7480; Repository: Institute of Botany, the Chinese Academy of Sciences; Qinghe of Yanbian, Sichuan; Late Triassic Hongguo Formation.

△*Pterophyllum sinense* Lee P, 1964

1964 Lee P C, pp. 122, 170, pl. 4, fig. 1B; pl. 12, figs. 1—7; text-fig. 5; cycadophyte leaves and cuticles; Col. No.: BP326 (7); Reg. No.: PB2822; Repository: Nanjing Institute of Geology and Palaeontology, Chinese Academy of Sciences; Xujiahe of Guangyuan, Sichuan; Late Triassic Hsuchiaho Formation.

1968 *Fossil Atlas of Mesozoic Coal-bearing Strata in Kiangsi and Hunan Provinces*, p. 58, pl. 16, fig. 4; cycadophyte leaf; Jiangxi (Kiangsi) and Hunan area; Late Triassic.

1974a Lee P C and others, p. 359, pl. 194, figs. 7, 8; cycadophyte leaves; Xujiahe of Guangyuan, Sichuan; Late Triassic Hsuchiaho Formation.

1976 Lee P C and others, p. 120, pl. 33, figs. 4—7; pl. 34, figs. 1, 1a; cycadophyte leaves; Yubacun and Yipinglang of Lufeng, Yunnan; Late Triassic Ganhaizi Member of Yipinglang Formation.

1977 Feng Shaonan and others, p. 231, pl. 82, fig. 4; cycadophyte leaf; Yuanan, Hubei; Late Triassic Middle Jurassic Upper Coal Formation of Hsiangchi Group; Qujiang and Lechang, Guangdong; Late Triassic Siaoping Formation.

1978 Yang Xianhe, p. 507, pl. 161, fig. 3; cycadophyte leaf; Shazi of Xiangcheng, Sichuan; Late Triassic Lamaya Formation.

1978 Zhou Tongshun, p. 110, pl. 21, fig. 7; cycadophyte leaf; Longjing of Wuping, Fujian; Late Triassic upper member of Wenbinshan Formation.

1980 Wu Shunqing and others, p. 77, pl. 3, figs. 6, 7; cycadophyte leaves; Gengjiahe of Xingshan, Hubei; Late Triassic Shazhenxi Formation.

1982 Li Peijuan, Wu Xiangwu, p. 51, pl. 12, figs. 2, 2a; cycadophyte leaf; Xiangcheng area, Sichuan; Late Triassic Lamaya Formation.

1982   Wang Guoping and others, p. 261, pl. 117, fig. 7; cycadophyte leaf; Niutian of Lean, Jiangxi; Late Triassic Anyuan Formation.

1982   Zhang Caifan, p. 529, pl. 340, fig. 3; cycadophyte leaf; Chengtanjiang of Liuyang, Hunan; Late Triassic.

1984   Chen Gongxin, p. 591, pl. 246, fig. 10; cycadophyte leaf; Jiuligang of Yuanan, Hubei; Late Triassic Jiuligang Formation.

1986   Chen Ye and others, pl. 5, fig. 5a; cycadophyte leaf; Litang, Sichuan; Late Triassic Lanashan Formation.

1986   Ye Meina and others, p. 46, pl. 27, figs. 4—5a; cycadophyte leaves; Binlang and Jinwo in Tieshan of Daxian, Sichuan; Late Triassic Hsuchiaho Formation.

1987   He Dechang, p. 83, pl. 17, fig. 1a; pl. 19, figs. 2, 5; pl. 21, fig. 6; cycadophyte leaves; Dakeng of Zhangping, Fujian; Late Triassic Wenbinshan Formation.

1990   Wu Xiangwu, He Yuanliang, p. 303, pl. 8, figs. 4, 4a; cycadophyte leaf; Zaduo and Zhiduo, Qinghai; Late Triassic Gema Formation of Jieza Group.

1993   Wang Shijun, p. 25, pl. 7, fig. 4; pl. 11, fig. 1; pl. 29, figs. 5—7; cycadophyte leaves and cuticles; Guanchun of Lechang, Guangdong; Late Triassic Genkou Group.

1995a   Li Xingxue (editor-in-chief), pl. 90, fig. 5; cycadophyte leaf; Dameigou of Da Qaidam, Qinghai; Middle Jurassic Dameigou Formation. (in Chinese)

1995b   Li Xingxue (editor-in-chief), pl. 90, fig. 5; cycadophyte leaf; Dameigou of Da Qaidam, Qinghai; Middle Jurassic Dameigou Formation. (in English)

1999b   Wu Shunqing, p. 33, pl. 35, figs. 2, 5, 6; cycadophyte leaves; Wanxin Coal Mine of Wanyuan and Jinxi of Wangcang, Sichuan; Late Triassic Hsuchiaho Formation.

Pterophyllum cf. *sinense* Lee P

1980   He Dechang, Shen Xiangpeng, p. 17, pl. 8, fig. 8; cycadophyte leaf; Hongweikeng of Qujiang, Guangdong; Late Triassic.

1986a   Chen Qishi, p. 449, pl. 2, figs. 14, 15; cycadophyte leaves; Chayuanli of Quxian, Zhejiang; Late Triassic Chayuanli Formation.

Pterophyllum subaequale Hartz 1896

1896   Hartz, p. 236, pl. 15, figs. 3, 1; cycadophyte leaves; Greenland; Late Triassic—Early Jurassic.

1965   Tsao Chengyao, p. 520, pl. 5, figs. 1—4; cycadophyte leaves; Songbaikeng of Gaoming, Guangdong; Late Triassic Siaoping Formation (Siaoping Series).

1968   *Fossil Atlas of Mesozoic Coal-bearing Strata in Kiangsi and Hunan Provinces*, p. 58, pl. 12, figs. 1—3; pl. 13, figs. 4, 4a; cycadophyte leaves; Jiangxi (Kiangsi) and Hunan area; Late Triassic—Early Jurassic.

1977   Feng Shaonan and others, p. 231, pl. 82, fig. 9; cycadophyte leaf; Gaoming, Guangdong; Late Triassic Siaoping Formation.

1979   Hsu J and others, p. 56, pl. 53, figs. 3, 4; cycadophyte leaves; Baoding, Sichuan; Late Triassic upper part of Daqiaodi Formation.

1980   He Dechang, Shen Xiangpeng, p. 16, pl. 6, fig. 4; cycadophyte leaf; Liaoyuan Mine of Liuyang, Hunan; Late Triassic Sanqiutian Formation.

1982　Yang Xianhe, p. 479, pl. 12, figs. 15b, 16; cycadophyte leaves; Shuanghe of Changning, Sichuan; Late Triassic Hsuchiaho Formation.

1984　Chen Gongxin, p. 590, pl. 244, fig. 1; cycadophyte leaf; Liangfengya of Jingmen, Hubei; Early Jurassic Tongzhuyuan Formation.

1986　Ye Meina and others, p. 47, pl. 26, fig. 2; pl. 28, figs. 6A, 6a, 8; cycadophyte leaves; Leiyinpu and Binlang of Daxian, Sichuan; Late Triassic member 7 of Hsuchiaho Formation.

1987　Meng Fansong, p. 248, pl. 30, fig. 5; cycadophyte leaf; Donggong of Nanzhang, Hubei; Late Triassic Jiuligang Formation.

△*Pterophyllum subangustum* Yang, 1982

1982　Yang Xianhe, p. 479, pl. 10, figs. 1—5; cycadophyte leaves; Col. No.: H30; Reg. No.: Sp245—Sp249; Syntypes 1—5: Sp245—Sp249 (pl. 10, figs. 1—5); Repository: Chengdu Institute of Geology and Mineral Resources; Hulukou of Weiyuan, Sichuan; Late Triassic Hsuchiaho Formation. [Notes: According to *International Code of Botanical Nomenclature* (*Vienna Code*) article 37. 2, from the year 1958, the holotype type specimen should be unique]

1989　Zhou Zhiyan, p. 144, pl. 9, figs. 6—8, 10, 12; pl. 10, figs. 3—8; pl. 12, figs. 1—4; pl. 16, fig. 6; text-figs. 22—24; cycadophyte leaves and cuticles; Shanqiao of Hengyang, Hunan; Late Triassic Yangbaichong Formation.

1995a　Li Xingxue (editor-in-chief), pl. 81, figs. 1, 2; upper cuticles and lower cuticles of cycadophyte leaves; Hengyang, Hunan; Late Triassic Yangbaichong Formation. (in Chinese)

1995b　Li Xingxue (editor-in-chief), pl. 81, figs. 1, 2; upper cuticles and lower cuticles of cycadophyte leaves; Hengyang, Hunan; Late Triassic Yangbaichong Formation. (in English)

Pterophyllum sutschanense Prynada ex Samykina, 1961

1961　Samylina, p. 638, pl. 2, fig. 5; pl. 4; cycadophyte leaves; South Primorye; Early Cretaceous.

Pterophyllum cf. *sutschanense* Prynada ex Samykina

1982a　Yang Xuelin, Sun Liwen, p. 592, pl. 3, fig. 2; cycadophyte leaf; Yingcheng of southern Songhuajiang-Liaohe Basin; Early Cretaceous Yingcheng Formation.

1983　Zhang Zhicheng, Xiong Xianzheng, p. 60, pl. 6, figs. 1—3, 6, 7; pl. 7, fig. 6; cycadophyte leaves; Dongning Basin, Heilongjiang; Early Cretaceous Dongning Formation.

△*Pterophyllum szei* Li, 1988

1988　Li Peijuan and others, p. 82, pl. 57, fig. 8; pl. 58, figs. 1—3a; pl. 59, figs. 1A, 1a—2a; pl. 60, figs. 1—5; pl. 61, fig. 3; pl. 63, figs. 3—4a; pl. 64, fig. 1; pl. 107, figs. 1—9; cycadophyte leaves and cuticles; Col. No.: 80DJ$_{2d}$ F$_u$; Reg. No.: PB13527 — PB13531, PB13534 — PB13540; Repository: Nanjing Institute of Geology and Palaeontology, Chinese Academy of Sciences; Dameigou of Da Qaidam, Qinghai; Middle Jurassic *Tyrmia-Sphenobaiera* Bed of Dameigou Formation. (Notes: The type specimen was not designated in the original paper)

1992　Xie Mingzhong, Sun Jingsong, pl. 1, fig. 12; cycadophyte leaf; Xuanhua, Hebei; Middle Jurassic Xiahuayuan Formation.

Pterophyllum thomasi Harris, 1952

1952　Harris, p. 618; text-figs. 3, 4; cycadophyte leaves and cuticles; Yorkshire, England; Middle Jurassic.

Pterophyllum aff. *thomasi* Harris

1983　Li Jieru, p. 23, pl. 2, fig. 8; cycadophyte leaf; Houfulongshan of Nanpiao, Liaoning; Middle Jurassic member 3 of Haifanggou Formation.

Pterophyllum tietzei Schenk, 1887

1887　Schenk, p. 6, pl. 6, figs. 27—29; pl. 11, fig. 52; cycadophyte leaves; Iran; Late Triassic.

1949　Sze H C, p. 13, pl. 5, fig. 2; cycadophyte leaf; Xiangxi of Zigui, Hubei; Early Jurassic Hsiangchi Coal Series.

1954　Hsu J, p. 58, pl. 48, fig. 1; cycadophyte leaf; Xiangxi of Zigui, Hubei; Early — Middle Jurassic Hsiangchi Coal Series.

1958　Wang Longwen and others, p. 606, fig. 606; cycadophyte leaf; Xiangxi of Zigui, Hubei; Jurassic Hsiangchi Coal Series.

1962　Lee H H, p. 153, pl. 91, fig. 4; cycadophyte leaf; Changjiang River Basin; Late Triassic—Early Jurassic.

1963　Sze H C, Lee H H and others, p. 159, pl. 60, fig. 1; cycadophyte leaf; Xiangxi of Zigui, Hubei; Early Jurassic Hsiangchi Group; Qixiashan of Nanjing, Jiangsu; Early Jurassic Xiangshan Group.

1964　Lee H H and others, p. 129, pl. 84, fig. 3; cycadophyte leaf; South China; late Late Triassic—Early Jurassic.

1977　Feng Shaonan and others, p. 231, pl. 83, fig. 1; cycadophyte leaf; Zigui, Hubei; Early —Middle Jurassic Upper Coal Formation of Hsiangchi Group.

1979　Hsu J and others, p. 57, pl. 52, figs. 4,5; pl. 55, figs. 1,2; cycadophyte leaves; Huashan of Baoding, Sichuan; Late Triassic middle-upper part of Daqiaodi Formation.

1984　Chen Gongxin, p. 591, pl. 242, fig. 2; cycadophyte leaf; Xiangxi of Zigui, Hubei; Early Jurassic Hsiangchi (Xiangxi) Formation.

1986　Ye Meina and others, p. 47, pl. 29, fig. 3; pl. 30, fig. 2; cycadophyte leaves; Wenquan of Daxian, Sichuan; Late Triassic member 7 of Hsuchiaho Formation.

Pterophyllum cf. *tietzei* Schenk

1984　Gu Daoyuan, p. 148, pl. 78, figs. 3,4; cycadophyte leaves; Fanxiu Coal Mine of Kashgar, Xinjiang; Middle Jurassic Yangye (Yangxia) Formation.

△*Pterophyllum variabilum* Duan et Chen, 1979

1979b　Duan Shuying, Chen Ye, in Chen Ye and others, pl. 187, pl. 1, fig. 1; cycadophyte leaf; No.: No. 6970; Repository: Institute of Botany, the Chinese Academy of Sciences; Hongni Coal Field of Yanbian, Sichuan; Late Triassic Daqiaodi Formation.

△*Pterophyllum xiangxiensis* Meng, 1987

1987　Meng Fansong, p. 248, pl. 33, fig. 6; pl. 37, figs. 6,7; text-fig. 19; cycadophyte leaves and cuticles; Col. No.: X-80-P-1; Reg. No.: P82176; Holotype: P82176 (pl. 33, fig. 6); Repository; Yichang Institute of Geology and Mineral Resources; Xiangxi of Zigui, Hubei; Early Jurassic Hsiangchi (Xiangxi) Formation.

△*Pterophyllum xinanense* Yang, 1978

1978　Yang Xianhe, p. 507, pl. 161, fig. 2; cycadophyte leaf; No.; Sp0026; Holotype; Sp0026 (pl. 161, fig. 2); Repository; Chengdu Institute of Geology and Mineral Resources; Baoding of Dukou, Sichuan; Late Triassic Daqiaodi Formation.

1993　Wang Shijun, p. 26, pl. 7, figs. 8, 9; pl. 8, figs. 1, 7; pl. 28, figs. 6—8; cycadophyte leaves and cuticles; Guanchun of Lechang, Guangdong; Late Triassic Genkou Group.

△*Pterophyllum xiphida* (Ye et Huang) Wang, 1993

1986　*Pseudoctenis xiphida* Ye et Huang, Ye Meina and others, p. 62, pl. 44, figs. 5, 5a; cycadophyte leaf; Jinwo in Tieshan of Daxian, Sichuan; Late Triassic member 7 of Hsuchiaho Formation.

1993　Wang Shijun, p. 26, pl. 6, fig. 2; pl. 8, fig. 3; pl. 29, figs. 1—4; cycadophyte leaves and cuticles; Guanchun of Lechang, Guangdong; Late Triassic Genkou Group.

△*Pterophyllum xiphioides* Zhou, 1989

1989　Zhou Zhiyan, p. 147, pl. 13, figs. 1—8; pl. 14, figs. 2—5; pl. 19, figs. 2, 19; text-figs. 25—27; cycadophyte leaves and cuticles; Reg. No.; PB13843, PB13844; Holotype; PB13843 (pl. 19, fig. 2; text-figs. 25—27); Repository; Nanjing Institute of Geology and Palaeontology, Chinese Academy of Sciences; Shanqiao of Hengyang, Hunan; Late Triassic Yangbaichong Formation.

△*Pterophyllum yingchengense* Zhang, 1980

1980　Zhang Wu and others, p. 271, pl. 171, fig. 5; pl. 172, fig. 3; cycadophyte leaves; Reg. No.; D380, D381; Repository; Shenyang Institute and Mineral Resources; Yingchengzi of Jiutai, Jilin; Early Cretaceous Yingchengzi Formation. (Notes; The type specimen was not designated in the original paper)

1983　Zhang Zhicheng, Xiong Xianzheng, p. 60, pl. 7, figs. 2, 7; cycadophyte leaves; Dongning Basin, Heilongjiang; Early Cretaceous Dongning Formation.

1992　Sun Ge, Zhao Yanhua, p. 536, pl. 234, figs. 1, 3, 6; cycadophyte leaves; Yingchengzi of Jiutai and Shibeiling of Changchun, Jilin; Early Cretaceous Yingchengzi Formation.

1994　Gao Ruiqi and others, pl. 15, fig. 4; cycadophyte leaf; Jiutai, Jilin; Early Cretaceous Yingchengzi Formation.

△*Pterophyllum yunnanense* Hu, 1975

1975　Hu Yufan, in Hsu J and others, p. 73, pl. 5, figs. 5, 6; cycadophyte leaves; No.; No. 732, No. 745; Holotype; No. 732 (pl. 5, fig. 6); Repository; Institute of Botany, the Chinese Academy of Sciences; Nalajing of Yongren, Yunnan; Late Triassic Daqiaodi Formation.

1978　Yang Xianhe, p. 508, pl. 157, fig. 4; cycadophyte leaf; Dukou, Sichuan; Late Triassic Daqiaodi Formation.

1979　Hsu J and others, p. 57, pl. 52, figs. 2, 3; Cycadophyte leaves; Huashan of Baoding, Sichuan; Late Triassic middle-upper part of Daqiaodi Formation.

Pterophyllum cf. *yunnanense* Hu

1996   Mi Jiarong and others, p. 103, pl. 12, fig. 5; cycadophyte leaf; Sanbao of Beipiao, Liaoning; Early Jurassic lower member of Beipiao Formation.

△*Pterophyllum zhangpingeise* Wang, 1982 (non He Dechang, 1987)

1982   Wang Guoping and others, p. 262, pl. 119, figs. 4, 5; cycadophyte leaves; No.: TH8-161; Holotype: TH8-161 (pl. 119, fig. 5); Dakeng of Zhangping, Fujian; Late Triassic Dakeng Formation.

△*Pterophyllum zhangpingeise* He, 1987 (non Wang Guoping, 1982)

(Notes: This specific name *Pterophyllum zhangpingeise* He, 1987 is a homonym junius of *Pterophyllum zhangpingeise* Wang, 1982)

1987   He Dechang, p. 84, pl. 17, fig. 1B; pl. 20, fig. 2; cycadophyte leaf; Repository: Branch of Geology Exploration, China Coal Research Institute; Dakeng of Zhangping, Fujian; Late Triassic Wenbinshan Formation. (Notes: The type specimen was not designated in the original paper)

Pterophyllum zygotacticum Harris, 1932

1932   Harris, p. 64, pl. 5, figs. 7, 9, 10; text-figs. 32 — 34; cycadophyte leaves and cuticles; Scoresby Sound, East Greenland; Late Triassic *Lepidopteris* Zone.

1982   Wang Guoping and others, p. 262, pl. 119, fig. 2; cycadophyte leaf; Dakeng of Zhangping, Fujian; Late Triassic Wenbinshan Formation.

Pterophyllum cf. *zygotacticum* Harris

1982a   Wu Xiangwu, p. 56, pl. 3, figs. 5 — 5b; cycadophyte leaf; Baqing area, Tibet; Late Tria-ssic Tumaingela Formation.

1986a   Chen Qishi, p. 449, pl. 3, figs. 1b, 15; cycadophyte leaves; Chayuanli of Quxian, Zhejiang; Late Triassic Chayuanli Formation.

Pterophyllum spp.

1903   *Pterophyllum* sp., Zeiller, pl. 56, fig. 6; cycadophyte leaf; Taipingchang (Tai-Pin-Tchang), Yunnan; Late Triassic.

1925   *Pterophyllum* sp., Teilhard de Chardin, Fritel, p. 532; text-fig. 4a; cycadophyte leaf; Chaoyang, Liaoning; Jurassic. [Notes: This specimen lately was referred as *Pterophyllum*? sp. (Sze H C, Lee H H and others, 1963)]

1931   *Pterophyllum* sp. a, Sze H C, p. 13, pl. 1, fig. 7; cycadophyte leaf; Pingxiang, Jiangxi; Early Jurassic (Lias).

1931   *Pterophyllum* sp. b, Sze H C, p. 13, pl. 1, fig. 6B; cycadophyte leaf; Pingxiang, Jiangxi; Early Jurassic (Lias).

1935   *Pterophyllum* sp., Ôishi, p. 90, pl. 8, figs. 3, 4; text-fig. 6; cycadophyte leaves; Dongning Coal Field, Heilongjiang; Late Jurassic or Early Cretaceous.

1956   *Pterophyllum* sp., Ngo C K, p. 24, pl. 4, fig. 3; cycadophyte leaf; Xiaoping of Guangzhou, Guangdong; Late Triassic Siaoping Coal Series.

1963   *Pterophyllum* sp. 1, Sze H C, Lee H H and others, p. 160, pl. 62, fig. 4; cycadophyte leaf; Dongning, Heilongjiang; Late Jurassic.

1963　*Pterophyllum* sp. 3, Sze H C, Lee H H and others, p. 160, pl. 62, fig. 3; cycadophyte leaf; Yipinchang of Baxian, Sichuan (Szechuan); Early Jurassic Hsiangchi Group.

1963　*Pterophyllum* sp. 4, Sze H C, Lee H H and others, p. 161, pl. 62, fig. 6; cycadophyte leaf; Pingxiang, Jiangxi; late Late Triassic—Early Jurassic.

1965　*Pterophyllum* sp. 1, Tsao Chengyao, p. 521, pl. 5, fig. 5; cycadophyte leaf; Songbaikeng of Gaoming, Guangdong; Late Triassic Siaoping Formation (Siaoping Series).

1965　*Pterophyllum* sp. 2, Tsao Chengyao, p. 521, pl. 6, fig. 3; text-fig. 10; cycadophyte leaf; Songbaikeng of Gaoming, Guangdong; Late Triassic Siaoping Formation (Siaoping Series).

1965　*Pterophyllum* sp. 3, Tsao Chengyao, p. 521, pl. 4, fig. 12; pl. 5, fig. 6; pl. 6, fig. 4; cycado-phyte leaves; Songbaikeng of Gaoming, Guangdong; Late Triassic Siaoping Formation (Siaoping Series).

1965　*Pterophyllum* sp. 4, Tsao Chengyao, p. 521, pl. 6, fig. 5; cycadophyte leaf; Songbaikeng of Gaoming, Guangdong; Late Triassic Siaoping Formation (Siaoping Series).

1975　*Pterophyllum* sp. (? n. sp.), Xu Fuxiang, p. 103, pl. 3, figs. 3, 4; cycadophyte leaves; Houlaomiao of Tianshui, Gansu; Late Triassic Ganchaigou Formation.

1975　*Pterophyllum* sp., Xu Fuxiang, p. 106, pl. 5, figs. 7, 8; cycadophyte leaves; Houlaomiao of Tianshui, Gansu; Early—Middle Jurassic Tanheli Formation.

1976　*Pterophyllum* sp., Chang Chichen, p. 191, pl. 95, fig. 7; cycadophyte leaf; Shiguaigou of Baotou, Inner Mongoliae; Middle Jurassic Zhaogou Formation.

1977　*Pterophyllum* sp., Department of Geological Exploration, Changchun Collge of Geo-logy and others, pl. 3, fig. 7; cycadophyte leaf; Shiren of Hunjiang, Jilin; Late Triassic Xiaohekou Formation.

1978　*Pterophyllum* sp., Chen Qishi and others, pl. 1, fig. 11; cycadophyte leaf; Wuzao of Yi-wu, Zhejiang; Late Triassic Wuzao Formation.

1978　*Pterophyllum* sp., Yang Xianhe, p. 508, pl. 189, fig. 9; cycadophyte leaf; Baimiao in Hou-ba of Jiangyou, Sichuan; Early Jurassic Baitianba Formation.

1979　*Pterophyllum* sp. 1, Hsu J and others, p. 57, pl. 49, fig. 10; pl. 51, figs. 6, 7; cycadophyte leaves; Ganbatang of Baoding, Sichuan; Late Triassic middle-upper part of Daqiaodi For-mation.

1979　*Pterophyllum* sp. 2, Hsu J and others, p. 57, pl. 53, fig. 5; cycadophyte leaf; Huashan of Baoding, Sichuan; Late Triassic middle-upper part of Daqiaodi Formation.

1979　*Pterophyllum* sp. 3, Hsu J and others, p. 58, pl. 52, fig. 6; cycadophyte leaf; Huashan of Baoding, Sichuan; Late Triassic middle-upper part of Daqiaodi Formation.

1980　*Pterophyllum* sp., Huang Zhigao, Zhou Huiqin, p. 92, pl. 36, fig. 4; cycadophyte leaf; Jiaoping of Tongchuan, Shaanxi; Late Triassic upper part of Yenchang Formation.

1980　*Pterophyllum* sp., Wu Shunqing and others, p. 77, pl. 3, fig. 9; cycadophyte leaf; Shanzhenxi of Zigui, Hubei; Late Triassic Shazhenxi Formation.

1982　*Pterophyllum* sp., Duan Shuying, Chen Ye, pl. 10, fig. 2; cycadophyte leaf; Tanba of He-chuan, Sichuan; Late Triassic Hsuchiaho Formation.

1982b　*Pterophyllum* sp., Wu Xiangwu, p. 92, pl. 13, fig. 6; cycadophyte leaf; Gonjo area, Tibet; Late Triassic upper member of Bagong Formation.

1982　　*Pterophyllum* sp., Zhang Caifan, p. 530, pl. 345, figs. 5, 8; cycadophyte leaves; Ganzichong of Liling, Hunan; Early Jurassic Gaojiatian Formation.

1982b　*Pterophyllum* sp., Zheng Shaolin, Zhang Wu, p. 311, pl. 12, fig. 9; cycadophyte leaf; Xingkai of Mishan, Heilongjiang; Middle Jurassic Peide Formation.

1983a　*Pterophyllum* sp., Cao Zhengyao, p. 15, pl. 2, figs. 6—8; cycadophyte leaves; Yunshan of Hulin, Heilongjiang; Middle Jurassic lower part of Longzhaogou Group.

1983　　*Pterophyllum* sp., He Yuanliang, p. 188, pl. 29, fig. 5; cycadophyte leaf; Galedesi of Qilian, Qinghai; Late Triassic Galedesi Formation of Mole Group.

1983　　*Pterophyllum* sp., Zhang Wu and others, p. 80, pl. 3, figs. 8, 9; cycadophyte leaves; Linjiawaizi of Benxi, Liaoning; Middle Triassic Linjia Formation.

1984　　*Pterophyllum* sp. 1, Chen Fen and others, p. 51, pl. 19, fig. 3; cycadophyte leaf; Daanshan of West Hill, Beijing; Early Jurassic Lower Yaopo Formation.

1984　　*Pterophyllum* sp., Zhou Zhiyan, p. 27, pl. 9, figs. 6, 7; cycadophyte leaves; Hebutang of Qiyang, Hunan; Early Jurassic Dabakou Member of Guanyintan Formation.

1985　　*Pterophyllum* sp., Mi Jiarong, Sun Chunlin, pl. 1, fig. 11; cycadophyte leaf; Bamianshi of Shuangyang, Jilin; Late Triassic upper member of Xiaofengmidingzi Formation.

1986　　*Pterophyllum* sp., Chen Ye and others, p. 42, pl. 8, fig. 5; cycadophyte leaf; Litang, Sichuan; Late Triassic Lanashan Formation.

1986　　*Pterophyllum* sp., Ju Kuixiang, Lan Shanxian, p. 1, fig. 1; cycadophyte leaf; Lvjiashan of Nanjing, Jiangsu; Late Triassic Fanjiatang Formation.

1987　　*Pterophyllum* sp., He Dechang, p. 75, pl. 7, fig. 10; cycadophyte leaf; Longpucun in Meiyuan of Yunhe, Zhejiang; Early Jurassic bed 5 and bed 7 of Longpu Formation.

1987　　*Pterophyllum* sp., He Dechang, p. 81, pl. 16, fig. 3; cycadophyte leaf; Kuzhuqiao of Puqi, Hubei; Late Triassic Jigongshan Formation.

1987a　*Pterophyllum* sp., Qian Lijun and others, pl. 21, fig. 3; cycadophyte leaf; Kaokaowusugou of Shenmu, Shaanxi; Middle Jurassic bed 78 in member 4 of Yan'an Formation.

1988　　*Pterophyllum* sp. 1, Chen Fen and others, p. 55, pl. 20, fig. 1; cycadophyte leaf; Qinghemen of Fuxin, Liaoning; Early Cretaceous lower member of Shahai Formation.

1988　　*Pterophyllum* sp. 2, Chen Fen and others, p. 56, pl. 63, fig. 1; cycadophyte leaf; Tiefa Basin, Liaoning; Early Cretaceous Lower Coal-bearing Member of Xiaoming'anbei Formation.

1988　　*Pterophyllum* sp., Li Peijuan and others, p. 83, pl. 55, figs. 4, 4a; cycadophyte leaf; Dameigou of Da Qaidam, Qinghai; Middle Jurassic *Tyrmia-Sphenobaiera* Bed of Dameigou Formation.

1988　　*Pterophyllum* sp., Sun Ge, Shang Ping, pl. 3, fig. 1b; cycadophyte leaf; Huolinhe Coal Mine, Inner Mongolia; Early Cretaceous Huolinhe Formation.

1990　　*Pterophyllum* sp., Wu Xiangwu, He Yuanliang, p. 304, pl. 8, figs. 1B, 1b; cycadophyte leaf; Zhiduo, Qinghai; Late Triassic Gema Formation of Jieza Group.

1992a　*Pterophyllum* sp. 1, Cao Zhengyao, p. 218, pl. 4, figs. 9—11; cycadophyte leaves and cuticles; Suibin-Shuangyashan area, eastern Heilongjiang; Early Cretaceous member 1 of Chengzihe Formation.

1992a　*Pterophyllum* sp. 2, Cao Zhengyao, p. 218, pl. 5, figs. 4, 5; cycadophyte leaves; Suibin-

Shuangyashan area, eastern Heilongjiang; Early Cretaceous member 2 and member 3 of Chengzihe Formation.

1992 *Pterophyllum* sp., Xie Mingzhong, Sun Jingsong, pl. 1, fig. 8; cycadophyte leaf; Xuanhua, Hebei; Middle Jurassic Xiahuayuan Formation.

1993 *Pterophyllum* sp. 1, Mi Jiarong and others, p. 109, pl. 21, fig. 1; cycadophyte leaf; Bamianshi Coal Mine of Shuangyang, Jilin; Late Triassic upper member of Xiaofengmidingzi Formation.

1993 *Pterophyllum* sp. 2, Mi Jiarong and others, p. 109, pl. 21, fig. 2; cycadophyte leaf; Daanshan of West Hill, Beijing; Late Triassic Xingshikou Formation.

1993 *Pterophyllum* spp., Mi Jiarong and others, p. 109, pl. 21, figs. 3—5, 7, 7a, 10; cycadophyte leaves; Daanshan of West Hill, Beijing; Late Triassic Xingshikou Formation.

1993 *Pterophyllum* sp. 1, Wang Shijun, p. 27, pl. 8, fig. 2; pl. 29, figs. 8—10; pl. 30, fig. 1; cycadophyte leaves and cuticles; Guanchun of Lechang, Guangdong; Late Triassic Genkou Group.

1993 *Pterophyllum* sp. 2, Wang Shijun, p. 28, pl. 9, figs. 1, 2, 5; pl. 10, figs. 1, 3; pl. 30, figs. 5—7; cycadophyte leaves and cuticles; Guanchun of Lechang, Guangdong; Late Triassic Genkou Group.

1993 *Pterophyllum* sp. 3, Wang Shijun, p. 28, pl. 10, fig. 5; pl. 13, fig. 9; pl. 31, figs. 3—5; cycadophyte leaves and cuticles; Guanchun of Lechang, Guangdong; Late Triassic Genkou Group.

1993 *Pterophyllum* sp. 4, Wang Shijun, p. 29, pl. 11, fig. 2; pl. 31, figs. 6—8; cycadophyte leaves and cuticles; Guanchun of Lechang, Guangdong; Late Triassic Genkou Group.

1993 *Pterophyllum* sp. 5, Wang Shijun, p. 29, pl. 11, fig. 4; pl. 32, figs. 7, 8; cycadophyte leaves and cuticles; Guanchun of Lechang, Guangdong; Late Triassic Genkou Group.

1995b *Pterophyllum* sp., Deng Shenghui, p. 41, pl. 22, fig. 4; pl. 35, figs. 1—4; text-fig. 16; cycadophyte leaves and cuticles; Huolinhe Basin, Inner Mongolia; Early Cretaceous Huolinhe Formation.

1996 *Pterophyllum* sp., Cao Zhengyao, Zhang Yaling, pl. 2, fig. 5b; cycadophyte leaf; Pingshanhu of Zhangye, Gansu; Middle Jurassic lower member of Qingtujing Formation.

1996 *Pterophyllum* sp. 1, Mi Jiarong and others, p. 103, pl. 14, fig. 2; cycadophyte leaf; Shimenzhai of Funing, Hebei; Early Jurassic Beipiao Formation.

1996 *Pterophyllum* sp. 2, Mi Jiarong and others, p. 103, pl. 14, fig. 9; cycadophyte leaf; Xinglonggou of Beipiao, Liaoning; Middle Jurassic Haifanggou Formation.

1996 *Pterophyllum* sp. indet, Mi Jiarong and others, p. 104, pl. 13, figs. 4, 5; cycadophyte leaves; Guanshan of Beipiao, Liaoning; Early Jurassic lower member of Beipiao Formation; Dongsheng Coal Mine of Beipiao, Liaoning; Early Jurassic upper member of Beipiao Formation.

1998 *Pterophyllum* sp. 1, Cao Zhengyao, p. 284, pl. 2, figs. 1B, 2; pl. 3, figs. 4—8; cycadophyte leaves and cuticles; Maoling of Susong, Anhui; Early Jurassic Moshan Formation.

1998 *Pterophyllum* sp. 2, Cao Zhengyao, p. 285, pl. 2, figs. 1A, 3—9; pl. 3, figs. 1—3; cycadophyte leaves and cuticles; Maoling of Susong, Anhui; Early Jurassic Moshan Formation.

1998 *Pterophyllum* sp., Zhang Hong and others, pl. 41, fig. 7; cycadophyte leaf; Yaojie Coal

Field in Lanzhou, Gansu; Middle Jurassic Yaojie Formation.

1999b　*Pterophyllum* sp., Wu Shunqing, p. 33, pl. 21, figs. 1, 1a （A）; cycadophyte leaf; Tieshan of Daxian, Sichuan; Late Triassic Hsuchiaho Formation.

2003　*Pterophyllum* sp., Deng Shenghui and others, pl. 74, fig. 2; cycadophyte leaf; Sandaoling Coal Mine of Hami, Xinjiang; Middle Jurassic Xishanyao Formation.

2003　*Pterophyllum* sp., Xu Kun and others, pl. 6, fig. 6; cycadophyte leaf; Dongsheng Mine of Beipiao, Liaoning; Early Jurassic upper member of Beipiao Formation.

2005　*Pterophyllum* sp., Sun Bainian and others, pl. 20, fig. 1; cycadophyte leaf; Yaojie, Gansu; Middle Jurassic Yaojie Formation.

Pterophyllum? spp.

1906　*Pterophyllum*? sp., Yokoyama, p. 22, pl. 4, fig. 9; cycadophyte leaf; Silupu of Xing'an, Guangxi; Jurassic.

1929b　*Pterophyllum*? sp., Yabe, Ôishi, p. 104, pl. 21, figs. 5, 5a; cycadophyte leaf; Fangzi of Weixian, Shandong; Jurassic.

1939　*Pterophyllum*? sp., Matuzawa, p. 15, pl. 4, fig. 3; cycadophyte leaf; Beipiao Coal Field (Peipiao Coal-Field), Liaoning; Late Triassic—early Middle Jurassic Peipiao Coal Formation.

1963　*Pterophyllum*? sp. 5, Sze H C, Lee H H and others, p. 161, pl. 62, fig. 10; cycadophyte leaf; Chaoyang, Liaoning; Middle Jurassic or Late Jurassic.

1963　*Pterophyllum*? sp. 6, Sze H C, Lee H H and others, p. 161, pl. 62, fig. 5; cycadophyte leaf; Fengzhen, Liaoning; Middle—Late Jurassic.

1963　*Pterophyllum*? sp. 7, Sze H C, Lee H H and others, p. 161, pl. 62, fig. 7; cycadophyte leaf; Beipiao of Chaoyang, Liaoning; Early—Middle Jurassic.

1963　*Pterophyllum*? sp. 8, Sze H C, Lee H H and others, p. 162, pl. 91, fig. 8; cycadophyte leaf; Silupu of Xing'an, Jiangxi; late Late Triassic—Early Jurassic.

1963　*Pterophyllum*? sp. 9, Sze H C, Lee H H and others, p. 162, pl. 62, fig. 11; cycadophyte leaf; Fangzi of Weixian, Shandong; Early—Middle Jurassic.

1983　*Pterophyllum*? sp., Chen Fen, Yang Guanxiu, p. 133, pl. 17, fig. 5; cycadophyte leaf; Shiquanhe area, Tibet; Early Cretaceous upper part of Risong Group.

1999b　*Pterophyllum*? sp., Wu Shunqing, p. 34, pl. 24, fig. 1; cycadophyte leaf; Tieshan of Daxian, Sichuan; Late Triassic Hsuchiaho Formation.

Cf. *Pterophyllum* spp.

1933c　Cf. *Pterophyllum* sp., Sze H C, p. 6, pl. 6, fig. 11; cycadophyte leaf; Tanmuba of Xixiang, Shaanxi; Early Jurassic.

1933d　Cf. *Pterophyllum* sp. a, Sze H C, p. 31; cycadophyte leaf; Shiguaizi of Saratsi, Inner Mongolia; Early Jurassic.

1933d　Cf. *Pterophyllum* sp. b, Sze H C, p. 31; cycadophyte leaf; Shiguaizi of Saratsi, Inner Mongolia; Early Jurassic.

1963　Cf. *Pterophyllum* sp., Sze H C, Lee H H and others, p. 162, pl. 62, fig. 8; cycadophyte leaf; Tanmuba of Xixiang, Shaanxi; Early—Middle Jurassic.

Pterophyllum (Anomozamites) spp.

1920　*Pterophyllum (Anomozamites)* sp., Yabe, Hayasaka, pl. 5, fig. 10; cycadophyte leaf; Cangyuan of Chongren, Jiangxi; Jurassic.

1929a　*Pterophyllum (Anomozamites)* sp., Yabe, Ôishi, p. 100; Cangyuan of Chongren, Jiangxi; Jurassic.

1933c　*Pterophyllum (Anomozamites)* sp. (Cf. *inconstans* Braun), Sze H C, p. 6, pl. 6, figs. 9, 10; cycadophyte leaves; Tanmuba of Xixiang, Shaanxi; Early Jurassic. [Notes: This specimen lately was referred as *Anomozamites* sp. (Sze H C, Lee H H and others, 1963)]

1963　*Pterophyllum (Anomozamites)* sp. 2, Sze H C, Lee H H and others, p. 160, pl. 62, fig. 9; cycadophyte leaf; Cangyuan of Chongren, Jiangxi; Late Triassic—Early Jurassic.

Genus *Pterozamites* Braun, 1843

1843 (1839—1843)　Braun, in Muenster, p. 29.

1867 (1865)　Newberry, p. 120.

1993a　Wu Xiangwu, p. 126.

Type species: *Pterozamites scitamineus* (Sternberg) Braun, 1843

Taxonomic status: Cycadopsida

Pterozamites scitamineus (Sternberg) Braun, 1843

1820—1838　*Phyllites scitamineaeformis* Sternberg, pl. 37, fig. 2.

1838 (1820—1838)　*Taeniopteris scitaminea* Presl, in Sternberg, p. 139.

1843 (1839—1843)　Braun, in Muenster, p. 29.

1993a　Wu Xiangwu, p. 126.

△Pterozamites sinensis Newberry, 1867

1867 (1865)　Newberry, p. 120, pl. 9, fig. 3; cycadophyte leaf; Sangyu of West Hill, Beijing; Jurassic. [Notes: This specimen lately was referred as *Nillsonia* sp. (Sze H C, Lee H H and others, 1963)]

1993a　Wu Xiangwu, p. 126.

Genus *Ptilophyllum* Morris, 1840

1840　Morris, in Grant, p. 327.

1902—1903　Zeiller, p. 300.

1963　Sze H C, Lee H H and others, p. 170.

1993a　Wu Xiangwu, p. 126.

Type species: *Ptilophyllum acutifolium* Morris, 1840

Taxonomic status: Bennettiales, Cycadopsida

Ptilophyllum acutifolium Morris, 1840

1840   Morris, in Grant, p. 327, pl. 21, figs. 1a — 3; cycadophyte leaves; southern Charivar Range, East India; Jurassic.

1902—1903   Zeiller, p. 300, pl. 56, figs. 7, 7a, 8; cycadophyte leaves; Taipingchang (Tai-Pin-Tchang), Yunnan; Late Triassic. [Notes: This specimen lately was referred as ? *Ptilophyllum pecten* (Phillips) Morris (Sze H C, Lee H H and others, 1963)]

1930   Chang H C, p. 4, pl. 1, figs. 11—18; text-fig. 2; cycadophyte leaves; Genkou Coal Field on boundary between Guangdong and Hunan; Jurassic.

1974b   Lee P C and others, p. 376, pl. 202, fig. 3; cycadophyte leaf; Baitianba of Guangyuan, Sichuan; Early Jurassic Baitianba Formation.

1978   Yang Xianhe, p. 514, pl. 190, fig. 3; cycadophyte leaf; Baitianba of Guangyuan, Sichuan; Early Jurassic Baitianba Formation.

1984   Wang Ziqiang, p. 262, pl. 128, fig. 1; cycadophyte leaf; Chahar Right Middle Banner, Inner Mongolia; Early Jurassic Nansuletu Formation.

1993   Wang Shijun, p. 31, pl. 11, fig. 8; pl. 12, figs. 4, 6—8; pl. 13, fig. 1; pl. 34, figs. 3—6; cycadophyte leaves and cuticles; Guanchun of Lechang, Guangdong; Late Triassic Genkou Group.

1993a   Wu Xiangwu, p. 126.

1993   Zhou Zhiyan, Wu Yimin, p. 122, pl. 1, fig. 5; cycadophyte leaf; Puna of Dingri (Xegar), southern Tibet; Early Cretaceous Puna Formation.

Ptilophyllum arcticum (Goeppert) Seward, 1926

1864   *Pterophyllym arctitum* Goeppert, p. 174.

1866   *Zamites arcticum* Goeppert, p. 134, pl. 2, figs. 9, 10.

1926   Seward, p. 92, pl. 7, fig. 43; cycadophyte leaf; West Greenland; Early Cretaceous.

Ptilophyllum cf. *arcticum* (Goeppert) Seward

1989   Ding Baoliang and others, pl. 1, fig. 12; cycadophyte leaf; Xiaoduba in Chishi of Chongan, Fujian; Early Cretaceous Pantou Formation.

1994   Cao Zhengyao, fig. 2f; cycadophyte leaf; Lishui, Zhejiang; early Early Cretaceous Shouchang Formation.

1995a   Li Xingxue (editor-in-chief), pl. 111, fig. 5; cycadophyte leaf; Lishui, Zhejiang; Early Cretaceous Shouchang Formation. (in Chinese)

1995b   Li Xingxue (editor-in-chief), pl. 111, fig. 5; cycadophyte leaf; Lishui, Zhejiang; Early Cretaceous Shouchang Formation. (in English)

1999   Cao Zhengyao, p. 70, pl. 14, fig. 4; pl. 15, figs. 3—6; pl. 16, fig. 9; cycadophyte leaves; Chachuan of Yongjia and Dibankeng of Qingtian, Zhejiang; Early Cretaceous member C of Moshishan Formation; Laozhu of Lishui, Zhejiang; Early Cretaceous Shouchang Formation.

Ptilophyllum boreale (Heer) Seward, 1917

1883   *Zamites borealis* Heer, p. 66, pls. 14, 15; cycadophyte leaves; Greenland; Early Cretaceous.

1917   Seward, p. 525, fig. 525; cycadophyte leaf; Greenland; Early Cretaceous.

1945   Sze H C, p. 49; text-figs. 1, 2; cycadophyte leaves; Yongan, Fujian; Early Cretaceous Pantou Series.

1963   Sze H C, Lee H H and others, p. 171, pl. 64, figs. 1, 2; cycadophyte leaves; Yongan, Fujian; Late Jurassic—early Early Cretaceous Pantou Formation.

1964   Lee H H and others, p. 134, pl. 89, fig. 3; cycadophyte leaf; South China; Late Jurassic(?)—Early Cretaceous.

1982   Wang Guoping and others, p. 257, pl. 131, fig. 9; cycadophyte leaf; Lingxia of Shangping, Jiangxi; Late Jurassic—Early Cretaceous.

1989   Ding Baoliang and others, pl. 3, fig. 4; cycadophyte leaf; Shixi of Qianshan, Jiangxi; Early Cretaceous Shixi Formation.

1990   Liu Mingwei, p. 203; cycadophyte leaf; Shanqiandian of Laiyang, Shandong; Early Cretaceous member 3 of Laiyang Formation.

Cf. *Ptilophyllum boreale* (Heer) Seward

2000   Wu Shunqing, p. 223, pl. 6, fig. 1; cycadophyte leaf; Zhangshang in Xigong of Xinjie, Hongkong; Early Cretaceous Repulse Bay Group.

Ptilophyllum cf. *boreale* (Heer) Seward

1954   Hsu J, p. 60, pl. 51, figs. 5, 6; cycadophyte leaves; Yongan, Fujian; early Early Cretaceous Pantou Series. [Notes: This specimen lately was referred as *Ptilophyllum boreale* (Heer) Seward (Sze H C, Lee H H and others, 1963)]

1958   Wang Longwen and others, p. 624, p. 625; cycadophyte leaf; Fujian; Early Cretaceous Pantou Series.

1982   Li Peijuan, p. 92, pl. 13, fig. 5; cycadophyte leaf; Lhorong, Tibet; Early Cretaceous Duoni Formation.

1995   Cao Zhengyao and others, p. 5, pl. 2, figs. 1, 1a; pl. 3, figs. 4, 4a; cycadophyte leaves; Daxicun of Zhenghe, Fujian; Early Cretaceous middle member of Nanyuan Formation.

1999   Cao Zhengyao, p. 71, pl. 17, figs. 6—9, 9a; cycadophyte leaves; Guliqiao of Zhuji, Zhejiang; Early Cretaceous Shouchang Formation(?).

△*Ptilophyllum cathayanum* Cao, 1999 (in Chinese and English)

1999   Cao Zhengyao, pp. 72, 149, pl. 16, figs. 1—8, 8a; cycadophyte leaves; Col. No.: ZH23, ZH261, W-95062-H27—W-95062-H45, W-95062-H74; Reg. No.: PB14397—PB14399, PB14401—PB14404; Holotype: PB14399 (pl. 16, fig. 3); Repository: Nanjing Institute of Geology and Palaeontology, Chinese Academy of Sciences; Shouchangdaqiao of Shouchang and Laozhu of Lishui, Zhejiang; Early Cretaceous Shouchang Formation; Chachuancun and Zhangdang of Yongjia, Zhejiang; Early Cretaceous member C of Moshishan Formation.

Ptilophyllum caucasicum Doludenko et Svanidze, 1964

1964   Doludenko, Svanidze, p. 113, pl. 1, figs. 1—13; pl. 2, figs. 1—10; cycadophyte leaves;

Georgian; Middle—Late Jurassic.

1982　Wang Guoping and others, p. 257, pl. 134 fig. 9; cycadophyte leaf; Xianyuanli of Zherong, Fujian; Late Jurassic Xiaoxi Formation.

1989　Ding Baoliang and others, pl. 2, fig. 14; cycadophyte leaf; Xianyuanli of Zherong, Fujian; Late Jurassic Xiaoxi Formation.

△*Ptilophyllum contiguum* Sze, 1949

1949　Sze H C, p. 22, pl. 11, figs. 2, 3; cycadophyte leaves; Xiangxi of Zigui, Hubei; Early Jurassic Hsiangchi Coal Series.

1963　Sze H C, Lee H H and others, p. 171, pl. 64, fig. 5; cycadophyte leaf; Xiangxi of Zigui, Hubei; Early Jurassic Hsiangchi Group.

1977　Feng Shaonan and others, p. 224, pl. 86, figs. 2, 3; cycadophyte leaves; Zigui and Yuanan, Hubei; Early—Middle Jurassic Upper Coal Formation of Hsiangchi Group.

1980　Wu Shunqing and others, p. 101, pl. 16, fig. 7; pl. 17, figs. 1—3; pl. 18, figs. 1—4a; pl. 19, figs. 4—8; pl. 20, figs. 1, 2a, 3—6; cycadophyte leaves; Xiangxi of Zigui and Zhengjiahe of Xingshan, Hubei; Early—Middle Jurassic Hsiangchi (Xiangxi) Formation.

1982　Duan Shuying, Chen Ye, p. 503, pl. 10, figs. 3, 4, 8; cycadophyte leaves; Tieshan of Daxian and Qilixia of Xuanhan, Sichuan; Early Jurassic Zhenzhuchong Formation.

1984　Chen Gongxin, p. 594, pl. 246, figs. 5, 6; cycadophyte leaves; Chengchao of Echeng and Xiangxi of Zigui, Hubei; Early Jurassic Wuchang Formation and Hsiangchi (Xiangxi) Formation.

1984　Wang Ziqiang, p. 262, pl. 128, figs. 7 (?), 8—10; cycadophyte leaves; Chengde, Hebei; Early Jurassic Jiashan Formation; Chahar Right Middle Banner, Inner Mongolia; Early Jurassic Nansuletu Formation.

1986　Ye Meina and others, p. 52, pl. 31, figs. 2—3a; pl. 32, figs. 3—4a; pl. 33, fig. 1; cycadophyte leaves; Jinwo of Tieshan, Leiyinpu and Binlang of Daxian, Wenquan of Kai-xian, Sichuan; Early Jurassic Zhenzhuchong Formation.

1987　Meng Fansong, p. 253, pl. 32, fig. 3; cycadophyte leaf; Xietan of Zigui, Hubei; Early Jurassic Hsiangchi (Xiangxi) Formation.

1988　Huang Qisheng, pl. 2, fig. 3; cycadophyte leaf; Hexian, Anhui; Early Jurassic upper part of Wuchang Formation.

1988b　Huang Qisheng, Lu Zongsheng, pl. 9, fig. 8; pl. 10, fig. 5; cycadophyte leaves; Jinshandian of Daye, Hubei; Early Jurassic middle part of Wuchang Formation.

1989　Mei Meitang and others, p. 102, pl. 56, fig. 3; pl. 57, fig. 4; cycadophyte leaves; China; Late Triassic—Early Jurassic.

1995a　Li Xingxue (editor-in-chief), pl. 86, figs. 1, 3; pl. 87, fig. 4; cycadophyte leaves; Xiangxi of Zigui, Hubei; Early—Middle Jurassic Hsiangchi (Xiangxi) Formation. (in Chinese)

1995b　Li Xingxue (editor-in-chief), pl. 86, figs. 1, 3; pl. 87, fig. 4; cycadophyte leaves; Xiangxi of Zigui, Hubei; Early—Middle Jurassic Hsiangchi (Xiangxi) Formation. (in English)

1997　Wu Shunqing and others, p. 166, pl. 4, figs. 1, 2(?), 3(?), 4, 5, 9(?); cycadophyte leaves; Tai O, Hongkong; late Early Jurassic—early Middle Jurassic Taio Formation.

1998　Huang Qisheng and others, pl. 1, fig. 3; cycadophyte leaf; Miaoyuancun of Shangrao, Jiangxi; Early Jurassic member 3 of Linshan Formation.

2002　Meng Fansong and others, pl. 4, fig. 3; cycadophyte leaf; Jiajiadian of Zigui, Hubei; Early Jurassic Hsiangchi (Xiangxi) Formation.

2003　Meng Fansong and others, pl. 4, figs. 6—8; cycadophyte leaves; Shuishikou of Yunyang, Sichuan; Early Jurassic Dongyuemiao Member of Ziliujing Formation.

△*Ptilophyllum elegans* Chen, 1982

1982　Chen Qishi, in Wang Guoping and others, p. 258, pl. 132, figs. 5, 6; cycadophyte leaves; Reg. No.: L-A-22-2; Holotype: L-A-22-2 (pl. 32, fig. 5); Laozhu of Lishui, Zhejiang; Late Jurassic Shouchang Formation.

1995a　Li Xingxue (editor-in-chief), pl. 112, fig. 5; cycadophyte leaf; Lishui, Zhejiang; Early Cretaceous Shouchang Formation. (in Chinese)

1995b　Li Xingxue (editor-in-chief), pl. 112, fig. 5; cycadophyte leaf; Lishui, Zhejiang; Early Cretaceous Shouchang Formation. (in English)

1999　Cao Zhengyao, p. 73, pl. 17, figs. 5, 5a; pl. 19, fig. 7; cycadophyte leaves; Xiaqiao in Laozhu of Lishui, Zhejiang; Early Cretaceous Shouchang Formation.

△*Ptilophyllum grandifolium* Cao, 1999 (in Chinese and English)

1999　Cao Zhengyao, pp. 73, 150, pl. 19, figs. 3, 3a; cycadophyte leaf; Col. No.: W-9062-H16; Reg. No.: PB14424; Holotype: PB14424 (pl. 19, fig. 3); Repository: Nanjing Institute of Geology and Palaeontology, Chinese Academy of Sciences; Zhangdang of Yongjia, Zhejiang; Early Cretaceous member C of Moshishan Formation.

△*Ptilophyllum guliqiaoense* Cao, 1999 (in Chinese and English)

1999　Cao Zhengyao, pp. 73, 150, pl. 1, fig. 12; pl. 15, figs. 7—9; cycadophyte leaves; Col. No.: ZH95; Reg. No.: PB14385—PB14388; Holotype: PB14385 (pl. 15, fig. 7); Repository: Nanjing Institute of Geology and Palaeontology, Chinese Academy of Sciences; Guliqiao of Zhuji, Zhejiang; Early Cretaceous Shouchang Formation(?).

△*Ptilophyllum hongkongense* Wu, 2000 (in Chinese)

2000　Wu Shunqing, p. 222, pl. 5, figs. 1, 1a, 2(?), 2a, 3—7b; cycadophyte leaves; Col. No.: SP-2, SP-5, SP-6, SP-8, SP-10; Reg. No.: PB18057—PB18063; Syntype 1: PB18059 (pl. 5, fig. 3); Syntype 2: PB18060 (pl. 5, fig. 4); Repository: Nanjing Institute of Geology and Palaeontology, Chinese Academy of Sciences; Dayushan, Hongkong; Early Cretaceous Repulse Bay Group. [Notes: According to *International Code of Botanical Nomenclature* (*Vienna Code*) article 37. 2, from the year 1958, the holotype type specimen should be unique]

△*Ptilophyllum hsingshanense* Wu, 1980

1980　Wu Shunqing and others, p. 103, pl. 15, figs. 3—5; pl. 16, fig. 1; pl. 19, figs. 9—10a; pl. 20, fig. 7; pl. 21, figs. 5, 6; cycadophyte leaves; Col. No.: ACG-168, ACG-211, ACG-236;

Reg. No.: PB6774—PB6776, PB6778, PB6805, PB6806, PB6810, PB6816, PB6817; Holotype: PB6778 (pl. 16, fig. 1); Repository: Nanjing Institute of Geology and Palaeontology, Chinese Academy of Sciences; Huilongsi of Xingshan, Xietan and Shazhenxi of Zigui, Hubei; Early—Middle Jurassic Hsiangchi (Xiangxi) Formation.

1982　Zhang Caifan, p. 532, pl. 334, figs. 3, 4; pl. 342, figs. 3A—5A; pl. 354, figs. 5, 6; cycadophyte leaves; Yuelong of Liuyang, Hunan; Early Jurassic Yuelong Formation.

1983　Huang Qisheng, pl. 3, fig. 7; cycadophyte leaf; Lalijian of Huaining, Anhui; Early Jurassic lower part of Xiangshan Group.

1984　Chen Gongxin, p. 594, pl. 246, figs. 3, 4; cycadophyte leaves; Haihuigou of Jingmen and Tongzhuyuan of Dangyang, Hubei; Early Jurassic Tongzhuyuan Formation; Huilongsi of Xingshan, Xietan and Shazhenxi of Zigui, Hubei; Early Jurassic Hsiangchi (Xiangxi) Formation.

1986　Ye Meina and others, p. 52, pl. 31, figs. 1, 6, 6a; pl. 32, figs. 1, 2, 8; cycadophyte leaves; Wenquan of Kaixian, Sichuan; Early Jurassic Zhenzhuchong Formation.

1986　Zhang Caifan, pl. 4, fig. 6; cycadophyte leaf; Yuelong of Liuyang, Hunan; Early Jurassic Yuelong Formation.

1987　Meng Fansong, p. 253, pl. 26, figs. 2, 2a; cycadophyte leaf; Xiangxi of Zigui, Hubei; Early Jurassic Hsiangchi (Xiangxi) Formation.

1991　Huang Qisheng, Qi Yue, pl. 2, fig. 12; cycadophyte leaf; Majian of Lanxi, Zhejiang; Early—Middle Jurassic lower member of Majian Formation.

1995a　Li Xingxue (editor-in-chief), pl. 86, fig. 7; cycadophyte leaf; Huilongsi of Xingshan, Hubei; Early—Middle Jurassic Hsiangchi (Xiangxi) Formation. (in Chinese)

1995b　Li Xingxue (editor-in-chief), pl. 86, fig. 7; cycadophyte leaf; Huilongsi of Xingshan, Hubei; Early—Middle Jurassic Hsiangchi (Xiangxi) Formation. (in English)

1997　Wu Shunqing and others, p. 166, pl. 1, fig. 6(?); pl. 2, figs. 1B(?), 1C(?), 1D(?); pl. 3, figs. 3(?), 7(?); pl. 5, figs. 1, 2(?), 3(?), 4(?), 5, 7(?), 10(?), 12A(?), 12B(?); cycadophyte leaves; Tai O, Hongkong; late Early Jurassic—early Middle Jurassic Taio Formation.

2000　Cao Zhengyao, p. 254, pl. 1, figs. 1—12a; cycadophyte leaves and cuticles; Maoling of Susong, Anhui; Early Jurassic Wuchang Formation.

2002　Meng Fansong and others, pl. 5, fig. 1; cycadophyte leaf; Xiangxi of Zigui, Hubei; Early Jurassic Hsiangchi (Xiangxi) Formation.

△*Ptilophyllum latipinnatum* Cao, 1999 (in Chinese and English)

1999　Cao Zhengyao, pp. 74, 151, pl. 14, figs. 5—7; cycadophyte leaves; Col. No.: W-9062-H2, W-9062-H15; Reg. No.: PB14379—PB14381; Holotype: PB14379 (pl. 14, fig. 5); Repository: Nanjing Institute of Geology and Palaeontology, Chinese Academy of Sciences; Zhangdang of Yongjia, Zhejiang; Early Cretaceous member C of Moshishan Formation.

△*Ptilophyllum lechangensis* Wang, 1993

1993　Wang Shijun, p. 32, pl. 13, figs. 4, 8; pl. 35, figs. 2—5; cycadophyte leaves and cuticles; No.: ws0552; Repository: Botanical Section, Department of Biology, Sun Yat-sen University；Guanchun of Lechang，Guangdong；Late Triassic Genkou Group．

Ptilophyllum pachyrachis Ôishi，1940

1940　Ôishi，p. 346，pl. 33，fig. 1；pl. 34，figs. 1—3；cycadophyte leaves；Motiana of Hukui，Japan；Late Jurassic Tetori Series．

Ptilophyllum cf. *pachyrachis* Ôishi

1982　Wang Guoping and others，p. 258，pl. 131，fig. 10；cycadophyte leaf；Qingfengsi of Wenling，Zhejiang；Late Jurassic Moshishan Formation．

Ptilophyllum pecten (Phillips) Morris，1841

1829　*Cycadites pecten* Phillips，pl. 7，fig. 22；pl. 10，fig. 4；cycadophyte leaves；England；Middle Jurassic．

1841　Morris，p. 117；cycadophyte leaf；England；Middle Jurassic．

1949　Sze H C，p. 21，pl. 10，fig. 4；pl. 11，fig. 1；pl. 12，fig. 2；pl. 13，fig. 15a；pl. 14，fig. 16；cycadophyte leaves；Xiangxi of Zigui，Hubei；Early Jurassic Hsiangchi Coal Series．

1962　Lee H H，p. 152，pl. 93，fig. 1；cycadophyte leaf；Changjiang River Basin；Late Triassic—Early Jurassic．

1963　Lee H H and others，pl. 1，fig. 7；cycadophyte leaf；Lijia of Shouchang，Zhejiang；Early—Middle Jurassic Wuzao Formation．

1963　Sze H C，Lee H H and others，p. 172，pl. 65，fig. 7；cycadophyte leaf；Xiangxi of Zigui，Hubei；Early Jurassic Hsiangchi Group；Taipingchang，Yunnan；Late Triassic．

1964　Lee H H and others，p. 128，pl. 83，fig. 7；cycadophyte leaf；South China；late Late Triassic—Early Jurassic．

1974b　Lee P C and others，p. 376，pl. 200，figs. 5，6；cycadophyte leaves；Baitianba of Guangyuan，Sichuan；Early Jurassic Baitianba Formation．

1977　Feng Shaonan and others，p. 224，pl. 86，fig. 1；cycadophyte leaf；Zigui，Hubei；Early—Middle Jurassic Upper Coal Formation of Hsiangchi Group．

1978　Yang Xianhe，p. 514，pl. 187，figs. 3，4；cycadophyte leaves；Baitianba of Guangyuan，Sichuan；Early Jurassic Baitianba Formation．

1981　Meng Fansong，p. 99，pl. 1，figs. 9，10；cycadophyte leaves；Changpinghu and Heishan in Lingxiang of Daye，Hubei；Early Cretaceous Lingxiang Group．

1982　Duan Shuying，Chen Ye，p. 503，pl. 10，fig. 5；cycadophyte leaf；Nanxi of Yunyang，Sichuan；Early Jurassic Zhenzhuchong Formation．

1982　Liu Zijin，p. 131，pl. 68，fig. 4；pl. 71，fig. 3；cycadophyte leaves；Changtanhe of Zhenba，Shaanxi；Early—Middle Jurassic Baitianba Formation．

1982　Wang Guoping and others，p. 258，pl. 120，fig. 3；cycadophyte leaf；Yueshan in Huaining of Anhui and Nanjing of Jiangsu；Early—Middle Jurassic Xiangshan Formation．

1982　Zhang Caifan，p. 532，pl. 357，fig. 12；cycadophyte leaf；Yuelong of Liuyang，Hunan；Early Jurassic Yuelong Formation．

1984　Chen Gongxin，p. 594，pl. 246，fig. 7；cycadophyte leaf；Xiangxi of Zigui，Hubei；Early Jurassic Hsiangchi (Xiangxi) Formation．

1989　Mei Meitang and others，p. 103，pl. 56，fig. 2；cycadophyte leaf；China；Late Triassic—

Early Cretaceous.

1996　Huang Qisheng and others, pl. 2, fig. 8; cycadophyte leaf; Wenquan of Kaixian, Sichuan; Early Jurassic bed 16 in upper part of Zhenzhuchong Formation.

2001　Huang Qisheng, pl. 2, fig. 9; cycadophyte leaf; Wenquan of Kaizhou, Chongqing; Early Jurassic bed 16 in member Ⅲ of Zhenzhuchong Formation.

Ptilophyllum cf. *pecten* (**Phillips**) **Morris**

1982　Zhang Caifan, p. 532, pl. 343, figs. 3—4a; cycadophyte leaves; Yuelong of Liuyang, Hunan; Early Jurassic Yuelong Formation.

Ptilophyllum pectinoides (**Phillips**) **Morris, 1841**

1829　*Cycadites pectinoides* Phillips, pl. 7, fig. 22; pl. 10, fig. 4; cycadophyte leaves; England; Middle Jurassic.

1841　*Ptilophyllum pectinoideum* (Phillips) Morris, p. 117; England; Middle Jurassic.

1913　*Ptilophyllum pectinoides* (Phillips) Morris, Halle, p. 378, pl. 9, figs. 2—5; cycadophyte leaves; England; Middle Jurassic.

Ptilophyllum cf. *pectinoides* (**Phillips**) **Morris**

1987　Zhang Wu, Zheng Shaolin, p. 276, pl. 8, fig. 10; pl. 9, fig. 9; text-fig. 16; cycadophyte leaves; Taizishan in Changgao of Beipiao, Liaoning; Middle Jurassic Lanqi Formation.

△*Ptilophyllum reflexum* **Wang, 1984**

1984　Wang Ziqiang, p. 262, pl. 143, fig. 7; pl. 146, figs. 5—8; pl. 164, figs. 1—9; cycadophyte leaves and cuticles; Reg. No.: P0369, P0371—P0373; Syntype 1: P0373 (pl. 143, fig. 7); Syntype 2: P0369 (pl. 146, fig. 7); Repository: Nanjing Institute of Geology and Palaeontology, Chinese Academy of Sciences; Zhuolu, Hebei; Middle Jurassic Yudaishan Formation. [Notes: According to *International Code of Botanical Nomenclature* (*Vienna Code*) article 37. 2, from the year 1958, the holotype type specimen should be unique]

Ptilophyllum sokalense **Doludenko, 1963**

1963　Doludenko, p. 798, pl. 1, figs. 1—13; pl. 2, fig. 7; cycadophyte leaves; Ukrainian; late Middle Jurassic—early Late Jurassic.

Ptilophyllum cf. *sokalense* **Doludenko**

1980　Wu Shunqing and others, p. 102, pl. 19, figs. 1—3; cycadophyte leaves; Xiangxi of Zigui, Hubei; Early—Middle Jurassic Hsiangchi (Xiangxi) Formation.

1984　Chen Gongxin, p. 595, pl. 248, figs. 4, 5; cycadophyte leaves; Xiangxi of Zigui, Hubei; Early Jurassic Hsiangchi (Xiangxi) Formation.

1997　Wu Shunqing and others, p. 167, pl. 3, figs. 5, 8, 9B, 11; cycadophyte leaves; Tai O, Hongkong; late Early Jurassic—early Middle Jurassic Taio Formation.

Ptilophyllum cf. *P. sokalense* **Doludenko**

1986　Ye Meina and others, p. 52, pl. 32, figs. 7, 7a; cycadophyte leaf; Jinwo in Tieshan of Daxian, Sichuan; Early Jurassic Zhenzhuchong Formation.

△*Ptilophyllum taioense* **Wu,1997** (in Chinese)

1997　Wu Shunqing and others, p. 168, pl. 4, figs. 10, 10a; cycadophyte leaf; Col. No.: TO-64; Reg. No.: PB11772; Holotype: PB11772 (pl. 4, figs. 10, 10a); Repository: Nanjing Institute of Geology and Palaeontology, Chinese Academy of Sciences; Tai O, Hongkong; late Early Jurassic—early Middle Jurassic Taio Formation.

△*Ptilophyllum wangii* **Cao,1999** (in Chinese and English)

1999　Cao Zhengyao, pp. 74, 151, pl. 14, fig. 8; cycadophyte leaf; Col. No.: 沈家-1; Reg. No.: PB14382; Holotype: PB14382 (pl. 14, fig. 8); Repository: Nanjing Institute of Geology and Palaeontology, Chinese Academy of Sciences; Shenjiacun of Zhuji, Zhejiang; Early Cretaceous Shouchang Formation.

△*Ptilophyllum yongjiaense* **Cao,1999** (in Chinese and English)

1999　Cao Zhengyao, pp. 75, 152, pl. 19, figs. 8, 9, 9a; cycadophyte leaves; Col. No.: W-9065-H1; Reg. No.: PB14425, PB14426; Holotype: PB14425 (pl. 19, fig. 8); Repository: Nanjing Institute of Geology and Palaeontology, Chinese Academy of Sciences; Shimenyang of Yongjia, Zhejiang; Early Cretaceous member C of Moshishan Formation.

△*Ptilophyllum yunheense* **Chen,1982**

1982　Chen Qishi, in Wang Guoping and others, p. 258, pl. 120, figs. 4, 5; pl. 121, figs. 6, 7; cycadophyte leaves; No.: Zmf-植-00243; Holotype: Zmf-植-00243 (pl. 120, fig. 4); Longpucun of Yunhe, Zhejiang; Early—Middle Jurassic.

△*Ptilophyllum zhengheense* **Wang,1982**

1982　Wang Guoping and others, p. 259, pl. 131, figs. 12, 13; cycadophyte leaves; No.: TH8-83; Syntypes: TH8-83 (pl. 131, figs. 12, 13); Daxi of Zhenghe, Fujian; Late Jurassic. [Notes: According to *International Code of Botanical Nomenclature* (*Vienna Code*) article 37. 2, from the year 1958, the holotype type specimen should be unique]

1989　Ding Baoliang and others, pl. 2, fig. 19; cycadophyte leaf; Daxi of Zhenghe, Fujian; Late Jurassic Xiaoxi Formation.

1994　Cao Zhengyao, fig. 2g; cycadophyte leaf; Zhenghe, Fujian; early Early Cretaceous Nanyuan Formation.

1995　Cao Zhengyao and others, p. 6, pl. 3, figs. 1—3; cycadophyte leaves; Daxicun of Zhenghe, Fujian; Early Cretaceous middle member of Nanyuan Formation.

1995a　Li Xingxue (editor-in-chief), pl. 112, figs. 3, 4; cycadophyte leaves; Zhenghe, Fujian; Early Cretaceous Nanyuan Formation. (in Chinese)

1995b　Li Xingxue (editor-in-chief), pl. 112, figs. 3, 4; cycadophyte leaves; Zhenghe, Fujian; Early Cretaceous Nanyuan Formation. (in English)

1999　Cao Zhengyao, p. 75, pl. 16, fig. 10; cycadophyte leaf; Dibankeng of Qingtian, Zhejiang; Early Cretaceous member C of Moshishan Formation.

Ptilophyllum spp.

1964　*Ptilophyllum* sp., Lee P C, p. 127, pl. 11, figs. 6, 6a; cycadophyte leaf; Yangjiaya of Guangyuan, Sichuan; Late Triassic Hsuchiaho Formation.

1977   *Ptilophyllum* sp., Duan Shuying and others, p. 116, pl. 3, fig. 2; cycadophyte leaf; Lhasa, Tibet; Early Cretaceous.

1978   *Ptilophyllum* sp., Yang Xianhe, p. 414, pl. 183, fig. 3; cycadophyte leaf; Yangjiaya of Guangyuan, Sichuan; Late Triassic Hsuchiaho Formation.

1980   *Ptilophyllum* sp., Wu Shunqing and others, p. 103, pl. 21, figs. 1—4; cycadophyte leaves; Shazhenxi of Zigui, Hubei; Early—Middle Jurassic Hsiangchi (Xiangxi) Formation.

1981   *Ptilophyllum* sp., Meng Fansong, p. 99, pl. 1, figs. 16, 16a; cycadophyte leaf; Changpinghu in Lingxiang of Daye, Hubei; Early Cretaceous Lingxiang Group.

1985   *Ptilophyllum* sp., Cao Zhengyao, p. 280, pl. 3, figs. 1—3; cycadophyte leaves; Pengzhuangcun of Hanshan, Anhui; Late Jurassic(?) Hanshan Formation.

1988   *Ptilophyllum* sp., Li Peijuan and others, p. 89, pl. 61, figs. 4, 4a; cycadophyte leaf; Dameigou of Da Qaidam, Qinghai; Middle Jurassic *Eboracia* Bed of Yinmagou Formation.

1988   *Ptilophyllum* sp., Wu Shunqing and others, p. 106, pl. 2, figs. 3—4a; cycadophyte leaves; Changshu, Jiangsu; Late Triassic Fanjiatang Formation.

1991   *Ptilophyllum* sp. 1, Li Peijuan, Wu Yimin, p. 286, pl. 7, fig. 10; pl. 10, fig. 3; cycadophyte leaves; Mabmi of Gerze, Tibet; Early Cretaceous Chuanba Formation.

1991   *Ptilophyllum* sp. 2, Li Peijuan, Wu Yimin, p. 286, pl. 7, figs. 8, 9; pl. 10, figs. 2, 4, 5; cycadophyte leaves; Mabmi of Gerze, Tibet; Early Cretaceous Chuanba Formation.

1995a   *Ptilophyllum* sp., Li Xingxue (editor-in-chief), pl. 88, figs. 1, 12; cycadophyte leaves; Hanshan, Anhui; Late Jurassic Hanshan Formation. (in Chinese)

1995b   *Ptilophyllum* sp., Li Xingxue (editor-in-chief), pl. 88, figs. 1, 12; cycadophyte leaves; Hanshan, Anhui; Late Jurassic Hanshan Formation. (in English)

1995   *Ptilophyllum* sp. 1, Cao Zhengyao and others, p. 6, pl. 3, figs. 5, 5a; cycadophyte leaf; Daxicun of Zhenghe, Fujian; Early Cretaceous middle member of Nanyuan Formation.

1995   *Ptilophyllum* sp. 2, Cao Zhengyao and others, p. 6, pl. 2, fig. 2; cycadophyte leaf; Daxicun of Zhenghe, Fujian; Early Cretaceous middle member of Nanyuan Formation.

1999   *Ptilophyllum* sp. 1, Cao Zhengyao, p. 75, pl. 15, figs. 1, 1a, 2; cycadophyte leaves; Xiaao of Yongjia, Zhejiang; Early Cretaceous member C of Moshishan Formation.

1999   *Ptilophyllum* sp. 2, Cao Zhengyao, p. 76, pl. 15, fig. 10; pl. 18, fig. 3; cycadophyte leaves; Guliqiao of Zhuji, Zhejiang; Early Cretaceous Shouchang Formation(?).

1999   *Ptilophyllum* sp. 3, Cao Zhengyao, p. 76, pl. 18, figs. 1, 2; cycadophyte leaves; Yangweishan of Wencheng, Zhejiang; Early Cretaceous member C of Moshishan Formation.

Ptilophyllum? spp.

1982   *Ptilophyllum*? sp., Li Peijuan, p. 93, pl. 13, fig. 9; cycadophyte leaf; Painbo of Lhasa, Tibet; Early Cretaceous Linbuzong Formation.

1993   *Ptilophyllum*? sp., Wang Shijun, p. 33, pl. 12, figs. 1, 5A; pl. 34, figs. 7, 8; pl. 35, fig. 1; cycadophyte leaves and cuticles; Guanchun of Lechang, Guangdong; Late Triassic Genkou Group.

1999   *Ptilophyllum*? sp. 4, Cao Zhengyao, p. 76, pl. 18, figs. 4, 4a; cycadophyte leaf; Zhangdang of Yongjia, Zhejiang; Early Cretaceous member C of Moshishan Formation.

2000   *Ptilophyllum*? sp., Wu Shunqing, p. 223, pl. 6, figs. 4, 4a; cycadophyte leaf; Dayushan,
       Hongkong; Early Cretaceous Repulse Bay Group.

2000   *Ptilophyllum*? spp. , Wu Shunqing, pl. 6, figs. 2, 3, 5, 6; cycadophyte leaves; Dayushan,
       Hongkong; Early Cretaceous Repulse Bay Group.

Genus *Ptilozamites* Nathorst, 1878

1878   Nathorst, p. 23.

1954   Hsu J, p. 54.

1963   Sze H C, Lee H H and others, p. 140.

1993a Wu Xiangwu, p. 126.

Type species: *Ptilozamite snilssoni* Nathorst, 1878

Taxonomic status: Pteridospermopsida

Ptilozamites nilssoni Nathorst, 1878

1878   Nathorst, p. 23, pl. 3, figs. 1—5, 8; cycadophyte foliage; Hoganas, Sweden; Late Triassic
       (Rhaetic).

1968   *Fossil Atlas of Mesozoic Coal-bearing Strata in Kiangsi and Hunan Provinces*, p. 51,
       pl. 10, fig. 5; text-fig. 15; cycadophyte leaf; Jiangxi (Kiangsi) and Hunan; Late Triassic—
       Early Jurassic.

1976   Lee P C and others, p. 115, pl. 31, figs. 5—8; cycadophyte leaves; Mahuangjing of
       Xiangyun, Yunnan; Late Triassic Huaguoshan Member of Xiangyun Formation; Yubacun
       of Lufeng, Yunnan; Late Triassic Shezi Member of Yipinglang Formation.

1977   Feng Shaonan and others, p. 217, pl. 81, fig. 7; cycadophyte leaf; northern Guangdong;
       Late Triassic Siaoping Formation; eastern Hunan; Late Triassic Anyuan Formation.

1978   Yang Xianhe, p. 499, pl. 158, fig. 5; cycadophyte leaf; Yongchuan, Sichuan; Late Triassic
       Hsuchiaho Formation.

1978   Zhou Tongshun, p. 108, pl. 20, figs. 5, 6; cycadophyte leaves; Jitou of Shanghang and
       Longjing of Wuping, Fujian; Late Triassic upper member of Dakeng Formation.

1982   Wang Guoping and others, p. 256, pl. 115, fig. 7; cycadophyte leaf; Dakeng of Zhangping,
       Fujian; Late Triassic Wenbinshan Formation.

1982   Zhang Caifan, p. 528, pl. 353, fig. 2; cycadophyte leaf; Sandu of Zixing, Hunan; Late
       Triassic.

1986a Chen Qishi, p. 448, pl. 2, figs. 1—4; cycadophyte leaves; Chayuanli of Quxian, Zhejiang;
       Late Triassic Chayuanli Formation.

1986   Li Peijuan, He Yuanliang, p. 287, pl. 10, figs. 1—4a; cycadophyte leaves; Babaoshan of
       Dulan, Qinghai; Late Triassic Lower Rock Formation of Babaoshan Group.

1987   Meng Fansong, p. 243, pl. 24, fig. 6; cycadophyte leaf; Donggong of Nanzhang, Hubei;
       Late Triassic Jiuligang Formation.

1993a Wu Xiangwu, p. 126.

1995a Li Xingxue (editor-in-chief), pl. 75, fig. 2; cycadophyte leaf; Mahuangjing of Xiangyun,

Yunnan;Late Triassic Xiangyun Formation. (in Chinese)

1995b Li Xingxue (editor-in-chief),pl. 75,fig. 2;cycadophyte leaf;Mahuangjing of Xiangyun, Yunnan;Late Triassic Xiangyun Formation. (in English)

2000 Yao Huazhou and others,pl. 2,fig. 2;cycadophyte leaf;Xionglong of Xinlong,Sichuan; Late Triassic Lamaya Formation.

Cf. *Ptilozamites nilssoni* Nathorst

1965 Tsao Chengyao,p. 519,pl. 4,fig. 7;cycadophyte leaf;Songbaikeng of Gaoming,Guang-dong;Late Triassic Siaoping Formation (Siaoping Series).

1999b Wu Shunqing,p. 27,pl. 20,fig. 3;cycadophyte leaf;Fuancun of Huili, Sichuan; Late Triassic Baiguowan Formaion.

△*Ptilozamites chinensis* Hsu,1954

1954 Hsu J,p. 54,pl. 48,fig. 6;pl. 53,fig. 1;cycadophyte leaves;Liling,Hunan;Late Triassic.

1958 Wang Longwen and others,p. 590,fig. 591;cycadophyte leaf;Hunan and Jiangxi;Late Triassic.

1962 Lee H H,p. 147,pl. 86,fig. 11;pl. 87,fig. 1;cycadophyte leaves;Changjiang River Basin;Late Triassic.

1963 Chow Huiqin,p. 173,pl. 74,fig. 2;cycadophyte leaf;Hualing of Huaxian and Gaoming, Guangdong;Late Triassic.

1963 Sze H C,Lee H H and others,p. 140,pl. 48,fig. 2;pl. 49,fig. 3;pl. 72,fig. 1;cycadophyte leaves; Liling, Hunan; Yongshanqiao of Leping and Pingxiang, Jiangxi; Late Triassic Anyuan Formation;Hualing of Huaxian,Guangdong;Late Triassic Siaoping Formation (Siaoping Series); Kaijiang, Yibin and Qionglai, Sichuan; Late Triassic lower part of Hsiangchi Group;Guangtong,Yunnan;Late Triassic Yipinglang Formation.

1964 Lee H H and others,p. 124,pl. 80,fig. 7;pl. 81,figs. 1,2;cycadophyte leaves; South China;late Late Triassic.

1965 Tsao Chengyao,p. 518,pl. 3,figs. 2—4;pl. 4,figs. 1—4;pl. 6,fig. 1;cycadophyte leaves; Songbaikeng of Gaoming,Guangdong;Late Triassic Siaoping Formation (Siaoping Series).

1968 *Fossil Atlas of Mesozoic Coal-bearing Strata in Kiangsi and Hunan Provinces*,p. 51, pl. 9,figs. 2,3a;cycadophyte leaves;Kiangsi (Jiangxi) and Hunan;Late Triassic.

1976 Lee P C and others, p. 115, pl. 31, figs. 1—4; cycadophyte leaves; Mupangpu of Xiangyun,Yunnan;Late Triassic Huaguoshan Member of Xiangyun Formation;Yubacun of Lufeng,Yunnan;Late Triassic Shezi Member of Yipinglang Formation.

1977 Feng Shaonan and others,p. 217,pl. 81,figs. 8,9;cycadophyte leaves;Guanchun and Xiao-shui of Lechang, Hualing of Huaxian, Guangdong; Late Triassic Siaoping Formation; Liling,Hunan;Late Triassic Anyuan Formation.

1978 Yang Xianhe, p. 499, pl. 172, fig. 3; cycadophyte leaf; Xionglong of Xinlong, Sichuan; Late Triassic Lamaya Formation.

1978 Zhou Tongshun, p. 106, pl. 20, figs. 1—4; text-fig. 3; cycadophyte leaves; Dakeng of Zhangping, Jitou of Shanghang and Longjing of Wuping, Fujian; Late Triassic upper member of Dakeng Formation;Late Triassic Wenbinshan Formation.

1980 He Dechang, Shen Xiangpeng, p. 13, pl. 6, figs. 2, 5; pl. 8, fig. 1; cycadophyte leaves;

Yongshanqiao of Leping, Jiangxi; Late Triassic Anyuan Formation; Guanchun of Le-shan, Guangdong; Late Triassic.

1981　Zhou Zhiyan, p. 19, pl. 2, figs. 1—7; pl. 3, figs. 1—6; cycadophyte leaves and cuticles; Shanqiao of Hengyang, Hunan; Late Triassic.

1982　Duan Shuying, Chen Ye, p. 501, pl. 9, figs. 5, 6; cycadophyte leaves; Jiadangwan of Dazhu and Qilixia of Xuanhan, Sichuan; Late Triassic Hsuchiaho Formation.

1982　Wang Guoping and others, p. 255, pl. 118, figs. 6, 7; pl. 119, fig. 9; cycadophyte leaves; Dakeng of Zhangping, Fujian; Late Triassic Wenbinshan Formation; Longjing of Wu-ping, Fujian; Late Triassic Dakeng Formation; Yongshanqiao of Leping and Pingxiang, Jiangxi; Late Triassic Anyuan Formation.

1982　Yang Xianhe, p. 473, pl. 8, figs. 1, 2; cycaolophyte leaves; Jiefangqiao of Mianning, Si-chuan; Late Triassic Baiguowan Formation.

1982　Zhang Caifan, p. 528, pl. 353, figs. 4—4c; cycadophyte leaf; Shanqiao of Hengyang, Hu-nan; Late Triassic.

1985　Bureau of Geology and Mineral Resources of Fujian Province, pl. 3, fig. 5; cycadophyte leaf; Yongding, Fujian; Late Triassic Wenbinshan Formation.

1986a　Chen Qishi, p. 448, pl. 2, figs. 6, 19; cycadophyte leaves; Chayuanli of Quxian, Zhejiang; Late Triassic Chayuanli Formation.

1986　Ye Meina and others, p. 43, pl. 25, figs. 6, 7; pl. 26, fig. 1; cycadophyte leaves; Leiyinpu, Binlang and Jinwo in Tieshan of Daxian, Qilixia of Kaijiang, Sichuan; Late Triassic mem-ber 7 of Hsuchiaho Formation.

1989　Mei Meitang and others, p. 93, pl. 48, fig. 1; cycadophyte leaf; South China; middle—late Late Triassic.

1989　Zhou Zhiyan, p. 140, pl. 4, fig. 5; pl. 6, figs. 1—8; cycadophyte leaves; Shanqiao of Heng-yang, Hunan; Late Triassic Yangbaichong Formation.

1990　Wu Xiangwu, He Yuanliang, p. 299, pl. 5, figs. 2, 2a, 3, 3a; cycadophyte leaves; Nangqian, Qinghai; Late Triassic Gema Formation of Jieza Group.

1993　Wang Shijun, p. 14, pl. 5, figs. 5, 7; pl. 25, figs. 3—8; cycadophyte leaves and cuticles; Guanchun of Lechang, Guangdong; Late Triassic Genkou Group.

1993a　Wu Xiangwu, p. 126.

1995a　Li Xingxue (editor-in-chief), pl. 74, fig. 4; cycadophyte leaf; Mupangpu of Xiangyun, Yunnan; Late Triassic Xiangyun Formation. (in Chinese)

1995b　Li Xingxue (editor-in-chief), pl. 74, fig. 4; cycadophyte leaf; Mupangpu of Xiangyun, Yunnan; Late Triassic Xiangyun Formation. (in English)

1995a　Li Xingxue (editor-in-chief), pl. 81, figs. 3—8; upper cuticles and lower cuticles (show-ing stomata) of cycadophyte leaves and rachis; Hengyang, Hunan; Late Triassic Yang-baichong Formation. (in Chinese)

1995b　Li Xingxue (editor-in-chief), pl. 81, figs. 3—8; upper cuticles and lower cuticles (show-ing stomata) of cycadophyte leaves and rachis; Hengyang, Hunan; Late Triassic Yang-baichong Formation. (in English)

1999b　Wu Shunqing, p. 27, pl. 19, figs. 3, 3a (A); pl. 20, figs. 2, 2a; pl. 21, fig. 1a (B); pl. 45, figs. 1, 1a, 2, 2a; pl. 46, figs. 1—3a; pl. 47, figs. 1, 2; cycadophyte leaves and cuticles; Tieshan of Daxian, Sichuan; Late Triassic Hsuchiaho Formation.

1990   Yao Huazhou and others, pl. 2, fig. 1; cycadophyte leaf; Xionglong of Xinlong, Sichuan;
Late Triassic Lamaya Formation.

△*Ptilozamites lechangensis* **Wang, 1993**

1993   Wang Shijun, p. 15, pl. 5, figs. 2, 9; pl. 24, figs. 1－9; cycadophyte leaves and cuticles;
No.: ws0125, ws0126; Holotype: ws0125 (pl. 5, fig. 2); Repository: Botanical Section,
Department of Biology, Sun Yat-sen University; Guanchun of Lechang, Guangdong; Late
Triassic Genkou Group.

Ptilozamites tenuis **Ôishi, 1932**

1932   Ôishi, p. 321, pl. 25, figs. 1－3; cycadophyte leaves; Nariwa of Okayama, Japan; Late
Triassic (Nariwa Series).

1977   Feng Shaonan and others, p. 217, pl. 81, fig. 5; cycadophyte leaf; Hualing of Huaxian,
Guangdong; Late Triassic Siaoping Formation.

1980   He Dechang, Shen Xiangpeng, p. 13, pl. 4, fig. 5; cycadophyte leaf; Niugudun of Qujiang,
Guangdong; Late Triassic.

1987   He Dechang, p. 83, pl. 20, fig. 5; cycadophyte leaf; Dakeng of Zhangping, Fujian; Late
Triassic Wenbinshan Formation.

Ptilozamites cf. *tenuis* **Ôishi**

1986a   Chen Qishi, p. 448, pl. 2, fig. 5; cycadophyte leaf; Chayuanli of Quxian, Zhejiang; Late
Triassic Chayuanli Formation.

△*Ptilozamites xiaoshuiensis* **Feng, 1977**

1977   Feng Shaonan and others, p. 218, pl. 81, fig. 1; cycadophyte leaf; No.: P25240; Hlotype:
P25240 (pl. 81, fig. 1); Repository: Hubei Institute of Geological Sciences; Xiaoshui of
Lechang, Guangdong; Late Triassic Siaoping Formation.

Ptilozamites **sp.**

1980   *Ptilozamites* sp. (? sp. nov.), Huang Zhigao, Zhou Huiqin, p. 84, pl. 26, figs. 7, 8; text-
fig. 5; cycadophyte leaves; Shiyaoshang of Shenmu, Shaanxi; Late Triassic lower part of
Yenchang Formation.

Ptilozamites? **sp.**

1965   *Ptilozamites*? sp., Tsao Chengyao, p. 519, pl. 4, fig. 6; cycadophyte leaf; Songbaikeng of
Gaoming, Guangdong; Late Triassic Siaoping Formation (Siaoping Series).

? *Ptilozamites* **sp.**

1987   ? *Ptilozamites* sp., He Dechang, p. 83, pl. 18, fig. 5a; cycadophyte leaf; Dakeng of Zhang-
ping, Fujian; Late Triassic Wenbinshan Formation.

Genus *Pursongia* **Zalessky, 1937**

1937   Zalessky, p. 13.

1990　Wu Shunqing,Zhou Hanzhong,p. 454.

1993a　Wu Xiangwu,p. 127.

Type species:*Pursongia amalitzkii* Zalessky,1937

Taxonomic status:Pteridospermopsida?

Pursongia amalitzkii **Zalessky,1937**

1937　Zalessky,p. 13;text-fig. 1;glossopteris-like leaf;Ural;Permian.

1993a　Wu Xiangwu,p. 127.

Pursongia? **sp.**

1990　*Pursongia*? sp.,Wu Shunqing,Zhou Hanzhong,p. 454,pl. 4,figs. 6,6a;fern-like leaf;
　　　Kuqa,Xinjiang;Early Triassic Ehuobulake Formation.

1993a　*Pursongia*? sp.,Wu Xiangwu,p. 127.

△Genus *Qionghaia* **Zhou et Li,1979**

1979　Zhou Zhiyan,Li Baoxian,p. 454.

1993a　Wu Xiangwu,pp. 30,232.

1993b　Wu Xiangwu,pp. 506,517.

Type species:*Qionghaia carnosa* Zhou et Li,1979

Taxonomic status:Bennettitales?

△*Qionghaia carnosa* **Zhou et Li,1979**

1979　Zhou Zhiyan,Li Baoxian,p. 454,pl. 2,figs. 21,21a;sporophyll;Reg. No.:PB7618;Repos-
　　　itory:Nanjing Institute of Geology and Palaeontology,Chinese Academy of Sciences;
　　　Xinhua in Jiuqujiang of Qionghai,Hainan;Early Triassic Lingwen Group（Jiuqujiang
　　　Formation）.

1993a　Wu Xiangwu,pp. 30,232.

1993b　Wu Xiangwu,pp. 506,517.

△Genus *Rehezamites* **Wu S,1999**（in Chinese）

1999a　Wu Shunqing,p. 15.

2001　Sun Ge and others,pp. 81,189.

Type species:*Rehezamites anisolobus* Wu S,1999

Taxonomic status:Bennettitales?,Cycadopsida

△*Rehezamites anisolobus* **Wu S,1999**（in Chinese）

1999a　Wu Shunqing,p. 15,pl. 8,figs. 1,1a;cycadophyte leaf;Col. No.:AEO-187;Reg. No.:
　　　PB18265;Repository:Nanjing Institute of Geology and Palaeontology,Chinese Academy
　　　of Sciences;Huangbanjigou in Shangyuan of Beipiao,Liaoning;Late Jurassic Jianshangou

Bed in lower part of Yixian Formation.

2001　Sun Ge and others, pp. 81, 189, pl. 12, fig. 7; pl. 15, fig. 6; pl. 22, figs. 1, 7; pl. 46, figs. 1—7; cycadophyte leaves; Huangbanjigou in Shangyuan of Beipiao, Liaoning; Late Jurassic Jianshangou Formation.

2001　Wu Shunqing, p. 121, fig. 157; cycadophyte leaf; Huangbanjigou in Shangyuan of Beipiao, Liaoning; Late Jurassic Jianshangou Bed in lower part of Yixian Formation.

2003　Wu Shunqing, p. 174, fig. 239 (left); cycadophyte leaf; Huangbanjigou in Shangyuan of Beipiao, Liaoning; Late Jurassic Jianshangou Bed in lower part of Yixian Formation.

Rehezamites sp.

1999a　*Rehezamites* sp., Wu Shunqing, p. 15, pl. 7, figs. 1, 1a; cycadophyte leaf; Huangbanjigou in Shangyuan of Beipiao, Liaoning; Late Jurassic Jianshangou Bed in lower part of Yixian Formation.

Genus *Rhabdotocaulon* Fliche, 1910

1910　Fliche, p. 257.

1990　Wu Shunqing, Zhou Hanzhong, p. 455.

1993a　Wu Xiangwu, p. 128.

Type species: *Rhabdotocaulon zeilleri* Fliche, 1910

Taxonomic status: incertae sedis

Rhabdotocaulon zeilleri Fliche, 1910

1910　Fliche, p. 257, pl. 25, fig. 5; stem compression; Vosges Range, France; Late Triassic (Keuper).

1993a　Wu Xiangwu, p. 128.

Rhabdotocaulon sp.

1990　*Rhabdotocaulon* sp., Wu Shunqing, Zhou Hanzhong, p. 455, pl. 2, fig. 6; stem; Kuqa, Xinjiang; Early Triassic Ehuobulake Formation.

1993a　Wu Xiangwu, p. 128.

Genus *Rhacopteris* Schimper, 1869

1869 (1869—1874)　Schimper, p. 482.

1933　Sze H C, p. 42.

1974　*Palaeozoic Plants from China* Writing Group, p. 70.

1993a　Wu Xiangwu, p. 129.

Type species: *Rhacopteris elegans* (Ettingshausen) Schimper, 1869

Taxonomic status: Pteridospermopsida

Rhacopteris elegans (Ettingshausen) Schimper, 1869

1852 *Asplenites elegans* Ettingshausen; fern-like leaf; Europe; Early Carboniferous.

1869 (1869—1874) Schimper, p. 482; fern-like leaf; Europe; Early Carboniferous.

1993a Wu Xiangwu, p. 129.

△Rhacopteris? gothani Sze, 1933

1933 Sze H C, p. 42, pl. 11, figs. 1—3; fern-like leaves; Pingxiang, Jiangxi; late Late Triassic. [Notes: This specimen lately was referred as *Drepanozamites nilssoni* Harris (Harris, 1937)]

1993a Wu Xiangwu, p. 129.

Rhacopteris (Anisoperis) sp.

1936 *Rhacopteris* (*Anisoperis*) sp. (? n. sp), Sze H C, p. 165, pl. 1, fig. 1; fern-like leaf; Xiwan of Zhongshan, Guangxi; Early Jurassic. [Notes: This specimen lately was referred as *Otozamites* sp. (Sze H C, Lee H H and others, 1963)]

Genus Rhaphidopteris Barale, 1972

1972 Barale, p. 1011.

1984 Wang Ziqiang, p. 254.

1993a Wu Xiangwu, p. 129.

Type species: *Rhaphidopteris astartensis* (Harris) Barale, 1972

Taxonomic status: Pteridospermopsida

Rhaphidopteris astartensis (Harris) Barale, 1972

1932 *Stenopteris astartensis* Harris, p. 77; text fig. 32; leaf and cuticle; Scoresby Sound, East Greenland; Late Triassic *Lepidopteris* Zone.

1972 Barale, p. 1011; Scoresby Sound, East Greenland; Late Triassic *Lepidopteris* Zone.

1993a Wu Xiangwu, p. 129.

△Rhaphidopteris bifurcata (Hsu et Chen) Chen et Jiao, 1991

1974 *Sphenobaiera bifurcata* Hsu et Chen, Hsu J, Chen Ye, in Hsu J and others, p. 275, pl. 7, figs. 2—5; text-fig. 5; leaves; Nalajing of Yongren, Yunnan; Late Triassic middle-upper part of Daqiaodi Formation.

1979 *Stenopteris bifurcata* (Hsu et Chen) Hsu, Hsu J and others, p. 41, pl. 63, figs. 1—2a; pl. 70, figs. 5, 5a; text-fig. 15; fern-like leaves; Baoding, Sichuan; Late Triassic middle part of Daqiaodi Formation.

1991a Chen Ye, Jiao Yuehua, p. 445; fern-like leaf; Baoding, Sichuan; Late Triassic middle part of Daqiaodi Formation.

△Rhaphidopteris cornuta Zhang et Zhou, 1996 (in Chinese and English)

1996 Zhang Bole, Zhou Zhiyan, pp. 532, 542, pl. 1, figs. 1—7; pl. 2, figs. 1—10; pl. 3, figs. 1—8;

text-figs. 1,2;leaves and cuticles;Reg. No.:PB16816－PB16818,PB16821－PB16824;
Holotype:PB16817 (pl. 1,fig. 7);Repository:Nanjing Institute of Geology and Palaeontology,Chinese Academy of Sciences;Yima,Henan;Middle Jurassic Yima Formation.

2000　Zhou Zhiyan,Zhang Bole,pl. 2,fig. 5;leaf;Yima,Henan;Middle Jurassic Yima Formation.

△*Rhaphidopteris gracilis* (Wu) Zhang et Zhou,1996 (in Chinese and English)

1988　*Stenopteris gracilis* Wu,Wu Xiangwu,in Li Peijuan and others,p. 78,pl. 53,figs. 3,3a; pl. 102,figs. 1,2;fern-like leaves and cuticles;Dameigou of Da Qaidam,Qinghai;Early Jurassic *Ephedrites* Bed of Tianshuigou Formation.

1996　Zhang Bole,Zhou Zhiyan,pp. 530,540.

△*Rhaphidopteris hsuii* Chen et Jiao,1991

1991a　Chen Ye,Jiao Yuehua,pp. 443,445,pl. 1,2,figs. 1－9;fern-like leaves and cuticles;No.: No. 2204;Repository:Institute of Botany,the Chinese Academy of Sciences;Langdai of Liuzhi,Guizhou;Late Triassic.

△*Rhaphidopteris latiloba* Chen et Jiao,1991

1991b　Chen Ye,Jiao Yuehua,p. 699,pl. 1,figs. 1－5;text-figs. 1－3;fern-like leaves and cuticles;No.:No. 2185;Repository:Institute of Botany,the Chinese Academy of Sciences; Langdai of Liuzhi,Guizhou;Late Triassic.

△*Rhaphidopteris liuzhiensis* Chen et Jiao,1991

1991b　Chen Ye,Jiao Yuehua,p. 701,pl. 2,figs. 1－4;text-figs. 4－7;fern-like leaves and cuticles;No.:No. 2185;Repository:Institute of Botany,the Chinese Academy of Sciences; Langdai of Liuzhi,Guizhou;Late Triassic.

△*Rhaphidopteris rhipidoides* Zhou et Zhang,2000 (in English)

2000　Zhou Zhiyan,Zhang Bole,p. 19,pl. 1,figs. 1－5;pl. 2,figs. 1－4;text-figs. 3－5;leaves and cuticles; Reg. No.: PB18395, PB18397, PB18401, PB18402; Holotype: PB18395 (pl. 1,fig. 1;pl. 2,figs. 1,2);Paratypes:PB18397 (pl. 1,fig. 3),PB18401 (pl. 2,fig. 3), PB18402 (pl. 1,fig. 2);Repository:Nanjing Institute of Geology and Palaeontology,Chinese Academy of Sciences;Yima,Henan;Middle Jurassic Yima Formation.

△*Rhaphidopteris rugata* Wang,1984

1984　Wang Ziqiang,p. 254,pl. 131,figs. 5－9;fern-like leaves;Reg. No.:P0144－P0147;Syntype 1:P0144 (pl. 131,fig. 5);Syntype 2:P0147 (pl. 131,fig. 9);Repository:Nanjing Institute of Geology and Palaeontology,Chinese Academy of Sciences;Pingquan,Hebei; Early Jurassic Jiashan Formation. [Notes:According to *International Code of Botanical Nomenclature* (*Vienna Code*) article 37. 2,from the year 1958,the holotype type specimen should be unique]

1993a　Wu Xiangwu,p. 129.

△*Rhaphidopteris shaohuae* Zhou et Zhang,2000 (in English)

2000　Zhou Zhiyan,Zhang Bole,p. 18,pl. 1,figs. 6－8;fern-like leaves;Reg. No.:PB18396, PB18400;Holotype:PB18400 (pl. 1,figs. 7,8);Repository:Nanjing Institute of Geology and Palaeontology, Chinese Academy of Sciences; Yima, Henan; Middle Jurassic Yima Formation.

Genus *Rhiptozamites* Schmalhausen, 1879

1879   Schmalhausen, p. 32.

1906   Krasser, p. 616.

1993a   Wu Xiangwu, p. 130.

Type species: *Rhiptozamites goeppertii* Schmalhausen, 1879

Taxonomic status: Cordaitopsida

Rhiptozamites goeppertii Schmalhausen, 1879

1879   Schmalhausen, p. 32, pl. 4, figs. 2—4; cordaitean leaves(?); Russia; Permian.

1906   Krasser, p. 616, pl. 4, figs. 9, 10; cordaitean leaves(?); Huoshiling (Ho-shi-ling-tza), Jilin; Jurassic.

1993a   Wu Xiangwu, p. 130.

Genus *Sagenopteris* Presl, 1838

1838 (1820—1838)   Presl, in Sternberg, p. 165.

1945   Sze H C, p. 49.

1963   Sze H C, Lee H H and others, p. 353.

1993a   Wu Xiangwu, p. 132.

Type species: *Sagenopteris nilssoniana* (Brongniart) Ward, 1900 [Notes: this species designated as the type by Harris (1932, p. 5); First species designa-ted is *Sagenopteris rhoiifolia* Presl, in Sternberg 1838 (1820—1838), p. 165, pl. 35, fig. 1]

Taxonomic status: Pteridospermopsida

Sagenopteris nilssoniana (Brongniart) Ward, 1900

1825   *Filicite nilssoniana* Brongniart, p. 218, pl. 12, fig. 1; England; Jurassic.

1900   Ward, p. 352; England; Jurassic.

1932   Harris, p. 5.

1993a   Wu Xiangwu, p. 132.

Sagenopteris cf. *nilssoniana* Ward

1979   He Yuanliang and others, p. 157, pl. 70, figs. 4—6, 6a; fern-like leaves; Zuositugou of Datong, Qinghai; Early—Middle Jurassic Muli Group.

1980   He Dechang, Shen Xiangpeng, p. 15, pl. 16, fig. 8; pl. 17, figs. 1—3, 6, 8; pl. 25, fig. 3; fern-like leaves; Tongrilonggou in Sandu of Zixing, Hunan; Early Jurassic Zaoshang Formation.

Sagenopteris bilobara Yabe, 1905

1905　Yabe, p. 41, pl. 3, fig. 6; fern-like leaf; Japan; Early Cretaceous Tetori Series. [Notes: This specimen lately was referred as *Marchantites yabei* Kryshtofovich (Ôishi, 1940)]

1964　Miki, p. 13, pl. 1, fig. A; fern-like leaf; Lingyuan, Liaoning; Mesozoic *Lycoptera* Bed.

Sagenopteris colpodes Harris, 1940

1940　Harris, p. 250; text-figs. 1, 2, 6F—6Hb; fern-like leaves; Yorkshire, England; Middle Jurassic.

1984　Wang Ziqiang, p. 254, pl. 147, fig. 6; fern-like leaf; Qinglong, Hebei; Late Jurassic Houcheng Formation.

Sagenopteris cf. *colpodes* Harris

1985　Shang Ping, Wang Ziqiang, p. 512, pl. 2, figs. 8—13; pl. 3, figs. 14—17; fern-like leaves and cuticles; Maobula of Kangbao, Hebei; Late Jurassic Coal-bearing Strata.

△*Sagenopteris*? *dictyozamioides* Sze, 1945

1945　Sze H C, p. 49; text-fig. 19; fern-like leaf; Yongan, Fujian; Early Cretaceous Pantou Series. [Notes: This specimen lately was refferred as *Dictyozamites dictyozamioides* (Sze) Cao (Cao Zhengyao, 1994)]

1963　Sze H C, Lee H H and others, p. 353, pl. 104, fig. 2; fern-like leaf; Yongan, Fujian; Late Jurassic—early Early Cretaceous Pantou Formation.

1993a　Wu Xiangwu, p. 132.

Sagenopteris elliptica Fontaine, 1889

1889　Fontaine, p. 149, pl. 27, figs. 11—17; fern-like leaves; Baltimore of Maryland, USA; Early Cretaceous Potomac Group.

1980　Zhang Wu, p. 307, pl. 183, figs. 8—10; pl. 192, fig. 3; fern-like leaves; Qitaihe of Jixian, Heilongjiang; Early Cretaceous Chengzihe Formation.

1983a　Zheng Shaolin, Zhang Wu, p. 84, pl. 6, figs. 4—7; text-fig. 10; fern-like leaves; Dabashan of Mishan, Heilongjiang; Early Cretaceous Dongshan Formation.

1991　Zhang Chuanbo and others, pl. 2, figs. 14, 15; fern-like leaves; Mengjialing and Liufangzi of Jiutai, Jilin; Early Cretaceous Dayangcaogou Formation.

△*Sagenopteris ginkgoides* Huang et Chow, 1980

1980　Huang Zhigao, Zhou Huiqin, p. 112, pl. 44, fig. 3; pl. 45, fig. 4; fern-like leaves; Reg. No.: OP879, OP880; Jiping of Tongchuan, Shaanxi; Late Triassic upper part of Yenchang Formation. (Notes: The type specimen was not designated in the original paper)

△*Sagenopteris glossopteroides* Hsu et Tuan, 1974

1974　Hsu J, Tuan Shuyin, in Hsu J and others, p. 273, pl. 5, fig. 5; fern-like leaf; No.: No. 2618a, No. 2618b, No. 2619, No. 2622, No. 2623; Holotype: No. 2618a (pl. 5, fig. 5); Repository: Institute of Botany, the Chinese Academy of Sciences; Nalajing of Yongren, Yunnan; Late Triassic middle-upper part of Daqiaodi Formation.

1978　Yang Xianhe, p. 504, pl. 157, fig. 1; leaf; Dukou, Sichuan; Late Triassic Daqiaodi Formation.

1979 Hsu J and others, p. 42, pl. 38, fig. 6; pl. 40, fig. 1; pl. 41, figs. 1, 2; fern-like leaves; Baoding, Sichuan; Late Triassic middle-upper part of Daqiaodi Formation.

1981 Chen Ye, Duan Shuying, pl. 3, fig. 1; fern-like leaf; Hongni Coal Field of Yanbian, Sichuan; Late Triassic Daqiaodi Formation.

1989 Mei Meitang and others, p. 96, pl. 49; fern-like leaf; China; Late Triassic.

Sagenopteris hallei **Harris, 1932**

1932 Harris, p. 10, pl. 1, figs. 1, 3 — 5; text-figs. 2G — 2J; fern-like leaves and cuticles; Scoresby Sound, East Greenland; Early Jurassic *Thaumatopteris* Zone.

Sagenopteris cf. *hallei* **Harris**

1980 He Dechang, Shen Xiangpeng, p. 15, pl. 4, fig. 3; pl. 5, fig. 3; fern-like leaves; Liuyuankeng of Hengfeng, Jiangxi; Late Triassic Anyuan Formation.

△*Sagenopteris jiaodongensis* **Liu, 1990**

1990 Liu Mingwei, p. 202, pl. 31, figs. 10 — 13; fern-like leaves; Col. No.: 85GDM1-2-ZH29, 25754-2H- (4); Reg. No.: HZ-123, HZ-124; Holotype: HZ-123 (pl. 31, figs. 10, 11); Repository: Regional Geological Surveying Team, Bureau of Geology and Mineral Resources of Shandong Province; Damen and Xizhulan of Laiyang, Shandong; Early Cretaceous member 3 of Laiyang Formation.

△*Sagenopteris jinxiensis* **Wang, 1984**

1984 Wang Ziqiang, p. 254, pl. 154, figs. 1, 2; fern-like leaves; Reg. No.: P0142 — P0451; Holotype: P0451 (pl. 154, fig. 1); Paratype: P0452 (pl. 154, fig. 2); Repository: Nanjing Institute of Geology and Palaeontology, Chinese Academy of Sciences; West Hill, Beijing; Early Cretaceous Xiazhuang Formation.

△*Sagenopteris laiyangensis* **Liu, 1990**

1990 Liu Mingwei, p. 202, pl. 31, fig. 9; fern-like leaf; Col. No.: 85GDYT2-ZH7; Reg. No.: HZ-132; Holotype: HZ-132 (pl. 31, fig. 9); Repository: Regional Geological Surveying Team, Bureau of Geology and Mineral Resources of Shandong Province; Huangyadi of Laiyang, Shandong; Early Cretaceous member 3 of Laiyang Formation.

△*Sagenopteris lanceolatus* **Li et He, 1979** [**non Wang X F (MS) ex Wang Z Q, 1984, nec Huang et Chow, 1980**]

1979 Li Peijuan, He Yuanliang, in He Yuanliang and others, p. 156, pl. 69, figs. 4, 4a; pl. 70, figs. 1 — 3; fern-like leaves; Reg. No.: PB6373 — PB6376; Holotype: PB6376 (pl. 70, fig. 3); Paratype: PB6373 (pl. 69, figs. 4, 4a); Repository: Nanjing Institute of Geology and Palaeontology, Chinese Academy of Sciences; Beishan in Dusuhe of Tianjun, Qinghai; Late Triassic upper formation of Mole Group.

△*Sagenopteris lanceolatus* **Huang et Chow, 1980** [**non Wang X F (MS) ex Wang Z Q, 1984, nec Li et He, 1979**]

(Notes: This specific name *Sagenopteris lanceolatus* Huang et Chow, 1980 is a homonym junius of *Sagenopteris lanceolatus* Li et He,1979)

1980　Huang Zhigao,Zhou Huiqin,p. 112,pl. 42,figs. 3,4;pl. 44,fig. 4;pl. 45,fig. 3;fern-like leaves;Reg. No.:OP474,OP475,OP855,OP856;Liulingou and Jiaoping of Tongchuan, Shaanxi;Late Triassic upper part of Yenchang Formation. (Notes:The type specimen was not designated in the original paper)

1982　Liu Zijin,p. 139,pl. 72,fig. 4;fern-like leaf;Liulingou of Tongchuan,Shaanxi;Late Triassic upper part of Yenchang Group.

△*Sagenopteris lanceolatus* Wang X F (MS) ex Wang Z Q,1984 (non Li et He,1979, Huang et Chow,1980)

[Notes:The specific name *Sagenopteris lanceolatus* Wang X F (MS) ex Wang Z Q,1984 is a homonym junius of *Sagenopteris lanceolatus* Li et He,1979]

1975　Wang Xifu,p. 40,pl. 67,figs. 4,4a;fern-like leaf;Jiaoping of Yijun,Shaanxi;middle Late Triassic upper part of Yenchang Formation. (MS)

1984　Wang Ziqiang,p. 255,pl. 121,figs. 3－5;fern-like leaves;Shilou,Shanxi;Middle－Late Triassic Yenchang Formation.

△*Sagenopteris liaoxiensis* Shang et Wang,1985

1985　Shang Ping,Wang Ziqiang,pp. 512,515,pl. 1,figs. 1－4;pl. 2,figs. 1－7;pl. 3,figs. 1－8;fern-like leaves and cuticles;No.:Fx-1,B620;Syntype 1;Fx-1 (pl. 1,fig. 1);Syntype 2:B620 (pl. 2,fig. 1);Repository:Fuxin Mining Institute;Fuxin and Binggou Coal Mines,Liaoning;Early Cretaceous upper part of Haizhou Formation. [Notes:According to *International Code of Botanical Nomenclature* (*Vienna Code*) article 37. 2,from the year 1958,the holotype type specimen should be unique]

1985　Shang Ping,pl. 4,figs. 1－5;fern-like leaves;Fuxin Coal Basin,Liaoning;Early Cretaceous Haizhou Formation.

1987　Shang Ping,pl. 1,fig. 4;fern-like leaf;Fuxin Coal Basin,Liaoning;Early Cretaceous.

△*Sagenopteris linanensis* Chen,1982

1982　Chen Qishi,in Wang Guoping and others,p. 256,pl. 130,figs. 10,11;fern-like leaves; No.:B1441-A77;Holotype:B1441-A77 (pl. 130,fig. 10);Panlongqiao of Lin'an,Zhejiang;Late Jurassic Shouchang Formation.

1989　Ding Baoliang and others,pl. 1,fig. 7;fern-like leaf;Panlongqiao of Lin'an,Zhejiang;Late Jurassic－Early Cretaceous Shouchang Formation.

△*Sagenopteris loxosteleor* Tuan (MS) ex Zhang,1982

1982　Zhang Caifan,p. 529,pl. 353,fig. 6;fern-like leaf;Tongrilong in Sandu of Zixing,Hunan; Early Jurassic Tanglong Formation.

Sagenopteris mantelli (Dunker) Schenk,1871

1846　*Cyclopteris mantelli* Dunker,p. 10,pl. 9,figs. 4,5;fern-like leaves;Germany;Early Cretaceous.

1871　Schenk,p. 222,pl. 31,fig. 5;fern-like leaf;Germany;Early Cretaceous.

1989　Zheng Shaolin,Zhang Wu,p. 30, pl. 1, figs. 12, 12a; fern-like leaf; Nieerkucun in

Nanzamu of Xinbin, Liaoning; Early Cretaceous Nieerku Formation.

Sagenopteris cf. *mantelli* (Dunker) Shenk

1984b Cao Zhengyao, p. 42, pl. 5, figs. 4 — 9; fern-like leaves; Dabashan of Mishan, Hei-
  longjiang; Early Cretaceous Dongshan Formation.

△*Sagenopteris mediana* Tuan (MS) ex Zhang, 1982

1982 Zhang Caifan, p. 528, pl. 339, fig. 6; pl. 353, figs. 3, 7; fern-like leaves; Tongrilong in San-
  du of Zixing, Hunan; Early Jurassic Tanglong Formation.

△*Sagenopteris mishanensis* Zheng et Zhang, 1983

1983a Zheng Shaolin, Zhang Wu, p. 85, pl. 6, figs. 1 — 3; text-fig. 11; fern-like leaves; No.:
  DHW001 — DHW003; Repository: Shenyang Institute of Geology and Mineral Resources;
  Dabashan of Mishan, Heilongjiang; Early Cretaceous Dongshan Formation. (Notes: The
  type specimen was not designated in the original paper)

Sagenopteris petiolata Ôishi, 1940

1940 Ôishi, p. 360, pl. 37, figs. 1, 2; fern-like leaves; Rokumambo of Yamaguti, Japan; Late Ju-
  rassic Kiyosue Group.

1999 Cao Zhengyao, p. 63, pl. 2, fig. 9; pl. 13, fig. 14; pl. 18, fig. 10; pl. 21, fig. 5; fern-like leav-
  es; Panlongqiao of Lin'an, Zhejiang; Early Cretaceous Shouchang Formation; Zhangdang
  of Yongjia, Zhejiang; Early Cretaceous member C of Moshishan Formation.

Sagenopteris phillipsii (Brongniart) Presl, 1838

1830 (1828—1838) *Glossopteris phillipsii* Brongniart, p. 255, pl. 61, fig. 5; pl. 63, fig. 2; fern-
  like leaves; England; Jurassic.

1838 (1820—1838) Presl, in Sternberg, p. 69.

1976 Chow Huiqin and others, p. 213, pl. 120, figs. 2, 2a; fern-like leaf; Dongsheng, Inner
  Mongolia; Middle Jurassic.

△*Sagenopteris shouchangensis* Lee, 1964

1964 Lee H H and others, p. 135, pl. 89, figs. 12, 13; fern-like leaves; Shouchang, Zhejiang;
  Late Jurassic—Early Cretaceous lower part in Jiangde Group (Yanling Formation).

1982 Wang Guoping and others, p. 256, pl. 132, figs. 7, 8; fern-like leaves; Dongcun of
  Shouchang, Zhejiang; Early Cretaceous Laocun Formation.

1989 Ding Baoliang and others, pl. 1, fig. 7; fern-like leaf; Dongcun of Shouchang, Zhejiang;
  Late Jurassic Laocun Formation.

1995a Li Xingxue (editor-in-chief), pl. 112, fig. 11; fern-like leaf; Jiande, Zhejiang; Early Creta-
  ceous Shouchang Formation. (in Chinese)

1995b Li Xingxue (editor-in-chief), pl. 112, fig. 11; fern-like leaf; Jiande, Zhejiang; Early Creta-
  ceous Shouchang Formation. (in English)

Sagenopteris cf. *shouchangensis* Lee

1999 Cao Zhengyao, p. 63, pl. 21, figs. 3, 4; fern-like leaves; Zhangdang of Yongjia, Zhejiang;
  Early Cretaceous member C of Moshishan Formation.

△*Sagenopteris spatulata* Sze,1956

1956a   Sze H C,pp. 55,160,pl. 35,figs. 1,1a;fern-like leaf;Reg. No.:PB2341－PB2346;Repository:Nanjing Institute of Geology and Palaeontology,Chinese Academy of Sciences;Tanhegou in Silangmiao (T'anhokou in Shilangmiao) of Yijun,Shaanxi;Late Triassic upper part of Yenchang Formation.

1963   Lee H H and others,p. 126,pl. 94,figs. 1,2;fern-like leaves;Northwest China;Late Triassic.

1963   Sze H C,Lee H H and others,p. 354,pl. 104,figs. 1,1a;fern-like leaf;Tanhegou in Silangmiao (T'anhokou in Shilangmiao) of Yijun,Shaanxi;Wuwei of Gansu and Jiyuan of Henan;Late Triassic upper part of Yenchang Group.

1984   Gu Daoyuan,p. 157,pl. 74,fig. 3;fern-like leaf;Soget of Akto,Xinjiang;Middle Rock Jurassic Yangye (Yangxia) Formation.

1987   Chen Ye and others,p. 104,pl. 17,figs. 2,3;pl. 18,fig. 1;fern-like leaves;Qinghe of Yanbian,Sichuan;Late Triassic Hongguo Formation.

Sagenopteris cf. *spatulata* Sze

1979   He Yuanliang and others,p. 157,pl. 69,fig. 5;fern-like leaf;Galedesi of Qilian,Qinghai;Late Triassic Middle Rock Formation of Mole Group.

1987   Meng Fansong,p. 244,pl. 24,fig. 5;fern-like leaf;Fenshuiling of Jingmen,Hubei;Late Triassic Jiuligang Formation.

△*Sagenopteris stenofolia* Hsu et Tuan,1974

1974   Hsu J,Tuan Shuyin,in Hsu J and others,p. 273,pl. 6,fig. 1;fern-like leaf;No.:No. 2620;Repository:Institute of Botany,the Chinese Academy of Sciences;Nalajing of Yongren,Yunnan;Late Triassic middle-upper part of Daqiaodi Formation.

1978   Yang Xianhe,p. 504,pl. 177,figs. 7,8;leaves;Huijiasuo of Dukou,Sichuan;Late Triassic Daqiaodi Formation.

1979   Hsu J and others,p. 43,pl. 41,fig. 3;fern-like leaf;Baoding,Sichuan;Late Triassic middle-upper part of Daqiaodi Formation.

1981   Chen Ye,Duan Shuying,pl. 2,fig. 3;fern-like leaf;Hongni Coal Field of Yanbian,Sichuan;Late Triassic Daqiaodi Formation.

1989   Mei Meitang and others,p. 96,pl. 48,fig. 3;fern-like leaf;China;Late Triassic.

△*Sagenopteris suifengensis* Zhang et Xiong,1983

1983   Zhang Zhicheng,Xiong Xianzheng,p. 58,pl. 2,fig. 7;pl. 3,figs. 1,2,7－10;fern-like leaves;No.:HD237－HD242;Repository:Shenyang Institute of Geology and Mineral Resources;Dongning Basin,Heilongjiang;Early Cretaceous Dongning Formation. (Notes:The type specimen was not designated in the original paper)

1995a   Li Xingxue (editor-in-chief),pl. 106,fig. 6;pl. 107,figs. 6,7;fern-like leaves;Dongning,Heilongjiang;Early Cretaceous Dongning Formation. (in Chinese)

1995b   Li Xingxue (editor-in-chief),pl. 106,fig. 6;pl. 107,figs. 6,7;fern-like leaves;Dongning,Heilongjiang;Early Cretaceous Dongning Formation. (in English)

Sagenopteris williamsii (Newberry) Bell, 1956

1891　*Chiropteris williamsii* Newberry, p. 198, pl. 14, figs. 10, 11.

1956　Bell, p. 80, pl. 31, fig. 2; pl. 33, fig. 4; pl. 34, figs. 1—3; pl. 36, fig. 1; fern-like leaves; West Canada; Early Cretaceous.

Sagenopteris cf. williamsii (Newberry) Bell

1979　Wang Ziqing, Wang Pu, pl. 1, fig. 22; fern-like leaf; West Hill, Beijing; Early Cretaceous Xiazhuang Formation.

△Sagenopteris yunganensis Sze, 1945

1945　Sze H C, p. 47; text-fig. 20; fern-like leaf; Yongan, Fujian; Early Cretaceous Pantou Series.

1963　Gu Zhiwei and others, pl. 1, figs. 1, 2; fern-like leaves; Shouchang, Zhejiang; Early Cretaceous Jiangde Subgroup.

1963　Sze H C, Lee H H and others, p. 354, pl. 104, fig. 8; fern-like leaf; Yongan, Fujian; Late Jurassic—early Early Cretaceous Pantou Formation.

1964　Lee H H and others, p. 135, pl. 89, fig. 2; fern-like leaf; South China; Late Jurassic—Early Cretaceous.

1982　Wang Guoping and others, p. 257, pl. 132, fig. 10; fern-like leaf; Bantou of Yongan, Fujian; Late Jurassic Pantou Formation.

1989　Ding Baoliang and others, pl. 2, fig. 10; fern-like leaf; Bantou of Yongan, Fujian; Early Cretaceous Pantou Formation.

1995a　Li Xingxue (editor-in-chief), pl. 111, fig. 8; fern-like leaf; Bantou of Yongan, Fujian; Early Cretaceous Pantou Formation. (in Chinese)

1995b　Li Xingxue (editor-in-chief), pl. 111, fig. 8; fern-like leaf; Bantou of Yongan, Fujian; Early Cretaceous Pantou Formation. (in English)

Sagenopteris spp.

1956a　*Sagenopteris* sp., Sze H C, pp. 56, 161, pl. 35, figs. 2, 2a; fern-like leaf; Xingshuping of Yijun, Shaanxi; Late Triassic upper part of Yenchang Formation.

1963　*Sagenopteris* sp. 1, Sze H C, Lee H H and others, p. 354, pl. 104, figs. 5, 5a; fern-like leaf; Xingshuping of Yijun, Shaanxi; Late Triassic upper part of Yenchang Group.

1968　*Sagenopteris* sp. 1, *Fossil Atlas of Mesozoic Coal-bearing Strata in Kiangsi and Hunan Provinces*, p. 55, pl. 22, fig. 3; fern-like leaf; Yongshanqiao of Leping, Jiangxi; Late Triassic Jingkengshan Member of Anyuan Formation.

1968　*Sagenopteris* sp. 2, *Fossil Atlas of Mesozoic Coal-bearing Strata in Kiangsi and Hunan Provinces*, p. 55, pl. 36, figs. 6, 7; fern-like leaves; Sandu of Zixing, Hunan; Early Jurassic Tanglong Formation.

1977　*Sagenopteris* sp., Feng Shaonan and others, p. 219, pl. 98, fig. 12; leaf; Hongwei of Qujiang, Guangdong; Late Triassic Siaoping Formation.

1979　*Sagenopteris* sp., Hsu J and others, p. 43, pl. 38, figs. 7, 7a; fern-like leaf; Baoding, Sichuan; Late Triassic middle-upper part of Daqiaodi Formation.

1980　*Sagenopteris* sp., He Dechang, Shen Xiangpeng, p. 16, pl. 21, fig. 1; fern-like leaf; Xiling in Changce of Yizhang, Hunan; Early Jurassic Zaoshang Formation.

1982b Sagenopteris sp., Wu Xiangwu, p. 90, pl. 11, figs. 5, 5a; fern-like leaf; Bagong of Chagyab, Tibet; Late Triassic upper member of Bagong Formation.

1982 Sagenopteris sp., Zhang Caifan, p. 529, pl. 352, figs. 1, 2, 4; single leaves; Ganzichong of Liling, Hunan; Early Jurassic Gaojiatian Formation.

1983 Sagenopteris sp., Meng Fansong, p. 229, pl. 2, fig. 6; single leaf; Donggong of Nanzhang, Hubei; Late Triassic Jiuligang Formation.

1984 Sagenopteris sp. 1, Chen Fen and others, p. 69, pl. 37, fig. 5; fern-like leaf; Datai, Beijing; Early Jurassic Upper Yaopo Formation.

1984 Sagenopteris sp. (Cf. S. hallei Harris), Zhou Zhiyan, p. 19, pl. 7, figs. 6—8; fern-like leaves; Hebutang of Qiyang and Zhoushi of Hengnan, Hunan; Early Jurassic Paijiachong Member of Guanyintan Formation.

1984 Sagenopteris sp., Zhou Zhiyan, p. 19, pl. 7, figs. 9 — 9b; fern-like leaf; Nanzhen of Dongan, Hunan; Early Jurassic Dabakou Member of Guanyintan Formation.

1987 Sagenopteris sp., Chen Ye and others, p. 105, pl. 17, fig. 1; fern-like leaf; Qinghe of Yanbian, Sichuan; Late Triassic Hongguo Formation.

1987 Sagenopteris sp., He Dechang, p. 77, pl. 6, fig. 6; fern-like leaf; Longpucun in Meiyuan of Yunhe, Zhejiang; Early Jurassic Longpu Formation.

1990 Sagenopteris sp., Wu Xiangwu, He Yuanliang, p. 302, pl. 3, figs. 7, 7a; text-fig. 6; fern-like leaf; Jieza of Zaduo, Qinghai; Late Triassic Gema Formation of Jieza Group.

1995a Sagenopteris sp. (Cf. S. hallei Harris), Li Xingxue (editor-in-chief), pl. 83, fig. 5; fern-like leaf; Hebutang of Qiyang, Hunan; Early Jurassic Paijiachong Member of Guanyintan Formation. (in Chinese)

1995b Sagenopteris sp. (Cf. S. hallei Harris), Li Xingxue (editor-in-chief), pl. 83, fig. 5; fern-like leaf; Hebutang of Qiyang, Hunan; Early Jurassic Paijiachong Member of Guanyintan Formation. (in English)

1995a Sagenopteris sp., Li Xingxue (editor-in-chief), pl. 142, fig. 4; fern-like leaf; Jixi, Heilongjiang; Early Cretaceous Chengzihe Formation. (in Chinese)

1995b Sagenopteris sp., Li Xingxue (editor-in-chief), pl. 142, fig. 4; fern-like leaf; Jixi, Heilongjiang; Early Cretaceous Chengzihe Formation. (in English)

2002 Sagenopteris sp., Meng Fansong and others, pl. 4, fig. 3; fern-like leaf; Zhengjiahe in Daxiakou of Zigui, Hubei; Early Jurassic Hsiangchi (Xiangxi) Formation.

2002 Sagenopteris sp., Zhang Zhenlai and others, pl. 14, fig. 1; fern-like leaf; Hongqi Coal Mine in Donglangkou of Badong, Hubei; Late Triassic Shazhenxi Formation.

Sagenopteris? spp.

1963 Sagenopteris? sp. 2, Sze H C, Lee H H and others, p. 355, pl. 105, figs. 2, 2a; fern-like leaf; Taipingchang (Tai-Pin-Tchang), Yunnan; Late Triassic.

1963 Sagenopteris? sp. 3, Sze H C, Lee H H and others, p. 355, pl. 105, figs. 1, 1a; fern-like leaf; Taipingchang (Tai-Pin-Tchang), Yunnan; Late Triassic.

1989 Sagenopteris? sp., Zhou Zhiyan, p. 141, pl. 8, fig. 5; fern-like leaf; Shanqiao of Hengyang, Hunan; Late Triassic Yangbaichong Formation.

1992 Sagenopteris? sp., Sun Ge, Zhao Yanhua, p. 561, pl. 257, fig. 5; fern-like leaf; Songxiaping of Helong, Jilin; Late Jurassic Changcai Formation.

1993c *Sagenopteris*? sp., Wu Xiangwu, p. 80, pl. 5, fig. 4; fern-like leaf; Fengjiashan-Shanqing-cun Section of Shangxian, Shaanxi; Early Cretaceous lower member of Fengjiashan Formation.

Genus *Sahnioxylon* Bose et Sah, 1954, emend Zheng et Zhang, 2005

1954 Bose, Sah, p. 1.

2005 Zheng Shaolin, Zhang Wu, in Zheng Shaolin and others, p. 211.

Type species: *Sahnioxylon rajmahalense* (Sahni) Bose et Sah, 1954

Taxonomic status: Cycadophytes? or Angiospermous?

Sahnioxylon rajmahalense (Sahni) Bose et Sah, 1954

1932 *Homoxylon rajmahalense* Sahni, p. 1, pls. 1, 2; woods (compared with moddern homoxylous Magnoliacea); Rajmahal Hill of Behar, India; Jurassic.

1954 Bose, Sah, p. 1, pl. 1; wood; Rajmahal Hill, Behar, India; Jurassic.

2005 Zheng Shaolin, Zhang Wu, in Zheng Shaolin and others, p. 212, pl. 1, figs. A—E; pl. 2, figs. A—D; woods; Changgao and Batuying of Beipiao, Liaoning; Middle Jurassic Tiaotiaoshan Formation.

Genus *Scoresbya* Harris, 1932

1932 Harris, p. 38.

1952 Sze H C, Lee H H, pp. 15, 34.

1963 Sze H C, Lee H H and others, p. 349.

1993a Wu Xiangwu, p. 135.

Type species: *Scorebya dentata* Harris, 1932

Taxonomic status: Gymnospermae incertae sedis

Scoresbya dentata Harris, 1932

1932 Harris, p. 38, pls. 2, 3; leaves; Scoresby Sound, East Greenland; Early Jurassic *Thaumatopteris* Zone.

1952 Sze H C, Lee H H, pp. 15, 34, pl. 7, figs. 1, 1a; text-figs. 3—5; fern-like leaf; Yipinchang of Baxian, Sichuan (Szechuan); Early Jurassic.

1954 Hsu J, p. 67, pl. 57, figs. 5, 6; fern-like leaves; Yipinchang of Baxian, Sichuan (Szechuan); Early Jurassic.

1962 Lee H H, p. 153, pl. 94, figs. 3, 4; fern-like leaves; Changjiang River Basin; Late Triassic—Early Jurassic.

1963 Sze H C, Lee H H and others, p. 349, pl. 104, figs. 4, 4a; fern-like leaf; Yipinchang of Baxian, Sichuan (Szechuan); Early Jurassic.

1978   Yang Xianhe, p. 534, pl. 180, fig. 5; pl. 167, fig. 5; fern-like leaves; Yipinchang of Dayi, Sichuan; Late Triassic Hsuchiaho Formation.

1980   He Dechang, Shen Xiangpeng, p. 29, pl. 10, fig. 4; pl. 14, fig. 2; fern-like leaves; Gouyadong of Lechang, Guangdong; Late Triassic.

1982   Cao Zhengyao, p. 344, pl. 1, figs. 1, 2, 2a; text-fig. 1; fern-like leaves; Shifoan of Nanjing, Jiangsu; Early Jurassic Lingyuan Formation.

1982   Zhang Caifan, p. 540, pl. 353, fig. 8; fern-like leaf; Huangnitang of Qiyang, Hunan; Early Jurassic Shikang Formation—Gaojiatian Formation.

1984   Zhou Zhiyan, p. 20, pl. 7, figs. 10, 11; fern-like leaves; Hebutang of Qiyang, Hunan; Early Jurassic Dabakou Member of Guanyintan Formation.

1987   Chen Ye and others, p. 132, pl. 42, fig. 8; fern-like leaf; Qinghe of Yanbian, Sichuan; Late Triassic Hongguo Formation.

1993a Wu Xiangwu, p. 135.

1995a Li Xingxue (editor-in-chief), pl. 83, fig. 7; fern-like leaf; Shifoan of Nanjing, Jiangsu; Early Jurassic lower part of Xiangshan Group. (in Chinese)

1995b Li Xingxue (editor-in-chief), pl. 83, fig. 7; fern-like leaf; Shifoan of Nanjing, Jiangsu; Early Jurassic lower part of Xiangshan Group. (in English)

Scoresbya cf. *dentata* Harris

1977   Feng Shaonan and others, p. 245, pl. 94, fig. 11; fern-like leaf; Guanchun and Gouyadong of Lechang, Guangdong; Late Triassic Siaoping Formation.

△*Scoresbya entegra* Chen et Duan, 1985

1985   Chen Ye, Duan Shuying, in Chen Ye and others, p. 320, pl. 2, figs. 1, 2; fern-like leaves; No.: No. 7516, No. 7517; Syntypes: No. 7516, No. 7517 (pl. 2, figs. 1, 2); Repository: Department of Palaeobotany, Institute of Botany, the Chinese Academy of Sciences; Qinghe of Yanbian, Sichuan; Late Triassic. [Notes: According to *International Code of Botanical Nomenclature (Vienna Code)* article 37. 2, from the year 1958, the holotype type specimen should be unique]

1987   Chen Ye and others, p. 132, pl. 42, figs. 9, 10; fern-like leaves; Qinghe of Yanbian, Sichuan; Late Triassic Hongguo Formation.

△*Scoresbya integrifolia* Meng, 1986

1986   Meng Fansong, pp. 215, 217, pl. 1, figs. 1, 2; pl. 2, figs. 1, 2; fern-like leaves; Reg. No.: P82250, P82251; Holotype: P82250 (pl. 1, fig. 1); Repository: Yichang Institute of Geology and Mineral Resources; Jiuligang of Yuanan and Fenshuiling of Jingmen, Hubei; Late Triassic Jiuligang Formation.

△*Scoresbya? speciosa* Li et Wu X W, 1979

1979   Li Peijuan, Wu Xiangwu, in He Yuanliang and others, p. 157, pl. 70, figs. 7, 7a; fern-like leaf; Col. No.: XXXIP₂-1F-!; Reg. No.: PB6381; Holotype: PB6381 (pl. 70, figs. 7, 7a); Repository: Nanjing Institute of Geology and Palaeontology, Chinese Academy of Sciences; Babaoshan of Dulan, Qinghai; Late Triassic Babaoshan Group.

△*Scoresbya szeiana* Lee P,1964

1964   Lee P C, pp. 144, 177, pl. 19, fig. 12; fern-like leaf; Col. No.: BA326 (8); Reg. No.: PB2848; Repository: Nanjing Institute of Geology and Palaeontology, Chinese Academy of Sciences; Xujiahe of Guangyuan, Sichuan; Late Triassic Hsuchiaho Formation.

1978   Yang Xianhe, p. 534, pl. 163, fig. 13; leaf; Hsuchiaho (Xujiahe) of Guangyuan, Sichuan; Late Triassic Hsuchiaho Formation.

1992   Huang Qisheng, pl. 16, fig. 7; pl. 19, fig. 2; fern-like leaves; Tieshan of Daxian, Sichuan; Late Triassic member 3 of Hsuchiaho Formation.

1996   Huang Qisheng and others, pl. 1, figs. 4, 5; fern-like leaves; Tieshan of Daxian, Sichuan; Early Jurassic lower part of Zhenzhuchong Formation.

Scoresbya sp.

1999b *Scoresbya* sp., Wu Shunqing, p. 51, pl. 44, fig. 6; fern-like leaf; Guanba in Zhuyu of Wanyuan, Sichuan; Late Triassic Hsuchiaho Formation.

Scoresbya? sp.

1999b *Scoresbya*? sp., Wu Shunqing, p. 52, pl. 44, figs. 1, 3; fern-like leaves; Wanxin Coal Mine of Wanyuan and Jinxi of Wangcang, Sichuan; Late Triassic Hsuchiaho Formation.

Genus *Scytophyllum* Bornemann, 1856

1856   Bornemann, p. 75.

1984   Zhang Wu, Zheng Shanolin, p. 388.

1993a Wu Xiangwu, p. 135.

Type species: *Scytophyllum bergeri* Bornemann, 1856

Taxonomic status: Pteridospermopsida

Scytophyllum bergeri Bornemann, 1856

1856   Bornemann, p. 75, pl. 7, figs. 5, 6; fern-like leaf fragments; Muelhausen, Germany; Late Triassic [Keuper(?)].

1993a Wu Xiangwu, p. 135.

Scytophyllum cf. *bergeri* Bornemann

1990a Wang Ziqiang, Wang Lixin, p. 125, pl. 24, figs. 1—3; text-figs. 6a, 6b; fern-like leaves; Yiyang, Henan; Early Triassic upper member of Heshanggou Formation.

△*Scytophyllum chaoyangensis* Zhang et Zheng, 1984

1984   Zhang Wu, Zheng Shaolin, p. 388, pl. 3, figs. 1—3; text-fig. 4; fern-like leaves; Reg. No.: Ch5-13—Ch5-15; Repository: Shenyang Institute of Geology and Mineral Resources; Dongkuntouyingzi of Beipiao, western Liaoning; Late Triassic Laohugou Formation. (Notes: The type specimen was not designated in the original paper)

1987   Zhang Wu, Zheng Shaolin, p. 273, pl. 3, figs. 6 — 9; text-fig. 14; fern-like leaves;

Dongkuntouyingzi of Beipiao,western Liaoning;Late Triassic Shimengou Formation.

1989　Bureau of Geology and Mineral Resources of Liaoning Province,pl. 8,fig. 20;fern-like leaf;Dongkuntouyingzi of Beipiao,western Liaoning;Late Triassic Laohugou Formation.

1993a Wu Xiangwu,p. 135.

△*Scytophyllum*? *cryptonerve* Wang Z et Wang L,1990

1990b Wang Ziqiang,Wang Lixin,p. 309,pl. 9,figs. 1,2;fern-like leaves;No.:Js-5-1,Js-5-2; Syntype 1:Js-5-1 (pl. 9,fig. 1);Syntype 2:Js-5-2 (pl. 9,fig. 2);Repository:Nanjing Institute of Geology and Palaeontology,Chinese Academy of Sciences;Shiba of Ningwu, Shanxi;Middle Triassic base part of Ermaying Formation. 〔Notes:According to *International Code of Botanical Nomenclature* (*Vienna Code*) article 37. 2,from the year 1958,the holotype type specimen should be unique〕

△*Scytophyllum hunanense* Meng,1995

1995　Meng Fansong and others,p. 23,pl. 4,fig. 13;pl. 5,figs. 1,2,10;pl. 6,fig. 2;fern-like leaves;Reg. No.:DBP91001,DBP91002 — DBP91004,DBP91006;Holotype:DBP91001 (pl. 4,fig. 13);Paratypes:DBP91002—DBP91004,DBP91006 (pl. 5,figs. 1,2,10;pl. 6, fig. 2);Repository:Yichang Institute of Geology and Mineral Resources;Furongqiao of Sangzhi,Hunan;Middle Triassic member 2 of Badong Formation. 〔Notes:According to *International Code of Botanical Nomenclature* (*Vienna Code*) article 37. 2,from the year 1958,the holotype type specimen should be unique〕

1995a Li Xingxue (editor-in-chief),pl. 65,fig. 9;fern-like leaf;Furongqiao of Sangzhi,Hunan; Middle Triassic member 2 of Badong Formation. (in Chinese)

1995b Li Xingxue (editor-in-chief),pl. 65,fig. 9;fern-like leaf;Furongqiao of Sangzhi,Hunan; Middle Triassic member 2 of Badong Formation. (in English)

1996b Meng Fansong,pl. 3,figs. 6—8;fern-like leaves;Furongqiao of Sangzhi,Hunan;Middle Triassic member 2 of Badong Formation.

2000　Meng Fansong and others,p. 54,pl. 15,figs. 1—3;pl. 16,fig. 2;pl. 17,fig. 14;fern-like leaves;Furongqiao of Sangzhi,Hunan;Middle Triassic member 2 of Badong Formation.

△*Scytophyllum kuqaense* Wu et Zhou,1990

1990　Wu Shunqing,Zhou Hanzhong, pp. 452,457,pl. 3,figs. 1—2a,5,5a;fern-like leaves; Col. No.:Q120,Q121,Q123;Reg. No.:PB14037—PB14039;Syntype 1:PB14038 (pl. 3, fig. 2);Syntype 2:PB14039 (pl. 3,fig. 5);Repository:Nanjing Institute of Geology and Palaeontology,Chinese Academy of Sciences;Kuqa,Xinjiang;Early Triassic Ehuobulake Formation. 〔Notes:According to *International Code of Botanical Nomenclature* (*Vienna Code*) article 37. 2,from the year 1958,the holotype type specimen should be unique; This specimen lately was referred as *Aipteridium kuqaense* (Wu et Zhou) Wu et Zhou (Wu Shunqing,Zhou Hanzhong,1996)〕

△*Scytophyllum obovatifolium* Li et He,1986

1986　Li Peijuan,He Yuanliang,p. 281,pl. 5,figs. 1—3a;pl. 6,fig. 5;pl. 9,figs. 2(?),3;fern-like leaves;Col. No.:IP3H12-3;Reg. No.:PB10872 — PB10874,PB10886,PB10889; Holotype:PB10872 (pl. 5,fig. 1);Repository:Nanjing Institute of Geology and Palaeontology, Chinese Academy of Sciences; Babaoshan of Dulan, Qinghai; Late Triassic Lower Rock Formation of Babaoshan Group.

△*Scytophyllum wuziwanensis* (**Huang et Zhou**)

[Notes: The name *Scytophyllum wuziwanensis* (Huang et Zhou) is applied by Li Xingxue and others (1995a, 1995b)]

1976   *Aipteris wuziwanensis* Chow et Huang, Chow Huiqin and others, p. 208, pl. 113, fig. 2; pl. 114, fig. 3B; pl. 118, fig. 4; fern-like leaves; Wuziwan of Jungar Banner, Inner Mongolia; Middle Triassic upper part of Ermaying Formation.

1980   *Aipteris wuziwanensis* Huang et Chow, Huang Zhigao, Zhou Huiqin, p. 89, pl. 3, fig. 6; pl. 5, figs. 2—3a; fern-like leaves; Wuziwan of Jungar Banner, Inner Mongolia; Middle Triassic upper part of Ermaying Formation. (Notes: The type specimen was not designated in the original paper)

1995a   Li Xingxue (editor-in-chief), pl. 66, fig. 1; fern-like leaf; Wuziwan of Jungar Banner, Inner Mongolia; Middle Triassic upper part of Ermaying Formation. (in Chinese)

1995b   Li Xingxue (editor-in-chief), pl. 66, fig. 1; fern-like leaf; Wuziwan of Jungar Banner, Inner Mongolia; Middle Triassic upper part of Ermaying Formation. (in English)

Scytophyllum spp.

1990b   *Scytophyllum* sp, Wang Ziqiang, Wang Lixin, p. 309, pl. 7, figs. 1—3; fern-like leaves; Manshui of Qinxian, Shanxi; Early Triassic base part of Ermaying Formation.

1995   *Scytophyllum* sp. 1, Meng Fansong and others, pl. 5, fig. 11; cycadophyte leaf; Furongqiao of Sangzhi, Hunan; Middle Triassic member 2 of Badong Formation.

1995   *Scytophyllum* sp. 2, Meng Fansong and others, pl. 6, fig. 3; cycadophyte leaf; Furongqiao of Sangzhi, Hunan; Middle Triassic member 2 of Badong Formation.

1996a   *Scytophyllum* sp., Meng Fansong, pl. 1, fig. 6; fern-like leaf; Hongjiaguan of Sangzhi, Hunan; Middle Triassic member 4 of Badong Formation.

1996b   *Scytophyllum* sp. 1, Meng Fansong, pl. 3, fig. 1; fern-like leaf; Furongqiao of Sangzhi, Hunan; Middle Triassic member 2 of Badong Formation.

1996b   *Scytophyllum* sp. 2, Meng Fansong, pl. 4, fig. 10; fern-like leaf; Hongjiaguan of Sangzhi, Hunan; Middle Triassic member 4 of Badong Formation.

2000   *Scytophyllum* sp. 1, Meng Fansong and others, p. 54, pl. 16, fig. 1; fern-like leaf; Furongqiao of Sangzhi, Hunan; Middle Triassic member 2 of Badong Formation.

2000   *Scytophyllum* sp. 2, Meng Fansong and others, p. 55, pl. 16, fig. 7; fern-like leaf; Hongjiaguan of Sangzhi, Hunan; Middle Triassic member 4 of Badong Formation.

△Genus *Sinoctenis* Sze, 1931

1931   Sze H C, p. 14.

1963   Sze H C, Lee H H and others, p. 207.

1970   Andrews, p. 197.

1993a　Wu Xiangwu,pp. 33,234.

1993b　Wu Xiangwu,pp. 502,518.

Type species:*Sinoctenis grabauiana* Sze,1931

Taxonomic status:Cycadopsida

△*Sinoctenis grabauiana* Sze,1931

1931　Sze H C,p. 14,pl. 2,fig. 1;pl. 4,fig. 2;cycadophyte leaves;Pingxiang,Jiangxi;Early Jurassic (Lias).

1963　Sze H C,Lee H H and others,p. 207,pl. 68,figs. 2,3;cycadophyte leaves;Pingxiang, Jiangxi;Late Triassic Anyuan Formation(?).

1968　*Fossil Atlas of Mesozoic Coal-bearing Strata in Kiangsi and Hunan Provinces*,p. 63, pl. 27,fig. 2;cycadophyte leaf;Pingxiang,Jiangxi;Late Triassic Anyuan Formation; Yongshanqiao of Leping,Jiangxi;Late Triassic Jingkengshan Member of Anyuan Formation.

1970　Andrews,p. 197.

1977　Feng Shaonan and others,p. 234,pl. 93,figs. 7,8;cycadophyte leaves;Donggong of Nanzhang,Hubei;Late Triassic Lower Coal Formation of Hsiangchi Group.

1982　Wang Guoping and others,p. 274,pl. 126,fig. 1;cycadophyte leaf;Yongshanqiao of Leping and Pingxiang,Jiangxi;Late Triassic Anyuan Formation.

1993a　Wu Xiangwu,pp. 33,234.

1993b　Wu Xiangwu,pp. 502,518.

△*Sinoctenis aequalis* Meng,1991

1991　Meng Fansong,p. 72,pl. 2,figs. 1—2a;cycadophyte leaves;Reg. No.:P87001,P87002; Holotype:P87001 (pl. 2,fig. 1);Repository:Yichang Institute of Geology and Mineral Resources;Chenjiawan in Donggong of Nanzhang,Hubei;Late Triassic Jiuligang Formation.

△*Sinoctenis*? *anomozamioides* Yang,1978

1978　Yang Xianhe,p. 522,pl. 189,figs. 3,3a;cycadophyte leaf;No.:Sp0158;Holotype:Sp0158 (pl. 189,fig. 3);Repository:Chengdu Institute of Geology and Mineral Resources; Baimiao in Houba of Jiangyou,Sichuan;Early Jurassic Baitianba Formation.

△*Sinoctenis*? *brevis* Wu,1968

1968　Wu Shunching,in *Fossil Atlas of Mesozoic Coal-bearing Strata in Kiangsi and Hunan Provinces*, p. 64, pl. 28, fig. 1a; cycadophyte leaf; Pingxiang, Jiangxi; Late Triassic Anyuan Formation;Yongshanqiao of Leping,Jiangxi;Late Triassic Jingkengshan Member of Anyuan Formation.

△*Sinoctenis calophylla* Wu et Lih,1968

1968　Wu Shunching,Lih Baoxian,in *Fossil Atlas of Mesozoic Coal-bearing Strata in Kiangsi and Hunan Provinces*,p. 63,pl. 22,fig. 2;pl. 25,fig. 2;pl. 26,figs. 1—6;pl. 27,fig. 1;pl. 33,figs. 4—6;cycadophyte leaves and cuticles;Pingxiang,Jiangxi;Late Triassic Anyuan Formation;Yongshanqiao of Leping, Jiangxi; Late Triassic Jingkengshan Member of

Anyuan Formation. (Notes: The type specimen was not designated in the original paper)

1974a Lee P C and others, p. 359, pl. 192, figs. 1 — 5; cycadophyte leaves; Cifengchang of Pengxian, Sichuan; Late Triassic Hsuchiaho Formation.

1976 Lee P C and others, p. 125, pl. 35, figs. 1, 2; pl. 47, figs. 1 — 8; cycadophyte leaves; Yipinglang of Lufeng, Yunnan; Late Triassic Ganhaizi Member of Yipinglang Formation.

1977 Feng Shaonan and others, p. 234, pl. 93, figs. 2 — 4; cycadophyte leaves; Liaoyuan of Liuyang, Hunan; Late Triassic Anyuan Formation; Qujiang and Lechang, Guangdong; Late Triassic Siaoping Formation.

1978 Chen Qishi and others, pl. 1, fig. 7; cycadophyte leaf; Wuzao of Yiwu, Zhejiang; Late Triassic Wuzao Formation.

1978 Yang Xianhe, p. 523, pl. 163, fig. 4; cycadophyte leaf; Taiping of Dayi, Sichuan; Late Triassic Hsuchiaho Formation.

1978 Zhou Tongshun, p. 113, pl. 24, fig. 8; cycadophyte leaf; Longjing of Wuping, Fujian; Late Triassic Dakeng Formation.

1980 He Dechang, Shen Xiangpeng, p. 20, pl. 6, fig. 1; pl. 8, fig. 7; cycadophyte leaves; Tanshanpo of Youxian, Hunan; Late Triassic Anyuan Formation; Hongweikeng of Qujiang, Guangdong; Late Triassic.

1980 Wu Shunqing and others, p. 78, pl. 3, figs. 10, 11; cycadophyte leaves; Zhengjiahe of Xingshan, Hubei; Late Triassic Shazhenxi Formation.

1982 Duan Shuying, Chen Ye, p. 505, pl. 12, figs. 5, 6; cycadophyte leaves; Tongshuba of Kaixian and Cifengchang of Pengxian, Sichuan; Late Triassic Hsuchiaho Formation.

1982 Li Peijuan, Wu Xiangwu, p. 52, pl. 8, fig. 3; pl. 9, fig. 4; pl. 21, figs. 3, 3a; cycadophyte leaves; Daocheng area, Sichuan; Late Triassic Lamaya Formation.

1982 Liu Zijin, p. 131, pl. 69, figs. 1, 2; pl. 72, fig. 3; cycadophyte leaves; Xiangdongzi of Zhenba, Shaanxi; Late Triassic Hsuchiaho Formation.

1982 Wang Guoping and others, p. 274, pl. 123, fig. 4; cycadophyte leaf; Youluo of Fengcheng and Yongshanqiao of Leping, Jiangxi; Late Triassic Anyuan Formation; Longjing of Wuping, Fujian; Late Triassic Wenbinshan Formation.

1982b Wu Xiangwu, p. 94, pl. 7, fig. 4B; pl. 17, fig. 1; pl. 18, fig. 3; cycadophyte leaves; Gonjo area, Tibet; Late Triassic upper member of Bagong Formation.

1982 Yang Xianhe, p. 483, pl. 11, fig. 3; cycadophyte leaf; Hulukou of Weiyuan, Sichuan; Late Triassic Hsuchiaho Formation.

1982 Zhang Caifan, p. 535, pl. 356; figs. 12, 12a; cycadophyte leaf; Liaoyuan of Liuyang, Hunan; Late Triassic Anyuan Formation.

1983 Duan Shuying and others, pl. 10, figs. 1, 2; cycadophyte leaves; Beiluoshan of Ninglang, Yunnan; Late Triassic.

1983 Ju Kuixiang and others, p. 124, pl. 3, fig. 3; cycadophyte leaf; Fanjiatang in Longtan of Nanjing, Jiangsu; Late Triassic Fanjiatang Formation.

1984 Chen Gongxin, p. 602, pl. 259, fig. 3; cycadophyte leaf; Gengjiahe of Xingshan, Hubei; Late Triassic Shazhenxi Formation.

1986b Chen Qishi, p. 10, pl. 5, figs. 6 — 9; cycadophyte leaves; Wuzao of Yiwu, Zhejiang; Late

Triassic Wuzao Formation.

1986   Ye Meina and others,p. 53,pl. 35,figs. 1,2,6,6a;cycadophyte leaves;Binlang and Jinwo in Tieshan of Daxian,Sichuan;Late Triassic member 7 of Hsuchiaho Formation.

1987   Chen Ye and others,p. 115,pl. 31,figs. 3,4;cycadophyte leaves;Qinghe of Yanbian, Sichuan;Late Triassic Hongguo Formation.

1988   Wu Shunqing and others,p. 106,pl. 1,figs. 3,5,8;cycadophyte leaves;Changshu,Jiangsu;Late Triassic Fanjiatang Formation.

1992   Huang Qisheng,pl. 19,fig. 1;cycadophyte leaf;Tieshan of Daxian,Sichuan;Late Triassic member 7 of Hsuchiaho Formation.

1993   Wang Shijun,p. 37,pl. 13,fig. 10;pl. 14,figs. 20,21;pl. 36,figs. 1－3;cycadophyte leaves and cuticles;Guanchun and Ankou of Lechang,Guangdong;Late Triassic Genkou Group.

1999b   Wu Shunqing,p. 35,pl. 26,figs. 3,4;pl. 27,figs. 1,2,4－8;pl. 28,fig. 4;pl. 48,figs. 4, 4a;pl. 49,figs. 1,1a;pl. 50,fig. 1;cycadophyte leaves and cuticles;Wanyuan, Cifengchang of Pengxian and Jinxi of Wangcang,Sichuan;Late Triassic Hsuchiaho Formation.

2000   Yao Huazhou and others,pl. 2,fig. 3;cycadophyte leaf;Xionglong of Xinlong,Sichuan; Late Triassic Lamaya Formation.

△*Sinoctenis guangyuanensis* Yang,1978

1978   Yang Xianhe,p. 523,pl. 178,fig. 5;cycadophyte leaf;No.：Sp0104;Holotype：Sp0104 (pl. 178,fig. 5);Repository：Chengdu Institute of Geology and Mineral Resources; Hsuchiaho (Xujiahe) of Guangyuan,Sichuan;Late Triassic Hsuchiaho Formation.

△*Sinoctenis macrophylla* Liu (MS) ex Feng et al.,1977

1977   Feng Shaonan and others,p. 234,pl. 93,fig. 5;cycadophyte leaf;Yingde,Guangdong; Late Triassic Siaoping Formation.

△*Sinoctenis minor* Feng,1977

1977   Feng Shaonan and others,p. 235,pl. 93,fig. 1;cycadophyte leaf;No.：P25265;Holotype： P25265 (pl. 93,fig. 1);Repository：Hubei Institute of Geological Sciences;Donggong of Nanzhang,Hubei;Late Triassic Lower Coal Formation of Hsiangchi Group.

1980   Zhang Wu and others,p. 268,pl. 103,figs. 1,1a;cycadophyte leaf;Laohugou of Lingyuan,Liaoning;Late Triassic Laohugou Formation.

1982   Zhang Wu,p. 189,pl. 1,figs. 12,12a;cycadophyte leaf;Lingyuan,Liaoning;Late Triassic Laohugou Formation.

1984   Chen Gongxin,p. 602,pl. 259,fig. 4;cycadophyte leaf;Donggong of Nanzhang,Hubei; Late Triassic Jiuligang Formation.

△*Sinoctenis pterophylloides* Yang,1978

1978   Yang Xianhe,p. 524,pl. 179,fig. 1;cycadophyte leaf;No.：Sp0107;Holotype：Sp0107 (pl. 179,fig. 1);Repository：Chengdu Institute of Geology and Mineral Resources; Shuanghe of Changning,Sichuan;Late Triassic Hsuchiaho Formation.

1987   Chen Ye and others,p. 116,pl. 30,figs. 2,3;pl. 31,fig. 2;cycadophyte leaves;Qinghe of

Yanbian, Sichuan; Late Triassic Hongguo Formation.

△*Sinoctenis pulcella* Ye, 1979

1979　Ye Meina, p. 78, pl. 2, figs. 5—5b; cycadophyte leaf; Reg. No.: PB7489; Repository: Nanjing Institute of Geology and Palaeontology, Chinese Academy of Sciences; Ma'antang of Jiangyou, Sichuan; Middle Triassic Tianjingshan Formation.

△*Sinoctenis shazhenxiensis* Li, 1980

1980　Li Baoxian, in Wu Shunqing and others, p. 79, pl. 4, figs. 1—2a; cycadophyte leaves; Col. No.: ACG-221; Reg. No.: PB6695, PB6696; Holotype: PB6695 (pl. 4, fig. 1); Repository: Nanjing Institute of Geology and Palaeontology, Chinese Academy of Sciences; Shazhenxi of Zigui, Hubei; Late Triassic Shazhenxi Formation.

1984　Chen Gongxin, p. 602, pl. 255, fig. 3; cycadophyte leaf; Shazhenxi of Zigui, Hubei; Late Triassic Shazhenxi Formation.

△*Sinoctenis stenorachis* Duan et Zhang, 1987

1987　Duan Shuying, Zhang Yuchang, in Chen Ye and others, pp. 116, 156, pl. 30, fig. 4; cycadophyte leaf; No.: No. 7483; Repository: Department of Palaeobotany, Institute of Botany, the Chinese Academy of Sciences; Qinghe of Yanbian, Sichuan; Late Triassic Hongguo Formation.

△*Sinoctenis venulosa* Wu, 1966

1966　Wu Shunching, pp. 237, 240, pl. 2, figs. 5, 5a; cycadophyte leaf; Reg. No.: PB3873; Repository: Nanjing Institute of Geology and Palaeontology, Chinese Academy of Sciences; Longtoushan of Anlong, Guizhou; Late Triassic.

1978　Zhang Jihui, p. 483, pl. 162, fig. 7; cycadophyte leaf; Anlong, Guizhou; Late Triassic.

△*Sinoctenis yuannanensis* Lee, 1976

1976　Lee P C and others, p. 125, pl. 36, figs. 1, 4; pl. 37, figs. 1—3; cycadophyte leaves; Reg. No.: PB5392, PB5393, PB5396—PB5398; Holotype: PB5392 (pl. 36, fig. 4); Repository: Nanjing Institute of Geology and Palaeontology, Chinese Academy of Sciences; Yipinglang of Lufeng, Yunnan; Late Triassic Ganhaizi Member of Yipinglang Formation.

1983　Duan Shuying and others, pl. 10, fig. 3; cycadophyte leaf; Beiluoshan of Ninglang, Yunnan; Late Triassic.

1986a　Chen Qishi, p. 450, pl. 3, figs. 4, 17; cycadophyte leaves; Chayuanli of Quxian, Zhejiang; Late Triassic Chayuanli Formation.

1987　Chen Ye and others, pp. 116, 156, pl. 31, fig. 1; pl. 32, figs. 1, 2; cycadophyte leaves; Qinghe of Yanbian, Sichuan; Late Triassic Hongguo Formation.

1989　Mei Meitang and others, p. 105, pl. 51, fig. 2; cycadophyte leaf; South China; Late Triassic.

1993　Wang Shijun, p. 37, pl. 12, fig. 9; pl. 13, fig. 3; pl. 15, figs. 4, 5; cycadophyte leaves; Guanchun of Lechang, Guangdong; Late Triassic Genkou Group.

1995a　Li Xingxue (editor-in-chief), pl. 77, fig. 1; cycadophyte leaf; Yipinglang of Lufeng, Yunnan; Late Triassic Yipinglang Formation. (in Chinese)

1995b　Li Xingxue (editor-in-chief), pl. 77, fig. 1; cycadophyte leaf; Yipinglang of Lufeng, Yunnan;Late Triassic Yipinglang Formation. (in English)

△*Sinoctenis zhonghuaensis* **Yang,1978**

1978   Yang Xianhe,p. 523,pl. 179,figs. 2—3a;cycadophyte foliage;No.:Sp0064,Sp0108;Syntype 1:Sp0064 (pl. 179, fig. 2);Syntype 2:Sp0108 (pl. 179, figs. 3,3a);Repository: Chengdu Institute of Geology and Mineral Resources;Shazi of Xiangcheng,Sichuan;Late Triassic Lamaya Formation. [Notes:According to *International Code of Botanical Nomenclature (Vienna Code)* article 37.2,from the year 1958,the holotype type specimen should be unique]

1982   Yang Xianhe,p. 483,pl. 11,fig. 3;cycadophyte leaf;Hulukou of Weiyuan,Sichuan;Late Triassic Hsuchiaho Formation.

Sinoctenis **spp.**

1987   *Sinoctenis* sp. 1,Chen Ye and others,p. 117,pl. 33,fig. 1;cycadophyte leaf;Qinghe of Yanbian,Sichuan;Late Triassic Hongguo Formation.

1987   *Sinoctenis* sp. 2,Chen Ye and others,p. 117,pl. 21,fig. 2;pl. 23,fig. 1;cycadophyte leaves;Qinghe of Yanbian,Sichuan;Late Triassic Hongguo Formation.

1999b *Sinoctenis* sp.,Wu Shunqing,p. 35,pl. 27,fig. 3;pl. 44,fig. 4;cycadophyte leaves;Wanxin Coal Mine of Wanyuan,Sichuan;Late Triassic Hsuchiaho Formation.

Sinoctenis? **spp.**

1976   *Sinoctenis*? sp., Lee P C and others, p. 126, pl. 35, figs. 3, 3a; cycadophyte leaf; Mahuangjing of Xiangyun, Yunnan; Late Triassic Huaguoshan Member of Xiangyun Formation.

1982b *Sinoctenis*? sp.,Wu Xiangwu,p. 95,pl. 18,fig. 4;pl. 20,fig. 2;cycadophyte leaves;Gonjo area,Tibet;Late Triassic upper member of Bagong Formation.

? *Sinoctenis* **sp.**

1984   ? *Sinoctenis* sp.,Gu Daoyuan,p. 150,pl. 75,fig. 3;cycadophyte leaf;Oytaq of Akto,Xinjiang;Early Jurassic Kangsu Formation.

Genus *Sinozamites* **Sze,1956**

1956a Sze H C,pp. 46,150.

1963   Sze H C,Lee H H and others,p. 207.

1993a Wu Xiangwu,pp. 35,235.

1993b Wu Xiangwu,pp. 501,518.

Type species:*Sinozamites leeiana* Sze,1956

Taxonomic status:Cycadopsida

△*Sinozamites leeiana* **Sze,1956**

1956a Sze H C,pp. 47,151,pl. 39,figs. 1—3;pl. 50,fig. 4;pl. 53,fig. 5;cycadophyte leaves; Reg. No.:PB2447—PB2450;Repository:Nanjing Institute of Geology and Palaeontology, Chinese Academy of Sciences; Huangcaowan in Xingshuping of Yijun, Shaanxi; Late Triassic upper part of Yenchang Formation.

1963　Lee H H and others, p. 127, pl. 95, fig. 1; cycadophyte leaf; Northwest China; Late Triassic.

1963　Sze H C, Lee H H and others, p. 208, pl. 69, figs. 5, 6; cycadophyte leaves; Xingshuping of Yijun, Shaanxi; Late Triassic Yenchang Group.

1993a　Wu Xiangwu, pp. 35, 235.

1993b　Wu Xiangwu, pp. 501, 518.

1995a　Li Xingxue (editor-in-chief), pl. 72, figs. 1, 2; cycadophyte leaves; Xingshuping of Yijun, Shaanxi; Late Triassic upper part of Yenchang Formation. (in Chinese)

1995b　Li Xingxue (editor-in-chief), pl. 72, figs. 1, 2; cycadophyte leaves; Xingshuping of Yijun, Shaanxi; Late Triassic upper part of Yenchang Formation. (in English)

2000　Yao Huazhou and others, pl. 2, fig. 4; cycadophyte leaf; Xionglong of Xinlong, Sichuan; Late Triassic Lamaya Formation.

△*Sinozamites hubeiensis* Chen G X, 1984

1984　Chen Gongxin, p. 602, pl. 256, figs. 2—3b; cycadophyte leaves; Reg. No.: EP417, EP431; Repository: Geological Bureau of Hubei Province; Fenshuiling of Jingmen, Hubei; Late Triassic Jiuligang Formation. (Notes: The type specimen was not designated in the original paper)

△*Sinozamites magnus* Zhang, 1980

1980　Zhang Wu and others, p. 280, pl. 110, figs. 3—6; cycadophyte leaves; Reg. No.: D424—D426; Repository: Shenyang Institute of Geology and Mineral Resources; Linjiawaizi of Benxi, Liaoning; Middle Triassic Linjia Formation. (Notes: The type specimen was not designated in the original paper)

△*Sinozamites myrioneurus* Zhang et Zheng, 1983

1983　Zhang Wu, Zheng Shaolin, in Zhang Wu and others, p. 80, pl. 4, figs. 1—4; cycadophyte leaves; No.: LMP2090-1—LMP2090-4; Repository: Shenyang Institute of Geology and Mineral Resources; Linjiawaizi of Benxi, Liaoning; Middle Triassic Linjia Formation. (Notes: The type specimen was not designated in the original paper)

Sinozamites sp.

1990　*Sinozamites* sp., Wu Shunqing, Zhou Hanzhong, p. 453, pl. 4, fig. 9; cycadophyte leaf; Kuqa, Xinjiang; Early Triassic Ehuobulake Formation.

Sinozamites? spp.

1976　*Sinozamites*? sp., Chow Huiqin and others, p. 210, pl. 115, fig. 4; cycadophyte leaf; Wuziwan of Jungar Banner, Inner Mongolia; Middle Triassic upper part of Ermaying Formation.

1980　*Sinozamites*? sp., Huang Zhigao, Zhou Huiqin, p. 96, pl. 4, fig. 1; cycadophyte leaf; Wuziwan of Jungar Banner, Inner Mongolia; Middle Triassic upper part of Ermaying Formation.

Genus *Sphenozamites* (Brongniart) Miquel, 1851

1851   Miquel, p. 210.

1949   Sze H C, p. 25.

1963   Sze H C, Lee H H and others, p. 203.

1993a   Wu Xiangwu, p. 140.

Type species: *Sphenozamites beani* (Lindely et Hutton) Miquel, 1851

Taxonomic status: Cycadopsida

Sphenozamites beani (Lindely et Hutton) Miquel, 1851

1832 (1831—1837)   *Cyclopteris beani* Lindley et Hutton, p. 127, pl. 44; cycadophyte leaf; Gristhorpe Bay of Yorkshire, England; Jurassic.

1851   Miquel, p. 210; cycadophyte leaf; Gristhorpe Bay, Yorkshire, England; Jurassic.

1993a   Wu xiangwu, p. 140.

△*Sphenozamites changi* Sze, 1956

1956a   Sze H C, pp. 43, 149, pl. 36, figs. 1, 2; pl. 37, figs. 1—5; pl. 38, figs. 1—3; cycadophyte leaves; Reg. No.: PB2435—PB2444; Repository: Nanjing Institute of Geology and Palaeontology, Chinese Academy of Sciences; Xingshuping of Yijun, Shaanxi; Late Triassic upper part of Yenchang Formation.

1963   Lee H H and others, p. 126, pl. 92, fig. 3; cycadophyte leaf; Northwest China; Late Triassic.

1963   Sze H C, Lee H H and others, p. 204, pl. 106, fig. 4; cycadophyte leaf; Xingshuping of Yijun, Shaanxi; Late Triassic upper part of Yenchang Group.

1985   Meng Fansong, p. 29, pl. 2, figs. 4, 5; cycadophyte leaves; Chenjiawan in Donggong of Nanzhang, Hubei; Late Triassic Jiuligang Formation.

1995a   Li Xingxue (editor-in-chief), pl. 72, fig. 4; cycadophyte leaf; Xingshuping of Yijun, Shaanxi; Late Triassic upper part of Yenchang Formation. (in Chinese)

1995b   Li Xingxue (editor-in-chief), pl. 72, fig. 4; cycadophyte leaf; Xingshuping of Yijun, Shaanxi; Late Triassic upper part of Yenchang Formation. (in English)

Sphenozamites cf. *changi* Sze

1977   Feng Shaonan and others, p. 233, pl. 92, figs. 1, 2; cycadophyte leaves; Donggong of Nanzhang, Hubei; Late Triassic Lower Coal Formation of Hsiangchi Group.

Sphenozamites cf. *S. changi* Sze

1993   Mi Jiarong and others, p. 122, pl. 30, fig. 6; cycadophyte leaf; Daanshan of West Hill, Beijing; Late Triassic Xingshikou Formation.

△*Sphenozamites donggongensis* Meng, 1985

1985   Meng Fansong, p. 27, pl. 1, figs. 1, 2; cycadophyte leaves; Reg. No.: PT81032, PT81033; Syntype 1: PT81032 (pl. 1, fig. 1); Syntype 2: PT81033 (pl. 1, fig. 2); Repository:

Yichang Institute of Geology and Mineral Resources; Donggong of Nanzhang, Hubei; Late Triassic Jiuligang Formation. [Notes: According to *International Code of Botanical Nomenclature* (*Vienna Code*) article 37. 2, from the year 1958, the holotype type specimen should be unique]

△*Sphenozamites*? *drepanoides* Li, 1980

1980   Li Baoxian, in Wu Shunqing and others, p. 79, pl. 4, figs. 3—4a; cycadophyte leaves; Col. No.: ACG-221; Reg. No.: PB6697, PB6698; Holotype: PB6698 (pl. 4, fig. 4); Repository: Nanjing Institute of Geology and Palaeontology, Chinese Academy of Sciences; Shazhenxi of Zigui, Hubei; Late Triassic Shazhenxi Formation.

1984   Chen Gongxin, p. 600, pl. 255, figs. 1, 2; cycadophyte leaves; Shazhenxi of Zigui, Hubei; Late Triassic Shazhenxi Formation.

△*Sphenozamites evidens* Meng, 1985

1985   Meng Fansong, p. 28, pl. 2, figs. 1, 2; cycadophyte leaves; Reg. No.: PT81036, PT81037; Syntype 1: PT81036 (pl. 2, fig. 1); Syntype 2: PT81037 (pl. 2, fig. 2); Repository: Yichang Institute of Geology and Mineral Resources; Chenjiawan in Donggong of Nanzhang, Hubei; Late Triassic Jiuligang Formation. [Notes: According to *International Code of Botanical Nomenclature* (*Vienna Code*) article 37. 2, from the year 1958, the holotype type specimen should be unique]

△*Sphenozamites fenshuilingensis* Meng, 1985

1985   Meng Fansong, p. 27, pl. 1, fig. 4; cycadophyte leaf; Reg. No.: PT81030; Holotype: PT81030 (pl. 1, fig. 4); Repository: Yichang Institute of Geology and Mineral Resources; Fenshuiling of Jingmen and Donggong of Nanzhang, Hubei; Late Triassic Jiuligang Formation.

△*Sphenozamites hunanensis* Chow, 1968

1968   Chow Tseyen, in *Fossil Atlas of Mesozoic Coal-bearing Strata in Kiangsi and Hunan Provinces*, p. 74, pl. 31, fig. 1; pl. 32, fig. 1; cycadophyte leaves; Chengtanjiang of Liuyang, Hunan; Late Triassic Zijiachong Member of Anyuan Formation. (Notes: The type specimen was not designated in the original paper)

1977   Feng Shaonan and others, p. 234, pl. 92, figs. 4, 5; cycadophyte leaves; Chengtanjiang of Liuyang, Hunan; Late Triassic Anyuan Formation; Qujiang, Guangdong; Late Triassic Siaoping Formation.

1980   He Dechang, Shen Xiangpeng, p. 26, pl. 7, fig. 1; cycadophyte leaf; Hongweikeng of Qujiang, Guangdong; Late Triassic.

1982   Zhang Caifan, p. 535, pl. 355, fig. 9; cycadophyte leaf; Chengtanjiang of Liuyang, Hunan; Late Triassic Anyuan Formation.

△*Sphenozamites jingmenensis* Chen G X, 1984

1984   Chen Gongxin, p. 600, pl. 256, figs. 4, 5; cycadophyte leaves; Reg. No.: EP411, EP412; Repository: Geological Bureau of Hubei Province; Fenshuiling of Jingmen and Donggong of Nanzhang, Hubei; Late Triassic Jiuligang Formation. (Notes: The type specimen was not designated in the original paper)

Sphenozamites marionii **Counillon,1914**

1914　Counillon,p. 7,pl. 3,figs. 5,5a;cycadophyte leaf;Hong Gai,Vietnam;Late Triassic.

Sphenozamites **cf.** *marionii* **Counillon**

1979　He Yuanliang and others,p. 150,pl. 71,fig. 6;pl. 73,fig. 2;cycadophyte leaves;Yangkang of Tianjun,Qinghai;Late Triassic Mole Group.

△*Sphenozamites nanzhangensis* **(Feng) Chen G X,1984**

1977　*Drepanozamite nanzhangensis* Feng,Feng Shaonan and others,p. 235,pl. 94,fig. 1;cycadophyte leaf;Donggong of Nanzhang,Hubei;Late Triassic Lower Coal Formation of Hsiangchi Group.

1984　Chen Gongxin,p. 600,pl. 257,figs. 1,2;cycadophyte leaves;Fenshuiling of Jingmen and Donggong of Nanzhang,Hubei;Late Triassic Jiuligang Formation.

△*Sphenozamites rhombifolius* **Meng,1985**

1985　Meng Fansong,p. 28,pl. 2,fig. 3;cycadophyte leaf;Reg. No.:PT81034;Holotype:PT81034 (pl. 2,fig. 3);Repository:Yichang Institute of Geology and Mineral Resources;Chenjiawan in Donggong of Nanzhang,Hubei;Late Triassic Jiuligang Formation.

△*Sphenozamites yunjenensis* **Hsu et Tuan,1974**

1974　Hsu J,Duan Shuying,in Hsu J and others,p. 274,pl. 7,fig. 1;cycadophyte leaf;No.:No. 751;Repository:Institute of Botany, the Chinese Academy of Sciences; Huashan of Yongren,Yunnan;Late Triassic middle-upper part of Daqiaodi Formation.

1979　Hsu J and others,p. 65,pl. 69,fig. 1;cycadophyte leaf;Huashan of Baoding,Sichuan;Late Triassic middle-upper part of Daqiaodi Formation.

1984　Chen Gongxin,p. 601,pl. 256,fig. 1;cycadophyte leaf;Fenshuiling of Jingmen,Hubei;Late Triassic Jiuligang Formation.

Sphenozamites **cf.** *yunjenensis* **Hsu et Tuan**

1987　Chen Ye and others,p. 115,pl. 28,figs. 3,4;cycadophyte leaves;Qinghe of Yanbian,Sichuan;Late Triassic Hongguo Formation.

Sphenozamites **spp.**

1949　*Sphenozamites* sp.,Sze H C,p. 25;cycadophyte leaf;Chenjiawan in Donggong of Nanzhang,Hubei;Early Jurassic Hsiangchi Coal Series.

1963　*Sphenozamites* sp.,Sze H C,Lee H H and others,p. 205;cycadophyte leaf;Chenjiawan in Donggong of Nanzhang,Hubei;Early Jurassic Hsiangchi Group.

1977　*Sphenozamites* sp.,Feng Shaonan and others,p. 234,pl. 92,fig. 3;cycadophyte leaf;Donggong of Nanzhang,Hubei;Late Triassic Lower Coal Formation of Hsiangchi Group.

1984　*Sphenozamites* sp.,Mi Jiarong and others,pl. 1,fig. 5;cycadophyte leaf;West Hill,Beijing;Late Triassic Xingshikou Formation.

1985　*Sphenozamites* sp., Meng Fansong, p. 29, pl. 1, fig. 3; cycadophyte leaf; Chenjiawan in Donggong of Nanzhang, Hubei; Late Triassic Jiuligang Formation.

1986a　*Sphenozamites* sp., Chen Qishi, p. 450, pl. 3, fig. 16; leaf; Chayuanli of Quxian, Zhejiang; Late Triassic Chayuanli Formation.

1993a　*Sphenozamites* sp., Wu Xiangwu, p. 140.

1995　*Sphenozamites* sp., Meng Fansong and others, pl. 8, fig. 7; cycadophyte leaf; Hongjiaguan of Sangzhi, Hunan; Middle Triassic member 2 of Badong Formation.

1996b　*Sphenozamites* sp., Meng Fansong, pl. 3, fig. 13; cycadophyte leaf; Hongjiaguan of Sangzhi, Hunan; Middle Triassic member 2 of Badong Formation.

2000　*Sphenozamites* sp., Meng Fansong and others, p. 57, pl. 16, fig. 6; cycadophyte leaf; Hongjiaguan of Sangzhi, Hunan; Middle Triassic member 2 of Badong Formation.

Sphenozamites? sp.

1993　*Sphenozamites*? sp., Wang Shijun, p. 47, pl. 14, fig. 3; cycadophyte leaf; Guanchun of Lechang, Guangdong; Late Triassic Genkou Group.

Genus *Spirangium* Schimper, 1870

1870 (1869—1874)　Schimper, p. 516.

1954　Sze H C, p. 318.

1993a　Wu Xiangwu, p. 140.

Type species: *Spirangium carbonicum* Schimper, 1870

Taxonomic status: Problematicum

Spirangium carbonicum Schimper, 1870

1870 (1869—1874)　Schimper, p. 516; problematic organism; Saxony, Germany; Late Carboniferous.

1993a　Wu Xiangwu, p. 140.

△*Spirangium sino-coreanum* Sze, 1954

1925　*Spirangium* sp., Kawasaki, p. 57, pl. 47, fig. 127; problematic organism; Dai Coal Mine of South Heiando, Korea; Early Jurassic.

1954　Sze H C, p. 318, pl. 1, fig. 1; problematic organism; Lingwu, Gansu; Early Jurassic; pl. 1, fig. 2 (=Kawasaki, 1925, p. 57, pl. 47, fig. 127).

1993a　Wu Xiangwu, p. 140.

Genus *Stenopteris* Saporta, 1872

1872 (1872a—1873b)　Saporta, p. 292.

1979　Hsu J, Chen Ye, in Hsu J and others, p. 41.

1993a　Wu Xiangwu, p. 142.

Type species: *Stenopteris desmomera* Saporta, 1872

Taxonomic status: Corystospermates, Pteridospermopsida

Stenopteris desmomera Saporta, 1872

1872 (1872a—1873b)　Saporta, p. 292, pl. 32, figs. 1, 2; pl. 33, fig. 1; Pteridospermae foliages; Morrestel of Lyon, France; Jurassic Kimmeridgian.

1993a　Wu Xiangwu, p. 142.

△*Stenopteris bifurcata* (Hsu et Chen) Hsu et Chen, 1979

[Notes: The specific name was referred as *Rhaphidopteris bifurcata* (Hsu et Chen) Chen et Jiao (Chen Ye, Jiao Yuehua, 1991)]

1974　*Sphenobaiera bifurcata* Hsu et Chen, Hsu J, Chen Ye, in Hsu J and others, p. 275, pl. 7, figs. 2—5; text-fig. 5; leaves; Nalajing of Yongren, Yunnan; Late Triassic middle-upper part of Daqiaodi Formation.

1979　Hsu J, Chen Ye, in Hsu J and others, p. 41, pl. 63, figs. 1—2a; pl. 70, figs. 5, 5a; text-fig. 15; leaves; Baoding, Sichuan; Late Triassic middle part of Daqiaodi Formation.

1992　Huang Qisheng, pl. 19, fig. 6; fern-like leaf; Yangjiaya of Guangyuan, Sichuan; Late Triassic member 3 of Hsuchiaho Formation.

1993a　Wu Xiangwu, p. 142.

Stenopteris dinosaarensis Harris, 1932

1932　Harris, p. 75, pl. 8, fig. 4; text-fig. 31; fern-like leaf and cuticle; Scoresby Sound, East Greenland; Early Jurassic *Thaumatopteris* Zone. [Notes: This specimen lately was referred as *Tharrisia dinosaurensis* (Harris) Zhou, Wu et Zhang (Zhou Zhiyan and others, 2001)]

1980　Huang Zhigao, Zhou Huiqin, p. 86, pl. 53, fig. 9; pl. 56, fig. 1; fern-like leaves; Dianerwan of Fugu, Shaanxi; Early Jurassic Fuxian Formation. [Notes: This specimen lately was referred as *Tharrisia dinosaurensis* (Harris) Zhou, Wu et Zhang (Zhou Zhiyan and others, 2001)]

1988　Li Peijuan and others, p. 77, pl. 53, figs. 1—2a; pl. 102, figs. 3—5; pl. 105, figs. 1, 2; fern-like leaves and cuticles; Dameigou of Da Qaidam, Qinghai; Early Jurassic *Ephedrites* Bed of Tianshuigou Formation. [Notes: This specimen lately was referred as *Tharrisia dinosaurensis* (Harris) Zhou, Wu et Zhang, 2001]

1995a　Li Xingxue (editor-in-chief), pl. 93, fig. 1; fern-like leaf; Dameigou of Da Qaidam, Qinghai; Early Jurassic Tianshuigou Formation. (in Chinese)

1995b　Li Xingxue (editor-in-chief), pl. 93, fig. 1; fern-like leaf; Dameigou of Da Qaidam, Qinghai; Early Jurassic Tianshuigou Formation. (in English)

△*Stenopteris gracilis* Wu, 1988

1988　Wu Xiangwu, in Li Peijuan and others, p. 78, pl. 53, figs. 3, 3a; pl. 102, figs. 1, 2; fern-like leaves and cuticles; Col. No.: 80DP₁F₂₈; Reg. No.: PB13510; Holotype: PB13510 (pl. 53, figs. 3, 3a); Repository: Nanjing Institute of Geology and Palaeontology, Chinese Academy of Sciences; Dameigou of Da Qaidam, Qinghai; Early Jurassic *Ephedrites* Bed of Tianshuigou Formation. [Notes: This specimen lately was referred as *Rhaphidopteris*

△*Stenopteris spectabilis* **Mi,Sun C,Sun Y,Cui,Ai et al.,1996** (in Chinese)

1996　Mi Jiarong,Sun Chunlin,Sun Yuewu,Cui Shangsen,Ai Yongliang and others,p. 101,pl. 12,figs. 1,7—9;text-fig. 5;fern-like leaves and cuticles;Reg. No.:BL2199;Holotype: BL2199 (pl. 12,fig. 9);Repository:Department of Geological History and Palaeotology, Changchun College of Geology;Taiji of Beipiao,Liaoning;Early Jurassic lower member of Beipiao Formation. [Notes:This specimen lately was referred as *Tharrisia pectabilis* (Mi et al.) Zhou,Wu et Zhang,2001]

Stenopteris virginica **Fontaine,1889**

1889　Fontaine,p. 112,pl. 21,fig. 1;leaf;North America;Early Cretaceous.

Stenopteris **cf.** *virginica* **Fontaine**

1980　Zhang Wu and others,p. 262,pl. 166,fig. 6;text-fig. 192;fern-like leaf;Mishan,Heilongjiang;Early Cretaceous Muling Formation.

Stenopteris williamsonii **(Brongniart) Harris,1964**

1828　*Sphenopteris williamsonii* Brongniart,p. 50;fern-like leaf;Yorkshire,England;Middle Jurassic.

1828　*Sphenopteris williamsonii* Brongniart,pl. 49,figs. 6—8;fern-like leaves;Yorkshire, England;Middle Jurassic.

1964　Harris,p. 147;text-figs. 59,60;fern-like leaves and cuticles;Yorkshire,England;Middle Jurassic.

Stenopteris **cf.** *williamsonii* **(Brongniart) Harris**

1984　Chen Fen and others,p. 50,pl. 19,fig. 4;fern-like leaf;Daanshan of West Hill,Beijing; Early Jurassic Lower Yaopo Formation.

Stenopteris **sp.**

1976　*Stenopteris* sp.,Lee P C and others,p. 118,pl. 31,figs. 9,10;fern-like leaves;Nuguishan of Simao,Yunnan;Early Cretaceous Mangang Formation.

△**Genus** *Tachingia* **Hu,1975**

1975　Hu Yufan,in Hsu J and others,p. 75.

1979　Hsu J and others,p. 71.

1993a　Wu Xiangwu,pp. 39,238.

1993b　Wu Xiangwu,pp. 507,519.

Type species:*Tachingia pinniformis* Hu,1975

Taxonomic status:Gymnospermae incertae sedis or Cycadopsida?

△*Tachingia pinniformis* **Hu,1975**

1975　Hu Yufan,in Hsu J and others,p. 75,pl. 5,figs. 1—4;fern-like leaves;No.:No. 801;Repository;Institute of Botany,the Chinese Academy of Sciences;Taipingchang of Dukou, Sichuan;Late Triassic base part of Daqiaodi Formation.

1979 Hsu J and others,p. 72,pl. 71,figs. 5,5b;fern-like leaf;Taipingchang of Dukou, Sichuan;Late Triassic lower part of Daqing Formation.

1993a Wu Xiangwu,pp. 39,238.

1993b Wu Xiangwu,pp. 507,519.

Genus *Taeniopteris* Brongniart,1832

1828 Brongniart,p. 62

1832(?) (1828—1838) Brongniart,p. 263.

1903 Zeiller,p. 292.

1963 Sze H C,Lee H H and others,p. 356.

1993a Wu Xiangwu,p. 145.

Type species:*Taeniopteris vittata* Brongniart,1832

Taxonomic status:Gymnospermae incertae sedis

Taeniopteris vittata Brongniart,1832

1832? (1828—1838) Brongniart,p. 263,pl. 82,figs. 1—4;leaves;Whitby,England;Jurassic.

1911 Seward,pp. 16,45,pl. 3,figs. 30,31;fern-like leaves;Kubuk River in Junggar (Dzungaria) Basin,Xinjiang;Early—Middle Jurassic.

1931 Gothan,Sze H C,p. 33,pl. 1,fig. 2;fern-like leaf;Chinesisch Turkestan, western Xinjiang;Jurassic. [Notes:This specimen lately was referred as Cf. *Nilssoniopteris vittata* (Brongniart) Florin (Sze H C,Lee H H and others,1963)]

1941 Stockmans,Mathieu,p. 43,pl. 4,figs. 4,4a;fern-like leaves;Liujiang, Hebei;Jurassic. [Notes:This specimen lately was referred as Cf. *Nilssoniopteris vittata* (Brongniart) Florin (Sze H C,Lee H H and others,1963)]

1954 Hsu J,p. 66,pl. 57,figs. 1,2;fern-like leaves;Baishigang of Dangyang,Hubei;Early—Middle Jurassic Hsiangchi Coal Series. [Notes:This specimen lately was referred as Cf. *Nilssoniopteris vittata* (Brongniart) Florin (Sze H C,Lee H H and others,1963)]

1993a Wu xiangwu,p. 145.

Taeniopteris vittata? Brongniart

1935 Toyama,Ôishi,p. 67,pl. 4,fig. 4;fern-like leaf;Jalai Nur,Inner Mongolia (Chalai-Nor of Hsing-An,Manchoukuo);Middle Jurassic. [Notes:This specimen lately was referred as Cf. *Nilssoniopteris vittata* (Brongniart) Florin (Sze H C,Lee H H and others,1963)]

Taeniopteris cf. *vittata* Brongniart

1958 Wang Longwen and others,p. 603,fig. 603;fern-like leaf;Xinjiang,Northeast China,Hebei,Hubei;Jurassic.

Taeniopteris abnormis Gutbier,1849

1835 Gutbier,p. 73,pl. 13,figs. 1—3. (MS)

1849   Gutbier, in Geinitz, Gutbier, p. 17, pl. 7, figs. 1, 2.

1976   Chow Huiqin and others, p. 211, pl. 118, fig. 2; leaf; Wuziwan of Jungar Banner, Inner Mongolia; Middle Triassic upper part of Ermaying Formation.

1980   Huang Zhigao, Zhou Huiqin, p. 112, pl. 7, fig. 4; leaf; Wuziwan of Jungar Banner, Inner Mongolia; Middle Triassic upper part of Ermaying Formation.

△*Taeniopteris alternata* **Tuan et Chen, 1977**

1977   Tuan Shuying and others, p. 116, pl. 1, fig. 1; leaf; No.: No. 6591, No. 6592, No. 6596; Holotype: No. 6592 (pl. 1, fig. 1); Repository: Institute of Botany, the Chinese Academy of Sciences; Lhasa, Tibet; Early Cretaceous.

△*Taeniopteris cavata* **Chen et Zhang, 1979**

1979b   Chen Ye, Zhang Yucheng, in Chen Ye and others, p. 188, pl. 3, fig. 7; fern-like leaf; No.: No. 6957; Repository: Institute of Botany, the Chinese Academy of Sciences; Hongni Coal Field of Yanbian, Sichuan; Late Triassic Daqiaodi Formation.

△*Taeniopteris costiformis* **Meng, 1992**

1992b   Meng Fansong, p. 182, pl. 2, figs. 11, 11a; single leaf; Col. No.: HYP-1; Reg. No.: P86011; Holotype: P86011 (pl. 2, figs. 11, 11a); Repository: Yichang Institute of Geology and Mineral Resources; Haiyangcun in Jiuqujiang of Qionghai, Hainan; Early Triassic Lingwen Formation.

1995a   Li Xingxue (editor-in-chief), pl. 62, fig. 10; fern-like leaf; Haiyangcun in Jiuqujiang of Qionghai, Hainan; Early Triassic Lingwen Formation. (in Chinese)

1995b   Li Xingxue (editor-in-chief), pl. 62, fig. 10; fern-like leaf; Haiyangcun in Jiuqujiang of Qionghai, Hainan; Early Triassic Lingwen Formation. (in English)

△*Taeniopteris crispata* **Chen et Duan, 1979**

1979b   Chen Ye, Duan Shuying, in Chen Ye and others, p. 188, pl. 3, figs. 8, 9; fern-like leaves; No.: No. 6930, No. 6969; Syntypes: No. 6930, No. 6969 (pl. 3, figs. 8, 9); Repository: Department of Palaeobotany, Institute of Botany, the Chinese Academy of Sciences; Hongni Coal Field of Yanbian, Sichuan; Late Triassic Daqiaodi Formation. [Notes: According to *International Code of Botanical Nomenclature* (*Vienna Code*) article 37. 2, from the year 1958, the holotype type specimen should be unique]

△*Taeniopteris daochengensis* **Yang, 1978**

1978   Yang Xianhe, p. 536, pl. 165, figs. 6, 7; fern-like leaves; Reg. No.: Sp0054, Sp0055; Syntype 1: Sp0054 (pl. 165, fig. 6); Syntype 2: Sp0055 (pl. 165, fig. 7); Repository: Chengdu Institute of Geology and Mineral Resources; Xionglong of Xinlong, Sichuan; Late Triassic Lamaya Formation. [Notes: According to *International Code of Botanical Nomenclature* (*Vienna Code*) article 37. 2, from the year 1958, the holotype type specimen should be unique]

△*Taeniopteris densissima* **Halle, 1927**

1927b   Halle, p. 156, pl. 41, figs. 5 — 7; fern-like leaves; Taiyuan, Shanxi; early Early Permian Upper Shihhotse Formation.

1991　Bureau of Geology and Mineral Resources of Beijing Municipality, pl. 11, fig. 3; fern-like leaf; Dabeisi, Beijing; Late Permian — Middle Triassic Dabeisi Member of Shuangquan Formartion.

△*Taeniopteris de terrae* **Gothan et Sze, 1931**

1931　Gothan, Sze H C, p. 33, pl. 1, figs. 3, 3a; fern-like leaf; Chinesisch Turkestan, western Xinjiang; Jurassic.

1950　Ôishi, p. 185; Xinjiang; Jurassic.

1963　Sze H C, Lee H H and others, p. 357, pl. 71, figs. 4, 4a; fern-like leaf; Chinesisch Turkestan, Xinjiang; Early — Middle Jurassic.

1984　Gu Daoyuan, p. 158, pl. 79, fig. 3; fern-like leaf; Chinesisch Turkestan, Xinjiang; Early Jurassic Kangsu Formation.

△*Taeniopteris didaoensis* **Zheng et Zhang, 1982**

1982b　Zheng Shaolin, Zhang Wu, p. 311, pl. 16, figs. 14 — 16; fern-like leaves; Reg. No.: HCN004 — HCN006; Repository: Shenyang Institute of Geology and Mineral Resources; Hada of Jidong, Heilongjiang; Early Cretaceous Chengzihe Formation. 〔Notes: The type specimen was not designated in the original paper; This specimen lately was referred as *Nilssoniopteris didaoensis* (Zheng et Zhang) Meng (Chen Fen and others, 1988)〕

△*Taeniopteris donggongensis* **Meng, 1987**

1987　Meng Fansong, p. 256, pl. 37, fig. 3; single leaf; Col. No.: DG-80-P-1; Reg. No.: P82229; Holotype: P82229 (pl. 37, fig. 3); Repository: Yichang Institute of Geology and Mineral Resources; Donggong of Nanzhang, Hubei; Late Triassic Jiuligang Formation.

△*Taeniopteris elegans* **Mi, Zhang, Sun et al., 1993**

1993　Mi Jiarong, Zhang Chuanbo, Sun Chunlin and others, p. 154, pl. 48, figs. 32, 32a; text-fig. 38; leaf; Reg. No.: B601; Repository: Department of Geological History and Palaeontology, Changchun College of Geology; Mentougou of West Hill, Beijing; Late Triassic Xingshikou Formation.

△*Taeniopteris elliptica* **(Fontaine) Zheng et Zhang, 1983**

1889　*Angiopteridium elliptica* Fontaine, p. 114, pl. 29, fig. 3; leaf; North America; Early Cretaceous.

1983a　Zheng Shaolin, Zhang Wu, p. 91, pl. 6, fig. 14; leaf; Wanlongcun of Boli, Heilongjiang; Early Cretaceous Dongshan Formation.

Taeniopteris emarginata **Ôishi, 1940**

1940　Ôishi, p. 423, pl. 46, figs. 1 — 3; fern-like leaves; Kuwasima, Japan; Early Cretaceous Tetori Series.

Taeniopteris **cf.** *emarginata* **Ôishi**

1983a　Zheng Shaolin, Zhang Wu, p. 91, pl. 7, figs. 12, 13; fern-like leaves; Dabashan of Mishan, Heilongjiang; Early Cretaceous Dongshan Formation.

Taeniopteris gigantea Schenk, 1867

1867   Schenk, p. 146, pl. 28, fig. 12; leaf; Sweden; Late Triassic.

Taeniopteris cf. *gigantea* Schenk

1979   Hsu J and others, p. 69, pl. 67, fig. 5; leaf; Longshuwan of Baoding, Sichuan; Late Triassic middle-upper part of Daqiaodi Formation.

△*Taeniopteris hainanensis* Zhou et Li, 1979

1979   Zhou Zhiyan, Li Baoxian, p. 447, pl. 1, fig. 6; single leaf; Reg. No.: PB7586; Holotype: PB7586 (pl. 1, fig. 6); Repository: Nanjing Institute of Geology and Palaeontology, Chinese Academy of Sciences; Haiyangcun in Jiuqujiang of Qionghai, Hainan; Early Triassic Lingwen Group (Jiuqujiang Formation).

△*Taeniopteris hongniensis* Chen et Duan, 1979

1979b Chen Ye, Duan Shuying, in Chen Ye and others, p. 188, pl. 3, figs. 3—6; fern-like leaves; No.: No. 6880—No. 6884; Syntypes: No. 6881—No. 6884 (pl. 3, figs. 4—6); Repository: Institute of Botany, the Chinese Academy of Sciences; Hongni Coal Field of Yanbian, Sichuan; Late Triassic Daqiaodi Formation. [Notes: According to *International Code of Botanical Nomenclature* (*Vienna Code*) article 37.2, from the year 1958, the holotype type specimen should be unique]

Taeniopteris immersa Nathorst, 1878

1878   *Taeniopteris* (*Danaeopsis?*) *immersa* Nathorst, p. 45, pl. 1, fig. 16; leaf; Sweden; Late Triassic.

Taeniopteris cf. *immersa* Nathorst

1902—1903 Zeiller, p. 292, pl. 54, fig. 5; leaf; Taipingchang (Tai-Pin-Tchang), Yunnan; Late Triassic.

1963   Sze H C, Lee H H and others, p. 358, pl. 70, figs. 1, 2; fern-like leaves; Taipingchang (Tai-Pin-Tchang), Yunnan; Late Triassic; Junggar, Xinjiang; Late Triassic Yenchang Group.

1968   *Fossil Atlas of Mesozoic Coal-bearing Strata in Kiangsi and Hunan Provinces*, p. 80, pl. 29, figs. 3, 4; single leaves; Jiangxi (Kiangsi) and Hunan; Late Triassic.

1978   Zhou Tongshun, pl. 28, fig. 15; leaf; Dakeng of Zhangping, Fujian; Late Triassic lower member of Wenbinshan Formation.

1979   Hsu J and others, p. 69, pl. 66, fig. 3; leaf; Longshuwan of Baoding, Sichuan; Late Triassic middle part of Daqiaodi Formation.

1984   Gu Daoyuan, p. 158, pl. 79, fig. 4; fern-like leaf; Karamay of Junggar, Xinjiang; Late Triassic Haojiagou Formation.

1984   Mi Jiarong and others, pl. 1, fig. 8; fern-like leaf; West Hill, Beijing; Late Triassic Xingshikou Formation.

Taeniopteris lanceolata Ôishi, 1932

1932   Ôishi, p. 325, pl. 25, figs. 5—9; fern-like leaves; Nariwa of Okayama, Japan; Late Triassic

(Nariwa).

1983 Duan Shuying and others, pl. 11, figs. 2,3; fern-like leaves; Beiluoshan of Ninglang, Yunnan; Late Triassic.

1985 Mi Jiarong, Sun Chunlin, pl. 2, figs. 24, 27; fern-like leaves; Bamianshi Coal Mine of Shuangyang, Jilin; Late Triassic upper member of Xiaofengmidingzi Formation.

1987 Chen Ye and others, p. 133, pl. 43, figs. 4,5; pl. 45, fig. 13; fern-like leaves; Qinghe of Yanbian, Sichuan; Late Triassic Hongguo Formation.

1993 Mi Jiarong and others, p. 154, pl. 48, figs. 23, 27—29; fern-like leaves; Bamianshi Coal Mine of Shuangyang, Jilin; Late Triassic upper member of Xiaofengmidingzi Formation.

△*Taeniopteris leclerei* Zeiller, 1903

1902—1903 Zeiller, p. 294, pl. 55, figs. 1—4; fern-like leaves; Taipingchang (Tai-Pin-Tchang), Yunnan; Late Triassic.

1927a Halle, p. 17, pl. 5, figs. 2—4; fern-like leaves; Baiguowan of Huili, Sichuan; Late Triassic (Rhaetic).

1954 Hsu J, p. 66, pl. 56, figs. 5,6; fern-like leaves; Huili, Sichuan; Late Triassic.

1958 Wang Longwen and others, p. 587, fig. 588; fern-like leaf; Sichuan; Late Triassic.

1963 Chow Huiqin, p. 176, pl. 76, fig. 3; fern-like leaf; Guangdong; Late Triassic.

1963 Sze H C, Lee H H and others, p. 357, pl. 70, figs. 9, 9a; fern-like leaf; Taipingchang (Tai-Pin-Tchang), Yunnan; Baiguowan of Huili, Sichuan; Late Triassic Yipinglang Formation; Huaxian, Guangdong; Late Triassic Siaoping Formation.

1966 Wu Shunching, p. 235, pl. 1, figs. 7, 7a; fern-like leaf; Longtoushan of Anlong, Guizhou; Late Triassic.

1974a Lee P C and others, p. 362, pl. 191, figs. 12, 13; fern-like leaves; Baiguowan of Huili, Sichuan; Late Triassic Baiguowan Formation.

1976 Lee P C and others, p. 134, pl. 39, figs. 5,6; pl. 40, figs. 7,8; fern-like leaves; Moshahe of Dukou, Sichuan; Late Triassic Daqiaodi Member of Nalajing Formation.

1977 Feng Shaonan and others, p. 248, pl. 99, fig. 3; fern-like leaf; Huaxian, Guangdong; Late Triassic Siaoping Formation.

1978 Yang Xianhe, p. 536, pl. 165, figs. 4,5; leaves; Baoding of Dukou, Sichuan; Late Triassic Daqiaodi Formation.

1979 Hsu J and others, p. 69, pl. 65, figs. 1—8; pl. 66, fig. 2; pl. 67, figs. 1—4; pl. 68, figs. 1—3; fern-like leaves; Longshuwan and Huashan of Baoding, Sichuan; Late Triassic middle-upper part of Daqiaodi Formation.

1988 Chen Chuzhen and others, pl. 5, figs. 2,3; pl. 6, figs. 4,5; fern-like leaves; Changshu, Jiangsu; Late Triassic Fanjiatang Formation.

1988 Wu Shunqing and others, p. 108, pl. 1, figs. 10, 10a; leaf; Changshu, Jiangsu; Late Triassic Fanjiatang Formation.

1989 Mei Meitang and others, p. 114, pl. 57, fig. 7; pl. 62, fig. 3; fern-like leaves; China; Late Triassic.

1993a Wu xiangwu, p. 145.

1995a Li Xingxue (editor-in-chief), pl. 77, fig. 2; leaf; Longshuwan of Baoding, Sichuan; Late

Triassic Daqiaodi Formation. (in Chinese)

1995b Li Xingxue (editor-in-chief), pl. 77, fig. 2; leaf; Longshuwan of Baoding, Sichuan; Late Triassic Daqiaodi Formation. (in English)

Taeniopteris cf. *leclerei* Zeiller

1968 *Fossil Atlas of Mesozoic Coal-bearing Strata in Kiangsi and Hunan Provinces*, p. 81, pl. 30, figs. 1, 1a; single leaf; Liaoyuan of Liuyang, Hunan; Late Triassic Anyuan Formation.

1983 Sun Ge and others, p. 456, pl. 3, fig. 5; leaf; Dajianggang of Shuangyang, Jilin; Late Triassic Dajianggang Formation.

Taeniopteris cf. *T. leclerei* Zeiller

1993 Wang Shijun, p. 58, pl. 17, fig. 4; pl. 19, fig. 3; leaves; Guanchun of Lechang, Guangdong; Late Triassic Genkou Group.

△*Taeniopteris linearis* Mi et Sun, 1985

1985 Mi Jiarong, Sun Chunlin, p. 5, pl. 2, figs. 4, 17; text-fig. 4; fern-like leaves; No.: SXO408, SXO410; Holotype: SXO408 (pl. 2, fig. 4); Repository: Department of Geological History and Palaeontology, Changchun College of Geology; Bamianshi Coal Mine of Shuangyang, Jilin; Late Triassic upper member of Xiaofengmidingzi Formation.

1993 Mi Jiarong and others, p. 155, pl. 48, figs. 26, 30; fern-like leaves; Bamianshi Coal Mine of Shuangyang, Jilin; Late Triassic upper member of Xiaofengmidingzi Formation.

△*Taeniopteris liujiangensis* Mi, Sun C, Sun Y, Cui, Ai et al., 1996 (in Chinese)

1996 Mi Jiarong, Sun Chunlin, Sun Yuewu, Cui Shangsen, Ai Yongliang and others, p. 148, pl. 39, figs. 1—7, 10—12, 21; text-fig. 23; fern-like leaves; Reg. No.: HF7008—HF7018; Holotype: HF7015 (pl. 39, fig. 10); Repository: Department of Geological History and Palaeotology, Changchun College of Geology; Shimenzhai of Funing, Hebei; Early Jurassic Beipiao Formation.

△*Taeniopteris? longxianensis* Liu, 1985

1985 Liu Zijin and others, p. 115, pl. 3, figs. 6—9; text-fig. 4A; fern-like leaves; Reg. No.: P4009, P4015, P4016; Holotype: P40015 (text-fig. 4A); Repository: Xi'an Institute of Geology and Mineral Resources, Chinese Academy of Geological Sciences; Niangniangmiao of Longxian, Shaanxi; late Middle Triassic upper member of Tongchuan Formation.

Taeniopteris mac clellandi (Oldhama et Morris) Feistmantel, 1876

1863 *Stangerites mac clellandi* Oldhama et Morris, p. 33, pl. 3; leaf; India; Jurassic.

1869 *Angiopteridium mac clellandi* (Oldhama et Morris) Schimper, p. 605; India; Jurassic.

1876 Feistmantel, p. 36; India; Jurassic.

Taeniopteris mac clellandi? (Oldhama et Morris) Feistmantel

1930 Chang H C, p. 2, pl. 1, figs. 1—6; text-fig. 1; fern-like leaves; Genkou Coal Mine on boundary between Guangdong and Hunan; Jurassic. [Notes: This specimen lately was referred as *Taeniopteris* sp. (Sze H C, Lee H H and others, 1963)]

Taeniopteris magnifolia Rogers, 1843

1843 Rogers, pp. 306—309, pl. 14; leaf; Virginia, USA; Late Triassic.

1979   Hsu J and others, p. 70, pl. 66, fig. 1; pl. 69, fig. 3; fern-like leaves; Baoding, Sichuan; Late Triassic middle-upper part of Daqiaodi Formation.

Taeniopteris cf. *magnifolia* Rogers

1982   Zhang Caifan, p. 541, pl. 346, fig. 3; single leaf; Shuisi of Hengyang, Hunan; Late Triassic.

△*Taeniopteris marginata* Mi, Sun C, Sun Y, Cui, Ai et al., 1996 (in Chinese)

1996   Mi Jiarong, Sun Chunlin, Sun Yuewu, Cui Shangsen, Ai Yongliang and others, p. 149, pl. 5, fig. 3a; pl. 39, figs. 8, 9, 18; text-fig. 24; fern-like leaves; Reg. No.: HF2018, HF7002—HF7004; Holotype: HF7004 (pl. 39, fig. 8); Repository: Department of Geological History and Palaeotology, Changchun College of Geology; Shimenzhai of Funing, Hebei; Early Jurassic Beipiao Formation.

△*Taeniopteris mashanensis* Chow et Yeh, 1980

1980   Zhou Zhiyan, Ye Meina, in Zhou Zhiyan and others, p. 62; Mashan, Heilongjiang; Early Cretaceous Chengzihe Formation. (name only)

1980   Zhang Wu and others, p. 280, pl. 180, figs. 2, 3; fern-like leaves; Mashan, Heilongjiang; Early Cretaceous Chengzihe Formation.

△*Taeniopteris minuscula* Chen et Zhang, 1979

1979b   Chen Ye and others, p. 188, pl. 2, figs. 1—6; text-fig. 1; fern-like leaves; No.: No. 799a, No. 799b, No. 6825a, No. 6825b, No. 6876, No. 6923; Syntypes: No. 799a, No. 799b, No. 6825a, No. 6825b, No. 6876, No. 6923 (pl. 2, figs. 1—6); Repository: Department of Palaeobotany, Institute of Botany, the Chinese Academy of Sciences; Hongni Coal Field of Yanbian, Sichuan; Late Triassic Daqiaodi Formation. [Notes: According to *International Code of Botanical Nomenclature* (*Vienna Code*) article 37. 2, from the year 1958, the holotype type specimen should be unique]

△*Taeniopteris mirabilis* Meng, 1987

1987   Meng Fansong, p. 256, pl. 34, figs. 5, 5a; pl. 36, fig. 6; single leaves; Col. No.: DG-80-P-1; Reg. No.: P82227, P82228; Syntype 1: P82227 (pl. 34, fig. 5); Syntype 2: P82228 (pl. 36, fig. 6); Repository: Yichang Institute of Geology and Mineral Resources; Donggong of Nanzhang and Yaohe of Jingmen, Hubei; Late Triassic Jiuligang Formation. [Notes: According to *International Code of Botanical Nomenclature* (*Vienna Code*) article 37. 2, from the year 1958, the holotype type specimen should be unique]

△*Taeniopteris mironervis* Meng, 1992

1992b   Meng Fansong, p. 182, pl. 4, figs. 5—9; single leaves; Col. No.: XHP-1; Reg. No.: P86031—P86035; Syntypes: P86031—P86035 (pl. 4, figs. 5—9); Repository: Yichang Institute of Geology and Mineral Resources; Xinhuacun and Haiyangcun in Jiuqujiang of Qionghai, Hainan; Early Triassic Lingwen Formation. [Notes: According to *International Code of Botanical Nomenclature* (*Vienna Code*) article 37. 2, from the year 1958, the holotype type specimen should be unique]

△*Taeniopteris multiplicata* Chen et Duan, 1979

1979c   Chen Ye, Duan Shuying, in Chen Ye and others, p. 271, pl. 3, fig. 1; fern-like leaf; No.:

No. 6846, No. 6977; Holotype: No. 6846 (pl. 3, fig. 1); Repository: Department of Palaeobotany, Institute of Botany, the Chinese Academy of Sciences; Hongni Coal Field of Yanbian, Sichuan; Late Triassic Daqiaodi Formation.

Taeniopteris nabaensis Ôishi, 1932

1932　Ôishi, p. 328, pl. 25, figs. 11—13; text-fig. 3; single leaves; Nariwa of Okayama, Japan; Late Triassic (Nariwa).

1980　He Dechang, Shen Xiangpeng, p. 29, pl. 10, fig. 5; leaf; Chengtanjiang of Liuyang, Hunan; Late Triassic Sanqiutian Formation.

Taeniopteris cf. *nabaensis* Ôishi

1968　*Fossil Atlas of Mesozoic Coal-bearing Strata in Kiangsi and Hunan Provinces*, p. 81, pl. 29, fig. 2c; text-fig. 22; single leaf; Yongshanqiao of Leping, Jiangxi; Late Triassic Anyuan Formation.

1987　Meng Fansong, p. 257, pl. 37, fig. 2; single leaf; Donggong of Nanzhang, Hubei; Late Triassic Jiuligang Formation.

△*Taeniopteris nanzhangensuis* Feng, 1977

1977　Feng Shaonan and others, p. 248, pl. 99, fig. 9; leaf; Reg. No.: P25297; Holotype: P25297 (pl. 99, fig. 9); Repository: Hubei Institute of Geological Sciences; Donggong of Nanzhang, Hubei; Late Triassic Lower Coal Formation of Hsiangchi Group.

1984　Chen Gongxin, p. 582, pl. 253, fig. 3; fern-like leaf; Donggong of Nanzhang, Hubei; Late Triassic Jiuligang Formation.

Taeniopteris nervosa (Fontaine) Berry, 1911

1889　*Angiopteridium nervosum* Fontaine, p. 144, pl. 29, fig. 2; leaf; North America; Early Cretaceous.

1911　Berry, p. 293, pl. 77, fig. 1; leaf; North America; Early Cretaceous.

1983a　Zheng Shaolin, Zhang Wu, p. 92, pl. 7, fig. 11; leaf; Wanlongcun of Boli, Heilongjiang; Early Cretaceous Dongshan Formation.

Taeniopteris nilssonioides Zeiller, 1903

1902—1903　Zeiller, p. 78, pl. 15, figs. 1—4; fern-like leaves; Hong Gai, Vietnam; Late Triassic.

1978　Yang Xianhe, p. 536, pl. 163, fig. 8; leaf; Baoding of Dukou, Sichuan; Late Triassic Daqiaodi Formation.

△*Taeniopteris obliqua* Chow et Wu, 1968

1968　Chow Tseyen, Wu Shunching, in *Fossil Atlas of Mesozoic Coal-bearing Strata in Kiangsi and Hunan Provinces*, p. 81, pl. 27, figs. 4, 4a; single leaf; Liaoyuan of Liuyang, Hunan; Late Triassic Anyuan Formation.

1977　Feng Shaonan and others, p. 249, pl. 99, fig. 4; leaf; Liaoyuan of Liuyang, Hunan; Late Triassic Anyuan Formation.

1978　Zhou Tongshun, pl. 23, fig. 6; fern-like leaf; Wenbinshan in Dakeng of Zhangping, Fujian; Late Triassic upper member of Wenbinshan Formation.

1981　Zhou Huiqin, pl. 3, fig. 9; fern-like leaf; Yangcaogou of Beipiao, Liaoning; Late Triassic

Yangcaogou Formation.

1982　Wang Guoping and others, p. 293, pl. 128, fig. 5; fern-like leaf; Dakeng of Zhangping, Fujian; Late Triassic Dakeng Formation.

1982　Zhang Caifan, p. 541, pl. 356, figs. 6, 6a; fern-like leaf; Liaoyuan of Liuyang, Hunan; Late Triassic Anyuan Formation.

1987　Meng Fansong, p. 257, pl. 25, fig. 6; pl. 33, fig. 5; fern-like leaves; Donggong of Nanzhang and Yaohe of Jingmen, Hubei; Late Triassic Jiuligang Formation.

△*Taeniopteris pachyloma* Chen et Zhang, 1979

1979b　Chen Ye, Zhang Yucheng, in Chen Ye and others, p. 189, pl. 3, figs. 1, 2; fern-like leaves; No.: No. 6848a, No. 6848b, No. 6924; Syntype 1: No. 6848a (pl. 3, fig. 1); Syntype 2: No. 6848b (pl. 3, fig. 2); Repository: Department of Palaeobotany, Institute of Botany, the Chinese Academy of Sciences; Hongni Coal Field of Yanbian, Sichuan; Late Triassic Daqiaodi Formation. [Notes: According to *International Code of Botanical Nomenclature* (*Vienna Code*) article 37.2, from the year 1958, the holotype type specimen should be unique]

Taeniopteris parvula Heer, 1876

1876　Heer, p. 98, pl. 21, fig. 5; single leaf; upper reaches of Heilongjiang River; Late Jurassic.

1941　Stockmans, Mathieu, p. 43, pl. 4, figs. 4, 4a; fern-like leaf; Liujiang, Hebei; Jurassic. [Notes: This specimen lately was referred as *Taeniopteris* cf. *parvula* Heer (Sze H C, Lee H H and others, 1963)]

1954　Hsu J, p. 67, pl. 56, fig. 7; leaf; Liujiang of Linyu, Hebei; Jurassic. [Notes: This specimen lately was referred as *Taeniopteris* cf. *parvula* Heer (Sze H C, Lee H H and others, 1963)]

? *Taeniopteris parvula* Heer

1987　He Dechang, p. 84, pl. 18, fig. 5b; fern-like leaf; Dakeng of Zhangping, Fujian; Late Triassic Wenbinshan Formation.

Taeniopteris cf. *parvula* Heer

1963　Sze H C, Lee H H and others, p. 358, pl. 68, figs. 5, 6; fern-like leaves; Liujiang, Hebei; Early—Middle Jurassic.

1987　Chen Ye and others, p. 134, pl. 44, fig. 6; leaf; Qinghe of Yanbian, Sichuan; Late Triassic Hongguo Formation.

1987　Meng Fansong, p. 257, pl. 32, fig. 2; single leaf; Sanligang of Dangyang, Hubei; Early Jurassic Hsiangchi (Xiangxi) Formation; Xietan of Zigui, Hubei; Middle Jurassic Chenjiawan Formation.

1991　Zhao Liming, Tao Junrong, pl. 1, fig. 4; fern-like leaf; Pingzhuang of Chifeng, Inner Mongolia; Early Cretaceous Xingyuan Formation.

1999b　Meng Fansong, pl. 1, fig. 15; leaf; Xietan of Zigui, Hubei; Middle Jurassic Chenjiawan Formation.

Taeniopteris platyrachis Samylina, 1976

1976　Samylina, p. 53, pl. 25, figs. 4—6; fern-like leaves; Omask and Magadan, USSR; Early

Cretaceous.

Taeniopteris cf. *platyrachis* Samylina

1982   Tan Lin,Zhu Jianan,p. 156,pl. 41,fig. 10;fern-like leaf;Maohudongcun of Guyang,Inner Mongolia;Early Cretaceous Guyang Formation.

△*Taeniopteris puqiensis* Chen G X,1984

1984   Chen Gongxin,p. 582,pl. 228,fig. 7,8;fern-like leaves;Reg. No.:EP517,EP518;Repository:Geological Bureau of Hubei Province;Kuzhuqiao of Puqi,Hubei;Late Triassic Jigongshan Formation. (Notes:The type specimen was not designated in the original paper)

△*Taeniopteris rarinervis* (Turutanova-Kettova) Sun ex Wu,1980 (nom. nud.)

1958   *Danaeopsis rarinervis* Turutanova-Ketova,in Prynada,Turutanova-Ketova,pl. 3,fig. 4;leaf;the eastern central part of the Oral Range;Late Triassic.

1980   Wu Shuibo and others,pl. 2,fig. 10;fern-like leaf;Tuopangou of Wangqing,Jilin;Late Triassic. [Notes:This specimen lately was referred as *Taeniopteris tianqiaolingensis* Sun (Sun Ge,1993)](nom. nud.)

△*Taeniopteris remotinervis* Meng,1987

1987   Meng Fansong,p. 257,pl. 33,fig. 5;single leaf;Col. No.:YA-81-P-1;Reg. No.:P82231;Holotype:P82231 (pl. 33,fig. 5);Repository:Yichang Institute of Geology and Mineral Resources;Yaohe of Jingmen,Hubei;Late Triassic Jiuligang Formation.

△*Taeniopteris richthofeni* (Schenk) Sze,1933

1883   *Macrotaeniopteris richthofeni* Schenk, p. 257, pl. 51, figs. 4, 6; fern-like leaves; Guangyuan,Sichuan;Jurassic.

1883   *Angiopteris richthofeni* Schenk,p. 260,pl. 53,figs. 3,4;fern-like leaves;Zigui,Hubei;Jurassic.

1933c   Sze H C,p. 14,pl. 3,fig. 1;pl. 5,fig. 1;fern-like leaves;Xujiahe of Guangyuan,Sichuan;late Late Triassic—Early Jurassic.

1949   Sze H C,p. 29,pl. 12,fig. 10;leaf;Cuijiayao of Dangyang,Hubei;Early Jurassic Hsiangchi Coal Series.

1963   Sze H C,Lee H H and others,p. 359,pl. 70,figs. 5—7;leaves;Guangyuan,Sichuan;Late Triassic Hsuchiaho Formation;Cuijiayao of Dangyang,Hubei;Early Jurassic Hsiangchi Group.

1977   Feng Shaonan and others,p. 249,pl. 88,fig. 5;fern-like leaf;Zigui,Hubei;Early—Middle Jurassic Upper Coal Formation of Hsiangchi Group.

1979   Hsu J and others,p. 70,pl. 63,fig. 3;leaf;Baoding,Sichuan;Late Triassic middle-upper part of Daqiaodi Formation.

1986   Chen Ye and others, p. 43, pl. 10, fig. 1; leaf; Litang, Sichuan; Late Triassic Lanashan Formation.

1987   Chen Ye and others,p. 133,pl. 44,figs. 4,5;leaves;Qinghe of Yanbian,Sichuan;Late Triassic Hongguo Formation.

1987   He Dechang,p. 74,pl. 9,fig. 4;fern-like leaf;Fengping of Suichang,Zhejiang;Early Jurassic bed 2 of Huaqiao Formation.

1989 Mei Meitang and others,p. 114,pl. 57,fig. 6;leaf;South China;Late Triassic.

1991 Huang Qisheng,Qi Yue,pl. 1,fig. 8;fern-like leaf;Majian of Lanxi,Zhejiang;Early—Middle Jurassic lower member of Majian Formation.

Taeniopteris spathulata McMlelland,1850

1850 McMlelland,p. 53,pl. 16,fig. 1;England;Jurassic.

1920 Yabe,Hayasaka,pl. 3,fig. 2;pl. 4,figs. 3,3a;fern-like leaves;Hujiafang of Pingxiang, Jiangxi;Late Triassic (Rhaetic)—Early Jurassic (Lias).

Taeniopteris stenophylla Kryshtofovich,1910

1910 Kryshtofovich,p. 11,pl. 23,figs. 3a,4,4a;fern-like leaves;South Primorye;Late Triassic.

1992 Sun Ge,Zhao Yanhua,p. 562,pl. 255,fig. 3;leaf;Tianqiaoling of Wangqing,Jilin;Late Triassic Malugou Formation.

1993 Mi Jiarong and others,p. 155,pl. 49,figs. 1—3;fern-like leaves;Luoquanzhan of Dongning,Heilongjiang;Late Triassic Luoquanzhan Formation.

1993 Sun Ge,p. 110,pl. 50,figs. 8—11;leaves;Tianqiaoling of Wangqing,Jilin;Late Triassic Malugou Formation.

Taeniopteris cf. *stenophylla* Kryshtofovich

1976 Lee P C and others,p. 134,pl. 39,figs. 9,9a;fern-like leaf;Yubacun and Yipinglang of Lufeng,Yunnan;Late Triassic Ganhaizi Member of Yipinglang Formation.

1982 Duan Shuying,Chen Ye,p. 509,pl. 16,figs. 11,12;fern-like leaves;Tanba of Hechuan, Sichuan;Late Triassic Hsuchiaho Formation.

1983 Duan Shuying and others,pl. 11,fig. 4;fern-like leaf;Beiluoshan of Ninglang,Yunnan; Late Triassic.

1987 Chen Ye and others,p. 135,pl. 44,fig. 7;leaf;Qinghe of Yanbian,Sichuan;Late Triassic Hongguo Formation.

1996 Mi Jiarong and others,p. 149,pl. 39,figs. 15,16;leaves;Shimenzhai of Funing,Hebei; Early Jurassic Beipiao Formation.

Taeniopteris tenuinervis Braun,1862

1862 Braun,p. 50,pl. 13,figs. 1—3;fern-like leaves;Germany;Late Triassic.

1968 *Fossil Atlas of Mesozoic Coal-bearing Strata in Kiangsi and Hunan Provinces*,p. 82, pl. 27,fig. 1;single leaf;Jiangxi (Kiangsi) and Hunan;Late Triassic—Early Jurassic.

1982 Zhang Caifan,p. 534,pl. 343,fig. 5;fern-like leaf;Wenjiashi of Liuyang,Hunan;Early Jurassic Gaojiatian Formation.

1983 Sun Ge and others,p. 457,pl. 3,figs. 6,7;leaves;Dajianggang of Shuangyang,Jilin;Late Triassic Dajianggang Formation.

1987 Chen Ye and others,p. 134,pl. 43,figs. 1—3;pl. 44,fig. 1;single leaves;Qinghe of Yanbian,Sichuan;Late Triassic Hongguo Formation.

1988 Bureau of Geology and Mineral Resources of Jilin Province,pl. 8,fig. 5;fern-like leaf;Jilin;Early Jurassic.

1993 Mi Jiarong and others,p. 156,pl. 49,figs. 4,5,7,11;leaves;Dajianggang of Shuangyang,

Jilin; Late Triassic Dajianggang Formation; Bamianshi Coal Mine of Shuangyang, Jilin; Late Triassic upper member of Xiaofengmidingzi Formation.

1996　Mi Jiarong and others, p. 149, pl. 39, figs. 17, 19; leaves; Shimenzhai of Funing, Hebei; Early Jurassic Beipiao Formation.

Taeniopteris cf. *tenuinervis* **Braun**

1949　Sze H C, p. 30, pl. 3, fig. 10; pl. 12, fig. 9; leaves; Xiangxi of Zigui and Zengjiayao of Dangyang, Hubei; Early Jurassic Hsiangchi Coal Series.

1963　Sze H C, Lee H H and others, p. 359, pl. 71, fig. 2; single leaf; Xiangxi of Zigui, Hubei; Weiyuan, Sichuan; Early Jurassic Hsiangchi Group.

1977　Feng Shaonan and others, p. 249, pl. 99, fig. 8; fern-like leaf; Zigui, Hubei; Early—Middle Jurassic Upper Coal Formation of Hsiangchi Group.

1979　He Yuanliang and others, p. 158, pl. 78, fig. 5; fern-like leaf; Babaoshan of Dulan, Qinghai; Late Triassic Babaoshan Group.

1981　Liu Maoqiang, Mi Jiarong, p. 28, pl. 2, fig. 10; fern-like leaf; Naozhigou of Linjiang, Jilin; Early Jurassic Yihuo Formation.

1984　Chen Gongxin, p. 582, pl. 255, fig. 4; fern-like leaf; Xiangxi of Zigui, Hubei; Early Jurassic Hsiangchi (Xiangxi) Formation.

1987　Chen Ye and others, p. 135, pl. 44, figs. 2, 3; leaves; Qinghe of Yanbian, Sichuan; Late Triassic Hongguo Formation.

1987　He Dechang, p. 85, pl. 21, fig. 5; fern-like leaf; Dakeng of Zhangping, Fujian; Late Triassic Wenbinshan Formation.

1991　Zhao Liming, Tao Junrong, pl. 1, fig. 2; fern-like leaf; Pingzhuang of Chifeng, Inner Mongolia; Early Cretaceous Xingyuan Formation.

Taeniopteris cf. *T. tenuinervis* **Braun**

1993　Mi Jiarong and others, p. 156, pl. 49, fig. 10; fern-like leaf; Shiren of Hunjiang, Jilin; Late Triassic Beishan Formation (Xiaohekou Formation).

△*Taeniopteris tianqiaolingensis* **Sun, 1993**

1980　*Taneniopteris rarinervis* (Turutanova-Kettova) Sun ex Wu, Wu Shuibo and others, pl. 2, fig. 10; fern-like leaf; Tuopangou of Wangqing, Jilin; Late Triassic.

1992　Sun Ge, Zhao Yanhua, p. 562, pl. 255, figs. 1, 2, 4—6; pl. 256, figs. 2, 6, 7; pl. 239, fig. 2; leaves; Tianqiaoling of Wangqing, Jilin; Late Triassic Malugou Formation. (nom. nud.)

1993　Sun Ge, pp. 110, 141, pl. 53, figs. 1—7; pl. 54, figs. 1—7; pl. 55, figs. 1—7; pl. 56, figs. 2—6; leaves; Col. No.: T11-8, T11-10, T11-19, T11-19a, T11-23, T11-124, T11-173, T11-205, T11-207, T11-550, T11-777, T11-845, T11-850, T11-937, T11-982, T11-1078, T12-304, T12-314, T12-328, T12-329B, T12-435, T13-1032, T13-1074; Reg. No.: PB11873, PB11900, PB11967, PB12119, PB12120, PB12122—PB12129, PB12131—PB12138 (Repository: Nanjing Institute of Geology and Palaeontology, Chinese Academy of Sciences), J77823, J77827 (Repository: Regional Geological and Mineral Resources Survey of Jilin Province (Department of Palaeontology)); Tianqiaoling of Wangqing, Jilin; Late Triassic Malugou Formation.

1993　Mi Jiarong and others, p. 156, pl. 49, figs. 6, 8, 9, 12; pl. 50, figs. 1—7; pl. 51, fig. 1; pl.

52,figs. 7－9；leaves；Tianqiaoling of Wangqing,Jilin；Late Triassic Malugou Formation；Dajianggang of Shuangyang, Jilin；Late Triassic Dajianggang Formation；Tanzhesi in West Hill,Beijing；Late Triassic Xingshikou Formation.

1995a Li Xingxue (editor-in-chief),pl. 78,fig. 4；pl. 79,figs. 1,2；fern-like leaves；Tianqiaoling of Wangqing,Jilin；Late Triassic Malugou Formation.（in Chinese）

1995b Li Xingxue (editor-in-chief),pl. 78,fig. 4；pl. 79,figs. 1,2；fern-like leaves；Tianqiaoling of Wangqing,Jilin；Late Triassic Malugou Formation.（in English）

△*Taeniopteris uwatokoi* Ôishi,1935

1935 Ôishi,p. 90,pl. 8,figs. 5－7；text-fig. 7；leaves and cuticles；Dongning Coal Field,Heilongjiang；Late Jurassic or Early Cretaceous. ［Notes：This specimen lately was referred as *Nilssoniopteris*? *uwatokoi* (Ôishi) Li (Sze H C,Lee H H and others,1963)］

1950 Ôishi,p. 185；Dongning Coal Field,Heilongjiang；Late Jurassic or Early Cretaceous.

△*Taeniopteris yangcaogouensis* Mi,Zhang,Sun et al.,1993

1993 Mi Jiarong,Zhang Chuanbo,Sun Chunlin and others,p. 157,pl. 51,figs. 7－10；text-fig. 39；leaves；Reg. No.：Y601－Y604；Holotype：Y601（pl. 51,fig. 7）；Repository：Department of Geological History and Palaeotology,Changchun College of Geology；Yangcaogou of Beipiao,Liaoning；Late Triassic Yangcaogou Formation.

△*Taeniopteris yangyuanensis* Wang,1982

1982 Wang Guoping and others,p. 294,pl. 134,figs. 1,2；fern-like leaves；Reg. No.：TH8-98；Syntype 1：TH8-98（pl. 134,fig. 1）；Syntype 2：TH8-98（pl. 134,fig. 2）；Yangyuan of Zhenghe,Fujian；Late Jurassic Nanyuan Formation. ［Notes：According to *International Code of Botanical Nomenclature* (*Vienna Code*) article 37. 2,from the year 1958,the holotype type specimen should be unique］

Taeniopteris youngdyi Zeiller

1977 Feng Shaonan and others,p. 249,pl. 99,fig. 5；fern-like leaf；Guanchun of Lechang,Guangdong；Late Triassic Siaoping Formation.

△*Taeniopteris yunyangensis* Yang,1978

1978 Yang Xianhe,p. 536,pl. 165,figs. 2,3；leaves；No.：Sp0051,Sp0052；Holotype：Sp0052（pl. 165,fig. 3）；Repository：Chengdu Institute of Geology and Mineral Resources；Xiniu of Yunyang,Sichuan；Late Triassic Hsuchiaho Formation.

Taeniopteris spp.

1902－1903 *Taeniopteris* sp.,Zeiller,p. 296；fern-like leaf；Taipingchang（Tai-Pin-Tchang），Yunnan；Late Triassic.

1927a *Taeniopteris* sp.,Halle,p. 18；fern-like leaf；Baiguowan of Huili,Sichuan；Late Triassic（Rhaetic）.

1933c *Taeniopteris* sp.（Cf. *T. stenophylla* Kryshtofovich），Sze H C,p. 20,pl. 5,fig. 5；fern-like leaf；Yibin,Sichuan；late Late Triassic－Early Jurassic.

1935 *Taeniopteris* sp.,Toyama,Ôishi,p. 68,pl. 4,fig. 5；fern-like leaf；Jalai Nur,Inner Mongolia（Chalai-Nor of Hsing-An,Manchoukuo）；Middle Jurassic.

1952   *Taeniopteris* sp.,Sze H C,Lee H H, pp. 9,28,pl. 2,fig. 4;fern-like leaf;Aishanzi of Weiyuan, Sichuan; Early Jurassic. [Notes: This specimen lately was referred as *Taeniopteris* cf. *tenunervis Braun* (Sze H C,Lee H H and others,1963)]

1959   *Taeniopteris* sp.,Sze H C, pp. 13,29,pl. 4,fig. 4;fern-like leaf;Hongliugou (Hungliu kou) of Qaidam Basin,Qinghai;Jurassic.

1963   *Taeniopteris* sp. 1,Sze H C,Lee H H and others, p. 360,pl. 70,figs. 3,4;fern-like leaves;Genkou Coal Mine on boundary between Guangdong and Hunan;late Late Triassic—Early Jurassic.

1963   *Taeniopteris* sp. 2,Sze H C,Lee H H and others, p. 360,pl. 69,fig. 1;fern-like leaf;Hongliugou (Hungliukou) of Qaidam Basin,Qinghai;Jurassic.

1963   *Taeniopteris* sp. 3,Sze H C,Lee H H and others, p. 360;fern-like leaf;Baiguowan of Huili,Sichuan;Late Triassic.

1965   *Taeniopteris* sp.,Tsao Chengyao, p. 523,pl. 6, fig. 2;fern-like leaf;Songbaikeng of Gaoming,Guangdong;Late Triassic Siaoping Formation (Siaoping Series).

1968   *Taeniopteris* sp.,*Fossil Atlas of Mesozoic Coal-bearing Strata in Kiangsi and Hunan Provinces*,p. 82,pl. 28,figs. 2,2a;single leaf;Puqian of Hengfeng,Jiangxi;Late Triassic Xiongling Formation.

1975   *Taeniopteris* sp.,Xu Fuxiang, p. 103,pl. 2,fig. 6;pl. 3,figs. 1,2;fern-like leaves;Houlaomiao of Tianshui,Gansu;Late Triassic Ganchaigou Formation.

1975   *Taeniopteris* sp., Xu Fuxiang, p. 106,pl. 4,figs. 5,6;fern-like leaves;Houlaomiao of Tianshui,Gansu;Early—Middle Jurassic Tanheli Formation.

1976   *Taeniopteris* sp. 1,Chang Chichen,p. 201,pl. 92,fig. 5;fern-like leaf;Shiguaigou of Baotou,Inner Mongolia;Middle Jurassic Zhaogou Formation.

1976   *Taeniopteris* sp. 2,Chang Chichen,p. 201,pl. 92,fig. 6;fern-like leaf;Shiguaigou of Baotou,Inner Mongolia;Middle Jurassic Zhaogou Formation.

1976   *Taeniopteris* sp. 1,Lee P C and others,p. 135,pl. 39,figs. 7,8;leaves;Mahuangjing of Xiangyun,Yunnan;Late Triassic Huaguoshan Member of Xiangyun Formation.

1976   *Taeniopteris* sp. 2,Lee P C and others,p. 135,pl. 40,fig. 1;single leaf;Mahuangjing of Xiangyun,Yunnan;Late Triassic Huaguoshan Member of Xiangyun Formation.

1976   *Taeniopteris* sp. 3,Lee P C and others,p. 135,pl. 46,fig. 12;fern-like leaf;Shizhongshan of Jianchuan,Yunnan;Late Triassic Shizhongshan Formation.

1979   *Taeniopteris* sp. 1, He Yuanliang and others,p. 158,pl. 78,figs. 6,6a;fern-like leaf;Babaoshan of Dulan,Qinghai;Early Jurassic Xiaomeigou Formation.

1979   *Taeniopteris* sp. 1,Hsu J and others,p. 71,pl. 68,fig. 4;leaf;Baoding, Sichuan; Late Triassic Daqiaodi Formation(?).

1979   *Taeniopteris* sp. 2,Hsu J and others,p. 71,pl. 69, fig. 2;leaf;Baoding, Sichuan; Late Triassic middle-upper part of Daqiaodi Formation.

1980   *Taeniopteris* sp. 1,Huang Zhigao,Zhou Huiqin,p. 113,pl. 3,fig. 4;leaf;Zhangjiayan of Wupu,Shaanxi;Middle Triassic upper part of Ermaying Formation.

1980   *Taeniopteris* sp. 2,Huang Zhigao,Zhou Huiqin,p. 113,pl. 7,fig. 6;leaf;Zhangjiayan of Wupu,Shaanxi;Middle Triassic upper part of Ermaying Formation.

1980   *Taeniopteris* sp., Wu Shunqing and others, p. 83, pl. 5, figs. 10, 10a; single leaf;

Shazhenxi of Zigui, Hubei; Late Triassic Shazhenxi Formation.

1980　*Taeniopteris* sp., Wu Shunqing and others, p. 120, pl. 33, figs. 1, 1a; single leaf; Shazhenxi of Zigui, Hubei; Early—Middle Jurassic Hsiangchi (Xiangxi) Formation.

1980　*Taeniopteris* sp., Zhang Wu and others, p. 280, pl. 178, fig. 3; pl. 180, figs. 4, 5; fern-like leaves; Binggou of Jianchang, Liaoning; Early Cretaceous Binggou Formation; Binxian, Heilongjiang; Early Cretaceous Taoqihe Formation

1982b　*Taeniopteris* sp., Wu Xiangwu, p. 99, pl. 16, figs. 3, 3a; fern-like leaf; Qamdo area, Tibet; Late Triassic upper member of Bagong Formation.

1982b　*Taeniopteris* sp. 1, Zheng Shaolin, Zhang Wu, p. 316, pl. 21, figs. 14, 15; leaves; Peide of Mishan, Heilongjiang; Middle Jurassic Dongshencun Formation.

1982b　*Taeniopteris* sp. 2, Zheng Shaolin, Zhang Wu, p. 316, pl. 16, figs. 12, 13; leaves; Nuanquan in Didao of Jixi, Heilongjiang; Late Jurassic Didao Formation.

1983　*Taeniopteris* sp., He Yuanliang, p. 189, pl. 29, fig. 10; fern-like leaf; Yikewulan of Gangcha, Qinghai; Late Triassic upper member in Atasi Formation of Mole Group.

1983　*Taeniopteris* sp., Sun Ge and others, p. 457, pl. 3, fig. 8; leaf; Dajianggang of Shuangyang, Jilin; Late Triassic Dajianggang Formation.

1983　*Taeniopteris* spp., Zhang Wu and others, p. 84, pl. 5, figs. 13, 17; leaves; Linjiawaizi in Benxi, Liaoning; Middle Triassic Linjia Formation.

1984　*Taeniopteris* sp., Wang Ziqiang, p. 270, pl. 115, fig. 5; pl. 120, fig. 2; fern-like leaves; Hongdong, Shanxi; Middle Triassic Yenchang Formation.

1985　*Taeniopteris* sp., Mi Jiarong, Sun Chunlin, pl. 2, fig. 28; leaf; Bamianshi Coal Mine of Shuangyang, Jilin; Late Triassic upper member of Xiaofengmidingzi Formation.

1986a　*Taeniopteris* sp., Chen Qishi, p. 450, pl. 2, fig. 13; single leaf; Chayuanli of Quxian, Zhejiang; Late Triassic Chayuanli Formation.

1986　*Taeniopteris* sp. 1, Chen Ye and others, p. 43, pl. 10, fig. 2; leaf; Litang, Sichuan; Late Triassic Lanashan Formation.

1986　*Taeniopteris* sp. 2, Chen Ye and others, p. 43, pl. 10, fig. 3; leaf; Litang, Sichuan; Late Triassic Lanashan Formation.

1986　*Taeniopteris* sp. 3, Chen Ye and others, p. 43, pl. 10, fig. 4; leaf; Litang, Sichuan; Late Triassic Lanashan Formation.

1986　*Taeniopteris* sp. 4, Chen Ye and others, p. 43, pl. 10, fig. 5; leaf; Litang, Sichuan; Late Triassic Lanashan Formation.

1986　*Taeniopteris* sp. (*Doratophyllum*? sp.), Ye Meina and others, p. 88, pl. 45, fig. 1; fern-like leaf; Luchangping of Xuanhan, Sichuan; Late Triassic member 7 of Hsuchiaho Formation.

1987　*Taeniopteris* sp. 1, Chen Ye and others, p. 135, pl. 45, fig. 2; leaf; Qinghe of Yanbian, Sichuan; Late Triassic Hongguo Formation.

1987　*Taeniopteris* sp. 2, Chen Ye and others, p. 135, pl. 45, fig. 1; single leaf; Qinghe of Yanbian, Sichuan; Late Triassic Hongguo Formation.

1987　*Taeniopteris* sp. 3, Chen Ye and others, p. 136, pl. 45, fig. 3; leaf; Qinghe of Yanbian, Sichuan; Late Triassic Hongguo Formation.

1988　*Taeniopteris* sp., Li Peijuan and others, p. 137, pl. 96, figs. 6, 6a; fern-like leaf; Dameigou of Da Qaidam,Qinghai;Middle Jurassic *Tyrmia-Sphenobaiera* Bed of Dameigou Formation.

1988   *Taeniopteris* sp. (? *Marattiopsis* sp.),Wu Shunqing and others,p. 108,pl. 1,figs. 6,9, 9a;leaves;Changshu,Jiangsu;Late Triassic Fanjiatang Formation.

1989   *Taeniopteris* sp.,Wang Ziqiang,Wang Lixin,p. 35,pl. 4,fig. 13;fern-like leaf;Yaoertou of Jiaocheng,Shanxi;Early Triassic middle-upper part of Liujiagou Formation.

1990   *Taeniopteris* sp.,Wu Xiangwu, He Yuanliang, p. 307, pl. 5, fig. 7b;pl. 6, fig. 5; pl. 7, figs. 10,10a,11;fern-like leaves;Yushu and Zaduo,Qinghai;Late Triassic Gema Formation of Jieza Group.

1992a *Taeniopteris* sp. 1,Cao Zhengyao,pl. 5,figs. 1,1a;leaf;Suibin-Shuangyashan area,eastern Heilongjiang;Early Cretaceous member 4 of Chengzihe Formation.

1992a *Taeniopteris* sp. 2,Cao Zhengyao,pl. 2,fig. 12B;leaf;Suibin-Shuangyashan area,eastern Heilongjiang;Early Cretaceous member 1 of Chengzihe Formation.

1992   *Taeniopteris* sp. (Cf. *T. minensis* Ôishi),Sun Ge,Zhao Yanhua,p. 562,pl. 256,fig. 4; leaf;Tianqiaoling of Hunchun,Jilin;Late Triassic Malugou Formation.

1992   *Taeniopteris* sp., Sun Ge, Zhao Yanhua, p. 562, pl. 245, fig. 8; leaf; Jingouling of Wangqing,Jilin;Late Jurassic Jingouling Formation.

1993   *Taeniopteris* sp. 1,Mi Jiarong and others,p. 158,pl. 51,figs. 4,4a;single leaf;Chengde, Hebei;Late Triassic Xingshikou Formation.

1993   *Taeniopteris* sp. 2,Mi Jiarong and others,p. 158,pl. 51,fig. 5;leaf;Tanzhesi in West Hill,Beijing;Late Triassic Xingshikou Formation.

1993   *Taeniopteris* sp. 3,Mi Jiarong and others,p. 159,pl. 52,fig. 11;text-fig. 40;leaf;Yangcaogou of Beipiao,Liaoning;Late Triassic Yangcaogou Formation.

1993   *Taeniopteris* sp. 4,Mi Jiarong and others,p. 159,pl. 51,figs. 2,3;leaves;Dajianggang of Shuangyang,Jilin;Late Triassic Dajianggang Formation.

1993   *Taeniopteris* sp. 5,Mi Jiarong and others, p. 160, pl. 51, fig. 6; leaf;Tianqiaoling of Wangqing,Jilin;Late Triassic Malugou Formation.

1993   *Taeniopteris* sp. 6,Mi Jiarong and others,p. 160,pl. 52,fig. 1;single leaf;Mentougou of West Hill,Beijing;Late Triassic Xingshikou Formation.

1993   *Taeniopteris* sp. 7,Mi Jiarong and others, p. 160, pl. 52, figs. 2,2a,3; single leaves; Chengde,Hebei;Late Triassic Xingshikou Formation.

1993   *Taeniopteris* sp. 8,Mi Jiarong and others,p. 161,pl. 52,fig. 4;leaf;Tanzhesi in West Hill,Beijing;Late Triassic Xingshikou Formation.

1993   *Taeniopteris* spp.,Mi Jiarong and others,p. 161,pl. 52,figs. 5,6,10;single leaves; Chengde of Hebei and Tanzhesi in West Hill of Beijing;Late Triassic Xingshikou Formation.

1993   *Taeniopteris* sp. (Cf. *T. minensis* Ôishi),Sun Ge,p. 109,pl. 50,fig. 12;leaf;Tianqiaoling of Wangqing,Jilin;Late Triassic Malugou Formation.

1993   *Taeniopteris* sp.,Sun Ge,p. 112,pl. 50,fig. 13;leaf;Tianqiaoling of Wangqing, Jilin; Sanxianling Formation.

1993   *Taeniopteris* sp. 1,Wang Shijun,p. 58,pl. 16,figs. 5,5a,7;pl. 43,fig. 6;leaves and cuticles;Guanchun of Lechang,Guangdong;Late Triassic Genkou Group.

1993   *Taeniopteris* sp. 2,Wang Shijun,p. 59,pl. 18,fig. 4;pl. 19,figs. 1—1b;fern-like leaves;

Guanchun of Lechang, Guangdong; Late Triassic Genkou Group.

1993　*Taeniopteris* sp. 3, Wang Shijun, p. 59, pl. 19, fig. 5; fern-like leaf; Guanchun of Lechang, Guangdong; Late Triassic Genkou Group.

1993　*Taeniopteris* sp. 4, Wang Shijun, p. 59, pl. 19, fig. 4; fern-like leaf; Guanchun of Lechang, Guangdong; Late Triassic Genkou Group.

1995　*Taeniopteris* sp., Meng Fansong and others, pl. 7, fig. 3; leaf; Mahekou of Sangzhi, Hunan; Middle Triassic member 2 of Badong Formation.

1996　*Taeniopteris* sp., Mi Jiarong and others, p. 150, pl. 39, fig. 14; leaf; Shimenzhai of Funing, Hebei; Early Jurassic Beipiao Formation.

2000　*Taeniopteris* sp., Meng Fansong and others, p. 61, pl. 19, fig. 5; fern-like leaf; Mahekou of Sangzhi, Hunan; Middle Triassic member 2 of Badong Formation.

2000　*Taeniopteris* sp., Wu Shunqing, p. 226, pl. 7, figs. 9, 9a; leaf; Zhangshang in Xigong of Xinjie, Hongkong; Early Cretaceous Repulse Bay Group.

2004　*Taeniopteris* sp., Sun Ge, Mei Shengwu, pl. 5, figs. 4, 5; pl. 6, figs. 1, 2; fern-like leaves; Chaoshui Basin and Abram Basin, Northwest China; Early—Middle Jurassic.

2004　*Taeniopteris* sp. (? gen. et sp. nov.), Wang Wuli and others, p. 232, pl. 30, figs. 2—5; fern-like leaves; Yixian area, western Liaoning; Late Jurassic Zhuanchengzi Bed in lower part of Yixian Formation.

Taeniopteris? spp.

1956b　*Taeniopteris*? sp., Sze H C, pl. 2, fig. 5; fern-like leaf; Karamay of Junggar (Dzungaria) Basin, Xinjiang; late Late Triassic upper part of Yenchang Formation. [Notes: This specimen lately was referred as *Taeniopteris* cf. *immersa* Nathorst (Sze H C, Lee H H and others, 1963)]

1963　*Taeniopteris*? sp. 4, Sze H C, Lee H H and others, p. 361, pl. 71, fig. 1; fern-like leaf; Jalai Nur, Inner Mongolia; Late Jurassic.

Genus *Taeniozamites* Harris, 1932

1932　Harris, pp. 33, 101.

1935　Ôishi, p. 90.

1993a　Wu Xiangwu, p. 145.

Type species: *Taeniozamites vittata* (Brongniart) Harris, 1932

Taxonomic status: Bennettiales, Cycadopsida

Taeniozamites vittata (Brongniart) Harris, 1932

1932　Harris, pp. 33, 101; text-fig. 39; foliage (probably of *Williamsoniella coronata*). [Notes: The genus *name Taeniozamites* Harris was a synonym of *Nilssoniopteris* (Harris, 1937, p. 49)]

1993a　Wu Xiangwu, p. 145.

△*Taeniozamites uwatokoi* (Ôishi) Takahashi, 1953

1935　Ôishi, p. 90, pl. 8, figs. 5—7; text-fig. 7; leaves and cuticles; Dongning Coal Mine, Heilongjiang; Late Jurassic or Early Cretaceous.

1953a　Takahashi, p. 172; Dongning Coal Mine, Heilongjiang; Late Jurassic or Early Creta-
ceous. [Notes: *Taeniozamites uwatokoi* (Ôishi) Takahashi, 1953 was a synonym of
Nilssoniopteris? *uwatokoi* (Ôishi) Li (Wu Xiangwu, 1993b)]

1993a　Wu Xiangwu, p. 145.

△**Genus *Tchiaohoella* Lee et Yeh ex Wang, 1984** (nom. nud.)

[Notes: This generic name *Tchiaohoella* is probably error in spelling for *Chiaohoella*; The
Taxonomic status is also referred as Adiantaceae, Filicopsida (Li Xingxue and others, 1986, p. 13)]

1984　　*Tchiaohoella* Lee et Ye, 1964 (MS), Wang Ziqiang, p. 269.

Type species: *Tchiaohoella mirabilis* Lee et Yeh (MS) ex Wang, 1984 (nom. nud.)

Taxonomic status: Cycadopsida

△***Tchiaohoella mirabilis* Lee et Yeh ex Wang, 1984** (nom. nud.)

1984　　*Tchiaohoella mirabilis* Lee et Yeh, Wang Ziqiang, p. 269. (nom. nud.)

***Tchiaohoella* sp.**

1984　　*Tchiaohoella* sp., Wang Ziqiang, p. 270, pl. 149, fig. 7; cycadophyte leaf; Pingquan, He-
bei; Ealy Cretaceous Jiufotang Formation.

Genus *Tersiella* Radczenko, 1960

1960　　Radczenko, Srebrodolskae, p. 120.

1996　　Wu Shunqing, Zhou Hanzhong, p. 7.

Type species: *Tersiella beloussovae* Radczenko, 1960

Taxonomic status: Pteridospermopsida

***Tersiella beloussovae* Radczenko, 1960**

1960　　Radczenko, Srebrodolskaia, p. 120, pl. 23, figs. 3 — 7; fern-like leaves; Pechorcki Basin,
USSR; Early Triassic.

***Tersiella radczenkoi* Sixtel, 1962**

1962　　Sixtel, p. 342, pl. 19, figs. 7 — 13; pl. 20, figs. 1 — 5; text-fig. 25; fern-like leaves; South
Fergana; Triassic.

1996　　Wu Shunqing, Zhou Hanzhong, p. 7, pl. 4, figs. 3 — 5; pl. 5, figs. 1 — 6; pl. 6, figs. 1 — 5, 7;
pl. 11, fig. 4B; pl. 13, figs. 1 — 4; fern-like leaves; Kuqa River Section of Kuqa, Xinjiang;
Middle Triassic lower member of Karamay Formation.

△**Genus *Tharrisia* Zhou, Wu et Zhang, 2001** (in English)

2001　Zhou Zhiyan, Wu Xiangwu, Zhang Bole, p. 99.

Type species: *Tharrisia dinosaurensis* (Harris) Zhou, Wu et Zhang, 2001

Taxonomic status: Gymnospermae incertae sedis

△*Tharrisia dinosaurensis* **(Harris) Zhou, Wu et Zhang, 2001** (in English)

1932　*Stenopteris dinosaurensis* Harris, p. 75, pl. 8, fig. 4; text-fig. 31; fern-like leaf and cuticle; Scoresby Sound, East Greenland; Early Jurassic *Thaumatopteris* Zone.

1988　*Stenopteris dinosaurensis* Harris, Li Peijuan and others, p. 77, pl. 53, figs. 1—2a; pl. 102, figs. 3—5; pl. 105, figs. 1, 2; fern-like leaves and cuticles; Early Jurassic *Ephedrites* Bed of Tianshuigou Formation.

2001　Zhou Zhiyan, Wu Xiangwu, Zhang Bole, p. 99, pl. 1, figs. 7—10; pl. 3, fig. 2; pl. 4, figs. 1, 2; pl. 5, figs. 1—5; pl. 7, figs. 1, 2; text-fig. 3; leaves and cuticles; East Greenland; Early Jurassic *Thaumatopteris* Zone; Sweden(?); Early Jurassic; Dameigou of Da Qaidam, Qinghai; Early Jurassic *Ephedrites* Bed of Tianshuigou Formation; Dianerwan of Fugu, Shaanxi; Early Jurassic Fuxian Formation.

△*Tharrisia lata* **Zhou et Zhang, 2001** (in English)

2001　Zhou Zhiyan, Zhang Bole, in Zhou Zhiyan and others, p. 103, pl. 1, figs. 1—6; pl. 3, figs. 1, 3—8; pl. 5, figs. 5—8; pl. 6, figs. 1—8; text-fig. 5; leaves and cuticles; Reg. No.: PB18124—PB18128; Holotype: PH18124 (pl. 1, fig. 1); Paratypes: PB18125—PB18128; Repository: Nanjing Institute of Geology and Palaeontology, Chinese Academy of Sciences; Yima, Henan; lower Middle Jurassic bed 4 in lower part of Yima Formation.

△*Tharrisia spectabilis* **(Mi, Sun C, Sun Y, Cui, Ai et al.) Zhou, Wu et Zhang, 2001**

1996　*Stenopteris spectabilis* Mi, Sun C, Sun Y, Cui, Ai et al., Mi Jiarong and others, p. 101, pl. 12, figs. 1, 7—9; text-fig. 5; fern-like leaves and cuticles; Taiji of Beipiao, Liaoning; Early Jurassic lower member of Beipiao Formation.

2001　Zhou Zhiyan, Wu Xiangwu, Zhang Bole, p. 101, pl. 2, fig. 14; pl. 4, figs. 3—7; pl. 7, figs. 3—8; text-fig. 4; leaves and cuticles; Taiji of Beipiao, Liaoning; Early Jurassic lower member of Beipiao Formation.

△**Genus *Thaumatophyllum* Yang, 1978**

1978　Yang Xianhe, p. 515.

1993a　Wu Xiangwu, pp. 41, 239.

1993b　Wu Xiangwu, pp. 502, 520.

Type species: *Thaumatophyllum ptilum* (Harris) Yang, 1978

Taxonomic status: Bennettiales, Cycadopsida

△*Thaumatophyllum ptilum* (Harris) **Yang, 1978**

1932   *Pterophyllum ptilum* Harris, p. 61, pl. 5, figs. 1—5, 11; text-figs. 30, 31; cycadophyte leaves; Scoresby Sound, East Greenland; Late Triassic.

1954   *Pterophyllum ptilum* Harris, Hsu J, p. 58, pl. 51, figs. 2—4; cycadophyte leaves; Yipinglang of Yunnan, Anyuan of Jiangxi, Shimenkou of Hunan and Sichuan; Late Triassic.

1978   Yang Xianhe, p. 515, pl. 163, fig. 14; cycadophyte leaf; Taiping of Dayi, Sichuan; Late Triassic Hsuchiaho Formation.

1982   Yang Xianhe, p. 480, pl. 13, figs. 1—9; pl. 8, fig. 3; pl. 5, fig. 7; cycadophyte leaves; Hulukou of Weiyuan, Sichuan; Late Triassic Hsuchiaho Formation; Jiefangqiao of Mianning, Sichuan; Late Triassic Baiguowan Formation; Xionglong of Xinlong, Sichuan; Late Triassic Lamaya Formation.

1993a   Wu Xiangwu, pp. 41, 239.

1993b   Wu Xiangwu, pp. 502, 520.

△*Thaumatophyllum ptilum* var. *obesum* **Yang, 1982**

1982   Yang Xianhe, p. 481, pl. 13, figs. 10—11a; cycadophyte leaves; Col. No.: H30; Reg. No.: Sp269, Sp270; Repository: Chengdu Institute of Geology and Mineral Resources; Hulukou of Weiyuan, Sichuan; Late Triassic apex part of Hsuchiaho Formation.

△*Thaumatophyllum multilineatum* **Yang, 1982**

1982   Yang Xianhe, p. 481, pl. 13, figs. 12—14; cycadophyte leaves; Col. No.: H30; Reg. No.: Sp271—Sp273; Syntypes 1—3: Sp271—Sp273 (pl. 13, figs. 12—14); Repository: Chengdu Institute of Geology and Mineral Resources; Huangshiban of Weiyuan, Sichuan; Late Triassic Hsuchiaho Formation; Xionglong of Xinlong, Sichuan; Late Triassic Yingzhuniang'a Formation. [Notes: According to *International Code of Botanical Nomenclature* (*Vienna Code*) article 37.2, from the year 1958, the holotype type specimen should be unique]

Genus *Thinnfeldia* **Ettingshausen, 1852**

1852   Ettingshausen, p. 2.

1923   Chow T H, pp. 83, 141.

1963   Sze H C, Lee H H and others, p. 133.

1993a   Wu Xiangwu, p. 147.

Type species: *Thinnfeldia rhomboidalis* Ettingshausen, 1852

Taxonomic status: Pteridospermopsida

Thinnfeldia rhomboidalis **Ettingshausen, 1852**

[Notes: This species lately was referred by Yao Xuanli as *Pachypteris rhomboidalis* (Ettingshausen) (Yao Xuanli, 1987)]

1852   Ettingshausen, p. 2, pl. 1, figs. 4—7; fern-like leaves; Steierdorf, Hungary; Early Jurassic

(Lias).

1933d Sze H C, p. 47, pl. 6, figs. 1－8; fern-like leaves; Malanling of Changting, Fujian; Early Jurassic.

1936 P'an C H, p. 28, pl. 13, fig. 8; fern-like leaf; Yejiaping of Suide, Shaanxi; Late Triassic upper part of Yenchang Formation.

1954 Hsu J, p. 54, pl. 46, fig. 5; fern-like leaf; Yejiaping of Suide, Shaanxi; Late Triassic upper part of Yenchang Formation.

1956a Sze H C, pp. 35, 142, pl. 34, figs. 5, 5a; fern-like leaf; Xingshuping of Yijun and Yejiaping of Suide, Shaanxi; Late Triassic upper part of Yenchang Formation.

1958 Wang Longwen and others, p. 592, fig. 592 (lower part); leaf; Shaanxi; late Late Triassic －Early Jurassic.

1963 Lee H H and others, p. 125, pl. 92, figs. 1, 2; fern-like leaves; Northwest China; Late Triassic—Early Jurassic.

1963 Lee P C, p. 130, pl. 59, fig. 1; fern-like leaf; Yijun of Shaanxi and Fujian; Late Triassic— Early Jurassic.

1963 Sze H C, Lee H H and others, p. 137, pl. 47, fig. 4; pl. 48, fig. 5; pl. 49, fig. 5; pl. 108, fig. 1; fern-like leaves; Changting, Fujian; late Late Triassic—Early Jurassic; Yijun and Suide, Shaanxi; Late Triassic Yenchang Group.

1964 Lee H H and others, p. 131, pl. 86, fig. 3; fern-like leaf; South China; Late Triassic— Early Jurassic.

1978 Yang Xianhe, p. 499, pl. 174, figs. 4－7; leaves; Yongchuan, Sichuan; Late Triassic Hsuchiaho Formation.

1978 Zhou Tongshun, pl. 20, fig. 7; fern-like leaf; Longjing of Wuping, Fujian; Late Triassic upper member of Dakeng Formation.

1979 Hsu J and others, p. 39, pl. 38, figs. 1, 2; fern-like leaves; Baoding, Sichuan; Late Triassic middle-upper part of Daqiaodi Formation and lower part of Daqing Formation.

1980 Huang Zhigao, Zhou Huiqin, p. 84, pl. 29, fig. 1; pl. 33, fig. 2; fern-like leaves; Shiyaoshang of Shenmu, Shaanxi; Late Triassic lower part of Yenchang Formation.

1981 Zhou Zhiyan, p. 17, pl. 1, figs. 1－4, 5(?); fern-like leaves; Hebutang of Qiyang, Hunan; Early Jurassic Paijiachong Member of Guanyintan Formation.

1982 Wang Guoping and others, p. 255, pl. 118, fig. 10; fern-like leaf; Dakeng of Zhangping, Fujian; Late Triassic Dakeng Formation.

1982 Zhang Caifan, p. 527, pl. 354, fig. 2; fern-like leaf; Hebutang of Qiyang, Hunan; Early Jurassic Shikang Formation.

1984 Chen Gongxin, p. 585, pl. 238, figs. 1－3; fern-like leaves; Fenshuiling of Jingmen, Hubei; Late Triassic Jiuligang Formation.

1984 Zhou Zhiyan, p. 17, pl. 8, figs. 1－6; pl. 9, figs. 1, 1a; text-fig. 4; fern-like leaves and cuticles; Huangyangsi of Lingling, Hunan; Early Jurassic lower-middle(?) part of Guanyintan Formation; Hebutang of Qiyang, Hunan; Early Jurassic Dabakou Member of Guanyintan Formation.

1986 Zhang Caifan, p. 198, pl. 4, figs. 1－1c, 2; text-fig. 7; fern-like leaves and cuticles; Baifang of Changning, Hunan; Early Jurassic Shikang Formation.

1989　Mei Meitang and others, p. 92, pl. 46, fig. 5; fern-like leaf; China; Late Triassic — Early Jurassic.

1993a　Wu Xiangwu, p. 147.

1998　Duan Shuying, p. 283, pl. 1, figs. 1—8; fern-like leaves and cuticles; Langdai of Liuzhi, Guizhou; Late Triassic.

Thinnfeldia cf. *rhomboidalis* Ettingshausen

1977　Department of Geological Exploration, Changchun College of Geology and others, pl. 4, fig. 2; fern-like leaf; Shiren of Hunjiang, Jilin; Late Triassic Xiaohekou Formation.

1984　Wang Ziqiang, p. 255, pl. 131, figs. 1, 2; fern-like leaves; Chahar Right Middle Banner, Inner Mongolia; Early Jurassic Nansuletu Formation.

Thinnfeldia cf. *Th. rhomboidalis* Ettingshausen

1993　Mi Jiarong and others, p. 104, pl. 19, fig. 5; fern-like leaves; Shiren of Hunjiang, Jilin; Late Triassic Beishan Formation (Xiaohekou Formation).

△*Thinnfeldia alethopteroides* Sze, 1956

1956a　Sze H C, pp. 38, 145, pl. 34, fig. 6; pl. 45, figs. 1, 1a, 2; fern-like leaves; Reg. No.: PB2421 — PB2423; Repository: Nanjing Institute of Geology and Palaeontology, Chinese Academy of Sciences; Huangcaowan in Xingshuping of Yijun, Shaanxi; Late Triassic upper part of Yenchang Formation.

1963　Sze H C, Lee H H and others, p. 135, pl. 45, fig. 6; pl. 47, figs. 1, 1a; fern-like leaves; Xingshuping of Yijun, Shaanxi; Late Triassic Yenchang Group.

1977　Feng Shaonan and others, p. 216, pl. 84, fig. 6; fern-like leaf; Xiaoshui of Lechang, Guangdong; Late Triassic Siaoping Formation.

1980　Huang Zhigao, Zhou Huiqin, p. 83, pl. 31, fig. 2; pl. 33, fig. 3; fern-like leaves; Gaojiata of Shenmu, Shaanxi; Late Triassic middle part of Yenchang Formation.

1982　Liu Zijin, p. 129, pl. 66, fig. 3; fern-like leaf; Xingshuping of Yijun and Gaojiata of Shenmu, Shaanxi; Late Triassic middle part of Yenchang Group.

Thinnfeldia cf. *alethopteroides* Sze

1983　Ju Kuixiang and others, pl. 1, fig. 1; fern-like leaf; Fanjiatang in Longtan of Nanjing, Jiangsu; Late Triassic Fanjiatang Formation.

△*Thinnfeldia elegans* Meng, 1982

1982　Meng Fansong, p. 581, pl. 1, fig. 4; pl. 2, fig. 5; leaves; Reg. No.: P81010, P81011; Holotype: P81010 (pl. 1, fig. 4); Repository: Yichang Institute of Geology and Mineral Resources; Jiuligang in Maoping of Yuanan, Hubei; Late Triassic Jiuligang Formation.

1990　Meng Fansong, p. 318, pl. 1, fig. 4; text-figs. 1, 2; leaves; Jiuligang of Yuanan and Donggong of Nanzhang, Hubei; Late Triassic Jiuligang Formation.

△*Thinnfeldia ensifolium* Wang, 1975

1975　Wang Xifu, p. 29, pl. 55, figs. 1, 1a, 2; fern-like leaves; Gaojiaya of Suide, Shaanxi; Late Triassic upper part of Yenchang Formation.

1986　Li Peijuan, He Yuanliang, p. 284, pl. 7, figs. 1—5a; pl. 10, fig. 5; fern-like leaves; Caomuce of Dulan, Qinghai; Late Triassic Caomuce Formation.

Thinnfeldia incisa Saporta, 1873

1873　Saporta, p. 173, pl. 41, figs. 3, 4; pl. 42, figs. 1—3; fern-like leaves; France; Late Triassic.

1980　Wu Shuibo and others, pl. 1, fig. 10; fern-like leaf; Tuopangou of Wangqing, Jilin; Late Triassic.

1992　Sun Ge, Zhao Yanhua, p. 534, pl. 233, figs. 2, 4, 5; fern-like leaves; North Hill in Lujuanzicun of Wangqing, Jilin; Late Triassic Malugou Formation.

1993　Mi Jiarong and others, p. 103, pl. 18, figs. 5—9; fern-like leaves; Bamianshi Coal Mine of Shuangyang, Jilin; Late Triassic upper member of Xiaofengmidingzi Formation; Chengde, Hebei; Late Triassic Xingshikou Formation.

1993　Sun Ge, p. 74, pl. 19, figs. 1—6; pl. 20, figs. 1A, 2, 3; fern-like leaves; North Hill in Lujuanzicun of Wangqing, Jilin; Late Triassic Malugou Formation.

△*Thinnfeldia jiangshanensis* Chen, 1982

1982　Chen Qishi, in Wang Guoping and others, p. 255, pl. 116, figs. 2, 3; fern-like leaves; Reg. No.: Zmf-植-00057; Holotype: Zmf-植-00057 (pl. 116, fig. 2); Daotangshan of Jiangshan, Zhejiang; Late Triassic—Early Jurassic.

△*Thinnfeldia? kuqaensis* Gu et Hu, 1979 (non Gu et Hu, 1984, nec Gu et Hu, 1987)

1979　Gu Daoyuan, Hu Yufan, p. 11, pl. 2, figs. 4, 4a; fern-like leaf; Col. No.: J24; Reg. No.: XPc112; Repository: Petroleum Administration of Xinjiang Uighur Autonomous Region; Kuqa, Xinjiang; Late Triassic Taliqike Formation.

△*Thinnfeldia? kuqaensis* Gu et Hu, 1984 (non Gu et Hu, 1979, nec Gu et Hu, 1987)

(Notes: This specific name *Thinnfeldia? kuqaensis* Gu et Hu, 1984 is a later isonym of *Thinnfedia? kuqaensis* Gu et Hu, 1979)

1984　Gu Daoyuan, Hu Yufan, in Gu Daoyuan, p. 147, pl. 70, fig. 2; fern-like leaf; Col. No.: J24; Reg. No.: XPC112; Repository: Petroleum Administration of Xinjiang Uighur Autonomous Region; Kuqa, Xinjiang; Late Triassic Taliqike Formation.

△*Thinnfeldia? kuqaensis* Gu et Hu, 1987 (non Gu et Hu, 1979, nec Gu et Hu, 1984)

(Notes: This specific name *Thinnfeldia? kuqaensis* Gu et Hu, 1987 is a later isonym of *Thinnfeldia? kuqaensis* Gu et Hu, 1979)

1987　Hu Yufan, Gu Daoyuan, in Hu Yufan, p. 225, pl. 2, figs. 2, 2a; fern-like leaf; Col. No.: J24; Reg. No.: XPC112; Repository: Petroleum Administration of Xinjiang Uighur Autonomous Region; Kuqa, Xinjiang; Late Triassic Taliqike Formation.

△*Thinnfeldia laxa* Sze, 1956

[Notes: The species name *Thinnfeldia laxa* Sze lately was replaced by Sze H C, Lee H H and others for former *Thinnfeldia laxusa* Sze (Sze H C, Lee H H and others, 1963)]

1956a　*Thinnfeldia laxusa* Sze, Sze H C, pp. 39, 145, pl. 44, figs. 1—4; pl. 45, figs. 3, 4; fern-like leaves; Reg. No.: PB2424 — PB2429; Repository: Nanjing Institute of Geology and Palaeontology, Chinese Academy of Sciences; Huangcaowan in Xingshuping of Yijun, Shaanxi; Late Triassic upper part of Yenchang Formation.

1963　Sze H C,Lee H H and others,p. 135,pl. 47,figs. 2,3;pl. 50,fig. 2;fern-like leaves; Xingshuping of Yijun,Shaanxi;Late Triassic upper part of Yenchang Group.

1977　Feng Shaonan and others,p. 216,pl. 81,fig. 6;fern-like leaf;Xiaoshui of Lechang, Guangdong;Late Triassic Siaoping Formation.

△*Thinnfeldia*? *luchangensis* **Wu,1999** (in Chinese)

1999b　Wu Shunqing,p. 28,pl. 22,figs. 3,4;fern-like leaves;Col. No.：鹿f113-11,鹿f113-13; Reg. No.：PB10629,PB10630;Syntype 1：PB10629 (pl. 22,fig. 3);Syntype 2：PB10630 (pl. 22,fig. 4);Repository：Nanjing Institute of Geology and Palaeontology,Chinese Academy of Sciences;Luchang of Huili,Sichuan;Late Triassic Baiguowan Formaion. [Notes：According to *International Code of Botanical Nomenclature* (*Vienna Code*) article 37. 2,from the year 1958,the holotype type specimen should be unique]

△*Thinnfeldia*? *magica* **Sun,1993**

1992　Sun Ge,Zhao Yanhua,p. 534,pl. 233,figs. 1,3,7,8;fern-like leaves;North Hill in Lujuanzicun of Wangqing,Jilin;Late Triassic Malugou Formation. (mon. nud.)

1993　Sun Ge,p. 74,pl. 18,fig. 1;pl. 19,figs. 7,8,10;pl. 20,figs. 4－7;text-fig. 20;fern-like leaves;Col. No.：T13-206,T13′-20,T13′-61,T13′-67,T13′-82,T13′-105,T13′-123, T13′-300;Reg. No.：PB11907,PB11920－PB11923,PB11928－PB11931;Holotype： PB11907 (pl. 18,fig. 1);Paratype：PB11928 (pl. 20,fig. 4);Repository：Nanjing Institute of Geology and Palaeontology,Chinese Academy of Sciences;North Hill in Lujuanzicun of Wangqing,Jilin;Late Triassic Malugou Formation.

Thinnfeldia major (**Raciborski**),**Gothan,1912**

1894　*Thinnfeldia rhomboidalis* (forma) *major* Raciborski,p. 66,pl. 19,fig. 8;pl. 21,fig. 6; fern-like leaves;Krakau,Poland;Jurassic.

1912　Gothan,pp. 69,78,pl. 14,fig. 3;fern-like leaf;Krakau,Poland;Jurassic.

1956a　Sze H C,pp. 35,143,pl. 32(?),fig. 4;pl. 42,fig. 3;fern-like leaves;Xingshuping of Yijun and Yejiaping of Suide,Shaanxi;Late Triassic upper part of Yenchang Formation.

1963　Sze H C,Lee H H and others,p. 136,pl. 48,fig. 4;pl. 50,fig. 3;fern-like leaves;Xingshuping of Yijun,Shaanxi;Late Triassic Yenchang Group.

1983　Zhang Wu and others,p. 78,pl. 2,fiss. 9a,9b;pl. 3,fig. 7;pl. 5,figs. 18,19;fern-like leaves;Linjiawaizi of Benxi,Liaoning;Middle Triassic Linjia Formation.

△"*Thinnfeldia*" *monopinnata* **Wang Z et Wang L,1990**

1990a　Wang Ziqiang,Wang Lixin,p. 126,pl. 20,figs. 4－8;fern-like leaves;No.：Z16-514,Z16-514a,Z16-520,Z16-521;Syntype 1：Z16-514 (pl. 20,figs. 4,4a);Syntype 2：Z16-521 (pl. 20,figs. 8,8a);Repository：Nanjing Institute of Geology and Palaeontology,Chinese Academy of Sciences;Hongzu of Shouyang,Shanxi;Early Triassic lower member of Heshanggou Formation. [Notes：According to *International Code of Botanical Nomenclature* (*Vienna Code*) article 37. 2,from the year 1958,the holotype type specimen should be unique]

△*Thinnfeldia nanzhangensis* **Meng,1982**

1987　Meng Fansong,p. 582,pl. 1,fig. 1;pl. 2,figs. 1－4;fern-like leaves;Reg. No.：P81012－

P81014,P81016,P81017;Holotype:P81013（pl. 2,fig. 1）;Repository:Yichang Institute
of Geology and Mineral Resources;Chenjiawan in Donggong of Nanzhang, Hubei;Late
Triassic Jiuligang Formation.

1990 Meng Fansong,p. 318,pl. 2,fig. 1;text-figs. 1,3;cycadophyte leaf;Donggong and Hujia-
zui of Nanzhang,Hubei;Late Triassic Jiuligang Formation.

Thinnfeldia nordenskioeldi Nathorst,1875

1875 Nathorst,p. 10（382）;Sweden;Late Triassic.

1876 Nathorst,p. 34,pl. 6,figs. 4,5;fern-like leaves;Sweden;Late Triassic.

1936 P'an C H,p. 27,pl. 11,fig. 5;pl. 12,figs. 1—6;pl. 13,figs. 4,5,6(?),7;fern-like leaves;
Yejiaping of Suide,Shaanxi;Late Triassic upper part of Yenchang Formation;Lijiaping
of Fuxian,Shaanxi;Early Jurassic Wayaopu Coal Series.

1954 Hsu J,p. 54,pl. 46,fig. 4;fern-like leaf;Yejiaping of Suide,Shaanxi;Late Triassic upper
part of Yenchang Formation.

1956b Sze H C,pl. 2,fig. 3;fern-like leaf;Karamay of Junggar（Dzungaria）Basin,Xinjiang;late
Late Triassic upper part of Yenchang Formation.

1963 Lee P C,p. 129,pl. 58,fig. 1;fern-like leaf;Yijun,Shaanxi;Late Triassic upper part of
Yenchang Formation.

1963 Sze H C,Lee H H and others,p. 136,pl. 43,fig. 3;pl. 49,fig. 1;fern-like leaves;Xingshu-
ping in Yijun and Yejiaping in Suide of Shaanxi,Junggar Basin of Xinjiang;Late Triassic
upper part of Yenchang Group.

1980 Huang Zhigao,Zhou Huiqin,p. 83,pl. 32,fig. 5;fern-like leaf;Liulingou of Tongchuan,
Shaanxi;Late Triassic top part of Yenchang Formation.

1980 Zhang Wu and others,p. 263,pl. 105,fig. 1a;fern-like leaf;Shiren of Hunjiang,Jilin;
Late Triassic Beishan Formation.

1982 Liu Zijin,p. 129,pl. 67,fig. 3;fern-like leaf;Xingshuping of Yijun,Yejiaping of Suide and
Liulingou of Tongchuan,Shaanxi;Late Triassic upper part of Yenchang Group.

1982 Zhang Caifan,p. 527,pl. 337,fig. 9;fern-like leaf;Xiaping in Changce of Yizhang,Hu-
nan;Early Jurassic base part of Tanglong Formation.

1984 Gu Daoyuan,p. 147,pl. 74,figs. 4,5;fern-like leaves;Karamay of Junggar（Dzungaria）
Basin,Xinjiang;Late Triassic Haojiagou Formation;Kuqa,Xinjiang;Late Triassic Tali-
jike Formation.

1991 Li Jie and others, p. 54, pl. 1, figs. 6,7;fern-like leaves; North Yematan of Kunlun
Moutain,Xinjiang;Late Triassic Wolonggang Formation.

1993 Mi Jiarong and others, p. 103, pl. 19, figs. 1, 2; fern-like leaves; Chengde, Hebei; Late
Triassic Xingshikou Formation.

1998 Zhang Hong and others,pl. 27, fig. 3;fern-like leaf;Dameigou of Da Qaidam,Qinghai;
Early Jurassic Xiaomeigou Formation.

? *Thinnfeldia nordenskioeldi* Nathorst

1956a Sze H C,pp. 37,143,pl. 37,figs. 6—8;fern-like leaves;Huangcaowan in Xingshuping of
Yijun and Yejiaping of Suide,Shaanxi;Late Triassic upper part of Yenchang Formation.
[Notes:This specimen（pl. 37,fig. 8）lately was referred as *Thinnfeldia nordenskioeldii*

Nathorst (Sze H C,Lee H H and others,1963)]

1963　Sze H C,Lee H H and others,p. 137,pl. 47,fig. 5;pl. 49,fig. 4;fern-like leaves;Xing-shuping of Yijun,Shaanxi;Late Triassic upper part of Yenchang Group.

1980　Huang Zhigao,Zhou Huiqin,p. 83,pl. 32,fig. 4;fern-like leaf;Liulingou of Tongchuan, Shaanxi;Late Triassic top part of Yenchang Formation.

1995　Meng Fansong and others,p. 24,pl. 6,figs. 8,9;fern-like leaves;Furongqiao of Sangzhi, Hunan;Middle Triassic member 2 of Badong Formation.

1996b　Meng Fansong,pl. 3,fig. 14;fern-like leaf;Furongqiao of Sangzhi,Hunan;Middle Tria-ssic member 2 of Badong Formation.

Thinnfeldia? nordenskioeldi Nathorst

2000　Meng Fansong and others,p. 55,pl. 18,figs. 8,9;fern-like leaves;Furongqiao of Sang-zhi,Hunan;Middle Triassic member 2 of Badong Formation.

Cf. *Thinnfeldia nordenskioeldii* Nathorst

1990　Wu Xiangwu,He Yuanliang,p. 300,pl. 4,figs. 6,6a;fern-like leaf;Yushu,Qinghai;Late Triassic Gema Formation of Jieza Group.

△*Thinnfeldia orientalois* Zhang,1982

[Notes:This species lately was referred as *Pachypteris orientalis* (Zhang) Yao (Yao Xuanli, 1987)]

1982　Zhang Caifan,p. 527,pl. 337,figs. 2—4;fern-like leaves;Reg. No.:HP03,HP04,HP303; Syntypes:HP03,HP04,HP303 (pl. 337,figs. 2—4);Repository:Geology Museum of Hunan Province;Xiaping in Changce of Yizhang,Hunan;Early Jurassic Tanglong For-mation. [Notes:According to *International Code of Botanical Nomenclature* (*Vienna Code*) article 37. 2,from the year 1958,the holotype type specimen should be unique]

1986　Zhang Caifan,p. 192;text-fig. 4;fern-like leaf;Xintianmen in Changce of Yizhang,Hu-nan;Early Jurassic Tanglong Formation.

△*Thinnfeldia puqiensis* Chen G X,1984

1984　Chen Gongxin,p. 584,pl. 238,fig. 4;fern-like leaf;Reg. No.:EP271;Repository:Geolo-gical Bureau of Hubei Province;Kuzhuqiao of Puqi,Hubei;Late Triassic Jigongshan Formation.

△*Thinnfeldia rigida* Sze,1956

1956a　Sze H C,pp. 37,144,pl. 41,figs. 1—3;pl. 42,figs. 1—2a;pl. 43,figs. 3,4;pl. 52,fig. 2; fern-like leaves;Reg. No.:PB2413—PB2415,PB2417—PB2419;Repository:Nanjing In-stitute of Geology and Palaeontology,Chinese Academy of Sciences;Xingshuping of Yi-jun,Shaanxi;Late Triassic upper part of Yenchang Formation.

1962　Chu Weiching,pp. 166,170,pl. 1,figs. 1—6b;pl. 2,figs. 1—5;fern-like leaves and cuti-cles;Jungar Banner,Inner Mongolia;Late Triassic Yenchang Formation.

1963　Sze H C,Lee H H and others,p. 138,pl. 48,fig. 3;pl. 49,fig. 2;pl. 50,fig. 4;fern-like leaves;Xingshuping of Yijun,Shaanxi;Late Triassic upper part of Yenchang Group.

1979　He Yuanliang and others,p. 146,pl. 68,figs. 5,5a;fern-like leaf;Mole of Qilian;Qinghai; Late Triassic Upper Rock Formation of Mole Group.

1988a Huang Qisheng, Lu Zongsheng, p. 183, pl. 1, fig. 2; fern-like leaf; Shuanghuaishu of Lushi, Henan; Late Triassic bed 6 in lower part of Yenchang Formation.

1993 Mi Jiarong and others, p. 104, pl. 19, figs. 3, 3a, 8, 8a; fern-like leaves and cuticles; Shiren of Hunjiang, Jilin; Late Triassic Beishan Formation (Xiaohekou Formation).

1993 Wang Shijun, p. 14, pl. 5, figs. 4, 6, 10, 10a; pl. 26, figs. 1—4; fern-like leaves and cuticles; Guanchun of Lechang, Guangdong; Late Triassic Genkou Group.

? *Thinnfeldia rigida* Sze

1986 Ye Meina and others, p. 41, pl. 26, fig. 3; fern-like leaf; Jinwo in Tieshan of Daxian; Late Triassic member 7 of Hsuchiaho Formation.

△ *Thinnfeldia simplex* Mi, Zhang, Sun et al., 1993

1993 Mi Jiarong, Zhang Chuanbo, Sun Chunlin and others, p. 105, pl. 19, fig. 11; text-fig. 22; fern-like leaf; Reg. No.: H254; Repository: Department of Geological History and Palaeontology, Changchun College of Geology; Shiren of Hunjiang, Jilin; Late Triassic Beishan Formation (Xiaohekou Formation).

△ *Thinnfeldia sinensis* Zhang, 1986

1986 Zhang Caifan, p. 196, pl. 1, figs. 1—2a; pl. 5, figs. 5, 6; text-fig. 6; fern-like leaves and cuticles; Reg. No.: pp01-15, pp01-15-1, pp01-19, pp01-200; Repository: Geology Museum of Hunan Province; Baifang of Changning, Hunan; Early Jurassic Shikang Formation. (Notes: The type specimen was not designated in the original paper)

△ *Thinnfeldia spatulata* Chen G X, 1984

1984 Chen Gongxin, p. 585, pl. 239, figs. 3, 4; fern-like leaves; Reg. No.: EP588, EP687; Repository: Geological Bureau of Hubei Province; Fenshuiling of Jingmen, Hubei; Late Triassic Jiuligang Formation. (Notes: The type specimen was not designated in the original paper)

Thinnfeldia spesiosa Ettingshausen, 1852

1852 Ettingshausen, p. 4, pl. 1, fig. 8; fern-like leaf; Begruend near Arten; Early Jurassic (Lias).

Thinnfeldia cf. *spesiosa* Ettingshausen

1985 Mi Jiarong, Sun Chunlin, pl. 1, figs. 3—5, 9; fern-like leaves; Bamianshi Coal Mine of Shuangyang, Jilin; Late Triassic upper member of Xiaofengmidingzi Formation.

△ *Thinnfeldia stellata* Zhou, 1981

[Notes: This species lately was referred as *Pachypteris stellata* (Zhou) Yao (Yao Xuanli, 1987)]

1981 Zhou Zhiyan, p. 17, pl. 1, figs. 6—11; pl. 2, figs. 8, 9; fern-like leaves and cuticles; Col. No.: KHG170; Reg. No.: PB7573; Holotype: PB7573 (pl. 1, fig. 6); Repository: Nanjing Institute of Geology and Palaeontology, Chinese Academy of Sciences; Wangjiatingzi in Huangyangsi of Lingling, Hunan; Early Jurassic middle—lower part of Guanyintan Formation.

1982 Zhang Caifan, p. 527, pl. 354, figs. 1—1d; fern-like leaf; Wangjiatingzi near Huangyangsi of

Lingling, Hunan; Early Jurassic Shikang Formation.

1984　Zhou Zhiyan, p. 18; fern-like leaf and cuticle; Huangyangsi of Lingling, Hunan; Early Jurassic lower-middle(?) part of Guanyintan Formation.

1986　Zhang Caifan, p. 197, pl. 3, figs. 3—3c; fern-like leaf and cuticle; Baifang of Changning, Hunan; Early Jurassic Shikang Formation.

△*Thinnfeldia xiangdongensis* Zhang, 1982

1982　Zhang Caifan, p. 527, pl. 337, fig. 7; pl. 339, figs. 4, 5; pl. 340, fig. 7; pl. 348, figs. 10, 11; pl. 352, fig. 13; pl. 356, fig. 13; fern-like leaves and cuticles; Syntypes: pl. 337, fig. 7; pl. 339, fig. 3, 5; pl. 340, fig. 7; Repository: Geology Museum of Hunan Province; Baifang of Changning, Hunan; Early Jurassic Shikang Formation. [Notes: According to *International Code of Botanical Nomenclature* (*Vienna Code*) article 37. 2, from the year 1958, the holotype type specimen should be unique]

1986　Zhang Caifan, p. 196, pl. 2, figs. 1—1c, 2; pl. 5, figs. 3, 4; text-fig. 5; fern-like leaves and cuticles; Baifang of Changning, Hunan; Early Jurassic Shikang Formation.

△*Thinnfeldia xiaoshuiensis* Feng, 1977

1977　Feng Shaonan and others, p. 216, pl. 91, figs. 5, 6; fern-like leaves; Xiaoshui of Lechang, Guangdong; Late Triassic Siaoping Formation. (Notes: The type specimen was not designated in the original paper)

△*Thinnfeldia xiheensis* (Feng) Chen G X, 1984

1977　*Jingmenophyllum xiheense* Feng, Feng Shaonan and others, p. 250, pl. 94, fig. 9; fern-like leaf; Xihe of Jingmen, Hubei; Late Triassic Lower Coal Formation of Hsiangchi Group.

1984　Chen Gongxin, p. 585, pl. 258, figs. 4—6; fern-like leaves; Fenshuiling and Xihe of Jingmen, Donggong of Nanzhang, Hubei; Late Triassic Jiuligang Formation.

△*Thinnfeldia yuanensis* Meng, 1982

1982 Meng Fansong, p. 583, pl. 1, figs. 2, 3; leaves; Reg. No.: P81018, P81019; Syntype 1: P81018 (pl. 1, fig. 2); Syntype 2: P81019 (pl. 1, fig. 3); Repository: Yichang Institute of Geology and Mineral Resources; Jiuligang in Maoping of Yuanan, Hubei; Late Triassic Jiuligang Formation. [Notes: According to *International Code of Botanical Nomenclature* (*Vienna Code*) article 37. 2, from the year 1958, the holotype type specimen should be unique]

Thinnfeldia spp.

1923　*Thinnfeldia* sp., Chow T H, pp. 83, 141, pl. 2, fig. 6; fern-like leaf; Nanwucun of Laiyang, Shandong; Early Cretaceous. [Notes: This specimen lately was referred as Problematicum (Sze H C, Lee H H and others, 1963)]

1963　*Thinnfeldia* sp., Chow Huiqin, p. 173, pl. 76, fig. 1; fern-like leaf; Gaoming, Guangdong; Late Triassic.

1968　*Thinnfeldia* sp., *Fossil Atlas of Mesozoic Coal-bearing Strata in Kiangsi and Hunan Provinces*, p. 52, pl. 9, fig. 3b; fern-like leaf; Yongshanqiao of Leping, Jiangxi; Late

Triassic Jingkengshan Member of Anyuan Formation.

1976　　*Thinnfeldia* sp.,Chow Huiqin and others,p. 208,pl. 109,fig. 5; fern-like leaf; Wuziwan of Jungar Banner,Inner Mongolia; Middle Triassic upper part of Ermaying Formation.

1977　　*Thinnfeldia* sp.,Department of Geological Exploration,Changchun College of Geology and others,pl. 3,fig. 3; fern-like leaf; Shiren of Hunjiang,Jilin; Late Triassic Xiaohekou Formation.

1980　　*Thinnfeldia* sp.,Huang Zhigao,Zhou Huiqin,p. 84,pl. 2,fig. 4; fern-like leaf; Wuziwan of Jungar Banner,Inner Mongolia; Middle Triassic Ermaying Formation.

1983　　*Thinnfeldia* sp.,Ju Kuixiang and others,pl. 1,fig. 2; fern-like leaf; Fanjiatang in Longtan of Nanjing,Jiangsu; Late Triassic Fanjiatang Formation.

1985　　*Thinnfeldia* sp.,Mi Jiarong, Sun Chunlin, pl. 1, fig. 13; fern-like leaf; Bamianshi Coal Mine of Shuangyang,Jilin; Late Triassic upper member of Xiaofengmidingzi Formation.

1986b　*Thinnfeldia* sp.,Chen Qishi,p. 9,pl. 1,fig. 7; fern-like leaf; Wuzao of Yiwu,Zhejiang; Late Triassic Wuzao Formation.

1989　　*Thinnfeldia* sp.,Cao Baosen and others,pl. 2,figs. 21,23; fern-like leaves; Yongding, Fujian; Early Jurassic Xiacun Formation.

1993　　*Thinnfeldia* sp.,Mi Jiarong and others,p. 106,pl. 19,figs. 4,4a; fern-like leaf; Tianqiaoling of Wangqing,Jilin; Late Triassic Malugou Formation.

1993　　*Thinnfeldia* sp.,Sun Ge,p. 75,pl. 19,fig. 9; fern-like leaf; North Hill in Lujuanzicun of Wangqing,Jilin; Late Triassic Malugou Formation.

1999b　*Thinnfeldia* sp.,Wu Shunqing,p. 28,pl. 22,figs. 1,2; fern-like leaves; Tieshan of Daxian,Sichuan; Late Triassic Hsuchiaho Formation.

2000　　*Thinnfeldia* sp.,Meng Fansong and others,p. 55,pl. 18,figs. 1,2; fern-like leaves; Furongqiao of Sangzhi,Hunan; Middle Triassic member 2 of Badong Formation.

Thinnfeldia? spp.

1965　　*Thinnfeldia*? sp., Tsao Chengyao, p. 518; text-fig. 6; fern-like leaf; Songbaikeng of Gaoming,Guangdong; Late Triassic Siaoping Formation (Siaoping Series).

1993　　*Thinnfeldia*? sp.,Mi Jiarong and others, p. 105, pl. 19, figs. 6,7; fern-like leaves; Dajianggang of Shuangyang,Jilin; Late Triassic Dajianggang Formation.

? *Thinnfeldia* sp.

1987　　? *Thinnfeldia* sp.,Hu Yufan,Gu Daoyuan,p. 225,pl. 2,figs. 3,4; fern-like leaves; Kuqa,Xinjiang; Late Triassic Talijike Formation.

△Genus *Tongchuanophyllum* Huang et Zhou,1980

1980　　Huang Zhigao,Zhou Huiqin,p. 91.

1993a　Wu Xiangwu,pp. 42,240.

1993b　Wu Xiangwu,pp. 501,520.

Type species: *Tongchuanophyllum trigonus* Huang et Zhou,1980

Taxonomic status: Pteridospermopsida

△*Tongchuanophyllum trigonus* Huang et Zhou, 1980

1980　Huang Zhigao, Zhou Huiqin, p. 91, pl. 17, fig. 2; pl. 21, figs. 2, 2a; fern-like leaves; Reg. No.: OP151, OP3035; Jinsuoguan of Tongchuan and Shenmu, Shaanxi; Middle Triassic upper member of Tongchuan Formation. (Notes: The type specimen was not designated in the original paper)

1993a　Wu Xiangwu, pp. 42, 240.

1993b　Wu Xiangwu, pp. 501, 520.

△*Tongchuanophyllum concinnum* Huang et Zhou, 1980

1980　Huang Zhigao, Zhou Huiqin, p. 91, pl. 16, fig. 4; pl. 18, figs. 1, 2; fern-like leaves; Reg. No.: OP131, OP149; Jinsuoguan of Tongchuan and Shenmu, Shaanxi; Middle Triassic upper member of Tongchuan Formation. (Notes: The type specimen was not designated in the original paper)

1982　Liu Zijin, p. 128, pl. 66, figs. 4, 5; fern-like leaves; Jinsuoguan of Tongchuan, Shaanxi; Late Triassic Tongchuan Formation in lower part of Yenchang Group.

1993a　Wu Xiangwu, pp. 42, 240.

Tongchuanophyllum cf. *concinnum* Huang et Zhou

1990a　Wang Ziqiang, Wang Lixin, p. 127, pl. 15, fig. 6; fern-like leaf; Tuncun of Yushe, Shanxi; Early Triassic base part of Heshanggou Formation; Hongzu of Shouyang, Shanxi; Early Triassic lower part of Heshanggou Formation.

△*Tongchuanophyllum magnifolius* Wang Z et Wang L, 1990

1990b　Wang Ziqiang, Wang Lixin, p. 310, pl. 8, fig. 1; pl. 9, figs. 3—5; pl. 10, figs. 1—3; text-figs. 4b, 5a—5c; fern-like leaves; No.: No. 8409-5, No. 8409-19, No. 8409-24, No. 8409-26, No. 8409-43, No. 8503-1, No. 8503-3; Holotype: No. 8503-1 (pl. 9, fig. 2); Repository: Nanjing Institute of Geology and Palaeontology, Chinese Academy of Sciences; Manshui of Qinxian, Shanxi; Middle Triassic base part of Ermaying Formation; Chenjiapangou of Ningwu, Shanxi; Middle—Late Triassic lower part of Yenchang Group.

△*Tongchuanophyllum minimum* Wang Z et Wang L, 1990

1990a　Wang Ziqiang, Wang Lixin, p. 126, pl. 17, figs. 7—10; fern-like leaves; No.: Z15a-540, Z16-612, Z22-541, Z22-542; Syntype 1: Z22-541 (pl. 17, figs. 7, 7a); Syntype 2: Z15a-540 (pl. 17, fig. 9); Repository: Nanjing Institute of Geology and Palaeontology, Chinese Academy of Sciences; Tuncun of Yushe, Shanxi; Early Triassic base part of Heshanggou Formation. [Notes: According to *International Code of Botanical Nomenclature (Vienna Code)* article 37. 2, from the year 1958, the holotype type specimen should be unique]

△*Tongchuanophyllum shensiense* Huang et Zhou, 1980

1980　Huang Zhigao, Zhou Huiqin, p. 91, pl. 13, fig. 5; pl. 14, fig. 3; pl. 18, fig. 3; pl. 21, fig. 1; pl. 22, fig. 1; fern-like leaves; Reg. No.: OP39, OP49, OP59, OP60; Jinsuoguan of Tongchuan and Shenmu, Shaanxi; Middle Triassic lower member of Tongchuan Formation. (Notes: The type specimen was not designated in the original paper)

1995a　Li Xingxue（editor-in-chief）,pl. 69, fig. 4; fern-like leaf; Jinsuoguan of Tongchuan,
　　　　Shaanxi; Middle Triassic middle part of Tongchuan Formation.（in Chinese）

1995b　Li Xingxue（editor-in-chief）,pl. 69, fig. 4; fern-like leaf; Jinsuoguan of Tongchuan,
　　　　Shaanxi; Middle Triassic middle part of Tongchuan Formation.（in English）

Tongchuanophyllum cf. *shensiense* Huang et Zhou

1990a　Wang Ziqiang, Wang Lixin, p. 127, pl. 18, fig. 9; fern-like leaf; Mafang of Heshun,
　　　　Shanxi; Early Triassic lower member of Heshanggou Formation; Sizhuang of Wuxiang,
　　　　Shanxi; Middle Triassic base part of Ermaying Formation.

1990b　Wang Ziqiang, Wang Lixin, p. 311, pl. 7, fig. 6; fern-like leaf; Sizhuang of Wuxiang,
　　　　Shanxi; Middle Triassic base part of Ermaying Formation.

Tongchuanophyllum spp.

1996　　*Tongchuanophyllum* sp., Wu Shunqing, Zhou Hanzhong, p. 6, pl. 2, figs. 3, 3a; fern-like
　　　　leaf; Kuqa River Section of Kuqa, Xinjiang; Middle Triassic lower member of Karamay
　　　　Formation.

2000　　*Tongchuanophyllum* sp.（sp. nov.）, Meng Fansong and others, p. 56, pl. 16, fig. 8; fern-
　　　　like leaf; Mahekou of Sangzhi, Hunan; Meiping of Xianfeng, Hubei; Middle Triassic
　　　　member 2 of Badong Formation.

△Genus *Tsiaohoella* Lee et Yeh ex Zhang et al., 1980（nom. nud.）

[Notes: This generic name *Tchiaohoella* is probably error in spelling for *Chiaohoella*; the Taxo-
nomic status is also referred as Adiantaceae, Filicopsida（Li Xingxue and other, 1986, p. 13）]

1980　　Zhang Wu and others, p. 279.

1993a　Wu Xiangwu, pp. 43, 241.

1993b　Wu Xiangwu, pp. 503, 520.

Type species: *Tsiaohoella mirabilis* Lee et Yeh ex Zhang et al., 1980

Taxonomic status: Cycadopsida

△*Tsiaohoella mirabilis* Lee et Yeh ex Zhang et al., 1980（nom. nud.）

1980　　Zhang Wu and others, p. 279, pl. 177, figs. 4, 5; pl. 179, figs. 2, 4; cycadophyte leaves;
　　　　Shansong of Jiaohe, Jilin; Early Cretaceous Moshilazi Formation.

1993a　Wu Xiangwu, pp. 43, 241.

1993b　Wu Xiangwu, pp. 503, 520.

△*Tsiaohoella neozamioides* Lee et Yeh ex Zhang et al., 1980（nom. nud.）

1980　　Zhang Wu and others, p. 79, pl. 179, figs. 1, 4; cycadophyte leaves; Shansong of Jiaohe,
　　　　Jilin; Early Cretaceous Moshilazi Formation.

1993a　Wu Xiangwu, pp. 43, 241.

1993b　Wu Xiangwu, pp. 503, 520.

Genus *Tyrmia* Prynada, 1956

1956   Prynada, in Kiparianova and others, p. 241.

1980   Ye Meina, in Wu Shunqing and others, p. 105.

1993a   Wu Xiangwu, p. 152.

Type species: *Tyrmia tyrmensis* Prynada, 1955

Taxonomic status: Bennettiales, Cycadopsida

Tyrmia tyrmensis Prynada, 1956

1956   Prynada, in Kiparianova and others, p. 241, pl. 42, fig. 2; cycadophyte leaf; Tyrma River, Bureya Basin; Early Cretaceous.

1982b   Zheng Shaolin, Zhang Wu, p. 312, pl. 14, figs. 1—7; cycadophyte leaves; Zhushan Coal Mine of Baoqing, Heilongjiang; Early Cretaceous.

1993a   Wu Xiangwu, p. 152.

△*Tyrmia acrodonta* Wu S, 1999 (in Chinese)

1999a   Wu Shunqing, p. 14, pl. 7, figs. 2—6; cycadophyte leaves; Col. No.: AEO-109, AEO-110, AEO-149, AEO-195, AEO-220; Reg. No.: PB18260—PB18264; Repository: Nanjing Institute of Geology and Palaeontology, Chinese Academy of Sciences; Huangbanjigou in Shangyuan of Beipiao, Liaoning; Late Jurassic Jianshangou Bed in lower part of Yixian Formation. (Notes: The type specimen was not designated in the original paper)

2001   Sun Ge and others, pp. 81, 189, pl. 13, figs. 1—3; pl. 45, figs. 1—10; cycadophyte leaves; Huangbanjigou in Shangyuan of Beipiao, Liaoning; Late Jurassic Jianshan-gou Formation.

2003   Wu Shunqing, p. 174, fig. 239 (right); cycadophyte leaf; Huangbanjigou in Shangyuan of Beipiao, western Liaoning; Late Jurassic Jianshangou Bed in lower part of Yixian Formation.

△*Tyrmia? aequalis* Liu et Mi, 1981

1981   Liu Maoqiang, Mi Jiarong, p. 25, pl. 2, fig. 9; pl. 3, figs. 3, 8, 11, 16; cycadophyte leaves; Reg. No.: R7728—R7731, R7746; Naozhigou of Linjiang, Jilin; Early Jurassic Yihuo Formation. (Notes: The type specimen was not designated in the original paper)

△*Tyrmia calcariformis* Li et Hu, 1984

1984   Li Baoxian, Hu Bin, p. 140, pl. 3, figs. 4—7; cycadophyte leaves; Reg. No.: PB10397B, PB10398B, PB10418, PB10419B; Holotype: PB10397B (pl. 3, fig. 4); Repository: Nanjing Institute of Geology and Palaeontology, Chinese Academy of Sciences; Datong, Shanxi; Early Jurassic Yongdingzhuang Formation.

△*Tyrmia chaoyangensis* Zhang, 1980

1980   Zhang Wu and others, p. 272, pl. 140, fig. 13; cycadophyte leaf; Reg. No.: D382; Repository: Shenyang Institute of Geology and Mineral Resources; Chaoyang, Liaoning; Middle

Jurassic.

△*Tyrmia densinervosa* **Zheng et Zhang, 1982**

1982b Zheng Shaolin, Zhang Wu, p. 312, pl. 10, figs. 7 — 9; pl. 12, fig. 1; cycadophyte leaves; Reg. No.: HCJ007, HCS022 — HCS024; Repository: Shenyang Institute of Geology and Mineral Resources; Lingdong of Shuangyashan, Hada of Jidong and Chengzihe of Jixi, Heilongjiang; Early Cretaceous Chengzihe Formation and Muling Formation. (Notes: The type specimen was not designated in the original paper)

△*Tyrmia eurypinnata* **Mi, Zhang, Sun et al., 1993**

1993 Mi Jiarong, Zhang Chuanbo, Sun Chunlin and others, p. 114, pl. 24, fig. 12; pl. 25, figs. 3—5; text-fig. 27; cycadophyte leaves; Reg. No.: W331—W334; Holotype: W331 (pl. 24, fig. 12); Paratype 1: W332 (pl. 25, fig. 3); Paratype 2: W334 (pl. 25, fig. 5); Repository: Department of Geological History and Palaeontology, Changchun College of Geology; Tianqiaoling of Wangqing, Jilin; Late Triassic Malugou Formation.

△*Tyrmia furcata* (Chew et Tsao) **Wang, 1993**

1968 *Nilssonia furcata* Chew et Tsao, Chow Tseyen (Chow T Y), Tsao Chengyao (Tsao C Y), in *Fossil Atlas of Mesozoic Coal-bearing Strata in Kiangsi and Hunan Provinces*, p. 67, pl. 18, figs. 3, 3a; pl. 19, figs. 4, 5; cycadophyte leaves; Yongshanqiao of Leping, Jiangxi; Late Triassic Jingkengshan Member of Anyuan Formation; Liaoyuan of Liuyang, Hunan; Late Triassic Anyuan Formation.

1993 Wang Shijun, p. 30, pl. 12, fig. 2; pl. 13, figs. 6, 6a; pl. 14, figs. 1, 1a; pl. 33, figs. 5—8; pl. 34, figs. 1, 2; cycadophyte leaves and cuticles; Hongweikeng of Qujiang, Guanchun and Ankou of Lechang, Guangdong; Late Triassic Genkou Group.

△*Tyrmia grandifolia* **Zhang et Zheng, 1987**

1987 Zhang Wu, Zheng Shaolin, p. 281, pl. 9, figs. 5, 6; pl. 10, fig. 3; text-fig. 21; cycadophyte leaves; Reg. No.: SG110056—SG110058; Repository: Shenyang Institute of Geology and Mineral Resources; Pandaogou of Nanpiao, Liaoning; Middle Jurassic Haifanggou Formation. (Notes: The type specimen was not designated in the original paper)

1990 Zheng Shaolin, Zhang Wu, p. 219, pl. 4, fig. 1; cycadophyte leaf; Tianshifu of Benxi, Liaoning; Middle Jurassic Dabu Formation.

△*Tyrmia latior* **Ye, 1980**

1980 Ye Meina, in Wu Shunqing and others, p. 105, pl. 23, figs. 1—6; pl. 24, figs. 5, 6, 7b; cycadophyte leaves; Col. No.: ACG-128, ACG-168; Reg. No.: PB6829—PB6834, PB6841—PB6843; Syntypes: PB6830—PB6833 (pl. 23, figs. 1—4); Repository: Nanjing Institute of Geology and Palaeontology, Chinese Academy of Sciences; Xiangxi of Zigui and Huilongsi of Xingshan, Hubei; Early—Middle Jurassic Hsiangchi (Xiangxi) Formation. [Notes: According to *International Code of Botanical Nomenclature* (*Vienna Code*) article 37. 2, from the year 1958, the holotype type specimen should be unique]

1986 Ye Meina and others, p. 53, pl. 33, figs. 9, 9a; cycadophyte leaf; Binlang and Jinwo in Tieshan of Daxian, Sichuan; Early Jurassic Zhenzhuchong Formation.

1988　Huang Qisheng, pl. 2, fig. 1; cycadophyte leaf; Huaining, Anhui; Early Jurassic upper part of Wuchang Formation.

1993a　Wu Xiangwu, p. 152.

1995a　Li Xingxue (editor-in-chief), pl. 87, fig. 1; cycadophyte leaf; Xiangxi of Zigui, Hubei; Early—Middle Jurassic Hsiangchi (Xiangxi) Formation. (in Chinese)

1995b　Li Xingxue (editor-in-chief), pl. 87, fig. 1; cycadophyte leaf; Xiangxi of Zigui, Hubei; Early—Middle Jurassic Hsiangchi (Xiangxi) Formation. (in English)

1996　Mi Jiarong and others, p. 106, pl. 14, figs. 19, 21, 23; cycadophyte leaves; Shimenzhai of Funing, Hebei; Early Jurassic Beipiao Formation.

△*Tyrmia lepida* Huang, 1983

1983　Huang Qisheng, p. 30, pl. 4, figs. 10 — 14; cycadophyte leaves; Reg. No.: AH8149 — AH8153; Holotype: AH8142 — AH8153 (pl. 4, figs. 13, 14); Repository: Department of Palaeontology, Wuhan College of Geology; Lalijian of Huaining, Anhui; Early Jurassic lower part of Xiangshan Group.

△*Tyrmia mirabilia* Zhang et Zheng, 1987

1987　Zhang Wu, Zheng Shaolin, p. 283, pl. 13, figs. 1 — 7; text-fig. 22; cycadophyte leaves and cuticles; Reg. No.: SG110059, SG110060; Repository: Shenyang Institute of Geology and Mineral Resources; Lamagou of Chaoyang, Liaoning; Middle Jurassic Haifanggou Formation. (Notes: The type specimen was not designated in the original paper)

△*Tyrmia nathorsti* (Schenk) Ye, 1980

1883　*Pterophyllum nathorsti* Schenk, p. 261, pl. 53, fig. 5, 7; Zigui, Hubei; Jurassic.

1980　Ye Meina, in Wu Shunqing and others, p. 104, pl. 22, figs. 1 — 11; cycadophyte leaves; Xiangxi and Shazhenxi of Zigui, Zhengjiahe and Huilongsi of Xingshan, Hubei; Early— Middle Jurassic Hsiangchi (Xiangxi) Formation.

1982　Duan Shuying, Chen Ye, p. 505, pl. 16, figs. 14, 15; cycadophyte leaves; Tieshan of Daxian, Sichuan; Early Jurassic Zhenzhuchong Formation.

1984　Chen Fen and others, p. 55, pl. 23, figs. 1, 2; cycadophyte leaves; Datai of West Hill, Beijing; Early Jurassic Upper Yaopo Formation.

1984　Li Baoxian, Hu Bin, p. 140, pl. 3, figs. 1 — 3; cycadophyte leaves; Datong, Shanxi; Early Jurassic Yongdingzhuang Formation.

1984　Wang Ziqiang, p. 258, pl. 129, figs. 5 — 7; cycadophyte leaves; Datong, Shanxi; Early Jurassic Yongdingzhuang Formation.

1985　Mi Jiarong, Sun Chunlin, pl. 1, figs. 12, 17; cycadophyte leaves; Bamianshi Coal Mine of Shuangyang, Jilin; Late Triassic upper member of Xiaofengmidingzi Formation.

1986　Ye Meina and others, p. 54, pl. 30, fig. 4; pl. 32, figs. 5, 9 — 11; pl. 33, figs. 6, 6a; pl. 34, fig. 4B; cycadophyte leaves; Jinwo of Tieshan, Leiyinpu and Binlang of Daxian, Wenquan of Kaixian, Sichuan; Early Jurassic Zhenzhuchong Formation.

1987　He Dechang, p. 75, pl. 2, fig. 6; pl. 6, fig. 4; cycadophyte leaves; Longpucun in Meiyuan of Yunhe, Zhejiang; late Early Jurassic bed 5 of Longpu Formation.

1989　Mei Meitang and others, p. 104, pl. 52, figs. 1, 2; cycadophyte leaves, China; Early Jurassic.

1993   Mi Jiarong and others, p. 115, pl. 24, figs. 2, 10; cycadophyte leaves; Bamianshi Coal Mine of Shuangyang, Jilin; Late Triassic upper member of Xiaofengmidingzi Formation.

1995a   Li Xingxue (editor-in-chief), pl. 87, fig. 3; cycadophyte leaf; Xiangxi of Zigui, Hubei; Early—Middle Jurassic Hsiangchi (Xiangxi) Formation. (in Chinese)

1995b   Li Xingxue (editor-in-chief), pl. 87, fig. 3; cycadophyte leaf; Xiangxi of Zigui, Hubei; Early—Middle Jurassic Hsiangchi (Xiangxi) Formation. (in English)

1996   Huang Qisheng and others, pl. 2, fig. 3; cycadophyte leaf; Qilixia of Xuanhan, Sichuan; Early Jurassic upper part of Zhenzhuchong Formation.

1998   Huang Qisheng and others, pl. 1, fig. 9; cycadophyte leaf; Miaoyuancun of Shangrao, Jiangxi; Early Jurassic member 3 of Linshan Formation.

1998   Zhang Hong and others, pl. 41, fig. 6; cycadophyte leaf; Yaojie Coal Field of Lanzhou, Gansu; Middle Jurassic upper part of Yaojie Formation.

2001   Huang Qisheng, pl. 2, fig. 2; cycadophyte leaf; Qilixia of Xuanhan, Sichuan; Early Jurassic upper part of Zhenzhuchong Formation.

2005   Sun Bainian and others, pl. 15, fig. 6; cycadophyte leaf; Yaojie of Lanzhou, Gansu; Middle Jurassic Shaniyan Member of Yaojie Formation.

Cf. *Tyrmia nathorsti* (Schenk) Ye

1988   Li Peijuan and others, p. 88, pl. 59, fig. 3; cycadophyte leaf; Dameigou of Da Qaidam, Qinghai; Middle Jurassic *Tyrmia-Sphenobaiera* Bed of Dameigou Formation.

Tyrmia cf. *nathorsti* (Schenk) Ye

1997   Wu Shunqing and others, p. 168, pl. 4, figs. 6, 7; cycadophyte leaves; Tai O, Hongkong; late Early Jurassic—early Middle Jurassic Taio Formation.

△*Tyrmia oblongifolia* Zhang, 1980

1980   Zhang Wu and others, p. 272, pl. 170, figs. 1—3; pl. 2, fig. 1; cycadophyte leaves; Reg. No.: D383—D386; Repository: Shenyang Institute of Geology and Mineral Resources; Chaoyang, Liaoning; Middle Jurassic. [Notes: The type specimen was not designated in the original paper; This specimen lately was refferred as *Vitimia oblongifolia* (Zhang) Wang (Wang Ziqiang, 1984)]

△*Tyrmia pachyphylla* Zhang et Zheng, 1987

1987   Zhang Wu, Zheng Shaolin, p. 285, pl. 9, figs. 1, 2; pl. 10, figs. 1, 2; cycadophyte leaves; Reg. No.: SG110061—SG110064; Repository: Shenyang Institute of Geology and Mineral Resources; Taizishan in Changgao of Beipiao, Liaoning; Middle Jurassic Lanqi Formation. (Notes: The type specimen was not designated in the original paper)

Tyrmia polynovii (Novopokrovsky) Prynada, 1956

1912   *Dioonites polynovii* Novopokrovsky, p. 9, pl. 3, fig. 6; cycadophyte leaf; Bureya Basin; Early Cretaceous.

1956   Prynada, in Kipariaova and others, p. 242; cycadophyte leaf; Bureya Basin; Early Cretaceous.

1980   Zhang Wu and others, p. 272, pl. 169, fig. 12; pl. 171, figs. 2, 6; cycadophyte leaves; Beipiao, Liaoning; Early Cretaceous Sunjiawan Formation.

Tyrmia pterophyoides **Prynada, 1956**

1912 *Dioonites* sp., Novopokrovsky, p. 10, pl. 3, fig. 5; cycadophyte leaf; Bureya Basin; Late Jurassic—Early Cretaceous.

1956 Prynada, in Kipariaova and others, p. 242; cycadophyte leaf; Bureya Basin; Late Jurassic—Early Cretaceous.

1982a Zheng Shaolin, Zhang Wu, p. 165, pl. 1, fig. 1; cycadophyte leaf; Dabangou in Changheyingzi of Beipiao, Liaoning; Middle Jurassic Lanqi Formation.

△*Tyrmia schenkii* **Mi, Sun C, Sun Y, Cui, Ai et al., 1996** (in Chinese)

1996 Mi Jiarong, Sun Chuanlin, Sun Yuewu, Cui Shangsen, Ai Yongliang and others, p. 107, pl. 14, figs. 5, 6, 14; text-fig. 6; cycadophyte leaves; Reg. No.: HF3019—HF3021; Holotype: HF3020 (pl. 14, fig. 5); Repository: Department of Geological History and Palaeotology, Changchun College of Geology; Shimenzhai of Funing, Hebei; Early Jurassic Beipiao Formation.

△*Tyrmia sinensis* **Li, 1988**

1988 Li Peijuan and others, p. 88, pl. 57, fig. 1; pl. 58, fig. 4; pl. 110, figs. 2—6; cycadophyte leaves and cuticles; Col. No.: 80DJ$_{2d}$F$_u$; Reg. No.: PB13563; Holotype: PB13563 (pl. 57, fig. 1); Repository: Nanjing Institute of Geology and Palaeontology, Chinese Academy of Sciences; Dameigou of Da Qaidam, Qinghai; Middle Jurassic *Tyrmia-Sphenobaiera* Bed of Dameigou Formation.

1995a Li Xingxue (editor-in-chief), pl. 92, fig. 2; cycadophyte leaf; Dameigou of Da Qaidam, Qinghai; Middle Jurassic Dameigou Formation. (in Chinese)

1995b Li Xingxue (editor-in-chief), pl. 92, fig. 2; cycadophyte leaf; Dameigou of Da Qaidam, Qinghai; Middle Jurassic Dameigou Formation. (in English)

△*Tyrmia susongensis* **Cao, 1998** (in Chinese and English)

1998 Cao Zhengyao, pp. 283, 290, pl. 1, figs. 1—10; cycadophyte leaves and cuticles; Col. No.: NAM-001; Reg. No.: PB17607; Holotype: PB17607 (pl. 1, fig. 1); Repository: Nanjing Institute of Geology and Palaeontology, Chinese Academy of Sciences; Maoling of Susong, Anhui; Early Jurassic Moshan Formation.

△*Tyrmia taizishanensis* **Zhang et Zheng, 1987**

1987 Zhang Wu, Zheng Shaolin, p. 285, pl. 11, figs. 1—3; text-fig. 23; cycadophyte leaves; Reg. No.: SG110065—SG110067; Repository: Shenyang Institute of Geology and Mineral Resources; Taizishan in Changgao of Beipiao, Liaoning; Middle Jurassic Lanqi Formation. (Notes: The type specimen was not designated in the original paper)

△*Tyrmia valida* **Zhang et Zheng, 1987**

1987 Zhang Wu, Zheng Shaolin, p. 288, pl. 11, fig. 4; text-fig. 24; cycadophyte leaf; Reg. No.: SG110068; Repository: Shenyang Institute of Geology and Mineral Resources; Dabangou in Changheyingzi of Beipiao, Liaoning; Middle Jurassic Lanqi Formation.

Tyrmia **spp.**

1980 *Tyrmia* sp., Wu Shunqing and others, p. 106, pl. 21, fig. 7; cycadophyte leaf; Xiangxi of

Zigui, Hubei; Early—Middle Jurassic Hsiangchi (Xiangxi) Formation.

1984　*Tyrmia* sp. 1, Chen Fen and others, p. 56, pl. 23, fig. 3; cycadophyte leaf; Mentougou of West Hill, Beijing; Middle Jurassic Longmen Formation.

1993　*Tyrmia* sp. 1, Mi Jiarong and others, p. 115, pl. 25, figs. 1, 2; text-fig. 28; cycadophyte leaves; Tianqiaoling of Wangqing, Jilin; Late Triassic Malugou Formation.

1993　*Tyrmia* sp. 2, Mi Jiarong and others, p. 116, pl. 24, fig. 8; cycadophyte leaf; Luoquanzhan of Dongning, Heilongjiang; Late Triassic Luoquanzhan Formation.

1993　*Tyrmia* sp., Wang Shijun, p. 31, pl. 11, figs. 6, 7; pl. 33, figs. 1—4; cycadophyte leaves and cuticles; Guanchun of Lechang, Guangdong; Late Triassic Genkou Group.

1996　*Tyrmia* sp. Sun Yuewu and others, pl. 1, fig. 14; cycadophyte leaf; Shanggu of Chengde, Hebei; Early Jurassic Nandaling Formation.

2003　*Tyrmia* sp., Yang Xiaoju, p. 566, pl. 3, fig. 1; pl. 5, fig. 12; pl. 6, figs. 1—5; cycadophyte leaves and cuticles; Jixi Basin, Heilongjiang; Early Cretaceous Muling Formation.

Tyrmia? sp.

1988　*Tyrmia*? sp., Li Peijuan and others, p. 89, pl. 57, fig. 2; pl. 58, figs. 5, 5a; pl. 60, figs. 6, 6a; cycadophyte leaves; Dameigou of Da Qaidam, Qinghai; Middle Jurassic *Tyrmia-Sphenobaiera* Bed of Dameigou Formation.

Genus *Uralophyllum* Kryshtofovich et Prinada, 1933

1933　Kryshtofovich, Prinada, p. 25.

1990　Wu Shunqing, Zhou Hanzhong, p. 454.

1993a　Wu Xiangwu, p. 153.

Type species: *Uralophyllum krascheninnikovii* Kryshtofovich et Prinada, 1933

Taxonomic status: Cycadopsida?

Uralophyllum krascheninnikovii Kryshtofovich et Prinada, 1933

1933　Kryshtofovich, Prinada, p. 25, pl. 2, fig. 7b; pl. 3, figs. 1—4; leaves; East Ural, USSR; Late Triassic—Early Jurassic.

1993a　Wu Xiangwu, p. 153.

Uralophyllum radczenkoi (Sixtel) Dobruskina, 1982

1962　*Tersiella radczenkoi* Sixtel, p. 342, pl. 19, figs. 7—13; pl. 20, figs. 1—5; text-fig. 25; leaves; South Fergana; Late Triassic.

1982　Dobruskina, p. 122.

Uralophyllum? cf. *radczenkoi* (Sixtel) Dobruskina

1990　Wu Shunqing, Zhou Hanzhong, p. 454, pl. 4, figs. 7, 7a; leaf; Kuqa, Xinjiang; Early Triassic Ehuobulake Formation.

1993a　Wu Xiangwu, p. 153.

Genus *Vardekloeftia* Harris, 1932

1932   Harris, p. 109.

1986   Ye Meina and others, p. 65.

1993a   Wu Xiangwu, p. 153.

Type species: *Vardekloeftia sulcata* Harris, 1932

Taxonomic status: Bennettiales, Cycadopsida

Vardekloeftia sulcata Harris, 1932

1932   Harris, p. 109, pl. 15, figs. 1, 4, 5, 12; pl. 17, figs. 1, 2; pl. 18, figs. 1, 5; text-figs. 49B, 49C; female portion of cones (gynaecium, ruits) and cuticles; Scoresby Sound, East Greenland; Late Triassic *Lepidopteris* Zone.

1986   Ye Meina and others, p. 65, pl. 45, figs. 2—2b; pl. 56, fig. 6; fruits; Jinwo in Tieshan and Bailaping of Daxian, Sichuan; Late Triassic member 7 of Hsuchiaho Formation.

1993   Wang Shijun, p. 39, pl. 22, fig. 1A; pl. 23, fig. 16; fruits; Guanchun and Ankou of Lechang, Guangdong; Late Triassic Genkou Group.

1993a   Wu Xiangwu, p. 153.

Genus *Vitimia* Vachrameev, 1977

1977   Vachrameev, in Vachrameev, Kotova, p. 105.

1979   Wang Ziqing, Wang Pu, pl. 1, fig. 8.

1993a   Wu Xiangwu, p. 154.

Type species: *Vitimia doludenkoi* Vachrameev, 1977

Taxonomic status: Bennettiales, Cycadopsida

Vitimia doludenkoi Vachrameev, 1977

1977   Vachrameev, in Vachrameev, Kotova, p. 105, pl. 11, figs. 1—5; leaves; Transbaikal Lake; Early Cretaceous.

1979   Wang Ziqing, Wang Pu, pl. 1, fig. 8; leaf; Tuoli of West Hill, Beijing; Early Cretaceous Tuoli Formation.

1993a   Wu Xiangwu, p. 154.

△*Vitimia oblongifolia* (Zhang) Wang, 1984

1980   *Tyrmia oblongifolia* Zhang, Zhang Wu and others, p. 272, pl. 170, figs. 1—3; pl. 2, fig. 1; leaves; Chaoyang, Liaoning; Middle Jurassic.

1984   Wang Ziqiang, p. 266, pl. 149, figs. 13, 16; single leaves; West Hill, Beijing; Early Cretaceous Tuoli Formation; Pingquan, Hebei; Early Cretaceous Jiufotang Formation.

△*Vitimia yanshanensis* Wang, 1984

1984　Wang Ziqiang, p. 267, pl. 150, fig. 10; leaf; Reg. No.: P0354; Holotype: P0354 (pl. 150, fig. 10); Repository: Repository: Nanjing Institute of Geology and Palaeontology, Chinese Academy of Sciences; Luanping, Hebei; Early Cretaceous Jiufotang Formation.

Genus *Vittaephyllum* Dobruskina, 1975

1975　Dobruskina, p. 127.
1992b　Meng Fansong, p. 178.
Type species: *Vittaephyllum bifurcata* (Sixtel) Dobruskina, 1975
Taxonomic status: Pteridospermopsida

Vittaephyllum bifurcata (Sixtel) Dobruskina, 1975

1962　*Furcula bifurcata* Sixtel, p. 327, pl. 3; pl. 7, figs. 1—8; fern-like leaves; Uzbek; Late Permian—Early Triassic.
1975　Dobruskina, p. 129, pl. 11, figs. 2, 6, 7, 9, 10; fern-like leaves; Uzbek; Late Permian—Early Triassic.

Vittaephyllum sp.

1990　*Vittaephyllum* sp., Meng Fansong, pl. 1, figs. 11, 12; single leaves; Xinhuacun in Jiuqujiang of Qionghai, Hainan; Early Triassic Lingwen Formation.
1992b　*Vittaephyllum* sp., Meng Fansong, p. 178, pl. 3, figs. 10—12; single leaves; Xinhuacun in Jiuqujiang of Qionghai, Hainan; Early Triassic Lingwen Formation.

Genus *Weltrichia* Braun, 1847

1847　Braun, p. 86.
1979　Zhou Zhiyan, Li Baoxian, p. 448.
1993a　Wu Xiangwu, p. 155.
Type species: *Weltrichia mirabilis* Braun, 1847
Taxonomic status: Bennettiales, Cycadopsida

Weltrichia mirabilis Braun, 1847

1847　Braun, p. 86.
1849　Braun, p. 710, pl. 2, figs. 1—3; Bennettitalean male flowers; West Europe; Late Triassic (Rhaetic).
1993a　Wu Xiangwu, p. 155.

△*Weltrichia daohugouensis* Li et Zheng, 2004 (in English)

2004　Li Nan, Zheng Shaolin, in Li Nan and others, p. 1270, figs. 1—8, 10—13; Bennettitalean male flowers; No.: DHG-1a-1b; Holotype: DHG-1a-1b (both positive and negative impressions) (figs. 1 — 8, 10 — 13); Daohugou in Shantou of Ningcheng, Inner Mongolia; Middle Jurassic Haifanggou Formation.

△*Weltrichia huangbanjigouensis* **Sun et Zheng, 2001** (in Chinese and English)

2001   Sun Ge, Zheng Shaolin, in Sun Ge and others, pp. 82, 190, pl. 12, fig. 3; pl. 48, figs. 1 — 3; Bennettitalean male flowers; No.: PB19050, PB19050A; Holotype: PB19050 (pl. 12, fig. 3); Repository: Nanjing Institute of Geology and Palaeontology, Chinese Academy of Sciences; Huangbanjigou in Shangyuan of Beipiao, Liaoning; Late Jurassic Jianshangou Formation.

2004   Li Nan and others, p. 1274; Huangbanjigou in Shangyuan of Beipiao, Liaoning; Late Jurassic Jianshangou Formation.

Weltrichia **spp.**

1979   *Weltrichia* sp., Zhou Zhiyan, Li Baoxian, p. 448, pl. 1, figs. 15, 16, 16a; Bennettitalean male flowers; Shangchecun and Xinhuacun in Jiuqujiang of Qionghai, Hainan; Early Triassic Jiuqujiang Formation of Lingwen Group.

1980   *Weltrichia* sp., Wu Shunqing and others, p. 106, pl. 23, fig. 8; Bennettitalean male flower; Xiangxi of Zigui, Hubei; Early—Middle Jurassic Hsiangchi (Xiangxi) Formation.

1982   *Weltrichia* sp., Li Peijuan, p. 93, pl. 14, fig. 7; Bennettitalean male flower; Lhorong, Tibet; Early Cretaceous Duoni Formation.

1984   *Weltrichia* sp., Chen Gongxin, p. 596, pl. 242, fig. 5; Bennettitalean male flower; Xiangxi of Zigui, Hubei; Early Jurassic Hsiangchi (Xiangxi) Formation.

1993a   *Weltrichia* sp., Wu Xiangwu, p. 155.

Weltrichia? **sp.**

1982b *Weltrichia*? sp., Wu Xiangwu, p. 97, pl. 16, figs. 4 — 4b; Bennettitalean male flower; Kentong of Chagyab area, Tibet; Late Triassic Jiapila Formation.

Genus *Williamsonia* Carruthers, 1870

1870   Carruthers, p. 693.

1949   Sze H C, p. 23.

1993a   Wu Xiangwu, p. 155.

Type species: *Williamsonia gigas* (Lindley et Hutton) Carruthers, 1870

Taxonomic status: Bennettiales, Cycadopsida

Williamsonia gigas (Lindley et Hutton) Carruthers, 1870

1835 (1831 — 1837)   *Zamites gigas* Lindley et Hutton, p. 45, pl. 165; Yorkshire, England; Middle Jurassic.

1870   Carruthers, p. 693; fructifications; Yorkshire, England; Middle Jurassic.

1993a   Wu Xiangwu, p. 155.

△*Williamsonia bella* **Wu S,1999** (in Chinese)

1999a Wu Shunqing,p. 14,pl. 9,figs. 2,2a;Bennettitalean female flower;Col. No.:AEO-226; Reg. No.:PB18272;Repository:Nanjing Institute of Geology and Palaeontology,Chinese Academy of Sciences;Huangbanjigou in Shangyuan of Beipiao, Liaoning;Late Jurassic Jianshangou Bed in lower part of Yixian Formation.

2001 Sun Ge and others,pp. 83,190,pl. 12,figs. 4,5;pl. 47,figs. 1—8;Bennettitalean female flowers;Huangbanjigou in Shangyuan of Beipiao, Liaoning;Late Jurassic Jianshangou Formation.

2001 Wu Shunqing, p. 121, fig. 156;Bennettitalean female flower;Huangbanjigou in Shang-yuan of Beipiao,Liaoning;Late Jurassic Jianshangou Bed in lower part of Yixian Forma-tion.

2003 Wu Shunqing, p. 173, fig. 238;Bennettitalean female flower;Huangbanjigou in Shang-yuan of Beipiao,Liaoning;Late Jurassic Jianshangou Bed in lower part of Yixian Forma-tion.

△*Williamsonia exiguos* **Zheng et Zhang,2004** (in Chinese and English)

2004 Zheng Shaolin,Zhang Wu,in Wang Wuli and others,pp. 231 (in Chinese),491 (in Eng-lish),pl. 29,figs. 3,4;Bennettitalean female flowers;No.:JJG-118,JJG-119;Holotype: JJG-119 (pl. 29,fig. 3);Paratype:JJG-118 (pl. 29,fig. 4);Yixian,Liaoning;Late Jurassic Zhuanchengzi Bed in lower part of Yixian Formation. (Notes:The repository of the type specimens was not mentioned in the original paper)

△*Williamsonia jianshangouensis* **Sun et Zheng,2001** (in Chinese and English)

2001 Sun Ge,Zheng Shaolin,in Sun Ge and others,pp. 83,190,pl. 12,figs. 1,2;pl. 43,fig. 2; pl. 48,figs. 5—8;pl. 68,fig. 11;Bennettitalean female flowers;No.:PB19005,PB19058— PB19060;Holotype:PB19058 (pl. 12,fig. 1);Repository:Nanjing Institute of Geology and Palaeontology,Chinese Academy of Sciences;Jianshangou in Shangyuan of Beipiao, Liaoning;Late Jurassic Jianshangou Formation. [Notes:This specimen was lately re-ferred to *Williamsoniella jianshangouensis* (Sun et Zheng) Zheng et Zhang (Zheng Shaolin,Zhang Wu,in Wang Wuli and others,2004)]

△*Williamsonia*? *lanceolobata* **Wang Z et Wang L,1990**

1990a Wang Ziqiang,Wang Lixin,p. 130,pl. 21,fig. 4;fern-like leaf;No.:Z16-222a;Holotype: Z16-222a (pl. 21,fig. 4);Repository:Nanjing Institute of Geology and Palaeontology, Chinese Academy of Sciences;Tuncun of Yushe,Shanxi;Early Triassic base part of Heshanggou Formation.

△*Williamsonia*? *shebudaiensis* **Zhang et Zheng,1987**

1987 Zhang Wu,Zheng Shaolin,p. 293,pl. 17,figs. 5,5a;pl. 18,figs. 2—7;Bennettitalean fe-male flowers;Reg. No.:SG110095—SG110100;Repository:Shenyang Institute of Geolo-gy and Mineral Resources;Shebudai in Changgao of Beipiao,Liaoning;Middle Jurassic Lanqi Formation. (Notes:The type specimen was not designated in the original paper)

Williamsonia virginiensis Fontaine, 1882

1882   Fontaine1, p. 273, pls. 133, 165; Bennettitalean female flowers; Virginia, USA; Early Cretaceous Potomac Group.

Williamsonia cf. *virginiensis* Fontaine

1995a Li Xingxue (editor-in-chief), pl. 110, figs. 9, 10; pl. 143, fig. 3; Bennettitalean female flowers; Zhixin of Longjing, Jilin; Early Cretaceous Dalazi Formation. (in Chinese)

1995b Li Xingxue (editor-in-chief), pl. 110, figs. 9, 10; pl. 143, fig. 3; Bennettitalean female flowers; Zhixin of Longjing, Jilin; Early Cretaceous Dalazi Formation. (in English)

Williamsonia spp.

1949   *Williamsonia* sp., Sze H C, p. 23, pl. 13, fig. 15; Bennettitalean fructification; Xiangxi of Zigui, Hubei; Early Jurassic Hsiangchi Coal Series. [Notes: This specimen lately was referred as *Cycadolepis?* sp. (Sze H C, Lee H H and others, 1963)]

1978   *Williamsonia* sp. 1, Zhou Tongshun, pl. 23, fig. 5; Bennettitalean fructification; Wenbinshan in Dakeng of Zhangping, Fujian; Late Triassic lower member of Wenbinshan Formation.

1978   *Williamsonia* sp. 2, Zhou Tongshun, pl. 21, fig. 10; Bennettitalean; Wenbinshan in Dakeng of Zhangping, Fujian; Late Triassic Wenbinshan Formation.

1993a *Williamsonia* sp., Wu Xiangwu, p. 155.

2003   *Williamsonia* sp., Yuan Xiaoqi and others, pl. 19, figs. 3b, 4; Bennettitalean fructifications; Gaotouyao of Dalad Banner, Inner Mongolia; Middle Jurassic Yan'an Formation.

?*Williamsonia* sp.

1987   ?*Williamsonia* sp., He Dechang, p. 77, pl. 7, fig. 5; Bennettitalean female organ; Longpucun in Meiyuan of Yunhe, Zhejiang; Early Jurassic bed 5 of Longpu Formation.

Genus *Williamsoniella* Thomas, 1915

1915   Thomas, p. 115.

1976   Chang Chichen, p. 190.

1993a Wu Xiangwu, p. 156.

Type species: *Williamsoniella coronata* Thomas, 1915

Taxonomic status: Bennettiales, Cycadopsida

Williamsoniella coronata Thomas, 1915

1915   Thomas, p. 115, pls. 12—14; text-figs. 1—5; Bennettitalean flowers; Yorkshire, England; Middle Jurassic Gristhorpe Plant Bed.

1993a Wu Xiangwu, p. 156.

Williamsoniella burakove Turutanova-Ketova, 1963

1963   Turutanova-Ketova, p. 30, pl. 2, figs. 10—14; strobili of Bennettitales; Tukmen; Middle

Jurassic.

1990   Zheng Shaolin, Zhang Wu, p. 219, pl. 6, fig. 7; strobilus of Bennettitales; Tianshifu of Benxi, Liaoning; Middle Jurassic Dabu Formation.

△*Williamsoniella dabuensis* Zheng et Zhang, 1990

1990   Zheng Shaolin, Zhang Wu, p. 220, pl. 5, fig. 7A; text-fig. 3; strobilus of Bennettitales; No.: Kp10-18; Repository: Shenyang Institute of Geology and Mineral Resources; Tianshifu of Benxi, Liaoning; Middle Jurassic Dabu Formation.

△*Williamsoniella? exiliforma* Zhang et Zheng, 1987

1987   Zhang Wu, Zheng Shaolin, p. 298, pl. 18, fig. 8; text-fig. 29; strobilus of Bennettitale; Reg. No.: SG110106; Repository: Shenyang Institute of Geology and Mineral Resources; Dabangou in Changheyingzi of Beipiao, Liaoning; Middle Jurassic Lanqi Formation.

△*Williamsoniella jianshangouensis* (Sun et Zheng) Zheng et Zhang, 2004 (in Chinese and English)

2001   *Williamsonia jianshangouensis* Sun et Zheng, Sun Ge and others, pp. 83, 190, pl. 12, figs. 1, 2; pl. 43, fig. 2; pl. 48, figs. 5—8; pl. 68, fig. 11; Bennettitalean female flowers; No.: PB19005, PB19058—PB19060; Holotype: PB19058 (pl. 12, fig. 1); Repository: Nanjing Institute of Geology and Palaeontology, Chinese Academy of Sciences; Jianshangou in Shangyuan of Beipiao, Liaoning; Late Jurassic Jianshangou Formation.

2004   Zheng Shaolin, Zhang Wu, in Wang Wuli and others, pp. 231 (in Chinese), 492 (in English), pl. 30, figs. 9, 10; Bennettitalean biseual flowers; Jianshangou(?) in Shangyuan area of Beipiao, Liaoning; Late Jurassic Jianshangou Formation(?).

Williamsoniella karataviensis Turutanova-Ketova, 1963

1963   Turutanova-Ketova, p. 34, pl. 4, figs. 1—9; pl. 7, figs. 1—6; text-fig. 9; Bennettitalean female flowers; South Kazakhstan; Late Jurassic.

Williamsoniella cf. *karataviensis* Turutanova-Ketova

2003   Deng Shenghui and others, pl. 70, fig. 1; strobilus of Bennettitales; Sandaoling Coal Mine of Hami, Xinjiang; Middle Jurassic Xishanyao Formation.

Williamsoniella minima Turutanova-Ketova, 1963

1963   Turutanova-Ketova, p. 35, pl. 1, figs. 14, 15; strobili of Bennettitales; upper Heilongjiang River; Late Jurassic.

1990   Zheng Shaolin, Zhang Wu, p. 220, pl. 6, figs. 2, 3; strobili of Bennettitales; Tianshifu of Benxi, Liaoning; Middle Jurassic Dabu Formation.

△*Williamsoniella sinensis* Zhang et Zheng, 1987

1987   Zhang Wu, Zheng Shaolin, p. 294, pl. 16, figs. 1—11; pl. 17, figs. 1—3; text-fig. 28; strobili of Bennettitales; Reg. No.: SG110101—SG110105; Repository: Shenyang Institute of Geology and Mineral Resources; Shebudai and Taizishan in Changgao of Beipiao, Liaoning; Middle Jurassic Lanqi Formation. (Notes: The type specimen was not designated in the original paper)

Williamsoniella spp.

1976   *Williamsoniella* sp., Chang Chichen, p. 190, pl. 97, fig. 3; strobilus of Bennettitale; Shiguaigou of Baotou, Inner Mongolia; Middle Jurassic Zhaogou Formation.

1986   *Williamsoniella* sp. 1, Ye Meina and others, p. 54, pl. 34, figs. 4A, 4a; microsporophyll; Jinwo in Tieshan of Daxian, Sichuan; Early Jurassic Zhenzhuchong Formation.

1986   *Williamsoniella* sp. 2, Ye Meina and others, p. 55, pl. 33, fig. 4; microsporophyll; Jinwo in Tieshan of Daxian, Sichuan; Early Jurassic Zhenzhuchong Formation.

1993a *Williamsoniella* sp., Wu Xiangwu, p. 156.

△Genus *Xinganphyllum* Wang, 1977

1977   Huang Benhong, p. 60.

1986   Meng Fansong, pp. 216, 217.

1993a Wu Xiangwu, pp. 44, 242.

1993b Wu Xiangwu, pp. 507, 521.

Type species: *Xinganphyllum aequale* Wang, 1977

Taxonomic status: plantae incertae sedis

△*Xinganphyllum aequale* Wang, 1977

1977   Huang Benhong, p. 60, pl. 6, figs. 1, 2; pl. 7, figs. 1—3; text-fig. 20; leaves; Reg. No.: PFH0234, PFH0236, PFH0238, PFH0240, PFH0241; Repository: Shenyang Institute of Geology and Mineral Resources, Chinese Academy of Geological Sciences; Sanjiaoshan of Shenshu, Heilongjiang; Late Permian Sanjueshan Formation.

1993a Wu Xiangwu, pp. 44, 242.

1993b Wu Xiangwu, pp. 507, 521.

△*Xinganphyllum*? *grandifolium* Meng, 1986

1986   Meng Fansong, pp. 216, 217, pl. 1, figs. 3, 4; pl. 2, figs. 3, 4; fern-like leaves; Reg. No.: P82252—P82255; Holotype: P82255 (pl. 2, fig. 4); Repository: Yichang Institute of Geology and Mineral Resources; Jiuligang of Yuanan and Fenshuiling of Jingmen, Hubei; Late Triassic Jiuligang Formation.

1993a Wu Xiangwu, pp. 44, 242.

1993b Wu Xiangwu, pp. 507, 521.

△Genus *Xinlongia* Yang, 1978

1978   Yang Xianhe, p. 516.

1993a Wu Xiangwu, pp. 45, 242.

1993b Wu Xiangwu, pp. 502, 521.

Type species: *Xinlongia pterophylloides* Yang, 1978

Taxonomic status：Bennettiales，Cycadopsida

△*Xinlongia pterophylloides* **Yang，1978**

1978　Yang Xianhe，p. 516，pl. 182，fig. 1；text-fig. 118；cycadophyte leaf；Reg. No.：Sp0116；Holotype：Sp0116（pl. 182，fig. 1）；Repository：Chengdu Institute of Geology and Mineral Resources；Xionglong of Xinlong，Sichuan；Late Triassic Lamaya Formation.

1993a　Wu Xiangwu，pp. 45，242.

1993b　Wu Xiangwu，pp. 502，521.

△*Xinlongia hoheneggeri* **（Schenk）Yang，1978**

1869　*Podozamites hoheneggeri* Schenk，p. 9，pl. 2，figs. 3—6.

1906　*Glossozamites hoheneggeri* （Schenk）Yokoyama，pp. 36，37，pl. 12，figs. 1，1a，5a，6（?）；cycadophyte leaves；Shiguanzi of Zhaohua，Sichuan；Shaximiao of Hechuan，Sichuan；Jurassic.

1978　Yang Xianhe，p. 516，pl. 178，fig. 7；cycadophyte leaf；Hsuchiaho （Xujiahe） of Guangyuan，Sichuan；Late Triassic Hsuchiaho Formation.

1993a　Wu Xiangwu，pp. 45，242.

1993b　Wu Xiangwu，pp. 502，521.

△*Xinlongia zamioides* **Yang，1982**

1982　Yang Xianhe，p. 482，pl. 11，fig. 1；cycadophyte leaf；Col. No.：H20；Reg. No.：Sp250；Holotype：Sp250（pl. 11，fig. 1）；Repository：Chengdu Institute of Geology and Mineral Resources；Hulukou of Weiyuan，Sichuan；Late Triassic Hsuchiaho Formation.

△**Genus** *Xinlongophyllum* **Yang，1978**

1978　Yang Xianhe，p. 505.

1993a　Wu Xiangwu，pp. 46，242.

1993b　Wu Xiangwu，pp. 507，521.

Type species：*Xinlongophyllum ctenopteroides* Yang，1978

Taxonomic status：Pteridospermopsida

△*Xinlongophyllum ctenopteroides* **Yang，1978**

1978　Yang Xianhe，p. 505，pl. 182，fig. 2；cycadophyte leaf；Reg. No.：Sp0117；Holotype：Sp0117 （pl. 182，fig. 2）；Repository：Chengdu Institute of Geology and Mineral Resources；Xionglong of Xinlong，Sichuan；Late Triassic Lamaya Formation.

1993　Wang Shijun，p. 17，pl. 5，figs. 3，11；cycadophyte leaves；Hongweikeng of Qujiang，Guangdong；Late Triassic Genkou Group.

1993a　Wu Xiangwu，pp. 46，242.

1993b　Wu Xiangwu，pp. 507，521.

△*Xinlongophyllum multilineatum* **Yang，1978**

1978　Yang Xianhe，p. 506，pl. 182，figs. 3，4；cycadophyte leaves；Reg. No.：Sp0118，Sp0119；

Syntype 1:Sp0118 (pl. 182, fig. 3); Syntype 2:Sp0119 (pl. 182, fig. 4); Repository: Chengdu Institute of Geology and Mineral Resources; Xionglong of Xinlong, Sichuan; Late Triassic Lamaya Formation. [Notes:According to *International Code of Botanical Nomenclature* (*Vienna Code*) article 37. 2,from the year 1958,the holotype type specimen should be unique]

1993a Wu Xiangwu,pp. 46,242.

1993b Wu Xiangwu,pp. 507,521.

Genus *Yabeiella* Ôishi,1931

1931 Ôishi,p. 263.

1983 Zhang Wu and others,p. 83.

1993a Wu Xiangwu,p. 157.

Type species:*Yabeiella brachebuschiana* (Kurtz) Ôishi,1931

Taxonomic status:plantae incertae sedis

Yabeiella brachebuschiana (Kurtz) Ôishi,1931

1912—1922 *Oleandridium brachebuschiana* Kurtz,p. 129,pl. 17,fig. 307;pl. 21,figs. 147—150,302,304—306,308;taeniopterid leaves;Argentina;Late Triassic (Rhaetic).

1931 Ôishi,p. 263,pl. 26,figs. 4—6;taeniopterid foliage;Argentina;Late Triassic (Rhaetic).

1993a Wu Xiangwu,p. 157.

Yabeiella mareyesiaca (Geinitz) Ôishi,1931

1876 *Taeniopteris mareyesiaca* Geinitz,p. 9,pl. 2,fig. 3;taeniopterid leaf;Larioja,San Juan and Mendoza,Argentina;Late Triassic (Rhaetic).

1931 Ôishi,p. 262.

1993a Wu Xiangwu,p. 157.

Yabeiella cf. *mareyesiaca* (Geinitz) Ôishi

1983 Zhang Wu and others,p. 83,pl. 5,fig. 9;taeniopterid leaf;Linjiawaizi of Benxi,Liaoning; Middle Triassic Linjia Formation.

1993a Wu Xiangwu,p. 157.

△*Yabeiella multinervis* Zhang et Zheng,1983

1983 Zhang Wu and others, p. 83, pl. 5, figs. 1—8; taeniopterid leaves; No.: LMP2079—LMP2085;Repository:Shenyang Institute of Geology and Mineral Resources;Linjiawaizi of Benxi, Liaoning;Middle Triassic Linjia Formation. (Notes:The type specimen was not designated in the original paper)

1993a Wu Xiangwu,p. 157.

△Genus *Yixianophyllum* Zheng, Li N, Li Y, Zhang et Bian, 2005 (in English)

2005   Zheng Shaolin, Li Nan, Li Yong, Zhang Wu, Bian Xiongfei, p. 585.

Type species: *Yixianophyllum jinjiagouensie* Zheng, Li N, Li Y, Zhang et Bian, 2005

Taxonomic status: Cycadales

△*Yixianophyllum jinjiagouensie* Zheng, Li N, Li Y, Zhang et Bian, 2005 (in English)

2004   *Taeniopteris* sp. (gen. et sp. nov.), Wang Wuli and others, p. 232, pl. 30, figs. 2—5; single leaves; Jinjiagou of Yixian, Liaoning; Late Jurassic Zhuanchengzi Bed of Yixian Formation.

2005   Zheng Shaolin, Li Nan, Li Yong, Zhang Wu, Bian Xiongfei, p. 585, pls. 1, 2, figs. 2, 3A, 3B, 4A, 5J; single leaves and cuticles; Reg. No.: JJG-7—JJG-11; Holotype: JJG-7 (pl. 1, fig. 1); Paratypes: JJG-8—JJG-10 (pl. 1, figs. 3, 5, 6); Repository: Shenyang Institute of Geology and Mineral Resources; Jinjiagou of Yixian, Liaoning; Late Jurassic lower part of Yixian Formation. (in English)

△Genus *Yungjenophyllum* Hsu et Chen, 1974

1974   Hsu J, Chen Yeh, in Hsu J and others, p. 275.

1993a   Wu Xiangwu, pp. 48, 244.

1993b   Wu Xiangwu, pp. 507, 521.

Type species: *Yungjenophyllum grandifolium* Hsu et Chen, 1974

Taxonomic status: plantae incertae sedis

△*Yungjenophyllum grandifolium* Hsu et Chen, 1974

1974   Hsu J, Chen Yeh, in Hsu J and others, p. 275, pl. 8, figs. 1—3; leaves; No.: No. 2883; Repository: Institute of Botany, the Chinese Academy of Sciences; Yongren of Yunnan and Baoding of Sichuan; Late Triassic middle part of Daqiaodi Formation.

1979   Hsu J and others, p. 71, pl. 64, figs. 1—1b; leaf; Baoding, Sichuan; Late Triassic middle part of Daqiaodi Formation.

1993a   Wu Xiangwu, pp. 48, 244.

1993b   Wu Xiangwu, pp. 507, 521.

Genus *Zamia* Linné

1925   Teilhard de Chardin, Fritel, p. 537.

1993a   Wu Xiangwu, p. 158.

Type species: (living genus)

Taxonomic status:Cycadaceae,Cycadopsida

Zamia sp.

1925　*Zamia* sp.,Teilhard de Chardin,Fritel,p. 537;Youfangtou（You-fang-teou）of Yulin, Shaanxi;Jurassic.

1993a　*Zamia* sp.,Wu Xiangwu,p. 158.

Genus *Zamiophyllum* Nathorst,1890

1890　Nathorst,p. 46.

1954　Lee H H,p. 439.

1963　Sze H C,Lee H H and others,p. 177.

1993a　Wu Xiangwu,p. 158.

Type species:*Zamiophyllum buchianum*（Ettingshausen）Nathorst,1890

Taxonomic status:Bennettiales,Cycadopsida

Zamiophyllum buchianum（Ettingshausen）Nathorst,1890

1852　*Pterophyllum buchianum* Ettingshausen,p. 21,pl. 1,fig. 1;cycadophyte leaf;Germany; Early Cretaceous.

1890　Nathorst,p. 46,pl. 2,fig. 1;pl. 3;pl. 5,fig. 2;cycadophyte leaves;Togodani of Tosa,Japan;Early Cretaceous.

1954　Lee H H,p. 439,pl. 1,figs. 1,2;cycadophyte leaves;Wupucun of Huating,eastern Gansu;Early Cretaceous Wupucun Formation of Liupanshan Coal Series.

1963　Lee H H and others,p. 144,pl. 115,fig. 4;cycadophyte leaf;Northwest China;Late Jurassic—Early Cretaceous.

1963　Sze H C,Lee H H and others,p. 178,pl. 65,figs. 8,9;cycadophyte leaves;Wupucun of Huating,eastern Gansu;Late Jurassic—Early Cretaceous Liupanshan Group.

1977　Tuan Shuying and others,p. 116,pl. 2,fig. 5;cycadophyte leaf;Lhasa,Tibet;Early Cretaceous.

1980　Zhang Wu and others,p. 273,pl. 171,fig. 1;cycadophyte leaf;Dalazi of Yanji,Jilin;Early Cretaceous Dalazi Formation.

1982　Li Peijuan,p. 92,pl. 12,figs. 1—3;cycadophyte leaves;Lhorong and Banbar,Tibet;Early Cretaceous Duoni Formation;Painbo of Lhasa,Tibet;Early Cretaceous Linbuzong Formation.

1982　Wang Guoping and others,p. 266,pl. 131,fig. 8;cycadophyte leaf;Daxi of Zhenghe,Fujian;Late Jurassic Nanyuan Formation.

1983　Chen Fen,Yang Guanxiu,p. 133,pl. 17,figs. 7—9;cycadophyte leaves;Shiquanhe area, Tibet;Early Cretaceous upper part of Risong Group.

1987　Zhang Wu,Zheng Shaolin,pl. 22,figs. 4,5;cycadophyte leaves;Shebudai in Changgao of Beipiao,Liaoning;Middle Jurassic Lanqi Formation.

1989　Ding Baoliang and others,pl. 2,fig. 18;cycadophyte leaf;Daxi of Zhenghe,Fujian;Late

Jurassic Xiaoxi Formation.

1989　Mei Meitang and others, p. 103, pl. 59, fig. 4; cycadophyte leaf; China; Middle Jurassic—Early Cretaceous.

1993a　Wu Xiangwu, p. 158.

1994　Cao Zhengyao, fig. 3g; cycadophyte leaf; Xinchang, Zhejiang; early Early Cretaceous Guantou Formation.

1995a　Li Xingxue (editor-in-chief), pl. 113, fig. 5; cycadophyte leaf; Xinchang, Zhejiang; Early Cretaceous Guantou Formation. (in Chinese)

1995b　Li Xingxue (editor-in-chief), pl. 113, fig. 5; cycadophyte leaf; Xinchang, Zhejiang; Early Cretaceous Guantou Formation. (in English)

1995a　Li Xingxue (editor-in-chief), pl. 143, fig. 1; cycadophyte leaf; Luozigou of Wangqing, Jilin; Early Cretaceous Dalazi Formation. (in Chinese)

1995b　Li Xingxue (editor-in-chief), pl. 143, fig. 1; cycadophyte leaf; Luozigou of Wangqing, Jilin; Early Cretaceous Dalazi Formation. (in English)

1999　Cao Zhengyao, p. 68, pl. 17, figs. 1, 1a, 1b; pl. 19, fig. 1; cycadophyte leaves; Suqin of Xinchang, Xiaoling of Linhai and Sixi of Taishun, Zhejiang; Early Cretaceous Guantou Formation.

2003　Deng Shenghui and others, pl. 74, fig. 1; cycadophyte leaf; Beipiao, Liaoning; Middle Jurassic Lanqi Formation.

Cf. *Zamiophyllum buchianum* (Ettingshausen) Nathorst

2000　Wu Shunqing, pl. 6, figs. 7 — 9; cycadophyte leaves; Dayushan, Hongkong; Early Cretaceous Repulse Bay Group.

Zamiophyllum angustifolium (Fontaine) ex Feng et al., 1977

[Notes: The name *Zamiophyllum angustifolium* was first applied by Feng Shaonan and others (1977)]

1889　*Dioonites buchianus* var. *angustifolium* Fontaine, p. 185, pl. 67, fig. 6; pl. 68, fig. 4; pl. 71, fig. 2; cycadophyte leaves; North America; Early Cretaceous Potomac Group.

1894　*Zamiophyllum buchianus* var. *angustifolium* Yokoyama, p. 224, pl. 25, fig. 5; pl. 28, figs. 8, 9 (?); pl. 22 (?), fig. 4; cycadophyte leaves; Kozuke, Kii, Awa and Tosa, Japan; Early Cretaceous.

1977　*Zamiophyllum angustifolium* (Schimper) (= *Dioonites buchianus* var. *angustifolium* Schimper), Feng Shaonan and others, p. 229, pl. 87, figs. 4, 5; cycadophyte leaves; Zijin, Guangdong; Early Cretaceous.

1982　Wang Guoping and others, p. 266, pl. 131, figs. 1, 2; cycadophyte leaves; Xiaoling of Linhai, Zhejiang; Late Jurassic Shouchang Formation.

1989　Ding Baoliang and others, pl. 3, fig. 1; cycadophyte leaf; Xialing of Lishui, Zhejiang; Early Cretaceous member C-2 of Moshishan Formation.

△*Zamiophyllum? minor* Cao, Liang et Ma, 1995

1995　Cao Zhengyao, Liang Shijing, Ma Aishuang, p. 7, pl. 1, fig. 8; cycadophyte leaf; Reg. No.: PB16831; Repository: Nanjing Institute of Geology and Palaeontology, Chinese Academy of Sciences; Daxicun of Zhenghe, Fujian; Early Cretaceous middle member of Nanyuan Formation. [Notes: This specimen lately was referred as *Pseudoctenis? minor* (Cao, Liang et Ma) Cao (Cao Zhengyao, 1999)]

Zamiophyllum sp.

1996　*Zamiophyllum* sp., Mi Jiarong and others, p. 106, pl. 16, fig. 8; pl. 34, fig. 6b; cycadophyte leaves; Dongsheng Coal Mine of Beipiao, Liaoning; Early Jurassic upper member of Beipiao Formation.

Genus *Zamiopteris* Schmalhausen, 1879

1879　Schmalhausen, p. 80.

1990a　Wang Ziqiang, Wang Lixin, p. 129.

1993a　Wu Xiangwu, p. 159.

Type species: *Zamiopteris glossopteroides* Schmalhausen, 1879

Taxonomic status: Pteridospermopsida

Zamiopteris glossopteroides Schmalhausen, 1879

1879　Schmalhausen, p. 80, pl. 14, figs. 1—3; Glosopteris-like leaves; Suka, Muscovy; Permian.

1993a　Wu Xiangwu, p. 159.

△*Zamiopteris dongningensis* Mi, Zhang, Sun et al., 1993

1993　Mi Jiarong, Zhang Chuanbo, Sun Chunlin and others, p. 106, pl. 19, figs. 9, 10; pl. 20, figs. 1, 3, 6; text-fig. 23; leaves; Reg. No.: D203—D207; Repository: Department of Geological History and Palaeontology, Changchun College of Geology; Luoquanzhan of Dongning, Heilongjiang; Late Triassic Luoquanzhan Formation. (Notes: The type specimen was not designated in the original paper)

△*Zamiopteris minor* Wang Z et Wang L, 1990

1990a　Wang Ziqiang, Wang Lixin, p. 129, pl. 22, fig. 11; fern-like leaf; No.: Z05a-189; Holotype: Z05a-189 (pl. 22, fig. 11); Repository: Nanjing Institute of Geology and Palaeontology, Chinese Academy of Sciences; Tuncun of Yushe, Shanxi; Early Triassic base part of Heshanggou Formation.

1993a　Wu Xiangwu, p. 159.

Genus *Zamiostrobus* Endilicher, 1836

1836 (1836—1840)　Endilicher, p. 72.

1982　Li Peijuan, p. 93.

1993a　Wu Xiangwu, p. 159.

Type species: *Zamiostrobus macrocephala* (Lindley et Hutton) Endilicher, 1836

Taxonomic status: Bennettiales, Cycadopsida

Zamiostrobus macrocephala (**Lindley et Hutton**) **Endlicher, 1836**

1834 (1831—1837) *Zamites macrophylla* Lindley et Hutton, p. 117, pl. 125; cycadophyte cone; England; Cretascous.

1836 (1836—1840) Endlicher, p. 72; cycadophyte cone; England; Cretascous.

1993a Wu Xiangwu, p. 159.

Zamiostrobus? **sp.**

1982 *Zamiostrobus*? sp., Li Peijuan, p. 93, pl. 14, fig. 6; cycadophyte cone; Lhorong, Tibet; Early Cretaceous Duoni Formation.

1993a *Zamiostrobus*? sp., Wu Xiangwu, p. 159.

Genus *Zamites* Brongniart, 1828

1828 Brongniart, p. 94.

1874 Brongniart, p. 408.

1963 Sze H C, Lee H H and others, p. 174.

1993a Wu Xiangwu, p. 159.

Type species: *Zamites gigas* (Lindley et Hutton) Morris, 1843 [Notes: Owing to innumerable name changes in the cycadophyte leaf genera, it is extremely difficult to cite type species, especially for *Zamites*; *Zamites gigas* (Lindley et Hutton) Morris is rather arbitrarily suggested]

Taxonomic status: Bennettiales, Cycadopsida

Zamites gigas (**Lindley et Hutton**) **Morris, 1843**

1835 (1831—1837) *Zamia gigas* Lindley et Hutton, p. 45, pl. 165; cycadophyte leaf; Scarborough, England; Jurassic.

1843 Morris, p. 24.

1987 Zhang Wu, Zheng Shaolin, p. 275, pl. 15, fig. 18; cycadophyte leaf; Taizishan in Changgao of Beipiao, Liaoning; Middle Jurassic Lanqi Formation.

1993a Wu Xiangwu, p. 159.

Zamites cf. *gigas* (**Lindley et Hutton**) **Morris**

1979 He Yuanliang and others, p. 149, pl. 71, fig. 1; cycadophyte leaf; Dameigou of Da Qaidam, Qinghai; Early Jurassic Xiaomeigou Formation.

1988 Li Peijuan and others, p. 90, pl. 54, figs. 3, 3a; pl. 62, fig. 4; cycadophyte leaves; Dameigou of Da Qaidam, Qinghai; Early Jurassic *Zamites* Bed of Xiaomeigou Formation.

△*Zamites decurens* Huang, 1992

1992 Huang Qisheng, p. 175, pl. 16, fig. 6; cycadophyte leaf; Col. No.: XY42; Reg. No.: SX85028; Repository: Department of Palaeontology, China University of Geosciences, Wuhan; Xujiahe of Guangyuan, Sichuan; Late Triassic member 3 of Hsuchiaho Formation.

Zamites distans **Presl, 1838**

1838 (1820—1838)   *Zamites distans* Presl, in Sternberg, p. 196, pl. 26, fig. 3; leafy shoot; Bavaria; Early Jurassic. [Notes: This species lately was referred as *Podozamites distans* (Presl) Braun (1843 (1839—1843) Braun, in Münster, p. 28)]

1874   Brongniart, p. 408; leafy shoot; Dingjiagou (Tinkiako), southwestern Shaanxi; Jurassic. [Notes: This specimen lately was referred as *Podozamites lanceolatus* (Lindley et Hutton) Braun (Sze H C, Lee H H and others, 1963)]

1993a   Wu Xiangwu, p. 159.

△*Zamites donggongensis* **Meng, 1984**

1984b   Meng Fansong, p. 55, pl. 1, fig. 4; pl. 2, fig. 3; pl. 3, fig. 1; cycadophyte leaves; Reg. No.: P81023, P81024, P81025; Syntype 1: P81023 (pl. 1, fig. 4); Syntype 2: P81025 (pl. 2, fig. 3); Paratype 3: P81024 (pl. 3, fig. 1); Repository: Yichang Institute of Geology and Mineral Resources; Donggong of Nanzhang, Hubei; Late Triassic Jiuligang Formation. [Notes: According to *International Code of Botanical Nomenclature* (*Vienna Code*) article 37.2, from the year 1958, the holotype type specimen should be unique]

△*Zamites ensitformis* **(Heer) Stockmans et Mathieu, 1941**

1876   *Podozamites ensiformis* Heer, Heer, p. 46, pl. 3, figs. 8—10; pl. 20, fig. 6b; pl. 28, fig. 5a; Irkutsk Basin; Jurassic; upper reaches of Heilongjiang River; Late Jurassic.

1941   Stockmans, Mathieu, p. 46, pl. 6, fig. 4; cycadophyte leaf; Liujiang, Hebei; Jurassic.

△*Zamites falcatus* **Cao, 1999** (in Chinese and English)

1999   Cao Zhengyao, pp. 65, 148, pl. 21, fig. 8(?); pl. 22, figs. 1—3, 3a; cycadophyte leaves; Col. No.: 62MCF23, ZH98, ZH99; Reg. No.: PB14456—PB14459; Holotype: PB14457 (pl. 22, fig. 2); Repository: Nanjing Institute of Geology and Palaeontology, Chinese Academy of Sciences; Huangjiawu of Zhuji and Shouchangdaqiao of Shouchang, Zhejiang; Early Cretaceous Shouchang Formation(?).

△*Zamites*? *fanjiachangensis* **Ju et Lan, 1983**

1983   Ju Kuixiang, Lan Shanxian, in Ju Kuixiang and others, p. 123, pl. 2, figs. 7, 9; text-fig. 3; cycadophyte leaves; Reg. No.: HPf740-1, HPf740-2; Syntype 1: HPf740-1 (pl. 2, fig. 7); Syntype 2: HPf740-2 (pl. 2, fig. 9); Repository: Nanjing Institute of Geology and Mineral Resources; Fanjiatang in Longtan of Nanjing, Jiangsu; Late Triassic Fanjiatang Formation. [Notes: According to *International Code of Botanical Nomenclature* (*Vienna Code*) article 37.2, from the year 1958, the holotype type specimen should be unique]

Zamites feneonis **(Brongniart) Unger, 1850**

1828   *Zamia feneonis* Brongniart, p. 94.

1847   *Grossozamites feneonis* Pomal, p. 344.

1849   *Pterozamites feneonis* Brongniart, p. 62.

1850   Unger, p. 286.

1852   Ettingshausen, p. 9, pl. 3, fig. 1; cycadophyte leaf; France; Late Juassic.

1991   *Zamites feneonis* (Pomal) Ettingshausen, Li Peijuan, Wu Yimin, p. 287, pl. 8, fig. 1; pl. 9, fig. 1;cycadophyte leaves;Painbo of Lhasa,Tibet;Early Cretaceous Linbuzong Formation.

△*Zamites hoheneggerii* (Schenk) Lee,1963

1869　*Podozamites hoheneggeri*,Schenk,p. 9,pl. 2,figs. 3—6.

1906　*Glossozamites hoheneggeri* (Schenk) Yokoyama,pp. 36,37,pl. 12,figs. 1,1a,5a,6(?);
　　　cycadophyte leaves;Shiguanzi of Zhaohua and Shaximiao of Hechuan,Sichuan;Jurassic.

1963　Lee Peijuan,in Sze H C,Lee Xingxue and others,p. 175,pl. 66,fig. 6;cycadophyte leaf;
　　　Shiguanzi of Zhaohua and Shaximiao of Hechuan,Sichuan;Middle—Late Jurassic.

1992　Sun Ge,Zhao Yanhua,p. 537,pl. 234,figs. 8,9;pl. 253,fig. 3;pl. 256,fig. 3;cycadophyte
　　　leaves;Xieweibagou of Jiutai,Jilin;Early Cretaceous Yingchengzi Formation.

1993　Hu Shusheng,Mei Meitang,pl. 2,fig. 7;cycadophyte leaf;Xi'an Coal Mine of Liaoyuan,
　　　Jilin;Early Cretaceous Lower Coal-bearing Member of Chang'an Formation.

Zamites cf. *hoheneggerii* (Schenk) Lee

1982　Li Peijuan,p. 91,pl. 13,figs. 6,6a;cycadophyte leaf;Baxoi,Tibet;Early Cretaceous Duo-
　　　ni Formation.

1999　Cao Zhengyao,p. 66,pl. 14,fig. 9;pl. 20,figs. 11,12;pl. 21,figs. 7,7a;pl. 40,figs. 10,
　　　10a;cycadophyte leaves;Laocun of Shouchang,Zhejiang;Early Cretaceous Laocun For-
　　　mation.

△*Zamites* (*Otozanites*?) *Huatingensis* Liu,1988

1988　Liu Zijin,p. 95,pl. 1,figs. 15—17;pl. 2,fig. 1;cycadophyte leaves;No.:NW-12;Holo-
　　　type:pl. 1, fig. 15;Repository:Xi'an Institute of Geology and Mineral Resources;
　　　Wangjiagou in Wucunbao of Huating, Gansu; Early Cretaceous upper member in
　　　Huanhe-Huachi Formation of Zhidan Group.

△*Zamites hubeiensis* Chen G X,1984

1984　Chen Gongxin,p. 595,pl. 248,figs. 3—3b;cycadophyte leaf;Reg. No.:EP425;Reposito-
　　　ry:Geological Bureau of Hubei Province;Jiuligang of Yuanan,Hubei;Late Triassic
　　　Jiuligang Formation.

△*Zamites insignis* Meng,1984

1984b　Meng Fansong,p. 55,pl. 1,figs. 2,3;cycadophyte leaves;Reg. No.:P81021,P81022;Syn-
　　　type 1:P81021 (pl. 1,fig. 2);Syntype 2:P81022 (pl. 1,fig. 3);Repository:Yichang In-
　　　stitute of Geology and Mineral Resources;Donggong of Nanzhang,Hubei;Late Triassic
　　　Jiu-ligang Formation. [Notes:According to *International Code of Botanical Nomencla-
　　　ture* (*Vienna Code*) article 37. 2,from the year 1958,the holotype type specimen should
　　　be unique]

△*Zamites jiangxiensis* Yao et Lih,1968

1968　Yao C C,Lih Baoxian,in *Fossil Atlas of Mesozoic Coal-bearing Strata in Kiangsi and
　　　Hunan Provinces*,p. 64,pl. 17,figs. 4—8;pl. 18,figs. 1—2a;pl. 33,figs. 1—3;cycado-
　　　phyte leaves and cuticles;Anyuan of Pingxiang,Jiangxi;Late Triassic Zijiachong Mem-
　　　ber of Anyuan Formation;Youluo of Fengcheng,Jiangxi;Late Triassic member 5 of
　　　Anyuan Formation. [Notes:The type specimen was not designated in the original pa-

per；This specimen lately was referred as *Pterophyllum jiangxiensis*（Yao et Lih）Zhou（Zhou Zhiyan，p. 1989）]

1980　He Dechang，Shen Xiangpeng，p. 20，pl. 9，fig. 2；cycadophyte leaf；Yangmeishan of Yizhang，Hunan；Late Triassic.

1982　Wang Guoping and others，p. 265，pl. 122，fig. 6；cycadophyte leaf；Anyuan of Pingxiang，Jiangxi；Late Triassic Anyuan Formation.

1986　Ye Meina and others，p. 48，pl. 28，fig. 9；pl. 29，figs. 1，2，4，4a；pl. 30，figs. 1，3；cycadophyte leaves；Jinwo of Tieshan，Binlang and Bailaping of Daxian，Bailin of Dazhu and Wenquan of Kaixian，Sichuan；Late Triassic Hsuchiaho Formation.

1987　He Dechang，p. 83，pl. 17，fig. 5b；cycadophyte leaf；Dakeng of Zhangping，Fujian；Late Triassic Wenbinshan Formation.

1999b　Wu Shunqing，p. 37，pl. 5，fig. 3C；pl. 28，fig. 3；pl. 29，figs. 2—4；pl. 30，fig. 1；pl. 49，figs. 2—2b，3；pl. 50，fig. 2；cycadophyte leaves and cuticles；Tieshan of Daxian and Huangshiban in Xinchang of Weiyuan，Sichuan；Late Triassic Hsuchiaho Formation.

Zamites lanceolatus（Lindley et Hutton）Braun，1840（non Cao，Liang et Ma，1995）

1837（1831—1837）　*Zamia lanceolatus* Lindley et Hutton，p. 194；England；Middle Jurassic.

1840　Braun，p. 100；England；Middle Jurassic.

△*Zamites lanceolatus* Cao，Liang et Ma，1995［non（Lindley et Hutton）Braun，1840］

［Notes：This specific name *Zamites lanceolatus* Cao，Liang et Ma，1995 is a heterotypic later homonym of *Zamites lanceolatus*（Lindley et Hutton）Braun，1840]

1995　Cao Zhengyao，Liang Shijing，Ma Aishuang，pp. 6，14，pl. 2，figs. 3—4a；cycadophyte leaves；Reg. No.：PB16841；Repository：Nanjing Institute of Geology and Palaeontology，Chinese Academy of Sciences；Daxicun of Zhenghe，Fujian；Early Cretaceous middle member of Nanyuan Formation.

△*Zamites linguifolium*（Lee）Cao，1999（in Chinese and English）

1964　*Otozamites linguifolium* Lee，Lee H H and others，p. 134，pl. 86，fig. 5；cycadophyte leaf；Shouchang，Zhejiang；Late Jurassic—Early Cretaceous Yanling Formation in lower part of Jiangde Group.

1999　Cao Zhengyao，pp. 66，149，pl. 19，figs. 10—12；pl. 20，figs. 1—7，7a；cycadophyte leaves；Laocun and Tianfan of Shouchang，Zhejiang；Early Cretaceous Laocun Formation；Dongcun of Shouchang，Zhejiang；Early Cretaceous Shouchang Formation；Huangjiawu of Zhuji，Zhejiang；Early Cretaceous Shouchang Formation（?）；Dibankeng of Qingtian，Zhejiang；Early Cretaceous Moshishan Formation.

△*Zamites longgongensis* Chen，1982

1982　Chen Qishi，in Wang Guoping and others，p. 266，pl. 131，fig. 3；cycadophyte leaf；Reg. No.：1698-H103；Holotype：1698-H103（pl. 131，fig. 3）；Longgong of Wencheng，Zhejiang；Late Jurassic Moshishan Formation.

1989　Ding Baoliang and others，pl. 3，fig. 6；cycadophyte leaf；Longgong of Wencheng，Zhejiang；Early Cretaceous member C-2 of Moshishan Formation.

1995a　Li Xingxue（editor-in-chief），pl. 112，fig. 6；cycadophyte leaf；Wencheng，Zhejiang；Early

Cretaceous Moshishan Formation. (in Chinese)

1995b Li Xingxue (editor-in-chief), pl. 112, fig. 6; cycadophyte leaf; Wencheng, Zhejiang; Early Cretaceous Moshishan Formation. (in English)

△*Zamites macrophyllus* Meng, 1984

1984b Meng Fansong, p. 55, pl. 3, fig. 2; cycadophyte leaf; Reg. No.: P81020; Holotype: P81020 (pl. 3, fig. 2); Repository: Yichang Institute of Geology and Mineral Resources; Donggong of Nanzhang, Hubei; Late Triassic Jiuligang Formation.

△*Zamites oblanceolatus* Meng, 1987

1987 Meng Fansong, p. 251, pl. 30, fig. 1; cycadophyte leaf; Col. No.: DC-82-P-1; Reg. No.: P82187; Holotype: P82187 (pl. 30, fig. 1); Repository: Yichang Institute of Geology and Mineral Resources; Chenjiawan in Donggong of Nanzhang, Hubei; Late Triassic Jiuligang Formation.

△*Zamites sinensis* Sze, 1949

1949 Sze H C, p. 20, pl. 5, fig. 1; pl. 9, fig. 3a; pl. 12, fig. 4; cycadophyte leaves; Xiangxi of Zigui, Hubei; Early Jurassic Hsiangchi Coal Series.

1954 Hsu J, p. 59, pl. 52, figs. 1, 2; cycadophyte leaves; Xiangxi of Zigui, Hubei; Early Jurassic Hsiangchi Coal Series.

1958 Wang Longwen and others, p. 604, figs. 604 (lower part), 605; cycadophyte leaves; Xiangxi of Zigui, Hubei; Jurassic Hsiangchi Coal Series.

1963 Sze H C, Lee H H and others, p. 176, pl. 66, fig. 4; cycadophyte leaf; Baishigang and Caojiayao of Dangyang, Hubei; Early Jurassic Hsiangchi Group.

1977 Feng Shaonan and others, p. 229, pl. 85, fig. 3; cycadophyte leaf; Zigui, Hubei; Early—Middle Jurassic Upper Coal Formation of Hsiangchi Group.

1984 Chen Gongxin, p. 595, pl. 248, fig. 2; cycadophyte leaf; Tongzhuyuan of Dangyang, Hubei; Early Jurassic Tongzhuyuan Formation; Xiangxi of Zigui, Hubei; Early Jurassic Hsiangchi (Xiangxi) Formation.

1986 Ye Meina and others, p. 49, pl. 29, figs. 5, 5a; cycadophyte leaf; Luchangping of Xuanhan, Sichuan; Late Triassic member 7 of Hsuchiaho Formation.

1995a Li Xingxue (editor-in-chief), pl. 87, fig. 5; cycadophyte leaf; Xiangxi of Zigui, Hubei; Early—Middle Jurassic Hsiangchi (Xiangxi) Formation. (in Chinese)

1995b Li Xingxue (editor-in-chief), pl. 87, fig. 5; cycadophyte leaf; Xiangxi of Zigui, Hubei; Early—Middle Jurassic Hsiangchi (Xiangxi) Formation. (in English)

Zamites cf. *sinensis* Sze

1984 Wang Ziqiang, p. 263, pl. 150, fig. 12; cycadophyte leaf; Zhangjiakou, Hebei; Early Cretaceous Qingshila Formation; West Hill, Beijing; Early Cretaceous Tuoli Formation.

△*Zamites sichuanensis* Yang, 1978

1978 Yang Xianhe, p. 517, pl. 163, fig. 10; cycadophyte leaf; Reg. No.: Sp0040; Holotype: Sp0040 (pl. 163, fig. 10); Repository: Chengdu Institute of Geology and Mineral Resources; Tieshan of Daxian, Sichuan; Late Triassic Hsuchiaho Formation.

Zamites tosanus Ôishi, 1940

1940   Ôishi, p. 357, pl. 35, figs. 4, 4a; cycadophyte leaf; Kobodani of Koti, Japan; Early Cretaceous Ryoseki Series.

1987   Zhang Wu, Zheng Shaolin, p. 275, pl. 25, fig. 8; cycadophyte leaf; Taizishan in Changgao of Beipiao, Liaoning; Middle Jurassic Lanqi Formation.

Zamites truncatus Zeiller, 1903

1902—1903   Zeiller, p. 166, pls. 3—6; cycadophyte leaves; Hong Gai, Vietnam; Late Triassic.

1978   Zhou Tongshun, p. 112, pl. 25, fig. 4; cycadophyte leaf; Longjing of Wuping, Fujian; Late Triassic upper member of Wenbinshan Formation.

1982   Wang Guoping and others, p. 266, pl. 122, fig. 8; cycadophyte leaf; Longjing of Wuping, Fujian; Late Triassic Wenbinshan Formation.

1987   Meng Fansong, p. 251, pl. 30, figs. 2—4; cycadophyte leaves; Suxi of Jingmen, Hubei; Late Triassic Jiuligang Formation.

△*Zamites yaoheensis* Meng, 1984

1984b   Meng Fansong, p. 56, pl. 2, figs. 4, 5; cycadophyte leaves; Reg. No.: P81026, P81027; Syntype 1: P81026 (pl. 2, fig. 4); Syntype 2: P81028 (pl. 2, fig. 5); Repository: Yichang Institute of Geology and Mineral Resources; Donggong of Nanzhang, Hubei; Late Triassic Jiuligang Formation. [Notes: According to *International Code of Botanical Nomenclature* (*Vienna Code*) article 37. 2, from the year 1958, the holotype type specimen should be unique]

△*Zamites yixianensis* Zheng et Zhang, 2004 (in Chinese and English)

2004   Zheng Shaolin, Zhang Wu, in Wang Wuli and others, pp. 230 (in Chinese), 491 (in English), pl. 29, figs. 7, 8; cycadophyte leaves; No.: YWS-17; Repository: Shenyang Institute of Geology and Mineral Resources; Yixian, Liaoning; Late Jurassic Zhuan-chengzi Bed in lower part of Yixian Formation. (Notes: The repository of the type specimens was not mentioned in the original paper)

△*Zamites ziguiensis* Meng, 1984

1984b   Meng Fansong, p. 56, pl. 1, fig. 1; pl. 2, fig. 1; pl. 3, fig. 3; cycadophyte leaves; Reg. No.: PJ81001—PJ81003; Syntype 1: PJ81001 (pl. 1, fig. 1); Syntype 2: PJ81002 (pl. 2, fig. 1); Syntype 2: PJ81003 (pl. 3, fig. 3); Repository: Yichang Institute of Geology and Mineral Resources; Xiangxi of Zigui, Hubei; Middle Jurassic middle-upper part of Qianfoyan Formation. [Notes: According to *International Code of Botanical Nomenclature* (*Vienna Code*) article 37. 2, from the year 1958, the holotype type specimen should be unique]

Zamites zittellii (Schenk) Seward, 1917

1871   *Podozamites zittellii* Schenk, p. 8, pl. 1, fig. 8; cycadophyte leaf; Urgonian, Austria; Early Cretaceous.

1917   Seward, pp. 530, 535, fig. 601F; cycadophyte leaf; Urgonian, Austria; Early Cretaceous.

Zamites cf. *zittellii* (Schenk) Seward

1999   Cao Zhengyao, p. 67, pl. 21, fig. 6; cycadophyte leaf; Laocun of Shouchang, Zhejiang;

Early Cretaceous Laocun Formation.

Zamites spp.

1923　*Zamites* sp.,Chow T H,pp. 81,141,pl. 1,fig. 9;pl. 2,fig. 5;cycadophyte leaves;Nanwu-cun of Laiyang,Shandong;Early Cretaceous.

1925　*Zamites* sp.,Teilhard de Chardin,Fritel,p. 537;Fengzhen,Liaoning;Jurassic.

1963　*Zamites* sp. 1,Sze H C,Lee H H and others,p. 176,pl. 53,fig. 8;pl. 89,fig. 6;cycado-phyte leaves;Laiyang,Shandong;Late Jurassic—Early Cretaceous.

1982　*Zamites* sp.,Zhang Caifan,p. 530,pl. 348,fig. 9;cycadophyte leaf;Xiaping in Changce of Yizhang,Hunan;Early Jurassic Tanglong Formation.

1983　*Zamites* sp. 1,Chen Fen,Yang Guanxiu,p. 133,pl. 18,fig. 1;cycadophyte leaf;Shiquanhe area,Tibet;Early Cretaceous upper part of Risong Group.

1983　*Zamites* sp. 2,Chen Fen,Yang Guanxiu,p. 133,pl. 18,figs. 2,3;cycadophyte leaves;Shiquanhe area,Tibet;Early Cretaceous upper part of Risong Group.

1983　*Zamites* sp.,Li Jieru,p. 24,pl. 3,figs. 5—8;cycadophyte leaves;Houfulongshan of Nan-piao (Jinxi),Liaoning;Middle Jurassic member 1 of Haifanggou Formation.

1984b　*Zamites* sp. (? sp. nov.),Meng Fansong,p. 56,pl. 2,fig. 2;cycadophyte leaf;Donggong of Nanzhang,Hubei;Late Triassic Jiuligang Formation.

1986　*Zamites* sp.,Duan Shuying,p. 333,pl. 1,fig. 5;cycadophyte leaf;Xiadelongwan of Yan-qing,Beijing;Middle Jurassic Houcheng Formation.

1987　*Zamites* sp.,Chen Ye and others,p. 114,pl. 25,fig. 10;pl. 28,figs. 1,2;cycadophyte leaves;Qinghe of Yanbian,Sichuan;Late Triassic Hongguo Formation.

1987　*Zamites* sp.,Zhang Wu,Zheng Shaolin,p. 276,pl. 21,fig. 15;pl. 24,fig. 6;pl. 25,fig. 11;text-fig. 15;cycadophyte leaves;Taizishan in Changgao of Beipiao,Liaoning;Middle Ju-rassic Lanqi Formation.

1990　*Zamites* sp. 1,Liu Mingwei,p. 203;cycadophyte leaf;Daming of Laiyang,Shandong;Ear-ly Cretaceous member 3 of Laiyang Formation.

1990　*Zamites* sp. 2,Liu Mingwei,p. 203;cycadophyte leaf;Daming of Laiyang,Shandong;Ear-ly Cretaceous member 3 of Laiyang Formation.

1994　*Zamites* sp.,Cao Zhengyao,fig. 2d;cycadophyte leaf;Zhuji,Zhejiang;early Early Creta-ceous Guantou Formation.

1995　*Zamites* sp. 1,Cao Zhengyao and others,p. 7,pl. 2,fig. 5;cycadophyte leaf;Daxicun of Zhenghe,Fujian;Early Cretaceous middle member of Nanyuan Formation.

1995　*Zamites* sp. 2,Cao Zhengyao and others,p. 7,pl. 2,figs. 6,6a;cycadophyte leaf;Daxicun of Zhenghe,Fujian;Early Cretaceous middle member of Nanyuan Formation.

1995a　*Zamites* sp.,Li Xingxue (editor-in-chief),pl. 112,fig. 7;cycadophyte leaf;Zhuji,Zhe-jiang;Early Cretaceous Shouchang Formation(?). (in Chinese)

1995b　*Zamites* sp.,Li Xingxue (editor-in-chief),pl. 112,fig. 7;cycadophyte leaf;Zhuji,Zhe-jiang;Early Cretaceous Shouchang Formation(?). (in English)

1996　*Zamites* sp.,Mi Jiarong and others,p. 106,pl. 15,fig. 3;cycadophyte leaf;Shimenzhai of Funing,Hebei;Early Jurassic Beipiao Formation.

1999　*Zamites* sp. 1,Cao Zhengyao,p. 67,pl. 20,figs. 8,9,9a;cycadophyte leaves;Yangweishan of Wencheng and Zhangdang of Yongjia,Zhejiang;Early Cretaceous member C of Moshishan Formation.

1999 *Zamites* sp. 2, Cao Zhengyao, p. 67, pl. 18, figs. 5, 5a; cycadophyte leaf; Zhangdang of Yongjia, Zhejiang; Early Cretaceous member C of Moshishan Formation.

1999b *Zamites* sp., Wu Shunqing, p. 37, pl. 29, fig. 1; cycadophyte leaf; Tieshan of Daxian, Sichuan; Late Triassic Hsuchiaho Formation.

2004 *Zamites* sp., Sun Ge, Mei Shengwu, pl. 8, figs. 1, 5, 7; cycadophyte leaves; Chaoshui Basin and Abram Basin, Northwest China; Early—Middle Jurassic.

Zamites? spp.

1963 *Zamites*? sp. 2, Sze H C, Lee H H and others, p. 176, pl. 66, fig. 7b; cycadophyte leaf; Shaximiao of Hechuan, Sichuan; Middle—Late Jurassic.

1963 *Zamites*? sp. 3, Sze H C, Lee H H and others, p. 177, pl. 68, fig. 4; cycadophyte leaf; Yibin, Sichuan; late Late Triassic.

1990 *Zamites*? sp., Liu Mingwei, p. 204; cycadophyte leaf; Tuanwang of Laiyang, Shandong; Early Cretaceous member 3 of Laiyang Formation.

1999 *Zamites*? sp. 3, Cao Zhengyao, p. 68, pl. 18, figs. 6, 6a, 7, 7a; cycadophyte leaves; Xiaqiao of Lishui, Zhejiang; Early Cretaceous Shouchang Formation.

Indeterminable Cycadophytes

1999 Indeterminable Leaves of Cycadophytes, Cao Zhengyao, p. 82, pl. 21, figs. 9—11; pl. 22, figs. 4—8; cycadophyte leaves; Laocun of Shouchang, Zhejiang; Early Cretaceous Laocun Formation; Zhangdang of Yongjia, Zhejiang; Early Cretaceous member C of Moshishan Formation.

Cycadophyten-Blatt (gen. nov.)

1933c Cycadophyten-Blatt (gen. nov.), Sze H C, p. 18, pl. 2, figs. 13, 14; cycadophyte leaves; Xujiahe of Guangyuan, Sichuan; late Late Triassic—Early Jurassic.

1963 Cycadophyten-Blatt (gen. nov.), Sze H C, Lee H H and others, p. 209, pl. 53, figs. 9, 9a; cycadophyte leaf; Xujiahe of Guangyuan, Sichuan; late Late Triassic—Early Jurassic.

Cuticle of Pteridospermae, Type 1 [Cf. *Lepidopteris ottonis* (Goeppert)]

1980 Cuticle of Pteridospermae, Type 1 [Cf. *Lepidopteris ottonis* (Goeppert)], Ouyang Shu, Li Zaiping, p. 156, pl. 7, figs. 6, 7, 9; cuticles; Fuyuan, Yunnan; Early Triassic Kayitou Formation.

Cuticle of Pteridospermae?, Type 2

1980 Cuticle of Pteridospermae?, Type 2, Ouyang Shu, Li Zaiping, p. 157, pl. 7, fig. 14; cuticle; Fuyuan, Yunnan; Early Triassic Kayitou Formation.

Cuticle of Gymnospermae, Type 3

1980 Cuticle of Gymnospermae, Type 3, Ouyang Shu, Li Zaiping, p. 157, pl. 7, fig. 10; cuticle; Fuyuan, Yunnan; Early Triassic Kayitou Formation.

Tracheid of Gymnospermae, Type 1

1980   Tracheid of Gymnospermae, Type 1, Ouyang Shu, Li Zaiping, p. 157, pl. 7, fig. 8; tracheid; Fuyuan, Yunnan; Early Triassic Kayitou Formation.

Tracheid of Gymnospermae, Type 2

1980   Tracheid of Gymnospermae, Type 2, Ouyang Shu, Li Zaiping, p. 157, pl. 7, figs. 11, 13; tracheid; Fuyuan, Yunnan; Early Triassic Kayitou Formation.

Tracheid of Gymnospermae, Type 3

1980   Tracheid of Gymnospermae, Type 3, Ouyang Shu, Li Zaiping, p. 157, pl. 7, fig. 12; tracheid; Fuyuan, Yunnan; Early Triassic Kayitou Formation.

Squamae Gymnospermae

1963   Squamae Gymnospermarum, Sze H C, Lee H H and others, p. 316, pl. 103, figs. 4, 4a; squamae; Gaoshan of Datong, Shanxi; Early—Middle Jurassic Datong Group.

Branchlets

1935   Branchlets, Toyama, Ôishi, pl. 5, fig. 4; Jalai Nur, Inner Mongolia (Chalai-Nor of Hsing-An, Manchoukuo); Middle Jurassic.

1963   Branchlets, Sze H C, Lee H H and others, p. 361, pl. 103, fig. 5; Jalai Nur, Inner Mongolia; Late Jurassic Chalai-Nor Formation.

Undetermined Leaf Fragment

1952   Undetermined Leaf Fragment, Sze H C, Lee H H, pp. 16, 35, pl. 9, figs. 8, 8a; Yipinchang of Baxian, Sichuan; Early Jurassic.

1963   Undetermined Leaf Fragment, Sze H C, Lee H H and others, p. 361, pl. 44, fig. 3; pl. 80, fig. 5; Yipinchang of Baxian, Sichuan (Szechuan); Early Jurassic Hsiangchi Group.

1979   Undetermined Leaf Fragment, Zhou Zhiyan, Li Baoxian, p. 448, pl. 1, fig. 14; leaf fragment; Jiuqujiang of Qionghai, Hainan; Early Triassic Jiuqujiang Formation of Lingwen Group.

Roots?

1935   Roots?, Toyama, Ôishi, pl. 5, fig. 5; Jalai Nur, Inner Mongolia (Chalai-Nor of Hsing-An, Manchoukuo); Middle Jurassic.

1963   Roots?, Sze H C, Lee H H and others, p. 361, pl. 103, fig. 6; Jalai Nur, Inner Mongolia; Late Jurassic Chalai-Nor Formation.

Seed

1933c   Seed, Sze H C, p. 73, pl. 10, fig. 11; Beidaban of Wuwei, Gansu; Early Jurassic.

Epidermis

1933c   Epidermis, Sze H C, p. 23, pl. 6, fig. 14; Yibin, Sichuan; late Late Triassic — Early Jurassic.

1963   Epidermis, Sze H C, Lee H H and others, p. 361; Yibin, Sichuan; late Late Triassic.

Problematicum

1933c   Problematicum, Sze H C, p. 23, pl. 5, figs. 7, 8; Yibin, Sichuan; late Late Triassic—Early

Jurassic.

1936   Problematicum, P'an C H, p. 33, pl. 12, fig. 8; pl. 13, figs. 10, 11; pl. 15, fig. 6; Gaojiaan and Shatanping of Suide, Shaanxi; Late Triassic Yenchang Formation. [Notes: This specimen lately was referred as *Strobilites* sp. (Sze H C, Lee H H and others, 1963)]

1949   Problematicum (? Weibliche Bennettieen Blueten), Sze H C, p. 24, pl. 15, figs. 31, 32; Xiangxi of Zigui, Hubei; Early Jurassic Hsiangchi Coal Series.

1956   Indeterminable fragment, Chow Tseyen (Chow T Y), Chang S J, pl. 1, fig. 4; Alxa Banner, Inner Mongolia; Late Triassic Yenchang Formation. [Notes: This specimen lately was referred as ? *Protoblechnum hughesi* (Feistmental) Halle (Sze H C, Lee H H and others, 1963)]

1956   Problematicum a, Ngo C K, p. 27, pl. 7, fig. 2; cone(?); Xiaoping of Guangzhou, Guangdong; Late Triassic Siaoping Coal Series.

1956   Problematicum b, Ngo C K, p. 27, pl. 7, fig. 3; cone(?); Xiaoping of Guangzhou, Guangdong; Late Triassic Siaoping Coal Series.

1956a   Problematicum a, Sze H C, pp. 60, 165, pl. 28, figs. 7, 8; Qilicun (Chilitsun) of Yanchang, Shaanxi; Late Triassic upper part of Yenchang Formation.

1956a   Problematicum b, Sze H C, pp. 60, 166, pl. 56, fig. 4; Jiaojiaping (Kiaochiaping) of Yijun, Shaanxi; Late Triassic upper part of Yenchang Formation.

1956a   Problematicum c (*Musctes* sp.), Sze H C, pp. 61, 166, pl. 56, figs. 5, 5a; Yanchang, Shaanxi; Late Triassic upper part of Yenchang Formation.

1963   Problematicum 1, Sze H C, Lee H H and others, p. 362, pl. 91, fig. 10; Qingganglin of Pengxian, Sichuan; Early Jurassic.

1963   Problematicum 2, Sze H C, Lee H H and others, p. 362, pl. 91, fig. 12; Suifu (Yibin), Sichuan; late Late Triassic.

1963   Problematicum 3, Sze H C, Lee H H and others, p. 363, pl. 15, figs. 31, 32; Xiangxi of Zigui, Hubei; Early Jurassic Hsiangchi Group.

1963   Problematicum 4, Sze H C, Lee H H and others, p. 363, pl. 28, figs. 7, 8; Qilicun (Chilitsun) of Yanchang, Shaanxi; Late Triassic upper part of Yenchang Group.

1963   Problematicum 5, Sze H C, Lee H H and others, p. 363, pl. 104, fig. 7; Jiaojiaping (Kiaochiaping) of Yijun, Shaanxi; Late Triassic upper part of Yenchang Group.

1963   Problematicum 6, Sze H C, Lee H H and others, p. 364, pl. 46, fig. 7; Nanwucun of Laiyang, Shandong; Late Jurassic—Early Cretaceous.

1963   Problematicum 7, Sze H C, Lee H H and others, p. 364, pl. 86, fig. 7; cone(?); Xiaoping of Guangzhou, Guangdong; Late Triassic Siaoping Coal Series.

1963   Problematicum 8, Sze H C, Lee H H and others, p. 364, pl. 86, fig. 8; cone(?); Xiaoping of Guangzhou, Guangdong; Late Triassic Siaoping Coal Series.

APPENDIXES

Appendix 1   Index of Generic Names

[Arranged alphabetically, generic names and the page numbers (in English part / in Chinese part), "△"indicates the generic name established based on Chinese material]

J

K

L

M

N

O

P

Q

R

S

Z

Appendix 2　Index of Specific Names

[Arranged alphabetically, generic names or specific names and the page numbers (in English part / in Chinese part), "△" indicates the generic or specific name established based on Chinese material]

A

C

O

P

Appendix 3 Table of Institutions that House the Type Specimens

English Name	中文名称
Changchun College of Geology (College of Earth Sciences, Jilin University)	长春地质学院 （吉林大学地球科学学院）
Department of Geological Exploration, Changchun College of Geology (College of Earth Sciences, Jilin University)	长春地质学院勘探系 （吉林大学地球科学学院）
Chengdu Institute of Geology and Mineral Resources (Chengdu Institute of Geology and Mineral Resources, China Geological Survey)	成都地质矿产研究所 （中国地质调查局成都地质调查中心）
Museum of Chengdu Institute of Geology (Museum of Chengdu University of Technology)	成都地质学院博物馆 （成都理工大学博物馆）
Fuxin Mining Institute (Liaoning Technical University)	阜新矿业学院 （辽宁工程技术大学）
Hubei Institute of Geological Sciences (Hubei Institute of Geosciences)	湖北地质科学研究所 （湖北省地质科学研究院）
Geological Bureau of Hubei Province	湖北省地质局
Geological Museum of Hunan Province	湖南省地质博物馆
Department of Palaeontology, Regional Geological and Mineral Resources Survey of Jilin Province	吉林省区域地质矿产调查所古生物室
Regional Geological Surveying Team, Jilin Geological Bureau (Regional Geological Surveying Team of Jilin Province)	吉林省地质局区域地质调查大队 （吉林省区域地质调查大队）
Department of Geology, Lanzhou University	兰州大学地质系
Regional Geological Surveying Team, Bureau of Geology and Mineral Resources of Liaoning Province (Regional Geological Surveying Team of Liaoning Province)	辽宁省地质矿产局区域地质调查队 （辽宁省区域地质调查大队）
Xi'an Branch, China Coal Research Institute	煤炭科学研究总院西安分院

English Name	中文名称
Branch of Geology Exploration, China Coal Research Institute (Xi'an Branch, China Coal Research Institute)	煤炭科学研究总院地质勘探分院（煤炭科学研究总院西安分院）
Nanjing Institute of Geology and Mineral Resources (Nanjing Institute of Geology and Mineral Resources, China Geological Survey)	南京地质矿产研究所（中国地质调查局南京地质调查中心）
Swedish Museum of Natural History	瑞典国家自然历史博物馆
Regional Geological Surveying Team, Bureau of Geology and Mineral Resources of Shandong Province	山东省地矿局区域地质调查大队
Shenyang Institute of Geology and Mineral Resources (Shenyang Institute of Geology and Mineral Resources, China Geological Survey)	沈阳地质矿产研究所（中国地质调查局沈阳地质调查中心）
Research Institute of Petroleum Exploration and Development (Research Institute of Petroleum Exploration and Development, PetroChina)	石油勘探开发科学研究院（中国石油化工股份有限公司石油勘探开发研究院）
137 Geological Team of Sichuan Coal Field Geological Company (Sichuan Coal Field Geology Bureau of 137 Geological Team)	四川省煤田地质公司一三七地质队（四川省煤田地质局一三七地质队）
Beijing Graduate School, Wuhan College of Geology [China University of Geosciences (Beijing)]	武汉地质学院北京研究生部［中国地质大学（北京）］
Department of Palaeontology, Wuhan College of Geology [Department of Paleontology, China University of Geosciences (Wuhan)]	武汉地质学院古生物教研室［中国地质大学（武汉）古生物教研室］
Xi'an Institute of Geology and Mineral Resources (Xi'an Institute of Geology and Mineral Resources, China Geological Survey)	西安地质矿产研究所（中国地质调查局西安地质调查中心）
Petroleum Administration of Xinjiang Uighur Autonomous Region (Department of Geological Surveying, Petroleum Administration of Xinjiang Uighur Autonomous Region, PetroChina)	新疆石油管理局（中国石油天然气集团公司新疆石油管理局地质调查处）
Yichang Institute of Geology and Mineral Resources (Wuhan Institute of Geology and Mineral Resources, China Geological Survey)	宜昌地质矿产研究所（中国地质调查局武汉地质调查中心）

continued table

English Name	中文名称
Zhejiang Museum of Natural History	浙江省自然博物馆
China University of Geosciences (Beijing)	中国地质大学(北京)
Department of Palaeotology, China University of Geosciences (Wuhan)	中国地质大学(武汉)古生物教研室
Institute of Botany, Chinese Academy of Sciences	中国科学院植物研究所
Nanjing Institute of Geology and Palaeontology, Chinese Academy of Sciences	中国科学院南京地质古生物研究所
Department of Palaeobotany, Institute of Botany, Chinese Academy of Sciences	中国科学院植物研究所古植物研究室
Department of Geology, China University of Mining and Technology	中国矿业大学地质系
Botanical Section, Department of Biology, Sun Yat-sen University	中山大学生物系植物教研室
School of Life Sciences, Sun Yat-sen University	中山大学生命科学学院

Appendix 4　Index of Generic Names to Volumes Ⅰ-Ⅵ

(Arranged alphabetically, generic name and the volume number / the page number in English part / the page number in Chinese part, "△" indicates the generic name established based on Chinese material)

A

F

G

K

L

M

REFERENCES

Andrews H N Jr, 1970. Index of generic names of fossil plants (1820-1965). US Geological Survey Bulletin (1300):1-354. (in English)

Barale G, 1972a. Rhaphidopteris nouveau nom de genre de feuillage filicoïde mesozoique. C R Acad. Sci. , Sér D, 274:1011-1014.

Barale G, 1972b. Sur la presence de genre Rhaphidopteris Barale dans le jurassique supérieur de France. C R Acad. Sci. , Sér. D, 275:2467-2470.

Barale G, Thévénard F, Zhou Zhiyan (周志炎), 1998. Discovery of *Nilssoniopteris* in the Middle Jurassic Yima Formation of Henan, Central China. Geobios, 31 (1):13-20, pls. 1, 2, text-figs. 1, 2.

Barnard P D W, 1965. Flora of ghe Shemshak Formation: Part I Liassic plants from Dorud. Riv. Ital. Paleont. , Parma, 71:1123-1168, pls. 95-99.

Barnard P D W, Miller J C, 1976. Flora of the Shemshak Formation (Elburz, Iran): Ⅲ. Middle Jurassic (Dogger) Plants from Katumbargah, Vasek Gah and Imam Manak. Palaeontographica, B:152-155 (1-4). Bell W A, 1956. Lower Cretaceous floras of western Canada. Geol. Surv. Canada. Mem. , 285.

Berry E W, 1911a. Systematic palaeontology of the Lower Cretaceous deposits of Maryland. Maryland Geol. Surv. , Lower Cretaceous:173-597.

Berry E W, 1911b. Contributions to the Mesozoic flora of the Atlantic Coastal Plain: Part 7. Torrey Bot. Club Buil. , V. 38:399-424, pls. 18, 19.

Berry E W, 1911c. A Lower Cretaceous species of Schizaeaceae from eastern North America. Annals Botany, V. 25:193-198, pl. 12.

Bian Zhaoxiang (边兆祥), Wang Hongfeng (王洪峰), 1989. The discovery of *Lepidopteris* in Late Tria ssic of Guangyuan, Sichuan. Journal of Chengdu College of Geology, 16 (1):9-15, pls. 1, 2. (in Chinese with English summary)

Blanckenhorn M, 1886. Die Fossile Flora des Muschel Kalsk der Umgegend Von Commern. Palaeontographica, 32:117-153, pls. 1-8.

Blazer A M, 1975. Index of generic names of fossil plants, 1966-1973. US Geological Survey Bulletin (1396):1-54. (in English)

Boersma M, Visscher H, 1969. On two Late Permian plants from southern France. Rijks Geol. Dienst. Med. , New Ser. , No. 20:57-59, pls. 1, 2, figs. 1-3.

Bornemann J B, 1856. Über organische reste der Lettenkohlengruppe Thüringens. Leipzig:1-85, pls. 1-12.

Bose M N, Sah S G D, 1954. On *Sahnioxylon rajmahalense*, a new name for *Homoxylon ra-*

jmahalense Sahni, and *S. andrewsii*, a new species of *Sahnioxylon* from Amrapara in the Rajmahal Hills, Behar. Palaeobotanist, 3:1-8, pls. 1, 2.

Braun C F W, 1840. Verzeichniss der in der Kreis-naturalien Sammlung zu Bayreuth befindlichen petrefacten. Leipzig:1-118, pls. 1-22.

Braun C F W, 1847. Die fossilen Gewaechse aus den Granzschichten zwischen dem Lias und Keuper des neu aufgefundenen Pflanzenlagers in dem Steinbruche von Veitlahm bei Culmback: Flora, V. 30:81-87.

Brongniart A, 1822. Sur la classification et la distribution des végétaux fossilies. Soc. Hist. Nat. Paris Mem. ,8:203-348.

Brongniart A, 1825b. Observations sur les végétaux fossiles renfermés dans les Grès de Hoer en Scanie. Annales Sci. Nat. ,Ser. 1, V. 4:200-219.

Brongniart A, 1828a-1838. Histoire des végétaux fossiles ou recherches botaniques et géologiques sur les veegeetaux renfermees dans les diverses couches couches du globe. Paris, G. Dufour and Ed. D'Ocagne, V. 1:1-136 (1828a);137-208 (1829);209-248 (1830); 249-264 (1834);337-368 (1835?);369-488 (1836);V. 2:1-24 (1837);25-72 (1838). Plates Appeared Irregularly, V. 1:pls. 1-166;V. 2:pls. 1-29.

Brongniart A, 1828b. Prodrome d'une histoire des végétaux fossiles. Dictionnaire Sci. Nat. , V. 57,p. 16-212.

Brongniart A, 1828c. Notice sur les plantes d'Armissan prés Narbonne. Annales Sci. Nat. Ser. 1, V. 15:43-51, pl. 3.

Brongniart A, 1828d. Essai d'une flora du grees bigarre. Annales Sci. Nat. ,Ser. 1, V. 15:435-460.

Brongniart A, 1849. Tableau des genres de végétaux fossiles consideerees sous le point de vue de leur classification botanique et de leur distribution geeologique. Dictionnaire Univ. Histoire Nat. , V. 13:1-127 (52-176).

Brongniart A, 1874a. Les graines fossiles trouvés a l'état silicifié dans le terrain houiller de Saint-Etienne. Annales Sci. Nat. ,Botanique, V. 20:234-265, pls. 21-23.

Brongniart A, 1874b. Notes sur les plantes fossiles de Tinkiako (Shensi merdionale), envoyees en 1873 par M. l'abbé A. David. Bulletin de la Societe Geologique de France, 3 (2):408.

Bronn H G, 1848. Index palaeontologicus oderübersicht der bis jetzt bekannten fossilen organismen. Stuttgart:1-1384.

Buckland W, 1836. Geology and mineralogy considered with reference to natural theology. William Pichering, V. 1:1-599;V. 2:1-128, pls. 1-69.

Bureau of Geology and Mineral Resources of Beijing Municipality (北京市地质矿产局), 1991. Regional geology of Beijing Municipality. People's Republic of China, Ministry of Geology and Mineral Resources, Geological Memoirs, Series 1, 27:1-598, pls. 1-30. (in Chinese with English summary)

Bureau of Geology and Mineral Resources of Fujian Province (福建省地质矿产局), 1985. Regional geology of Fujian Province. People's Republic of China, Ministry of Geology and Mineral Resources. Geological Memoirs, Series 1, 4:1-671, pls. 1-16. (in Chinese with English summary)

Bureau of Geology and Mineral Resources of Heilongjiang Province (黑龙江省地质矿产局),

1993. Regional geology of Heilongjiang Province. People's Republic of China, Ministry of Geology and Mineral Resources. Geological Memoirs, Series 1, 33: 1-734, pls. 1-18. (in Chinese with English summary)

Bureau of Geology and Mineral Resources of Jilin Province (吉林省地质矿产局), 1988. Regional geology of Jilin Province. People's Republic of China, Ministry of Geology and Mineral Resources. Geological Memoirs, Series 1, 10: 1-698, pls. 1-10. (in Chinese with English summary)

Bureau of Geology and Mineral Resources of Liaoning Province (辽宁省地质矿产局), 1989. Regional geology of Liaoning Province. People's Republic of China, Ministry of Geology and Mineral Resources. Geological Memoirs, Series 1, 14: 1-856, pls. 1-17. (in Chinese with English summary)

Bureau of Geology and Mineral Resources of Ningxia Hui Autonomous Region (宁夏回族自治区地质矿产局), 1990. Regional geology of Ningxia Hui Autonomous Region. People's Republic of China, Ministry of Geology and Mineral Resources. Geological Memoirs, Series 1, 22: 1-522, pls. 1-14. (in Chinese with English summary)

Cao Baosen (曹宝森), Liang Shijing (梁诗经), Zhang Zhiming (张志明), Zhang Xiaoqin (张小勤), Ma Aishuang (马爱双), 1989. A preliminary study on Jurassic biostratigraphy in Fujian Province. Fujian Geology, 8 (3): 198-216, pls. 1-3, figs. 1-8. (in Chinese with English summary)

Cao Zhengyao (曹正尧), 1982. On the occurrence of *Scoresbya* from Jiangsu and *Weichselia* from Zhejiang. Acta Palaeontologica Sinica, 21 (3): 343-348, pl. 1, text-fig. 1. (in Chinese with English summary)

Cao Zhengyao (曹正尧), 1983a. Fossil plants from the Longzhaogou Group in eastern Heilongjiang Province: Ⅰ // Research Team on the Mesozoic Coal-bearing Formation in Eastern Heilongjiang (ed). Fossils from the Middle-Upper Jurassic and Lower Cretaceous in Eastern Heilongjiang Province, China: Ⅰ. Harbin: Heilongjiang Science and Technology Publishing House: 10-21, pls. 1, 2. (in Chinese with English summary)

Cao Zhengyao (曹正尧), 1983b. Fossil plants from the Longzhaogou Group in eastern Heilongjiang Province: Ⅱ // Research Team on the Mesozoic Coal-bearing Formation in Eastern Heilongjiang (ed). Fossils from the Middle-Upper Jurassic and Lower Cretaceous in Eastern Heilongjiang Province, China: Ⅰ. Harbin: Heilongjiang Science and Technology Publishing House: 22-50, pls. 1-9. (in Chinese with English summary)

Cao Zhengyao (曹正尧), 1984a. Fossil plants from the Longzhaogou Group in eastern Heilongjiang Province: Ⅲ // Research Team on the Mesozoic Coal-bearing Formation in Eastern Heilongjiang (ed). Fossils from the Middle-Upper Jurassic and Lower Cretaceous in Eastern Heilongjiang Province, China: Ⅱ. Harbin: Heilongjiang Science and Technology Publishing House: 1-34, pls. 1-9, text-figs. 1-6. (in Chinese with English summary)

Cao Zhengyao (曹正尧), 1984b. Fossil plants from Early Cretaceous Tonshan Formation in Mishan County of Heilongjiang Province // Research Team on the Mesozoic Coal-bearing Formation in Eastern Heilongjiang (ed). Fossils from the Middle-Upper Jurassic and Lower Cretaceous in Eastern Heilongjiang Province, China: Ⅱ. Harbin: Heilongjiang Science and Technology Publishing House: 35-48, pls. 1-6, text-figs. 1, 2. (in Chinese with English summary)

Cao Zhengyao (曹正尧), 1985. Fossil plants and geological age of the Hanshan Formation at Hanshan County, Anhui. Acta Palaeontologica Sinica, 24 (3): 275-284, pls. 1-4, text-figs. 1-4. (in Chinese with English summary)

Cao Zhengyao (曹正尧), 1989. Some Lower Cretaceous Gymnospermae from Zhejiang with study on their cuticles. Acta Palaeontologica Sinica, 28 (4): 435-446, pls. 1-5, text-fig. 1. (in Chinese with English summary)

Cao Zhengyao (曹正尧), 1992a. Fossil plants from Chengzihe Formation in Suibin-Shuangyashan region of eastern Heilongjiang. Acta Palaeontologica Sinica, 31 (2): 206-231, pls. 1-6, text-fig. 1. (in Chinese with English summary)

Cao Zhengyao (曹正尧), 1994. Early Cretaceous floras in Circum-Pacific region of China. Cretaceous Research (15): 317-332, pls. 1-5.

Cao Zhengyao (曹正尧), 1998. A study on the cuticles of some bennettitaleans from the lower part of Xiangshan Group in Jiangsu and Anhui provinces. Acta Palaeontologica Sinica, 37 (3): 283-294, pls. 1-6.

Cao Zhengyao (曹正尧), 1999. Early Cretaceous flora of Zhejiang. Palaeontologia Sinica, Whole Number 187, New Series A, 13: 1-174, pls. 1-40, text-figs. 1-35. (in Chinese and English)

Cao Zhengyao (曹正尧), 2000. Some specimens of Gymnospermae from the lower part of Xiangshan Group in Jiangsu and Anhui provinces with study on their cuticles. Acta Palaeontologica Sinica, 39 (3): 334-342, pls. 1-4. (in Chinese with English summary)

Cao Zhengyao (曹正尧), Liang Shijing (梁诗经), Ma Aishuang (马爱双), 1995. Fossil plants from Early Cretaceous Nanyuan Formation in Zhenghe, Fujian. Acta Palaeontologica Sinica, 34 (1): 1-17, pls. 1-4. (in Chinese with English summary)

Cao Zhengyao (曹正尧), Zhang Yaling (张亚玲), 1996. A new species of *Coniopteris* from Jurassic of Gansu. Acta Palaeontologica Sinica, 35 (2): 241-247, pls. 1-3. (in Chinese with English summary)

Carpentier A, 1939. Les cuticles des Gymnospermes Wealdiennes du Nord dela France. Ann. Paleont. , Paris, 27: 155-179, pls. 11-22.

Carruthers W, 1869. On *Beania*, a new genus of cycadean fruit, from the Yorkshire Oolites. Geol. , Mag. , Decade 1, V. 6: 97-99, pl. 4.

Carruthers W, 1870. On fossil Cycadean stems from the secondary rocks of Britain. Linnean Soc. London Trans. , V. 26: 675-708, pls. 54-63.

Chang Chichen (张志诚), 1976. Plant kingdom // Bureau of Geology of Inner Mongolia Autonomous Region, Northeast Institute of Geological Sciences (eds). Palaeotologica Atlas of North China, Inner Mongolia Volume: II Mesozoic and Cenozoic. Beijing: Geological Publishing House: 179-204. (in Chinese)

Chang Jianglin (常江林), Gao Qiang (高强), 1996. Characteristics of flora from Datong Formation in Ningwu Coal Field, Shanxi. Coal Geology & Exploration, 24 (1): 4-8, pl. 1. (in Chinese with English summary)

Chen Chuzhen (陈楚 震), Wang Yigang (王义刚), Wang Zhihao (王志浩), Huang Pin (黄嫔), 1988. Triassic biostratigraphy of southern Jiangsu Province // Academy of Geological

Sciences, Jiangsu Bureau of Petroleum Prospecting, Nanjing Institute of Geology and Palaeontology, Chinese Academy of Sciences (eds). Sinian-Triassic Biostratigraphy of the Lower Yangtze Peneplatform in Jiangsu Region. Nanjing: Nanjing University Press: 315-368, pls. 1-6, figs. 15. (in Chinese)

Chen Fen (陈芬), Dou Yawei (窦亚伟), Huang Qisheng (黄其胜), 1984. The Jurassic Flora of West Hill, Beijing (Peking). Beijing: Geological Publishing House: 1-136. pls. 1-38, text-figs. 1-18. (in Chinese with English summary)

Chen Fen (陈芬), Meng Xiangying (孟祥营), Ren Shouqin (任守勤), Wu Chonglong (吴冲龙), 1988. The Early Cretaceous Flora of Fuxin Basin and Tiefa Basin, Liaoning Province. Beijing: Geological Publishing House: 1-180, pls. 1-60, text-figs. 1, 24. (in Chinese with English summary)

Chen Fen (陈芬), Yang Guanxiu (杨关秀), 1982. Lower Cretaceous plants from Pingquan, Hebei Province and Beijing, China. Acta Botanica Sinica, 24 (6): 575-580, pls. 1, 2. (in Chinese with English summary)

Chen Fen (陈芬), Yang Guanxiu (杨关秀), 1983. Early Cretaceous fossil plants in Shiquanhe area, Tibet, China. Earth Science: Journal of Wuhan College of Geology (1): 129-136, pls. 17, 18, figs. 1, 2. (in Chinese with English summary)

Chen Fen (陈芬), Yang Guanxiu (杨关秀), Zhou Huiqin (周惠琴), 1981. Lower Cretaceous flora in Fuxin Basin, Liaoning Province, China. Earth Science: Journal of the Wuhan College of Geology (2): 39-51, pls. 1-4, fig. 1. (in Chinese with English summary)

Chen Gongxin (陈公信), 1984. Pteridophyta, Spermatophyta // Regional Geological Surveying Team of Hubei Province (ed). The Palaeontological Atlas of Hubei Province. Wuhan: Hubei Science and Technology Press: 556-615, 797-812, pls. 216-270, figs. 117-133. (in Chinese witn English title)

Chen Qishi (陈其奭), 1986a. Late Triassic plants from Chayuanli Formation in Quxian, Zhejiang. Acta Palaeontologica Sinica, 25 (4): 445-453, pls. 1-3. (in Chinese with English summary)

Chen Qishi (陈其奭), 1986b. The fossil plants from the Late Triassic Wuzao Formation in Yiwu, Zhejiang. Geology of Zhejiang, 2 (2): 1-19, pls. 1-6, text-figs. 1-3. (in Chinese with English summary)

Chen Qisi (陈其奭), Ma Wuping (马武平), Tsao Chengyao (曹正尧), Chen Peichi (陈丕基), Shen Yanbin (沈炎彬), Lin Qibin (林启彬), 1978. Age of the coal-bearing Wuzao Formation in Yiwu of Zhejiang. Acta Stratigraphica Sinica, 2 (1): 74-76, pl. 1. (in Chinese)

Chen Ye (陈晔), Chen Minghong (陈明洪), Kong Zhaochen (孔昭宸), 1986. Late Triassic fossil plants from Lanashan Formation of Litang district, Sichuan Province // The Comprehensive Scientific Expedition to the Qinghai-Tibet Plateau, Chinese Academy of Sciences (ed). Studies in Qinghai-Tibet Plateau: Special Issue of Hengduan Mountains Scientific Expedition: Ⅱ. Beijing: Beijing Science and Technology Press: 32-46, pls. 3-10. (in Chinese with English summary)

Chen Ye (陈晔), Duan Shuying (段淑英), 1981. Late Triassic flora of Hongni, Yanbian district of Sichuan // Palaeontological Society of China (ed). Selected papers from 12th Annual Conference of the Palaeontological Society of China. Beijing: Science Press: 153-157, pls. 1-

3. (in Chinese with English title)

Chen Ye (陈晔), Duan Shuying (段淑英), Jiao Yuehua (教月华), 1991. Study on the morphology of *Ctenozamites bullatus* Chen et Duan sp. nov. Yushanian (8):45-51, pls. 1,2, figs. 1-4.

Chen Ye (陈晔), Duan Shuying (段淑英), Jiao Yuehua (教月华), 1992. Morphological studies of *Ctenozamites drepanoides* Chen et Duan sp. nov. Acta Botanica Sinica, 34 (7):556-560, pl. 1, fig. 1. (in Chinese with English summary)

Chen Ye (陈晔), Duan Shuying (段淑英), Zhang Yucheng (张玉成), 1979a. New species of the Late Triassic plants from Yanbian, Sichuan: Ⅰ. Acta Botanica Sinica, 21 (1):57-63, pls. 1-3, text-figs. 1,2. (in Chinese with English summary)

Chen Ye (陈晔), Duan Shuying (段淑英), Zhang Yucheng (张玉成), 1979b. New species of the Late Triassic plants from Yanbian, Sichuan: Ⅱ. Acta Botanica Sinica, 21 (2):186-190, pls. 1-3, text-fig. 1. (in Chinese with English summary)

Chen Ye (陈晔), Duan Shuying (段淑英), Zhang Yucheng (张玉成), 1979c. New species of the Late Triassic plants from Yanbian, Sichuan: Ⅲ. Acta Botanica Sinica, 21 (3):269-273, pls. 1-3, text-fig. 1. (in Chinese with English summary)

Chen Ye (陈晔), Duan Shuying (段淑英), Zhang Yucheng (张玉成), 1985. A preliminary study of Late Triassic plants from Qinghe of Yanbian district, Sichuan Province. Acta Botanica Sinica, 27 (3):318-325, pls. 1,2. (in Chinese with English summary)

Chen Ye (陈晔), Duan Shuying (段淑英), Zhang Yucheng (张玉成), 1987. Late Triassic Qinghe flora of Sichuan. Botanical Research, 2:83-158, pls. 1-45, fig. 1. (in Chinese with English summary)

Chen Ye (陈晔), Jiao Yuehua (教月华), 1991a. Morphological studies of *Rhaphidopteris hsui* sp. nov. Acta Botanica Sinica, 33 (6):443-449, pls. 1,2, figs. 1-4. (in Chinese with English summary)

Chen Ye (陈晔), Jiao Yuehua (教月华), 1991b. Studies on the epidermal structure of two species of *Rhaphidopteris*. Acta Botanica Sinica, 33 (9):698-705, pls. 1,2, figs. 1-7. (in Chinese with English summary)

Chow Huiqin (周惠琴), 1963. Plants//The 3rd Laboratory, Academy of Geological Sciences, Ministry of Geology (ed). Fossil Atlas of Nanling. Beijing:Industry Press:158-176, pls. 65-76. (in Chinese)

Chow Huiqin (周惠琴), Huang Zhigao (黄枝高), Chang Chichen (张志诚), 1976. Plants//Bureau of Geology of Inner Mongolia Autonomous Region, Northeast Institute of Geological Sciences (eds). Fossils Atlas of North China: Inner Mongolia: Volume Ⅱ. Beijing:Geological Publishing House:179-211, pls. 86-120. (in Chinese)

Chow T H (周赞衡), 1923. A preliminary note on some younger Mesozoic plants from Shandong (Shantung). Bulletin of Geological Survey of China, 5 (2):81-141, pls. 1,2. (in Chinese with English)

Chu W C, 1962 (朱为庆). Studies in the cuticular structure of *Thinnfeldia rigida*. Acta Botanica Sinica, 10 (2):166-170, pls. 1,2. (in Chinese with English summary)

Counillon H, 1914. Flore fossile des Gites de Charbon de L'Annam. Bull. Serv. Geol. d. l'Indochine, Vol. 1, fasc. 2.

Deng Longhua (邓龙华),1976. A review of the "bamboo shoot" fossils at Yenzhou recorded in *dream pool essays* with notes on Shen Kuo's contribution to the development of palaeontology. Acta Palaeontologica Sinica,15 (1):1-6,text-figs. 1-4. (in Chinese with English summary)

Deng Shenghui (邓胜徽),1991. Early Cretaceous fossil plants from Huolinhe Basin in Inner Mongolia. Geoscience,5 (2):147-156,pls. 1,2,fig. 1. (in Chinese with English summary)

Deng Shenghui (邓胜徽),1995b. Early Cretaceous Flora of Huolinhe Basin,Inner Mongolia, Northeast China. Beijing:Geological Publishing House:1-125,pls. 1-48,text-figs. 1-23. (in Chinese with English summary)

Deng Shenghui (邓胜徽),1998b. Plant fossils from Early Cretaceous of Pingzhuang-Yuanbaoshan Basin,Inner Mongolia. Geoscience,12 (2):168-172,pls. 1,2. (in Chinese with English summary)

Deng Shenghui (邓胜徽),Liu Yongchang (刘永昌),Yuan Shenghu (袁生虎),2004. Fossil plants from the late Middle Jurassic in Abram Basin,western Inner Mongolia,China. Acta Palaeontologica Sinica,43 (2):205-220,pls. 1-3. (in Chinese and English)

Deng Shenghui (邓胜徽),Ren Shouqin (任守勤),Chen Fen (陈芬),1997. Early Cretaceous Flora of Hailar,Inner Mongolia,China. Beijing:Geological Publishing House:1-116,pls. 1-32,text-figs. 1-12. (in Chinese with English summary)

Deng Shenghui (邓胜徽),Yao Yimin (姚益民),Ye Dequan (叶德泉),Chen Piji (陈丕基),Jin Fan (金帆),Zhang Yijie (张义杰),Xu Kun (许坤),Zhao Yingcheng (赵应成),Yuan Xiaoqi (袁效奇),Zhang Shiben (张师本),et al. ,2003. Jurassic System in the North of China：Ⅰ Stratum Introduction. Beijing:Petroleum Industry Press:1-399,pls. 1-105. (in Chinese with English summary)

Ding Baoliang (丁保良),Lan Shanxian (蓝善先),Wang Yingping (汪迎平),1989. Nonmarine Jurassic-Cretaceous Volcano-sedimentary Strata and Biota of Zhejiang,Fujian and Jiangxi. Nanjing:Jiangsu Science and Technology Publishing House:1-139,pls. 1-13,figs. 1-31. (in Chinese with English summary)

Dobruskina I A,1975. Rol'pet'taspermovykh pteridospermov v Poxdnepermskikh i Triasovykh florakh Paleont. Zhur. ,No. 4,1975:120-132.

Doludenko M P,1963. New species of *Ptilophyllum* from the Jurassic of the western Ukraine. Bot. J. Acad. Sci. SSSR,48:796-805,pls. 1-4. (in Russian)

Doludenko M P,Oriovskays E R. 1976. Jurassic flora of the Karatau. M. :Nauka:1-260.

Doludenko M P,Oriovskays E R,1976. Jurassic flora of the Karatau. Range,southern Kazakhstan. Palaeont. ,19 (4):627-640.

Doludenko M P,Svanidze C I,1969. The Late Jurassic flora of Georgia. M. :Nauka:1-116.

Dou Yawei(窦亚伟),Sun Zhehua(孙喆华),Wu Shaozu(吴绍祖),Gu Daoyuan(顾道源),1983. Vegetable kingdom// Regional Geological Surveying Team,Institute of Geosciences of Xinjiang Bureau of Geology,Geological Surveying Department,Xinjiang Bureau of Petroleum (eds). Palaeontological Atlas of Northwest China,Uygur Autonomous Region of Xinjiang: 2. Beijing:Geological Publishing House:561-614,pls. 189-226. (in Chinese)

Du Toit A L,1927. The fossil of the Upper Karroo Beds. Ann. S. Afr. Mus. ,22.

Duan Shuying (段淑英),1986. A petrified forest from Beijing. Acta Botanica Sinica,28 (3):

331-335,pls. 1,2,figs. 1,2. (in Chinese with English summary)

Duan Shuying (段淑英),1987. The Jurassic flora of Zhaitang,West Hill of Beijing. Department of Geology:1-95,pls. 1-22,text-figs. 1-17.

Duan Shuying (段淑英),1989. Characteristics of the Zhaitang flora and its geological age // Cui Guangzheng,Shi Baoheng (eds). Approach to Geosciences of China. Beijing:Peking University Press:84-93,pls. 1-3. (in Chinese with English summary)

Duan Shuying (段淑英),1998. Study on a species of *Thinnfeldia* from Liuzhi of Guizhou Province,with remarks on *Thinnfeldia* Ettingshausen in China. Acta Botanica Sinica,40 (3):282-287,pl. 1. (in Chinese with English summary)

Duan Shuying (段淑英),Chen Ye (陈晔),1982. Mesozoic fossil plants and coal formation of eastern Sichuan Basin // Compilatory Group of Continental Mesozoic Stratigraphy and Palaeontology in Sichuan Basin (ed). Continental Mesozoic Stratigraphy and Palaeontology in Sichuan Basin of China:Ⅱ Paleontological Professional Papers. Chengdu:People's Publishing House of Sichuan:491-519,pls. 1-16. (in Chinese with English summary)

Duan Shuying (段淑英),Chen Ye (陈晔),1996. Study on the morphology of *Nilssoniopteris huolinhensis* Duan et Chen sp. nov. Palaeobotanist,45:355-360,pls. 1,2.

Duan Shuying (段淑英),Chen Ye (陈晔),Chen Minghong (陈明洪),1983. Late Triassic flora of Ninglang district,Yunnan // The Comprehensive Scientific Expedition to the Qinghai-Tibet Plateau,Chinese Academy of Sciences (ed). Studies in Qinghai-Tibet Plateau:Special Issue of Hengduan Mountains Scientific Expedition:Ⅰ. Kunming:Yunnan People's Press: 55,65,pls. 6-12. (in Chinese with English summary)

Dunker W,1846. Monographie der Norddeutschen Wealdenbildung:1-83,pls. 1-21.

Endicher S,1836-1840. Genera Plantarum. Vienna:1-1483.

Ettingshausen C,1852a. Die Steinkohlenflora von Stradonitz in Boehmen:Kgl. -K. Geol. Reichsanst. Abh. ,V. 1,Pt. 3. No. 4:1-18,pls. 1-6.

Ettingshausen C,1852b. Über Palaeobromelia,ein neues fossiles Pflanzengeschlect. Kgl. -K. Geol. Reichsanst. Abh. ,V. 1,No. 1:1-8,pls. 1,2.

Ettingshausen C,1852c. Bergruendung einiger neuen oder nicht genau bekannten arten Lias und der Oolithflora. Kgl. -K. Geol. Reichasnst. Abh. ,V. 1,No. 3:1-10,pls. 1-3.

Feistmantel O,1876a. Contributions toward the knowledge of the fossil flora in India. Asiatic Soc. Bengal Jour. ,V. 45:329-382,pls. 15-21.

Feistmantel O,1876b. Palaeontologische Beitraege:1 Ueber die Indischen Cycadeengattungen Ptilophyllum Morr. Und Dictyozamites Aldh. Palaeontographica,V. 23,Supp. 3,No. 3:1-24,pls. 1-6.

Feistmantel O, 1876c. Versteinerung der boehmischen Kohlen-ablagerungen:3. Palaeontographica,V. 23:223-316,pls. 50-67.

Feistmantel O, 1876d. Notes on the age of some fossil floras in India. India Geol. Survey Recs. ,V. 9,Pt. 3:63-79.

Feistmantel O,1879. The flora of the Talchir-Karharbari beds. Mem Geol. Surv. India,Palaeont Indica,Ser. 12,V. 3:1-48,pls. 1-27.

Feistmantel O,1882. The fossil flora of the South Rewah Gondwana Basin. Palaeont. Indica, Ser. 12. V. 4,Pt. 1.

Feng Shaonan (冯少南), Chen Gongxing (陈公信), Xi Yunhong (席运宏), Zhang Caifan (张采繁), 1977b. Plants // Hubei Institute of Geological Sciences, et al. (eds). Fossil Atlas of Middle-South China: Ⅱ. Beijing: Geological Publishing House: 622-674, pls. 230-253. (in Chinese)

Fliche P, 1910. Flore fossil du trias en Lorraine et en Franche-Comte. Soc. Sci. Nancy Bull. , 3d Ser. , V. 11: 222-286, pls. 23-27.

Florin R, 1933. Studien ueber die Cycadales des Mesozoikums. K Sv. Vet. Akad. Handl. , Bd. , 12: 1-134, pls. 1-16.

Fontaine W M, 1883. Contributions to the knowledge of the older Mesozoic flora of Virginia. US Geol. Survey Mon. 6: 1-144, pls. 1-54.

Fontaine W M, 1889. The Potomac or younger Mesozoic flora. Monogr. US Geol. Surv. , 15: 1-377, pls. 1-180.

Fox-Strangways C, Barrow G, 1892. The Jurassic Rocks of Britain: 1 Yorkshire. Men. Geol. Surv. UK: 1-551, pls. 1-6.

Frenguelli J, 1943a. Resena critica de los generos atribuidos a la "Serie de Thinnfeldia". Mus. La Plata Rev. , New Ser. , V. 2, Paleontologia, No. 12: 225-342, figs. 1-33.

Frenguelli J, 1943b. Contribuciones al conocimiento du la flora del Gondwana superior enla Argentina. Mus. La Plata Notas, V. 8, Paleontologia, Nos. 57-60: 401-430.

Gao Ruiqi (高瑞祺), Zhang Ying (张莹), Cui Tongcui (崔同翠), 1994. Cretaceous Oil and Gas Strata of Songliao Basin. Beijing: The Petroleum Industry Press: 1-333, pls. 1-22. (in Chinese with English title)

Geinitz H B, Gutbier A, 1848-1849. Die Versteinerungen des Zechsteinehirges und Rothliegenden oder des permischen Systemes in Sachsen: 1-26, pls. 1-8 (1848); 1-31, pls. 1-11 (1849).

Germar E F, Kaulfuss F, 1831. Ueber einige merkwuerdige Pflanzenabdruecke aus der Steinkohlenformation. Nova Acta Leopoldina, V. 15, No. 2: 219-230, pls. 65-66.

Goeppert H R, 1841c-1846. Les genres des plantes fossiles: 1-70, pls. 1-18 (1841); 71-118, pls. 1-18 (1842); 119-154, pls. 1-20 (1846).

Gothan W, 1912. Ueber die Gattung *Thinnfeldia* Ettingshausen. Naturh. Gesell. Nuernberg Abh. , V. 19: 67-80, pls. 13-16.

Gothan W, 1914. Die unter-liassiche (rhatische) flora der Umgegend von Nuernberg Naturh. Gesell. Nuernberg Abh. , V. 19: 1-98, pls. 17-39.

Gothan W, Sze H C (斯行健), 1931. Pflanzenreste aus dem Jura von Chinesisch Turkestan (Provinz Sinkiang). Contributions of National Research Institute Geology, Chinese Academy of Sciences, 1: 33-40, pl. 1.

Grant C W, 1840, Memoir to illustrate a geological map of Cutch. Geol. Soc. London Trans. , Ser. 2, V. 5, Pt. 2: 289-330, pls. 21-26.

Gu Daoyuan (顾道源), 1984. Pteridiophyta and Gymnospermae // Geological Survey of Xinjiang Administrative Bureau of Petroleum, Regional Surveying Team of Xinjiang Geological Bureau (eds). Fossil Atlas of Northwest China, Xinjiang Uygur Autonomous Region: Ⅲ Mesozoic and Cenozoic. Beijing: Geological Publishing House: 134-158, pls. 64-81. (in Chinese)

Gu Daoyuan (顾道源), Hu Yufan (胡雨帆), 1979. On the discovery of *Dictyophyllum-Clath-ropteris flora from "Karroo Rocks"*, *Sinkiang*. Journal of Jianghan Petroleum Institute (1): 1-18, pls. 1,2. (in Chinese with English summary)

Gu Zhiwei (顾知微), Huang Weilong (黄为龙), Chen Deqiong (陈德琼), 1963. "Cretaceous" and Tertiary strata of western Zhejiang. Collections of Academic Reports of All-Nation Congress of Stratigraphy: Western Zhejiang Meeting. Beijing: Science Press: 87-114, pls. 1, 2. (in Chinese)

Halle T G, 1927a. Fossil plants from southwestern China. Palaeontologia Sinica, Series A, 1 (2): 1-26, pls. 1-5.

Halle T G, 1927b. Palaeozoic Plants from central Shansi. Palaeontologia Sinica, Series A, 2 (1): 1-316, pls. 1-64.

Harris T M, 1926. The Rhaetic flora of Scoresby Suond, East Greenland. Medd. Greenland, 68: 45-148.

Harris T M, 1932. The fossil flora of Scoresby Sound, East Greenland: 2. Medd. Greenland, 85 (3): 1-112.

Harris T M, 1935. The fossil flora of Scoresby Sound, East Greenland: 4. Medd. Greenland, 112 (1): 1-176.

Harris T M, 1937. The fossil flora of Scoresby Sound, East Greenland: 5. Medd. Greenland, 112 (2): 1-114.

Harris T M, 1942a. Notes on the Jurassic flora of Yorkshire. Annals and Mag. Nat. History, Ser. 11, V. 9: 568-587.

Harris T M, 1942b. *Wonnacottia*, a new Bennettitalean microsporophyll. Annals Botany, New Ser., V. 6: 577-592.

Harris T M, 1944. Notes on the Jurassic flora of Yorkshire: 13-15. Ann. Mag. Nat. Hist. London (11), 11: 661-690.

Harris T M, 1946. Notes on the Jurassic flora of Yorkshire: 25-27. Ann. Mag. Nat. Hist. London (11), 12: 820-835.

Harris T M, 1947. Notes on the Jurassic flora of Yorkshire: 31-33. Ann. Mag. Nat. Hist. London (11), 13: 392-411.

Harris T M, 1949. Notes on the Jurassic flora of Yorkshire (40-42): 40. *Otozamites anglica* (Seward) n. comb. ; 41. The narrow-leaved *Otozamites* species; 42. *Ptilophyllum hirsutum* Thomas et Bancroft and its differentiation from *P. pecten* (Phillips). Ann. Mag. Nat. Hist., London (12) 2: 275-299, figs. 1-8.

Harris T M, 1952. Notes on the Jurassic flora of Yorkshire (52-54). Annals and Mag. Nat. History, Ser. 12, V. 5: 362-382.

Harris T M. 1953. Notes on the Jurassic flora of Yorkshie (58-60): 58. Bennettitalean scale-leaves; 59. *Williamsonia himas* sp. n. ; 60. *Williamsonia setosa* Nathorst. Ann. Mag. Nat. Hist., London, 6 (12): 33-52, figs. 1-6.

Harris T M, 1964. The Yorkshire Jurassic flora: II. British Museum (Natural History) London: 1-191.

Harris T M, 1969. The Yorkshire Jurassic flora: III. British Museum (Natural History) London: 1-186

He Dechang（何德长）,1987. Fossil plants of some Mesozoic coal-bearing strata from Zhejing, Hubei and Fujiang // Qian Lijun, Bai Qingzhao, Xiong Cunwei, Wu Jingjun, Xu Maoyu, He Dechang, Wang Saiyu (eds). Mesozoic Coal-bearing Strata from South China. Beijing:China Coal Industry Press:1-322, pls. 1-69. (in Chinese)

He Dechang（何德长）, Shen Xiangpeng（沈襄鹏）,1980. Plant fossils // Institute of Geology and Prospect, Chinese Academy of Coal Sciences (ed). Fossils of the Mesozoic Coal-bearing series from Hunan and Jiangxi Provinces:IV. Beijing:China Coal Industry Publishing House:1-49, pls. 1-26. (in Chinese)

He Dechang（何德长）, Zhang Xiuyi（张秀仪）,1993. Some species of coal-forming plants in the seams of the Middle Jurassic in Yima, Henan Province and Ordos Basin. Geoscience,7 (3): 261-265, pls. 1-4. (in Chinese with English summary)

He Yuanliang（何元良）,1983. Plants // Yang Zunyi, Yin Hongfu, Xu Guirong, et al. (eds). Triassic of the South Qilian Mountains. Beijing:Geological Publishing House:38,185-189, pls. 28,29, figs. 4-60,4-61. (in Chinese with English title)

He Yuanliang（何元良）, Wu Xiuyuan（吴秀元）, Wu Xiangwu（吴向午）, Li Pejuan（李佩娟）, Li Haomin（李浩敏）, Guo Shuangxing（郭双兴）,1979. Plants // Nanjing Institute of Geology and Palaeontology, Chinese Academy of Sciences, Qinghai Institute of Geological Sciences (eds). Fossil Atlas of Northwest China:Qinghai:Ⅱ. Beijing:Geological Publishing House: 129-167, pls. 50-82. (in Chinese)

Heer O,1876a. Über permische Pflanzen von Fünfkirchen in Ungarn. Mitt Jahrb König Ungar Geol. Anstalt,5:3-18.

Heer O,1876b. Beiträge zur Jura-flora Ostsibiriens and Amurlandes. Mém Acad. Imp. Sci. St. Pétersb, Sér 7,25 (6):1-122.

Heer O,1878. Miocene flora der Insel Sachalin. Mém. Acad. Imp. Sci. St Pétersb, Sér 7,25 (7):1-61.

Heer O,1883. Die fossile flora der Polarlander,in flora fossilis arctica, Band 7. Zurich:1-275, pls. 48-110.

Hsu J（徐仁）,1948a. On some fragments of bennettitalean "flowers" from the Liling Coal Series of eastern Hunan. 15th Anniversary Paper of the Peking University, Geological Series: 57-68, pls. 1,2, text-figs. 1-5.

Hsu J（徐仁）, Chu C N（朱家枏）, Chen Yeh（陈晔）, Tuan Shuyin（段淑英）, Hu Yufan（胡雨帆）,1975. New genera and species of the Late Triassic plants from Yongren, Yunnan:Ⅱ. Acta Botanica Sinica,17 (1):70-76, pls. 1-6, text-figs. 1,2. (in Chinese with English summary)

Hsu J（徐仁）, Chu C N（朱家枏）, Chen Yeh（陈晔）, Tuan Shuyin（段淑英）, Hu Yufan（胡雨帆）, Chu W C（朱为庆）,1974. New genera and species of Late Traissic plants from Yongjen, Yunnan:I. Acta Botanica Sinica,16 (3):266-278, pls. 1-8, text-figs. 1-5. (in Chinese with English summary)

Hsu J（徐仁）, Chu C N（朱家枏）, Chen Yeh（陈晔）, Tuan Shuyin（段淑英）, Hu Yufan（胡雨帆）, Chu W C（朱为庆）,1979. Late Triassic Baoding Flora, southwestern Sichuan, China. Beijing:Science Press:1-130, pls. 1-75, text-figs. 1-18. (in Chinese)

Hu Shusheng（胡书生）, Mei Meitang（梅美棠）,1993. The Late Mesozoic floral assemblage from the lower coal-bearing member of Chang'an Formation ("Liaoyuan Formation") in Liaoyuan Coal Field. Memoirs of Beijing Natural History Museum (53):320-334,pls. 1,2, figs. 1,2. (in Chinese with English summary)

Hu Yufan (胡雨帆),Gu Daoyuan (顾道源),1987. Plant fossils from the Xiaoquangou Group of the Xinjiang and its flora and age. Botanical Research,2:207-234,pls. 1-5. (in Chinese with English summary)

Hu Yufan (胡雨帆),Tuan Shuying (段淑英),Chen Yeh (陈晔),1974. Plant fossils of the Mesozoic coal-bearing strata of Yaan,Szechuan,and their geological age. Acta Botanica Sinica,16 (2):170-172,pls. 1,2,text-fig. 1. (in Chinese)

Huang Qisheng (黄其胜),1983. The Early Jurassic Xiangshan flora from the Changjiang River Basin in Anhui Province of eastern China. Earth Science:Journal of Wuhan College of Geology (2):25-36,pls. 2-4. (in Chinese with English summary)

Huang Qisheng (黄其胜),1988. Vertical diversities of the Early Jurassic plant fossils in the middle -lower Changjiang River Basin. Geological Review,34 (3):193-202,pls. 1,2,figs. 1-3. (in Chinese with English summary)

Huang Qisheng (黄其胜),1992. Plants // Yin Hongfu,et al. (eds). The Triassic of Qinling Mountains and Neighbouring areas. Wuhan:Press of China University of Geosciences:77-85,174-180,pls. 16-20. (in Chinese with English title)

Huang Qisheng (黄其胜),2001. Early Jurassic flora and paleoenvironment in the Daxian and Kaixian couties,north border of Sichuan Basin,China. Earth Science:Journal of China University of Geosciences,26 (3):221-228. (in Chinese with English summary)

Huang Qisheng (黄其胜),Lu Zongsheng (卢宗盛),1988a. Late Triassic fossil plants from Shuanghuaishu of Lushi County,Henan Province. Professional Papers of Stratigraphy and Palaeontology,20:178-188,pls. 1,2. (in Chinese with English summary)

Huang Qisheng (黄其胜),Lu Zongsheng (卢宗盛),1988b. The Early Jurassic Wuchang flora from southeastern Hubei Province. Earth Science:Journal of China University of Geosciences,13 (5):545-552,pls. 9,10,figs. 1-4. (in Chinese with English summary)

Huang Qisheng (黄其胜),Lu Zongsheng (卢宗盛),Huang Jianyong (黄剑勇),1998. Early Jurassic Linshan flora from Northeast Jiangxi Province,China. Earth Science:Journal of China University of Geosciences,23 (3):219-224,pl. 1,fig. 1. (in Chinese with English summary)

Huang Qisheng (黄其胜),Lu Zongsheng (卢宗盛),Lu Shengmei (鲁胜梅),1996. The Early Jurassic flora and palaeoclimate in northeastern Sichuan,China. Palaeobotanist,45:344-354,pls. 1,2,text-figs. 1,2.

Huang Qisheng (黄其胜),Qi Yue (齐悦),1991. The Early-Middle Majian flora from western Zhejiang Province. Earth Science:Journal of China University of Geosciences,16 (6):599-608,pls. 1,2,figs. 1,2. (in Chinese with English summary)

Huang Zhigao (黄枝高),Zhou Huiqin (周惠琴),1980. Fossil plants // Mesozoic Stratigraphy and Palaeontology from the Basin of Shaanxi,Gansu and Ningxia:Ⅰ. Beijing:Geological Publishing House:43-104,pls. 1-60. (in Chinese)

Ôishi S,1931a. On Fraxinopsis Weiland and Yabeiella Ôishi,gen. nov. Japanese Jour. Geology and Geography,V. 8:259-267,pl. 26.

Ôishi S, 1931b. A new type of fossil cupular organ from the Jido series of Korea. Japanese Jour. Geology and Geography, V. 8:353-356.

Ôishi S, 1932. The Rhaetic plants from the Nariwa district, Prov. Bitchu (Okayama Prefecture), Japan. J. Fac. Sci. Hokkaido Imp. Univ. , 4, 2:257-379.

Ôishi S, 1933. A study on the cuticles of some Mesozoic gymnospermous plants from China and Manchuria. Science Reports of Tohoku University, Series 2, 12 (2):239-252, pls. 36-39.

Ôishi S, 1935. Notes on some fossil plants from Tung-Ning, Province Pinchiang, Manchoukuo. J. Fac. Sci. Hokkaido Imp. Univ. , Series 4, 3 (1):79-95, pls. 6-8, text-figs. 1-8.

Ôishi S, 1940. The Mesozoic Floras of Japan. J. Fac. Sci. Hokkaido Imp. Univ. , 4, 5 (2-4): 123-480.

Ôishi S, 1950. Illustrated catalogue of East Asiatic Fossil Plants. Kyoto:Chigaku-Shiseisha:1-235. (two volumes:text and plates). (in Japanese)

Ôishi S, Yamasite K, 1936. On the fossil Dipteridaceae. Hokkaido Univ. Fac. Sci. Jour. , Ser. 4, V. 3:135-184.

Jaeger G F, 1827. Ueber die Pflanzenversteinerungen welche in dem Bausandstein von Stuttgart vorkommen. Stuttgart:1-46, pls. 1-8.

Johansson N, 1922. *Pterygopteris*, eine neue Farngattung aus dem Raet Schonens. Arkiv Botanik, V. 17, No. 16:1-6, pl. 1.

Ju Kuixiang (鞠魁祥), Lan Shanxian (蓝善先), 1986. The Mesozoic stratigraphy and the discovery of *Lobatannularia* Kaw. in Lvjiashan, Nanjing. Bulletin of the Nanjing Institute of Geology and Mineral Resources:Chinese Academy of Geological Sciences, 7 (2):78-88, pls. 1, 2;figs. 1-5. (in Chinese with English summary)

Ju Kuixiang (鞠魁祥), Lan Shanxian (蓝善先), Li Jinhua (李金华), 1983. Late Triassic plants and bivalves from Fajiatang, Nanjing. Bulletin of the Nanjing Institute of Geology and Mineral Resources:Chinese Academy of Geological Sciences, 4 (4):112-135, pls. 1-4, figs. 1, 2. (in Chinese with English summary)

Kang Ming (康明), Meng Fanshun (孟凡顺), Ren Baoshan (任宝山), Hu Bin (胡斌), Cheng Zhaobin (程昭斌), Li Baoxian (厉宝贤), 1984. Age of the Yima Formation in western Henan and the establishment of the Yangshuzhuang Formation. Journal of Stratigraphy, 8 (4):194-198, pl. 1. (in Chinese with English title)

Kawasaki S, 1926. Addition to the older Mesozoic plants in Korea. Bull. Geol. Surv. Chosen (Korea), Vol. 4, Pt. 2.

Kiangsi and Hunan Coal Exploring Command Post, Ministry of Coal (煤炭部湘赣煤田地质会战指挥部), Nanjing Institute of Geology and Palaeontology, Chinese Academy of Sciences (中国科学院南京地质古生物研究所) (eds), 1968. Fossil Atlas of Mesozoic Coal-bearing Strata in Kiangsi and Hunan Provinces:1-115, pls. 1-47;text-figs. 1-24. (in Chinese)

Kimura T, Sekido S, 1971. The discovery of the cycad-like leaflets with toothed margin from the Lower Cretaceous Itoshiro Subgroup, the Tetori Group, Central Honshu. Japan. Ibid. , No. 84:190-195, pl. 24.

Kimura T (木村), Ohana T (大花), Zhao Liming (赵立明), Geng Baoyin (耿宝印), 1994. *Pankuangia haifanggouensis* gen. et sp. nov. :a fossil plant with unknown affinity from the Middle Jurassic Haifanggou Formation, western Liaoning, Northeast China. Bulletin of

Kitakyushu Museum of Natural History,1994,13:255-261,figs. 1-8. (in English)

Kipariaova L S,Markovski B P,Radchenko G P (eds),1956. Novye semeistvaI rody,Materialy po paleontologii (new families and genera,records of paleontology):Ministerstvo Geologii:I Okhrany Nedr,SSSR. Vses. NauchnoIssled. Geol. Inst. (VSEGEI),Paleontologiia,New Ser. ,No. 12:1-266,pls. 1-43.

Koiwai K 1927. On the occurrence of a new species of*Neuropteridium* in Korea and its Geological Significance. Sci. Rep. ,Tohoku Imp. Univ. ,XI,I.

Krasser F,1906. Fossile Pflanzen aus Transbaikalien,der Mongolei und Mandschurei. Denkschriften der Könglische Akadedmie der Wissenschaften,Wien. Mathematik-Naturkunde Classe,78:589-633,pls. 1-4.

Kryshtofovich A N,1910. Jurassic Plants from Ussuriland. Mem. Com. Geol. St. Petersbourg,Livr. 56.

Kryshtofovich A N,1924. Remains of Jurassic plants from Pataoho,Manchuria. Bulletin of Geological Society of China,3 (1):105-108.

Kryshtofovich A N,Prinada V,1933. Contribution To the Rhaeto-Liassic flora of the Cheliabinsk Brown Coal Basin,eastern Urals:United Geol. Prosp. Service USSR. Trans. ,Pt. 336.

Kryshtofovich A N. Prynada V,1932. Contribution to the Mesozoic flora of the Ussriland. Bull. Geol. Prosp. Serv. USSR,Moscow,51:363-373.

Leckenby J,1864. On the sandstone and shales of the oolites of Scarborough,with descriptions of some new species of fossil plants. Geol. Soc. London Quart. Jour. ,V. 20:74-82,pls. 8-11.

Lee H H (李星学),1954a. On the occurrence of *Zamiophyllum* from the Wutsunpu Formation in eastern Gansu (Kansu),China. Acta Palaeontologica Sinica,2 (4):439-446,pl. 1. (in Chinese and English)

Lee H H (李星学),1956. Index Plant Fossils of the Main Coal-bearing Deposits of China. Beijing:Science Press:1-23,pls. 1-6. (in Chinese)

Lee H H (李星学),Ho Yen (何炎),Ho Techang (何德长),Xu Fuxiang (徐福祥),1963. Upper Palaeozoic and Lower Mesozoic strata of western Zhejiang:Collections of Academic Reports of All-Nation Congress of Stratigraphy Western Zhejiang Meeting. Beijing:Science Press:57-86,pls. 1-4. (in Chinese)

Lee H H (李星学),Lee P C (李佩娟),Chow T Y (周志炎),Guo S H (郭双兴),1964. Plants //Wang Y (ed). Handbook of Index Fossils of South China. Beijing:Science Press:21-25,81,82,87,88,91,114-117,123-125,128-131,134-136,139,140. (in Chinese)

Lee H H (李星学),Wang S (王水),Lee P C (李佩娟),Chang S J (张善桢),Yeh Meina (叶美娜),Guo S H (郭双兴),Tsao Chengyao (曹正尧),1963. Plants//Chao K K (ed). Handbook of Index Fossils in Northwest China. Beijing:Science Press:73,74,85-87,97,98,107-110,121-123,125-131,133-136,143,144,150-155. (in Chinese)

Lee H H (李星学),Wang S (王水),Lee P C (李佩娟),Chow T Y (周志炎),1962. Plants//Wang Y (ed). Handbook of Index Fossils in Changjiang River Basin. Beijing:Science Press:20-23,77,78,89,96-98,103,104,125-127,134-137,146-148,150-154,156-158. (in Chinese)

Lee P C (李佩娟), 1963. Plants // The 3rd Laboratory, Academy of Geological Sciences, Ministry of Geology (ed). Fossil Atlas of Chinling Mountains. Beijing: Industry Press: 112-130, pls. 42-59. (in Chinese)

Lee P C (李佩娟), 1964. Fossil plants from the Hsuchiaho Series of Guangyuan (Kwangyuan), northern Sichuan (Szechuan). Memoirs of Institute Geology and Palaeontology, Chinese Academy of Sciences, 3: 101-178, pls. 1-20, text-figs. 1-10. (in Chinese with English summary)

Lee P C (李佩娟), Tsao Chenyao (曹正尧), Wu Shunching (吴舜卿), 1976. Mesozoic plants from Yunnan // Nanjing Institute of Geology and Palaeontology, Chinese Academy of Sciences (ed). Mesozoic Plants from Yunnan: Ⅰ. Beijing: Science Press: 87-150, pls. 1-47, text-figs. 1-3. (in Chinese)

Lee P C (李佩娟), Wu Shunching (吴舜卿), Li Baoxian (厉宝贤), 1974a. Triassic plants // Nanjing Institute of Geology and Palaeontology, Chinese Academy of Sciences (ed). Handbook of Stratigraphy and Palaeontology in Southwest China. Beijing: Science Press: 354-362, pls. 185-194. (in Chinese)

Lee P C (李佩娟), Wu Shunching (吴舜卿), Li Baoxian (厉宝贤), 1974b. Early Jurassic plants // Nanjing Institute of Geology and Palaeontology, Chinese Academy of Sciences (ed). Handbook of Stratigraphy and Palaeontology in Southwest China. Beijing: Science Press: 376, 377, pls. 200-202. (in Chinese)

Lesquereux L, 1878. On the *Cordites* and their related generic divisions in the Carboniferous formation of the United States. Proc. Amer. Phil. Soc. Philadephia. , 17: 315-355.

Lesquereux L, 1880. Description of the coal flora of the Carboniferous formation in Pennsylvania and throughout the United States. Pennsylvania 2d Geol. Survey Rept. Progress P, V. 1: 1-354; V. 2: 355-694, pl. 86 opposite p. 544, pl. 87 opposite p. 560; Atlas, 1879, pls. 1-85.

Li Baoxian (厉宝贤), Hu Bin (胡斌), 1984. Fossil plants from the Yongdingzhuang Formation of the Datong Coal Field, northern Shanxi. Acta Palaeontologica Sinica, 23 (2): 135-147, pls. 1-4. (in Chinese with English summary)

Li Chengsen (李承森), Cui Jinzhong (崔金钟) (eds), 1995. Atlas of Fossil Plant Anatomy in China. Beijing: Science Press: 1-132, pls. 1-117.

Li Jieru (李杰儒), 1983. Middle Jurassic flora from Houfulongshan region of Jingxi, Liaoning. Bulletin of Geological Society of Liaoning Province, China (1): 15-29, pls. 1-4. (in Chinese with English summary)

Li Jieru (李杰儒), 1985. Discovery of *Chiaohoella* and *Acanthopteris* from eastern Liaoning and their significance. Liaoning Geology (3): 201-208, pls. 1, 2. (in Chinese with English summary)

Li Jieru (李杰儒), 1992. New discovery of plant fossils from the Pulandian Formation. Liaoning Geology (4): 343-352, pls. 1-3, fig. 1. (in Chinese with English summary)

Li Jie (李洁), Zhen Baosheng (甄保生), Sun Ge (孙革), 1991. First discovery of Late Triassic florule in Wusitentag-Karamiran area of Kulun Mountain of Xinjiang. Xinjiang Geology, 9 (1): 50-58, pls. 1, 2. (in Chinese with English summary)

Li Nan (李楠), Fu Xiaoping (傅晓平), Zhang Wu (张武), Zheng Shaolin (郑少林), Cao Yu (曹雨), 2005. A new genus of Cycadalean plants from the Early Triassic of western Liaoning,China:*Mediocycas* gen. nov. and its evolutional significance. Acta Palaeontologica Sinica,44（3）:423-434.（in Chinese with English summary）

Li Nan（李楠）,Li Yong（李勇）,Wang Lixia（王丽霞）,Zheng Shaolin（郑少林）,Zhang Wu（张武）,2004. A new species of Weltrichia Braun in North China with a special Bennettitalean Male reprodoctive Organ. Acta Botanica Sinica,46（11）:1269-1275.（in English with Chinese summary）

Lindley J,Hutton W,1831-1837. The fossil flora of Great Britain,or figures and desciptions of the vegetable remains found in a fossil state in this country. V. 1:1-48,pls. 1-14（1831）;49-166,pls. 15-49（1832）;167-218,pls. 50-79（1833a）;V. 2:1-54,pls. 80-99（1833b）;57-156,pls. 100-137（1834）;157-206,pls. 138-156（1835）;V. 3:1-72,pls. 157-176（1835）;73-122,pls. 177-194（1836）;123-205,pls. 195-230（1837）.

Li Peijuan（李佩娟）,1982. Early Cretaceous plants from the Tuoni Formation of eastern Tibet // Regional Geological Surveying Team,Bureau of Geology and Mineral Resources of Sichuan Province,Nanjing Institute of Geology and Palaeontology,Chinese Academy of Sciences（eds）. Stratigraphy and Palaeontology in W Sichuan and eastern Tibet,China（2）. Chengdu:People's Publishing House of Sichuan:71-105,pls. 1-14,figs. 1-5.（in Chinese with English summary）

Li Peijuan（李佩娟）,He Yuanliang（何元良）,1986. Late Triassic plants from Mt. Burhan Budai,Qinghai // Qinghai Institute of Geological Sciences,Nanjing Institute of Geology and Palaeontology,Chinese Academy of Sciences（eds）. Carboniferous and Triassic Strata and Fossils from the Southern Slope of Mt. Burhan Budai,Qinghai,China. Hefei:Anhui Science and Technology Publishing House:275-293,pls. 1-10.（in Chinese with English summary）

Li Peijuan（李佩娟）,He Yuanliang（何元良）,Wu Xiangwu（吴向午）,Mei Shengwu（梅盛吴）,Li Bing you（李炳胡）,1988. Early and Middle Jurassic Strata and Their Floras from Northeastern Border of Qaidam Basin,Qinghai. Nanjing:Nanjing University Press:1-231,pls. 1-140,text-figs. 1-24.（in Chinese with English summary）

Li Peijuan（李佩娟）,Mei Shengwu（梅盛吴）,1991. A new species of *Desmiophyllum*. Acta Palaeontologica Sinica,30（1）:100-105,pls. 1-3,text-figs. 1,2.（in Chinese with English summary）

Li Peijuan（李佩娟）,Wu Xiangwu（吴向午）,1982. Fossil plants from the Late Triassic Lamaya Formation of western Sichuan // Regional Geological Surveying Team,Bureau of Geology and Mineral Resources of Sichuan Province,Nanjing Institute of Geology and Palaeontology,Chinese Academy of Sciences（eds）. Stratigraphy and Palaeontology in W Sichuan and eastern Tibet,China（2）. Chengdu:People's Publishing House of Sichuan:29-70,pls. 1-22.（in Chinese with English summary）

Li Peijuan（李佩娟）,Wu Yimin（吴一民）,1991. A study of Lower Cretaceous fossil plants from Gerze,western Tibet // Sun Dongli,Xu Juntao,et al.（eds）. Stratigraphy and Palaeontology of Permian,Jurassic and Cretaceous from the Rutong Region,Tibet. Nanjing:Nanjing University Press:276-294,pls. 1-11,figs. 1-5.（in Chinese with English summary）

Liu Maoqiang（刘茂强）,Mi Jiarong（米家榕）,1981. A discussion on the geological age of the flora and its underlying volcanic rocks of Early Jurassic Epoch near Linjiang,Jilin Province. Journal of the Changchun Geological Institute（3）:18-39,pls. 1-3,figs. 1,2.（in Chinese with English title)

Liu Mingwei (刘明渭), 1990. Plants of Laiyang Formation // Regional Geological Surveying Team, Shandong Bureau of Geology and Mineral Resources (ed). The Stratigraphy and Palaeontology of Laiyang Basin, Shandong Province. Beijing: Geological Publishing House: 196-210, pls. 31-34. (in Chinese with English summary)

Liu Yusheng (刘裕生), Guo Shuangxing (郭双兴), Ferguson D K, 1996. A catalogue of Cenozoic megafossil plants in China. Palaeontographica, B. , 238: 141-179. (in English)

Liu Zijin (刘子进), 1982a. Vegetable kingdom // Xi'an Institute of Geology and Mineral Resources (ed). Paleontological atlas of Northwest China, Shaanxi, Gansu Ningxia Volume: Ⅲ Mesozoic and Cenozoic. Beijing: Geological Publishing House: 116-139, pls. 56-75. (in Chinese with English title)

Liu Zijin (刘子进), 1988. Plant fossil from the Zhidan Group between Huating and Longxian, southwestern part of Ordos Basin. Bulletin of the Xi'an Institute of Geology and Mineral Resources, Chinese Academy of Geological Sciences, 24: 91-100, pls. 1, 2. (in Chinese with English summary)

Liu Zijin (刘子进), Liu Shuntang (刘顺堂), Hong Youchong (洪友崇), 1985. Discovery and studing of the Triassic fauna and flora from the Niangniangmiao in Longxian, Shaanxi. Bulletin of the Xi'an Institute of Geology and Mineral Resources, Chinese Academy of Geological Sciences, 10: 105-120, pls. 1-3, figs. 1-4. (in Chinese with English summary)

Li Weirong (李蔚荣), Liu Maoqiang 刘茂强), Yu Tingxiang (于庭相), Yuan Fusheng (袁福盛), 1986. On the Jurassic Longzhaogou Group in the East of Heilongjiang Province. Ministry of Geology and Mineral Resources, Geological Memoirs, People's Republic of China, Series 2, Number 5: 1-59, pls. 1-13, figs. 1-9. (in Chinese with English summary)

Li Xingxue (李星学) (editor-in-chief), 1995a. Fossil Floras of China Through the Geological Ages. Guangzhou: Guangdong Science and Technology Press: 1-542, pls. 1-144. (in Chinese)

Li Xingxue (李星学) (editor-in-chief), 1995b. Fossil Floras of China Through the Geological Ages. Guangzhou: Guangdong Science and Technology Press: 1-695, pls. 1-144. (in English)

Li Xingxue (李星学), Yao Zhaoqi (姚兆奇), 1983. Current studies of gigantopterids. Palaeotologia Cathayana, 1: 319-326, text-fig. 1.

Li Xingxue (李星学), Ye Meina (叶美娜), 1980. Middle-late Early Cretacous floras from Jilin, Northeast China. Paper for the 1st Conf. IOP London & Reading, 1980. Nanjing Institute Geology Palaeontology Chenese Academy of Sinica. Nanjing, 1-13, pls. 1-5.

Li Xingxue (李星学), Ye Meina (叶美娜), Zhou Zhiyan (周志炎), 1986. Late Early Cretaceous flora from Shansong, Jiaohe, Jilin Province, Northeast China. Palaeontologia Cathayana, 3: 1-53, pls. 1-45, text-figs. 1-12.

Lundblad A B, 1961. Harrisiothecium Nomen Novum: Taxon, V. 10, p. 23-24.

Mathews G B, 1947-1948. On some fructifications from the Shuantsuang Series in the Western Hill of Peking. Bulletin of National History Peking, 16 (3, 4): 239-241.

Matuzawa I, 1939. Fossil flora from the Peipiao Coal Field, Manchoukuo and its geological age. Reports of first sciencific expedition to Manchoukuo, Section 2 (4): 1-16, pls. 1-7.

McCoy F,1874-1876. Prodromus of the paleontology of Victoria,or figures and descriptions of Victorian organic remains. Victoria Geol. Survey,Decade 1:1-43,pls. 1-10 (1874);Decade 2:1-37,pls. 9-20 (1875);Decade 4:1-32,pls. 31-40 (1876).

Medlicott H B,Blanford W T,1879. A manual of the geology of India chiefly compiled from the observations of the Geological Survey. Calcutta,V. 1:1-444;V. 2:445-817.

Mei Meitang (梅美棠),Tian Baolin (田宝霖),Chen Ye (陈晔),Duan Shuying (段淑英), 1988. Floras of Coal-bearing Strata from China. Xuzhou:China University of Mining and Technology Publishing House:1-327,pls. 1-60. (in Chinese with English summary)

Meng Fansong (孟繁松),1981. Fossil plants of the Lingxiang Group of southeastern Hubei and their implications. Bulletin of the Yichang Institute of Geology and Mineral Resources, Chinese Academy of Geological Sciences,1981 (special issue of stratigraphy and paleontology):98-105,pls. 1,2,fig. 1. (in Chinese with English summary)

Meng Fansong (孟繁松),1982. Some fossil plants of *Thinnfeldia* from the Jiuligang Formation in Jingmen-Dangyang Basin,western Hubei. Acta Botanica Sinica,24 (6):581-585,pls. 1,2. (in Chinese with English summary)

Meng Fansong (孟繁松),1983. New materials of fossil plants from the Jiuligang Formation of Jingmen-Dangyang Basin,western Hubei. Professional Papers of Stratigraphy and Palaeontology,10:223-238. (in Chinese with English summary)

Meng Fansong (孟繁松),1984a. Some fossil plants from Early Jurassic in western Hubei with the relative problem between fossil plants and coal-bearing. Acta Botanica Sinica,26 (1): 99-104,pls. 1,2. (in Chinese with English summary)

Meng Fansong (孟繁松),1984b. Some Mesozoic *Zamites* from western Hubei. Bulletin of the Yichang Institute of Geology and Mineral Resources,Chinese Academy of Geological Sciences,8:53-59,pls. 1-3. (in Chinese with English summary)

Meng Fansong (孟繁松),1985a. A study on *Sphenozamites* from Jingmen-Dangyang Basin, western Hubei. Bulletin of the Yichang Institute of Geology and Mineral Resources,Chinese Academy of Geolo gical Sciences,10:25-31,pls. 1,2. (in Chinese with English summary)

Meng Fansong (孟繁松),1986. Two new species of Late Triassic plants from western Hubei. Acta Palaeontologica Sinica,25 (2):215-218,pls. 1,2. (in Chinese with English summary)

Meng Fansong (孟繁松),1987. Fossil plants // Yichang Institute of Geology and Mineral Resources,CAGS (ed). Biostratigraphy of the Yangtze Gorges area (4):Triassic and Jurassic. Beijing:Geological Publishing House:239-257,pls. 24-37,text-figs. 18-20. (in Chinese with English summary)

Meng Fansong (孟繁松),1990a. New observation on the age of the Lingwen Group in Hainan Island. Guangdong Geology,5 (1):62-68,pl. 1. (in Chinese with English summary)

Meng Fansong (孟繁松),1990b. Some pteridosperms from western Hubei in Late Triassic and their evolutionary tendency. Acta Botanica Sinica,32 (4):317-322,pls. 1,2,fig. 1. (in Chinese with English summary)

Meng Fansong (孟繁松),1991. Sequence of Triassic plant assemblages in western Hubei with notes on some new species. Bulletin of the Yichang Institute of Geology and Mineral Resources,Chinese Academy of Geological Sciences,17:69-77,pls. 1,2. (in Chinese with English summary)

Meng Fansong (孟繁松),1992a. New genus and species of fossil plants from Jiuligang Formation in western Hubei. Acta Palaeontologica Sinica,31（6）:703-707,pls. 1-3.（in Chinese with English summary）

Meng Fansong (孟繁松),1992b. Plants of Triassic System // Wang Xiaofeng, Ma Daquan, Jiang Dahai (eds). Geology of Hainan Island:I Stratigraphy and palaeontology. Beijing: Geological Publishing House:175-182,pls. 1-8,text-figs. Ⅷ1,Ⅷ2.（in Chinese）

Meng Fansong (孟繁松),1996a. Floral palaeoecological environment of the Badong Formation in the Changjiang River Basin. Geology and Mineral Resources of South China（4）:1-13,pl. 1,figs. 1-5.（in Chinese with English summary）

Meng Fansong (孟繁松),1996b. Middle Triassic Iycopsid flora of South China and its palaeo-ecological significance. Palaeobotanist,45:334-343,pls. 1-4,text-figs. 1,2.

Meng Fansong (孟繁松),1999b. Middle Jurassic fossil plants in the Yangtze Gorges area of China and their paleoclimatic environment. Geology and Mineral Resources of South China（3）:19-26,pl. 1,figs. 1,2.（in Chinese with English summary）

Meng Fansong (孟繁松),Chen Dayou (陈大友),1997. Fossil plants and palaeoclimatic environment from the Ziliujing Formation in the western Changjiang River Basin,China. Geology and Mineral Resources of South China（1）:51-59,pls. 1,2.（in Chinese with English summary）

Meng Fansong (孟繁松),Li Xubing (李旭兵),Chen Huiming (陈辉明),2003. Fossil plants from Dongyuemiao Member of the Ziliujing Formation and Lower-Middle Jurassic boundary in Sichuan Basin,China. Acta Palaeontologica Sinica,42（4）:525-536,pls. 1-4,text-figs. 1-2.（in Chinese with English summary）

Meng Fansong (孟繁松),Wang Xiaofeng (汪啸风),Chen Xiaohong (陈孝红),Chen Huiming (陈辉明),Zhang Zhenlai (张振来),Xu Guanghong (徐光洪),Chen Lide (陈立德),Wang Chuanshang (王传尚),Sun Yali (孙亚莉),2002. Discovery of fossil plants from Guanling biota in Guizhou and its significances. Journal of Stratigraphy,26（3）:170-172,pls. 1,2,fig. 1.（in Chinese with English summary）

Meng Fansong (孟繁松),Xu Anwu (徐安武),Zhang Zhenlai (张振来),Lin Jinming (林金明),Yao Huazhou (姚华舟),1995. Nonmarine biota and sedimentary facies of the Badong Formation in the Changjiang and its neighbouring areas. Wuhan:Press of China University of Geosciences:1-76,pls. 1-20,figs. 1-18.（in Chinese with English summary）

Meng Fansong (孟繁松),Zhang Zhenlai (张振来),Niu Zhijun (牛志军),Chen Dayou (陈大友),2000. Primitive Iycopsid Flora in the Changjiang River Basin of China and Systematics and Evolution of Isoetales. Changsha:Hunan Science and Technology Press:1-107,pls. 1-20,figs. 1-23.（in Chinese with English summary）

Meng Fansong (孟繁松),Zhang Zhenlai (张振来),Xu Guanghong (徐光洪),2002. Jurassic // Wang Xiaofeng,et al. Protection of Precise Geological Remains in the Yangtze Gorges area, Cina with the Study of the Archean-Mesozoic Multiple Stratigraphic Subdivision and Sea-level Change. Beijing:Geological Publishing House:291-317.（in Chinese with English title）

Mi Jiarong (米家榕),Sun Chunlin (孙春林),1985. Late Triassic fossil plants from the vicinity of Shuangyang-Panshi,Jilin. Journal of the Changchun Geological Institute（3）:1-8,pls. 1,

2, figs. 1-4. (in Chinese with English summary)

Mi Jiarong (米家榕), Sun Chunlin (孙春林), Sun Yuewu (孙跃武), Cui Shangsen (崔尚森), Ai Yongliang (艾永亮), et al., 1996. Early-Middle Jurassic Phytoecology and Coal-accumulating Environments in Northern Hebei and Western Liaoning. Beijing: Geological Publishing House: 1-169, pls. 1-39, text-figs. 1-20. (in Chinese with English summary)

Mi Jiarong (米家榕), Zhang Chuanbo (张川波), Sun Chunlin (孙春林), Luo Guichang (罗桂昌), Sun Yuewu (孙跃武), et al., 1993. Late Triassic Stratigraphy, Palaeontology and Paleogeography of the Northern Part of the Circum Pacific Belt, China. Beijing: Science Press: 1-219, pls. 1-66, text-figs. 1-47. (in Chinese with English title)

Mi Jiarong (米家榕), Zhang Chuanbo (张川波), Sun Chunlin (孙春林), Yao Chunqing (姚春青), 1984. On the characteristics and the geologic age of the Xingshikou Formation in the West Hill of Beijing. Acta Geologica Sinica, 58 (4): 273-283, fig. 1. (in Chinese with English summary)

Miki S, 1964. Mesozoic flora of *Lycoptera* Bed in South Manchuria. Bulletin of Mukogawa Women's University (12): 13-22. (in Japanese with English summary)

Miquel F A W, 1851a. De quibusdam plantis fossilibus. Wiss. Natuurk. Wetensch., Amsterdam, Tijdschr., V. 4: 265-269.

Miquel F A W, 1851b. Over de rangschikking der fossiele Cycadeae. Wiss. Natuurk. Wetensch., Amsterdam, Tijdschr., V. 4: 205-227.

Morris J, 1841. Remarks upon the recent and fossil cycadeae. Annals and Mag. Nat. History, Ser. 1, V. 7: 110-120.

Morris J, 1843. A catalogue of British fossils, comprising all the genera and species hitherto described, with references to their geological distribution and to the localities in which they have been found. London: 1-222.

Muenster G G, 1839-1943. Beitraege zur Petrefacten-Kunde. Pt. 1: 1-125, pls. 1-18 (1839); Pt. 5: 1-131, pls. 1-15 (1842); Pt. 6.: 1-100, pls. 1-13 (1843).

Nathorst A G, 1875. Fossila vaexter fran den stenkolsfoerande formationen vid Palsjoel Skane. Geol. Foeren. Stockholm Foerh., V. 2: 373-392.

Nathorst A G, 1876. Bidrag till Sveriges fossila flora. Kgl. Svenska Vetenskapsakad. Handlingar, V. 14: 1-82, pls. 1-16.

Nathorst A G, 1878a. Om floran Skaenes Kolfoerande Bildningar: 1   Floran vid Bjuf. Sveriges Geol. Undersoekning, No. 27: 1-52, pls. 1-9.

Nathorst A G, 1878b. Bidrag till Sveriges, fossila flora: 2. Floran, vid Hogans och Helsingborg. Kgl. Svenska Vetenskapsakad. Handlingar, V. 16: 1-53, pls. 1-8.

Nathorst A G, 1878c. Beitraege zur fossilen Flora schwedens-Ueber einige rhaetische Pflanzen von Palsjoe in Schonen. Stuttgart: 1-34, pls. 1-16.

Nathorst A G, 1881. Nagra Anmarkningar om *Williamsonia*, Carruthers. Ofvers. K. Vetensk Akad. Foerh., Stockholm, 37, 9: 33-51, pls. 7-10.

Nathorst A G, 1886. Om Floran Skånes kolförande Bildningar. Floran vid Bjuf. Tredje (sista) haftet. Sver. Geol. Unders, 85: 83-131.

Nathorst A G, 1890. Beitraege zur Mesozoischen Flora Japan's. Kgl. Akad. Wiss. Wien Denkschr., V. 57: 43-60, pls. 1-6.

Nathorst A G, 1907. Palaeobotanische Mitteilungen: 1, 2. Kgl. Svenska Vetenskapsakad. Handlingar, V. 42, No. 5:1-16, pls. 1-3.

Nathorst A G, 1909a. Palaeobotanische Mitteilungen: 8. Kgl. Svenska Vetenskapsakad. Handlingar, V. 45, No. 4:1-37, pls. 1-8.

Nathorst A G, 1909b. Ueber die Gattung Nilssonia Brongn. Mit besonderer beruecksichtigung schwedischer Arten. Kgl. Svenska Vetenskapsakad. Handlingar, V. 43, No. 12:1-40, pls. 1-8.

Newberry J S, 1867 (1865). Description of fossil plants from the Chinese coal-bearing rocks // Pumpelly R (ed). Geological Researches in China, Mongolia and Japan During the Years 1862-1865. Smithsonian Contributions to Knowledge (Washington), 15 (202): 119-123, pl. 9.

Ngo C K (敖振宽), 1956. Preliminary notes on the Rhaetic flora from Siaoping Coal Series of-Guangdong (Kwangtung). Journal of Central-South Institute of Mining and Metallurgy (1):18-32, pls. 1-7, text-figs. 1-4. (in Chinese)

Oldham T, Morris J, 1863. The fossil flora of the Rajmahal Series, Rajmahal Hilis, Bengal. Palaeont. indica. Calcutta (2) 1, 2:1-52, pls. 1-36.

Ouyang Shu (欧阳舒), Li Zaiping (李再平), 1980. Microflora from the Kayitou Formation of Fuyuan district, eatern Yunnan and its bearing on stratigraphy and and palaeobotany // Nanjing Institute Geology and Palaeontology, Chinese Academy of Sciences (ed). Stratigraphy and Palaeontology of the Upper Premian Coal Measures of western Guizhou and eastern Yunnan. Beijing: Science Press:123-183, pls. 1-7. (in Chinese)

Palaeozoic plants from China Writing Group of Nanjing Institute of Geology and Palaeontology, Institute of Botany, Chinese Academy of Sciences (Gu et Zhi), 1974. Palaeozoic Plants from China. Beijing: Science Press:1-226, pls. 1-130, text-figs. 1-142. (in Chinese)

P'an C H (潘钟祥), 1936. Older Mesozoic plants from North Shensi. Palaeontologia Sinica, Series A, 4 (2):1-49, pls. 1-15.

Pan Guang (潘广), 1983. Notes on the Jurassic precursors of angiosperms from Yan-Liao region of North China and the origin of angiosperms. A Monthly Journal of Science (Kexue Tongbao), 28 (24):1520. (in Chinese)

Pan Guang (潘广), 1984. Notes on the Jurassic precursors of angiosperms from Yan-Liao region of North China and the origin of angiosperms. A Monthly Journal of Science (Kexue Tongbao), 29 (7):958-959. (in English)

Phillips J, 1829. Illustration of the Geology of Yorkshire, or a Description of the Strata and Organic Remains of the Yorkshire Coast. York: Thomas Wilson and Sons:1-192.

Phillips J, 1875. Illustrations of the geology of Yorkshire:1 The Yorkshire Coast. 3d ed. London:1-354.

Prynada V D, 1934. Mesozoic plants from Pamir, Tadzhik Comples Exped. (1932). Akad. Nauk SSSR, V. 9:1-100, pls. 1-10.

Prynada V D, 1938. Contribution to the knowledge of the Mesozoic flora from the Kolyma Basin. Contribution to the knowledge of the Kolyma-Indighirka Land, Ser. Geol. Geomorphol., 13:1-67.

Qian Lijun (钱丽君), Bai Qingzhao (白清昭), Xiong Cunwei (熊存卫), Wu Jingjun (吴景均), He Dechang (何德长), Zhang Xinmin (张新民), Xu Maoyu (徐茂钰), 1987a. Jurassic coal-bearing strata and the characteristics of coal accumlation from northern Shaanxi. Xi'an: Northwest University Press:1-202,pls. 1-56,text-figs. 1-31. (in Chinese)

Raciborski M, 1894. Flora kopalna ogniotrwalych glinek Krakowshich. Akad. Umbiejet. Whdzialu Matematyczno-przyrodniczego,Pam. ,18:141-243,pls. 6-27.

Radchenko G P, 1960a. Novye rannekamennougol'nye plaunovidnye Iuzhnoi Sibiri. VSEGEI Novye vidy drevnikh rastenii I bespozvonochnykh SSSR,Pt. 1:15-28,pls. 3-6.

Radchenko G P,1960b. Novyi RasteniiI Bespozvonochykh SSSR,Pt. 1:45-49.

Ren Shouqin (任守勤), Chen Fen (陈芬), 1989. Fossil plants from Early Cretaceous Damoguaihe Formation in Wujiu Coal Basin, Hailar, Inner Mongolia. Acta Palaeontologica Sinica, 28 (5):634-641,pls. 1-3,text-figs. 1,2. (in Chinese with English summary)

Sahni B,1932. *Homoxylon rajmahalense*,gen. et sp. nov. ,a fossil angiospermous wood,devoid of vessels,from the Rajmahal Hills,Behar. India Geol. Survey Mem. 2,Paleontologia Indica,New Ser. ,20:1-19,pls. 1,2.

Samylina V A,1956. Leaf epidermal structure of the genus *Sphenobaiera*. Dokl Akad. Nauk SSSR,106 (3):537-539.

Samylina V A,1961. New data on the Lower Cretaceous Flora of the southern part of the Maritime Territory of the RSFSR. Bot. Zh. ,Moscow,46:634-645,pls. 1-5.

Samylina V A,1964. The Mesozoic flora of the area to the west of the Kolyma River (the Zyrianka Coal Basin):1 Equisetales,Filicales,Cycadales,Bennettitales. Paleobotanica (Akad. Nauk SSSR,Bot. Inst. Trudy,Ser. 8),No. 5:39-79. .

Saporta G, 1872a-1873b. Paleeontologie francaise ou description des fossiles de la France. Plantes Jurassiques, Paris: V. 1 Algues, equisetaceees, characeees, fougeeres: 1-432 (1872a),433-506 (1873a),Atlas,pls. 1-60 (1872b),pls. 61-70 (1873b).

Saporta G,1872c. Sur une determination plus precise de certains genres de conifeeres jurassiques par l'observation de leurs fruits. Acad. Sci. Comptes Rendus,V. 74:1053-1056.

Saporta G de,1873-1875. Paléontologie francaise ou description des fossiles de la France (2 Végétaux). Plantes Jurassiques,Paris:Ⅰ:1-506;Ⅱ:1-52.

Schenk A,1865b-1867. Die fossile Flora der grenzschichten des Keupers und Lias Frankens. Wiesbaden,Pt. 1-9:Pt. 1 (1865):1-32, pls. 1-5;pts. 2,3 (1866):33-96, pls. 6-15;Pt. 4 (1867):97-128,pls. 16-20;Pts. 5,6 (1867):129-192,pls. 21-30;Pts. 7-9 (1867):193-231, pls. 31-45.

Schenk A,1867. Die fossile flora der Grenschichten des Keuper und Lias Frankens. Wiesbaden:Kreidel Verlag:1-232

Schenk A,1869. Beitraege zue flora vorwelt. Palaeontographica,V. 19:1-34,pls. 1-7.

Schenk A,1871. Beitraege zue Flora vorwelt:Die flora der nordwestdeutschen Wealden-formation. Palaeontographica,V. 19:203-266,pls. 22-43.

Schenk A, 1875-1876. Zur Flora der nordwestdeutschen Wealden-formation. Palaeontogr. Bd. 23.

Schenk A,1883. Pflanzliche Versteinerungen. Pflanzen der Jura-formation // Richthofen F. China:Ⅳ. Berlin:245-267,Taf. 46-54.

Schenk A,1885. Die während der Reise des Grafen Bela Szechenyi in China gesammelten fossilen Pflanzen. Palaeontographica,31 (3):163-182,pls. 13-15.

Schenk A,1887. Fossile Pflanzen aus der Albourskette. Bibliotheca Botanica,No. 6:1-12,pls. 1-9.

Schimper W P,1869-1874. Traité de Paléontology Végétale ou la flore du monde primitif:Paris,J. B. Baillieere et Fils,V. 1:1-74,pls. 1-56 (1869); V. 2:1-522,pls. 57-84 (1870);523-698,pls. 85-94 (1872); V. 3:1-896,pls. 95-110 (1874).

Schimper W P,1870 (1870-1873). Traité dePaléontology Végétale:2. Paris,J. B. Bailliére et Fils. 1-968.

Schimper W P,Mougeot A,1844. Monographie des Plantes fossils du Grés Bigarré de la Chaine des Vosges. Leipzig:1-83.

Schmalhausen J,1879. Beiträge zue Jura-flora Russlands. Acad. Imp. Sci. St. -Pétersbourg Mém. ,V. 27:1-96,pls. 1-16.

Seward A C,1894a. Catalogue of the Mesozoic plants in the Department of Geology,British Museum Natural History:The Wealden Flora:Part 1   Thallophyta-Pteridophyta. British Mus. (Nat. History):1-179,pls. 1-10.

Seward A C,1895. Catalogue of the Mesozoic plants in the Department of Geology,British Museum:The Wealden Flora:Part 2   Gymnospermate. British Mus. (Nat. History):1-259, pls. 1-20.

Seward A C,1900. Catalogue of the Mesozoic plants in the British Museum:The Jurassic Flora:Part 1   The Yorkshire Coast. British Mus. (Nat. History):1-341,pls. 1-21.

Seward A C,1911a. New genus of fossil plants from the Stormberg series of Cape Colony:Geol. Mag. ,Decade 5,V. 8:298-299,pl. 14.

Seward A C,1911b. The Jurassic flora of Sutherland. Royal Soc. Edinburgh Trans. ,V. 47: 643-709,pls. 1-10.

Seward A C,1911. Jurassic plants from Chinese Dzungaria collected by Prof. Obrutschew. Mémoires du Comité Géologique. St. Petersburg,Nouvelle Série,75:1-61,pls. 1-7. (in Russian and English)

Seward A C,1917. Fossil Plants:Ⅲ. London Cambridge University Press:1-656.

Seward A C,1926. The Cretaceous plant-bearing roks of West Greenland. Phil. Trans. R. Soc. Londdon,Ser. B,Vol. 215.

Shang Ping (商平),1985. Coal-bearing strata and Early Cretaceous flora in Fuxin Basin,Liaoning Province. Journal of Mining Institute,1985 (4):99-121. (in Chinese with English summary)

Shang Ping (商平),1987. Early Cretaceous plant assemblage in Fuxin Coal-basin of Liaoning Province and its significance. Acta Botanica Sinica,29 (2):212-217,pls. 1-3,figs. 1,2. (in Chinese with English summary)

Shang Ping (商平),Fu Guobin (付国斌),Hou Quanzheng (侯全政),Deng Shenghui (邓胜徽),1999. Middle Jurassic fossil plants from Turpan-Hami Basin,Xinjiang,Northwest China. Geoscience,13 (4):403-407,pls. 1,2. (in Chinese with English summary)

Shang Ping (商平),Wang Ziqiang (王自强),1985. Two Late Mesozoic species of Sagenopteris from western Liaoning and North Hebei. Acta Palaeontologica Sinica,24 (5):511-517,pls. 1-3. (in Chinese with English summary)

Shen K L (沈光隆),1975. On some new species from Longjiagou Coal Field,Wudu,Gansu

(Kansu). Journal of Lanzhou University (Natural Sciences) (1):89-94,pls. 1,2. (in Chinese)

Shirley J,1897. Two new species of *Pterophyllum*. Proc. Roy. Soc. Queensland,Vol. 12.

Sixtel T A,1962. Stratigraphy of the continental deposits of the Upper Permian and Triasa of Central Asia. Tr. Tashkent. Un-Ta. Hov. Ser. ,Vyp. 176,Geol. Nauki,kn. 13,Tashkent:1-146.

Stanislavskii,F A,1976. Sredne-Keyperskaya flora Donetskogo basseyna (Middle Keuper flora of ghe Donets Basin). Kiev,Izd,Nauka Dumka:1-168.

Sternberg G K,1820-1838. Versuch einer geognostischen botanischen Darstellung der Flora der Vorwelt. Leipsic and Prague,V. 1,Pt. 1:1-24 (1820);Pt. 2:1-33 (1822);Pt. 3:1-39 (1823);Pt. 4:1-24 (1825);V. 2,Pt. 5,6:1-80 (1833);Pt. 7,8:81-220 (1838).

Stockmans F,Mathieu F F. 1941. Contribution a l'etude de la flore jurassique de la Chine septentrionale. Bulletin du Musee Royal d'Histoire Naturelle de Belgique:33-67,pls. 1-7.

Stokes C,Webb P B,1824. Description of some fossil vegetables of ghe Tilgaate forest in Sussex. Geol. Soc,London Trans. ,V. 1:423-426.

Sun Bainian (孙柏年),Shen Guanglong (沈光隆),1988. A new species of genus *Nilssoniopteris*. Acta Palaeontologica Sinica,27 (5):561-564,pls. 1,2. (in Chinese with English summary)

Sun Bainian (孙柏年),Shi Yajun (石亚军),Zhang Chengjun (张成君),Wang Yunpeng (王云鹏),2005. Cuticular Analysis of Fossil Plants and Its Application. Beijing:Science Press:1-116,pls. 1-24. (in Chinese with English summary)

Sun Bainian (孙伯年),Yang Shu (杨恕),1988. A supplementary of fossil plants from the Xiangxi Formation,western Hubei. Journal of Lanzhou University (Natural Sciences),24 (Special number of geology):84-91,pls. 1,2. (in Chinese with English summary)

Sun Bainian (孙伯年),Yang Shu (杨恕),Shen Guanglong (沈光隆),1989. A study on the cuticle of *Otozamites hsiangchiensis* Sze. Acta Botanica Sinica,31 (11):883-888,pls. 1,2,fig. 1. (in Chinese with English summary)

Sun Ge (孙革),1993b. Late Triassic Flora from Tianqiaoling of Jilin,China. Changchun:Jilin Science and Technology Publishing House:1-157,pls. 1-56,figs. 1-11. (in Chinese with English summary)

Sun Ge (孙革),Mei Shengwu (梅盛吴),2004. Plants // Yumen Oil Field Company,PetroChina Co. ,Ltd. ,Nanjing Institute of Geology and Palaeontology,Chinese Academy of Sciences (eds). Cretaceous and Jurassic Stratigraphy and Environment of the Chaoshui and Abram Basins,Northwest China. Hefei:University of Science and Technology of China Press:46,47,pls 5-11. (in Chinese)

Sun Ge (孙革),Nakazawa T,Ohana T,Kimura T,1993. Two *Neozamites* species (Bennettitales) from the Lower Cretaceous of Northeast China and the inner zone of Japan. Transactions and Proceedings of the Palaeontological Society of Japan,New Series (172):264-276, figs. 1-6.

Sun Ge (孙革),Shang Ping (商平),1988. A brief report on preliminary research of Huolinhe coal-bearing Jurassic-Cretaceous plant and strata from eastern Inner Mongolia,China. Journal of Fuxin Mining Institute,7 (4):69-75,pls. 1-4,figs. 1,2. (in Chinese with English summary)

Sun Ge (孙革),Zhao Yanhua (赵衍华),1992. Paleozoic and Mesozoic plants of Jilin//Jilin Bureau of Geology and Mineral Resources (ed). Palaeontological Atlas of Jilin. Changchun:Jilin Science and Technology Press:500-562,pls. 204-259. (in Chinese with English title)

Sun Ge (孙革),Zhao Yanhua (赵衍华),Li Chuntian (李春田),1983. Late Triassic plants from Dajianggang of Shuangyang County, Jilin Province. Acta Palaeontologica Sinica, 22 (4):447-459,pls. 1-3,figs. 1-5. (in Chinese with English summary)

Sun Ge (孙革),Zheng Shaolin (郑少林),David L D,Wang Yongdong (王永栋),Mei Shengwu (梅盛吴),2001. Early Angiosperms and Their Associated Plants from Western Liaoning, China. Shanghai:Shanghai Scientific and Technological Education Publishing House:1-227. (in Chinese and English)

Sun Yuewu (孙跃武),Liu Pengju (刘鹏举),Feng Jun (冯君),1996. Early Jurassic fossil plants from the Nandalong Formation in the vicinity of Shanggu,Chengde of Hebei. Journal of Changchun University of Earth Sciences, 26 (1):9-16,pl. 1. (in Chinese with English summary)

Surange K R,Maheshwari H K,1970. Some male and female fructifieations of Glossopteridales from India. Palaeontographica,Abt. B,V. 129,Pt. 4-6:178-192,pls. 40-43,figs. 1-11.

Surveying Group of Department of Geological Exploration,Changchun College of Geology (长春地质学院地勘系),Regional Geological Surveying Team (吉林省地质局区测大队),the 102 Surveying Team of Coal Geology Exploration Company of Jilin Province (吉林省煤田地质勘探公司102调查队),1977. Late Triassic stratigraphy and plants of Hunkiang,Kirin. Journal of Changchun College of Geology (3):2-12,pls. 1-4,text-fig. 1. (in Chinese)

Sze H C(斯行健),1953a (2). On the cuticles of *Lepidopteris*-remains from Xinjiang (Sinkiang),northwestern China. Acta Scientia Sinica,2 (4):323-326,pls. 1,2.

Sze H C (斯行健),1931. Beiträge zur liasischen flora von China. Memoirs of National Research Institute of Geology,Chinese Academy of Sciences,12:1-85,pls. 1-10.

Sze H C (斯行健),1933a. Mesozoic plants from Gansu (Kansu). Memoirs of National Research Institute of Geology,Chinese Academy of Sciences,13:65-75,pls. 8-10.

Sze H C (斯行健),1933b. Jurassic plants from Shensi. Memoirs of National Research Institute of Geology,Chinese Academy of Sciences,13:77-86,pls. 11,12.

Sze H C (斯行健),1933c. Fossils Pflanzen aus Shensi,Szechuan und Kueichow. Palaeontologia Sinica,Series A,1 (3):1-32,pls. 1-6.

Sze H C (斯行健),1933d. Beiträge zur mesozoischen flora von China. Palaeontologia Sinica, Series A,4 (1):1-69,pls. 1-12.

Sze H C (斯行健),1936. Über ein Vorkormmen von *Rhacopteris* im Kulm der Prov. Kwangsi. Bulletin of Geological Society of China,15 (2):165-170,pl. 1.

Sze H C (斯行健),1938a. Über einige mesozoische flora von Kwangsi. Bulletin of Geological Society of China,18 (3,4):215-218,pl. 1.

Sze H C (斯行健),1942b. *Cycadolepis corrugata* Zeiller und *Pterophyllum aequale* Brongniart. Bulletin of Geological Society of China,22 (3,4):189-194,pl. 1.

Sze H C (斯行健),1945. The Cretaceous flora from the Pantou Series in Yunan,Fukien. Journal of Palaeontology,19 (1):45-59,text-figs. 1-21.

Sze H C (斯行健),1949. Die mesozoische flora aus der Hsiangchi Kohlen Serie in Westhupeh. Palaeontologia Sinica,Whole Number 133,New Series A,2:1-71,pls. 1-15.

Sze H C (斯行健),1951a. Über einen problematischen fossilrest aus der Wealdenformation der suedlichen Mandschurei. Science Record,4 (1):81-83,pl. 1.

Sze H C (斯行健),1951b. Petrified wood from northern Manchuria. Science Record,4 (4): 443-457,pls. 1-7,text-figs. 1-3. (in English with Chinese summary)

Sze H C (斯行健),1952. Pflanzenreste aus dem Jura der Inneren Mongolei. Science Record,5 (1-4):183-190,pls. 1-3.

Sze H C (斯行健),1953a (1). On the cuticles of *Lepidopteris*-remains from Xinjiang (Sinkiang),northwestern China. Acta Palaenontologica Sinica,1 (3):111-120,pls. 1,2,text-figs. 1-11. (in Chinese)

Sze H C (斯行健),1954a On the structure and relationship of *Phoroxylon scalariforme* Sze. Acta Palaeontologica Sinica,2 (4):347-354,pls. 1-4. (in Chinese with English summary)

Sze H C (斯行健),1954b. On the structure and relationship of *Phoroxylon scalariforme* Sze. Scientia Sinica,3 (4):527-531,pls. 1-4.

Sze H C (斯行健),1954i. Description and discussion of a problematic organism from Lingwu, Gansu (Kansu),northwestern China. Acta Palaeontologica Sinica,2 (3):315-322,pl. 1. (in Chinese with English summary)

Sze H C (斯行健),1956a. Older Mesozoic plants from the Yenchang Formation,northern Shensi. Palaeontologia Sinica,Whole Number 139,New Series A,5:1-217,pls. 1-56,text-fig. 1. (in Chinese and English)

Sze H C (斯行健),1956b. The fossil flora of the Mesozoic oil-bearing deposits of the Dzungaria Basin,northwestern Xinjiang (Sinkiang). Acta Palaeontologica Sinica,4 (4):461-476, pls. 1-3,text-fig. 1. (in Chinese and English)

Sze H C (斯行健),1956c. On the occurrence of the Yenchang Formation in Kuyuan district, Kansu Province. Acta Palaeeontologica Sinica,4 (3):285-292. (in Chinese and English)

Sze H C (斯行健),1959. Jurassic plants from Tsaidam,Chinghai Province. Acta Palaeontologica Sinica,7 (1):1-31,pls. 1-8,text-figs. 1-3. (in Chinese and English)

Sze H C (斯行健),Hsu J (徐仁),1954. Index Fossils of China Plants. Beijing:Geological Publishing House:1-83,pls. 1-68. (in Chinese)

Sze H C (斯行健),Lee H H (李星学),1952. Jurassic plants from Sichuan (Szechuan). Palaeontologia Sinica,Whole Number 135,New Series A (3):1-38,pls. 1-9,text-figs. 1-5. (in Chinese and English)

Sze H C (斯行健),Lee H H (李星学),et al. ,1963. Fossil plants of China:2 Mesozoic Plants from China. Beijing:Science Press:1-429,pls. 1-118,text-figs. 1-71. (in Chinese)

Takahashi E,1953a. Note on *Taeniopteris uwatokoi* from Tungning,Manchuria. Journal of Geological Society of Japan,59 (692):172. (in Japanese)

Tan Lin (谭琳),Zhu Jianan (朱家楠),1982. Palaeobotany // Bureau of Geology and Mineral Resources of Inner Mongolia Autonomous Region (ed). The Mesozoic Stratigraphy and paleontology of Guyang Coal-bearing Basin,Inner Mongolia Autonomous Region,China. Beijing:Geological Publishing House:137-160,pls. 33-41. (in Chinese with English title)

Tao Junrong (陶君容),Xiong Xianzheng (熊宪政),1986. The latest Cretaceous flora of Heilongjiang Province and the floristic relationship between East Asia and North America. Acta Phytotaxonomica Sinica, 24 (1): 1-15, pls. 1-16, fig. 1; 24 (2): 121-135. (in Chinese with English summary)

Teihard de Chardin P, Fritel P H, 1925. Note sur queques grés mesozoiques a plantes de la Chine septentrionale. Bulletin de la Société Geologique France, Series, 4, 25 (6): 523-540, pls. 20-24, text-figs. 1-7.

Thomas H H, 1913. On some new and rare Jurassic plants from Yorkshire: Eretmophyllum, a new type of ginkgoalean leaf. Proc. Ca. m Phil. Soc. , 17: 256-262.

Thomas H H, 1915. On *Williamsoniella*, a new type of bennettitalean flower. Royal Soc. London Philos. Trans. , V. 207B: 113-148, pls. 12-14.

Toyama B, Ôishi S, 1935. Notes on some Jurassic plants from Chalainur, Province North Hsingan, Manchoukuo. Journal of Faculty of Science of Hokkaido Imperial University, Series 4, 3 (1): 61-77, pls. 3-5, text-figs. 1-4.

Tsao Chengyao (曹正尧), 1965. Fossil plants from the Siaoping Series in Gaoming, Guangdong (Kwangtung). Acta Palaentologica Sinica, 13 (3): 510-528, pls. 1-6, text-figs. 1-14. (in Chinese with English summary)

Tuan Shuying (段淑英), Chen Yeh (陈晔), Keng Kuochang (耿国仓), 1977. Some Early Cretaceous plant from Lhasa, Tibetan Autonomous Region, China. Acta Botanica Sinica, 19 (2): 114-119, pls. 1-3. (in Chinese with English summary)

Turutanova-Ketova A I, 1930. Jurassic flora of the Chain Kara-Tau (Tian Shan). Mus. Geeol. Travaus, Acad. Sci. USSR , V. 6: 131-172, pls. 1-6.

Unger F, 1850a. Genera et species plantarum fossilium. Vienna: 1-627.

Unger F, 1850b. Blätterabdrucke aus dem Schwefelflotze von Swoszowice in Galicien. Haidinger's Naturw. Abh. , V. 3, Pt. 1: 121-128, pls. 13, 14.

Vachrameev V A, 1962. Cycadophytes nouveaux du Creetacee preecoce de la Yakoutie. Paleont. Zhur. , No. 3: 123-129.

Vachrameev V A, Doludenko M P, 1961. Upper Jurassic and Lower Cretaceous flora from the Bureya Basin and their stratigraphic significances. Trud Geol. Inst. AN SSSR, 54: 1-136 (in Russian)

Vachrameev V A, Kotova I A, 1977. Ancient angiosperms and accompanying plants from the lower Cretaceous of Transbaikalia. Paleont. Zhur. , 1977, No. 4: 101-109. (in Russian; English translation in Paleont. Jour. , V. 11, No. 4: 487-495)

Vackrameev V A, 1980a. The Mesozoic Higher Spolophytes of USSR. Moscow: Science Press: 1-230. (in Russian)

Vackrameev V A, 1980b. The Mesozoic Gymnosperms of USSR. Moscow: Science Press: 1-124. (in Russian)

Vassilevskaya V A, Pavlov V V, 1963. Stratigraphy and flora of the Cretaceous deposits in Lena-Olenek of the Lena Coal Basin. Trud Nauch-Issed Inst. Geol. Arctica, 128: 1-97.

Wang Guoping (王国平), Chen Qishi (陈其奭), Li Yunting (李云亭), Lan Shanxian (蓝善先), Ju Kuixiang (鞠魁祥), 1982. Kingdom plant (Mesozoic) // Nanjing Institute of Geology and Mineral Resources (editor-in-chief). Paleontological Atlas of East China: 3 Volume of Mesozoic and Cenozoic. Beijing: Geological Publishing House: 236-294, 392-401, pls. 108-

134. (in Chinese with English title)

Wang Longwen (汪龙文), Zhang Renshan (张仁山), Chang Anzhi (常安之), Yan Enzeng (严恩增), Wei Xinyu (韦新育), 1958. Plants // Index Fossil of China. Beijing: Geological Publishing House: 376-380, 468-473, 535-564, 585-599, 603-625, 641-663. (in Chinese)

Wang Rennong (王仁农), Li Guichun (李桂春), Guan Shiqiao (关世桥), Xu Feng (徐峰), Xu Jiamo (徐嘉谟) // Wang Rennong, Li Guichun (eds), 1998. Evolution of Coal Basins and Coal-accumulating Laws in China. Beijing: China Coal Industry Publishing House: 1-186, pls. 1-48, text-figs. 1-56. (in Chinese with English summary)

Wang Shijun (王士俊), 1992. Late Triassic Plants from Northern Guangdong Province, China. Guangzhou: Sun Ya-sen University Press: 1-100, pls. 1-44, text-figs. 1-4. (in Chinese with English summary)

Wang Wuli (王五力), Zhang Hong (张宏), Zhang Lijun (张立君), Zheng Shaolin (郑少林), Yang Fanglin (杨芳林), Li Zhitong (李之彤), Zheng Yuejuan (郑月娟), Ding Qiuhong (丁秋红), 2004. Stand Sections of Tuchengzian Stage and Yixian Stage and Their Stratigraphy, Palaeontology and Tectonic-Volcanic Actions. Beijing: Geological Publishing House: 1-514, pls. 1-37. (in Chinese with English summar)

Wang Xifu (王喜富), 1984. A supplement of Mesozoic plants from Hebei // Tianjin Institute of Geology and Mineral Resources (ed). Palaeontological Atlas of North China: II Mesozoic. Beijing: Geological Publishing House: 297-302, pls. 174-178. (in Chinese)

Wang Xin (王鑫), 1995. Study on the Middle Jurassic flora of Tongchuan, Shaanxi Province. Chinese Journal of Botany, 7 (1): 81-88, pls. 1-3.

Wang Yufei (王宇飞), Chen Ye (陈晔), 1990. Morphological studies on *Pterophyllum guizhouense* sp. nov. and *P. astartense* Harris from the Late Triassic of Guizhou, China. Acta Botanica Sinica, 32 (9): 725-739, pls. 1, 2. (in Chinese with English summary)

Wang Ziqiang (王自强), 1984. Plant kingdom // Tianjin Institute of Geology and Mineral Resources (ed). Palaeontological Atlas of North China: II Mesozoic. Beijing: Geological Publishing House: 223-296, 367-384, pls. 108-174. (in Chinese with English title)

Wang Ziqiang (王自强), 1985. Palaeovegetation and plate tectonics: palaeophytogeography of North China during Permian and Triassic times. Palaeogeography, Palaeoclimatology, Palaeoecology, 49 (1): 25-45, pls. 1-4, text-figs. 1, 2.

Wang Ziqiang (王自强), Wang Lixin (王立新), 1989b. Headway made in the studies of fossil plants from the Shiqianfeng Group in North China. Shanxi Geology, 4 (3): 283-298, pls. 1-4. (in Chinese with English summary)

Wang Ziqiang (王自强), Wang Lixin (王立新), 1990a. Late Early Triassic fossil plants from upper part of the Shiqianfeng Group in North China. Shanxi Geology, 5 (2): 97-154, pls. 1-26, figs. 1-7. (in Chinese with English summary)

Wang Ziqiang (王自强), Wang Lixin (王立新), 1990c. A new plant assemblage from the bottom of the Middle-Triassic Ermaying Formation. Shanxi Geology, 5 (4): 303-315, pls. 1-10, figs. 1-5. (in Chinese with English summary)

Wang Ziqiang (王自强), Wang Pu (王璞), 1979. Notes on the Late Mesozoic formations and fossils from Tuoli-Dahuichang area in western Beijing. Acta Stratigraphica Sinica, 3 (1): 40-50, pl. 1. (in Chinese)

Ward L F,1900a. Status of the Mesozoic floras of the United States：The older Mesozoic. US Geol. Survey,20th Ann. Rept. ,Pt. 2：213-430,pls. 21-179.

Ward L F,1900b. Description of a new genus and twenty new species of fossil cycadean trunks from the Jurassic of Wyoming. Washington Acad. Sci. Proc. ,V. 1：253-300,pls. 14-21.

Ward L F,1905. Status of the Mesozoic floras of the United States：Paper 2. US Geol. Survey Mon. 48,Pt. 1：1-616；Pt. 2,pls. 1-119.

Watt A D,1982. Index of generic names of fossil plants,1974-1978. US Geological Survey Bulletin (1517)：1-63.

Wu Shuibo（吴水波）,Sun Ge（孙革）,Liu Weizhou（刘渭州）,Xie Xueguang（谢学光）,Li Chuntian（李春田）,1980. The Upper Triassic of Tuopangou,Wangqing of eastern Jilin. Journal of Stratigraphy, 4（3）：191-200, pls. 1, 2, text-figs. 1-5. （in Chinese with English title）

Wu Shunching（吴舜卿）,1966. Notes on some Upper Triassic plants from Anlung,Kweichow. Acta Palaeontologica Sinica,14（2）：233-241,pls. 1,2. （in Chinese with English summary）

Wu Shunqing（吴舜卿）,1999a. A preliminary study of the Jehol flora from western Liaoning. Palaeoworld,11：7-57,pls. 1-20. （in Chinese with English summary）

Wu Shunqing（吴舜卿）,1999b. Upper Triassic plants from Sichuan. Bulletin of Nanjing Institute of Geology and Palaeontology,Chinese Academy of Sciences,14：1-69,pls. 1-52,fig. 1. （in Chinese with English summary）

Wu Shunqing（吴舜卿）,2000. Early Cretaceous plants from Hongkong. Chinese Bulletin of Botany,17（Special issue）：218-228,pls. 1-8. （in Chinese with English summary）

Wu Shunqing（吴舜卿）,2001. Land plants//Chang Meemann（editor-in-chief）. The Jehol Biota. Shanghai：Shanghai Scientific & Technical Publishers：1-150,figs. 1-183. （in Chinese）

Wu Shunqing（吴舜卿）,2003. Land plants//Chang Meemann（editor-in-chief）. The Jehol Biota. Shanghai：Shanghai Scientific & Technical Publishers：1-208,figs. 1-268. （in English）

Wu Shunqing（吴舜卿）,Lee C M（李作明）,Lai K W（黎权伟）,He Guoxiong（何国雄）,Liao Zhuoting（廖卓庭）,1997. Discovery of Early Jurassic plants from Tai O,Hongkong//Lee C M,Chen Jinghua, He Guoxiong（eds）. Stratigraphy and Palaeontology of Hongkong：I Beijing：Science Press：163-174,pls. 1-5,fig. 1. （in Chinese）

Wu Shunqing（吴舜卿）,Teng Leiming（滕雷鸣）,Hu Weizheng（胡为政）,1988. Notes on some Upper Triassic plants from Changshu,Jiangsu. Acta Palaeontologica Sinica,27（1）：103-110,pls. 1,2. （in Chinese with English summary）

Wu Shunqing（吴舜卿）,Ye Meina（叶美娜）,Li Baoxian（厉宝贤）,1980. Upper Triassic and Lower and Middle Jurassic plants from Hsiangchi Group,western Hubei. Memoirs of Nanjing Institute of Geology and Palaeontology,Chinese Academy of Sciences,14：63-131,pls. 1-39,text-fig. 1. （in Chinese with English summary）

Wu Shunqing（吴舜卿）,Zhou Hanzhong（周汉忠）,1990. A preliminary study of Early Triassic plants from South Tianshan Mountains. Acta Palaeontologica Sinica,29（4）：447-459,pls. 1-4. （in Chinese with English summary）

Wu Shunqing（吴舜卿）,Zhou Hanzhong（周汉忠）,1996. A preliminary study of Middle Triassic plants from northern margin of the Tarim Basin. Acta Palaeontologica Sinica,35（Supplement）：1-13,pls. 1-15. （in Chinese with English summary）

Wu Xiangwu (吴向午),1982a. Fossil plants from the Upper Triassic Tumaingela Formation in Amdo-Baqen area,northern Tibet // The Comprehensive Scientific Expedition Team to the Qinghai-Tibet Plateau,Chinese Academy of Sciences (ed). Palaeontology of Tibet:V. Beijing:Science Press:45,62,pls. 1-9. (in Chinese with English summary)

Wu Xiangwu (吴向午),1982b. Late Triassic plants from eastern Tibet // The Comprehensive Scientific Expedition Team to the Qinghai-Tibet Plateau,Chinese Academy of Sciences (ed). Palaeontology of Tibet:V. Beijing:Science Press:63-109,pls. 1,20,text-figs. 1-4. (in Chinese with English summary)

Wu Xiangwu (吴向午),1991. Several species of Osmundaceae from Middle Jurassic Hsiangchi Formation in Zigui of Hubei. Acta Palaeontologica Sinica,30 (5):570-581,pls. 1-5. (in Chinese with English summary)

Wu Xiangwu (吴向午),1993a. Record of Generic Names of Mesozoic Megafossil Plants from China (1865-1990). Nanjing:Nanjing University Press:1-250. (in Chinese with English summary)

Wu Xiangwu (吴向午),1993b. Index of generic names founded on Mesozoic-Cenozoic specimens from China in 1865-1990. Acta Palaeontologica Sinica,32 (4):495-524. (in Chinese with English summary)

Wu Xiangwu (吴向午),1993c. Early Cretaceous fossil plants from Shangxian Basin of Shaanxi and Nanzhao district of Henan,China. Palaeoworld,2:76-99,pls. 1-8,text-fig. 1. (in Chinese with English title)

Wu Xiangwu (吴向午),2006. Record of Mesozoic-Cenozoic megafossil plant generic names founded on Chinese specimens (1991-2000). Acta Palaeontologica Sinica,45 (1):114-140. (in Chinese with English abstract)

Wu Xiangwu (吴向午),Deng Shenghui (邓胜徽),Zhang Yaling (张亚玲),2002. Fossil plants from the Jurassic of Chaoshui Basin,Northwest China. Palaeoworld,14:136-201,pls. 1-17. (in Chinese with English summary)

Wu Xiangwu (吴向午),He Yuanliang (何元良),1990. Fossil plants from the Late Triassic Jiezha Group in Yushu region,Qinghai // Qinghai Institute of Geological Sciences,Nanjing Institute of Geology and Palaeontology,Chinese Academy of Sciences (eds). Devonian-Triassic Stratigraphy and Palaeontology from Yushu Region of Qinghai,China:I. Nanjing:Nanjing University Press:289-324,pls. 1-8,figs. 1-6. (in Chinese with English summary)

Xiao Zongzheng (萧宗正),Yang Honglian (杨鸿连),Shan Qingsheng (单青生),1994. The Mesozoic Stratigraphy and Biota of the Beijing area. Beijing:Geological Publishing House:1-133,pls. 1-20. (in Chinese with English title)

Xie Mingzhong (谢明忠),Sun Jingsong (孙景嵩),1992. Flora from Xiahuayuan Formation in Xuanhua Coal Field in Hebei. Coal Geology of China,4 (4):12-14,pl. 1. (in Chinese with English title)

Xiu Shencheng (修申成),Yao Yimin (姚益民),Tao Minghua (陶明华),and others,2003. Jurassic System in the North of China:V Ordos Stratigraphic Region. Beijing:Petroleum Industry Press:1-162,pls. 1-18. (in Chinese with English summary)

Xu Fuxiang (徐福祥),1975. Fossil plants from the coal field in Tianshui,Gansu. Journal of Lanzhou University (Natural Sciences) (2):98-109,pls. 1-5. (in Chinese)

Xu Fuxiang (徐福祥),1986. Early Jurassic plants of Jingyuan,Gansu. Acta Palaeontologica Sinica,25 (4):417-425,pls. 1,2,text-fig. 1. (in Chinese with English summary)

Xu Kun (许坤),Yang Jianguo (杨建国),Tao Minghua (陶明华),Liang Hongde (梁鸿德), Zhao Chuanben (赵传本),Li Ronghui (李荣辉),Kong Hui (孔慧),Li Yu (李瑜),Wan Chuanbiao (万传彪),Peng Weisong (彭维松),2003. Jurassic System in the North of China:Ⅶ The Stratigraphic Region of Northeast China. Beijing:Petroleum Industry Press:1-261,pls. 1-22. (in Chinese with English summar)

Yabe H,1905. Mesozoic Plants from Korea. Journ. Coll. Sci. ,Imp. Univ. Tokyo,Vol. XX, Art. 8.

Yabe H,1922. Notes on some Mesozoic plants from Japan,Korea and China. Science Reports of Tohoku Imperial University Sendai,Series 2 (Geology),7 (1):1-28,pls. 1-4,text-figs. 1-26.

Yabe H, Hayasaka I,1920. Palaeontology of southern China // Tokyo Geographical Society. Tokyo:Reports of geographical research of China (1911-1916),3:1-222,pls. 1-28.

Yabe H,Ôishi S,1929a. Notes on some fossil plants from Korea and China belonging to the *Nilssonia* and *Pterophyllum*. Japanese Journal of Geology and Geography,6 (3,4):85-101, pls. 18-20.

Yabe H,Ôishi S,1929b. Jurassic plants from Fangzi (Fang-Tzu) Coal Field,Shangdong (Shantung):Supplement. Japanese Journal of Geology and Geography,6 (3,4):103-106,pl. 26.

Yabe H,Ôishi S,1933. Mesozoic plants from Manchuria. Science Reports of Tohoku Imperial University,Sendai,Series 2 (Geology),12 (2):195-238,pls. 1-6,text-fig. 1.

Yang Xianhe (杨贤河),1978. The vegetable kingdom (Mesozoic) //Chengdu Institute of Geology and Mineral Resources (The Southwest China Institute of Geological Science) ed. Atlas of fossils of Southwest China,Sichuan Volume:Ⅱ Carboniferous to Mesozoic. Beijing: Geological Publishing House:469-536,pl. 156-190. (in Chinese with English title)

Yang Xianhe (杨贤河),1982. Notes on some Upper Triassic plants from Sichuan Basin//Compilatory Group of Continental Mesozoic Stratigraphy and Palaeontology in Sichuan Basin (ed). Continental Mesozoic Stratigraphy and Paleontology in Sichuan Basin of China:Part Ⅱ Paleontological Professional Papers. Chengdu:People's Publishing House of Sichuan: 462-490,pls. 1-16. (in Chinese with English title)

Yang Xiaoju (杨小菊),2003. New material of fossil plants from the Early Cretaceous Muling Formation of Jixi Basin,eastern Heilongjiang Province,China. Acta Palaeontologica Sinica, 42 (4):561-584,pls. 1-7. (in English with Chinese summary)

Yang Xuelin (杨学林),Lih Baoxian (厉宝贤),Li Wenben (黎文本),Chow Tseyen (周志炎), Wen Shixuan (文世宣),Chen Peichi (陈丕基),Yeh Meina (叶美娜),1978. Younger Mesozoic Continental Strata of the Jiaohe Basin,Jilin. Acta Stratigraphica Sinica,2 (2):131-145, pls. 1-3,text-figs. 1-3. (in Chinese)

Yang Xuelin (杨学林),Sun Liwen (孙礼文),1982a. Fossil plants from the Shahezi and Yingchen formations in southern part of the Songhuajiang-Liaohe Basin,Northeast China. Acta Palaeontologica Sinica,21 (5):588-596,pls. 1-3,text-figs. 1-3. (in Chinese with English summary)

Yang Xuelin (杨学林),Sun Liwen (孙礼文),1982b. Early-Middle Jurassic coal-bearing deposits and flora from the southeastern part of Da Hinggan Ling,China. Coal Geology of Jilin,

1982 (1):1-67. (in Chinese with English summar)

Yang Xuelin (杨学林),Sun Liwen (孙礼文),1985. Jurassic fossil plants from the southern part of Da Hinggan Ling,China. Bulletin of the Shenyang Institute of Geology and Mineral Resources,Chinese Academy of Geological Sciences,12:98-111,pls. 1-3,figs. 1-5. (in Chinese with English summary)

Yang Zunyi (杨遵仪),Yin Hongfu (殷洪福),Xu Guirong (徐桂荣),Wu Shunbao (吴顺宝), He Yuanliang (何元良),Liu Guangcai (刘广才),Yin Jiarun (阴家润),1983. Triassic of the South Qilian Mountains. Beijing:Geological Publishing House:1-224,pls. 1-29. (in Chinese with English summary)

Yao Huazhou (姚华舟),Sheng Xiancai (盛贤才),Wang Dahe (王大河),Feng Shaonan (冯少南),2000. New material of Late Triassic plant fossils in the Yidun Island-arc Belt,western Sichuan. Regional Geology of China,19 (4):440-444,pls. 1-3. (in Chinese with English title)

Yao Xuanli (姚宣丽),1987. An emendation for *Pachypteris orientalis* (Zhang) comb. nov. , with remarks on *Thinnfeldia* Ettingshusen. Acta Palaeontologica Sinica,26 (5):544-554, pls. 1-3,text-figs. 1-3. (in Chinese with English summary)

Yao Zhaoqi (姚兆奇),Wang Xifu (王喜富),1991. On relationship between genus *Aipteris* and gigantopterids. Acta Palaeontologica Sinica,30 (1):49-56,pls. 1,2,text-figs. 1-7. (in Chinese with English summary)

Ye Meina (叶美娜),1979. On some Middle Triassic plants from Hubei (Hupeh) and Sichuan (Szechuan). Acta Palaeontologica Sinica,18 (1):73-81,pls. 1,2,text-fig. 1. (in Chinese with English summary)

Ye Meina (叶美娜),1981. On the preparation methods of fossil cuticle//Palaeontological Society of China (ed). Selected Papers of the 12th Annual Conference of the Palaeontogical Society of China. Beijing:Science Press:170-179,pls. 1,2. (in Chinese with English title)

Ye Meina (叶美娜),Liu Xingyi (刘兴义),Huang Guoqing (黄国清),Chen Lixian (陈立贤), Peng Shijiang (彭时江),Xu Aifu (许爱福),Zhang Bixing (张必兴),1986. Late Triassic and Early-Middle Jurassic fossil plants from northeastern Sichuan. Hefei:Anhui Science and Technology Publishing House:1-141,pls. 1-56. (in Chinese with English summary)

Yokoyama M,1889. Jurassic plants from Kaga,Hida and Echizen. Journ. Coll. Sci. Imp. Univ. Tokyo,V. 3,Pt. 1:1-66,pls. 1-14.

Yokoyama M,1905. Mesozoic Plants from Korea. Journ. Coll. Sci. Imp. Univ. Japan,Vol. 20,Art. 8.

Yokoyama M,1906. Mesozoic plants from China. Journal of College of Sciences,Imperial University,Tokyo,21 (9):1-39,pls. 1-12,text-figs. 1,2.

Yuan Xiaoqi (袁效奇),Fu Zhiyan (傅智雁),Wang Xifu (王喜富),He Jing (贺 静),Xie Liqin (解丽琴),Liu Suibao (刘绥保),2003. Jurassic System in the Noth of China:Volume Ⅵ The Stratigraphic Region of North China. Beijing:Petroleum Industry Press:1-165,pls. 1-28. (in Chinese with English summary)

Zalessky M D,1934a. Sur un nouveau Végétal dévonien Blasaria sibirica n. g. et n. sp. Acad. Sci. URSS Bull. ,1934,No. 2-3:235-239.

Zalessky M D,1934b. Observations sur les vegetaux permiens du bassin dela Petchora:Part 1.

Acad. Sci. URSS Bull. ,1934,No. 2-3:241-290.

Zalessky M D,1934c. Observations sur les végétaux nouveaux du terrain permien du bassin de Kousnetzk:Part 2. Acad. Sci. URSS Bull. ,1934,No. 5:743-776.

Zalessky M D,1934d. Sur quelques végétaux fossiles nouveaux du terrain houiller du Donetz: Acad. Sci. URSS Bull. ,1934,No. 7:1105-1117.

Zalessky M D,1937a. Flores permiennes de la plaine russe. Problems Palaeontology,Moscow Univ. Palaeontology Lab. Pub. ,V. 2-3:9-32.

Zalessky M D,1937b. Sur la distinction de l'eetage bardien dans le permien de l'Oural et sur sa flore fossile. Problems Palaeontology,Moscow Univ. Palaeontology Lab. Pub. ,V. 2-3: 37-101.

Zalessky M D,1937c. Contribution ae la flore permienne du bassin de Kousnetzk. Problems Palaeontology,Moscow Univ. Palaeontology Lab. Pub. ,V. 2-3:125-142.

Zalessky M D,1937d. Sur quelques végétaux fossiles nouveaux des terrains carbonifeere et permien du bassin du Donetz. Problems Palaeontology,Moscow Univ. Palaeontology Lab. Pub. ,V. 2-3:155-193.

Zalessky M D,1937e. Sur deux végétaux nouveaux du deevonien supeerieur. Soc. Geeol. France Bull. ,Ser. 5,V. 7:587-592.

Zalessky M D,1937f. Sur les végétaux deevoniens du versant oriental de l'Oural et du bassin de Kousnetzk. Akad. Nauk SSSR,Palaeophytographica:5-42,pls. 1-9,text figs. 1-20.

Zalessky M D,1939. Végétaux permiens du bardien de l'Oural. Problems Palaeontology,Moscow Univ. Palaeontology Lab. Pub. ,V. 5:329-374. ,figs. 1-57.

Zeiller R,1902-1903. Flore fossile des gîtes de charbon du Tonkin. Etudes des gîtes mineraux de la France:pls. 1-56,text-figs. 1-4(1902);1-328(1903).

Zeiller R,1902a. Observations sur quelques plantes fossiles des Lower Gondwanas. India Geol. Survey Mem. ,Palaeontologia Indica,V. 2:1-39,pls. 1-7.

Zeiller R,1902b. Sobre las impresiones vegetables del Kimeridgense de Santa Maria de Meya. Real Acad. Cien. Y artes Barcelona Mem. ,V. 4,No. 26:3-14 (345-356),pls. 1,2.

Zeiller R,1903. Etudes des gites mineraux dela France,flore fossile des gites de Charbon du Tonkin. Paris:1-320,pls. A-F;Atlas:pls. 1-56 (1902).

Zeng Yong (曾勇),Shen Shuzhong (沈树忠),Fan Bingheng (范炳恒),1995. Flora from the Coal-bearing Strata of Yima Formation in Western Henan. Nanchang:Jiangxi Science and Technology Publishing House:1-92,pls. 1-30,figs. 1-9. (in Chinese with English summary)

Zhang Bole (章伯乐),Zhou Zhiyan (周志炎),1996. A new species of *Rhaphidopteris* Barale (Gymnospermae) and its taxonomic position. Acta Palaeontologica Sinica,35 (5):528-543, pls. 1-3,text-figs. 1,2. (in Chinese with English summary)

Zhang Caifan (张采繁),1982. Mesozoic and Cenozoic plants // Geological Bureau of Hunan (ed). The Palaeontological Atlas of Human. People's Republic of China,Ministry of Geology and Mineral Resources,Geological Memoirs,Series 2,1:521-543,pls. 334-358. (in Chinese)

Zhang Caifan (张采繁),1986. Early Jurassic flora from eastern Hunan. Professional Papers of Stratigraphy and Palaeontology,14:185-206,pls. 1-6,figs. 1-10. (in Chinese with English summary)

Zhang Chuanbo (张川波), 1986. The middle-late Early Cretaceous strata in Yanji Basin, Jilin Province. Journal of the Changchun Geological Institute (2):15-28, pls. 1,2, figs. 1-3. (in Chinese with English summary)

Zhang Chuanbo (张川波), Zhao Dongpu (赵东甫), Zhang Xiuying (张秀英), Ding Qiuhong (丁秋红), Yang Chunzhi (杨春志), Shen Dean (沈德安), 1991. The coal-bearing horizon of the Late Mesozoic in the eastern edge of the Songliao Basin, Jilin Province. Journal of Changchun University of Earth Sciences, 21 (3):241,249, pls. 1,2. (in Chinese with English summary)

Zhang Hanrong (张汉荣), Fan Wenzhong (范文仲), Fan Heping (范和平), 1988. The Jurassic coal-bearing strata of the Yuxian area, Hebei. Journal of Stratigraphy, 12 (4):281,289, pls. 1,2, figs. 1,2. (in Chinese with English title)

Zhang Hong (张泓), Li Hengtang (李恒堂), Xiong Cunwei (熊存卫), Zhang Hui (张慧), Wang Yongdong (王永栋), He Zonglian (何宗莲), Lin Guangmao (蔺广茂), Sun Bainian (孙柏年). 1998. Jurassic Coal-bearing Strata and Coal Auucmulation in Northwest China. Beijing: Geological Publishing House:1-317, pls. 1-100. (in Chinese with English summary)

Zhang Hong (张泓), Shen Guanglong (沈光隆), 1987. Some peltaspermaceous fossils from Upper Permian Sunan Formation in Gansu. Acta Palaeontologica Sinica, 26 (2):205-209, pl. 1. (in Chinese with English summary)

Zhang Jihui (张吉惠), 1978. Plants // Stratigraphical and Geological Working Team, Guizhou Province (ed). Fossil Atlas of Southwest China, Guizhou Volume:Ⅱ. Beijing: Geological Publishing House:458-491, pls. 150-165. (in Chinese)

Zhang Wu (张武), 1980. Two new species of *Chilinia* from Fuxin Formation, Liaoning Province. Acta Palaeontologica Sinica, 19 (3):239-242, pls. 1,2, text-fig. 1. (in Chinese with English summary)

Zhang Wu (张武), 1982. Late Triassic fossil plants from Lingyuan County, Liaoning Province. Bulletin of the Shenyang Institute of Geology and Mineral Resources, Chinese Academy of Geological Sciences, 3:187-196, pls. 1,2, text-figs. 1-6. (in Chinese with English summary)

Zhang Wu (张武), Chang Chichen (张志诚), Chang Shaoquan (常绍泉), 1983. Studies on the Middle Triassic plants from Linjia Formation of Benxi, Liaoning Province. Bulletin of the Shenyang Institute of Geology and Mineral Resources, Chinese Academy of Geological Sciences, 8:62-91, pls. 1-5, text-figs. 1-12. (in Chinese with English summary)

Zhang Wu (张武), Zhang Zhicheng (张志诚), Zheng Shaolin (郑少林), 1980. Phyllum Pteridophyta, subphyllum Gymnospermae // Shenyang Institute of Geology and Mineral Resources (ed). Paleontological Atlas of Northeast China:Ⅱ Mesozoic and Cenozoic. Beijing: Geological Publishing House:222,308, pls. 112-191, text-figs. 156-206. (in Chinese with English title)

Zhang Wu (张武), Zheng Shaolin (郑少林), 1984. New fossil plants from the Laohugou Formation (Upper Triassic) in the Jinlingsi-Yangshan Basin, western Liaoning. Acta Palaeontologica Sinica, 23 (3):382-393, pls. 1-3. (in Chinese with English summary)

Zhang Wu (张武), Zheng Shaolin (郑少林), 1987. Early Mesozoic fossil plants in western Liaoning, Northeast China // Yu Xihan, et al. (eds). Mesozoic Stratigraphy and Palaeontology of western Liaoning (3). Beijing: Geological Publishing House:239-338, pls. 1-30, figs.

1-42. (in Chinese with English summary)

Zhang Zhenlai (张振来), Xu Guanghong (徐光洪), Niu Zhijun (牛志军), Meng Fansong (孟繁松), Yao Huazhou (姚华舟), Huang Zhaoxian (黄照先), 2002. Triassic // Wang Xiaofeng, et al. Protection of Precise Geological Remains in the Changjiang River Basin, China with the Study of the Archean-Mesozoic Multiple Stratigraphic Subdivision and Sea-level Change. Beijin: Geological Publishing House: 229-266. pls. 1-21. (in Chinese with English title)

Zhang Zhicheng (张志诚), 1987. Fossil plants from the Fuxin Formation in Fuxin district, Liaoning Province // Yu Xihan, et al. (eds). Mesozoic Stratigraphy and Palaeontology of Western Liaoning (3). Beijing: Geological Publishing House: 369-386, pls. 1-7. (in Chinese with English summary)

Zhang Zhicheng (张志诚), Xiong Xianzheng (熊宪政), 1983. Fossil plants from the Dongning Formation of the Dongning Basin, Heilongjiang Province and their significance. Bulletin of the Shenyang Institute of Geology and Mineral Resources, Chinese Academy of Geological Sciences, 7: 49-66, pls. 1-7. (in Chinese with English summary)

Zhao Liming (赵立明), Tao Junrong (陶君容), 1991. Fossil plants from Xingyuan Formation, Pingzhuang. Chifeng, Inner Mongolia. Acta Botanica Sinica, 33 (12): 963-967, pls. 1, 2. (in Chinese with English summary)

Zhao Yingcheng (赵应成), Wei Dongtao (魏东涛), Ma Zhiqiang (马志强), Yan Cunfeng (阎存凤), Liu Yongchang (刘永昌), Zhang Haiquan (张海泉), Li Zaiguang (李在光), Yuan Shenghu (袁生虎), 2003. Jurassic System in the North of China: Volume Ⅳ Qilian Stratigraphic Region. Beijing: Petroleum Industry Press: 1-239, pls. 1-10. (in Chinese with English summary)

Zheng Shaolin (郑少林), Li Nan (李楠), Li Yong (李勇), Zhang Wu (张武), Bian Xiongfei (边雄飞), 2005. A new genus of fossil Cycads Yixianophyllum gen. nov. from the Late Jurassic Yixian Formation, western Liaoning, China. Acta Geologica Sinica, 79 (5): 582-592, pls. 1, 2.

Zheng Shaolin (郑少林), Li Yong (李勇), Wang Yongdong (王永栋), Zhang Wu (张武), Yang-Xiaoju (杨小菊), Li Nan (李楠), 2005. Jurassic fossl wood of Sahnioxylon from western Liaoning, China and special references to its systematic affinity. Global Geology, 24 (3): 209-216, pls. 1, 2.

Zheng Shaolin (郑少林), Zhang Lijun (张立军), Gong Enpu (巩恩普), 2003. A Discovery of anomozamites with reproductive organs. Acta Botanica Sinica, 46 (11): 667-672. (in English with Chinese summary)

Zheng Shaolin (郑少林), Zhang Wu (张武), 1982a. New material of the Middle Jurassic fossil plants from western Liaoning and their stratigraphic significance. Bulletin of the Shenyang Institute of Geology and Mineral Resources, Chinese Academy of Geological Sciences, 4: 160-168, pls. 1, 2, text-fig. 1. (in Chinese with English summary)

Zheng Shaolin (郑少林), Zhang Wu (张武), 1982b. Fossil plants from Longzhaogou and Jixi groups in eastern Heilongjiang Province. Bulletin of the Shenyang Institute of Geology and Mineral Resources, Chinese Academy of Geological Sciences, 5: 227-349, pls. 1-32, text-figs. 1-17. (in Chinese with English summary)

Zheng Shaolin (郑少林), Zhang Wu (张武), 1983a. Middle-late Early Cretaceous flora from the Boli Basin, eastern Heilongjiang Province. Bulletin of the Shenyang Institute of Geology and Mineral Resources, Chinese Academy of Geological Sciences, 7: 68-98, pls. 1-8, text-figs. 1-16. (in Chinese with English sum mary)

Zheng Shaolin (郑少林), Zhang Wu (张武), 1984. A new species of *Pterophyllum* from Haizhou Formation of Fuxing. Acta Botanica Sinica, 26 (6): 664-667, pl. 1, fig. 1. (in Chinese with English summary)

Zheng Shaolin (郑少林), Zhang Wu (张武), 1986a. The cuticles of two fossil cycads and epiphytic fungi. Acta Botanica Sinica, 28 (4): 427-436, pls. 1, 2, figs. 1-4. (in Chinese with English summary)

Zheng Shaolin (郑少林), Zhang Wu (张武), 1986b. New discovery of Early Triassic fossil plants from western Liaoning Province. Bulletin of the Shenyang Institute of Geology and Mineral Resources, Chinese Academy of Geological Sciences, 14: 173-184, pls. 1-4, figs. 1-3. (in Chinese with English sum mary)

Zheng Shaolin (郑少林), Zhang Wu (张武), 1989. New materials of fossil plants from the Nieerku Formation at Nanzamu district of Xinbin County, Liaoning Province. Liaoning Geology (1): 26-36, pl. 1, figs. 1, 2. (in Chinese with English summary)

Zheng Shaolin (郑少林), Zhang Wu (张武), 1990. Early and Middle Jurassic fossil flora from Tianshifu, Liaoning. Liaoning Geology (3): 212-237, pls. 1-6, fig. 1. (in Chinese with English summary)

Zheng Shaolin (郑少林), Zhang Wu (张武), 1996. Early Cretaceous flora from central Jilin and northern Liaoning, Northeast China. Palaeobotanist, 45: 378-388, pls. 1-4, text-fig. 1.

Zheng Shaolin (郑少林), Zhang Wu (张武), Zhang Ying (张莹), 1990. A new species *Nilssoniopteris* from the Early Cretaceous of Hailar Basin. Acta Botanica Sinica, 32 (6): 483-489, pls. 1, 2, figs. 1, 2. (in Chinese with English summary)

Zhou Huiqin (周惠琴), 1981. Discovery of the Upper Triassic flora from Yangcaogou of Beipiao, Liaoning // Palaeontological Society of China (ed). Selected Papers from 12th Annual Conference of the Palaeontological Society of China. Beijing: Science Press: 147-152, pls. 1-3, text-fig. 1. (in Chinese with English title)

Zhou Tongshun (周统顺), 1978. On the Mesozoic coal-bearing strata and fossil plants from Fujian Province. Professional Papers of Stratigraphy and Palaeontology, 4: 88-134, pls. 15-30, text-figs. 1-5. (in Chinese)

Zhou Zhiyan (周志炎), Chen Guangya (陈广雅), San Wen (伞文), Zhang Chuanbo (张川波), Zhang Qingbo (张清波), Zhang Wu (张武), Pu Ronggan (蒲荣干), 1980. Younger Mesozoic deposits and plant assemblages of Jixi and Muling, Heilongjiang. Bulletin of Nanjing Institute of Geology and Palaeontology, Chinese Academy of Sciences, 1: 56-75, figs. 1-3. (in Chinese)

Zhou Zhiyan (周志炎), Li Baoxian (厉宝贤), 1979. A preliminary study of the Early Triassic plants from the Qionghai district, Hainan Island. Acta Palaeontologica Sinica, 18 (5): 444-462, pls. 1, 2, text-figs. 1, 2. (in Chinese with English summary)

Zhou Zhiyan (周志炎), Li Haomin (李浩敏), Cao Zhengyao (曹正尧), Nau P S (钮柏焱), 1990. Some Cretaceous plants from Pingzhou (Ping Chau) Island, Hongkong. Acta Palaeontologica Sinica, 29 (4): 415-426, pls. 1-4, text-fig. 1. (in Chinese with English summary)

Zhou Zhiyan (周志炎), Wu Xiangwu (吴向午), Zhang Bole (章伯乐), 2001. *Tharrisia*: a new fossil leaf organ genus, with description of three Jurassic species from China. Review of Palaeobotany & Palynology, 120 (2002): 92-105. (in English)

Zhou Zhiyan (周志炎), Wu Yimin (吴一民), 1993. Upper Gondwana plants from the Puna Formation, southern Tibet. Palaeobotanist, 42 (2): 120-125, pl. 1, text-figs. 1-4.

Zhou Zhiyan (周志炎), Zhang Bole (章伯乐), 2000. On the heterogeneity of the genus *Rhaphidopteris* Barale with description of two species from the Jurassic Yima Formation of Henan, Central China. Acta Palaeontologica Sinica, 39 (Supplement): 14-23, pls. 1, 2, text-figs. 1-5.